olarmeer
Franz-Josef-Land
Spitz-bergen
Sewernaja Semlja
Neusibirische Inseln
Taimyr
Nowaja Semlja
Nordkap
Nördlicher Polarkreis
Werchojansker Gebirge
3147
Kolyma
Narodnaja 1894
Ural
Jenissei
Lena
Sibirien
Ob
Beringmeer
Kamtschatka
Ochotskisches Meer
Aleuten
7822
Aleutengraben
OPA
Moskau
Jekaterinburg
Nowosibirsk
Irtysch
Stanowoigebirge
Jablonowy-gebirge
Amur
Sachalin
Kurilen-Kamtschatka-Graben
Wolga
Altai
ASIEN
10542
Nordwest-
pazifisches
Becken
Donau
Kaukasus
Kaspisches Meer
Tiefland von Turan
Tienschan
7439 Pik Pobedy
Gobi
Mandschurei
Peking
Japanisches Meer
Honschu
Tokio
Schwarzes Meer
Athen
Teheran
Pamir
Kuenlun
Hwangho
Boningraben
1962
Bagdad
Hindukusch
8611
Tibet
Jangtsekiang
Shanghai
Ostchinesisches Meer
10340
Euphrat
Himalaya
Brahmaputra
Indus
Delhi
8848
Mount Everest
Kairo
Nil
Arabien
Vorderindien
Kolkata
Hinterindien
Hongkong
Philippinen
Rotes Meer
Arabisches Meer
Mumbai
Golf von Bengalen
Mekong
Manila
Philippinenbecken
Marianen
Marianengraben
Philippinengraben
11022
10540
Bangkok
4620
Aden
Kap Guardafui
Chennai
Arabisches Becken
Addis Abeba
Ceylon
Südchinesisches Meer
RIKA
Karolinen
Kongo
Arabisch-Indischer Rücken
Borneo
5520
Singapur
Sumatra
Somalibecken
Äquator
Kongobecken
Viktoriasee
5895
Kilimandscharo
Seychellen
Zentral-
indisches
Becken
Ostindischer Rücken
Sundainseln
Sundagraben
Neuguinea
5030
7440
Salomoninseln
9140
Daressalam
INDISCHER
OZEAN
Java
7455
Arafurasee
Komoren
Zentralindischer Rücken
Korallenbecken
Korallensee
Sambesi
Madagaskar
6335
Straße von Mosambik
Maskarenen
Mauritius
Nordwestaustralisches Becken
Neukaledonien
Kalahari
Madagaskarbecken
6400
AUSTRALIEN
1515
Johannesburg
Drakensberge
Mosambikbecken
870
Westaustralisches Becken
Südwestindisches Becken
2067
Perth
Kap Agulhas
1980
Westlicher Indischer Rücken
Große Australische Bucht
Mount Kosciusko
2230
Murray
Sydney
770
Südaustralisches Becken
Tasmanien
Tasmansee
Neuseeland
Südkap
Indisch-Antarktischer Rücken
4755
940
Kerguelen
Kerguelenrücken
969
Aucklandinseln
6972
6089
Macquarieinseln
Indisch-Antarktisches Becken
Östlicher Indisch-Antarktischer Rücken
485
6250
Südpolarbecken
2300
TARKTIS

Inhaltsverzeichnis

Tipps zur Arbeit mit dem Buch 6

Naturfaktoren und Menschen prägen Landschaften 8

Das Münsterland – ein Tieflandsraum 10

Natur- und kulturräumliche Gliederung Europas 14

Landwirtschaft in verschiedenen Ökozonen 16

Weltweite Nahrungsmittelproduktion 18
1. Nahrungsmittel aus aller Welt 18
2. Das Klima – eine natürliche Grundlage der Landwirtschaft 20
3. Bananen aus Ecuador 24
4. Palmölproduktion für Lebensmittel im tropischen Regenwald Indonesiens 27
5. Agrarkolonisation in Amazonien 30
6. Landwirtschaft am Rande der Wüste – Mali 34
7. Shifting cultivation 44
8. Der Negev – eine Wüste wird bewässert 48
9. Weizen aus den Great Plains 52
10. Schweinemast in Dänemark 58
11. Ökologische Kreisläufe 62
12. Fischerei und Aquakulturen 70
13. Wasser und Boden 78

Ordnen/Anwenden/Üben 86
Prüfen Sie Ihren Zuwachs an Kenntnissen, Methodenkompetenzen und Urteilsfähigkeit 90

Zentralabiturklausur: Marktorientierter Anbau, eine Chance für Kleinbauern? – Das Beispiel der Mangoproduktion im Tal des Rio São Francisco, Nordostbrasilien 92

Ressourcen und deren Energie-Nutzung 94

Energie-Ressourcen 96
1. Kohle – Rohstoff mit Zukunft? 96
2. Erdöl und Erdgas als (noch) wichtigste Energieressourcen 102
3. Kernkraft als Energiequelle 108
4. Weltenergiekonsum – ein Umweltproblem 111
5. Regenerative Energien 114
6. Nachwachsende Rohstoffe 120
7. Handel mit Energierohstoffen 124

Raumanalyse: Das Rheinische Braunkohlenrevier 128
1. Revier im Umbruch 131
2. Natur- und Wirtschaftsraum 132
3. Ökologische Probleme 134
4. Rekultivierung 136
5. Umsiedlungen 138

Methode: Exkursion in das Rheinische Braunkohlenrevier 140

Ordnen/Anwenden/Üben 142
Prüfen Sie Ihren Zuwachs an Kenntnissen, Methodenkompetenzen und Urteilsfähigkeit 146

Zentralabiturklausur: Zukunftsfähige Entwicklung durch Energierohstoffe? – Das Beispiel des Emirates Dubai 148

Georisikogebiete 150

Leben in Risikogebieten 152
1. Folgen plattentektonischer Prozesse 152
2. Die Eifel – ein Hot Spot 158
3. Überschwemmungsgefährdete Gebiete 162

Ordnen/Anwenden/Üben 168
Prüfen Sie Ihren Zuwachs an Kenntnissen, Methodenkompetenzen und Urteilsfähigkeit 172

Geoinformation und GIS 174

1. Geographische Informationssysteme 176
2. WebGIS 178
3. DesktopGIS 180
4. Virtuelle Globen 182

Leben in der Einen Welt 184

Räume unterschiedlichen Entwicklungsstandes 186

Lernbausteine: Länder unterschiedlichen Entwicklungsstandes 194
1. Ghana: Ressourcen, Infrastruktur, Disparitäten 194
2. Bolivien: Bodenschätze, Verschuldung 198
3. Indien: vom Entwicklungsland zum Schwellenland 202
4. Australien: Reichtum durch Rohstoffe? 206

Wanderungen als Folge der Unterschiede in der Einen Welt 210
1. Migration im 21. Jahrhundert 210
2. Indonesien – staatlich gelenkte Wanderung 216

Entwicklungstheorien und -strategien 220

Entwicklung der Industrie in der Einen Welt 226
1. Entwicklung der Industrie 226
2. Automobilindustrie weltweit 230
3. Hightech-Land Irland 236
4. Leitbilder nachhaltiger Entwicklung 241

Tertiarisierungsprozesse in der Einen Welt 242
1. Die Bedeutung des tertiären Sektors 242
2. Wirtschaftscluster in Deutschland 244
3. Global City Singapur – Vorzeigestaat Asiens? 247
4. Duisburg – Logport Logisic Center 250
5. Deutschland – eine reine Dienstleistungsgesellschaft? 252

Ordnen/Anwenden/Üben 254
Prüfen Sie Ihren Zuwachs an Kenntnissen, Methodenkompetenzen und Urteilsfähigkeit 258

Zentralabiturklausur: Industrieentwicklung auf der Grundlage von Bodenschätzen – Das Beispiel Neyveli/Bundesstaat Tamil Nadu/Indien 260

Stadtgeographie 262

Stadtentwicklung 264
1. Düsseldorf in mental maps 264
2. Die topographische und geographische Lage von Städten 266
3. Entwicklungsphasen der Stadt in Mitteleuropa 268
4. Die Gartenstadt Dresden-Hellerau 274
5. Düsseldorf – innere Differenzierung einer Stadt 276
6. Hamburg: HafenCity – ein innerstädtisches Entwicklungsprojekt 284
7. Stadtumbau Ost 288

Stadt-Umland-Beziehungen, Raumordnung 294
1. Berlin – Ausbau zur Hauptstadt 294
2. Funktionswandel ländlicher Siedlungen 300
3. Raumordnung und Raumplanung in Deutschland 302
4. Raumplanung im Großraum Paris 308
5. Raumplanung im Großraum London 314

Leitlinien nachhaltiger Stadtentwicklung 316
1. Das Ökosystem Stadt 316
2. Städtebauliche Leitbilder 318
3. Lokale Agenda 21 – Das Beispiel Hannover 320

Städte anderer Kulturkreise 324
1. Eine Stadt in Nordamerika – New York 324
2. Eine Stadt in Lateinamerika – Mexico-City 328
3. Eine Stadt im Orient – Damaskus 332
4. Tokio – Raumenge erzeugt Probleme 336
5. Verstädterung der Erde 340

Methode: Facharbeit „Wir untersuchen unsere Stadt" 342

Ordnen/Anwenden/Üben ... 346
Prüfen Sie Ihren Zuwachs an Kenntnissen, Methodenkompetenzen und Urteilsfähigkeit ... 350

Zentralabiturklausur: Entwicklung nordamerikanischer Städte seit Beginn des 20. Jh. – Das Beispiel Detroit ... 352

Internationale Beziehungen und globale Prozesse ... 354

Globalisierung ... 356
1. Welthandel, Weltwirtschaft und Welthandelszonen ... 356
2. Merkmale und Phasen der Globalisierung ... 366
3. Internationale Arbeitsteilung – Bekleidungsindustrie ... 370
4. Internationale Produktionssysteme ... 372
5. Das Internet – ein lebenswichtiges globales Netzwerk ... 380
6. Global Cities ... 382
7. Die umstrittene Globalisierung ... 386

Raumentwicklung und Raumordnung in Europa ... 388
1. Europa und die europäische Integration ... 388
2. Ein europäischer Wirtschaftsraum – das Ruhrgebiet ... 394
3. Transformationsprozesse in Landwirtschaft und Industrie ... 400
4. Europäische Raumentwicklungsmodelle ... 408
5. Regionale Strukturförderung ... 412
6. Beispiele für Kooperationen und Verbundsysteme ... 414

Tourismus in Entwicklungsländern ... 418
1. Tourismus in Entwicklungsländern – Sackgasse oder Entwicklungschance? ... 418
2. Internationaler Tourismus ... 422
3. Nachhaltiger Tourismus ... 426
4. Abbau regionaler Disparitäten durch staatliche Tourismusförderung? – Philippinen ... 430
5. Grenzenloses Wachstum durch Tourismus? – Dubai ... 434

Zentralabiturklausur: Zukunftsfähige regionale Entwicklung durch Tourismus? – Das Beispiel Phuket/Thailand ... 440

Raumanalyse: Euroregion Erzgebirge – Gemeinsames Wachstum im grenzüberschreitenden Raum? ... 442

Ordnen/Anwenden/Üben ... 450
Prüfen Sie Ihren Zuwachs an Kenntnissen, Methodenkompetenzen und Urteilsfähigkeit ... 454

Zentralabiturklausur: Sonderwirtschaftszonen – ein geeignetes Instrument ausgewogener Raumentwicklung? – Das Beispiel Shenzhen/China ... 456

Zukunft unserer Erde ... 458

1. Wie viele Menschen erträgt die Erde? ... 460
2. Weltbevölkerung zwischen Hunger und Überfluss ... 466
3. Trinkwasser – knapp und kostbar ... 468
4. Die Folgen des steigenden Energie- und Rohstoffverbrauchs ... 470
5. Globale ökologische Probleme ... 472

Geo-Bausteine ... 475

Wirtschaftsordnungen im Vergleich ... 476
Systemvergleich Marktwirtschaft – Planwirtschaft ... 478
Dreieck der Nachhaltigkeit ... 480
Bevölkerungspyramiden ... 481
Modelle der Stadtentwicklung ... 482
City-Merkmale und -Abgrenzung ... 483
Die Europäische Union ... 484
Regionalfonds der Europäischen Union ... 486
Ziele der Raumordnung ... 487
Leitbilder der Raumentwicklung ... 488

Geographische Arbeitsmethoden ... 489

Hinweise für die Karteninterpretation ... 490
Arbeiten mit Modellen ... 492
Durchführung einer Facharbeit in Geographie ... 494
Tipps für die mündliche Abiturprüfung ... 496
Tipps für die schriftliche Abiturprüfung ... 498
Arbeitsanweisungen verstehen – die Operatoren ... 500

Register mit Begriffserklärungen ... 501
Strukturdaten ausgewählter Staaten ... 510
Quellenverzeichnis ... 512

Tipps zur Arbeit mit dem Buch

Liebe Oberstufenschülerin, lieber Oberstufenschüler,

auf dieser Doppelseite finden Sie Hinweise zur Arbeit mit diesem Oberstufenband, der für die Arbeit in Grund- und in Leistungskursen konzipiert ist. **Geographie Oberstufe** knüpft dabei an Ihre Kompetenzen an, die Sie in der Sekundarstufe I im Fach Erdkunde erworben haben, und führt Sie durch die drei Oberstufenjahre sicher zum Abitur!

Zu jedem Hauptkapitel werden Themen- und Raumbeispiele zur Wahl angeboten – hierdurch ermöglicht das Buch, dass eigene Schwerpunkte gewählt werden können.

Neben Angeboten zur Weiterentwicklung Ihrer sach-, methoden-, urteils- sowie handlungsbezogenen Kenntnisse und Fähigkeiten finden Sie vielfältige Möglichkeiten, den eigenen Kompetenzzuwachs regelmäßig zu überprüfen:

Neben Übersichten und Zusammenfassungen, Methodenseiten, Geo-Bausteinen und Klausuren zu allen Schwerpunkten der inhaltlichen Vorgaben des Schulministeriums zum Zentralabitur NRW finden Sie Lern- und Trainingsmaterialien mit Aufgabenstellungen in diesem Oberstufenband.

Das Register mit Begriffserklärungen (Anhang) dient als „kleines Lexikon". Für eigene weiterführende Erarbeitungen stellt der Webcode eine erste Hilfe dar.

Herausgeber und Schulbuchautoren wünschen Ihnen eine erfolgreiche Arbeit auf Ihrem Weg zum Abitur!

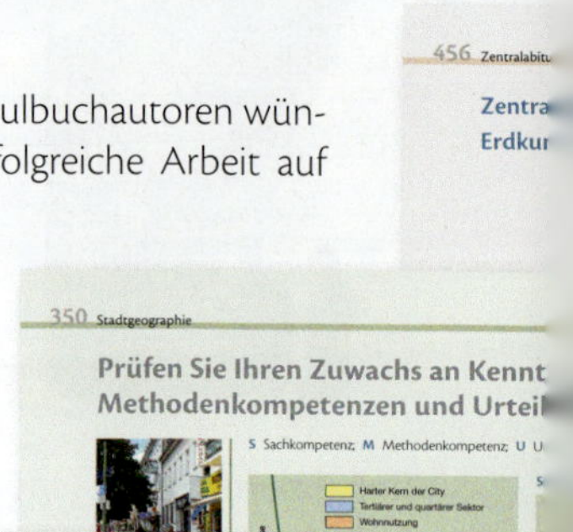

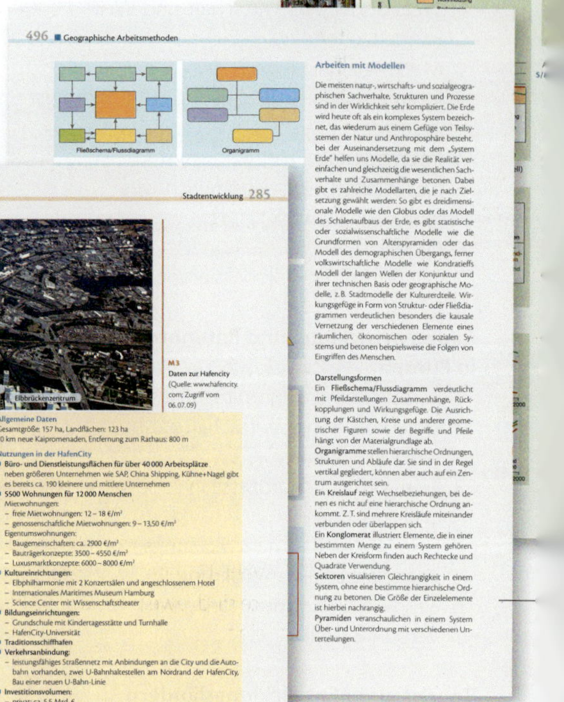

Wichtige Fachbegriffe
dienen dazu, geographische Sachverhalte exakt zu benennen. Sie sind fett gedruckt und werden am Ende des Buches im Register mit Begriffserklärungen erläutert, oder es wird auf die Seite im Buch verwiesen, wo der Begriff erklärt wird.

Materialien
sind mit dem Buchstaben **M** und fortlaufenden Nummern je Unterthema gekennzeichnet (z. B. **M 1**). Dies können Karten, Bilder, Grafiken, Tabellen, Quellentexte u. a. sein.

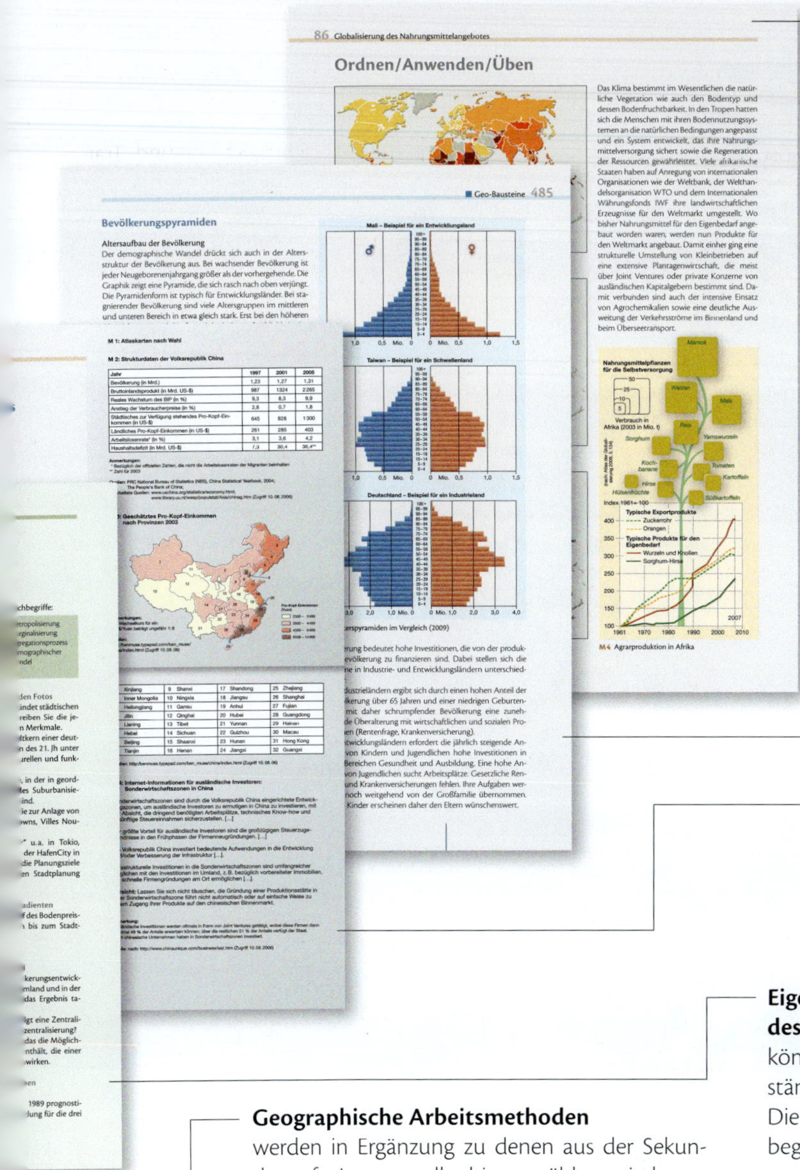

Übersichten
am Ende der Großkapitel präsentieren eine mehrseitige Zusammenfassung „Ordnen/Anwenden/Üben", mit deren Hilfe Sie die neu erworbenen Kenntnisse und Fähigkeiten festigen können.

Geo-Bausteine
am Ende des Buches ergänzen die Informationen zu den Fallbeispielen, sie stellen die Sachverhalte zudem modellhaft und abstrakt dar.

Klausuren
am Ende eines jeden Hauptkapitels spiegeln Ihnen Aufgabenstellungen, Materialumfänge und inhaltliche Schwerpunkte, die den Vorgaben des Zentralabiturs Nordrhein-Westfalen entsprechen. Bei diesen Klausuren handelt es sich um Originalaufgaben aus den Abiturjahren 2007 – 2009.
Die Seiten der Abiturklausuren in Originalgröße und die entsprechenden Lösungen finden Sie online mithilfe des Webcodes.

Eigene Überprüfungen des Kompetenzzuwachses
können und sollten Sie in den drei Oberstufenjahren ständig vornehmen:
Die Sachkompetenz, indem Sie neue Inhalte und Fachbegriffe beherrschen und sich auf der Erde global topographisch orientieren können.
Die Methodenkompetenz, indem zunehmend komplexe und abstrakte geographische Darstellungen ausgewertet sowie Sachverhalte auf unterschiedliche Weise eigenständig dargestellt werden.
Die Urteilskompetenz, indem vielschichtige geographische Gegebenheiten, Prozesse, Planungsvorhaben u.a. bewertet werden.
Die Handlungskompetenz, indem beispielsweise ökologisch und sozial verantwortungsbewusstes Handeln gelernt wird.
Mithilfe der Seiten „Prüfen Sie Ihren Zuwachs an Kenntnissen, Methodenkompetenzen und Urteilsfähigkeit" können Sie eigenständig überprüfen, welche der im jeweiligen Großkapitel vertieft vermittelten Kompetenzen Sie beherrschen. Zur Überprüfung Ihrer Ergebnisse finden Sie online mithilfe des Webcodes die jeweiligen Lösungen.

Geographische Arbeitsmethoden
werden in Ergänzung zu denen aus der Sekundarstufe I vorgestellt; hierzu zählen wiederum die WebGIS-Seiten. Die grundlegenden Arbeitsschritte sind jeweils zusammengestellt und erlauben eine schnelle Orientierung und Wiederholung. Zudem finden Sie Anwendungsbeispiele für die jeweilige Methode.

Webcodes
weisen Ihnen den Weg zu zusätzlichen Informationen und Materialien im Internet.
Die Eingabemaske für den Webcode finden Sie unter **www.cornelsen.de.**

Aufgaben
stehen als Block meist am Ende jeder Doppelseite. Sie helfen bei der Aneignung, Anwendung und Überprüfung von Kenntnissen und Fähigkeiten.

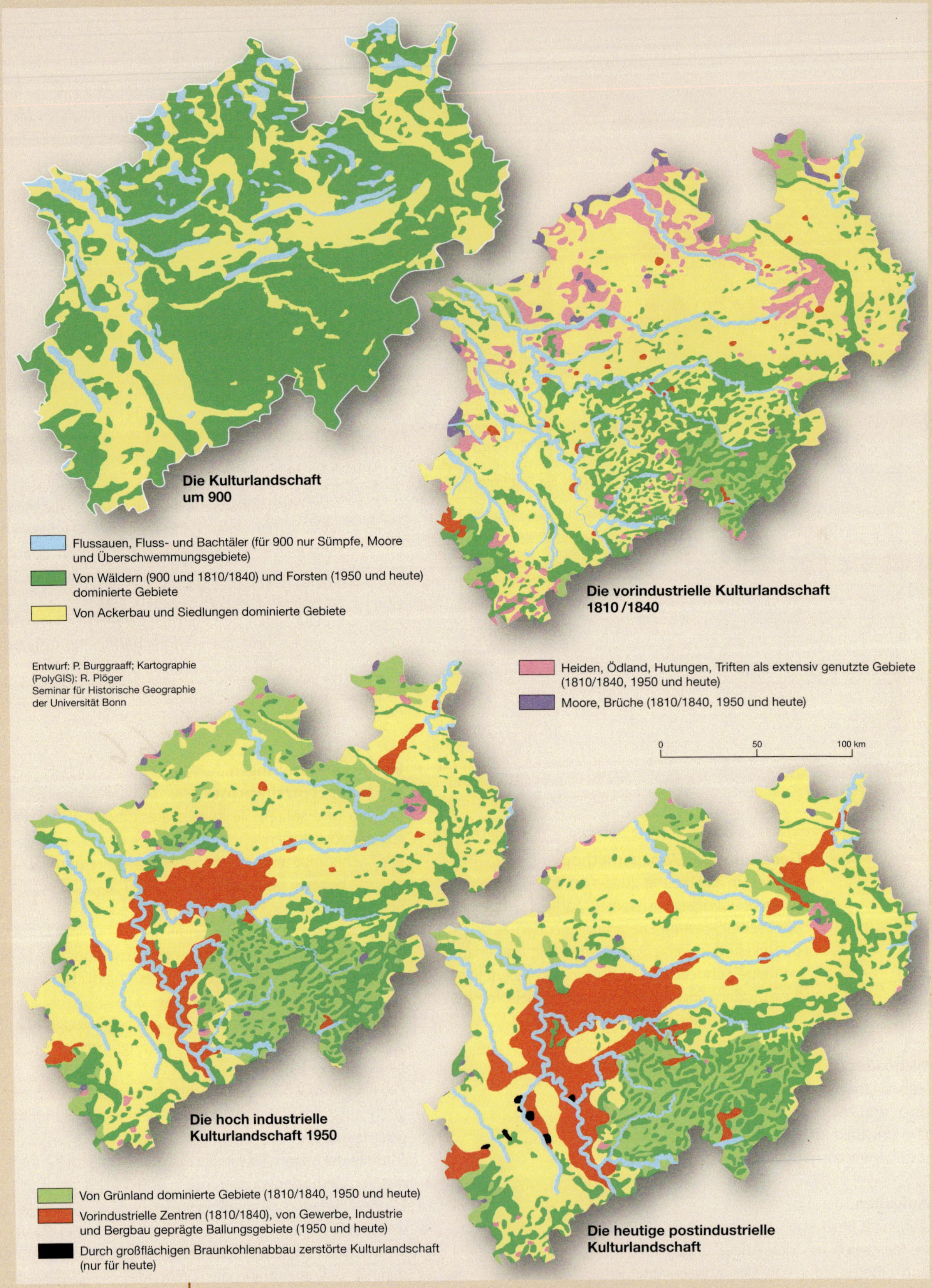

Die Entwicklung der Kulturlandschaft in Nordrhein-Westfalen

Naturfaktoren und Menschen prägen Landschaften

Einflussgrößen räumlicher Gefügesysteme: Die Gestaltung der Erdoberfläche unterliegt einer Vielzahl verschiedener Einflüsse. Gestein, Relief, Boden, Klima, Gewässernetz sowie Tier- und Pflanzenwelt sind Geofaktoren, die das Erscheinungsbild einer Naturlandschaft wesentlich bestimmen. Dabei beeinflussen sich die einzelnen Geofaktoren in vielfältig vernetzten Regelkreisen gegenseitig. So ist beispielsweise die Niederschlagsmenge in einem Raum für die Zusammensetzung der Vegetation von entscheidender Bedeutung. Andererseits beeinflusst die Vegetation durch die Verdunstung beziehungsweise Einflussnahme auf das Gewässersystem die Niederschlagsverhältnisse.

Auch das gesellschaftliche Handeln des Menschen unterliegt Regelkreisen, zu deren Systemelementen beispielsweise Siedlungs-, Verkehrs- und Produktionsstrukturen gehören. Durch Vernetzung der natürlichen Geofaktoren mit den anthropogenen Einflussgrößen entsteht ein verändertes Ökosystem, die Kulturlandschaft. Die Einflussnahme des Menschen kann unterschiedlicher Wirkung sein. Abhängig von der Bevölkerungsdichte sowie dem sozio-ökonomischen Entwicklungsstand einer Gesellschaft können sich naturnahe oder naturferne Kulturlandschaften ausbilden. Die landschaftlichen Ökosysteme in vielen hoch industrialisierten urbanen Gesellschaften mit landwirtschaftlicher Intensivnutzung sind heute gekennzeichnet durch tief greifende Veränderungen der Vegetation und Tierwelt, des Gewässersystems sowie der Böden. Vielfach sind die natürlichen Systeme vollständig anthropogen überformt. So lassen beispielsweise die Landschaften in Deutschland mit ihren steppenartigen Ackerflächen, vielfältigen Verkehrswegen, Industriegebieten und Siedlungen unterschiedlichster Art kaum noch ahnen, dass die ursprüngliche Naturlandschaft dieses Raumes noch vor etwa 1000 Jahren vorwiegend aus dichten Laubmischwäldern bestand.

Vielfach sind die anthropogenen Eingriffe in die landschaftlichen Ökosysteme heute so gravierend, dass dadurch die natürlichen Regelkreise ganz oder teilweise zusammenbrechen. Die Lebensbedingungen des Menschen sind jedoch von einer weitgehend intakten natürlichen Umwelt abhängig. Ändern sich infolge anthropogener Einflüsse zum Beispiel Klima, Böden und Wasserhaushalt eines Raumes erheblich, so kann dieser für den Menschen unbewohnbar werden. In manchen Kulturlandschaften scheinen die Grenzen der Belastbarkeit der natürlichen Systeme bereits erreicht.

Marsberg, im Sauerland

Das Münsterland – ein Tieflandsraum

M 1 Landschaft des Münsterlandes bei Stadtlohn

Naturräumliche Entwicklung

Annäherung an das Münsterland

Der Landschaftsname „Münsterland" ist nicht eindeutig definiert, sondern beschreibt als Lagebezeichnung einen Teil der Westfälischen Tieflandsbucht. Aus historisch-kultureller Sicht geben einige Landkreise Niedersachsens – wie das „Oldenburger Münsterland" – einen Hinweis auf die nördliche Ausdehnung des Fürstbistums Münster (bis 1803). Grenzt man das Gebiet unter wirtschaftlichen Aspekten ab, das heißt nach möglichst gleichartiger Produktionswirtschaft und einem daraus bedingten vergleichbaren Sozialgefüge, so umschließt das Gebiet Nordwestfalen sowie das östliche Sauerland. Auch ist der Naturraum „Münsterland", welcher aus dem Kernmünsterland sowie dem westlichen und östlichen Münsterland besteht, nicht deckungsgleich mit der administrativen Abgrenzung (vgl. M 2). Im Folgenden wird unter dem Begriff „Münsterland" die „Region Münsterland" verstanden, die sich im Rahmen der regionalisierten Strukturpolitik des Landes Nordrhein-Westfalen 1989 aus den Kreisen Borken, Coesfeld, Steinfurt, Warendorf und der kreisfreien Stadt Münster gebildet hat. Diese Region will durch gemeinschaftliches Handeln die regionale Entwicklung fördern (vgl. M 4).

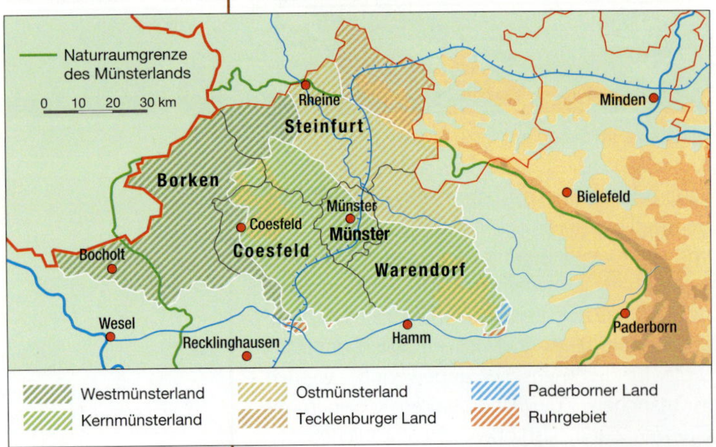

M 2 Region Münsterland

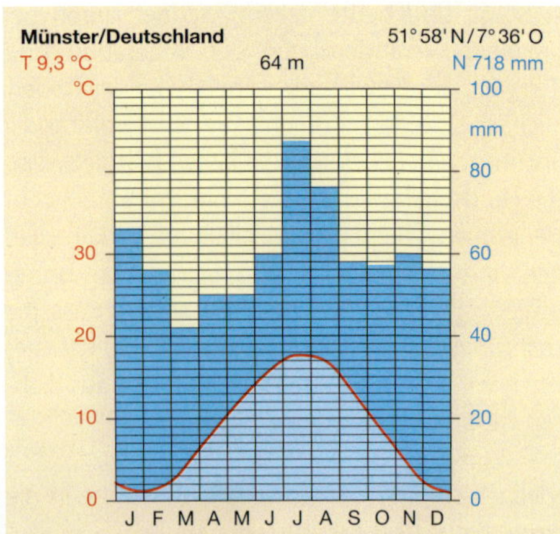

M 3 Klimadiagramm von Münster

1840 schrieb die Dichterin Annette von Droste-Hülshoff über ihre münsterländische Heimat:
„... in einer Gegend, die so anmutig ist, wie der gänzliche Mangel an Gebirgen, Felsen und belebten Strömen dies nur immer gestattet".
(aus: Bilder aus Westfalen)

Die Höhenunterschiede des Münsterlandes sind wahrlich relativ gering (Baumberge 182 m und Issel 15 m ü. NN). Auch das maritim beeinflusste Klima des Münsterlandes mit einer Vegetationsperiode von rund 235 Tagen pro Jahr ist ausgeglichen. Insgesamt stellt das Münsterland – bis auf die studentisch geprägte Stadt Münster – einen relativ einheitlichen Raum dar, der im hohen Maße von der Landwirtschaft geprägt ist. Diese landwirtschaftliche Prägung sowie die Waldarmut fallen zunächst aber kaum auf, da das Münsterland vielfältig durch kleinere Waldstücke, Wiesen, Hecken, Bäche und Felder gegliedert ist. Diese abwechslungsreiche Landnutzung begründet sich in den facettenreichen Boden- und vor allem Wasserverhältnissen.
Das kleinräumige Erscheinungsbild des Münsterlandes wurde durch die preußische Landreform im 19. Jahrhundert verstärkt, da als ihre Folge viele Flurstücke durch Hecken und Wallhecken abgegrenzt wurden. Dieser Parklandschaftscharakter des bäuerlich geprägten Münsterlandes blieb neben zahlreichen Wasserschlössern bis heute weitgehend erhalten.

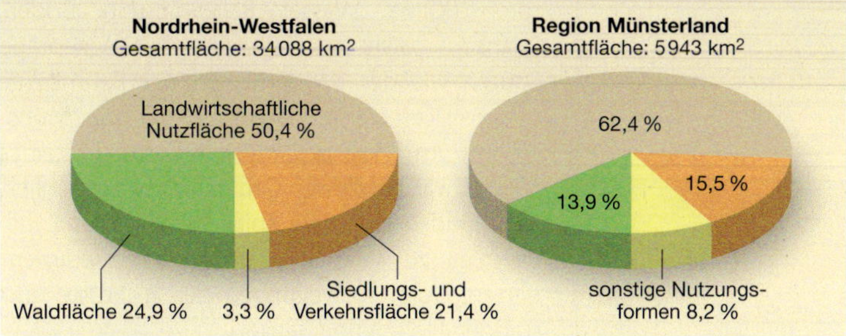

M 4 Flächennutzung im Vergleich

	Bevölkerung in Tausend	Bevölkerungsdichte E/km²
NRW	**17 996 621**	**528**
Münster	272 951	901
Kreis Borken	370 196	261
Kreis Coesfeld	221 381	199
Kreis Steinfurt	445 019	248
Kreis Warendorf	281 641	214
Region Münsterland	**1 591 188**	**268**

Quelle: https://www.landesdatenbank.nrw.de (Aufruf 6/2009)

M 5 Daten zur Bevölkerung 2007

M 6
Münsterland
a) Ausschnitt Preußische Kartenaufnahme 1: 25 000 Uraufnahme 1842
b) der gleiche Ausschnitt 2009 von GoogleEarth

1. Beschreiben Sie das Erscheinungsbild des Münsterlandes und lokalisieren Sie dieses (**M 1**, **M 6**).
2. Erläutern Sie die Schwierigkeit der Abgrenzung des „Münsterlandes" (**M 2**).
3. Beschreiben Sie das Klima im Münsterland am Beispiel von Münster (**M 3**).
4. Benennen Sie Merkmale des Münsterlandes (**M 1** bis **M 4**).
5. Erarbeiten Sie die Veränderungen des Münsterlandes in den Kartenausschnitten (**M 6**).

Von einer Naturlandschaft zur Kulturlandschaft

Das Münsterland wurde und wird durch Geofaktoren (Klima, Wasser, Relief-Gestein, Boden, Pflanzen- sowie Tierwelt (Biosphäre)) geprägt. Spuren wie der Kalksandstein der Baumberge und Fossilien weisen darauf hin, dass das Münsterland am Ende des **Mesozoikums** Teil eines Meeres war, auf dessen Grund sich feiner Schlick, Sand und Meerestiere ablagerten, die im Laufe der Zeit zu kalkhaltigem Sandstein sedimentierten. Durch Bewegungen der Erdkruste entstanden Höhen und Senken.

Die **Saale-Kaltzeit** überformte das Münsterland entscheidend. Zu dieser Zeit drangen Gletscher des skandinavischen Inlandeises mit einer Mächtigkeit von bis zu 300 Metern in die Westfälische Bucht vor (vgl. M 1). Im **glazialen** Bereich schoben sich Eismassen wie ein Hobel über das Gelände und zerstießen Gesteinsbrocken zu Sand und Lehm. Konnte das Eis abtauen, bildeten sich Schmelzwasserflüsse, die große Mengen von Sanden verlagerten.

Spuren dieser Vereisung sind neben den Sanden die im Münsterland flächenhaft verbreiteten **Grundmoränen.** Sie bestehen aus einer sandig-tonigen Grundmasse mit Gesteinsstücken (Geschiebe) unterschiedlicher Größe, die zum Teil aus dem skandinavischen Bereich stammen. Besonders die großen Geschiebe, wie das „Holtwicker Ei" (Findling), welches aus ca. 33 t schwedischen Granits besteht, geben ein Zeugnis dieser Vereisung. Während der folgenden dritten und bislang letzten norddeutschen Kaltzeit, der **Weichsel-Kaltzeit**, befand sich das Münsterland im **periglazialen** Bereich (vgl. M 1). Nicht nur fließende Gewässer, sondern auch der Wind konnten auf den großen, aufgrund der niedrigen Temperaturen vegetationslosen Bereichen feines Material abtragen und in Senken ablagern, sodass weite Teile des Münsterlandes eingeebnet wurden. Zudem kam es vor Hindernissen wie dem Nordrand der deutschen Mittelgebirge zur **Akkumulation von Löss,** woraus sich durch Verwitterung der fruchtbare Lössboden entwickelte. Durch den wasserundurchlässigen Boden entwickelten sich seit dem **Holozän** in Senken durch Staunässe **Hochmoore.**

Im Ostmünsterland haben sich auf den ursprünglich saalezeitlichen Sanden überwiegend basenarme Sandböden oder Moore gebildet. Im Kernmünsterland beeinflussten hingegen die Schichten der Kreidezeit, die teilweise durch Geschiebelehm oder Sand überlagert sind, die Bodenbildung zu basenreichen Lehmböden maßgeblich. Im Westmünsterland unterbrechen geologische Formationen aus der Kreidezeit und saalezeitliche Geschiebelehme die ausgedehnten Sandflächen. Diese Entwicklung führte zu einer hohen Bodenvielfalt, die im gesamten Münsterland durch den Einfluss von Staunässe und Grundwasser weiter stark gegliedert wird.

Wird eine Landschaft ausschließlich durch Geofaktoren geprägt, spricht man von einer „reinen Naturlandschaft". Eine solche reine Naturlandschaft stellte das Münsterland mit seiner natürlichen Vegetation – dichte Laubwälder, die durch Moorflächen unterbrochen waren – zu diesem Zeitpunkt dar.

Vor rund 4000 Jahren begann der Mensch in zunehmendem Maße, die reine Naturlandschaft des Münsterlandes zu einer Kulturlandschaft zu verändern. Hierbei wird unter „Kulturlandschaft" ein vom Menschen eingerichteter und angepasster Naturraum (Teil der Erdoberfläche) verstanden, der ständig verändert sowie umgestaltet wurde und noch wird. Kulturlandschaften sind nicht nur städtische Räume („reine Kulturlandschaften"), sondern auch ländliche oder naturnahe Räume („naturnahe Kulturlandschaften"), wenn diese durch den Mensch gestaltet wurden.

M 7 Haupteisrandlagen der Elster-, Saale- und Weichsel-Vereisung

6. Benennen Sie die Auswirkungen der drei Kaltzeiten auf das Münsterland.
7. Erläutern Sie die Entstehung der unterschiedlichen Böden sowie deren Bedeutung für den „Parklandschaftscharakters" des Münsterlandes.
8. Erklären Sie den Unterschied zwischen „Naturlandschaft" und „Kulturlandschaft".

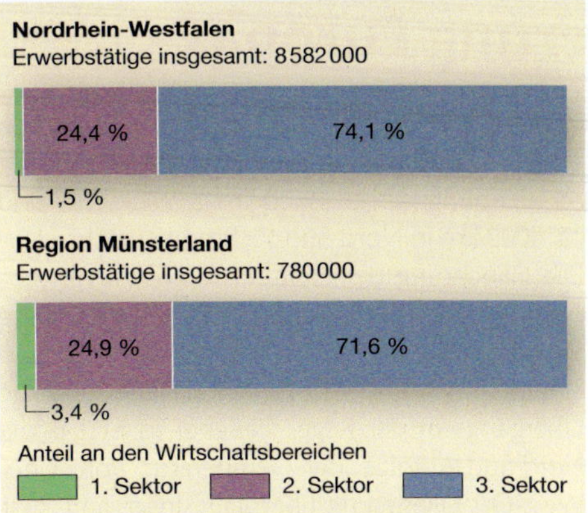

M 8 Erwerbstätige nach Wirtschaftsbereichen

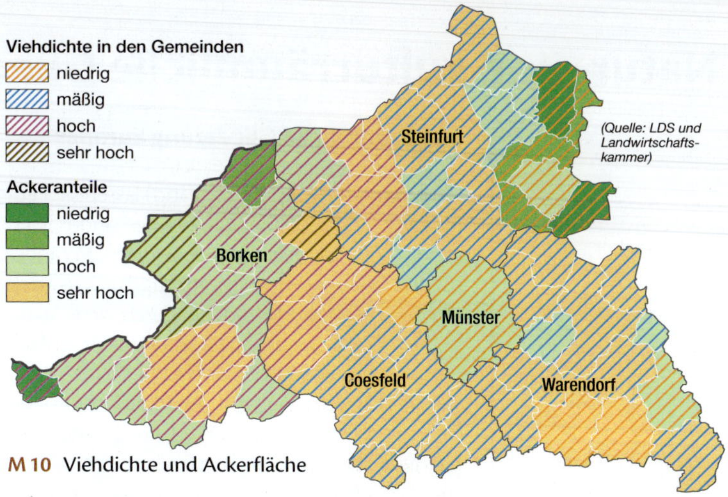

M 10 Viehdichte und Ackerfläche

Aufgrund der wenig fruchtbaren Böden des Münsterlandes entwickelte sich zunächst die Einzelhoflage, die bis heute dominiert. Seit Entstehung der modernen Landwirtschaft vor rd. 190 Jahren bestand ihr Hauptziel in der Schaffung von Grünlandflächen durch die Moorkultivierungen sowie der Entwässerung von Feuchtgebieten. Hecken dienten dabei u. a. als Windschutz und Umzäunung der kleinräumigen Weiden. Seit 1950 gelang es im Münsterland, durch bodenverbessernde Maßnahmen – wie die technische Entwässerung (Drainage) – sowie den Einsatz von Dünger aus zahlreichen Grünflächen Ackerflächen zu gewinnen.

Der Ackerbau ist heute im Münsterland in über 10 000 Betrieben die am stärksten verbreitete Nutzungsart. 66 Prozent der rund 307 000 ha Ackerfläche werden für den Getreideanbau genutzt, 24 Prozent für Futtermittel wie Mais. Der gut technisierbare Futtermittelanbau zur Gewinnung energiereichen Viehfutters schaffte die Basis für eine stark expandierende Viehwirtschaft. Die traditionelle Einzelhoflage begünstigte die Entwicklung der Veredlungswirtschaft, da sich die Viehhaltung hier störungsfrei ausbreiten konnte. Häufig wird die geringe Flächenausstattung durch intensive Tierhaltung kompensiert, sodass der Viehbesatz je ha landwirtschaftliche Nutzfläche außerordentlich hoch ist.

Zugleich setzte auch im Münsterland ein kräftiger Strukturwandel nach dem Motto „wachse oder weiche" ein, der allein im Zeitraum von 1998 bis 2007 dazu führte, dass rd. 29 Prozent der landwirtschaftlichen Betriebe aufgeben mussten. Während die Anzahl der landwirtschaftlichen Haupterwerbsbetriebe weiter abnimmt (2007: 48 %), steigen ihre Flächengröße sowie ihr Spezialisierungsgrad. Zwar machen Nebenerwerbsbetriebe rd. 52 Prozent der Gesamtzahl der Betriebe aus, doch bewirtschaften sie nur 13 Prozent der landwirtschaftlichen Nutzfläche.

(Verschiedene Quellen: u. a. aktualisiert und verändert nach Büßis, H.: Landwirtschaft in der Region Münsterland, S. 239 ff. und http://www.landwirtschaftskammer.de/bfa/pdf/fachbeitrag-muensterland.pdf)

M 9 Landwirtschaft im Münsterland

	Anzahl der landwirtschaftlichen Betriebe*	Änderung zu 1993 (in %)	Betriebe über 50 ha (in %)	Durchschnittliche LNF pro Betrieb (in ha)	Landwirtschaftliche Nutzfläche absolut (in tausend ha)	Anteil der LNF an Gesamtfläche (in %)
NRW	47 511	– 36,2	22	32	1 503	50
Region Münsterland	12 277	– 34,7	20	29	367	62
Münster	448	– 34,5	22	28	13	45
Kreis Borken	3 399	– 34,1	15	26	90	63
Kreis Coesfeld	2 255	– 34,8	23	31	72	65
Kreis Steinfurt	3 531	– 36,3	20	29	104	58
Kreis Warendorf	2 644	– 33,2	25	33	88	67

* Haupt- und Nebenerwerbsbetriebe, (Quelle: LDS 2007, Aufruf 6/2009)

M 11
Ausgewählte Daten zur Landwirtschaft in der Region Münsterland

Webcode: GO649174-013

9. Kennzeichnen Sie die Struktur der Landwirtschaft im Münsterland im Vergleich mit Nordrhein-Westfalen (M 9, M 11).
10. Erläutern Sie die Entwicklung der Landwirtschaft im Münsterland (M 8 bis M 10). Nehmen Sie dabei Stellung zum Motto: „wachse oder weiche".
11. Recherchieren Sie im Internet die Struktur der Landwirtschaft in ihrer Region und vergleichen Sie diese mit der Landwirtschaft im Münsterland (M 8 bis M 11). Berichten Sie darüber.

Natur- und kulturräumliche Gliederung Europas

Naturräumliche Gliederung Europas

Naturräume (z. B. in Deutschland) lassen sich europaweit und global einordnen. Sie sind das Ergebnis von Jahrmillionen dauernden Veränderungen. Während die Abgrenzung Europas nach Norden, Westen und Süden durch den Atlantischen Ozean und seine Nebenmeere einfach vorzunehmen ist, ist der Übergang nach Asien in vielerlei Hinsicht fließend. Aus naturräumlicher Sicht wird Europa nach Osten durch eine Linie begrenzt, die vom Uralgebirge über den Uralfluss zum Schwarzen Meer verläuft. So ergibt sich ein ca. 10 Mio. km² großer, stark gegliederter und vielseitig reliefierter Kontinent, der eine maximale Ausdehnung von ca. 4600 km in West-Ost- und ca. 4000 km in Nord-Süd-Richtung erreicht.

Die Gliederung der Landmasse, die zonale Anordnung der Landschaftsgürtel, der klimatische Wandel sowie die natürliche Vegetation ergeben eine Aufteilung des Kontinents. Dabei sind die Übergänge in der Regel fließend; so ist z. B. die Nord-Süd-Abfolge der Temperatur von einer West-Ost-Gliederung überprägt. Insgesamt lässt sich aber eine Einteilung in die Großräume Nord-, West-, Süd-, Ost- und Mitteleuropa vornehmen.

Relieftypen:

- Moränenlandschaft
- Rumpfgebirgslandschaft
- Schollengebirgslandschaft
- Gebirgs- und Beckenlandschaft
- Vulkanlandschaft
- Junge Faltengebirgslandschaft

Naturräume:

1 Nordeuropa
1.1 Inseln im Nordatlantik
1.2 Fennoskandien

2 Westeuropa
2.1 Britische Inseln
2.2 Festländisches Westeuropa

3 Mitteleuropa
3.1 Mitteleuropäisches Tiefland
3.2 Mitteleuropäisches Gebirgsland
3.3 Alpenraum
3.4 Karpatenraum

4 Südeuropa
4.1 Pyrenäen-Halbinsel und Balearen
4.2 Südfranzösisches Hügel- und Bergland
4.3 Korsardinien
4.4 Apenninen-Halbinsel
4.5 Dalmatinisch-albanische Küste
4.6 Balkan-Halbinsel

5 Osteuropa

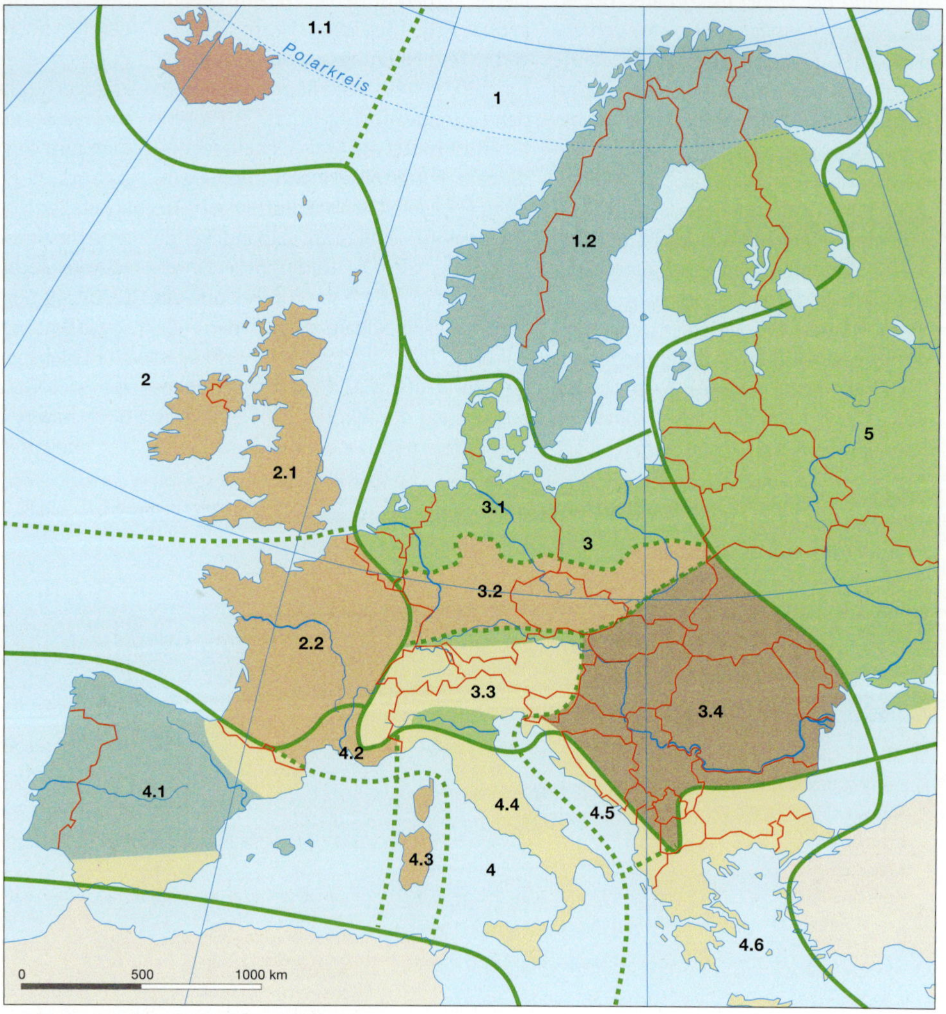

M 1 Naturräumliche Gliederung Europas

1. Erläutern Sie die naturräumliche Gliederung Europas (M 1).
2. Gliedern Sie Europa mithilfe geeigneter Atlaskarten in Bezug auf sein Klima, die Vegetation sowie anhand der geologischen Entwicklung.
3. Ordnen Sie Ihren Heimatraum begründend in die naturräumliche Gliederung ein (M 1, Atlas).

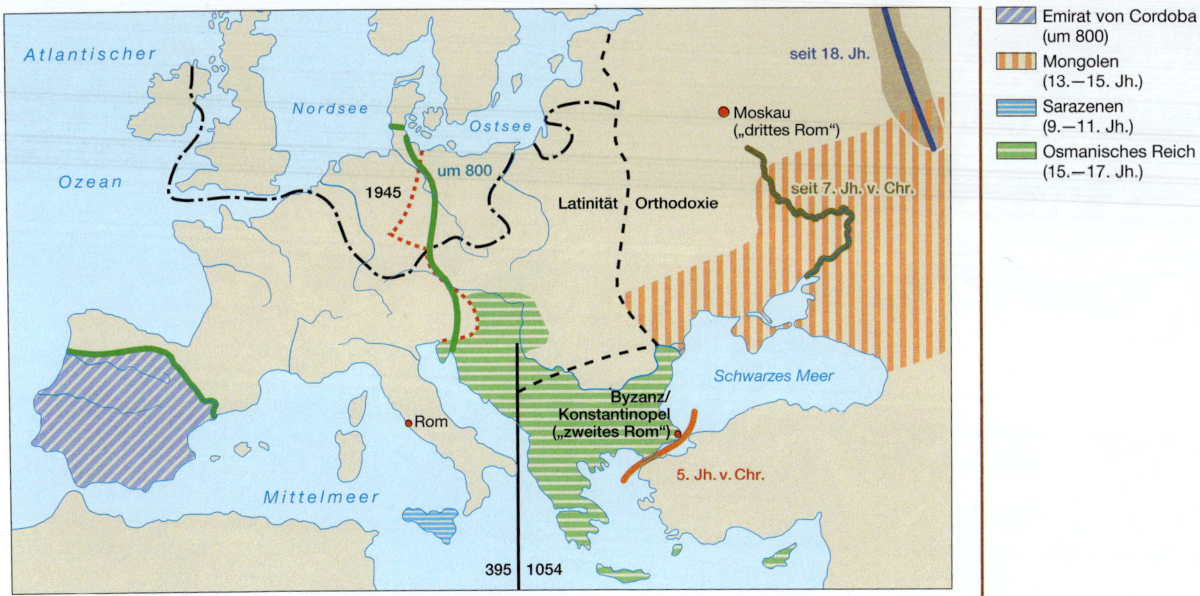

M 2 Europas äußere Grenzen und inneren Trennungslinien

Kulturräumliche Gliederung Europas

Im herkömmlichen Verständnis wird „Kultur" als Mischung von Literatur, Kunst, Musik und Wissenschaft verstanden. Im weiteren Sinne umfasst sie die Lebens- und Handlungsformen in einem abgegrenzten, selbstständigen Raum und überschneidet sich hier mit dem Begriff „Zivilisation". Merkmale für einen Kulturerdteil sind gemeinsame Geschichte, Religion, Rasse, Recht, Traditionen und Wertevorstellungen. Nach dieser Definition ist Europa ein Kulturerdteil, der aber zugleich vielfältige kleinräumige Kulturen hervorgebracht hat.

Europas Kulturraum entwickelte sich aus drei Kulturkreisen: im Süden der griechisch-römische Kulturraum, im Osten der slawische und im Westen der angelsächsische in Verbindung mit dem griechisch-römischen. Philosophische Strömungen und moderne Technik formten Europa, das durch Kulturen anderer Erdteile nur beeinflusst, nicht aber überformt wurde. Noch vor 200 Jahren gab es, anders als in den übrigen Teilen der Welt, auf engem Raum über 100 (Klein-)Staaten. Daher waren früher mehr nationalstaatliche Bestrebungen verbreitet als in der heutigen, an Eingebundenheit orientierten Zeit.
Trotz eines einigenden Grundgedankens sind regionale Unterschiede vorhanden und auch wünschenswert. Dem trägt der politische Gedanke eines „Europa der Regionen" Rechnung, bei dem die überregionalen Gemeinsamkeiten gestärkt und die kleinräumigen Eigenheiten gepflegt werden sollen.

Äußere Grenzen

1. In den Kriegen zwischen Griechen und Persern galten die Dardanellen als Grenze zwischen „Asien" und „Europa".
   Im 15./16. Jahrhundert wird sie wieder aufgegriffen. Während der Renaissance entwickelt sich in Europa, auch unter dem Schock der Eroberung Konstantinopels durch die Osmanen 1453, ein Bewusstsein kultureller Einheit, die in der griechisch-römischen Antike wurzelt. Gelehrte und Künstler wie Leonardo da Vinci, Erasmus von Rotterdam und Albrecht Dürer beweisen in ausgedehnten Reisen und Briefkontakten, auch im wiederholten Wechsel der Wohnorte quer durch Europa ein „europäisches Bewusstsein".
2. Bei antiken Schriftstellern und Geographen übliche Bezeichnung der Ostgrenze Europas.
3. Die östlichen Grenzmarken des Reichs von Karl dem Großen und die Nordgrenze des Emirats von Cordoba gelten als Grenzen des christlichen Europas. In der Symbiose von römischer Antike, lateinischem Christentum und fränkisch-germanischer Welt liegen die Fundamente des abendländischen Europa.
4. Als Echo auf die Bemühungen Peters des Großen, Russland zu europäisieren, gilt der Ural als „natürliche" Ostgrenze Europas.

Innere Trennungslinien

1. Kaiser Theodosius teilt 395 das Römische Reich in eine Ost- und eine Westhälfte. 1054 trennen sich im Streit über theologische Grundsatzfragen die West- und die Ostkirche in römisch-lateinische und griechisch-orthodoxe Christenheit; die Slawenmission ändert die Grenze zwischen Latinität und Orthodoxie.
2. Grenze zwischen Latinität und Orthodoxie.
3. Konfessionsgrenze (Protestanten und Katholiken) seit dem 16. Jahrhundert. In Nordeuropa behauptet sich der Protestantismus in Südeuropa der Katholizismus, während sich die Verhältnisse in Mitteleuropa uneinheitlich gestalten.
4. Nach dem Zweiten Weltkrieg teilt der „Eiserne Vorhang" West- und Osteuropa, die unter der Führung der USA und der Sowjetunion zum weltweiten „bipolaren System" gehören.

(aus: T. Petersen: Europa. Idee und Wirklichkeit in der Geschichte. Bamberg 1998)

4. Ordnen Sie den Ausdruck „Europa – Einheit in der Vielfalt" in den Kontext eines Kulturerdteils ein.

5. Erläutern Sie die historischen Grenzziehungen in Europa (**M 2**).

Kaffee-Ernte in Kamerun

Kaffee-Trocknung in Brasilien

Landwirtschaft in verschiedenen Ökozonen

Das Nahrungsmittelangebot und unsere Essgewohnheiten haben sich im letzten Jahrhundert enorm verändert. Es gibt mehr Fleisch auf Deutschlands Tischen und weniger Kartoffel- und Getreideerzeugnisse. Genussmittel wie Kaffee, Kakao und Tee gehören inzwischen wie selbstverständlich zu unserem täglichen Nahrungsmittelrepertoire. Und wir können heute in jedem größeren Supermarkt tropische Früchte kaufen, die unsere Großeltern nicht einmal beim Namen kannten.

Hinter dem Luxus dieses vielfältigen Speiseplans verbirgt sich ein sehr aufwendiges weltweites Handelsnetz. Es ist verbunden mit einem immensen Transportaufwand und hohen Transportkosten. So bereichernd der globale Nahrungsmittelmarkt vor allem für viele Menschen in den industrialisierten Ländern auch sein mag, aus verschiedenen Gründen können diese globalen Handelsverflechtungen auch nachdenklich stimmen.

Je mehr der globale Markt zusammenwächst, desto schärfer wird die Konkurrenz. Bei einem großen Angebot einer Ware auf dem Weltmarkt sinken die Preise. Der Export von Nahrungs- und Futtermitteln stellt aber besonders für viele Länder der Dritten Welt eine wichtige Devisenquelle dar, auf die sie nicht verzichten können. Die Arbeitsbedingungen der Menschen auf den Plantagen oder Feldern sind dabei oft schlecht. Zudem liegen Anbau, Transport und Vermarktung der Produkte zum Teil in den Händen von multinationalen Konzernen. Dadurch haben diese Länder wenig Einfluss auf die Preisgestaltung ihrer landwirtschaftlichen Produkte. Um dem entgegenzuwirken haben sich mancherorts Kleinbauern zusammengeschlossen und bieten ihre Produkte, zum Beispiel Kaffee oder Bananen, im so genannten „fairen Handel" an. Die Produktion dieser Nahrungsmittel orientiert sich an sozialen und ökologischen Mindeststandards.

Umschlag im Hamburger Hafen

Die vermehrte Spezialisierung und Industrialisierung der Agrarproduktion sowie der Anbau in großen Monokulturen wirken sich auch zu Lasten der Natur aus. Ökologische Kreisläufe sind gestört. Bodenerosion, Boden- und Grundwasserbelastungen sowie sinkende Grundwasservorräte sind die Folge. Nur langsam erkennt der Mensch die Gefahren der hemmungslosen Übernutzung und Zerstörung der natürlichen Ressourcen.

Weltweite Nahrungsmittelproduktion

Reife: Orangenfarbig
Geschmack: Säuerlich-herb, erinnert an Orangen
Nährwert: Hoher Vitamin-C-Gehalt, reich an Mineralstoffen und ätherischen Ölen.
Verwendung: Roh essen, Schale kann mit gegessen werden, für Sirup, Konfitüre, Obstsalat oder Cocktails
Herkunft: Malaysia

Reife: Schale muss sich leicht eindrücken lassen
Geschmack: Leicht süß-sauer, erinnert an Orangen
Nährwert: Reich an Vitamin C + B
Verwendung: Roh essen (wie ein Ei schälen), zu Obstsalaten, Nachspeisen oder Cocktails
Herkunft: Südafrika

Reife: Volle gelbe Schale, butterweiches, saftiges, rosarotes Fruchtfleisch
Geschmack: Süß, erinnert an Waldmeister und Himbeere
Nährwert: Reich an Vitamin A + C, für Diäten geeignet
Verwendung: Zum Frühstück, zu Vorspeisen und Salaten
Herkunft: Brasilien

M1 Angebote aus dem Supermarkt

1. Nahrungsmittel aus aller Welt

„An Weihnachten Erdbeeren zu essen und Pfirsiche zu Neujahr ist zwar ein angenehmer Luxus, aber auch die Ursache von Entfremdung und Verwirrung, da wir nur schwer den Ursprung der Erzeugnisse erfahren, ihre geographische Herkunft. [...] Wir wissen nicht, wann und wie sie hergestellt wurden. Wir kennen sie nicht mehr."

(Montanari, Der Hunger und der Überfluss – Kulturgeschichte der Ernährung in Europa, München 1993, S. 192)

Das Angebot in unseren Supermärkten ist reichhaltig. In der Obst- und Gemüseabteilung quellen die Regale über. Neben Bananen und Orangen liegen Mangos aus Indien, Kiwis aus Neuseeland, Papayas aus Brasilien. Die Treibhäuser Belgiens und der Niederlande liefern Chicorée und Paprika zu jeder Jahreszeit. Neu in diesem Markt sind offenbar Rambutani aus Indonesien sowie Kumquats und Litschi aus Malaysia und Südafrika. Geschmack, Nährwert und Verwendungsmöglichkeiten dieser „neuen" tropischen Früchte werden daher den Verbrauchern genau beschrieben.

Die Fleischabteilung bietet 60 verschiedene Wurstsorten. Sonderangebote sind heute Schweinegulasch 2,98 €/kg und Rindfleisch, „direkt aus der Keule" 4,99 €/kg. Diese niedrigen Preise ermöglichten die Massentierhaltung und der Import von Kraftfutter, das zu zirka 50 Prozent aus Ländern der Dritten Welt kommt. Auf der Speisekarte unserer Milchkühe, Mastschweine und Legehennen stehen Soja aus Brasilien, Maniok aus Südostasien, Getreide aus Argentinien und Fischmehl aus Peru – Länder, in denen zumindest regional auch heute noch Hunger herrscht. Die Welt deckt uns den Tisch. Entfernungen spielen keine Rolle. Um uns diese Vielfalt an Lebensmittel jederzeit verfügbar zu machen, ist eine Agrarindustrie entstanden, die weltweit produziert, mit großem logistischen Aufwand die Waren verteilt und mit Werbefeldzügen den Absatz sichert.

Die Vorteile sind offensichtlich. Fast alle Nahrungsmittel sind bei uns unabhängig von Jahreszeiten zu günstigen Preisen verfügbar. Sie können als Konserven oder tiefgekühlt längere Zeit lagern und lassen sich schnell zubereiten. So werden Arbeitskraft und Zeit gespart. Dies ist einer der Gründe, die es heute ermöglichen, dass in einer Familie beide Elternteile arbeiten können. Zugleich wird durch die niedrigen Lebensmittelpreise Kaufkraft für andere Produkte frei.
Dieser Überfluss hat allerdings seine dunkle Seite. Dies gilt auch für uns Verbraucher in den Industrieländern. Die Beziehungen sind unübersichtlich geworden. Das Verkaufsprodukt ist bekannt, Herkunft und Zusammensetzung, z. B. bei Fertigprodukten – Suppen aus der Tüte, Jogurt, Pizza aus der Tiefkühltruhe – sind jedoch nicht immer durchschaubar.
Wichtiger aber ist, dass auch im Jahr 2009 noch zirka 900 Millionen Menschen an Mangel- oder Unterernährung leiden, obwohl rein rechnerisch genügend Nahrungsmittel für alle Menschen produziert werden könnten. Die meisten Menschen, die nicht genügend zu essen haben, leben in Entwicklungs- und Schwellenländern. Besonders betroffen sind Südasien und Afrika südlich der Sahara.

Produkt (Name)	Anzahl der konkurrierenden Produkte/Sorten	Herkunft (Stadt/Region/Land)	Anbau in D (in der EU) nein	ja	Zurückgelegte Entfernung (km/Luftlinie)	Bemerkungen zur Produktion (Treibhaus/Saisonal)	Bemerkungen zum Transport (z. B. Kühlung)
Äpfel							
Tafeltrauben							
Tomaten							
Bananen							
Orangensaft							
Frischmilch							
Tee							
Lammfleisch							
Schinken							
...							

M 2 Musterbogen für eine Bestandsaufnahme im Supermarkt

Durch konsequente Umstellung auf regionalen Einkauf hat eine Großküche den Transportaufwand für Nahrungsmittel um 88 Prozent reduziert. Inzwischen kommen zwei Drittel aller Produkte von Lieferanten aus einem Umkreis von zehn Kilometern.

Menü vor der Umstellung		Menü nach der Umstellung	
Blumenkohlsuppe (Fertigprodukt)	120 km	Salatteller (lokaler Gärtner)	1,5 km
Kopfsalat (Großhändler)	50 km	Dinkel-Mandelküchle (Erzeugergemeinschaft)	80,0 km
Schweinebraten (eingeschweißt)	200 km		
Soße (Fertigprodukt)	120 km	Gemüseplatte (regionaler Bauer)	19,0 km
Spätzle (Fertigprodukt)	50 km	Kräutersoße (regionaler Bauer)	3,0 km
Schokoladencreme (Fertigprodukt mit Milch)	170 km	Apfelgrütze mit Zimtsahne (lokaler Anbau; Zimt, Vanille und Zitronensaft nicht berechnet)	1,5 km
Menübeschaffung konventionell **Beschaffungskilometer pro Menü gesamt:**	710 km	Menübeschaffung regional **Beschaffungskilometer pro Menü gesamt:**	105 km
(Quelle: SUM, Hrsg. Brot für die Welt und Evangelische Akademien für Deutschland)			

M 3 Die Küche im Dorf lassen – aus regionalen Märkten frisch auf den Tisch

1. Untersuchungen im Supermarkt
   a) Legen Sie fest, welche Supermärkte Sie untersuchen wollen. Bilden Sie Gruppen, die jeweils ein Geschäft bearbeiten oder sich auf bestimmte Produkte konzentrieren (tropische/subtropische Früchte oder asaisonale Produkte wie Spargel zu Weihnachten).
   b) Erstellen Sie Steckbriefe (Karteikarten) von exotischen Fruchtsorten: Name der Frucht, Herkunftsland, Geschmack-Geruch-Aroma, Verpackung und Transport (abgepackt oder lose, Kühlung), Aussehen (Zeichnung oder Foto), Preis (kg/Stück).
   c) Bearbeiten Sie Tabelle M 2.
   d) Tragen Sie die Herkunft der Produkte in eine Weltkarte ein.
2. Versuchen Sie den Transportaufwand in Kilometern für ein Mittagessen zu berechnen (M 3). Dazu müssen Sie die Herkunft der Produkte ermitteln. Sie ist bei Fleisch und bei den Beilagen (z. B. Gemüse) heute oft angegeben, oder Sie fragen Ihren Kaufmann. Bei Fertigprodukten ist eine Berechnung schwierig. Meist ist der Standort der Fabrik angegeben. Die Zusammensetzung des Produktes finden Sie auf der Packung. Zu bedenken ist, dass es sich bei den Zutaten oft nicht um Naturprodukte handelt, sondern um Aromastoffe. Will man die Transportwege für die Zusatzstoffe realistisch berechnen, sind 80 Transportkilometer zu der Entfernung Verkaufsort – Herstellungsort hinzuzuzählen.

2. Das Klima – eine natürliche Grundlage der Landwirtschaft

	Durchschnittstemperatur während der Wachstumszeit	Niederschlag (Toleranzbereich) (in mm Jahr)	Dauer der Wachstumszeit bis zur Reife (Tage*)
Kartoffeln	> 5 °C	450 – 600	ca. 60
Winterweizen	> 5 °C (frosthart bis – 22 °C)	250 – 900	ca. 90
Sommerweizen	> 5 °C	< 500	100 – 105
Zuckerrüben	> 5 °C	> 500	120
Mais	> 5 °C	250 – 5000	130 – 150
Tabak	15 – 27 °C	500 – 2000	60
Ölbaum	15 – 22 °C	200 – 700	–
Agrumen	15 – 22 °C	1200 – 2000	150 – 210
Soja	> 5 °C**	300 – 4000	120 – 160
Nassreis	25 – 32 °C	z. T. Überflutung	90 – 210***
Hirse	25 – 30 °C	180 – 700	90 – 120
Baumwolle	25 – 27 °C	600 – 1500	120 – 150
Erdnuss	> 15 °C	250 – 700	120 – 150
Jute	27 – 32 °C	> 1500	–
Kautschuk	28 °C	2000 – 4000	–
Maniok	> 20 °C	500 – 2000	180 – 270
Bananen	> 25 °C	1200 – 2500	90
Ananas	> 20 °C	1000 – 1500	120
Zuckerrohr	25 – 28 °C	1500 – 2500	8 – 24 Monate
Kaffee	17 – 22 °C	1000 – 1500	240
Kakao	22 – 28 °C	1300 – 2000	365
Tee	18 – 30 °C	1500 – 3000	–

(Verschiedene Quellen; basierend auf: Sigmund Rehm/Gustav Espig; Die Kulturpflanzen der Tropen und Subtropen. Stuttgart 1976, A. Bärtels, Farbatlas Tropenpflanzen, Ulmer 1989)

*) Bei der Mehrzahl der Dauerkulturen ist keine Angabe der Wachstumszeit möglich
**) Tageslänge unter 14 Stunden (Kurztagpflanze)
***) Wachstumszeit von Reis-Hochertragssorten: 90 – 120 Tage

M 1 Standortansprüche verschiedener Kulturpflanzen

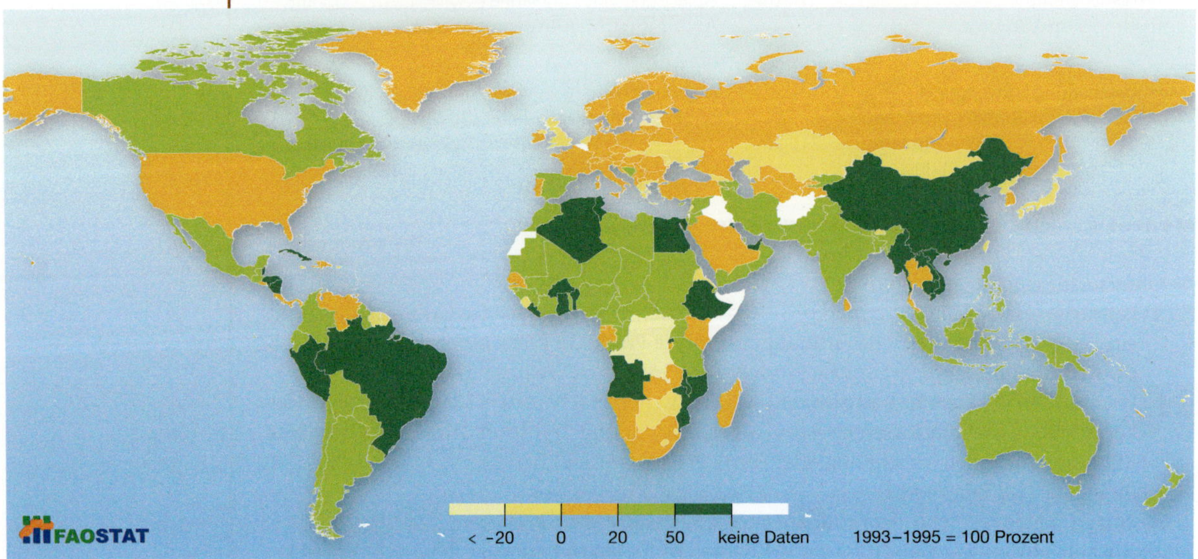

M 2 Entwicklung der Agrarproduktion

1. Erläutern Sie die klimatischen Wachstumsbedingungen für Weizen in Deutschland, in den USA und in Kasachstan (M 1, Atlas; Gruppenarbeit).
2. Beschreiben Sie die Entwicklung der Agrarproduktion weltweit (M 2).
3. Bestimmen Sie für die Nord- wie für die Südhalbkugel die polnächsten Regionen für den Anbau von Dattelpalmen, Zitrusfrüchten, Mais und Kartoffeln (M 3, Atlas).

Was wächst unter welchen Bedingungen?

Die meisten Kulturpflanzen sind durch Züchtung oder Auslese aus Wildformen hervorgegangen. In neuerer Zeit werden genetisch veränderte Pflanzen entwickelt, z. B. Soja. Ihr Einsatz ist umstritten. Pflanzen sind von Licht, Wärme, Niederschlag und Nährstoffen abhängig. Kälte- und Trockengrenzen gelten für die natürliche Vegetation wie für die Kulturpflanzen: Die **klimatische Anbaugrenze** ist dort erreicht, wo die Pflanze keine Wachstumsbedingungen mehr findet. Der Anbau der Kulturpflanzen aber unterliegt zusätzlich den Gesetzen der Wirtschaftlichkeit. Die **agronomische Anbaugrenze** ist dort erreicht, wo ein rentabler Anbau nicht mehr möglich ist. Bei einer Änderung der wirtschaftlichen Rahmenbedingungen kann sich diese Grenze verschieben. Hier greift der wirtschaftende Mensch mit vielfältigen Möglichkeiten ein:

- Ist der Boden unfruchtbar, wird gedüngt. Auf den leichten Sandböden des Westmünsterlandes wachsen dann auch Mais oder Weizen.
- Ist das Klima zu kalt, werden die Pflanzen in Treib- oder Gewächshäusern gezüchtet, wie bei den Paprika- und Tomatenproduzenten im Westland (Niederlande), die mit preiswertem Erdgas heizen und nahe zu den großen europäischen Verdichtungsräumen liegen.
- Neue Züchtungen haben es schon immer ermöglicht, die Verbreitungsgebiete der Kulturpflanzen auszudehnen. Ein Beispiel ist der Sommerweizen Marquis, der in 100 Tagen reift, währen normaler Sommerweizen zirka 120 Tage braucht. Diese Zeitverkürzung um 20 Tage ermöglichte es, die Kältegrenze des Weizenanbaus in Kanada weit nach Norden zu verschieben.

Durch Klimaveränderung und Desertifikation schrumpft die Landnutzungsfläche der Erde. Neue Flächen für die Landwirtschaft lassen sich nach Berechnung der FAO mittelfristig vor allem in Afrika außerhalb der Trockenzonen und in Südamerika gewinnen, dies allerdings mit hohen ökologischen Risiken, da hierzu Wälder gerodet werden müssten. Allerdings gehen die Berechnungen davon aus, dass auch ohne Ausweitung der landwirtschaftlichen Nutzfläche die Ernährung von bis zu 12 Milliarden Menschen gesichert werden kann, da Innovationen zu einer Steigerung der Produktivität führen (Mechanisierung, Intensivierung, Züchtungen von ertragreicheren Pflanzen- und Tierarten, Anwendung geographischer Informationssysteme). Zudem wird heute in allen großen Agrarlaboratorien der Welt an genveränderten Pflanzen gearbeitet, die die Trocken- und Kältegrenze verschieben sollen oder die gegen bestimmte Krankheiten und Schädlinge immun sind.

M 3 Verbreitung wichtiger Kulturpflanzen

Klima und Vegetation

Bei der Verbreitung der Pflanzen auf der Erde kommt dem Klima besondere Bedeutung zu. Es prägt den Boden und den Vegetationstyp.

Die Wachstumsvorgänge der Pflanzen benötigen eine bestimmte Umgebungswärme, die durch direkte Einstrahlung der Sonne oder durch zugeführte warme Luftmassen bereitgestellt wird. Im thermischen Jahreszeitenklima ergibt sich eine temperaturbedingte Vegetationszeit. Diese ist durch die Breiten- und Höhenlage sowie die kontinentale oder maritime Lage bestimmt.

In humiden Klimaten steht Wasser ganzjährig zur Verfügung, ist also kein begrenzender Wachstumsfaktor. Hingegen bestimmt in wechselfeuchten Klimaten das unterschiedliche Wasserangebot in Regen- und Trockenzeiten das Wachstum. Verantwortlich für die Temperaturunterschiede und die daraus resultierenden Luftdruckdifferenzen und Windsysteme ist die unterschiedliche Sonneneinstrahlung auf der Erde.

In Äquatornähe ist die Einstrahlung am größten und bewirkt dort die Entstehung tropischer Warmluft. Diese Luft steigt auf und verursacht in Bodennähe die Ausbildung der **äquatorialen Tiefdruckrinne.** An den Polen hingegen kühlen Luftmassen infolge der hohen Ausstrahlung aus, sinken dabei ab und bilden polare Hochdruckgebiete. Die äquatoriale Tiefdruckrinne und die **polaren Hochdruckzonen** sind beständige **thermische Druckgebilde.**

Aufgrund der unterschiedlichen Drucksysteme besteht am Boden ein Luftdruckgradient, der vom Polarhoch zur äquatorialen Tiefdruckrinne gerichtet ist. In den oberen Schichten der Troposphäre, wo sich in Äquatornähe durch die aufsteigende Luft gleichsam ein Luftstau bildet **(äquatoriales Höhenhoch),** besteht ein Druckgradient in Richtung zu den Polen **(polare Höhentiefs).** Der Coriolis-Effekt wirkt einem direkten Austausch zwischen polarer und tropischer Luft entgegen. Polare Kaltluft, die sich in Richtung Äquator bewegt, wird zu Ostwinden abgelenkt. Die vom Äquator in der Höhe polwärts strömende Luft wird zu einem Westwind. Dadurch ergibt sich ein komplexes globales Strömungsmuster.

In den Tropen wird das Klima durch die **Passatzirkulation** bestimmt. Ein Teil der in Äquatornähe aufsteigenden Luft sinkt im Gebiet der Wendekreise zu Boden. In Bodennähe wird dadurch ein beständig hoher Luftdruck aufgebaut: die

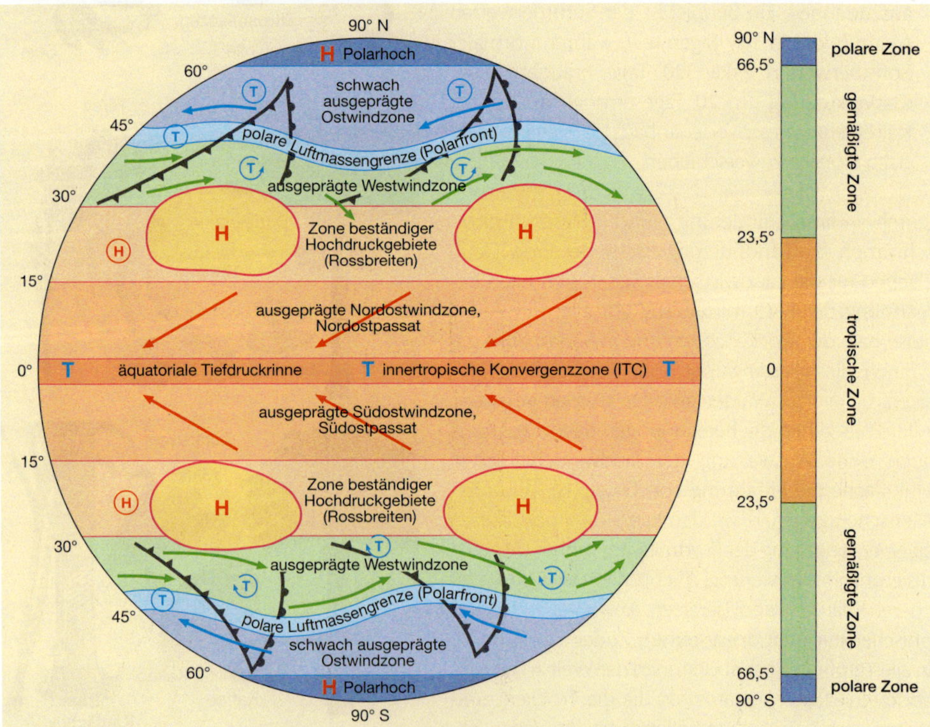

M4 Zonale Anordnung der Drucksysteme und Windgürtel

subtropische Hochdruckzone. Dieser Raum zeichnet sich durch große Trockenheit aus, hier befinden sich die meisten Wüsten der Erde. Zwischen der subtropischen Hochdruckzone und der äquatorialen Tiefdruckrinne herrscht ein Luftdruckgefälle. In Bodennähe fließt deshalb Luft aus den Hochdruckgebieten in Richtung Äquator ab. Durch den Coriolis-Effekt abgelenkt wehen diese Winde auf der Nordhalbkugel aus Nordost, auf der Südhalbkugel aus Südost. Sie sind sehr beständig und werden als **NO-Passat** und **SO-Passat** bezeichnet. In Äquatornähe treffen die Passatwinde der Emisphären aufeinander und bilden die **Innertropische Konvergenzzone (ITC).**

In den äquatornahen Regionen mit ganzjährig hoher Feuchtigkeit und hohen Temperaturen bestimmt der **immergrüne tropische Regenwald** die Vegetation. In den wechselfeuchten Tropen finden sich **Savannen,** im Umkreis der Wendekreise **Halbwüsten** und **Wüsten.**

In den sich polwärts anschließenden Subtropen ist die Westseite der Kontinente durch den Einfluss der subtropische Hochdruckzelle sommertrocken und winterfeucht durch die in dieser Zeit vorherrschenden Westwinde, die Niederschlag mit sich führen. Charakterpflanzen dieser **Winterregengebiete (mediterrane Gebiete)** sind Hartlaubgewächse, z. B. Pinie oder Ölbaum. An der Ostseite der Kontinente, die im Einflussbereich der Niederschläge transportierende Passate liegt, wachsen **immergrüne Feuchtwälder** (z. B. Lorbeer- und Nadelgehölze), die je nach Kontinent unterschiedlich sind.

Im Innern der Kontinente führen kalte Winter und warme trockene Sommer zur Ausbildung von **Steppen** sowie **Halb-** oder **Vollwüsten.**

Im Bereich der Westwindzone herrscht Jahreszeitenklima mit ausgeprägten Temperaturunterschieden zwischen Sommer und Winter. Es herrschen sommergrüne Laub- und Mischwälder vor, an die sich aufgrund der sinkenden Temperaturen und der Verkürzung der Vegetationsperiode auf der Nordhalbkugel der boreale Nadelwald und die Tundra anschließen. In den Kältewüsten der polaren Zonen können nur wenige „Spezialisten" unter den Pflanzen (z. B. Flechten, Moose) überleben.

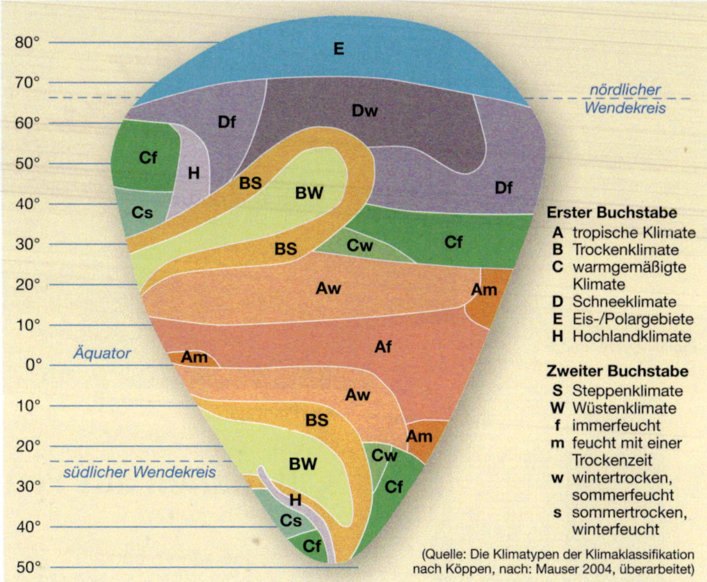

M5 Klimaregionen der Erde (Idealkontinent)

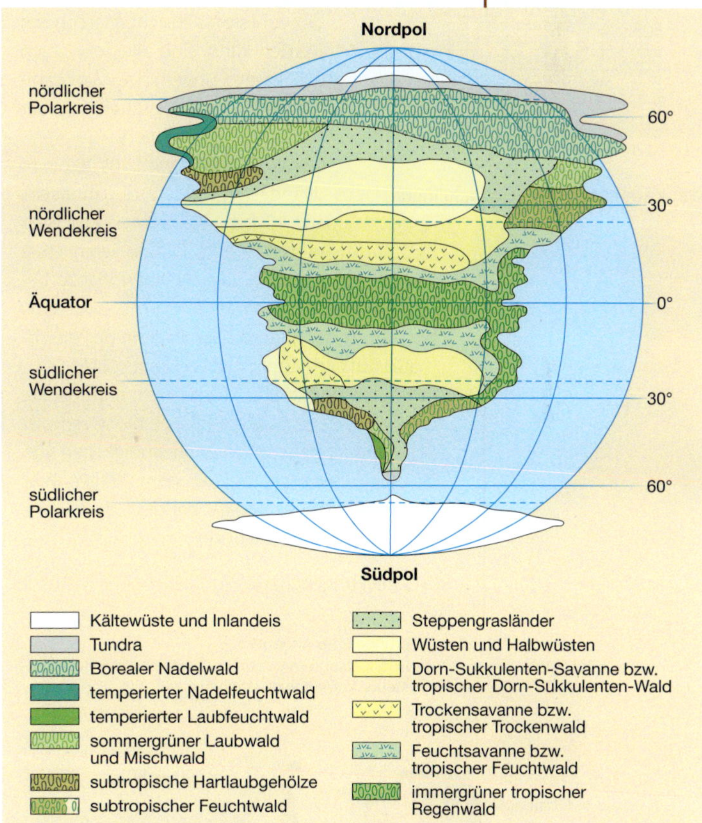

M6 Vegetationszonen der Erde (Idealkontinent)

4. Erläutern Sie die zonale Anordnung der Drucksysteme und Windgürtel (M4, Atlas).
5. Erklären Sie die Passatzirkulation (M4, Atlas).
6. Beschreiben Sie die Verteilung der Klimazonen und erläutern Sie sie (M4, M5, Atlas).
7. Beschreiben Sie die Verbreitung der Vegetationszonen und zeigen Sie Zusammenhänge zwischen Klima und Vegetation auf (M4 bis M6, Atlas).

Webcode:
GO649174-023

M1 Plantage

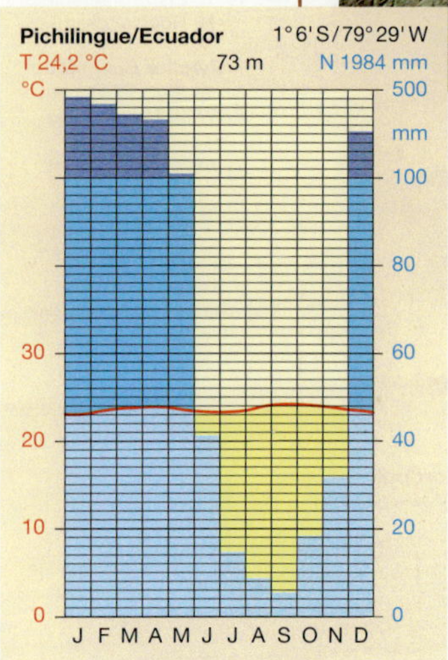

M2 Klimadiagramm von Pichilingue

3. Bananen aus Ecuador

Die Banane gehört botanisch gesehen zu den einkeimblättrigen Pflanzen und bildet dort eine eigene Familie.
Obwohl sie bis zu acht Meter hoch werden kann, sind alle Teile, auch der Stamm, unverholzt. Man kann die Bananenpflanze auch als „Riesenstaude" bezeichnen.
Der Fruchtstand wird aus 10 bis 14 „Händen" gebildet, die ihrerseits aus 10 bis 14 einzelnen Früchten bestehen. Eine Staude liefert etwa 130 bis 150 Bananen. Die Bananenpflanze benötigt ein feucht-warmes Klima mit etwa 1200 bis 2500 mm Niederschlag im Jahr, der gleichmäßig auf alle Monate verteilt sein sollte.
Die durchschnittliche Monatstemperatur sollte über 25 °C liegen. Da die Pflanze nicht verholzt ist, reichen bereits Windgeschwindigkeiten von ca. 60 km/h, um sie umzuknicken. Wegen ihres großen Mineralsalzbedarfs benötigt die Banane humusreiche, lockere Böden.

M3 „Steckbrief Banane"

Unter den mehr als 100 kultivierten Bananensorten gibt es Mehlbananen, die nur gekocht genießbar sind, Textilbananen, aus denen Fasern gewonnen werden, und Obstbananen für den Rohverzehr. In Deutschland und anderen europäischen Ländern sind fast nur Obstbananen im Handel, daher sind nur diese Sorten für den Export der Bananenproduzenten von Bedeutung. Der Bananenanbau ist arbeitsintensiv, da jede Bananenpflanze nur einmal trägt. Die Bananenkultur beginnt mit dem Setzen der Pflänzlinge, von denen – je nach Bodengüte und Klimagunst – zwischen 700 und 2000 pro Hektar ausgebracht werden. Bereits nach neun Monaten ist die Pflanze voll ausgewachsen und weitere drei Monate später kann geerntet werden. Inzwischen sind am Wurzelstock ein oder zwei Triebe ausgeschlagen, die man stehen lässt, während die Mutterpflanze nach der Ernte abgeschlagen wird und als organischer Dünger liegen bleibt. Wegen des schnellen Wachstums und der hohen Produktion an Pflanzenmasse haben die Bananen einen großen Mineralsalzbedarf. Das erfordert eine intensive Düngung. Da sich im feuchttropischen Klima Schädlinge und Krankheitserreger stark vermehren und Bananen oft in Monokultur auf Plantagen angebaut werden, ist ein ständiger Einsatz von Pflanzenschutzmitteln erforderlich. Für ein gutes Wachstum ist außerdem eine ständige Lockerung des Bodens erforderlich.

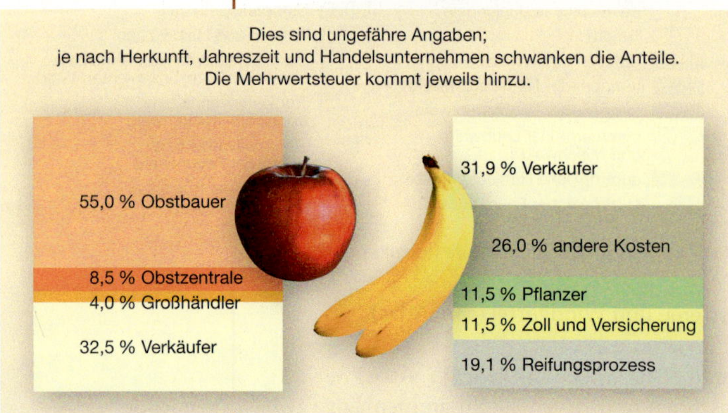

M4 Preisbildung Apfel/Banane

1. **Erläutern Sie die Wachstumsbedingungen der Bananen (M1 bis M3) und lokalisieren Sie mithilfe einer Klimakarte im Atlas mögliche Anbaugebiete.**
2. **Vergleichen Sie die Preisbildung bei Äpfeln und Bananen und erläutern Sie die Unterschiede (M4).**

Von der Plantage zum Verbraucher

Bananen müssen grün geerntet werden, damit sie beim Verbraucher nicht in einem überreifen Zustand ankommen. Deshalb werden in den Plantagen wöchentlich Früchte in Handarbeit geerntet. Ein Arbeiter trennt den ca. 50 kg schweren Fruchtstand (Büschel) vom Stamm, ein zweiter nimmt ihn auf die Schulter und trägt ihn zu einer Seilbahn am Rand der Parzelle. Ein weiterer Arbeiter zieht die an der Seilbahn hängenden Büschel zur Packstation. Dort werden die Büschel in „Hände" geschnitten und in einem Bad gewaschen, um Reste von Pflanzenschutzmitteln zu entfernen. Schadhafte oder nicht der Norm entsprechende Bananen werden aussortiert und auf dem heimischen Markt verkauft oder als Viehfutter verwendet. Die „Normbananen" werden in einem Duschbad gegen Schimmelpilz versiegelt und anschließend in Kartons verpackt. Der Lohn der Arbeiter richtet sich nach der verpackten Menge, nicht nach der Erntemenge. Die Differenz kann bis zu 20 % betragen. Die Bananenkartons werden auf schnellstem Wege zum Hafen gebracht und auf Kühlschiffe verladen. Dort wird durch die Kühlung auf etwa 12 °C der Reifeprozess unterbrochen. Im Importhafen angelangt kommen die Bananen in die Reiferei, wo durch Temperaturerhöhung und durch Begasung mit Ethylen der Reifeprozess wieder eingeleitet wird. Die Frucht erhält je nach Temperatur in vier bis zehn Tagen ihr volles Aroma. Jetzt kann die Banane in den Handel gehen.

- Abschneiden der Bananen
- Transport mit der Seilbahn
- Verpacken der Bananen

M 5 Arbeit auf der Plantage

Bananenarbeiter ist kein Lehrberuf, und doch erfordert er gut ausgebildete und eingewiesene Arbeiter, die auch den Umgang mit Agrartechnologie beherrschen. [...] Wegen der Empfindlichkeit der Frucht und der bei tropischen Temperaturen unweigerlich voranschreitenden Reifung [...] gibt es extreme Zeitvorgaben. 10 bis 14 Stunden Tagespensum bei knapp bemessenen Pausen sind keine Seltenheit. Viele Arbeitskräfte werden jeweils nur kurzfristig beschäftigt. Auf diese Weise sparen die Plantagenbesitzer die Kosten für die Sozialversicherung. Die Folgen für die Arbeiter: keine gesundheitliche oder soziale Absicherung, zerrüttete Familie, Alkohol- und Drogenprobleme. Im November 1997 stirbt der achtzehnjährige Gredi Mauricio Valerin Bustos auf einer Plantage an einer Pestizidvergiftung. Valerin arbeitete erst seit zwei Wochen auf der „Finca 96", die dem US-Multi Chiquita gehört. Nach den vorliegenden Informationen betrat der Jugendliche ohne Schutzkleidung ein Gebiet der Finca, auf dem vorher ein hochgiftiges Unkrautvernichtungsmittel ausgebracht worden war. Offenbar wurden aber die Sperrzeiten nach Ausbringung des Herbizids nicht eingehalten. Die massive Verwendung von Pestiziden aller Art ist eine typische Begleiterscheinung der tropischen Plantagenwirtschaft. Die Obstbanane, eine hochgezüchtete Pflanze, ist extrem anfällig für Krankheiten aller Art. Die monokulturelle Produktionsweise und das tropische, feuchtheiße Klima schaffen optimale Bedingungen für die in großer Artenvielfalt vorkommenden Pilze, Fadenwürmer und Insekten. [...] Dagegen werden spätestens alle 15 Tage Pestizide per Flugzeug ausgebracht. Die Sprühaktionen treffen nicht nur die Bananenplantagen, sondern auch die Menschen bei der Arbeit, die Familien in den zur Plantage gehörenden Siedlungen, die Pestizide gelangen in die Flüsse und ins Trinkwasser.

(nach Brunner/Pfeifer: Zum Beispiel Bananen. Göttingen 1998, S. 48 – 66)

M 6 Risikoreicher Bananenanbau

3. Erklären Sie die Arbeitsintensität von Bananenkulturen.
4. Erläutern Sie den Weg der Banane von der Plantage bis zum Verbraucher. Welche Abläufe sind besonders arbeits-, welche besonders kapitalintensiv (M 5)? Ergänzen Sie nun Ihre Aussagen zu Aufgabe 2.
5. Erläutern Sie die Situation der Arbeiter auf den Bananenplantagen (M 5, M 6).

Webcode: GO649174-025

Bananen als Handelsgut

Bananenproduktion und -handel sind nicht nur arbeitsintensiv, sondern es müssen auch eine ausgefeilte **Infrastruktur** und eine dem empfindlichen Handelsgut Banane angepasste Transport- und Vermarktungsorganisation vorhanden sein. Das beginnt mit der Anlage und Pflege der **Plantagen,** der Bearbeitung und Verpackung der Bananen, setzt sich fort über die Transportkette und endet in den Reifereien und dem anschließenden Verkauf.

Bananen sind sehr empfindlich, weil sie schnell reifen und weil sie schon auf den geringsten Druck mit braunen Flecken reagieren. Braune oder fleckige Bananen sind beim Verbraucher nicht absetzbar. Die notwendigen Investitionen und das technische Know-how konnten von den Bananen produzierenden Ländern nicht erbracht werden.

So ist es kein Wunder, dass um 1900, als mit dem Einsatz der ersten Kühlschiffe der internationale Bananenhandel überhaupt erst möglich wurde, große ausländische Konzerne in das Geschäft einstiegen. Bereits 1899 legte die United Fruit Company die ersten Bananenplantagen in Mittelamerika an. Ihr Besitz konnte hier bis zur Mitte der 1950er-Jahre auf rund 700 000 ha Plantagen erweitert werden. Noch größer wurde die Dominanz der **multinationalen Konzerne** im Bereich des Transportwesens und der Kommunikation, wo sie lange Zeit eine Monopolstellung einnahmen. Beispielsweise vernichteten die Konzerne Bananen bzw. ließen mehr Bananen „aussortieren", um über diese künstliche Verknappung die Preise hoch zu halten. Mit ihrer Macht und ihrem Kapital beeinflussten die Konzerne teilweise auch die Politik der kleinen Bananen produzierenden Länder, die damals z. T. verächtlich als „Bananenrepubliken" bezeichnet wurden. Noch heute spielen die großen Konzerne eine dominierende Rolle im Bananengeschäft. Die Macht der Multis wird verständlich, wenn man bedenkt, wie stark einige Länder vom Bananenexport abhängig sind. So betrug 2008 der Anteil der Bananen am gesamten Exporterlös z. B. in St. Vincent und den Grenadinen 34 Prozent, St. Lucia 26 Prozent, in Honduras 13 Prozent und in Ecuador immerhin noch 9 Prozent.

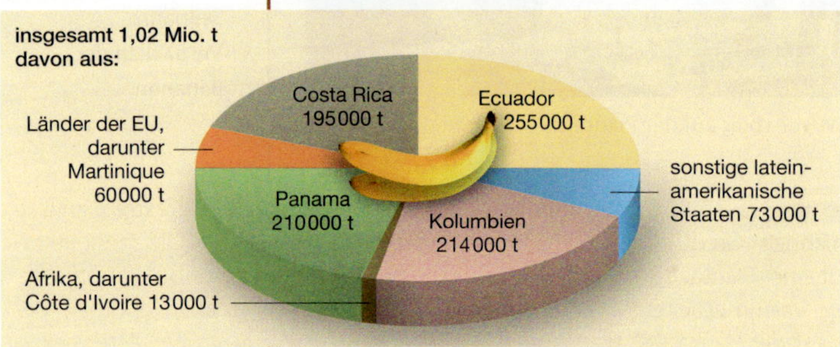

M7 Bananenimport Deutschlands

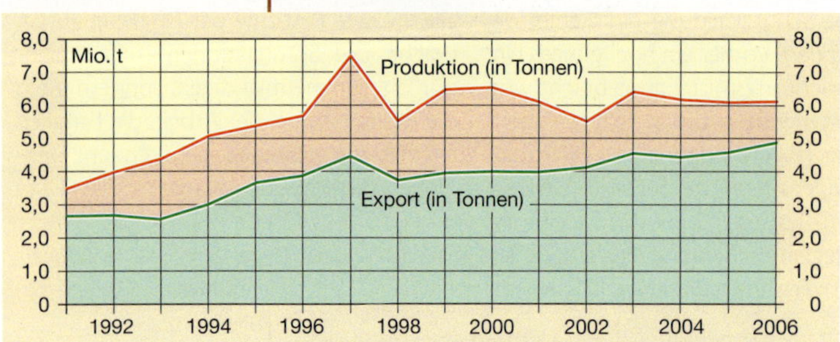

M8 Bananenproduktion und -export Ecuadors

In Deutschland waren Bananen immer relativ billig. Das lag daran, dass bei der Gründung der EWG im Jahre 1957 der damalige Bundeskanzler Adenauer eine Ausnahmegenehmigung erreicht hatte, die den zollfreien Import von Bananen nach Deutschland in Höhe des Inlandsbedarfs zuließ. Im Juli 1993 erließ die EU eine Marktordnung für Bananen, die dieses Privileg aufhob. Hintergrund war die Tatsache, dass in einigen EU-Ländern bzw. deren überseeischen Besitzungen auch Bananen angebaut werden. Diese Bananen werden unter EU-Bedingungen produziert (z. B. erhalten die Arbeiter höhere Löhne, Sozialleistungen etc.) und sind somit wesentlich teurer. Um diese Bananenproduzenten und die aus den AKP-Ländern (Länder in Afrika, der Karibik und dem Pazifik, mit denen die EU im Rahmen der Entwicklungshilfe entsprechende Abkommen geschlossen hat) gegen die billige Konkurrenz aus Lateinamerika („Dollarbananen") zu schützen, hat die EU Importmengen und Zollabgaben festgeschrieben. Während EU-Bananen bis zu einer festgesetzten Höchstmenge zollfrei gehandelt werden, müssen bei „Dollarbananen" bis zu 870 € Zoll pro Tonne bezahlt werden. Die deutschen Bananenimporteure und -händler sowie die lateinamerikanischen Bananenproduzenten legten Protest ein und gingen gerichtlich gegen die EU-Beschlüsse vor.

6. Erläutern Sie die Bananenimporte Deutschlands (M7).
7. Beschreiben Sie die Entwicklung des Bananenanbaus in Ecuador (M8).
8. Diskutieren Sie vor dem Hintergrund der bisherigen Informationen die EU-Marktordnung für Bananen und wägen Sie ihre Vor- und Nachteile ab.

4. Palmölproduktion für Lebensmittel im tropischen Regenwald Indonesiens

M 1 Palmölplantage

Im Tropenstaat Indonesien boomt der Palmölsektor seit Jahrzehnten, da bei niedrigen Produktionskosten nachfragebedingt die Weltmarktpreise stetig steigen. Mit über 19 Mio. t ist das Land der weltweit größte Palmölproduzent. Zusammen mit Malaysia produziert Indonesien über 86 Prozent des weltweiten Palmöls. Zunehmend dominieren **agro-industrielle Unternehmen** den Palmölsektor. So bauen einzelne Unternehmen den nachwachsenden Rohstoff Palmöl auf Plantagen von mehr als 120 000 ha an.
Allein 2007 betrug der Exportwert für indonesisches Palmöl über 5 Mrd. US-$, womit Palmöl zugleich das wichtigste landwirtschaftliche Exporterzeugnis des Landes darstellte. Um diese wichtige Devisenquelle zu stärken, unterstützt die indonesische Regierung die Expansion der Anbaufläche für Ölpalmplantagen. Zugleich versucht die Regierung, den ländlichen Raum durch Plantagen und damit Arbeitsplätze aufzuwerten, um einer weiteren Landflucht vorzubeugen.
Palmöl ist ein wichtiges Lebensmittel in Indonesien, wo es vor allem zum Kochen und Braten verwendet wird. Aber aufgrund der vielfältigen Verwendungsmöglichkeiten und des vergleichsweise geringen Preises, gewinnt Palmöl auch im Ausland zunehmend an Bedeutung. So ist die EU nach der V.R. China und Indien der drittgrößte Palmölimporteur. 2006 stammten 46 Prozent der EU-Importe aus Indonesien.

Palmöl dient als Rohmaterial für Kochöle, Margarine, Bratfette, Backfette, Eiskrem und andere Lebensmittel. Jedoch wird es zunehmend auch im Non-Food-Bereich beispielsweise als Schmierstoffe oder Korrosionsschutz eingesetzt. Palmöl wird außerdem in Kosmetika (Lippenstifte, Handcremes), Kerzen, Waschmittel und Haushaltsreinigern verwendet. Zugleich wird Palmöl immer interessanter für die Beimischung in Biodiesel. In Industrieländern wird derzeit der größte Anteil der Palmölimporte für die Produktion von Margarine verwendet.

(u.a. http://www.greenpeace.de/themen/klima/kampagnen/urwaldschutz_ist_klimaschutz/detail/artikel/fa_palmoel_aus_indonesien; Zugriff 30.06.2009)

M 2 Palmöl für Lebensmittel

M 3 Fruchtstand

Die Ölplame ist eine bis zu 30 m hohe Fiederpalme, die sehr gut im tropischen Klima gedeiht. Ihr Ursprungsgebiet ist Afrika. Nach 3–4 Jahren trägt diese Dauerkultur zum ersten Mal orangefarbene Früchte. Ein Fruchtstand besteht aus über 1 000 einzelnen Früchten und wiegt über 20 kg. In Ölmühlen wird aus dem Fruchtfleisch Palmöl und aus dem Fruchtkern Palmkernöl gewonnen. Die Erträge liegen bei über 6 t Öl pro ha, wobei ca. 87 Prozent vom Fruchtfleisch und 13 Prozent vom Kern stammen. Die Produkte werden zu hellem, wohlriechendem Palmöl raffiniert.

(nach: Homes, V. u.a.: Am Palmöl geht der Wald zugrunde. In: Globus, HG. 1, 1999, S. 12)

M 4 Steckbrief Palmöl

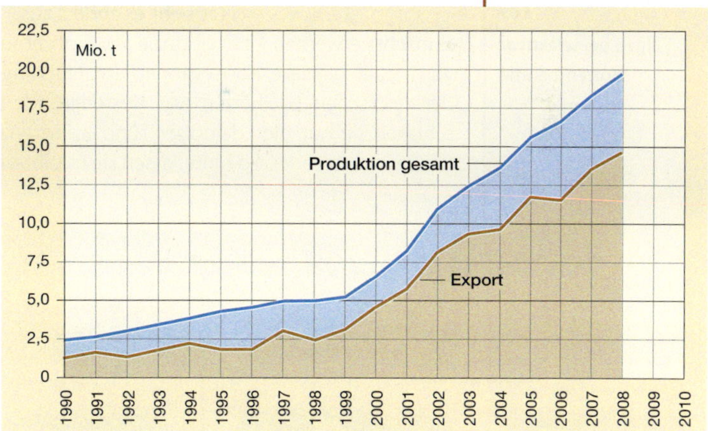

M 5 Gesamtproduktion und Export von Palmöl aus Indonesien

1. Entwickeln Sie eine Mindmap zur Entwicklung und Bedeutung des Palmölsektors in Indonesien. Notieren Sie dabei jeweils das benutzte Material (**M 1 – M 5**).
2. Erläutern Sie die Entwicklung und die Bedeutung des Palmölsektors in Indonesien mithilfe Ihrer Mindmap.

M6 Waldbrand auf Sumatra

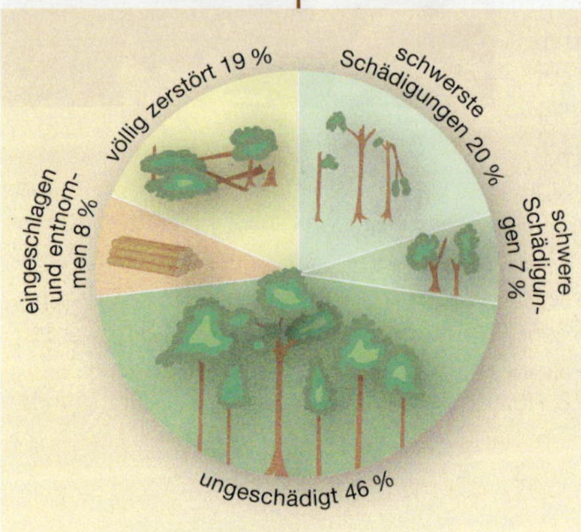

M7
Folgen bei selektiver Holzentnahme

Brandrodung für Margarine

In Indonesien werden für die Papier- und Holzindustrie sowie für die Palmölproduktion und Reisprojekte riesige Waldflächen zerstört. Offiziell können für Palmölplantagen aber nur Graslandflächen und schwer degradierte Wälder genutzt werden. Doch in der Realität sieht es anders aus.

Zunächst erwerben internationale Holzkonzerne vom Staat offizielle Konzessionen zur Nutzung der tropischen Edelhölzer. Aus Kostengründen schlagen sie nur die Edelhölzer, rund 8 Prozent der Baumbestandes. So hinterlassen sie mit ihren Bulldozern einen degradierten Wald. Intensive Sonneneinstrahlung kann nun durch das geschädigte Kronendach einfallen und die beschädigten Baumteile austrocknen. Nach einer Trockenperiode entstehen so zahlreiche potenzielle Brandherde. Legen nun Plantagenarbeiter Feuer, um neue Flächen für eine Expansion zu schaffen, geraten die Brände leicht außer Kontrolle. Korruption, Ignoranz und technische Hilflosigkeit verhindern oft eine frühe und wirksame Bekämpfung der Brände. Dabei sind die Ausmaße in den **El-Niño-Jahren** besonders groß.

So verbrannten im El-Niño-Jahr 1997/98 rund 5 Mio. ha Land, wovon mehr als 1 Mio. ha tropischer Regenwald war. Addiert man die direkten durch Feuer verursachten Schäden hinzu –, z. B. Verluste in der Land- und Forstwirtschaft sowie die Kosten der Feuerbekämpfung – dann wird der Gesamtschaden der Brandkatastrophe auf ca. sechs Mrd. US-$ geschätzt. Als Hauptverursacher dieser Brandkatastrophe wurden 133 Unternehmen des Palmölsektors angeklagt. Doch nur fünf von ihnen wurden strafrechtlich verfolgt und mit lediglich geringen Strafen belegt.

Durch die Expansion der Palmölmonokulturen wird das artenreiche Ökosystem des tropischen Regenwaldes großflächig vernichtet. Damit sind zahlreiche Tierarten wie der Orang-Utan akut vom Aussterben bedroht. Daneben kommt es auch zu sozialen Konflikten mit indigenen Kulturen und ansässigen Kleinbauern. Oftmals werden die Menschen vertrieben ohne eine ausreichende Entschädigung zu bekommen. Andere Kleinbauern fangen als Tagelöhner bei Plantagenkonzernen an, womit ihre Existenz vom Weltmarktpreis eines einzigen Pflanzenproduktes abhängt.

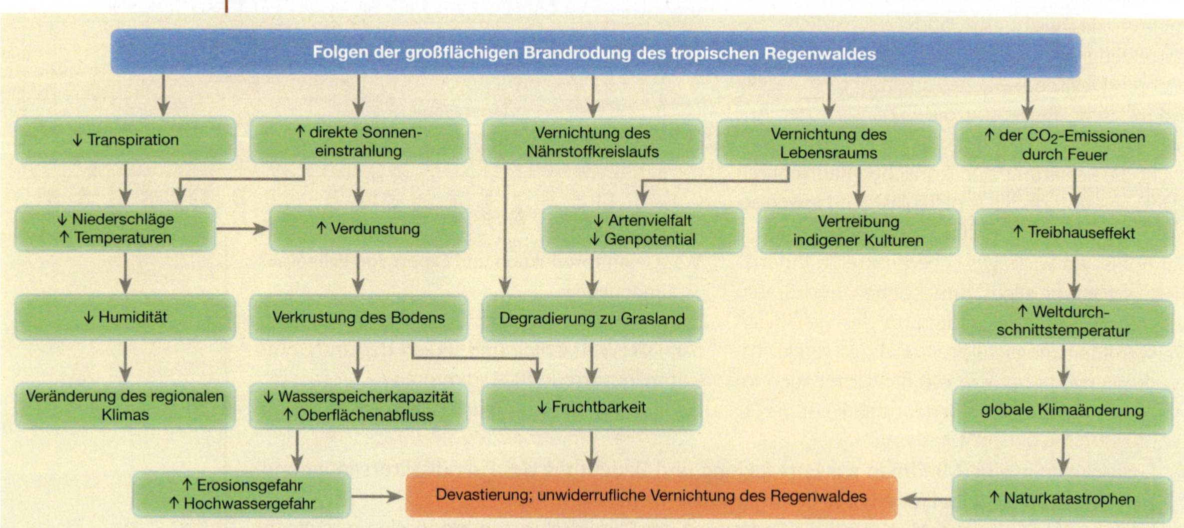

M8 Ausgewählte Folgen der großflächigen Brandrodung von tropischen Regenwäldern

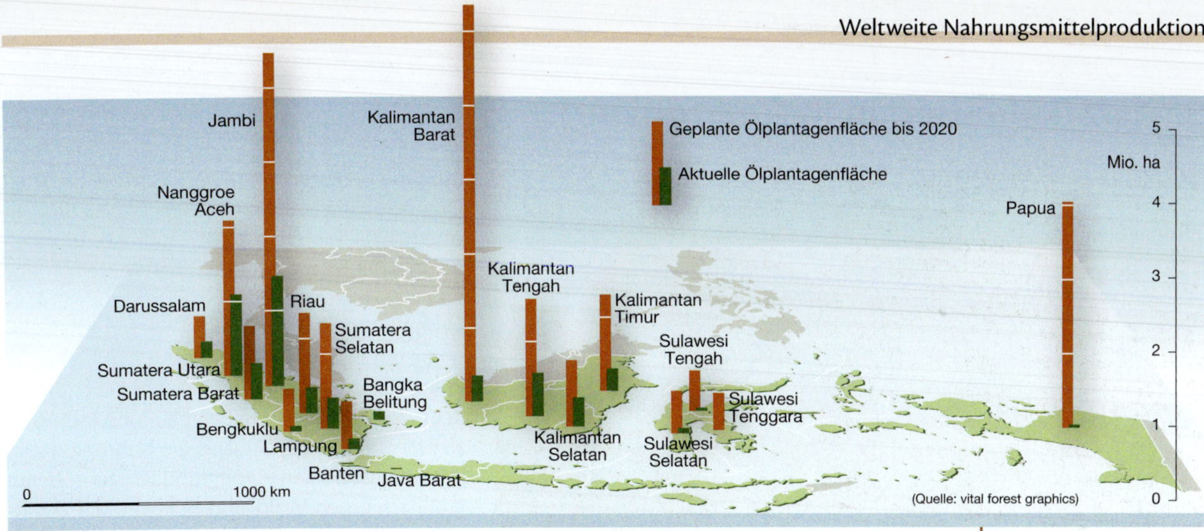

M 9 Aktuelle und geplante Palmölplantangenflächen

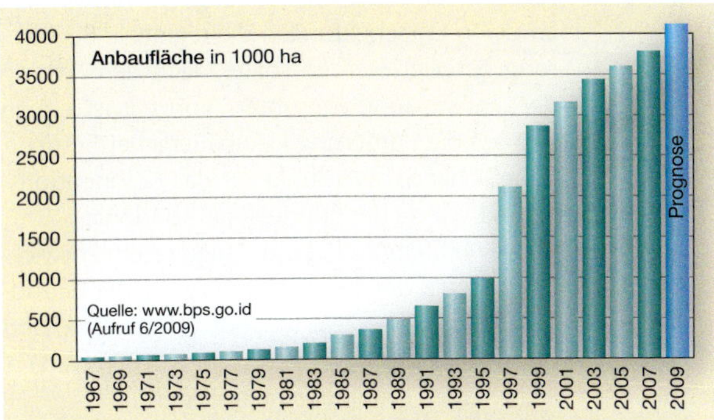

M 10 Gesamte Ölplantagenfläche in Indonesien

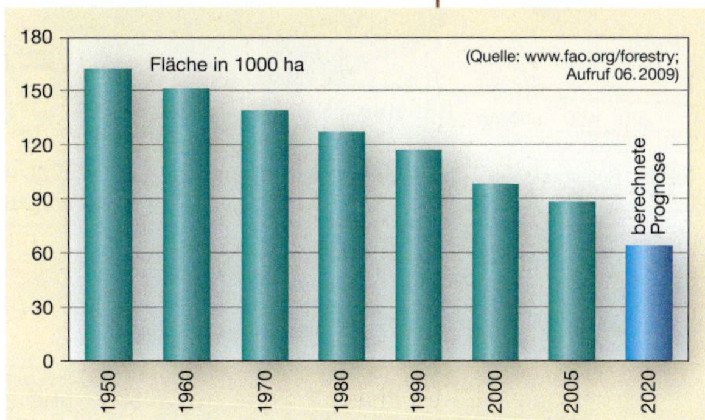

M 12 Zerstörung des tropischen Waldes in Indonesien

Die Verwendung von Palmöl zerstört die letzten Urwälder in Südostasien. Internationale Lebensmittelkonzerne sind mitverantwortlich für die Zerstörung der lebenswichtigen Kohlenstoffspeicher. Allein die Urwälder Sumatras, unter denen sich bis zu 8 m Torf befindet, speichern so viel Kohlenstoff wie von allen Ländern der Erde jährlich emittiert werden. Für den Palmölboom sind seine vielseitige Verwendung sowie der niedrige Preis verantwortlich. Ziele der EU, z. B. bis 2020 einen Anteil von 10 Prozent der Agrokraftstoffe am Gesamtkraftstoffverbrauch zu erreichen, beschleunigen diesen Boom. Schon jetzt werden in Finnland jährlich über 170 000 t Palmöl dem Biodiesel beigemischt. Und die weltweite Nachfrage als Beimischung für Biodiesel steigt auf hohem Niveau.

Greenpeace weiß: Erst wenn man es schafft, den Palmölanbau nur auf bereits bestehenden Brachflächen – wovon es riesige Areale gibt – zu beschränken und das Palmöl ökologisch sowie sozial nachhaltig zu produzieren, können wir wieder guten Gewissens Produkte mit Palmöl kaufen. Zugleich sollten wir uns als Industrieländer finanziell dafür einsetzen, dass Ländern wie Indonesien den Schutz und Erhalt seiner tropischen Regenwälder ermöglicht wird. Denn Urwaldschutz ist u. a. eine ökonomische, schnelle und effiziente Maßnahme zur Reduktion von CO_2-Emissionen. Der WWF fordert, dass die Verbraucher Druck auf die Hersteller ausüben sollen, damit diese ihren Handel mit und den Verbrauch von Palmöl offen legen und nach Lösungen für eine nachhaltige Landnutzung in Indonesien suchen. Zudem sollen die Konzerne Druck auf die indonesische Regierung ausüben, damit diese ihre Plantagenpolitik ändert. Das Verbot von Brandrodung und der illegale Holzeinschlag müssen besser kontrolliert und Straftäter stärker zur Rechenschaft gezogen werden.

(nach: www.greenpeace.ch und www.wwf.de; Zugriff 30. 06. 2009)

M 11 Perspektiven

3. Erläutern Sie mithilfe des Strukturdiagramms die ökologischen und sozialen Probleme, die durch die Expansion von Palmölplantagen hervorgerufen werden (M 7 und M 8).
4. Nehmen Sie Stellung zum Titel der WWF Studie: „Brandrodung für Margarine“ (M 6 bis M 8).
5. Erörtern Sie die Perspektiven für die tropischen Regenwälder in Indonesien (M 9 bis M 12).
6. Nehmen Sie Stellung zur Aussage des indonesischen Ex-Präsidenten Suharto: „Wir haben das Recht, mit unseren natürlichen Ressourcen zu machen, was wir wollen.“
7. Recherchieren Sie Maßnahmen zur Reduzierung der Waldzerstörung in Indonesien und diskutieren Sie diese (Internet).

Webcode:
GO649174-029

5. Agrarkolonisation in Amazonien

M1 Landnutzung 1950 – 1960

Erschließungsphasen

Phase 1. Ende der 1960er- und zu Beginn der 1970er-Jahre beschloss die damalige brasilianische Militärregierung im Rahmen des „Programms der nationalen Integration" den Aufbau der Infrastruktur. Mithilfe der Transamazônica und weiterer Fernstraßen sollte Amazonien an Rio de Janeiro und São Paulo angeschlossen werden. Entlang sogenannter „Entwicklungsachsen" setzte eine staatlich gelenkte **Binnenwanderung** mit kleinbäuerlicher Agrarkolonisation ein. Ziel war es, Landlose, aber auch Kleinbauern aus dem trockenen Nordosten in landwirtschaftlichen Familienbetrieben entlang eines 10 km breiten Streifens beidseitig der Fernstraßen anzusiedeln. In einem 100 km breiten Kolonisationskorridor beiderseits der Straßen konnten sich Mittelbetriebe bis 3000 Hektar ansiedeln, in noch größerer Entfernung Rinderzucht- und Forstwirtschaftsbetriebe mit bis zu 50 000 ha.

Phase 2. Ab Mitte der 1970er-Jahre entstanden neue, steuerbegünstigte Bergbau- und Industriezentren, für die das Umland die Nahrungsmittel produzieren sollten. Großgrundbesitzer rodeten großflächig den Wald und richteten auf privatwirtschaftlicher Basis riesige Rinderfarmen ein.

Phase 3. Ab 1981 standen Programme für die integrierte ländliche Entwicklung im Mittelpunkt, an deren Entscheidungen die regionale Bevölkerung beteiligt werden sollte. Nach dem Prinzip der „Entwicklung von unten" konzentrierte man sich auf die Förderung kleinbäuerlicher Betriebe. Räumlicher Schwerpunkt für das Kolonisationsprojekt wurde der Bundesstaat Rondônia.

Phase 4. Zeitgleich zum integrierten Entwicklungsansatz, der auf die Befriedigung der Grundbedürfnisse abgestellt war, flossen staatliche und private Investitionen in den Bau von Bergwerken, Kraftwerken und Industrieprojekten.

Phase 5. Anfang der 1990er-Jahre wurde das „Internationale Pilotprogramm zum Schutz der tropischen Regenwälder Brasiliens" eingeführt – mit dem Ziel, eine nachhaltige Entwicklung zu fördern sowie die lokale Bevölkerung und die Umwelt zu schützen. Dem stehen die Vorgaben des Planungsministeriums entgegen, das im Rahmen des „Avança-Brasil-Programms" an den Entwicklungsachsen Subsistenz- und Rinderweidewirtschaft sowie Holzeinschlag den Vorrang gibt.

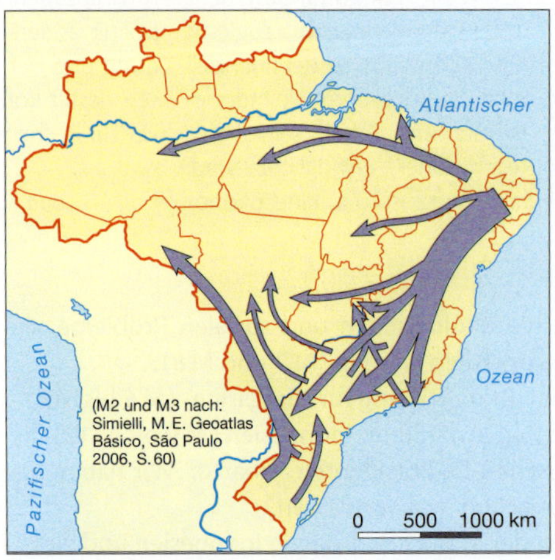

M2 Wanderungsbewegungen 1950 – 1970

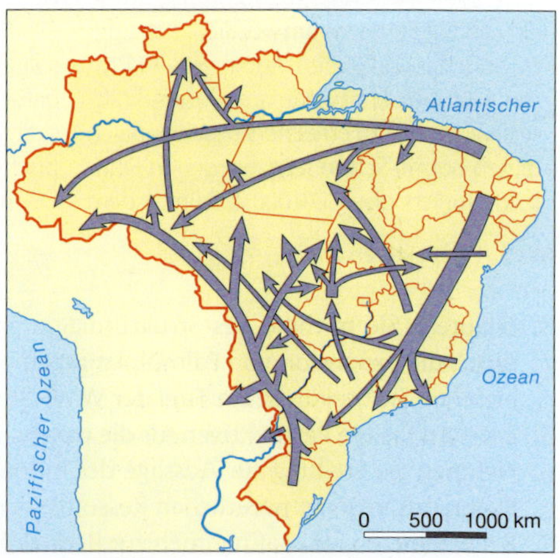

M3 Wanderungsbewegungen 1970 – 1990

Bisher wurde die Zerstörung des Regenwaldes in Amazonien zu etwa 50 Prozent durch die Agrarkolonisation – vor allem durch die spontane Landnahme – verursacht, zu 45 Prozent durch Rinderweidewirtschaft und Agrobusiness und zu 5 Prozent durch Industrie, Bergbau, einschließlich Gold- und Diamantensucher (garimperos), Energie- und Holzwirtschaft, Stauseen und Infrastrukturprojekte.
Nach Studien des brasilianischen Weltraumforschungsinstituts, das die Waldvernichtung mit Satellitenbildern erfasst, betrug die gesamte entwaldete Fläche des Amazonasgebietes im Jahre 2000 etwa 588 000 km² und ist bis August 2001 [...] auf knapp über 600 000 km² angewachsen. Das bedeutet einen Anteil von ca. 15 Prozent an den ursprünglichen Waldbeständen in Amazônia Legal, die auf 4,093 Millionen km² berechnet wurden. Bis 1975 waren erst 0,6 Prozent dieser Waldfläche gerodet. Seither sorgten Entwicklungsstrategien der Regierung, verbunden mit erheblichen menschlichen Eingriffen in den Naturhaushalt für ein schnelles Anwachsen der Regenwaldzerstörung. Die Folge waren enorme Schäden im gesamten Ökosystem. 1978 waren 3,7 Prozent des natürlichen Waldbestandes vernichtet, 1988 betrug der Anteil schon 9,2 Prozent. [...]

Die Waldflächen, die durch anthropogene Einwirkungen betroffen sind, nehmen ein weitaus größeres Ausmaß ein, als in dem Monitoring-Programm für Entwaldung des INPE [Instituto Nacional de Pesquisas Espaciais, Nationales Institut für Weltraumforschung] aufgezeigt wird. Verursacht wird dies durch Oberflächenbrände, die außer Kontrolle geraten und in Primärwälder vordringen. Sie können bis zu 80 Prozent der Bodenvegetation zerstören, sind aber über Satellitenbilder kaum zu erkennen. Diese Oberflächenbrände, die zur Austrocknung der Waldvegetation und damit zu einer größeren Brandanfälligkeit führen, betreffen vermutlich eine Fläche, die das Doppelte der offiziell genannten vernichteten Waldfläche umfasst. In Dürrejahren sind sogar noch größere Flächen betroffen. (Quelle: Kohlhepp, G.: Tropische Regenwälder Amazoniens im Kreuzfeuer der Planung. In: Cansier, D. u. a.: Herausforderung Umwelt. Wissenschaftliche Zielkonzeptionen und ihre Umsetzung. Ökologie und Umweltforschung Band 47, Marburg 2003, S. 199 – 200)

M4 Waldvernichtung

1. Erläutern Sie die Gründe für die Agrarkolonisation in Amazonien. Bewerten Sie Ziele und Methoden staatlicher und privater Erschließungsmaßnahmen (M2, M3).
2. Untersuchen Sie die Auswirkungen der Kolonisationsprojekte auf die Raumentwicklung (M1, M4 bis M7).

M5 Landnutzung 1980 – 2000

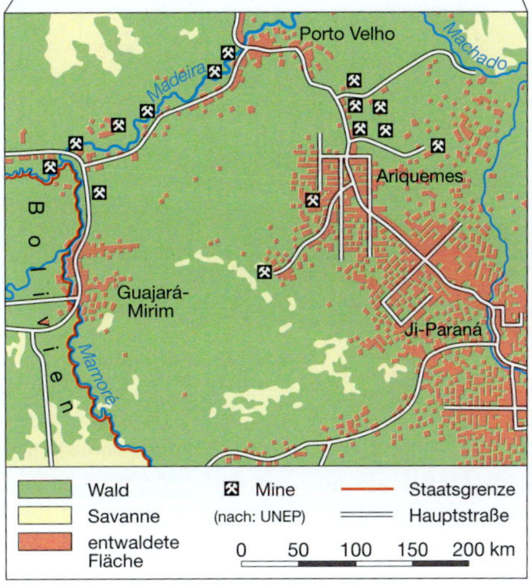

M6 Agrarkolonisierung in Rondônia

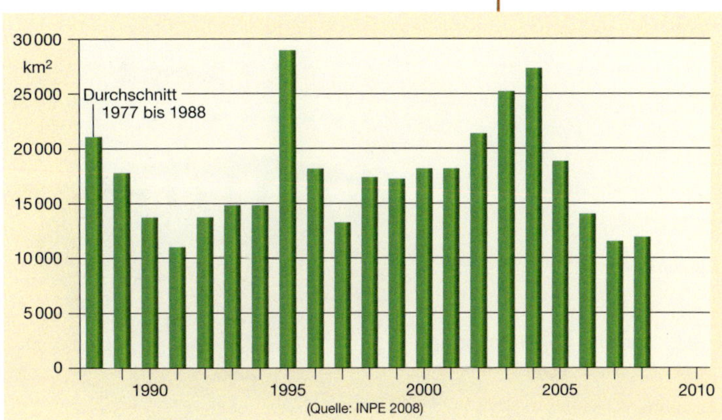

M7 Zerstörung des Regenwaldes in Amazonien

M 8 Sojabohnenernte in Brasilien

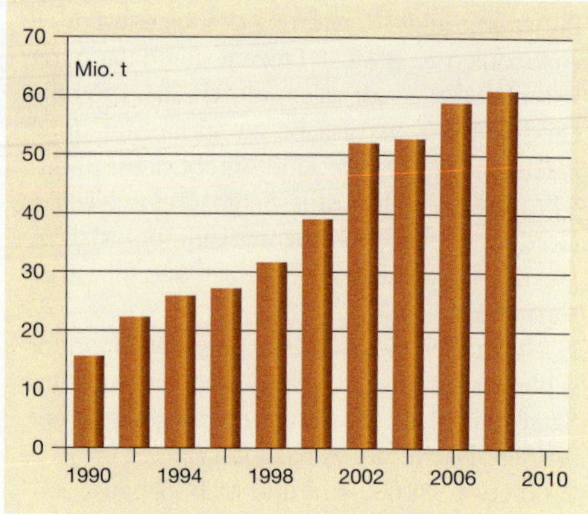

M 11 Erntemengen an Soja in Brasilien

M 9 Sojaanbau in Brasilien – Anteil an der Erzeugung 2007/2008

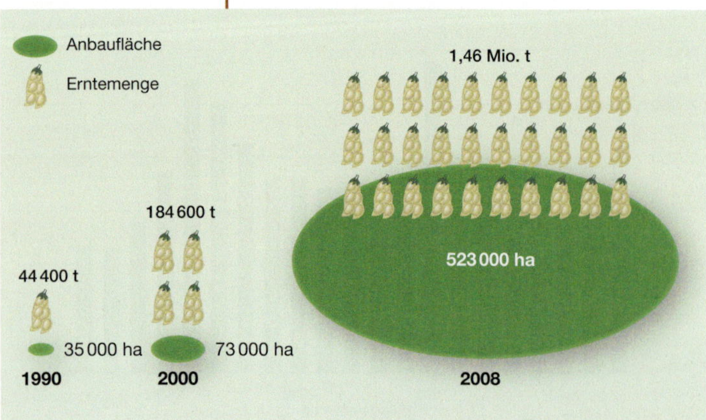

M 10 Soja in der Region Norte

Sojaanbau in Brasilien

Das ursprüngliche Verbreitungsgebiet für Sojabohnen lag im Westen Südbrasiliens. Ende der 1960er-Jahre förderte die Regierung den Anbau, bereits im Hinblick auf Exportmöglichkeiten. In den Industrieländern nahmen Fleischkonsum und Massentierhaltung zu, sodass Futtermittelimporte erforderlich wurden. Ab 1980 breitete sich der Sojaanbau weiter nach Norden in die Bundesstaaten Mato Grosso und Goias aus. Ab 1990 begann die Erschließung des dürregefährdeten Nordostens für den Sojaanbau, vorangetrieben von Agrarunternehmen und unterstützt durch Investitionen der brasilianischen Regierung sowie internationale Konzerne und Banken. Nach Berechnungen der staatlichen Agrarforschungsanstalt können in Brasilien noch weitere 100 Mio. ha für den Sojaanbau erschlossen werden.

Mittlerweile hat der Sojabohnenanbau die Amazonasregion erreicht, nachdem es gelungen ist, neue Sorten zu züchten, die dem Pilz- und Insektenbefall in dem feuchtheißen Klima widerstehen. Bereits 2006 betrug die Anbaufläche im Amazonasgebiet 6,5 Mio. ha. Das entsprach der gesamten Getreideanbaufläche Deutschlands.
Zusätzlich zu den ökologischen Folgen durch die verstärkte Abholzung wird die Biodiversität des Regenwaldes aufgrund der Agrochemikalien, der Mechanisierung des Anbaus und der Infrastruktureinrichtungen für den Transport der Ernte gefährdet.
Hinzu kommen die sozialen Folgen. Die Sojafarmer dringen in Gebiete vor, die vormals von Kleinbauern bewirtschaft wurden. Die Kleinbauern mussten aufgeben oder werden an neue Pionierfronten abgedrängt, während sich Landbesitz und Einkommen bei Großgrundbesitzern, Banken, Handelshäusern und Transportunternehmen konzentrieren.

Mehr als 70 Prozent der Welt-Sojaproduktion entfällt auf gentechnisch veränderte Sorten. In den USA beträgt deren Anteil über 90 Prozent, in Argentinien ist der konventionelle Anbau nahezu verschwunden. Brasilien war lange Zeit das einzige große Exportland, das offiziell „ohne Gentechnik" produzierte. Die europäische Lebensmittelwirtschaft, die eine Gentechnik-Kennzeichnung ihrer Produkte vermeiden will, bezieht „gentechnik-freie" Sojarohstoffe in der Regel aus Brasilien.

Der Verzicht auf den Anbau gv-Sojabohnen verschaffe der brasilianischen Landwirtschaft einen Vorteil auf dem besonders sensiblen Markt in Europa, hieß es lange Zeit. Doch zunehmend wurde China als Absatzmarkt interessant. Das Land führt inzwischen große Mengen Sojarohstoffe ein. Dort ist die Verwendung von gv-Sojabohnen als Futter- und Lebensmittel erlaubt.

Schritt für Schritt lockerte die brasilianische Regierung das Anbauverbot für gentechnisch veränderte herbizidtolerante Sojabohnen (*RoundupReady*). Schon seit Beginn der 2000er-Jahre wurde gentechnisch verändertes Saatgut aus Argentinien oder Paraguay nach Brasilien geschmuggelt und vor allem in dem südbrasilianischen Bundesstaat *Rio Grande de Sul* angebaut. Der illegale Anbau von gv-Soja erreichte hier einen Anteil von etwa 30 Prozent der Produktion. Damit wurden Fakten geschaffen, die politisch nicht ignoriert werden konnten. [...]
Die künftig für Gentechnik zuständige Regierungsbehörde (CTNBio) kann Langzeituntersuchungen durchführen, um mögliche schädliche Umweltauswirkungen von gv-Soja zu erfassen.
Der Anbau von gv-Sorten in Brasilien konzentriert sich vor allem auf den südlichen Bundesstaat *Rio Grande do Sul*. [...] Wie ihre Kollegen in den USA und Argentinien produzieren die brasilianischen Farmer aber für den allgemeinen Weltmarkt. Eine Trennung in konventionelle und GVO-Qualitäten ist technisch zu aufwändig und teuer. Der Norden des Landes setzt weiter auf den konventionellen Sojaanbau. Damit wird die Nachfrage nach "gentechnik-freien" Rohstoffen gedeckt, deren GVO-Anteil unterhalb der in der EU gültigen Kennzeichnungsschwelle von 0,9 Prozent bleibt. Man hofft, damit einen Aufpreis erzielen zu können. Die gesamte Sojaproduktion dieser Region beträgt etwa 20 Millionen Tonnen.

(Quelle: Brasilien: Anbau gv-Soja. Erst illegal, dann normal. www.transgen.de vom 24.02.2010)

M 12 Brasilianisches Soja im Welthandel

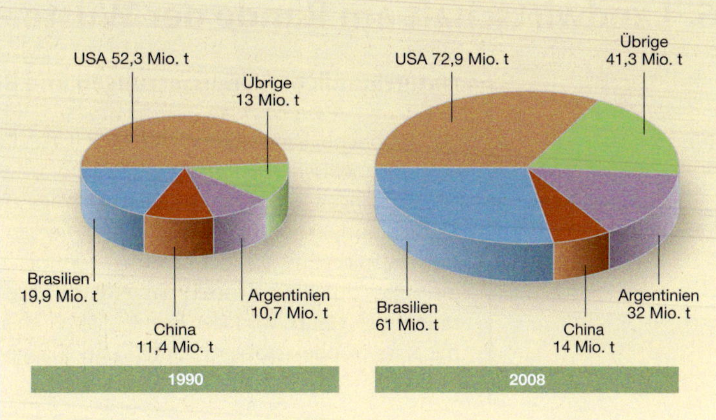

M 13 Sojabohnenerzeugung

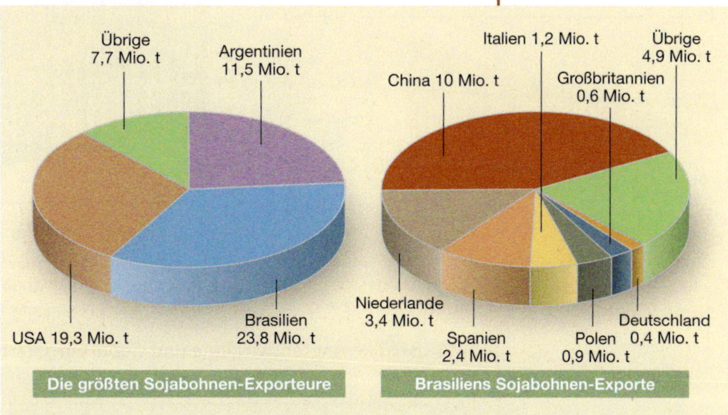

M 14 Sojabohnen-Exporteure und Export

Die Ölpflanze zeichnet sich durch einen hohen Eiweißgehalt von 40 Prozent und einen Fettanteil von 20 Prozent aus. Zudem sind die Vitamine A und B (Komplex) vertreten. Mehr als die Hälfte des weltweit erzeugten Pflanzenöls stammt aus Sojabohnen. In 1 kg Sojabohnen sind ebenso viele Proteine enthalten wie in 2,5 kg Rindfleisch oder 12 Litern Milch. In Ostasien ist Soja noch heute ein Grundnahrungsmittel. So wird ein aus der Sojabohne gewonnener Brei Speisen als Butterersatz zugegeben. Als Speisewürze ist sie als Sojasauce und zu Käse hergestellt als Tofu bekannt.
Sojabohnen werden in Ölmühlen zu Sojaschrot und Sojaöl verarbeitet. Sojaschrot findet bei der Rinder-, Schweine- und Geflügelmast Verwendung. Sojaöl und Sojamehl werden in der Nahrungsmittelindustrie bei fast allen Produkten eingesetzt.

M 15 Die Sojabohne

3. Erläutern Sie die zeitliche und räumliche Entwicklung des Sojaanbaus in Brasilien (M 9 bis M 11).
4. Begründen Sie die starke Zunahme des Sojaanbaus in Brasilien (M 13, M 14).
5. Stellen Sie die Vor- und Nachteile des Sojaanbaus in Brasilien zusammen. Bewerten Sie den Sachverhalt aus Ihrer Sicht (M 9, M 12).

Webcode: GO649174-033

6. Landwirtschaft am Rande der Wüste – Mali

Naturräumliche Voraussetzungen und Bevölkerungsentwicklung

Das arabische Wort „Sahel“ bedeute Ufer. Es kennzeichnet den Bereich südlich der Sahara, der im langjährigen Mittel 200 mm Niederschläge im Norden und 600 mm im Süden erhält. Hier fanden diejenigen, die aus dem Norden kommend die Sahara durchquert hatten, das rettende Vegetationsufer. Heute wird der Begriff „Sahel“ eher mit Katastrophe assoziiert: „Unter- und Mangelernährung“, „Täglicher Kampf um die Nahrung“, „Verlorene Erde“ – so oder ähnlich lauten die Überschriften, wenn in den Medien aus den Staaten dieser Zone berichtet wird.

Die Sahelstaaten gehören zu den ärmsten Ländern der Erde. Zugleich weisen sie ein sehr hohes Bevölkerungswachstum auf. Die Schere zwischen Bevölkerungswachstum und Nahrungsmittelproduktion droht, sich erneut zu öffnen.

Die Republik Mali gehört zu den ärmsten Ländern der Erde. Die Bevölkerungszahl belief sich 2009 auf zirka 13 Millionen Einwohner. Für das Jahr 2025 gehen Schätzungen der UN von 21 Millionen Einwohnern aus, das entspricht einer Wachstumsrate von 3,3 Prozent pro Jahr. Infolge der großen Nord-Süd-Ausdehnung

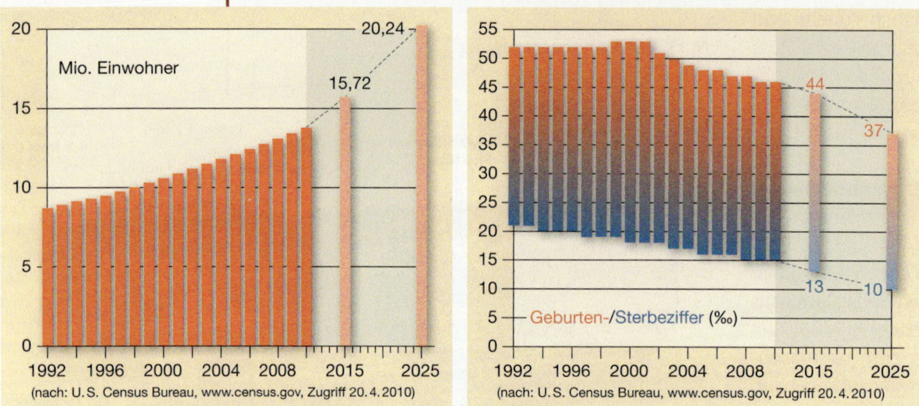

M1 Bevölkerungsentwicklung und Geburten-/Sterbeziffer

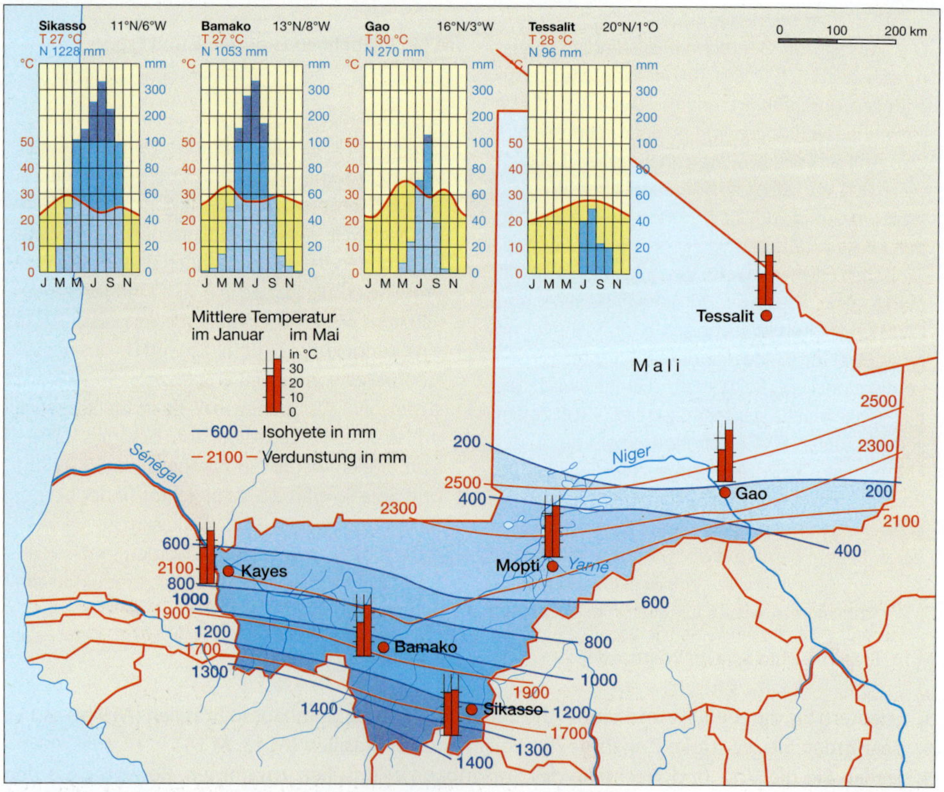

M2 Niederschlag, Temperatur und Verdunstung in Mali

M 3 Vegetationszonen und Gewässernetz in Mali

hat Mali Anteil an mehreren Klima- und Vegetationszonen – von der Wüste bis zur Feuchtsavanne. Die Zunahme der Dauer und der Ergiebigkeit der jährlichen Regenperiode von Norden nach Süden ist bestimmend für Vegetation, Wasserhaushalt, Relief gestaltende morphologisch-dynamische Prozesse und Böden. Entscheidender als die Menge der Niederschläge ist ihre Variabilität, die von Jahr zu Jahr extremen Schwankungen unterworfen sein kann.

Die natürliche Vegetation ist der **Variabilität der Niederschläge** angepasst. Dies gilt auch für mehrere Jahre mit defizitären Niederschlägen, die als „Dürre" bezeichnet werden. Die Mitte des Landes wird vom Nigerbogen beherrscht, in dessen Mitte sich ein Binnendelta gebildet hat. Die 300 km lange und bis zu 100 km breite Überschwemmungszone zwischen Ségou und Timbuktu macht eine ergiebige Landwirtschaft möglich.

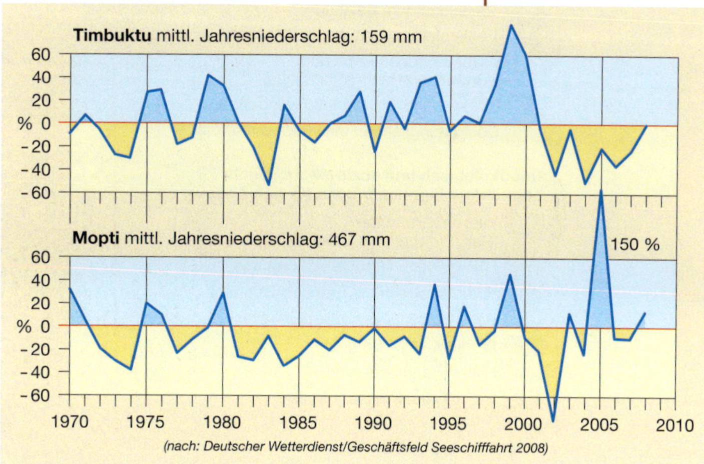

M 4 Variabilität der Niederschläge

1. Beschreiben Sie die Bevölkerungsentwicklung in Mali. Nennen Sie sich abzeichnende Problembereiche und erläutern Sie diese (vgl. S. 481). Als Gliederungshilfe für Ihre Ausführungen können die Daseinsgrundfunktionen dienen (M 1).
2. Erläutern Sie das Klima von Mali (M 2 bis M 4, Atlaskarte: Luftdruck und Winde).
3. „Die Vegetationszonen Malis spiegeln die klimatischen Verhältnisse des Landes wider". Erläutern Sie diese Aussage (M 2 bis M 4).
4. Nennen Sie Möglichkeiten und Probleme, die sich aus dem Klima des Landes für die Agrarnutzung ableiten lassen.

Landwirtschaft

M5 Baumwolle (Gossypium-Arten)

Weniger als 2 Prozent der Landfläche werden als Ackerland ausgewiesen (ca. 2 Mio. ha), weitere 25 Prozent können, z. T. nur periodisch, als Weideland genutzt werden. Ackerbau ist als Bewässerungs- und Überflutungsfeldbau in den Auen von Niger und Senegal sowie südlich der 600-mm-Isohyete als Regenfeldbau möglich. Die Variabilität der Niederschläge bedeutet auch hier ein Ernterisiko. Aufgrund des hohen Bevölkerungsdrucks sind die Anbauzonen allerdings zum Teil weit über die agronomische Trockengrenze hinaus ausgedehnt worden.

Im Süden der 600-mm-Isohyete schließt sich eine Zone mit 700 bis 1200 mm Niederschlag an, in der die Erntesicherheit hoch ist. Das Spektrum der Feldfrüchte erweitert sich: Neben Hirse werden hier Kochbananen, Maniok, Yams, Mais, Erdnüsse, Reis und Gemüse angebaut.

Die traditionelle Wirtschaftsweise ist der **Wanderhackbau (shifting cultivation).** Angebaut wird meist bis zur Bodenerschöpfung nach 3 bis 5 Jahren. Früher schloss sich eine 10- bis 20-jährige Brache an, die heute zunehmend verkürzt wird, um die wachsende Bevölkerung zu versorgen.

In den Wüstenrandgebieten ist **extensive Viehwirtschaft** die Lebensgrundlage. Neben der Rinderhaltung ist die Haltung von Schafen und Ziegen, am Rande der Sahara auch die Haltung von Kamelen von Bedeutung. Die Herden gehören meist nomadisch oder halbnomadisch lebenden Tuareg- oder Fulbe-Stämmen.

Die hohe Variabilität der Niederschläge führt zu einer stark unterschiedlichen Vegetationsentwicklung, die bei Dürre das Futterangebot für die Tiere verknappt. Dementsprechend müsste sich der Tierbestand verringern. Die Viehhalter versuchen dies allerdings zu vermeiden, da eine große Anzahl von Tieren das Sozialprestige steigert. Verbesserte ve-

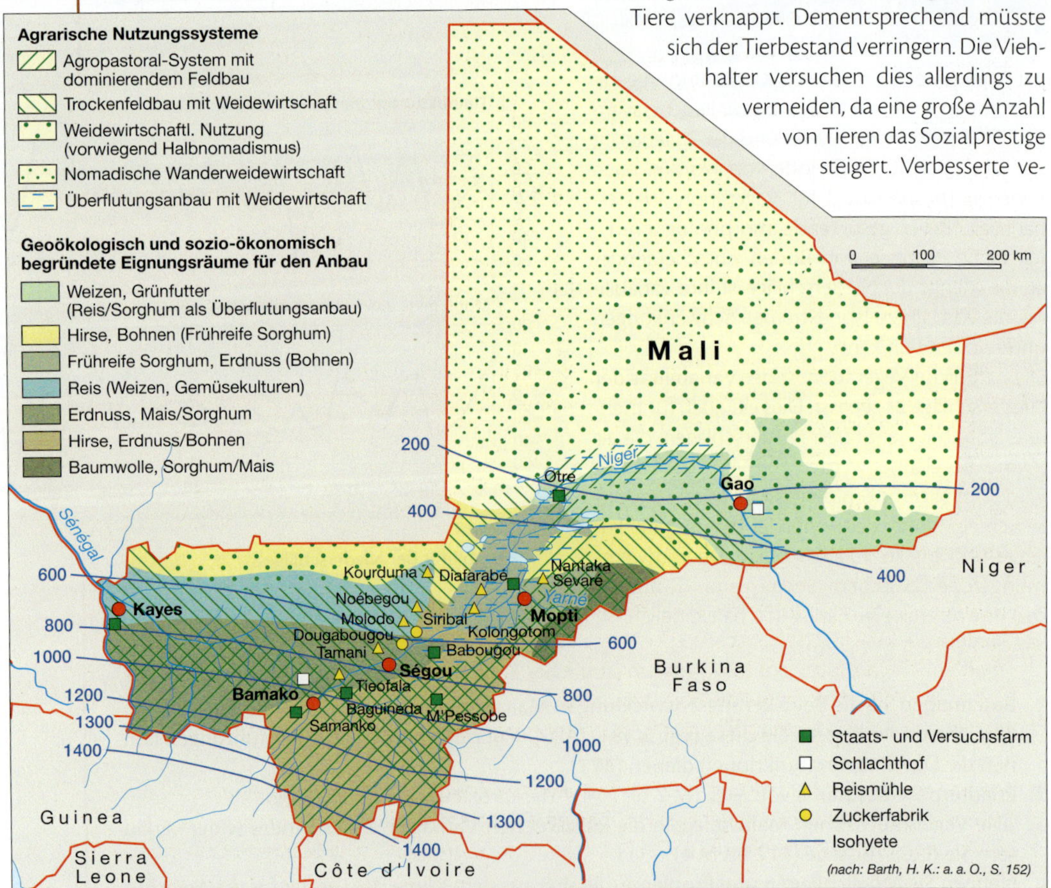

M6 Agrarwirtschaftliche Eignung und Agrarproduktion

terinärmedizinische Betreuung sowie das Anlegen von Tiefbrunnen ermöglichten in den 1960er-Jahren eine Aufstockung der Herden. Gleichzeitig schränkten, meist auf Druck der Regierung, viele Nomaden ihre Weidewanderung ein und blieben mit den Herden in der Nähe der Tiefbrunnen, wodurch diese Areale besonders belastet wurden. In Perioden mit geringeren Niederschlägen und reduziertem Futterangebot führte dies zu katastrophalem Viehsterben und zu großen ökologischen Schäden. Die aktuelle Situation hat sich nicht wesentlich verändert: Die steigende Viehkonzentration auf immer kleineren Weideflächen ist ein ökologisches Problem von wachsender Bedeutung. Durch zunehmende Kultivierung neuen Ackerlandes und voranschreitende Desertifikation reduzieren sich die Weidegebiete mit dem Ergebnis der Überstrapazierung der verbliebenen Flächen, wodurch gravierende Erosionsschäden und weitere Desertifikation verursacht werden.

Als **cash crops** werden vor allem Erdnüsse und Baumwolle angebaut. Die Erdnussproduktion ist seit Jahren rückläufig. Dies liegt nicht nur an der hohen Konkurrenz auf dem Weltmarkt, sondern ist vor allem eine Folge der Bodendegradierung und Desertifikation. Auch die Baumwollproduktion stagniert. Zwar herrscht auf dem Weltmarkt Bedarf an langfaseriger Baumwolle, die von Hand geerntet werden muss und daher in Niedriglohnländern wie Pakistan, Usbekistan oder eben in Westafrika angebaut wird, aber die Konkurrenz ist hoch und die Preise schwanken stark.

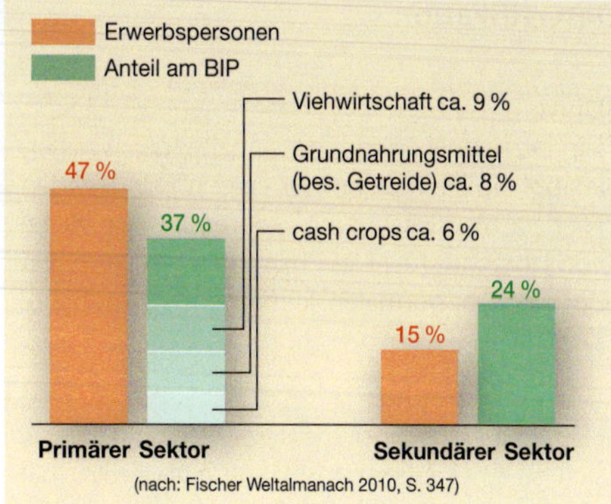

M 8
Bedeutung der Landwirtschaft

Es gibt zirka 300 000 Tuareg. Ihre wirtschaftliche Existenz beruht auf ihren Herden und deren Mobilität. Auf der Suche nach Weideplätzen überschritten die Stämme Staatsgrenzen und entzogen sich der politischen, administrativen und steuerlichen Kontrolle. Die Sahara- und Sahelstaaten waren daher bemüht, die Tuareg sesshaft zu machen.

In den Dürreperioden Ende des letzten Jahrhunderts verhungerten und verdursteten zirka 80% der Tiere. Zehntausende Tuareg flohen in die größeren Städte. In den 1990er-Jahren kam es zu Revolten der Tuareg, in denen Hunderte von Menschen starben. Nach Beilegung der Konflikte 1996 wurden internationale Hilfsprogramme für Nordmali eingeleitet – mit dem Ziel der Wiedereingliederung der Flüchtlinge und Kämpfer. Es kommt aber immer wieder zu Aufständen mit Angriffen auf Armeeeinheiten und zu Entführungen von Touristen, da die Tuareg sich behindert fühlen, ihre traditionelle nomadische Lebensweise fortzuführen.

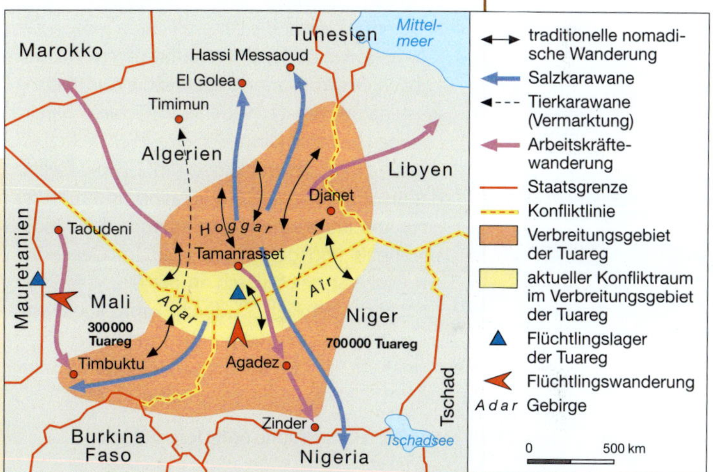

Traditioneller Lebensraum der Tuareg und seine heutige Zersplitterung

M 7 Zur Situation der Tuareg

5. Erläutern Sie die Bedeutung des primären Sektors für die Wirtschaft in Mali (M 8).
6. Gliedern Sie Mali in landwirtschaftliche Regionen. Beschreiben Sie für jede Zone die agrarwirtschaftliche Eignung aufgrund der naturräumlichen Gegebenheiten (M 6, vgl. S. 34f., M 2 bis M 4, Atlas) und erläutern Sie die Bodennutzung.
7. Beschreiben Sie das System der shifting cultivation und erläutern Sie die sich ergebenden Risiken (M 6, Text).
8. Beschreiben Sie die Viehhaltung in den verschiedenen Zonen Malis (M 6) und nennen Sie die Gründe, die zur Aufstockung der Herden führten. Erläutern Sie die Folgen.
9. Beschreiben und erklären Sie die wirtschaftliche, soziale und politische Situation der Tuareg (M 7).
10. Nehmen Sie begründet Stellung zur Absicht, die Tuareg sesshaft zu machen.

Desertifikation

Dürre
Sie bezeichnet eine Zeit anhaltender Wasserknappheit, die das Ergebnis einer ungenügenden Niederschlagsversorgung während einer Reihe von Jahren ist. [...] Das Phänomen der Dürre gehört zu der normalen klimatischen Bandbreite semiarider Regionen. [...]

Dürrekatastrophe
Hält eine Dürre über mehrere Jahre an, kann sie sich zu einer Dürrekatastrophe entwickeln. [...] Zur Katastrophe führen die mangelnde Ernährungsmöglichkeit und/oder die ausbleibende Möglichkeit der Wasserversorgung.

Desertifikation
Das Phänomen „Desertifikation" hängt eng mit Dürren und Dürrekatastrophen zusammen, ist jedoch komplexer (natürlicher und anthropogener Art) und hat zeitlich eine erheblich länger anhaltende Wirkung. Einerseits werden die Desertifikationsprozesse durch Dürrejahre verstärkt, andererseits leistet die Desertifikation jedoch der Dürre Vorschub und verstärkt deren Auswirkungen. Desertifikation bedeutet die Ausbreitung wüstenähnlicher Verhältnisse in Gebiete hinein, in denen sie zonal-klimatisch eigentlich nicht existieren sollten. Desertifikation umfasst die Degradation von Böden und Vegetation und führt zu einer kontinuierlichen Verminderung des Weidepotenzials und der Ernteerträge. Im Gegensatz zur Dürre ist der Mensch an der Desertifikation ursächlich beteiligt. Dadurch kann auch von „man-made-desert" gesprochen werden.

(aus: Mensching, H.G.: Desertifikation, Darmstadt 1990, S. 3 f.)

M 9 Dürrekatastrophe und Desertifikation

Die im Auftrag der Vereinten Nationen erstellte Studie „Millennium Ecosystem Assessment" (vgl. S. 187) schätzt, dass 40 Prozent der landwirtschaftlich nutzbaren Flächen der Erde durch **Bodendegradation** und **Desertifikation** gefährdet sind. Über eine Milliarde Menschen in mehr als 110 Staaten der Erde sind betroffen.
Besonders gefährdet ist Afrika und hier wiederum die Sahelzone. Dabei schreitet die Desertifikation nicht flächenhaft von Norden nach Süden vor, sondern punktuell, inselhaft oder auch bänderförmig. Sie tritt dort auf, wo eine hohe Konzentration von Menschen und Tieren zu einer Übernutzung des Ökosystems führt. Die Schätzungen über das Ausmaß der Desertifikation im Sahel gehen weit auseinander. Der jährliche Flächenverlust wird mit 20 000 km² bis 40 000 km² angegeben. Für Mali liegen die Schätzungen zwischen 3000 km² und 6000 km². Im Fischer Weltalmanach wird die Situation wie folgt zusammengefasst:
Besonders deutlich zeigten sich diese komplexen Wechselwirkungen [der Desertifikationsprozesse] in Mali. [...] Anhaltende Dürreperioden [...] führten zu Hungersnöten und zu Fluchtbewegungen vom Norden in den Süden. Die dort ohnehin hohe Bevölkerungsdichte nahm noch zu, der Nutzungsdruck auf die Landwirtschaft führte zu Überweidung und starker Bodendegradation und schließlich zu fortschreitender Verwüstung. [...] Die Prognosen sagen für Mali eine Verschärfung der klimatischen Bedingungen voraus und damit verbunden einen Anstieg des Hungerrisikos von 34 Prozent auf 44 Prozent.

(nach: Fischer Weltalmanach 2009, S. 319)

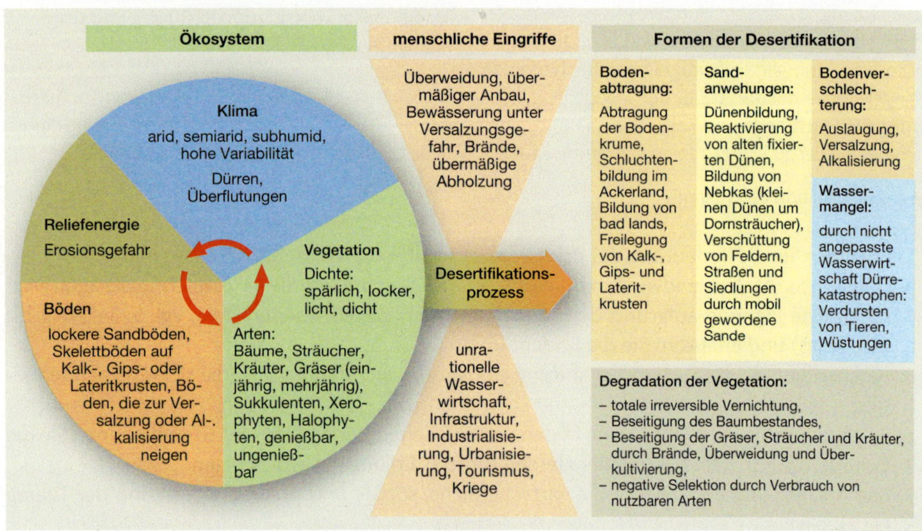

M 10 Desertifikation (nach F. Ibrahim)

Der Begriff „Sahel" wurde synonym für Umweltverwüstung in ariden und semiariden Räumen verwandt. In der wissenschaftlichen Literatur wird daher vom **Sahelsyndrom** gesprochen, um weltweite Desertifikationsprozesse mit ihren Ursachen und Folgen zu kennzeichnen.

Der „Wissenschaftliche Beirat der Bundesregierung Globale Umweltveränderung" (WBGU) entwickelte das interdisziplinäre Syndromkonzept. Es versteht die globalen Probleme als „Krankheitsbild", das verschiedene Symptome und Trends aufweist. Ein Syndrom setzt sich aus verschiedenen Kernproblemen des globalen Wandels zusammen, die sich gegenseitig beeinflussen und diagnostiziert werden können. Ziel der Analyse ist die „Heilung" oder „Linderung" des „Patienten Erde". „Typische Kernprobleme [...] des Sahelsyndroms sind krisenhafte Entwicklungen in den Mensch-Umwelt-Beziehungen, wie [...] die Degradation von Böden (Erosion, Fertilitätsverlust), die Ausbreitung wüstenähnlicher Verhältnisse (Desertifikation), die Verknappung von Süßwasserressourcen, die Veränderung natürlicher Ökosysteme (z. B. durch Entwaldung oder Brennholzeinschlag), der Verlust biologischer Vielfalt und die Veränderung des regionalen Klimas. Das Sahelsyndrom tritt vornehmlich in ökonomisch eher gering entwickelten Gesellschaften oder Regionen mit hoher Bedeutung des Agrarsektors auf. Meist dominieren kleinbäuerliche oder subsistenzwirtschaftliche Strukturen, in denen ländliche Armutsgruppen und von Ausgrenzung bedrohte Bevölkerungsschichten durch Übernutzung der Agrarfläche [...] einer zunehmenden Degradation ihrer natürlichen Umwelt ausgesetzt sind. Die syndromspezifischen Probleme der Bevölkerung sind wachsende Verarmung, Landflucht, eine steigende Anfälligkeit gegenüber Nahrungskrisen sowie eine zunehmende Häufigkeit von politischen und sozialen Konflikten".

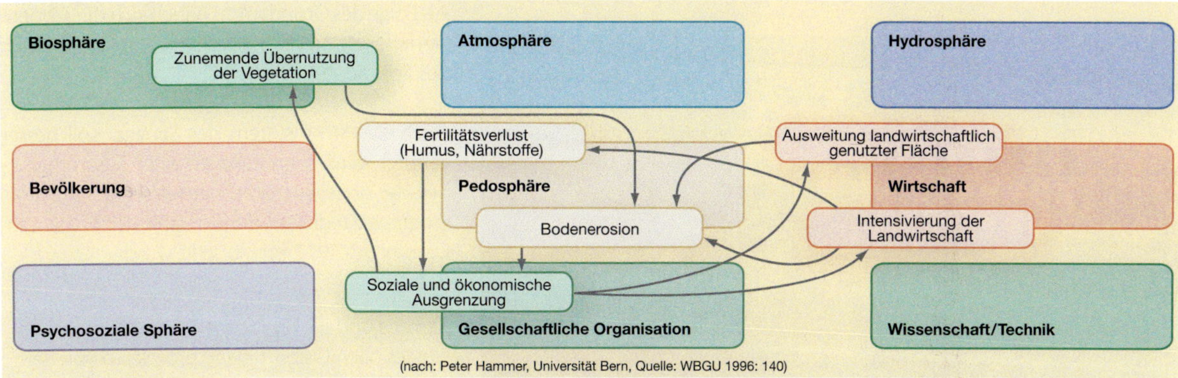

M 11 Das Sahelsyndrom

In allen Sahelstaaten existieren seit längerer Zeit unterschiedliche, sich überlagernde Formen der räumlichen Bevölkerungsmobilität, die als Ausdruck sich verschlechternder Lebensbedingungen und erhöhter Verwundbarkeit ländlicher und städtischer Bevölkerungsgruppen gewertet werden müssen.
Derzeit lassen sich fünf verschiedene Migrationstypen unterscheiden:
- Binnenmigration und Land-Stadt-Wanderung,
- spontan ablaufende Land-Stadt-Wanderungen infolge von Dürren und Hungersnöten mit anschließender teilweiser Rückwanderung,
- Flüchtlingsmigrationen aufgrund von Bürgerkriegen und Vertreibung,
- internationale Migrationen in Form von Wanderarbeit zwischen sahelischen Binnen- und Küstenstaaten,
- Internationale Wanderungen nach Europa.

(Quelle M 11 (Text) und M 12: Thomas Krings, Sahelstaaten, S. 72; Sahelländer, Wissenschaftliche Buchgesellschaft, Darmstadt, 2006, S. 58)

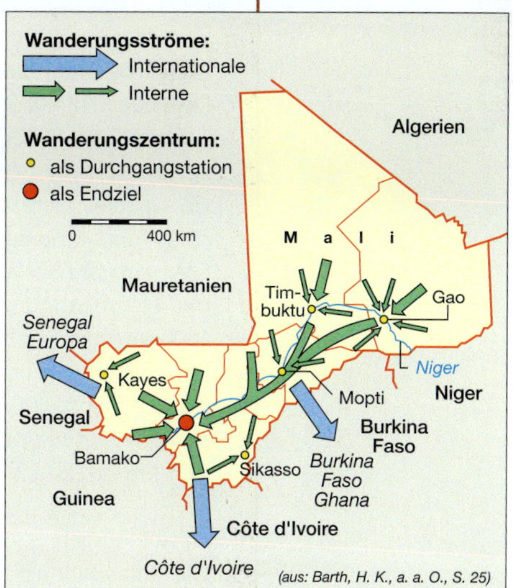

M 12 Wanderungen in den Sahelzonen

11. Erläutern Sie den Unterschied zwischen Dürre, Dürrekatastrophe und Desertifikation (M 9).

12. Erklären Sie die Ursachen des Desertifikationsprozesses unter Berücksichtigung der spezifischen natürlichen und anthropogenen Bedingungen in Mali und erläutern Sie die Folgen (M 9, M 10, M 12, Atlas).

13. Erläutern Sie den Ansatz des Syndromkonzeptes und nennen Sie die zentralen Mechanismen des Sahelsyndroms (M 11).

14. Lokalisieren Sie weltweit Regionen, in denen das Sahelsyndrom erkennbar ist (Atlas, Internetrecherche).

Webcode: GO649174-039

Bewirtschaftung der Wasserressourcen

Schwerpunkt der malischen Entwicklungspolitik ist der Ausbau der Land- und Wasserwirtschaft mit dem Ziel der Sicherung der Ernährung der Bevölkerung und der Armutsbekämpfung. Um diese Ziele zu erreichen, forciert die Regierung den Bau von **Großstaudämmen.** Durch sie lässt sich elektrische Energie erzeugen. Sie regulieren die Wasserführung durch Rückstau bei Hochwasser und Abfluss in Niedrigwasserzeiten, sodass in den Trockengebieten flussabwärts zusätzliches Wasser für die Bewässerung der Felder zur Verfügung gestellt werden kann.
Ein Großstaudamm wurde im Süden Malis am Oberlauf des Niger bei Sélingué errichtet. Der 2,2 km lange Damm staut einen 60 km langen See mit einer Fläche von 430 km² und einem Fassungsvermögen von 2 Mrd. m³ Wasser. Planung und Finanzierung wurden von internationalen Hilfsorganisationen übernommen. An den ca. 200 Mio. Euro Kosten beteiligte sich auch die Bundesrepublik Deutschland mit einem Zehntel. Nach Angaben der Republik Mali konnten durch den Damm die Bewässerungsfläche im Niger-Binnendelta um 10 000 ha erweitert werden. Auf 20 000 ha wurde durch die Bewässerung ein doppelter Erntezyklus ermöglicht. Im Bereich des heutigen Sees lebten 12 000 Bauern, die zum Teil unter Zwang umgesiedelt wurden. Ein Teil von ihnen arbeitet als Landarbeiter auf den neu erschlossenen Feldern, andere blieben arbeitslos. Als Folge des Großdamms haben sich die Tropenkrankheiten Malaria und Bilharziose im Bereich des Sees ausgebreitet.

Auch das Stromsystem des Senegal soll besser genutzt werden. Im Rahmen einer Zusammenarbeit der Anliegerstaaten werden sechs Stauwerke errichtet. Zu diesem Projekt zählt der Manantali-Damm, der 1992 fertiggestellt wurde.

Projektbeschreibung Manantali-Staudamm
Der Manantali-Staudamm ermöglicht längs des Senegal-Tales auf 375 000 ha eine ganzjährige Bewässerungslandwirtschaft mit zwei Ernten. Ein weiteres Ziel des Bauwerkes ist es, eine sichere und kostengünstigere Energie von 800 GWh pro Jahr bei 200 MW installierter Leistung mit Hochspannungsleitungen von insgesamt 1600 km nach Dakar (900 km), Bamako (300 km) und Nouakchott (400 km) zu liefern sowie die Schifffahrt auf dem Senegalfluss zwischen seiner Mündung bei St. Louis bis nach Kaynes (925 km im Landesinneren) zu ermöglichen.

Auswirkungen
Die Organisation pour la Mise en valeur du Fleuve Sénégal (OMVS) bezeichnet eines der größten und ehrgeizigsten Projekte in ganz Westafrika, an dem seit Anfang der 1980er-Jahre die drei Länder Mauretanien, Senegal und Mali beteiligt sind. Ziel sind die völlige künstliche Steuerung des Wasserabflusses durch den Bau zweier Staudämme und die Schiffbarmachung des Senegal-Flusses nach Osten. Bislang profitieren von dem deutlich erhöhten Energieangebot in erster Linie die großen Städte, weniger die Bauern in den Dörfern, die sich nicht alle einen Strompreis von 100 F CFA/kWh (zirka 0,12 Euro) leisten können. So strahlt in den Hauptstädten von Mauretanien und Mali seit 2002 eine aufwendige Straßenbeleuchtung [...]. Im Senegal-Tal ersetzen reichere Bauern vermehrt ihre Dieselpumpen für den bewässerten Garten durch elektrische Pumpen, sodass sich beispielweise im Jahr 2004 im Gebiet von Dagana (Senegal) die Tomatenproduktion deutlich erhöhte. Auch auf der mauretanischen Seite des Flusses breiten sich nun immer mehr bewässerte Obst- und Gemüsegärten aus. Ein Teil des Gemüses wird nach Europa exportiert. [...]
Einige ökologisch negative Folgewirkungen dürfen allerdings nicht verschwiegen werden: So sterben viele Bäume im Senegal-Tal einfach ab, die Bilharziose nimmt in den Bewässerungsgebieten rapide zu und auch das Rift-Valley-Fieber führt zu gesundheitlichen Problemen. Bedrohlich ist zudem ein neues Unkraut, die Wasserhyazinthe (Eichhornia crissipes), die sich rasant ausbreitet.

(Thomas Krings, Sahelstaaten, S. 161)

M 13 Großstaudämme

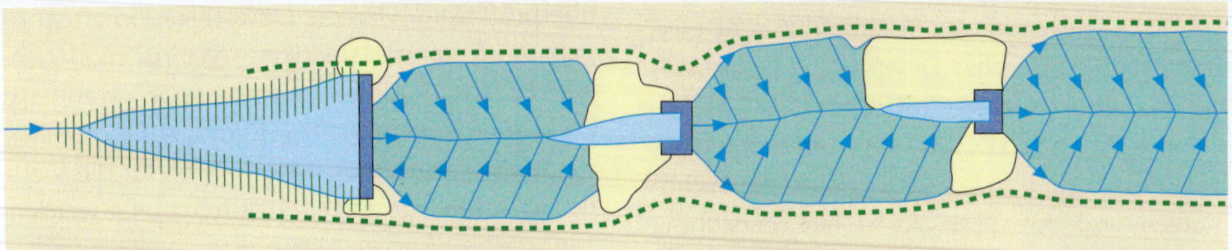

M 14
Nutzungsmodell der Bewässerung

Alternativ zu den großen Staudammprojekten wird im Sinne der „nachhaltigen Entwicklung" der Bau von Kleinstaudämmen gefördert, die vom Entwicklungsministerium in Mali z. B. in Zusammenarbeit mit der **GTZ** errichtet werden. Idee und Vorbild für den Bau der kleinen Bewässerungsspeicher lieferte die Natur selbst. Quer zu den Wasserläufen angeordnete Felsschwellen ließen Rückhaltebecken entstehen, in denen sich das Wasser noch für Monate nach der Regenzeit hält. Um diese Becken herum hatte sich im Laufe der Zeit eine intensive Bewässerungswirtschaft entwickelt. So lag der Gedanke nahe, durch Aufstauung eine Vervielfachung des Speicherinhaltes und damit der Kulturflächen zu ermöglichen. Der Bau der Sperrwerke brachte jedoch die Überflutung von wertvollem Kulturland mit sich. Durch den Anbauwechsel von Hirse zu Reis, der während der Überflutung mitwachsen kann, wurde dieses Problem auf ideale Weise gelöst.

Als optimal hat sich das in M2 dargestellte vierphasige Nutzungsmodell erwiesen:

- **Mai – Juni:** Vorbefeuchtung und Düngung. Die schwebstoffbeladenen Hochwasserabflüsse zu Beginn der Regenzeit passieren ungehindert das Speicherbecken und gelangen auf die Felder, wo eine tiefgründige Durchfeuchtung und eine Ablagerung der Schwebstoffe stattfinden.
- **Juli – Oktober:** Der Grundablass des Speichers wird geschlossen und das Becken aufgefüllt. Bei Bedarf werden die unterhalb des Wehres liegenden Felder bewässert (Zusatzbewässerung).
- **November – Februar:** Reine Bewässerung während der sich anschließenden Trockenzeitkultur.
- **März – Mai:** Phase der Ruhe und Regeneration. Bis zur Regenzeit liegen die Nutzflächen brach.

Auf dem Dogonplateau im Südosten Malis sind die Böden felsig und zerklüftet und die Niederschläge unregelmäßig. Damit sich die Menschen dort von der Landwirtschaft ernähren können und nicht in andere Landesteile abwandern müssen, sind Bewässerungsanlagen notwendig. Auch müssen Pisten und Wege gebaut werden, um die Erreichbarkeit der lokalen Märkte zu verbessern.
Die KfW-Entwicklungsbank unterstützt in Kooperation mit dem Deutschen Entwicklungsdienst (DED) auf dem 77 000 Quadratkilometer großen Dogonplateau Selbsthilfemaßnahmen, die die Lebensbedingungen der Menschen verbessern. In mehr als 400 Dörfern leben hier rund 2000 Menschen – die meisten in Kleinbauernfamilien. Zusammen mit der Bevölkerung wurden landwirtschaftliche Infrastrukturmaßnahmen durchgeführt. Zahlreiche Kleinstaudämme wurden verbessert und ländliche Wege und Pisten neu gebaut oder instand gesetzt. [Der DED und Regierungsstellen der Republik Mali] übernahmen dabei die technische Planung und stellten die Baugeräte zur Verfügung. Die Bevölkerung errichtete die Kleinstaudämme sowie Wege und Pisten mit eigener Arbeitskraft. An rund 60 Standorten wurden bewässerbare Flächen für den Gemüse- und Reisanbau geschaffen. Dadurch stieg die landwirtschaftliche Produktion an und die Nahrungsmittelversorgung der Menschen verbesserte sich. Durch den Wegebau konnten die Märkte jetzt leichter erreicht werden und die Einnahmen aus dem Verkauf landwirtschaftlicher Produkte steigen – besonders das Einkommen der Dogonfrauen hat sich spürbar erhöht. Auch die Landflucht der nach Arbeit suchenden jungen Leute hat merklich abgenommen.
Durch das Programm wurde ein deutlicher Beitrag zur sozialen und wirtschaftlichen Entwicklung des Dogonlandes geleistet. 2010 wird das Vorhaben in ein landesweites Programm zur Förderung der Kleinbewässerung überführt. Deutscher Beitrag insgesamt: rund 8,5 Millionen Euro.

M 15
Kleinstaudämme: Hilfe zur Selbsthilfe
(nach: www.bmz.de/de/laender/partner/partnerlaender/mali/projekte/mali_selbsthilfefoerderung)

15. Beschreiben Sie die vorgestellten Projekte und diskutieren Sie ihre Vor- und Nachteile (**M 13** bis **M 15**).

1994 wurde in Paris die Internationale Konvention zur Bekämpfung der Desertifikation (United Nations Convention to Combat Desertification, UNCCD) verabschiedet. Mit dieser Übereinkunft hat sich die Staatengemeinschaft völkerrechtlich verbindlich verpflichtet, in den von Desertifikation bedrohten Regionen der Erde die natürlichen Ressourcen (Boden, Wasser, Vegetation) schonend und nachhaltig zu nutzen und auf diese Weise ihre Zerstörung (Desertifikation) zu vermeiden. Oberstes Ziel ist dabei, die Lebensbedingungen der Menschen zu erhalten bzw. zu verbessern. [...]
Zwei Prinzipien haben in der Konvention eine besonders herausgehobene Bedeutung: Geberländer und betroffene Staaten sind zum einen angehalten, partnerschaftlich miteinander zu kooperieren [...] Zum zweiten soll die Bevölkerung der betroffenen Regionen effektiv an allen Maßnahmen beteiligt werden.

(nach GTZ, Desertifikationsbekämpfung, 2008, CD-ROM 013)

M 16 Die UNCCD-Konvention

Kampf gegen die Desertifikation

Die UN-Konvention zur Bekämpfung der Wüstenbildung (UNCCD) ist ein wichtiges Instrument um die Millenniumsentwicklungsziele 1 (Bekämpfung der Armut) und 7 (Schutz der Umwelt) zu erreichen. Der Kampf gegen die Desertifikation ist eine internationale Aufgabe, die im Rahmen nationaler Umweltpolitik auf regionaler und lokaler Ebene umzusetzen ist. Es handelt sich um eine Querschnittsaufgabe, in die alle Politiksektoren eines Landes eingebunden sind – von der Bevölkerungspolitik bis zur Erziehung, vom Straßenbau bis zur Abfallbeseitigung. Die Republik Mali trägt dem Rechnung, durch einen nationalen Umweltaktionsplan, der vorsieht, dass jedes neue Projekt auf seine **Nachhaltigkeit** hin überprüft wird. Um die Desertifikation zu stoppen, sind weitere staatliche Maßnahmen notwendig. Dazu zählen angemessene garantierte Preise für die Grundnahrungsmittel und die cash-crops. Es müssen maximale Größen für die Viehherden festgelegt und auch durchgesetzt werden. Tiefbrunnen sind zeitweise oder auch endgültig stillzulegen. Durch agroforstliche Landnutzung kann in weiten Teilen des Sahels eine nachhaltige Selbstversorgung gewährleistet werden. Vorschläge hierzu liegen vor (s. M 2).

Daneben werden Maßnahmen auf lokaler und regionaler Ebene ergriffen. Erleichtert wird dies, da Ende der 1990er-Jahre die Verwaltung in Mali dezentralisiert wurde. Die Kommunen haben nunmehr die Verantwortung für die Gemeindeentwicklung.

Das malisch-deutsche Programm **Programme d'Appui aux Collectivités Territoriales PACT** unterstützt 95 ländliche Kommunen und berät Regierungsstellen. In dem Programm arbeiten die Deutsche Gesellschaft für Technische Zusammenarbeit (GTZ), die KfW-Entwicklungsbank und der Deutsche Entwicklungsdienst (DED) mit den malischen Partnern zusammen. Die Bauern und Vertreter der Hilfsorganisationen untersuchen gemeinsam die lokalen Gegebenheiten, erarbeiten Lösungswege zur nachhaltigen Nutzung und stimmen darüber ab. Umgesetzt werden die Maßnahmen in Eigenleistung von den Dorfbewohnern, gegebenenfalls erfolgt eine finanzielle Unterstützung durch die Regierung Malis und die Hilfsorganisation.

M 17 Agroforstliche Landnutzung

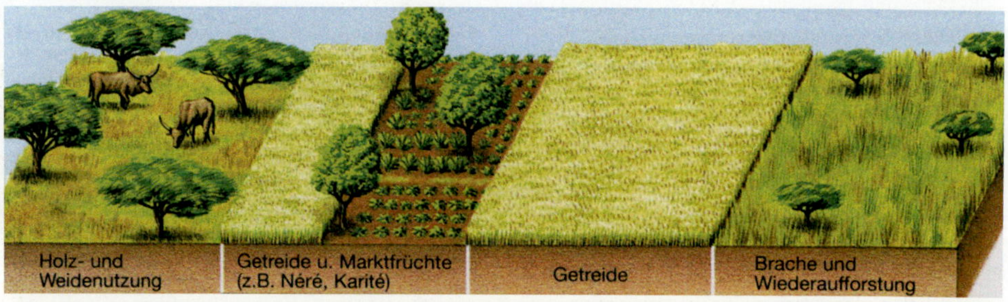

Agroforstwirtschaft ist ein integriertes System von Ackerbau, Viehzucht und Holzproduktion. Die Grafik zeigt eine schematische Darstellung dieses Konzeptes. Die nach dieser Strategie um die Felder herum oder zwischen diese anzupflanzenden Bäume und Büsche haben einerseits die Aufgabe, die Winderosion zu stoppen, andererseits liefern sie den Bauern ihr Brennholz. [...]
In Ergänzung zu diesem Konzept sieht der standortgerechte Landbau noch weitere Maßnahmen vor: beispielsweise den Einsatz von Mischkulturen in Rotation, verbunden mit einer Gründüngung während der Brachezeiten. Dadurch ließe sich die Brachedauer verkürzen und außerdem könnte der Ertrag gesichert werden. Beide Systeme, eigentlich nur verschiedene Bestandteile eines neuen Konzeptes, würden jedoch eine Regelung der Bodenbesitzverhältnisse voraussetzen, d.h., die Familie muss einen bleibenden Anspruch – in welcher Rechtsform auch immer – auf das von ihr bestellte Land erhalten. Nur so wird sie hinreichendes Interesse haben, genügend Arbeitskraft in seine Pflege und seinen Erhalt zu investieren.

(aus: Michler, W.: Weißbuch Afrika, Berlin 1988, S. 210 f.)

Ackerbauern, Viehhirten und Forstnutzer der Gemeinde Bellen, Kreis Ségou nutzen die Kommune als Forum, um zu vereinbaren, wie die fortschreitende Degradierung von Vegetation und Boden durch wachsenden Nutzungsdruck in den Griff zu bekommen ist und Konflikte zu verhindern sind. [...] Die Kommune einigte sich mit den Bauern, den ansässigen und den wandernden Viehhaltern über Weidewege und Etappenplätze mit wichtigen Wasserstellen – geographisch präzise markiert mit GPS-Geräten. Über diesen Konsens wird das ungeregelte Vordringen des Ackerbaus auf Weideflächen verhindert und die standortgemäße nomadische Viehhaltung gesichert, deren Vertreter zum Teil sogar aus Mauretanien stammen. Gleichzeitig werden die Ackerflächen von Viehverbiss während der Anbauperiode bewahrt. Damit sind die wichtigsten Konfliktherde eingedämmt. Abzuwarten bleibt, ob diese Vereinbarungen langfristig respektiert werden und dem wachsenden Bevölkerungsdruck standhalten.

(GTZ, Desertifikationsbekämpfung, 2008, CD-ROM 013)

M 18 PACT – mit Diskussionen und GPS

Brennholzsammeln ist Frauensache!

[...] Um den Baumbestand zu schützen und die Frauen zu entlasten, gibt es eine klassische Lösung: die Einführung Brennholz sparender Lehmherde. Für den „Foyer amélioré" werben Plakate überall in den Sahelländern. Der Begriff bedeutet im Französischen sowohl „verbesserter Herd" als auch „verbesserter Haushalt".

Die Vorteile verbesserter Lehmherde sprechen für sich:
- Der Brennholzbedarf wird um ein Drittel reduziert.
- Die Garzeiten verkürzen sich.
- Es können auch Hirsestengel oder kleine Äste statt dicker Holzscheite benutzt werden.
- Es gibt weniger Unfälle, da das Feuer nicht mehr ungeschützt ist.
- Die Frauen können die Herde selbst bauen und reparieren. [...]

(aus: Deutscher Entwicklungsdienst, (Hrsg.) Mali/Burkina Faso, Bonn/Berlin, 1998, S. 35)

M 20 Drei Steine sind eine Feuerstelle

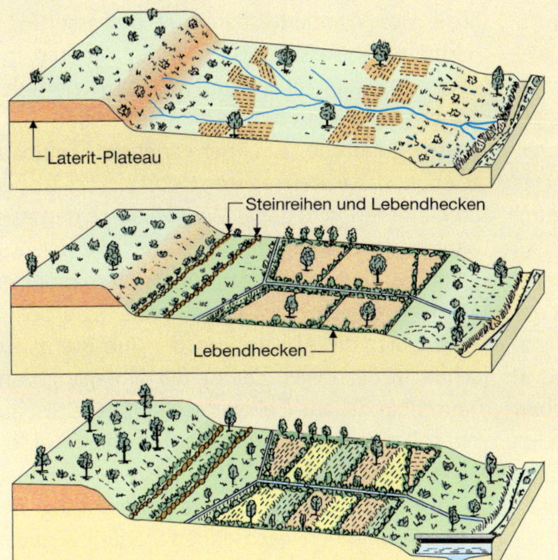

Ausgangssituation:
flächenhafte Erosion (Denudation) vom Lateritplateau über die Fußflächen zur Spülmulde. Der harte Lateritpanzer wirkt wie ein Stufenbildner im süddeutschen Schichtstufenland.

Phase 1:
Anlegen von isohypsen-parallelen Steinreihen und einer Schutzzone. Anlegen einer Abflussvorrichtung im mittleren Bereich der Schutzzone. Unterschutzstellen der Zone außerhalb des Schutzbereichs. Anpflanzen von Lebendhecken entlang der Nutzergrenzen sowie entlang der Wege und Pfade. Schutz und Anpflanzen von Bäumen im Kulturland, schonende Bewirtschaftung des Buschlandes auf dem Lateritplateau

Phase 2:
Anpflanzen von Lebendhecken entlang der Parzellengrenzen, Einrichten von Grünstreifen innerhalb der großen Parzellen; schonendes Bewirtschaften des Buschlandes auf dem Lateritplateau
Verbesserung der Kulturtechniken und der Rotation; Anbau von Futterpflanzen; Produktion von organischem Dünger

(nach: Hijkoop u.a., aus Krings 1994)

M 19 Ökologischer Umbau und Inwertsetzung einer Savannenlandschaft

16. Nennen und erläutern Sie die Zielsetzungen der UN-Konvention zur Bekämpfung der Wüstenbildung (**M 16**).
17. Erläutern Sie das Modell der agroforstlichen Nutzung (**M 17**).
18. Beschreiben Sie den „foyer amélioré" (**M 20**) und kennzeichnen Sie die Vorteile.
19. Erläutern Sie das Prinzip der Nachhaltigkeit (vgl. S. 480) am Beispiel der Kleinstaudämme (S. 41), der Steinwälle (**M 19**) sowie anhand des PACT-Programmes (**M 18**) und zeigen Sie auf, in welcher Weise die Prinzipien der UNCCD (**M 16**) umgesetzt werden.
20. Charakterisieren Sie zusammenfassend „nachhaltige Entwicklung" in Mali unter Berücksichtigung ökologischer, ökonomischer und sozialer Gesichtspunkte.
21. Beurteilen Sie abschließend die Perspektiven Malis im Spannungsfeld von Bevölkerungswachstum und Nahrungsmittelproduktion sowie ökonomischen Zwängen und ökologischen Gefährdungen.

7. Shifting cultivation

M1 Brandrodungsfeldbau in den immerfeuchten Tropen

Die einfachste Form des Ackerbaus in den **immerfeuchten Tropen** ist die **Wald-Feld-Wechselwirtschaft.** Feldnutzung und Waldbrache wechseln einander ab. Bei dieser Rotationswirtschaft wird zunächst ein Waldstück gerodet. Wegen des großen Arbeitsaufwands liegt die Größe der Parzelle meist unter einem Hektar. Das geschlagene Holz wird am Ende der Trockenzeit verbrannt, wodurch die Mineralien freigesetzt werden und den Nutzpflanzen zur Verfügung stehen.

Diese **Brandrodung** gleicht die oft geringe Fruchtbarkeit der tropischen Böden aus. Zu Beginn der Regenzeit erfolgt die Aussaat mithilfe des Pflanzstocks. Die weiteren Feldarbeiten werden traditionell mit der Hacke ausgeführt. Dieser **Hackbau** ist ökologisch angepasst, da er den Oberboden nahezu unverletzt lässt. Angebaut werden vor allem Trockenreis, Mais, Maniok, Yams und Süßkartoffeln, die zur Eigenversorgung der Kleinbauern dienen **(Subsistenzwirtschaft).** Aufgrund der hohen Niederschläge wird die Asche rasch fortgeschwemmt und der nach unten gerichtete Bodenwasserstrom transportiert die Nährstoffe in die Tiefe, wo sie den Pflanzenwurzeln nicht mehr verfügbar sind. Meist tritt bereits in der zweiten Anbauperiode ein starker Ertragsrückstand auf und es werden neue Felder angelegt. Weil die Felder und – zur Vermeidung zu großer Entfernungen – oft auch die Siedlungen in gewissen Abständen verlegt werden, spricht man von **Wanderfeldbau** oder **shifting cultivation.**

Steigt durch Bevölkerungswachstum die Nachfrage in Bezug auf Nahrungsmittel, werden die Rodungen ausgeweitet und die Brachezeit wird zunächst verringert und dann ganz aufgegeben. Die Siedlungen bleiben stationär. Ein weiterer Grund für die Aufgabe des Wanderfeldbau ist das Streben der Kleinbauern Bargeld zu erhalten, um ihre Konsumwünsche zu stillen. Sie bemühen sich Überschüsse bei den Grundnahrungsmitteln zu erwirtschaften, die sie auf den regionalen oder nationalen Märkten verkaufen. Zusätzlich bauen sie **cash crops** wie Kautschuk oder Kaffee an. Besonders in den feuchten Tropen in Asien ist an die Stelle des Wanderfeldbaus der **Bewässerungsfeldbau** mit Nassreis als Leitkultur getreten mit neuen Anbautechniken und neuen Hochertragssorten im Rahmen der Grünen Revolution.

Diese Zunahme des permanenten Feldbaus zeichnet sich in den meisten Gebieten der Tropen ab. Gefördert wird dieser Wandel durch den Ausbau der ländlichen Infrastrukturen, die den Zugang zu den nationalen und internationalen Märkten erleichtern. Die nationale Agrarpolitik unterstützt die Abkehr von der Subsistenzwirtschaft in der Regel. Ziel ist der Übergang vom Tauschhandel zur Geldwirtschaft. Die Kleinbauern sollen in den Binnenmarkt integriert werden. So entsteht größere Kaufkraft, Steuern können eingetrieben werden und die Ernährung der Menschen in den wachsenden Städten wird verbessert. Diese Intensivierung der Landwirtschaft kann zu einer Degradierung der Wälder und Böden führen (vgl. S. 82 ff.).

Aus betriebswirtschaftlicher Sicht ist der Wanderfeldbau eine Produktionsform, mit der sich eine kleinbäuerliche Familie mit einem Minimum an Kapitalaufwand in verkehrsmäßig unerschlossenen Waldgebieten in kurzer Zeit die Eigenversorgung mit Nahrungsmitteln sichern kann. [...]

Die Erträge sind zwar durchweg bescheiden, [...] dafür aber relativ sicher, d. h. das Anbaurisiko ist gering. Der Arbeitsaufwand pro Flächeneinheit ist etwa gleich hoch wie bei anderen Formen der Pflanzenproduktion, doch ist wegen des geringen Flächenertrags die Arbeitsproduktivität niedriger. Ein großer Nachteil ist der enorme **Flächenaufwand,** wenn man bedenkt, dass für 1 ha kultivierten Landes etwa weitere 10 ha Brachland nötig sind. Folglich kann shifting cultivation nur in sehr dünn besiedelten Regionen mit ausgedehnten Waldreserven funktionieren.

(Ulrich Scholz, Die feuchten Tropen, Braunschweig 1998, S. 88f.)

M2 Betriebswirtschaftliche Kennzeichen des Wanderfeldbaus

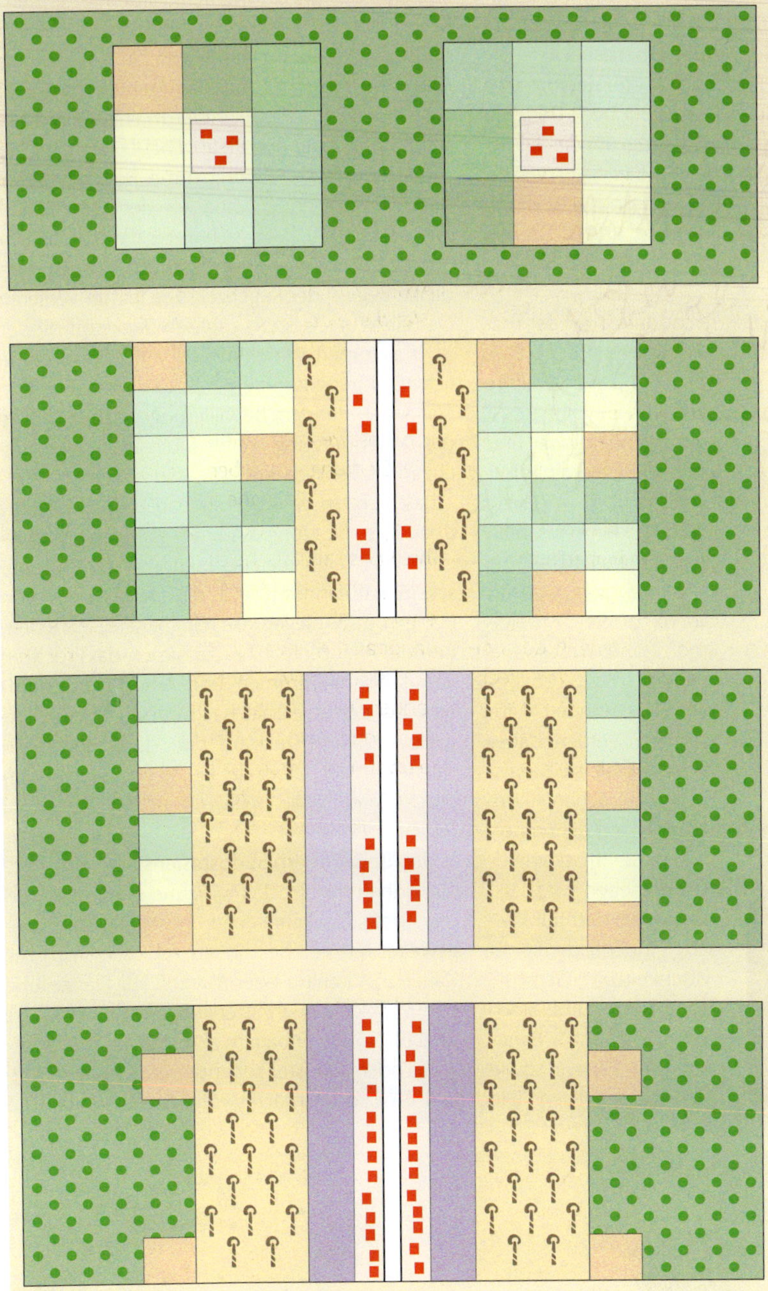

1. Phase (vor 1910/1920)

Traditioneller Wanderfeldbau im Tieflandsregenwald mit ein- bis zweijährigem Anbau und sieben bis 14 Jahren Brache. Siedlungen in Sippenweilern ohne Marktanschluss.
Einziges Produktionsziel: Selbstversorgung (Subsistenz) mit Trockenreis.

2. Phase

Bau einer Straße und Einführung von Kautschuk als Verkaufskultur. Verlagerung der Siedlung an die Straße wegen besserer Marktanbindung und Transport des Kautschuks. Daneben weiterhin Wanderfeldbau mit Trockenreis zur Selbstversorgung mit Grundnahrungsmitteln.

3. Phase

Bevölkerungszunahme und Ausdehnung des Kautschukanbaus auf den Flächen des früheren Wanderfeldbaus. Statt Trockenreis im Wanderfeldbau zunehmend Nassreisanbau auf Bewässerungsland in Siedlungsnähe (Innenfeld). Nur noch etwas zusätzlicher Wanderfeldbau an der Peripherie (Außenfeld).

4. Phase (nach 1970/1980)

Weitere Bevölkerungszunahme. Intensivierung des Nassreisanbaus mittels modernem Saatgut, jährlicher Doppelernte und verbesserter Bewässerung (Grüne Revolution). Beibehaltung des Kautschukanbaus. Aufgabe des Wanderfeldbaus. Nur noch zielgerichteter Wanderfeldbau mit Brandrodung zur Erschließung neuer Kautschukflächen. Wiederausbreitung des Waldes auf ehemaligen Wanderfeldbauflächen.

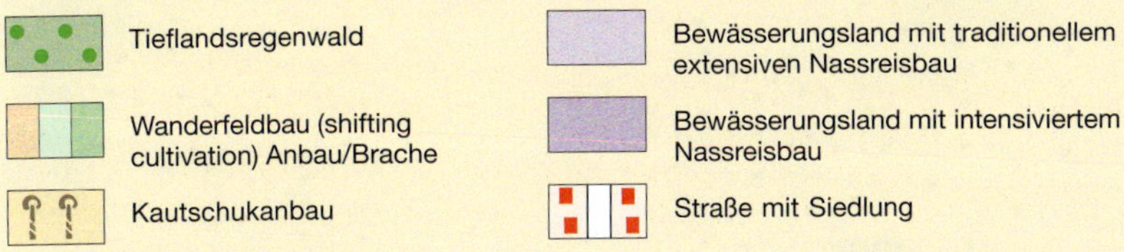

M 3 Vom traditionellen Wanderfeldbau zum standortgebundenen Nassreis-Kautschuk-Anbau

1. Charakterisieren Sie die Wirtschaftweise der shifting cultivation in den immerfeuchten Tropen unter ökologischen und ökonomischen Gesichtspunkten (M 1, M 2, vgl. S. 28 M 8).
2. Stellen Sie die wesentlichen Ursachen des Übergangs von der shifting cultivation zum permanenten, standortgebundenen Anbau dar (M 2, M 3).

Die **Sudanzone** umfasst die Feucht- und Trockensavannen Nordafrikas. Kernräume sind das Niger-, das Tschad- und das Obernilbecken. Die Bewohner sind Hirsebauern, die neben dem Wanderfeldbau auch Viehhaltung betreiben. Damit wird eine hohe Anpassung an die klimatischen Bedingungen erreicht. Der Selbstversorgungsgrad der Bauern ist hoch und wird durch Marktproduktion von Gemüse und tierischen Produkten ergänzt.

Beim Wanderfeldbau erreicht der Anteil der Brache das 5- bis 7-Fache der kultivierten Fläche. Dies ist nur bei einer geringen Bevölkerungsdichte möglich. Mit zunehmendem Bevölkerungswachstum werden die Siedlungen stationär und der Anbau wird intensiviert. Dies ist allerdings nur mit bodenerhaltenden Maßnahmen möglich. Dazu werden Hausabfälle und Viehdung auf die Felder gebracht, was mit einem hohen Arbeits- und Transportaufwand verbunden ist. Die bodenverbessernden Maßnahmen werden daher meist auf die siedlungsnahen Flächen beschränkt, auf denen permanenter Trockenfeldbau betrieben wird. Angebaut werden auf diesen Innenfeldern in Mischkultur Gemüse, Obstbäume und Stauden wie Mango, Bananen und Papaya sowie Mais oder Erbsen. Die Außenfelder, die oft mehrere Kilometer entfernt liegen, bleiben weiterhin dem Wanderfeldbau vorbehalten. Auf ihnen werden Grundnahrungsmittel wie Hirse, Maniok, Leguminosen sowie als cash crops Baumwolle und Erdnüsse im Wechsel mit mehrjähriger Brache angebaut. Auch auf diesen Flächen stehen Nutzbäume. Bevorzugt werden fruchttragende Arten wie der Karité-Baum, aus dessen Früchten sich Fett, die sogenannte „Karité-Butter", gewinnen lässt, und Akazienarten, die zu Beginn der Regenzeit ihre Blätter verlieren. Da das Wurzelsystem zugleich Stickstoff bindet, ist, zusammen mit dem Laubabfall, eine natürliche Düngung gegeben.

M4
Acacia albida, verwendet für die Stabilisierung der Dünen

Mit zunehmendem Bevölkerungswachstum wird die Bodennutzung weiter intensiviert. Der Bracheanteil geht zurück, die Land-Wechsel-Wirtschaft geht in eine permanente Bodennutzung über. Die Nutzungssysteme variieren entsprechend den regionalen Bedingungen stark. Bodenschutzmaßnahmen sind das Terrassieren von Hängen, das Anlegen von hangparallelen Steinreihen, das Pflanzen von Nutzbäumen, das Errichten von Kleinstaudämmen und **Überflutungsfeldbau,** bei dem die Saat nach Rückgang der Flutwelle der Regenzeit auf den durchfeuchteten Flächen an den Ufern der Flüsse und Seen ausgebracht wird.

In den **Bergländern Südostasiens** wird der Wanderfeldbau mit Trockenreis zunehmend auf permanenten Trockenfeldbau umgestellt. Stark ausgeweitet hat sich der Anbau von cash crops wie Kaffee in Vietnam oder Maniok zur Herstellung von Tapioka als Viehfutter in Thailand. Produziert wird oft von Kleinbauern als Ergänzung zum teilweise noch subsistenzorientierten Trockenreisanbau. Trotz des Einsatzes von Mineraldünger und

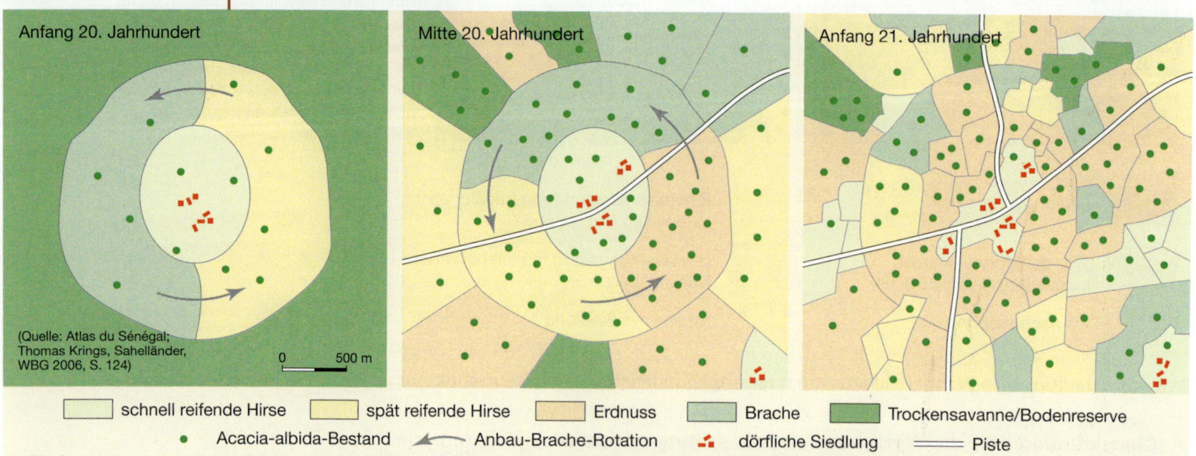

Die Serer leben im westlichen Senegal. Ihr quasi permanentes Landnutzungssystem verzahnt Ackerbau, Tierhaltung und eine sorgsame Pflege des in die Acker- und Bracheflächen integrierten Baumbestandes von Acacia albida. (nach: Thomas Krings, Sahelstaaten, S. 124)

M5 Dynamik der Landnutzung im Gebiet der Serer im Senegal

Pflanzenschutzmitteln sind die Hektarerträge nach jahrelangen Monokulturen oft rückläufig.
In Brasilien hat sich der großflächige Anbau von Soja aus dem subtropischen Süden nach Norden in die Savannen und in Bereiche des tropischen Regenwaldes verschoben. Die nördliche Anbaugrenze liegt 2009 bei 10° Süd in Mato Grosso. Träger der Sojakolonisation sind südbrasilianische oder internationale Agrarunternehmen, die den Anbau in Monokultur im großen Ausmaß betreiben. Die lokalen Kleinbauern wurden meist von ihren Flächen vertrieben. Der Mechanisierungsgrad sowie der Aufwand an Mineraldünger und Pflanzenschutzmitteln ist hoch, trotzdem ist der Hektarertrag deutlich niedriger als in Südbrasilien. Degradationserscheinungen und zunehmende Pflanzenkrankheiten schmälern zunehmend den Ertrag, sodass von einigen Agrarunternehmen die Umwandlung der Areale in Viehweiden erwogen wird.

Wie in den feuchten Tropen zeichnen sich auch in den wechselfeuchten Tropen eine Zunahme des permanenten Ackerbaus sowie ein verstärkter Anbau von cash crops ab. Eine ökologisch und sozioökonomische angepasste Entwicklung der Landwirtschaft besteht im **Ecofarming.** Es handelt sich um eine Anbaumethode, die das Ziel verfolgt, mit möglichst wenig Fremdmitteleinsatz einen möglichst hohen und langfristig stabilen Ernteertrag zu erzielen. Die internen Stoffkreisläufe sind den natürlichen Bedingungen angenähert und berücksichtigen die ökonomischen Bedürfnisse der Bauern.

[Beim Wanderfeldbau] dürften wir es eher mit einem „Auslaufmodell" zu tun haben.
Allein schon wegen seines großen Flächenaufwandes wird der Wanderfeldbau mehr und mehr zu einem Luxus, den sich die Menschheit angesichts zunehmenden Bevölkerungsdrucks und schrumpfender Landreserven nicht mehr lange leisten kann [...]. Deshalb muss über alternative Produktionsformen nachgedacht werden.

(Brauns/Scholz: Shifting cultivation – Krebsschaden aller Tropenländer?, GR 1/1997, S. 10).

M 7 Shifting cultivation – ein Auslaufmodell?

M 6 Ecofarming

Agroforstwirtschaft ist eine Möglichkeit, auch in den immerfeuchten Tropen eine nachhaltige Bodenfruchtbarkeit ohne High-Input-Systeme durch Humuswirtschaft und integrierten Anbau zu betreiben. Diese Form das Geoökosystem schonender Landnutzung wird auch „Ecofarming" („Eco" von: Economy), also „Billiglandwirtschaft" genannt. Ecofarming ermöglicht es Kleinbauern, ohne Kapitaleinsatz für die Selbstversorgung ausreichend Grundnahrungsmittel zu produzieren.

Modellbetrieb in West-Kamerun
(1) agroforstlicher Teil
(2) Hoffläche: Haus, Stall, überdachter Mistplatz
(3) Hausgarten/Frauenfeld
(4) Leguminosenhecken
(5) Brachfläche
(6) Konturwall
(7) Feldstreifen mit Mischkultur
(8) verbesserte Weide
(9) Unkrautbekämpfung mit Ochsengespann
(nach: Handbuch der Landwirtschaft und Ernährung in Entwicklungsländern. Bd. 3. Stuttgart)

3. Lokalisieren Sie weltweit die wechselfeuchten Tropen. Nennen Sie die wichtigsten Anbauprodukte. Unterscheiden Sie zwischen Grundnahrungsmitteln und cash crops (Atlas).
4. Erläutern Sie das Schema der Dynamik der Landnutzung im Gebiet der Serer (**M 5**).
5. „Der traditionelle Wanderfeldbau – ein Auslaufmodell." Nehmen Sie begründend Stellung zu dieser Aussage (**M 7**).
6. Erläutern Sie, auf welche Weise das Ecofarming dem Prinzip der Nachhaltigkeit entspricht (**M 6**, vgl. S. 480).

M 2 Bewässerungskultur in der Wüste Negev

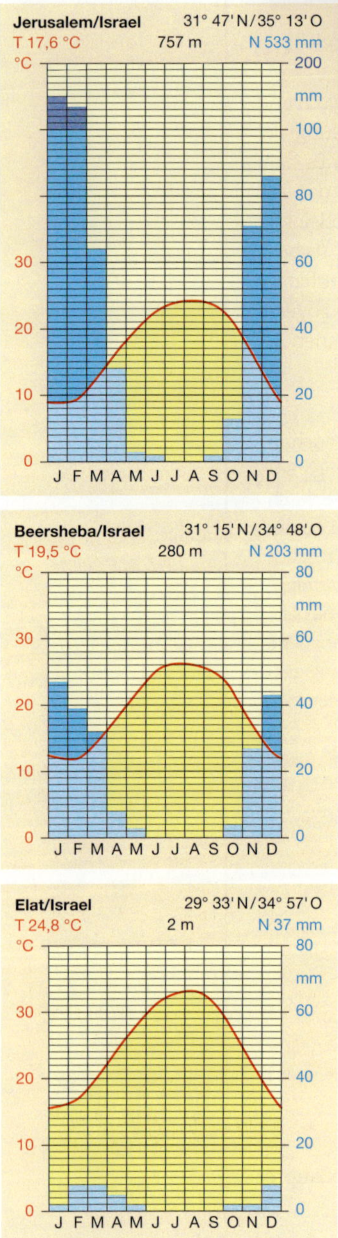

M 1
Klimadiagramme von Messstationen in Israel

8. Der Negev – eine Wüste wird bewässert

„Die Wüste ist stumm, man hört ihre Stimme nicht. Seit Tausenden von Jahren liegt sie brach. Ohne die gezielten Investitionen des Staates Israel würde sie sich auf irreversible Weise ausdehnen.
Wahrscheinlich haben nicht einmal die Pioniere unseres Volkes einen Begriff von der Weite und Wildnis dieser Einöde, von ihren Gefahren und Bedrohungen. Und von den gigantischen Kosten, die der ständige Kampf gegen die Wüste fordert."
(David Ben Gurion, Ministerpräsident Israels 1948–1953 und 1955–1963, aus einer Rede)

Der Staat Israel umfasst, ohne die derzeit besetzten und annektierten Gebiete, eine Fläche von etwa 21 000 km² und ist damit so groß wie das Bundesland Hessen. Trotz der geringen Landesfläche hat Israel Anteil an ganz unterschiedlichen Landschaften. Die Mittelmeerküste und der Norden werden von den Winterregen des Mittelmeerklimas beeinflusst. Im Osten hat Israel Anteil am Jordangraben und dem Toten Meer. Dieses Gebiet liegt großenteils unter dem Meeresspiegel, bildet also eine Depression. Die daraus resultierende Niederschlagsarmut wird noch durch die Lage im Regenschatten der westlich verlaufenden Bergländer verschärft. Der gesamte Süden Israels, der etwa 60 Prozent der Landesfläche ausmacht, wird von der Wüste Negev eingenommen. Dieses Gebiet gehört zu den Ausläufern des Passatwüstengürtels.
Seit der Gründung des Staates Israel im Jahre 1948 hat es ein stetiges Bevölkerungswachstum gegeben, das vorwiegend durch Zuwanderung aufrechterhalten wird. Lag die Bevölkerungszahl 1948 noch unter einer Million, erreichte sie um 1980 die Viermillionengrenze. Am Ende der ersten Dekade des neuen Jahrtausends leben etwa sieben Millionen Menschen in Israel. Damit die wachsende Bevölkerung ernährt werden kann, mussten und müssen landwirtschaftlich nutzbare Flächen in allen Regionen des Landes gewonnen werden. Ein besonders ehrgeiziges Projekt war dabei die Vision vom „grünen Land" in der Wüste Negev.

Im Laufe seiner Geschichte war der Negev immer ein Übergangsgebiet, in welches Ackerbauern gelegentlich vorrückten, aber immer wieder durch Wüstennomaden zurückgedrängt wurden. Seit Beginn der 1960er-Jahre fördert der Staat die Neugründung von Siedlungen im Negev. Einwanderer, insbesondere aus den GUS-Ländern, aber auch aus Äthiopien, wurden in den letzten Jahren gezielt in den Wüstengebieten des Südens angesiedelt. Etwa zehn Prozent der Bevölkerung Israels lebt heute im Negev, die meisten davon im Großraum Beerscheba.
Bereits 1950 wurde den nomadisch lebenden Beduinen die Nutzung der natürlichen Vegetation durch Viehherden, insbesondere Ziegen, untersagt. Auf diese Weise wollte der Staat die Sesshaftwerdung der Beduinen im Negev beschleunigen und dadurch Konflikte zwischen den nomadisierenden Viehzüchtern und den immer zahlreicher werdenden Ackerbauern vermeiden. Die

israelische Regierung unterstützte auch intensiv alle Maßnahmen zur ackerbaulichen Nutzung der Wüste. Heute gedeihen Gurken, Tomaten, Paprika, Melonen, Zwiebeln, Obst und andere Produkte im Negev, die vorwiegend für den Export bestimmt sind. Insgesamt machten 2007 landwirtschaftliche Produkte jedoch lediglich etwa vier Prozent des gesamten Exportwertes aus.

Intensivlandwirtschaft ist im Negev nur mittels künstlicher **Bewässerung** möglich. Bereits vor Jahrzehnten entwickelten israelische Ingenieure eine Bewässerungsmethode, die nicht nur die Verschwendung kostbaren Wassers vermindert, sondern auch die Gefahr der Bodenversalzung herabsetzt – die **Tröpfchenbewässerung**. Dabei erfolgt die Bewässerung über kilometerlange Schläuche, aus denen Wasser bei Bedarf genau dosiert über Düsen direkt an die Wurzeln der Pflanzen gebracht wird. Die Verdunstung wird auf diese Weise minimiert. Computer können die Bewässerung der verschiedensten Nutzpflanzen entsprechend steuern.

M 3 Niederschläge und Wasserinfrastruktur

1. Kennzeichnen Sie die naturgeographischen Rahmenbedingungen in Israel unter besonderer Berücksichtigung des Klimas und des Reliefs. Differenzieren Sie dabei nach Teilräumen (M 1 bis M 3, Atlas).
2. Erläutern Sie das Wassernutzungspotenzial Israels (M 3, Atlas).
3. Erläutern Sie die Einrichtungen der Wasserinfrastruktur vor dem Hintergrund der klimatischen und reliefbezogenen Gegebenheiten (M 3, Atlas).
4. Der Wasserspiegel des Toten Meeres ist in den letzten Jahrzehnten um mehr als 20 Meter gesunken. Erklären Sie diese Beobachtung und recherchieren Sie mithilfe des Internets die aktuelle Situation.
5. Überprüfen Sie, ob das Zitat des ehemaligen Ministerpräsidenten Ben Gurion inhaltlich heute noch gültig ist.

Wasserleitung in der Wüste Negev

Die Wüste Negev – staubtrocken und karg. Um sie zum Blühen zu bringen, braucht Israel Wasser. Und ausgerechnet tief unter der Wüste haben sie es entdeckt. Jetzt wollen Geologen den unterirdischen Wasserschatz heben – ohne Rücksicht auf die Folgen.
Das meiste Trinkwasser Israels stammt aus dem See Genezareth. Es wird über Pipelines und Kanäle nach Süden bis in die Wüste Negev gepumpt. Der Wasserspiegel des Sees sinkt dadurch seit Jahren. Er erreichte im Frühjahr seinen bisherigen Tiefststand. Und der trockene Sommer steht erst noch bevor. Wissenschaftler messen regelmäßig den Wasserstand und prüfen die Qualität. Sie warnen: Sinkt der Wasserspiegel noch zwei Meter tiefer, erreichen die Pumpen der Pipelines kein Wasser mehr. Gleichzeitig versalzt der See allmählich, die Wasserqualität nimmt ab.
Aus dem Süden, ausgerechnet aus der trockenen Wüste Negev, soll die Lösung des Problems kommen. Hier gibt es Wasser im Überfluss. Ein Projekt, mit dem israelische Wissenschaftler beweisen wollen, dass sie mit ihrem Know-how die Wüste fruchtbar machen können. Von dem kostbaren Nass gibt es so viel, dass sie sogar in der Wüste Speisefische züchten wollen.
Schon vor Jahrzehnten haben Geologen unter der Wüste Negev einen gigantischen Wasserschatz entdeckt: 100 Milliarden Kubikmeter reines Nass. Für den Biologen Samuel Appelbaum vom Blaustein-Institut für Wüstenforschung (Ben-Gurion-Universität des Negev) ist damit das Wasserproblem gelöst. Über 1000 Meter tief unter der Erde ist es im porösen Gestein gespeichert. Es stammt noch aus der Eiszeit und ist Brackwasser – leicht salzig, aber relativ sauber. Am Blaustein-Institut laufen intensive Forschungsprogramme, wie man das Wasser effizienter nutzen kann: Beispielsweise züchten die Forscher Fischarten, die winzige Schwebteilchen als Nahrung aufnehmen und so das Wasser säubern.
Das leicht salzige Tiefenwasser soll anschließend zum Bewässern von Feldern genutzt werden. Auf Testanlagen wird es computergesteuert mit Süßwasser gemischt. So soll der Salzgehalt je nach Pflanzenart gesenkt werden. Schon jetzt wird in einem Experiment mitten in der Wüste Wein angebaut. Es wird getestet, welche Weinsorte das salzige Brackwasser gut verträgt – Wüsten-Negev-Wein, der eines Tages auch auf europäischen Tischen landen könnte.
Das Wüstenwasser könnte 50 Jahre lang oder mehr den gesamten Wasserbedarf Israels decken. Aber das Tiefenwasser wird durch Regen nicht wieder aufgefüllt. Wenn es verbraucht ist, ist es für alle Zeiten weg. Doch das stört die Wissenschaftler nicht im geringsten. Samuel Appelbaum: „Wenn Sie davon ausgehen, dass wir in Israel für alles, was wir brauchen, heute zwei Milliarden Kubikmeter Wasser im Jahr verbrauchen, dann können Sie abschätzen, dass das Wasser, das unterirdisch vorhanden ist, mehrere Dutzend Jahre ausreicht. Und die Zukunft ist offen."
Erst die Zukunft wird zeigen, ob das Ausschöpfen des Tiefenwassers eine gute Idee ist – oder nur eine Verzweiflungstat, um Israels Durst zu stillen.

(www.br-online.de/wissen/umwelt/durstiger-planet; Zugriff: 18.06.2008)

M4 Das blaue Gold der Wüste Negev

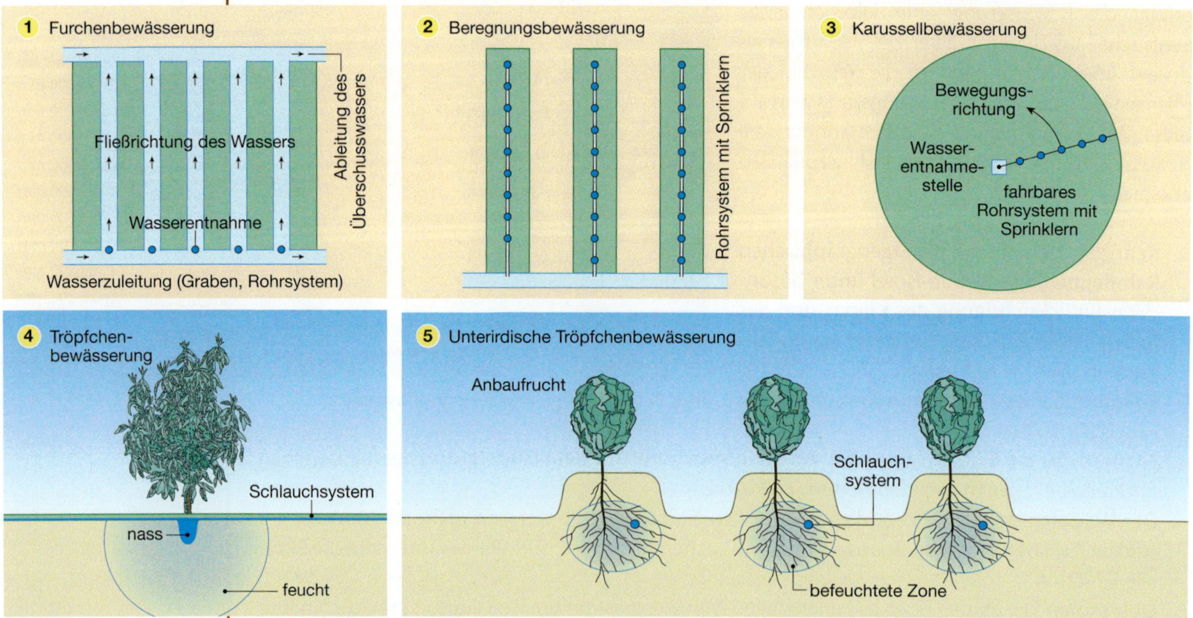

M5 Bewässerungsmethoden

Israel, die Palästinenser und Jordanien beziehen ihr Wasser aus dem Jordanbecken: dem Jordan und seinen Zuflüssen, dem See Genezareth sowie einigen Grundwasserspeichern. [...]. Verschlechtert wird die Situation durch ineffiziente Wassernutzung, steigende Geburten- und Immigrationszahlen sowie kontinuierliche wirtschaftliche Entwicklung und Verstädterung. Eine ausreichende Wasserversorgung wurde so schon mit Beginn der jüdischen Einwanderung zum nationalen Sicherheitsinteresse und Konfliktgegenstand. Allerdings beruht der heutige Wasserkonflikt zwischen Israelis und Palästinensern nicht auf faktischer Wasserknappheit. Zwar kann man nicht von einem Wasserüberschuss sprechen, doch Galiläa und die Westbank verfügen regional gesehen über ausreichende Wassermengen.

Die Wasserkrise ist rein politisch bedingt. Eine Wasserpolitik, die auf historisch gewachsenen Mythen und innenpolitischen Interessenlagen auf beiden Seiten beruht, verhindert bis heute eine gerechte Verteilung und rationale Nutzung der regionalen Wasserressourcen. Schon seit Jahrzehnten liegen umsetzbare Konzepte zum gemeinsamen, nachhaltigen Management des regionalen Wassers auf dem Tisch. Sie scheitern an politischen Vorbehalten. Fakt ist jedoch, dass die regionalen Wasserressourcen ausreichen würden, um Haushalte und leichte Industrie nicht nur in Israel und den palästinensischen Gebieten, sondern sogar in Jordanien zu ermöglichen. [...].

Israel kontrolliert seit 1967 den Großteil aller regionalen Wasserressourcen. Wie ein Report des parlamentarischen Wasserkomitees [...], der der Knesset 2002 vorgelegt wurde, kritisiert, werden etwa 60 Prozent dieses Wassers für landwirtschaftliche Zwecke verwendet und deutlich subventioniert. Der Agrarsektor erwirtschaftet dabei lediglich rund zwei Prozent des israelischen Bruttoinlandsprodukts; nur etwa drei Prozent der israelischen Bevölkerung arbeiten in diesem Sektor. Der städtische Wasserverbrauch in privaten Wohnungen und öffentlichen Institutionen liegt zudem bei 240 bis 280 Litern pro Kopf und Tag, und damit deutlich über den von der Weltgesundheitsorganisation (WHO) als Standard festgelegten 100 Litern. Der Report moniert außerdem Sprinkleranlagen, die zur Mittagszeit – wenn die Verdunstungsrate bei 90 Prozent liegt – betrieben werden, und Abwasser, das ungeklärt ins Mittelmeer geleitet wird. Warum betreibt Israel eine so verschwenderische Wasserpolitik? Eine Antwort ist der zionistische Mythos der „blühenden Wüste" in Verbindung mit dem Bild des das Land bewirtschaftenden Chaluz, des prototypischen jüdischen Siedlers im Heiligen Land. Landwirtschaft hat in Israel einen politisch-ideologischen Wert, der weit über ihre wirtschaftliche Bedeutung hinausgeht. Deshalb lehnt der Bericht des Wasserkomitees trotz seiner ansonsten harschen Kritik auch rigoros die Behauptung ab, die „verschwenderische Landwirtschaft" sei der Grund für die israelische Wasserkrise. Dass das für Israels Entwicklung benötigte Wasser und Territorium vor 1948 oftmals von Palästinensern genutzt und bewohnt wurde, spielt in diesem Diskurs keine Rolle. [...] Alle seine Wasserressourcen zusammengenommen nutzt Israel [...] etwa zehnmal mehr Wasser als die Palästinenser und verfügt über eine hoch entwickelte Wasserinfrastruktur, während etwa 40 Prozent der palästinensischen Dörfer in der Westbank gar nicht an die Wasserinfrastruktur angebunden sind. [...]. Zur Lösung des Konflikts setzt Israel auf Meerwasserentsalzung. Mit ihrer Hilfe könne, so die Argumentation, die Wasserknappheit relativiert werden. Im August 2005 wurde die erste große Entsalzungsanlage in Aschkelon in Betrieb genommen. Sie soll bei voller Ausschöpfung ihrer Kapazitäten pro Jahr fünf bis sechs Prozent des israelischen Wasserbedarfs erzeugen. Der israelische „Desalination Master Plan" sieht zudem eine ganze Serie von Entsalzungsanlagen entlang der Mittelmeerküste vor: Bis 2020 sollen mehr als 35 Prozent des israelischen Wasserbedarfs durch entsalztes Wasser gedeckt werden.

(Christiane Fröhlich in: Mehr Power für ein zartes Pflänzchen. Das Parlament, 4.8.2008, S. 12)

M6 Wasser und Politik im Nahen Osten

Frucht	Wachstum	Sprinkler-bewässerung	Tröpfchen-bewässerung	Wasserbedarf
Tomaten	September – März	38,5 t/ha	66 t/ha	980 l/m²
Melonen	August – Dezember	24,0 t/ha	43 t/ha	635 l/m²
Paprika	September – Mai	5,0 t/ha	9 t/ha	1417 l/m²
süßer Mais	Februar – Mai	5,0 t/ha	12 t/ha	676 l/m²

M7 Wasserbedarf und Erträge einiger Nutzpflanzen

6. Erläutern Sie die Vorteile der Tröpfchenbewässerung (M 5, M 7).
7. Bewerten Sie das Projekt der Nutzung fossilen Tiefenwassers zur Lösung der Wasserknappheit und als Grundlage weiterer Bewässerungsprojekte (M 4).
8. Recherchieren Sie die politischen Probleme zwischen Israel, den Palästinensern und den übrigen Anrainern. Bereiten Sie dazu ein Kurzreferat vor.
9. „Wasser ist auch eine politische Waffe." Beziehen Sie diese Aussage auf Israel und seine Nachbarn und nehmen Sie kritisch Stellung (M 6).
10. Bewerten Sie die Maßnahmen zur Bewässerung der Wüste Negev vor dem Hintergrund der naturräumlichen, ökonomischen, ökologischen und politischen Rahmenbedingungen (M 1 bis M 7).

9. Weizen aus den Great Plains

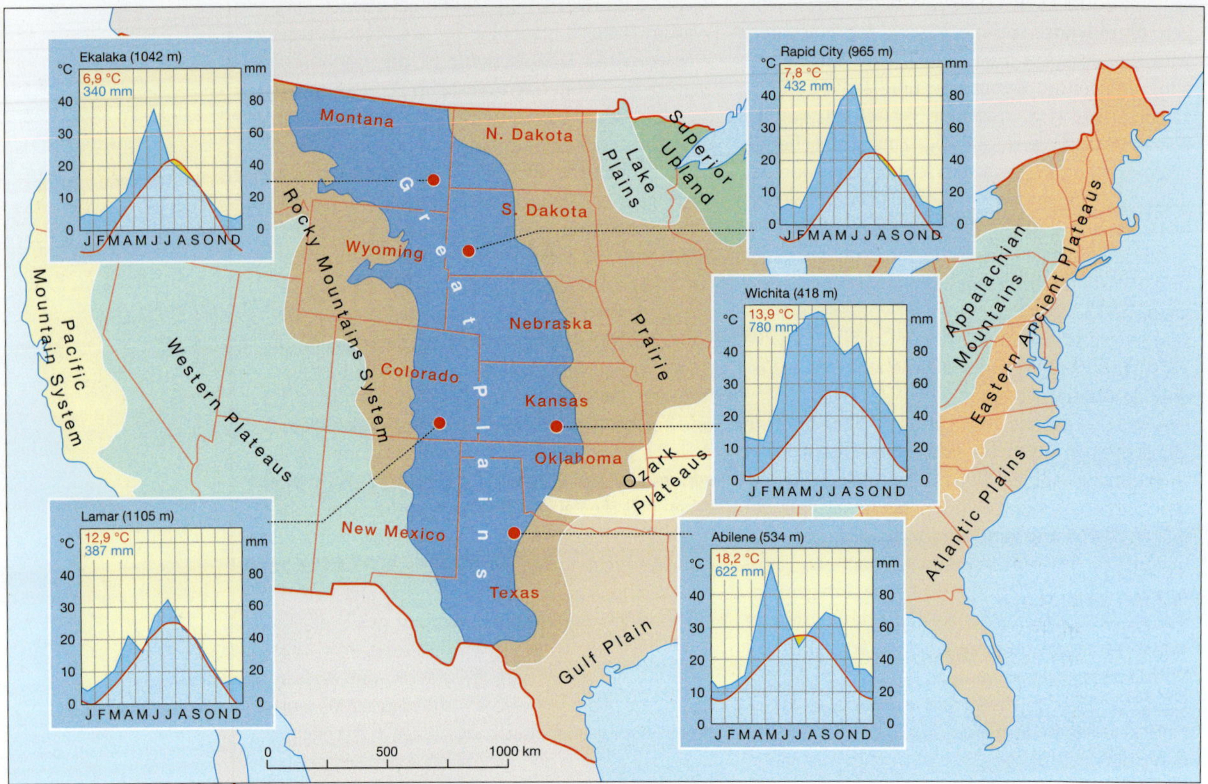

M 1 Klimatische Bedingungen in den Great Plains

Naturraum und Besiedelung

Als die ersten amerikanischen Siedler die Great Plains erreichten, bot sich ihnen der Blick auf ein ebenes, z. T. flachwelliges Land, das von einer geschlossenen Decke aus verschieden hohen Gräsern bedeckt war. Dies war die Heimat von schätzungsweise 50 Mio. Büffeln, die auf ihren Wanderungen den Jahreszeiten von Nord nach Süd und umgekehrt folgten. Ihnen zogen verschiedene Indianerstämme nach, deren Lebensgrundlage die Büffel waren und die sich an die Naturverhältnisse und die Büffelwanderungen angepasst hatten. Politisch gelangten weite Teile der Great Plains erst relativ spät an die USA, die 1803 Louisiana von den Franzosen kauften. Die Besiedlung der USA durch europäische Einwanderer erfolgte von Osten nach Westen. Die Besiedlungsgrenze – die Frontier – erreichte um 1830 die östlichen Great Plains. Die nachrückenden Siedler drangen immer weiter nach Westen vor und nahmen das Land in Besitz. Sie waren Rancher und brachten große Viehherden mit, die auf den riesigen Grasflächen weideten. Für die Büffel war nun auf den

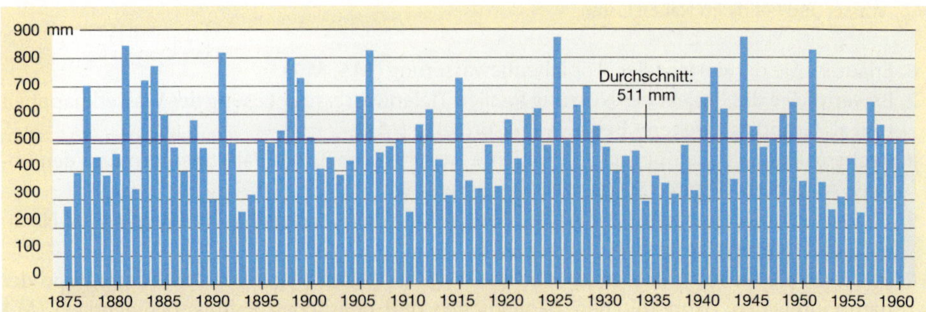

M 2 Niederschläge in NW-Kansas: Langzeitbeobachtung

Viehweiden kein Platz mehr und sie wurden von den Farmern millionenfach abgeschossen; nur wenige Büffel überlebten auf unzulänglichen und agrarwirtschaftlich uninteressanten Restflächen. Damit verloren auch die Indianer ihre Existenzgrundlage. Sie wurden außerdem von den Ranchern vertrieben, viele von ihnen dabei getötet.

Als in der Mitte des 19. Jahrhunderts der Bevölkerungsdruck im Osten der USA größer wurde, kamen immer mehr Siedler in die Great Plains und schoben die Frontier weiter nach Westen vor. Damit wurden erstmals auch die trockenen Teile der Great Plains besiedelt. Unter den Siedlern waren auch immer mehr Farmer, die auf den fruchtbaren Böden der Great Plains Ackerbau betreiben wollten. Sie gerieten in Konflikt mit den Weidewirtschaft treibenden Ranchern und konnten sich zunächst nicht gegen diese durchsetzen. Erst ab 1880, als in den USA die Fleischpreise sanken, lohnte sich für viele Rancher die Viehzucht nicht mehr und nachfolgend pflügten Farmer das Weideland um und bauten Feldfrüchte – vor allem Weizen – an. Trotz aller Warnungen vor der Errichtung so großer **Monokulturen** und vor den klimatischen Risiken legten die Farmer immer mehr Weizenfelder an. Damit entwickelten sich die Great Plains zur Kornkammer der USA. Begünstigt wurde der Weizenanbau durch relativ niederschlagsreiche Jahre zwischen 1880 und 1885.

Weizenanbau – von der Family-Farm zum Agrobusiness

Das traditionelle Bild des amerikanischen Farmers wurde lange geprägt durch die sog. „Family-Farm". Der Farmer und seine Familie bewirtschafteten eine überschaubare Fläche mit eigenen Kräften oder einigen Lohnarbeitern. So war es auch bei den Weizenfarmern in den Great Plains. Die Family-Farm litt jedoch oft unter einer mangelnden Kapitalausstattung, die eine Anpassung an moderne Techniken erschwerte. So mussten bei der Anschaffung von Geräten und Maschinen z. T. Kredite aufgenommen werden. Auch Missernten waren nur schwer zu verkraften.

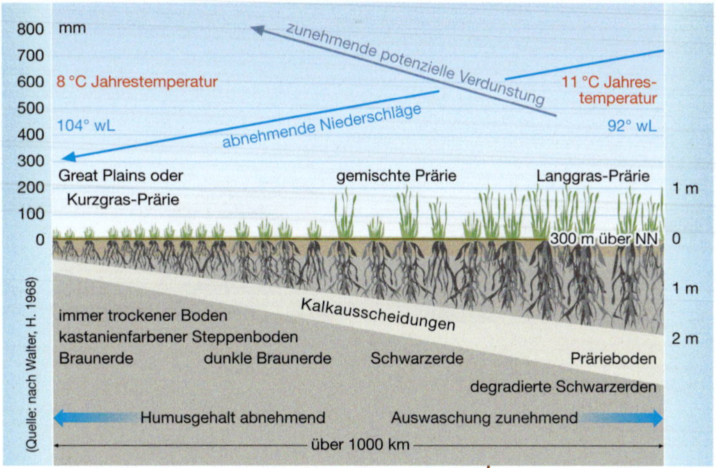

M 3 Ökologisches Profil durch die Great Plains

Ackerflächen in ausgewählten Staaten	
Oklahoma	52 609 km²
Kansas	114 121 km²
Nebraska	87 007 km²
South-Dakota	77 295 km²
North-Dakota	111 289 km²
Weizenproduktion in ausgewählten Staaten	
Oklahoma	2,4 Mio. t
Kansas	7,3 Mio. t
Nebraska	2,2 Mio. t
South-Dakota	3,8 Mio. t
North-Dakota	7,9 Mio. t
Wert der pflanzlichen Produkte	
Oklahoma	1,2 Mrd. US-$
Kansas	4,9 Mrd. US-$
Nebraska	6,8 Mrd. US-$
South-Dakota	3,4 Mrd. US-$
North-Dakota	5,0 Mrd. US-$

M 4 Anbau in den Great Plains

„Die ersten Bankrotte von Farmern gab es um 1890, als eine mehrere Jahre anhaltende Trockenheit einsetzte und durch Missernten die Schulden nicht mehr abbezahlt werden konnten. In strenger Regelmäßigkeit kam es zu weiteren Dürreperioden: um 1910, 1930, 1950, 1970. [...] Tausende von Farmern mussten aufgeben und abwandern."

(aus: Hahn, R. USA. Stuttgart 1990, S. 251)

1. Ordnen Sie die Great Plains in den Naturraum der USA ein (**M 1**, Atlas).
2. Stellen Sie fest, welche klimatischen Bedingungen in den Great Plains herrschen (**M 1**, Klimakarten im Atlas) und berichten Sie darüber.
3. Erläutern Sie die Verteilung der Jahresniederschläge in den Great Plains (**M 2**).
4. Werten Sie das ökologische Profil aus und ordnen Sie es in die Karte ein (**M 1**, **M 3**).
5. Stellen Sie die Besiedlung der Great Plains dar und erläutern Sie den damit verbundenen Landschafts- und Wirtschaftswandel.
6. Erläutern Sie den Anbau in den Staaten der Great Plains und stellen Sie Überlegungen an, ob die Agrarnutzung den Naturraumbedingungen angepasst ist (**M 1** bis **M 4**).

M5 Mähdrescherkolonne in einem Weizenfeld

Die immer wieder auftretenden Dürreperioden zwangen die verbleibenden Farmer zu Anpassungsmaßnahmen. Sie mussten ihre Flächen vergrößern, was durch Übernahme der von anderen Farmern aufgegebenen Flächen möglich war, oder den Anbau diversifizieren oder durch Übernahme moderner Agrartechnik die Erträge steigern. Möglich wurde dies durch den Einsatz von Bewässerungsanlagen, durch ertragreichere Hybrid-Weizensorten, verbesserte Dünge- und Schädlingsbekämpfungsmethoden und rationellere Agrarmaschinen. Alle diese Maßnahmen kosteten zunächst aber viel Geld, das die Farmer oftmals nicht hatten. Sie nahmen deshalb Kredite auf, die relativ unproblematisch waren, weil in den 1960er- und 1970er-Jahren der Nahrungsmittelbedarf wegen der rasch wachsenden Weltbevölkerung stark anstieg und die Weizenpreise entsprechend hoch lagen. In dieser Zeit konnten die USA ihre Weizenausfuhr fast vervierfachen. Der Weizenboom hielt aber nicht lange an und ab etwa 1980 gingen die Weizenausfuhren und auch der Weizenpreis zurück, weil inzwischen auch andere Länder ihre Weizenproduktion gesteigert hatten und auf den Weltmarkt drängten. Als Folge dieser Entwicklungen mussten die Weizenfarmer in den Great Plains Einkommensverluste hinnehmen. Die Farmer, die sich vorher durch Kreditaufnahme verschuldet hatten, mussten in dieser Situation aufgeben, der Konzentrationsprozess setzte sich fort.

Viele Farmer sind dazu übergegangen, Maschinen nicht mehr selbst zu kaufen, sondern die anfallenden Arbeiten von Unternehmen ausführen zu lassen, die sich auf landwirtschaftliche Arbeiten spezialisiert haben und über einen entsprechenden Maschinenpark verfügen. So spart der Farmer Eigenkapital und er kann leichter die Anbaufrüchte wechseln, weil er dazu keine neuen Maschinen mehr kaufen muss. Immer mehr Farmer haben Anbauflächen in verschiedenen Teilen der Great Plains gekauft, z. B. ein Areal im wärmeren Texas, eines in Süd- oder Nord-Dakota. Der Vorteil dabei ist, dass Saat- und Erntetermine aufgrund der unterschiedlichen Klimabedingungen zeitlich auseinander liegen. Wenn die Farmer ihre verschiedenen Betriebsflächen besuchen, legen sie im Jahr oft mehrere Tausend Kilometer zurück. Wegen dieser „Reisetätigkeit" werden sie

An der Warenterminbörse in Chicago werden die weltweit größten Mengen an Weizen gehandelt. Die meisten Geschäfte sind sogenannte „Papiergeschäfte". Der so verkaufte „Papierweizen" ist noch gar nicht gewachsen, geschweige denn geerntet. Die Kontrakte werden zu einem großen Teil von Spekulanten in der Hoffnung getätigt, dass Meldungen über Missernten oder Hungersnöte in der Dritten Welt den Weizenpreis in die Höhe schnellen lassen. In solchen Fällen führt der Wiederverkauf von „Papierweizen" zu beträchtlichen Gewinnen. Die einzelnen Farmer erzielen durch derartige Preissprünge in der Regel keinen Cent zusätzlich für ihr Getreide, da sie nicht über genügend Lagerkapazitäten verfügen, um den Weizen an für sie günstigen Terminen verkaufen zu können. Stattdessen müssen sie ihre Ernte rechtzeitig an Großhändler verkaufen, damit sie ein gesichertes Einkommen haben.
Im Mai 2009 stehen die Weizenpreise in Chicago weiter unter Druck. Weltweit hohe Lagerbestände sowie günstige Schätzungen für die Ernte 2009 haben den Weizenpreis deutlich absacken lassen. Er liegt jetzt bei knapp 40 Prozent des Preises vom Februar 2008. (nach: ZMP-Info 2009)

M6 Weizenpreise unter Druck

auch als „Suitcase-Farmer" bezeichnet. Weil bei dieser Art von Ackerbau weder eigene Maschinen, noch eigene Betriebsgebäude, sondern nur die Anbauflächen nötig sind, kann fast jedermann, da die Arbeiten ja von Lohnunternehmen erledigt werden, zum Farmer werden. So haben in den letzten Jahren z. B. Rechtsanwälte, Ärzte und Steuerberater Land erworben und betreiben Ackerbau per Handy und Computer von der Stadt aus. Somit hat das **Agrobusiness** die Familyfarm weitgehend abgelöst. In Kansas gehören inzwischen 60 Prozent aller Farmen Besitzern, die keine Landwirte sind, für die gesamten USA liegt der Wert bei 55 Prozent.

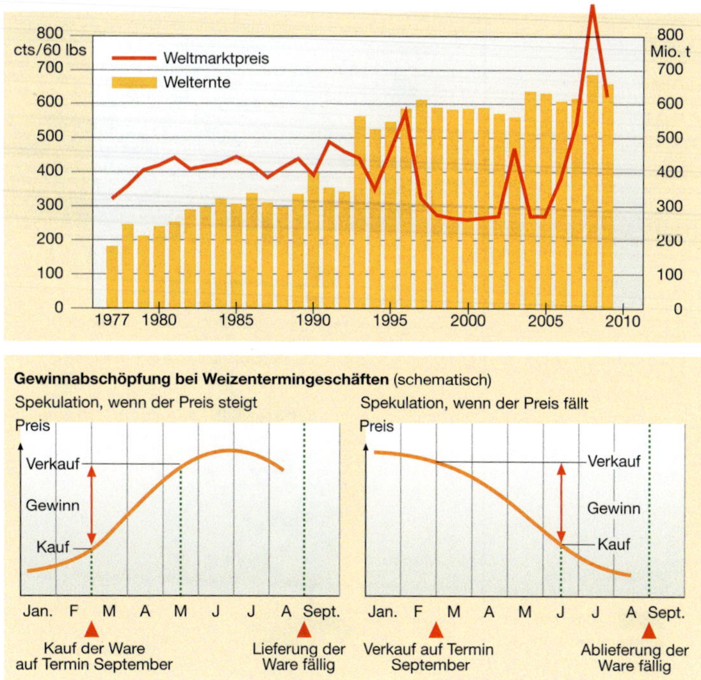

M8 Weizenpreise und Spekulation

1826 entwarf der Ökonom Johann Heinrich von Thünen ein Modell zur optimalen Landnutzung in einem „isolierten Staat". Er ging dabei davon aus, dass in einem solchen Fall sich um ein Stadtzentrum die Anbauzonen ringförmig ausbilden würden. Neben der Verderblichkeit von Produkten (z. B. bei Milch und Frischgemüse) würden dann die Transportkosten im Verhältnis zum Produktwert eine entscheidende Rolle spielen.
Thünens Modell hat aber nur optimale Aussagekraft, wenn folgende Voraussetzungen gegeben sind:

- Die Existenz eines isolierten, von der Welt abgeschnittenen Staates.
- Das Vorhandensein einer großen Stadt, die den einzigen urbanen Markt darstellt.
- Die Stadt liegt in einer weiten Ebene, die überall dieselbe Bodenfruchtbarkeit und gleich gute Wege aufweist, sodass die Produktions- und Transportkosten überall gleich sind.
- Die Stadt wird mit landwirtschaftlichen Produkten von den Bauern versorgt, die dafür ihrerseits Industriegüter aus der Stadt beziehen.
- Die Bauern bringen ihre Produkte selbst auf einem Wegenetz, das überall gleich gut ausgebaut ist, in die Stadt. Damit entspricht die Höhe der Transportkosten der Entfernung zur Stadt.
- Die Bauern streben alle Profitmaximierung an und passen ihre landwirtschaftliche Produktion dementsprechend an.

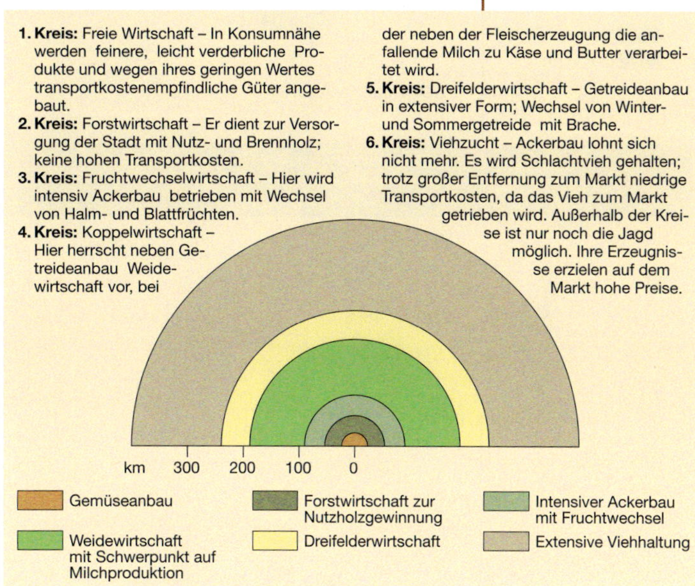

M7 Die Thünen'schen Ringe

7. Erläutern Sie die Entwicklung der Weizenpreise und stellen Sie die Folgen für die Produzenten dar (M6, M8).
8. Erläutern Sie die Preisbildung sowie den Börsenhandel beim Weizen und nehmen Sie Stellung zu folgendem Ausspruch eines Wirtschaftsexperten: „So also ermitteln wir den Preis unseres täglichen Brots! Wundert es Sie da, dass wir trotz immenser Getreideüberschüsse noch immer keine Wege gefunden haben, dem Hunger in der Welt ein Ende zu setzen?" (M8).
9. Erläutern Sie das Thünen'sche Modell und untersuchen Sie, ob es heute Produkte gibt, für die es immer noch Gültigkeit hat (M7).
10. Stellen Sie anhand einer USA-Wirtschaftskarte im Atlas fest, für welche Produkte und welche Regionen Thünens Modell zumindest ansatzweise zur Erklärung herangezogen werden kann.

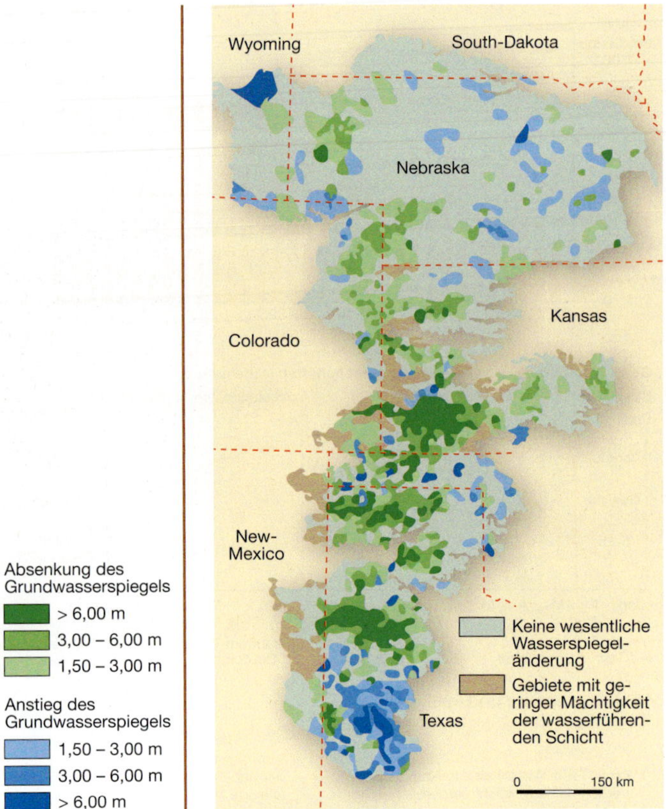

M 9 Ogallala-Aquifer

	1954	1964	1974	1982	1992	2002	2007
	(in 1000 ha)						
Oklahoma	44	122	208	199	207	207	214
Kansas	134	406	814	1083	1085	1071	1105
Nebraska	474	878	1605	2444	2556	3050	3423
Süd-Dakota	37	53	62	152	150	160	150
Nord-Dakota	15	20	29	66	76	81	94

M 10 Entwicklung der Bewässerungsflächen in ausgewählten Great-Plains-Staaten

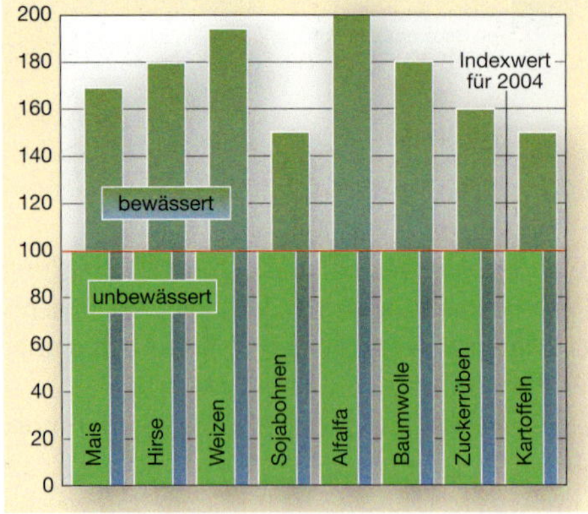

M 11 Ernteerträge mit und ohne Bewässerung

Kein Wasser – kein Weizen mehr?

Für die Landwirtschaft der Great Plains hat sich der Ogallala-Aquifer als wichtige natürliche Ressource erwiesen. Dabei handelt es sich um ein riesiges Grundwasserreservoir, das sich über eine Fläche von 450 000 km^2 erstreckt und in seinen

Die vor einigen Jahren erstellten Prognosen, die eine sehr rasche Erschöpfung der Wasservorräte und einen Zusammenbruch der sozioökonomischen Strukturen im Bereich des Ogallala-Aquifers vorhersagten, sind in dieser Form bislang nicht eingetreten. Die in den letzten Jahren gemachten Erfahrungen zeigen vielmehr, dass sich die Farmer sehr viel schneller als erwartet auf die neuen Herausforderungen einstellen, indem sie neue Bewässerungstechniken anwenden und Umstellungen bei den Anbaufrüchten vornehmen bzw. das verfügbare Wasser zunehmend für die Tierhaltung verwenden. Auch die höheren Niederschlagsmengen in den 1990er-Jahren haben zur Entspannung der Situation beigetragen. Zahlreiche Maßnahmen zielen darauf ab, die Lebensdauer des Aquifers zu verlängern.

Für die absehbare Zukunft zeichnen sich folgende Entwicklungen ab:

- Es gibt auch weiterhin sehr intensiven Bewässerungsfeldbau, das Wasser wird jedoch zunehmend für den Anbau hochwertiger Früchte (vor allem Mais) verwendet. Weizen und Hirse werden in geringerem Umfang als bisher auf Bewässerungsflächen angebaut.
- Da nicht mehr für alle Flächen ausreichend Bewässerungswasser zur Verfügung steht, werden einige Bewässerungsflächen aufgegeben und entweder mit anspruchslosen Anbaufrüchten wie Hirse bestellt oder aber in Grasland zurückverwandelt.
- In zunehmendem Maße wird das Wasser zur intensiven Tierhaltung verwendet; dies betrifft sowohl die seit langem ansässige Rinderhaltung als auch den neuen Zweig der Schweinehaltung.
- Die wieder in Grasland überführten Flächen werden für die extensive Tierhaltung verwendet. Neben den traditionell verbreiteten Rindern wird dabei auch zunehmend die Bisonhaltung bedeutsam.

Diese Anpassungen deuten die Möglichkeit an, dass mit der Verringerung der zur Verfügung stehenden Wassermenge nicht unbedingt eine Schwächung der Wirtschaftskraft verbunden ist, sondern sich die sozioökonomische Stabilität der Region erhalten lässt.

(aus: Klohn/Windhorst: Neue Entwicklungen in der Agrarwirtschaft der Great Plains. Vechta 2004, S. 76)

M 12 Die Zukunft der Prärie

Sand- und Kiesschichten schätzungsweise vier Billionen Kubikmeter Wasser enthält. Die Nutzung der Wasservorräte des Ogallala-Aquifers wurde nach dem Zweiten Weltkrieg möglich, als leistungsfähige Pumpen und preisgünstige Energie (Erdgas) zur Verfügung standen. Seitdem wurden immer mehr und immer tiefere Brunnen gebohrt und die Bewässerungsflächen ausgedehnt. Mit der künstlichen Bewässerung konnten nicht nur die Weizenanbauflächen ausgedehnt, sondern auch Mais angebaut werden. Das führte zu einem Strukturwandel in den Great Plains, zumal auf der Basis von Maisanbau Viehhaltung betrieben werden konnte.

Rinder statt Weizen

Noch in den 1950er-Jahren war die Rindermast in den Staaten der Great Plains relativ unbedeutend. Seit etwa 1980 nimmt die Zahl der in den Great Plains gehaltenen Rinder ständig zu. Auslöser für diese Entwicklung war die zunehmende Wasserknappheit im Bereich des Ogallala-Aquifers, die viele Farmer vom bewässerten Weizenanbau auf den Anbau von Mais umsteigen ließ. So sank in Oklahoma und Kansas die Weizenproduktion von 1997 bis 2007 auf die Hälfte. Der Mais bringt höhere Erträge, außerdem dient er als Viehfutter. Um sich von den klimabedingten Ertragsschwankungen bei Ackerfrüchten unabhängig zu machen, stiegen viele Farmer in den Plains auf Futterbau und Rindviehhaltung um. Die Größe der Farmflächen (z.B. Kansas im Durchschnitt 707 acres gegenüber 418 acres in den USA) ermöglichte die Errichtung von großen **Feedlots**. Die Rinder stehen dabei in verschiedenen separaten Mastbuchten unterschiedlicher Größe. Dem Feedlot-Besitzer gehören die Anlagen des Feedlots, die Rinder aber oftmals nicht. Er mästet sie im Auftrag und gegen Bezahlung für andere Rancher oder Investoren aus dem Agrobusiness. Der Feedlot-Betreiber erhält Kälber mit einem Gewicht von etwa 260 kg, die er anschließend bis zur Schlachtreife mästet. Das dauert etwa 190 Tage und in diesem Zeitraum verdoppeln die Tiere ihr Gewicht. Es gibt auch Mastsysteme, bei denen die Kälber auf den Naturweiden der Great Plains heranwachsen und erst in den letzten vier Monaten vor der Vermarktung ins Feedlot kommen. Um eine gleichmäßige Fleischqualität zu garantieren, schreiben die Besitzer der Rinder den Feedlot-Betreibern die Zusammensetzung des Futters und die medizinische Betreuung der Tiere vor.

Der Aufschwung der Rinderhaltung in den Great Plains hat dazu geführt, dass hier viele sehr große Feedlots entstanden sind und dass allein in Kansas und Nebraska rund 40 Prozent aller Rinder in den USA gehalten werden. Nimmt man Texas noch hinzu, kommt man auf rund zwei Drittel.

M 13 Feedlots in Greeley, Colorado

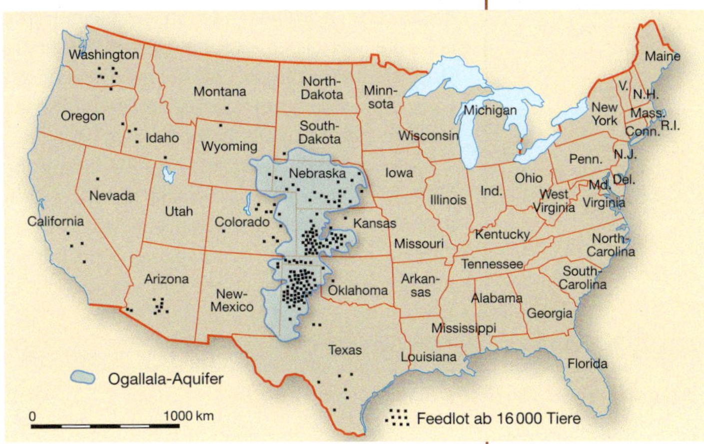

M 14 Feedlots mit mehr als 16 000 Mastplätzen

	Pflanzliche Produktion	Tierische Produktion	Pflanzliche Produktion	Tierische Produktion
	1980		2007	
Kansas	43 %	57 %	34 %	66 %
Nebraska	41 %	59 %	44 %	56 %
Oklahoma	34 %	66 %	21 %	79 %

M 15 Bedeutung von pflanzlicher und tierischer Produktion in ausgewählten Staaten der Great Plains

11. Begründen Sie den Strukturwandel in der Agrarwirtschaft der Great Plains und stellen Sie seine Folgen dar (M 12, M 15).

12. Erläutern Sie die Konzentration der Rinderhaltung in den Great Plains (M 12 bis M 14).

10. Schweinemast in Dänemark

M 1 Schweinefleischverarbeitung

Welthandel mit Schweinefleisch

Der Welthandel mit Schweinefleisch weist langfristig eine kontinuierliche Steigerung auf. Seit Beginn der 1990er-Jahre sind allerdings deutlich höhere Steigerungsraten festzustellen. Es zeigt sich, dass Europa beim Handel mit Schweinefleisch eine dominierende Stellung einnimmt. Etwa drei Viertel der Ausfuhren gehen von einem europäischen Staat aus und über 68 Prozent des gehandelten Fleisches haben einen europäischen Staat als Ziel. Allein aus diesen Werten wird deutlich, dass der innereuropäische Handel eine große Rolle spielt, vor allem innerhalb der EU. Nord- und Mittelamerika, hier vor allem die USA und Kanada, nehmen bei den Exporten und Importen den zweiten Rangplatz ein. Von den zehn führenden Exportländern für Schweinefleisch waren 2007 sechs EU-Staaten. Dänemark nimmt schon seit Jahren eine unangefochtene Spitzenposition ein, gefolgt von Deutschland. Die zehn führenden Staaten vereinigten allein 86,1 Prozent der Ausfuhren auf sich. Ihr Anteil hat seit 1990 abgenommen, was darauf hinweist, dass es einigen anderen Staaten gelungen ist, auf den Weltmarkt vorzudringen. Die zehn führenden Importländer nahmen im Jahre 2007 nahezu 74 Prozent des ausgeführten Schweinefleisches auf. Fünf der zehn führenden Staaten gehören der EU an, von den Nicht-EU-Staaten ist Japan seit Jahren das wichtigste Importland.

Die zukünftige Struktur der Produktion und des Handels wird entscheidend bestimmt werden von der Entwicklung des Pro-Kopf-Verbrauches. Gegenwärtig liegen noch große Unterschiede vor. Sie sind bedingt durch traditionelle Ernährungsgewohnheiten, Religionszugehörigkeit und

Exportraum			Bezugsraum		
Exportländer	EU-25 2006 (t)	EU-27 2007 (t)	Importländer	EU-25 2006 (t)	EU-27 2007 (t)
Dänemark	562 330	518 093	Russland	674 892	637 340
Deutschland	341 462	325 147	Japan	249 941	231 974
Frankreich	189 095	181 302	Rumänien	191 759	–
Niederlande	186 927	209 921	Südkorea	141 042	136 982
Polen	168 851	75 353	Hongkong	137 865	240 311
Spanien	152 598	156 996	USA	67 011	66 153
Belgien	94 846	94 800	Weißrussland	59 283	10 418
Ungarn	81 668	31 367	Kroatien	54 042	53 727
Österreich	71 197	62 221	China	53 643	83 297
Italien	59 519	50 703	Angola	40 733	48 518
Finnland	31 980	22 918	Bulgarien	40 669	–
Portugal	26 381	33 851	Australien	29 947	34 512
Irland	24 029	21 204	Singapur	17 172	19 306
Großbritannien	19 467	22 495	Ukraine	9 658	2 692
Andere	57 512	83 459	Andere	300 205	324 600
Insgesamt	**2 067 862**	**1 889 830**	**Insgesamt**	**2 067 862**	**1 889 830**

(Quelle: EUROSTAT, Luxemburg)

M 2 Welthandel mit Schweinefleisch

Die weltweite Erzeugung von Schweinefleisch ist in den vergangenen 35 Jahren von 35,8 Mio. t (1970) auf 102,4 Mio. t (2005) gestiegen, was einer Zunahme um 186 Prozent entspricht. Bemerkenswert ist vor allem die Steigerung der Schweinefleischerzeugung in Asien, die vor allem bedingt ist durch die schnelle Erhöhung der Produktion in China. Im Jahre 2005 entfielen 57,0 Prozent der Welterzeugung auf Asien und 24,9 Prozent auf Europa.
Das räumliche Muster der Erzeugung von Schweinefleisch lässt die drei Produktionszentren Ostasien, Europa und Nordamerika klar erkennen. Die mit Abstand höchsten Zuwachsraten weist Asien auf. Von den 960,8 Mio. Schweinen, die nach Angaben der FAO im Jahre 2005 weltweit gehalten wurden, entfielen auf die 20 führenden Staaten 86 Prozent, auf China allein 51 Prozent. Unter den 20 Staaten, die deutlich die Zentren der Erzeugung markieren, befinden sich 8 Mitgliedstaaten der EU, Deutschland rangiert auf Platz 5.
Ein Vergleich der zehn führenden Staaten in der Erzeugung von Schweinefleisch zeigt, dass sich der Prozess der regionalen Konzentration fortsetzt. China allein hat im Zeitraum von 1990 bis 2005 seinen Anteil 34,4 Prozent auf 48,4 Prozent gesteigert. Es zeichnet sich ab, dass bei gleichlaufender Entwicklung China nach weiteren zehn Jahren mehr als die Hälfte der Welterzeugung auf sich vereinigen wird.

(nach: Klohn, W., Windhorst, H.-W.; Weltagrarwirtschaft und Welthandel, Vechta 2006, 132f.)

M 3 Strukturen der Erzeugung von Schweinefleisch

unterschiedliche Kaufkraft. Eine deutliche Zunahme des Pro-Kopf-Verbrauches wird in Russland, einigen osteuropäischen Staaten, Japan sowie in Mittel- und Südamerika erwartet.
Demgegenüber dürfte sich in der EU der Verbrauch kaum noch ausweiten lassen, auch in den USA und Kanada wird keine schnelle Erhöhung eintreten.

Exportorientierung der dänischen Schweinefleischproduktion

Dänemark ist im EU-Vergleich der mit Abstand größte Exporteur von Schweinefleisch. 85 Prozent der gesamten Produktion werden ausgeführt. Mit einem Anteil von 6 Prozent am Gesamtexport stellt Schweinefleisch seit Jahren das wichtigste Exportgut dar.
Die wichtigsten Handelspartner sind Deutschland, Großbritannien und Japan. Diese drei Staaten spielen, da sie mehr als die Hälfte der dänischen Ausfuhrmenge auf sich vereinigen, für die dänische Fleischwirtschaft eine herausragende Rolle. Sicherlich ist dafür auch die Qualität der gelieferten Produkte sowie die Dokumentation der Herkunft verantwortlich.
Den größten Teil des Exports machen gekühlte oder tiefgefrorene Teilstücke aus. Sie sind „maßgeschneidert", d. h. gleichartige, entbeinte Fleischstücke, nach Kundenwünschen entschwartet, zugerichtet und zugeschnitten. Hierbei geht es um ein Produkt mit hohem Wertzuwachs – um hochveredelte Rohware, die sich deutlich von traditioneller Massenware absetzt. Weitere Exportprodukte sind Schinkenspeck (Großbritannien) und Fleischkonserven, die gekochten Schinken oder Hackfleischprodukte enthalten.

	1997	2004	2007
	(in kg)		
Dänemark	57,8	58,4	52,1
Deutschland	53,8	54,4	55,2
Frankreich	34,7	36,2	34,6
Italien	34,8	38,8	38,8
Niederlande	43,1	42,1	41,6
Spanien	56,6	63,1	58,1
Großbritannien	23,6	26,1	25,0

M 4 Pro-Kopf-Verbrauch an Schweinefleisch in ausgewählten Staaten der EU

Der Leiter der Zentralverwaltung der dänischen Großgenossenschaft für Schweinefleischproduktion „Danske Slagteterier" erklärt die Entwicklung so: „[...] Dänemark ist nur ein kleines Land mit etwa 5,1 Mio. Einwohnern. Wir haben kaum wichtige Rohstoffe für den Aufbau einer Industrie, deshalb hat die Landwirtschaft bei uns immer eine große Rolle gespielt. Weil wir unsere Produkte auf dem Weltmarkt verkaufen, müssen wir eine gute Qualität anbieten und möglichst niedrige Preise haben."

(zitiert aus: H.-W. Windhorst, Schweinefleisch aus Dänemark, in: Praxis Geographie 5/1995, S. 1)

Osteuropa		Nord-/Mittelamerika		Asien	
Bulgarien[1]	33,9 kg	Kanada	32,4 kg	China	36,1 kg
Polen	39,0 kg	Mexiko	14,4 kg	Japan	19,6 kg
Rumänien[1]	25,1 kg	USA	30,2 kg	Philippinen	13,9 kg
Russland[1]	14,3 kg	**Südamerika**		Republik Korea	21,6 kg
Tschechien	41,7 kg	Brasilien	10,9 kg	Taiwan	42,6 kg
Ungarn	30,0 kg			**Ozeanien**	
				Australien	20,7 kg

[1]) Angaben für das Jahr 2002;
(Quelle: nach W. Klohn, H.-W. Windhorst; Weltagrarwirtschaft und Welthandel, Vechta 2006)

M 5 Pro-Kopf-Verbrauch an Schweinefleisch in ausgewählten Staaten 2004

	1986	1996	2006	2007
	(in t)			
Großbritannien	260 172	238 379	337 270	317 381
Deutschland[1]	112 657	277 755	465 644	481 727
Frankreich	88 681	108 107	36 184	28 367
Italien	82 454	95 381	149 224	159 698
übrige EU-Länder	29 575	99 785	300 743	368 710
EU insgesamt[2]	**573 539**	**819 404**	**1 289 065**	**1 355 883**
USA	119 774	50 323	45 257	45 117
Japan	86 524	137 734	183 620	159 832
andere Länder	76 054	217 372	346 627	329 739
Drittländer insgesamt	**282 352**	**405 429**	**575 504**	**534 688**
Insgesamt	**855 891**	**1 224 833**	**1 864 569**	**1 890 571**

[1]) Die Zahlen für Deutschland umfassen für 1986 das frühere Westdeutschland.
[2]) 2006 EU-25 und bis inkl. 2007 EU-27

M 6 Entwicklung des Schweinefleischexports – auf Hauptmärkte verteilt

1. Beschreiben Sie die Entwicklungen im Welthandel von Schweinefleisch, insbesondere die
   - Grundstrukturen des Welthandels (Liefer- und Abnehmerländer, Mengen)
   - Trends in der Produktion und beim weltweiten Konsum von Schweinefleisch (M 1 bis M 6).
2. Erläutern Sie die Stellung Dänemarks auf dem Weltmarkt (M 1 bis M 3).

Die Struktur der dänischen Schweinehaltung

Die Entwicklung der dänischen Schweinehaltung ist seit 1990 durch tiefgreifende Konzentrationsprozesse geprägt. Die Zahl der zumeist in Familienbetrieben produzierenden Landwirte hat ständig abgenommen, während die Schweinebestände gewachsen sind. Dieser Vorgang wird als „sektorale Konzentration" bezeichnet. Die Zahl der landwirtschaftlichen Betriebe mit Schweinehaltung ist von 15 000 (1999) auf 7200 (2007) zurückgegangen. Der Strukturwandel ist noch nicht abgeschlossen. Es zeichnet sich ab, dass die Wirtschaftlichkeitsgrenze bei mindestens 2000 Schweinen pro Bestand angekommen ist.

M7 Schweinebestände in Dänemark

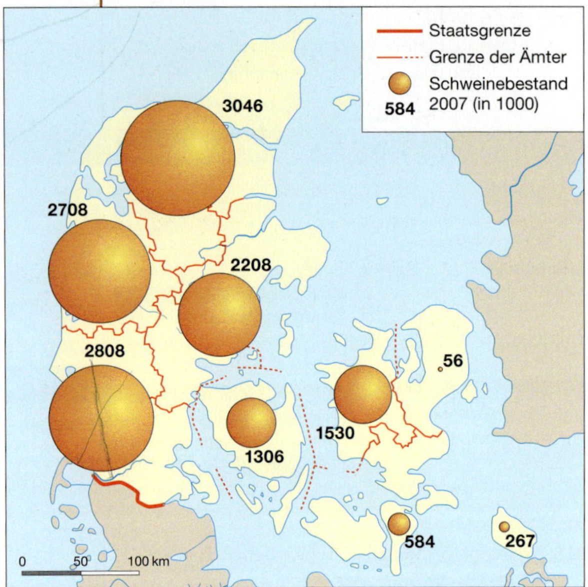

M8 Bestandsstruktur in Dänemark

	1987	1997	2007
Anzahl der landwirtschaftlichen Betriebe	86 810	63 151	44 618
Anzahl der landwirtschaftlichen Betriebe mit Schweinen	38 348	18 829	7 213
hiervon: mit Mastschweinen und Sauen	17 942	8 425	2 904
mit Mastschweinen	9 407	6 214	3 347
mit Sauen	8 765	3 280	663

(Quelle: Danmarks Statistik)

M9 Betriebsgrößenstruktur

Schweine	Anzahl Betriebe (in %)		Anzahl Schweine (in %)	
	2006	2007	2006	2007
1 – 49	13,4	10,8	0,1	0,1
50 – 199	10,3	10,4	0,7	0,6
200 – 499	11,2	10,9	2,2	1,9
500 – 999	15,3	14,4	6,5	5,5
1000 – 1999	19,1	19,2	16,4	14,6
2000 – 2999	11,6	12,7	16,6	16,3
3000 – 3999	7,5	7,6	15,1	13,8
4000 – 4999	4,2	5,3	11,0	12,5
5000 –	7,3	8,6	31,4	34,6
Insgesamt	**100**	**100**	**100**	**100**

(Quelle: Danske Slagterier Statistics 2008)

Konzentration auf dem Schlachtsektor

Dem Strukturwandel in der Schweinehaltung folgte parallel ein Konzentrationsprozess auf dem Schlachtsektor. Durch eine Reihe von Fusionen verringerte sich die Zahl der Unternehmen von 18 im Jahre 1980 auf zwei Großbetriebe im Jahre 2008. Die genossenschaftlich organisierten Großschlachtereien Danish Crown und Tican übernehmen zusammen 87 Prozent der Schlachtungen (2007). Neben den Schlachtungen haben sie auch die Vermarktung der Fleischprodukte in ihrer Hand. Ihre Schlachtereien sind über das ganze

Umweltfortschritt in der dänischen Schweineproduktion

Seit 1985 (Angaben pro kg Schweinefleisch)
- 42 % weniger Phosphatemissionen durch verbesserte Fütterungstechniken,
- dadurch 59 % Verringerung des Phosphat-Levels auf den dänischen Äckern,
- 50 % Reduktion von Ammoniakemissionen,
- 50 % Verringerung des Mineraldüngereinsatzes durch Einsatz von Gülle,
- Reduzierung des Nitrateintrags ins Grundwasser und Reduzierung der Treibhausgasemissionen um 17 % (seit 1992).

Die nationale Umweltgesetzgebung Dänemarks übertrifft in vielen Bereichen Umwelt-Richtlinien der EU. Beispielsweise darf auf dänischen Äckern nur 140 kg Stickstoff pro ha in Form von Gülle aufgebracht werden, verglichen mit 170 kg in den anderen Ländern der EU. Auch die Grenzwerte für Geruchsbelästigung durch Massentierhaltungen liegen in Dänemark über den EU-Standards. Die Emissionsmengen von wasserlöslichem Stickstoff und Phosphor, von gasförmigem Ammoniak und anderen Gasen sind gesetzlich beschränkt. Die Einhaltung der Vorgaben wird von der Behörde durch nicht angekündigte Besuche bei den Farmen kontrolliert. Die Umweltgesetze regulieren darüber hinaus die Expansion neuer oder existierender Schweinefarmen. Eine Erlaubnis wird nur erteilt, wenn keine empfindlichen Naturareale beeinträchtigt und wenn Geruchsbelästigungen für Wohngebiete vermieden werden.

(nach: Danish Pig Production, Annual Report 2007)

M10 Strenge Standards in der Umweltgesetzgebung

Land verteilt, wobei die jeweiligen Einzugsbereiche klar voneinander abgegrenzt sind.

Verbundsysteme in der Schweineproduktion

Anfang der 1980er-Jahre begann Dänemark mit dem Aufbau von Verbundsystemen zwischen Produktion, Be- und Verarbeitung sowie Vermarktung, ein Prozess der Neuorganisation, den man als **vertikale** bzw. **horizontale Integration** bezeichnet. Die dänischen Landwirte waren bereit, einen Teil ihrer unternehmerischen Freiheit aufzugeben und sich vertraglich an die jeweilige Zulieferer bzw. Abnehmerseite zu binden. Durch diese Bindungen gelang es, bestimmte Qualitätsstandards festzulegen, die langfristig den ökonomischen Erfolg der gesamten Branche sichern halfen. Die **Verbundsysteme** sind im Dachverband, der Großgenossenschaft „Danske Slagterier" mit Sitz in Kopenhagen, organisiert. Dieser repräsentiert alle im Verbundsystem organisierten Akteure, seine Verwaltungsspitze hat folgende Aufgaben:

- Organisation des engen Zusammenspiels zwischen Schweinefleischproduktion, Schlachtung, Veredelung und Verkauf
- politische Interessenvertretung der Schweinefleischbranche: Absatzförderung im In- und Ausland; Einflussnahme auf die Hauptmärkte; Öffentlichkeitsarbeit.
- Optimierung der Qualität von Schweinefleisch. Veterinärmedizinisch Betreuung; Fleischforschung durch ein eigens Forschungsinstitut.
- Umweltverträgliche Schweineproduktion.

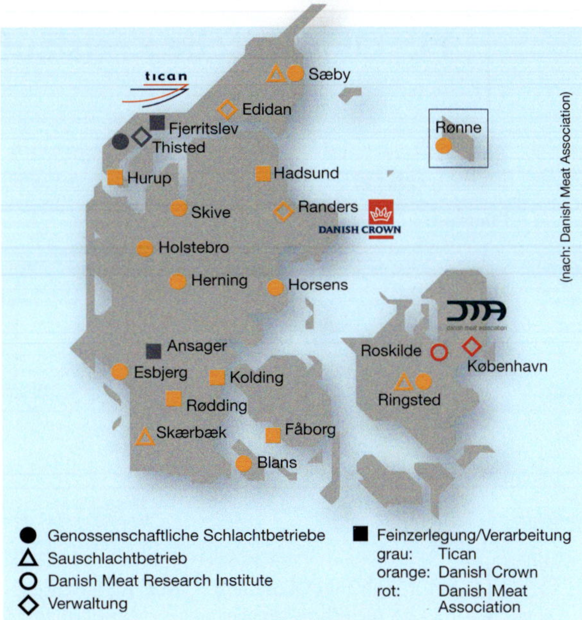

M 11 Schlachtstrukturen in Dänemark

Danske Slagterier-Mitgliedsbetriebe					
Ende des Jahres	**1970**	**1980**	**1990**	**2006**	**2007**
Genossenschaften	50	18	5	4	2
Private Schlachtbetriebe	4	2	1	0	0
Schlachtbetriebe insgesamt	54	20	6	2	2
keine DS-Mitgliedsbetiebe private Schlachtbetriebe[1]	–	–	7	10	11

[1] umfasst Schlachtbetriebe mit über 10 000 Schlachtungen jährlich
(nach: Danske Slagterier Statistics 2008)

M 12 Entwicklung der Schlachtbetriebsstruktur

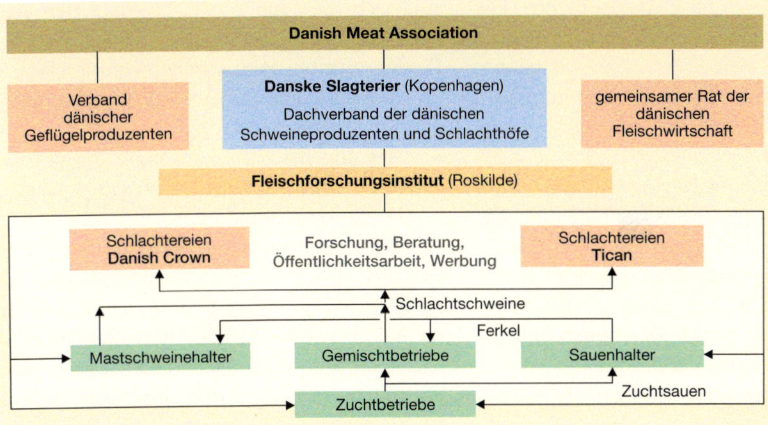

Struktur der Verbundsysteme

Auf der unteren Ebene des Verbundsystems sind die Zuchtbetriebe, Sauenhaltungs- und Gemischtbetriebe und reine Mastbetriebe. Sie stehen in vertraglichen Beziehungen zu Mischfutterwerken, die über ein festgelegtes Absatzfeld verfügen. Auf einer mittleren Ebene haben sich räumliche Verbundsysteme zwischen diesen Betrieben und den nachgelagerten Schlacht-, Verarbeitungs- und Vermarktungsunternehmen ausgebildet. Die Einzugsgebiete dieser Unternehmen können unterschiedlich groß sein. Ihre Ausdehnung wird bestimmt von der Schlachtkapazität und der vorliegenden Besatzdichte mit Mastschweinen. Mehrere solcher Einzugsfelder wiederum sind zu einem übergeordneten Verbundsystem zusammengefasst, das den gesamten Aktionsraum eines Unternehmens, z. B. Danish Crown, umfasst.

(nach: H.-W. Windhorst, Räumliche Verbundsysteme in einer weltmarktorientierten Genossenschaft. Vechtaer Studien Bd. 11 (1993), S. 111 – 125, verändert)

M 13 Organisationsstruktur der dänischen Schweineproduktion

3. Erläutern Sie den Strukturwandel in der dänischen Schweinefleischerzeugung. Berücksichtigen Sie dabei insbesondere die Entwicklung im Bereich der Produktionsformen, Verbundsysteme und Qualitätssicherung. (M 1 bis M 13).
4. Erklären Sie, weshalb die dänischen Schweinefleischerzeuger auf den Hauptmärkten der Welt so erfolgreich sind.

11. Ökologische Kreisläufe

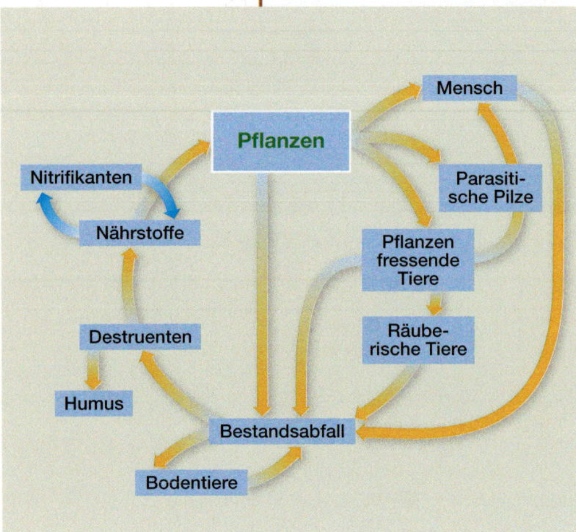

M 1 Natürliches Ökosystem
Der Mensch als Sammler und Jäger ist einbezogen (Ausschnitt)

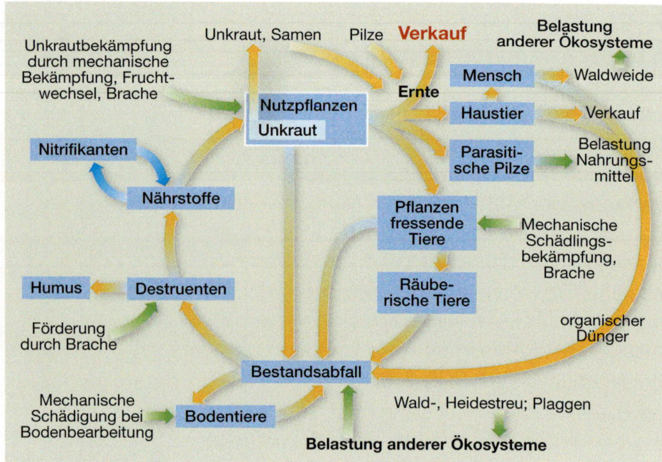

M 2 Agrarökosystem „mittelalterliche Dreifelderwirtschaft"
Einschaltung eines Brachejahres (ohne Anbau, aber mit Beweidung und Bodenbearbeitung). Typische Fruchtfolge: Wintergetreide – Sommergetreide – Brache

Vom Bauern zum Manager

Die Landwirtschaft hat seit der Domestikation von Pflanzen und Tieren drei „revolutionäre" Phasen durchlaufen. Vor Ausübung einer Landwirtschaft betätigte sich der Mensch als **Sammler und Jäger.** Mit dem Jagen von Wildtieren (einschließlich Fischen) und dem Sammeln von Nüssen, Wurzeln und Früchten versorgte er sich selbst. Der Mensch war Teil des natürlichen Ökosystems. Die Landwirtschaft begann vor 13 000 Jahren in Vorderasien. Aus Wildpflanzen wurden Kulturpflanzen wie Weizen oder Reis, aus Wildtieren Haustiere wie Schafe und Ziegen gezüchtet. Der Übergang zu Ackerbau und Viehzucht vollzog sich in verschiedenen Teilen der Erde nahezu gleichzeitig. Es entstand ein nahezu weltumspannender Ackerbaugürtel, der das südwestliche Asien sowie Teile Griechenlands, der heutigen Türkei, Irans, Nordchinas, Nordostindiens, Zentral- und Südamerikas sowie Ostafrikas umfasste. Zu den bedeutendsten Errungenschaften zählten die Sesshaftigkeit und der Beginn einer arbeitsteiligen Wirtschaft. In Mitteleuropa vollzog sich diese **erste Revolution in der Agrarwirtschaft** vor ca. 9000 Jahren. Siedlungsgebiete waren Rodungsinseln in den Mischwäldern der Börden und Gäulandschaften. Angebaut wurde Getreide. Aus einem zunächst ungeregelten Flächenwechsel entwickelte sich die **Dreifelderwirtschaft**. Dabei wurde die landwirtschaftliche Fläche in drei Felder eingeteilt, von denen eines nicht bebaut wurde. Diese Brache rotierte und ermöglichte so eine Anreicherung von Nährstoffen im Boden. Die Wirtschaftsweise dieses Agrarökosystems zeigt einen geregelten organischen Betriebskreislauf. Die Sonne ist Energiequelle. Sie ermöglicht das Wachstum des Getreides. Durch die Ernte werden dem Agrarökosystem Nährstoffe entzogen. Ein Teil wird in Form von Harn und Kot als organischer Dünger wieder in das System eingebracht. Da ein Teil der Ernte oder der Haustiere verkauft wird, gehen Nährstoffe verloren. Die Erträge gehen zurück. Da auch das Brachejahr keinen völligen Ersatz der Nährstoffe bringt, wird zusätzlich mit Laub und Plaggen aus den Wäldern gedüngt.

Zu einer **zweiten agrarischen Revolution** kam es im 18. und 19. Jahrhundert. Sie war gekennzeichnet durch folgende Faktoren:
- Steigerung der Produktivität im Pflanzenbau und bei der Viehzucht,
- technische Innovationen,
- Einsatz von Dünger und Felddrainage.

Es wurden neue Feldfrüchte eingeführt, z.B. die Kartoffel aus Amerika. Auf die Brache wurde zunehmend verzichtet. Die Bodenfruchtbarkeit wurde erhalten durch einen Fruchtwechsel von Halmfrucht (Getreide) und Hackfrucht (Kartoffel, Zuckerrübe). Verbessertes Saatgut und leistungsfähigere Zuchttierrassen steigerten die Erträge. Vollends unnötig wurde die Brache durch die Entdeckung des Mineraldüngers gegen Ende des 19. Jahrhunderts. All diese Entwicklungen waren eine logische Konsequenz der gestiegenen Nahrungsmittelnachfrage und der einschneidenden sozialen und ökonomischen Veränderungen, die sich aus der Industriellen Revolution in Europa ergaben. Die rasch anwachsende Industriearbeiterschaft in den Städten führte zur Herausbildung eines marktorientierten Nahrungsmittelsektors. Es etablierte sich eine kommerzielle, kapitalistische Landwirtschaft auf der Basis einer von kleinbäuerlichen Familienbetrieben geprägten Agrarstruktur. Produktionsüberschüsse trieben den internationalen Handel mit Lebensmitteln an.

Eine **dritte Revolution** begann um 1930. Sie war gekennzeichnet durch eine Zunahme der Kapitalintensität und durch Spezialisierung der Betriebe; Agrartechnologie wurde zunehmend konsequenter angewandt.

- **Mechanisierung:** der Ersatz von menschlicher Arbeitskraft durch Maschinen wie Traktoren, Mähdrescher, Erntemaschinen,
- **Chemisierung:** die Verwendung synthetischer Düngemittel sowie von Herbiziden, Fungiziden und anderen Pestiziden.

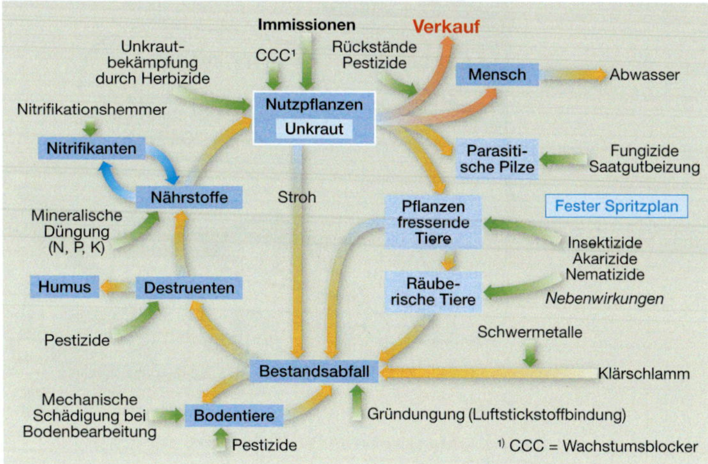

M 3 Agrarökosystem mit einseitigem und intensivem Getreideanbau

Durch diese Innovationen konnten die Erträge zwar weiter enorm gesteigert werden, jedoch wurden als Folge davon massenhaft Arbeitskräfte freigesetzt. Agrarindustrielle Unternehmen bildeten sich heraus. Diese Phase wird als **Industrialisierung der Agrarproduktion** bezeichnet: Die Agrarökosysteme wandeln sich völlig. An die Stelle eines sich ergänzenden Nebeneinanders von Ackerbau und Viehhaltung treten hoch spezialisierte Betriebe mit dem einseitigen Anbau weniger Nutzpflanzen oder einer Massentierhaltung. Getreidebetriebe bestellen z. B. 70 Prozent und mehr ihrer Fläche mit Getreide, Vieh wird nicht gehalten, der Rückfluss des Bestandsabfalls in Form von organischem Dünger entfällt. Das Agrarökosystem wird mit extrem hohen Energiebeihilfen fremdreguliert, da die Produktion und Verteilung von mineralischem Dünger, Pflanzenbehandlungsmitteln und Wachstumsblockern, Energie verbrauchen. Seit den 1980er-Jahren zeichnet sich eine **vierte Revolution** ab. Sie weist in zwei Richtungen: Landwirte schöpfen alle Rationalisierungsmöglichkeiten aus. Sie automatisieren und robotisieren, sie setzen bio- und gentechnologisch veränderte Pflanzen und Tiere ein. Neue Rechts-, Betriebs- und Vermarktungsstrukturen entstehen, die den landwirtschaftlichen Betrieb von seiner ursprünglich zentralen Position verdrängen. Sie machen ihn zu einem Teil eines vielschichtigen, vertikal organisierten industriellen Prozesses, der Produktion, Lagerung, Verarbeitung, Vertrieb, Vermarktung und Einzelhandel umfasst. Diese rein ökonomische Ausrichtung der Landwirtschaft widerspricht oft den ökologischen Belangen.

Alternative Produktionsformen bemühen sich um eine umweltverträgliche **nachhaltige Landwirtschaft** (sustainable agriculture). **Ökologisch wirtschaftende Betriebe** bemühen sich, den Kreislauf der Agrarökosysteme wieder zu schließen. Der **integrierte Landbau** versucht im Rahmen der konventionellen Nutzung ökologischen und ökonomischen Erfordernissen Rechnung zu tragen. Ausgleichszahlungen der EU für umweltschonende Landwirtschaft und Subventionen sollen diese Entwicklung ergänzen.

M 4 Unterglaskulturen in den Niederlanden

1. Erläutern Sie unter Benutzung der Fachbegriffe im Detail das natürliche Ökosystem und zeigen Sie auf, wie der Mensch in dieses System als Sammler und Jäger integriert ist (M 1).
2. Erklären Sie die Bezeichnung „erste Agrarrevolution“ und erläutern Sie die Dreifelderwirtschaft. Zeigen Sie Vor- und Nachteile auf (M 2).
3. Kennzeichnen Sie die Fruchtwechselwirtschaft in Abgrenzung zur Dreifelderwirtschaft.
4. Kennzeichnen Sie die dritte agrarische Revolution und erläutern Sie in diesem Zusammenhang den Begriff „Industrialisierung der Agrarproduktion“.
5. Beschreiben und erklären Sie das Agrarökosystem „intensiver Getreideanbau“. Zeigen Sie Problembereiche auf (M 3).
6. Erklären Sie Tendenzen der vierten agrarischen Revolution.

M5 Karikatur: Die Rodung des tropischen Regenwaldes

Die Bedeutung von Nachhaltigkeit ist überzeugend in dem Konzept „ökologischer Fußabdruck" beschrieben, der ein Maß für die Einwirkungen des Menschen auf seine natürliche Umwelt ist. In dieses Konzept werden auch die Nutzung erneuerbarer Energiequellen und Aktivitäten, die zur Verschmutzung beitragen, einbezogen. Es handelt sich um eine quantitative Schätzung der biologisch produktiven Gebiete, die erforderlich sind, um die notwendigen Ressourcen (Nahrungsmittel, Energie und Materialien) zu gewinnen und die Abfallprodukte jedes Einzelnen, einer Stadt, einer Region oder eines Landes aufzunehmen und umzuwandeln.
Der ökologische Fußabdruck eines Landes oder einer Region ändert sich in Abhängigkeit von der Bevölkerungszahl, dem durchschnittlichen Pro-Kopf-Ressourcenverbrauch und der Ressourcenintensität der verwendeten Technologien. In den späten 1970er-Jahren überschritt der ökologische Fußabdruck der Menschheit erstmals die Nachhaltigkeitsmarke und ist seither als nicht nachhaltig einzustufen; im Jahr 2003 war er rund 30 Prozent größer als die Kapazität der Erde, die biologische Produktion dauerhaft aufrechtzuerhalten. Mit 9,57 Hektar pro Person haben die USA derzeit den größten ökologischen Fußabdruck des Planeten. Andere Länder mit extrem großen ökologischen Fußabdrücken sind unter anderem die Vereinigten Arabischen Emirate, Kanada, Norwegen, Neuseeland, Kuwait, Schweden und Australien. Länder mit dem kleinsten ökologischen Fußabdruck, zwischen 0,5 und 0,75 Hektar pro Person, sind Bangladesch, Burundi, Äthiopien, Haiti, Malawi, Nepal und Pakistan.
(aus: P. Knox, L. Marston: Humangeographie, Spektrum, 4. Aufl., 2008, S. 450)

M6 Der ökologische Fußabdruck

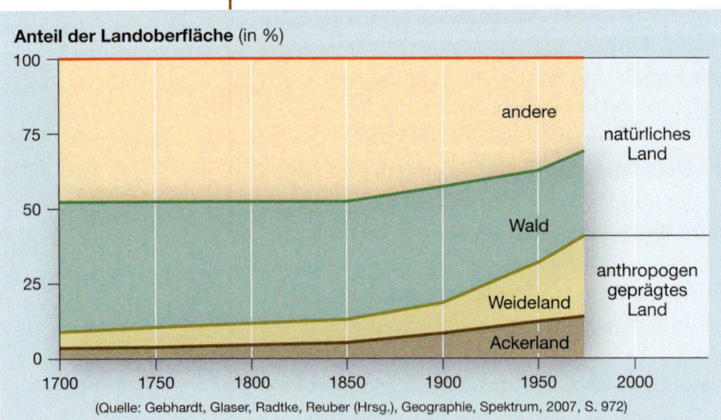

M7 Entwicklung der globalen Landnutzung

Eingriffe in die Ökosysteme

Solange sich der Mensch als Jäger und Sammler seinen Kalorienbedarf aus den Ressourcen seines Lebensraums besorgte, unterschieden sich seine Eingriffe in die Umwelt kaum von denen anderer Säugetiere. Erst mit dem Einsetzen der Landwirtschaft begann er, seine Umwelt zu verändern. Maßgeblich für das Ausmaß der Veränderungen waren sowohl die Anzahl der Menschen als auch der geographisch unterschiedlich verteilte, individuelle Grad der Nutzung natürlicher Ressourcen. Die menschlichen Eingriffe wirkten sich vor allem auf drei Bereiche aus:
- Veränderung der Landnutzung,
- Veränderung der natürlichen Zusammensetzung der Biosphäre,
- Veränderung der biogeochemischen Kreisläufe (z. B. Kohlenstoffkreislauf).

Die Entwaldung gehört zu den wesentlichen Veränderungen in der Landnutzung. Waldflächen wurden in Weiden, landwirtschaftliche Flächen, Freizeit- und Verkehrsflächen, Siedlungen und Industriegebiete umgewandelt. Insgesamt ergab sich vor allem seit der Kolonisierung (um 1850) ein erheblicher Rückgang ungenutzten Landes. Dieser Prozess führte zu verschiedenen Beeinträchtigungen der Ökosysteme der Erde und verursachte einen bedeutenden Rückgang der Biodiversität (= Artenvielfalt).

Leitbild nachhaltige Entwicklung

Die World Commission on Environment and Developement veröffentlichte 1987 den **Brundtland-Report,** in dem auf ökonomische und ökologische Krisen hingewiesen wird und Grundsätze für eine nachhaltige Entwicklung skizziert werden. Nachhaltig ist nach dem Report eine Entwicklung dann, wenn sie den Bedürfnissen der heutigen Generation entspricht, ohne die Möglichkeiten künftiger Generationen zu gefährden, ihre eigenen Bedürfnisse zu befriedigen und ihren Lebenstil zu wählen. Konkret bedeutet dies:
- die natürlichen Ressourcen so zu nutzen, dass diese nicht erschöpft werden,
- die Wirtschaftssysteme so auszulegen, dass alle Ressourcen optimal genutzt und möglichst gerecht verteilt werden,
- die Gesellschaft so zu organisieren, dass Schulbildung, Gesundheitsvorsorge und soziales Wohlergehen zur Lebensqualität beitragen.

Auf der UN-Konferenz für Umwelt und Entwicklung 1992 in Rio de Janeiro formulierten die teilnehmenden Staaten in der **Agenda 21** Grundsätze für die Gestaltung einer gemeinsamen Zukunft.

Der ökologische Rucksack stellt die Menge der Ressourcen dar, die für die Herstellung, den Gebrauch und die Entsorgung eines Produktes oder einer Dienstleistung verbraucht werden.
Für eine Jeans ergibt sich folgende Modellrechnung: Beim Anbau von Baumwolle werden viel Wasser, Düngemittel und Pestizide benötigt. Die Transportwege sind erheblich, da Anbauort, Stoffproduktion, Weiterverarbeitung und Verkauf meist weit auseinander liegen. Bei Herstellung und Gebrauch werden u. a. Wasser, Waschmittel und Energie verbraucht. Rechnet man den gesamten Energie- und Ressourcenverbrauch zusammen, ergibt sich für 600 Gramm leichte Jeans ein ökologischer Rucksack von 32 kg. Dies entspricht einem ökologischen Rucksack mit dem Faktor 53. Typische Werte für andere Produkte: Papier, Faktor 15; Aluminium, Faktor 85; Kupfer, Faktor 500.
Diese Berechnungen sind nicht unumstritten. Die zugrunde gelegten Zahlen sind Schätzungen, regional sind die Produktionsbedingungen sehr unterschiedlich. Nicht alle Umweltbelastungen werden abgebildet. So wird zwar bei Jeans der Energieaufwand für die Herstellung der Pestizide berechnet, die Auswirkungen der Pestizide auf die Menschen und die Natur aber bleiben unberücksichtigt. Die Inputmengen der Wirtschaftsgüter Wasser und Luft werden bei vielen Berechnungen nicht oder zu wenig berücksichtigt.

(nach verschiedenen Quellen zusammengestellt)

M 8 Der ökologische Rucksack

Teil II. Erhaltung und Bewirtschaftung der Ressourcen für die Entwicklung

Kapitel
9. Schutz der Erdatmosphäre
10. Integrierter Ansatz für die Planung und Bewirtschaftung der Bodenressourcen
11. Bekämpfung der Entwaldung
12. Bewirtschaftung empfindlicher Ökosysteme: Bekämpfung der Wüstenbildung und der Dürren
13. Bewirtschaftung empfindlicher Ökosysteme: nachhaltige Bewirtschaftung von Berggebieten
14. Förderung einer nachhaltigen Landwirtschaft und ländlichen Entwicklung
15. Erhaltung der biologischen Vielfalt
16. Umweltverträgliche Nutzung der Biotechnologie
17. Schutz der Ozeane, aller Arten von Meeren einschließlich umschlossener und halbumschlossener Meere und Küstengebiete sowie Schutz, rationelle Nutzung und Entwicklung ihrer lebenden Ressourcen
18. Schutz der Güte und Menge der Süßwasserressourcen: Anwendung integrierter Ansätze zur Entwicklung, Bewirtschaftung und Nutzung der Wasserressourcen
19. Umweltverträglicher Umgang mit toxischen Chemikalien einschließlich Maßnahmen zur Verhinderung des illegalen internationalen Handels mit toxischen und gefährlichen Produkten
20. Umweltverträgliche Entsorgung gefährlicher Abfälle einschließlich der Verhinderung von illegalen internationalen Verbringungen solcher Abfälle
21. Umweltverträglicher Umgang mit festen Abfällen und klärschlammspezifische Fragestellungen
22. Sicherer und umweltverträglicher Umgang mit radioaktiven Abfällen

M 9 Auszug aus der Agenda 21 (Die Agenda 21 besteht aus 40 Kapiteln.)

Viele Ökologen bestreiten, dass ein „nachhaltiges" wirtschaftliches Wachstum auf Dauer aufrechterhalten werden kann. Dafür reichen weder die nicht erneuerbaren Ressourcen aus, noch besteht in der Biosphäre genug Aufnahmekapazität für den Abfall. Der wachsende Konsum von Gütern und Dienstleistungen gerät unvermeidlich in Konflikt mit dem Überleben anderer Spezies und eventuell auch mit der Menschheit selbst. Vertreter der nachhaltigen Entwicklung dagegen versichern, dass sowohl die technische Entwicklung als auch die sozialen Organisationen so gesteuert werden können, dass sowohl die Befriedigung von Grundbedürfnissen als auch ein moderates Wachstum innerhalb natürlicher Grenzen möglich sind. Voraussetzung ist allerdings die Anwendung ökologischen Wissens bei der Zukunftsplanung.
Erfahrungen mit dem wirtschaftlichen Wachstum in Entwicklungsländern zeigen, dass ökonomisches Wachstum nicht automatisch eine sauberere Umwelt nach sich zieht. Im Gegenteil: Aus einem Einkommenszuwachs resultiert zunächst eine höhere Luftverschmutzung, denn der Zuwachs wird zuerst in Ausgaben für Brennstoffe umgesetzt (Transport, Heizung). Umweltprobleme wie die Erzeugung von Müll und Treibhausgasen nehmen mit wachsendem Wohlstand der ärmeren Bevölkerung rapide zu, weil deren negative Auswirkungen diffus sind und erst zeitlich verzögert eintreten. Ökonomisches Wachstum kann jedoch nur aufrechterhalten werden, wenn auch diese Probleme gelöst werden. [...]

(nach: W. Cunningham, B. Saigo: Environmental Science, 9. Edition, 2007, S. 28)

M 10 Kann Entwicklung nachhaltig sein?

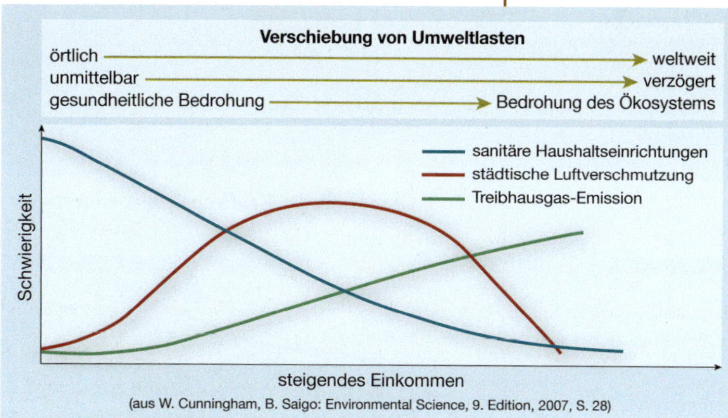

M 11 Zusammenhang von Einkommen und Umweltbelastung

7. Beschreiben Sie die historische Entwicklung der Landnutzungen. Lokalisieren Sie Regionen, in denen die Entwaldung gegenwärtig am schnellsten voranschreitet (Atlas, M 7).
8. Erläutern Sie die Begriffe „ökologischer Fußabdruck" und „ökologischer Rucksack". Erklären Sie die Unterschiede in den Aussagen beider Begriffe (M 6, M 8).
9. Erläutern Sie Hintergründe und Ziele des Nachhaltigkeitskonzepts (M 5, M 6, M 8 bis M 10).

Webcode: GO649174-065

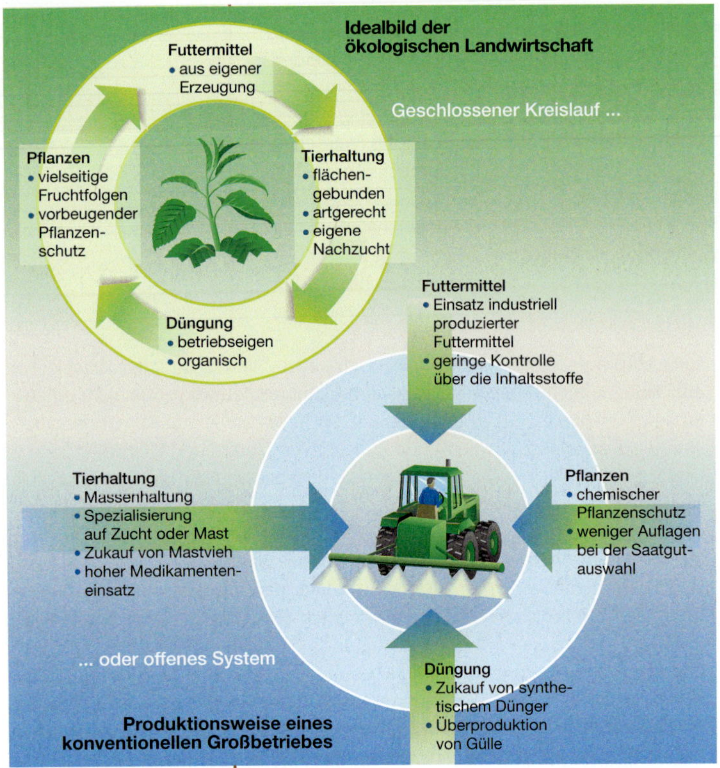

M 12 Ökologischer und konventioneller Landbau

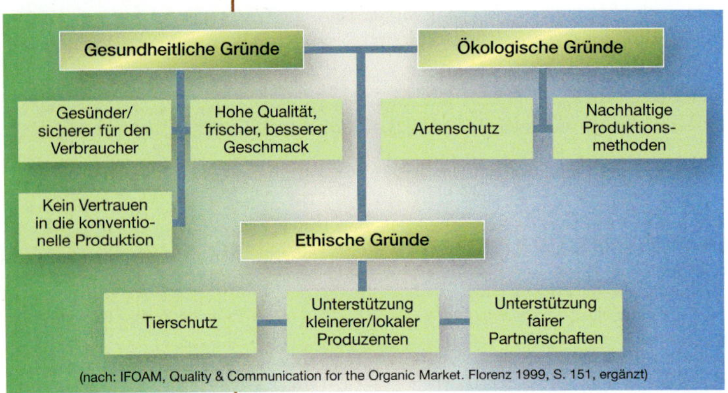

M 13 Gründe für den Kauf von Ökolebensmitteln

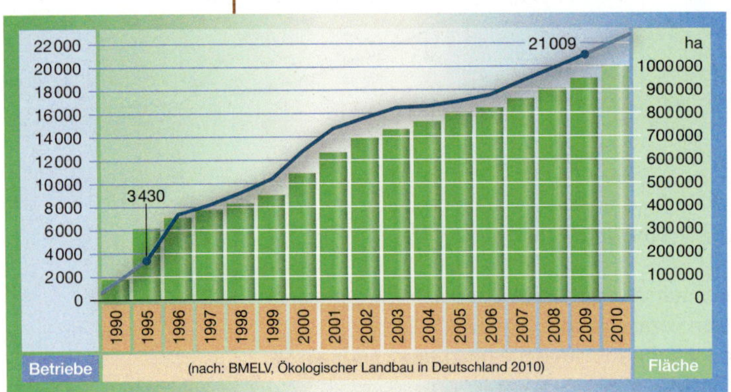

M 14 Ökoanbaufläche und Zahl der Ökobetriebe

Was sind „Biolebensmittel"?

Worin unterscheiden sich „Biolebensmittel" von Erzeugnissen aus konventionellem Landbau, die immerhin 96,4 Prozent (2009) des deutschen Lebensmittelangebots ausmachen? Der Unterschied ist allein durch Eigenschaften des Produkts nicht eindeutig zu beschreiben, wohl aber hinsichtlich des Produktionsverfahrens.

Das Verfahren folgt dem Prinzip der „Kreislaufwirtschaft". Im Wesentlichen wird dabei die Funktionsweise des natürlichen Bodenökosystems als Vorbild für den Anbau genommen. Dies bedeutet, dass z. B. industriell erzeugte Fremdstoffe wie chemisch-synthetischer Dünger sowie Unkraut- und Schädlingsbekämpfungsmittel nicht in das Bodenökosystem eingebracht werden dürfen. Fehlende Bodennährstoffe werden durch Kompost, Stallmist bzw. Gründüngung ersetzt und Schädlinge hauptsächlich durch eine höhere Diversifikation in der Fruchtfolge bekämpft. Die Tierhaltung ist artgerecht und sie wird mengenmäßig begrenzt durch die Maßgabe, nur so viele Tiere zu halten, wie Futter am eigenen Hof erzeugt werden kann. Auf diese Weise kann der Nährstoffkreislauf annähernd geschlossen werden. Darüber hinaus verzichtet der **ökologische Landbau** auf die Gentechnologie. Durch die ökologische Anbaumethodik und Tierhaltungsweise wird sichergestellt, dass schädliche Emissionen auf ein Mindestmaß reduziert werden.
Die Agrartechnik des ökologischen Landbaus ist im EU-Wirtschaftsraum seit 1991 durch Richtlinien festgelegt. Alle nach diesen Richtlinien erzeugten Produkte sind durch ein EU-Zertifikat rechtlich geschützt. Die Überwachung wird dabei von nationalen Kontrollkommissionen wahrgenommen. Die EU-Richtlinien haben inzwischen weltweit Vorbildfunktion übernommen.
Im Hinblick auf die wertgebenden und geschmacklichen Inhaltsstoffe gibt es messmethodische Schwierigkeiten, Biolebensmittel von Produkten aus konventionellem Anbau zu unterscheiden. Aufgrund zahlreicher Untersuchungen steht jedoch fest, dass Biolebensmittel einen deutlich geringeren Schadstoffgehalt haben. Dieser Qualitätsvorteil hat allerdings seinen Preis. Verbraucher müssen für Biolebensmittel teilweise erheblich mehr bezahlen als für konventionell erzeugte Lebensmittel.

Biolebensmittel in Deutschland

Der deutsche Markt an Biolebensmitteln ist derzeit der größte in Europa und nach den USA der zweitgrößte der Welt. Die ökologisch bewirtschafteten Flächen nahmen von 45 000 ha im Jahr 1989 auf 911 000 ha in 2008 zu. Das entspricht einem Anteil von 5,6 Prozent der gesamten landwirtschaftlichen Anbaufläche. Der Umsatz mit Biolebensmitteln in 2008 betrug 5,8 Mrd. Euro, was einem Marktanteil von 3,6 Prozent entspricht.

Besonders stark wuchs der Ökolandbau in den neuen Bundesländern. Nach der Wiedervereinigung bot es sich an, auf den Ökolandbau zu setzen, da die EU-Konkurrenz auf dem Sektor konventioneller Agrarprodukte sehr stark war. Die großen Anbauflächen der ehemaligen LPGs stellten dabei gute Startbedingungen für eine kostengünstige Produktion dar.

Der Umsatz von Biolebensmitteln in Deutschland stieg von 2000 bis 2008 um 124 Prozent. Demgegenüber blieb der Zuwachs der Anbauflächen zurück. Er stieg lediglich um 51 Prozent. Deshalb muss Deutschland einen zunehmenden Anteil an Biolebensmitteln importieren.

Die Ökolandbau-Verbände Deutschlands (Bioland, Demeter, Naturland u.a.) sind im „Bund ökologische Lebensmittelwirtschaft e.V." (BÖLW) vereinigt und befolgen Regeln für die Erzeugung von Lebensmitteln, die teilweise strenger sind als die EU-Richtlinie zum Ökolandbau. Daneben gibt es zunehmend reine EU-Biobetriebe, die nur an die etwas weiter gefassten EU-Richtlinen gebunden sind. Während die verbandsgebundenen Biobetriebe eigene Markenzeichen verwenden, kennzeichnen die EU-Biobetriebe ihre Waren mit dem Bio-Siegel.

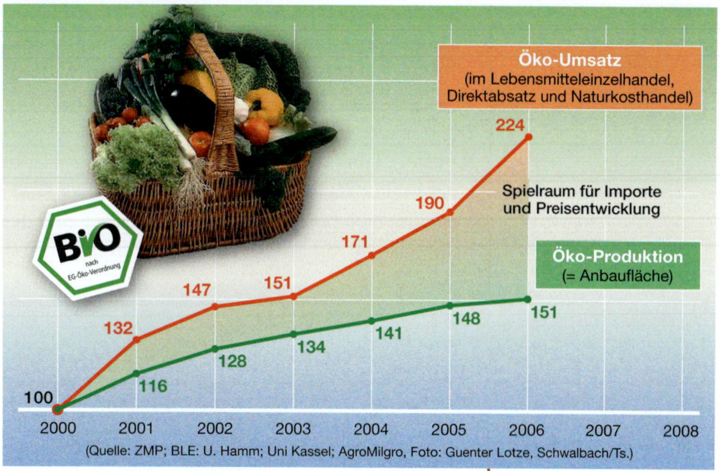

M 16 Ökoproduktion bleibt hinter Umsatz zurück

Ökologischer Landbau in Europa

Der ökologische Landbau trat gegen Ende des 20. Jahrhunderts aus seinem Nischendasein heraus, als die bis dahin vom industrialisierten Landbau geschaffenen Umweltprobleme und diverse Nahrungsmittelskandale verstärkt ins Bewusstsein der Öffentlichkeit drangen.

	2002		2003		2004		2005		2006		2007	
	Mrd. €	in %	Mrd. €	in %	Mrd. €	in %	Mrd. €	in %	Mrd. €	in %	Mrd. €	in %
Erzeuger[1]	0,52	17	0,52	17	0,56	16	0,54	14	0,51	11	0,51	10
Handwerk[2]	0,22	7	0,23	7	0,24	7	0,24	6	0,24	5	0,28	5
Reformhäuser	0,27	9	0,27	8	0,27	8	0,24	6	0,22	5	0,20	4
Naturkostfachgeschäfte	0,78	26	0,81	26	0,90	26	0,99	25	1,08	23	1,18	22
Lebensmittelhandel[3]	1,05	35	1,09	35	1,28	37	1,60	41	2,25	49	2,80	53
Sonstige[4]	0,17	6	0,20	6	0,25	7	0,29	8	0,30	7	0,33	6
Insgesamt	**3,01**	**100**	**3,10**	**100**	**3,50**	**100**	**3,90**	**100**	**4,60**	**100**	**5,30**	**100**

[1] Landwirte einschl. Wochenmärkte und Lieferdienste von Erzeugern, [2] Bäckereien, Fleischereien,
[3] Einschl. Discounter sowie Obst- und Gemüse-Fachgeschäfte, [4] Drogeriemärkte, Tankstellen, Versandhandel, Tiefkühlheimdienste u.a.

(Quelle: Prof. Dr. Ulrich Hamm, Fachgebiet Agrar- und Lebensmittelmarketing, Universität Kassel; Markus Rippin, Agromilagro research 2008)

M 15 Umsätze und Umsatzanteile bezogen auf Ökolebensmittel in Deutschland nach Absatzebenen (ohne Außer-Haus-Verzehr)

10. Erklären Sie das System der Kreislaufwirtschaft. Zeigen Sie auf, in welcher Hinsicht sich der konventionelle Landbau davon unterscheidet (M 12).
11. Erklären Sie die Motive der Verbraucher, die bevorzugt Biolebensmittel kaufen (M 12, M 13).
12. Erläutern Sie die Entwicklung des Ökolandbaus in Deutschland (M 14 bis M 16).
13. Stellen Sie fest, ob in den Supermärkten in der Nähe Ihres Wohnorts Biolebensmittel angeboten werden. Fragen Sie ggf. beim Verkaufsleiter nach, wie sich die Umsätze entwickeln und welche Warenkennzeichnungen verwendet werden (M 15). Berichten Sie darüber.

Webcode: GO649174-067

Seit den 1980er-Jahren weist der Ökolandbau in Mitteleuropa außerordentliche Wachstumsraten auf. Die EU entwickelte sich bis 2005 zum führenden Erzeuger und Vermarkter von Biolebensmitteln in der Welt mit einem Gesamtumsatz von 14 Mrd. Euro; das entspricht mehr als der Hälfte des Weltumsatzes an Biolebensmitteln. Der europäische Biolebensmittelmarkt übt daher eine gewaltige Sogkraft auf die weltweite Erzeugung von Biolebensmitteln aus, da die eigene Produktion – trotz kräftiger Zuwachsraten – immer weiter hinter der Nachfrage her hinkt.

Die am stärksten wachsenden Märkte in Europa sind die Deutschlands und Großbritanniens. Dazu trugen wesentlich die Discounter- und Supermärkte bei, welche Biolebensmittel in ihr ständiges Sortiment aufgenommen haben.

Auch in Osteuropa gibt es einen kleinen, aber wachsenden Markt. Da es dort jedoch an geeigneten Industrien für die Lebensmittelverarbeitung fehlt, geht der größte Teil der Produktion in den Export nach Westeuropa.

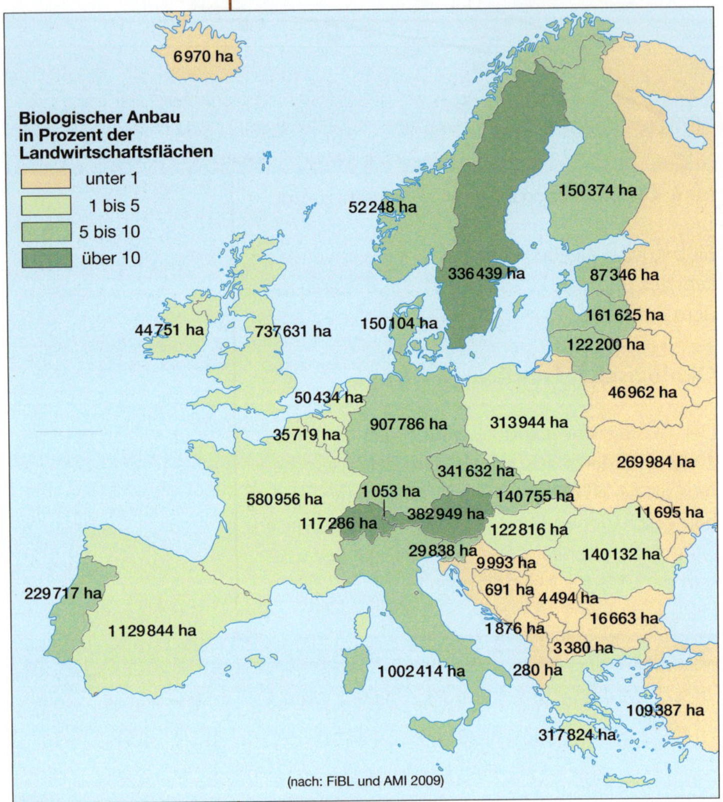

M 17 Ökologischer Landbau in Europa 2008

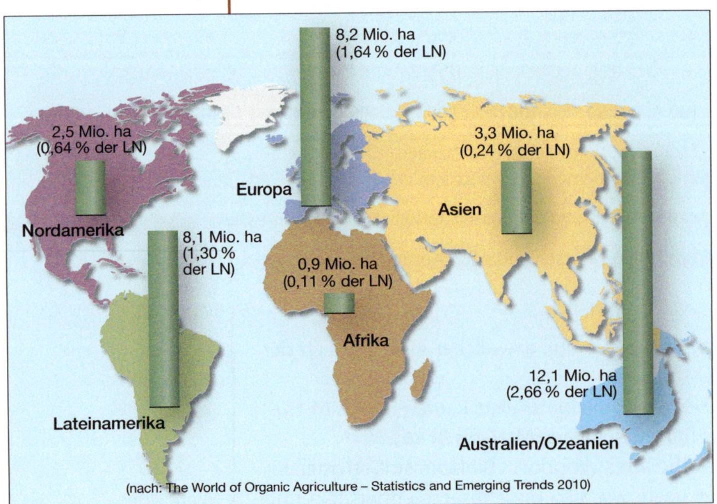

M 18 Ökologischer Landbau weltweit 2008

Der Weltmarkt für Biolebensmittel

Der weltweite Handel mit Biolebensmitteln hat seit den 1990er-Jahren stark zugenommen. Die weltweiten Verkäufe verdoppelten sich innerhalb von nur vier Jahren von 23 (2002) auf 40 Mrd. US-Dollar (2006). Mit Einnahmen von 17 Mrd. US-Dollar stellt die EU den größten Markt für Biolebensmittel dar, gefolgt von den USA mit 14,9 Mrd. US-Dollar.

Die Vielfalt des Angebots hat sich in den letzten zwei Jahrzehnten bedeutend erweitert: Während Ende der 1980er-Jahre auf den Bio-Märkten in der Regel nur saisonale Produkte aus einheimischer Produktion zu bekommen waren, umfasst heute die Produktpalette auch nicht-saisonale und überseeische Produkte wie Kaffee, Tee, Kakao, Gewürze, Gemüse, Zitrus- und tropische Früchte. Obwohl der Ökolandbau inzwischen in den meisten Ländern der Erde vorhanden ist, bleibt die Nachfrage auf die wohlhabenden Nationen Europas und die USA konzentriert. In beiden Regionen kann die eigene Produktion – trotz hoher Wachstumsraten – die Nachfrage nicht decken. Entwicklungsländer sehen hier zunehmend gute Exportchancen und verstärken ihre Bemühungen, die ökologische Landwirtschaft in ihren Gebieten auszudehnen.

Der Welthandel mit Biolebensmitteln wird derzeit noch durch das Fehlen einer international anerkannten Zertifikation gehemmt. Exportierende Länder scheitern oft daran, dass die Importländer die Anerkennung verweigern, weil die im Importland geltenden Bestimmungen nicht eingehalten werden oder die Einhaltung nicht zweifelsfrei nachgewiesen werden kann. Dies stellt vor allem Entwicklungsländer vor Probleme, da sie oft nicht über Möglichkeiten verfügen, unabhängige Kontrollkommissionen zu finanzieren. Bei der Lösung dieser Probleme nimmt die International Federation of Organic Agriculture (IFOAM), die Dachorganisation der nationalen

Vertretungen des Ökolandbaus, eine führende Rolle ein. Die IFOAM rät darüber hinaus den exportierenden Ländern, die eigenen Absätzmärkte zu entwickeln, da das regionale Ungleichgewicht zwischen Konsum und Produktion ein wirtschaftliches Risiko für die Produzenten darstellt. Ein geringer Nachfrageeinbruch in Europa oder den USA würde dem Ökolandbau in den Entwicklungsländern einen heftigen wirtschaftlichen Schaden zufügen.

Integrierter Landbau

Der integrierte Landbau verwendet zwar industriell erzeugte Mineraldünger und Pflanzenschutzmittel, setzt diese aber sparsamer als der konventionelle Landbau ein. Der mengenmäßige Einsatz wird abhängig gemacht von einer aktuellen Bedarfsanalyse, die i. d. R. von einer Bodenuntersuchungsanstalt angefertigt wird.

Seit den 1990er-Jahren gibt es eine Weiterentwicklung des Integrierten Landbaus: das **Precision Farming** (= Präzisionslandwirtschaft). Wie beim Integrierten Landbau besteht die Absicht, einen möglichst zielgenauen Einsatz von Agrochemikalien zu erreichen, jedoch auf einer Grundlage, die den variablen Wachstumsbedingungen und Erträgen eines Ackerschlages Rechnung trägt. Der Landwirt ermittelt mithilfe von Bodenproben und einem GPS-Empfänger den differenzierten Nährstoffbedarf des Bodens in seinem Ackerschlag und setzt die Ergebnisse auf dem Hofcomputer in eine Nährstoffkarte um. Die digitalisierten Messdaten verarbeitet ein spezielles **GIS**-System, das die räumlichen Strukturen mit den Bodenbewertungen verknüpft. Das GIS errechnet dann die spezifischen Düngermengen, die auf jeder Teilfläche des Ackerschlags ausgebracht werden müssen. Diese Daten empfängt ein mit GPS-Empfänger ausgestatteter Traktor, welcher die Düngung lokalspezifisch ausführt. Ähnlich präzise wird beim Pflanzenschutz verfahren. Je nach dem Grad des Schädlingsbefalls werden Pestizide mengenspezifisch ausgebracht. Durch diese Verfahren der Feldbewirtschaftung kann nicht nur die Effizienz und Wirtschaftlichkeit gesteigert, sondern auch ein beachtlicher Beitrag zum Umweltschutz geleistet werden.

„Bio" kann nicht die Welt retten, schon aus ökologischen Gründen nicht. Eine Anbauform, die mindestens ein Drittel mehr Fläche für den gleichen Ertrag benötigt, ist angesichts der schrumpfenden Naturräume nicht nachhaltig. [...]

Kein seriöser Agrarwissenschaftler behauptet, dass man mit den altertümlichen Methoden des Biolandbaus die Welt ernähren könnte. Durch die Fortschritte in der modernen Landwirtschaft ist es gelungen, genug Nahrung für eine Weltbevölkerung zu erzeugen, die sich seit 1950 mehr als verdoppelte. Dafür mussten nur zehn Prozent mehr Landfläche unter den Pflug genommen werden. Würden die Bauern der Welt mit Biomethoden arbeiten, gäbe es kaum noch Wälder, Steppen und Feuchtgebiete. Ein globaler Biolandbau wäre auch in anderer Hinsicht ein ökologisches Desaster. Denn ohne Mineraldünger müssten die gewaltigen Nutztierherden der Menschheit weiter aufgestockt werden, um den Dung zu erhalten, der für die Fruchtbarkeit der Ackerböden unverzichtbar ist. Doch schon heute sind die 20 Milliarden Nutztiere auf der Welt eines der größten planetaren Umweltprobleme. [...]
Es geht um die menschliche Gesundheit, um Boden- und Gewässerschutz, um Artenvielfalt und nicht zuletzt um Ernährungssicherheit. Wer diese Ziele verwirklicht, tut das Richtige, auch wenn er dabei Rudolf Steiners [einer der Begründer des Ökolandbaus, der Verf.] Gebote verletzt. Der heute in Deutschland vorherrschende integrierte Landbau ist bereits ein gutes Stück in diese Richtung gegangen.

(Michael Miersch, aus Welt-online, Zugriff 20. 01. 2009, Auszug)

M 19 Zu viel Wind um „Bio"

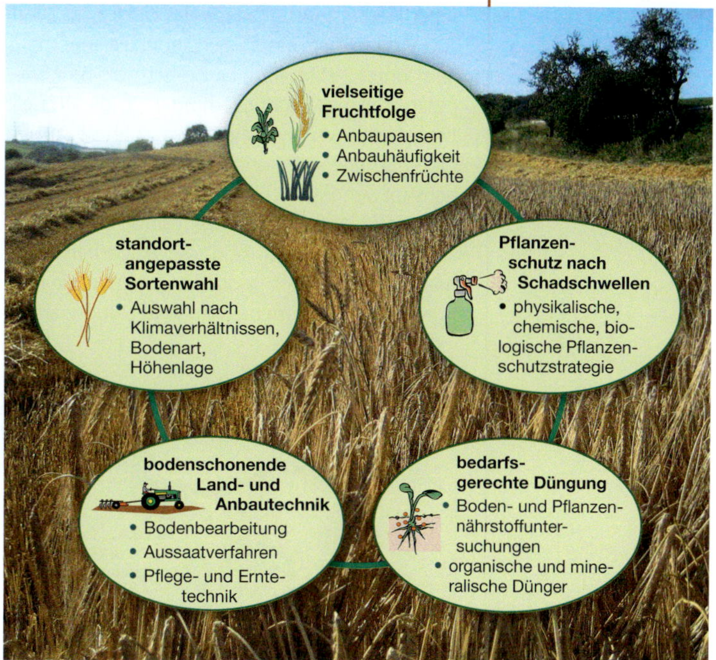

M 20 Wichtige Aspekte des integrierten Pflanzenbaus

14. Beschreiben Sie die Bedeutung des Ökolandbaus in Europa (M 17, M 18).
15. Erläutern Sie Handels- und Vermarktungsstrukturen des Ökolandbaus in Deutschland (M 15).
16. Vergleichen Sie den Ökolandbau mit den Methoden des integrierten Landbaus und nehmen Sie Stellung zu der These, dass eine weltweite Anwendung des Ökolandbaus der Umwelt mehr schaden als nützen würde (M 19, M 20).
17. Erörtern Sie die Frage, unter welchen Bedingungen der Welthandel mit Biolebensmitteln Kriterien der Nachhaltigkeit genügt (M 19).

12. Fischerei und Aquakulturen

Die natürliche Produktionsfähigkeit

Obwohl die Weltfischerei-Erträge seit 1950 um mehr als das Fünffache gestiegen sind, liegt der Anteil der Nahrungsmittel aus dem Meer nur bei acht Prozent. Vergleichsweise gering ist auch der Anteil der Binnenfischerei. Dabei gilt es zu bedenken, dass 71 Prozent unserer Erdoberfläche Meere sind. Wo liegen die Ursachen der geringen **Meeresproduktivität**?

Wie auf dem Land gibt es auch im Meer Wüsten und sehr fruchtbare Regionen (Verhältnis 4:1), wobei das Phytoplankton (kleine pflanzliche Organismen, die im Wasser leben) die Fruchtbarkeit bestimmt. Die Erklärung für die sehr unterschiedliche Phytoplanktonproduktion liegt im Zusammenwirken der wichtigsten Faktoren begründet: Lichtintensität, Nährsalzangebot, Temperatur und Dichteunterschiede in der Wassersäule als Ursache für die Meeresströmungen.
Auffallend sind die großflächigen (sub-)tropischen Meereswüsten, in die das Licht zwar bis zu 100 Metern Tiefe eindringen kann, die aber trotzdem unfruchtbar sind. Eine Thermokline (Temperatursprungschicht) verhindert in dieser Tiefe den Austausch zwischen dem nährsalzarmen Oberflächenwasser und den sedimentierten lebensnotwendigen Nährsalzen wie Phosphor, Stickstoff und Schwefelverbindungen.
Im Gegensatz dazu sind die fruchtbaren gemäßigten und (sub-)polaren Zonen ganzjährig durch das Zusammentreffen kalter und warmer Meeresströmungen mit Nährsalzen ausreichend versorgt. Zu den produktiven Zonen gehören auch die Auftriebsgewässer, in denen ablandige Winde warmes Oberflächenwasser verdrängen, das durch aufsteigendes kaltes ersetzt wird.
Flächenmäßig klein, aber sehr fruchtbar sind die Schelfmeere (7,8 Prozent der Weltmeere), deren Wasser bei Stürmen bis auf den Grund aufgewühlt wird, und die außerdem vom Land her reichlich mit Nährsalzen versorgt werden.
Für die Tiere ist der Sauerstoffgehalt ein weiterer wichtiger Lebensfaktor. Sauerstoffarme oder bereits „tote" Gewässer haben wenig Kontakt mit der Atmosphäre und werden auch indirekt nicht mit kalten sauerstoffreichen Meeresströmungen aufgefrischt, z.B. das Schwarze Meer ab 200 Metern oder das Grundwasser der Ostsee und der Fjorde.
Die natürliche Produktionsfähigkeit hängt aber auch von der Länge der Nahrungskette ab. In der Kette des Fressens und Gefressenwerdens ist der ökologische Umwandlungsfaktor zu berücksichtigen, nach dem von einer Stufe zur anderen nur 10 bis 20 Prozent der aufgenommenen Nahrung in Körperfleisch umgewandelt werden.
Obwohl die Nutzung des **marinen Ökosystems** in Bezug auf die Versorgung der Weltbevölkerung mit Fischprodukten mengenmäßig eine unbedeutende Rolle spielt, ist Fisch ein geeigneter Eiweißlieferant. Fisch könnte besonders in dem tropischen Hungergürtel der Erde bei der De-

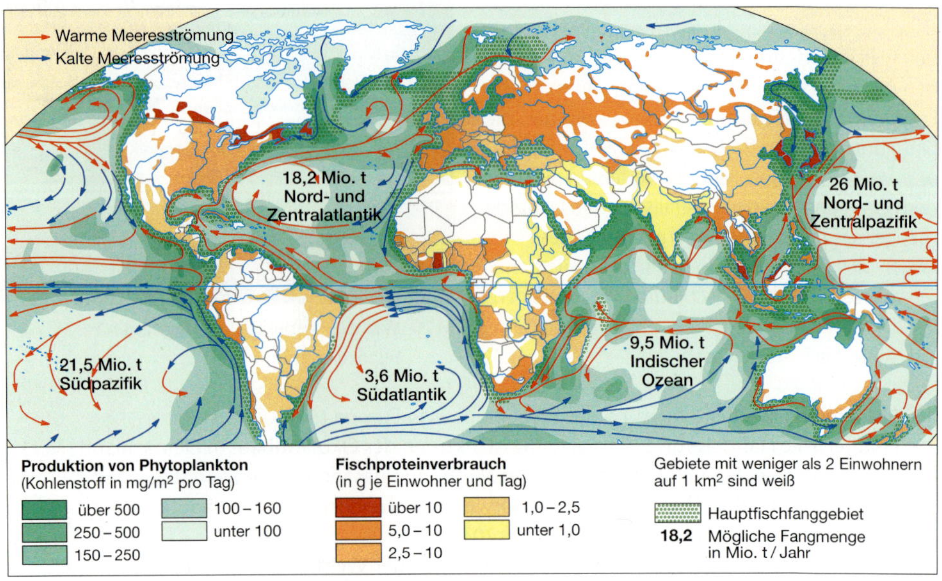

M1 Phytoplanktonproduktion, Fischproteinverbrauch und mögliche Fangmengen

Nahrungskette	Produzenten Phytoplankton* (Pflanzenprod.)	Konsumenten 1. Ordnung Herbivore **	Konsumenten 2. Ordnung Carnivore ***	Konsumenten 3. Ordnung Carnivore	Konsumenten 4. Ordnung Carnivore
Meer	Nanoplankton (0,001 mm) Diatomeen (0,002 – 1,8 mm) Dinoflagellaten (bis 2 mm)	Muscheln, Würmer, Zooplankton (z. B. Krill)	Bartenwal, Hering, Plattfisch	Tintenfisch, Kabeljau, Makrele	Thunfisch, Hai, Pottwal
Land	Wald- und Grasvegetation	Weidetiere: Kuh, Antilope	Mensch, Raubtier	–	–
Berechnung der natürlichen Produktionsfähigkeit pro Jahr im Meer	500 Mrd. t	ökologischer Umwandlungsfaktor: 20 % 100 Mrd. t	ökologischer Umwandlungsfaktor: 10 % 10 Mrd. t	10 % 1 Mrd. t	10 % 0,1 Mrd. t
Giftanreicherung	10 x	100 x	1000 x	10 000 x	100 000 x

*Die an unseren Küsten augenfälligen Seegraswiesen und Algenrasen haben für die Nahrungskette mengenmäßig keine Bedeutung.
** Pflanzenfresser, *** Fleischfresser

M 2 Die Nahrungskette im Meer und auf dem Land

ckung der Eiweißlücke zukünftig an Bedeutung gewinnen. Allerdings setzt dies eine entsprechende Infrastruktur und einer Kühlkette beim Fang, bei der Verwertung und Vermarktung voraus. Auch darf der Fisch dann nicht als Devisenbringer exportiert werden, sondern muss kaufkraftschwachen Bevölkerungsteilen auf den heimischen Märkten zur Verfügung stehen.

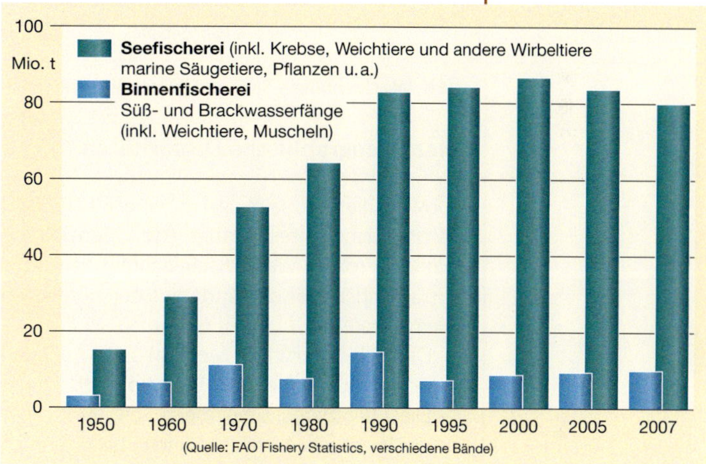

M 4 Weltfischfang Lebendgewicht

Ertrag und Verwertung des Weltfischfangs

Fisch hält jung, Fisch gibt Schwung – Fisch gibt Kraft? – Und wie! Daran gibt's nichts zu rütteln. Das haben Ernährungswissenschaftler und Ärzte schon vor langer Zeit festgestellt. Seefischgerichte enthalten alles, was eine Mahlzeit wertvoll macht. Von allen Nährstoffen, die der Mensch braucht, ist das Eiweiß am wichtigsten: Für alle Lebensvorgänge, für Wachstum, Stoffwechsel, Muskelbildung ist Eiweiß unentbehrlich. Ja, Leben ist ohne Eiweiß nicht möglich – und Seefische sind eine hervorragende Eiweißquelle:
500 g Rotbarsch-Filet enthalten 95 g Eiweiß. Das ist genau so viel wie 950 g Schweinefleisch, 3,75 l Milch, 16 Eier oder 4,75 kg Kartoffeln enthalten. Eiweiß ist leicht verdaulich. Aber nicht nur das. Fisch hat einen hohen Gehalt an wichtigen Vitaminen und Mineralien: Phosphor für den Knochenbau, Jod für die Schilddrüse und den Kreislauf, Fluor für die Zähne. Fisch enthält Glutaminsäure, also Nahrung fürs Gehirn. Auch ist inzwischen bekannt, dass die bei Fischen mit hohem Fettgehalt (Lachs, Makrele) vorkommenden Omega-3-Fettsäuren den Blutcholesteringehalt beim Menschen senken und damit Herzgefäßerkrankungen (z. B. Herzinfarkt) vorbeugen können.
(nach FIMA, Fischwirtschaftliches Marketing-Institut)

M 3 Werbung für Fisch

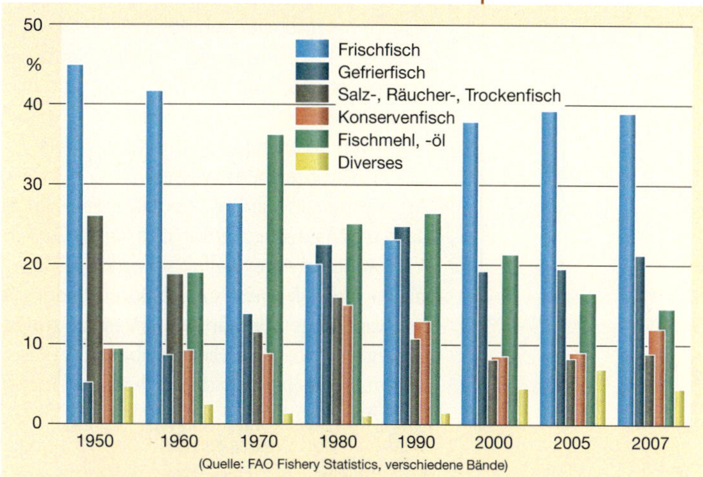

M 5 Verwertung der Weltfischproduktion inkl. Binnenfischerei und Aquakulturen

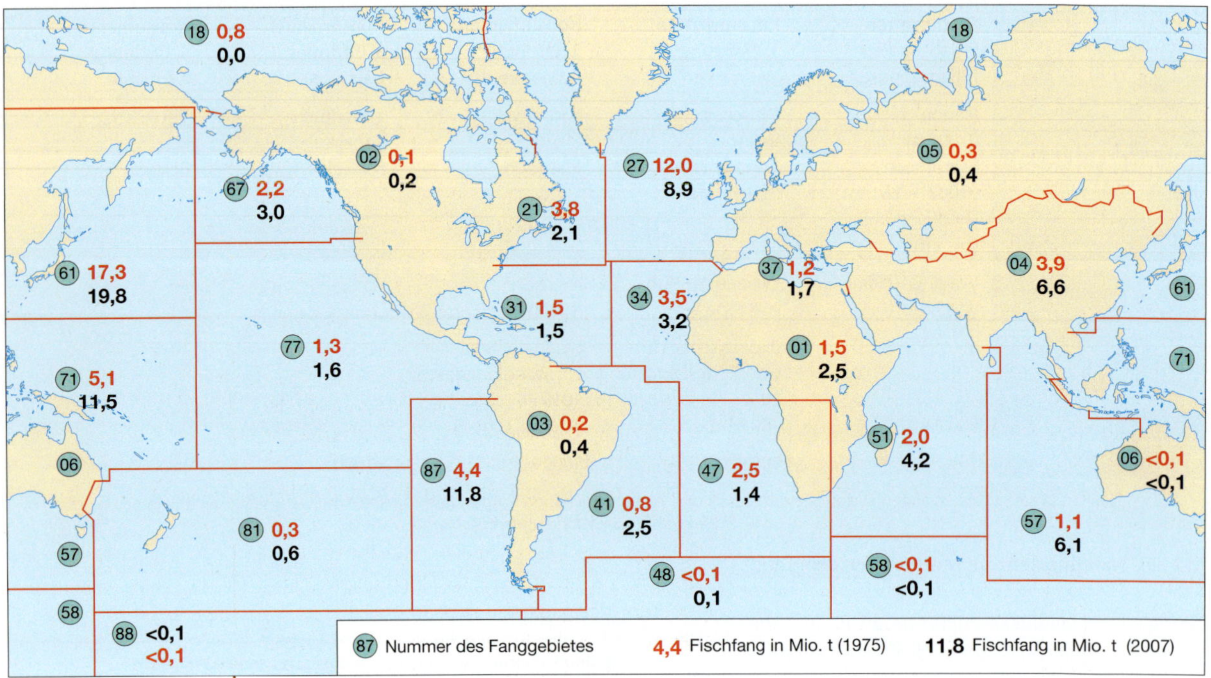

M6 Weltfischfang – See- und Binnenfischerei (nach: FAO Fishery Statistics, verschiedene Bände)

Naturgeographische Disparitäten

Obwohl die Nordhalbkugel nur über 60,7 Prozent Wasserflächenanteil verfügt (die Südhalbkugel hat 80,7 Prozent Wasserflächenanteil), liegen die ertragreicheren Fischgründe auf der nördlichen Hemisphäre.

- Die (sub-)tropischen Meereswüsten befinden sich größtenteils auf der Südhalbkugel.
- Die fruchtbaren Schelfmeere, die 99 Prozent des Weltfischereiertrages liefern, befinden sich zu 2/3 auf der Nordhalbkugel. Die schmalen Schelfmeere Ostafrikas und Australiens sind zudem mit Korallenriffen besetzt, die eine Schleppnetzfischerei behindern.
- Auf der Nordhalbkugel sorgen günstige Konvektionsströmungen (Golf- und Labradorstrom sowie Kuro- und Oya-Schio) für einen intensiven Wasseraustausch von sauerstoff- und nährstoffreichem Wasser.
- Artenarmut und große Populationen begünstigen die Massenfischerei in den kalten Gewässern, während Artenvielfalt sowie kleine Populationen der Tropen höchst unterschiedliche und kapitalintensive Fang- und Vermarktungsstrategien erfordern. Hier ergeben sich Parallelen zur Holz- bzw. Landwirtschaft der Tropen. Eine Ausnahme bilden die kalten Auftriebswässer an den Westseiten der Kontinente. Sauerstoffreiche vertikale bzw. küstenparallele Strömungen wie der Humboldtstrom und eine kurze Nahrungskette führen zu hohen Fangquoten. Allerdings kann dort die Fischerei sehr schnell zusammenbrechen, wenn der **El-Niño-Strom,** ein tropisch-warmer und nährstoffarmer Strom, die peruanischen Gewässer zur Weihnachtszeit erreicht und die Phytoplanktonproduktion zum Erliegen bringt.

Wirtschaftliche Disparitäten

Die Gewässer der Nordhalbkugel sind von industrialisierten Anrainerstaaten umgeben, deren Fischwirtschaft bemüht ist, durch hohen Technologieeinsatz das Natur-, Transport- und Marktrisiko zu verringern. Der daraus resultierende enorme Kapital- und Lohnaufwand führt aber erst dann zum Gewinn, wenn entsprechend große Mengen an Fisch entnommen werden können. Folge dieser Entwicklung ist die Überfischung der Speisefische, die in ihrem Bestand gefährdet sind. Wie kann die Fischwirtschaft auf diese Überfischungstendenzen reagieren?
Ein Ausweg könnte der Fang bisher nicht marktfähiger Fischarten sein: Grenadierfisch, Blauleng und Merlan (weißer Wittling), Sardinen und Makrele als „Heringsersatz".
Denkbar ist auch eine Ausweitung der Fischerei auf die Hohe See (außerhalb der 200-Seemeilenzone), wo eine unregulierte Fischerei noch möglich ist. Aber aufgrund der hohen Energiekosten und der geringen Schwarmbestände erscheint

eine nachhaltige Fischerei wenig rentabel, es sei denn, dass sich die Fischer illegaler Fangmethoden bedienten und durch kilometerlange feinmaschige Netze viele andere Fischarten und Säugetiere gefährden.
Gelingt es einer Fischereination wie Spanien aus sozialer Rücksichtsname nicht, die Überkapazitäten ihrer Fangflotte den schrumpfenden fischereibiologischen Ressourcen in den EU-Gewässern anzupassen, so bieten sich der Kauf von Fanglizenzen in den Wirtschaftszonen solcher Länder an, deren Fischerei schwach entwickelt ist.
Staaten mit wenig Küstenanteil bleibt schließlich nur noch das Abwracken bzw. der Verkauf der eigenen Fangflotte und die Versorgung der Bevölkerung mit ausländischen Importen übrig. Diesen Weg hat Deutschland einschlagen müssen, nachdem die meisten attraktiven Fanggebiete durch die Ausweitung der Wirtschaftszonen auf 200 Seemeilen für seine Hochseeflotte nicht mehr zugänglich waren.

Lässt man die teils illegal mit Fang- und Fabrikschiffen arbeitende Fremdfischerei der Staaten der Nordhalbkugel außer Betracht, so gelten die Gewässer vor den Entwicklungsländern im Allgemeinen als unterfischt. Von 19 nordwestafrikanischen Staaten haben nur wenige eine nennenswerte Fischerei. Aufgrund der geringen Motorisierung ist die Fangflotte stark naturabhängig. Verwertung und Vermarktung der Frischfischanlandungen sind in den Tropen auf eine schmale Küstenzone beschränkt, da eine Kühlkette vom Fang bis zum Endverbrauch fehlt.
Fortschritte bei der Industrialisierung der Fischwirtschaft sind z. B. in Marokko, Peru, Chile (Sardine/Sardelle/Makrele) zu beobachten. Die industrialisierte chilenische und peruanische Sardinen- und Anchovisfischerei unterliegt allerdings den nur schwer vorhersehbaren Strömungsverhältnissen im Südostpazifik und den Weltmarktbedingungen für Futtermittel. Das plötzliche Vordringen des warmen El-Niño-Stroms aus dem Zentralpazifik bis zur peruanischen Küste und die Überfischung führten in unregelmäßigen Abständen zum völligen Zusammenbruch der peruanischen Fischerei (1970: 12,7 Mio. t; 1973: 2,3 Mio. t). Analog zur „Grünen Revolution" in der Landwirtschaft Asiens wird die Modernisierung der indischen Fischwirtschaft unter dem Begriff **Blaue Revolution** betrieben. Darunter sind der Aufbau einer Flotte von motorisierten Küstentrawlern mit modernem Fanggerät sowie der Bau von Häfen mit Verarbeitungsfabriken zu verstehen. Allerdings kommt es immer wieder zu heftigen Konflikten zwischen der exportorientierten Küstenflotte und der handwerklichen Küstenfischerei, welche die lokalen Märkte mit preiswertem Fisch versorgt.
Aus ernährungswirtschaftlicher Sicht ist auch die Verarbeitung der Kleinfische zu Futtermitteln umstritten. Perus Fischfang besteht zu 93 Prozent aus Anchovis. Allerdings muss betont werden, dass sich bestimmte Fischarten (Anchovis, Sardellen usw.) aufgrund ihres Grätenanteils, ihrer Kleinheit und ihrer Geschmacksrichtung nicht als Speisefisch vermarkten lassen.
Aber auch bei der Filetierung des Speisefisches muss mit Abfällen bis zu 50 Prozent gerechnet werden. Es besteht die Gefahr, dass aus kurzfristigem Gewinnstreben Fischschwärme, bestehend aus zu kleinen oder noch nicht geschlechtsreifen Fischen, zu Fischmehl verarbeitet werden.

Staat	Produktion	Import	Export
Peru	1930	1	2004
Chile	830	12	709
VR China	720	1582	6
Dänemark	320	134	243
Japan	222	376	16
USA	256	60	165
Norwegen	154	202	53
GUS	58	102	32
Island	196	400	197
Marokko	51	1	55
Deutschland	15	232	238
Welt Menge in 1000 t	**6166**	**4292**	**4259**
Wert in US-$/t		**3006**	**2658**

Beim Export wurden folgende Durchschnittspreise pro Tonne Futtermittel erzielt (US-$/t): Peru 574, Marokko 597, VR China 612, Deutschland 734, (aus: FAO Yearbook of Fishery statistics Vol. 101, 2005 S. 202)

M 7 Futtermittel aus Meerestieren

1. Begründen Sie den Fischfang unter ernährungsphysiologischen Gesichtspunkten (M 1 – M 3).
2. Lokalisieren Sie die wichtigsten fruchtbaren und unfruchtbaren Regionen der Weltmeere und erklären Sie die dortigen Bedingungen für die Phytoplanktonproduktion (M 1).
3. Vergleichen Sie Wasserflächenanteil und Fischfangrate auf beiden Erdhalbkugeln (M 6).
4. Erläutern Sie die Trends beim Fischfang und seiner Verwertung (M 4, M 5).
5. Beurteilen Sie den Interessenskonflikt, der sich an der Fischmehlproduktion und ihrem Export entzündet (M 5, M 7).
6. Vergleichen Sie die wirtschaftliche Bedeutung der Futtermittelproduktion aus Meerestieren auf der Nord- und Südhalbkugel (M 7).

M8 Karibische Garnelen im Angebot

Umstrittene Aquakultur

Angesichts des stagnierenden Weltfischfangs, der steigenden Nachfrage in Bezug auf Meeresprodukte vor allem in den Industrieländern und der Überfischungstendenzen bei ca. 60 Prozent der wichtigsten Fischbestände werden große Hoffnungen auf die **Aquakultur** gesetzt.

Das Beispiel der schnell wachsenden Garnelenproduktion zeigt aber, dass neue ökologische und soziale Probleme entstehen:

- Die Teichwirtschaft kann auf Fischmehl nicht verzichten, das die Garnelen im Verhältnis 2:1 zu Lebendgewicht verwerten.
- Zwar ist der boomende Garnelenexport in die USA, Japan und Europa eine wichtige Devisenquelle für die Entwicklungsländer, er leistet aber keinen Beitrag zur Lösung der Ernährungskrise bei kaufkraftarmen Bevölkerungsschichten.
- Der Preisverfall beim ehemaligen Luxusgut Garnele begünstigt die agroindustriellen Züchter, die mit ihrer großflächigen Teichwirtschaft (häufig gewaltsam) Bauern und Fischer verdrängen, ohne ihnen entsprechende Arbeitsplätze auf der Farm bieten zu können.
- Da zur Aufzucht der tropischen Garnelen Brackwasser benötigt wird, liegen die Farmen direkt an der Meeresküste im Mündungsbereich von Flüssen, wo aber ökologisch wertvolle Mangrovenwälder ihren natürlichen Standort haben. Werden diese für die Aquakulturen großflächig abgeholzt, verlieren die Küsten ihren natürlichen Schutz, denn die Stelzwurzeln der Mangroven halten die angespülten Sedimente an dem schmalen flachen Küstensaum fest. Indem die Mangroven als Sedimentfallen fungieren, tragen sie auch zur Selbstreinigung der Küstengewässer bei. Werden sie abgeholzt, verlieren viele Meerestiere ihre „Kinderstube" und ihren Lebensraum sowie die darauf aufbauende Strand- und Küstenfischerei ihre Existenz. Da in Ecuador noch ein Großteil der weiblichen Zuchttiere sowie der Larven wegen ihrer größeren Widerstandsfähigkeit im Vergleich zu den Laborlarven aus den Mangroven stammen, zerstören die Zuchtbecken ihre natürliche Grundlagen und außerdem die Sammelwirtschaft der Kleinfischer.
- Wie bei jeder Massentierhaltung verursacht die Garnelenzucht selbst auch ökologische Probleme. Nicht verzehrtes Futter und Exkremente der Tiere sowie Medikamente und andere Zuschläge sedimentieren in den ca. 5 bis 10 ha großen Teichen, wo sie auf dem Boden unter großem Sauerstoffverbrauch bakteriell zersetzt werden. Regelmäßig müssen die Teiche ausgespült und ihre Abwässer durch eine Mischung aus Süß- und Meereswasser ersetzt werden. Die ungeklärten Abwässer beeinträchtigen dann die Küstengewässer in Form einer unerwünschten Überdüngung (**Eutrophierung**) mit der Folge eines ökologischen Kollaps.

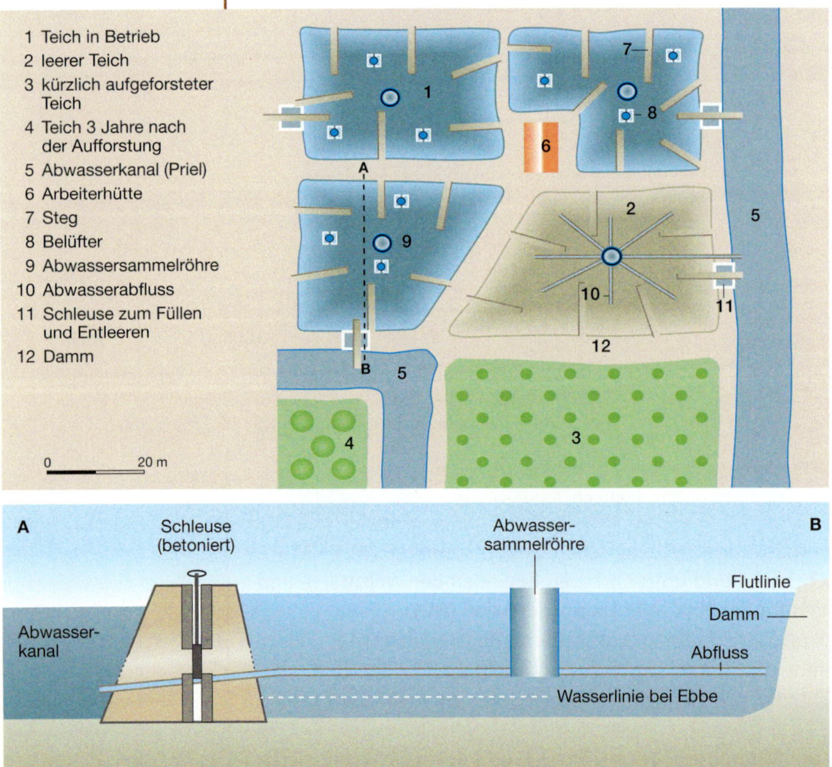

M9 Schematischer Grund- und Aufriss von Garnelenzuchtteichen

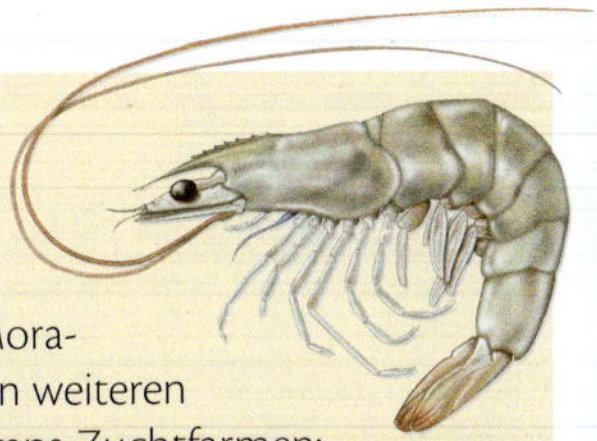

GREENPEACE fordert:
- ein weltweites Moratorium gegen den weiteren Ausbau der Shrimps-Zuchtfarmen;
- strenge Umwelt- und Sozialverträglichkeitsprüfungen der bestehenden Anlagen sowie umgehende Umsetzungen der daraus resultierenden Empfehlungen, einschließlich möglicher Renaturierungsmaßnahmen von Mangroven- und anderen Feuchtgebieten;
- eine verbindliche Zusage der Regierungen und Privatwirtschaft, dafür Sorge zu tragen, dass innerhalb von fünf Jahren alle bestehenden Zuchtbetriebe auf umwelt- und sozialverträgliche Produktionsweisen umgestellt oder heruntergefahren werden;
- bei allen Entscheidungen muss die lokale Bevölkerung adäquat beteiligt und eingebunden werden;
- Import- und Handelsunternehmen müssen ihren Einkauf von Shrimps von deren umwelt- und sozialverträglichen Herkunft abhängig machen (Produktverantwortung) und entsprechende Informationen an die Verbraucher weitergeben (Produkttransparenz);
- Verbraucher sollten so lange auf Shrimps verzichten, bis sie eine sichere Garantie haben, dass die o. g. Forderungen erfüllt sind.

M 10 Forderungen (Hamburg, den 10. 12. 1997 – GREENPEACE e. V.)

M 12 Belüftung einer Aquakultur in Vietnam

		1990	2000	2007
Binnenfischerei	Fang	6,4 Mio. t	8,6 Mio. t	10,0 Mio. t
	Aquakultur	8,1 Mio. t	19,3 Mio. t	31,0 Mio. t
	insgesamt	14,5 Mio. t	27,9 Mio. t	41,0 Mio. t
Seefischerei	Fang	78,2 Mio. t	84,9 Mio. t	80,0 Mio. t
	Aquakultur	5,0 Mio. t	13,1 Mio. t	19,3 Mio. t
	insgesamt	83,2 Mio. t	98,0 Mio. t	99,3 Mio. t

Die Pro-Kopf-Versorgung durch die Aquakultur stieg von 0,7 kg (1970) auf 7,8 kg (2006). Die wichtigsten Produkte sind Karpfen, Seetang, Muscheln, Tilapia (Buntbarsch), Lachs und Garnelen mit einem Marktwert von 78,8 Mrd. US-$ (jährliche Wachstumsrate seit 1950: 7 Prozent)
(aus: FAO (Hg.) The state of world fisheries and aquaculture, Rom 2008, S. 3)

M 13 Weltfischfang und Aquakulturproduktion

M 11 Mangrovenküste in Ecuador mit traditioneller Fischerei

7. Beschreiben Sie die Standortvoraussetzungen einer Garnelen-Zuchtfarm (**M 9** bis **M 12**).
8. Bewerten Sie die Aquakultur unter ökonomischen, ökologischen, sozialen und ernährungswirtschaftlichen Aspekten (**M 8**, **M 10** bis **M 13**).
9. Diskutieren Sie die Forderungen von GREENPEACE (**M 10**). Zeigen Sie den Zusammenhang zwischen dem Konsumverhalten in den Industrienationen und der traditionellen Fischerei in Entwicklungsländern auf (**M 8** und **M 11**).

Meeresverschmutzung

M 14 Karikatur

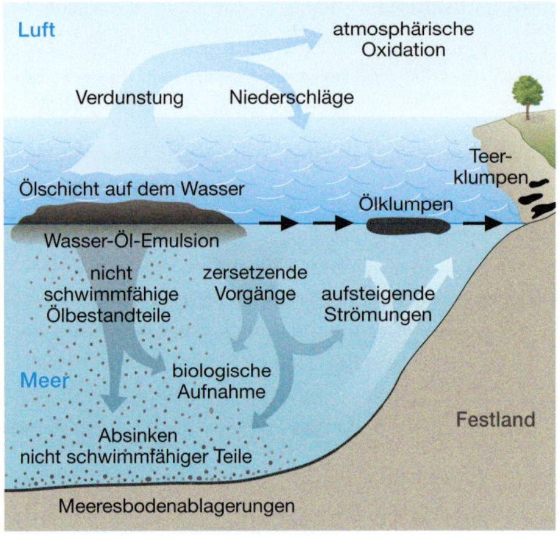

M 15 Verschmutzung durch Erdöl

M 17 Wattwürfel

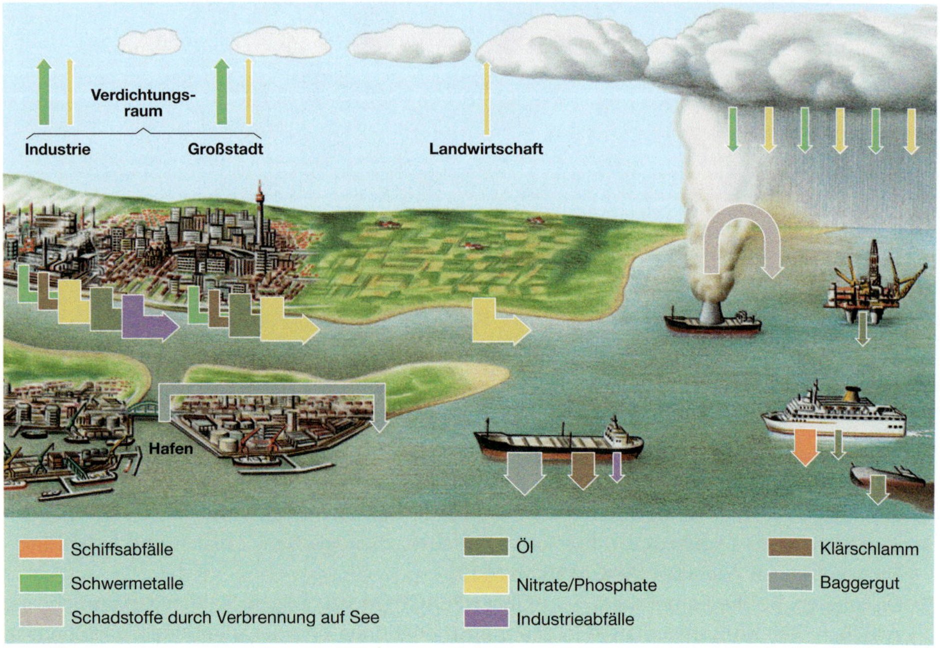

M 16 Wege der Wasserverschmutzung

Treffen Sie eine gute Wahl!

Nutzen Sie Ihren Einfluss als Verbraucher, um das Fischangebot zu verändern. So helfen Sie, die Meere und unsere Ressourcen zu schützen.

Z = Zucht, W = Wild, [MSC] steht für eine nachhaltige Fischerei.

Gute Wahl
Nicht überfischt; gute Zucht; minimaler Umwelteinfluss.

Zweite Wahl
Fangmethoden belasten die Natur, Zucht ist kritisch. Lieber grün markierte Arten wählen.

Lieber nicht
Diese Arten werden stark befischt. Die Art der Zucht oder des Fangs greift stark in die Natur ein.

Aal Europa	W/Z
Alaska Seelachs [MSC] / NO-Pazifik	W
Alaska Seelachs NW-Pazifik	W
Dorade Mittelmeer	Z
Dorade, Bio Mittelmeer	Z
Dornhai / Schillerlocke NO- / NW-Atlantik	W
Dorsch Ostsee	W
Flunder Ostsee	W
Forelle Chile, Europa	Z
Forelle, Bio Europa	Z
Garnele, Eismeer / Kaltwasser [MSC] / NO- / NW-Atlantik	W
Garnele / Nordseekrabbe	W
Garnele / Shrimp tropisch	W/Z
Garnele / Shrimp, Bio	Z
Granatbarsch	W
Hai weltweit	W
Heilbutt [MSC]	W
Heilbutt, Schwarzer / Weißer NO-Atlantik	W
Hering [MSC] / NO-Atlantik	W
Hering nördliche, zentrale Ostsee	W
Hering westliche Ostsee	W
Kabeljau Island	W
Kabeljau NO-Arktis	W
Kabeljau NO-Atlantik, Ostsee	W
Kabeljau, Pazifischer	W
Kabeljau, Pazifischer [MSC]	W
Karpfen Deutschland	Z
Kliesche Nordsee	W
Kliesche, Pazifische	W
Lachs Chile	Z
Lachs Norwegen, Schottland	Z
Lachs, Bio Irland, Schottland, Norwegen	Z
Lachs NO-Atlantik	W
Lachs, Pazifischer Ost-Pazifik	W
Lachs, Pazifischer West-Pazifik	W
Lachs, Alaska Wild [MSC]	W
Leng NO- / NW-Atlantik	W
Makrele NO-Atlantik	W
Marlin, Blauer Indopazifik	W
Pangasius Vietnam	Z
Pangasius, Bio Vietnam	Z
Rotbarsch NO-Atlantik	W
Sardelle NO-Atlantik	W
Sardine Mittelmeer	W
Sardine NO-Atlantik	W
Schellfisch NO-Atlantik	W
Schellfisch Nordsee, Norw. See, NO-Arktis	W
Scholle Nordsee	W
Scholle Ostsee	W
Scholle, Pazifische	W
Schwertfisch weltweit	W
Seehecht NO-Atlantik	W
Seehecht SW-Atlantik	W
Seehecht [MSC]	W
Seelachs / Köhler [MSC] / Nordsee	W
Seeteufel NO- / SO-Atlantik	W
Seezunge NO-Atlantik	W
Snapper weltweit	W
Sprotte NO-Atlantik	W
Steinbeißer NO-Atlantik	W
Tilapia Asien, Afrika, Lateinamerika	Z
Tilapia, Bio Honduras, Israel	Z
Tunfisch, Bonito / Skipjack	W
Tunfisch, Gelbflossen	W
Tunfisch, Großaugen	W
Tunfisch, Roter / Blauflossen	W/Z
Tunfisch, Weißer	W
Tunfisch, Weißer [MSC]	W
Viktoriabarsch	W
Wolfsbarsch Mittelmeer	Z
Wolfsbarsch, Bio Mittelmeer	Z
Zander Osteuropa	W
Zander [MSC] / Westeuropa	W

M 18 Einkaufsratgeber „Fische & Meeresfrüchte"

Herausgeber: WWF Deutschland Frankfurt a. M. 2009; ergänzend dazu die Greenpeace-Broschüre „Fisch – beliebt, aber bedroht" Hamburg 2008

Schutz der Meere

Überfischung und Meeresverschmutzung gehören zu den gravierendsten Problemen, die von der Menschheit gelöst werden müssen. Galten früher die Gewässer der Nordhalbkugel als überfischt, so sind seit den letzten 20 Jahren hoch effiziente Fangflotten auf allen Weltmeeren tätig. Die Welternährungsorganisation (FAO) schätzt, dass von den kommerziell genutzten Fischbeständen 52 Prozent bis an ihr biologisches Limit befischt und 7 Prozent bereits erschöpft sind. Gewinn bringende große Raubfische wie Thunfisch, Schwertfisch oder Kabeljau sind bereits zu 90 Prozent dezimiert. Verwerflich ist auch der 40-prozentige Anteil des Beifangs, der im Meer entsorgt wird. Nicht minder besorgniserregend ist die zunehmende Meeresverschmutzung durch Übernutzung der küstennahen Zonen wie Industrialisierung, Siedlungsbau, intensive Landwirtschaft oder Aquakulturen. Konsequenterweise fordern Naturschutzverbände wie Greenpeace und WWF eine nachhaltige Einkaufspolitik für Meeresprodukte und Ausweisung großflächiger Meeresschutzgebiete, damit sich wichtige marine Ökosysteme wieder erholen können.

Die Errichtung eines weltweiten Netzwerkes von Meeresschutzgebieten
Mindestens 40 Prozent des Meeres müssen dauerhaft geschützt werden. Das Leerfischen der Meere muss gestoppt werden. Zerstörerische Fischereimethoden, z. B. Grundschleppnetze, sind zu verbieten. Das Fischereimanagement muss nachhaltig und sozial verträglich ausgerichtet sein und dem Vorsorgeprinzip folgen.
Faire Fischereiabkommen zwischen armen und reichen Ländern: Die Ausbeutung muss ein Ende haben. Die Internationale Walfangkommission (IWC) muss die Waljagd endgültig stoppen. Die Meere dürfen nicht als Müllkippen missbraucht werden. Gifteinträge und radioaktive Einleitungen müssen aufhören. Die Überdüngung der Meere muss gestoppt werden.

(nach: GREENPEACE 22. 04. 2009)

M 19 Greenpeace fordert

M 20 Werbung mit und ohne MSC-Label

Das freiwillige **M**arine **S**tewart **C**ouncil-Label garantiert, dass der Fisch aus einem nachhaltig befischten Bestand stammt und dass das marine Ökosystem nicht durch Beifang von Jungfischen, Wasservögeln und Säugetieren zerstört wurde.

10. Beschreiben Sie die Quellen der Meeresverschmutzung, die Einleitungspfade und die Auswirkungen auf das marine Ökosystem (**M 14** bis **M 17**).

11. Nehmen Sie Stellung zu der Behauptung: „Verändertes Verbraucherverhalten schützt das Meer wirksamer als Gesetze und Strafen" (**M 18** bis **M 20**).

Webcode: GO649174-077

M1 Bewässertes Feld im Central Valley

13. Wasser und Boden

Landwirtschaft und Wasser

Von der gesamten Wassermenge der Erde entfallen 2,6 Prozent auf Süßwasser. Davon steht jedoch nur ein kleiner Teil für menschliche Nutzungen zur Verfügung; der größte Teil ist im Polareis oder in unzugänglichen Grundwasserspeichern oder in Permafrostböden gebunden. Dennoch würden die verfügbaren Süßwassermengen für die Weltbevölkerung ausreichen, wenn sie gleichmäßig verteilt wären.

Die Landwirtschaft ist mit rund 70 Prozent der mit Abstand größte Verbraucher von Süßwasser. In den letzten Jahrzehnten entstand hauptsächlich durch Erweiterung des Bewässerungsfeldbaus ein enormer Wasserverbrauch. Zwar sind nur 17 Prozent des globalen Ackerlands künstlich bewässert, diese liefern aber immerhin 40 Prozent der weltweiten Ernte.

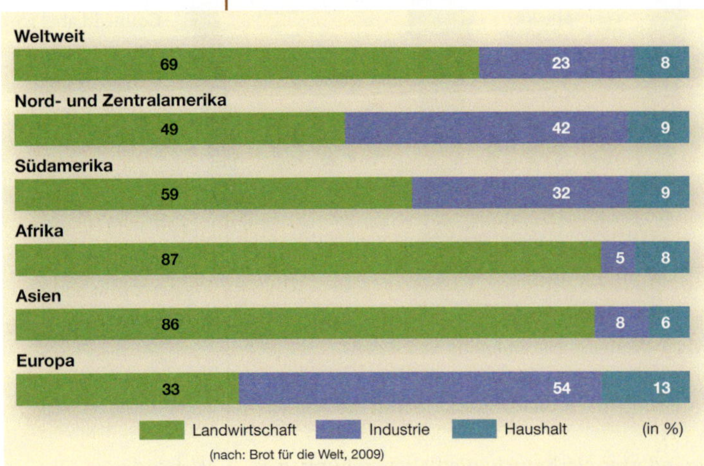

M2 Wasserverbrauch nach Sektoren

Hauptsächlich wird in den Regionen bewässert, in denen

- saisonale Trockenperioden auftreten, z. B. in Kalifornien,
- die Evaporation die Niederschlagsmenge übersteigt, d. h. in semiariden und ariden Gebieten, z. B. im Niltal,
- die Niederschlagsmengen stark variieren, z. B. in der Sahelzone,
- intensive Landwirtschaft betrieben wird, z. B. Reisanbaugebiete in Südostasien.

Länder wie Pakistan und Ägypten würden ohne Bewässerungsfeldbau weniger als die Hälfte ihrer gegenwärtigen Nahrungsmittel erzeugen können. Angesichts der wachsenden Weltbevölkerung spielt die künstliche Bewässerung eine zentrale Rolle bei der Steigerung der Erträge bzw. Erschließung neuer landwirtschaftlicher Flächen. In den ariden und semiariden Gebieten der Erde wird das Wasser zumeist aus dem Grundwasservorrat entnommen, manchmal auch aus fossilen Reservoirs, die sich nicht erneuern. Übermäßige Wasserentnahmen bewirken vielfach eine Absenkung des Grundwasserspiegels und damit eine Abnahme des effektiv nutzbaren Süßwasservorrats.

Eine Verbesserung der Lage kann durch wassersparende Bewässerungstechniken erzielt werden, z. B. durch die Technik der Tröpfchenbewässerung, die u. a. in Israel in der Landwirtschaft eingesetzt wird. Unglücklicherweise fehlt es Entwicklungsländern an Kapital und technischen Voraussetzungen, um solche wassersparenden Techniken anzuwenden, und so leiden sie stärker unter Wasserknappheit.

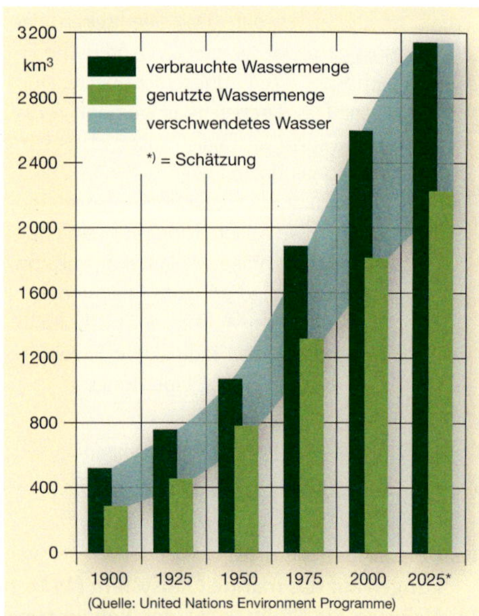

M3 Die Landwirtschaft verschwendet viel!

Grundwasserqualität in Deutschland

Deutschland verfügt über große Grundwasservorkommen. Die größten Reserven befinden sich im norddeutschen Raum nördlich der Mittelgebirge, in der Niederrheinischen Bucht, im Oberrheingraben, in der Schwäbisch-Fränkischen Alb sowie als Porenwasser im Becken zwischen Alpennordrand und Donau. Dementsprechend bilden die Grundwasservorkommen die Hauptgrundlage für die Trinkwassergewinnung (ca. 66 Prozent der Gesamtförderung).

Trotz des Überflusses und seiner relativen Abgeschlossenheit ist das Grundwasser jedoch zunehmender Verschmutzung ausgesetzt. Verursacht wird dies durch Abwässer aus Industrie und Haushalten, undichte Abwasserleitungen, Altlasten (Mülldeponien, Industriebrachen) sowie intensive Landwirtschaft.

Die Einzugsgebiete für die Grundwassergewinnung liegen fast ausschließlich unter land- und forstwirtschaftlich genutzten Flächen, da Siedlungs- und Verkehrsflächen ungeeignet sind. Für die Einzugsgebiete gelten dabei besondere Nutzungseinschränkungen entsprechend dem Wasserhaushaltsgesetz. Dennoch haben Messungen ergeben, dass in den alten Bundesländern mittlerweile bei mehr als zehn Prozent der Entnahmestellen die Grenzwerte der Trinkwasserverordnung überschritten werden. Grundwasserverschmutzungen durch die Landwirtschaft werden besonders häufig in Regionen festgestellt, in denen der Grundwasserspiegel nahe an der Bodenoberfläche liegt. Gibt es in solchen Gebieten Intensivkulturen in höherer Zahl oder hohe Viehbestände mit Stallhaltung, so wird die Gewinnung von sauberem Trinkwasser zum Problem.

In Mitteleuropa sickern im Jahresdurchschnitt etwa 13 Prozent der Niederschläge in den Boden ein. Ein Teil dieses Wassers wird in den oberen Bodenschichten durch zwischenmolekulare Kräfte an den Bodenteilchen, ein Teil durch Kapillarkräfte in den Poren festgehalten. Dieses Haftwasser steht den Pflanzen zur Verfügung. Das übrige Wasser sinkt langsam ab, bis es auf eine wasserundurchlässige Schicht trifft. Über diesem Grundwasserstauer füllen sich alle Hohlräume im Gestein, es bildet sich das Grundwasser. Es können bei entsprechenden geologischen Verhältnissen auch mehrere Grundwasserhorizonte stockwerkartig übereinander liegen. Das Grundwasser fließt bei Gefälle der wasserführenden Schicht unterirdisch ab, jedoch viel langsamer als in oberirdischen Gewässern.
Große Grundwassermengen sind z. B. im Lockergestein (Sand, Kies, Schotter) der Oberrheinebene anzutreffen. Hier bewegt sich das Grundwasser 1 m pro Tag. Das obere Grundwasser (bis 800 m tief) nimmt aktiv am Wasserkreislauf teil und gelangt gewöhnlich über Quellen an die Erdoberfläche. Tiefer liegendes Wasser (bis 4800 m) tritt nicht mehr von selbst zutage und wird in der Regel nicht genutzt. (Quelle: W. Fraedrich u. a.: Landschaftsökologie (1997), S. 86)

M5 Grundwasser

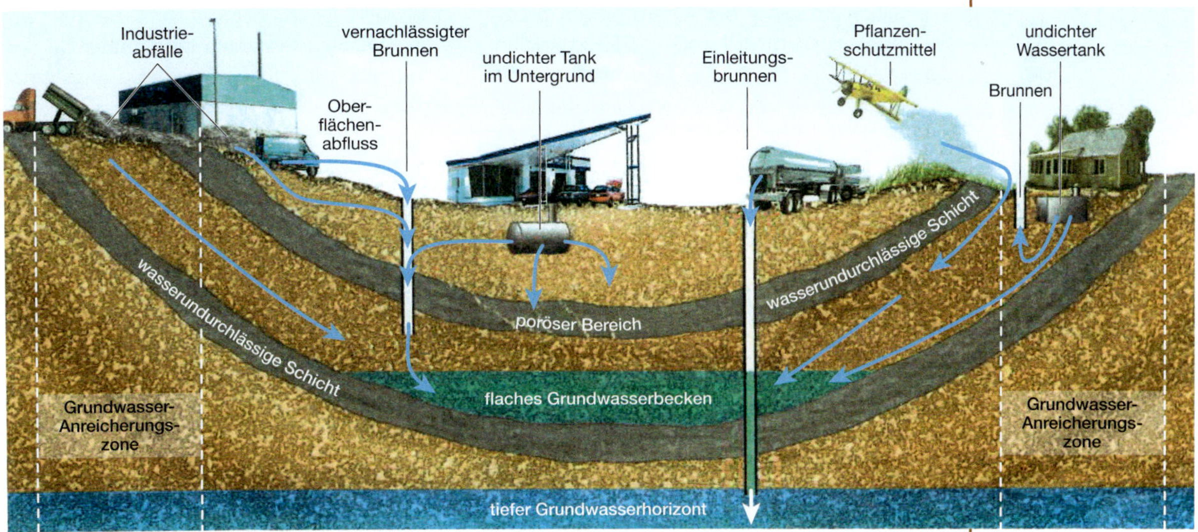

M4 Ursachen der Grundwassergefährdung

1. Erklären Sie die Bildung von Grundwasser im Boden (M5).
2. Erläutern Sie die Ursachen und Folgen der Grundwassergefährdung. Erklären Sie Gegenmaßnahmen (M4 bis M5).

M6
Bodenversalzung in Paraguay

Bodenversalzung

Bodenversalzung tritt in den landwirtschaftlichen Nutzungssystemen der ariden bis semiariden Klimate auf. Meist ist sie Folge einer unzureichenden Bewässerungstechnik.

Führt nämlich die Bewässerung zum Anstieg des Grundwasserspiegels, dann lösen sich die in den tieferen Bodenschichten befindlichen Salze auf. Sie werden beim Verdunsten des Wassers an der Oberfläche durch Kapillarkräfte nach oben transportiert und dort angereichert. Beim Überschreiten einer bestimmten Salzkonzentration nehmen die Pflanzen Schaden: Salzkrusten überziehen die Bodenoberfläche mit einer dünnen, grauweißen Schicht, die wie Schnee aussieht, und allmählich verwüstet das Areal. Vermeiden lässt sich Bodenversalzung durch ausreichende Wasserzufuhr und/oder die Anlage von Drainagen unterhalb des Wurzelraums. Überschüssiges Wasser kann dann abfließen.

Überdüngung

Die Überversorgung der Kulturpflanzen bezüglich mineralischem Stickstoff- und Phosphatdünger ist ein typisches Merkmal intensiver Landwirtschaft und weltweit verbreitet. Die Überdosierung sorgt zwar dafür, dass den Kulturpflanzen ständig das Optimum an Hauptnährstoffen zur Verfügung steht. Gleichzeitig führt dies aber zu einer schleichenden Ausbeutung an Spurennährstoffen, worauf die Pflanzen ebenfalls angewiesen sind. Solange die Reserven reichen, wird die Abnahme der natürlichen Bodenfruchtbarkeit verdeckt. Die Überdosierung hat jedoch auch Konsequenzen für den Naturhaushalt. Die mineralischen Nährstoffe sind wasserlöslich und gelangen daher ins Grundwasser und in angrenzende Biotope. Dabei treten unerwünschte Folgewirkungen ein.

Ins Oberflächenwasser gespülte Nitrate und Phosphate bewirken eine Eutrophierung des Gewässers. Die Nährstoffe vermehren das Wachstum der Wasserpflanzen, vor allem der Algen. Nach dem Absterben sinken die Wasserpflanzen auf den Grund und werden von Sauerstoff verzehrenden Bakterien weiter zersetzt. Durch übermäßige Vermehrung dieser Bakterien entsteht eine Sauerstoffarmut, die zu einem allmählichen Artensterben von Fauna und Flora führt.

An den Acker angrenzende Biotope verlieren infolge der ausgeschwemmten Nährstoffe ihren Artenreichtum, da die meisten wilden Pflanzenarten nur geringe Nährstoffansprüche haben und daher verdrängt werden. Es setzen sich nur die wenigen Arten mit hohen Nährstoffansprüchen durch.

Stickstoffdünger gelangt in der chemischen Form von Nitrat ins Grundwasser. Befinden sich die Einzugsgebiete für die Trinkwassergewinnung in landwirtschaftlich genutzten Flächen, werden meist auch die Brunnen mit Nitrat belastet. Vielerorts mussten deswegen die Brunnen vertieft bzw. teure Reinigungstechnologien angewandt werden.

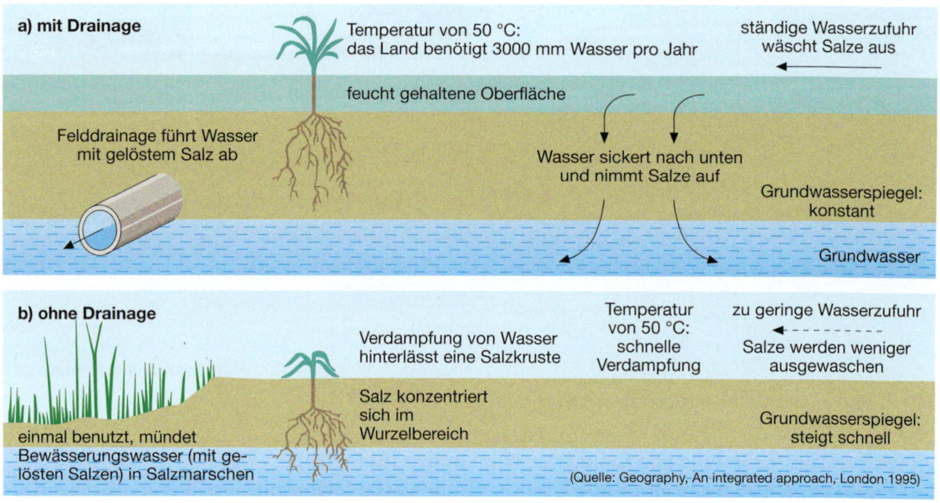

M7 Versalzungsvorgänge bei Feldbewässerung

Es war schon lange ein Wunsch der Ägypter, den Nil so zu regulieren, dass sein Niveau über das ganze Jahr relativ konstant blieb. Obwohl Anfang des 20. Jahrhunderts Staudämme von zunehmender Größe gebaut wurden, waren das rasante Bevölkerungswachstum (zwischen 1960 und 1987 von 25 auf 50 Millionen) und der wachsende Bedarf an Nahrung Ursache dafür, dass der Assuan-Staudamm gebaut wurde (eröffnet 1971). Vor allem die Wüste um Kairo sollte bewässert werden.

Das Hauptanliegen war allerdings, die jährlichen Überflutungen zurückzuhalten, die von den Sommerregenfällen im äthiopischen Hochland ausgelöst wurden. Das vom Damm aufgestaute Wasser kann inzwischen ganzjährig gleichmäßig abgelassen werden. So ließen sich zusätzliche Ernten erzielen, die auch mehr Sicherheit für den Fall des Ausbleibens von Regenfällen brachten. Das Fluss-Regime unterhalb von Assuan erlaubt ganzjährigen Schiffsverkehr. Zwei und manchmal sogar drei Ernten können jährlich bei gleichmäßiger Bewässerung im Niltal erreicht werden. Durch den intensiven Anbau von cash crops wie Baumwolle, Mais, Zitrusfrüchte, Zuckerrohr und Kartoffeln konnten die Exporteinnahmen gesteigert werden. Der Damm ermöglichte außerdem den Betrieb eines Großkraftwerks, das den Strombedarf des Landes zu einem Drittel deckt. Der Stausee „Nasser" ist für die Fischindustrie und den Tourismus bedeutend geworden.

Mit dem Staudamm konnte Ägypten seine Bewässerungstechniken modernisieren. Die durch die Wasserkraft gewonnene Elektrizität ermöglichte den Einsatz von Hochleistungspumpen, welche das Wasser des Nils soweit heben konnten, dass ein zwölf Kilometer breiter Streifen links und rechts des Flusses bewässert werden konnte. Zwischen Nil und Sueskanal gibt es gigantische Beregnungsanlagen, welche die Felder ständig mit Wasser versorgen.

Der Damm hat jedoch auch schwere Umweltprobleme mit sich gebracht: Das Ende der Nilflut bedeutete auch das Ende der Verteilung des fruchtbaren Nilschlamms auf die Äcker. Heute muss im Anbaugebiet überall Kunstdünger eingesetzt werden. Im Übrigen verkleinert sich das Delta ständig, weil der Damm die Zufuhr von Sediment im Mündungsgebiet verhindert. Bilharziose übertragende Schnecken haben sich in den zahllosen Bewässerungskanälen übermäßig vermehrt.

Weite Gebiete, die für die Landwirtschaft gewonnen wurden, leiden heute unter Versalzung und mussten teilweise aufgegeben werden. Die UN Food and Agriculture Organization (FAO) stellte fest, dass zwischen 1974 und 1984 über zwölf Prozent des bewässerten Landes verlorengegangen sind und dass die Versalzung gegenwärtig weitere 30 bis 40 Prozent des restlichen bewässerten Landes erreicht hat.

Von der Regierung wurden die Farmer ermutigt, anstelle von Nahrungsmitteln cash-crops anzubauen, um mehr Geld für den Kauf von Kunstdünger zu erwirtschaften. Die Folge war jedoch ein erhöhter Nahrungsmittelimport aus dem Ausland.

(nach: Waugh, Geography, Nelson 2002, S. 490)

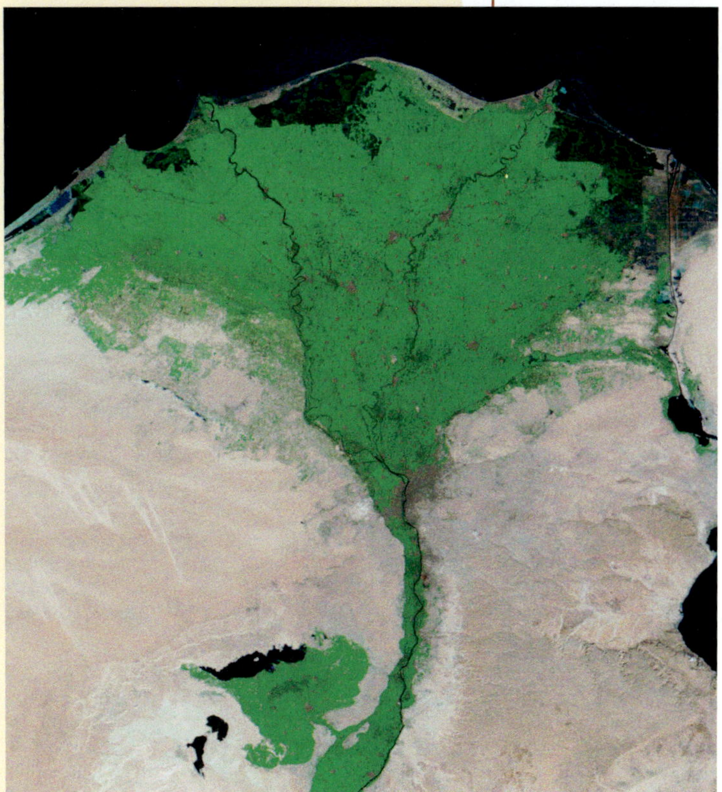

Satellitenfoto vom Nildelta: Der Fluss Nil, der Sues-Kanal und das Mittelmeer sind schwarz, das bewässerte Land grün unterlegt.

M 8 Bewässerungslandwirtschaft in Ägypten

3. Erläutern Sie die Vorgänge, die in der Bewässerungslandwirtschaft zu einer Bodenversalzung führen, und zeigen Sie die Folgen für das Pflanzenwachstum auf (M 6, M 7).
4. Erklären Sie die Folgen der Überdüngung für die natürlichen Ökosysteme und die Trinkwasserversorgung.
5. Nehmen Sie kritisch Stellung zum kommerziellen Bewässerungsfeldbaus in Ägypten und leiten Sie praktikable Maßnahmen zur Verbesserung der Situation ab (M7, M 8).

Webcode: GO649174-081

M 9 Extreme Erosion in New Mexico

Chemische Degradation

„Chemische Degradation" bedeutet den Verlust von Nährstoffen bzw. organischer Materie im Boden. Sie tritt in agrarisch genutzten Böden mit mittleren bis geringen Nährstoffgehalten auf, wenn nach der Ernte die im Boden verbliebene organische Materie schnell entfernt und/oder anschließend nicht genügend Dünger aufgebracht wird. Die Böden verarmen dann weiter an Nährstoffen und erschöpfen schließlich vollständig. Die chemische Degradation ist ein weit verbreitetes Problem in den Low-Input-Landwirtschaften der Entwicklungsländer.

Bedeutung des Bodenschutzes

Die Erhaltung bzw. Vermehrung des Bodens ist für die Ernährung einer wachsenden Weltbevölkerung von existenzieller Bedeutung. Nach Informationen des Internationalen Bodenreferenz- und Informationszentrum (ISRIC, 2003) in den Niederlanden schreitet jedoch die weltweite **Degradation** (Lat.: *degradare* = verschlechtern) bzw. Vernichtung von Boden durch menschliche Eingriffe mit hohem Tempo voran. Nach Schätzungen von ISRIC werden jährlich drei Millionen Hektar Ackerland durch Erosion geschädigt, vier Millionen Hektar verwandeln sich in Wüste und acht Millionen Hektar werden nichtagrarischen Nutzungen wie Autobahnen, Straßen, Siedlungen, Industrie zugeführt, das entspricht weltweit etwa sieben Prozent der agrarisch nutzbaren Fläche. Degradation bedeutet die Abnahme der biologischen Produktivität eines Bodens. Obwohl es auch natürliche Ursachen für die Degradation gibt, z.B. negative klimatische Einflüsse wie Dürre oder Überschwemmungen, sind im Wesentlichen die landwirtschaftlichen Produktionsmethoden dafür verantwortlich, dass die Bodenfruchtbarkeit nachlässt. Typische Folgeschäden intensiver bzw. nicht standortgerechter Landwirtschaft sind z.B. Bodenerosion und Bodenversalzung. Außerdem werden auch landwirtschaftlich genutzte Böden durch Schadstoff-Emissionen von Industrie, Gewerbe, Haushalten und Verkehr beeinträchtigt. Die Emissionen gelangen über die Luft großflächig auf den Boden und führen dort zur Versauerung.

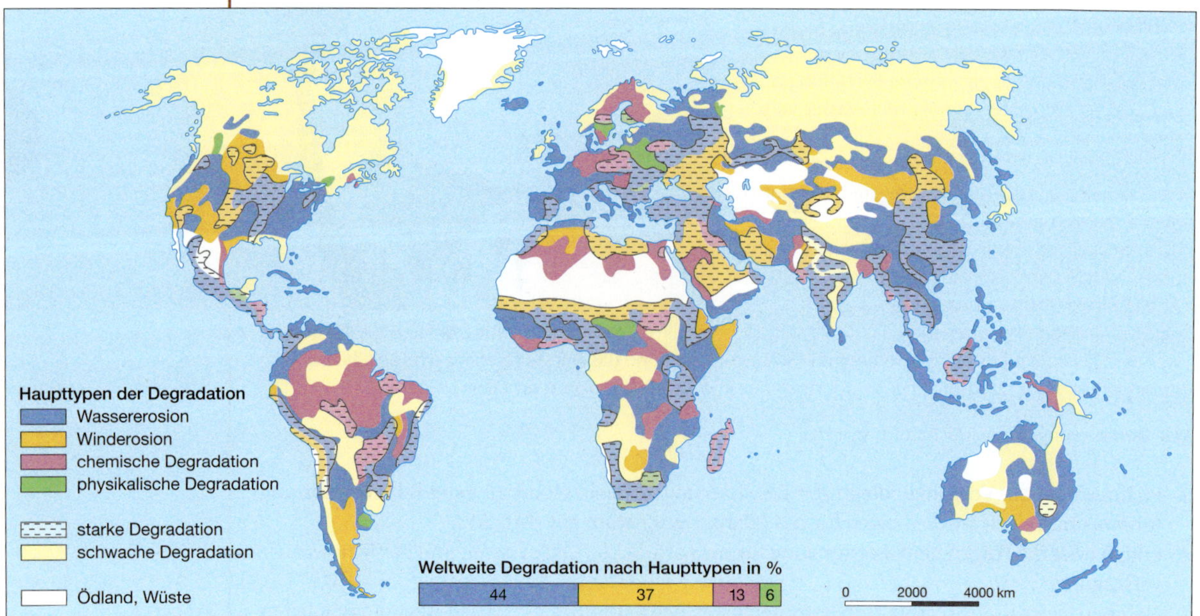

M 10 Degradation weltweit

Physikalische Degradation

Durch Zusammenpressen, Verkleben und Verkrusten der Bodenpartikel entsteht die physikalische Degradation. Sie ist eine Folge der Techniken des Landbaus und kommt daher in allen Klimazonen und allen Bodenarten vor. Schwere Landmaschinen z. B. drücken Böden mit geringer Strukturstabilität zusammen. Dadurch verstopfen die Poren und der Boden verliert die Aufnahmefähigkeit für Wasser und Luft. Ein Verkleben oder Verkrusten der Bodenoberfläche kann geschehen, wenn der Boden nicht durch eine Pflanzendecke geschützt ist.
Besonders gefährdet sind Böden mit geringem Gehalt an organischer Materie, geringen Sand- und beträchtlichen Schluffanteilen. Bei Regen verkleben bzw. verkrusten die oberen Bodenteilchen und die Bodenoberfläche wird undurchlässig für Wasser und Luft. Physikalisch und chemisch degradierte Böden sind darüber hinaus besonders anfällig für Erosion.

Die grundsätzlichen Ziele sind:
- die weitere Verschlechterung der Bodenqualität zu vermeiden und die Bodenfunktionen zu erhalten
- geschädigte Böden unter Funktionalitätsgesichtspunkten und unter Berücksichtigung der Kosten wiederherzustellen.

Diese Ziele bauen auf vier Säulen auf:
- rechtliche Rahmenbedingungen mit dem Hauptziel des Schutzes und der nachhaltigen Nutzung der Böden hinsichtlich
  a) Erosion, Verlust organischer Substanzen, Versalzung, Verdichtung und Erdrutsche
  b) Bodenverunreinigungen;
- Einbeziehen des Bodenschutzes in Maßnahmen der Mitgliedstaaten und der Gemeinschaft;
- Schließen der Kenntnislücken auf bestimmten Gebieten des Bodenschutzes durch Forschung auf EU- und nationaler Ebene;
- zunehmende Sensibilisierung der Öffentlichkeit für die Notwendigkeit des Bodenschutzes.

Für Maßnahmen gegen Erosion, Verlust organischer Substanzen, Versalzung, Verdichtung und Erdrutsche sollen die Mitgliedstaaten Risikogebiete bestimmen, für diese Ziele Risikominderungsziele beschreiben und Maßnahmenprogramme zur Erreichung der Ziele festlegen.

(Quelle: BMU, EU-Bodenschutzpolitik, Stand November 2008, Auszug)

M 11 Ziele der EU-Bodenschutzstrategie

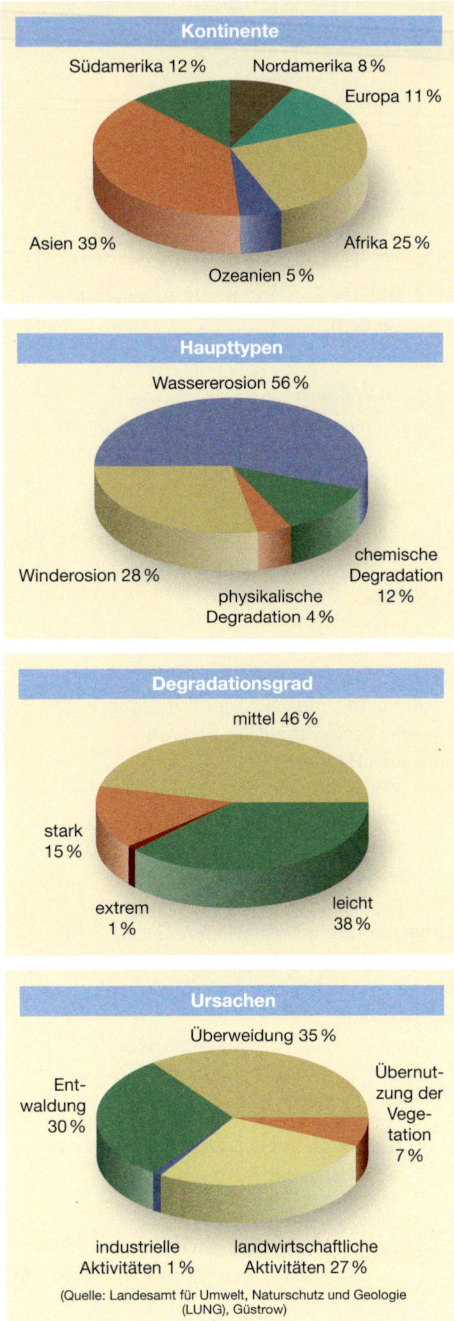

M 12 Bodenerosion und ihre Hauptursachen

6. Lokalisieren Sie den Anteil an schwerer, mittlerer und leichter Bodendegradation auf ausgewählten Kontinenten der Erde und beschreiben Sie die Arten der Degradation (M 9 bis M 12).
7. Erläutern Sie Hauptursachen und Folgen der Bodendegradation und erklären Sie, in welcher Weise die Landwirtschaft dazu beiträgt.

	natürliche Vegetation	bewirtschaftete Flächen	unbedeckter Boden
	(t/ha)		
China	0,1 – 2	150 – 200	280 – 360
USA	0,03 – 3	5 – 170	4 – 9
Australien	0,0 – 64	0,1 – 150	44 – 87
Côte d'Ivoire	0,03 – 0,2	0,1 – 90	10 – 750
Nigeria	0,5 – 1	0,1 – 35	3 – 150
Indien	0,5 – 5	0,3 – 40	10 – 85
Äthiopien	1 – 5	8 – 42	5 – 70
Belgien	0,1 – 0,5	3 – 20	7 – 82
Großbritannien	0,1 – 0,5	0,1 – 20	10 – 200

(Quelle: Morgan, R. P. C. (1999) Bodenerosion und Bodenerhaltung Stuttgart, S. 4)

M 13 Jährliche Erosionsraten in ausgewählten Ländern

1. **Zerstörung von Wäldern**
   Die Entfernung der Pflanzendecke setzt den Boden der erosiven Wirkung des Regens aus und führt vor allem auf steilen Hängen zu Wassererosion.
2. **Bewirtschaftung von Grasland**
   Wie in Punkt 1 kommt es zur Wassererosion. Ist das Klima jahreszeitlich trocken oder herrscht Dürre, wird der Boden durch Winderosion abgetragen; vor allem, wenn er zuvor vom Wind herangeweht wurde.
3. **Nutzpflanzenanbau**
   Der Boden ist vor dem Reihenschluss einer landwirtschaftlichen Kulturpflanze und nach der Ernte unbewachsen. Unbewachsener Boden ist anfällig für Erosion.
4. **Anbau an steilen Hängen**
   Erosion wird durch Bodenbearbeitung in Richtung der Hangneigung verstärkt, sodass Kanäle entstehen und sich Erosionsgräben bilden können.
5. **Intensive Beweidung durch Haustiere**
   Durch Tiere kann die Pflanzendecke zerstört und Wind- oder Wassererosion verursacht werden; Ziegen an Hängen und Rinderherden in der Nähe von Wasserlöchern richten besonders große Schäden an.
6. **Wege und Tierpfade**
   Hier wird Oberflächenabfluss gesammelt, weil die Infiltration auf Wegen vermindert ist, können Rillen- und Grabenerosion ausgelöst werden.

M 14 Hauptursachen der durch Landwirtschaft ausgelösten Bodenerosion

Bodenerosion

Die **Bodenerosion** stellt die Hauptquelle der **Bodendegradation** dar. Unter „Erosion" versteht man den Abtrag von oberem Bodenmaterial durch Wasser und Wind. Obwohl dieser Prozess auch auf natürliche Weise erfolgt, wird er durch die landwirtschaftliche Nutzung noch beträchtlich erhöht. Wird die pflanzliche Decke eines Bodens entfernt, z. B. durch Pflügen, ist der Oberboden den Kräften des Windes und des Wassers ausgeliefert. Da im Oberboden die Nährstoffe für die Pflanzen gebunden sind, geht ein Abtrag immer mit einem Verlust an Bodenfruchtbarkeit einher. Die Winderosion ist hauptsächlich in den Landnutzungssystemen der ariden und semiariden Klimate wirksam. Ein weitgehend vegetationsfreier Oberboden verliert bei längerer Trockenheit jeglichen Halt mit dem Untergrund.
Besonders gefährdet sind feinkörnige Böden (Schluff-, Tonböden, feinkrümelige organische Böden). In den Trockengebieten der Erde schreitet deshalb die Wüstenbildung voran. Sie wird hauptsächlich durch Entwaldung bzw. Beseitigung der Buschvegetation ausgelöst. Vor allem in Ländern mit hohem Bevölkerungswachstum entsteht ein Zwang zur Gewinnung von neuem Acker-/Weideland und auch der Bedarf an Brennholz steigt an. Beiden Bedürfnissen fällt die vorhandene Vegetation zum Opfer. In mehreren afrikanischen Ländern (Sahelzone, Äthiopien, Kenia, Burkina Faso etc.) stellt die Wüstenbildung inzwischen eine existenzelle Bedrohung für die Bevölkerung dar.

In humiden Klimaten der gemäßigten und der tropischen Zone überwiegt die **Wassererosion**. Verursacht wird sie durch das Aufschlagen der Regentropfen auf die (vegetationslose) Bodenoberfläche. Die oberen Bodenaggregate werden dabei durch die Wucht der Wassertropfen zertrümmert und die abgeschlagenen Feinpartikel verstopfen Grobporen im Bodengefüge, wodurch die Oberfläche wasserundurchlässig wird. Die Folge ist ein Wasserstau, der auch bei geringem Gefälle zur Bodenabschwemmung führt.

1. Verlust von Boden, der das Wachstum von landwirtschaftlichen Nutzpflanzen, Grasland und Bäumen trägt
2. Ansammlung von Sedimenten in Stauseen
3. Veränderte Flussläufe durch Deposition von Sedimenten
4. Schwankende jahreszeitliche Wasserführung der Flüsse, Überschwemmungen
5. Wasserverschmutzung: durch Erosion wird mineralischer Dünger in die Flussläufe geschwemmt und führt dort zur Eutrophierung
6. Luftverschmutzung: Feinbodenpartikel in der Luft mindern die Sonneneinstrahlung an der Erdoberfläche und können chemische Prozesse in der Atmosphäre beeinflussen

M 15 Folgen der Bodenerosion

Bodenmanagement

Ziel eines guten Bodenmanagements ist der Erhalt bzw. die Erhöhung der Bodenfruchtbarkeit. Die Möglichkeit, hohe Ernten zu erzielen, hängt von der Verfügbarkeit der Bodennährstoffe und anderen Bodeneigenschaften (Bodenart, Textur, Humusgehalt etc.) und außerdem vom Klima und der Landbautechnik ab.
In natürlichen Ökosystemen regenerieren sich die Pflanzennährstoffe durch einen Recyclingprozess. In agrarischen Systemen müssen die Nährstoffe durch Düngung ersetzt werden, da infolge der Ernte Nährstoffe entzogen werden. Dies kann durch geeignete Rotation von Ackerfrüchten erreicht werden, z.B. durch den Zwischenfruchtanbau von stickstoffbindenden Leguminosen.
Vor Erosion schützt am besten eine geschlossene Pflanzendecke. Zwischen den Reihen der Nutzpflanzen sollte der Boden durch niedrigwachsende Zwischensaaten bedeckt sein.
An den Feldrändern schützen Hecken und Bäume vor Wind- und Wassererosion. Sie verhindern bei Regen einen Hangabfluss von Bodenpartikeln. Bei vorhandenem Bodenrelief kommt es auch auf die Art der Reihenpflanzung an. Wenn die Reihen der Nutzpflanzen senkrecht zur Falllinie des Hangs gezogen werden, wird eine Wassererosion weitgehend vermieden.

Historischen Berichten zufolge war die Nordprovinz Shaanxi einstmals eine Region mit reichlich Wasser, fruchtbaren Lössböden, üppigen Wiesen und zahlreichem Nutzvieh. Seitdem haben Übernutzungen und Bürgerkriege schwere Bodenerosionen ausgelöst, die schließlich eine ernste Desertifikation herbeigeführten. Driftende Sanddünen begruben Dörfer und Farmland unter sich, während häufige Trockenphasen, Überflutungen und Stürme die Entwicklung einer funktionierenden Landwirtschaft behinderten. Die Landwirtschaft geriet in einen Teufelskreis: Die Bevölkerungszahl nahm aufgrund von Armut immer mehr Land unter den Pflug, aber je mehr Land sie gewann, desto ärmer wurde sie, da die gewonnenen Areale zur Erosion neigten.

Shaanxi-Bauern im Lössplateau

Terrassenförmig angelegte Hänge in Shaanxi

Seit den 1980er-Jahren hat die Zentralregierung ein Förderprogramm zum Erosionsschutz auf dem Lössplateau gestartet. Hauptziele waren die Stabilisierung der Wanderdünen und die Veränderung der Bodenstruktur in der gesamten Provinz. Darin eingeschlossen waren die Entwicklung von Bewässerungsprojekten, die Terrassierung von Hügeln, netzwerkartige Baumpflanzungen und Dämme als Schutzschild gegen den driftenden Sand.
In den späten 1990er-Jahren war bereits über 50 Prozent des erodierten Farmlandes wieder landwirtschaftlich nutzbar. Der Schutzwald stabilisierte die Sanddünen, reduzierte die Sandstürme, verringerte den Bodenabtrag in den Fluss Huang He. Die Schutzdämme, gebaut aus feinkörnigem Löss bis zu einer Höhe von sechs Metern, stehen in tiefen Schluchten und engen Tälern. Dort halten sie den vom Wasser transportierten Schlick auf und von kleineren Flüssen auch das Wasser, welches dann zusätzlich für die Bewässerung eingesetzt werden kann. Die Landschaft sieht heute wieder grün aus, die Ernten haben beträchtlich zugenommen und die gesamte Anbau ist diversifiziert (Tabak, Früchte, Gemüse, cash crops). Die Regenfälle sind häufiger und die Trockenphasen sind kürzer geworden. Das Einkommen der Landwirte ist gestiegen und viele, die das Land verlassen hatten, sind wieder zurückgekehrt.

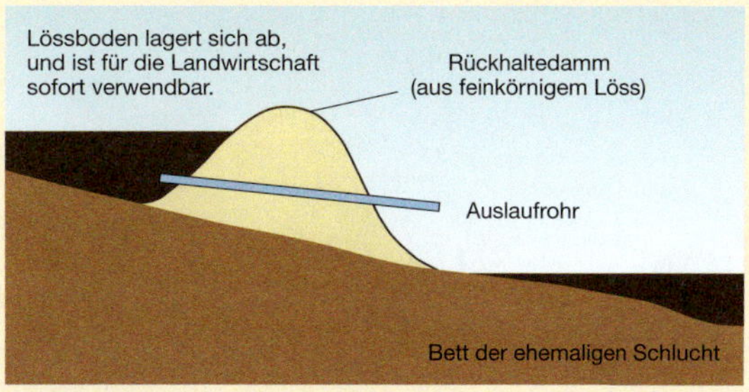

Rückhaltedamm

(nach: China Pictorial Publications, 1999; aus: D. Waugh, Geography, Nelson Thornes, 2002, S. 283)

M 16 Bodenschutz in Nord-Shaanxi (China)

8. Erläutern Sie, dass Bodendegradation ein globales Problem ist, welches Staaten – direkt und indirekt – in unterschiedlicher Weise betrifft (**M 10**, **M 12**, **M 13**, **M 16**).
9. Erörtern Sie Maßnahmen zum Schutz verschiedener Formen der Bodenerosion (**M 14** bis **M 16**).

Ordnen/Anwenden/Üben

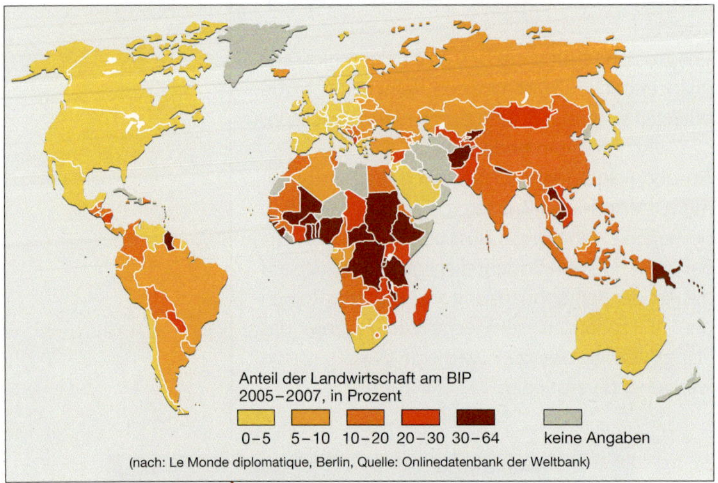

M1 Landwirtschaftliche Extreme

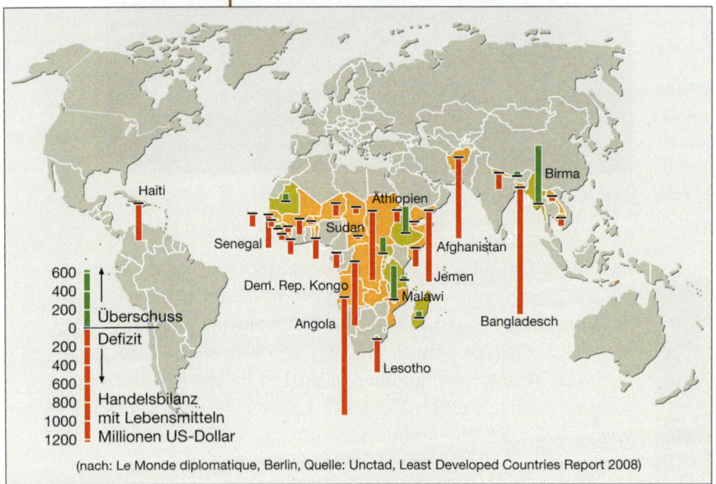

M2 Importabhängigkeit von Lebensmitteln

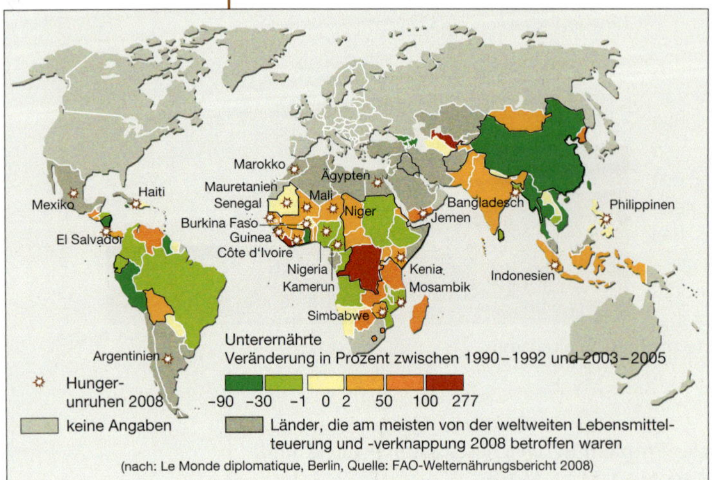

M3 Wo die Menschen hungern

Das Klima bestimmt im Wesentlichen die natürliche Vegetation wie auch den Bodentyp und dessen Bodenfruchtbarkeit. In den Tropen hatten sich die Menschen mit ihren Bodennutzungssystemen an die natürlichen Bedingungen angepasst und ein System entwickelt, das ihre Nahrungsmittelversorgung sichert sowie die Regeneration der Ressourcen gewährleistet. Viele afrikanische Staaten haben auf Anregung von internationalen Organisationen wie der **Weltbank**, der **Welthandelsorganisation WTO** und dem **Internationalen Währungsfonds IWF** ihre landwirtschaftlichen Erzeugnisse für den Weltmarkt umgestellt. Wo bisher Nahrungsmittel für den Eigenbedarf angebaut worden waren, werden nun Produkte für den Weltmarkt angebaut. Damit einher ging eine strukturelle Umstellung von Kleinbetrieben auf eine extensive Plantagenwirtschaft, die meist über Joint Ventures oder private Konzerne von ausländischen Kapitalgebern bestimmt sind. Damit verbunden sind auch der intensive Einsatz von Agrochemikalien sowie eine deutliche Ausweitung der Verkehrsströme im Binnenland und beim Überseetransport.

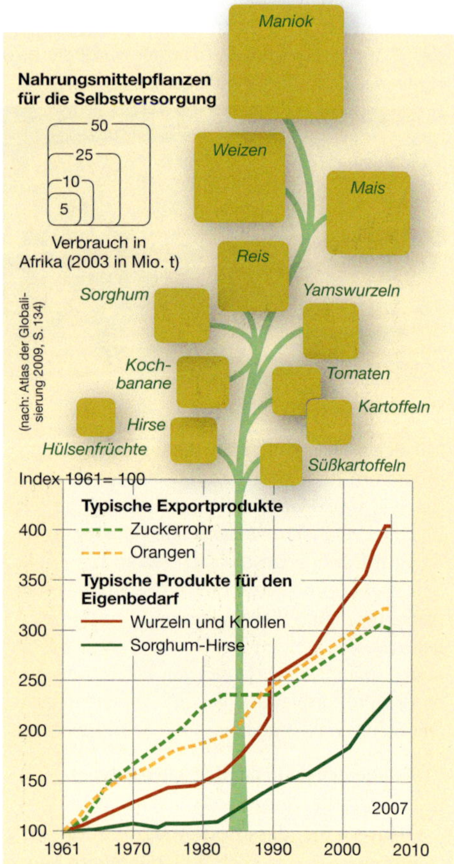

M4 Agrarproduktion in Afrika

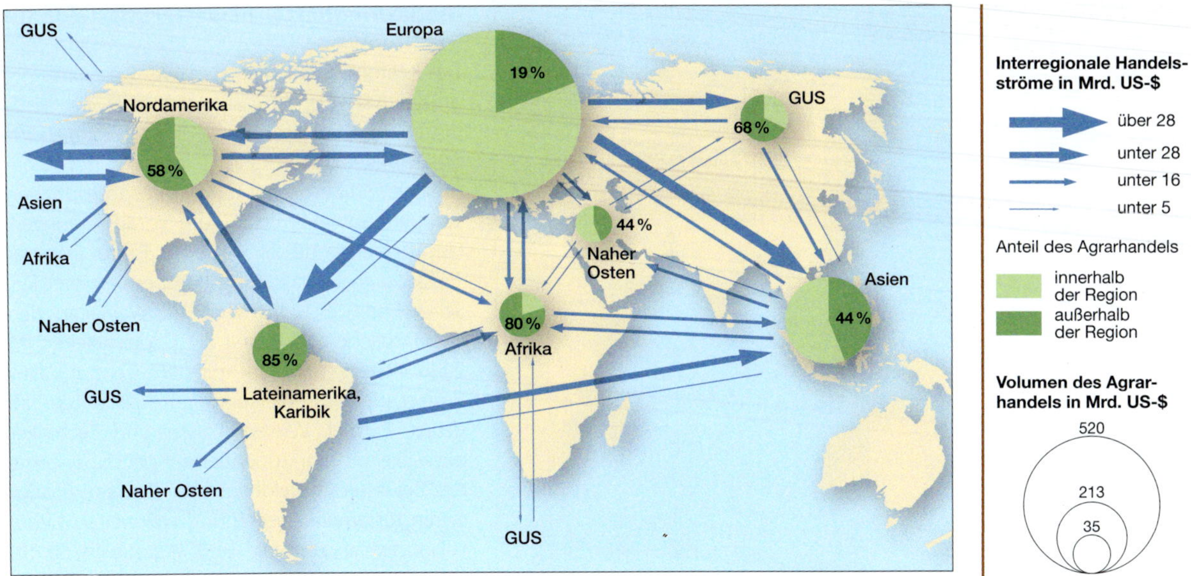

M5 Agrarhandelsströme weltweit

Die Landwirtschaft ist ein Element der Globalisierung der Wirtschaft, der Handel mit Agrargütern nimmt stetig zu. Etwa acht Prozent des globalen Handels entfallen auf Agrargüter. Während früher die tropischen Kolonialwaren wie Kaffee, Kakao und Gewürze bedeutsam waren, nehmen heutzutage höherwertige, nicht-traditionelle Erzeugnisse aus den gemäßigten Breiten wie Obst, Gemüse und Fleischprodukte einen immer größeren Anteil ein. Bei der Erzeugung und auch bei der Vermarktung stehen die Industrie- und Entwicklungsländer einander im direkten Wettbewerb gegenüber. Dabei kann der Außenhandel nur selten ungestört abgewickelt werden. In Industrieländern wird die Landwirtschaft durch Zölle und Subventionen gestützt und beschützt. Dadurch benachteiligt sind v.a. die Entwicklungsländer, denen damit der Zugang zu den wichtigen Absatzmärkten in den Industrieländern verwehrt wird.

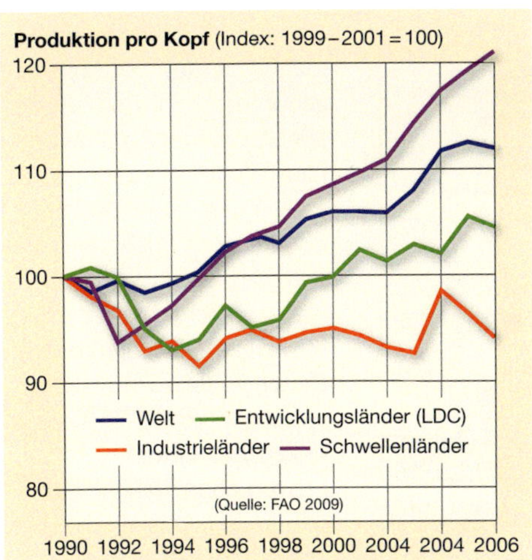

M6 Weltweite landwirtschaftliche Produktion

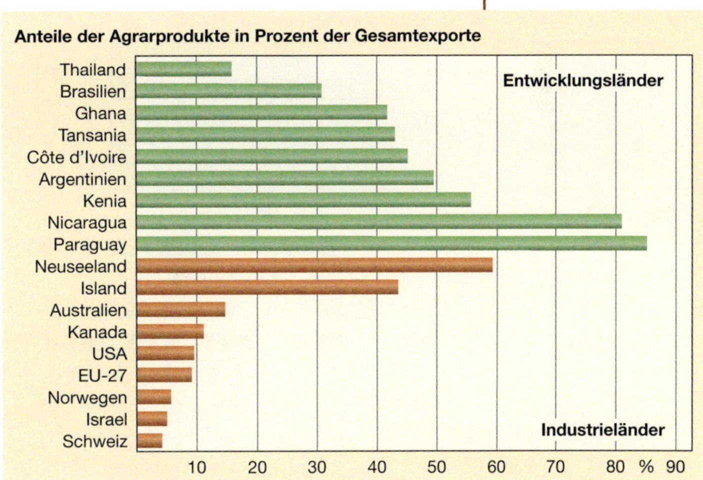

M7 Agrarexporte der Entwicklungs- und Industrieländer

1. Stellen Sie die Situation der Landwirtschaft in Afrika dar (M 1 bis M 4).
2. Analysieren Sie die Handelsverflechtungen im Weltagrarmarkt (M 5 bis M 7).
3. Erstellen Sie eine Weltkarte des Agrarhandels mit tropischen landwirtschaftlichen Produkten. Stellen Sie insbesondere dar: Quell- und Zielgebiete der Produkte; Bedeutung des Agrarhandels für die jeweilige Volkswirtschaft; Ex- und Import; Menge, Wert und Bedeutung für Wirtschaft und Konsum (Internet).

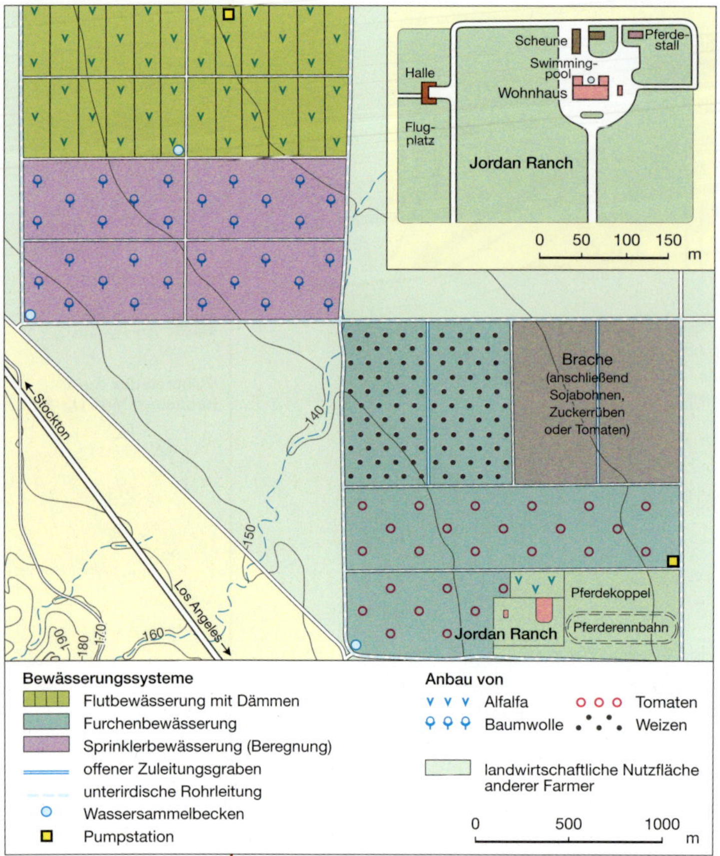

M8 Family-Size-Farm im San Joaquin Valley, Kalifornien

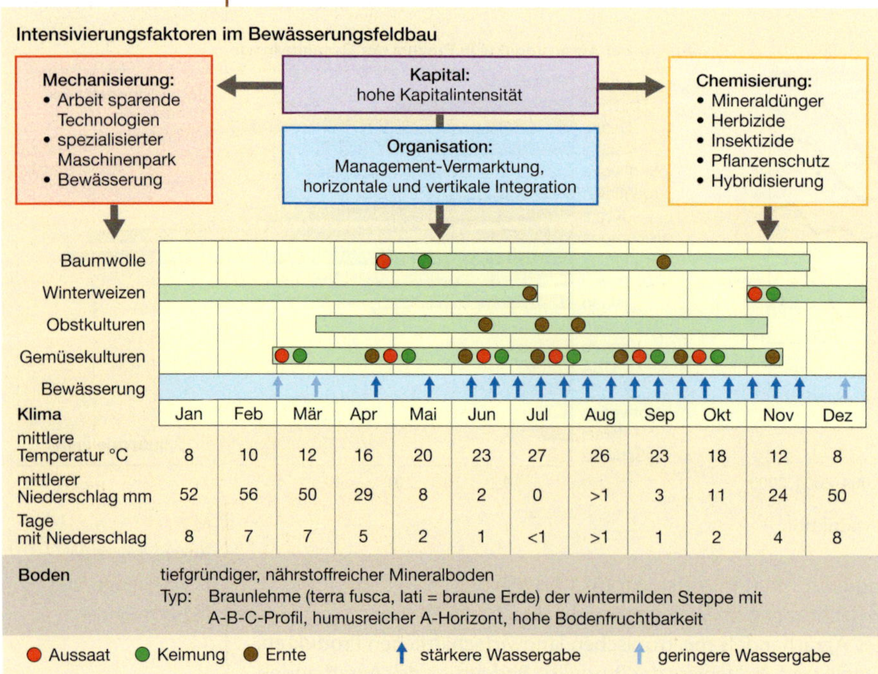

M9 Agrarökosystem marktorientierter Bewässerungsfeldbau im San Joaquin Valley, Kalifornien

Marktorientierter Bewässerungsfeldbau

Das Kalifornische Längstal ist weltweit eines der produktivsten und für die USA eines der wichtigsten Agrargebiete. Für die intensive Landwirtschaft bietet dieser Raum mit Böden hoher natürlicher Fruchtbarkeit und mit subtropischen Temperaturverhältnissen gute Voraussetzungen. Der begrenzende ökologische Faktor Wasser muss durch Bewässerung kompensiert werden. Schon Ende des 19. Jhs. wurde das Wasser aus den Gebirgsbächen direkt auf die Felder geleitet. Im 20. Jh. sicherte der Staat mit dem Central Valley Project die Wasserversorgung im gesamten Talgebiet. Farmer, Wissenschaftler und Techniker entwickelten marktorientierte Agrarökosysteme des Bewässerungsfeldbaus. Alle Betriebe produzieren für amerikanische und weltweite Märkte (Commercial Farming und Agrobusiness). In räumlicher Nähe zu Überseehäfen, internationalen Großflughäfen und den Ballungsräumen San Francisco–San Jose sowie Los Angeles–San Diego entstand ein hochproduktiver, exportorientierter naturferner Kulturlandschaftsraum.

Ökologische Probleme der Bewässerung

Seit den 1920er-Jahren wurde insbesondere im Süden des Kalifornischen Längstales die Bewässerungsfläche stetig erweitert. Da das aus den Stauanlagen kommende Wasser für den steigenden Bedarf bald nicht mehr ausreichte, wurde zunehmend das Grundwasserreservoir des San Joaquin Valley in Anspruch genommen. In den 1950er-Jahren war der Bodenwasserhaushalt bereits stark gestört, es wurden rund 50 Mio. m^3 Grundwasser mehr entnommen, als durch Überschusswasser in der humiden Jahreszeit ergänzt werden konnte. Dieser Raubbau musste mittelfristig zu einem starken Absinken des Grundwasserspiegels führen, pro Jahr im Durchschnitt um 15 cm. Die Verknappung des Wassers hat steigende Wasserpreise und die Notwendigkeit, aus größerer Tiefe das Wasser zu pumpen sowie steigende Energiekosten zur Folge. Außerdem kommt es zu Bodenabsenkungen, bei Bakkersfield um Beträge von 10 bis 30 Metern.

In diesem Zusammenhang wurde von Politikern und Umweltschützern, insbesondere aus dem Sacramento-Tal, der Bewässerungsfeldbau im semiariden Süden infrage gestellt. Sie forderten Wassersparmaßnahmen, die letztlich beschlossen wurden, aber das Problem nicht lösen. In einigen Gebieten bewirkt eine Stauschicht sogar den Anstieg des Grundwassers. Infolgedessen versalzt der Oberboden und die Erträge sinken. Drainagen waren aus Kostengründen von den Farmern bisher nicht angelegt worden (siehe Bodenversalzung).

Weidebann in China zeigt Erfolge

China hat 400 Mio. ha natürliches Grasland (42 Prozent der Landfläche). Durch Überweidung sind 80 Prozent degradiert oder versandet. Nach Angaben des Nationalen Weidemonitoring-Zentrums stehen über 71 Mio. ha (das Doppelte der Fläche von Deutschland) des natürlichen Weidelandes unter einem vorübergehenden mehrjährigen totalen Weideverbot, was eine Umstellung auf Stallhaltung von mehr als 20 Mio. Nutztieren bedeutet. In Pilotprojekten hat sich nach drei Jahren des Grasbannes in der Inneren Mongolei die Vegetationsrate von 20 auf über 60 Prozent erhöht. Lokale Sandstürme sind merklich zurückgegangen. Der Grasertrag ist durch das Weideverbot von 450 kg auf 1500 kg gestiegen.
Die positiven Ergebnisse dieser Politik sind jedoch gefährdet, wenn mit der Modifikation des Weidebanns kein nachhaltiges Weidebewirtschaftungssystem eingeführt wird und die Viehhalter nicht bei der Erwirtschaftung eines stabilen Einkommens unterstützt werden. (nach: Kuchelmeister, Wüstenbekämpfung in China – ein Erfolgsrezept? In: Entwicklung und ländlicher Raum, Heft 4/2006, S. 16–19)

Überweidung und Verbuschung

Winderosion – Gefahr für Quell- und Zielgebiete

Am 21.4.2006 legten sich 300 000 t Sandstaub auf Peking. Der „Gelbe Drache" sucht Chinas Metropole fast jährlich heim. 2,6 Mio. km^2 oder 28 Prozent Chinas sind durch Bodendegradation bedroht.
In den 1930er-Jahren kam es zu gewaltigen Staubstürmen in Amerika, die viel Farmland verwüsteten und den Staub bis auf den Atlantik hinaustrieben. Verursacht wurde dies durch das großflächige Pflügen der Grassteppen der Plains. Der Boden war danach im Frühjahr der Winderosion schutzlos ausgeliefert.
Eine Neulandaktion der Sowjetunion zur Erhöhung der Getreideproduktion führte in Kasachstan unter den semiariden Bedingungen zu großen Ernteschwankungen und zu starker Winderosion.
Im Sahel Afrikas wurden die Viehbestände aufgrund verbesserter Wasserversorgung kräftig aufgestockt. Dies führte zur Überweidung, also zur Zerstörung der Vegetation. Das Bevölkerungswachstum zwang die Bauern dazu, die Ackerflächen auszudehnen. Dürreperioden, ein natürliches Phänomen, entwickeln sich für Mensch und Vieh zu Dürrekatastrophen.

Staubsturm in den USA (Dust Bowl)

Desertifikation – ein globales Problem

Die gegenseitige Bedingtheit von Desertifikation, Schutz der Biodiversität und einer Verlangsamung des Klimawandels ist naturwissenschaftlich kaum mehr umstritten. Desertifikation hat aber noch nicht als globales Umweltproblem Eingang in das öffentliche Bewusstsein und die Politik gefunden. Deswegen hat sich der Umsetzungsprozess der UNCCD nicht bis zu einer Vereinbarung hinein fortsetzen lassen, die – analog zum Kyoto-Protokoll – Maßnahmen für ein nachhaltiges Landmanagement als globale Umweltleistung anerkennt und über international wirksame Finanzierungsmechanismen honoriert.

(nach: A. Trux, Die UN-Konvention zur Wüstenbekämpfung – UNCCD. In: Entwicklung und ländlicher Raum, Heft 4/06, S. 20)

Vordringen der Wüste

M 10 Gefährdung des Bodens durch und für die Landwirtschaft

4. Erläutern Sie die landwirtschaftliche Produktion durch marktorientierten Bewässerungsfeldbau (M 8, M 9).
5. Erörtern Sie die ökologischen Probleme der Bewässerung.
6. Diskutieren Sie Entwicklungen und Maßnahmen, die weltweit zu Bodengefährdung und zu Bodenverlust führen (M 10).

Prüfen Sie Ihren Zuwachs an Kenntnissen, Methodenkompetenzen und Urteilsfähigkeit

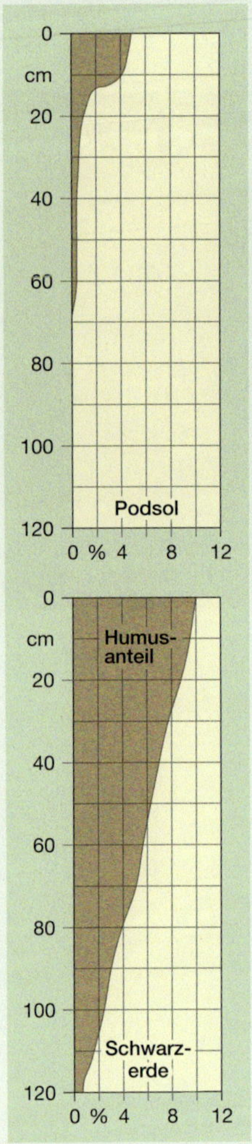

M1 Humusverteilung

S Sachkompetenz; **M** Methodenkompetenz; **U** Urteilskompetenz

S Definieren Sie folgende Fachbegriffe:

- arid, semiarid
- shifting cultivation
- Desertifikation
- Agrarkolonisation
- Binnenwanderung
- Variabilität (Niederschläge)
- integrierter Landbau
- Bodendegradation
- Weltmarktorientierung
- ökologischer Kreislauf

Aufgaben zu M 1 und M 3

S Beschreiben Sie vergleichend die Humusverteilung in Podsol- und Schwarzerdeböden.
S Erläutern Sie die zonale Anordnung der unterschiedlichen Böden.

Aufgaben zu M 2

S Nennen Sie die Abfolge der Klimazonen vom Äquator bis zu den Polen.
S Beschreiben Sie die Niederschlagsverhältnisse in den Jahren 1952 – 1954.
S Erklären Sie Probleme, die sich hieraus für die Farmer der Great Plains ableiten lassen.
M Stellen Sie die Informationen der Tabelle in geeigneter Form graphisch dar.
S Nennen Sie Bodenschutzmethoden, mit denen der Bodenerosion vorgebeugt werden soll.

Aufgaben allgemein und zu den Fotos

S/M Ordnen Sie die Fotos begründet verschiedenen Vegetations- und Klimazonen zu.
S Erläutern Sie Art und Zielsetzung der jeweiligen landwirtschaftlichen Methode.
S Erläutern Sie den Vorgang der Bodenversalzung.
S Erläutern Sie, welche Einflussfaktoren den Weltmarktpreis für ein landwirtschaftliches Exportgut, z. B. Kaffee, bestimmen.
U Nehmen Sie Stellung zu der Frage, ob die

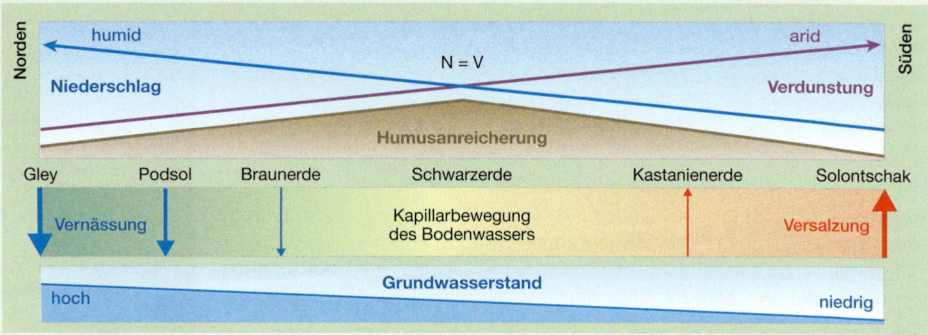

M3 Schema der klimabedingten Bodenzonen in den Außentropen

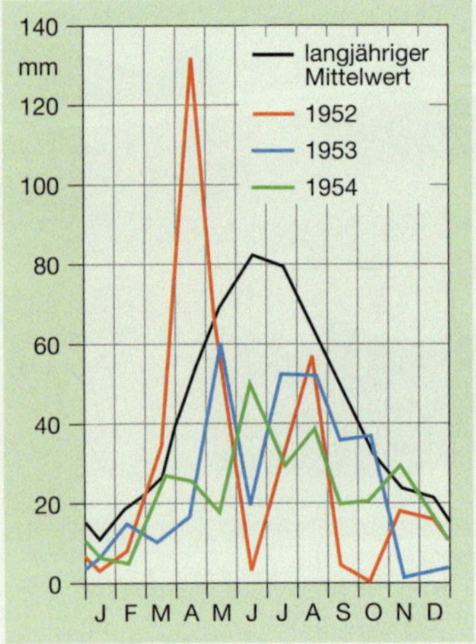

M2 Niederschläge in Dodge-City

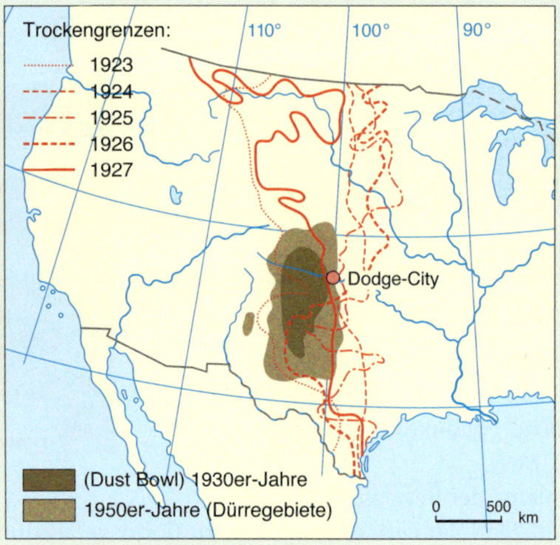

Trockengebiete in den USA (1930er- und 1950er-Jahre)

Ausgewählte Great-Plains-Staaten	Oklahoma	Kansas	Nebraska	Süd-Dakota	Nord-Dakota
1954	44	134	474	37	15
1964	122	406	878	53	20
1974	206	814	1605	62	29
1982	199	1083	2444	152	66
1992	207	1055	2556	150	76
2002	207	1071	3050	160	81
2007	214	1105	3423	150	94

Bewässerungsflächen (in 1000 ha)

Zugangsmöglichkeiten zum Weltmarkt für überwiegend agrarisch geprägte Länder eine Chance oder ein Risiko darstellen.

M Stellen Sie Ihre Überlegungen in Form einer Strukturskizze dar.

Aufgaben zu M 4

S Beschreiben Sie allgemein den Ansatz des Sahelsyndromkonzeptes.

M Erläutern Sie die zentralen Mechanismen des Sahelsyndroms.

U Begründen Sie, warum das Sahelsyndrom überwiegend in ökonomisch eher gering entwickelten Gesellschaften oder Regionen mit hoher Bedeutung des Agrarsektors auftritt.

Aufgaben zu M 5

S Beschreiben Sie das Diagramm.

U Nehmen Sie zur aufgezeigten Entwicklung kritisch Stellung.

Aufgaben zu M 6

S/M Beschreiben Sie das Modell.

S Erläutern Sie anhand des Modells das Prinzip der Marktorientierung.

U Führen Sie Gründe dafür an, dass dieses Modell vor allem für hoch entwickelte Staaten nicht mehr zeitgemäß ist.

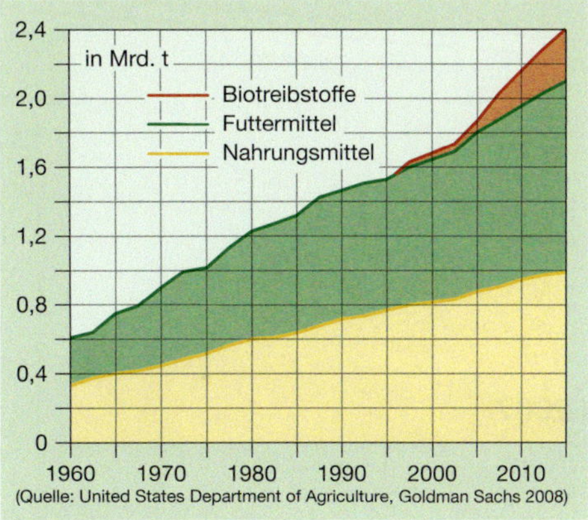

M 5 Verwendung Landwirtschaftlicher Nutzpflanzen 1960 – 2015

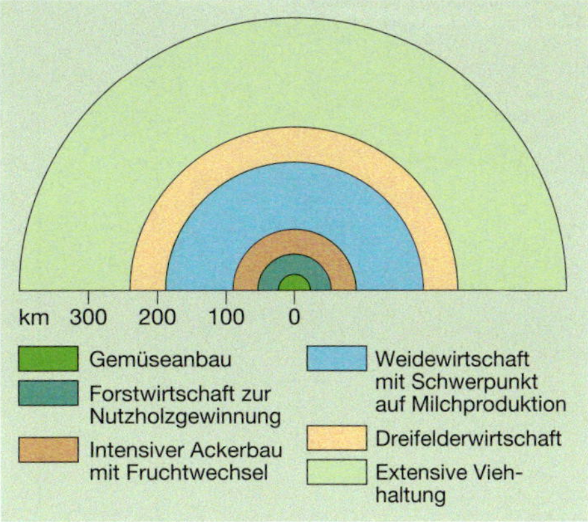

M 6 Die Thünen'schen Ringe – Landnutzung im isolierten Staat

Webcode: GO649174-091

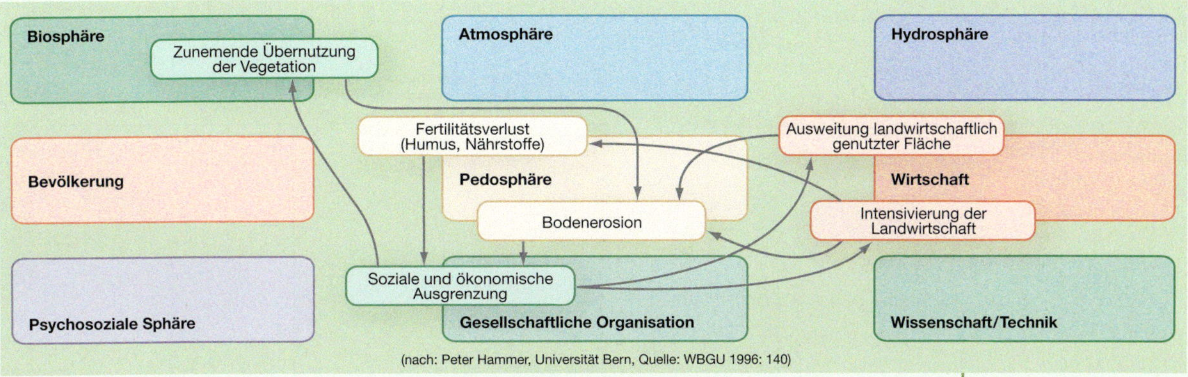

M 4 Das Sahelsyndrom

Zentralabitur 2007
Erdkunde, Grundkurs

Name: ____________________

Abiturprüfung 2007

Erdkunde, Grundkurs

Aufgabenstellung:

Thema: Marktorientierter Anbau, eine Chance für Kleinbauern? – Das Beispiel der Mangoproduktion im Tal des Rio São Francisco, Nordostbrasilien

Teilaufgaben:

1. Kennzeichnen Sie die wirtschaftliche Struktur Nordostbrasiliens. *(12 Punkte)*
2. Erläutern Sie die Voraussetzungen und die Entwicklung der Mangoproduktion im Tal des Rio São Francisco. *(42 Punkte)*
3. Nehmen Sie Stellung zur Themafrage. *(30 Punkte)*

Materialgrundlage:

M 1: Atlaskarten nach Wahl
M 2: Übersichtskarte
M 3: Klimadiagramm Remanso
M 4: Ausgewählte Strukturdaten Nordostbrasiliens
M 5: Bewässerungsprojekte der Entwicklungsgesellschaft CODEVASF im Einzugsgebiet des Rio São Francisco (1998)
M 6: Das CODEVASF-Bewässerungsprojekt „Nilo Coelho" bei Petrolina
M 7: Anbaukulturen im Bewässerungsprojekt „Nilo Coelho" (1998)
M 8: Klima- und Standortansprüche des Mangobaums
M 9: Entwicklung der Mango-Anbaufläche in der Region Petrolina
M 10: Produktionskosten einer Mangopflanzung bei Petrolina
M 11: Exportrelevante Infrastruktur in Nordostbrasilien
M 12: Importe der Bundesrepublik Deutschland an frischen Südfrüchten
M 13: Entwicklung der Mangoexporte

Zugelassene Hilfsmittel:

- der an der Schule in der Qualifikationsphase überwiegend verwendete Atlas, für alle Prüflinge die gleiche Auflage
- Wörterbuch zur deutschen Rechtschreibung
- Taschenrechner

M 1: Atlaskarten nach Wahl

M 2: Übersichtskarte

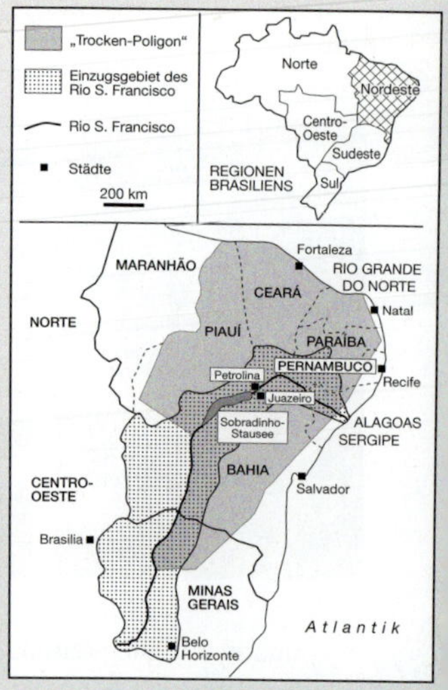

Anmerkungen:
„Poligon": Vieleck
Der Sobradinho-Stausee wurde 1978 fertig gestellt.

Quelle: Voth, A.: Bewässerung und Obstanbau in Nordost-Brasilien. In: Geographische Rundschau, 2002a, 11, S. 29

M 3: Klimadiagramm Remanso

(09°41'S/42°04'W)
411 m

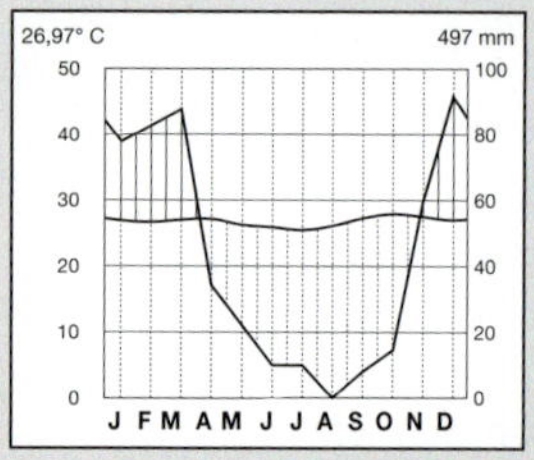

Anmerkung:
Lage von Remanso:
in der Nähe von Petrolina am Sobradinho-Stausee

Quelle:
Westermann (Hrsg.): Klimadiagramm-Unterrichtsmedien interaktiv, Version 2.0, Braunschweig

M 4: Ausgewählte Strukturdaten Nordostbrasiliens

Indikatoren		Nordosten	Brasilien
Fläche (Mio. km²)		1,56	8,55
Einwohner (in 1000)	1960 1996 2000	22 429 44 767 47 742	170 992 157 070 169 799
BIP pro Kopf (in US-$)	1980 1996	667 2 567	1 680 4 743
Anteil primärer Sektor am BIP 1996 (in %) Anteil sekundärer Sektor am BIP 1996 (in %)		12,4 23,7	12,3 32,0
Beschäftigte im primären Sektor 1996 (in %)		42,6	26,1
Analphabetenrate 1996 (in %)		30,5	15,6
Anteil des Nordostens an Brasilien 1999 (in %): Beschäftigte 16,1 Industriebeschäftigte 10,9 Einkommen 11,7			

Quellen: Wehrhahn, R.: Brasiliens Wirtschaftsräume unter dem Einfluss der Globalisierung. In: GR, 2002, H. 11, S. 6; Voth, A.: Innovative Entwicklungen in der Erzeugung und Vermarktung von Sonderkulturprodukten. Vechtaer Studien zur Angewandten Geographie und Regionalwissenschaft, Bd. 24, 2002, S. 226; Der Fischer Weltalmanach, 1999, Sp. 118

M 5: Bewässerungsprojekte der Entwicklungsgesellschaft CODEVASF im Einzugsgebiet des Rio São Francisco (1998)

(CODEVASF: Compania de Desenvolvimento do Vale do São Fancisco)

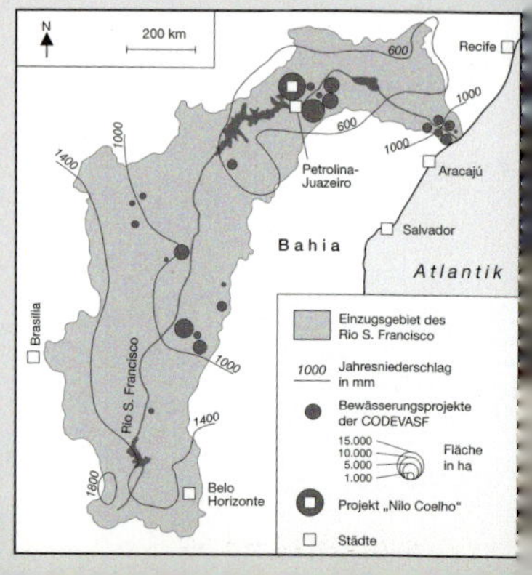

Quelle: wie M 2, S. 30

M 6: Das CODEVASF-Bewässerungsprojekt „Nilo Coelho“ bei Petrolina

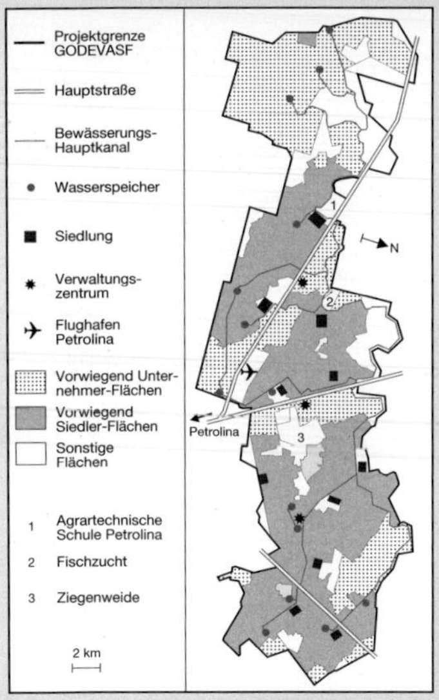

Quelle: wie M 4 (Voth), S. 237

M 7: Anbaukulturen im Bewässerungsprojekt „Nilo Coelho“ (1998)

Kultur	Fläche (ha) gesamt	Fläche (ha) Siedler	Fläche (ha) Unternehmer/Firmen	Siedler (%)	Unternehmer/Firmen
Banane	3111	2852	259	28,3	5,5
Trauben	938	534	404	5,3	8,6
Mango	3922	1416	2506	14,0	53,2
Kokos	1668	1347	321	13,3	6,8
Guave	1144	1043	101	10,3	2,1
Dauerkulturen gesamt	11783	7917	3866	78,4	82,0
einjährige Kulturen gesamt	3026	2178	848	21,6	18,0
Gesamt	**14809**	**10094**	**4714**	**100**	**100**

Anmerkung:
Bei den im Gebiet des Bewässerungsprojektes angesiedelten Siedlern handelt es sich um Kleinbauern, denen jeweils 5 – 6 ha Land zugewiesen wurden. Quelle: wie M 2, S. 30

M 8: Klima- und Standortansprüche des Mangobaums

Der Mangobaum (Mangifera indica) kommt hauptsächlich unter tropischen Klimabedingungen vor. Er wächst aber auch in subtropischen Regionen, sofern diese weitgehend frostfrei sind und die Maximaltemperaturen nicht wesentlich über + 40 °C hinausgehen. Die Art gedeiht in humiden wie in lufttrockenen Regionen, gibt jedoch höhere Fruchterträge bei Niederschlagssummen von 700 bis 2000 mm. Regen oder Nebel während der Blütezeit begünstigen das Auftreten von Krankheiten und Schadinsekten, behindern Bestäubung und Befruchtung oder führen zu beschädigten Früchten. Besonders wüchsig ist die Art in Lagen zwischen 0 und 200 m Meereshöhe. An die Bodenqualität stellt der Mangobaum keine besonderen Ansprüche.

Quelle: Schütt, R. u. a.: Bäume der Tropen, Landsberg 2003, S. 424

M 9: Entwicklung der Mango-Anbaufläche in der Region Petrolina

Jahr	Anbaufläche (ha)
1995	988
2000	4082
2003	5552

Quelle: Untied, B.: Bewässerungslandwirtschaft als Strategie zur kleinbäuerlichen Existenzsicherung in Nordost-Brasilien?, Marburg 2005, S. 206 (Dissertation FB Geographie)

M 10: Produktionskosten einer Mangopflanzung bei Petrolina

US-$/ha im	1. Jahr	3. Jahr	4. Jahr	5. Jahr	6 – 20. Jahr
Mechanisierbare Arbeit	414	514	519	532	545
Manuelle Arbeiten	412	478	622	691	811
Betriebsmittel	1067	1431	1335	2606	2779
Verwaltung, Steuern	189	341	494	753	1030
Gesamtkosten	2081	2765	2971	4582	5165
Einnahmen	0	1232	3080	4620	7700

Quelle: wie M 4 (Voth), S. 241

M 11: Exportrelevante Infrastruktur in Nordostbrasilien

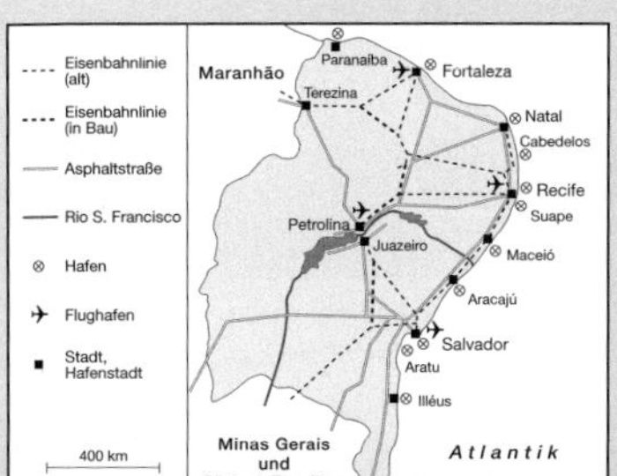

Quelle: wie M 4 (Voth), S. 248

M 12: Importe der Bundesrepublik Deutschland an frischen Südfrüchten

Obst (in 1000 t)	1986	1989	1992	1998	2000	2004
Zitrusfrüchte	1012,3	1044,5	1258,0	1251,0	1299,3	1142,6
Bananen	660,6	871,0	1378,4	1032,6	1149,6	1174,5
Ananas	36,3	34,2	45,2	39,6	59,3	87,5
Mangos	3,1	6,3	9,1	18,0	25,7	32,7
Papayas	0,9	1,8	2,7	2,6	3,6	10,6
Feigen	1,0	1,2	1,8	2,8	3,0	3,8
Insgesamt	**1714,2**	**1959,0**	**2695,2**	**2346,6**	**2540,5**	**2451,7**

Quellen: wie M 4 (Voth), S. 217, FAO, 2006 (www.faostat.fao.org, Zugriff am 15.05.2006)

M 13: Entwicklung der Mangoexporte (Exportvolumen in 1000 t)

Jahr	Welt	Brasilien	davon aus dem Rio São Francisco-Tal
1970	15,1	0,01	k. A.
1980	50,9	0,24	k. A.
1990	158,0	4,6	k. A.
1995	335,8	12,8	k. A.
1997	484,0	23,4	21,5
1999	567,6	53,8	44,0
2000	622,2	67,2	57,2
2001	654,4	94,3	81,2
2002	663,2	103,6	93,6
2003	921,1	138,2	k. A.
2004	908,4	111,2	k. A.

Quellen: FAO, 2006, www.faostat.fao.org (Zugriff am 15.05.2006); wie M 9, S. 71

Diese Seiten der Abiturprüfung in Originalgröße und die Lösungen der Aufgaben finden Sie im
Webcode: GO649174-093

Offshore-Windpark

Ressourcen und deren Energie-Nutzung

Ölförderung in Alaska

Unsere Erde ist Trägerin einer vielseitigen Materie, eines hoch entwickelten Lebens in Form von Pflanzen und Tieren sowie Lebensstätte der Menschen. Unabdingbare Voraussetzung menschlichen Lebens sind Wasser und Luft, mineralische und biologische Ressourcen sowie Flächen- und Bodenressourcen.

Keine dieser Voraussetzungen ist durch eine andere ersetzbar, keine ist verzichtbar; der ununterbrochene ausgeglichene „Stoffwechsel" zwischen Mensch und Natur ist deshalb Existenzvoraussetzung für den Menschen. Dieser sucht nach nutzbaren Stoffen, gewinnt, benutzt und verbraucht sie seinen Bedürfnissen entsprechend. Im Interesse künftiger Generationen sind Fragen der Nachhaltigkeit hierbei von grundlegender Bedeutung. Es ist heute unbestritten, dass der Bedarf an mineralischen, pflanzlichen und tierischen Rohstoffen wie auch der von Wasser stetig ansteigt. Dies ist vor allem auf das Wachstum der Weltbevölkerung und den Anstieg der Produktion in vielen Ländern zurückzuführen.

Durch Neuentdeckung von Lagerstätten und durch den Einsatz moderner Abbautechniken erhöhen sich die abbauwürdigen Reserven ständig. Bei den meisten Rohstoffen beträgt die statistische Lebensdauer, legt man den gegenwärtigen Verbrauch zugrunde, nach heutiger Erkenntnis zwar überwiegend mehr als 50 Jahre; bei Rohöl aber ist Zeitwert bereits niedriger.

Energie-Ressourcen

1. Kohle – Rohstoff mit Zukunft?

Umstrittene Kohle

Die Bewertung der Kohle als **fossiler Energieträger** könnte kaum gegensätzlicher sein: Von der „unverzichtbaren Energie der Zukunft" bis zum „Klimakiller Nr. 1" mit der Forderung nach Stilllegung aller Kohlenkraftwerke reicht die Spanne der Einschätzungen. Allerdings fallen die Bewertungen je nach wirtschaftlicher Verfügbarkeit des Rohstoffes regional recht unterschiedlich aus. Wenn auch der größte Teil der Steinkohlenförderung verstromt wird, so muss berücksichtigt werden, dass ein Teil zu Koks veredelt wird, der zur Eisenherstellung im Hochofen und damit nachfolgend zur Stahlproduktion benötigt wird.
Nach Angaben der Internationalen Energieagentur betrug 2009 der Kokskohlenverbrauch weltweit 13 Prozent.

M 1 Protest der Industriegewerkschaft Bergbau, Chemie und Energie (IG BCE) gegen Zechenstilllegungen

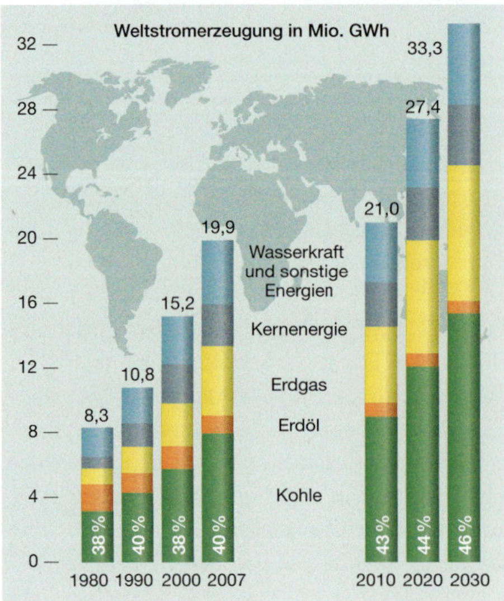

M 2 Weltstromerzeugung

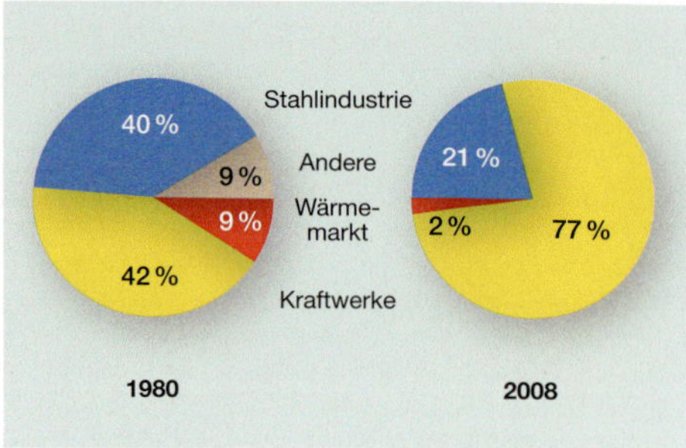

M 3 Absatzstruktur deutscher Steinkohle

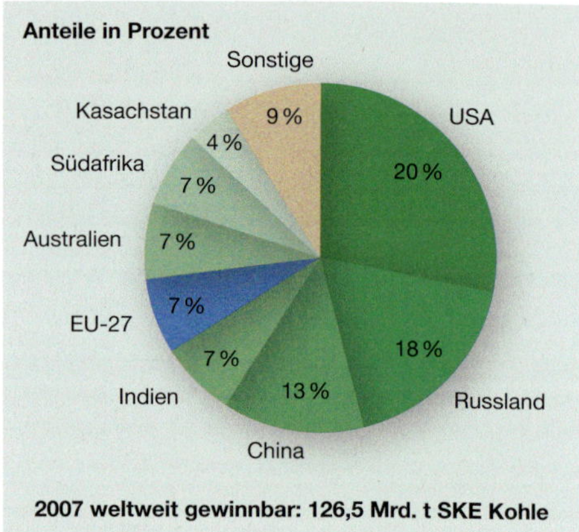

M 4 Weltkohlenvorräte

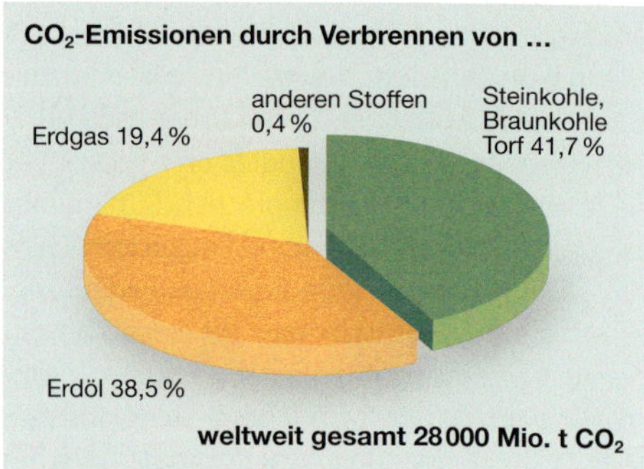

M 5 CO_2-Emissionen durch Verbrennung weltweit 2008

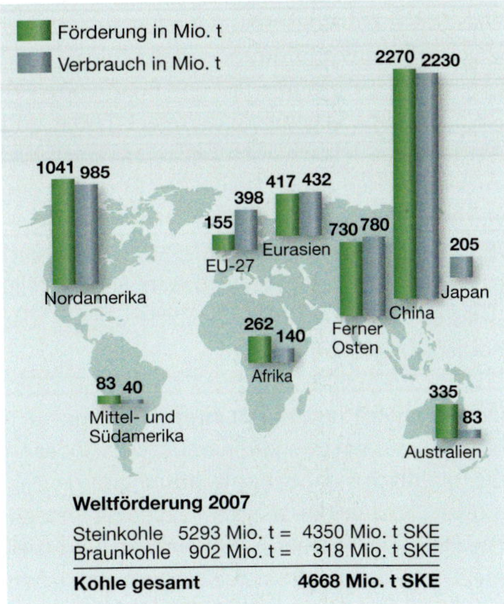

M6 Weltsteinkohlenförderung und -verbrauch

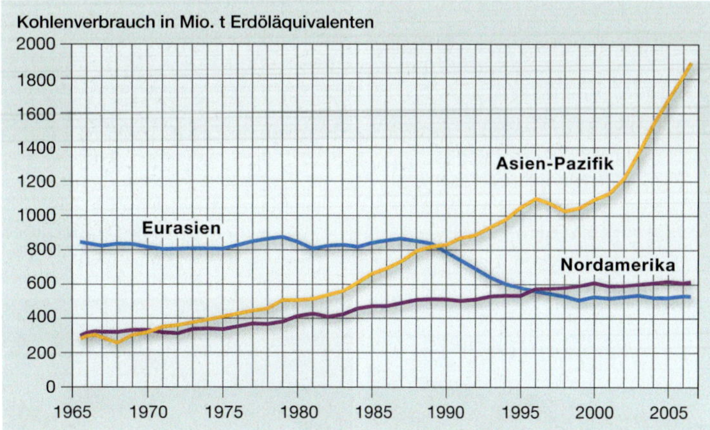

M8 Entwicklung des globalen Kohlenverbrauchs

Die geostrategische Verteilung der Steinkohlenförderung und des -verbrauchs scheint auf den ersten Blick günstiger auszufallen als diejenige des Erdöls (S. 102 M 2). Im Gegensatz zum Erdöl wurden aber nur 15 Prozent der geförderten Steinkohle im Jahr 2007 gehandelt. Der Kohleanteil bei der Stromerzeugung soll von 40 Prozent (2007) auf 46 Prozent (2030) vor allem in Schwellenländern wie China und Indien mit steigendem Wohlstand zunehmen. Dies kann zu einer Verknappung und Verteuerung der Kraftwerkskohle auf dem Weltmarkt und hier besonders in der EU führen. Ähnliches gilt für die Fettkohle, die nach ihrer Verarbeitung zur Kokskohle im Hochofen zur Eisenherstellung benötigt wird.

Die Herkunftsländer Australien (68 Prozent), USA (13 Prozent) und Kanada (12 Prozent) waren die wichtigsten Kokskohlenlieferanten 2007, während 60 Prozent der gehandelten Kraftwerkskohle aus Indonesien (28 Prozent), Australien (19 Prozent) und Russland (12 Prozent) kamen. Nachdenklich stimmt auch, dass nur vier privatwirtschaftliche Konzerne ca. 30 Prozent der Produktion der Kraftwerkskohle und zudem 47 Prozent des seewärtigen Kokskohlenmarktes kontrollieren.

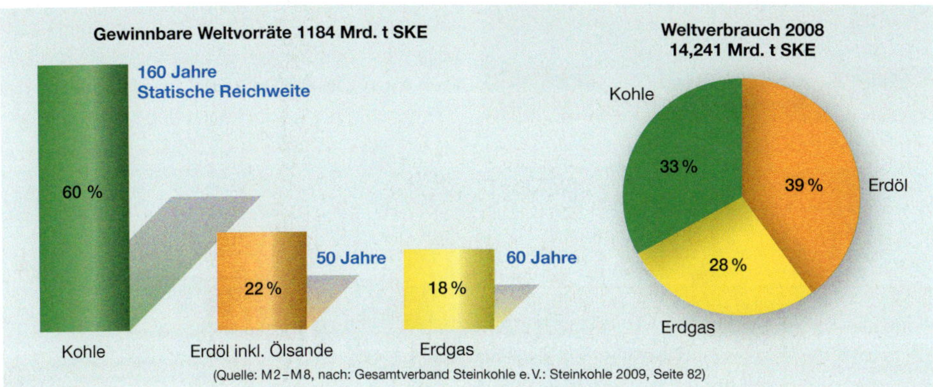

M7 Weltvorräte und Weltverbrauch an fossilen Energieträgern 2008

1. Nennen Sie die Regionen mit bedeutsamen Kohlenkonsum (M 6, M 8).
2. Überprüfen Sie die Versorgungssicherheit der EU-Staaten bei der Kohle (M 4, M 6, M 8).
3. Stellen Sie arbeitsteilig die Argumente der Befürworter und Gegner der Kohlenwirtschaft (M 1 bis M 8) zusammen. Siehe auch S. 112 M 5, M 6 und S. 113 M 8, M 9.

Webcode: GO649174-097

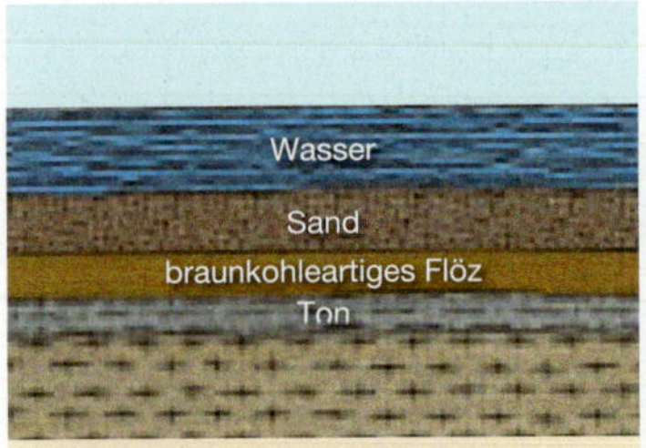

1. Flözbildung im Oberkarbon (320 – 296 Mio. Jahre): Absenken der Waldsumpfmoorlandschaft und Überflutung mit Sand- und Tonablagerungen.

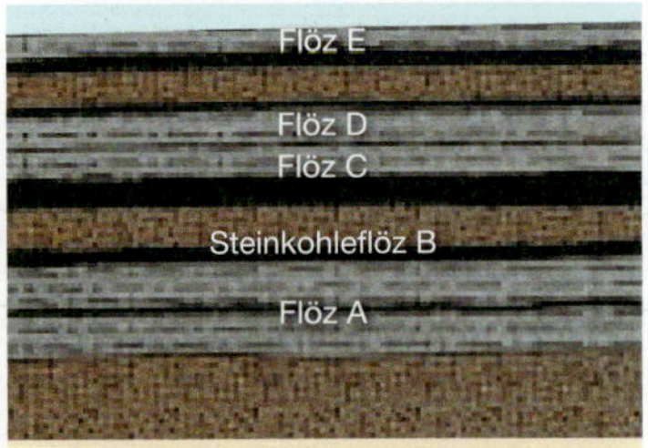

2. Der Prozess (Verlandung mit neuer Vegetation, Absenkung und Überflutung) wiederholte sich ca. 250-mal und führte zur Inkohlung (Torf-, und Steinkohlenflöze).

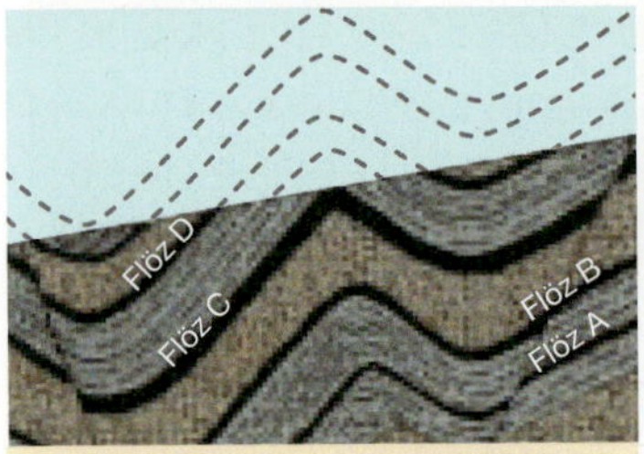

3. Faltung am Ende des Oberkarbons und Abtragung im Perm bis zur Unterkreide (296 – 99 Mio. Jahre). (Quelle: 1 – 3 Gesamtverband Steinkohle, Essen 2008)

4. In der Kreide (142 – 65 Mio. Jahre) entsteht durch Meeresablagerungen das heutige Deckgebirge über dem nach Norden einfallenden Karbon.

M 9 Entstehung der Kohlen

Entstehung und Abbau der Kohlenlagerstätten

Kohle ist nicht gleich Kohle. In der biochemischen Phase des Inkohlungsprozesses bildet sich aus der abgestorbenen und unter Luftabschluss geratenen Pflanzensubstanz Torf und Braunkohle (1). Geraten diese Schichten in größere Tiefen und werden sie außerdem noch gefaltet, so entstehen in der geochemischen Phase (2 – 3) durch den wachsenden Druck und die höheren Temperaturen verschiedene Steinkohlenarten. Während bei diesem Prozess die flüchtigen Bestandteile (Wasserstoff, Sauerstoff) abnehmen, steigt der Kohlenstoffgehalt/Heizwert.

Der Abbau im Tagebau ist einfach billiger

Nach Abräumen einer dünnen Deckschicht kann die oberflächennahe Kohle kostengünstig mit großen (Schaufelrad-) Baggern abgebaut werden. Die Deckschicht (Kies, Sand, Ton) ist industriell meist verwertbar. Probleme können entstehen bei der Verlegung von Siedlungen, beim Kohlenabbau während anhaltenden Frostperioden oder beim Absenken des Grundwasserspiegels. Abhängig von der Strenge der Umweltgesetzgebung müssen die Rekultivierungskosten der ausgekohlten Tagebaue berücksichtigt werden.

Der Abbau im Untertagebergbau (Tiefbau)

ist deutlich kostenintensiver. Leute und Material müssen durch einen Schacht bis auf eine Tiefe von 1 400 m gebracht werden. Die Temperaturzunahme beträgt ca. 3 °C/100 m. Der Grubenbau muss belüftet und gesichert, das Wasser und die Kohle gehoben werden. Übertage können Bodensenkungen und Bergschäden u. a. an Gebäuden und Industrieanlagen auftreten. Siedlungen in Senkungsmulden (Polder) müssen durch ständiges Pumpen trocken gehalten werden. Schließlich muss das Bergematerial (ca. 50 Prozent der Förderung) noch auf Halden deponiert werden.

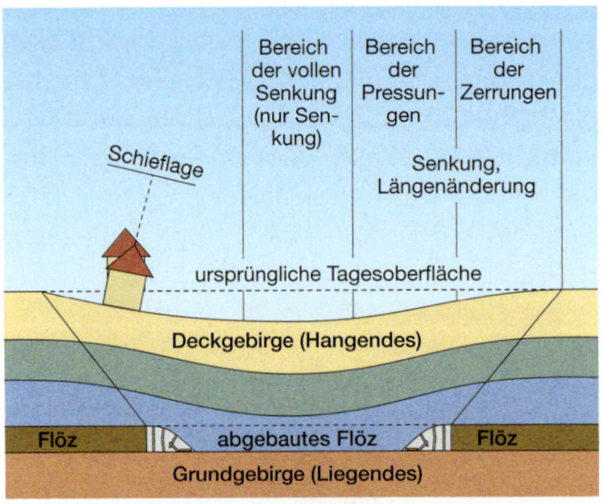

M 10 Bergsenkung

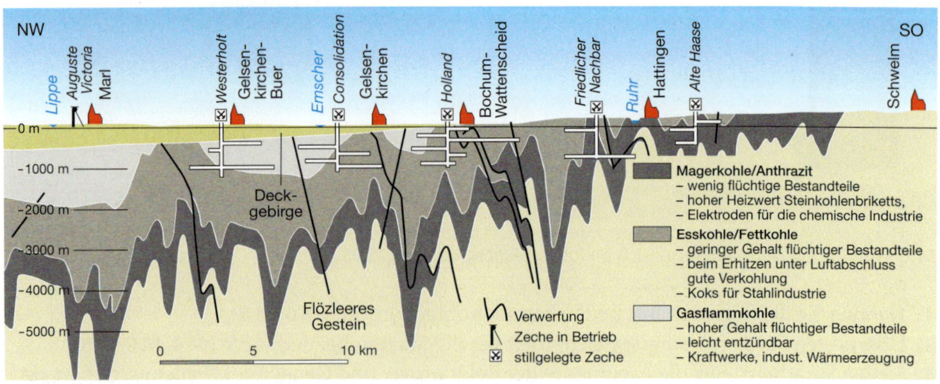

M 11 Schnitt durch das Karbon- und Deckgebirge im Ruhrgebiet

Jahr	Revier: Ruhr	Saar	Aachen	Ibbenbüren	Deutschland
	Mio. t verwertbare Förderung				
1960	115,5	16,2	8,2	2,4	142,3
1965	110,9	14,2	7,8	2,2	135,1
1970	91,1	10,5	6,9	2,8	111,3
1975	75,9	9,0	5,7	1,8	92,4
1980	69,2	10,1	5,1	2,2	86,6
1985	64,0	10,7	4,7	2,4	81,8
1990	54,6	9,7	3,4	2,1	69,8
1995	41,6	8,2	1,6	1,7	53,1
2000	25,9	5,7	–	1,7	33,3
2002	18,9	5,4	–	1,8	26,1
2004	17,8	6,0	–	1,9	25,7
2006	15,2	3,6	–	1,9	20,7
2007	15,9	3,5	–	1,9	21,3
2008	14,2	1,0	–	1,9	17,1

Bis 1996 Saar in t = t
(Quelle: Gesamtverband Steinkohle, Essen)

M 12 Die deutsche Steinkohlenförderung in Zahlen

Jahr	Steinkohle	Braunkohle	Kernenergie	Mineralöl	Erdgas	Windenergie	Wasserkraft und Sonstige	Insgesamt
	TWh							
1980	111,5	172,7	55,6	27,0	61,0	0,0	39,8	467,6
1990	140,8	170,9	152,5	10,8	35,9	0,1	38,9	549,9
1995	147,1	142,6	154,1	9,1	41,1	1,5	41,3	536,8
2000	143,1	148,3	169,6	5,9	49,2	9,5	50,9	576,5
2005	134,1	154,1	163,0	11,6	71,0	27,2	59,6	620,6
2006	137,9	151,1	167,4	10,5	73,4	30,7	65,9	636,8
2007*	142,0	155,1	140,5	9,7	74,9	39,5	74,0	635,9
2008*	128,5	150,0	148,8	10,5	83,0	40,2	78,1	639,1

Anteile deutscher Steinkohle
- an der Stromerzeugung in Deutschland: 7 %
- am Steinkohlenverbrauch: 30 % (Steinkohlenimport: 70 %)
- an den inländischen Energievorräten: 63 %

*) vorläufig (Quelle: Gesamtverband Steinkohle, Essen)

M 14 Stromerzeugung in Deutschland

Ausstieg aus der heimischen Steinkohle oder Ausstieg aus dem Ausstieg?

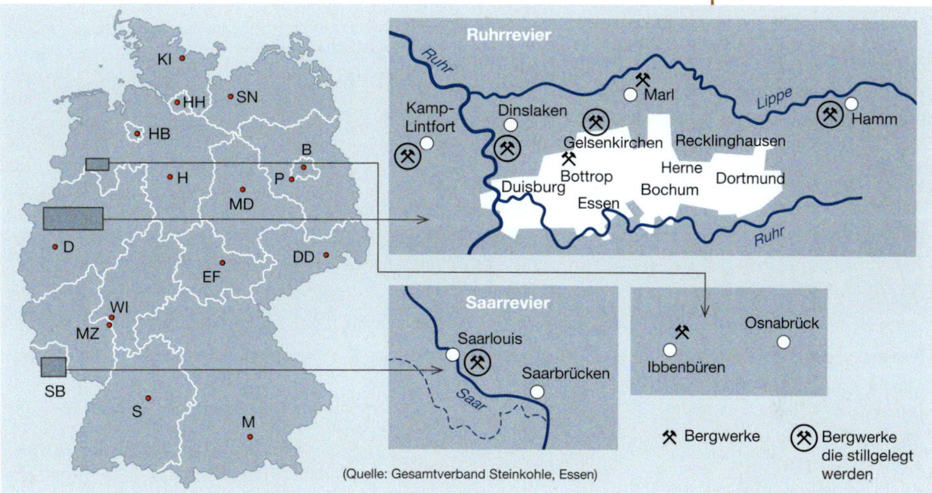

M 13 Steinkohlenbergwerke in Deutschland und ihre Stilllegungsjahre

Die Bundesregierung, die Länder NRW und Saarland, die RAG AG als Unternehmen und die Industriegewerkschaft Bergbau, Energie und Chemie (IG BCE) verständigten sich 2007, die subventionierte Förderung der Steinkohle bis zum Ende des Jahres 2018 sozialverträglich zu beenden (Auslaufbergbau). Allerdings wird der Deutsche Bundestag im Jahr 2012 mit den Landesregierungen in NRW und Saarland überprüfen, ob unter Berücksichtigung der Wirtschaftlichkeit und der sicheren Energieversorgung noch weiter gefördert wird (Revisionsklausel). Die RAG AG wird ihre Förderung bis 2012 auf 12 Mio. t drosseln (Sockelbergbau). Das hat die Stilllegung von weiteren Bergwerken bis 2012 zur Folge; der Personalabbau soll sozialverträglich gestaltet werden: keine betriebsbedingten Kündigungen.

Stillegungen:
Bergwerk Wasum (Duisburg) 27.06.2008, 2750 Beschäftigte;
Bergwerk Lippe (Gelsenkirchen) 19.12.2008, 2377 Beschäftigte;
Bergwerk Ost (Hamm) 30.09.2010, 2836 Beschäftigte;
Bergwerk West (Kamp-Lintfort) 2012/2013 (angedacht), 3550 Beschäftigte;
Ensdorf im Saarrevier 31.12.2014, 3908 Beschäftigte (Stand der Beschäftigten: 2007)

4. Erläutern Sie den Inkohlungsprozess und die dabei entstehenden Kohlenarten sowie deren wirtschaftliche Nutzung und berichten Sie darüber (**M 9**, **M 11**, Lexika, Internet).
5. Listen Sie die beim Abbau der Kohle entstehenden technischen, geologischen, ökologischen und gesellschaftspolitischen Probleme tabellarisch auf, indem Sie diese nach Tagebau und Untertagebergbau sortieren (**M 10**, **M 11**, S. 128 ff., Internet).
6. Lokalisieren Sie die Standorte der Bergwerke in Deutschland und beschreiben Sie die Entwicklung der Steinkohlenförderung (**M 12** bis **M 14**, Atlas).
7. Erklären Sie die Begriffe „Auslaufbergbau“ und „Sockelbergbau“.
8. Beurteilen Sie die Bedeutung der Steinkohle für das Ruhrgebiet und die Bundesrepublik Deutschland (**M 12** bis **M 14**).

Webcode: GO649174-099

Auslaufbergbau Befürworter: CDU, FDP und Bündnis 90/Die Grünen	Sockelbergbau Befürworter: SPD
Wirtschaftlichkeit	
Der Steinkohlenbergbau in Deutschland bedeutet ständige Subventionen; das Geld ließe sich wirtschaftlich sinnvoller verwenden (IW = Institut der Deutschen Wirtschaft in Köln). Preisvergleich: 60 €/t für Importkohle, 160 €/t für deutsche Steinkohle; ständige Subventionen widersprechen der EU-Beihilferegelung.	Die Subventionen belaufen sich auf 2,5 Mrd. €, davon trägt das Land NRW bis 2014 ca. 550 Mio. €. Die 2,4 Mrd. € entsprechen 2,4 % der gesamten Subventionen in Deutschland (2007). Übrigens: Die regenerativen Energien benötigen mehr als 5 Mrd. € Subventionen (s. Einspeisevergütung) bei steigender Tendenz. Bei steigender weltweiter Nachfrage in Bezug auf Kohle steigt auch der Kohlepreis und sinken die Kohlebeihilfen. Die Chancen, wieder konkurrenzfähig zu werden (Kokskohle, Wärmemarkt), sind nicht unrealistisch: Mitte 2008 explodierten die Preise für Importkohle (130 €/t Kraftwerkskohle, 160 €/t Kokskohlen und bis zu 800 €/t Koks).
Die Finanzierung eines Referenzbergbaus ist Sache einer Branche, nicht des Staates (IW): Die deutsche Bergbaumaschinenindustrie erprobt ihre Maschinen längst im Ausland.	Die Bergbaumaschinenindustrie braucht einen Referenzbergbau in Deutschland, wo unter schwierigen tektonischen Bedingungen Bergbautechnik, Arbeitssicherheit und Umweltschutz erprobt werden können. Die deutsche Zulieferindustrie hat einen Weltmarktanteil von ca. 40 %.
Die Umwidmung von Kohlehilfen in Strukturhilfen für zukunftsträchtige Wirtschaftsbereiche beschleunigt den Strukturwandel in den Bergbauregionen.	Der Steinkohlenbergbau ist ein wichtiger regionaler Wirtschafts- und Beschäftigungsfaktor. Steinkohlenhilfen haben regionale wirtschaftliche und soziale Strukturbrüche verhindert (im Gegensatz zum britischen Bergbau: Netto-Jobverluste von 89 400 im Zeitraum 1981 – 2004).
Versorgungssicherheit	
Auf der Basis des Sockelbergbaus reduziert sich der Anteil der heimischen Steinkohlen beim Primärenergieverbrauch auf 1,5 bis 2 %, die auch aus dem sicheren Ausland besorgt werden kann.	Weltweit steigender Energieverbrauch und Unwägbarkeiten: Bevölkerungswachstum mit Bedarfszuwachs in China, Indien; geostrategische Risiken in Reserveländern (Naher Osten), Energieexporte als politische Waffe; Versiegen des Erdöls und Erdgases; Bildung von weltweiten Machtmonopolen auf dem Energiesektor.
Im Gegensatz zum Erdöl/Erdgas sind die Kohlenvorkommen weltweit gestreut und befinden sich in politisch stabilen Regionen (USA, Australien, GUS, Südamerika).	GUS, Kolumbien, Australien und Südafrika exportieren nach Westeuropa: 67 % (2005), 89 % (2030). Aber nur 16 % der Weltförderung wird auch gehandelt: Gefahr eines „Kohle-Kartells". Folge: Künstliche Verknappung des Welthandelsgutes Steinkohle.
Der Anteil der deutschen Steinkohlen an der Stromerzeugung liegt bei nur 9 % (2007) und kann durch Importkohle auf dem liberalisierten Weltmarkt ersetzt werden.	Steigender Anteil der Kohle bei der Weltstromerzeugung; bis zu 90 % der Kohlenimporte Westeuropas werden 2030 voraussichtlich aus nur vier Lieferländern kommen;
	Kohle ist auch ein wertvoller Industrierohstoff: Koks, Kohleveredelung (China, Südafrika, USA), Kohlechemie als Ersatz für Petrochemie.
Sozialverträglichkeit	
Mithilfe der frei werdenden Subventionen kann man zukunftsfähige Arbeitsplätze schaffen (Gesundheitswesen, Energie-Technologie, Bildung und Wissenschaft).	32 800 Beschäftigte im Steinkohlenbergbau, davon 2400 Auszubildende (2007). Kamp-Lintfort am Niederrhein hat durch die Insolvenz des Handyherstellers BenQ 1600 Arbeitsplätze verloren; an jedem Bergbauarbeitsplatz hängen deutschlandweit durchschnittlich 1,3 weitere Arbeitsplätze.
Umweltverträglichkeit	
Der Bergbau hinterlässt bleibende Umweltschäden („Ewigkeitslasten"): Folgen der **Bergsenkungen:** Schäden an Gebäuden und Verkehrsinfrastruktur; Pumpkosten (177 Pumpwerke im Ruhrgebiet), um das Oberflächenwasser aus den Poldern im nördlichen Ruhrgebiet zu heben und abzuführen; Deichbau notwendig für Emscher, Lippe und die Kanäle; Abpumpen der **salzhaltigen Grubenwässer,** damit diese nicht in die oberflächennahen Trinkwasserschichten eindringen können.	Grubengas wird im aktiven wie stillgelegten Bergbau zur **Stromerzeugung** genutzt und dient der indirekten **Vermeidung von CO_2-Emissionen.** In Bergsenkungsflächen, in denen das Wasser nicht abgepumpt wird, haben sich **Seen und Feuchtbiotope** gebildet. Sie dienen der Naherholung und dem Naturschutz. Bergehalden sind im Ruhrgebiet zu **Landschaftsbauwerken** und künstlerisch gestalteten **Landmarken** geformt worden. Sie bereichern das Landschaftsbild des Emscher-, und Lippetals und der Niederrheinregion und dienen vielfältigen Freizeitaktivitäten.

M 15 Umstrittener Steinkohlenbergbau in Deutschland

Ist die Kohleverstromung noch zeitgerecht?

Angesichts der zu erwartenden klimapolitischen Auflagen in der EU, aber auch weltweit, geraten die CO_2-emittierenden Wirtschaftsbereiche in arge wirtschaftliche Bedrängnis. In Deutschland kommt hinzu, dass die Kohle auch wegen der Subventionen unter politischen Druck gerät.

CO_2-Reduzierung durch Verbesserung des Wirkungsgrades eines Kohlekraftwerks

Moderne Braunkohlekraftwerke erreichen einen Wirkungsgrad von 43 Prozent und Steinkohlenkraftwerke von 46 Prozent. Die Wirkungsgradgrenze von 50 Prozent wird angestrebt. Damit gehören deutsche Kohlekraftwerke zu den effizientesten und saubersten der Welt. Würden weltweit ältere Kraftwerke statt eines Wirkungsgrades von 30 mit 45 Prozent eingesetzt, könnten die globalen CO_2-Emissionen von 6,1 Mrd. t CO_2 auf 4,2 Mrd. t (– 30 Prozent) gesenkt werden.

CO_2-Abscheidung bei der Verstromung fossiler Energieträger (Carbon Capture and Storage, CCS)

Diese industriell großmaßstäblich noch nicht erprobte Methode sieht vor, das CO_2 vor, nach oder während des Verbrennungsprozesses abzutrennen. Allerdings führt der Energieaufwand für die CO_2-Abscheidung je nach Methode beim Wirkungsgrad zu Verlustpunkten zwischen 7 Prozent bis 12 Prozent. Der Transport des Gases in einer Pipeline oder per Schiff vom Kraftwerk zur Speicherstätte setzt eine allgemeine Akzeptanz in der Bevölkerung voraus. Forschungsbedarf gibt es auch noch hinsichtlich der Speicherstätten. Da die Verbringung des Gases in die Ozeane seitens der Bundesregierung aus ökologischen Gründen nicht in Frage kommt, verbleiben nur Festlandspeicher: In ehemalige Erdgaslagerstätten Norddeutschlands könnte in einer Tiefe von 1000 m das Gas verpresst werden. Die darüber liegenden Formationen müssen verhindern, dass das CO_2 in die Atmosphäre entweichen kann.

Kohlehydrierung (Coal-to-liquid, CtL)

Angesichts zu erwartender steigender Ölpreise gerät die Kohleverflüssigung wieder in den Blickpunkt. Bei diesem Verfahren werden aus Braun- und Steinkohle petrochemische Produkte (u. a. Heizöl, Benzin, Aromate) gewonnen. Die Verflüssigungsanlage der Firma SASOL in Südafrika produziert täglich 175 000 Barrel Ölprodukte zu einem Preis von 25 US-$. Weitere Anlagen in Australien und der VR China sind im Bau. Allerdings wird hier die Kohle im Tagebau gewonnen.

M 16 CO_2-freies Kraftwerk mit CCS

CCS ist die Antwort auf die Herausforderung Klima- und Energiesicherheit. Obwohl Länder wie China den Ausbau erneuerbarer Energien deutlich schneller und intensiver vorantreiben als erwartet, bleibt für sie die Kohle Energiequelle Nummer eins. Ohne CCS werden die CO_2-Emissionen dieser Länder weiter drastisch anwachsen.

Die zukünftige Energieversorgung sollte ausschließlich auf erneuerbaren Energien beruhen. Forschungsvorhaben zu CCS-Technologien bzw. Investitionen führen unweigerlich zu einer Verzögerung des notwendigen Umbaus des Energiesystems und zur Rechtfertigung, neue Kohlekraftwerke bauen zu können. Außerdem kommen durch Leckage bei der Speicherung und dem Transport neue Gefahren für Mensch und Umwelt auf.

(nach „Weitblick" hg. v. GERMANWATCH 02/2009)

M 17 Zwei Meinungen zur CO_2-Speicherung

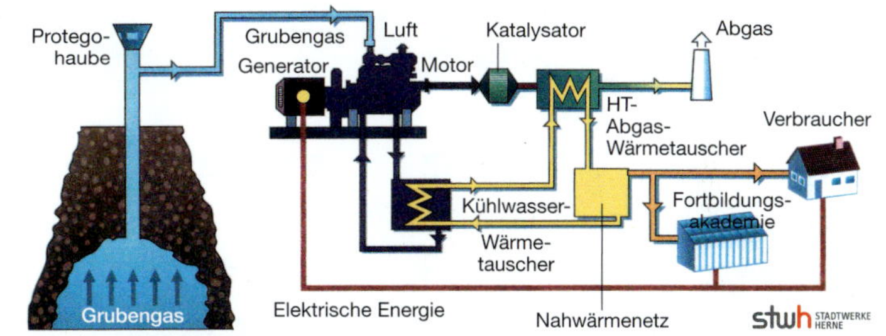

Durch den Steinkohlenabbau in aktiven und stillgelegten Bergwerken löst sich Methangas (CH_4), das im Vergleich zu CO_2 ca. 25-mal klimaschädlicher ist. Es wird in den grubengasbetriebenen Blockheizkraftwerken in Wärme- und Stromenergie umgewandelt.

M 18 Grubengas als Energieträger

9. Bilden Sie zwei Gruppen und diskutieren Sie die Szenarien Auslaufbergbau und Sockelbergbau kontrovers (**M 15**).

10. Überprüfen Sie, inwieweit die Kohlenwirtschaft ihren selbst gesteckten Zielen der Versorgungssicherheit und der CO_2-Vermeidung mit technologischen Leistungen gerecht wird (**M 16** bis **M 18**).

Webcode: GO649174-101

2. Erdöl und Erdgas als (noch) wichtigste Energieressourcen

M1 Der Einfluss der OPEC

Sicher ist, dass die fossilen Energieträger endlich sind, unsicher ist der Zeitpunkt ihres Endes. Für das Erdöl hat die Internationale Energieagentur (IEA) in ihrem Bericht Ende 2008 erstmalig das Fördermaximum (peak oil) für das Jahr 2020 vorausgesagt. Bei dann rückläufigen Fördermengen und steigender Ölnachfrage besonders in den Schwellenländern sei 2025 ein Preis von bis zu 200 US-$ pro Barrel realistisch. Je nach Studie werden die heutigen Erdölvorräte in 35 bis 45 Jahren erschöpft sein.

Wie die Kohle so ist auch das Erdöl als zweitstärkster CO_2-Emittent als möglicher Mitverursacher des Klimawandels in die öffentliche Kritik geraten. Daraufhin beschlossen die EU-Mitgliedstaaten 2007, die Treibhausemissionen um min-

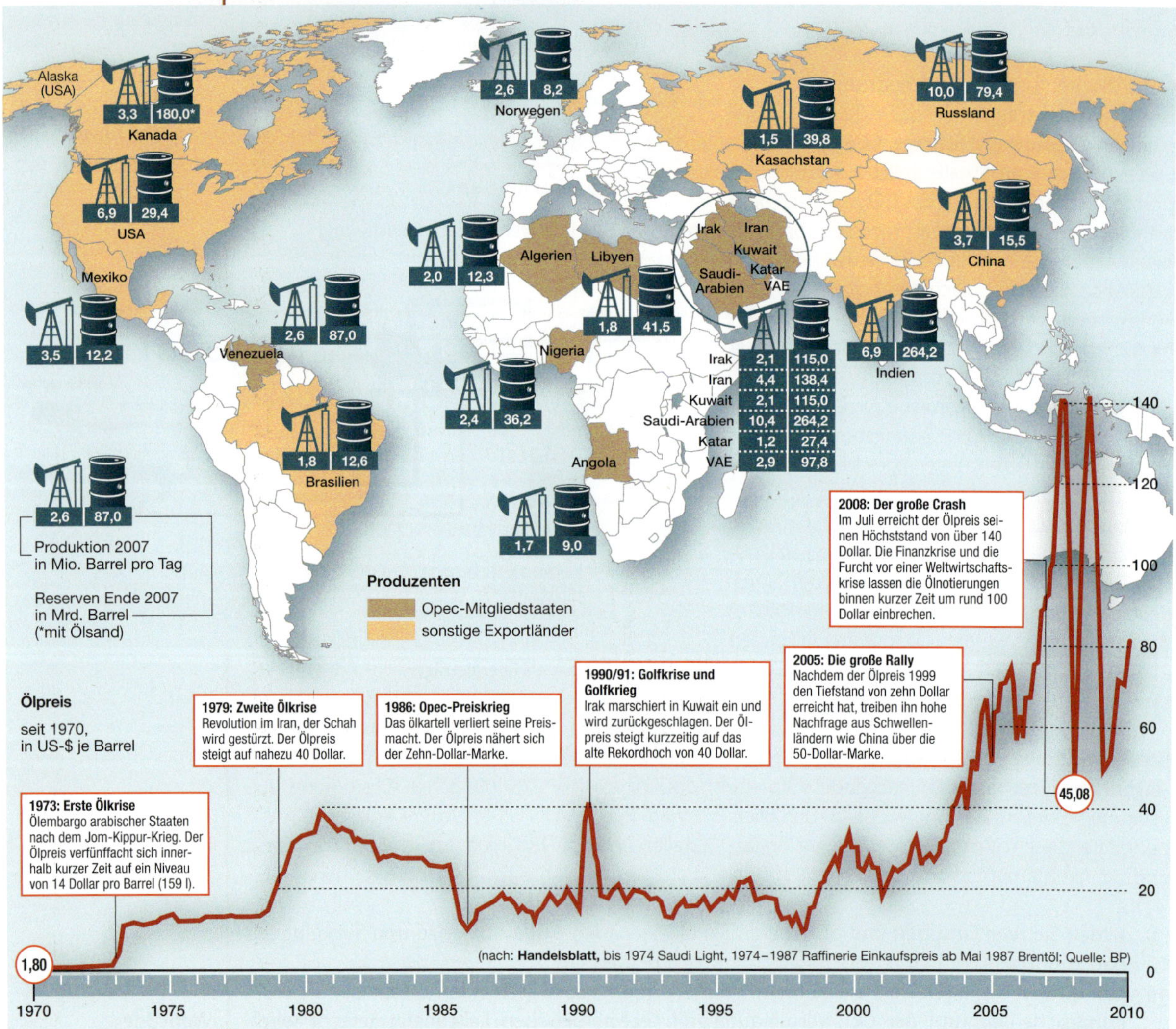

M2 Förderung und Reserven

	1997	2008	Weltanteil 2008
	1000 Barrels/Tag, 1 Barrel = 159 Liter		
USA	18 621	19 419	23,0
VR China ohne Hongkong	4 179	7 999	9,5
Japan	5 762	4 845	5,7
Indien	1 828	2 882	3,4
Russland	2 689	2 797	3,3
Deutschland	2 913	2 505	3,0
Brasilien	1 968	2 397	2,8
Kanada	1 888	2 295	2,7
Südkorea	2 373	2 291	2,7
Saudi-Arabien	1 391	2 224	2,6
o. g. 10 Staaten	43 612	49 654	58,7
Welt	**73 598**	**84 455**	**100**

(Quelle: BP Statistical Review of World Energy, Juni 2009, S. 11)

M 3 Die 10 Staaten mit dem größten Erdölverbrauch

M 4 Gewinnung von Öl aus den Athabasca-Ölsanden in Alberta, Kanada: Tagebau (links), Aufbereitungsbecken (Mitte hinten), kommerziell nicht verwertbare Schwefelhalden

destens 20 Prozent bis 2020 zu reduzieren und gleichzeitig die Versorgung durch mehr Energieeffizienz und den Ausbau erneuerbarer Energien zu garantieren.

Ökologisch umstritten und zudem sehr kapitalintensiv ist auch der Abbau von Ölsanden z. B. in Alberta (Kanada): Während das Gemisch aus Sand, Ton , Wasser, Rohöl und Bitumen (ca. 12 % Kohlenwasserstoffe) bei weniger als 75 m Sedimentabdeckung im Tagebau abgebaut wird, wird Bitumen in tiefer liegenden Schichten mittels Dampf in situ (im Boden) verflüssigt und dann das Schweröl abgesaugt. Kanada verfügt nach Saudi-Arabien über die zweitgrößten Reserven in Bezug auf Ölsande.

Von Umweltschützern wird kritisiert, dass die im Tagebau geförderten Ölsande in großflächigen giftigen Aufbereitungsbecken unter hohem Wasserverbrauch gewonnen werden und dass die Produktion von Erdöl aus Ölsanden durch den hohen Energieeinsatz dreimal mehr Treibhausgase im Vergleich zur konventionellen Erdölgewinnung freisetzt.

Sicherlich ist nach wie vor die genaue Abschätzung aller derzeit auf der Welt geförderten Ölmengen und der vorhandenen Ölreserven mit großen Unsicherheiten behaftet. Dennoch ist es wichtig, zu verstehen, dass massive Investitionssummen in die Ölexploration fließen müssen, um das so genannte peak oil im Jahr 2020 wirklich zu erreichen. Selbst die Internationale Energieagentur (IEA) rückt mittlerweile von ihrer bisherigen optimistischen Prognose ab, dass bis dahin das weltweite Ölfördermaximum tatsächlich auf 106 Mio. Barrel pro Tag ausgeweitet werden kann. Denn um dies zu erreichen, müssten Investitionen von bis zu einer Billion Euro pro Jahr getätigt werden. Anders ausgedrückt: Wir benötigen vier neue Saudi-Arabien, um das Ölfördermaximum von 106 Mio. Barrel pro Tag zu erreichen. Hinzu kommt: 64 Prozent des neu geförderten Öls müssten aus neuen Ölfeldern kommen. Doch deren Erschließung lohnt sich erst ab einem Ölpreis von über 80 $ pro Barrel. Die Förderung von Ölvorkommen in der Tiefsee (etwa vor Brasilien), im Permafrostboden (zum Beispiel in der Arktis) oder von Ölsanden (in Kanada) und Teersanden ist sogar erst ab einem Ölpreis von über 90 $ pro Barrel rentabel.

(Claudia Kemfert in: WirtschaftsWoche, Düsseldorf vom 24. 01. 2009)

M 5 Verbrauch und Reserven

1. Erläutern Sie die Organisationsstruktur der OPEC (Mitglieder, Ziel, Entstehung) und interpretieren Sie die Karikatur (M 1, M 2, Lexika, Internet).
2. „Es ist leichter, eine Seifenblase zu tätowieren, als den Ölpreis zu bestimmen". Listen Sie die Preis bildenden Faktoren auf (M1 bis M4).

Webcode: GO649174-103

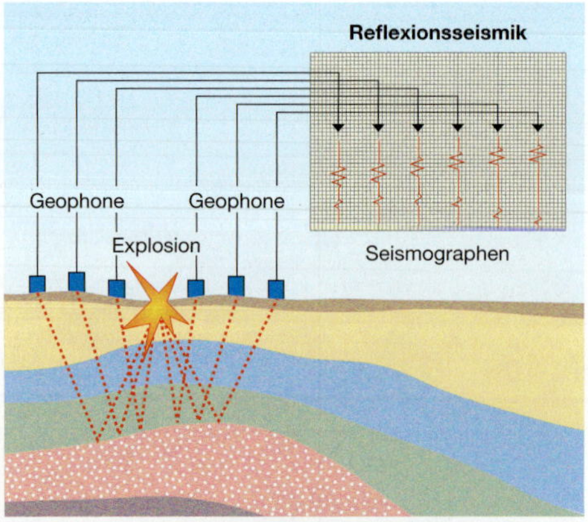

M6 Prospektion durch Reflexionsseismik

Primärförderung

Sekundärförderung

Tertiärförderung

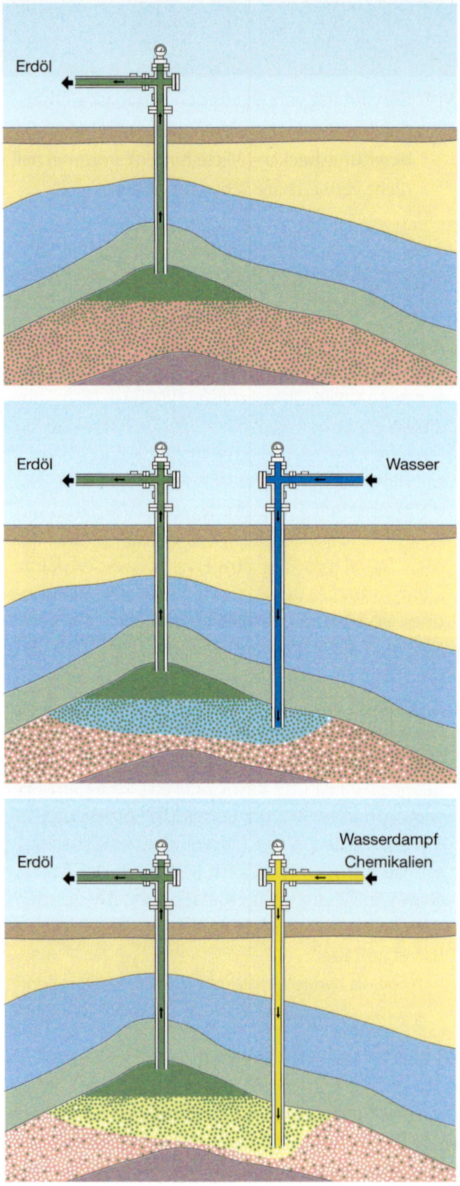

M7 Phasen der Ölförderung

Entstehung von Erdöl, Ölsanden und Erdgas

Die o.g. Energieträger gehören wie die Kohle zu den fossilen Brennstoffen: Sie entstanden aus abgestorbenen Meeresorganismen (hauptsächlich Plankton), die über mehrere Millionen Jahre auf dem Meeresboden sedimentierten und dort unter Sauerstoffabschluss eine Faulschlammschicht bildeten. Diese wurde durch immer neue Sedimentschichten überlagert, geriet in größere Tiefen und damit unter hohen Druck und höhere Temperaturen. Unter diesen Voraussetzungen wurden die langkettigen Kohlenwasserstoffe (Bitumen) in kurzkettige gasförmige und flüssige umgewandelt. Die oft oberflächennah auftretenden Erdölsande (Bitumen) waren diesen geothermischen Bedingungen nicht ausgesetzt. Im Gegensatz zum Bitumen ist Erdöl mobil und wandert innerhalb eines Erdölspeichergesteins, auch „Erdölmuttergestein" genannt. Wird dieses Speichergestein von undurchlässigen Schichten (Salz, Ton) umgeben, kommt es in dieser Erdölfalle zu besonders hoher Ölanreicherung. Diese Erdölfallen treten besonders häufig bei Schichtunregelmäßigkeiten wie Faltung, Grabenbrüchen, Verwerfungen und bei unterirdischen Salzstöcken auf. Wo Erdöl vorkommt, befindet sich auch häufig Erdgas, das als Kappe die Erdölvorkommen abdeckt.

Prospektion

Während in der Vergangenheit nur Erdöl, das an der Erdoberfläche austrat, genutzt werden konnte, sind Erdölgeologen heute in der Lage, mittels der Reflexionsseismik dreidimensionale Modelle einer Schichtenfolge in der Erdkruste zu errechnen. Dazu werden an der Erdoberfläche Schwingungen erzeugt, die von den Erdschichten aufgrund ihrer unterschiedlichen Eigenschaften auch unterschiedlich reflektiert und von Geophonen empfangen werden. Allerdings geben erst teure Probebohrungen sichere Erkenntnisse darüber, ob die Lagerstätte auch fündig ist.

Förderung

Die ersten Bohrungen nach Erdöl wurden 1856 im Dithmarschen und zwei Jahre später bei Wietze niedergebracht, wo auch das Deutsche Erdölmuseum ist. Bei der modernen Ölförderung werden drei Phasen unterschieden: In der ersten Phase werden der natürliche Druck des Erdöls genutzt und eventuell noch Pumpen eingesetzt. Allerdings liegt hier die Ausbeute nur bei 10–30 Prozent. Eine gleich hohe zusätzliche Fördermenge kann erreicht werden, wenn Wasser oder Gas in die Erdöl führende Schicht verpresst wird. In einer dritten Phase können abhängig vom Ölpreis durch teure Dampf- und Chemikalieninjektionen

	Reserve in Billionen m³ (1)	Anteil an Weltreserve in %	statische Reichweite in Jahren (2)
Russische Föderation	43,30	23,4	72,0
Iran	29,61	16,0	> 100
Quatar	25,46	13,8	> 100
Saudi-Arabien	7,75	4,1	96,9
USA	6,73	3,6	11,6
VAE	6,43	3,5	> 100
Nigeria	5,22	2,8	> 100
Venezuela	4,84	2,6	> 100
Algerien	4,5	2,4	52,1
Indonesien	3,18	1,7	45,7
Irak	3,17	1,7	> 100
Welt	**185,02**	**100**	**60,4**
EU	2,87	1,6	15,1
Deutschland	0,12	0,1	9,2

(1) Nachgewiesene wirtschaftlich und technisch gewinnbare Reserven
(2) Reserve/Förderung = Reichweite in Jahren

M 8 Nachgewiesene Erdgasreserven Ende 2008

noch mal 10 Prozent des Erdöls gelöst werden. Die moderne Richtbohrung erlaubt es, abweichend von der Senkrechtbohrung benachbarte Lagerstätten ebenfalls zu erschließen. Bleibt noch zu erwähnen, dass die Förderung auf den Schelfmeeren (Offshore-Gewinnung) mit feststehenden oder schwimmenden Plattformen um ein Vielfaches teurer ist als diejenigen auf dem Land.

Erdgas

Erdgas ist im Vergleich zur Kohle und zum Erdöl der umweltfreundlichste fossile Brennstoff bezogen auf CO_2- und Schadstoffemissionen. Anders als Erdöl spielt Erdgas eine wichtige Rolle bei der Stromerzeugung (S. 99 M 14), für Heizzwecke, in der chemischen Industrie und zunehmend auch als Kraftstoff im Verkehrssektor. Seine **statische Reichweite** (= Reserve dividiert durch den Verbrauch) ist mit dem Erdöl vergleichbar (S. 97 M 7). Dem Vorbild der OPEC folgend versuchen die Staaten des Forums der Gas exportierenden Länder (GECF), die Weltmarktpreise durch Steuerung der Förderung zu ihren Gunsten zu beeinflussen. Sie verfügen über 71 Prozent der Welterdgasförderung (Ende 2007).

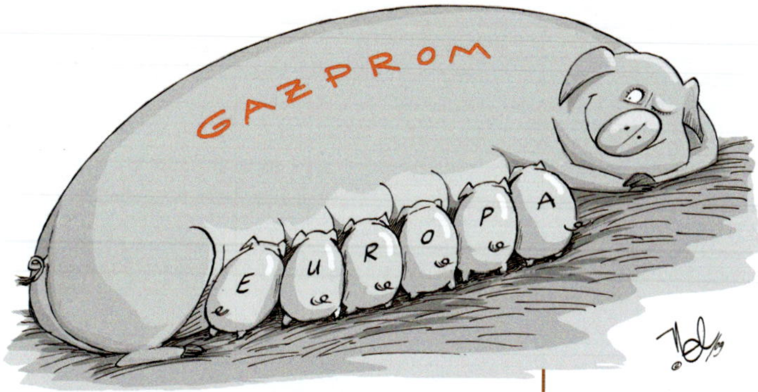

M 9 Abhängig vom russischen Erdgas (WAZ-Karikatur vom 14.01.2009)

	1997	2008	2008 Anteil
	(in Milliarden m³)		(in %)
USA	643,8	657,2	21,8
Russische Föderation	350,4	420,2	13,9
Iran	47,1	117,6	3,9
Kanada	87,2	100,0	3,3
Großbritannien	84,5	93,9	3,1
Japan	64,1	93,7	3,1
Deutschland	79,2	82,0	2,7
VR China ohne Hongkong	19,5	80,7	2,7
Saudi-Arabien	45,3	78,1	2,6
Italien	53,1	77,7	2,6
Welt	**2245,1**	**3018,7**	**100**
EU	440,7	490,1	16,2

(Quelle M 8 und M 10: BP Statistical Review of World Energy, Juni 2009 S. 22, 27)

M 10 Erdgasverbrauch nach Ländern

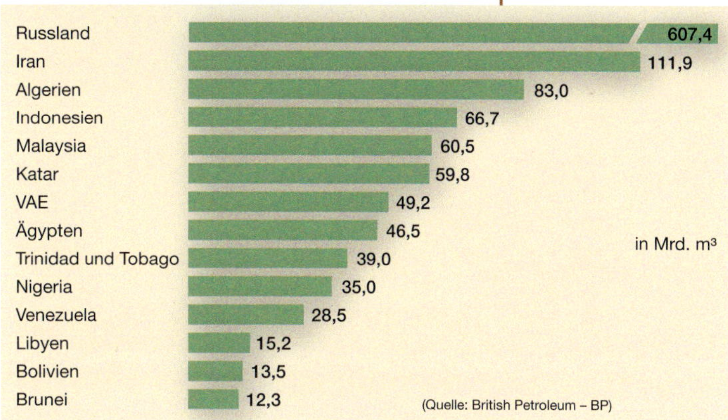

M 11 Erdgasförderung der GECF-Länder 2008

3. Erklären Se die Bemühungen der wichtigsten Erdgas fördernden Staaten, die Preisbildung zu beeinflussen (**M 8**, **M 9**, **M 11**).
4. Lokalisieren Sie die Staaten mit den größten Erdöl- und Erdgasvorräten (die „strategische Energieellipse") und stellen Sie fest, wo die Mangelregionen liegen (**M 2**, **M 8**, **M 11** bis **M 13**, Atlas).

Webcode: GO649174-105

Baltische Staaten, Mazedonien und Slowakei	100 %
Tschechien	79 %
Österreich	74 %
Bulgarien	96 %
Griechenland	82 %
Ukraine und Türkei	66 %
Slowenien	64 %
Ungarn	54 %
Polen	47 %
Kroatien und Deutschland	37 %
Rumänien	28 %
Frankreich	20 %
Niederlande	11 %
Großbritannien	1 %
(Quelle: WAZ und Handelsblatt vom 07.01.2009)	

M 12 Bezug von russischem Erdgas

Was tun gegen Lieferengpässe?

Der Verbrauch an Erdgas hat im Zeitraum 1997 bis 2007 weltweit um 30 Prozent und in Deutschland um 4,5 Prozent zugenommen. Die Zuwächse gehen im Wesentlichen auf Kosten der Energieträger Kohle und Erdöl. Aber anders als bei diesen ist der Handelsweg des Erdgases vorrangig an eine Pipeline gebunden, was wie im Fall einiger europäischer Staaten zu gefährlichen Abhängigkeiten führen kann. Diese beziehen sich nicht nur auf das Erzeugerland, sondern auch auf die Transitländer, die von einer möglichst hohen Durchleitungsgebühr profitieren möchten oder gar politische Ziele verfolgen. Um dem Risiko von verminderten Lieferungen oder gar einem Lieferstopp zu entgehen, sollten vorzeitig alternative Routen für Pipelines realisiert werden, was allerdings mit erheblichen Kosten verbunden ist.

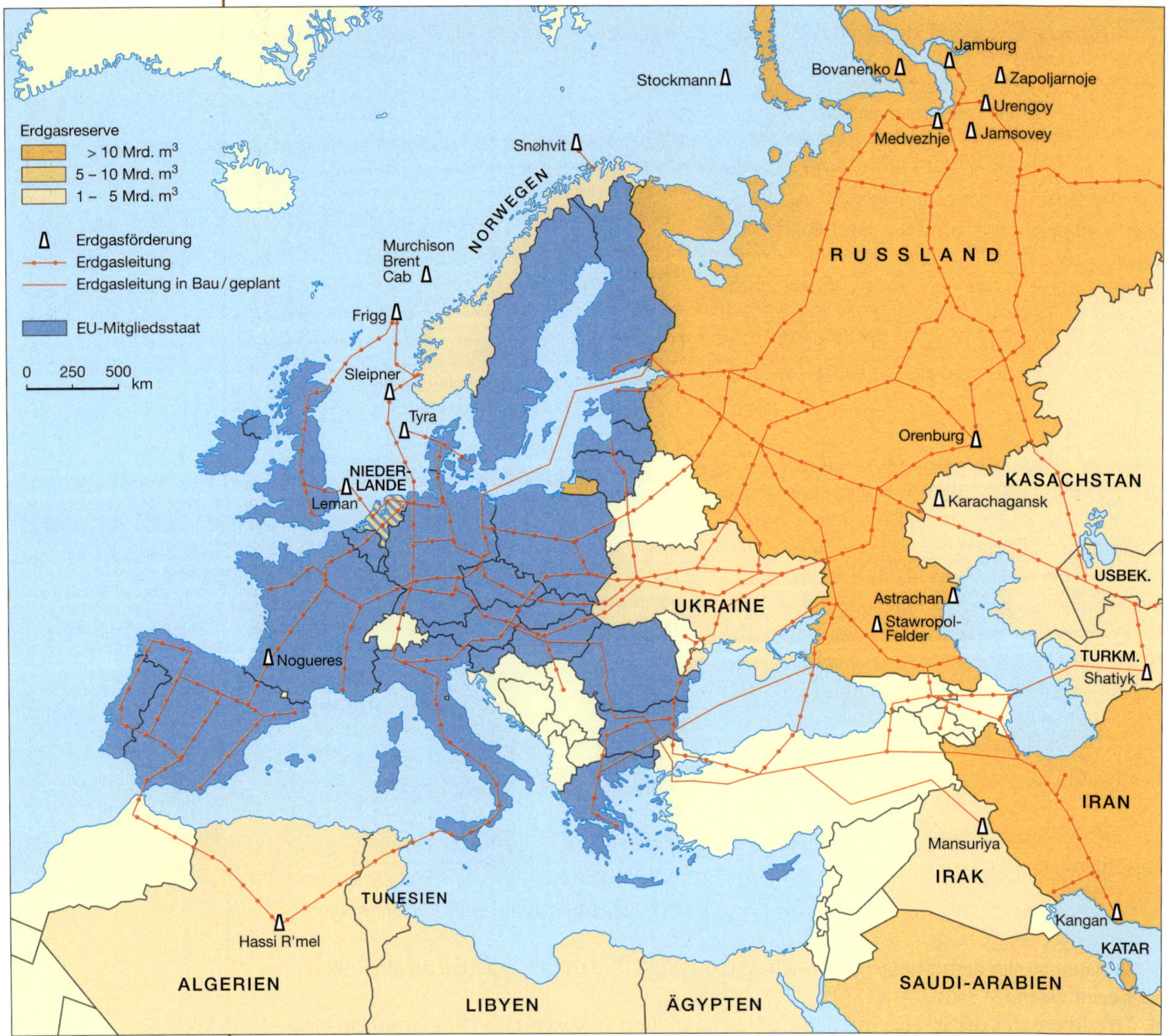

M 13 Erdgasverbundnetz in Europa

Neben dem Bau von neuen Pipelines, die an Krisengebieten vorbeigeführt werden, könnte die Versorgungssicherheit zukünftig mit dem größeren Einsatz von flüssigem Erdgas (LNG: Liquefied Natural Gas) deutlich verbessert werden. Noch wird Deutschland nur über Pipelines der großen Energiekonzerne auf der Grundlage langfristiger Verträge mit den Erzeugerländern beliefert. Mit dem Bau spezieller Hafeninfrastruktureinrichtungen für den LNG-Handel könnte der von Großkonzernen beherrschte Energiemarkt Konkurrenz bekommen. Allerdings bedarf es milliardeschwerer Investitionen: Das Gas muss am Förderort auf minus 162 Grad abgekühlt werden, damit es als Flüssiggas transportiert werden kann. Da es sein Volumen in diesem Aggregatzustand auf ein Sechshundertstel verringert, können ca. 100 Mio. m³ von einem LNG-Tanker verschifft werden. Über den Seetransport erhöht sich schlagartig die Zahl der Gasanbieter aus Afrika (Algerien, Nigeria), Arabien und Asien. Außerdem könnten diese Schiffe als „schwimmende Speicher" fungieren. Im Bestimmungshafen sorgt dann ein Regasifizierungsterminal für die Umwandlung in den gasförmigen Zustand, um das Gas in eine Pipeline einzuspeisen. In Deutschland stieß diese Versorgungsvariante bisher auf wenig Gegenliebe. Der beabsichtigte Bau eines Entladeterminals in Deutschlands einzigem Tiefseehafen Wilhelmshaven wurde von der E.ON-Ruhrgas verschoben; stattdessen beteiligt sich der Konzern an einer entsprechenden Anlage in Rotterdam, von wo aus das Erdgas über eine Pipeline Deutschland erreicht.

Lieferengpässe können aber auch vergleichbar mit der gesetzlich vorgeschriebenen Ölreserve durch den Bau großer Gasspeicher im Empfängerland zeitweise überbrückt werden. Die 46 unterirdischen Gaskavernen in Deutschland entsprechen ungefähr einem Viertel des in Deutschland verbrauchten Gases (2007), d. h., sie können einen Zeitraum von 70 Tagen überbrücken. Waren die Speicher ursprünglich mit dem Ziel gebaut worden, jahreszeitliche Verbrauchsschwankungen auszugleichen, können sie heute gewinnbringende Bezugsquellen bei Engpässen sein. Deutschland verfügt aufgrund seiner günstigen geologischen Voraussetzungen (Salzkavernen, poröse Gesteine) über Speicherkapazitäten von 20 Mrd. Kubikmetern, Italien hat 13,3 Frankreich 10,8 und Großbritannien 4,4 Mrd. Kubikmeter.

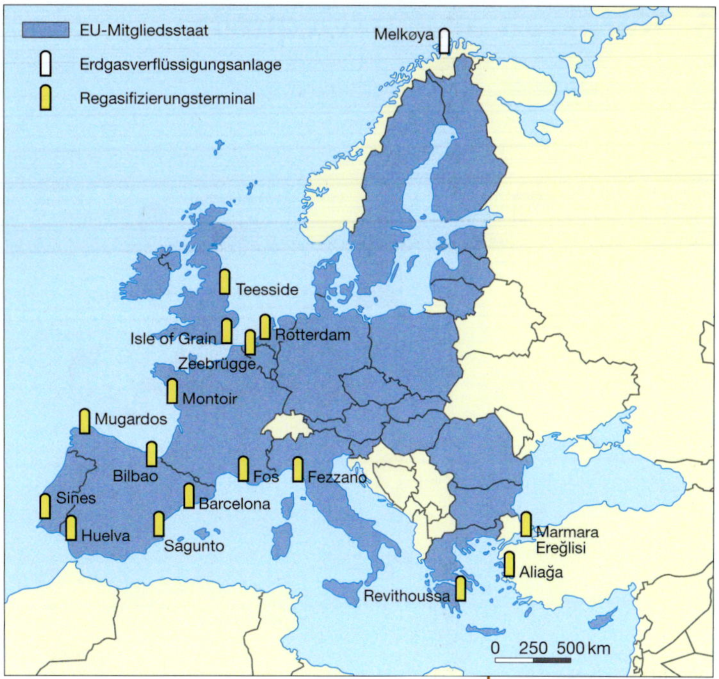

M 14 Standorte der Erdgasaufbereitung

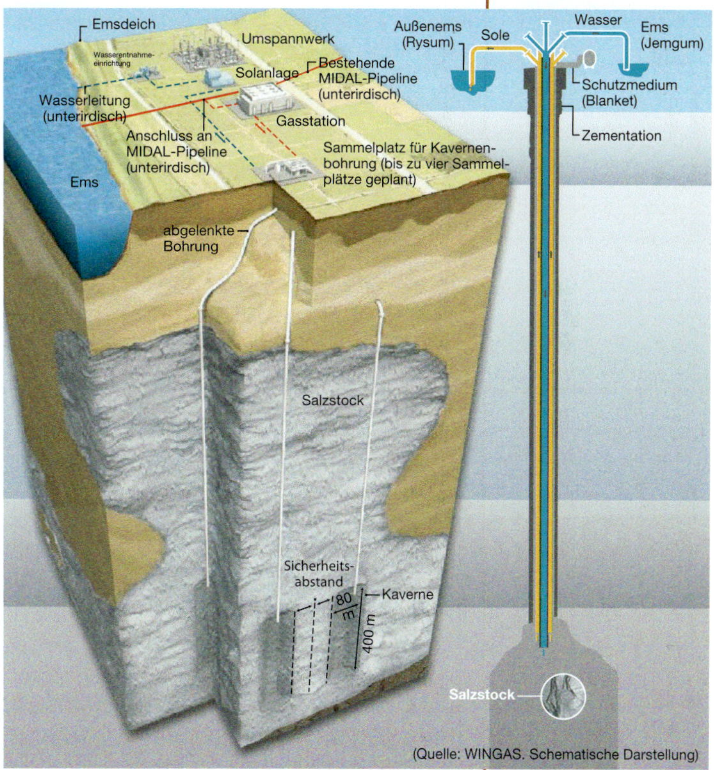

M 15 Erdgasspeicher

5. Beschreiben Sie die Energieabhängigkeit europäischer Staaten vom russischen Erdgas (M 9, M 12, M 13; vgl. S. 125 M 5 bis M 7).
6. Bewerten Sie die Strategien der westlichen Industriestaaten, Lieferengpässen oder politischer Erpressung zu entgehen (M 13 bis M 15).

Webcode: GO649174-107

3. Kernkraft als Energiequelle

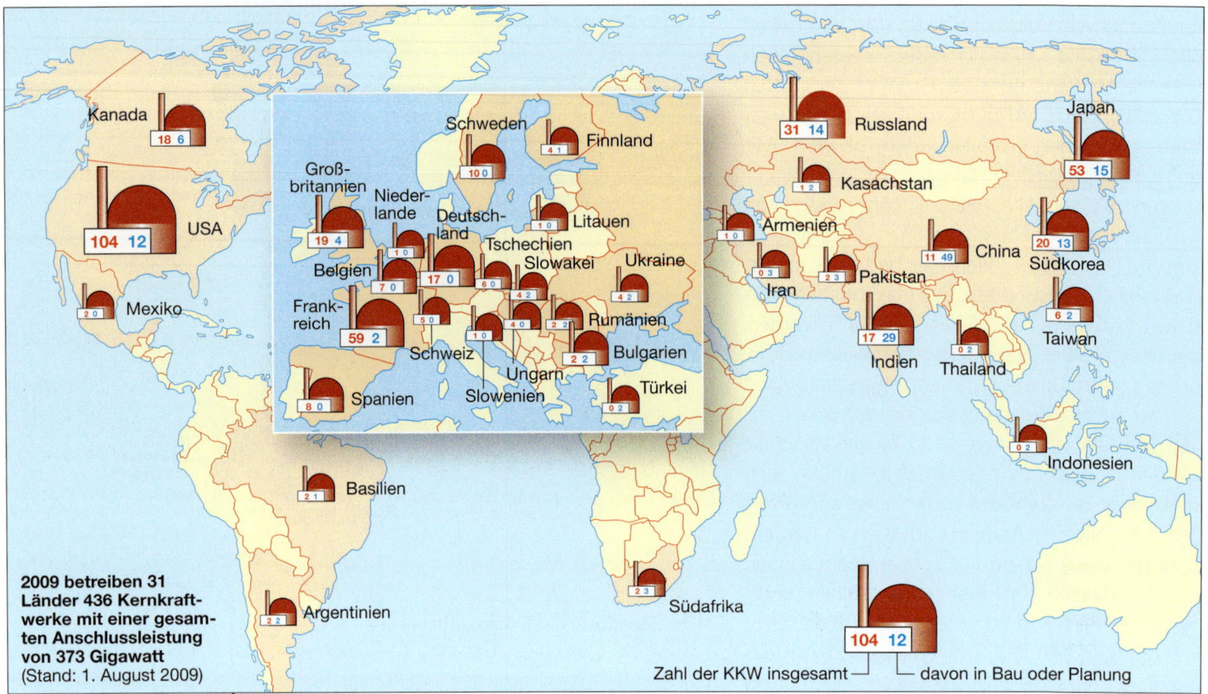

M 1 Kernkraftwerke weltweit

Seit 1961 wird in Deutschland Strom aus Kernenergie gewonnen. Die momentan am Netz stehenden 17 Atomkraftwerke (AKW) in Deutschland haben an der Stromversorgung einen Anteil von 22,1 Prozent (2007), im **Grundlastbereich**[1] sogar einen Anteil von 45 Prozent.

Im Betrieb liefern AKWs den Strom kostengünstig, da der Brennstoffverbrauch im Verhältnis zur gewonnenen Energie gering ist und der Energierohstoff Uran relativ billig auf dem Weltmarkt erhältlich ist. Rechnet man allerdings die Kosten des Baus, Abbaus der AKWs und der Entsorgung des Atommülls auf den Strompreis, dann zählt die Atomkraft zu der teuersten der nichterneuerbaren Energiequellen. Die Uranvorräte sind wie alle anderen Primärenergierohstoffe (Kohle, Erdöl, Erdgas) begrenzt, und wie lange die Vorräte reichen, ist davon abhängig, in welchem Ausmaß die Kernkraft als Energiequelle weltweit genutzt wird. Die Einschätzungen von Fachleuten schwanken zwischen 60 und 200 Jahren. Die meisten Industrieländer haben sich 2008 angesichts knapper und teurer werdender fossiler Brennstoffe (Öl, Gas) und aus Gründen des Klimaschutzes zu einem weiteren Ausbau der Kernenergie entschlossen. Deutschland bildet hier eine Ausnahme: Im Jahr 2000 vereinbarte die damalige rot-grüne Bundesregierung mit den Energieversorgern einen geordneten Ausstieg aus der Kernenergie, welcher in der Atomgesetznovelle von 2002 rechtlich umgesetzt wurde. Wenn der Beschluss nicht durch künftige Regierungen gekippt wird, wird das letzte AKW (Neckarwestheim 2) im Jahre 2022 vom Netz gehen.

Leistung und Verbreitung von Atomkraftwerken

Deutschlands AKWs erbringen eine Leistung von 20 457 Megawatt (2007). Weltweit gibt es 439 AKWs (2007) mit einer Gesamtbruttoleistung von 392 958 MW. Das entspricht einem weltweiten Anteil an der Stromerzeugung von 17 Prozent, innerhalb der EU einen Anteil von 31 Prozent (146 AKWs). Neben Finnland und Frankreich planen auch Großbritannien, Italien, Bulgarien, Rumänien, Litauen, Finnland und die Slowakische Republik den Neubau von Atomkraftwerken. Die ersten sollen 2018 in Betrieb gehen. Die OECD-Kernenergie-Agentur (NEA) hat in ihrem 2008 veröffentlichten Bericht „Nuclear Energy Outlook" einen weltweiten Boom der Nukleartechnologie prognostiziert und geht davon aus, dass bis 2050 zwischen 600 und 1400 Reaktoren gebaut werden. Auf diese internationale Entwicklung hat der deutsche Ausstieg aus ihrer Sicht keinen Einfluss. Dennoch räumt die NEA in ihrer Prognose ein, dass beträchtliche Unsicherheiten

[1]) Grundlastversorgung ist die permanent benötigte Leistung im Stromversorgungssystem.

im Hinblick auf Tempo und Ausmaß des Ausbaus existieren: Hohe Kosten für die Sicherheitsauslegung der Reaktoren, Entsorgungsprobleme beim Atommüll und die Gefahr der Proliferation von Nuklearwaffen seien Faktoren, die auch andere Staaten davon noch abhalten könnten, ihre Ausbauprogramme wirklich durchzuführen.

Atom-Müll

Ein bisher ungelöstes Problem der Kernkraft-Nutzung ist die Beseitigung des radioaktiven Mülls, der aus der Brennstabherstellung und dem Reaktorbetrieb selbst stammt. Unter Fachleuten und Politikern gibt es Kontroversen über Sicherheitsfragen, vor allem bezüglich der Endlagerung.

Radioaktive Abfälle werden abhängig von ihrer Aktivitätskonzentration in schwach-, mittel- und hochaktive Abfälle unterteilt. Nach Berechnungen des Bundesamts für Strahlenschutz (BfS) sind in Deutschland etwa 90 Prozent der bis zum Jahr 2040 anfallenden nuklearen Abfälle schwach- und mittelradioaktiv (ca. 277 000 m^3) und 10 Prozent hochradioaktiv (ca. 29 000 m^3), zu denen z. B. die abgebrannten Brennstäbe zählen. Diese enthalten hochradioaktive Stoffe wie Plutonium, andererseits auch Spaltprodukte aus Jod, Cäsium, Strontium oder Technetium, welche z. T. stärker strahlen als die frischen Brennelemente, die nur Uran enthalten.

Die Klimadebatte um die Minderung des Kohlenstoffdioxid-Ausstoßes und der weltweit steigende Energiebedarf haben den Neubau von Atommeilern wieder hoffähig gemacht. Nach einer Pause von fast 20 Jahren, in denen in Europa der Neubau von Atomkraftwerken praktisch tabu war, hat sich die Diskussion gründlich gewandelt.
In Europa machte Finnland den Vorreiter, als es 2002 einen Reaktor in Auftrag gab, an dem immer noch gebaut wird. Derzeit sind nach Angaben der Fachzeitschrift ATW Atomwirtschaft weltweit 42 Kernkraftwerksblöcke im Bau; vor einem halben Jahr waren es erst 33. Zahlreiche neue Atommeiler sind in der Planung oder in Vorgesprächen. Gebaut wird hauptsächlich in Asien. Allein in China sind zehn Atomblöcke im Bau, in Russland sieben und in Indien sechs. Geplant sind weltweit sogar 80 neue Kernkraftwerksblöcke. Russland will seine installierte Kernkraftleistung bis zum Jahr 2020 verdoppeln und 26 Kernkraftwerksblöcke bauen, um mehr Gas und Öl exportieren zu können.
Für die Industrie endet damit eine Flaute von 20 Jahren. Nach der Katastrophe von Tschernobyl 1986 wurde praktisch kein neues Kernkraftwerk mehr gebaut. Waren auf dem Höhepunkt des Booms im Jahr 1980 noch rund 200 Meiler gleichzeitig weltweit in Bau, schrumpfte die Zahl nach dem Unfall in der Ukraine drastisch. (nach: W. Gillmann, Handelsblatt, 25. 2. 2009, Auszug)

M 3 Nach der Flaute wieder gefragt

Die **Halbwertszeiten**[2] dieser Atomsorten liegen zwischen wenigen Minuten und Millionen von Jahren. Da bisher noch kein Endlager weltweit in Betrieb ist, stapelt sich der Atommüll in Zwischenlagern. Etwa 8000 m^3 hochaktiver Abfall steht allein in Europa bereits in Zwischenlagern, jedes Jahr kommen 280 m^3 dazu.
Nach Lagerstätten für hochradioaktiven Müll sucht man in tief gelegenen und formstabilen geologischen Strukturen. In Deutschland ist der

[2]) Halbwertszeit (HWZ) ist die Zeitspanne, die ablaufen muss, bis die Ausgangsmenge auf die Hälfte gesunken ist. Die HWZ von radioaktiven Stoffen ist konstant und unabhängig von der Ausgangsmenge.

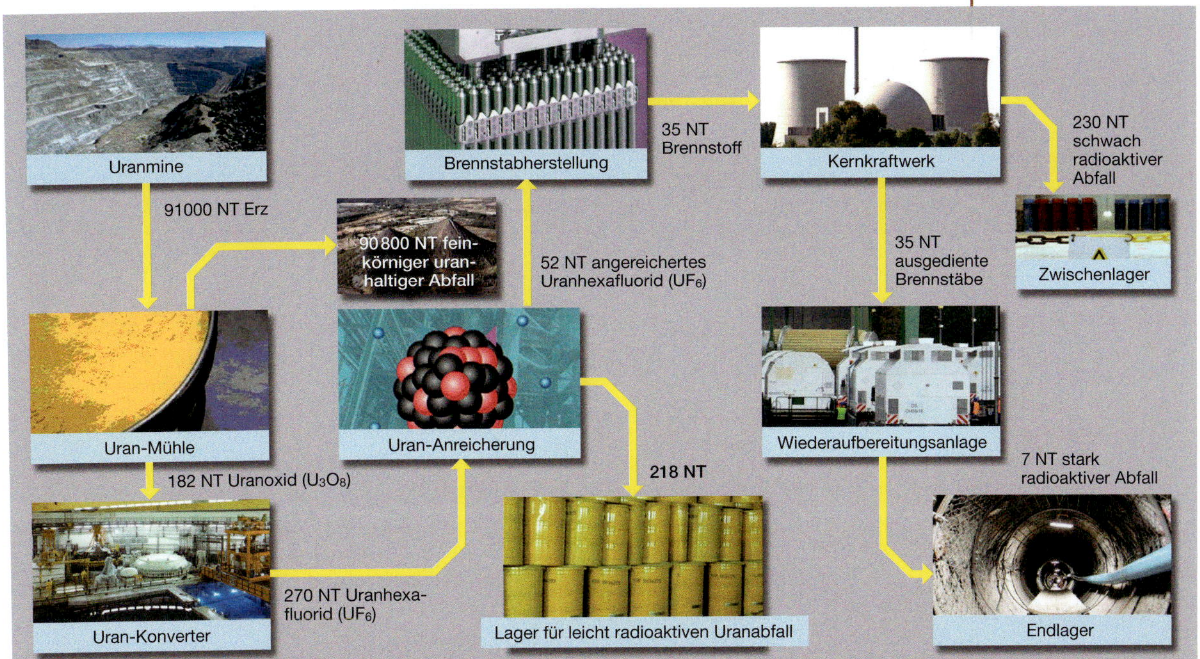

Jährlich benötigte durchschnittliche Mengen, die für den Betrieb eines typischen 1000 MW Leichtwasserreaktor erforderlich sind (NT = Nettotonne). Ungefähr 35 NT oder ein Drittel der Reaktorbrennstäbe werden jedes Jahr ersetzt, Brennstäbe werden in den USA zurzeit nicht wieder aufbereitet.

M 2 Nuklearer Brennstoffzyklus

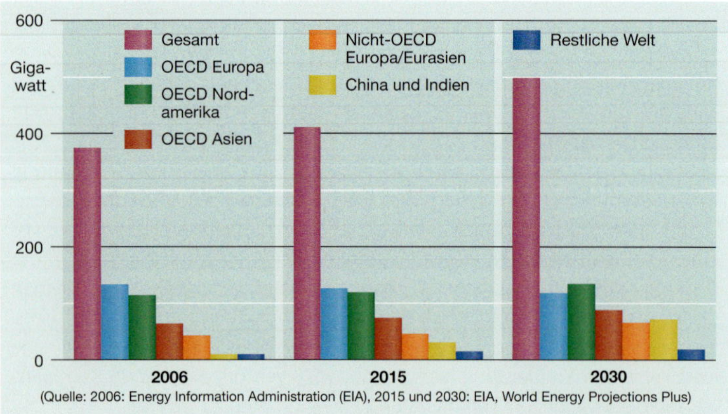

M 4 Kapazität von Kernkraftwerken nach Regionen

Salzstock in Gorleben als Endlager vorgesehen, jedoch ruht gegenwärtig das Verfahren, da über die Eignung unter Fachleuten Zweifel bestehen. Nach weiteren Standorten wird gesucht. In den USA wird der Standort Yucca Mountain, der aus vulkanischem Tuff besteht, als Endlager ausgebaut. Finnland setzt in Olkiluoto auf Granitfelsen, Schweiz und Frankreich prüfen Tonschichten auf ihre Eignung.

Die Schwierigkeit bei der Suche geeigneter Endlager ist die Strahlungsdauer des radioaktiven Abfalls. In den meisten Ländern gilt als Sicherheitsstandard eine Stabilität der Lagerstätten von mindestens 10 000 Jahren. In dieser Zeitspanne darf das Lager durch keine geologische Veränderung (Erdbeben, Eiszeit) so instabil werden, dass es mit Grundwasserleitern in Berührung kommt. Unter Fachleuten ist umstritten, ob eine solche Sicherheit je erreichbar wird.

Für den schwach- bis mittelaktiven Atommüll ist in Deutschland das Lager „Schacht Konrad" in Niedersachsen vorgesehen und 2002 auch genehmigt worden. Es handelt sich dort um ein stillgelegtes Eisenerzbergwerk, dessen Eisenerzlager in 800 bis 1300 m Tiefe liegt. Über dem Erzlager sind mächtige Ton- und Mergelschichten, die verhindern, dass oberflächennahes Wasser in den Bereich des Erzlagers dringen kann. Die Baukosten der Anlage belaufen sich auf ca. 1,8 Milliarden Euro. Im Jahr 2013 soll mit der Einlagerung begonnen werden. Bis dahin befindet sich der Atommüll in Zwischenlagern, die den Müll nur über einige Jahre oder wenige Jahrzehnte beherbergen.

Die Katastrophe von Tschernobyl
Ein plötzlicher Leistungsanstieg hatte am 26. April 1986 um 1 Uhr 23 Ortszeit im Kernkraftwerk Tschernobyl in der Ukraine, etwa 120 km von Kiew entfernt, den Kern eines von vier Reaktoren zum Schmelzen gebracht. Das Metall der Hüllrohre, die den Brennstoff Uran einschließen, reagierte bei 1300 °C mit dem Kühlwasser – es bildete sich Wasserstoff, der explodierte und das Stahlbetongebäude zerstörte. Dabei wurde radioaktives Material herausgeschleudert. Mehrere Tage lang brannte der Reaktor, die Radioaktivität gelangte vor allem als strahlendes Jod und Cäsium in die Umwelt. Eine radioaktive Wolke zog über Ost-, Mittel- und Nordeuropa. Der Fall-out von Jod ist längst verschwunden, Cäsium aber hat eine Halbwertszeit von 30 Jahren. Im 30-km-Umkreis wurden etwa 650 000 Menschen verstrahlt. Große Gebiete der Ukraine wurden radioaktiv verseucht und sind für Jahrzehnte unbewohnbar.

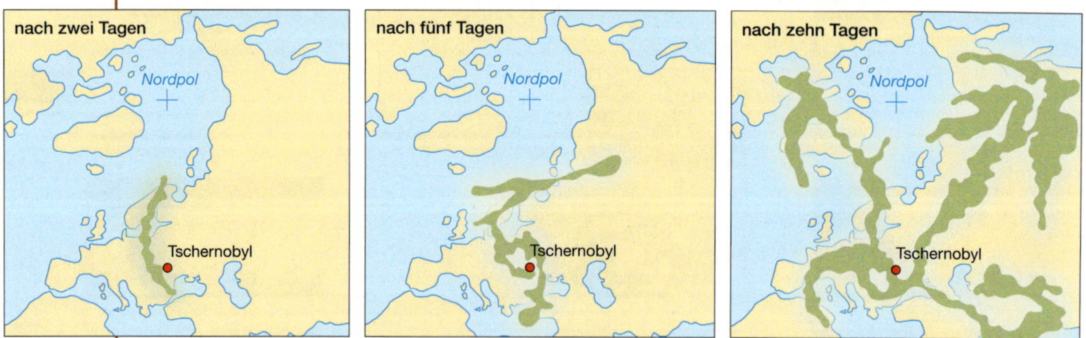

M 5 Die Ausbreitung der radioaktiven Wolke nach dem Reaktor-Unfall vom 26. April 1986

1. Kennzeichnen Sie Regionen mit hoher Dichte von Atomkraftwerken und stellen Sie dar, wie weit Atomkraftwerke in Entwicklungsländern verbreitet sind bzw. ausgebaut werden (M 1, M 3, M 4).
2. Beschreiben Sie den nuklearen Brennstoffzyklus (M 2).
3. Erörtern Sie die wirtschaftlichen Perspektiven der Kernenergie. Berücksichtigen Sie dabei die Klimadebatte, die Verfügbarkeit von Ressourcen und Umweltprobleme bei der Endlagerung von Atommüll (M 1 bis M 5).

Webcode:
GO649174-110

4. Weltenergiekonsum – ein Umweltproblem

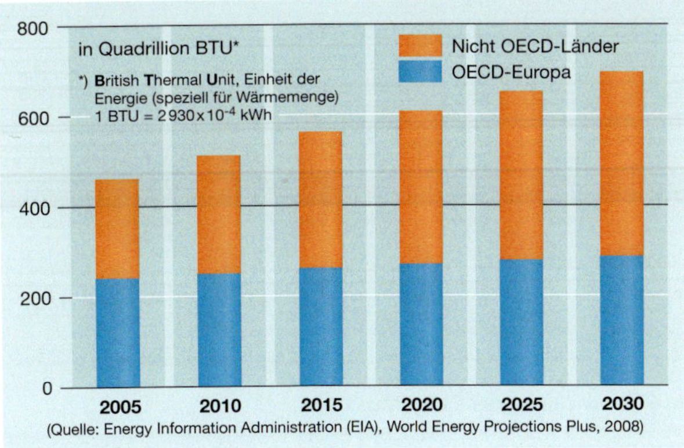

M 1 Weltenergiekonsum

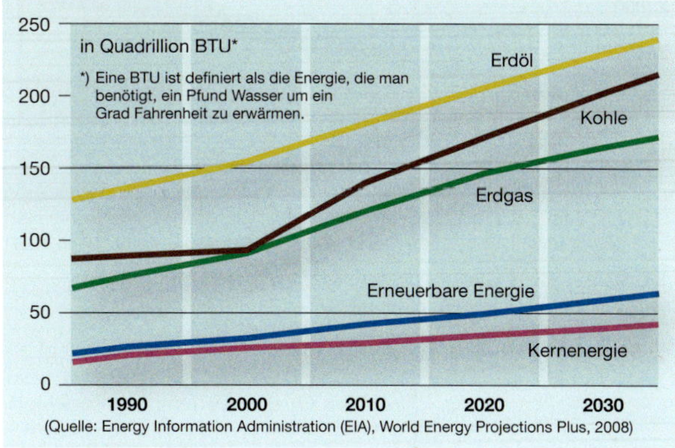

M 2 Weltenergiekonsum nach Energieträgern

Am Scheideweg

Treibhausgase und Energiehunger – die Welt im Dilemma

„Das Weltenergiesystem steht an einem Scheideweg." Mit diesem kurzen Satz fasst die Internationale Energieagentur (IEA) eine der größten Herausforderungen an die Menschheit zusammen.

Sie muss einerseits die Versorgung mit Energie sichern, also die Grundlage für Wohlstand und Entwicklung. Sie muss dabei andererseits den Ausstoß von Treibhausgasen drastisch senken, um die Effekte des Klimawandels zu mindern. Zusammen bedeutet das einen radikalen Umbau der Wirtschaft, eine „weltweite Energierevolution". Die Größe der Herausforderungen unterstreicht die IEA, die von 28 Industriestaaten getragen wird, mit zwei prägnanten Zahlen, die der am Mittwoch in London veröffentlichte „World Energy Outlook", ihr jährlicher Energiebericht, enthält: Sollte die Welt weiter ungehemmt Energie verbrauchen, könnte die Durchschnittstemperatur der Erdatmosphäre bis 2100 um sechs Grad Celsius steigen. Andererseits seien Investitionen in die Energiewirtschaft von 28 Billionen Euro bis 2030 nötig, um die Erwärmung wie zum Beispiel von der Europäischen Union gefordert auf zwei Grad zu begrenzen. […]

Bei der Berechnung der Versorgungssicherheit setzt die IEA voraus, dass die Staaten der Welt in Zukunft keine neuen Maßnahmen ergreifen, um das Klima zu schützen. Dann wird Öl auch im Jahr 2030, so nimmt die Agentur an, der wichtigste Energieträger sein, selbst wenn sein Anteil von heute 34 auf dann 30 Prozent am Primärenergiebedarf sinkt. In absoluten Zahlen wird der Bedarf an Öl unter den genannten Umständen deutlich steigen, von 85 auf 106 Millionen Barrel (159 Liter-Fässer) pro Tag. Schon von 2010 an werden aber nur noch die Länder des Opec-Ölkartells die Produktion von konventionellem Öl steigern können. Auch sie kämpfen gegen einen gewaltigen Rückgang der Fördermengen auf den existierenden Feldern.

Der Chef-Ökonom der IEA, Fatih Birol, drückt es so aus: Um den Rückgang der Produktion aufzufangen, bräuchte die Welt vier neue Saudi-Arabiens. […]
Auf Klimaschutz zu verzichten, ist für die IEA dabei keine Option. Es drohe sonst „die katastrophale, irreversible Schädigung des Weltklimasystems". Nobuo Tanaka, Leiter der IEA sagt: „Die augenblicklichen Trends sind offensichtlich unhaltbar – für die Umwelt, die Wirtschaft und das Zusammenleben." Um den steigenden Energieverbrauch mit drastisch fallenden Emissionen an Treibhausgasen zu verbinden, setzt die Energieagentur auf neue Technik, der sie in den vergangenen Monaten jeweils eigene Berichte gewidmet hat. […]

(nach: Christopher Schrader, SZ, 13.11.2008. Jegliche Veröffentlichung exklusiv über www.sz-content.de)

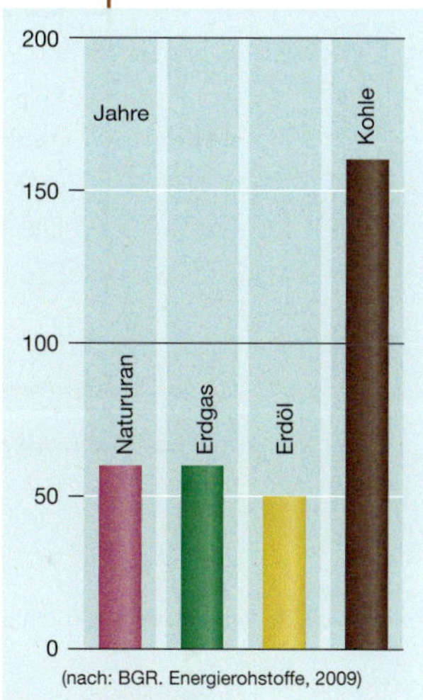

M 3
Statische Reichweite einzelner Energieträger in Jahren, errechnet auf der Grundlage des aktuellen Energiebedarfs.

1. Stellen Sie das Thema „Energieträger" in Tabellen, Diagrammen und thematischen Karten dar (Lagerstätten, Ressourcen, Reserven, Förderung, Export, Import, Verbrauch etc.; Datenquelle Internet, M 3).

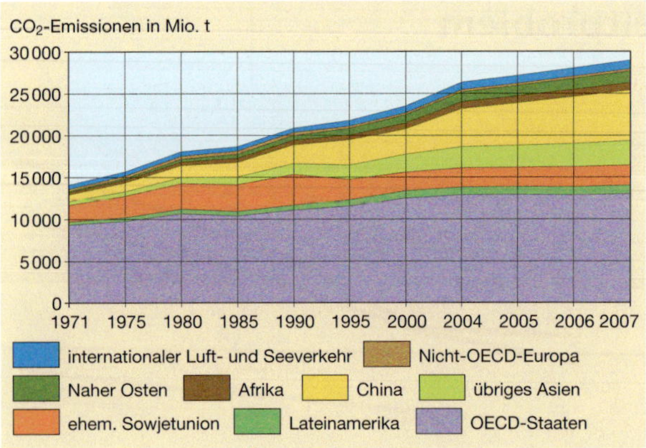

M4 CO_2-Emissionen nach Regionen

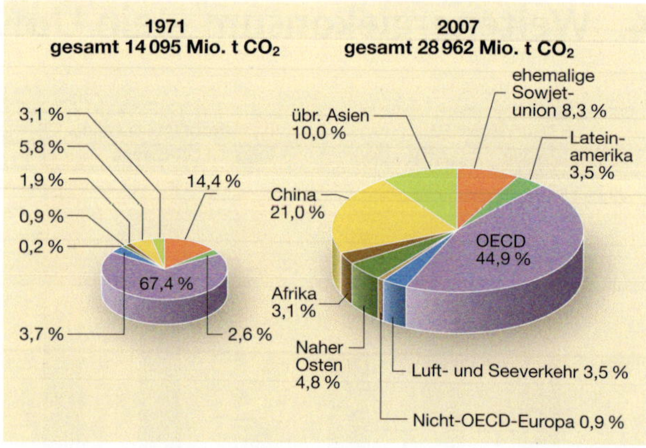

M6 Entwicklung der CO_2-Emissionen

Energieverbrauch

Wohlstand und Lebensqualität scheinen in der globalen Weltgesellschaft unauflösbar mit einem hohem Energieverbrauch gekoppelt zu sein.

Seit der Industrialisierung ist die Energieerzeugung an fossile Energieträger gebunden, zunächst an Kohle, dann zunehmend an Erdöl und Erdgas. Die Tatsache der grundsätzlichen Endlichkeit fossiler Energie und die Belastung der Atmosphäre mit Treibhausgasen zwingen zu einer neuen Energiewirtschaft. Die Atomenergie scheint aus Gründen der Sicherheit und Endlagerung nur eine Episode zu bleiben, zumal Uran ein sehr begrenzter Rohstoff ist.

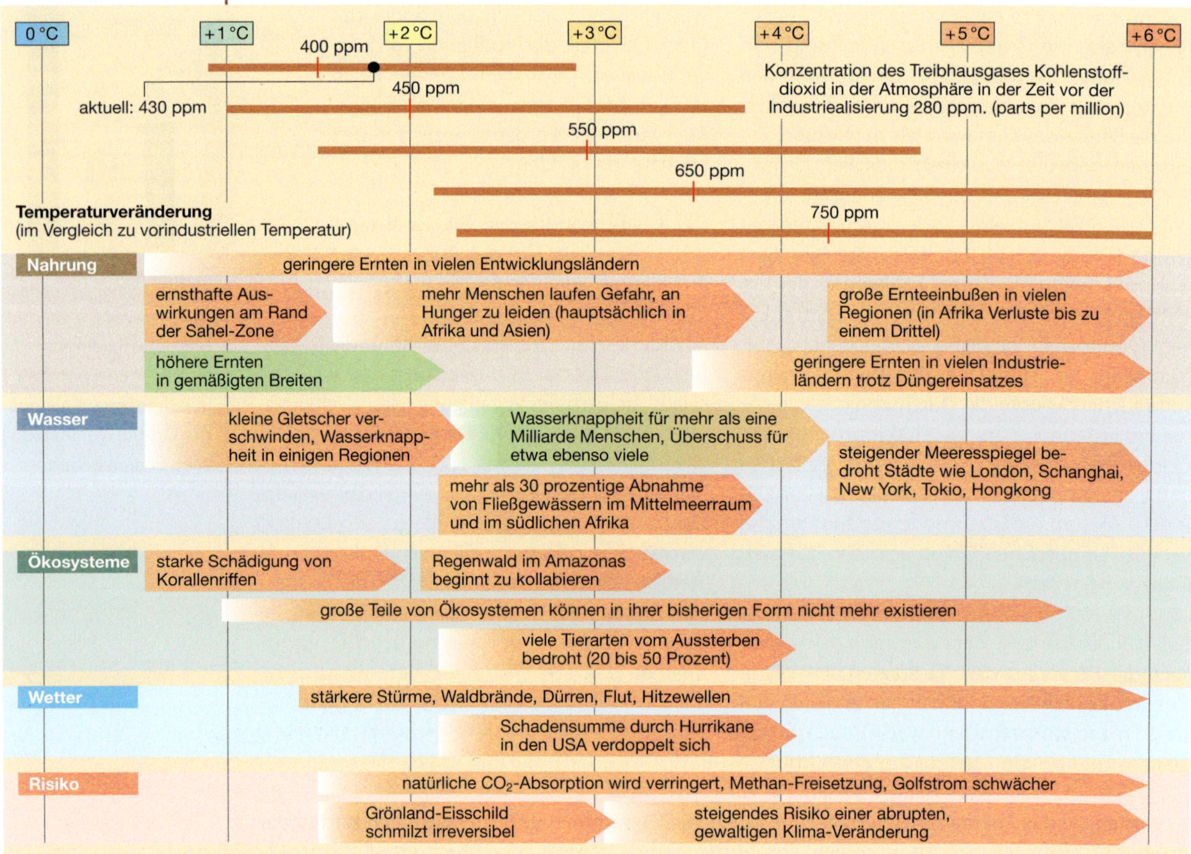

M5 Folgen des Klimawandels (nach: Frankfurter Rundschau vom 03. 11. 2006)

J. N.: Herr Schellnhuber, Klimaforscher sind der Ansicht, dass die Folgen des weltweiten Temperaturanstiegs um zwei Grad gerade noch beherrschbar sein würden. Wie schnell müssten die CO_2-Emissionen sinken, um diesen Grenzwert einzuhalten?

H. J. S.: Wenn die globalen Treibhausgasemissionen bis 2050 halbiert würden, hätten wir nicht einmal die 5/6-Chance wie beim russischen Roulette, die Zwei-Grad-Grenze zu halten. Die wäre erst bei einer 80-prozentigen Reduktion bis zur Jahrhundertmitte gegeben. Für die Industriestaaten würde das die nahezu komplette „Entkohlenstofflichung" bedeuten.

J. N.: Stimmt es, dass die Emissionen in den vergangenen Jahren aber schneller gestiegen sind als je zuvor?

H. J. S.: Das ist so. Der CO_2-Ausstoß liegt gegenwärtig sogar noch über den schlimmsten Szenarien der Klimaforscher. Das geht vor allem auf das Konto Chinas. Eine längere Depression der Weltwirtschaft könnte diesen Anstieg zwar bremsen, aber für den Klimaschutz wäre das ein Pyrrhussieg – weil dann womöglich Geld und Innovationskraft fehlten, um die Wirtschaft grundlegend zu reformieren, sich von fossilen Energien zu verabschieden und auf erneuerbare Energiequellen umzustellen.

J. N.: Höhere Emissionen bedeuten steigende Temperaturen. Was geschieht, wenn erst der Permafrost in Sibirien und Kanada taut und seine Treibhausgase in die Atmosphäre entlässt?

H. J. S.: Das macht mir wirklich Sorgen. Im Permafrost ist vermutlich zehnmal so viel Kohlenstoff gespeichert, wie die Menschen bisher freigesetzt haben. Gelangt er in die Luft, würde es den Temperaturanstieg mehr beschleunigen als alles, was der Mensch dazu beigetragen hat.

J. N.: Welchen Effekt hätte das?

H. J. S.: Wir hätten dann möglicherweise eine bestimmte ökologische Schwelle – der Fachbegriff ist tipping point – überschritten. Dann setzt eine sich selbst verstärkende Rückkopplung ein. Wie schnell und wie stark sich das Klima dann aufheizen würde und welche Folgen das hätte, weiß heut niemand. Hier müsste viel mehr geforscht werden.

J. N.: Wie dramatisch könnten zum Beispiel zwei Grad mehr für die Regenwälder sein?

H. J. S.: Die Regenwälder stehen in Klimazonen mit Durchschnittstemperaturen von 25 bis 26 Grad. In Regionen mit dauerhaft mehr als 28 Grad gibt es keine solchen Wälder. Viele würden abbrennen – und noch mehr CO_2 freisetzen. Am Ende stünden vermutlich Savannen und Steppen. Eine ähnliche Entwicklung droht den nördlichen Taigawäldern. Wenn dieser Dominoeffekt erst einsetzt, bekommen wir über kurz oder lang eine völlig andere Welt. [...]

Interview von Jürgen Nakott: National Geographic, Sonderheft Energie, S. 86

Der Physiker Hans Joachim Schellnhuber leitet das Potsdam-Institut für Klimafolgenforschung. Als Berater der Bundesregierung verteidigt er die Vorgabe, den Anstieg der Temperatur weltweit auf durchschnittlich zwei Grad zu begrenzen. Um das zu erreichen, müssten allerdings spätestens bis zum Jahr 2020 auch Schwellenländer wie China und Indien begonnen haben, ihre enormen CO_2-Emissionen zu verringern.

M 7 Interview mit H.-J. Schellnhuber, Leiter des Potsdam-Instituts zur Klimaforschung

Die regenerativen Energielieferanten Wasser, Wind, Sonne und Biomasse lösen das CO_2-Problem, können aber mittelfristig die fossilen Energieträger nicht ersetzen. Unmittelbar umsetzbar und wirksam wären vorhandene Techniken zur Erhöhung der Energieeffizienz. Damit würden sofort mehrere Ziele erreicht: Schonung der Ressourcen, Reduzierung des CO_2-Ausstoßes und wissenschaftlich-technische Innovationen.

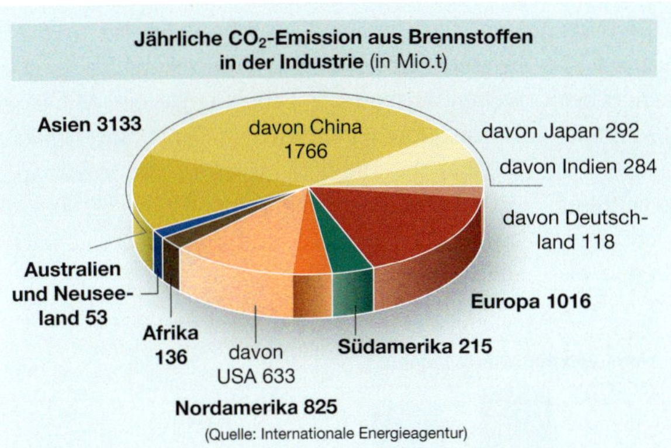

M 8 CO_2 aus der Industrie

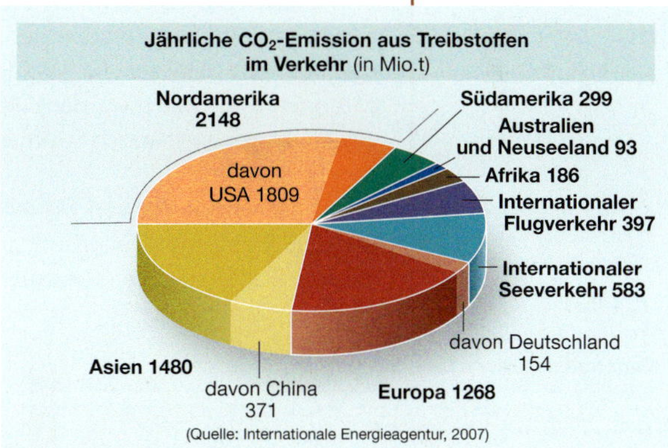

M 9 CO_2 aus dem Verkehr

2. Erläutern Sie den steigenden globalen Energiebedarf und die politischen und wirtschaftlichen Implikationen für OECD- und Nicht-OECD-Länder (M 1, M 2, M 4, S. 111 Text).
3. Erklären Sie, welche Energieträger CO_2-Emissionen verursachen und stellen Sie Ländergruppen mit den größten CO_2-Emissionen grafisch dar (Datenquelle Internet, M 4, M 6, M 8).
4. Erläutern Sie die Folgen des Klimawandels in verschiedenen Szenarien der Temperaturerhöhung (M 5, M 7).
5. Vergleichen und erläutern Sie die CO_2-Emissionen aus verschiedenen anthropogenen Nutzungsbereichen (M 8, M 9).

Webcode: GO649174-113

Installierte Leistung Ende 2008:	23 903 MW
Anzahl Windenergieanlagen Ende 2008:	20 301
Vergütung für Neuanlagen 2009, onshore:	9,20 Cent
Vergütung für Neuanlagen 2009, offshore:	13,00 Cent
Jahresenergieerzeugung für 2008:	43,01 (TWh)
Reale Einspeisung in 2008:	40,43 (TWh)
Bruttostromverbrauch 2007:	617,5 (TWh)
Anteil am Bruttostromverbrauch:	6,4 Prozent
Reale jährliche CO_2-Vermeidung in 2008:	34,61 Mio. t
(Quelle: Bundesverband WindEnergie e. V., 2009)	

M 1 Daten zur Windenergie in Deutschland

M 2 Offshore-Anlage

5. Regenerative Energien

Windkraft als Energiequelle

Windkraft stellt eine ausbaufähige Energiequelle dar. Speziell an Plätzen mit starkem und beständigem Wind, z. B. an hoch gelegenen Standorten oder an der Küste, lohnt sich die Errichtung von Windkraftwerken. Die World Meteorological Organization (eine Organisation der UNO) schätzt das weltweite Potenzial für Windenergie auf 20 Millionen MW, was etwa dem Zehnfachen des gegenwärtigen weltweiten Stromverbrauchs entspricht.

Wind hat eine Reihe von Vorteilen gegenüber anderen Energiequellen. Windparks benötigen kürzere Planungs- und Konstruktionszeiten als Kraftwerke, die mit fossilen Brennstoffen oder Kernkraft betrieben werden (Ausnahme: Offshore-Anlagen). Außerdem sind sie frei von CO_2-Emissionen und verbrauchen keine Brennstoffe im Betrieb. Mit einer weltweit installierten Gesamtleistung von 100 000 MW in 2008 leisten Windkraftanlagen heute schon einen erheblichen Beitrag für den Klimaschutz.

Windenergie stellt derzeit im Vergleich zu den anderen erneuerbaren Energien (Sonne, Wasser, Erdwärme, Biomasse) den am schnellsten wachsenden Wirtschaftszweig dar. Dabei behauptet Deutschland von Beginn des Booms an (etwa 2000) eine führende Position, aber in den letzten Jahren holen Länder wie die USA, Spanien, China und Indien verstärkt auf.

Große europäische Energieversorger wie E.ON, RWE und Vattenfall investieren in Windparks mit immer größerem Leistungsumfang. Für Nord- und Ostsee sind Offshore-Anlagen geplant mit einer Gesamtleistung von 25 000 MW. Widerstand gibt es hauptsächlich von Seiten von Krabbenfischern und Naturschützern, da man von einer Beeinträchtigung der Fauna in der Umgebung der Anlagen ausgehen muss.

Der Ausbau der Windenergie wird in den meisten Industrieländern öffentlich gefördert. Die Bundesregierung hat mit dem Erneuerbare-Energie-Gesetz (EEG, 1. April 2000) den Grundstein für den Boom in Deutschland gelegt. Ihre Strategie besteht darin, bis zum Jahr 2020 einen Anteil von 20 Prozent an der gesamten Stromerzeugung durch erneuerbare Energien zu erreichen. Den größten Anteil wird davon die Windenergie zur Verfügung stellen. Deutsche Hersteller und Zulieferer nehmen eine Spitzenstellung beim weltweiten Ausbau der Windenergie ein. Mit einer Exportquote von 83 Prozent (2008) unterstreicht die Branche ihre Bedeutung für den Weltmarkt. 2008 beschäftigte die Branche etwa 90 000 Arbeitskräfte (Hersteller und Zulieferer) mit wachsender Tendenz.

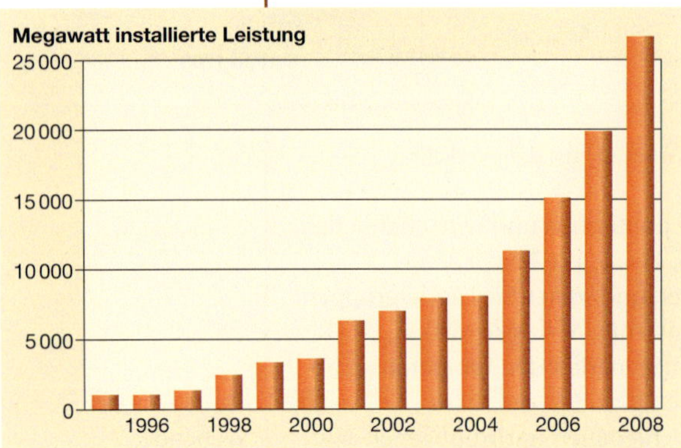

M 3 Jährlicher Neubau weltweit

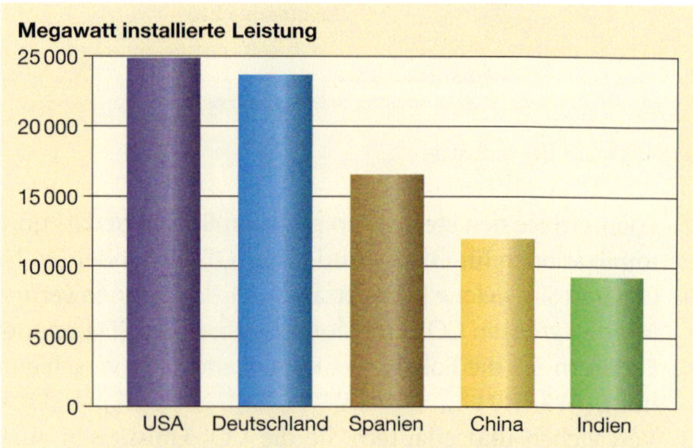

M 4 Installierte Leistung 2008 Top-5-Länder

[...] An dem Küstenstreifen (Oldersum, Ostfriesland, d. V.), wo der Tourismus mittlerweile ähnlich ausgereizt ist wie die Fanggründe der Fischer, herrscht plötzlich Aufbruchstimmung. Arbeitsämter werden mit Jobangeboten überhäuft, verlassene Produktionsstätten reaktiviert. Manche sprechen gar von einem neuen Zeitalter für die Region, und das trägt einen Namen: Alpha Ventus (AV). Die programmatische Bezeichnung steht für den ersten deutschen Windpark auf hoher See. 45 Kilometer vor Borkum werden zwölf Windkraftanlagen in den Meeresboden gerammt, jede von ihnen so hoch wie der Kölner Dom. Die Montage ist eine gewaltige logistische und technische Herausforderung. Und doch ist AV nur ein Pilotprojekt. Ein vergleichsweise mickriger Prototyp, welcher der Vorreiter sein soll für ungleich größere Offshore-Parks, die nun innerhalb weniger Jahre folgen werden. 21 Hochseewindparks sind an Nord- und Ostsee bereits genehmigt, hinzu kommen kleinere Projekte in Küstennähe. Werden alle gebaut, könnten sich in zwölf Jahren 3000 bis 5000 Rotoren über deutschen Gewässern drehen. Mit einer rechnerischen Gesamtleistung von 25 000 Megawatt. Das ist mehr Strom, als alle deutschen Atomkraftwerke zusammen produzieren. [...]

(Steffen Fründt, Welt am Sonntag, Nr. 33, 17. 8. 2008)

M5 Energieschub auf hoher See

Die Anlage 1 des UVP-Gesetzes regelt unter Nr. 1.6 die UVP-Pflichtigkeit von Windkraftanlagen:

1. Die Errichtung und der Betrieb einer Windfarm mit 20 oder mehr Anlagen ist immer UVP-pflichtig.
2. Bei 6 bis 19 Anlagen ist eine allgemeine Vorprüfung darüber, ob eine UVP notwendig ist, von der Behörde vorzunehmen. Nach § 3 c Abs. 1 Satz 1 UVPG ist eine UVP notwendig, wenn „das Vorhaben nach Einschätzung der Behörde aufgrund überschlägiger Prüfung [...] erhebliche nachteilige Umweltauswirkungen haben kann." Diese Vorprüfung erfolgt im sogenannten „Screening-Termin", an dem die zu beteiligenden, zuständigen Behörden Stellung beziehen.
3. Bei Windfarmen mit 3 bis 5 Anlagen ist eine „standortbezogene Vorprüfung" zur Beurteilung einer UVP-Pflicht erforderlich (§ 3 c Abs. 1 Satz 2 UVPG). Danach besteht eine UVP-Pflicht nur, wenn „aufgrund besonderer örtlicher Gegebenheiten [...] erhebliche nachteilige Umweltauswirkungen zu erwarten sind". Aufgrund der Formulierung im UVPG ist bei kleinen Parks mit drei bis fünf Anlagen davon auszugehen, dass nur im Ausnahmefall eine UVP notwendig ist.

(Auszug aus dem Gesetz über die Umweltverträglichkeitsprüfung (UVPG), in Kraft ab dem 1. 7. 2005)

M7 Genehmigungsverfahren von Windenergieanlagen

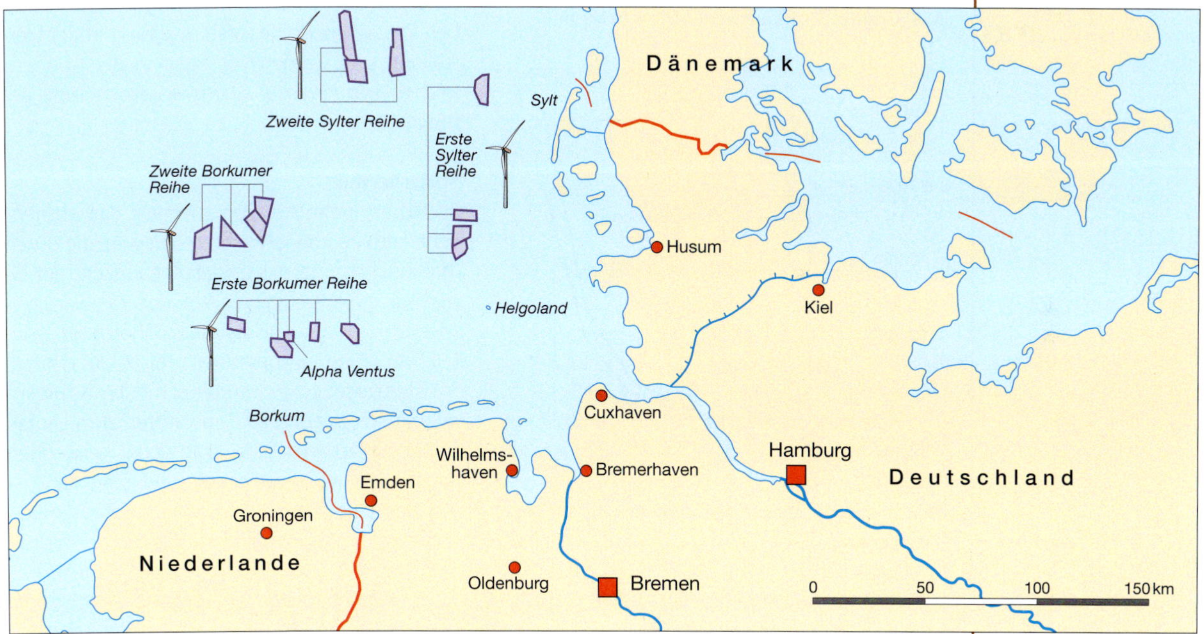

M6 Geplante Offshore-Windparks in der Deutschen Bucht

1. Lokalisieren Sie mithilfe von GIS und Atlas die Regionen der Erde, die für den Bau von Windkraftanlagen besonders geeignet sind (konstante Windstärken von mindestens 5).
2. Überprüfen Sie insbesondere die geplanten Offshore-Anlagen in der Nordsee (**M6**).
3. Erklären Sie, welche Gründe für den Ausbau der Windenergie in Deutschland maßgeblich waren und erläutern Sie die wirtschaftlichen Perspektiven Deutschlands im Hinblick auf Windenergie (**M1** bis **M5**, **M7**).
4. Informieren Sie sich über gesellschaftliche Gruppen, die dem Bau von Windkraftanlagen aus Umweltschutzgründen kritisch gegenüber stehen und erörtern Sie deren Argumente (Datenquelle: Internet, **M6**).

Webcode: GO649174-115

Solarenergie

Die Strahlung der Sonne erreicht die Außengrenze der Erdatmosphäre mit einem durchschnittlichen Energiebetrag von 1,3 Kilowatt pro Quadratmeter. Etwa die Hälfte davon wird von der Atmosphäre absorbiert oder reflektiert. Dennoch ist die Energiemenge, welche den Erdboden erreicht, noch einmal 10 000-mal größer als der jährliche Energieverbrauch auf der Erde. Da die Strahlungsenergie jedoch diffus ist, muss sie erst konzentriert werden, um sie z. B. für die Stromerzeugung nutzen zu können.

M 8 Größtes Solarkraftwerk Afrikas in Kigali

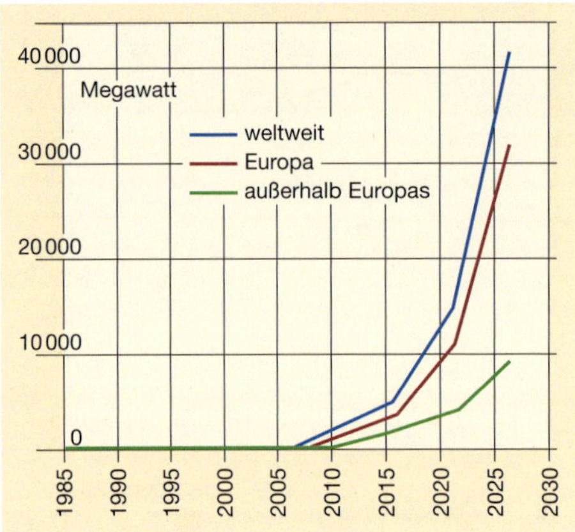

M 9 In solarthermischen Kraftwerken installierte Leistung

Kollektoren

Die älteste und einfachste Technik der Solarnutzung ist die Wärmeabsorption durch Kollektoren. Kollektoren bestehen aus wärmeabsorbierenden Materialen, d. h. meist schwarze, mit einer doppelten Glasschicht isolierte, ebene Oberflächen, unter welchen eine Flüssigkeit (meistens Wasser) in geschlossenen Leitungen zirkuliert. Bei Sonneneinstrahlung erhitzt sich die Flüssigkeit und die gewonnene Energie wird dann über Wärmetauscher, z. B. in das Warmwassersystem von Einfamilienhäusern geleitet. Bei voller Sonneneinstrahlung genügt eine fünf Quadratmeter große Kollektorfläche, um Warmwasser für den täglichen Bedarf einer durchschnittlichen Familie bereitzustellen. Kollektoren sind billig in der Herstellung und werden vor allem in den sonnenreichen Ländern zur Warmwasserbereitung genutzt.

Solarthermie

Solarthermische Anlagen sammeln das Sonnenlicht mithilfe von gewölbten Spiegeln, die durch ihre Ausrichtung das eingefangene Licht auf einen Receiver focussieren. Im Receiver wird ein Medium (Wasser, Flüssigsalz, Thermoöl oder Luft) auf hohe Temperaturen erhitzt. Das erhitzte Medium erzeugt Wasserdampf für den Turbinenantrieb, der wiederum Generatoren zum Laufen bringt. Solarthermische Kraftwerke verwenden Tausende von Spiegeln und gewinnen dabei – ausreichende Sonnenscheindauer vorausgesetzt – genug Energie, um eine mittlere Großstadt mit

	Umsätze in der deutschen Solarthermiebranche	Arbeitsplätze in der deutschen Solarthermiebranche	Umsätze in der deutschen Photovoltaikbranche	Arbeitsplätze in der deutschen Photovoltaikbranche
1998	200 Mio. €	4 000	–	1 500
2000	350 Mio. €	8 000	201 Mio. €	3 100
2002	340 Mio. €	9 000	264 Mio. €	4 300
2004	600 Mio. €	10 000	1 645 Mio. €	17 200
2006	1 200 Mio. €	19 000	4 451 Mio. €	29 600
2008	1 700 Mio. €	25 000	6 200 Mio. €	53 300

M 10 Umsätze und Arbeitsplätze der deutschen Solarbranche

Strom zu versorgen. Das derzeit größte Solarkraftwerk Europas ging im Herbst 2008 in Spanien in Betrieb. Die Anlage „Andasol", auf der Hochebene von Guadix (Andalusien) gelegen, versorgt mit einer Gesamtleistung von 50 Megawatt etwa 200 000 Haushalte. Weitere Anlagen sind geplant bzw. im Bau.

Photovoltaik

Wie die Solarthermie bietet auch die Photovoltaik ein beachtliches Wachstumspotenzial. Photovoltaische Anlagen bestehen nur aus wenigen Bauelementen und sie sind wartungsarm. Sie können sowohl als Inselanlagen zur Stromversorgung von Apparaten oder Einzelhäusern als auch als netzgekoppelte Anlagen verwendet werden. Ihre Lebensdauer ist vergleichbar mit der von konventionellen Kraftwerken (Kohle, Öl, Gas) und Atomkraftwerken.
Die Kosten für die Herstellung der Zellen waren im letzten Jahrhundert noch hoch. Sie sind seitdem gefallen und sie werden mit weiterem Ausbau der Photovoltaik noch weiter sinken, dennoch ist diese Art der Stromerzeugung auf absehbare Zeit zu teuer, um ohne Subventionen auf dem Markt eine Chance zu haben. In Deutschland fördert die Bundesregierung die Photovoltaik über das EEG. Nach Spanien ist Deutschland der weltweit größte Anwender von Photovoltaik. In entlegenen Gebieten der Erde ohne (ausreichende) Stromversorgung ist diese Form der Stromerzeugung heute schon konkurrenzlos.

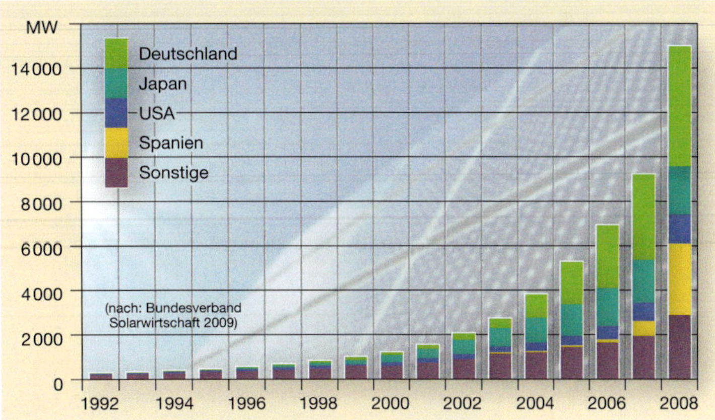

M 12 Weltweit installierte Photovoltaikleistung

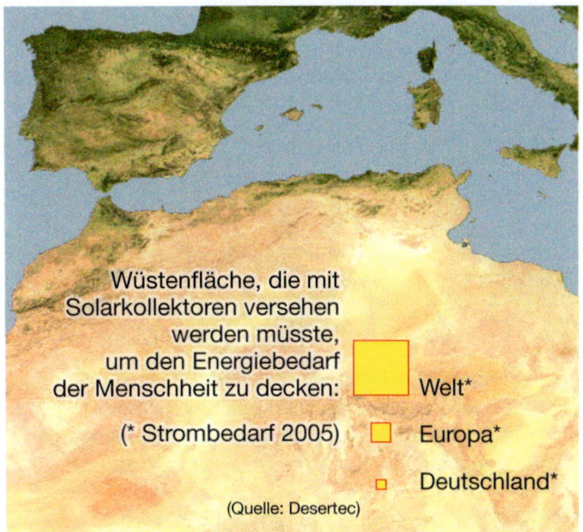

M 13 Die Kraft der Sonne

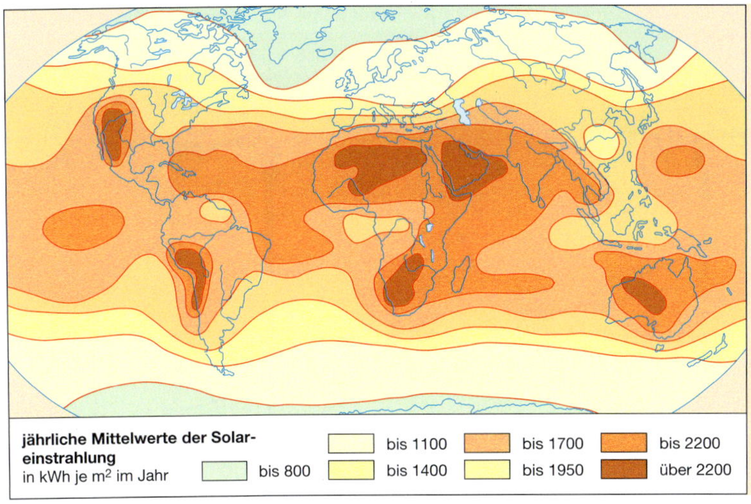

M 11 Die sonnigsten Flecken der Erde

Die sonnigsten Flecken der Erde
Nicht jede Region auf dem Globus eignet sich für solarthermische Kraftwerke. Da diese Anlagen – anders als Solarzellen – ausschließlich den direkten Anteil der Sonnenstrahlung in Wärme für die Stromerzeugung verwandeln können, lohnt sich der Bau vor allem in den Wüstengebieten Afrikas, Australiens, im Südwesten der USA und in einigen Regionen Südamerikas. Dort scheint die Sonne die meiste Zeit des Jahres weitgehend ungetrübt durch Wolken, die einen großen Teil des Sonnenlichts streuen – und damit für solarthermische Kraftwerke unbrauchbar machen.
In Europa kommen für einen rentablen Betrieb nur Spanien, Griechenland, Süditalien sowie der äußerste Süden Frankreichs in Betracht.
(aus: bild der wissenschaft 3/2009, S. 94)

5. Erläutern Sie die unterschiedliche Art der Energiegewinnung von Kollektoren, Solarthermie und Photovoltaik (M 8).
6. Erörtern Sie das weltweite Ausbau-Potenzial der Solarthermie und der Photovoltaik (M 9, M 11 bis M 13).
7. Analysieren Sie die wirtschaftliche Bedeutung der Solarbranche für Deutschland (M 10, M 12).

Webcode: GO649174-117

M 14 Geothermische Karte Deutschlands

Geothermie

Die Temperaturen im Inneren unserer Erde stellen an vielen Orten nützliche Energiequellen dar. An den Rändern der Kontinentalplatten oder an Plätzen, wo die Erdkruste über einer Magmakammer liegt, kommt diese Energie in Form von heißen Quellen, Geysieren und Fumarolen (Gasausstößen) zum Vorschein. In den USA (Yellowstone National Park), Japan, Island und Neuseeland gibt es zahlreiche geothermale Quellen. In Deutschland zählt der Oberrheingraben zur geothermal aktivsten Region. Abhängig von der Form (flüssig, gasförmig), dem Wärmeinhalt und dem Zugang zum Grundwasser ergeben diese Quellen feuchtes Gas, Wasserdampf oder heißes Wasser. Heiße Wasserquellen wurden von der Antike bis zur Gegenwart für Heilbäder genutzt. Die industrielle Nutzung kam erst gegen Ende des 20. Jahrhundert in Gang. Mit Geothermie werden heute elektrischer Strom, Raumwärme und Prozesswärme für industrielle Verfahren erzeugt. Sie ist zu einem bedeutenden Industriezweig auch in Deutschland geworden.

Oberflächennahe Geothermie

Während es auf der Erde nur wenig Plätze mit hochtemperierten geothermalen Quellen gibt, ist die niedertemperierte, oberflächennahe Geothermie beinahe überall für die Erzeugung von Raumwärme bzw. -kühlung nutzbar. Drei bis vier

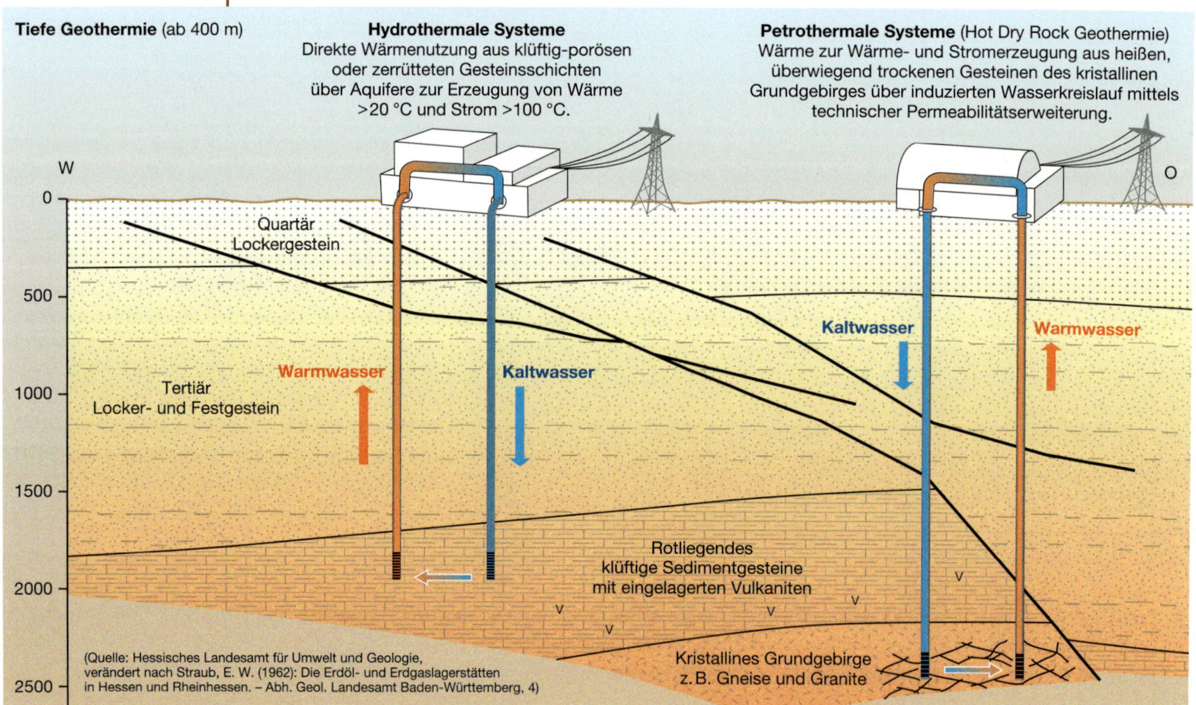

M 15 West-Ost-Profil mit Zielhorizonten im nördlichen Oberrheingraben bei Stockstadt

Meter unterhalb der Erdoberfläche liegt die Erdtemperatur nämlich nahezu konstant zwischen 10 und 20 °C. Diese stabile Erdtemperatur stellt die Grundlage für den Wärmetransport dar. Dazu verwendet man unterirdisch verlegte, geschlossene Röhren, in denen Wasser oder eine andere Flüssigkeit zirkuliert. Im Winter absorbiert diese Flüssigkeit die Erdwärme und transportiert sie zu einer Wärmepumpe, welche die Raumluft oder das Warmwassersystem eines Hauses erwärmt. Im Sommer kann das System umgekehrt laufen, d.h., die warme Raumluft wird unterirdisch gekühlt. In Deutschland wird die oberflächennahe Geothermie hauptsächlich für die Raumwärme verwendet. Entscheidend für die Wirtschaftlichkeit solcher Anlagen ist die Temperaturdifferenz zwischen Oberfläche und Untergrund, d.h., je tiefer der Untergrund, desto höher ist der Wärmegewinn. Außerdem spielt eine Rolle, wie schnell die dem Erdspeicher entnommene Wärme wieder nachfließt. Diese Bedingungen können nur über eine (teure) Probebohrung ermittelt werden. Um die Investitionskosten für Privatnutzer im Rahmen zu halten, wird der Bau von geothermalen Heizungsanlagen in Deutschland öffentlich gefördert.

Tiefe Geothermie

Kraftwerke zur Strom- und Wärmeerzeugung benötigen Temperaturen von 100 bis 160 °C des Wärmespeichers, die nur in Tiefen ab 400 Meter gegeben sind. Besteht die wärmespendende Lagerstätte aus porösem Tiefengestein ohne Grundwasserkontakt, spricht man von einer „petrothermalen Lagerstätte". Um die Wärme an die Oberfläche zu bringen, presst man Wasser mit hohem Druck in das Gestein. Dort heizt es sich auf und über eine Pumpe wird es wieder nach oben befördert. Das heiße Wasser wird im Kraftwerk über einen Wärmetauscher geleitet, der die Erzeugung von Dampf für den Turbinenantrieb ermöglicht. Oder man nutzt das heiße Wasser zum Einspeisen ins Fernwärmenetz, um ganze Siedlungen mit Wärme zu versorgen.

In den geothermal hoch aktiven Regionen der Erde (nicht in Deutschland) ist der Untergrund so heiß, dass der erhitzte Wasserdampf direkt für den Turbinenantrieb benutzt werden kann. Petrothermale Lagerstätten stellen ein riesiges Nutzungspotenzial bereit, da sie praktisch ortsunabhängig erschlossen werden können.

Eine andere Form von Wärmespeicher stellen hydrothermale Lagerstätten zur Verfügung. Diese Lagerstätten befinden sich ebenfalls in mehr als 400 Metern Tiefe und sie stehen mit einem Grundwasserleiter in Verbindung. In den Hohlräumen des Gesteins zirkuliert heißes Wasser. Dieses Wasser wird ins Kraftwerk gepumpt. Nach der Nutzung ist es abgekühlt und man leitet es wieder zurück in den Untergrund, womit ein nahezu geschlossener Wasserkreislauf entsteht. In Deutschland gibt es derzeit nur hydrothermale Kraftwerke. Die ergiebigsten Lagerstätten liegen neben dem Oberrheingraben im bayerischen Alpenvorland und im Norddeutschen Becken. Allerdings sind die Temperaturen des Tiefenwassers in diesen Lagerstätten nicht hinreichend hoch, um damit direkt Turbinen antreiben zu können.

Ökologische Aspekte

Wie bei allen anderen regenerativen Energien kann durch Anwendung der Geothermie CO_2 eingespart und damit ein Beitrag zum Klimaschutz geleistet werden. Der Bundesverband Geothermie e.V. schätzt, dass in Deutschland mit dem technisch nutzbaren Potenzial etwa die Hälfte des Jahresstromverbrauchs und ein Vielfaches der jährlich benötigten Wärmemenge gedeckt werden könnte. Petrothermale Anlagen sind jedoch nicht frei von Umweltrisiken: Durch das Einpressen von Wasser in den tiefen Untergrund werden planmäßig Erschütterungen ausgelöst. Diese können vorhandene Spannungen in den Erdschichten verstärken und in der Folge Erdbeben auslösen.

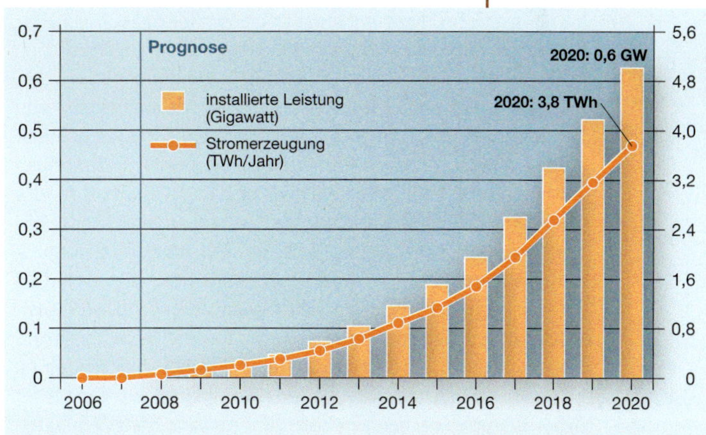

M16 Strom aus Geothermie in Deutschland

8. Erklären Sie, weshalb ein stetiger Wärmestrom vom Erdinneren zur Oberfläche kommt.
9. Lokalisieren Sie Orte auf der Erde und in Deutschland, welche über ein besonders geothermales Potenzial verfügen (Atlas, M 14).
10. Erläutern Sie die unterschiedlichen Formen der geothermalen Nutzungen und kennzeichnen sie ihre wirtschaftliche Bedeutung für Deutschland (M 15, M 16, Internet).

Webcode: GO649174-119

6. Nachwachsende Rohstoffe

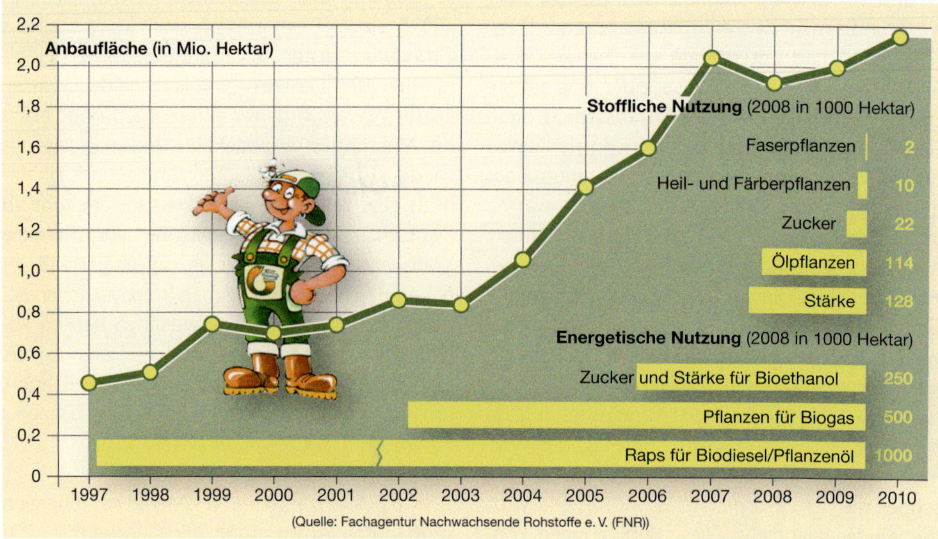

M 1 Anbau nachwachsender Rohstoffe in Deutschland

Schon im 19. Jahrhundert wurden Rohstoffpflanzen industriell genutzt, hauptsächlich für die Textilindustrie. Kleidung wurde aus Faserpflanzen wie Lein (Flachs) und Hanf hergestellt; zum Färben benutzte man Waid (Isatis tincto) und Krapp (Rubia tinctoria); Öl wurde aus Sonnenblumen, Mohn, Rübsen oder Senf gewonnen und für die Möbel- und Papierindustrie schlug man heimisches Holz. Die meisten dieser Rohstoffpflanzen verloren ihre Bedeutung für die Landwirtschaft, als chemisch-synthetische Produkte und billige Import-Rohstoffe (Baumwolle, Palmkernöl, Erdöl, Holz) auf den Markt kamen. Der Anbau von Nutzpflanzen für industrielle Zwecke fand in der Landwirtschaft erst wieder seit den 1990er-Jahren einen Aufschwung. Angesichts steigender Erdölpreise schien für die Landwirtschaft vor allem der Anbau von Energiepflanzen eine neue wirtschaftliche Perspektive zu eröffnen.

Nachwachsende Rohstoffe tragen auf vielfältige Weise zu einer nachhaltigen Energie- und Rohstoffbereitstellung bei. Sie helfen, den Klimawandel zu bremsen, indem sie bei der energetischen Nutzung weniger Treibhausgase freisetzen als fossile Rohstoffe und bei der stofflichen Nutzung sogar Kohlenstoffdioxid konservieren. Sie dienen der Versorgungssicherheit, denn sie sind nicht endlich und können in nahezu allen Ländern der Erde gewonnen werden. Bislang sind wir, was unsere Ressourcen betrifft, weitgehend von Importen abhängig, die aus einigen wenigen, zum Teil politisch instabilen Regionen kommen. Nachwachsende Rohstoffe können wir hingegen in einheimischer Land- und Forstwirtschaft produzieren und darüber hinaus aus einer Vielzahl anderer Länder importieren. Dies trägt zu einer sicheren und stabilen Versorgung und damit letztlich auch zur Entschärfung von Konflikten bei. [...] Werden nachwachsende Rohstoffe in heimischer Land- und Forstwirtschaft erzeugt und hierzulande auch weiter verarbeitet und verbraucht, bleibt die damit zusammenhängende Wertschöpfung im Land und generiert in der Regel neue Arbeitsplätze. Gerade für den strukturschwachen und oft von Abwanderung geprägten ländlichen Raum bietet dies große Chancen und neue Perspektiven für die Menschen vor Ort. Nachwachsende Rohstoffe punkten so auf ökologischer, ökonomischer und sozialer Ebene und werden Nachhaltigkeitskonzepten vielfältig gerecht.

(Quelle: Fachagentur für Nachwachsende Rohstoffe e.V., Basisinfo Rohstoffe, www.nachwachsenderohstoffe.de)

M 2 Bedeutung nachhaltiger Rohstoffe

Energie aus Biomasse

Die Biomasse der Erde speichert nur etwa 0,1 Prozent der Energie des einfallenden Sonnenlichts in Form von chemisch gebundener Energie. Dennoch übertrifft der Energieinhalt der gesamten Biomasse der Erde den derzeitigen Weltenergieverbrauch um das 10 bis 20-Fache. Unter „Biomasse" versteht man alle Stoffe pflanzlicher und tierischer Herkunft, z. B.

- alle lebenden Tiere und Pflanzen,
- deren Rückstände (z. B. abgestorbene Pflanzen- und Tierreste) und deren Ausscheidungen,
- im weiteren Sinne alle organischen Stoffe, die durch eine technische Umwandlung entstanden sind (z.B. Biomüll, Abfälle aus der Nahrungsmittelindustrie).

Viele Kulturpflanzen sind als Energiepflanzen geeignet: In Deutschland werden Getreide wie Mais, Weizen, Roggen als Energiepflanzen genutzt, neben Gräsern wie Chinaschilf und Weidelgras, außerdem Ölsaaten wie Raps und Sonnenblumen. In tropischen Ländern sind es vor allem Zuckerrohr und Ölpalmen. Aber auch die biogenen Reststoffe können zur Energieerzeugung genutzt werden, z. B.

- Ernterückstände (z. B. Rübenblätter),
- Tierische Exkremente (z. B. Gülle, Mist),
- Nebenprodukte der Nahrungsmittelproduktion (z. B. Kartoffelschalen),
- sonstige organische Abfälle (z. B. Klärschlamm, Kompost).

Die dritte Gruppe von Rohstoffen für Bioenergie umfasst das Waldholz. Verwendet werden z. B. Resthölzer aus der Landschafts- und Waldpflege, aus der industriellen Fertigung sowie der Abfall von Sägewerken. Auch Althölzer, die zuvor für andere Zwecke genutzt wurden, können energetisch verwertet werden.

Der Ausbau der Bioenergie wird vom Staat im Rahmen des EEG und verschiedener anderer Subventionen gefördert. Es gibt eine Reihe von Gründen dafür: Bioenergie

- leistet einen Beitrag zum Energiemix in Deutschland (15 Prozent bis 2030),
- ist zuverlässig verfügbar und flexibel einsetzbar,
- trägt zur Verringerung der CO_2-Emission bei (120 Mio. Tonnen jährlich bis 2020),
- trägt zur Energiesicherheit bei und verringert die Abhängigkeit von Energie-Importen.

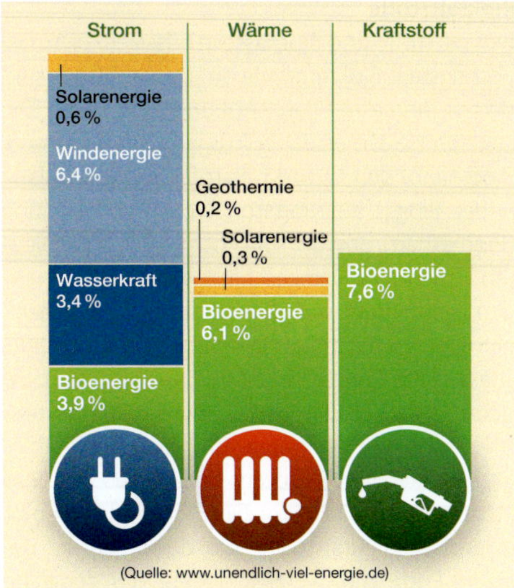

M4 Anteil der Bioenergie am deutschen Energieverbrauch 2007

Nutzungsformen der Bioenergie

Biomasse ist vielseitig einsetzbar: Sie kann in fester, flüssiger und gasförmiger Form gewonnen und für die Erzeugung von elektrischen Strom, Wärme und Treibstoffe genutzt werden. Die Breite der technologischen Anwendungen reicht von Kleinfeuerungsanlagen, wie Stückholz-, Hackschnitzel- und Pelletfeuerungen bis zu Kraftwerken (Gas- und Feststoffkraftwerke). Durch Vergärung bzw. Vergasung von Biomasse werden Treibstoffe für den Fahrzeugantrieb hergestellt.

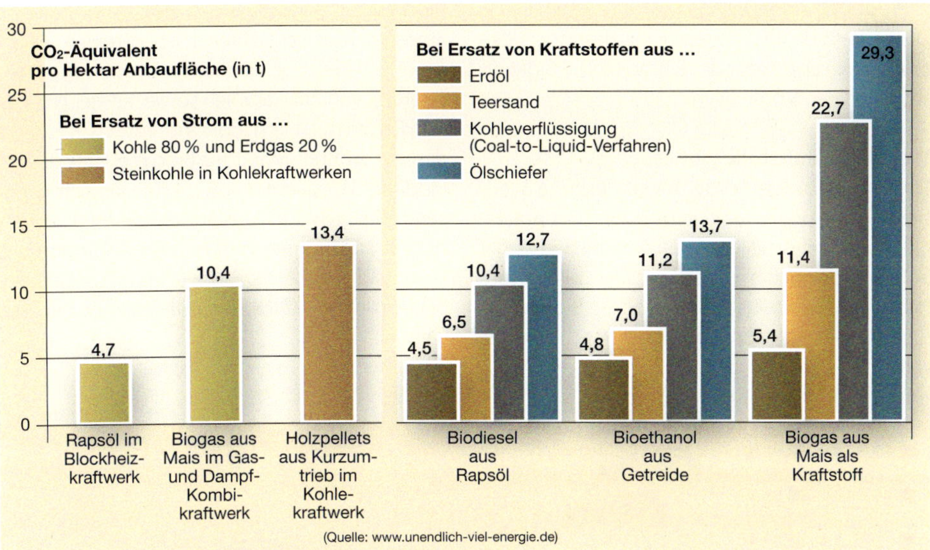

M3 Vermiedene Treibhausgasemissionen durch Biokraftstoffe und Strom aus Bioenergie

1. Beschreiben Sie, welche nachwachsende Rohstoffe in Deutschland angebaut werden und erläutern Sie deren Nutzungen (M 1 bis M 3).
2. Erläutern Sie die Nachhaltigkeitsaspekte des Anbaus von nachwachsenden Rohstoffen (M 4).

Biokraftstoffe

Biokraftstoffe sind Biomasse in flüssiger Form. Die wichtigsten Biokraftstoffe in Deutschland sind derzeit Biodiesel, Pflanzenöl und Bioethanol. Die ersteren beiden ersetzen fossilen Dieselkraftstoff, Bioethanol den Otto-Kraftstoff (Benzin). Bislang findet Biogas als Kraftstoff wenig Verwendung (Biomethan), obwohl sein Potenzial von Fachleuten als sehr hoch eingeschätzt wird.

Um den Einsatz von Biokraftstoffen zu fördern, wurden von der EU im Jahre 2003 eine Richtlinie erlassen (Biokraftstoffrichtlinie, 2003/30/EG). Sie sieht eine sukzessive Steigerung des Mindestanteils von Biokraftstoffen an allen verkauften Kraftsstoffen von 2 Prozent im Jahr 2005 auf 5,75 Prozent im Jahr 2010 vor. Den Mitgliedstaaten ist es erlaubt, Biokraftstoffe von der Steuer zu befreien. Ende 2007 verabschiedete das deutsche Bundeskabinett Biomasse-Nachhaltigkeitsverordnung (BioNachV). Sie sieht eine grundsätzliche Neuausrichtung der Förderung vor:

- Die eingesetzte Biomasse muss künftig die Anforderungen an eine nachhaltige Bewirtschaftung landwirtschaftlicher Flächen und zum Schutz natürlicher Lebensräume erfüllen.
- Der Biokraftstoff muss ein bestimmtes Treibhausgas – Verminderungspotenzial gegenüber fossilen Kraftstoffen aufweisen. Derzeit muss das Potenzial 30 Prozent bzw. 40 Prozent je nach Kraftstoff erreichen. Grundlage für die Berechnung sind Ökobilanzen nach international gültigen Normen (DIN ISO 14040 und 14044), die den gesamten Lebensweg eines Produktes einbeziehen.

Damit stellt die Bundesregierung besonders den Nachhaltigkeitsaspekt des Einsatzes von Biokraftstoffen in den Vordergrund.

Welche Biokraftstoffe gibt es?

Ein Problem bei der Förderung ist die hohe Bandbreite von möglichen Treibstoffen. Die staatlichen und industriellen Investitionen sind daher gegenwärtig noch breit gestreut. Der weltweit am häufigsten verwendete Kraftstoff ist Bioethanol. Bioethanol wird aus Zuckerrüben, Zuckerrohr, Getreide, Kartoffeln und anderen organischen Stoffen (Holz, Stroh) durch anaerobe Vergärung gewonnen. Der Energiegehalt von Ethanol beträgt etwa zwei Drittel des Betrags von Ottokraftstoff, d. h., die Kilometerleistung ist entspechend geringer. Allerdings erhöht Ethanol die Oktanzahl und die Kompression des Motors, was wiederum den Wirkungsgrad der Motorleistung erhöht. Der weltweit größte Produzent von Bioethanol ist Brasilien. Dieses Land hatte schon in den 1980er-Jahren als Folge der Erdölkrise 1976/1977 große Teile seiner Zuckerrohrproduktion für die Herstellung von Ethanol eingesetzt, um teures Erdöl zu ersetzen, und der dadurch gewonnene Vorsprung zahlt sich heute aus. Das in Brasilien hergestellte Bioethanol ist derzeit auf dem Weltmarkt konkurrenzlos billig. In Deutschland sind Weizen und Zuckerrüben die wichtigsten Rohstoffe für die Ethanolherstellung. Große Hoffnungen werden auf den Rohstoff Lignozellulose gesetzt, der praktisch in jedem Pflanzenabfall reichlich vorhanden ist. Aufgrund der breiten Rohstoffbasis ließe sich die Ethanolherstellung damit verbilligen und die auch Ökobilanz verbessern. Eine großtechnische Anlage existiert gegenwärtig aber noch nicht.

Ethanol kann Benzin beigemischt werden, jedoch erfordern größere Beimischungen als 10 Prozent gewisse Modifikationen an den Motoren. In Schweden und Brasilien gibt es Fahrzeugmotoren, die mit Beimischungen bis zu 85 Prozent fahren können (Flexibel-Fuel-Vehicles).

Biodiesel

Biodiesel wird seit Jahren (neben reinem Pflanzenöl) als Treibstoff eingesetzt. Er wird durch Veresterung von Pflanzenölen sowie recycelten Ölen und Fetten mit Methanol synthetisiert. In Europa, das den größten Markt für Biodiesel besitzt, wird Biodiesel vor allem aus Raps, in deutlich geringeren Mengen auch aus Sonnenblumen gewonnen. In Südostasien wird er aus Palmöl und Kokosnussöl produziert. Biodiesel lässt sich sowohl beigemischt als auch rein in Dieselmotoren verwenden.

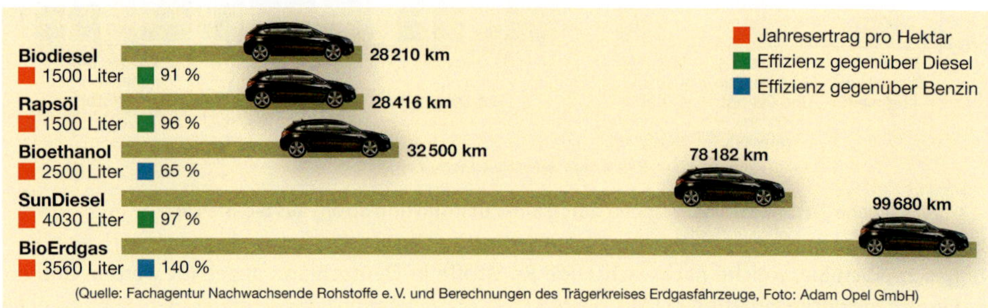

M5 Reichweiten mit Biokraftstoffen

Biomass-to-Liqid (BtL)

BtL-Kraftstoffe sind ebenfalls Syntheseprodukte. Sie werden aus zellulosehaltigen festen Materialien und anderen Biomasserohstoffen hergestellt. Die Ausgangsstoffe wandelt man zu einem Synthesegas um und erzeugt daraus verschiedene Kraftstoffsorten. (Designerkraftstoffe). BtL-Treibstoffe können in herkömmliche Motoren ohne technische Umrüstung eingesetzt werden. Die Entwicklung dieser Kraftstoffe wird daher vor allem von der Automobilindustrie forciert, auch weil sie keine Veränderungen am Tankstellennetz erforderlich machen.

Kokosöl [und Palmöl] gehören genau wie Mais-, Soja- und Rapsöl zu den Biokraftstoffen der ersten Generation. Für deren Anbau ist in der Regel viel Fläche erforderlich, die dann nicht mehr für die Produktion von Nahrungsmitteln zur Verfügung steht. Jatrophaöl zählt zur zweiten Generation von Biokraftstoffen. Es wird aus der giftigen Purgiernuss (Jatropha curcas) gewonnen, die aus Mittel- und Südamerika stammt und an drei Meter hohen Sträuchern wächst. Die Sträucher sind äußerst genügsam und lassen sich auch auf Böden anbauen, die als Äcker nicht in Frage kommen. Die Samen der Nüsse bestehen zu 30 bis 40 Prozent aus Öl und liefern damit eine deutlich höhere Ausbeute als Soja oder Raps.

Algen gehört nach Ansicht vieler Experten die Zukunft der Biokraftstoffe. Sie vermehren sich rasend schnell und können in Salzwassertanks überall auf der Welt gezüchtet werden. Bevor man sie zu Öl presst oder chemisch weiterverarbeitet, muss ihnen jedoch das Wasser entzogen werden, was ihre Ernte teurer macht als bei Energiepflanzen, die auf dem Trockenen wachsen.

(aus: Berliner Zeitung, 8.4.2009, Wissenschaft, Kerstin Viering)

M6 Drei Generationen von Energiepflanzen

[...] Dass die mit dem Biosprit verbundenen Verheißungen an Strahlkraft verloren haben, hat viele Gründe. Schon bald nach der Proklamierung der Beimischungsquoten warnten Wissenschaftler und Ernährungsorganisationen vor negativen Folgen. Jedenfalls wurde schnell klar, dass die deutsche wie die europäische Politik in der ersten Begeisterung Vorteile und Nachteile nicht gründlich abgewogen hatten.

Frühe Mahner saßen im Umweltbundesamt und rechneten aus, dass Deutschland auf der dichtbesiedelten Fläche höchstens vier Prozent seines Erdölbedarfs mit Energiepflanzen abdecken könne, wenn ökologische Standards eingehalten würden. Es müsste also in großem Stil importiert werden.

Ob die Anbau- und Verarbeitungsmethoden in Übersee aber in der Klimabilanz positiv zu Buche schlagen, ist im Einzelfall schwer zu kontrollieren. Monokulturen wie der in den USA zu Ethanol verarbeitete Mais sind auf Pestizide und zusätzliche Nährstoffe angewiesen; infolge der Stickstoffdüngung entsteht Lachgas, das 300 Mal klimaschädlicher ist als Kohlenstoffdioxid. Hinzu kommt der erhöhte Wasserbedarf, obwohl schon die herkömmliche Landwirtschaft für zwei Drittel des globalen Wasserverbrauchs verantwortlich ist. Dass die Nachhaltigkeitskriterien der EU im Verbund mit einem internationalen Zertifizierungssystem eine wirksame Kontrolle ermöglichen, ist derzeit nicht mehr als eine Hoffnung.

Risiken liegen auch in einer möglichen Konkurrenz mit der Erzeugung von Lebensmitteln – Schlagwort: voller Tank statt vollem Teller.

Als vor zwei Jahren die Getreide- und Milchpreise auf den Weltmärkten stiegen und viele Länder in Ernährungsnot brachten, war man mit der Suche nach den Ursachen schnell bei den Agrarrohstoffen angelangt. [...]

(aus: SZ, 13.6.2009, S.6; Wolfgang Roth)

M7 Das Ende einer Verheißung

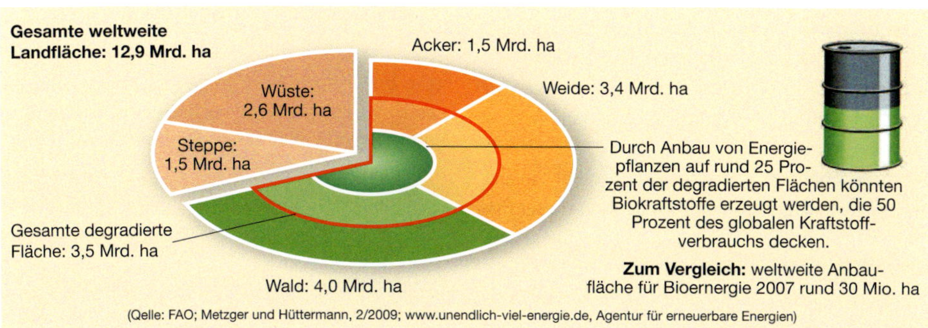

M8 Flächenbedarf von Biokraftstoffen

3. Beschreiben Sie die Unterschiede und erläutern Sie die Gründe für den wirtschaftlichen Boom von Biokraftstoffen (M5).
4. Diskutieren Sie die Problematik der Nutzung von Biokraftstoffen unter Gesichtspunkten der Nachhaltigkeit (M6, M7, M8).

Webcode: GO649174-123

7. Handel mit Energierohstoffen

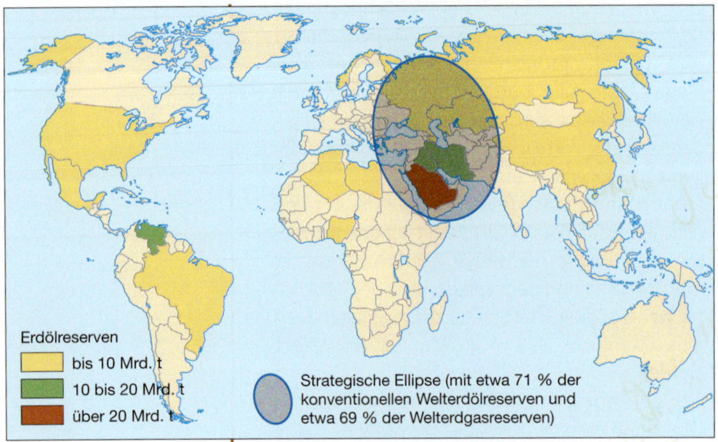

M1 Länderkarte mit energiewirtschaftlichen Ländertypen

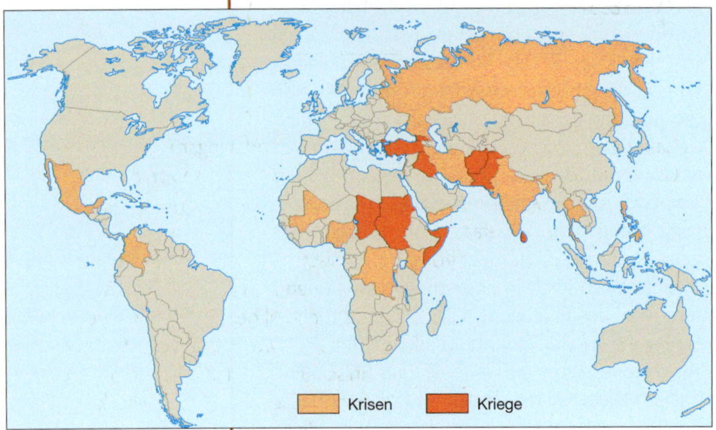

M2 Instabile Regionen der Erde

1973 Israel – Arabische Welt

- Erdöl als politische Waffe: der Ölpreis zieht kräftig an
- Folge: weltweite Wirtschaftskrise

1991 bis heute 2. Golfkrieg

- Politische Stabilität in wichtiger Rohstoffregion
- Kontrolle über Rohstoffreserven
- Sichere Transportwege

1993 bis heute Kaspisches Meer

- Kontrolle über Erdgas- und Erdölvorkommen
- Kontrolle über Transportwege (Pipelines)

1999 bis heute Tschetschenien

- Politische Stabilität (sonst kein Pipelinebau)
- Politischer Einfluss in wichtiger Rohstoffregion

Kriege haben niemals nur eine Ursache. Auch Energieaspekte sind daher nur ein Teil einer komplexen Konfliktlage.

Bei den ausgewählten Konflikten wird gezeigt, dass die Kontrolle über Rohstoffvorkommen und Transportwege jedoch eine hervorgehobene Rolle spielen.

(Quelle: Konfliktbarometer des Heidelberger Instituts für Konfljktforschung)

M3 Konfliktstoff Energie – Energieaspekte internationaler Krisen

Energie – Schicksalsfrage der Menschheit?

Wichtigste Stütze der globalen Energieversorgung ist mit über 35 Prozent das Erdöl, gefolgt von Erdgas mit ca. 21 Prozent. Dies soll sich nach Studien der Internationalen Energie Agentur (IEA) bis 2030 nicht wesentlich ändern.

Da diese Energien endlich sind, werden Länder mit bedeutenden Reserven im Bereich dieser Primärenergien politisch immer wichtiger. Dies führt zu politischen Konflikten, die in offene Kriege münden können. Die Europäische Union versucht sich in diesem Zusammenhang zunehmend unabhängig von den Energielieferungen einzelner Staaten zu machen um wirtschaftlich und politisch handlungsfähig zu bleiben. Langfristig müssen die Menschen jedoch umdenken und ihren Energiemix überdenken.

„Die bisher noch nicht in die Bewertung einbezogenen Vorkommen sind noch viel höher. In diesem Jahrhundert haben wir ausreichend Öl und noch mehr Gas."

(Klaus Franke, Vorstandsvorsitzender Deutsche BP in einem Interview mit der Bildzeitung im August 2008)

„Wegen all der Unsicherheiten die in diesem Bericht beleuchtet werden, können wir sicher sein, dass die Energiewelt im Jahr 2030 gegenüber heute wesentlich anders aussehen wird."

(IEA World Energy Outlook 2008, Executive Summary, November 2008)

M4 Medien-Schlagzeilen

M5 Europäisches Pipeline-Netz für Erdgas

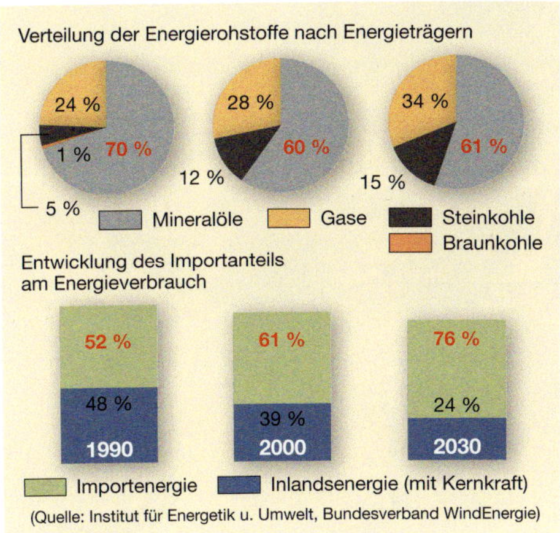

M6 Entwicklung und Verteilung der Energieimporte

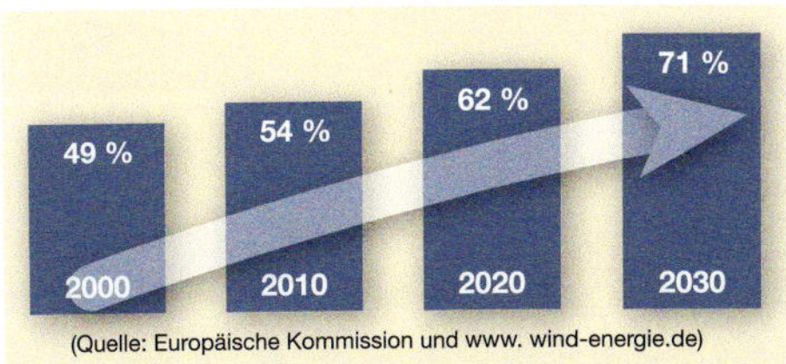

M7 Abhängigkeit von Rohstoffimporten in der EU

Der Gas-Streit zwischen Russland und der Ukraine bedroht die Gasversorgung in Europa. [...] Auch in Deutschland kam es zu ersten Lieferausfällen. Der größte deutsche Gasimporteur, E.ON Ruhrgas, rechnet noch am Dienstag mit einem völligen Ausfall der russischen Gaslieferungen über die Ukraine nach Deutschland. Die Gaskunden in Deutschland müssen nach Angaben der Energiewirtschaft wegen des Gasstreits zwischen Russland und der Ukraine aber nicht im Kalten sitzen. „Die Versorgung ist sichergestellt. Die Verbraucher müssen sich keine Sorgen machen", sagte ein Sprecher des Bundesverbandes der Energie- und Wasserwirtschaft (BDEW). Deutschland beziehe zwei Drittel seines Gases aus Westeuropa. Zudem hätten die 46 Untertage-Speicher eine Kapazität, die einem Viertel des Jahresverbrauchs von 2007 entspreche. [...] Spürbar war die Verknappung auch in der Türkei, Bulgarien, Rumänien, Österreich, Griechenland, Mazedonien, Kroatien und Ungarn. [...] Russland fordert höhere Preise von der Ukraine. Weil die ukrainische Regierung in Kiew sich dagegen wehrt, drehte die russische Führung in Moskau am 1. Januar den Hahn zu. Die Engpässe entstehen, weil der russische Monopolist Gazprom weniger Gas durch die ukrainischen Transitleitungen nach Europa liefert. Die Führung in Moskau beschuldigt den Nachbarn, diese Leitungen illegal anzuzapfen, um Gas für die eigene Versorgung abzuzweigen. Die Europäische Union protestierte gegen die Engpässe, die der russische Gasmonopolist Gazprom in Moskau bestätigte: „Ohne vorherige Warnung und in klarem Widerspruch zu den Versicherungen der höchsten russischen und ukrainischen Stellen wurden die Gas-Lieferungen verringert", betonten die EU-Kommission. Die tschechische EU-Ratspräsidentschaft nannte die Situation „dramatisch".

(nach: Süddeutsche Zeitung vom 06. 01. 2009)

M8 Gas-Streit erreicht Deutschland

1. Beschreiben Sie die räumliche Verteilung der Primärenergieträger (Atlas).
2. Vergleichen Sie die Verteilung der globalen Energiereserven mit den Krisen- und Kriegen der Erde (M 1 bis M 3).
3. Erläutern Sie die aktuelle und künftige Situation der Europäischen Staaten im Bereich der Energieversorgung (M 4 bis M 8 sowie Internetrecherche).

Eine Initiative aus Wissenschaft, Industrie und Politik will Pläne zur Lieferung von Solarstrom aus Nordafrika nach Europa entwickeln. Am 13. Juli wollten sich Vertreter treffen, um ein weiteres Vorgehen zu koordinieren, sagte ein Sprecher des Versicherers Münchner Rück zu tagesschau.de.
Der Konzern will die Pläne maßgeblich vorantreiben. Die Initiative solle in den kommenden zwei bis drei Jahren ein Konzept entwickeln, das Problemlösungen für das ehrgeizige Projekt aufzeigt, erläuterte der Sprecher weiter. Zu dem Gründungstreffen sind unter anderem Siemens, E.ON, RWE, Schott Solar, die Deutschen Bank, weitere deutsche, italienische und spanische Unternehmen, der Staatsminister im Auswärtigen Amt Günter Gloser und eine Vertreter der Arabischen Liga eingeladen. Auch der Club of Rome, eine nichtkommerzielle Organisation, die sich mit globalen Fragen auseinandersetzt, soll sich beteiligen. Der Sprecher betonte, bei dem Treffen am 13. Juli handele es sich nicht um eine Gründungssitzung für ein Konsortium, das Verträge aushandle.
Grundlage für die Pläne ist das Projekt Desertec, das bereits seit Jahren diskutiert wird. 400 Milliarden Euro wären notwendig, um in Afrika Solarkraftwerke und Stromleitungen zu bauen, damit 15 Prozent des europäischen Strombedarfs derart gesichert werden können.
Dafür wären Solarkraftwerke auf einer Fläche von 130 mal 130 Kilometer notwendig [...] Bereits 2019 könnte demnach der erste Strom geliefert werden. Allerdings müssten politisch stabile Länder als Standort gefunden werden, und in der Startphase seien Subventionen nötig [...]

Quelle: http://www.tagesschau.de/wirtschaft/solarstrom100.html (Zugriff 20.07.2009)

M9 Afrikas Sonne soll Stromversorgung revolutionieren

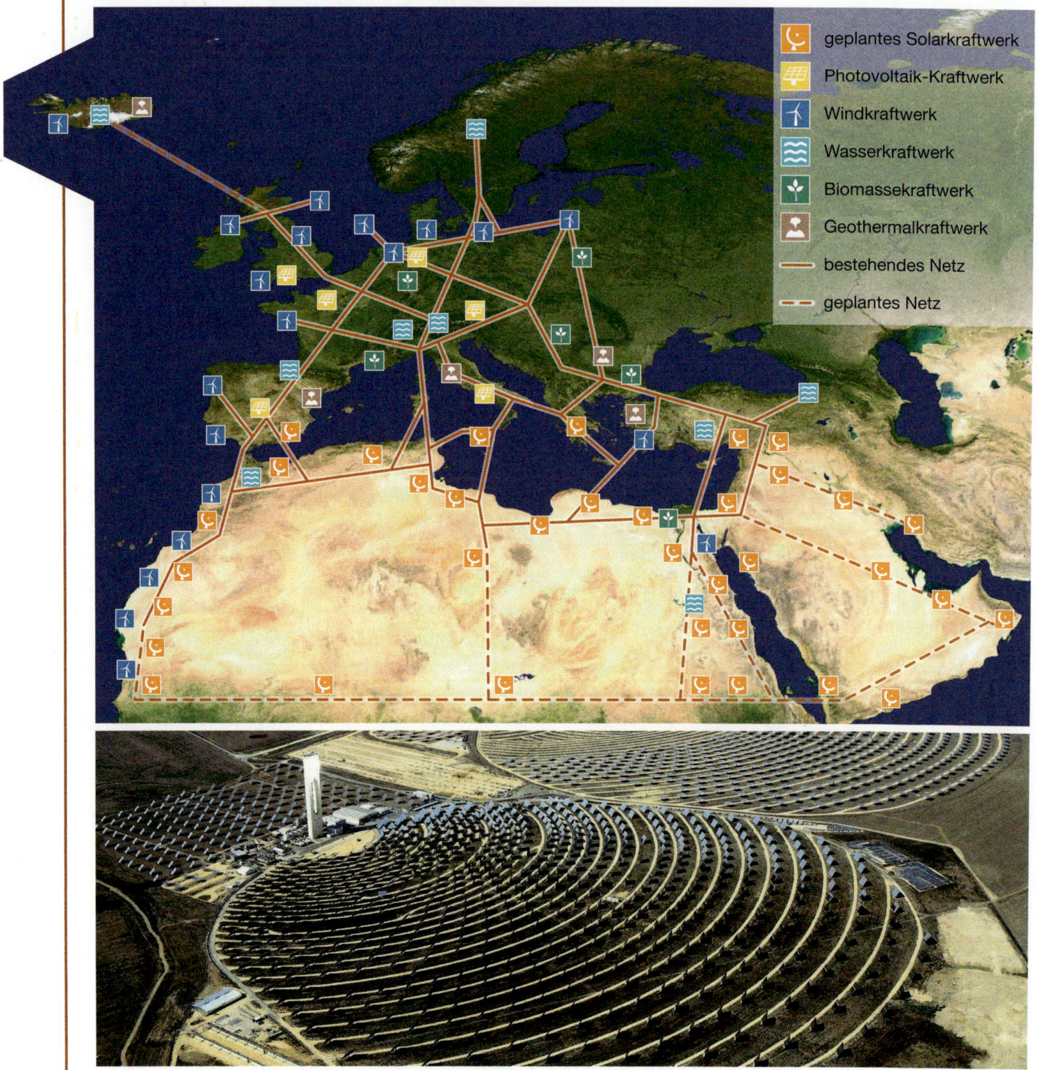

M10 Solarstromnetz nach Europa – Foto: Solarpark im spanischen Sanlucar La Mayor

DESERTEC FOUNDATION

Von Esther Saoub, ARD-Hörfunkstudio Kairo
3000 Stunden im Jahr scheint in Ägypten die Sonne, im Sommer erzeugt sie Temperaturen von mehr als 40 Grad. Statt mit Klimaanlagen gegen diese Hitze anzukämpfen, könnte man die Sonnenstrahlen wirklich in Energie verwandeln. Fläche genug gibt es allemal: 96 Prozent des Landes sind Wüste. In Libyen und im Sudan sieht es nicht viel anders aus. Statt ihr wertvolles Öl und Gas zu verbrennen und subventionierten Strom zu produzieren, könnten diese Länder Sonnenstrom erzeugen und das Öl verkaufen – oder noch besser: Strom exportieren. Denn die Sonnenstrahlen gehen ihnen so schnell nicht aus.
„Gebt uns die Wüste, wir machen euch Strom – und kaufen ihn euch auch noch ab". So könnte der Slogan von Desertec heißen, und er klingt bestechend – sofern die Umsetzung stimmt. Und das heißt als allererstes: Der Großteil des Stromes bleibt da, wo er produziert wurde, und zwar zu einem akzeptablen Preis. Wenn nämlich das komplette Kraftwerk aus Europa geliefert wird, ist die Herstellung von sauberem Strom noch zu teuer. In Ägypten kostet eine durch Photovoltaik produzierte Kilowattstunde Strom derzeit viermal so viel wie eine konventionell erzeugte. Warum sollte die Regierung ihr ohnehin knappes Staatsbudget in solche Projekte investieren?
Wenn man statt komplizierter Solarzellen nur die Wärme der Sonne verwendet, wird das Ganze schon wirtschaftlicher: Solarthermie heißt das Zauberwort. Hier wird Wasser verdampft und treibt Turbinen an, wie in jedem Gas- oder Kohlekraftwerk auch. Mit dem einzigen Unterschied, dass die Hitze nicht aus einem Feuer, sondern direkt von der Sonne kommt und – konzentriert durch Spiegel – Flüssigkeit in einem Rohr erhitzt. Klingt nicht kompliziert und ist es auch nicht. Und das ist die Chance für Afrika: Theoretisch wäre es nämlich gut möglich, die Spiegel und Rohre dort zu produzieren, wo auch das Kraftwerk stehen soll. Und wenn die europäischen Firmen die entsprechenden Verfahren und Maschinen exportieren, könnte irgendwann sogar der kompliziertere Kraftwerksblock, mit Turbinen und Hitzespeichern, vor Ort hergestellt werden. Dann hätte das afrikanische Land gleich drei Fliegen mit einer Klappe geschlagen: Arbeitsplätze geschaffen, seinen eigenen Energiebedarf gedeckt – der in den nächsten Jahrzehnten in der arabischen Welt dramatisch steigen wird – und den überschüssigen Strom gewinnbringend nach Europa verkauft. Die deutschen Firmen, die jetzt ihr Geld zur Verfügung stellen, würden dann natürlich nicht mehr ganz so viel verdienen: Denn sie liefern keine Kraftwerke mehr, sondern nur noch das Know-how zur Herstellung derselben.
Am Export des Stroms nach Europa bleiben sie aber trotzdem beteiligt, ebenso wie an der Investition – und was vielleicht noch wichtiger ist: Die Alternative zur Sonnenenergie ist in Nordafrika nach wie vor der Atomstrom. Ägypten verhandelt seit einiger Zeit mit Russland über den Bau eines Kernkraftwerkes, Libyen hat eine Zusage aus Frankreich. Diese Aussicht ist eigentlich schon Grund genug, sich für die Verbreitung der Solarthermie einzusetzen, die erstens unvergleichlich viel sicherer ist und zweitens ohne CO_2-Ausstoß auskommt. Und vom Klimaschutz profitieren ja nun wirklich alle – in Europa ebenso wie in Afrika.

Quelle: http://www.tagesschau.de/wirtschaft/desertec114.html (Zugriff 20.07.2009)

M 11 Desertec ist eine Chance für Afrika

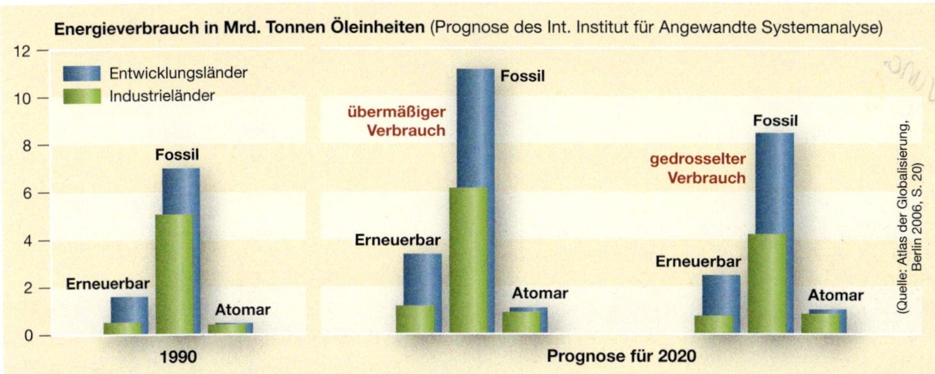

M 12 Energiemix der Zukunft

4. Beschreiben Sie das Energieprojekt Desertec (**M 11** und Internetrecherche).
5. Nehmen Sie kritisch Stellung zu der Aussage: „Desertec wird die Energieversorgung Europas langfristig sichern und die Entwicklung Afrikas fördern" (**M 11**, **M 12** sowie Recherche).
6. Erörtern Sie den Einfluss der aktuellen Energiediskussion auf Ihre Lebensweise (**M 1** bis **M 12** sowie Internetrecherche).

Webcode: GO649174-127

Raumanalyse: Das Rheinische Braunkohlenrevier

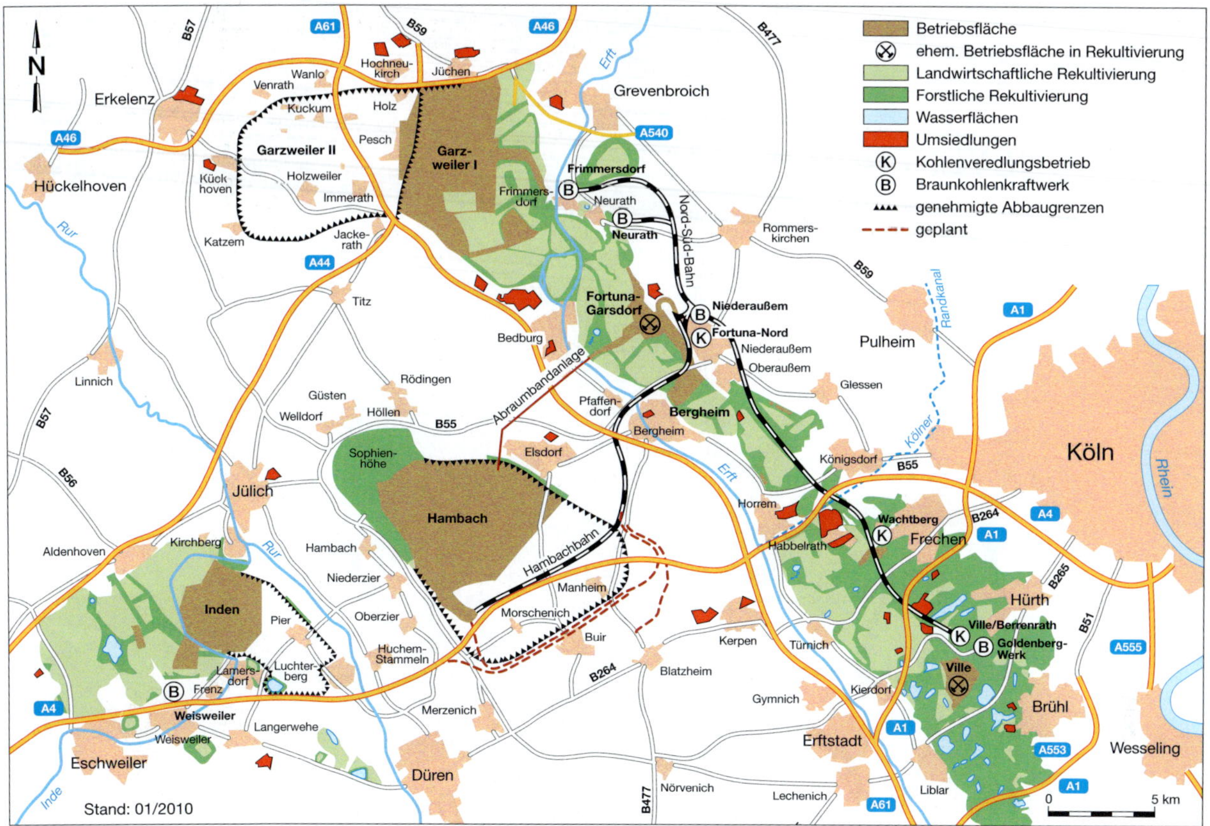

M 1 Das Rheinische Braunkohlenrevier

Fakten rund um die Braunkohle

- Braunkohle ist der einzige heimische Energieträger, der in großen Mengen langfristig **subventionsfrei** zu **wettbewerbsfähigen** Konditionen bereitgestellt werden kann.
- Mit einer Fördermenge von mehr als 180 Mio. t (2007) ist die Braunkohle zu über 40 Prozent an der Primärenergiegewinnung in Deutschland beteiligt und damit **wichtigster heimischer Energieträger.**
- Hochwertige und im weltweiten Vergleich vorbildliche **Rekultivierung** ist Ausgleich für die Landinanspruchnahme durch den Bergbau.
- Rund 93 Prozent der gesamten Gewinnung werden zur inländischen Erzeugung von **Strom und Fernwärme** eingesetzt. Sämtliche Kraftwerke verfügen über hochwirksame Anlagen zur Entschwefelung, Entstickung und Entstaubung der Rauchgase.
- Durch den Verbund von Tagebau und Kraftwerk bieten Anlagen auf Braunkohlenbasis ein Höchstmaß an **Versorgungssicherheit.** Es gibt keine **Transportrisiken.**
- **Jede vierte** verbrauchte **Kilowattstunde** Strom basiert auf dem Einsatz der heimischen Braunkohle.
- In Deutschland werden weit über **50 000 wettbewerbsfähige Arbeitsplätze** durch Braunkohlenbergbau und -stromerzeugung gesichert.
- Die Strategie der kontinuierlichen Modernisierung des Kraftwerksparks durch Neubau hoch effizienter Kraftwerke mündet ab etwa 2020 in die Option, das anfallende **CO_2 abzuscheiden** und in geologischen Formationen **abzulagern.**

(aus: Braunkohle Information, Hrsg: Bundesverband Braunkohle)

Einspruch Euer Ehren!

Klima retten – Braunkohle stoppen

Die Braunkohle ist der klimaschädlichste aller Energieträger. Mit jedem zur Stromgewinnung genutztem Kilo Braunkohle wird ein Kilo Kohlendioxid freigesetzt – unabhängig vom Kraftwerkstyp und Wirkungsgrad. Wer es mit dem Klimaschutz ernst meint, muss deshalb den Anteil der Braunkohle an der Energieversorgung mittelfristig drastisch reduzieren und die Braunkohleverstromung bis zur Mitte des Jahrhunderts vollständig beenden.

Heimat bewahren – Lebensqualität sichern

Bis heute mussten in der Lausitz, dem Mitteldeutschen Revier und dem Rheinland mehr als 300 Siedlungen den Tagebauen weichen. Dazu schädigen Tagebaue und Kraftwerke durch ihren Schadstoffausstoß (Feinstaub, Schwermetalle, usw.) die Gesundheit der Bevölkerung. Eine sozialverträgliche Umsiedlung gibt es nicht: Gewachsene kommunale Strukturen werden zerstört, Dorf- und Familiengemeinschaften zerrissen, soziale Verbünde aufgelöst.

Natur schützen – Zukunft bewahren

Es gibt keinen gravierenderen Eingriff in Natur und Landschaft als den Braunkohletagebau: Uralte Wälder mit streng geschützten Tierarten werden vernichtet, wertvollste Böden zerstört, grundwasserabhängige Feuchtgebiete degradiert. Nicht nur Flüsse und Quellen versiegen, auch der Grundwasserhaushalt wird durch die Tagebaue für Jahrhunderte gestört.

(aus: Pulheimer Manifest für eine Energieversorgung ohne Braunkohle verabschiedet am 23. Sept. 2006 in Pulheim, Auszug, verändert)

M 2 Meinungen zum Braunkohlenabbau

M3 Braunkohlenabbau im Bereich von Grevenbroich 2009

	1900	1950	1960	1970	1980	1990	2000	2008
Kohlenförderung (in 1000 t)	5 100	63 677	81 381	93 034	117 652	120 571	91 898	95 800
Abraumbewegung (in 1000 t)	2 000	48 962	156 976	186 446	418 400	433 516	445 667	459 100
Abraum/Kohle-Verhältnis (in m³)	0,39 : 1	0,77 : 1	1,93 : 1	2,0 : 1	3,56 : 1	3,60 : 1	4,85 : 1	4,79 : 1
Wassererhebung (in 1000 m³)	–	24 834	999 968	1 181 620	1 296 133	1 147 464	586 600	532 200
Wasser/Kohle-Verhältnis (in m³ t)	–	0,4 : 1	12,3 : 1	12,7 : 1	11,0 : 1	9,5 : 1	6,4 : 1	5,6 : 1
Brikettherstellung (in 1000 t)	1 144	13 410	13 664	8 497	4 446	3 758	1 068	1 163
Stromerzeugung Braunkohlenkraftwerke (in 1000 MWh)	–	5 256	20 258	46 314	77 091	70 100	68 489	76 300
Installierte Leistung der öffentlichen Kraftwerke (in MW)	–	773	3 568	6 633	11 118	10 899	10 358	11 352

(aus: Goedecke, H.: Das Rheinische Braunkohlenrevier. In: Braunkohle. Düsseldorf 1976, Heft 5, S. 147, ergänzt)

M 4 Entwicklung der Tagebaue im Rheinischen Braunkohlenrevier

1. Revier im Umbruch

Das Rheinische Braunkohlenrevier ist eine von mehreren Bergbauregionen innerhalb Deutschlands, die im Rahmen der Energiegewinnung überregionale Bedeutung besitzen. Es weist das größte zusammenhängende Braunkohlenvorkommen Europas aus. Auf einer Fläche von mehr als 2500 km² lagern zwischen Köln, Aachen und Mönchengladbach über 35 Mrd. t wirtschaftlich gewinnbare Kohle. Die Entwicklung der Braunkohlengewinnung reicht über 200 Jahre zurück. Die ersten kleinen Gruben bestanden auf dem Höhenrücken der Ville, wo die Kohle oberflächennah anstand und somit günstige Bedingungen für den Abbau vorlagen. Wurde die Kohle zunächst in Handarbeit abgebaut, so ermöglichte die fortschreitende Technisierung die Förderung in zunehmender Tiefe und in großflächigerer Ausdehnung. Damit konnte eine Verlagerung in westliche und nordwestliche Richtung einhergehen. Da das **Deckgebirge** aus Sand, Kies und Ton besteht sowie von Grundwasserströmen durchzogen wird, musste die Kohle aber nicht wie z. B. im Ruhrgebiet im Untertagebau gewonnen werden, sondern ausschließlich im **Tagebau.**

Das vorläufige Ende der Braunkohlengewinnung wird mit dem Tagebau Garzweiler II erreicht sein; mit seiner Auskohlung wird bis zum Jahr 2050 gerechnet. Die Förderung der Kohle in diesem Abbaufeld stößt bei Befürwortern und Gegnern auf unterschiedliche Meinungen.

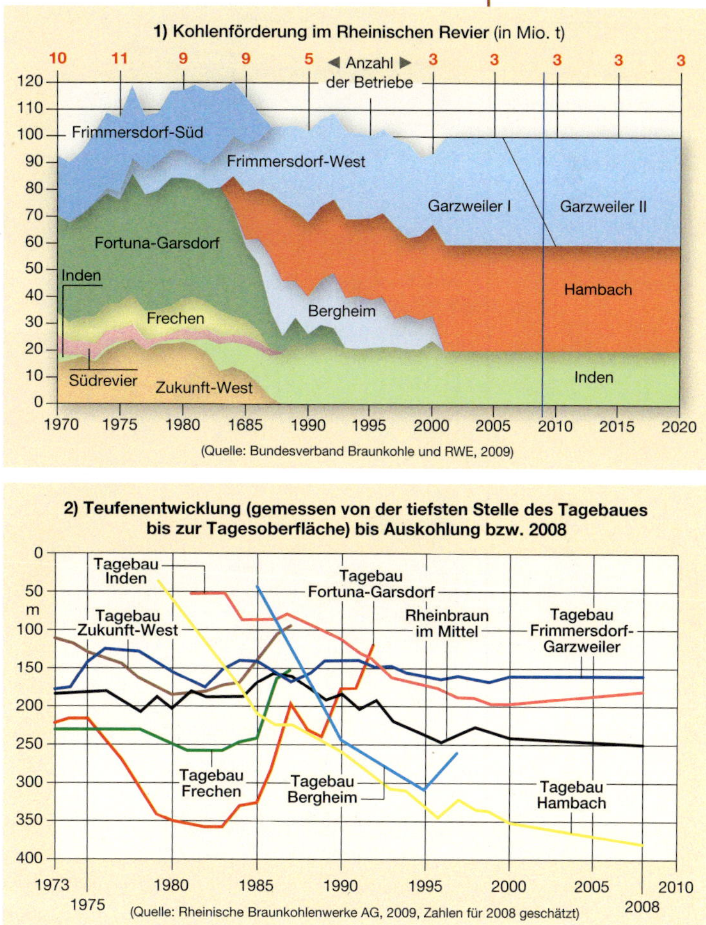

M 5 Entwicklung des Braunkohlenabbaus

1. Vergleichen Sie die Größe des Rheinischen Braunkohlenrevier mit der der anderen Braunkohlenreviere Deutschlands (**M 1**, Atlas).
2. Stellen Sie Pro- und Kontra-Argumente für den Braunkohlenabbau in dieser Region gegenüber und diskutieren Sie diese (**M 2**).
3. Untersuchen Sie die Raumwirksamkeit des Braunkohlenabbaus (**M 3**).
4. Erläutern Sie die Veränderungen bei der Braunkohlengewinnung (**M 4**, **M 5**).

Webcode: GO649174-131

2. Natur- und Wirtschaftsraum

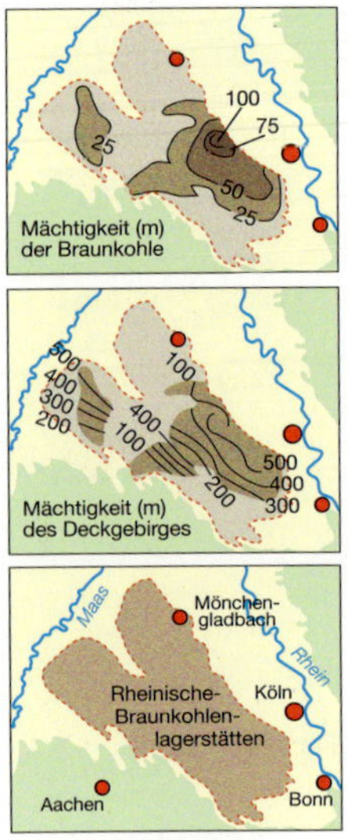

a) Gesamtmächtigkeit der Braunkohle
b) Mächtigkeit des Deckgebirges
c) Die Rheinische Braunkohlenlagerstätte

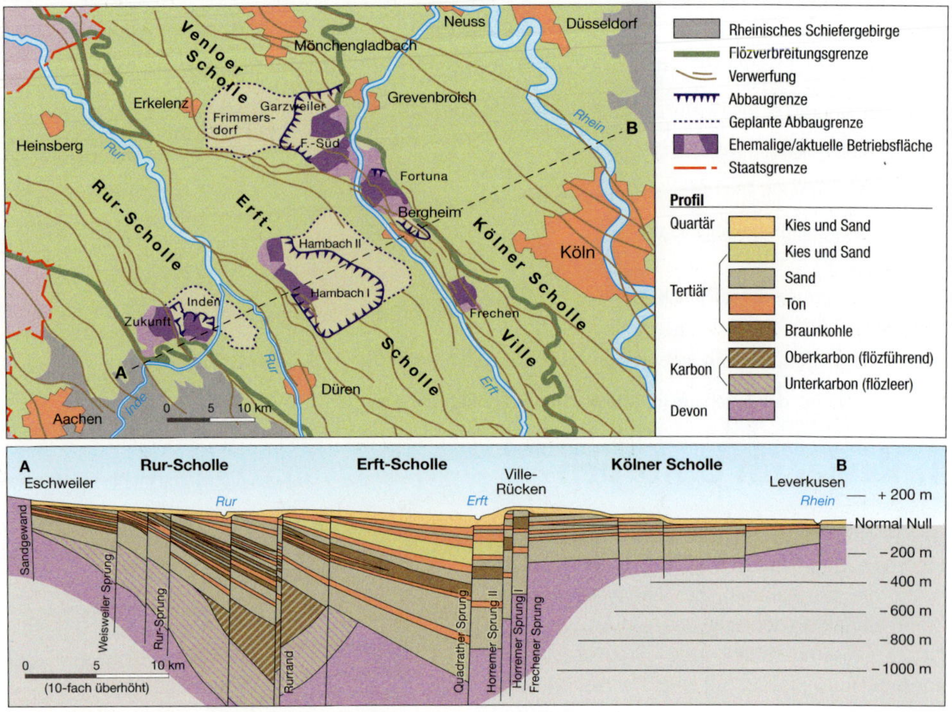

M1 Geologie des Braunkohlenvorkommens

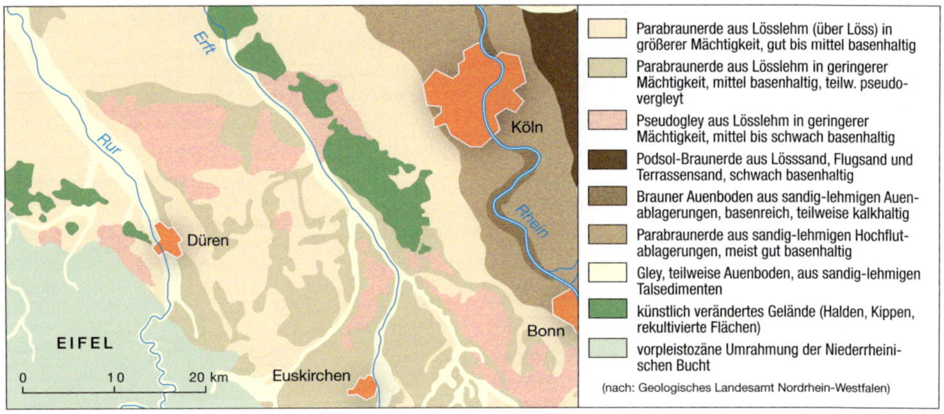

M2 Bodentypen

Das Niederrheingebiet ist Nordrhein-Westfalens grundwasserreichste Landschaft. Sein Grundwasserreichtum ist an die bis über 1000 m mächtige Lockergesteinsfüllung gebunden, die seit dem Beginn des Tertiärs in diesem Senkungsraum abgelagert wurde. Durch den Wechsel von Meeres- und Kontinentalablagerungen und durch zyklische Veränderungen des Klimas sind charakteristische Abfolgen von wasserdurchlässigen (Sand, Kies) und wasserstauenden (Ton, Schluff, Braunkohle) Schichten sogenannte „Grundwasserstockwerke" entstanden. […]
Grundwasser wird aus dem versickernden Teil der Niederschläge immer wieder neu gebildet. Für den südlichen Teil des Niederrheingebietes kann man im langjährigen Mittel mit einer Grundwasserneubildung von 6 l/s·km² rechnen. […] Das Niederrheingebiet enthält auch die größten Sand- und Kieslagerstätten des Landes. Dabei ist die Lagerstätte meist gleichzeitig der wichtigste Grundwasserleiter. Im Süden, wo von Natur aus vielerorts das Grundwasser tiefer unter der Erdoberfläche ansteht, ist ein trockener Abbau möglich, der kaum nachteilige Auswirkungen auf das Grundwasser hat. In Rheinnähe und am gesamten nördlichen Niederrhein steht das Grundwasser jedoch in geringer Tiefe an.

(nach: Geologisches Landesamt Nordrhein-Westfalen: Geologie am Niederrhein, Krefeld 1988, S. 78 ff.)

M3 Wasserwirtschaftliche Übersicht

Jülicher Börde

Seit jeher dominiert in der Jülicher Börde der Ackerbau; Viehhaltung ist nicht sehr ausgeprägt. Basierend auf dem Grundschema der Fünffelderwirtschaft herrschte bis weit in das 20. Jahrhundert die sog. „Rheinische Fruchtfolge“ vor, bei der an Stelle der Brache Hackfrüchte eingesetzt wurden: Zuckerrübe – Winterweizen – Winterroggen mit Klee – Einsaat – Klee/Hackfrüchte. Mit dem Beginn des Zuckerrübenanbaus um 1870 erfuhr der Raum eine zunehmende Aufwertung. Da kleinen Betrieben die notwendigen großen Parzellen sowie die technischen Geräte zur Bearbeitung der tiefgründig wurzelnden Zuckerrübe fehlten, fand eine Umstrukturierung der Betriebsgrößen zu mittleren und großen Einheiten statt. Heutzutage ist die Börde innerhalb der Europäischen Union eine der bedeutendsten Regionen für den Zuckerrübenanbau.

Aufgrund fehlender Bodenschätze konnten sich bis Ende des letzten Jahrhunderts keine einheitlichen Industriestrukturen ausbilden. Erst durch die mit der Braunkohlengewinnung verbundene Nachfrage in Bezug auf technische Geräte sowie die Bereitstellung von Elektrizität erfuhr das Rheinische Revier eine deutliche industrielle Aufwertung. Lange Zeit waren auch die ungenügende Verkehrsanbindung des Raums sowie die räumliche Entfernung zu den Großstädten Hindernisse für den Aufbau von Industrien. Erst in heutiger Zeit gelingt es, mittelständische Betriebe sowie größere Industrieniederlassungen mit Erfolg zu fördern, um Arbeitsplatzverluste in der Landwirtschaft zu kompensieren.

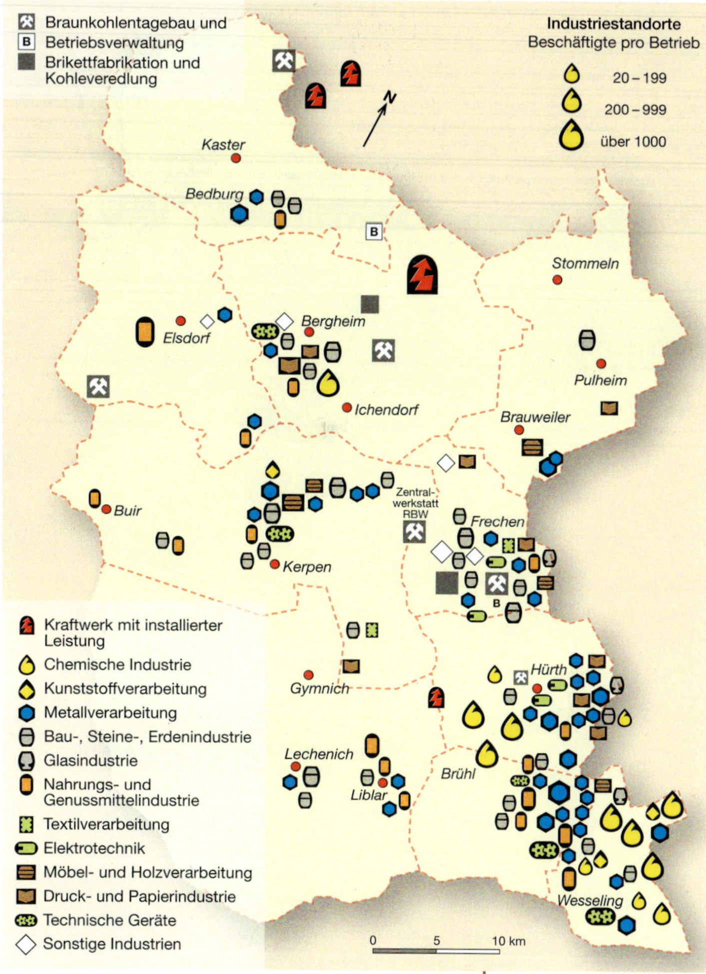

M5 Industriestandorte im Bördegebiet

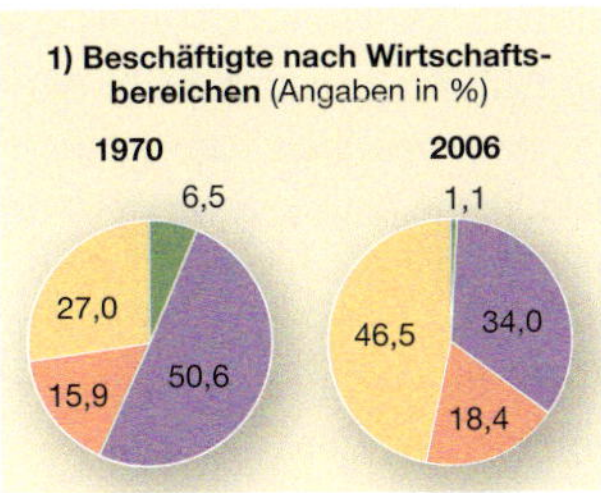

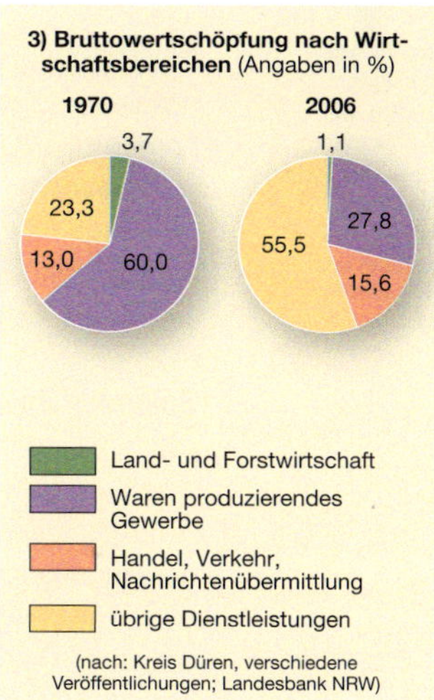

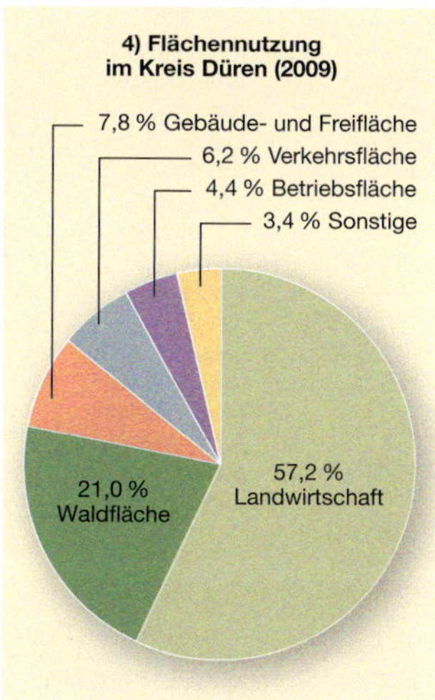

2) Rahmendaten des Kreises Düren 2009

Fläche	941,4 km²
Einwohner	270725 (2008)
Einwohner/km²	288
Erwerbstätige	69417 (2007)
Einpendler	26492
Auspendler	41347

M4 Wirtschaftsstruktur des Kreises Düren

1. Erläutern Sie die Lagerungsverhältnisse der Braunkohle (M 1).
2. Analysieren Sie die Grundwassersituation im Rheinischen Revier (M 3).
3. Erläutern Sie die wirtschaftlichen Strukturen des Bördegebietes (M 2, M 4, M 5).

M 1 Tagebau Hambach

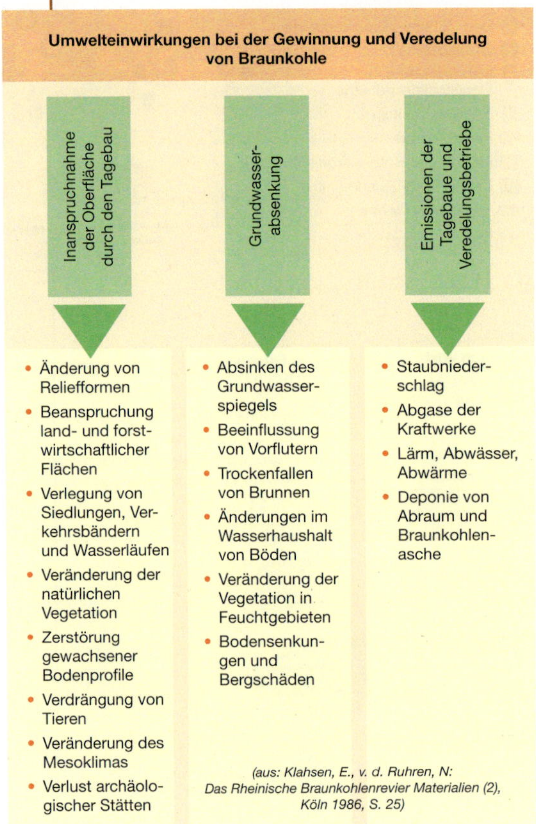

M 2 Umwelteinwirkungen im Überblick

3. Ökologische Probleme

Wie bei jeder bergbaulichen Gewinnung von Energieträgern erfolgt auch beim Abbau von Braunkohle ein massiver Eingriff in die Umwelt. Wie bei kaum einem anderen industriellen Großprojekt wird die Landschaft jedoch großräumig und grundlegend verändert. In der Diskussion um den Tagebau spielt deswegen der Umweltschutz eine tragende Rolle.

Den ökologischen Bedürfnissen stehen die ökonomischen Interessen gegenüber. Dazu gehören Forderungen der Industrie nach preiswerter und ständig verfügbarer Energie. Auch politische Interessen spielen eine Rolle, denn mit dem Braunkohlenabbau kann die Rohstoffabhängigkeit Deutschlands gemindert werden.

Zukunftsfähiges Wirtschaften bedeutet, die Folgen von Eingriffen in den Naturhaushalt zu analysieren und für einen Ausgleich zu sorgen bzw. Aussagen über die Nutzung nach Beendigung des Eingriffs vorzunehmen. Dies geschiet in Form von Umweltverträglichkeitsprüfungen, bei denen die Auswirkungen auf Flora und Fauna, Klima, Boden, Wasser, aber auch auf Kulturgüter untersucht werden.

1. Erläutern Sie die mit dem Braunkohlenabbau verbundenen ökologischen Probleme (M 1, M 2).
2. Analysieren Sie die Grundwassersituation im Rheinischen Revier und die Wechselwirkungen mit dem Braunkohlenabbau (M 3).

Grundwasserabsenkung

Der Tagebau erfordert eine großflächige Absenkung des **Grundwassers,** denn das Deckgebirge, die Flöze und die Tagebauränder müssen entwässert werden. Dafür wird eine Brunnengalerie um die Abbaufläche geschaffen. Das entnommene Grundwasser wird zu 40 Prozent wieder genutzt, entweder als Brauchwasser in den Kraftwerken, in den Tagebauen oder als Trinkwasser der Städte Neuss und Düsseldorf. Mit Inbetriebnahme des Tagebaus Garzweiler II (vgl. S. 129 M1) muss bis in eine Tiefe von 240 m unter der Erdoberfläche Grundwasser abgepumpt werden. Dabei wird jedoch ein Reservoir angegriffen, das der Stadt Mönchengladbach als Zulieferer von Brauch- und Trinkwasser dient und darüber hinaus die Zuläufe des Schwalm-Nette- Naturparks speist. Kritiker befürchten, dass diesem Feuchtbiotop durch die Absenkung des Grundwassers irreversible Schäden an Flora und Fauna zugefügt werden. Durch Einleitung von abgepumptem Grundwasser (Sümpfungswasser) wird versucht, einen Teil dieser Gebiete zu erhalten. Zudem werden Ersatzbiotope angelegt. Die Absenkungen des Grundwasserstandes führten auch zu Bodenabsenkungen, die lokal unterschiedlich ausfallen können. Davon können auch Bauwerke betroffen sein, die bei starken Beschädigungen abgerissen werden müssen (Bergschäden).

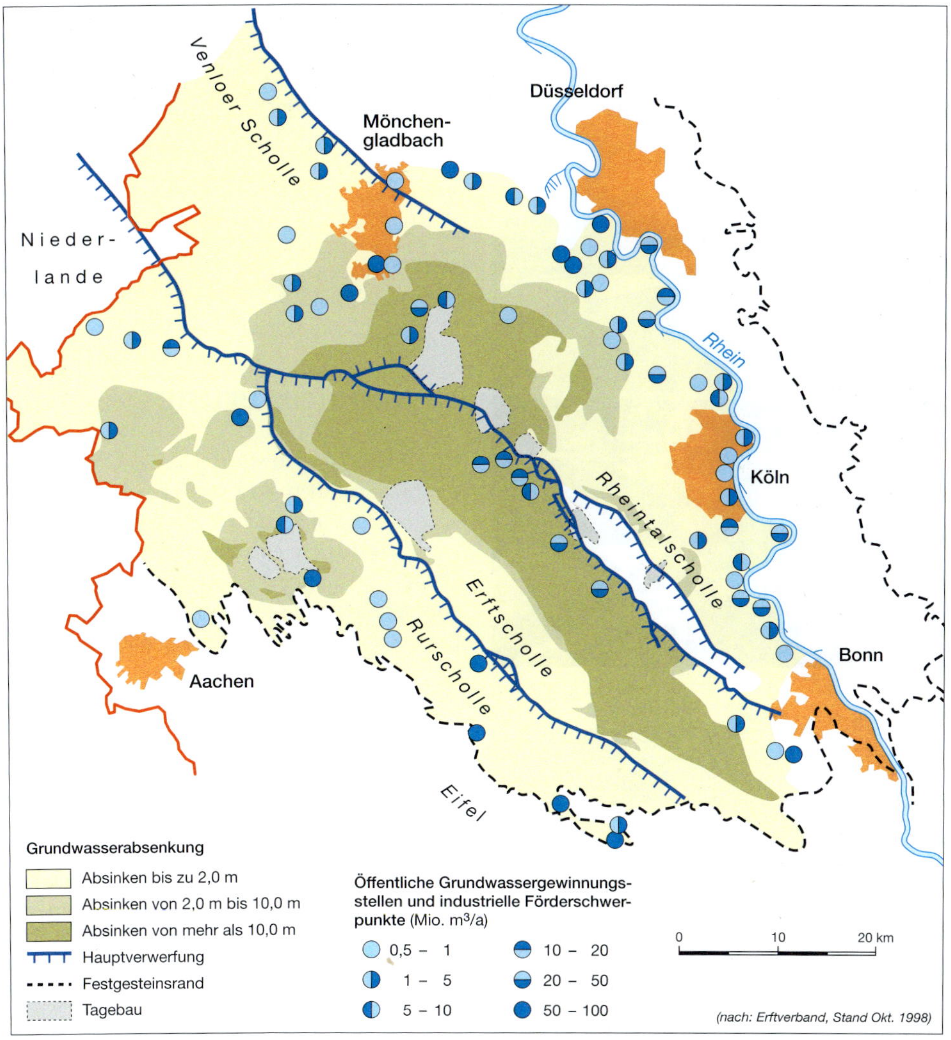

M3 Grundwasserstandsänderungen

3. Untersuchen Sie, welche Industrien im Raum Grevenbroich-Mönchengladbach von der Grundwasserabsenkung betroffen sind (M3, Atlas).
4. Begründen Sie die Bedeutung von Feuchtbiotopen und diskutieren Sie deren Beeinflussung von Grundwasserabsenkungen.

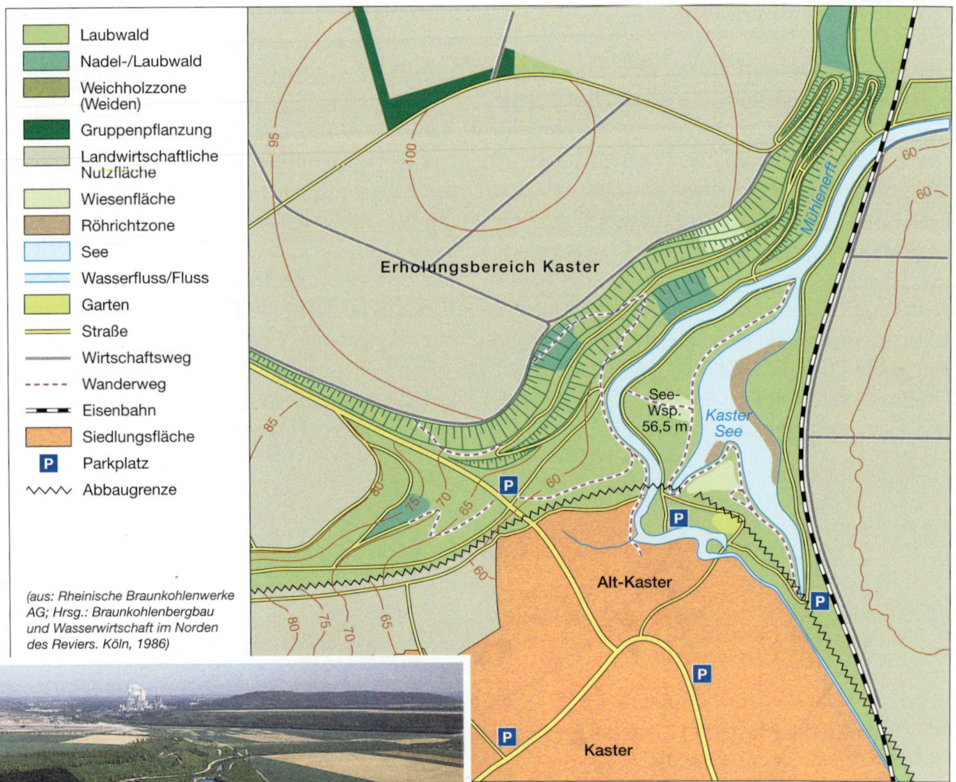

M 1 Rekultivierung mit Landschaftssee

M 2 oben: Alt-Kaster heute, unten: Alt-Kaster Mitte der 1970er-Jahre

4. Rekultivierung

Durch land- und forstwirtschaftliche Rekultivierungsmaßnahmen wird versucht, die ursprüngliche Landschaft wieder herzustellen. Neue Landwirtschaftsflächen entstehen im Norden des Reviers. Die Bildung eines neuen Boden-Ökosystems erfordert allerdings viele Jahre. Durch intensive Düngung lassen sich Nachteile größtenteils kompensieren. Eine wachstumsfördernde und ertragssteigernde Wirkung wird durch die Anlage von Windschutzstreifen erzielt. Nach einigen Jahren ergeben sich durch Arrondierung zusammen mit Wege- und Zeitvorteilen auf der neugestalteten Fläche insgesamt höhere Erträge.

Der ursprünglichen Flächennutzung folgend finden sich Schwerpunkte der forstwirtschaftliche Rekultivierung im Süden des Abbaugebietes. Das erkennbar gute und schnelle Wachstum förderte in den 1950er-Jahren die Anlage von weitflächigen Pappelanpflanzungen. Dabei stand der Aspekt der Vorwaldbegrünung als Zwischenlösung bis zur endgültigen Landschaftsgestaltung im Vordergrund. Heutzutage wird ein 3 – 5 m mächtiger Forstkies-Mischboden aufgetragen. Dieser besitzt wegen des hohen Lössanteils einen guten Nährstoff- und Kalkgehalt sowie eine gute physikalische Struktur, sodass zu 80 Prozent standortgerechte Eichen und Hainbuchen wie auch unterschiedliche Nadelhölzer angepflanzt werden. Durch Anlage von kleinreliefierten Mikrostandorten sowie Feucht- und Trockenarealen wird versucht, ein intaktes Ineinandergreifen von Flora, Fauna und Boden zu erreichen.

Landwirtschaftliche Rekultivierung

Etwa die Hälfte der rekultivierten Fläche wird wieder durch die Landwirtschaft genutzt. Um die ausgekohlte Landschaft wieder agrarisch nutzen zu können, muss die Oberfläche entsprechend gestaltet werden. Dabei hat sich in letzter Zeit das sog. „Absetzerverfahren" durchgesetzt. Dabei fördert der Schaufelradbagger im Tagebau humoses Bodenmaterial, Lösslehm und karbonathaltigen Löss, was über Förderbänder zur ausgekohlten Seite des Tagebaus transportiert wird. Dort wird der Boden durch die Absetzer auf einer wasserdurchlässigen Rohkippe schichtweise aufgebaut.
Das Absetzerverfahren hat aus bodenkundlicher Sicht Nachteile. Durch unachtsame Verkippung und entsprechend stärkeres Planieren können tief reichende Verdichtungen des aufgetragenen Materials entstehen, die Meliorationsmaßnahmen nach sich ziehen. Ebenso ist das Planieren des Lössmaterials bei zu hohem Wassergehalt ungünstig. Die Umlagerung des Bodens unterbricht zudem die Bodenentwicklung. Da eine getrennte Gewinnung und Auftragung einzelner Horizonte, zum Beispiel des humosen Oberbodens, unmöglich sind, gibt es am neuen Standort keine unterschiedlichen Horizonte mehr. Ausgangsmaterial der neuen Bodenentwicklung ist deshalb ein Gemisch von Materialien aus unterschiedlichen Horizonten. Durch die Mischung der Horizonte verdünnt sich nicht nur der Humusgehalt im Oberboden, auch die Nährstoffgehalte (Phosphor, Kalium, Stickstoff) vermindern sich auf ein niedrigeres Niveau.

Die neuen Flächen erfordern bei der Erstbewirtschaftung zunächst einen höheren Aufwand als alte, gewachsene Böden. Darum werden an den Schwerpunkten der landwirtschaftlichen Rekultivierung von der Tagebaugesellschaft Rheinbraun Gutsbetriebe (Schirrhöfe) betrieben. Auf den Neulandflächen wird in der Erstbearbeitung Luzerne gepflanzt, eine tief wurzelnde und stickstoffanreichernde Pionierpflanze. Sie wird zur Bodenverbesserung drei Jahre als Dauerkultur bewirtschaftet. Ein Teil der Ernte wird als Viehfutter verwendet, überwiegend jedoch wird die Pflanzenmasse zur Anreicherung von organischer Substanz und damit zur Humusbildung auf dem Feld aufgetragen. Nach der Luzerne wird Winterweizen eingesät, schließlich werden Winterroggen oder Wintergerste gepflanzt. Nach Abschluss der mindestens siebenjährigen Zwischenbewirtschaftung wird das Neuland an umsiedelnde Landwirte übergeben

Kritiker zur landwirtschaftlichen Rekultivierung

Die Wirklichkeit

RHEINBRAUN kann in Wahrheit nicht renaturieren, den ursprünglichen Zustand auch nicht annäherungsweise wiederherstellen, will es zudem aus Kostengründen auch nicht.

Tatsachen sind:

- Das gewachsene Bodenprofil wird bis in mehrere hundert Meter Tiefe zerstört.
- Die Bodenschichten werden durch Großgeräte vollständig durchmischt in die ausgekohlten Tagebaue verfüllt. Es gibt keine grundwassersperrenden bzw. -führenden Schichten mehr.
- Dieses künstliche Sediment ist nicht kulturfähig. Die aus großen Tiefen geförderten Erdschichten enthalten z. T. hoch giftige Stoffe, z. B. Pyrit, wodurch Pflanzen geschädigt werden.
- Für die landwirtschaftliche Rekultivierung muss auf das künstliche Sediment eine Lössschicht aufgespült werden, die aus Kostengründen stark mit Sanden durchsetzt ist.
- Weil auf diesen Böden selbst nach Jahrzehnten von Humusbildung keine Rede sein kann, müssen in erhöhtem Maße chemische Düngemittel aufgebracht werden. Der Nitratgehalt des Bodens steigt dadurch enorm an.
- Die Sulfate und Nitrate wurden durch Niederschlagswasser und (eventuell) ansteigendes Grundwasser in die so genannten „Restseen" gespült, die mittlerweile biologisch tot sind.
- Die wirbellose und unsichtbare Lebenswelt des Bodens (Abermillionen Kleinstlebewesen pro Kubikmeter Erde), die den wesentlichen Stoffumsatz für die Fruchtbarkeit des Humusbodens bewirken und damit das Gleichgewicht des Boden- und Naturhaushaltes, werden total vernichtet. Im aufgeschütteten und aufgespülten Kunstboden kommt diese Lebenswelt des Bodens, von der wir Menschen im Wortsinn letztlich leben, nicht mehr vor.

(aus: Vereinte Initiativen. In: Stadt Mönchengladbach (Hrsg.): Auswirkungen des Braunkohlentagebaus. 1989, S. 163)

M 3 Landwirtschaftliche Rekultivierung

1. Erläutern Sie die forstwirtschaftliche Rekultivierung.
2. Untersuchen Sie, in wieweit ökologischen Anforderungen bei der Landschaftsneugestaltung Rechnung getragen wird (M 1, M 2).
3. Fassen Sie wesentliche Gesichtspunkte, Zielsetzungen und Veränderungen im Kontext mit der landwirtschaftlichen Rekultivierung zusammen. Bewerten Sie die Kritikansätze (M 3).

5. Umsiedlungen

Neben den Eingriffen in das Landschaftsgefüge und den notwendigen infrastrukturellen Veränderungen stellen die **Umsiedlungen** eines der größten Probleme der Braunkohlenförderung dar. Mehr als 30 000 Menschen mussten seit etwa 1950 ihren Wohnort verlassen, über 50 Ortschaften mit mehr als 100 Einwohnern sowie 50 Weiler und Einzelsiedlungen unter 100 Einwohnern aufgegeben werden, um dem Tagebau Platz zu machen. Mit der Umsiedlung werden über Jahrhunderte gewachsene soziale Bindungen innerhalb der Bevölkerung sowie zu Haus und Hof zerstört. Entschädigungen werden in Form finanzieller Mittel geleistet.

Im Rahmen der Umsiedlung stehen den Betroffenen mehrere Formen zur Verfügung:

- Einzelumsiedlung,
- Gruppenumsiedlung in bestehende Orte,
- geschlossene Umsiedlung mit Neugründung einer Ortschaft oder eines Ortsteiles.

Für die letzte Möglichkeit entscheiden sich fast alle Umsiedler, sodass am Rande des Tagebaus alte Siedlungsnamen in neuer Ortslage erhalten bleiben. Ein Beispiel dafür ist der Ort Königshoven. Im Verlauf der durchgeführten Umsiedlungen lassen sich verschiedene Phasen ausmachen, die den Zeitgeist der Ortsgestaltung widerspiegeln. In den 1950er-Jahren wurden Siedlungen in eintönigen Wohnblocks erstellt, wobei dem Autoverkehr viel Fläche eingeräumt wurde. Es wurden breite Hauptverkehrsstraßen mit Geschäften für Güter des täglichen Bedarfs angelegt. Heutzutage wird der Dorfmittelpunkt herausgehoben, indem die Straßen- und Wegeführungen der alten Orte übernommen und somit räumliche Strukturen wiederhergestellt werden.

Von der Umsiedlung landwirtschaftlicher Betriebe sind nicht nur die Landwirte betroffen, deren Gehöft sich auf der künftigen betriebsfläche befindet, sondern auch die so genannten „Tagebaurandbetriebe". Das sind Betriebe, die durch den Abbau einen Teil ihrer Ländereien verlieren, während die Hofstelle erhalten bleibt. Insgesamt erfolgt im Rahmen der Umsiedlung eine Änderung der Beschäftigtenstruktur zum sekundären und tertiären Sektor.

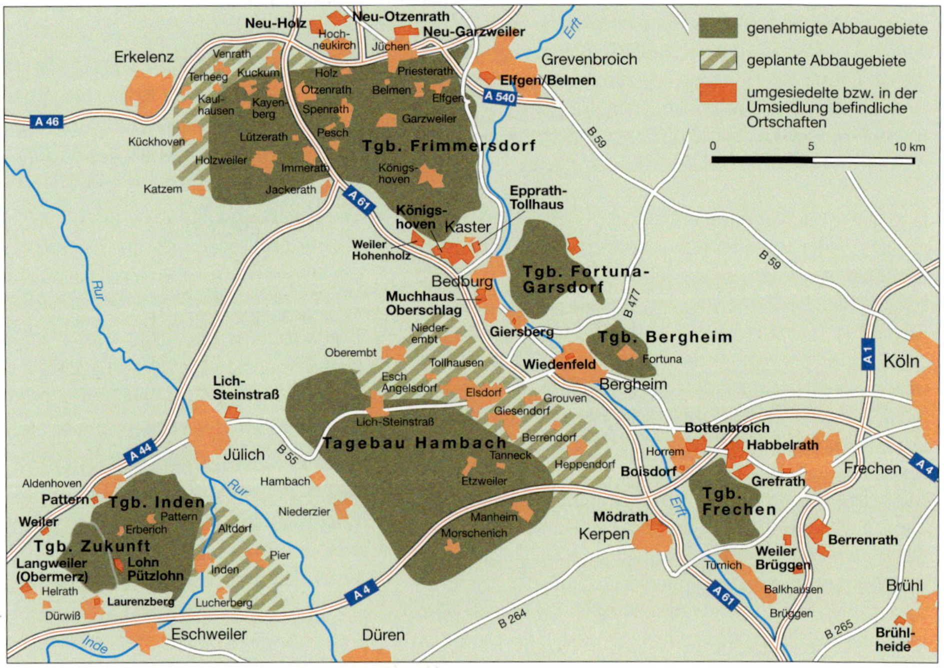

M 1 Umsiedlungen im Rheinischen Braunkohlenrevier

1. Erläutern Sie die Umsiedlungen im Rheinischen Braunkohlenrevier und erörtern Sie Schwierigkeiten, die bei der Umsiedlung entstehen können (M 1).
2. Geben Sie einen Überblick über den Ablauf der Umsiedlung Königshovens (M 2).
3. Untersuchen Sie die Strukturen Königshovens vor und nach der Umsiedlung (M 2).
4. Bewerten Sie abschließend den Braunkohlenabbau im Konflikt zwischen ökonomischen Interessen und ökologischen Anforderungen.

Alter Ort: Haufendorf, drei Kerne
- stattliches Bauerndorf
- ehemalige Siedlungskerne nie ganz zusammengewachsen
- größere landwirtschaftlich oder gärtnerisch genutzte Flächen inmitten des Ortes
- Unterscheidung in Ober- und Unterdorf, Funktionsmischung, landwirtschaftlich geprägt bis 1890, aufkommende Industrie-Wohnsiedlung
- umzusiedeln waren 2337 Einwohner

Neuer Ort: heute rund 1900 Einwohner, Trennung landwirtschaftlicher Vollerwerbsbetriebe, Nebenerwerbsgebiet, Gewerbegebiet und Wohngebiet; Einwohner beschäftigt im Industrie- und Dienstleistungsbereich.
Besondere Gebietszuweisung für Vollerwerbsbetriebe (Weiler Hohenholz), Gebiet mit landwirtschaftlichem Nebenerwerb im direkten Anschluss an Wohnbebauung, südlich davon Gewerbegebiet, reine Wohngebiete durch Grünzonen getrennt und umrahmt. Vielfalt an Dachformen.
Zweigeschossige Gebäude in höher und talseits gelegenen Gebieten, Trennung in Unter- und Oberdorf nicht mehr möglich.
Der Wandel zum städtischen Wohngebiet des Mittelzentrums Bedburg wird fortgesetzt. Moderne Plansiedlung mit aufgelockerter, aufkommender individueller Straßenmöblierung, direkte Ortsanbindung an die Stadt Bedburg.

M2 Vergleich der Ortsstrukturen Königshoven alt/neu

Königshoven war der größte Ort, der bisher im Rheinischen Braunkohlenrevier umgesiedelt werden musste. Die Abbaufläche, in der dieser Ort lag, und die Umsiedlungsfläche bei Kaster wurden im Teilplan „Konigshoven-Bedburg" 1956 verbindlich erklärt. Die Einwohnerzahl von Königshoven war 1950 infolge des Flüchtlingsstromes auf 2522 Einwohner angestiegen. In den Folgejahren wanderten die Nicht-Einheimischen wieder ab. Die Einwohnerzahl sank auf 2337 Einwohner im Jahr 1960 und auf 2109 im Jahr 1969. In diesem Jahr fasste der Gemeinderat von Königshoven den Beschluss, das Neusiedlungsgebiet an die Stadt Kaster, die dem Amt Königshoven angehörte, anzugliedern.
Das Neusiedlungsgebiet umfasst eine Fläche von 53 ha und wurde in drei Bebauungsplangebiete unterteilt, die ab 1975 nacheinander erschlossen wurden. Für landwirtschaftliche Betriebe wurden im Anschluss an das Neusiedlungsgebiet weitere 4 ha und ein landwirtschaftlicher Weiler von ca. 50 ha erschlossen. Die Besiedlung des Umsiedlungsstandortes erfolgte in den Jahren 1976 bis 1986. An dieser Entwicklung kann man ablesen, dass die Bürger von Königshoven als Dorfgemeinschaft nicht nur räumlich, sondern auch zeitlich geschlossen, d.h. kurzfristig umsiedeln wollten. Etwa 60 % der Bevölkerung wählten diesen Standort zur neuen Heimat. Der Siedlungsraum Kaster hat sich als zweiter Schwerpunkt innerhalb des heutigen Stadtgebietes Bedburg entwickelt. Genutzt wurden die Entwicklungschancen dadurch, dass das damalige Amt Königshoven bzw. die Stadt Kaster bereits 1956 einen städtebaulichen Rahmenplan zur funktionalen Verknüpfung der Standorte für die umzusiedelnden Ortschaften des Amtes (Epprath-Tollhaus, Morken-Harff und Königshoven) erarbeitet hatten.

Durch die sukzessive Erschließung von Baugebieten bestand die Möglichkeit, dass auch Familien auf eigenen Wunsch schon vorab umsiedeln und trotzdem im gemeinsamen Siedlungsverband bleiben konnten. In diesem Sinne entschieden sich immerhin ca. 18 % der Einwohner von Königshoven vorab für einen Bauplatz in Kaster. 86 % der Einwohner von Königshoven verblieben innerhalb des Stadtgebietes von Bedburg. Ein weiterer Faktor für die siedlungsräumliche Entwicklung Kasters ist darin zu sehen, dass die Gemeinde ihre Baulandflächen vom alten in den neuen Ort tauschte und somit bauwilligen Mietern oder Bewerbern aus dem Umfeld Baustellen preisgünstig zur Verfügung stellte.

(aus: Brückner, M.: Umsiedlungen infolge des Braunkohlenbergbaus im Rheinland. In: GR 11/1989, S. 31)

M3 Durchführung der Umsiedlung

Einkaufsort	Altort	Neuort
bei Möbeln		
Königshoven	8	3
Kaster	–	2
Bedburg	5	6
Grevenbroich	1	1
Bergheim	1	1
Düsseldorf	1	1
Mönchengladbach	7	8
Aachen	–	1
Köln	6	7
gesamt	**29**	**30**
Fachmarkt	29	30
Supermarkt	–	–
bei Backwaren		
Kaster	–	29
Grevenbroich	4	1
Alt-Kückhoven	26	–
gesamt	**30**	**30**
Fachgeschäft	25	23
Supermarkt	2	6
mobiler Verkauf	3	1
bei Kleidung (Mehrfachnennungen möglich)		
Kaster	–	2
Bedburg	8	8
Grevenbroich	9	10
Düsseldorf	4	3
Mönchengladbach	7	7
Köln	10	8
gesamt	**38**	**38**
Fachgeschäft	28	29
Supermarkt	1	3
(Stichproben von 30 Haushalten)		

M4 Einkaufsverhalten

Methode: Exkursion in das Rheinische Braunkohlenrevier

Planung der Exkursion

Eine Exkursion in das Rheinische Braunkohlenrevier kann sich auf einzelne Themenbereiche der Braunkohlengewinnung und -verarbeitung beschränken, aber auch alle Aspekte umfassen.

Fahrtroute

Je nach Schwerpunktsetzung innerhalb des Kurses, der Interessenlage sowie der zur Verfügung stehenden Zeit kann die vorgeschlagene Fahrtroute individuell geändert und ergänzt werden. Bedenken Sie dabei auch, dass durch den fortschreitenden Tagebau im Revier Garzweiler II ständige Veränderungen stattfinden, die die geplante Route beeinflussen können.

Verkehrsmittel

Nach Auswahl der Exkursions-Schwerpunkte sollten Sie entscheiden, ob Sie mit öffentlichen Verkehrsmitteln unterwegs sein wollen. Dies wird aber dann schwierig, wenn Sie die landwirtschaftlichen genutzten weiten Flächen der Börde untersuchen wollen. Die gesamte vorgeschlagene Exkursionsroute können Sie mit dem Bus, einem Pkw oder auch mit einem Fahrrad bequem an einem Tag absolvieren.

Besichtigungen

An verschiedenen Standorten lassen sich Betriebsbesichtigungen ermöglichen. So werden geführte Touren durch den Tagebau angeboten wie auch Führungen durch das Kraftwerk. Allerdings müssen Sie sich dafür lange vor dem Exkursionstermin anmelden, sodass eine langfristige Planung erforderlich ist.

1 **Ausgangspunkt: Autobahnabfahrt A1 „Hürth“**
Landwirtschaft auf rekultivierten Flächen

2 **Industrieanlagen Berrenrath-Knapsack**
Blick in den ehemaligen Tagebau Vereinigte Ville. Straßenführung parallel zum Luisensprung (tektonische Verwerfung). Blick auf Chemiepark.

3 **Naherholungsgebiet Otto-Maigler-See**
Standort Strandbad; Gesamtüberblick über künstlich angelegte Wasserfläche.

4 **Berrenrath**
Erste geschlossene Ortsumsiedlung. Fabrik Berrenrath: Kohleveredlung, Braunkohlenstaubveredlung, Gasproduktion. Kraftwerk Goldenbergwerk.

5 **Ehemaliger Tagebau Frechen**
Aussichtspunkt: Verkippungsflächen, forstwirtschaftliche Rekultivierung, Erft-Wasserrückhaltebecken, Gedenkstein für umgesiedelten Ort Mödrath.

6 **Kohlekraftwerk Niederaußem**
Kühlturm, Turbinenhäuser, starke Wasserdampfentwicklung. Blick auf Neubau des Kraftwerkes Neurath.

7 **Schloss Paffendorf**
Info-Center RWE Power AG: Modelle, Luftbilder, Schaustücke von Braunkohlenfossilien.

8 **Alt-Kaster – Neu-Königshoven**
Alt-Kaster: Historische Stadt unter Denkmalschutz, forstwirtschaftliche Rekultivierung, neu angelegter See.

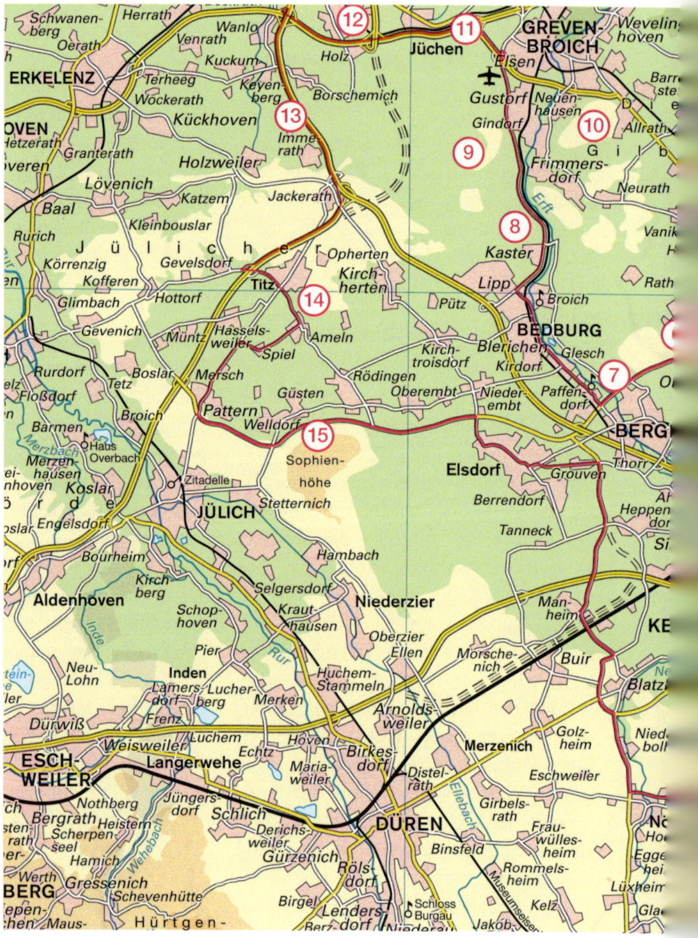

M1 Exkursion durch das Rheinische Braunkohlenrevier

Durchführung der Exkursion

Sie führen eine Exkursion teilweise im freien Gelände durch; achten Sie daher auf angemessene Kleidung. An vielen Standorten sollen Sie Beobachtungen machen und Teilaspekte selbst erarbeiten. Vergessen Sie also nicht, Schreib- und Zeichenutensilien, aber auch einen Fotoapparat mit auf die Exkursion zu nehmen.

Sammeln von Ergebnissen

Die vielfältigen geographischen Methoden helfen, die zahlreichen Facetten des Braunkohlenreviers zu erfassen. So können Sie eine Landschaftsskizze am Rand des Tagebaus erstellen, eine Kartierung eines umgesiedelten Ortes durchführen. Interessant ist es, Verkehrszählungen durchzuführen mit der Feststellung der Herkunft der Pkw- und Lkw-Fahrzeuge. Interviews, z. B. mit Umsiedlern, Landwirten, Behörden oder Umweltorganisationen, helfen, die verschiedenen Meinungen und Ansichten über das Revier zu erfassen und zu beurteilen.

Nachbereitung der Exkursion

Ihre Aufzeichnungen und Daten sind anschließend für den weiteren Unterricht aufzuarbeiten.

Auswertung

Ihre Zeichnungen, Kartierungen, Befragungen lassen sich mithilfe geeigneter Computer-Programme in sauberer Form umsetzen. Sie können z. B. Ihre Befragungen in Diagrammen zusammenfassen und Ihre Kartierungen maßstabsgerecht darstellen.

Präsentation

Ihre (Teil-)Ergebnisse lassen sich in Postern darstellen. Eine Zusammenfassung lässt sich aber auch gut mit einer Präsentations-Software am Computer erstellen. Die von Ihnen aufgenommenen Fotos können Sie problemlos in Ihren Vortrag einarbeiten.

Gesamtreflexion

Neben einer kritischen Betrachtung der Ergebnisse sollten Sie sich auch bewusst machen, ob die Rahmenplanung gestimmt hat und ob es Standorte gab, die für Sie nicht ertragreich waren. Abschließend sollten Sie in Ihrer Zusammenfassung nicht vergessen, Pro- und Kontra-Argumente des Braunkohlenabbaus unter Berücksichtigung gesammelten Erkenntnisse zu bewerten.

9 **Tagebau Garzweiler II**
Besichtigung nach vorheriger Anmeldung bei RWE Power AG möglich.

10 **Vollrather Höhe**
Außenkippe des Tagebaus Garzweiler, Naherholungsgebiet.

11 **Aussichtspunkt Jüchen**
Blick in den Tagebau Garzweiler II mit Deckgebirge, Flözen. Pumpen zur Grundwasserabsenkung, Sprühgalerie. Blick auf Kraftwerkskette, Windparks.

12 **Neu-Otzenrath/Neu-Holz**
Aktuelle Umsiedlungen nach neuesten Planungsaspekten.

13 **Holz – Pesch – Immerath**
Abriss der Ortschaften ist z. T. erfolgt oder steht kurz bevor.

14 **Titzer Höhe**
Jülicher Börde = Lössebene mit Landwirtschaft.

15 **Sophienhöhe**
Außenkippe des Tagebaus Hambach.

16 **Zülpicher Börde**
Landwirtschaftliche Nutzung, alter Bruchwald in der Erftaue.

Ordnen/Anwenden/Üben

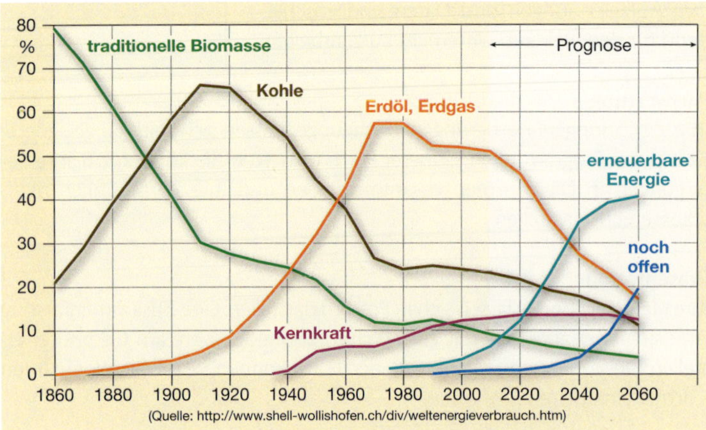

M 1 Lebenszyklen von Energiequellen

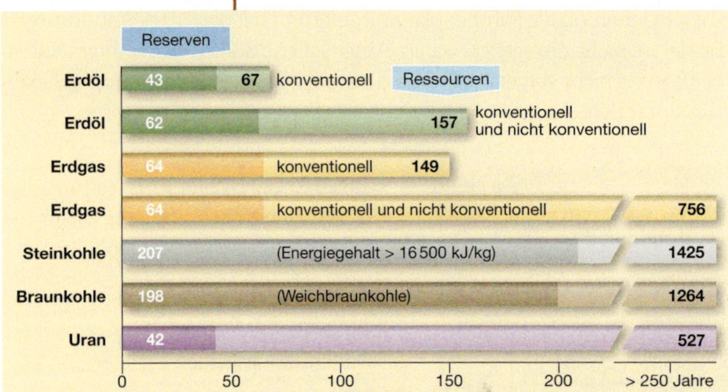

Bei der statischen Reichweite wird davon ausgegangen, dass sich der jährliche Verbrauch ab einem bestimmten Datum nicht ändert. Werden Wachstumsraten berücksichtigt (dynamische Reichweite), verringern sich die Reichweiten drastisch.

(Quelle: Praxis Geographie, Heft September 2008, S. 37, M3)

M 2 Statische Reichweite von Energieträgern

Bis 2010 ist weltweit der Primärenergieverbrauch um ca. 30 Prozent gestiegen. Wenn sich der heutige Trend fortsetzte, würde er in den nächsten 20 Jahren noch einmal um über 50 Prozent steigen, wobei rund 70 Prozent davon auf China und Indien entfielen. Über ein Drittel des gesamten Primärenergieverbrauchs wird für die Erzeugung von Strom verwendet, der für das Funktionieren der Wirtschaft und die Aufrechterhaltung unserer Lebensweise unverzichtbar ist. Die Zukunft der globalen Energieversorgung steht also zunehmend im Mittelpunkt des Interesses. Dabei sind vor allem die Umweltverträglichkeit, aber auch die Wirtschaftlichkeit und die Sicherheit von größter Bedeutung.

Die Primärenergieträger stammen zu einem großen Teil aus fossilen Rohstoffen, die nicht erneuerbar sind und die eine begrenzte Lebensdauer haben. Werden sie zur Energiegewinnung eingesetzt, geschieht dies durch Verbrennung und sie sind somit unwiederbringlich verloren. Damit verbunden ist auch der Ausstoß von CO_2, das zu den Treibhausgasen zählt und von einigen Wissenschaftlern mit einer Erwärmung des Weltklimas in Verbindung gebracht wird.
Es besteht darüber Einvernehmen, dass künftig der Energiebedarf gedrosselt werden muss. Dies

Konventionell: Erdöl: Leichtöl, Schweröl, Kondensat
Erdgas: freies Erdgas, Erdölgas
nicht Konventionell: Erdöl: Schwerstöl, Ölsand. Ölschiefer
Erdgas: Flözgas, Aquifergas, Gashydrat

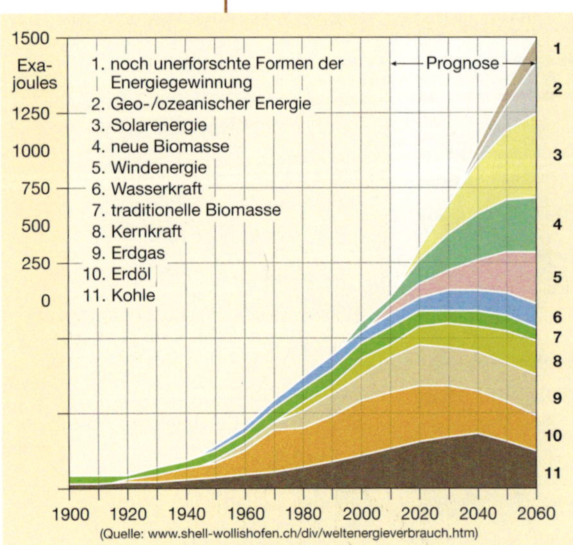

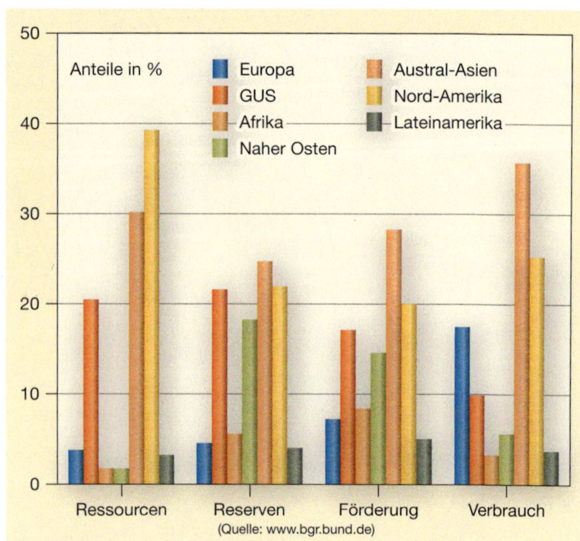

M 3 Weltenergieverbrauch

kann z.B. über die verbesserte Effizienz bei der Energieumwandlung (Kraftwerke) wie auch durch einen sparsameren Verbrauch bei der Endenergie (z.B. mit effizienten Haushaltsgeräten) erfolgen. Der künftige Energiemix wird somit verstärkt durch erneuerbare Energien gekennzeichnet sein müssen. Dies ist auch für diejenigen Staaten wichtig, die über nicht oder nicht mehr ausreichende Energiequellen verfügen und von Energieimporten abhängig sind. Für sie wächst das Konfliktpotenzial um die knapper werdenden Ressourcen und die Angst um die Versorgungssicherheit, aber auch die mit der Verknappung verbundene Gefahr von Preissteigerungen.

Energieverbrauch in ausgewählten Ländern in Mio. t SKE		Energieverbrauch pro Kopf in ausgewählten Ländern in kg SKE	
USA	3127,7	Kanada	12 060
VR China	1501,4	USA	10 755
Russland	886,9	Australien	8 196
Japan	665,1	Niederlande	7 278
Indien	494,7	Russland	6 191
Deutschland	457,2	Frankreich	5 891
Kanada	381,8	Deutschland	5 539
Frankreich	354,7	Großbritannien	5 496
Großbritannien	326,1	Japan	5 216
Italien	259,6	Republik Korea	5 084

M 5 Die größten Energieverbraucher

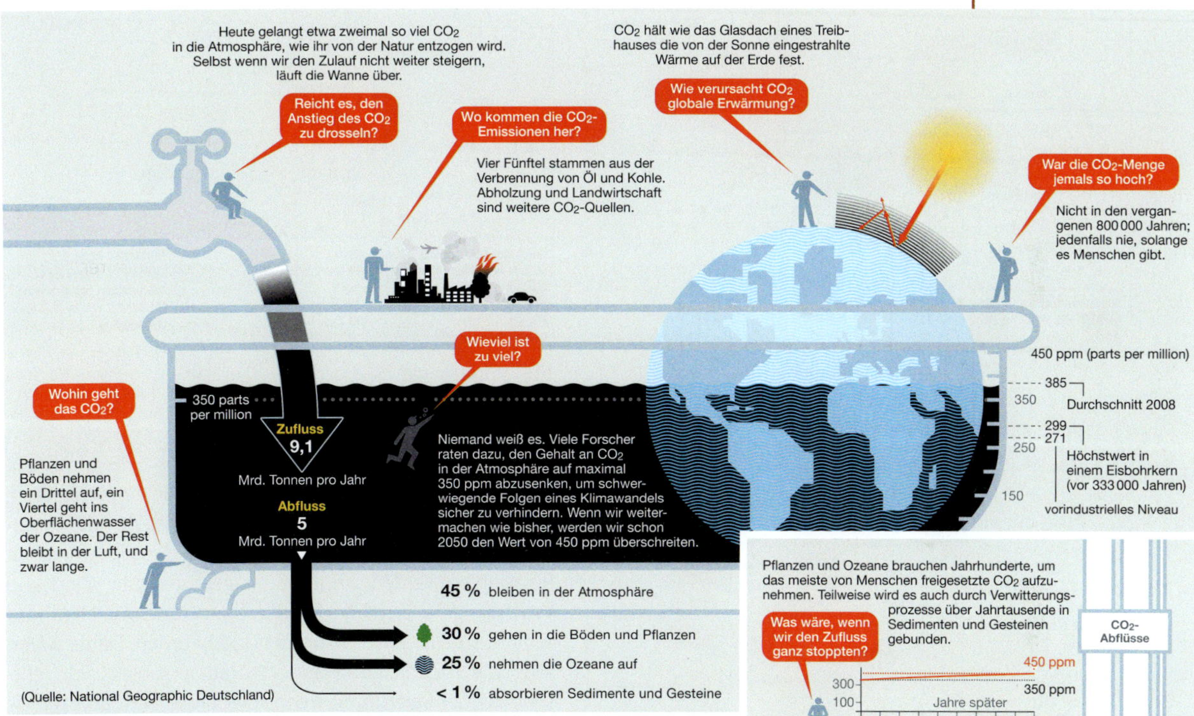

Die 10 Staaten mit den höchsten CO_2-Emissionen pro Kopf 2006 (in Tonnen)			
Katar	48,3	USA	19,0
Bahrain	27,0	Kanada	16,5
Vereinigte Arabische Emirate	26,0	**Zum Vergleich: Deutschland**	**10,0**
Kuwait	25,7		
Luxemburg	23,6	Welt	4,1
Niederländische Antillen	20,8	Industrieländer	11,5
Trinidad und Tobago	20,3	Entwicklungsländer	2,4
Australien	19,0	Entwicklungsländer ohne China	1,8

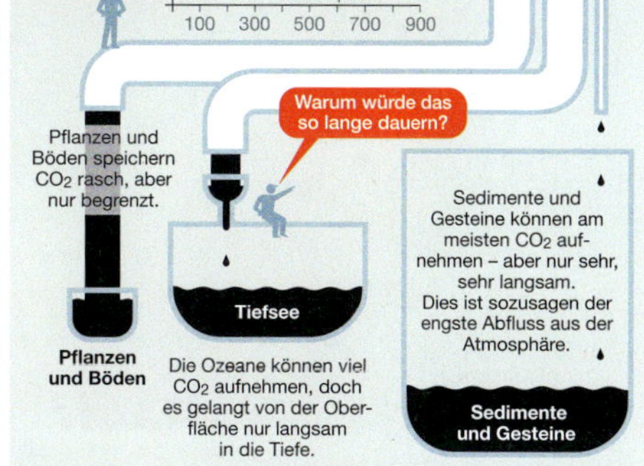

M 4 Das CO_2-Problem

1. Erörtern Sie die Bedeutung der einzelnen Energierohstoffe (**M 1** bis **M 3**).
2. Stellen Sie tabellarisch die wichtigsten Kohle-, Erdöl- und Erdgas-Lagerstätten zusammen (**M 3**, Atlas). Erläutern Sie darauf aufbauend die Folgerungen, die sich aus der geographischen Lage der Abnehmer dieser Energierohstoffe ergeben (**M 3**, **M 5**).
3. Erörtern Sie das CO_2-Problem und die Auswirkungen des steigenden CO_2-Gehalts der Atmosphäre auf das globale Klima (**M 4**, Internet).

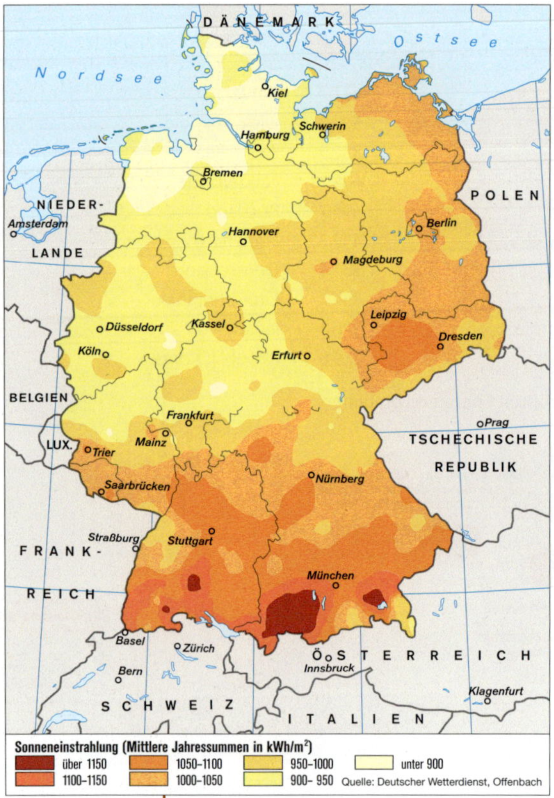

M6 Solarenergie

M8 Windenergie

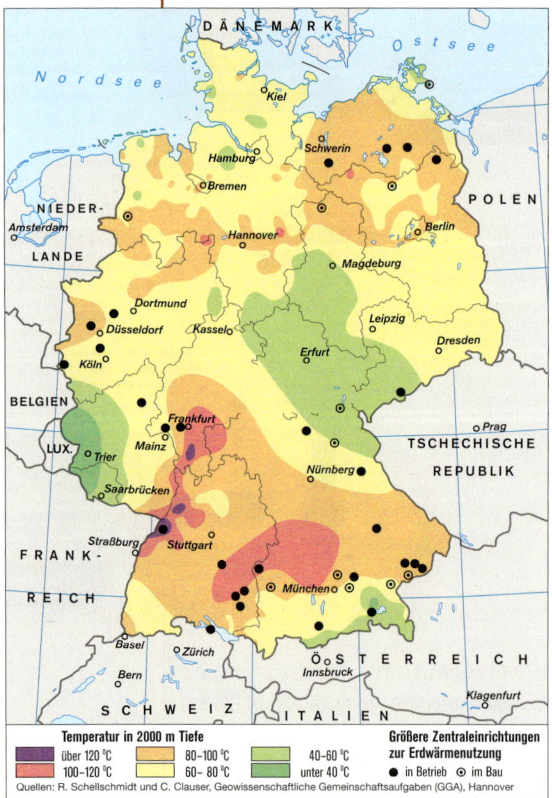

M7 Geothermie

Sonne, Wasser, Wind, Bio-Energie und Geothermie sind vielfältige Energie-Ressourcen. Bis auf die Erdwärme, die Kernspaltungsvorgänge im Erdinneren zur Grundlage hat, gehen die anderen Energieträger zunächst auf die Strahlungsenergie der Sonne zurück. Einige dieser natürlichen Ressourcen werden schon seit langem genutzt. Wind und Wasserkraft lieferten die Energie, die in Landwirtschaft und vorindustrieller Produktion benötigt wurden. Dabei waren aber die natürlichen Standortvoraussetzungen von entscheidender Bedeutung, denn sowohl die Verfügbarkeit als auch die erreichte Energiedichte waren saisonalen Schwankungen unterworfen. Erst der Einsatz fossiler Energieträger brachte eine Deckung des wachsenden Energiebedarfs sowie eine Standortunabhängigkeit mit sich.

Heutzutage erleben die natürlichen Energie-Ressourcen eine Renaissance. Vorwiegend aus Umweltgründen erfolgt eine zunehmende Deckung des Strombedarfs durch einen Ausbau regenerativer Energieträger. Dies bedeutet eine Nutzung des am einzelnen Standort vorhandenen natürlichen Energieangebots nach modernen technologischen und ökologischen Anforderungen. Nicht jede erneuerbare Energie kann an jedem Ort ausreichend und zuverlässig erzeugt werden. Auch wenn durch Vernetzungen regionale Versorgungsengpässe beseitigt werden können, ist eine flächendeckende Energieversorgung mit regenerativen Energieträgern zurzeit noch nicht absehbar.

① **Photovoltaikkraftwerk**
In diesen, meist auf großen Freiflächen errichteten, Anlagen werden Sonnenstrahlen mittels Solarzellen direkt in elektrische Energie umgewandelt.

② **Thermikkraftwerk (Aufwind-Kraftwerk)**
Durch Sonneneinstrahlung wird Luft unter einem Glas- oder Kunststoffdach erwärmt, die dann in einem Kamin aufsteigt. Durch diesen Aufwind wird die Windenergie mithilfe eines Generators in elektrische Energie umgewandelt.

③ **Solarturmkraftwerk**
Mit computergesteuerten der Sonne nachgeführten Spiegeln wird Sonnenstrahlung gebündelt auf einen zentralen sehr hohen Turm gelenkt. Dort wird die konzentrierte Strahlung benutzt, um Hochtemperaturwärme von bis zu 1100 °C bereitzustellen und diese dann über ein Dampf- oder Gasturbinenkraftwerk zur Stromerzeugung zu nutzen.

④ **Parabolrinnenkraftwerk:**
Gewölbte, der Sonne folgende, Spiegel bündeln Sonnenlicht auf ein in der Brennlinie verlaufendes langes Absorberrohr mit wärmeleitender Flüssigkeit. Wärmetauscher wandeln die thermische Energie in Heißdampf, der Dampfturbinen und daran gekoppelte Generatoren antreibt.

⑤ **Solar-Stirling-Anlage**
Die auf große schüsselförmige Sonnenspiegel gelenkte Solarstrahlung wird unter Benutzung eines Stirlingmotors in Rotationsenergie und später mittels Generator in elektrischen Strom umgewandelt.

⑥ **Solarenergie im Wohnungsbau**
Gebäude werden so entworfen, dass sie möglichst klimagerecht und energieeffizient die Sonnenenergie optimal nutzen und Wärmeverluste vermeiden. Dies geschieht im Wesentlichen durch eine Ausrichtung nach Süden, eine gute Wärmedämmung, die solarthermische Unterstützung der Wassererwärmung und Heizung sowie durch Photovoltaik-Anlagen zur Stromerzeugung.

⑦ **Wasserkraftwerk**
Durch die Kraft des sich bewegenden Wassers wird mit sehr hohem Wirkungsgrad mechanische Energie in elektrischen Strom umgewandelt. Das entweder künstlich aufgestaute oder natürliche fließende Wasser setzt eine Turbine in Bewegung, die dann einen Generator zur Stromerzeugung antreibt.

⑧ **Wellenkraftwerk**
Strom wird aus der kontinuierlichen Nutzung der Meereswellen gewonnen. Es existieren verschiedene Verfahren, wie die so genannte Seeschlange, die Rampe, die Bodenwellen oder die pneumatische Kammer.

⑨ **Meeresströmungskraftwerk**
Benutzt die kinetische Energie der kontinuierlichen Meeresströmung, um mittels eines Rotors, der sich unter Wasser im Bereich der fließenden Strömung befindet, Rotationsenergie zu erzeugen. Diese wird an einen, über dem Wasser auf einer Plattform gelegenen, Generator gesendet, der den elektrischen Strom erzeugt.

⑩ **Windkraftwerk**
Die kinetische Energie der Windströme wird mittels Rotorblätter und Generator in elektrische Energie umgewandelt und in das Stromnetz eingespeist. Durch eine stetig steigende Zahl an Windkraftanlagen an Land und Offshore Windparks an den Küsten wird Wind als kostenfreie, umweltschonende und erneuerbare Energiequelle genutzt.

⑪ **Bioenergiekraftwerk**
Durch die Nutzung von Biomasse, d. h. Biogasanlagen und speziell angebauter Energiepflanzen, wie Raps oder Getreide, werden Strom, Wärme und Treibstoffe erzeugt.

⑫ **Geothermiekraftwerk**
Mithilfe der in der Erdkruste gespeicherten Wärme (Geothermie) wird Strom erzeugt. Wasser wird von einem Kühlturm in einen tiefen unterirdischen Behälter geleitet, in dem es durch die Wärme des Erdinneren verdampft. Der nun erzeugte Wasserdampf steigt nach oben und treibt eine Turbine an, welche mithilfe eines Generators Strom erzeugt. Danach zieht der Wasserdampf zurück in den Kühlturm und wird wieder zu Wasser.

M 9 Nachhaltigkeit in der Energiewirtschaft

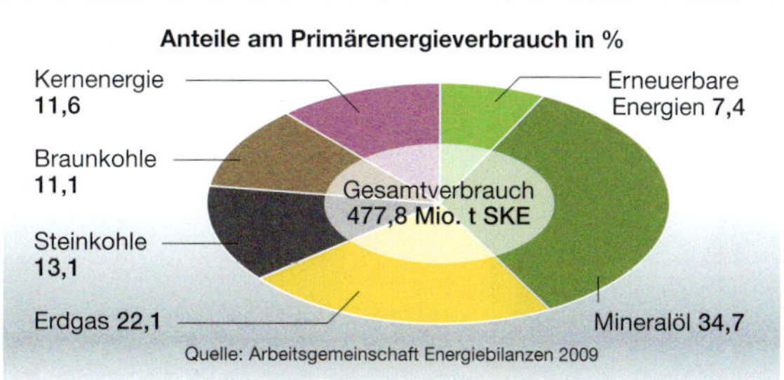

M 10 Energieträger in Deutschland

4. Fassen Sie die Möglichkeiten der Nutzung erneuerbarer Energien zusammen (M 9).
5. Informieren Sie sich über die Entwicklung des Einsatzes verschiedener Energieträger in Deutschland (M 10, Internet). Berücksichtigen Sie dabei insbesondere den Anteil und die Aufschlüsselung erneuerbarer Energien.
6. Überprüfen Sie die natürlichen Voraussetzungen für die Nutzung regenerativer Energien in Deutschland (M 6 bis M 8). Diskutieren Sie darauf aufbauend, inwiefern ein weiterer Ausbau erneuerbarer Energien möglich ist.

Prüfen Sie Ihren Zuwachs an Kenntnissen, Methodenkompetenzen und Urteilsfähigkeit

S Sachkompetenz; **M** Methodenkompetenz; **U** Urteilskompetenz

M 1 „So leben wir, so leben wir alle Tage ..." (Karikatur von Jupp Wolter)

S Definieren Sie folgende Fachbegriffe:

- Lagerungsverhältnis
- Geothermische Lagerstätte
- regenerative Energie
- Solarthermie
- Rekultivierung
- fossiler Energieträger
- Bioenergie
- nachwachsender Rohstoff
- Substitution
- Raumanalyse

Aufgaben zu M 1

S/M Beschreiben Sie die Karikatur und formulieren Sie deren Aussage fachbezogen.

S Vergleichen Sie diese Aussage mit den statistischen und grafischen Informationen auf dieser Doppelseite und formulieren Sie ein Fazit.

Aufgaben zu den Fotos

S/M Beschreiben Sie die dargestellten Methoden der Energiegewinnung.

S Ordnen Sie die Fotos möglichen Standorten in Deutschland zu.

Aufgaben zu M 2

S Beschreiben Sie die dargestellten Gesamtentwicklungen seit 1950.

S/U Erläutern Sie Gründe und mögliche Folgen.

S/M Differenzieren Sie Ihre Aussagen in regionaler Hinsicht.

S/U Erklären Sie die festgestellten Unterschiede.

M Rechnen Sie die regionalen Daten in Indexwerte ab 1950 um und stellen Sie diese in Form einer Tabelle dar.

U Nehmen Sie Stellung zur Entwicklung des globalen Energiebedarfs und zu den politischen und wirtschaftlichen Implikationen für rohstoffreiche und -arme Länder.

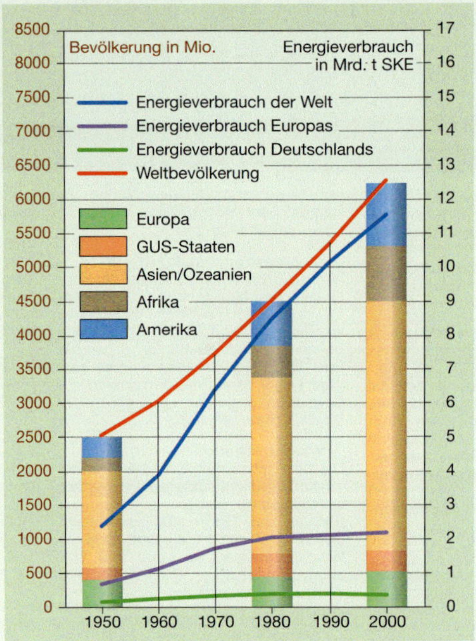

M 2 Bevölkerung und Energieverbrauch

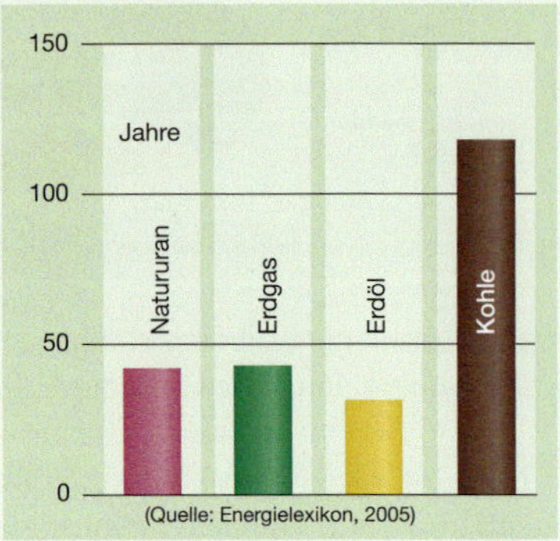

M 3 Reichweite einzelner Energieträger

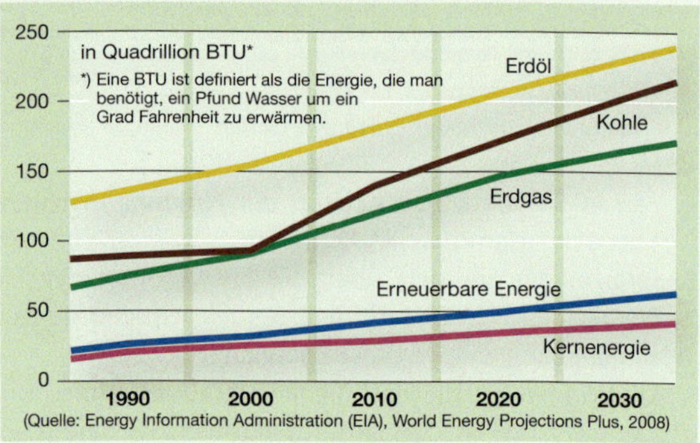

M 4 Weltenergiekonsum nach Energieträgern

Aufgaben zu M3 und M4

S Beschreiben Sie die Entwicklung des Weltenergiekonsums seit 1990.

U Bewerten Sie diese Entwicklung vor dem Hintergrund der Informationen in M3.

M/U Entwerfen Sie ein Schema, das mögliche Konsequenzen nach 2030 verdeutlicht.

Aufgaben zu M7

S Beschreiben Sie die Erdöleinfuhren seit 1970.

U Bewerten Sie die aufgezeigte Entwicklung im Kontext geopolitischer Überlegungen.

M/U Vergleichen Sie den Anteil von Erdöl an der deutschen Energieversorgung mit dessen weltweiter Nachfrage (M4).

Aufgaben zu M6

S Beschreiben Sie die erkennbare Entwicklung seit 1980.

S Erläutern Sie am geeigneten Beispiel den Vorgang der „Substitution".

U Begründen Sie den Substitutionsprozess.

M Stellen Sie den jeweiligen Anteil der Kernenergie in geeigneter Form grafisch dar.

Aufgaben zu M5

S Beschreiben Sie die dargestellten Wind- und Wärmebilanzen.

S Erläutern Sie diese im Zusammenhang mithilfe raumrelevanter Gegebenheiten.

U Bewerten Sie Standorte in verschiedenen Räumen für die alternative Energieerzeugung.

U Welche Eignungsvoraussetzungen ergeben sich für Nordrhein-Westfalen?

U Verdeutlichen Sie im Hinblick auf die Energie- und allgemeine Ressourcenproblematik die Metapher vom „Raumschiff Erde".

Jahr	Steinkohle	Braunkohle	Kernenergie	Mineralöl	Erdgas	Windenergie	Wasserkraft und Sonstige	Insgesamt
	TWh							
1980	111,5	172,7	55,6	27,0	61,0	0,0	39,8	467,6
1990	140,8	170,9	152,5	10,8	35,9	0,1	38,9	549,9
1995	147,1	142,6	154,1	9,1	41,1	1,5	41,3	536,8
2000	143,1	148,3	169,6	5,9	49,2	9,5	50,9	576,5
2005	134,1	154,1	163,0	11,6	71,0	27,2	59,6	620,6
2006*	137,9	151,1	167,4	10,5	73,4	30,7	65,9	636,8
2007*	142,0	155,1	140,5	9,7	74,9	39,5	74,0	635,9

*) vorläufig (Quelle: Gesamtverband Steinkohle, Essen)

M6 Stromerzeugung in Deutschland

Anteile deutscher Steinkohle
- an der Stromerzeugung in Deutschland: 9 Prozent (übrige Anteile aus Importkohle s. Tabelle)
- am Steinkohlenverbrauch: 33 Prozent (Steinkohlenimport: 67 Prozent)
- an den inländischen Energievorräten: 63 Prozent

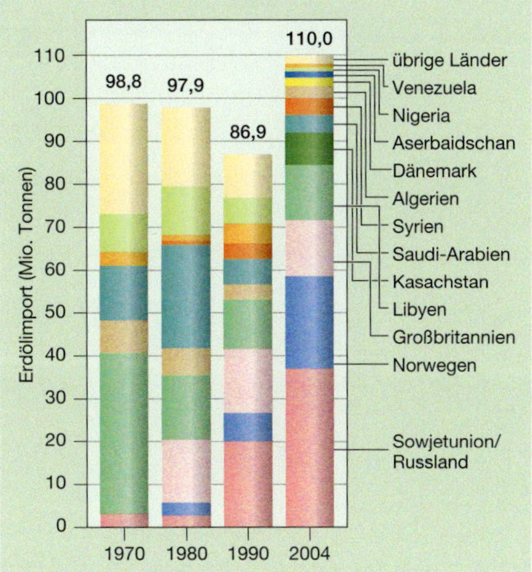

M7 Entwicklung der Erdöleinfuhren Deutschlands

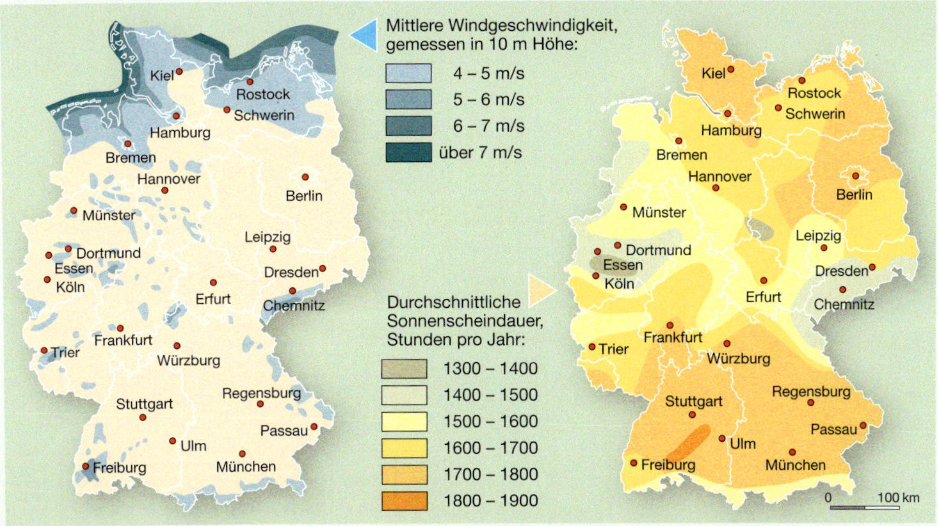

M5 Jahreswindangebot und Sonnenscheinstunden in Deutschland

Webcode: GO649174-147

Zentralabitur 2007
Erdkunde, Leistungskurs

Name: ____________________

Abiturprüfung 2007

Erdkunde, Leistungskurs

Aufgabenstellung:

Thema: Zukunftsfähige Entwicklung durch Energierohstoffe? – Das Beispiel des Emirates Dubai

Teilaufgaben:

1. Erläutern Sie unter Berücksichtigung der naturgeographischen Voraussetzungen den Ausbau Dubais zum modernen Wirtschaftsstandort. *(40 Punkte)*

2. Bewerten Sie die wirtschaftliche Entwicklung des Emirates unter dem Aspekt der Zukunftsfähigkeit. *(44 Punkte)*

Materialgrundlage:

M 1: Atlaskarten nach Wahl
M 2: Basisinformationen zu Dubai
M 3: Klimadiagramm Dubai
M 4: VAE – Siedlungsentwicklung und Wirtschaftsausstattung
M 5: Die VAE – Erdöl und Erdgas (2002)
M 6: Dubai City
M 7: Dubai Media-, Internet-City, Knowledge Village
M 8: Bevölkerungsentwicklung im Emirat Dubai
M 9: Bevölkerungszusammensetzung Dubais
M 10: Ausländer in Dubai
M 11: Anteile der einzelnen Wirtschaftssektoren am BSP Dubais
M 12: Attraktionen in Dubai
M 13: Hotelgäste nach Herkunftsräumen (2003)
M 14: Unterkunftsangebot in Dubai
M 15: Leistungen und Energieverbrauch der Elektrizitätswerke und Meerwasserentsalzungsanlagen

Zugelassene Hilfsmittel:

- der an der Schule in der Qualifikationsphase überwiegend verwendete Atlas, für alle Prüflinge die gleiche Auflage
- Wörterbuch zur deutschen Rechtschreibung
- Taschenrechner

Diese Seiten der Abiturprüfung in Originalgröße und die Lösungen der Aufgaben finden Sie im
Webcode: GO649174-148

M 1: Atlaskarten nach Wahl

M 2: Basisinformationen zu Dubai

Das Emirat Dubai gehört zur 1971 gegründeten Föderation der Vereinigten Arabischen Emirate (VAE). In den VAE gibt es keine politischen Parteien und auch keine Wahlen. Die Macht liegt bei den sieben Scheichs. Präsident der VAE ist traditionsgemäß das Staatsoberhaupt von Abu Dhabi, dem größten der sieben Scheichtümer, sein Stellvertreter ist Dubais Herrscher Scheich Mohammed Bin Rashid Al Maktoum. Dubai ist 3900 km² groß. Dominierendes Zentrum des Emirates ist die gleichnamige Hauptstadt Dubai. Zwar ist der Islam Staatsreligion, doch das Emirat wird verhältnismäßig liberal regiert. Es gilt unter den Golfstaaten als Steuerparadies. In Dubai fallen keine direkten Steuern an, insbesondere keine Einkommensteuer, und mit Ausnahme der Banken und der Erdölindustrie sind auch Unternehmen steuerfrei.

Emirate der VAE

Quellen: Scholz, F.: Die kleinen Golfstaaten. Perthes Länderprofile. Gotha und Stuttgart, 1999, S. 207; Balser, M.: Oase im Höhenrausch. Süddeutsche Zeitung Nr. 83, S. 36 vom 8./9.04.2006

M 3: Klimadiagramm Dubai

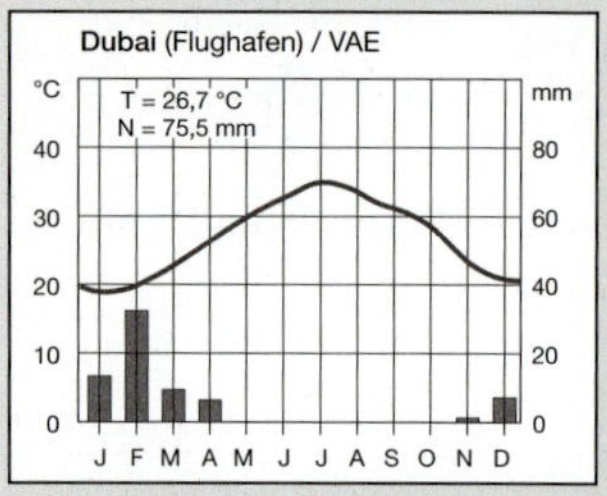

Quelle: Lavergne, M., Dumortier, B.: Dubai - von der Wüstenstadt zur Stadt in der Wüste. in: Geographische Rundschau 52, 2000, H. 9, S. 46

M 4: VAE – Siedlungsentwicklung und Wirtschaftsausstattung

Anmerkung: Die ölinduzierte Entwicklung setzte in Dubai 1966 ein, als man das Fateh-Ölfeld im Golf entdeckte.

Quelle: wie M 2 (Scholz), S. 228

M 5: Die VAE – Erdöl und Erdgas (2002)

Emirat	Erdölreserven in Mio. t	Erdölproduktion in Mio. t	Lebensdauer der Reserven in Jahren	Erdgasreserven in Mrd. m³	Erdgasproduktion in Mrd. m³	Lebensdauer der Erdgasreserven	Staatseinnahmen aus Erdöl- und Erdgasproduktion in Mrd. US-$
Abu Dhabi	12460	95	131	5553	52,1	107	16,3
Dubai	540	14	39	113	3,4	33	2,4
VAE gesamt	13216	111	120	5978	74,5	80	19,1

Quelle: Oestreich, H., Schliephake, K.: Schwarzes Gold, weißes Pulver und künstliche Welten. Eine Analyse der wirtschaftlichen Entwicklung Dubais. In: geographie heute, H. 227, 2005, S. 41

M 6: Dubai City

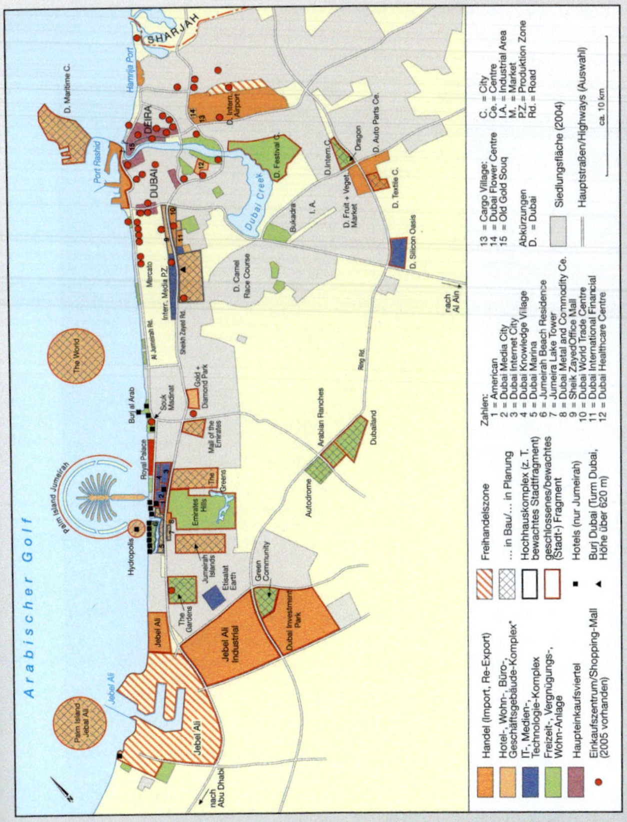

Quelle: Scholz, F.: Die „kleinen" arabischen Golfstaaten im Globalisierungsprozess – Beispiel Dubai. In: GR 57, 2005, H. 11, S. 16/17

M 7: Dubai Media-, Internet-City, Knoledge Village (Nr. 1, 2, 3, 4 in M 6)

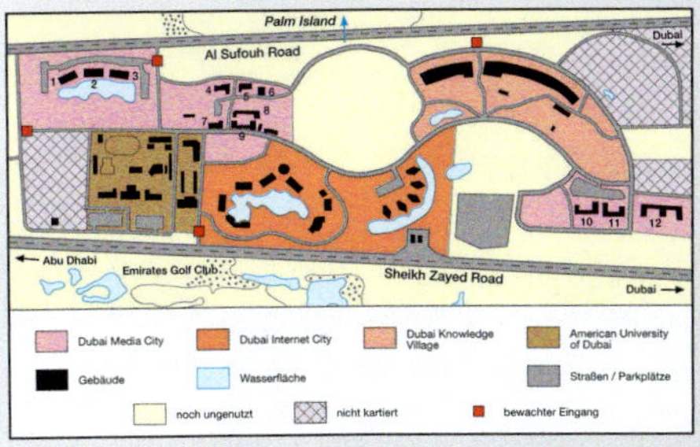

Anzahl der Firmen in Media-City nach Gebäuden: 1 z. B. Reuters + 43 weitere Firmen; 2 z. B. CNN + 118; 3 mbc; 4 z. B. Associates Press + 46; 5 z. B. Middle East Media Group + 42; 6 Ten Sports; 7 z. B. Middle East North Afrika + 31; 8 z. B. Space Toon + 141; 9 z. B. CNBC + 45; 10 z. B. Hawk Media FZ LLC + 67; 11 z. B. Al Yamamah Press East + 70; 12 Twenty First Century Publishing House FZ LLC + 3
Quelle: DE 2004; DMC 2004/5; Kart. d. Verf. Jan. 2005

Quelle: wie M 6, S. 19

M 8: Bevölkerungsentwicklung im Emirat Dubai (in 1000)

1975	1985	1995	2003
183,2	419,1	674,1	1204,0 davon in der Stadt Dubai: 1171,0

Quelle: wie M 2 (Scholz), S. 229; Der Fischer Weltalmanach 2000 und 2006

M 9: Bevölkerungszusammensetzung Dubais

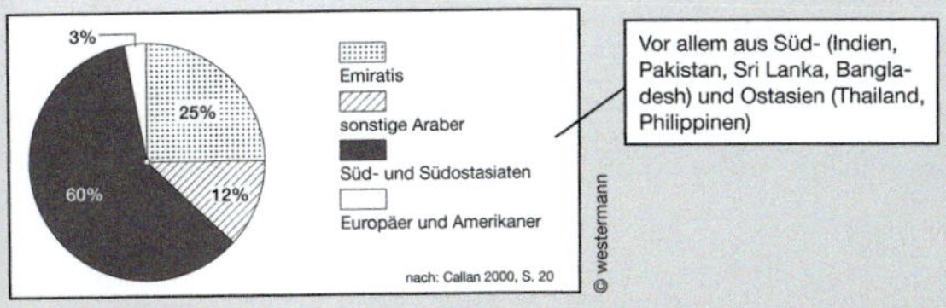

Quelle: Zehner, K.: Dubai. Von der kolonialen Hafenstadt zur kosmopolitanen Metropole. In: Petermanns Geographische Mitteilungen, H. 7–8, 2001, S. 62

M 10: Ausländer in Dubai

Zwischen 1975 und 1995 wanderten jährlich 11 000 bis 13 000 junge Asiaten zu; seither ist die Zahl auf 32 000 Menschen pro Jahr gestiegen. Diese Gastarbeiter geben ihr Bestes, verdienen vielleicht 200 US-$; (Kellner) bis 1200 US-$ (Ingenieure) im Monat steuerfrei, ohne Gesundheits- und Altersvorsorge. Das Reservoir ist riesig; spezielle Agenturen vermitteln innerhalb von Tagen Arbeitskräfte.
Einerseits sind ihre Verdienstmöglichkeiten hier in der Regel besser als in ihren Heimatländern; zudem profitieren sie im Hinblick auf Bildung, Kultur und Gesundheitswesen von den Annehmlichkeiten eines hoch entwickelten Landes. Andererseits ist ihnen jegliche politische Betätigung sowie der Kauf von Grundstücken und Immobilien untersagt.

Quelle: wie M 9, S. 62; wie M 5, S. 45

M 11: Anteile der einzelnen Wirtschaftssektoren am BSP Dubais (in %)

	1990	2002
Dienstleistungen	47,85	68,29
Produktion	52,15	31,71
davon: Ölindustrie	32,42	5,37
Industrie	9,35	15,99
Bauindustrie	7,30	7,75
Energiewirtschaft	2,45	1,67
Sonstige	0,63	0,93

Quelle: wie M 5, S. 43

M 12: Attraktionen in Dubai

Burj-al-Arab („Turm der Araber"): das exklusivste und teuerste Hotel der arabischen Welt
Burj Dubai: Der Burj Dubai Tower soll neben Wohnungen, Büros, Hotels und Freizeiteinrichtungen die weltweit größte Shopping Mall enthalten und der höchste Turm der Welt sein; Teil des Projekts sind ebenso ein drei Stockwerke hohes Aquarium und eine Eisbahn, die allen Ansprüchen an olympische Wettkämpfe gerecht wird.
The Palm Jumeirah und **The Palm Jebel Ali:** zwei künstlich angelegte Inseln mit Meereszugang in Palmenform vor der Jumairah-Küste und westlich des Jebel-Ali-Hafens; geplant sind jeweils über 2000 Villen und 30 Luxushotels; mithilfe von zwei versenkten Flugzeugwracks, auf denen sich Korallen ansiedeln sollen, wird versucht, in der Nähe eines der schönsten Tauchreviere zu schaffen; Fertigstellung 2006 bis 2007
The World: Vor dem Hafen Port Rashid entstehen 200 Inseln in Form eines Globus; die Investitionskosten betragen 3 Mrd. US-$. Nach der Fertigstellung werden die einzelnen Inseln verkauft.
Dubai Media City: vor allem Film- und Fernsehproduktion
Dubai Mall: seit 2006 im Bau befindliches Shopping Center, das rund 1000 Geschäfte beherbergen wird
Dubailand: gigantischer Freizeitpark mit sechs Themenparks; erwartete Besucher: 200 000 täglich; neben einer Eisbahn stehen auch eine 4500 m lange Loipe für Ski-Langläufer und als eine Top-Attraktion der Ski-Dome mit einem Abfahrtshang zur Verfügung.
Dubai Waterfront: das z. Zt. größte Bauvorhaben der Welt: die geplante Stadt umfasst auf einer Größe von 440 km² 10 Stadtteile, in denen 750 000 Menschen leben können. Die 850 Kilometer lange „Waterfront", bestehend aus künstlichen Inseln, wird die Küste Dubais um das 12-Fache verlängern. Baubeginn ist für 2006 vorgesehen.
Hydropolis: 20 Meter unter der Meeresoberfläche soll das erste Unterwasserhotel entstehen.
Dubai Marina: In unmittelbarer Nähe von Dubai-City entsteht eine so genannte „intelligente" Stadt: über ein eigenes Intranet sind alle Stadtteile untereinander vernetzt und alle Wohnungen sind auf dem neuesten Stand der Technik; zum Standard gehören hier Bildtelefonie, Video-on-Demand und die Möglichkeitl alle elektrischen Geräte fernsteuern zu können. Dubai Marina ist konzipiert für 80 000 bis 100 000 Einwohner geschätzte Kosten: 4 Mrd. US-$.

Quellen: www.dubai.de/34-Dubai-Future.html (Zugriff 17. 03. 2006); wie M 5, S. 44.

M 13: Hotelgäste nach Herkunftsräumen (2003)

Region	Anteil in %	Gäste absolut
VAE	7,2	311 756
übrige Golfstaaten	19,3	836 715
sonstige arabische Staaten	10,3	447 684
Asien	24,1	1 048 378
Afrika (ohne Arabien)	5,9	254 971
Europa	27,2	1 182 916
Amerika	4,3	186 961
Australien und Pazifik	1,7	72 960
Insgesamt	100	4 342 341

Quelle: wie M 5, S. 45

M 14: Unterkunftsangebot in Dubai

Hotelkategorie	Hotels / Betten 2000	Hotels / Betten 2003
5-Sterne-Kategorie	22/ 9597	31 / 14 928
4-Sterne-Kategorie	23/ 4320	30 / 5878
3-Sterne-Kategorie	31/ 5472	39 / 6789
2-Sterne-Kategorie	41/ 4432	48 / 5233
1-Sterne-Kategorie	46/ 3360	76 / 5201
Registrierte Unterkünfte	102/ 6182	46 / 3197
Insgesamt	265/ 33 364	271 / 41 226

Quelle: wie M 5, S. 45

M 15: Leistungen und Energieverbrauch der Elektrizitätswerke und Meerwasserentsalzungsanlagen

Emirat	Elektrizitätswerke Kapazität in MW		Kapazität Meerwasserentsalzungsanlagen in Mio. m³		Erdgasbedarf in Mrd. m³ (inkl. Industrie)	
	2000	2005	2000	2005	2000	2005
Abu Dhabi	4200	8000	498	774	36	56
Dubai	2600	4216	190	370	7	10
VAE gesamt	7750	13 610	724	1332	46	75

Quelle: wie M 5, S. 42

Folgen eines Erdbebens in Japan

Georisikogebiete

Überschwemmungen in Bangladesch

In jüngerer Zeit wird in den Medien weltweit umfassender über Naturkatastrophen berichtet. Das lässt den Eindruck entstehen, dass derartige Erscheinungen häufiger und mit verheerenderen Wirkungen auftreten als früher. Zugleich nehmen nach Angaben der Versicherungen durch Naturkatastrophen verursachte Schadensfälle stark zu, was allerdings nicht nur auf die Häufung von Naturkatastrophen zurückgeführt wird.

Vielmehr hat dies vor allem mit der zunehmenden Besiedlung stark gefährdeter Gebiete insbesondere in den Entwicklungsländern zu tun, mit einer immer teurer und aufwändiger werdenden Technik sowie mit den mit steigendem Lebensstandard sowie wachsenden Sachwerten in Industrie- und Schwellenländern, also mit dem Menschen selbst.

Die Wechselbeziehungen zwischen Gesellschaft und Natur bringen natürliche Gefahren für den Menschen mit sich, sogenannte Georisiken. Naturereignisse schädigen den Menschen jedoch nicht zwangsläufig: Fruchtbare vulkanische Böden sind ein Beispiel für das Gegenteil.

Erdbeben, Vulkanausbrüche oder Überschwemmungen werden erst dann zur bedrohlichen Gefahr, wenn sie auf unvorhergesehene Weise Schäden an Leib und Eigentum hervorrufen. Sie entwickeln sich zu Naturkatastrophen, wenn solche Ereignisse nicht nur zu zahlreichen Todesopfern, Verletzten und Obdachlosen führen, sondern auch zu großen Schäden in der Natur und zu schweren Zerstörungen an Bauwerken und Infrastrukturen. Oft sind die Menschen in hiervon betroffenen Gebieten auf überregionale und internationale Hilfe angewiesen.

Leben in Risikogebieten

M 1 Mt. Pelée auf Martinique 1902

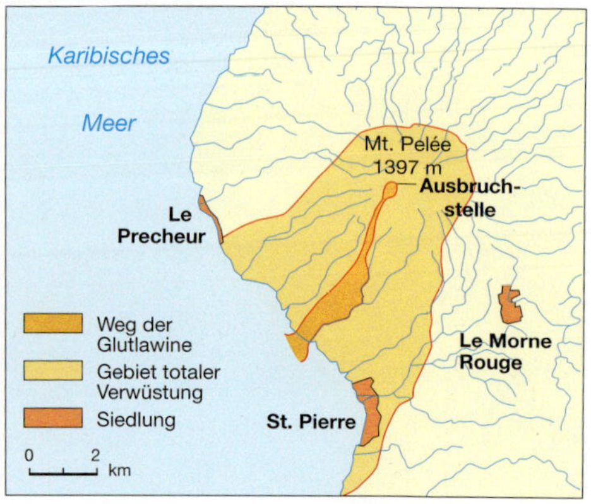

M 3 Mt. Pelée und St. Pierre auf Martinique

1. Folgen plattentektonischer Prozesse

Vulkanismus

Immer wieder lassen sich spektakuläre und faszinierende Ausbrüche von Vulkanen beobachten. Von den weltweit heutzutage über 550 tätigen Vulkanen befinden sich zahlreiche in dichter besiedelten Regionen, sodass sie den in ihrer Nähe lebenden Menschen zur Gefahr werden.

Unter **Vulkanismus** versteht man die Vorgänge und Erscheinungen, die mit dem Vordringen von Magma an die Erdoberfläche zusammenhängen. Das Magma steht in der Erdkruste bzw. im oberen Erdmantel unter hohem Druck. Treten in der Gesteinshülle Spalten und Klüfte auf, steigt es durch zylindrische Kanäle, die Schlote, nach oben, und tritt an der Erdoberfläche als Lava aus. Dabei trennen sich die schwerflüchtigen Bestandteile wie Oxide von Silizium, Aluminium und Eisen von den leichtflüchtigen (Gase und Dämpfe) wie Wasserstoff, Kohlenstoffmonoxid, Methan, Schwefel und Chlor. Der Ausbruch kann in verschiedenen Formen ablaufen. Explosionsartigen Eruptionen steht ein dünnflüssiges Ausfließen gegenüber, außerdem kann der Anteil an mitgeführter Asche sehr unterschiedlich sein.

Bereits seit Wochen roch es in St. Pierre, der Hauptstadt der Antillen-Insel Martinique, nach Schwefelgasen, und Anfang April des Jahres stiegen bereits Dampfwolken aus Spalten hoch oben am Berg auf. Kurze Zeit später fiel ein leichter Ascheregen auf die Stadt, und es gab mehrere Erdstöße. Auch hatte sich der vorher ausgetrocknete Krater mit einem 200 m breiten, dampfenden See gefüllt. Aus einem kleinen Vulkankegel strömte heißes Wasser in den See, und aus der Tiefe war ein dumpfes Blubbern zu hören. Eine Woche vor dem Ausbruch verstärkte sich der Ascheregen, sodass die Sonne verdunkelt wurde, und über dem Vulkan stand eine schwarze Wolke, aus der es blitzte und donnerte. […]
Am frühen Morgen des 8. Mai 1902 stößt der Mt. Pelée eine riesige Dampffontäne aus. Es folgen vier gewaltige Detonationen und aus dem Vulkan steigt eine schwarze Rauchwolke. Gleichzeitig wälzt sich eine auf 2000 °C erhitzte Glutlawine seitlich aus dem Krater und bewegt sich mit einer Geschwindigkeit von 150 km/h auf die Küste zu. Noch 8 km vom Krater entfernt muss die Temperatur des Gases 800 bis 1000 °C betragen haben. Die Glutlawine von gewaltiger Zerstörungskraft ließ nicht nur Glas, Porzellan und Metallgegenstände schmelzen, sondern auch Schiffe im Hafen von St. Pierre fingen Feuer.

Ein Augenzeuge von einem Schiff, das in der Bucht auf Reede lag, berichtet:
„Als wir uns St. Pierre näherten, konnten wir die rollenden und springenden Flammen unterscheiden, die in gewaltigen Mengen vom Berg ausgespien wurden und hoch in den Himmel stiegen. Riesige schwarze Rauchwolken hingen über dem Vulkan. Zuckend stiegen die Flammen, hin und wieder einen Moment auf diese oder auf die andere Seite wogend, dann wieder höher aufspringend. Ständig war ein dumpfes Grollen zu hören. Um 7.45 Uhr gab es eine schreckliche Explosion, der Berg wurde in Stücke gerissen. Es gab keine Warnung. Die Flanke des Vulkans riss auf und eine dichte Flammenwand raste auf uns zu. Es donnerte wie aus tausend Kanonen. Die Glutwolke stürzte wie ein grell aufflammender Blitz auf uns zu und über uns hinweg. Die Stadt verschwand vor unseren Augen, dann wurde um uns die Luft erstickend heiß. Wo auch immer die feurige Masse die See traf, begann das Wasser zu kochen und mächtige Dampfwolken stiegen auf. Der Feuersturm vom Vulkan hielt nur Minuten an. Er schrumpfte zusammen und setzte alles, was er traf, in Brand."
Nur zwei Einwohner von St. Pierre sollten dieses Inferno überstehen. Etwa 20 km² betrug die Fläche totaler Zerstörung.

(nach: G. Beese: Karibische Inseln. Köln 1985, S. 28 ff.)

M 2 Der Ausbruch des Mt. Pelée

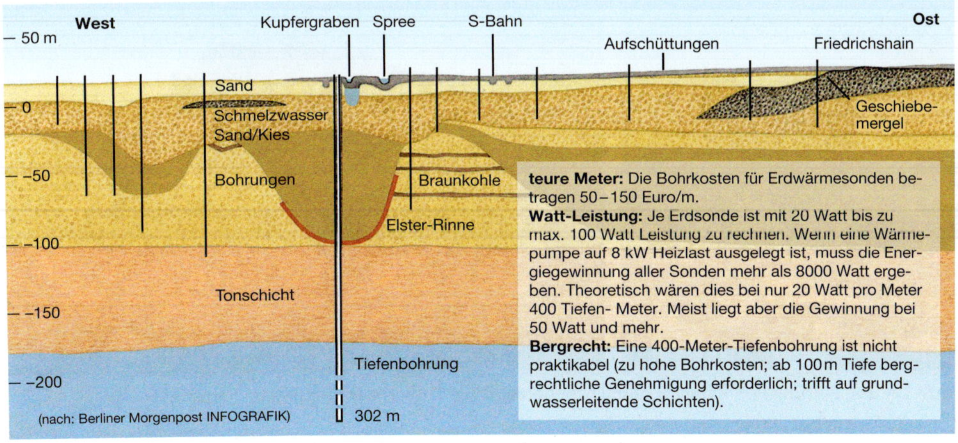

M 4 Nutzung von Erdwärme aus dem Berliner Untergrund

Nutzung von Vulkanismus

Durch Vulkane werden Siedlungen und Kulturland zerstört, und trotzdem kehren die Bewohner nach einem Ausbruch immer wieder in ihre Nähe zurück. Vulkanische Böden sind aufgrund ihres Mineralreichtums – bei ausreichender Wärme und Feuchtigkeit – sehr fruchtbar. Vulkanische Aschen besitzen ein großes Spektrum an anorganischen Nährstoffen, die das Pflanzenwachstum fördern. Zudem bilden sich rasch Tonmineralien. Unter Mitwirkung der von absterbenden Pflanzen gebildeten Huminsäuren entstehen hochwertige Böden. Diese Fruchtbarkeit wird unterstützt durch die hohe Wasserspeicherkapazität sowie die Eigenschaft porösen Gesteins, das Wasser nur langsam wieder abzugeben. Außerdem können die vorhandenen Mineralien leicht aus dem porösen Gestein herausgelöst werden. Dies alles macht es möglich, vulkanische Böden auch in niederschlagsärmeren Regionen landwirtschaftlich nutzbar zu machen.

Das vulkanische Gestein kann auch als Baumaterial genutzt werden. So ist Bims wegen seiner guten Isoliereigenschaften geschätzt, Basalt wird z. B. als Straßenbelag oder bei der Restaurierung von Kirchen verwendet. Es hat sich herausgestellt, dass Basalt gegen Umwelteinflüsse wie SO_2 weniger empfindlich als z. B. Sandstein ist.

In den USA und in Neuseeland, aber auch in Europa (Italien, Island) wurden geothermische Kraftwerke gebaut, die der Elektrizitätserzeugung dienen. So wird beispielsweise San Francisco vollständig durch ein Kraftwerk mit einer Leistung von 1500 MW aus einem jungen Vulkangebiet mit elektrischer Energie versorgt. In Island gedeihen z. B. Tomaten in Gewächshäusern und werden exportiert. Ebenso kommen Erzlagerstätten (Gold, Silber, Eisen, Kupfer u. a.) in Gebieten vulkanischer Tätigkeit vor. Allerdings befinden sich diese Vorkommen überwiegend am Meeresgrund, und da eine submarine Förderung sehr kostenintensiv ist, ist die Nutzung gegenwärtig uninteressant. Zudem wären rechtliche Fragen, die die Nutzung der Weltmeere betreffen, noch abzuklären. Nicht zuletzt sind Mineralquellen, Solfataren (mit schwefelhaltigen Gasen) und Mofetten (mit kohlensäurehaltigen Wasserdämpfen) positive Begleiterscheinungen des Vulkanismus.

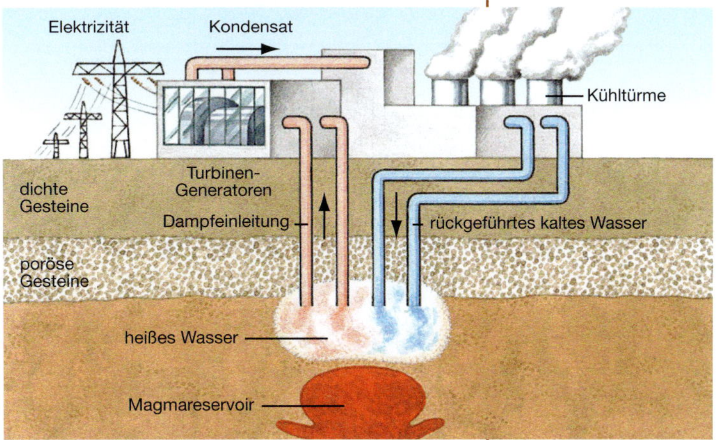

M 5 Geothermisches System

1. Lokalisieren Sie die weltweite Verbreitung von Vulkanen. Erläutern Sie in diesem Zusammenhang den Begriff „Zirkumpazifischer Feuergürtel" (Atlas).
2. Erklären Sie die Vorgänge im Zusammenhang mit einem Vulkanausbruch (M 1 bis M 3).
3. Erläutern Sie die wirtschaftliche Bedeutung vulkanischen Gesteins.
4. Diskutieren Sie, ob die Nutzung geothermischer Energie in Berlin ein sinnvoller Beitrag zur Gewinnung alternativer Energie ist (M 4 bis M 5).

Webcode: GO649174-153

M6 Die alte Festung von Bam vor dem Erdbeben und die Ruinen der Festung am Samstag, 27. Dezember 2003

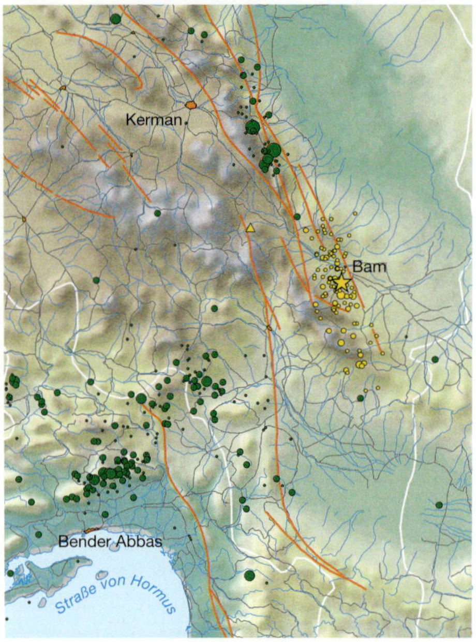

M7 Erdbeben im Südosten Irans seit 1900

Erdbeben

Das historische Bam gibt es nicht mehr: Am 26. Dezember 2003 geschah im Südosten Irans ein Erdbeben der Stärke 6,5. 90 Prozent der städtischen Bauten wurden dabei zumindest beschädigt, drei Viertel der Gebäude völlig zerstört. Der über 1500 Jahre alte historische Stadtkern um die Zitadelle wurde dem Erdboden gleichgemacht. Telefonverbindungen wurden unterbrochen, die Wasserversorgung von Bam und den umliegenden Dörfern brach zusammen. Über 40 000 Menschen kamen ums Leben, mehr als 50 000 wurden verletzt und 100 000 obdachlos.

Die Stadt Bam, am Rand der Wüste Lut in der Provinz Kerman gelegen, war am Rand von Dattelpalmenhainen errichtet worden. Die meisten Gebäude waren aus Lehmziegeln gebaut und ein bis zwei Stockwerke hoch. Eine hohe Mauer umgab die aus dem 16. Jh. stammende Stadt, die von der mächtigen Zitadelle überragt wurde.

Bam liegt direkt an einer Störungszone am südöstlichen Rand des Zagrosgebirges. Dieses Gebirge ist der südliche Teil des alpinen Gebirgsbildungsprozesses und dehnt sich von der türkischen Grenze 1600 km südostwärts bis zur Wüste Lut aus. Es ist eine der jüngsten und aktivsten kontinentalen Kollisionszonen, die durch die Konvergenz der Arabischen und Eurasischen Platten entstanden ist. Im Zagrosgebirge nahe der Küste zum Persischen Golf beträgt die Konvergenzrate etwa 4 cm/Jahr, wird aber nach Nord-Nordost und Ost-Südost geringer.
Analysen von optischen Fernerkundungsaufnahmen zeigen, dass die Bam-Verwerfung nördlich von Bam keine einzelne Verwerfung ist, sondern ein Störungssystem von 4 bis 5 km Breite darstellt. Südlich von Bam ist nur eine scharfe Störung zu erkennen, die zwischen Bam und Baravat verläuft und nach Süden auf einer Länge von knapp 150 km verfolgt werden kann. Die seismisch aktivste Störungszone in der betrachteten Region ist die Gowk-Verwerfung. Seit 1981 fanden dort fünf starke Erdbeben mit Magnituden von 5,5 bis 7,1 statt. Nachbeben wurden im Ostteil von Bam in einer Tiefe von 9 bis 20 km lokalisiert. Aus der Nachbebenverteilung wird eine Bruchlänge des Hauptbebens von ungefähr 18 km geschätzt.

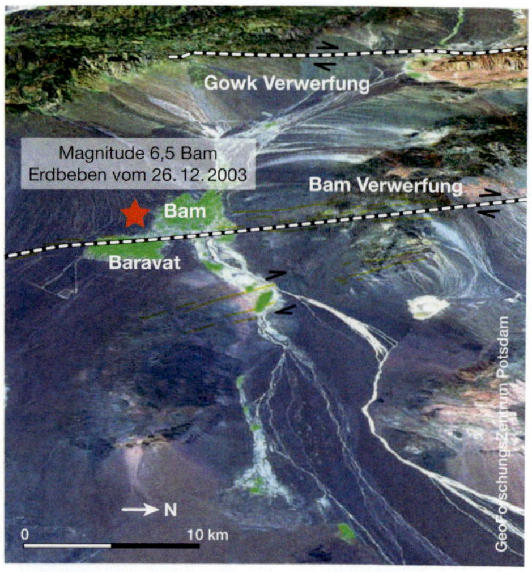

M8 Fernerkundungsaufnahme vom **Zentralgebiet des Bam-Verwerfungssystems.** Gestrichelte weiße Linien sind die Hauptspuren der Bam- und Gowk-Verwerfungen.

Entstehung von Erdbeben

Weltweit ereignen sich jährlich über 150 000 fühlbare Erdbeben. Sie sind heftige Erschütterungen der Erdkruste bzw. des oberen Erdmantels. Häufigste Ursache sind Brüche und Verschiebungen in der Gesteinshülle, die zu einem Aufbau von Spannungen führen, welche an Bruchlinien freigesetzt werden. Besonders starke Erdebeben treten auf, wenn sich Kontinentalplatten verhaken und anschließend ruckartig lösen. Ihre größte Wirkung haben Erdbeben im **Epizentrum,** dem Gebiet, das über dem Erdbebenherd an der Erdoberfläche liegt. Bodenbewegungen und Intensität nehmen mit zunehmender Entfernung vom **Hypozentrum,** dem Ursprungsort des Bebens im Erdinnern, ab. Die Erdbebenwellen breiten sich in alle Richtungen aus. Man unterscheidet zwei Arten von Wellen. Primärwellen (Longitudinalwellen), die sich horizontal durch Kompression am schnellsten in der Erdkruste fortpflanzen, durchdringen jedes Material – egal ob fest, flüssig oder gasförmig. Sekundärwellen (Transversalwellen), die vertikal zur Ausbreitungsrichtung auftreten, können flüssiges Material nicht durchdringen. Aus dem Zeitunterschied der mit verschiedenen Geschwindigkeiten laufenden Wellen lässt sich die Lage des Erdbebenherdes (Hypozentrum) bestimmen.

Messen der Erdbebenstärke

Die Stärke eines Erdbebens wird mithilfe der nach oben offenen Richter-Skala angegeben. Als Maß dient dabei die Magnitude, die die Maximalamplitude der Erdbebenwellen in einer logarithmischen Skala beschreibt. Aufgrund des logarithmischen Maßes ist z. B. ein Erdbeben der Stärke 7 zehnmal stärker als eines der Stärke 6. Erdbeben sind ab Stärke 3 deutlich fühlbar, ab Stärke 8 sind katastrophale Auswirkungen (Zerstörungen von Siedlungen, Verwüstungen) zu beobachten. Neben der Richter-Skala wird gelegentlich das Maß der Auswirkungen mithilfe der zwölfteiligen Mercalli-Skala angegeben. Sie stützt sich auf sichtbare und fühlbare Auswirkungen der Erderschütterungen.

Auswirkungen von Erdbeben

In den vergangenen zwei Jahrhunderten haben mehr als zwei Mio. Menschen ihr Leben durch Erdbeben verloren. Dazu kommt der volkswirtschaftliche Schaden, der allein in den vergangenen zehn Jahren mehr als 6 Mrd. Euro betrug. Durch die technische und infrastrukturelle Entwicklung wie auch durch das Bevölkerungswachstum wird der durch Erdbeben verursachte Sach- und Personenschaden künftig weiter steigen.

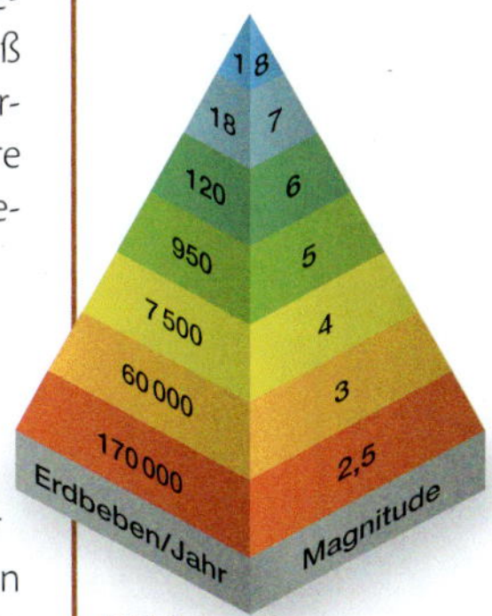

M 10 Durchschnittliche jährliche Erdbebenhäufigkeit in Abhängigkeit ihrere Magnitude.

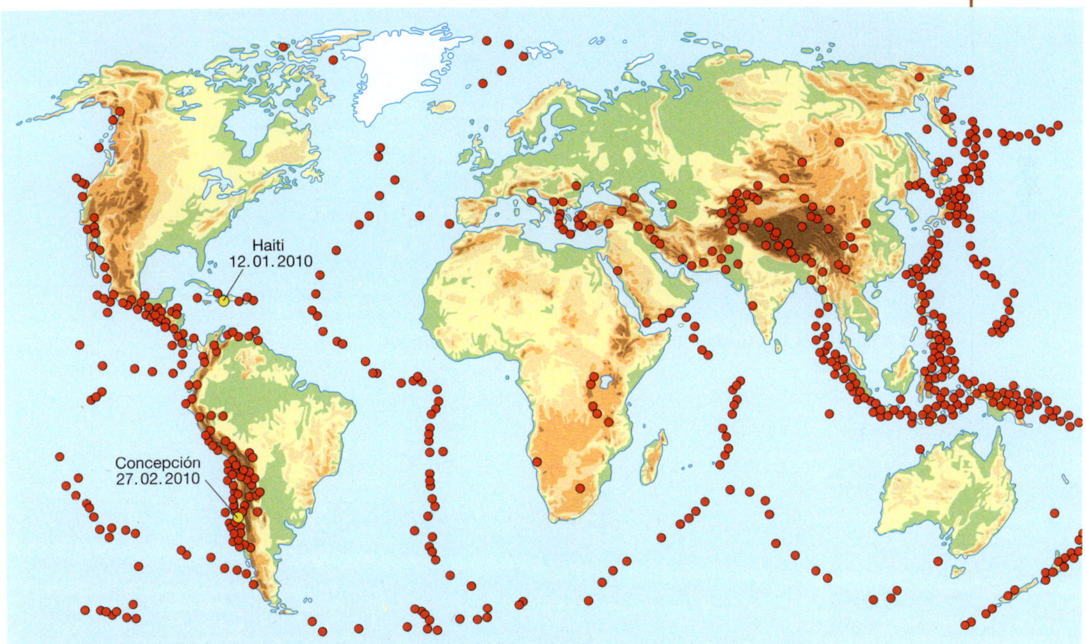

M 9 Erdbebentätigkeit innerhalb eines Jahres mit Magnitude größer als 5.0. (Stand: 01.03.2010)

(M 9 und M 10, nach: Bundesanstalt für Geowissenschaften und Rohstoffe)

5. Beschreiben Sie die Verbreitung der globalen Erdbebengebiete (Atlas). Ordnen Sie darin die Stadt Bam ein.
6. Erläutern Sie die Ursachen und Folgen des Erdbebens in Bam (M 6 bis M 8).
7. „Die Erde, ein unruhiger Planet." Diskutieren Sie diese Aussage anhand M 9 und M 10.

Webcode: GO649174-155

Gefahr aus dem Meer

Ein Seebeben der Stärke 9,3 vor der Nordwestküste Sumatras am 26.12.2004 war das zweitstärkste bisher bekannte Beben und löste einen Tsunami aus, der rund um den Indischen Ozean zu einer Naturkatastrophe unermesslichen Ausmaßes führte. An die 230 000 Menschenleben waren zu beklagen, zudem wurden einige Hunderttausend Häuser zerstört.

Ein Tsunami (jap.: „Hafenwelle") wird meist durch Erdbeben unter dem Meeresboden ausgelöst. Vor Sumatra hatten sich zwei Erdplatten verhakt und dadurch auf einer Fläche von über 100 000 km² Jahrzehnte lang Spannungen aufgebaut. Der Versatz gegeneinander, der beim Riss dieses Kontaktes entstand, betrug 13 m; außerdem wölbte sich Meeresboden um bis zu 3 m auf. Dabei wurden etwa 30 km³ Wasser emporgehoben. Durch die Auf- und Abwärtsbewegung des Meeresbodens wurde Energie freigesetzt, die zu langsam schwingenden Wellen führte. Dabei stieg die Wellenhöhe mit abnehmender Wassertiefe, sodass man auf hoher See Tsunamis kaum wahrnehmen konnte, während sie am Ufer mit einer Höhe von mehr als 10 m katastrophalen Schaden anrichtete. 65 Prozent aller Tsunamis werden im Pazifik registriert, 35 Prozent im Atlantik sowie 5 Prozent im Indischen Ozean. Dabei treten im Mittel pro Jahr 10 Tsunamis auf, von denen nur einer einen größeren Schaden verursacht. Wenn sie durch Erdbeben verursacht sind, muss dies eine Stärke von mindestens 6,0 auf der Richter-Skala besitzen; erst eine Stärke >7 verursacht Wellen, die höher als 2 m sind und somit zur Gefahr für die Küstenregionen werden.

M 11
Tsunamiwelle in Phuket

M 12 Die räumliche Ausdehnung der Flutwelle vom 26. 12. 2004

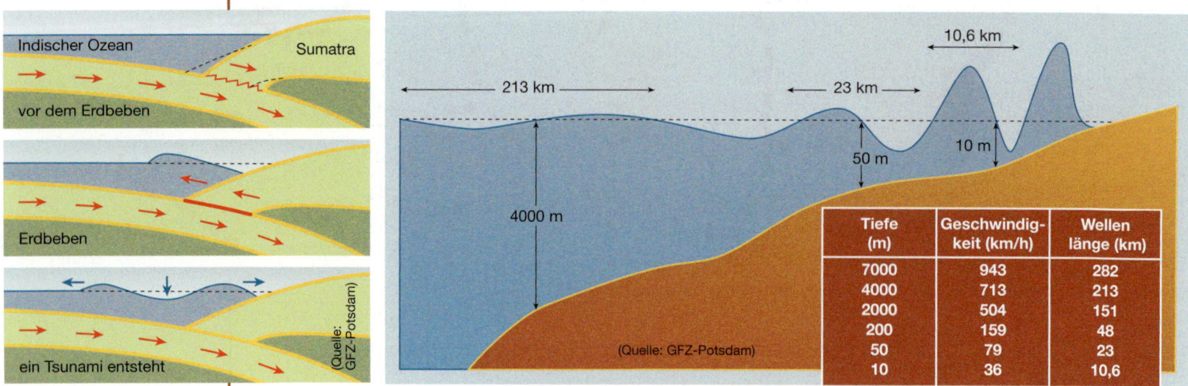

Tiefe (m)	Geschwindigkeit (km/h)	Wellenlänge (km)
7000	943	282
4000	713	213
2000	504	151
200	159	48
50	79	23
10	36	10,6

M 13 Entstehung des Tsunamis am 26.12.2004 – Abhängigkeit der Wellenlängen und Amplituden eines Tsunami von der Wassertiefe.

Nicht nur am Rand der drei Ozeane, sondern auch in ihren Randmeeren treten häufiger Seebeben und in der Folge von Tsunamis auf. Um deren Gefahren rechtzeitig erkennen und einschätzen zu können, sind eine Früherkennung und evtl. auch eine Warnmeldung unerlässlich. In einigen Gebieten bestehen bereits lokale (z. B. in Japan) oder großräumige (z. B. Pazifik) Überwachungsnetze. Bei einer rechtzeitigen Erkennung der Gefahr sind Vorbereitungen und ggf. auch Evakuierungen möglich.
Da nicht jedem Seebeben ein Tsunami folgt, werden bei der Überwachung neben der Registrierung von Ort und Stärke des Bebens auch die Veränderungen der Wasseroberfläche hinzugezogen. Die daraus ermittelten Meldungen werden verarbeitet und es wird dann, wenn nötig, eine Warnmeldung herausgegeben. Diese wird über Geoinformationssysteme (GIS) mit weiteren Karten kombiniert, z. B. mit Evakuierungskarten, Karten über die Bevölkerungsdichte oder auch Gefahrenkarten für die Infrastruktur. Innerhalb von fünf Minuten kann somit ein Tsunami-Alarm ausgelöst werden.

Datum	Region	Ursache	Max. Wellenhöhe (m)
1755	Lissabon	Erdbeben mit Magnitude 8,5	15 im Tejo-Trichter, 10 – 30 an der Atlantikküste
1755	Cádiz, Spanien	Lissabon-Erdbeben	15
1783	Kalabrien	Erdbeben mit Magnitude >7	9
1908	Messina, Italien	Erdbeben mit Magnitude >7,5	11
1956	Amorgos, Griechenland	durch Erdbeben verursachte untermeerische Rutschung	30
1979	Nizza, Frankreich	untermeerische Rutschung	4
2003	Mallorca und Nachbarinseln, Spanien	Erdbeben von Algerien vom 21. Mai 2003, Magnitude >6,8	2

M 15 Tsunamis in Europa (Auswahl)

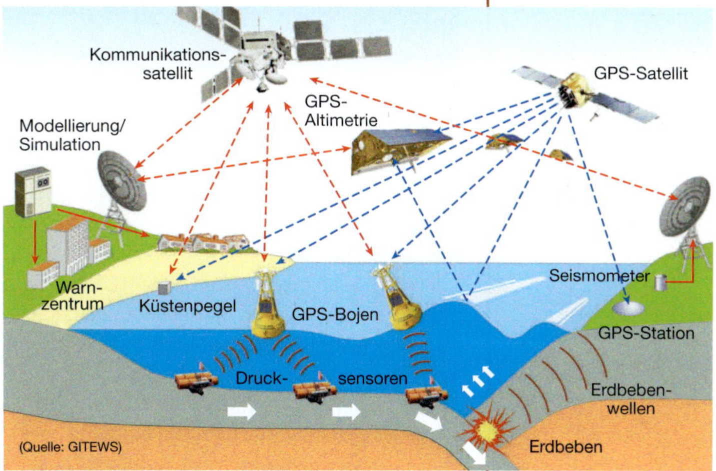

M 16 Das Tsunami-Frühwarnsystem

Tsunami-Frühwarnsystem geht in Betrieb
Einweihungsfeier am 11. November 2008 in Jakarta: Ein Früherkennungssystem „Made in Germany" sichert künftig die indonesische Küste mit seismologischen Stationen, Küstenpegeln und Warnbojen.

Vier Jahre nach der verheerenden Tsunamikatastrophe im Indischen Ozean hat das hochmoderne deutsch-indonesische Tsunami-Frühwarnsystem „GITEWS" in Indonesien seinen Betrieb aufgenommen.

Es unterscheidet sich von bisherigen Tsunami-Frühwarnsystemen durch modernste wissenschaftliche Verfahren und Technologien. Die Bojen sind mit GPS-Software ausgerüstet und messen die Wellentätigkeit sozusagen in Echtzeit. Ein ausgeklügeltes Programm in der Warnzentrale entscheidet automatisch darüber, ob eine Tsunami-Warnung gegeben wird oder nicht. Das neue System ermögliche die Tsunami-Erkennung und das Auslösen einer Warnmeldung innerhalb kürzester Zeit.

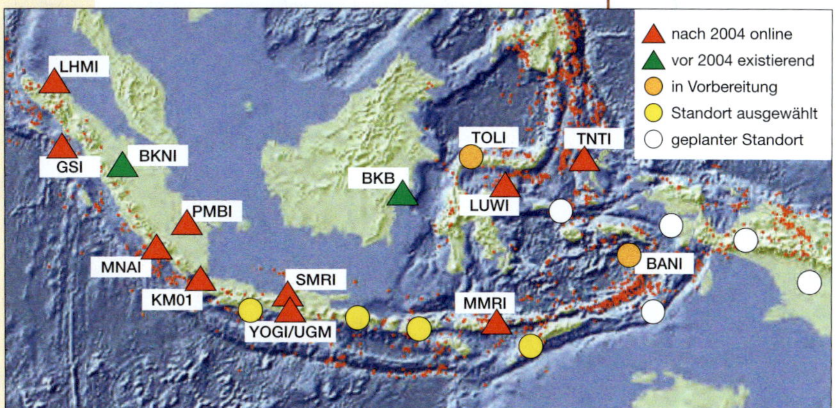

M 14 Deutsche seismologische Stationen in Indonesien

8. Analysieren Sie das Entstehen des Tsunami vom Dezember 2004 (M 12, M 13) und stellen Sie seine Auswirkungen dar (M 11).
9. Untersuchen Sie die Verbreitung von Tsunamis, nennen Sie deren Ursachen und erläutern Sie typische Phänomene (M 15, Karte S. 168).
10. Erläutern Sie Möglichkeiten und Grenzen eines Tsunami-Frühwarnsystems (M 14, M 16).

Webcode:
GO649174-157

2. Die Eifel – ein Hot Spot

M 1 Das Meerfelder Maar, mit 1500 m Durchmesser der größte Maarkessel der Westeifel

Der Naturraum von Nordrhein-Westfalen geht nach Süden hin in das Rheinische Schiefergebirge über. Der Teil, der von Mosel, Rhein, Niederrheinischer Bucht sowie den Grenzen zu Belgien und Luxemburg begrenzt wird, heißt „Eifel". Weite Ebenen mit Höhen von 300 – 600 m werden unterbrochen von Bergkuppen und trichterförmige Seen lockern das Landschaftsbild auf.

Ungünstige natürliche Voraussetzungen haben seit jeher die landwirtschaftliche Nutzung beeinträchtigt. Auch im sekundären und tertiären Sektor konnten nur wenige Arbeitsplätze entstehen, Industrie findet man kaum vor.

Geologisch liegt die Eifel mitten in der Eurasischen Platte, also weit entfernt von den Rändern der Erdplatten sowie von den Mittelozeanischen Rücken, wo sich die meisten Vulkane befinden. Trotzdem ist die Eifel ein Gebiet, in dem Erdbeben vorkommen und in dem Vulkanismus landschaftsprägend ist.

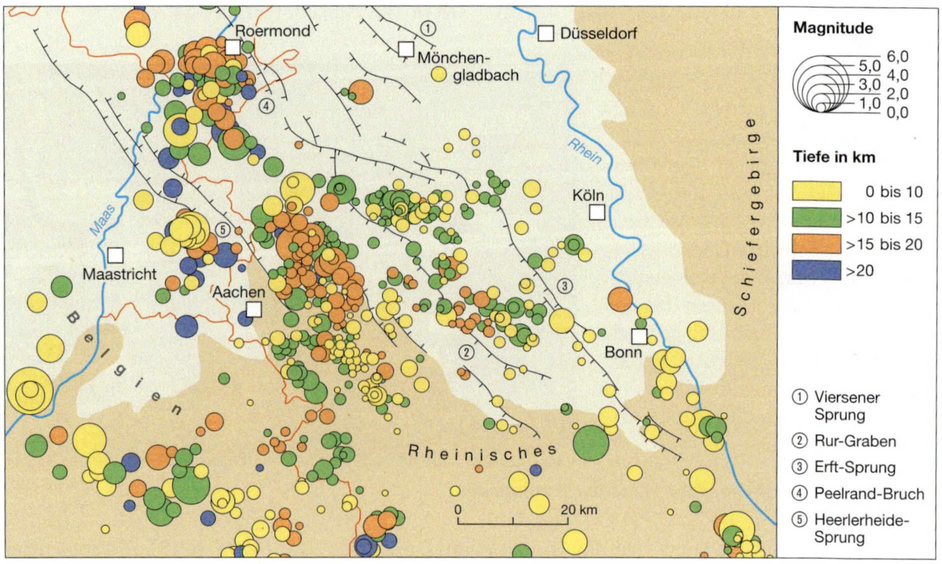

M 2 Erdbebentätigkeit in der Eifel und in angrenzenden Gebieten.

1. Beschreiben Sie das Landschaftsbild der Eifel (M 1).
2. Erläutern Sie die periphere Lage der Eifel innerhalb Deutschlands (Atlas).

Erdgeschichtliche Entwicklung

Die Eifel ist in ihrer Entstehungsgeschichte ein kompliziertes Gebilde. Mit Abschluss der kaledonischen Gebirgsbildungsphase senkte sich das Gebiet der Eifel so weit ab, dass es im Devon von einem ausgedehnten Meer überspült werden konnte. Geröll und Sand des Randgebirges lagerten sich schichtweise auf dem Meeresgrund ab und verfestigten sich. Diese devonischen Grundschichten wurden während der variskischen Gebirgsbildungsphase zu einem Hochgebirge aufgetürmt, aber bald wieder durch Erosion eingeebnet. Nach mehreren Meeresüberflutungen im Erdmittelalter brachte die Erdneuzeit tief greifende Umgestaltungen. Großräumige Bewegungen der **Erdkruste** führten zu tektonischer Unruhe und einer Hebung des Raumes. Damit verbunden war die Bildung von Bruchlinien der Erdkruste sowie eine Welle seismischer Aktivität. Die Hauptphase des tertiären **Vulkanismus** war vor 45–20 Mio. Jahren und ist heute in den höchsten Erhebungen der Eifel (Nürburg, Hohe Acht) nachzuweisen. Wissenschaftler vermuten aufgrund der Lage der Vulkankegel, dass es sich um einen **Hot-spot-Vulkanismus** handelt. Vulkanische Tätigkeit und tektonische Unruhe führten zur Anhebung des Raumes, was eine Zerlegung in sich selbstständig bewegende Erdschollen zur Folge hatte. Am Nordrand der Eifel brach z.B. die Niederrheinische Bucht ein. In der Erdneuzeit, im **Quartär**, hob sich das Schiefergebirge erneut; an diesen Vorgang war wiederum verstärkte Vulkantätigkeit gebunden, die bis vor 10 500 Jahren andauerte. Sie beschränkte sich im Wesentlichen auf die vulkanische Westeifel sowie die vulkanische Osteifel und ist abgegrenzt von der vulkanischen Hocheifel.

Tertiärer und quartärer Vulkanismus bestimmen das Landschaftsbild von weiten Teilen der Eifel. Eine besondere, weltweit nur selten vorkommende Vulkanform ist das Maar.
Wie bei allen Vulkanen steigt Magma aus dem Erdmantel nach oben auf. Beim Zusammentreffen mit Wasser – vor allem Grundwasser – explodiert aber das mit Gasen angereicherte Gemisch. Das mit vielen Nebengesteinen durchsetzte vulkanische Material lagert sich ringförmig um den Krater an, der sich selbst in die Erde eingedrückt hat. Der Krater selbst füllt sich im Laufe der Zeit häufig mit Wasser an und bildet das so genannte „Maar".

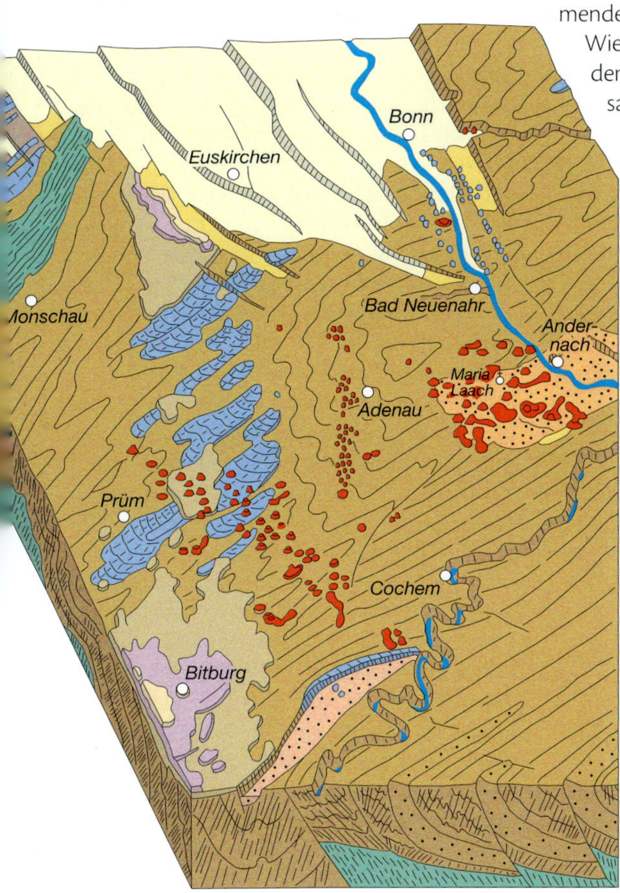

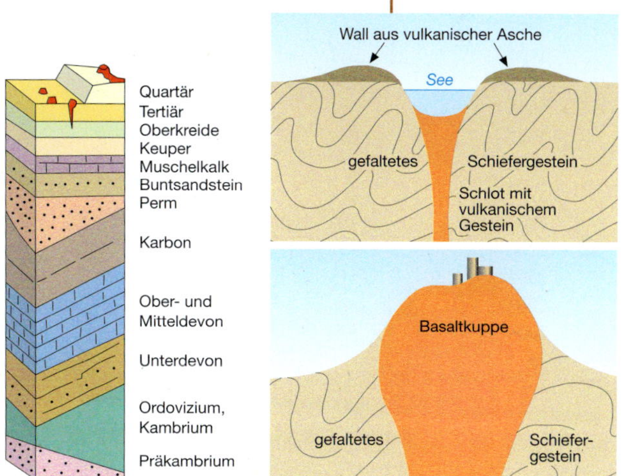

M 3 Der geologische Bau der Eifel

3. Fassen Sie in tabellarischer Form die erdgeschichtliche Entwicklung der Eifel zusammen.
4. Erläutern Sie den geologischen Bau der Eifel (M 3).
5. Ordnen Sie zeitlich und räumlich die Vulkangebiete Deutschlands ein (Atlas).
6. Begründen Sie das Vorkommen von Erdbeben in der Eifel (M 2).

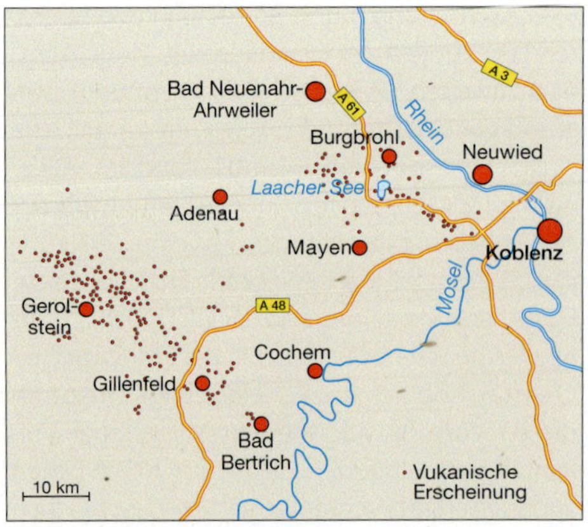

M 4 Vulkanfelder in der Eifel

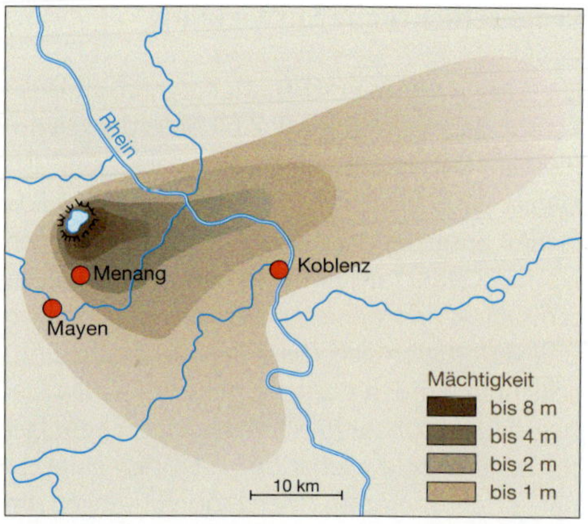

M 6 Bimsablagerungen um den Laacher See

Nutzung vulkanischen Gesteins

Vulkanisches Gestein aus der Eifel wird seit alters her vielfältig genutzt. Schon seit römischer Zeit wird der **Basalt** gebrochen, um ihn zur Herstellung von Mühl- und Mahlsteinen sowie als Werkstein im Bauwesen und als Straßenschotter zu verwenden. Die günstige Lage der Vorkommen zum Rhein sowie die vielfältigen Nutzungsmöglichkeiten ließen ein umfangreiches Steinhauergewerbe entstehen. Da der Basalt beim Erkalten schrumpft, bilden sich senkrecht zur Abkühlungsfläche Klüfte, die das Gestein in sechseckige Säulen zerlegen und somit den Abbau und die Weiterverarbeitung erleichtern

Einer der bekanntesten Vulkane der Osteifel ist der Laacher See, der vor 11 000 Jahren zum letzten Mal aktiv war. Bei der Eruption wurden 5 Mrd. m³ vulkanischen Gesteins, vorwiegend Asche und **Bims,** ausgeworfen. Bimsstein, ein poröses und luftreiches Material, das leichter als Wasser ist. Bimsstein ist ein leichter sowie gut wärmeisolierender Baustoff. Daher hatte die Bimsindustrie nach dem Zweiten Weltkrieg, als große Mengen an Bausteinen zum Wiederaufbau notwendig waren, einen überregionalen Absatzmarkt. Große Mengen wurden in zahlreichen Gruben abgebaut, vor Ort verarbeitet oder über den Hafen Andernach verschifft. Heutzutage ist das Hauptabsatzgebiet für Bimsstein wegen der hohen Transportkosten auf einen Radius von 150 km beschränkt; darüber hinaus ist der Preis für Ziegel- oder Kalksandsteine niedriger. Wegen der hohen Automatisierung ist die Anzahl der Arbeitnehmer in der Steinherstellung relativ gering; rechnet man Zulieferer und Transporteure hinzu, erhöht sich die Zahl der in der Bimsindustrie Beschäftigten um das Vierfache. Die Bedeutung des Bims wird in Zukunft abnehmen: Es erschöpfen nicht nur die Vorkommen, sondern es kollidieren auch die Interessen des Bimsabbaus mit denen des Natur- und Landschaftsschutzes.

Jahr	Gewerbliche Arbeitnehmer	Produktion (in t)	Anteil je Arbeitnehmer (in t)
1950	5 794	3 348 497	578
1955	6 042	5 692 470	945
1960	4 930	6 054 267	1 228
1965	3 885	5 790 407	1 490
1970	2 553	4 929 006	1 931
1975	1 310	3 226 650	2 855
1980	941	3 595 759	3 821
1985	530	1 814 225	3 425
1990	538	2 567 442	4 775
1995	534	2 902 270	5 435
1996	514	2 185 088	4 251
1997	524	1 940 968	3 704
1998	519	1 962 937	3 782
1999	483	1 790 213	3 706
2000	456	1 531 410	3 358
2001	431	1 193 101	2 768
2002	413	1 026 067	2 484
2003	398	985 023	2 475
2004	379	933 802	2 464

(nach: Fachvereinigung der Bims- und Leichtbetonindustrie, Neuwied 1999, aktualisiert; seit 2005 werden keine Zahlen mehr veröffentlicht)

M 5 Zahlen zur Bimsindustrie

7. Beschreiben Sie die Verbreitung von Lagerstätten vulkanischen Ursprungs in der Osteifel (M 4, M 6).
8. Vulkanisches Gestein ist vielseitig verwendbar. Nennen Sie Beispiele und erläutern Sie, warum der Absatz von Bims aber regional begrenzt ist.
9. Setzen Sie die Angaben zur Bimsindustrie aus M 5 in geeignete Grafiken um. Erläutern Sie darauf aufbauend sich abzeichnende Entwicklungen.

Die Vernichtung des Plaidter Hummerich ist ein besonders trauriges Beispiel für die Versäumnisse des Naturschutzes in dieser Gegend: Mit seinen steilen Hängen bildete dieser Berg einen der schönsten Vulkankegel des Neuwieder Beckens. Der unbewaldete Berg war wegen seiner Vegetation bei Botanikern berühmt, da auf ihm unter anderem Trockenrasen (Xerobrometen) und Halbtrockenrasen (Mesobrometen) ausgebildet waren. So erstaunt es nicht, dass der Berg 1958 zum Landschaftsschutzgebiet erklärt wurde. Trotzdem ging auf der Südseite des Berges der begonnene Bims- und Schlackenabbau ungestört weiter. Später wurde die Empfehlung veröffentlicht: „Man sollte die Aufhebung (der Landschaftsverordnung) in Erwägung ziehen […]“, und zwar in dem von der Obersten Naturschutzbehörde herausgegebenen „Landschaftsplan Vulkaneifel“! In dieser Schrift steht außerdem der Satz: „Auf jeden Fall muss der Abbau von Bims weiterhin gestattet werden, da erst durch ihn die Eigenart des Vulkans zum Vorschein kommt“. Auf die botanischen Aspekte geht die Schrift bei der Diskussion um den Berg überhaupt nicht ein. Obgleich die Öffentlichkeit noch einmal eindringlich auf die Schutzwürdigkeit des Plaidter Hummerich hingewiesen wurde, wird der Berg nun abgetragen.

Das quartäre Osteifel-Vulkangebiet hat etwa 120 Ausbruchspunkte. Dabei sind 48 größere Vulkanbauten entstanden, die z. T. von mehreren Schloten aus aufgebaut wurden. Von ihnen sind 16 durch Schlackenabbau weitgehend zerstört. Die anderen 32 sind fast alle durch Steinbrüche angeschnitten, die z. T. große Ausmaße haben, jedoch die Bergformen nicht beeinträchtigen.

(nach: Meyer, W.: Das Vulkangebiet des Laacher Sees, 1992, S. 26)

M 7 Der Naturschutz hat verloren

M 9 Die Folgen des Bimsabbaus: Der Plaidter Hummerich

Die Durchführungsverordnung zum Landesbimsgesetz sieht als Ausgleichsmaßnahme für die mit dem Bimsabbau verbundenen Eingriffe in die Landschaft die „Wiedereinplanierung“ vor. In diesem Zusammenhang ist nur erforderlich, dass nach der Ausbeute einer Parzelle die zuvor beiseite geräumte Mutterbodenschicht durchmischt und auf die nunmehr um einige Meter tiefer liegende Fläche geschoben und eingeebnet wird. Anschließend werden die Grundstücke meist wieder zu landwirtschaftlichen Zwecken genutzt. Durch die Bimsgewinnung entstehen entlang vieler Grundstücksgrenzen das Landschaftsbild beeinträchtigende Geländestufen von oft 2 – 4 m Höhe. Spezielle Rekultivierungspläne sind nur für den Abbau solcher Flächen erforderlich, die an ein Naturschutzgebiet angrenzen.

Anders als beispielsweise bei der Gewinnung von Braunkohle muss der Bims nicht zusammenhängend, auf größeren Flächen von mehreren Quadratkilometern abgebaut werden. Eine abzubauende Fläche braucht nach dem „Landesgesetz über den Abbau und die Verwertung von Bimsvorkommen“ vielmehr eine Mindestgröße von nur 1 ha zu haben. Das Gesetz erlaubt aber auch die Ausbeute auf noch kleineren Grundstücken, sofern diese unmittelbar an eine bereits abgebaute Fläche angrenzen. Dementsprechend erfolgt die Bimsgewinnung an sehr vielen verschiedenen Stellen des Mittelrheinischen Beckens (Realerbteilungsgebiet) gleichzeitig und unabhängig voneinander.
In der Gemeinde Kruft gibt es einen der seltenen Fälle, wo nach durchgeführtem Bimsabbau die ausgebeutete Fläche aufgrund eines speziellen Rekultivierungsplanes im Sinne des rheinland-pfälzischen Landespflegegesetzes neu gestaltet wurde. Hier hat man im Rahmen der Rekultivierungsmaßnahmen besonders viel Geld für die Anpflanzung von hochwertigem Laubwald bereitgestellt. Immerhin gab es im Krufter Gemeindewald vor dem Abbau noch ca. 63 ha Niederwald, der kaum mehr genutzt werden konnte. Im Rahmen der Rekultivierung hat die Gemeinde auch dem Aspekt der Naherholung durch Anlegung eines Waldsees Rechnung zu tragen versucht. Diese Maßnahme erscheint jedoch wegen der ziemlich steil abfallenden Uferwände als nicht ganz gelungen.

(nach: Graafen, R. in: Arb. zur Rhein. Länderkunde, H. 66, S. 210 und 212)

M 8 Aspekte des Landschaftsschutzes

10. Sammeln Sie Pro- und Kontra-Argumente zum Bimsabbau und diskutieren Sie den Konflikt mit dem Landschaftsschutz (M 6 bis M 9).

3. Überschwemmungsgefährdete Gebiete

M1 Hurrikan „Katrina“ 2005, Spitzenwindgeschwindigkeit 280 km/h eine Minute anhaltend

Gefährdung durch Wirbelstürme

In jedem Jahr sorgen Wirbelstürme für Schlagzeilen in den Zeitungen. Nachrichtensendungen des Fernsehens und das Internet informieren ausführlich über Opfer, Zerstörungen und Obdachlose. Kleinräumige Wirbelstürme, zum Beispiel Tornados, entwickeln sich über dem Land und verursachen meist nur lokale Verwüstungen. Blizzards sind Schneestürme, die zeitweise ganze Regionen durch Schneeverwehungen lahm legen können. **Tropische Zyklone** sind großräumige Tiefdrucksysteme. Sie entstehen über den Meeren der Randtropen und Subtropen und erreichen hohe Windgeschwindigkeiten. Im Atlantik nennt man diese Zyklone **Hurrikane.** Sie entwickeln sich meist über dem östlichen Atlantik und nehmen auf ihrem Weg über das Meer nach Westen große Mengen Wasserdampf und damit Energie in Form von latenter Wärme auf.

Damit es zur Bildung einer tropischen Zyklone kommen kann, müssen mehrere Voraussetzungen erfüllt sein. Außer einer hohen Wassertemperatur ist ein Mindestmaß an Coriolis-Ablenkung erforderlich, die erst einige Breitengrade vom Äquator entfernt gegeben ist. In direkter Äquatornähe können sich deshalb keine Wirbelstürme entwickeln. Ferner muss eine konvergente Strömung in Bodennähe herrschen, also das Zu-

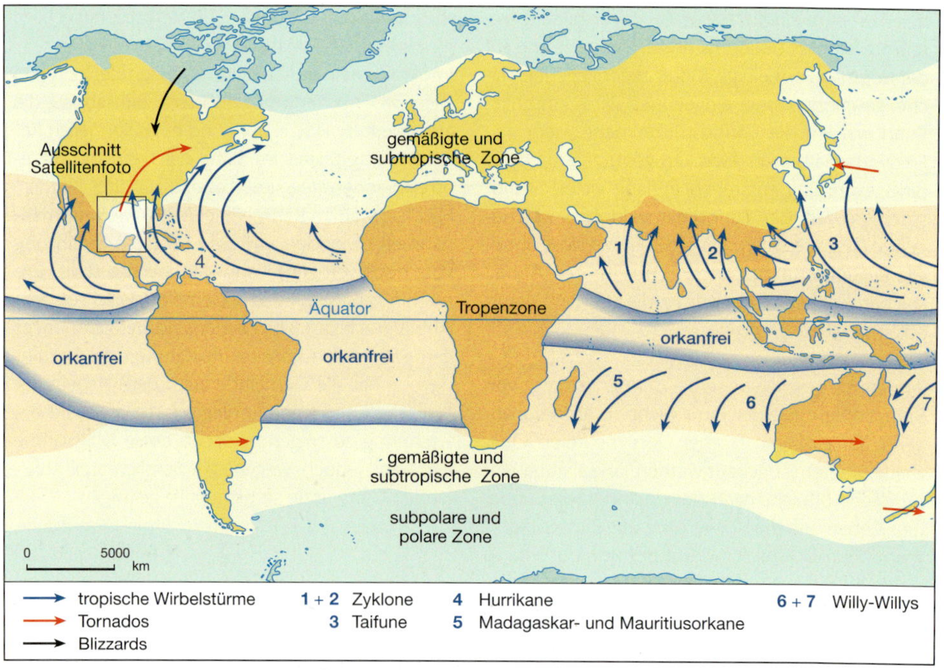

M2 Zugbahnen von Wirbelstürmen

sammenfließen von Luftmassen aus verschiedenen Richtungen. In der Höhe muss hingegen eine Divergenz vorhanden sein, damit die aufsteigende Luft dort abfließen kann. Im Zentrum des Orkanwirbels gibt es eine 20 bis 70 Kilometer breite wolkenfreie und fast windstille Zone, das „Auge des Hurrikans". Dort herrscht absteigende Luftbewegung mit Wolkenauflösung. Trifft ein Hurrikan auf Inseln oder das Festland, kommt es durch die hohen Windgeschwindigkeiten, Starkniederschläge und Flutwellen meist zu starken Schäden. Über dem Land schwächt sich ein Hurrikan schnell ab, weil dort die Reibung stärker ist als über dem Meer und zudem die Zufuhr latenter Wärme nachlässt. Die Stärke eines Hurrikans wird nach einer fünfteiligen Skala bestimmt. Im tropischen und subtropischen Atlantik sind besonders die Karibik und der Golf von Mexiko gefährdet. Dort verursachen nahezu jedes Jahr Hurrikane große Schäden. In manchen Jahren treten während der „Hurrikan-Saison" im Sommer und Herbst ganze Serien von Wirbelstürmen auf. Dies war beispielsweise in den Jahren 1998 und 2004 der Fall. Die Jahre 2007 bis 2009 waren demgegenüber verhältnismäßig ruhig. Ein Zusammenhang zwischen der Erderwärmung und der Häufung sowie der Stärke tropischer Wirbelstürme wird vermutet, lässt sich bislang jedoch statistisch nicht eindeutig belegen. Im Oktober 2005 wurde allerdings im Ostatlantik vor der Küste Portugals erstmals seit Beginn regelmäßiger Wetteraufzeichnungen die Entwicklung eines Hurrikans („Vince") in europäischen Gewässern beobachtet. Mit der Zunahme der Meerestemperaturen wird auch die Entstehung von Wirbelstürmen im Mittelmeer in Zukunft nicht ausgeschlossen.

Der Hurrikan „Mitch" forderte 1998 rund 11 000 Tote, „Katrina" aus dem Jahr 2005 richtete mit 125 Milliarden US-Dollar die bisher höchsten materiellen Schäden an. Siedeln die Menschen in Gebieten, die durch tropische Zyklone gefährdet sind, zu nah an der Küste? Diese Frage lässt sich sicherlich verneinen, denn küstennahe Regionen sind aus verschiedenen Gründen in aller Welt seit jeher bevorzugte Siedlungsräume. Da die Zugbahnen der Zyklone recht variabel sind, sind auch selten genau die gleichen Gebiete in kurzen Zeitabständen betroffen.

Kategorie	Hurrikane
Vorkommen (räumlich und zeitlich)	tropische und subtropische Zone: westl. Atlantik, Karibik, Golf von Mexiko, Mittelamerika, Südstaaten der USA; vorwiegend zwischen Juli und November
Ausdehnung	großräumige Wirbelstürme mit mehreren Hundert Kilometern Durchmesser
Lebensdauer	mehrere Tage, manchmal mehr als eine Woche
Entstehung	über dem Atlantik oder der Karibik bei mindestens 27 °C Wassertemperatur
Einfluss auf das Wetter	im Kern extrem tiefer Luftdruck (z. T. unter 900 hPa); Orkanböen am Boden oft über 200 km/h; sintflutartige Regenfälle (z. T. 500 – 1000 mm in wenigen Stunden); Verlagerung mit 16 – 20 km/h
Auswirkungen	schwere Sturmschäden und Überschwemmungen durch die Regenfälle; an den Küsten auch Schäden durch hohe Flutwellen
Besonderheiten	wolkenfreie Zone im Zentrum des Hurrikanes: Auge des Orkans (20 – 70 km im Durchmesser)
Vergleichbare Wirbelstürme außerhalb des Atlantiks	Taifune (Pazifik, Ostasien), Cordonazos (Pazifik westlich von Mexiko), Willy-Willys (Indischer Ozean: Nordaustralien), Mauritius-Zyklone (südlicher Indischer Ozean), Bengalen-Zyklone (nördlicher Indischer Ozean)

M 3 Kennzeichen eines Hurrikans

Kategorie	Bezeichnung	mittlere Windgeschwindigkeit	Sturmflut
1	schwach	118 – 153 km/h	1,5 m
2	mäßig	154 – 177 km/h	2 – 2,5 m
3	stark	178 – 209 km/h	2,6 – 3,7 m
4	sehr stark	210 – 249 km/h	3,8 – 5,5 m
5	verwüstend	mehr als 250 km/h	über 5,5 m
Im Vergleich: 118 km/h entspricht der Windstärke 12 (Orkan) in der Beaufort-Skala			

M 4 Saffir-Simpson-Skala der Hurrikane

1. Erläutern Sie die Entstehung und die Eigenschaften tropischer Zyklone. Vergleichen Sie mit Tiefdruckgebieten in den gemäßigten Breiten (M 1, M 3, M 4, Atlas).
2. Lokalisieren Sie die Großräume mit einem besonders hohen Gefährdungspotenzial durch tropische Zyklone (M 2, M 8 , Atlas).
3. Beschreiben Sie die typische Zugbahn eines Hurrikans und ordnen Sie diese in die planetarische Zirkulation ein (M 2, Atlas).

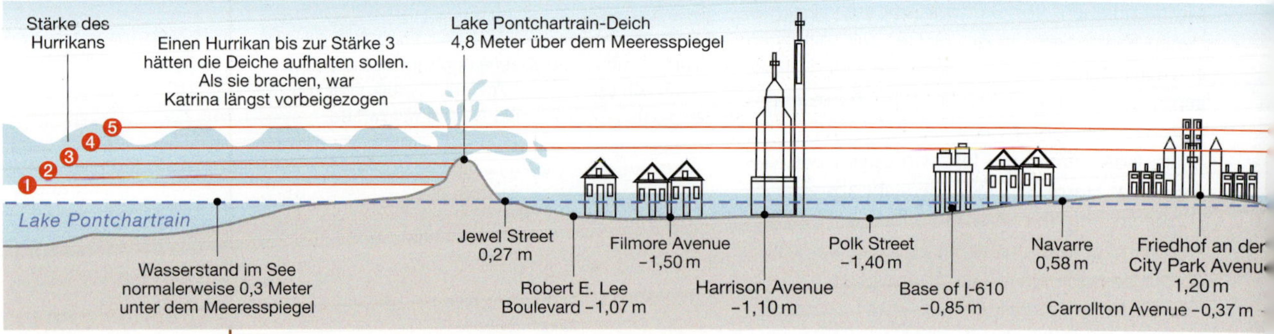

Ende August 2005 näherte sich der Hurrikan „Katrina" dem Mississippi-Delta und der Großstadt New Orleans. Ein Großteil der Bewohner wurde daraufhin evakuiert, doch mehr als 10 000 Menschen blieben, unter anderem, um ihren Besitz vor Plünderungen zu schützen. Am 29. August erreichte der Wirbelsturm die Küste. Durch mehrere Dammbrüche liefen große Teile der Altstadt, die unter dem Meeresspiegel oder nur knapp darüber liegt, mit Wasser voll, teilweise bis zu sieben Meter hoch. Strom- und Telefonnetze fielen aus, die Ordnung im Großraum brach völlig zusammen, weil Krisenstäbe überfordert und Polizei und Militär auf eine derartige Situation nicht vorbereitet waren.
Auf die besondere Gefährdung von New Orleans war von Wissenschaftlern lange hingewiesen worden. Küstenschutzmaßnahmen wurden zwar geplant, jedoch nicht rechtzeitig umgesetzt. Die Trockenlegung und der Wiederaufbau der Stadt verursachten aber letztlich höhere Kosten als die versäumten vorbeugenden Maßnahmen.

M5 Der Hurrikan „Katrina" trifft New Orleans

Eine rechtzeitige Information der Bevölkerung beim Herannahen eines Wirbelsturms ist in den meisten Staaten heute gewährleistet. Allerdings kann die genaue Zugbahn nicht immer rechtzeitig vorhergesagt werden. Daher ist es beispielsweise in den USA vorgekommen, dass Gebiete evakuiert wurden, die schließlich gar nicht von dem Unwetter getroffen wurden. Die durch einen solchen Fehlalarm verursachten wirtschaftlichen Schäden sind immens. Andererseits sind die Maßnahmen zum Katastrophenschutz auch in einem so hoch entwickelten Staat wie den USA nicht optimal. Dies zeigte 2005 der Hurrikan „Katrina", der die Stadt New Orleans teilweise zerstörte. Dieser Wirbelsturm legte auch zeitweise die Ölförderung im Golf von Mexiko lahm und verursachte dadurch zusätzliche wirtschaftliche Schäden, denn etwa zehn Prozent des amerikanischen Ölbedarfs stammen aus dieser Region und fast die Hälfte des Benzins für die USA wird in Raffinerien entlang der Golfküste erzeugt. „Katrina" führte auf diese Weise zu einem zeitweiligen Anstieg der Rohölpreise auf dem Weltmarkt.

Nicht nur im Atlantik, sondern auch in anderen warmen Meeresgebieten entwickeln sich Wirbelstürme. Ganz besonders betroffen sind viele Regionen in Süd- und Südostasien. Dieser Raum ist durch regelmäßige sommerliche Monsunregenfälle gekennzeichnet, die für die Landwirtschaft unentbehrlich sind, bei besonderer Intensität jedoch zu verheerenden Überschwemmungen und Erdrutschen führen können. Betroffen sind dabei beispielsweise die Tiefländer von Ganges und Brahmaputra. Die Verfügbarkeit von sauberem Trinkwasser ist dann nicht mehr gewährleistet, Seuchen können schnell um sich greifen. Entwickeln sich im Sommerhalbjahr über dem Indischen Ozean auch noch tropische Zyklone, können die Auswirkungen katastrophal sein. Besonders häufig werden Indien und Bangladesch von solchen Unwettern betroffen, im Jahr 2008 auch Myanmar.

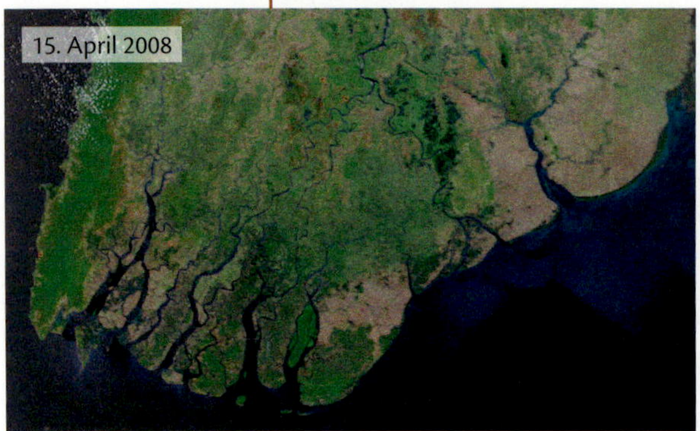

M6 Folgen des Zyklons „Nargis" in Myanmar

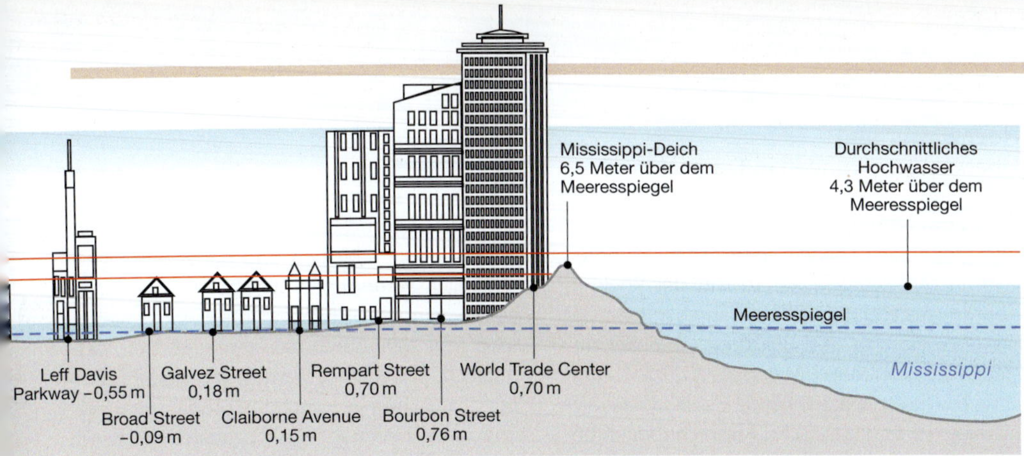

M 7
New Orleans wird überflutet

M 8
Opfer durch Wirbelstürme

Rang	Land	Tote*
1	Honduras	83
2	Cookinseln	53
3	Bangladesch	42
4	Nicaragua	25
5	St. Lucia	22
6	Vanuatu	18
7	Dominica	17
8	Philippinen	9
9	Fidschi	8
10	Salomon-Inseln	8
11	Dominikanische Republik	8
12	Haiti	8
13	St. Kitt und Nevis	5
14	Vietnam	4
15	Samoa	4
16	Komoren	3
17	Tonga	3
18	El Salvador	3
19	Antigua und Barbuda	3
20	Madagaskar	3

* Zahl der Toten durch Unwetter pro Millionen Einwohner und Jahr, 1975 – 2005 (nach: Dorling, D., Newman, M., Barford, A.: Der schlaue Planet. München 2008, S. 328)

Bangladesch ist eines der ärmsten Länder der Erde. Es liegt im Tiefland des Brahmaputra-Deltas und wird häufig von Zyklonen heimgesucht. Die dicht besiedelte Küstenregion erhebt sich meist nur wenige Meter über den Meeresspiegel. Der stark gegliederte Küstenverlauf mit vielen bewohnten vorgelagerten Inseln erschwert die Errichtung von Deichen oder anderen Schutzbauten erheblich. Einen derartigen Küstenschutz könnte das Entwicklungsland, selbst mit ausländischer Hilfe, auch gar nicht finanzieren.

1970 forderte eine Überschwemmungskatastrophe 225 000 Tote. Daraufhin rief die Regierung, unter Einbeziehung internationaler Hilfsorganisationen, ein den Bedingungen des Landes angepasstes Programm zum Schutz der Bevölkerung ins Leben. So warnen heute speziell ausgebildete Freiwillige, mit Fahrrädern und Megafonen ausgerüstet, die Bevölkerung sich in Sicherheit zu bringen, wenn ein Zyklon heranzieht. Eine bestimmte Anzahl an Fahnen zeigt die erwartete Stärke des Unwetters an. Auf dem Lande wird die Errichtung von mehreren Metern hohen Betonschutzbauten gefördert, in denen sich die Dorfbewohner bei Sturm und Hochwasser aufhalten können. Fast 2000 derartige Bauten für jeweils etwa 1500 Menschen wurden bereits errichtet. Jede Dorfgemeinschaft ist zudem angehalten, Lebensmittelvorräte bereitzuhalten, falls die Siedlung durch Hochwasser von der Umwelt abgeschnitten werden sollte. Durch solche Maßnahmen konnte die Zahl der Opfer bei Überflutungen in den letzten Jahren deutlich gesenkt werden.

M 9
Überschwemmungsschutz mit einfachen Mitteln: Bangladesch

4. Lokalisieren Sie New Orleans auf einer Atlaskarte und begründen Sie die besondere Gefährdung der Stadt.
5. Beschreiben Sie die Auswirkungen des Hurrikans „Katrina" (M 5, M 7). Recherchieren Sie nach Details und präsentieren Sie die Ergebnisse in Form eines Kurzreferates.
6. Erläutern Sie die Auswirkungen von tropischen Zyklonen auf betroffene Küstengebiete (M 6, M 9).
7. Recherchieren Sie ein zeitnahes Wirbelsturm-Ereignis und stellen Sie Ihre Ergebnisse als Powerpoint-Präsentation vor. Gehen Sie dabei auf die meteorologische Situation, die Topographie des betroffenen Raumes im Zusammenhang mit eingetretenen Schäden, Opfer und Hilfsmaßnahmen ein.
8. Der Monsun kann gleichzeitig Segen und Fluch für den indischen Subkontinent und die benachbarten Räume sein. Nehmen Sie Stellung zu dieser Aussage. Informieren Sie sich dazu über die Monsunwinde, ihre Entstehung und ihre Auswirkungen (Atlas).
9. Erörtern Sie Möglichkeiten zum Schutz der Bevölkerung in besonders von Wirbelstürmen betroffenen Gebieten (M 3, M 7 bis M 9, Atlas).

Webcode:
GO649174-165

Hochwasser und Überschwemmungen in Deutschland

Überschwemmungen, die Todesopfer fordern und große Sachschäden verursachen, kommen auch in Mitteleuropa vor. So tritt der Rhein in Köln im Abstand von wenigen Jahren immer wieder über die Ufer und überflutet Teile der Altstadt. Auch von Mosel, Main, Donau, Pegnitz und anderen Flüssen werden häufig Hochwasserereignisse gemeldet. Historische Aufzeichnungen belegen, dass Überschwemmungen in den Flusstälern keineswegs erst seit der Industrialisierung gehäuft auftreten. Für die Pegnitz ist zum Beispiel eine Häufung starken und sogar extremen Hochwassers zwischen 1550 und 1600 sowie zwischen 1650 und 1700 dokumentiert. In jüngster Vergangenheit ereigneten sich große Überschwemmungen in Deutschland unter anderem an der Oder (1997) und an der Elbe (2002 und 2006). Die große Flut an der Elbe im Jahre 2002 richtete unter anderem in Dresden große Schäden an, als Teile der Innenstadt unter Wasser standen. Wie wird Hochwasser in Mitteleuropa hervorgerufen?

Eine der wichtigsten Ursachen ist in den meteorologischen Bedingungen zu suchen. So kann im Frühjahr das Zusammentreffen von starken Niederschlägen mit der Schneeschmelze im Gebirge zu Hochwasser führen. Im Sommer und Herbst sind stationäre Tiefdruckgebiete, die mehrere Tage lang fast ortsfest bleiben und dabei ergiebigen Dauerregen verursachen, für das meiste Hochwasser verantwortlich. So wurde das Elbehochwasser von 2002 durch das stationäre Tief „Ilse" verursacht. Verschärft werden die Folgen von Überschwemmungen auch in Europa durch anthropogene Einflüsse. Flussbegradigungen und großflächige Entwaldungen sowie Versiegelungen haben zur Folge, dass es bei lang anhaltenden Niederschlägen und Starkregen zu einem raschen Abfluss der Wassermassen und zu schnell steigenden Pegelständen kommt. Natürliche Überflutungsflächen in den Flussauen mussten vielfach wirtschaftlichen Nutzflächen weichen. In manchen Gebieten ist die Bebauung zudem so dicht an die Flussufer herangerückt, dass bei Hochwasser Überflutungen von Kellern und Erdgeschossräumen unvermeidbar sind. Im Gebirge sind viele Siedlungen gefährdete Talsiedlungen, während geschützte Hochflächensiedlungen eher selten sind.
Maßnahmen, um die Hochwassergefährdung zu reduzieren und Menschenleben und Sachwerte in der Nähe von Flüssen nachhaltig zu schützen, lassen sich nur langsam umsetzen. Hohe Kosten sowie Widerstände in Politik und Gesellschaft sind dabei von maßgeblicher Bedeutung.

„Wassermeister" Otmar Grober (rechts) zähmt das Wasser mit natürlichen Schikanen

Es war entsetzlich: Gleich zwei „Jahrhunderthochwasser" hatten 1991 und 1995 starke Schäden im gesamten Lauf der Mürz in der Steiermark angerichtet. Um gegen solche Gefahren gewappnet zu sein, suchten die Verantwortlichen der Gemeinde Langenwang neue Wege.
Im Frühjahr 1997 beschlossen sie ein Schutzprojekt der besonderen Art. Anstatt mit Betonrückhaltebecken und Flussregulierung gegen die Wassermassen zu kämpfen, sollte mit dem Wasser gearbeitet werden, mit dessen „innerem Wesen".
Mit vollem Erfolg: Während die bislang letzten großen Hochwasser im Juli 1997 und im März 2002 im gesamten Mürztal große Schäden verursachten, blieb die Umgebung der hier gelegenen Au weitgehend verschont. [...]

„Wasser kann man nicht meistern", betont Projektbetreuer Otmar Grober [...]. Ein Kernproblem sei es, dass die Flüsse nicht mehr wie früher ihren Lauf suchen können, sondern wegen der Siedlungs- und Ernährungssicherheit in meist geradlinige Bahnen gezwängt werden. „Doch jeder Fluss will sich in Mäandern bewegen, also durch die Landschaft schlängeln", sagt Grober. Das hilft auch, bei Hochwasser das Fließtempo zu „harmonisieren", wie er es nennt. Dort, wo bei starkem Regen die Wassermassen über Wiesen ihren Weg talabwärts suchen, hat er ihnen zusätzliche Flussbetten graben lassen, die sich immer wieder mit der Mürz kreuzen. Auch unmittelbar vor der gefährdeten Bahnbrücke gibt es eine solche Kreuzung. So schießen die Wassermassen nicht punktförmig rasend schnell auf die Brücke zu, sondern etwas gemächlicher und auf eine größere Fläche verteilt.
Für Grober ist auch wichtig, dass bei Hochwasser alle Flussarme frei bleiben. Deshalb verwendet er Strömungslenkorgane in Holz und Stein, um dem Fluss den Weg zu leiten. Und: Ein restauriertes Flusskraftwerkwehr öffnet die Schleusen für Hochwasser weit früher als moderne Laufkraftwerke. „Zudem werden die nahen Auen zur Aufnahme von Wasser einbezogen und dadurch Hochwasserspitzen im Unterlauf abgeschwächt", sagt Grober.

(Rheinischer Merkur Nr. 35, 2005)

M 10 Neue Strategien beim Hochwasserschutz

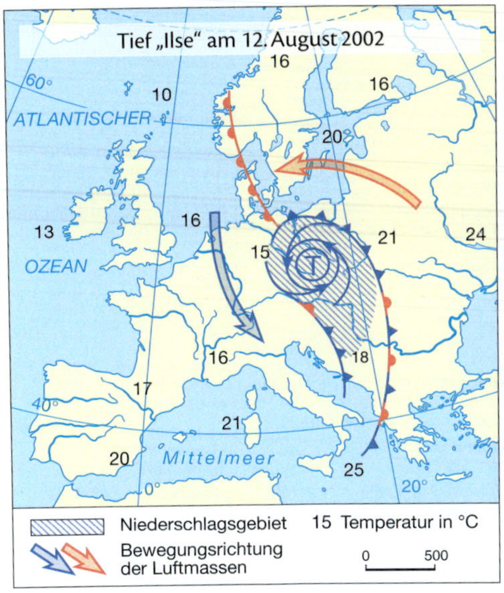

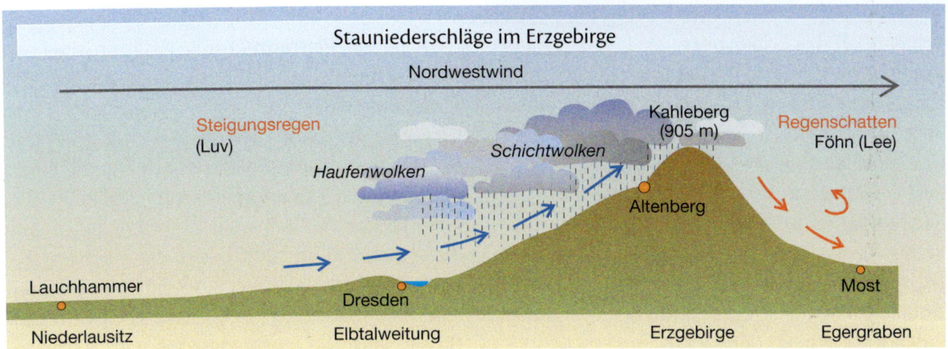

M 11 Naturgeographische Rahmenbedingungen für die Entstehung des Elbehochwassers im August 2002

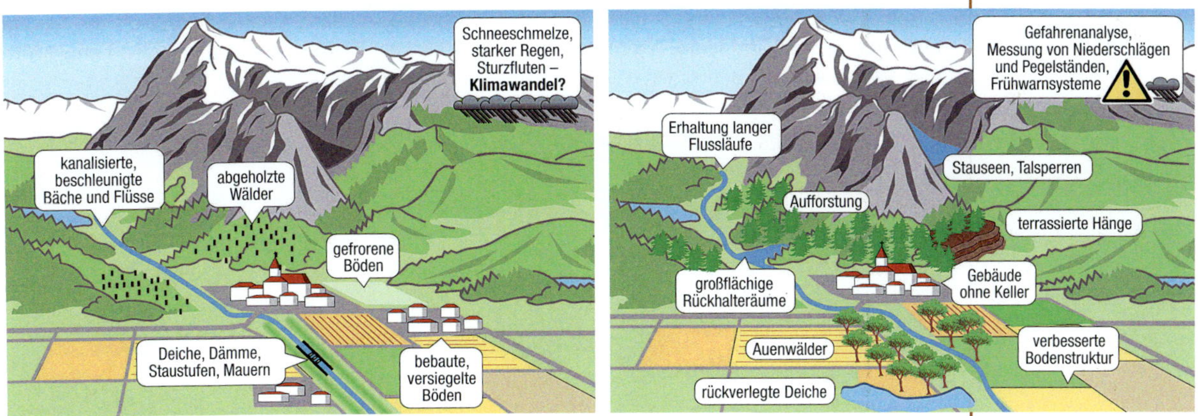

M 12 Ursachen für Hochwasser und mögliche Gegenmaßnahmen

10. Recherchieren Sie Ausmaß und Schäden einer zeitnahen Überschwemmungskatastrophe in Deutschland oder im europäischen Ausland. Präsentieren Sie Ihre Ergebnisse in geeigneter Form.

11. Erklären Sie die naturgeographischen Rahmenbedingungen für die Entstehung des Elbehochwassers 2002 (M 11, Atlas).

12. Erläutern Sie, welche Gründe dafür maßgeblich sein können, dass in vielen Gebieten Deutschlands „zu nahe am Wasser“ gebaut wurde.

13. Nehmen Sie zusammenfassend kritisch Stellung, auf welche Weise die Überschwemmungsgefahr in Mitteleuropa minimiert werden könnte (M 10, M 12).

Ordnen/Anwenden/Üben

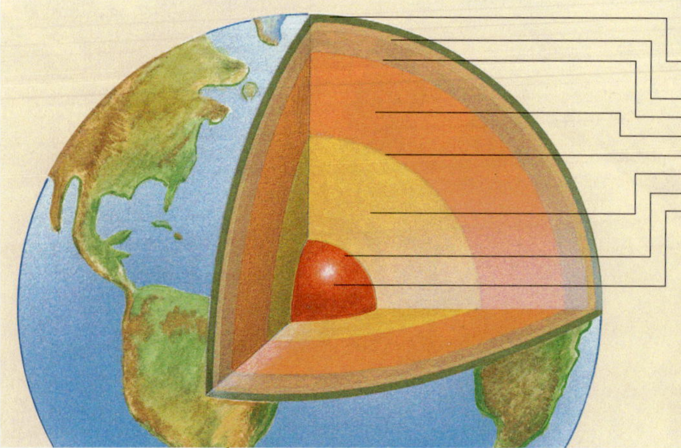

Schale	Mächtigkeit
1 Erdkruste	unter Ozeanen rd. 6 km unter Kontinenten rd. 33 km
2 äußerer Mantel	bis in rd. 400 km Tiefe
3 Übergangszone	bis in rd. 900 km Tiefe
4 innerer Mantel	bis in rd. 2700 km Tiefe
5 Mantel-Erdkern-Grenzraum	bis in rd. 2900 km Tiefe
6 äußerer Erdkern	bis in rd. 4980 km Tiefe
7 Übergangszone	bis in rd. 5120 km Tiefe
8 innerer Erdkern	bis in rd. 6370 km Tiefe

Die **Erdkruste** ist eine äußere Haut aus Gesteinen von relativ geringer Dichte. Sie macht rd. 0,4 Prozent der Erdmasse und 0,6 Prozent ihres Volumens aus.

Halb geschmolzene Gesteine, die sich in trägen Strömungen bewegen, verschieben die **Platten** der Lithosphäre.

Der extrem dichte **Erdkern** besteht hauptsächlich aus Nickeleisen. Er macht 33 Prozent der Erdmasse und 20 Prozent ihres Volumens aus.

M1 Schalenbau der Erde

Schalenbau des Erdkörpers

Der Aufbau der Erde gliedert sich in drei unterschiedliche Schalen. Die Erdkruste bildet die äußere Schale und ist vergleichsweise sehr dünn, trotzdem wird sie aber in eine ozeanische sowie eine kontinentale Kruste unterschieden. Auch der Erdmantel ist zweigeteilt. Der obere Mantel ist aus festen Gesteinen aufgebaut, der untere Mantel ist hingegen flüssig. Der Erdkern besteht wahrscheinlich aus Nickel und Eisen. Der äußere Erdkern ist flüssig, der innere Erdkern befindet sich in einem festen Zustand.

Die Theorie der Kontinentalverschiebung

Die 1912 von dem deutschen Wissenschaftler Alfred Wegener begründete Theorie der Kontinentalverschiebung wird heute allgemein unter dem Begriff **Plattentektonik** zusammengefasst. Sie beschreibt die Kenntnisse über den Bau der Erde sowie die Entstehung von Kontinenten und Ozeanen sowie von Gebirgen.

Entsprechend den physikalischen Eigenschaften werden Erdkruste und Erdmantel gegliedert. Die **Lithosphäre** (Gesteinsschicht) reicht bis in eine Tiefe von 100 km und bildet die äußere starre Hülle der Erde. Darunter sind die Temperaturen mit über 1500 °C so hoch, dass das Gestein zähflüssig wird. Die Übergangszone wird **Asthenosphäre** genannt. Die Lithosphäre besteht aus sechs Großplatten sowie einer größeren Anzahl kleinerer Platten, die auf der Asthenosphäre „schwimmen". Dabei sind sie nicht starr an einer Stelle verankert, sondern bewegen sich in verschiedene Richtungen.

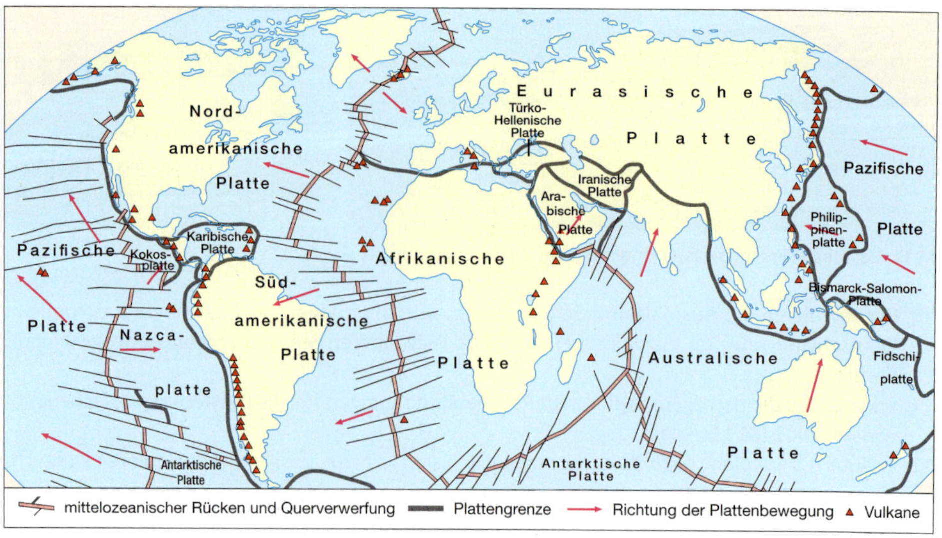

M2 Das Plattenmosaik der Lithosphäre

Der Motor für diese Drift liegt in Unterströmungen innerhalb der Asthenosphäre, die in regionalen Wärmeunterschieden des Erdmantels begründet sind. In mehreren Kreisläufen wird an bestimmten Stellen heißes Mantelmaterial nach oben transportiert, während an anderen kühleres Material absinkt.

Erdkruste in Bewegung

Die Bildung von Gebirgen wird heutzutage im Allgemeinen mithilfe der Plattentektonik erklärt, denn das Wandern der Lithosphärenplatten führt zu Kollisionen bzw. Abtauchvorgängen an ihren Rändern. Kollidieren zwei Kontinentalplatten (Himalaya-Typ), werden sie z. T. übereinandergestapelt, z. T. zum Abtauchen in den Erdmantel gezwungen. Treffen eine ozeanische sowie eine kontinentale Platte aufeinander (Anden-Typ), schiebt sich die ozeanische Kruste unter die kontinentale, die ihrerseits gestaucht wird. Schließlich können zwei ozeanische Platten kollidieren (Inselbogen-Typ). Dann schiebt sich eine ozeanische Kruste unter die andere, was zu vulkanischen Erscheinungen führen kann.

Japan – ozeanische und kontinentale Platte

Über 30 aktive Vulkane, Erdbeben sowie mehr als 10 000 heiße Quellen belegen, dass Japan eine tektonisch unruhige Region ist. Hier werden die philippinische und die pazifische Platte unter die kontinentale eurasische Platte subduziert. Bei der Subduktion entsteht ein ensialischer Inselbogen (Sial = Silizium und Aluminium), der durch ein Meeresbecken vom Kontinent abgetrennt ist. Konvergierende Plattenränder führen zu den höchsten Reliefunterschieden auf der Erde.
Der Hauptinselbogen Japans ragt aus einem rund 9000 m tiefen Meeresgraben heraus. Insgesamt erreicht das japanische Gebirge somit eine tatsächliche Höhe von 12 000 m. Das heutige Meeresspiegelniveau gibt nur die Bergrücken frei.

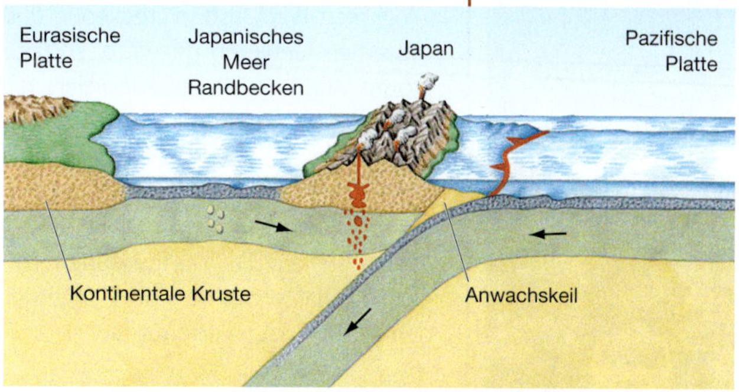

Die Anden – ein aktiver Kontinentrand

Über 7500 km erstreckt sich der Gebirgszug der Anden von Feuerland bis zum Karibischen Meer. Es ist das Ergebnis eines lang andauernden Subduktionsprozesses der ozeanischen Nazca-Platte unter die südamerikanische Platte. Dabei kommt es zu einer Auffaltung der Sedimente des Kontinentalschelfes. Verbunden mit dem Abtauchvorgang ist eine ausgeprägte magmatische Tätigkeit, die in der perlenschnurartig angelegten Vulkankette zum Ausdruck kommt.
In den letzten 200 Mio. Jahren hat sich der Kontinentrand um 200 km vorverlagert und erreicht z. T. mehr als 70 km an Mächtigkeit. Dieser so genannte andine Typ der Orogenese (Gebirgsbildung) zeichnet sich durch einen einheitlichen Aufbau aus.

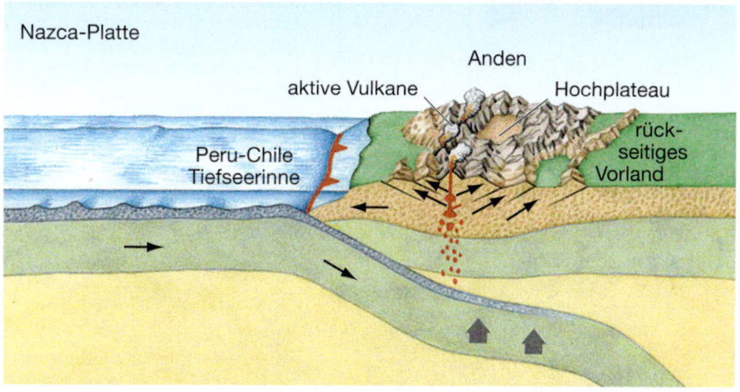

Himalaya – Kollision zweier Platten

Mehr als die Hälfte aller Achttausender befindet sich im Himalaya, dem höchsten Gebirgszug der Erde. Der Gebirgszug ist das Ergebnis der Kollision Indiens mit Eurasien. Mit dem Zerfall Gondwanas driftete die Indische Platte nach Norden, überquerte vor 50 Mio. Jahren den Äquator und prallte mit einer Geschwindigkeit von 20 cm/Jahr, die heute nirgends erreicht wird, auf Asien. Mit einer reduzierten Geschwindigkeit von 5 cm/Jahr bohrt sich Indien mehr als 2000 km in den Kontinent hinein. Vor 40 Mio. Jahren war die Kollision abgeschlossen, und seit dieser Zeit taucht Indien unter dem Himalaya ab. Als Folge der heftigen Kollision wurden die Gebirgszüge des Pandschab und Hinterindien weit nach Norden abgedrängt. Vermutlich änderte sich auch die Richtung der driftenden Erdplatten.

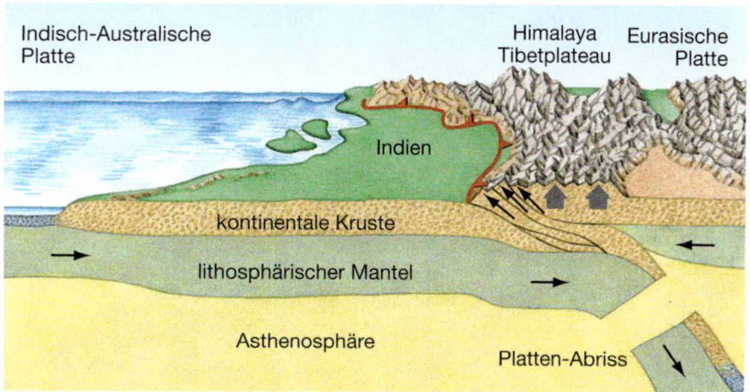

M 3 Plattentektonische Prozesse

1. Erläutern Sie den Aufbau des Erdkörpers und charakterisieren Sie die Erdschalen entsprechend ihrer Hauptmerkmale (M 1).
2. Erläutern Sie die Kontinentalverschiebungstheorie von A. Wegener (M 2, Text).
3. Die Gebirgsketten der Anden, des Himalaya und des japanischen Archipels sind unterschiedlich entstanden. Erläutern Sie die verschiedenen Prozesse (M 3). Finden Sie weitere Beispiele dieser plattentektonischen Vorgänge und berichten Sie darüber (Atlas).
4. Begründen Sie das Auftreten von Erdbeben und Vulkanismus mit der Theorie der Plattentektonik.

Exogene Kräfte

Die inneren, **endogenen Kräfte** der Erde sind nicht die einzigen Gestalter der Erdoberfläche und somit ein Gefahrenpotenzial für den Menschen. Landschaften wie Hügel und Täler, Küsten und Inseln sind das Ergebnis von **exogenen Kräften,** also von Prozessen, die von außen auf die Erdoberfläche wirken. Mit ihnen verbunden sind Gefahren, die den Lebensraum des Menschen einschränken oder unbewohnbar machen.

Äolische Kräfte

Dort, wo dem Wind kaum Widerstand entgegengesetzt wird, also in trockenen und vegetationsarmen Gebieten der Erde, entfaltet er seine größte Wirkung und transportiert das Material über größte Entfernungen. So trägt er z. B. Saharasand bis in unsere Breiten oder verweht wie in den 1930er-Jahren in den USA besten Ackerboden in riesigen Staubstürmen (Dust Bowl). In der Sahara stellen die Wanderdünen ein enormes Problem dar, wenn der Sand, angetrieben durch den Wind, Oasen verschüttet.

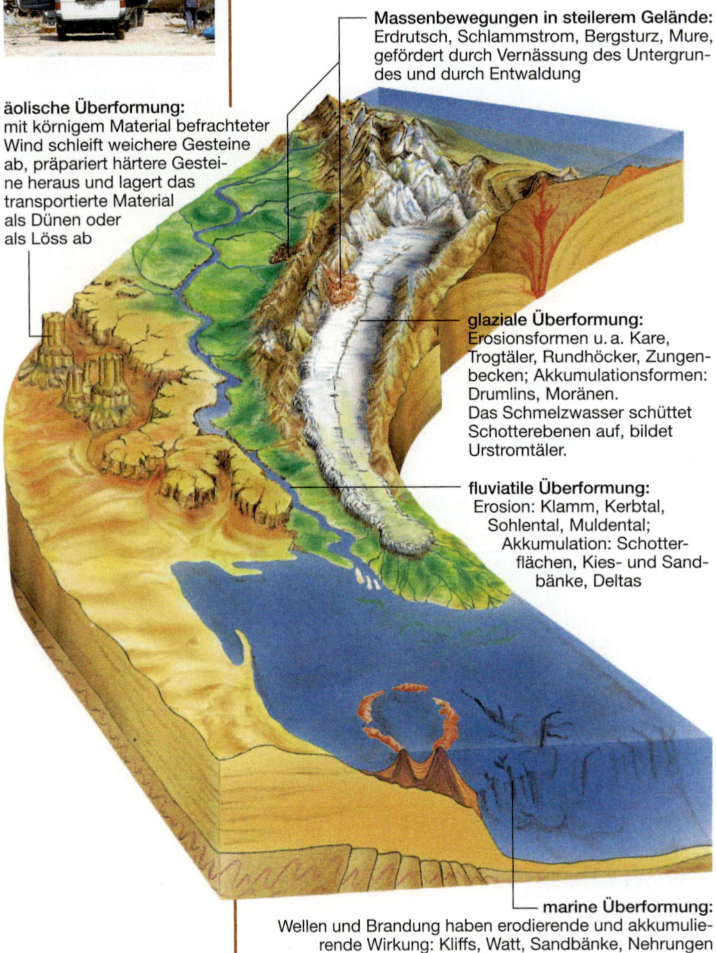

M4 Die Wirksamkeit exogener Kräfte

Eis und Gletscher

Landschaften können die Arbeit der Gletscher der letzten Eiszeiten widerspiegeln. In Grund- und Endmoränen wurde das transportierte Material abgelagert, das Eis schürfte Vertiefungen in die Oberfläche, die sich mit Wasser füllten. Als Folge eines vom kalten Eis in das Gletschervorfeld wehenden Windes konnten sich mehrere Meter mächtige Schichten aus feinem, hochwertigem Sediment ablagern, der Löss. Andererseits führen Lawinen immer wieder zu Katastrophen, sodass umfangreiche Schutzbauten die Menschen schützen müssen.

Schwerkraft

Als Folge der Gravitation kommt es zu unterschiedlich schnell verlaufenden Massenbewegungen. Eindrucksvollste Erscheinungsformen sind Felsstürze im Gebirge, die ganze Täler abriegeln und Gebirgsbäche zu großen Seen aufstauen. Ausgelöst durch starke Regenfälle kommt es immer wieder zu Erdrutschen, die Straßen und Ortschaften verschütten. Hingegen ist das Bodenfließen kaum wahrnehmbar, da seine Geschwindigkeit sehr gering ist: Hierbei setzt sich die gesamte Bodenschicht in Bewegung und gleitet auf dem Gesteinsgrund allmählich talwärts.

Küstenformen

Der Übergangsbereich zwischen Meer und Festland ist ständigen Veränderungen unterworfen. Gezeiten, Wind und Meeresströmungen, Hebungs- und Senkungsvorgänge lassen unterschiedlichste Küstenformen entstehen. Flachküsten sind Gefahrenräume z. B. bei Tsunamis oder Hurrikans. Steilküsten unterliegen der zerstörerischen Kraft der Brandung, die das Kliff teilweise mehrere Meter pro Jahr zurückweichen lässt und dabei Häuser und Siedlungen zerstört.

Die natürlichen Prozesse, die auf der Erde wirksam sind, werden erst zu einer Naturkatastrophe, wenn die Sphäre menschlichen Daseins und Handelns betroffen ist. So haben Naturereignisse, die abseits bewohnter Regionen stattfinden, kaum Auswirkungen auf infrastrukturelle Einrichtungen und finden oftmals unbemerkt von der breiten Öffentlichkeit statt.
Naturgefahren weisen sowohl in zeitlicher als auch in räumlicher Dimension eine enorme Spannbreite auf. Erdbeben oder Tornados dauern nur wenige Sekunden oder Minuten, ein Bergsturz verändert in kurzer Zeit einen Landschaftsraum. Dem stehen lang andauernde Prozesse gegenüber. Eine Dürreperiode kann Wochen und Monate dauern, in extremen Fällen sich über Jahre hinwegziehen. In anderen zeitlichen Dimensi-

onen verlaufen die plattentektonischen Prozesse, die über Jahrmillionen hinweg das Bild der Erde verändern und daher kaum wahrnehmbar sind. Auch in räumlicher Dimension ergibt sich eine große Spannbreite. Bergstürze und Lawinen haben im Allgemeinen nur lokale Auswirkungen, Vulkanausbrüche beeinflussen mit Magmaströmen und Lava-Auswürfen meistens nur regional den menschlichen Lebensraum. Hingegen sind Überschwemmungen und Stürme großflächig und können im schlimmsten Fall fast kontinentale Ausmaße ausnehmen.

Naturgefahren – Natürliche Prozesse oder Phänomene, die ein Schaden bringendes Ereignis darstellen können. Naturgefahren können auf Basis ihrer Ursache klassifiziert werden.

Ursache	Phänomen/Beispiel	
Meteorologische Naturgefahren Natürliche Prozesse oder Phänomene der Atmosphäre, d. h. der überwiegend gasförmigen Hülle der Erde	– Tropische Wirbelstürme (Hurrikan, tropischer Zyklon, Taifun), Tornado, Wintersturm – Extremniederschlag	– Hagelsturm, Eissturm, Eisregen, Schneesturm, Sandsturm – Blitzschlag, Hitzewelle, Kältewelle – Nebel
Hydrologisch-glaziologische Ursachen Natürliche Prozesse oder Phänomene der Hydrosphäre und Kryosphäre	– Überschwemmung – Sturmfluten – Sturzfluten – Dürre	– Schneelawine – Gletscherabbrüche – Permafrostschmelze – Frosthub
Geologisch-geomorphologische Naturgefahren Natürliche Prozesse oder Phänomene der Erdkruste (Lithosphäre) und der Erdoberfläche (Reliefsphäre). Unterschieden werden endogene Ursachen (z. B. Tektonik, Magmatismus) und exogene Ursachen (Hangrutschung oder Bodenerosion durch Niederschlag)	– Erdbeben – Vulkaneruption – Tsunami – Gravitative Massenbewegung – Bergsenkung	– Bodenerosion – Küstenerosion – Flusserosion

M5 Naturgefahren

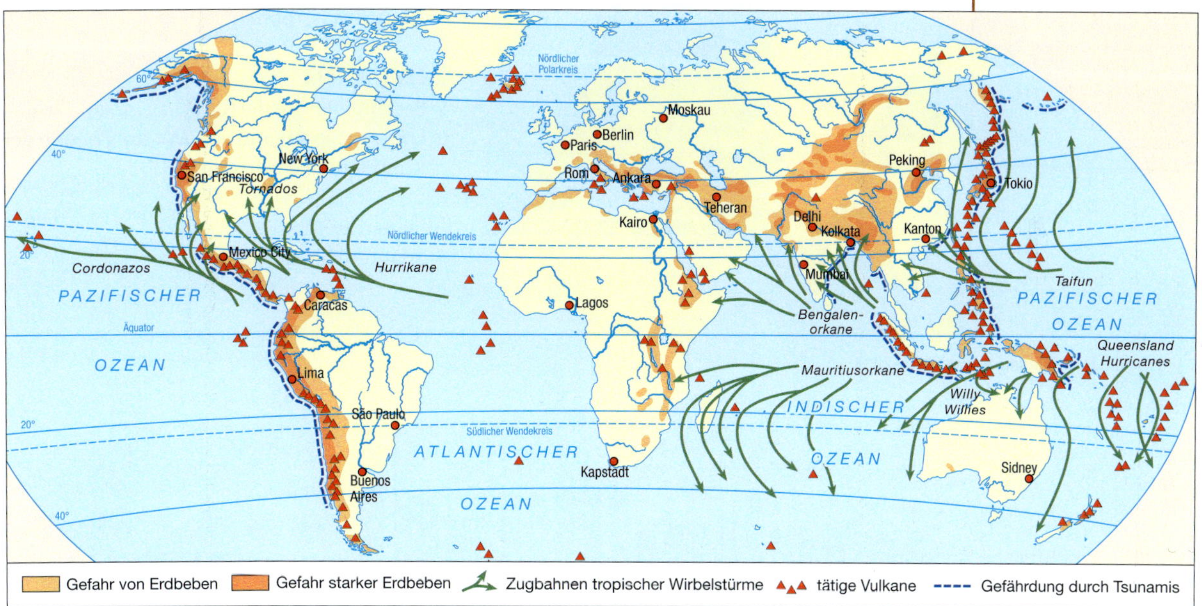

M6 Georisikogebiete

5. Fassen Sie die unterschiedlichen exogenen Prozesse zusammen. Berücksichtigen Sie dabei besonders, welche Risiken davon für den Menschen ausgehen (M4).
6. Erläutern Sie die Ursachen für die in M6 dargestellten Naturrisiken.
7. Untersuchen Sie die Bevölkerungsdichte in den Georisikogebieten (M6, Atlas). Leiten Sie daraus ab, inwiefern Maßnahmen zum Katastrophenschutz notwendig sind.
8. Suchen Sie Beispiele für die in M5 dargestellten Naturgefahren. Tragen Sie Ihre Ergebnisse auf einer Weltkarte ein und erstellen Sie somit eine globale Übersicht der Georisikogebiete.

Prüfen Sie Ihren Zuwachs an Kenntnissen, Methodenkompetenzen und Urteilsfähigkeit

S Sachkompetenz; **M** Methodenkompetenz; **U** Urteilskompetenz

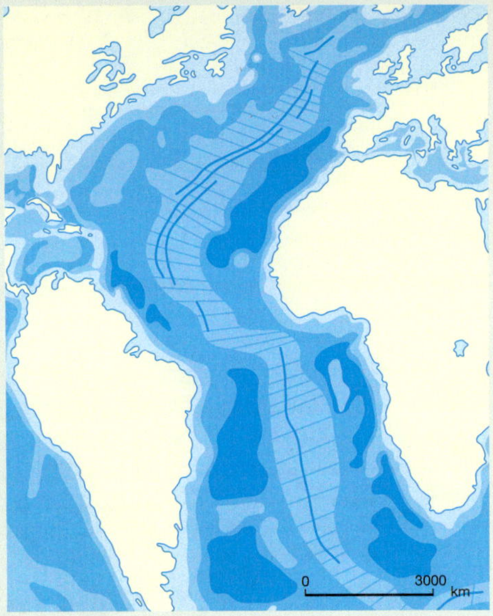

M 1 Relief des Atlantik

S Definieren Sie folgende Fachbegriffe:

- Plattentektonik
- Seebeben
- Mercalli Scala
- quartärer Vulkanismus
- Geothermie
- Erdkruste
- Epizentrum
- Maar
- vulkanische Böden
- Zyklone

Aufgaben zu den Fotos

S Ordnen Sie die Fotos verschiedenen Naturkatastrophen zu.

S/M Entwerfen Sie eine Mindmap zum Thema „Naturkatastrophen".

Aufgaben zu M 1

S Beschreiben Sie die Karte.

U Erklären Sie anhand von M 1 die Theorie der Kontinentalverschiebung.

Aufgaben zu M 2

S Erläutern Sie die Statistik.

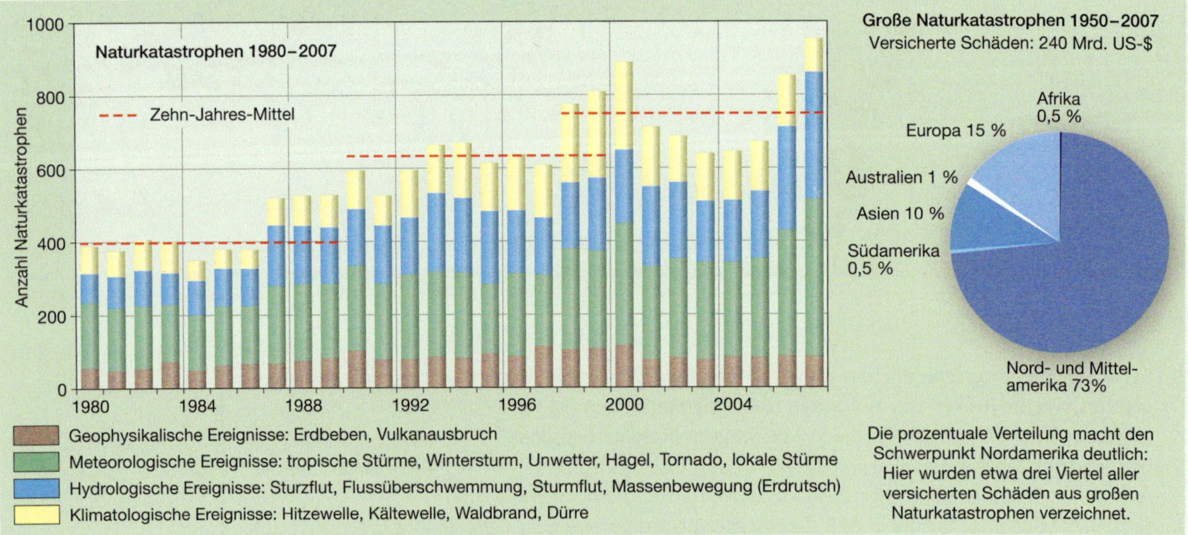

M 2 Weltweit große Naturkatastrophen (1950 bis 2007)

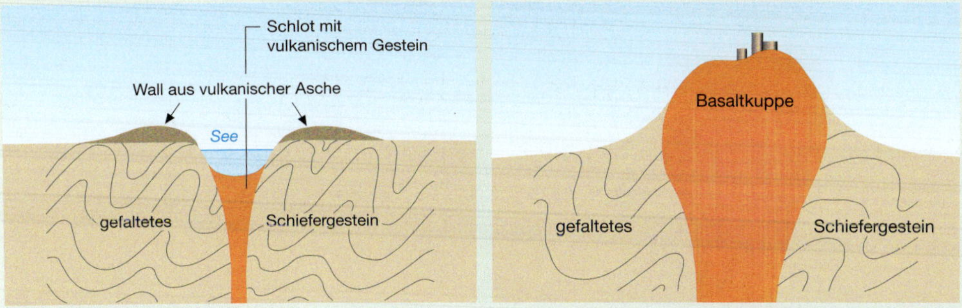

M3 Vulkanische Erscheinungsformen

U „Die Auswirkungen von Naturkatastrophen werden in Zukunft im Bezug auf Menschenleben und Sachschäden gravierender werden." Begründen Sie die Richtigkeit dieser Aussage.

Aufgaben zu M 3

S Erläutern Sie Form und Entstehung der beiden vulkanischen Erscheinungen.

S Nennen Sie vulkanische Gesteine und ihre Eigenschaften.

U Bimsabbau vs. Landschaftsschutz: Nehmen Sie begründet Stellung zu diesem Nutzungskonflikt.

Aufgaben zu M 4 und M 6

M Erläutern Sie Struktur und Entstehung von Hurrikans.

M Nennen Sie weitere Wirbelsturmarten und ordnen Sie diese großräumig zu.

U Erklären Sie die globalen Zugbahnen von Wirbelstürmen.

Aufgaben ohne Materialbezug

S Nennen Sie Ursachen für Erd- und Seebeben.

S Erläutern Sie die Metapher „Zirkumpazifischer Feuergürtel".

S Erläutern Sie die Entstehung von Tsunamis.

M Entwerfen Sie ein Schema, das Maßnahmen zum Schutz vor den Folgen von Naturkatastrophen enthält.

M5 Maar bei Daun

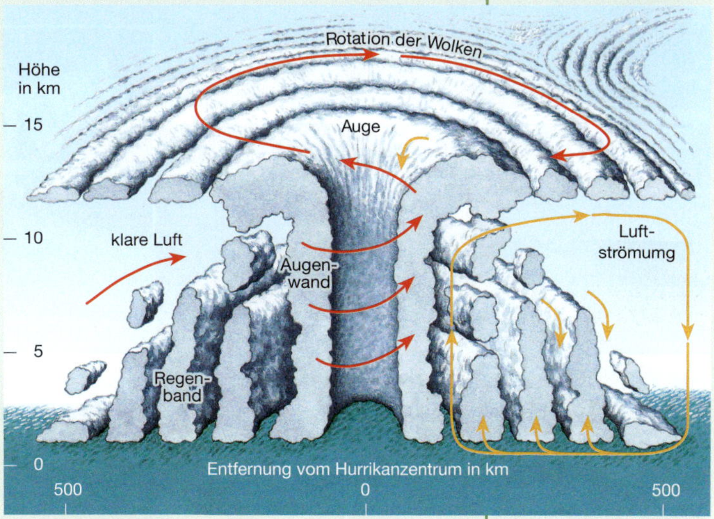

M6 Schnitt durch einen Hurrikan

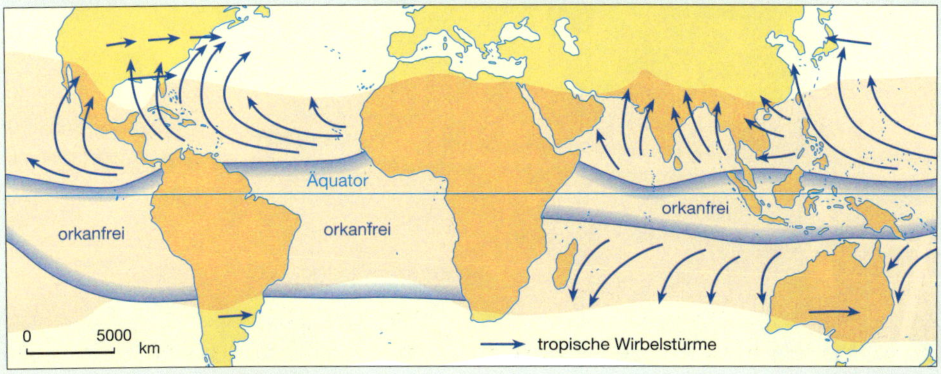

M4 Zugbahnen von Wirbelstürmen

Webcode: GO649174-173

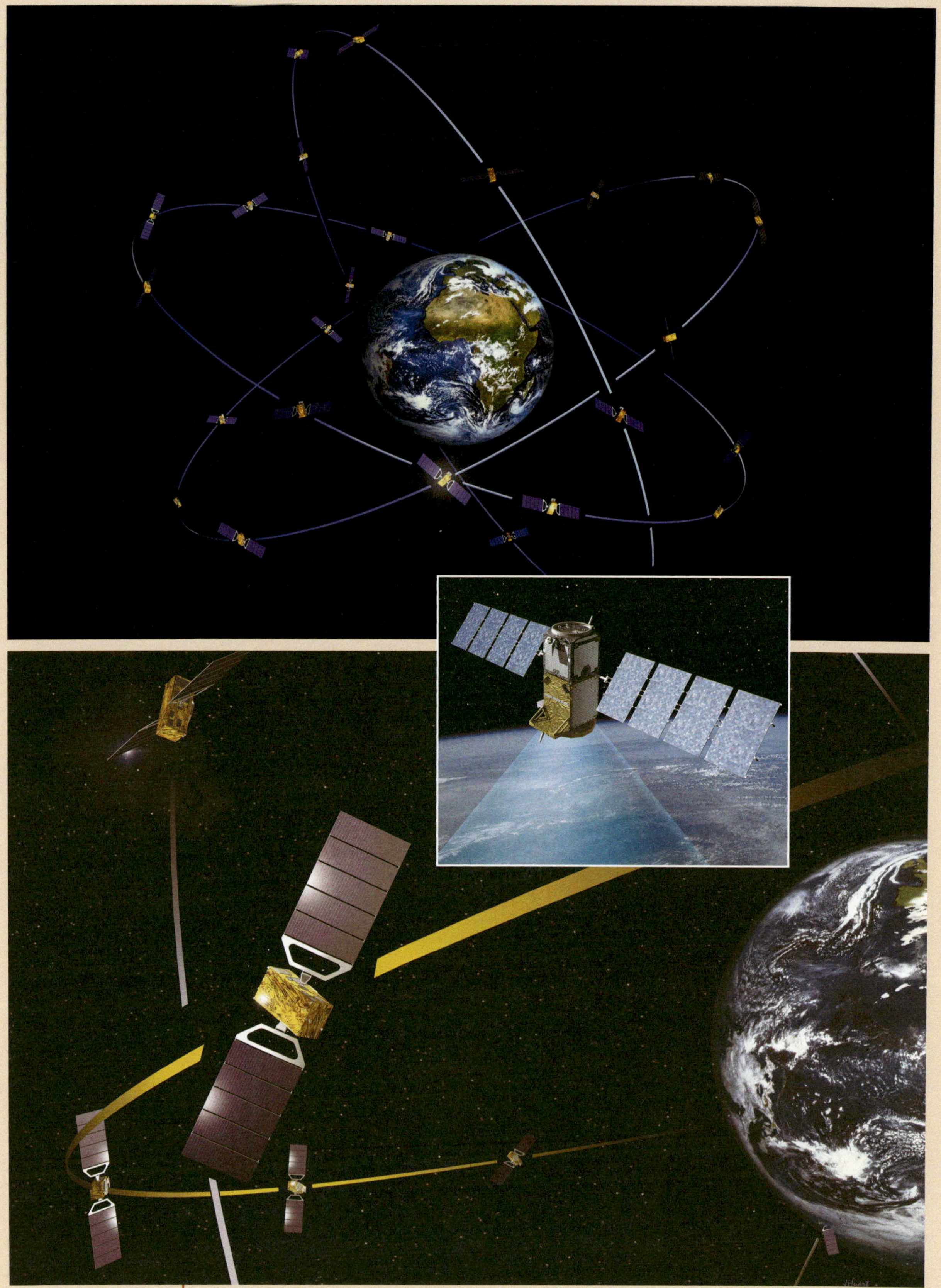

GPS-Satelliten umkreisen die Erde in einer Höhe von 20 200 km

Geoinformation und GIS

Alles, was passiert, geschieht an einem bestimmten Ort. Wir Menschen sind in unseren Aktivitäten an die Erde bzw. an die nähere Erdumgebung gebunden. Angaben zur Lage von Ländern, Städten und Firmen, zu Orten an denen Naturkatastrophen geschehen oder andere Ereignisse stattfinden, liefern Voraussetzungen und zentrale Informationen für die Lösung geographischer Fragestellungen.
Informationen, die diesen Raumbezug besitzen, nennen wir **Geoinformationen.**

Ob es z. B. darum geht,
- wie man mit dem Auto von Berlin nach Hamburg kommt,
- wo Schulen oder Krankenhäuser gebaut werden sollen,
- welche Wege Logistikunternehmen für die zu transportierenden Waren wählen,
- wo aktuell Waldgebiete gerodet werden,
- wo am besten welches Getreide angebaut werden kann:

Geoinformationen spielen eine zentrale Rolle und helfen uns, diese Fragen zu beantworten.

Da eine Menge von Informationen zur Lösung der geographischen Probleme benötigt wird, speisen wir heute Computersysteme mit Geoinformationen und lassen uns so bei der Analyse und Präsentation helfen. Solche Computersysteme nennt man **Geographische Informationssysteme,** kurz **GIS.**
In Geographischen Informationssystemen können Geoinformationen erzeugt, bearbeitet, analysiert und visualisiert werden. Es kann sich dabei um unseren realen Lebensraum wie etwa Gebäude, Grundstücke, Stromleitungen, Straßen oder um abstraktere und globale Zusammenhänge, wie Verkehrs- und Transportwege, Migrationsbewegungen, Lebensräume von Tieren und Pflanzen oder Wirtschaftsräume handeln.

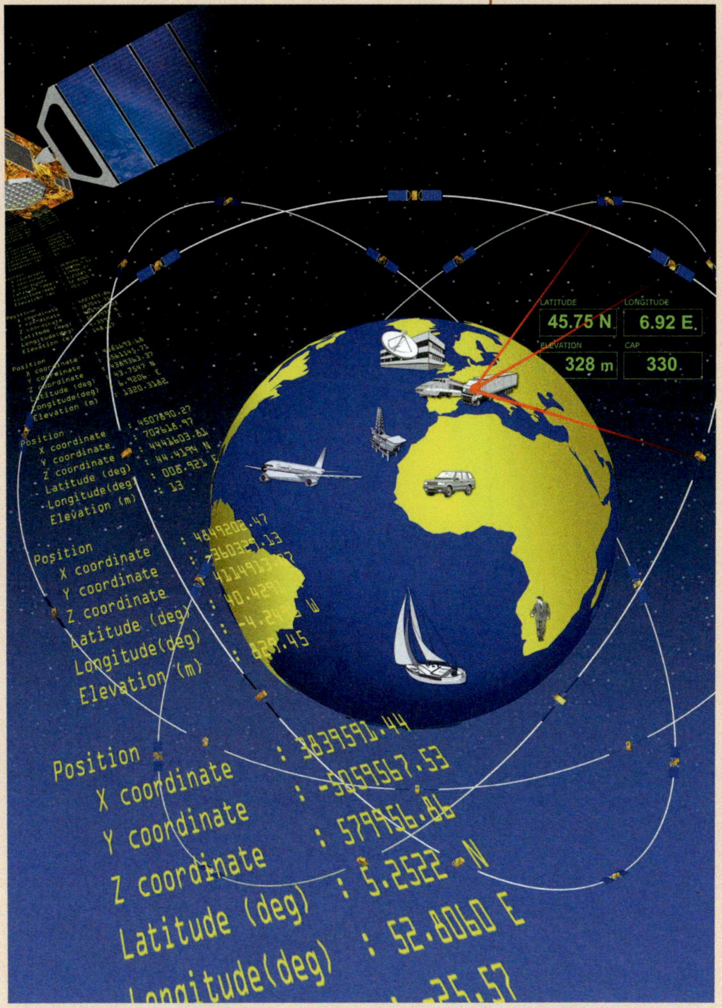

Geoinformationen werden genutzt

1. Geographische Informationssysteme

Geographische Informationssysteme sind Computersysteme, die Daten mit Raumbezug, so genannte **Geodaten** speichern, organisieren, analysieren und durch Karten und Tabellen visualisieren können. Zwei Grundkonzepte von GIS sind:

1. Die Verknüpfung einer raumbezogenen Datenbank (Tabelle) mit Geometrien (Punkte, Linien, Polygone oder Vielecke):

NAME	CNTRYNAME	POPULATION
Baden-Württemberg	Germany	10749506
Bayern	Germany	12519728
Berlin	Germany	3431675
Brandenburg	Germany	2522493
Bremen	Germany	661866
Hamburg	Germany	1772100
Hessen	Germany	6064953
Mecklenburg-Vorpommern	Germany	1664356
Niedersachsen	Germany	7947244
Nordrhein-Westfalen	Germany	17933064
Rheinland-Pfalz	Germany	4028351
Saarland	Germany	1030324
Sachsen	Germany	4192801
Sachsen-Anhalt	Germany	2381872
Schleswig-Holstein	Germany	2834260
Thüringen	Germany	2267763

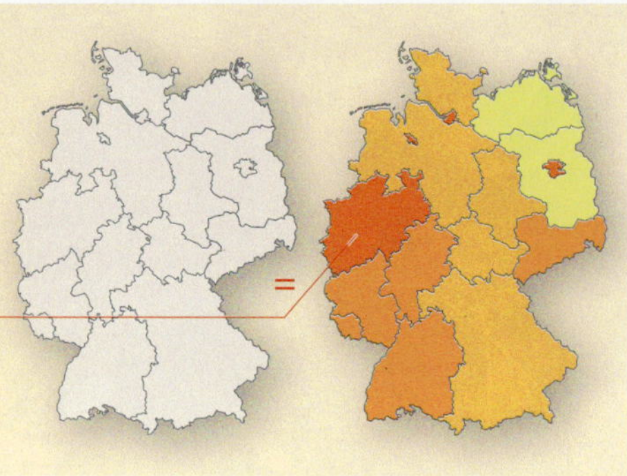

M 1 GIS-Konzept Raumbezogene Datenbank

2. Die Darstellung von Geodaten verschiedener Dimensionen (Punkte, Linien, Polygone) und Themen (Böden, Grenzen, Topographie) in Ebenen, sog. **Layern,** die vertauscht, an- und ausgeschaltet und übereinander gelegt transparent dargestellt werden können:

M 2 GIS-Konzept Layerprinzip

Funktionen von GIS

Eine wichtige Funktion, die alle GIS gemeinsam haben, sind die Navigationswerkzeuge zum Zoomen und Verschieben der Karte und zur Anzeige des gesamten Kartenausschnitts:

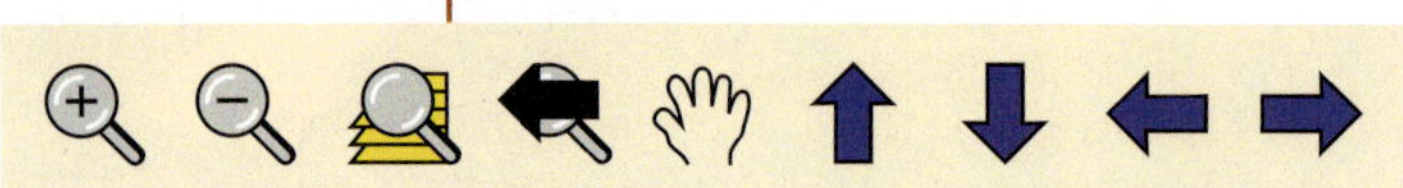

M 3 Typische GIS-Werkzeuge zur Navigation

Es gibt zwei Arten von Layern, die in einem GIS dargestellt und verarbeitet werden können.

- **Rasterdaten** sind Bilddaten, z. B. Satellitenbilder, Luftbilder, Bodenkarten. Sie zeigen das Bild wie digitale Fotos vergrößert „pixelig".
- **Vektordaten** abstrahieren reelle Objekte durch Punkte (z. B. Städte), Linien (z. B. Straßen) oder Polygone (z. B. Länder), die auf Bildschirmen und beim Druck genauer dargestellt werden.

Vektordaten sind mit einer Datenbank verknüpft, in der tabellarisch thematische Daten bezogen auf den dargestellten Raum enthalten sind. Diese Eigenschaften eines Raums nennt man „Attribute". Ein durch ein Polygon dargestelltes Bundesland kann viele Attribute haben, z. B:

Name	Hauptstadt	Einw.	Bev.-Dichte
NRW	Düsseldorf	17 933 064	527

M 4 Raumbezogener Datenbankeintrag zu NRW

Das Thema von Rasterdaten ist hier in ihrer Farbdarstellung enthalten. Bei Luftbildern ist es das Bild selbst, bei Bodenkarten bekommen verschiedene Bodenarten unterschiedliche Farben.

Verwendung von GIS

Mithilfe dieser Konzepte und weiterer Analysemöglichkeiten, Abfragen und kartographischer Methoden werden GIS zur Kartenerstellung für die Lösung vieler Fragestellungen der Geowissenschaften und anderer Disziplinen verwendet.
Die in GIS verwendeten digitalen Geodaten werden von Behörden, statistischen Ämtern, Umweltämtern und anderen Einrichtungen erstellt und oft **als Dienste** über das Internet zur Verfügung gestellt. Jeder kann auch selbst Geodaten erfassen, mit einer Thematik verknüpfen und so Geoinformation generieren, z. B. mithilfe eines GPS-Empfängers (oder Navigationssystems).
Geoinformationssysteme, ihre im Internet vorliegenden Verwandten WebGIS und andere **Geowebdienste** gehören heute zum alltäglichen Werkzeug eines Geographen. Die Arbeit mit Geoinformation wird in immer mehr Berufen wichtig. Dies wird besonders deutlich, wenn man sich den alltäglichen Kontakt mit Geoinformation und Karten jeglicher Art klar macht:
Navigationssysteme, Routenplaner, der Wetterbericht, Satellitenbilder (z. B. in Google Earth), Anzeigen der Wartezeit auf den Bus, Karten in der Zeitung, in einem Schulatlas, die Kontrolle der Lkw-Maut oder das Tsunami-Warnsystem basieren alle auf Geoinformation und sind Produkte der Arbeit mit GIS sowie typische Anwendungen aus der Geoinformatik.

Die bereits erwähnten **WebGIS** bieten gegenüber anderen Lösungen Vorteile, denn es ist keine Installation auf einem Computer nötig. Die Geodaten liegen auf einem Server beim Anbieter und können über den Browser vom Nutzer betrachtet und analysiert werden. Allerdings ist es bei einem WebGIS meistens nicht möglich, eigene Geodaten einzupflegen, man ist auf die bestehende Datengrundlage beschränkt. Außerdem bieten WebGIS nicht alle GIS-Funktionen und nur begrenzte kartographische Möglichkeiten. Darum greift man insbesondere bei regionalen und lokalen Fragestellungen und für intensivere Analysen auf so genannte **DesktopGIS** zurück, die auf einem Computer fest installiert werden müssen und mehr Funktionen haben.
Es existieren viele verschiedene DesktopGIS auf dem Markt. Behörden und Firmen arbeiten mit professioneller Software, die sehr komplex ist und für die man eine Ausbildung im Fach Geoinformatik benötigt. Es gibt aber auch freie DesktopGIS, die gute und einfache Möglichkeiten bieten. Ein Beispiel dafür ist das freie **GIS GDV Spatial Commander.**

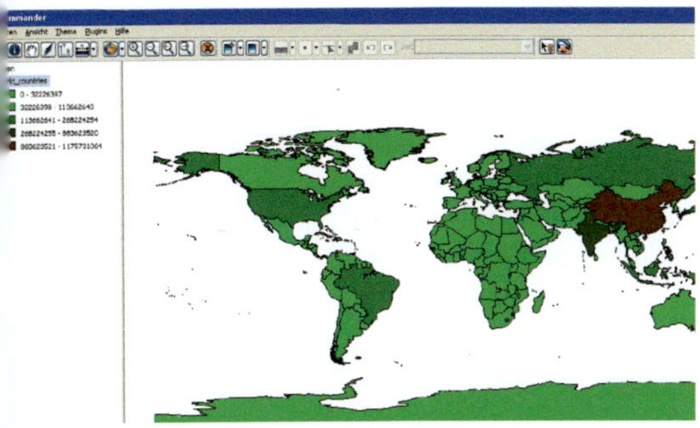

M5 Freies DesktopGIS: GDV Spatial Commander

Neben GIS wird Geoinformation auch in anderen Medien aus der Geoinformatik visualisiert. Virtuelle Globen erfüllen diese Aufgabe besonders gut. Sie bieten zwar weniger Analysemöglichkeiten, greifen aber die grundlegenden Prinzipien von GIS auf und eignen sich besonders gut zu Präsentationszwecken. Ein bekannter virtueller Globus ist **Google Earth.**

Geodaten

Die Beschaffung von Geodaten ist von Land zu Land und von Amt zu Amt unterschiedlich. Anders als in den USA sind Geodaten in Europa meistens nicht kostenlos zu bekommen. Außerdem liegen sie häufig in verschiedenen Formaten vor. Der Zugang wird jedoch durch das 2009 in Kraft getretene Geodatenzugangsgesetz EU-178 weit erleichtert. Viele Geodaten werden bereits in so genannten **Geodateninfrastrukturen** über Internetdienste sichtbar (Web Map Services) und verfügbar gemacht (Web Feature Services). Die Nutzung, besonders für kommerzielle Zwecke, kann allerdings äußerst teuer sein.

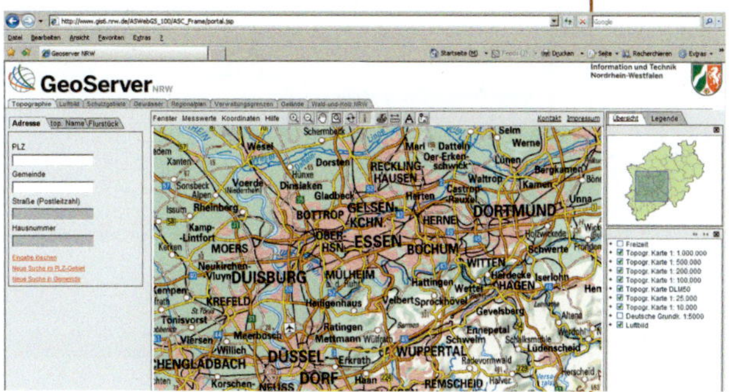

M6 Web Map Service: GeoServer NRW

Es gibt auch freie Geodaten im Internet. Ein interessantes Projekt ist OpenStreetMap (www.openstreetmap.de), das sich zum Ziel gesetzt hat, der ganzen Welt eine freie, detailreiche Karte online bereitzustellen. Die dort von Freiwilligen mit GPS-Empfängern erfassten und kartographisch aufbereiteten Daten lassen sich auch in GIS verarbeiten und weiterverwenden. Dafür ist es wichtig, dass die erfassten Daten (GPS-Koordinaten) von den Bearbeitern um Thematik (z. B. Straßenname) und Semantik (Bedeutung des Objektes, z. B. Landstraße) ergänzt werden.
Einige Fragestellungen aus diesem Buch lassen sich mit GIS, virtuellen Globen und Geodaten lösen. Exemplarisch werden Sie das an Beispielen mit dem **WebGIS Sachsen,** dem **GDV Spatial Commander** und **Google Earth** aufzeigen.

1. Führen Sie eine Webrecherche zum Thema „Geoinformation und GIS" durch. Suchen sie hierbei nach WebGIS, Geodiensten aus Ihrem Bundesland oder Ihrem Wohnort.
2. Schauen Sie sich den GeoServer NRW (http://www.geoserver.nrw.de) an. Suchen Sie dort Ihren Wohnort und betrachten alle Ebenen der verfügbaren Geodaten. Stellen Sie tabellarisch dar, wofür die einzelnen Geoinformationen nützlich sind. Vergleichen Sie Ihren Wohnort mit der Abdeckung in OpenStreetMap.
3. Verwenden Sie im GeoServer NRW das Identifikationswerkzeug „I", um sich über die einzelnen Ebenen zu informieren und die Datenaktualität zu prüfen. Entscheiden Sie, ob es sich bei den jeweiligen Daten um Raster- oder Vektordaten handelt. Erweitern Sie die Tabelle aus Aufgabe 2 um diese Informationen.

Webcode: GO649174-177

2. WebGIS

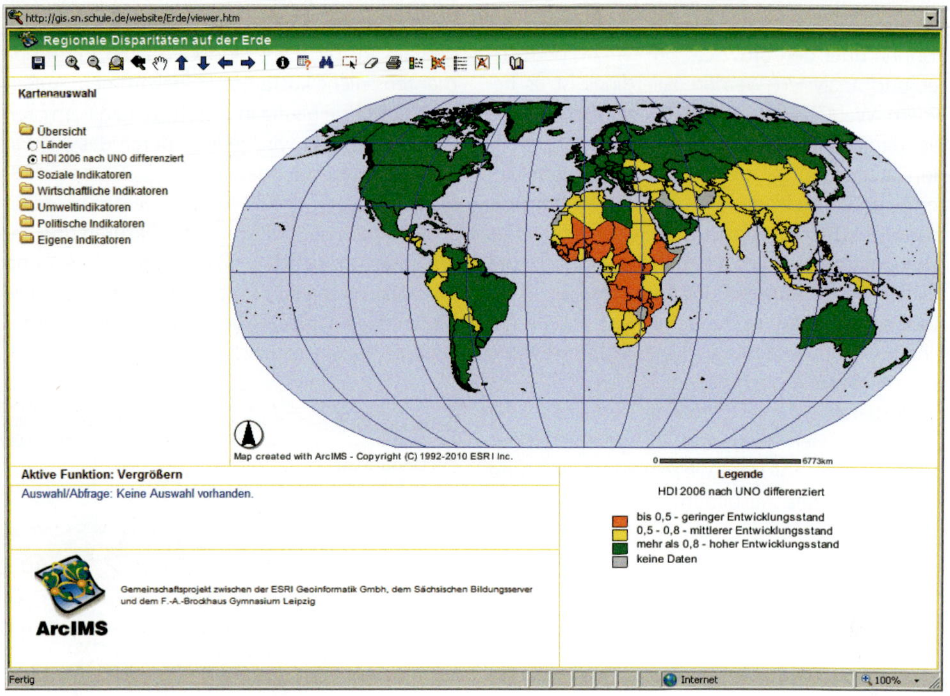

M 1 Darstellung des HDI im WebGIS Sachsen

Um die Vielfalt der Nutzungsmöglichkeiten eines GIS kennen zu lernen, werden Sie im Folgenden mit dem WebGIS Sachsen (http://gis.sn.schule.de) arbeiten. Hierbei werden Sie globale Disparitäten unter Aspekten der Globalisierung der Nahrungsmittelindustrie in einer Karte visualisieren.

M2 Indikatorenauswahl

Im WebGIS Sachsen gibt es eine Reihe vorgefertigter Karten zu sozialen, wirtschaftlichen, politischen und Umweltindikatoren. Daneben gibt es die Möglichkeit, mithilfe der GIS-Werkzeuge eigene thematische Karten zu erstellen – z.B. zu globalen Disparitäten im Nahrungsmittelsektor.

Betrachten Sie zunächst die in der Datenbank vorhandenen Indikatoren.

Sie können schnell Indikatoren identifizieren und auswählen, die Aussagekraft über die Ernährung, die Beschäftigungsraten im Agrarsektor oder den Export von Gütern haben. Nun können im Karteneditor diese Indikatoren nacheinander ausgewählt werden, mit kartographischen Mitteln (Farbverlauf, Klassenbildung, Titel, Beschriftung der Legende) können Sie eine Karte produzieren und ausdrucken.

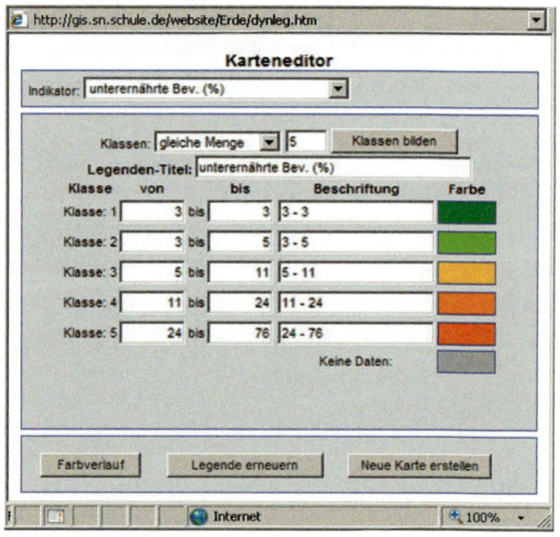

M3 Karteneditor

1. Nennen Sie andere Indikatoren als die im Text genannten, die eine globalisierte Welt kennzeichnen und begründen Sie Ihre Wahl.
2. Stellen Sie diese in einzelnen Karten dar und wählen Sie die kartographischen Methoden so, dass ein aussagekräftiges Produkt entsteht.
3. Vergleichen Sie Ihre Karten untereinander und diskutieren Sie die Unterschiede in der Darstellung sowie eine eventuell unterschiedliche Kartenaussage.

WebGIS-Funktionen

Ausgewählte Indikatoren können zusätzlich mit dem Identifikations-Werkzeug für ein angeklicktes Land oder mit der Rechteck-Auswahl für viele angrenzende Länder tabellarisch dargestellt und für weitere Zwecke (z. B. Erstellung von Vergleichsdiagrammen) exportiert werden.

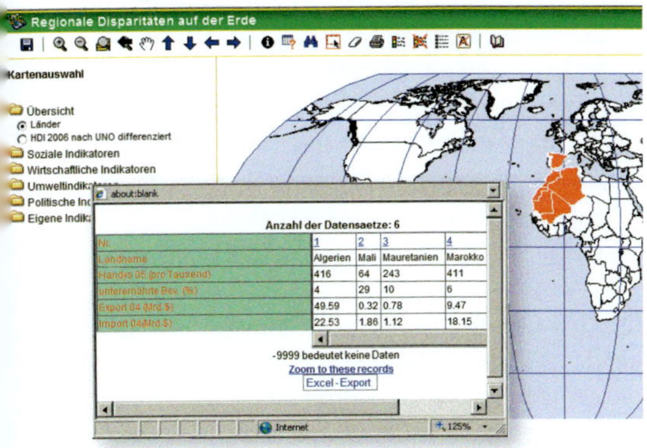

M4 Auswahl und tabellarische Darstellung

Informationen nach Bedingungen abfragen

Ein Analysewerkzeug, das zu den Standardfunktionen eines GIS gehört, ist der Abfragemanager. Mit den hier erstellten Abfragen können räumliche Daten aus der Datenbank untersucht und verglichen werden.
Die Ergebnisse werden tabellarisch und auf der Karte visualisiert. Abfragen in GIS funktionieren immer nach dem gleichen Schema. Beispielaufgabe: Zeigen Sie Länder auf, in denen die Anzahl der Handys im Jahr 2005 (pro Tausend Einwohner) größer als 900 war.

1. Ein Indikator (Attribut) wird gewählt und mithilfe einer Relation (<, >, =, …) mit einem Wert verglichen.

   Abfragemanager
   1. Indikator und Bedingungen festlegen | Relation | Wert
   Handys 05 (pro Tausend) | > | 900

2. Diese Abfrage muss in ein maschinenlesbares Format übernommen werden.

   2. Abfrage übernehmen | HANDY_05 > 900

3. Wenn mehr als eine Bedingung abgefragt werden soll, können an dieser Stelle mit einem Operator (AND, OR, NOT, …) Abfragen kombiniert werden. Anschließend muss man wieder bei 1. beginnen.

   And | Or | Not | (|)

   2. Abfrage übernehmen | HANDY_05 > 900 AND EXP_04 > "10"

4. Wenn die Abfrage formuliert ist, kann sie ausgeführt werden.

   3. Ausführen

Die Ergebnisse einer Abfrage werden in einer Tabelle (mit den gewählten Indikatoren) und in der Karte rot markiert dargestellt. Es werden nur die Länder markiert, auf die alle Bedingungen der Abfrage zutreffen.

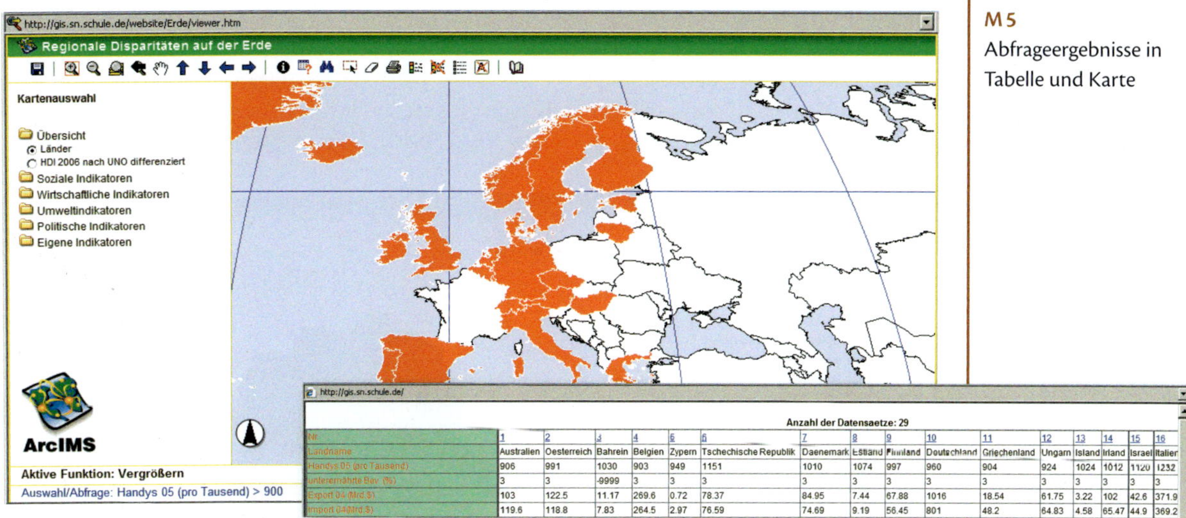

M5 Abfrageergebnisse in Tabelle und Karte

4. Überlegen Sie, mit welchen Indikatoren und welchen Bedingungen man regionale Disparitäten messen kann. Begründen Sie.
5. Vergleichen Sie Ihre Überlegung mit den im WebGIS Sachsen vorhandenen Indikatoren und deren Werten. Nehmen Sie dazu Stellung.
6. Erstellen Sie auf dieser Grundlage eine komplexe Abfrage und visualisieren Sie die Ergebnisse in einer Karte.

Webcode: GO649174-179

3. DesktopGIS

DesktopGIS arbeiten nach den selben Prinzipien wie WebGIS (S. 178). Sie verarbeiten Vektor- und Rasterdaten und können diese in verschiedenen Layern übereinander anzeigen. Vektordaten werden im so genannten „Shape-Format" (*.shp) entweder als Punkte, Linien oder Polygone gespeichert. Das Shape-Format ist ein Standard für GIS. Die dazugehörige Thematik ist in einer gleichnamigen Datenbank-Datei (*.dbf) gespeichert, die sich auch mit einem Tabellenkalkulationsprogramm öffnen und betrachten lässt.

Mit einem DesktopGIS lassen sich konkrete und aktuelle Fragestellungen auch aus dem eigenen Lebensumfeld bearbeiten, wenn die nötigen Geodaten verfügbar sind. Man unterscheidet zwischen **Geobasisdaten** (topographische Karten, Bebauungspläne, digitale Landschaftsmodelle usw.), die man von Vermessungs- oder Katasterämtern erhält, und **Geofachdaten** (Bodenkarten, Klimadaten aus Klimastationen oder Wahl- und andere Umfrageergebnisse), die z.B. Umwelt- oder Statistische Ämter liefern oder die selbst erhoben werden können.

In einem GIS-Projekt könnte man z. B. die Einstellung der Münsteraner Bürger zum Thema „Ökologie" mit ihrem Wahlverhalten vergleichen. Zusätzlich soll auf der Ergebniskarte das „ökologische Potenzial der Münsteraner Stromversorgung ersichtlich werden.

Welche Daten werden benötigt?
Eine Shape-Datei der statistischen Bezirke von Münster dient als Basis (s. M 1).

Zusätzliche Geobasisdaten könnten z. B. eine topographische Karte als Kartenhintergrund liefern.
Notwendige Geofachdaten:
- Wahlergebnisse aus der letzten Bundestagswahl nach statistischen Bezirken sortiert (Quelle: Wahlamt Münster).
- Standorte, Art und Leistung der Münsteraner Stromerzeugungsanlagen (Quelle: Homepage der Stadtwerke Münster).
- Angaben zur ökologischen Einstellung der Münsteraner, z. B. Wahl des Stromtarifs, Nutzung von Energiesparlampen, Nutzung des öffentlichen Personennahverkehrs usw. (Quelle: Umfrage der Uni Münster).

Durch kartographische Aufbereitung der Daten kann im GIS ein Kartenprodukt mit einer Aussage erstellt werden, z. B. „Wie ‚grün' ist Münster?" (politisch/ökologisch). Gehen Sie folgendermaßen vor:

1. Laden Sie das freie GIS GDV Spatial Commander herunter (http://www.gdv.com/down/scommander_down.php) und installieren Sie es auf Ihrem PC. Über die Hilfe des Programms lernen Sie die ersten Funktionen kennen.
2. Laden Sie die Dateien stadtbezirk_und_teilbereich.shp und stadtteil_(statistischer_bezirk).shp (siehe Webcode) und fügen Sie diese in den Spatial Commander hinzu. Versuchen Sie, die Ebenen zu verschieben und schauen Sie sich die Attributtabellen der Themen an (Rechtsklick auf das Thema).
3. Laden Sie das Aufgabenblatt_Gruenes Muenster.doc herunter (siehe Webcode) und bearbeiten Sie es im Spatial Commander.

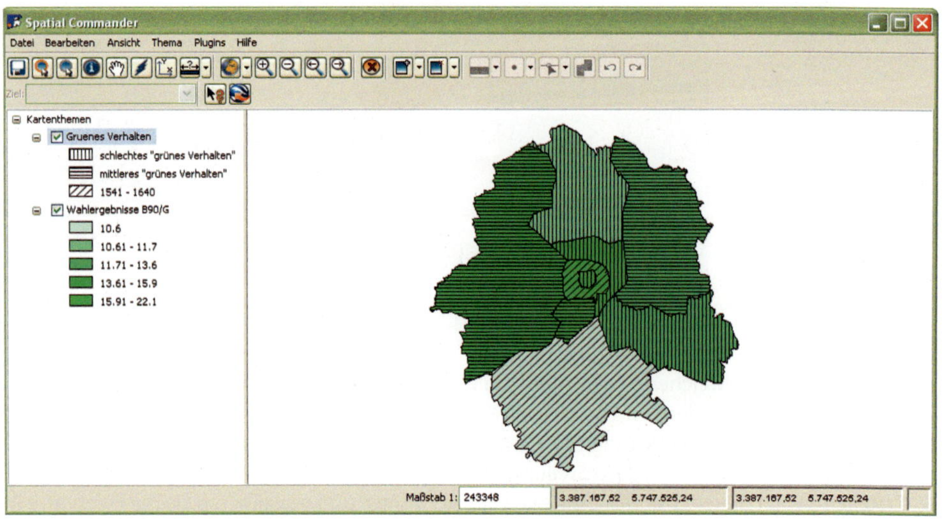

M 1 Wahlergebnisse der Grünen in der Stadt Münster im Spatial Commander

Ein GIS-Projekt zur Untersuchung des Solarpotenzials der eigenen Stadt

Nach dem Vorbild verschiedener Projekte aus der Wissenschaft kann in einem GIS-Projekt das photovoltaische Potenzial der eigenen Stadt oder des Stadtteils und die daraus resultierenden Möglichkeiten der CO_2-Einsparung durch Solarenergie erarbeitet werden. Führen Sie das nachfolgende Projekt arbeitsteilig durch.

Welche Faktoren spielen eine Rolle?

Vereinfacht lässt sich das Potenzial auf diese drei wichtigsten Faktoren reduzieren: *Dachneigung, Ausrichtung des Daches und Dachfläche.*

Welche Geodaten benötigen Sie und wo erhalten Sie diese?

Geodaten	Nutzung	Datenquelle
Gebäudegrundrisse	Dachfläche, Ausrichtung	Landesvermessungsamt o. Katasteramt
Luftbilder	Dachform, Ausrichtung	Landesvermessungsamt o. Katasteramt
LaserScan-Daten oder selbst messen	Dachneigung	Katasteramt oder eigene Erfassung

Gehen Sie folgendermaßen vor?

1. Geobasisdaten (Luftbilder, Gebäudegrundrisse) in das GIS laden
2. Gebäudedaten um die Attribute Dachfläche, Dachneigung, Ausrichtung und Potenzial ergänzen
3. Dachflächen mit dem GIS berechnen
4. erfasste Dachneigung eintragen
5. Ausrichtung mit dem GIS berechnen

Bei einer Dachneigung von ca. 35°, einer totalen Südausrichtung und einer großen Dachfläche ist das Potenzial besonders groß.
Hieraus kann man eine eigene Formel für das Potenzial ableiten und diese vom GIS für jedes Gebäude berechnen lassen.

6. die vorher berechneten Attribute für die Berechnung des Potenzials nutzen
7. das Potenzial kartographisch visualisieren, z. B. mit drei Klassen für gute (grün), bedingte (gelb) und schlechte (rot) Eignung eines Hauses
8. die Karte z. B. auf einer Webseite (z. B. der Schulhomepage) präsentieren.

M2 Geodaten – Gebäudegrundrisse, Luftbilder, LaserScan-Daten

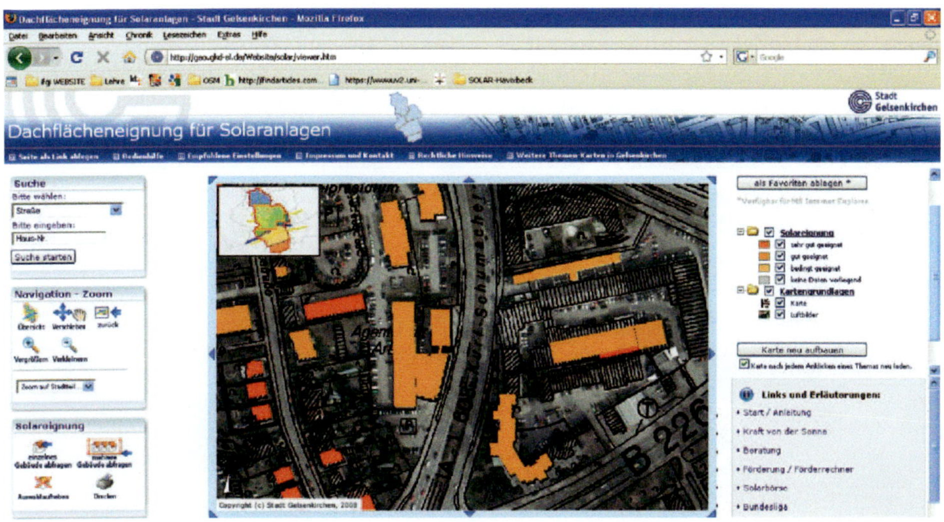

M3 Solarpotenzial der Stadt Osnabrück: http://geodaten.osnabrueck.de/website/SunArea

Webcode: GO649174-181

4. Virtuelle Globen

Virtuelle Globen, darunter Google Earth, sind äußerst populäre Anwendungen aus der Geoinformatik. Sie eignen sich besonders gut zur Visualisierung und Präsentation von Geodaten sowie Geoinformation und bieten zudem viele Möglichkeiten zur (visuellen) Analyse.

Als Grundlage dient eine 3D-Darstellung der Erde, die wir vom klassischen Globus kennen. Auf dieser Darstellung werden abhängig vom Maßstab (oder Zoom-Faktor) verscheidene Rasterdaten angezeigt, von Satellitenbildern bis zu aktuellen, hoch aufgelösten Luftbildern. Die Menge an Daten für diese Darstellung ist unfassbar groß und es wird nicht möglich sein, diese auf einem Rechner zu speichern. Darum nutzen virtuelle Globen das Internet, um die Bilder für den gerade angezeigten Ausschnitt von einem Server nachzuladen.

Google Earth

Die Firma Google kauft für ihren virtuellen Globus viele Luft- und Satellitenbilder und bietet diese in Google Earth an. Das Aufnahmedatum erkennt man unten mittig im Kartenbild (Google Earth 5.0).

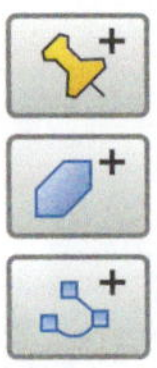

Virtuelle Globen greifen einige Prinzipen geographischer Informationssysteme auf: Es können z. B. Vektordaten (z. B. Straßen) in verschiedenen Layern über den Rasterdaten angezeigt werden, Geodaten können über Webdienste bezogen und auf dem Globus visualisiert werden (z. B. das aktuelle Wetter), und es ist möglich, selbst Geodaten zu erstellen – z. B. Punkte, Linien, Polygone. Google Earth präsentiert im Ebenen-Menü eine Reihe interessanter Geoinformationen, die bei Aktivierung über Webdienste für den ausgewählten Ausschnitt bezogen werden. So kann z. B. Geländeinformation angezeigt werden (dreidimensional sichtbar bei Änderung des Sichtwinkels).

Weiterhin finden sich im Ebenen-Menü viele verortete Informationen zum Wetter, zu den Ozeanen oder zu 3D-visualisierten Gebäuden.

M2 Ebenen-Menü in Google Earth

Diese Möglichkeiten und weitere Funktionen, wie Messen oder das Darstellen historischen Bildmaterials, erlauben es, eine Reihe von (visuellen) Analysen geographischer Gegebenheiten durchzuführen und Ergebnisse interessant zu präsentieren. So wird Google Earth mittlerweile häufig in den Medien (Fernsehen, Internet) eingesetzt, um komplexe Sachverhalte zu erläutern. Ein Beispiel ist die Visualisierung des Verlaufs und der Schäden durch den Hurrikan Katrina, die man im KML-Format auf den Google-Seiten herunterladen kann: http://earth.google.com/katrina.html.

Solche vorgefertigten Visualisierungen für Google Earth nennt man **Overlays.** Häufig werden die hierfür benötigten Daten direkt über Webdienste bezogen und ständig aktualisiert, wie z. B. bei Overlays zum Wetter oder zu Erdbeben.

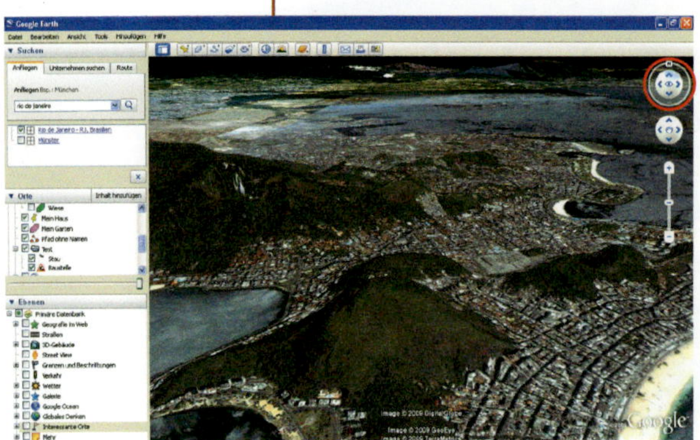

M1 Google Earth

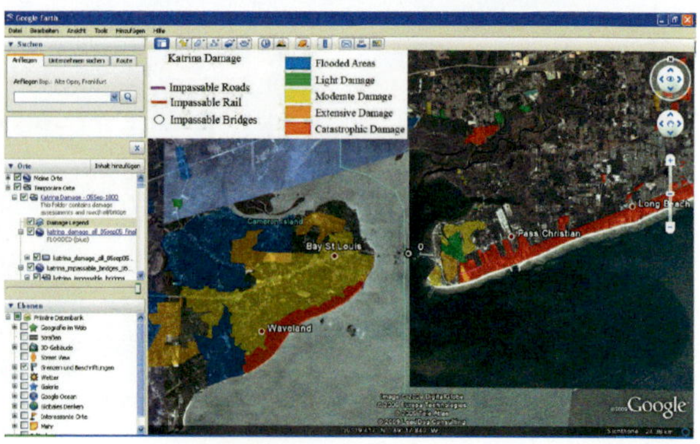

M3 Schäden durch den Hurrikan Katrina

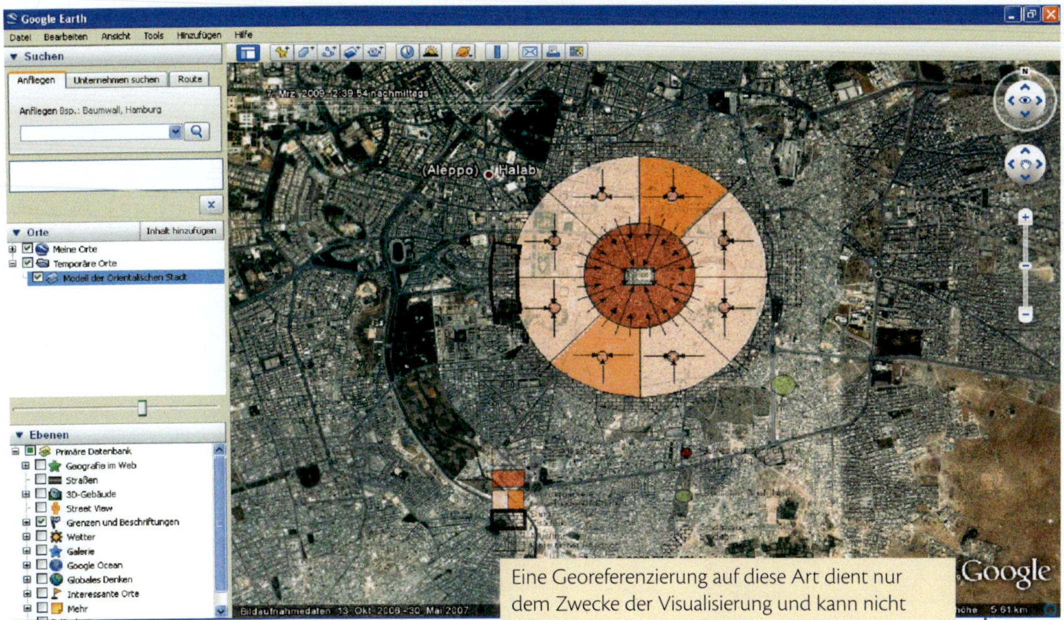

M4 Overlay des Modells der Orientalischen Stadt über Aleppo

Eine Georeferenzierung auf diese Art dient nur dem Zwecke der Visualisierung und kann nicht perfekt durchgeführt werden, da unterschiedliche Kartenprojektionen kombiniert werden!

Overlays

Die bereits eingeführten Overlays eignen sich besonders gut, um raumzeitliche Entwicklungen auf der Erde zu visualisieren und zu analysieren. Hierfür werden vorhandene Daten oder Karten aus geeigneten Quellen in Google Earth georeferenziert (verortet). Die Georeferenzierung ist ein weiterer Prozess aus GIS, der in Google Earth auf besonders einfache Art umgesetzt wurde. Durch das Übereinanderlegen von Karte und Luftbild und das Verändern der Transparenz der Karte erreicht man einen hohen Informationsgewinn. So können thematische Karten (z. B. zu sozialer Gliederung), historische Luftbilder von Städten (z. B. Berlin) oder von sich verändernden Regionen (z. B. Aralsee) oder Stadtmodelle als Overlays visualisiert werden.

Eine digitalisierte Karte (z. B. eine gescannte Karte aus diesem Buch oder eine Karte aus dem Internet) im Bildformat JPG kann in wenigen Schritten als Overlay eingefügt werden:

1. den Kartenausschnitt betrachten und merken
2. denselben Ausschnitt der Erde in Google Earth ansteuern
3. JPG-Datei hinzufügen 
4. mit grünen Markern das Overlay „von Hand" georeferenzieren (Transparenzregler zur Hilfe nehmen) und dabei an Küsten, Flüssen, Straßen orientieren
5. das Overlay abschließen

Ein erstelltes Overlay erscheint in Google Earth als Layer im Orte-Menü. Die Transparenz kann mit dem darunter liegenden Regler verstellt werden:

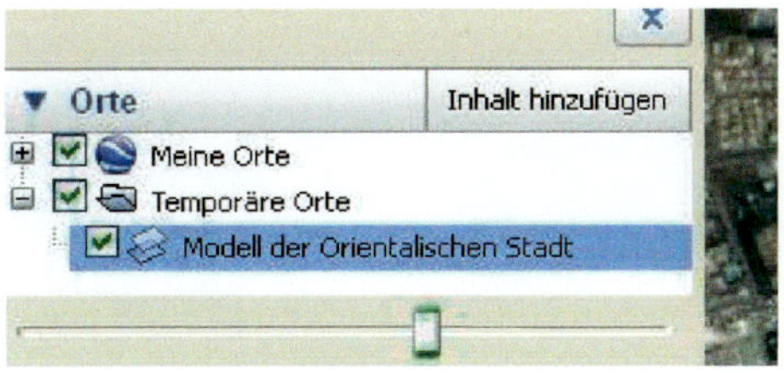

M5 Overlay als neuer Layer – hier im Orte-Menu

Virtuelle Globen wie Google Earth bieten somit viele Möglichkeiten zur Analyse und Präsentation von Geoinformation.
Ihre Funktion im Alltag, in der Wirtschaft und Wissenschaft nimmt ständig zu.

1. Erstellen Sie ein Overlay zum Thema „Neulandgewinnung in den Niederlanden". Suchen Sie im Internet nach geeigneten historischen Karten und präsentieren Sie mit der Transparenzfunktion die Entwicklung der Neulandgewinnung.
2. Schauen Sie sich die Themen des Buches an und überlegen Sie, wofür man welches Medium (DesktopGIS, WebGIS, Google Earth) verwenden könnte.
3. Wählen Sie ein geeignetes Thema aus und erstellen Sie eine Präsentation.

Webcode: GO649174-183

Global City Singapur

Leben in der Einen Welt

Illegale Einwanderer nach Europa – aufgegriffen vor den Kanarischen Inseln

Zu Beginn des 21. Jahrhunderts bestimmen immer mehr gegenseitige Abhängigkeiten die Weltordnung. Wirtschaftliche Verflechtungen, knappe Ressourcen, offene Grenzen, Fortschritte in der Technik und in der Kommunikation lassen die Welt enger zusammenwachsen. Andererseits wachsen die Disparitäten zwischen industrialisierten Staaten mit hohem Einkommen und vielen so genannten Entwicklungsländern sowie einigen Transformationsländern des ehemaligen Ostblocks.

Wesentliche Ursachen dieser tiefgreifenden Disparitäten sind das Bevölkerungswachstum in Entwicklungsländern und der Zusammenbruch zahlreicher Zentralverwaltungswirtschaften. Hohes Bevölkerungswachstum, Armut, soziale Ungerechtigkeit, geringe Bildungschancen, Mangel an Demokratie, Unterdrückung oder Kriege, Abholzung, Erosion und Wüstenbildung, Mangel an sauberem Trinkwasser bleiben nicht nur auf die betroffenen Länder beschränkt, sondern erhalten zunehmend globale Bedeutung.

Die Staaten mit hohem Einkommen sind Hauptnutzer der Ressourcen der Erde und Hauptverursacher globaler Umweltprobleme. Ihre Dominanz im Welthandel ist mitverantwortlich für Fehlentwicklungen oder fehlende Entwicklungen in sozialen und wirtschaftlichen Bereichen der Staaten mit niedrigem Einkommen.

Global gesehen sind Umwelt und Entwicklung von einander unabhängige Größen. Die Endlichkeit der Ressourcen und die begrenzte Belastbarkeit des globalen Ökosystems betreffen das Leben aller Menschen und die Welt in ihrer Gesamtheit. Lösungen können daher nicht national, sondern nur gemeinsam und global gefunden und realisiert werden. Es muss, wie auf der UN-Konferenz über Umwelt und Entwicklung in Rio de Janeiro 1992 formuliert wurde, zu einer globalen Verantwortungsgemeinschaft und Entwicklungspartnerschaft kommen.

Die folgenden Kapitel zeigen zentrale Problembereiche und gemeinsame Lösungsstrategien für eine sozial gerechte, demokratisch selbstbestimmte, stabile und friedliche Entwicklung in der Einen Welt.

Räume unterschiedlichen Entwicklungsstandes

Wussten Sie schon … ?

- Rund 6,8 Milliarden Menschen lebten Mitte des Jahres 2009 auf der Erde. Nach Schätzung der Vereinten Nationen wächst die Weltbevölkerung derzeit um 80 Millionen Menschen pro Jahr. Während Sie diese Seite lesen, sind schon wieder weltweit 156 Menschen hinzugekommen. 2012 wird die Weltbevölkerung voraussichtlich die Sieben-Milliarden-Marke überschreiten.
- Das Bevölkerungswachstum findet fast ausschließlich in den Entwicklungsländern statt. Hier leben 5,5 Milliarden Menschen, das sind 82 Prozent der Weltbevölkerung. Bis zum Jahr 2050 rechnen die Vereinten Nationen in diesen Ländern mit einem Zuwachs von 2,6 Milliarden Menschen.
- Das prozentual höchste Bevölkerungswachstum verzeichnet Afrika. Dort werden bis zum Jahr 2050 fast zwei Milliarden Menschen leben – doppelt so viele wie 2009.
- Die demographische Entwicklung gibt jedoch Grund zur Hoffnung: Während Frauen in den 1960er-Jahren im weltweiten Durchschnitt sechs Kinder bekamen, sind es heute weniger als drei Kinder.
- Die Bevölkerung in den Industrieländern wird weiter zurückgehen. In Europa werden zur Mitte des Jahrhunderts voraussichtlich 51 Millionen Menschen weniger leben als heute. Da Frauen hier im Durchschnitt nur 1,5 Kinder zur Welt bringen, wird die europäische Bevölkerung von heute 736 Millionen auf 685 Millionen Menschen schrumpfen.
- Mehr als eine Milliarde Menschen haben keinen Zugang zu sauberem Wasser, mehr als 2,6 Milliarden Menschen haben keinen Zugang zu einer angemessenen Sanitärversorgung.
- Über eine Milliarde Menschen leben in extremer Armut, das bedeutet, jeder fünfte Mensch hat weniger als einen US-Dollar (Kaufkraftparität) pro Tag für seinen Lebensunterhalt zur Verfügung.
- Die globalen Waldbestände schrumpfen – vor allem in den Entwicklungsländern. Jedes Jahr verschwinden 7,3 Millionen Hektar – das entspricht fast der Größe Tschechiens.
- Mehr als 115 Millionen Kinder im Vorschulalter haben keine Möglichkeit zur Bildung, d.h., sie können weder lesen noch schreiben.
- Die Globalisierung hat die Unterschiede zwischen den Entwicklungsländern verstärkt. Einige asiatische Staaten wie China, Indien, Südkorea waren höchst erfolgreich. Dagegen konnten viele der am wenigsten entwickelten Länder nicht von der Globalisierung profitieren. Die meisten dieser Länder liegen in Afrika südlich der Sahara.

M 1 Karikatur von Wolter

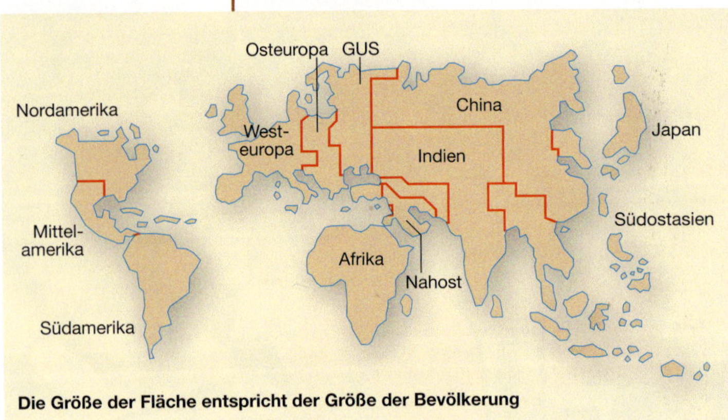

M 2 Die Welt gezeichnet nach der Bevölkerungszahl

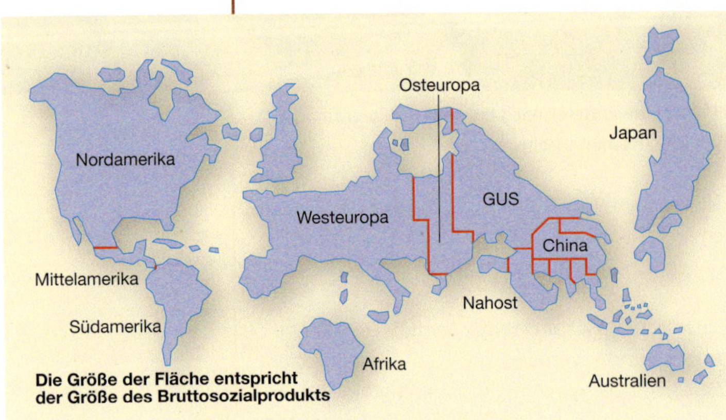

M 3 Die Welt gezeichnet nach der Wirtschaftskraft

Am 18. September 2000 verabschiedeten 180 Mitgliedstaaten der Vereinten Nationen mit dem Millenniumsgipfel einen Katalog von verpflichtenden Zielsetzungen für alle Mitgliedsstaaten. Oberstes Ziel ist die globale Zukunftssicherung.

Hierzu wurden vier programmatische Handlungsfelder festgelegt:
- Frieden, Sicherheit und Abrüstung
- Entwicklung und Armutsbekämpfung
- Schutz der gemeinsamen Umwelt
- Menschenrechte, Demokratie und gute Regierungsführung.

2015 Millenniumkampagne

Für die Umsetzung wurden acht **Millenniumsentwicklungsziele (Millennium Development Goals, MDG)** formuliert und durch Teilziele konkretisiert. Diese Ziele sollen bis zum Jahr 2015 erreicht sein:

1. Beseitigung der extremen Armut und des Hungers.
   - Bis 2015 den Anteil der Menschen halbieren, deren Einkommen weniger als ein US-Dollar pro Tag beträgt.
   - Bis 2015 den Anteil der Menschen halbieren, die Hunger leiden.
2. Verwirklichung der allgemeinen Primarschulbildung.
3. Förderung der Gleichstellung der Geschlechter und Ermächtigung der Frau.
4. Senkung der Kindersterblichkeit.
5. Verbesserung der Gesundheit von Müttern.
6. Bekämpfung von HIV/Aids, Malaria und anderen Krankheiten.
7. Sicherung der ökologischen Nachhaltigkeit.
8. Aufbau einer weltweiten Entwicklungspartnerschaft.

Die Umsetzung der Millenniumsentwicklungsziele wird in einem jährlich erscheinenden Bericht untersucht.

Der Bericht für 2007 fasst die bisherige Entwicklung wie folgt zusammen:
Es bestehen große Unterschiede innerhalb einzelner Länder und erhebliche Disparitäten zwischen ihnen. Viele Staaten sind auf einem guten Weg, um zumindest einige der Ziele bis 2015 zu erreichen. Andere liegen weit zurück. Besonders dramatisch ist die Lage in Afrika südlich der Sahara, das sich in einer Abwärtsspirale von HIV/AIDS, sinkender Nahrungsmittelproduktion pro Kopf, verschlechterten Wohnbedingungen und zunehmender Umweltzerstörung befindet, sodass die meisten Länder dort die Ziele nach heutigem Stand verfehlen werden. Andererseits ist Nordafrika bezüglich Ziel 1 auf einem guten Weg, auch Südostasien und Südasien haben dabei beachtliche Fortschritte erzielt, Ostasien hat die Vorgaben sogar schon erreicht und in Lateinamerika leiden deutlich weniger Menschen Hunger als früher.
Insgesamt aber genügen die bisherigen Anstrengungen nicht, wenn die Vorgaben bis 2015 erreicht werden sollen.

(zusammengestellt nach: www.un.org/millenniumgoals; www.dgvn.de/mdg.html; www.bmz.de/de/zahlen/millenniumsentwicklungsziele/index.html)

M 4 Die Millenniumsentwicklungsziele

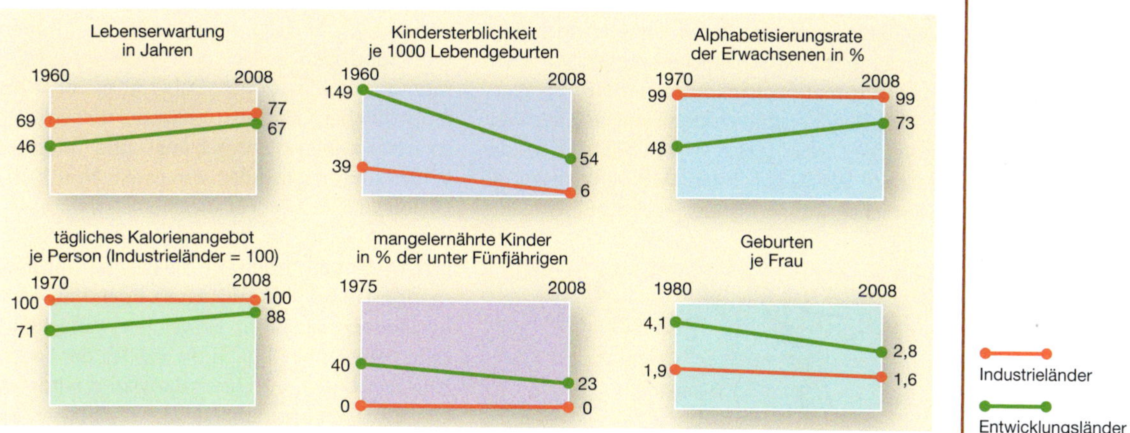

M 5 Veränderungen im Entwicklungsstand

1. Nennen Sie typische Merkmale für Entwicklungsländer und Industrieländer (M 1 bis M 5).
2. Vergleichen Sie die thematischen Karten miteinander und nehmen Sie zu ihrer Aussagekraft Stellung (M 2 und M 3).
3. Erläutern Sie die Beziehungen zwischen Industrie- und Entwicklungsländern (M 1 bis M 3, M 5).
4. Erläutern Sie die Millenniumsentwicklungsziele (M 4).
5. Untersuchen Sie, inwieweit die Millenniumsentwicklungsziele bereits erreicht wurden (M 4, M 5, Internet).

Webcode: GO649174-187

M 1 „Ist dir klar, dass ich dich in der Hand habe?"
Karikatur von Horst Haitzinger

Eine Welt?

Die Begriffe „Entwicklung" und „Unterentwicklung", „Entwicklungsländer", „Industrieländer", „Dritte Welt" gehören heute zum allgemeinen Wortschatz. Sie bedürfen gleichwohl einer Klärung. Der Begriff „Underdeveloped Countries" erschien zum ersten Mal im UNO-Programm von 1949. In Deutschland wurde er mit „unterentwickelte Länder" übersetzt. Da diese Bezeichnung wertbehaftet, verletzend für die Menschen dieser Länder und falsch ist, setzte sich in den 1950er-Jahren der Begriff **Entwicklungsländer** durch. Offizieller Sprachgebrauch der UNO und der Weltbank ist „Developing Countries".

Zur Beurteilung des Entwicklungsstandes wurden zunächst wirtschaftliche Kriterien, vor allem das **Bruttonationaleinkommen (BNE),** herangezogen. Damit ergab sich eine Einteilung der Welt in reiche Länder **(Erste Welt)** und arme Länder **(Zweite Welt).** Zur Ersten Welt zählte man die westlichen Industrieländer einschließlich Irland, Portugal, Griechenland, die Ostblockstaaten, Ungarn, Bulgarien sowie Japan. Die übrigen Länder wurden als „Entwicklungsländer" zusammengefasst. Der Begriff **Dritte Welt** wurde zunächst politisch verwandt. Er bezeichnete in den 1950er-Jahren im Rahmen der zunehmenden Spannungen zwischen den Machtblöcken im Westen und Osten Länder, die „blockfrei" waren. Diese Länder schlossen sich 1955 zu einer losen Vereinigung zusammen. Da die Mehrzahl der zur Dritten Welt gehörenden Staaten ökonomische Schwierigkeiten hatte, wurde der Begriff synonym zu „Entwicklungsland" verwendet. Die ärmste Teilgruppe der wenig entwickelten Länder wurde auch als **Vierte Welt** bezeichnet.

M 2 „Wir müssen den Gürtel enger schnallen!"
Karikatur von Horst Haitzinger

Nach dem Übergang der meisten Länder mit zentral geplanten Volkswirtschaften zur markwirtschaftlichen Orientierung (die Länder Mittel- und Osteuropas, die Nachfolgestaaten der ehemaligen SU, China, Vietnam, Kambodscha u. a.) ist diese Aufteilung hinfällig geworden. Der Begriff „Dritte Welt" wird dennoch auch heute noch in der politischen und wissenschaftlichen Diskussion weiter benutzt, allerdings mit abnehmender Tendenz. Das Bundesministerium für wirtschaftliche Zusammenarbeit und Entwicklung (BMZ) verwendet den Begriff nicht mehr. Viele „Dritte Welt Gruppen" nennen sich heute „Eine Welt Gruppe".

Die alten Industrieländer liegen alle in der nördlichen gemäßigten Zone, die Mehrzahl der Entwicklungsländer liegt hingegen in den Tropen und Subtropen sowie in mediterranen oder monsunalen Klimazonen. Daher ist es vor allem in politischen und wirtschaftspolitischen Gesprächen zwischen Entwicklungs- und Industrieländern üblich geworden, von einem **Nord-Süd-Dialog** zu sprechen. Für die ehemaligen sozialistischen Staaten, die marktwirtschaftliche Strukturen aufbauen, haben sich die Begriffe **Transformationsländer, Reformstaaten oder Konversionsländer** eingebürgert. Einige dieser Länder sind durch ihre Einbindung in die EU Teil der Ersten Welt geworden. Ihr Entwicklungsland wird folgendermaßen zusammengefasst: „Gemessen an der Wirtschaftskraft, ihrem Volkseinkommen und ihrer infrastrukturellen Entwicklung sind sie heute vergleichbar mit fortgeschrittenen Entwicklungsländern (Schwellenländern), z. T. mit Industriestaaten West- und Südeuropas, wie Portugal oder Griechenland. Die zentralasiatischen und transkaukasischen GUS-Staaten gehören demgegenüber in die Gruppe der echten Entwicklungsländer."

(Fischer Weltalmanach 2009, S. 643)

Schon in den 1950er-Jahren wurden Listen erstellt, die gemeinsame Kriterien der Entwicklungsländer zusammenzufassen suchten. Zur Begründung des niedrigen Entwicklungsniveaus gab es eine Vielzahl von Entwicklungstheorien (vgl. S. 223 f), die zumeist entweder stärker endogene – im Land selbst liegende oder durch das Land selbst verursachte Gründe (z. B. Rohstoffmangel oder politische Strukturen) – oder exogene Gründe – von außen verursacht (z. B. Kolonialismus) – betonten. Als **Indikatoren des Entwicklungsstandes** wurden zunächst vor allem ökonomische Gründe herangezogen, wie das BNE und das Pro-Kopf-Einkommen. Zunehmend setzte sich die Erkenntnis durch, dass wirtschaftliche Faktoren nicht allein ein geringes Entwicklungsniveau erklären können. So wurde der Katalog erweitert, zunächst vorrangig mit Indikatoren aus dem sozialen Bereich, dann auch aus den Bereichen Ökologie und Politik.

ökonomische Merkmale:
- eine geringe Produktivität und daraus folgend ein niedriges BIP und niedriges Bruttonationaleinkommen (BNE: früher „BSP") pro Kopf
- extrem ungleiche Einkommens- und Vermögensverteilung
- bedeutende Rolle des primären und informellen Sektors
- Ausrichtung der Produktionsstruktur auf die Industrieländer mit hohem Anteil von Rohstoffexporten
- unzureichende Infrastrukturen
- ausgeprägte regionale Disparitäten
- hohe Arbeitslosigkeit

demographische Merkmale:
- hohe Geburtenrate
- hohes Bevölkerungswachstum
- geringe Lebenserwartung
- grenzüberschreitende Migration und unkontrollierte Binnenmigration

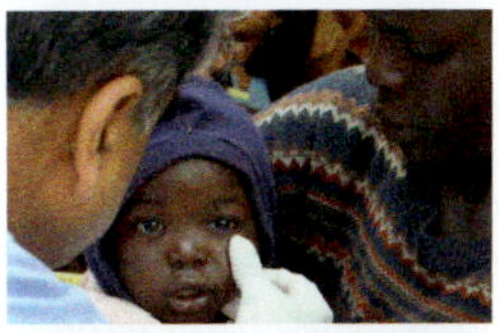

gesundheitliche Merkmale:
- unzureichende Ernährung
- Mangel an sauberem Trinkwasser
- unzureichende medizinische Versorgung

soziale Merkmale:
- Benachteiligung von Frauen
- Kinderarbeit
- unzureichende Bildung, hohe Analphabetenquote

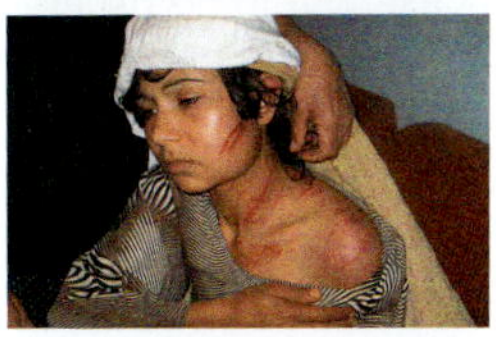

politische Merkmale:
- undemokratische Strukturen und Verletzung der Menschenrechte
- Korruption
- politische Instabilität

ökologische Merkmale:
- unkontrollierte Abholzung und Ausbeutung von Rohstoffen
- Umweltzerstörung durch chemiegestützte Landwirtschaft
- unkontrollierte Verstädterung und hohe Umweltbelastung in Verdichtungsräumen Bodendegradation und Desertifikation

M 3 Merkmale von Entwicklungsländern

1. Erläutern Sie die im Text hervorgehobenen Begriffe. Worin sehen Sie Schwierigkeiten bei Ihrer Bestimmung? Diskutieren Sie in diesem Zusammenhang den Begriff „Entwicklungsland".
2. Stellen Sie, ausgehend von den Entwicklungsindikatoren, die Zusammenhänge ausgewählter Merkmale von Entwicklungsdefiziten in einem Wirkungsgeflecht/Strukturgitter dar (M 3).
3. Diskutieren Sie den Begriff „Eine Welt" (M 1, M 2).

Webcode: GO649174-189

Die sogenannte „Dritte Welt"

Die unterschiedliche Entwicklung der Länder der Dritten Welt – Zunahme des Wohlstandes aufgrund der Ölpreisentwicklung, z. B. in Kuwait, Saudi-Arabien und Brunai, oder aufgrund erfolgreicher Industrialisierung oder des Ausbaus des tertiären Sektors, z. B. in Taiwan, Südkorea, Singapur, bzw. die Vergrößerung der Armut aus unterschiedlichen Gründen, z. B. in afrikanischen Staaten südlich der Sahara – machte es notwendig, Untergruppen zu bilden.

Auf Beschluss der Vollversammlung der Vereinten Nationen (UN) wurde 1971 der Begriff der am wenigsten entwickelten Länder, **Least Developed Countries/LDC,** eingeführt. Es gelten folgende Kriterien für ein LDC:

- BIP pro Kopf (Durchschnitt aus drei Jahren): unter 900 US-Dollar;
- Economie Vulnerability Index (EVI): Beschreibung der Verwundbarkeit von Gesellschaften. Der Index orientiert sich an der Instabilität der Exporterlöse (z. B. aufgrund der Konzentration auf wenige Produkte), am Anteil von verarbeitender Industrie und Dienstleistungen am BIP, an der Zahl der Erwerbstätigen in der Industrie sowie am Stromverbrauch pro Kopf;
- Human Asset Index: Aussagen zu sozialen Merkmalen, wie Gesundheit und Bildung, Ernährsituation, Kindersterblichkeit, Alphabetisierungsrate der Erwachsenen, Einschulungsrate;
- Einwohnerzahl: maximal 75 Millionen.
- Hinzu kommen weitere Kriterien wie natürliche Voraussetzungen (Anfälligkeit für Naturkatastrophen, kein Meereszugang, extreme Peripherielage: kleine Inselstaaten) und geringe Größe (weniger als 1 Mio. Einwohner). Im Jahr 2009 galten 50 Staaten als LDC: 34 in Afrika, 15 in Asien und Ozeanien, 1 in Lateinamerika.

Keine verbindlichen Kriterien gelten für Entwicklungsländer, bei denen die genannten Kriterien immer weniger zutreffen, da sie dabei sind, nennenswerte Industriepotenziale aufzubauen. Ihre wirtschaftliche Dynamik wird es ihnen erlauben, die Strukturelemente der Entwicklungsländer zu überwinden. Diese Länder werden als **Schwellenländer, Take-off-countries** oder **Newly Industrialising Countries (NIC)** oder, beeinflusst durch die zunehmende Globalisierung, auch als **Emerging Markets** bezeichnet.

Aufgrund der unterschiedlichen Merkmalskataloge und einer unterschiedlichen Gewichtung der Indikatoren ergeben sich unterschiedliche Listen mit 20 bis 30 Ländern, darunter Südkorea, Malaysia, Thailand, Mexiko, Venezuela und Brasilien. Typisch für viele dieser Länder ist, dass die gesellschaftliche und soziale Entwicklung mit der wirtschaftlichen nicht Schritt gehalten hat.

Besonders ausgewiesen werden Entwicklungsländer ohne Zugang zum Meer, **Landlocked Developing Countries (LLDC),** da sie spezifische Probleme aufweisen, sowie **Small Islands Developing States (SIDS),** die peripher liegen und aufgrund ihrer besonderen Gefährdung durch das Ansteigen des Meeresspiegels auf Klimakonferenzen globale Vereinbarungen zur Verringerung der CO_2-Emissionen fordern. Eine weitere Gruppe bilden die in der **OPEC** (Organisation of Petroleum Exporting States) zusammengeschlossenen Staaten. Mitglieder sind: Algerien, Angola, Ecuador, Indonesien, Irak, Iran, Katar, Kuwait, Libyen, Nigeria, Saudi-Arabien, Venezuela und die Vereinigten Arabischen Emirate. Diese 13 Staaten haben aufgrund ihres Ölreichtums eine große wirtschaftliche und poltische Macht, ohne den Status eines „wenig entwickelten Landes" grundsätzlich verändert zu haben.

Wirtschaftliche Indikatoren

Die **Weltbank** nimmt in ihren jährlich erscheinenden **Weltentwicklungsbericht** eine Abgrenzung vor. Deren Hauptkriterium das Bruttosozialprodukt (BSP) pro Kopf der Bevölkerung ist heute meist als „Bruttonationaleinkommen" **(BNE)** bezeichnet. Da das statistische Material der Weltbank standardisiert ist, ermöglicht es Vergleiche. Daher wird es in internationalen Statistiken oft verwandt, trotz der Bedenken, die gegen die hohe Gewichtung der wirtschaftlichen Faktoren, vor allem gegen die große Bedeutung des BSP/BNE pro Kopf der Bevölkerung geltend gemacht werden. Zudem führen plötzliche Wechselkursänderungen der Landeswährung gegenüber dem US-Dollar zu willkürlichen Positionsverschiebungen. Das Erfassen des BSP/BNE ist bei der Produktion für den Eigenbedarf (Subsistenzwirtschaft) und im informellen Sektor auf Schätzungen angewiesen. Unberücksichtigt bleiben auch die niedrigeren Lebenshaltungskosten in Entwicklungsländern. So kann man z. B. in Uganda viermal so viele Grundnahrungsmittel für einen Dollar kaufen wie in den USA. Deshalb hat die Weltbank auf der Basis von **Kaufkraftparitäten (KKP/PPP: Purchasing Power Parity)** einen weiteren Indikator entwickelt, der den Unterschied des Einkaufswertes eines US-Dollars zwischen dem einheimischen Markt und dem US-amerikanischen Markt aufzeigt. In KKP-Dollar gerechnet haben Länder wie Uganda oder Nepal ein fünfmal höheres Pro-Kopf-Einkommen als bei einer Umrechnung zum nominalen Wechselkurs. Aber auch bei dieser Berechnung verdecken die Durchschnittswerte die großen Disparitäten zwi-

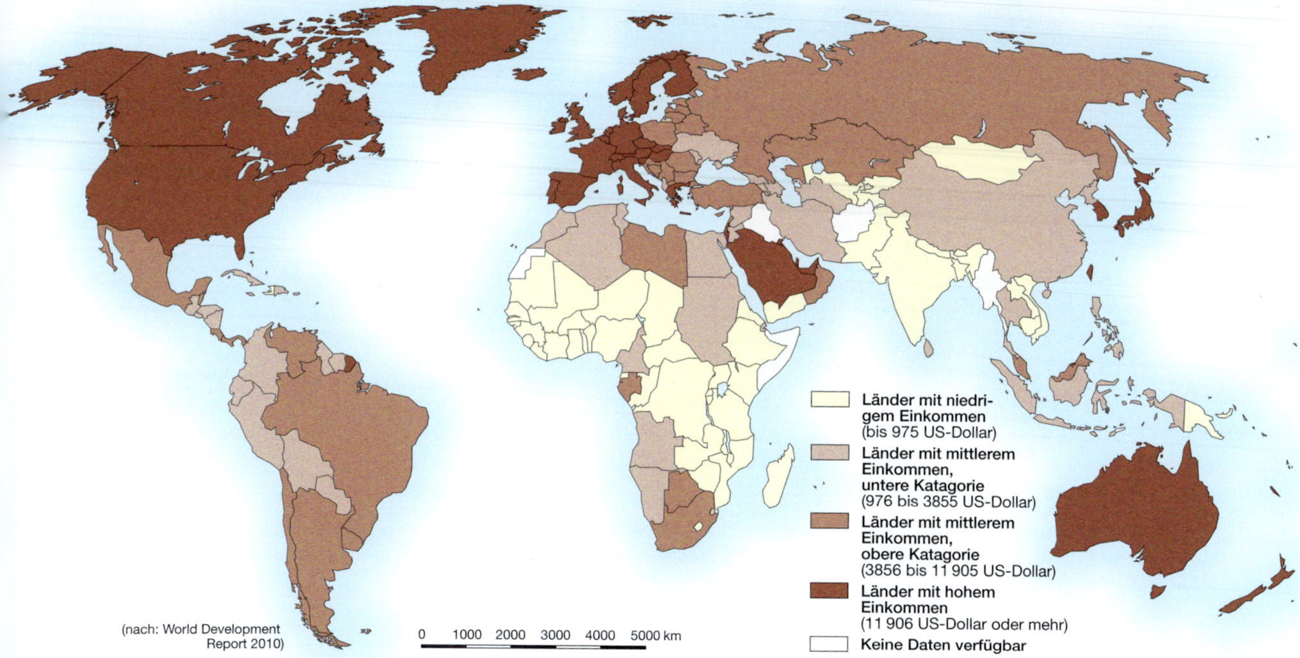

M 3 Die Welt nach Einkommen

schen sozialen Schichten, Regionen, Land und Stadt, Männern und Frauen. Unberücksichtigt bleiben ebenfalls die ökologischen Kosten.

Aber wie immer man auch rechnet, am grundsätzlichen Wohlstandsgefälle in der Einen Welt ändert sich nichts.

In der entwicklungspolitischen Praxis von großer Bedeutung ist die Liste der Entwicklungsländer, die der Entwicklungshilfeausschuss (Development Assistance Committee – DAC) der OECD (Organisation für wirtschaftliche Zusammenarbeit und Entwicklung) erstellt. Nach dieser DAC-Liste, an der sich auch die Bundesrepublik Deutschland orientiert, richten sich die Entwicklungshilfe und sonstigen Leistungen der DAC-Mitgliedsstaaten an die Entwicklungsländer. Diese Liste unterteilt in LDC, sonstige Niedrigeinkommensländer (Pro-Kopf-Einkommen unter 825 US-Dollar), Länder mit mittlerem Einkommen der unteren Kategorie (826 – 3255 US-Dollar) und der mittleren Kategorie (3256 – 10 065 US-Dollar). Die DAC-Liste wird alle drei Jahre überarbeitet. Für den Zeitraum 2008 bis 2010 umfasst sie 152 Staaten: Afrika (55), Asien (36), Amerika (35), Ozeanien (16), Europa (10).

(nach: Bundesministerium für wirtschaftliche Zusammenarbeit und Entwicklung, Medienhandbuch 2008/2009, S. 449 f)

M 4 Die DAC-Liste

Der BigMac-Index gibt an, wie viel Arbeitszeit ein Arbeitnehmer für einen Big-Mac aufwenden muss.
Der BigMac ist ein guter und einfacher Indikator für die Kaufkraft einer Volkswirtschaft, da es ihn fast überall auf der Welt in standardisierter Größe, Zusammensetzung und Qualität gibt.

Arbeitszeit für einen BigMac in Minuten:
Chicago 14
Frankfurt 23
Madrid 31
Buenos Aires 66
Mexico City 90
Nairobi 177

(nach: wikipedia, Big-Mac-Index und www.wu-wien.ac.at/cstat/dittrich/doctorat/05w/messen.ppt)

M 5 Der Big-Mac-Index

4. Erläutern Sie die Kriterien, die zur Einordnung eines Landes als LDC oder als Schwellenland führen.
5. Untersuchen Sie mithilfe des Internets, welche Staaten zurzeit zu den LDC zu rechnen sind.
6. Charakterisieren Sie anhand von Atlaskarten, Statistiken und des Internets den Entwicklungsstand von LDC und Schwellenländern an von Ihnen ausgewählten Länderbeispielen (Gruppenarbeit).
7. Nehmen Sie zum „Big-Mac-Index“ kritisch Stellung (M 5).
8. Diskutieren Sie die Aussagekraft des BNE/BIP als Schlüsselindikator der Entwicklung (M 3, M 4, M 6).

	Bevölkerung 2009 (in Mio) [1]	BNE pro Kopf 2008 (in US-$) [2]	BNE bei KKP pro Kopf 2008 (in US-$) [2]	jährl. Bevölkerungswachstum 2005–2010 (in %) [1]	Waren und Dienstleistungen 2009 (in Mrd. US-$) [3]		Internetnutzer pro 1000 Einwohner (2008) [4]
					Export	Import	
Deutschland	82,2	42 440	35 940	-0,1	1120,9	931,4	753
Polen	38,1	11 880	17 310	-0,1	134,5	146,6	490
Russland	140,9	9 620	15 630	-0,4	304,0	191,9	320
Nigeria	154,7	1 160	1 940	2,3	52,5	42,1	159
Mali	13,0	580	1 090	2,4	1,6	1,5	16
Tunesien	10,3	3 290	7 070	1,0	19,1	24,2	275
USA	314,7	47 580	46 970	1,0	1 056,9	1603,7	740
Bolivien	9,9	1 460	4 140	1,8	6,4	4,7	108
Venezuela	28,6	9 230	12 830	1,7	57,6	42,2	255
Indien	1 198,0	1 070	2 960	1,4	155,2	243,6	44
Kambodscha	14,8	600	1 820	1,6	4,8	6,7	5
Südkorea	48,3	21 530	28 120	0,4	363,5	323,1	765

(nach: (1) Statistisches Jahrbuch 2009, Für Deutschland, Wiesbaden 2009; (2) The World Bank (Hrsg.): World Development Report 2010, Washington 2010; (3) World Trade Organization: International Trade Statistics 2010, Lausanne 2010; (4) ITU – Internet indicators. Genf 2010)

M6 Schlüsselindikatoren der Entwicklung (Teil 1)

Einbeziehung sozialer Indikatoren

Eine Alternative zu den stark auf wirtschaftliche Kriterien ausgerichteten Klassifizierungen bietet der **Human Development Report (HDR)** der Vereinten Nationen. Er misst die durchschnittliche Leistung eines Landes in den Bereichen Lebensdauer (Lebenserwartung bei Geburt), Wissen (Alphabetisierungsrate von Erwachsenen und Bruttoschulbesuch, d.h. Zahl der Kinder je Schulstufe geteilt durch die Zahl der Kinder in der jeweiligen Altersgruppe) und Lebensstandard (reale Kaufkraft, KKP). Die Werte der Einzelindikatoren werden auf einer Skala von 0 bis 1 eingetragen, der arithmetische Mittelwert ergibt den **Human Development Index (HDI),** der anzeigt, wie weit das Land vom Höchstwert 1 entfernt ist. In einer Indikatorentabelle werden die Länder nach ihrem HDI-Wert eingestuft. Der HDR 2009 beginnt mit Norwegen (HDI 0, 971 – Rang 1) und geht bis Niger (HDI 0,340 – Rang 182).

Da der HDI die Benachteiligung der Frauen nur unzureichend erfasst, wird seit 1995 ein geschlechtsbezogener Entwicklungsindex (GDI, Gender Related Development Index) ausgewiesen. Seit 1997 wird zudem die Armut berechnet im Human Poverty Index (HPI).

	Life-expectancy at birth (years 2007) [1]	Adult-literacy-rate (% age 15 and above 2007) [2]	Human Development Index (HDI) 2007 [3]		Gender Related Development Index 2007 [3]		Women's political participation: women in government ad minister level (%) [3]	
			value	rank	value	rank	1998	2007
Deutschland	80	100	0,947	22	0,939	20	8,3	33,0
Polen	75	99	0,880	41	0,877	39	17,2	26,0
Russland	66	100	0,817	71	0,816	59	7,5	10,0
Nigeria	49	72	0,511	158	0,499	133	6,5	23,0
Mali	49	26	0,371	178	0,353	153	20,5	23,0
Tunesien	74	77	0,769	98	0,752	84	3,2	7,0
USA	78	99	0,956	13	0,942	19	26,3	24,0
Bolivien	66	91	0,729	113	0,728	91	5,9	24,0
Venezuela	74	95	0,844	58	0,827	55	13,2	21,0
Indien	64	66	0,612	134	0,594	114	7,9	10,0
Kambodscha	60	74	0,593	137	0,588	116	8,3	7,0
Südkorea	79	98	0,937	26	0,926	25	k.A.	5,0

(nach: (1) World Health Organzation (WHO): World Health Statistics 2009; (2) The World Bank (Hrsg.): World Development Report 2010, Washington 2010; (3) United Nations Development Programme (UNDP) (Hrsg.): Human Development Report 2009, New York 2009)

M7 Schlüsselindikatoren der Entwicklung (Teil 2)

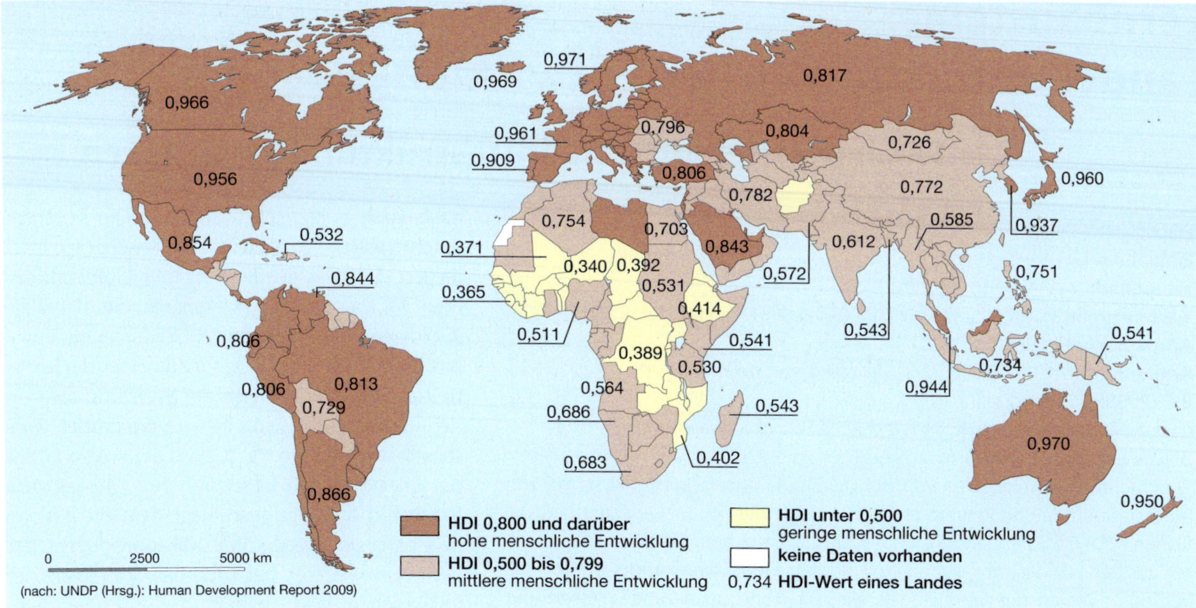

M 8 Klassifizierung der Länder nach dem Human Development Index

	Bevölkerung 2009 (in Mio.)	Bruttonationaleinkommen (BNE pro Kopf in US-$)		Wachstumsrate der Bevölkerung (in %)	Lebenserwartung bei Geburt 2007 (in Jahren)	Alphabetisierungsrate (in % der Einwohner ab 15)	Human Deveopment Index (HDI) 2007	Gender Related Development Index (GDI) 2008	Erwerbstätige 2007 (in %)	
		BNE	KKP						in der Landwirtschaft	in der Industrie
A	16,6	9400	13270	1,4	78	95	0,878	0,857	13	23
B	10,7	20560	22080	0,3	79	95	0,909	0,895	10	30
C	10,6	44330	34760	0,5	80	100	0,953	0,940	2	25
D	27,5	910	2660	1,1	68	99	0,710	0,699	44	20
E	14,8	480	1160	3,0	52	72	0,389	0,364	90	k.A.

Staat: Fläche: 274 000 km², ca. 46 % der Bevölkerung sind unter 15 Jahre alt.
Land in Dauerkultur: Bewässertes Land: 0,2 % der Landfläche, Ackerland: 0,7 % der Kulturfläche, insgesamt ca. 17 % der Landfläche.
Ethnische Gliederung: insgesamt 60 Ethnien, davon 48 % Mossi, 17 % Bobo, 10 % Fulbe.
Gesamtzahl der Geburten pro Frau: 6,2 (2008).
Anteil der Bevölkerung mit Zugang zu sauberem Trinkwasser: 72 % (2008).
Internetnutzer (je 1000 Einwohner 2008): 5.
Hauptexportgüter:
Vieh und Viehprodukte, Baumwolle, Gold.
Außenhandel (2008)**:**
Import 1,343 Mrd. US-S; Export 544 Mio. US-$.

(nach: UNDP: Human Development Report 2009, New York 2009; Der Fischer Weltalmanach 2010; The World Bank: World Development Report 2010, Washington 2010; CIA: The World Factbook 2010)

M 9
Strukturdaten ausgewählter Länder

9. Erläutern Sie am Beispiel des Landes Venezuela, warum es zu Doppeleinordnungen (hier Schwellenland/OPEC-Staat) kommen kann (M 3, M 6 bis M 8, Atlas).
10. Vergleichen Sie die statistische Wirklichkeit nach dem Datenmaterial der Weltbank (M 3, M 6) und nach dem Human Development Index (M 7, M 8) miteinander und kommentieren Sie.
11. Welche Kriterien sprechen für die Einordnung Südkoreas in die Gruppe der Schwellenländer (M 3, M 6 bis M 8, Atlas)?
12. Welche Kriterien kennzeichnen das Land Nigeria als Entwicklungsland (M 6 bis M 8, Atlas)?
13. Begründen Sie, warum Länder ohne Zugang zum Meer (LLDC) sowie kleine Inselstaaten (SIDS) in Sondergruppen ausgewiesen werden. Nennen Sie Beispiele und zeigen Sie typische Probleme auf (Atlas).
14. Charakterisieren und vergleichen Sie den Entwicklungsstand der Staaten A bis E. Beschreiben Sie die spezifischen Probleme des Landes E (M 9).

Lernbausteine: Länder unterschiedlichen Entwicklungsstandes

1. Ghana: Ressourcen, Infrastruktur, Disparitäten

Fläche: 238 533 km²
Einwohner (2009): 23,84 Mio.
Hauptstadt: Accra (1 850 000 Einw.)
Weitere große Städte: Kumasi (1 170 300). Tamale (202 400), Takoradi (176 000)
Amtssprache: Englisch
Regierungsform: Präsidialrepublik (Mitglied im Commonwealth)
BIP (2008): 16,1 Mrd. US-$,
davon 37 % Landwirtschaft, 25 % Industrie, 38 % Dienstleistungen
BNE je Einwohner (2008): 670 US-$
Geschichte: 1471 Eintreffen von portugiesischen Seefahrern, Errichtung von Stützpunkten durch Portugal, es folgten Engländer 1553, Niederländer 1612, Dänen 1658 und Brandenburger 1683. Sie alle betrieben von ihren Stützpunkten aus den Handel mit Gold und mit Sklaven. Der Sklavenhandel wurde 1807 verboten. Wegen des Goldhandels hieß das Land auch zu dem Zeitpunkt „Goldküste" (Gold Coast). 1821 unterstellte die britische Regierung die bis dahin privaten Handelsgesellschaften und Stützpunkte dem Staat und errichtete 1874 die Kronkolonie Gold Coast.
1957 erlangte die Gold Coast ihre Unabhängigkeit und hieß fortan „Ghana".

M1 Steckbrief Ghana

In Ghana erfolgte die Erschließung des Landes nach Ankunft der Europäer wie in vielen anderen Küstenländern Afrikas hauptsächlich in einem schmalen Küstenstreifen. Hier gründeten die europäischen Kolonialmächte ihre Handelsstützpunkte, die sie aus Sicherheitsgründen nach und nach auch militärisch ausbauten. Die Kolonialmächte waren vor allem an Bodenschätzen interessiert. Vor der Entdeckung der Goldvorkommen in Kalifornien war Ghana, die damalige „Goldküste", der wichtigste Goldlieferant Europas. Auch heute noch ist Ghana einer der wichtigsten Goldproduzenten der Welt und steht in der Rangliste auf Platz zehn. Von großer wirtschaftlicher Bedeutung ist auch der Kakao. Er findet im tropischen Landesinneren Ghanas gute Wachstumsbedingungen. Nach der Côte d'Ivoire ist Ghana der zweitgrößte Kakaoproduzent der Welt. Ein weiteres bedeutendes Standbein der ghanaischen Wirtschaft sind die 23 verschiedenen Arten von Tropenhölzern, die auf dem Weltmarkt von Interesse sind. Alle drei genannten Rohstoffe befinden sich im Inneren des Landes und müssen für den Export zu Hafenstädten an der Küste transportiert werden. Aus diesem Grund begannen die britischen Kolonialherren, zu Beginn des 20. Jahrhunderts eine Eisenbahnlinie von Kumasi zum Hafen Sekondi-Takoradi zu bauen. Als nächstes folgte die Strecke von Kumasi zur Hauptstadt Accra, die 1923 fertiggestellt wurde. Eine weitere Verbindung führte von Sekondi-Takoradi nach Accra. Von diesem „Gleis-

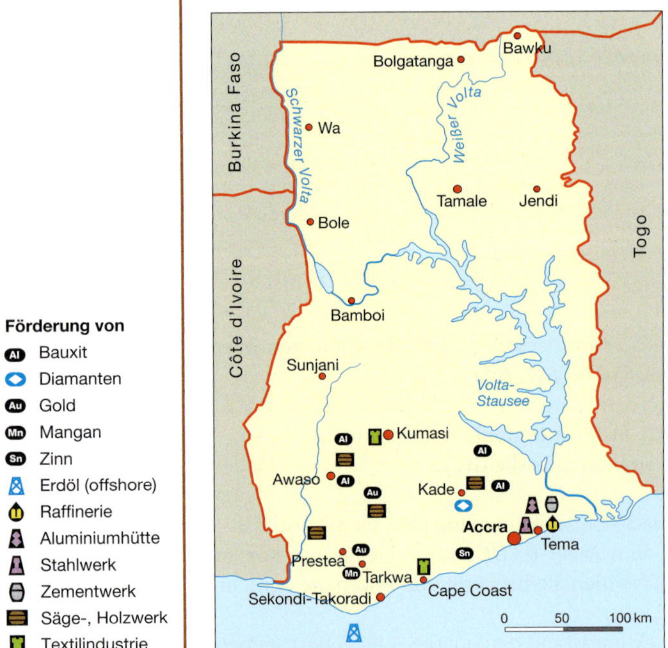

M2 Bodenschätze

M3 Anbaugebiete von Kakao

dreieck" aus wurden noch einige Stichbahnen zu den Bergbauzentren Awaso und Kade sowie zum Hafen Tema gebaut. Nach der Unabhängigkeit sollten die Eisenbahnverbindungen in die Mitte und den Norden des Landes gebaut werden, doch wurden diese Vorhaben aus Kapitalmangel bisher nicht verwirklicht.

Ein großes Problem Ghanas ist die Energieversorgung. 1965 wurde der Voltastausee fertiggestellt, an dessen Südende ein Kraftwerk Strom erzeugt. Dieser dient dazu, in einem in Tema an der Küste erbauten und von amerikanischen Firmen finanzierten Hüttenwerk aus Bauxit Aluminium herzustellen. Als Gegenleistung für die Finanzierung des Werkes musste Ghana sich verpflichten, 30 Jahre lang Strom zu einem besonders günstigen Preis zu liefern. Ab dem Jahr 2000 verschärfte sich in Ghana die Energiekrise. 2007 besuchte der deutsche Außenminister das Land, um Ghana Lösungen vorzuschlagen. Am Schwarzen Volta soll mit internationaler Hilfe ein Laufwasserkraftwerk errichtet werden. Danach sollen sukzessive die Stromleitungen in Richtung Landesinneres und Nordprovinzen ausgebaut werden.
Ein weiteres Exportgut ist inzwischen das Meersalz, das in Entsalzungsanlagen an der Küste gewonnen wird.

Rohstoff	2001	2006
Mangan (t)	325 332	550 000
Aluminium (t)	52 000	75 800
Bauxit (t)	678 446	825 800
Gold (kg)	72 902	66 205
Silber (kg)	520	3 100
Schmuckdiamanten (carat)	140 000	180 000
Industriediamanten (carat)	560 000	720 000
Meersalz (t)	22 000	22 000

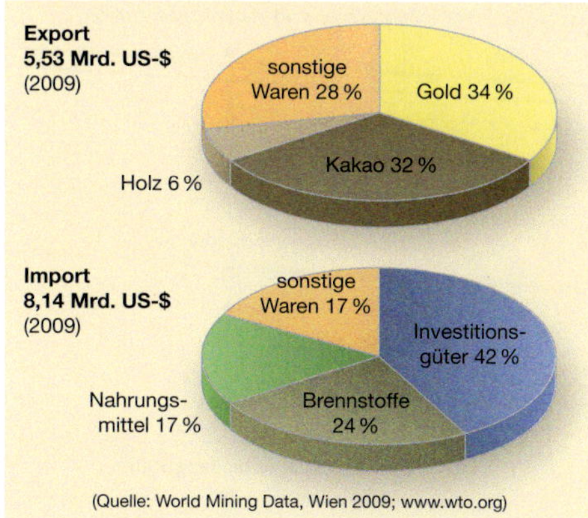

M 5 Förderung mineralischer Rohstoffe und Außenhandel

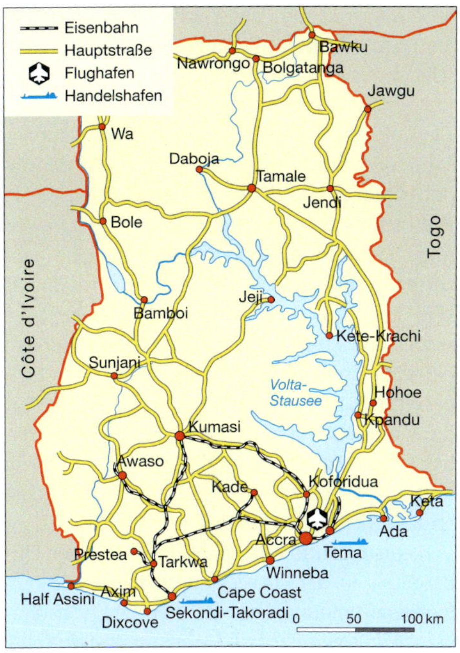

M 4 Hauptverkehrswege

M 6 Hochspannungsleitungen

1. Erläutern Sie die Raumerschließung Ghanas in der Kolonialzeit (**M 1** bis **M 6**).
2. Stellen Sie die heutige Wirtschaftsstruktur des Landes dar (**M 1**, **M 5**).
3. Überprüfen Sie, inwieweit die kolonialen Raumstrukturen noch heute für Ghanas Wirtschaft ausschlaggebend sind.

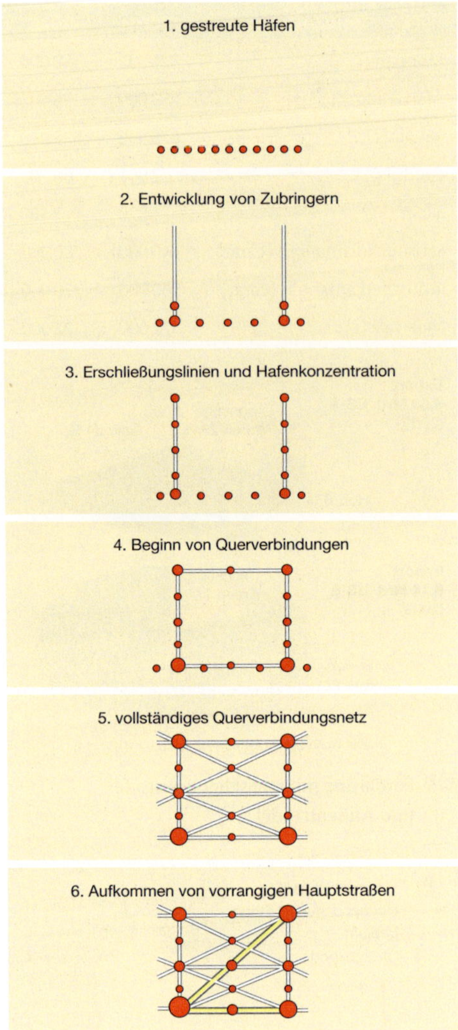

M7 Idealtypische Abfolge der Verkehrsentwicklung (nach Taaffe)

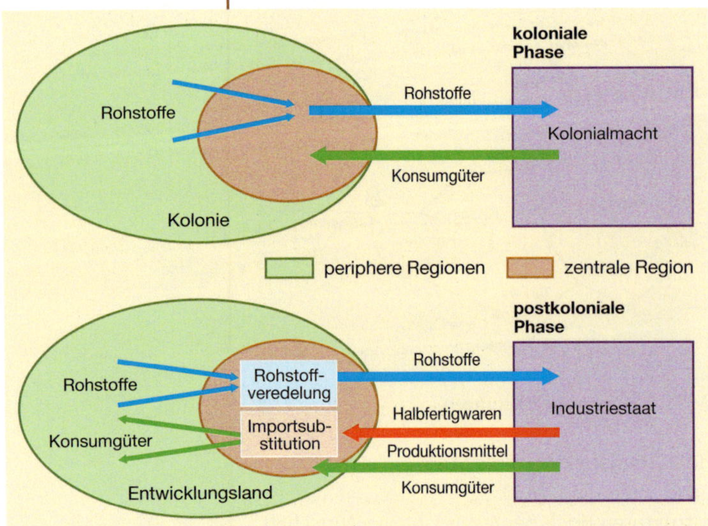

M8 Zentrum-Peripherie-Modell

Modelle der Raumentwicklung

Die Raumstrukturen in Entwicklungsländern sind aus heutiger Sicht oftmals nicht verständlich. Es ist daher notwendig, zu analysieren, welche Strukturen und Prozesse zur heutigen Situation geführt haben. Das historisch begründete Abhängigkeitsverhältnis der Entwicklungsländer von den Industrieländern ist einer der Ansätze, die die Entwicklung der räumlichen Struktur erklären können. Oftmals waren Häfen die Initialzündung für die Küstenorientierung von Ländern. Hier in den Hafenstädten fand zu Zeiten des Kolonialismus der Überseehandel statt, sie waren Wachstumspole mit einer großen Wirtschafts- und Machtkonzentration. Über die Zentren an der Küste wurden die mineralischen, forst- und landwirtschaftlichen Rohstoffe des Hinterlandes exportiert, zum anderen empfingen sie die Fertigprodukte aus den Industrieländern, die zumindest teilweise von den Häfen ins Hinterland verteilt wurden. Im küstenfernen Hinterland, das durch Subsistenzwirtschaft wie später auch durch die Produktion von Cash crops und den Abbau von Bodenschätzen gekennzeichnet war, setzte eine Abwanderung der Bevölkerung in die prosperierenden Küstenzentren ein. Die regionalen Disparitäten wurden noch verstärkt durch eine schlechte Verkehrsinfrastruktur, weil die Verkehrswege nur zum Transport der Exportgüter in die Häfen dienten und außerdem oft in einem schlechten Zustand waren.

Die Entwicklung in vielen Entwicklungsländern folgte dem Prinzip „Wachstum durch Konzentration", unter der die räumliche Polarisierung auf ein Wachstumszentrum verstanden wird. Erst in weiteren Entwicklungsschritten erfolgte eine Verknüpfung der Hafenstandorte mit dem Hinterland durch den Ausbau der Verkehrslinien. Diese jedoch spielen eine entscheidende Rolle für das binnenwirtschaftliche Wachstum und die Verbesserung der Erreichbarkeit des Zentrums. Für die Modernisierung der Wirtschaft und eine Verbesserung des Lebensstandards der Bevölkerung ist auch die Energieversorgung bedeutend. Die Struktur des Stromleitungsnetzes ähnelt oft dem Verkehrsnetz und verstärkt so die regionalen Disparitäten. In der Entwicklungsplanung soll nun die Herausbildung neuer Zentren den Abbau regionaler Gegensätze beschleunigen und eine ausgeglichenere Raumentwicklung fördern.

Push-Faktoren	Folgen für die Zuwanderer	Pull-Faktoren
Landflucht • agrarstrukturelle und agrarsoziale Faktoren: Subsistenz, Realteilung, Monokulturen, Rentenkapitalismus, Betriebsgrößenstruktur, extensive Viehhaltung • naturgeographische Faktoren: Naturkatastrophen, Bodenerosion, Versalzung • ökologische Faktoren: Überweidung, Bodenauslaugung, Versalzung • demographische Faktoren: Bevölkerungsexplosion, Überalterung • infrastrukturelle Faktoren: mangelhafte Verkehrsanbindung, Abgelegenheit	• Entwurzelung • politische Radikalisierung • Kriminalisierung • Arbeitslosigkeit • ärztliche, soziale und infrastrukturelle Unterversorgung sozialer Abstieg **Existenzfalle**	**Zuwanderung** vermeintliche Erwartungen: + Arbeitsplätze + Verdienstmöglichkeiten + medizinische Versorgung + Bildungs-, Aufstiegschancen + Freizeitangebot + Teilnahme am Konsum + Wohnkomfort + wirtschaftliche und soziale Unabhängigkeit + Besitz und Reichtum = sozialer Aufstieg
Auslaugung des Hinterlandes	**Verstärkung des Ungleichgewichtes**	**Überforderung der Wirtschaftskraft**

M 9 Push- und Pull-Faktoren der Land-Stadt-Wanderung

Von 20,3 Mio. Einw. Ghanas leben heute 37 Prozent in städtischen Siedlungen, ein gutes Viertel davon alleine in der Hauptstadt Accra. Die Urbanisierung verläuft nicht einheitlich. Während sich die Hauptstadt allmählich zu einer Metropole internationalen Zuschnitts mausert, geraten die Kleinstädte im Hinterland zunehmend in den Windschatten der Entwicklung. Wie lässt sich diesem Trend gegensteuern, welche Erfolgschancen haben Projekte zur Stärkung kleiner Distriktstädte? […]

In der Verteilung der zentralen Orte ist Ghana durch einen ausgeprägten Nord-Süd-Gegensatz gekennzeichnet. Die Orte höchster Zentralität liegen im südlichen Drittel des Landes. Die Gründe für dieses Verteilungsmuster sind leicht nachvollziehbar: Das heutige Netz von Städten und zentralen Orten ist im Wesentlichen das Ergebnis des kolonialen Verwaltungsaufbaus sowie der Notwendigkeiten der in der Kolonialzeit begründeten Exportwirtschaft. Diese Verhältnisse erklären auch die seit Jahren anhaltenden Land-Stadt-Wanderungen. Allerdings haben sich Interpretation und Bewertung dieser Wanderungen in Afrika in den letzten Jahren gewandelt. Das herkömmliche Klischee von Landflucht wird von einem neuen Paradigma abgelöst, das Wanderungen als Austauschbeziehungen interpretiert. Die Forschung der letzten Jahre hat klargemacht, dass in den meisten Ländern Afrikas die Wanderungsentscheidung nicht unumkehrbar ist. Der Umzug vom Dorf in die Stadt hat keineswegs immer endgültigen Charakter. Viele Einwohner sind saisonale oder zirkuläre Migranten, die sich nur während eines bestimmten Abschnitts im Jahr in der Stadt aufhalten. Ländliche Haushalte werden in die städtische Ökonomie einbezogen und umgekehrt. Oft geht nur ein Mitglied einer Kleinbauernfamilie in die Stadt, arbeitet dort und schickt einen Teil des Verdienstes nach Hause. Temporäre Abwanderung und Transferzahlungen, durchaus in beide Richtungen, sind eine gängige Strategie das Überleben zu sichern.

Um das Übergewicht der Küstenstädte zugunsten einer besseren Entwicklung der Städte im Landesinneren abzubauen, wurden Hilfsprogramme in Angriff genommen. Hierdurch soll die Infrastrukturversorgung dieser Städte verbessert und so ihre Attraktivität gesteigert werden. Die Weltbank finanzierte mehrere Programme zur Rehabilitierung städtischer Infrastruktur, die Europäische Union förderte über viele Jahre Kleinmaßnahmen im Infrastrukturbereich und 1992 gab die Bundesrepublik Deutschland Ghana die Zusage für ein Förderprogramm für Distriktstädte.

Als Fazit lässt sich sagen, dass sich das Förderprogramm immer mehr auf die konkreten Bedürfnisse vor Ort einstellt. Die Distriktstädte werden in dem Maße gefördert und gefordert, wie es die wachsenden lokalen Kapazitäten erlauben. Das Vorhaben unterstützt den begonnenen Prozess der Dezentralisierung im Lande, indem es die Kompetenz der Verwaltung auf Distriktebene erhöht und zum „Empowerment" der lokalen Entscheidungsträger beiträgt. Durch die Sanierung zentraler Einrichtungen der kommunalen Infrastruktur werden zudem die Umwelt- und Lebensbedingungen in den am Programm beteiligten Kleinstädten verbessert.

(nach Schmidt-Kallert, E.: Förderung von Distriktstädten in Ghana. In: GR H. 11/2000, S. 42 – 47)

M 10 Maßnahmen zur Erschließung des Landesinneren

4. Erläutern Sie die idealtypische Abfolge der Verkehrsentwicklung in Entwicklungsländern während der Kolonialzeit (M 7). Vergleichen Sie mit Ghana.
5. Wenden Sie Ihre Kenntnisse vom Taaffe-Modell auf die Verkehrsnetze in der Côte d' Ivoire und in Venezuela an (Atlas).
6. Erläutern Sie das Zentrum-Peripherie-Modell (M 8). Übertragen Sie es auf Ghana.
7. Erläutern Sie am Beispiel von Ghana das Modell der Land-Stadt-Wanderung und gehen Sie dabei auf die Veränderungen aufgrund neuerer Forschungen ein (M 9, M 10).
8. Diskutieren Sie die Maßnahmen zur Erschließung des Landesinneren in Ghana (M 10).

2. Bolivien: Bodenschätze, Verschuldung

Bolivien hat unter einer Reihe von Ungunstfaktoren zu leiden. Dazu gehören das Relief, die Höhenlage und die sich daraus regional ergebenden klimatischen Bedingungen. Zudem ist Bolivien ein Binnenstaat und besitzt keinen Zugang zum Meer. Als Folge der natürlichen Ausstattung des Landes können nur knapp drei Prozent seiner Fläche für den Ackerbau genutzt werden.

Trotz der ungünstigen Ausgangslage war Bolivien schon lange Zeit vor der Entdeckung Amerikas durch Kolumbus Siedlungsgebiet von Hochkulturen, wie der Tihuanaco, Inka und Aymara.
1542 gründeten die spanischen Eroberer das Vizekönigreich Peru, zu dem auch das heutige Bolivien gehörte. Im 16. Jahrhundert wurden bei Potosí am Cerro Rico (Reicher Berg) große Silbervorkommen entdeckt. Die Spanier beuteten die Silber- und auch die später entdeckten Goldvorkommen rücksichtslos aus und transportierten unvorstellbare Mengen des Edelmetalls ins Mutterland. Da es ihnen nur um den schnellen Reichtum ging, bauten sie kein weiterverarbeitendes Gewerbe aus, sodass von den Gewinnen aus dem Bergbau nichts im Lande verblieb. Zur Blütezeit des Silberbergbaus war Potosí mit 120 000 Einwohnern fast genauso groß wie die damals größte Stadt der Welt London.
Nach dem Sieg von Simon Bolívar über die Spanier erlangte Bolivien im Jahre 1825 seine Unabhängigkeit. Die Silberminen wurden von Familien aus der Oberschicht übernommen, doch zu diesem Zeitpunkt war der Silberbergbau bereits fast am Ende, weil die Minen weitgehend erschöpft waren und der Silberpreis wegen eines Überangebots auf dem Weltmarkt abstürzte.

Der Niedergang der Region um Potosí konnte gegen Ende des 19. Jahrhunderts gestoppt werden, als nämlich Zinnerze entdeckt wurden, die in den USA und in Europa für die industrielle Produktion (Weißblech, Bronze) dringend benötigt wurden. Wieder folgte ein „Boom" mit rücksichtsloser Ausbeutung der Lagerstätten. Diesmal waren aber nicht Spanier die Ausbeuter, sondern drei Familien der bolivianischen Oberschicht, die ein oligarchisches System errichteten, das fast wie ein „Überstaat" im Staat funktionierte. Noch in den 1950er-Jahren stammen 70 Prozent der Einnahmen aus dem Export aus dem Zinn, entsprechend groß ist auch die politische Macht der Zinnbarone. Sie folgen dem schlechten Beispiel der Spanier und entnehmen die Gewinne ohne zu reinvestieren und eine Zinn verarbeitende Industrie aufzubauen. Zudem transferieren sie einen Teil der Gewinne ins Ausland. Die Ausbeutung der Erzlagerstätten Boliviens ohne Reinvestierung des Kapitals in eine weiter verarbeitende Industrie zieht sich wie ein roter Faden durch die Wirtschaftsgeschichte des Landes und hat bis heute Auswirkungen auf die industrielle Produktion sowie die wirtschaftliche Situation des Landes.

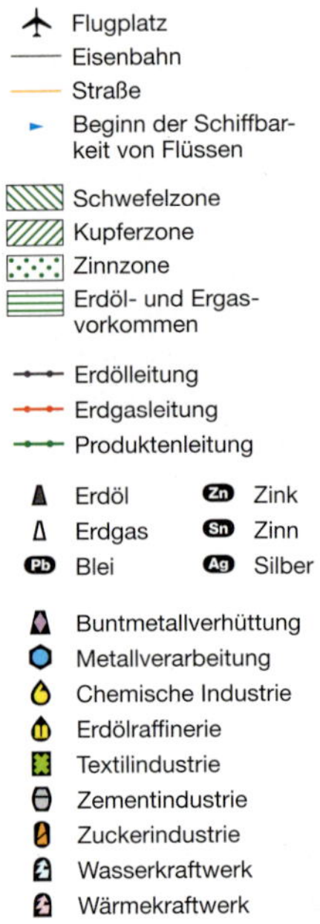

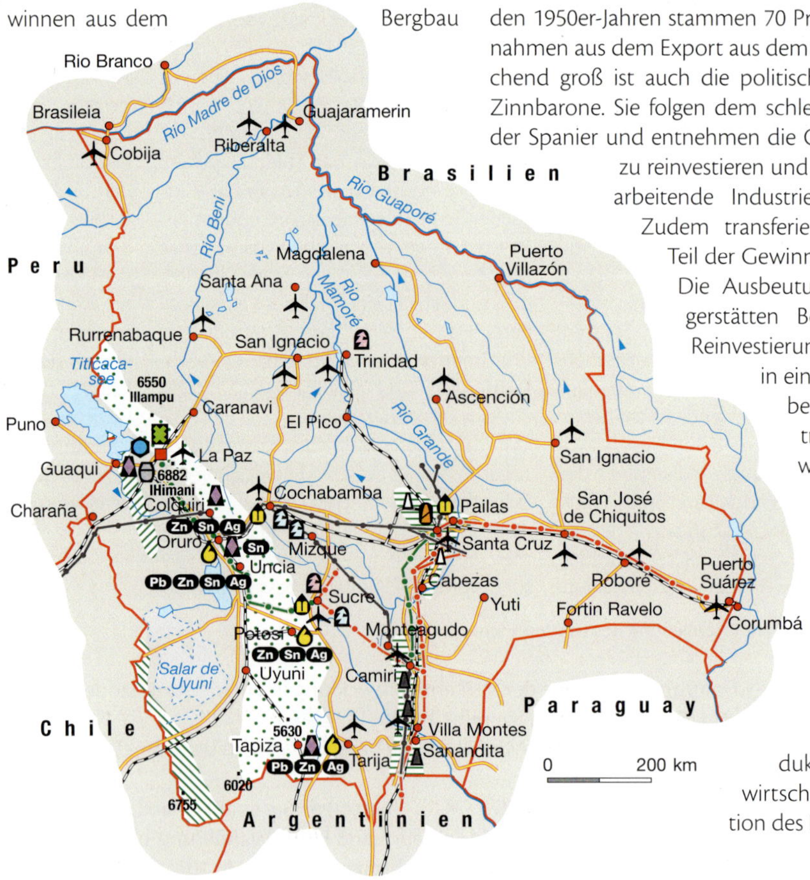

M1 Naturräume, Bodenschätze und Verkehr in Bolivien

Die Terms of Trade werden berechnet, indem der Preisindex der Exporte durch den Preisindex der Importe in heimischer Währung geteilt wird. Die Terms of Trade zeigen somit an, wie viele Importprodukte ein Land mit seinen Exporten erwerben kann. Eine Verschlechterung der Terms of Trade bedeutet, dass ein Land für den Kauf der gleichen Menge Importgüter mehr Exportgüter absetzen muss. Das hat aber eine Abwärtsspirale zur Folge: Wenn z.B. von einem Rohstoff exportierenden Land mehr Rohstoffe exportiert werden müssen, fällt der Rohstoffpreis auf dem Weltmarkt, dann verschlechtern sich die Terms of Trade und das Land muss noch mehr Rohstoffe exportieren, damit fällt wieder der Weltmarktpreis [...].
Die Entwicklung der Terms of Trade ist uneinheitlich und hängt u.a. von den Weltmarktpreisen ab, die nicht nur von Angebot und Nachfrage, sondern zunehmend auch von der Spekulation bestimmt werden. Auf dem Weltmarkt entwickeln sich die Nachfrage und damit auch die Preise je nach Rohstoff unterschiedlich.
1950 konnte man für eine Tonne Kupfer einen VW-Käfer kaufen, 1999 benötigte man für einen (gleichwertigen) VW Polo zehn Tonnen. Bis 2002 veränderten sich die Rohstoffpreise nur wenig, die Rohstoff exportierenden Länder mussten teilweise Verschlechterungen ihrer Terms of Trade hinnehmen. Seit 2003 und vor allem seit 2004 ist aber ein kräftiges Ansteigen der Rohstoffpreise zu verzeichnen, vor allem bei den mineralischen Rohstoffen. Die Ursache dieser Entwicklung, die auch 2007 und im ersten Halbjahr 2008 noch anhielt, liegt nicht in der Erschöpfung der Lagerstätten, sondern vor allem in einer starken Zunahme der Nachfrage. Diese entstand durch die weltweit gute Konjunktur und durch das überraschend starke Wirtschaftswachstum in Indien und China. Die negativen Folgen der Preissteigerungen für die Weltwirtschaft waren nicht so gravierend wie befürchtet. Da die meisten Rohstoffexporteure Entwicklungsländer sind, konnten sie durch die vermehrten Einnahmen mehr Investitionsgüter in den Industrieländern einkaufen.

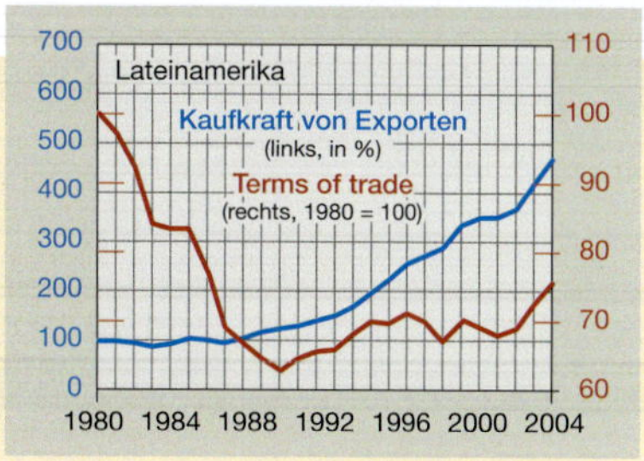

Die Hoffnungen der Rohstoffexporteure auf bessere Zeiten wurden jäh gestoppt, als im zweiten Halbjahr 2008 die Weltwirtschaft von der Finanz- und Wirtschaftskrise getroffen wurde. Die Produktion in den Industrieländern ging zurück, die Nachfrage nach Rohstoffen sank und die Rohstoffpreise rutschten in den Keller [...].
(zusammengestellt nach: Fischer Weltalmanach 2009, Bundeszentrale für politische Bildung 2009, FAZ Electronic Media 2004)

M 2 Terms of Trade

Die Geschichte Boliviens ist außerdem von politischen Krisen geprägt: Nach dem verlorenen „Salpeterkrieg“ (1879 – 1883) musste Bolivien Land an Chile abtreten und verlor den Zugang zum Meer. Bolivien verlor auch den „Chaco-Krieg“ (1932 – 1935) und musste Land an Paraguay abtreten. Auf diese Weise verlor das Land seit seiner Unabhängigkeit rund die Hälfte seiner Fläche. Auch innenpolitisch ist die Entwicklung turbulent. Es gab Phasen verstärkter Auslandsinvestitionen (z.B. 1945 – 1960 und 1962 – 1970 durch die USA) und Beschlüsse zur Verstaatlichung von Privatfirmen (z.B. 1952), erfolgreiche und weniger erfolgreiche Agrarreformen, häufige Regierungswechsel, Diktaturen, Militärregimes, demokratische Regierungen. Seit der Unabhängigkeit ist es rund 200 Regierungen nicht gelungen, das Land wirtschaftlich und politisch zu stabilisieren. Diese politische Instabilität macht das Land wenig attraktiv für ausländische Investoren.

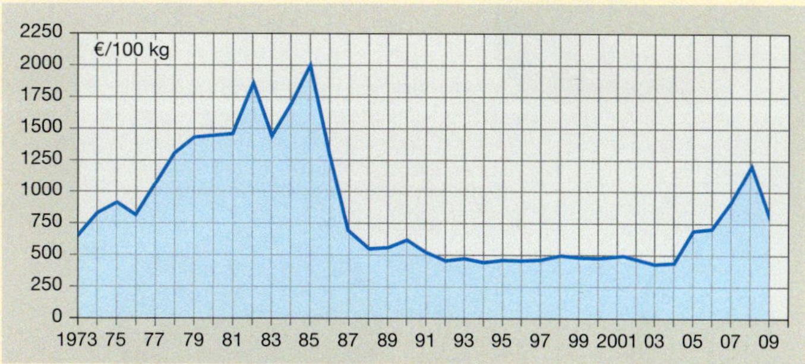

Im 20. Jhd. war der Abbau von Zinn der wichtigste Wirtschaftsfaktor in Bolivien. Bis zu 75 Prozent der Exporterlöse erwirtschaftete der Zinnbergbau. Umso härter traf der Zusammenbruch des Zinn-Weltmarkts in der Mitte der 1980er-Jahre den bolivianischen Zinnbergbau, ja die gesamte Wirtschaft des Landes. Auslöser waren neu entdeckte Vorkommen in Brasilien und Malaysia. Seit Ende der 1980er-Jahre herrscht ein Überangebot an Zinn auf dem Weltmarkt, was die Preise drückt. Bis auf die Energierohstoffe sind praktisch alle Rohstoffe von dieser Entwicklung betroffen. Für die Rohstoffexporteure gibt es seit 2004 einen kleinen Hoffnungsschimmer. Durch die gute Konjunktur und die Erholung einiger Staaten Lateinamerikas und Asiens von ihren Wirtschaftskrisen steigt die Rohstoffnachfrage leicht an. Der Zinnpreis fiel 1999 um 4 Prozent gegenüber dem Vorjahr, die Preise stabilisierten sich aber gegen Ende des Jahres und in der ersten Hälfte des Jahres 2000. Jahrelang lag der Zinnpreis bei rund 500 Euro je 100 kg. Seit 2004 erhöhte er sich jedoch laufend. Die Ursache lag neben Lieferschwierigkeiten in Indonesien vor allem in der stark gestiegenen Nachfrage Chinas, Japans und der USA.
(nach: Der Fischer Weltalmanach, versch. Jahrgänge)

M 3 Entwicklung der Weltmarktpreise für Zinn

1. Erläutern Sie die geschichtliche Entwicklung Boliviens. Ziehen Sie dazu zusätzliche Internetquellen heran und bereiten Sie eine geeignete Form der Darstellung für eine Präsentation vor.
2. Listen Sie anhand von Atlaskarten und M 1 die Bodenschätze Boliviens auf und beurteilen Sie ihre Lage hinsichtlich Verkehrsgunst und Entfernung zu möglichen Absatzgebieten.
3. Erläutern Sie den Abbau von Bodenschätzen in Bolivien und beurteilen Sie die Entwicklung des Bergbaus nach der Unabhängigkeit im Vergleich zur Kolonialzeit.
4. Stellen Sie die Bedeutung der Terms of Trade für die wirtschaftliche Entwicklung eines Rohstoffexporteurs dar (M 2).
5. Erläutern Sie die Entwicklung von Rohstoffpreisen am Weltmarkt anhand von Zinn (M 3).

Webcode:
GO649174-199

Boliviens wirtschaftliche Situation heute

Die historische, die soziale und die ökonomische Entwicklung Boliviens in den letzten Jahrzehnten haben dazu geführt, dass das Land für seine Entwicklung immer wieder neue Kredite aufnehmen musste und der Schuldenberg immer weiter anwuchs. Bereits 1984 stellte das Land die Zinszahlungen an private Gläubiger ein, weil bereits 60 Prozent der Exporterlöse für die Zahlung von Schuldzinsen benutzt werden mussten. Auch die Investitionen von ausländischen Unternehmen brachten dem Land wenig, weil diese die Gewinne nicht im Land investierten. 1997 überstieg die Summe der Auslandsschulden 5 Mrd. US-$, 1999 sogar 6 Mrd. US-$. Im Jahre 2004 machte der Schuldenberg Boliviens rund drei Viertel des gesamten BIP aus. In dieser Situation nahm Bolivien mit dem IWF und bilateral mit einzelnen Ländern Verhandlungen zwecks Gewährung eines Schuldenerlasses auf, die schließlich auch zum Erfolg führten.

Bolivien leidet unter einer wenig entwickelten Wirtschaftsstruktur. Die Landwirtschaft, in der rund 40 Prozent der Beschäftigten tätig sind, erwirtschaftet nur 13 Prozent des BIP, die 19 Prozent Industriebeschäftigten kommen auf inzwischen (2007) 36 Prozent. Dieser Wert hat sich zwar in den letzten Jahren verbessert, liegt aber immer noch weit hinter den Erwartungen zurück. Vor allem leidet die Industrie unter Kapitalmangel und einem ungünstigen Produktangebot, das kaum Exporte von Industriegütern zulässt. Die Betriebe sind meist Klein- und Mittelbetriebe in Familienbesitz, die Innovationsfähigkeit ist noch zu gering.

In Bolivien schlummern die größten Erdgas-Vorkommen des Kontinents; auch Silber und Zinn, die schon seit Jahrhunderten gefördert werden, gehören zu den Schätzen des Landes. Von 2004 bis 2006 profitierte das Land von der günstigen Entwicklung der Rohstoffpreise auf dem Weltmarkt. Auch auf fiskalischer Seite gibt es Hoffnungsschimmer: Die Auslandsverschuldung Boliviens konnte im Rahmen einer Initiative für hoch verschuldete Länder sowie der multilateralen Erlassinitiative erheblich reduziert werden. Nominal erließen die Gläubiger rund 4 Mrd. US-$. Insgesamt wurden die staatlichen Schulden damit auf 2,2 Mrd. US-$ (2007) reduziert. Trotzdem haben sich die positiven Wirtschaftsdaten noch nicht nachhaltig auf die Armutssituation im Land ausgewirkt. Bolivien ist nach wie vor das ärmste Land Südamerikas.

Daten zur BIP-Entstehung

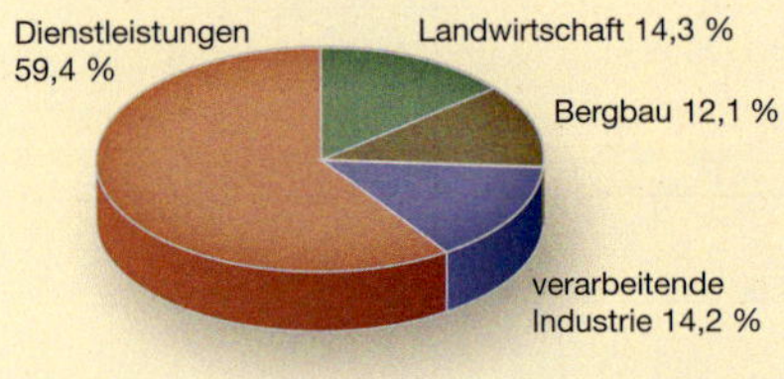

Daten zur Ausfuhr nach Warengruppen ...

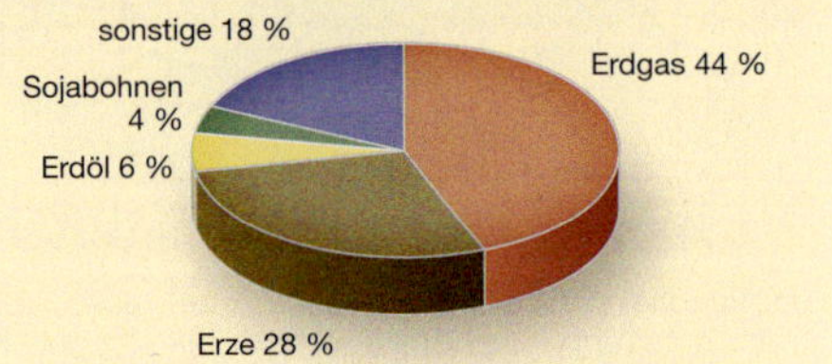

... und Ländern

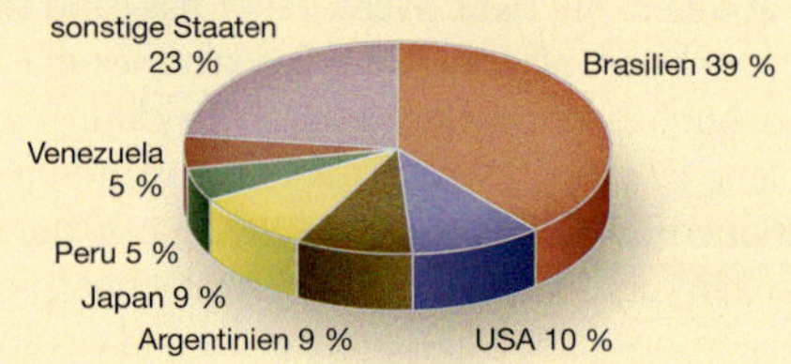

Daten zur Einfuhr nach Warengruppen ...

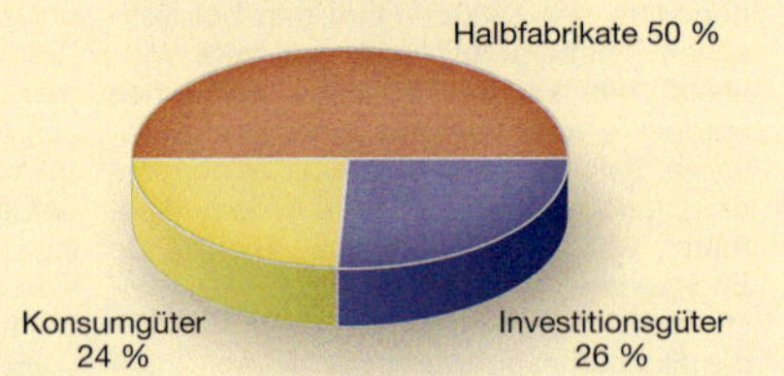

... und Ländern

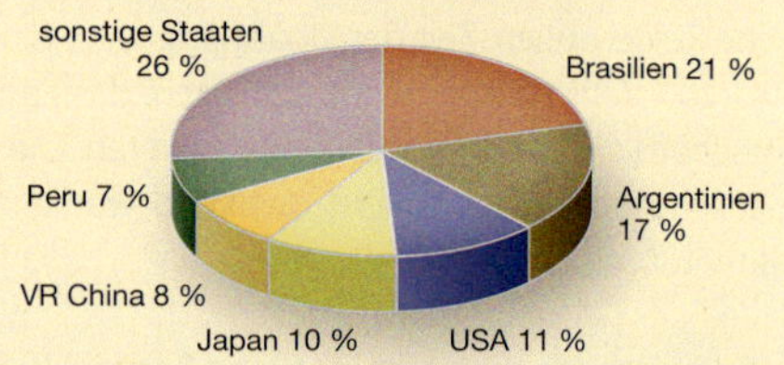

Außenhandelsentwicklung (Mio. US-$)									
Einfuhr/Ausfuhr	1980	1985	1990	1995	2000	2005	2006	2007	2008
Einfuhr	665	693	687	1418	1830	2341	2633	3213	4987
Ausfuhr	1037	673	926	1041	1229	2791	3863	4490	6448
Ausfuhr- (+) bzw. Einfuhrüberschuss (–)	+372	–20	+239	–377	–601	+450	+1230	+1277	+1461

(Quelle: Instituto National de Estadistica 2009, world mining data 2009, Ministerio de Desarollo Economico 2007)

M4 Wirtschafts- und Außenhandelsstruktur Boliviens

Hoffnungen für die Zukunft

Seit den 1950er-Jahren wird in Bolivien Erdöl und Erdgas gefördert. Neuere Funde werden meist von ausländischen Gesellschaften erschlossen und ausgebeutet. Vor dem Hintergrund ihrer Wirtschaftsgeschichte fürchten die Bolivianer erneut einen „Ausverkauf ihres Landes an ausländische Multis". Als 2003 der damalige Präsident Lozada Erdgas an die USA verkaufen und dazu eine Pipeline nach Chile bauen lassen wollte, kam es zu blutigen Unruhen, die zur Vertreibung des Präsidenten aus dem Lande führten.

Am 22. 1. 2006 trat der ehemalige Gewerkschaftsführer Evo Morales Ayma sein Amt als neuer Präsident Boliviens an. Er ist der erste Vertreter der indigenen Bevölkerung, der in dieses Amt gelangt. Das Hauptziel seiner Politik ist der grundlegende Umbau der bolivianischen Wirtschaft mit dem Ziel der Verbesserung der wirtschaftlichen, politischen und sozialen Teilhabe der indigenen Mehrheit der Bevölkerung (85 %). Dazu will er die Schlüsselindustrien verstaatlichen um den Abfluss von Kapital ins Ausland zu vermindern und mit einer Landreform eine gerechtere Verteilung des Bodenbesitzes zu erreichen.

Verstaatlichung der Erdgas- und Erdölindustrie

Nachdem am 1. 5. 2006 per Präsidentendekret die Erdöl- und Erdgasförderung verstaatlicht worden war, bekamen die 26 im Land tätigen ausländischen Konzerne eine sechsmonatige Frist gesetzt, um mit dem staatlichen Erdölkonzern Yacimientos Petroliferos Fiscales Bolivianos (YPFB) eine neue Verteilung der Einnahmen auszuhandeln. Ende Oktober 2006 wurden mit den meisten Firmen neue Verträge unterzeichnet: Künftig gehen bis zu 82 Prozent der Einnahmen aus dem Erdöl- und Erdgasgeschäft an den Staat, früher waren es lediglich 50 Prozent.

Details der Verträge mit den einzelnen Firmen wurden nicht bekannt. Im April 2007 billigten beide Kammern des Parlaments die neuen Regelungen, damit war die Verstaatlichung des Energiesektors abgeschlossen.

Lediglich mit dem brasilianischen Erdölkonzern Petrobras kam es zu längeren Auseinandersetzungen. Im September 2006 setzte die bolivianische Regierung nach heftigen Protesten der brasilianischen Seite die Verstaatlichung zweier Petrobras-Raffinerien aus, der verantwortliche Energieminister musste zurücktreten. In monatelangen Verhandlungen stritt man sich über eine angemessene Entschädigung, aber auch über eine seit längerem anstehende Anhebung der Gaspreise für die bolivianischen Erdgasexporte nach Brasilien. Diese wurde am 15. 2. 2007 zwischen den Präsidenten Morales und Lula da Silva vereinbart. Am 10. 5. kam es zum Abschluss der Verhandlungen über die Höhe der Entschädigungssumme. Für die beiden Raffinerien, die vor sieben Jahren für 104 Mio. US-$ von Petrobras erworben worden waren, zahlt Bolivien nun statt 200 Mio. lediglich 112 Mio. US-$. Petrobras war bisher der größte Investor im bolivianischen Energiesektor. Im August 2007 vereinbarte Morales mit dem venezolanischen Präsidenten Chavez ein Jointventure, das die Erdgasvorräte im Süden des Landes ausbeuten soll. (Quelle: Der Fischer Weltalmanach 2008, S. 82; 2009, S. 81)

M5 Verstaatlichung im Energiesektor

Unter dem Salzsee: der neue Schatz Boliviens

Lithium ist der entscheidende Bestandteil der Batterien und Akkus der neuen Generation. Vor allem bei der künftigen Entwicklung von Elektro- und Hybridautos werden sie eine bedeutende Rolle spielen. Nun wurden Lithiumvorkommen unter dem Salar d'Urunyi in Bolivien entdeckt.

[...] Der erste Staatspräsident Boliviens, der indigener Abstammung ist, will Schluss machen mir der tragischen Geschichte Boliviens, die gekennzeichnet war durch jahrhundertelange Plünderung der Reichtümer des Landes durch Ausländer. [...] Castro hat gute Hoffnungen für die Zukunft: ‚Morales ist einer von uns. Er wird die Gewinne aus dem Bergbau in Bolivien investieren und nicht ins Ausland schaffen. Das ist ein historischer Moment für uns und unsere nachfolgenden Generationen. [...]'. Nach Meinung von Experten wird das Lithium für Elektroautos die gleiche Rolle spielen wie das Benzin für den Verbrennungsmotor. Und schon buhlen die ersten ausländischen Unternehmen um die Gunst und Lieferverträge: die französische Firma Bolloré und aus Japan Mitsubishi und Sumitomo. Und auch Staatsmänner, die Morales vor kurzem noch zum Teufel wünschten, machen ihm jetzt, da man schätzt, dass die Hälfte der Lithium-Vorräte der Welt in Urunyi schlummern, auf einmal schöne Augen. (Quelle: Ouest-France 18.6.2009)

Jointventure mit Indien

Die Erinnerung an die leidvolle Ausbeutung bolivianischer Bodenschätze durch Ausländer im Hinterkopf, schloss Morales mit dem indischen Stahlunternehmen Jindal Steel ein Abkommen, das die Ausbeutung der kürzlich in El Mutún (Prov. St. Cruz) entdeckten Eisenerzvorkommen regelt. Jindal investiert rund 1 Mrd. US-$, aber der bolivianische Staat behält die gesamte Kontrolle über die Produktionskette von der Extraktion über die Verhüttung bis hin zum Export. So will die Regierung den Übergang von der reinen Förderung hin zur Rohstoffveredlung schafffen. Angeblich sollen in El Mutún 30 000 Arbeitsplätze entstehen. (Quelle: afp 9/2007)

M6 Neue Bodenschätze

6. Erläutern Sie die Entstehung der hohen Verschuldung Boliviens (**M2** bis **M4**).
7. Analysieren Sie die Außenhandelsstatistik Boliviens. Untersuchen Sie dabei, ob das Land von einer Warengruppe oder einem Land besonders abhängig ist (**M4**).
8. Bewerten Sie die derzeitige ökonomische Situation des Landes (**M4**).
9. Erläutern Sie Hauptziele der neuen Wirtschafts- und Sozialpolitik des Präsidenten Morales (**M5**, **M6**).
10. Beurteilen Sie die Zukunftsaussichten Boliviens hinsichtlich seiner sozialen und ökonomischen Entwicklung. Bilden Sie dazu geeignete Arbeitsgruppen, recherchieren Sie im Internet (z. B. BMZ , KfW), diskutieren Sie die Gruppenergebnisse im Plenum und stellen Sie die Ergebnisse ihrer Diskussion in Form einer Präsentation dar.

3. Indien: vom Entwicklungsland zum Schwellenland

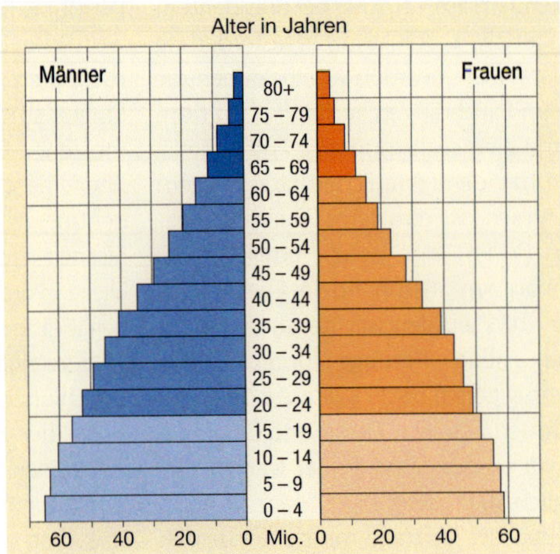

M 1 Bevölkerungspyramide Indiens 2010

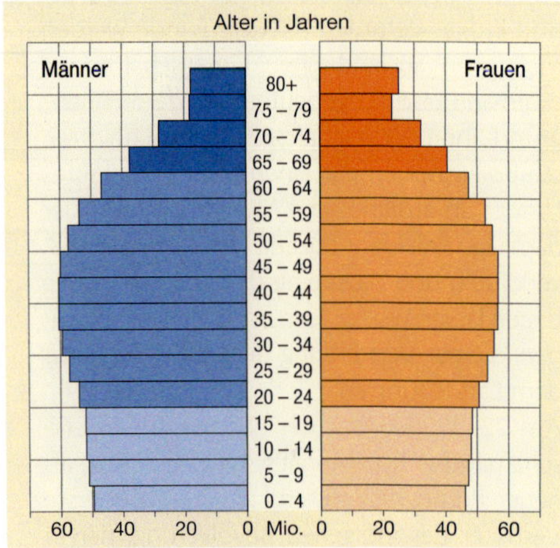

M 4 Bevölkerungspyramide Indiens 2050

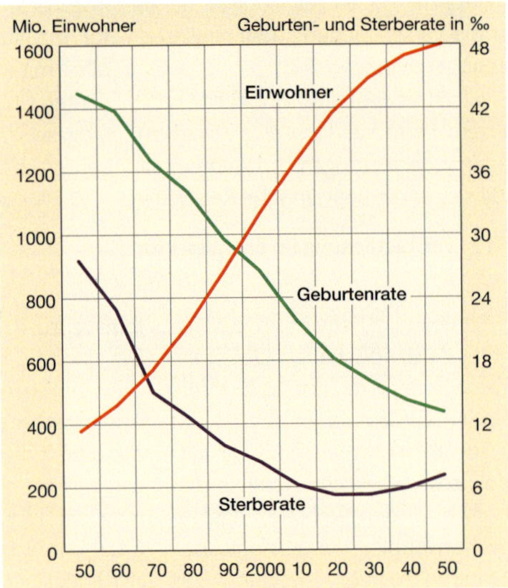

M 2 Bevölkerungsentwicklung, Geburten- und Sterberate

Folgen der Bevölkerungsexplosion

Indien ist nach China das Land mit der zweithöchsten Einwohnerzahl. Seit der Unabhängigkeit 1947 hat sich die Einwohnerzahl mehr als verdreifacht. Die Fruchtbarkeitsrate, d. h. die Zahl der Kinder pro Frau, ist zwar stark gesunken; das Ziel der indischen Regierung, sie bis 2010 auf 2,1 abzusenken, wurde jedoch verfehlt. Da andererseits die Lebenserwartung weiter ansteigt, wird das Bevölkerungswachstum noch zunehmen, sodass Indien China 2030 überholen wird.

Die **Bevölkerungspyramide** 2010 zeigt die „klassische" Altersgliederung einer wachsenden Bevölkerung, wie sie für Entwicklungs- und Schwellenländer typisch ist.

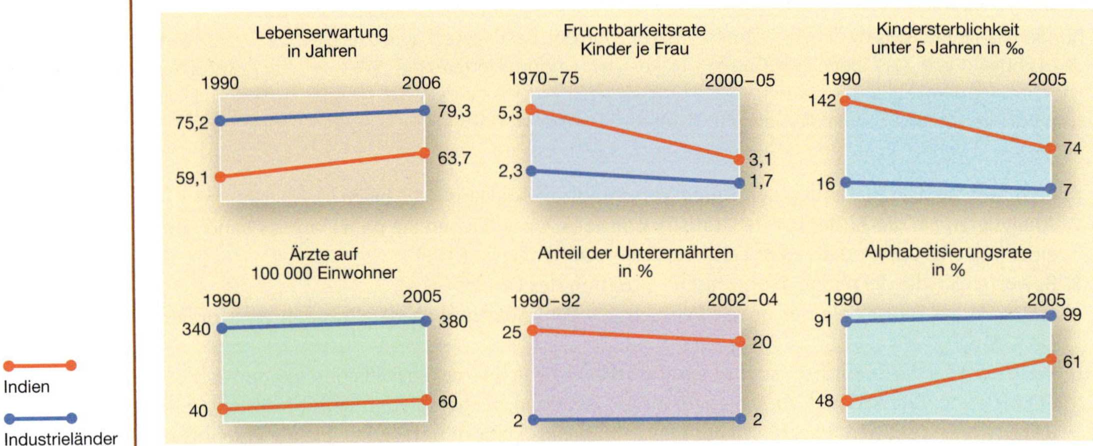

M 3 Entwicklungsmerkmale Indiens im Vergleich mit Industrieländern

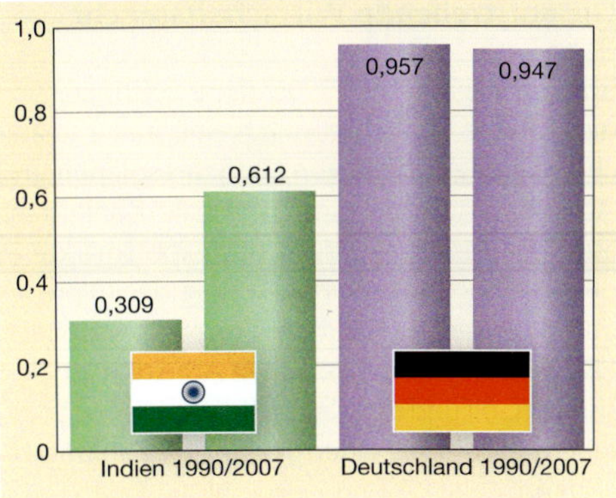

M5 Human Development Index im Vergleich

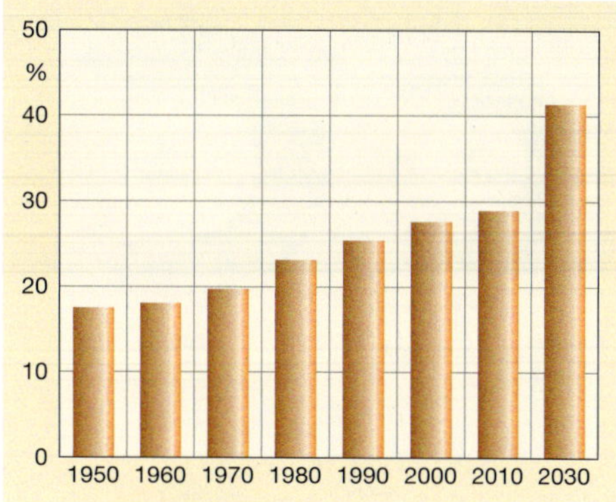

M7 Urbanisierung

Demographische Dividende

Dank Geburtenrückgang und sinkender Sterblichkeit wächst die Erwerbsbevölkerung überdurchschnittlich. Voraussetzung für ein Wirtschaftswachstum sind jedoch zusätzliche Arbeitsplätze. Problematisch wird für Indien zukünftig das Verhältnis der arbeitsfähigen Bevölkerung von 15 – 64 Jahren zum Anteil der Jüngeren und Älteren. Während sich bis in die 1980er-Jahre der Anteil der über 65-Jährigen kaum veränderte, muss für die Zukunft mit einer starken Belastung der Sozialsysteme gerechnet werden.

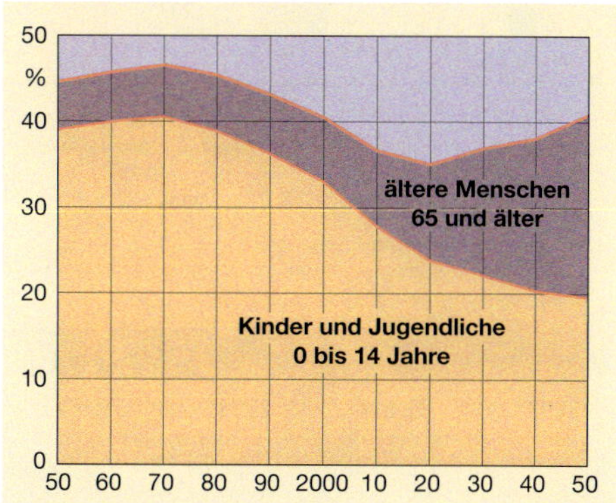

Altersabhängigkeitsrelation:

$$\frac{\text{Personenzahl } 65+}{\text{Personenzahl } 15-64} \times 100$$

M8 Abhängigkeitsrelation

Die meisten Menschen leben immer noch auf dem Land, doch die Landflucht lässt den Anteil der städtischen Bevölkerung stetig anwachsen. Heute gibt es nahezu drei Dutzend Metropolen mit mehr als einer Million Einwohnern.

In Delhi, Hyderabad, Mumbai und Kolkata entstehen neue Sozialmilieus, die sich aus Bevölkerungsgruppen ganz unterschiedlicher regionaler und sozialer Herkunft zusammensetzen. Dazu gehören die zahllosen Familien von Bediensteten, kleinen Angestellten und Industriearbeitern, aber auch eine gut ausgebildete städtische Mittelschicht, die ganz ähnliche Konsumbedürfnisse wie in den westlichen Ländern entwickelt und sich diesen Wohlstand auch zunehmend leisten kann. Diese Schicht kommt einerseits in der modernen globalisierten Welt mit all ihren Traditionsbrüchen an, andererseits ist der Druck zur sozialen und religiösen Konformität nach wie vor stark. Spätestens wenn es um die Wahl des Ehepartners geht, tut sich auch diese Schicht schwer, mit der Tradition zu brechen, die besagt, dass der Mann und die Frau aus der gleichen Kaste zu kommen haben.

Zwar zeigt das System erste Risse, doch der große Durchbruch ist bisher ausgeblieben. Bereits 1956 hat Indien als erstes Land der Welt ein Ministerium für Familienplanung eingerichtet. Mit Aufklärung und Kampagnen für die Verwendung von Verhütungsmitteln versuchte man, das Bevölkerungswachstum – es betrug damals mehr als vier Prozent pro Jahr – in den Griff zu bekommen. Doch trotz eines gewaltigen Budgets waren die Ergebnisse enttäuschend. Zudem geriet die staatliche Familienplanung durch die unter Indira Gandhis Notstandsregime von 1975 – 77 praktizierte Zwangssterilisierung von Angehörigen der Unterschicht in Verruf. Auch heute noch wird Familienplanung mit zum Teil aggressiven Kampagnen verbreitet. Immerhin ist das jährliche Bevölkerungswachstum mittlerweile auf 1,4 Prozent gesunken. Der wichtigste Grund für diesen Rückgang dürfte weniger die staatliche Familienplanung als die zunehmende Verbreitung von Bildung in der Bevölkerung sein. Gleichwohl wird es in zehn Jahren mehr Inder als Chinesen auf der Welt geben. […]

(Wessler, H. W.: Indien – eine Einführung. www.bpb.de/themen/8CXK5W.html 16. 3. 2009)

M6 Bevölkerungsprobleme Indiens

1. Erläutern Sie die Bevölkerungspyramiden Indiens (M1, M4).
2. Stellen Sie einen Zusammenhang zwischen Bevölkerungsentwicklung, Geburten- und Sterberate her (M2, M8).
3. Vergleichen Sie Indiens Entwicklungsmerkmale mit dem der Industrieländer (M3, M5).
4. Leiten Sie Folgen aus der demographischen Dividende ab (M6, M7). Erörtern Sie die Aussage der indischen Planungskommission, dass die demographische Dividende zu einem demographischen Albtraum werden könnte, wenn es nicht gelingt, die Erwerbstätigkeit zu steigern.

Webcode: GO649174-203

M 9
Beschäftigte nach Wirtschaftsbereichen

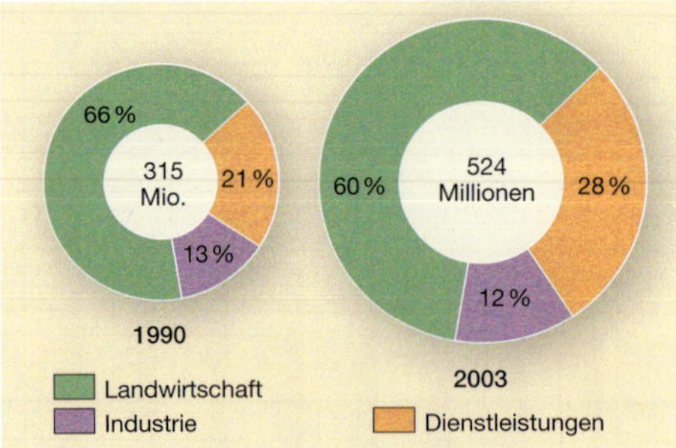

M 10
BNE und Anteile der Sektoren

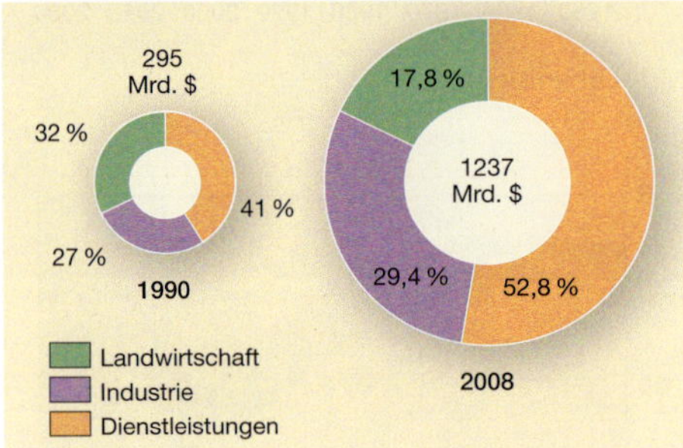

M 11
Einkommensverteilung

Bevölkerung mit Einkommen unter 2 US-$/Tag			
1993	85,1 %	2004	79,6 %
Einkommensverhältnis der 20 % am besten Verdienenden zu den 20 % Geringstverdienern			
1993	4,9	2004	5,5
Gini-Koeffizient			
1993	0,329	2004	0,368

Die indische Regierung ist alarmiert von dem langsamen Wachstum der Landwirtschaft. [...] Die Planungskommission erkennt zwar an, dass kleine Betriebe besondere Probleme haben [...]. Die Wachstumsrate der Landwirtschaft muss verdoppelt werden, um die Reallöhne und die Zahl der dort Beschäftigten zu steigern. In den ländlichen Gebieten hat der Anteil der Beschäftigten, die außerhalb der Landwirtschaft tätig sind, in jüngster Zeit nicht zugenommen.
Zugleich ist die Wanderung von überzähligen Arbeitskräften vom Land in die Stadt zurückgegangen. Das rettet zwar die Städte davor, von Arbeitsuchenden überschwemmt zu werden, vergrößert aber das Problem der ländlichen Arbeitslosigkeit. Diese Arbeitslosigkeit betrifft nicht nur die landlosen Landarbeiter, sondern auch die Besitzer von Kleinstbetrieben, die für andere Bauern arbeiten müssen, weil der Ertrag ihres Betriebes nicht ausreicht, um ihre Familie das ganze Jahr über zu ernähren.
Die Bevölkerungsexplosion hat die Fragmentierung des Landbesitzes vorangetrieben und damit die Regeneration der Landwirtschaft behindert. So manche Besitzer von Kleinstbetrieben würden ihr Land wohl lieber verkaufen und ihr Dorf verlassen, aber die Unzulänglichkeiten des Marktes hindern sie daran. Eine Grundbucheintragung, die das Land zum frei veräußerbaren Gegenstand macht, fehlt in den meisten indischen Dörfern.
Die Wirkungen der Wirtschaftsreform von 1991 waren in der Landwirtschaft weit weniger durchschlagend als in den anderen Wirtschaftssektoren. Die Reform von 1991 führte zu einer Verknappung der Agrarkredite.

(Rothermund, D.; Indien. Aufstieg einer Weltmacht. München 2008, S. 153 ff.)

M 12 Die gegenwärtige Krise der Landwirtschaft

Die aufstrebende Wirtschaftsmacht

Bis zum Beginn der 1990er-Jahre zeichnete sich die indische Wirtschaft durch eine starke staatliche Lenkung mithilfe von **Fünfjahresplänen** und Abschirmung gegen internationale Konkurrenz aus. Der Zusammenbruch der Exportmärkte in den Ostblockstaaten, der Anstieg des Ölpreises als Folge des 1. Golfkrieges, die ausbleibenden Überweisungen von indischen Arbeitern am Persischen Golf und eine Kapitalflucht von Auslandsindern führten zu einer plötzlichen Zahlungsbilanzkrise.
Die daraufhin eingeleitete **Wirtschaftsliberalisierung** – Privatisierung, Zulassung von ausländischen Investitionen, Aufhebung der Devisenzwangswirtschaft und weltwirtschaftliche Integration – legten den Grundstein zu einem rasanten Wirtschaftswachstum mit einer jährlichen Zuwachsrate von acht Prozent.

Von dem Wirtschaftsaufschwung profitiert vornehmlich die städtische Mittel- und Oberschicht, während bei der überwiegend armen Bevölkerung auf dem Lande, wo rd. 70 Prozent aller Inder leben, kaum eine Besserung eingetreten ist und die Reallöhne stagnieren. Indische Arbeitslöhne zählen zu den niedrigsten in der Welt. Die Weltbank stuft Indien deshalb noch in die Gruppe der Entwicklungsländer mit niedrigem Einkommen ein. Gleichzeitig hat sich eine indische Mittelschicht entwickelt, zu der nach europäischem Maßstab etwa 70 Mio. Menschen gehören.
Problematisch sind weiterhin die Vernachlässigung der Klein- und Mittelbetriebe sowie der Landwirtschaft, die an Kapitalmangel, zu kleinen Flächen, stagnierenden Ernteerträgen und fehlenden Absatzstrukturen leidet.
Augenfällig ist ebenfalls das geringe Gewicht der Industrie, dem die Ausweitung des Dienstleistungssektors gegenübersteht. Der weit verbreiteten Massenarmut kann nur durch neue Arbeitsplätze in der Industrie und im verarbeitenden Gewerbe begegnet werden, so die Regierung. Als Haupthindernis erweist sich aber das überholte Arbeitsrecht, das Betrieben mit über 100 Beschäftigten bei geplanten Entlassungen eine staatliche Genehmigung auferlegt, die selten erteilt wird.
Eine Umgehung von arbeitsrechtlichen Vorschriften besteht darin, dass Betriebe Subkontrakte mit Unternehmen eingehen, die Arbeitskräfte aus dem informellen Sektor einstellen. Diese Arbeitskräfte unterliegen keinen arbeitsrechtlichen Schutzbestimmungen und haben keinen Anspruch auf soziale Leistungen. Als ein Vorteil der Globalisierung haben sich die Auslandsinves-

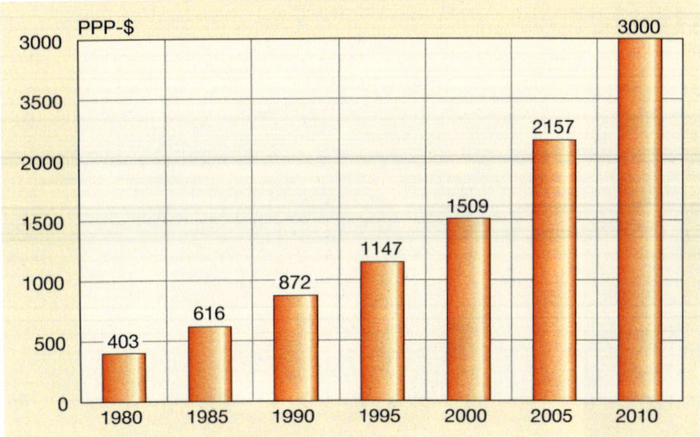

M 13 BNE je Einwohner

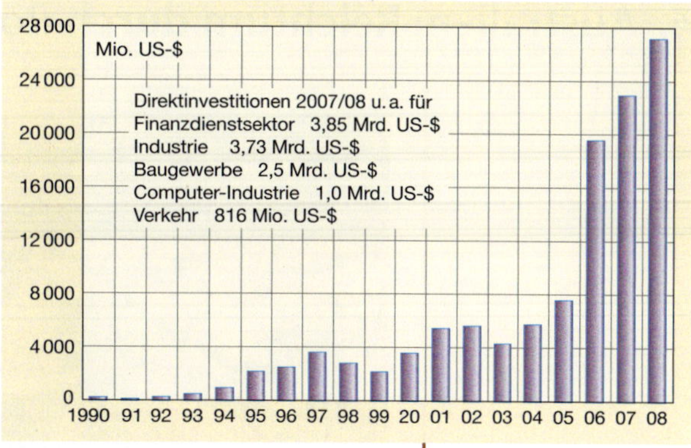

M 15 Direktinvestitionen

titionen herausgestellt, die allerdings erheblich geringer sind als die Zuflüsse nach China. Sie fördern eher kapitalintensives Wachstum. Auch im Handel wirkt sich die Globalisierung positiv für Indien aus. Das Wachstum z. B. der Textilindustrie und der IT-Branche geht hingegen zu Lasten der „alten Industrieländer", in denen Arbeitsplätze abgebaut werden. Von einem nachhaltigen Wirtschaftswachstum kann jedoch deshalb keine Rede sein, da die Ressourcen an Land, Wasser, Bodenschätzen und Luft in einem kurzen Zeitraum verbraucht sein werden.

Fast jeder dritte Software-Ingenieur weltweit ist heute Inder. [...]. Sind indische Software-Ingenieure besser als ihre europäischen Kollegen? „Nicht besser, aber generell jünger und flexibler, und sie wollen erfolgreich sein", sagen Georg Kniese und Martin Prinz, die gemeinsamen Geschäftsführer von SAP Labs India, der am schnellsten wachsenden Außensteile des Walldorfer Software-Anbieters. [...] Die SAP-Inder tun nicht viel anderes als die SAP-Deutschen im Headquarter von Walldorf. Sie entwickeln betriebswissenschaftliche Software, bei der ihr Arbeitgeber Weltmarktführer ist. Und sie betreuen Kunden, in Indien bereits über tausend Unternehmen. Aber sie tun das alles eben weit kostengünstiger. [...] Gerhard Kniese zahlt einem Software-Ingenieur in Banglore etwa 12 000 Euro Bruttogehalt im Jahr. In Walldorf wird das Vier- bis Fünffache verlangt. [...]

Mögen die Software-Ingenieure als Adel der indischen Internet-Gesellschaft gelten, so sind die Mitarbeiter der unzähligen Callcenter Kandidaten für das Proletariat. Sie schuften in menschlichen Legebatterien unter zermürbendem Stress. [...] Gurgaon heißt das moderne Goldgräber-Dorado vor den Toren der Hauptstadt Delhi. Gleich hinter der südwestlichen Stadtgrenze sind auf dem Buschland Dutzende Glastürme in den Himmel gewachsen. Flotten von Bussen und Sammeltaxis transportieren jeden Tag Zehntausende zu ihren Arbeitsplätzen in den Callcentern und dann wieder zurück. Derzeit haben 250 000 Inder in den Callcentern wegen des Zeitunterschieds vor allem nachmittags und nachts zu tun, denn die meisten ihrer Ansprechpartner wohnen in den Vereinigten Staaten. Deshalb meldet sich Sandeep auch zur Begrüßung mit angelerntem amerikanischem Akzent meist als „Mark" oder „Peter", und Rani kommt als „Nancy" oder „Pamela" daher. Der Kunde soll glauben, er werde von irgendeinem Kumpel in einem der nächsten Blocks betreut. Im Westen ist die Arbeit in Callcentern meist ein Aushilfsjob für Unterqualifizierte, in Indien ein vergleichsweise gut bezahlter Prestigejob für Jungakademiker. Umgerechnet 250 bis 400 Euro, mehr als ein Lehrer nach Hause bringt oder die Eltern als Rente beziehen, lassen sich damit im Monat verdienen. [...] Die Arbeit [...] verlangt ein hohes Maß an Selbstverleugnung und Geduld für ein anderes Kulturverständnis. Viele halten das nur ein paar Monate durch.

(Ihlau, O.: Vom Spinnrad zur Hightech-Spitze. In: Schriftenreihe der Bundeszentrale für politische Bildung/bpb, Bd. 558, Bonn 2006, S. 18)

M 14
Jung und flexibel: die indische IT-Gesellschaft

5. Begründen Sie das Missverhältnis zwischen BNE und dem Beschäftigungsanteil bei Landwirtschaft und Dienstleistungen (**M 9**, **M 10**).
6. Erörtern Sie, weshalb die wirtschaftliche Dynamisierung bislang nicht die gewünschte Breitenwirkung erzielte (**M 11**, **M 13**).
7. Erläutern Sie, weshalb Indien sich aus Armut und Unterentwicklung nur durch hohe Wachstumsraten und beschäftigungsintensive Investitionen befreien kann.
8. Zeigen Sie die Folgen der Globalisierung für Indien auf (**M 14**, **M 15**).
9. Begründen Sie die Klassifizierung Indiens als Entwicklungs- oder Schwellenland.

4. Australien: Reichtum durch Rohstoffe?

M 1 Argyle Diamond Mine. Die Fläche des Tagebaus erstreckt sich über fast 300 ha

M 2 Erzverladung am Cape Lambert Port, Pilbara-Region Westaustralien

Australien ist mit rund 7,7 Mio. km^2 der sechstgrößte Staat der Erde, hatte 2009 aber nur 21,3 Mio. Einwohner. Das Bruttonationaleinkommen pro Kopf der Bevölkerung belief sich auf 40 350 US-$ und war damit in etwa genauso hoch wie in Deutschland. Im HDI-Ranking liegt Australien auf Platz 2 (Deutschland: Platz 22).
Australien kann also als hoch entwickeltes und wohlhabendes Land bezeichnet werden. Seinen Reichtum verdankt es den Bodenschätzen. Das Beispiel Bolivien hat aber gezeigt, dass Bodenschätze nicht zwingend zu Wohlstand führen müssen. Was also ist in Australien anders?

Wann Australien besiedelt wurde, ist bis heute nicht genau geklärt. Die ältesten Funde menschlicher Besiedlung durch die Ureinwohner (Aborigines) sind 62 000 Jahre alt. Von den Europäern wurde Australien 1606 durch holländische Seefahrer entdeckt. 1770 erreichte James Cook Australien und nahm das Land als **Kolonie** für Großbritannien in Besitz. Die Briten wollten das weitgehend unbesiedelte und weit abgelegene Land für die Errichtung von Sträflingskolonien nutzen. 1788 trafen die ersten elf Schiffe mit Strafgefangenen in Australien ein. Bis 1868 schickte Großbritannien 160 000 von ihnen in seine Kolonie.
Ab 1793 kamen auch freie Siedler nach Australien. Sie führten, da weite Teile des Landes aus klimatischen Gründen nicht für Ackerbau geeignet waren, die Schafzucht ein. 1851 wurde in Australien Gold gefunden. Die Nachricht verbreitete sich schnell in Europa und löste eine große Einwanderungswelle aus. Ähnlich wie in den USA wurden bei der Besiedlung des Landes die Ureinwohner in die wenig fruchtbaren Gebiete abgedrängt, bei Auseinandersetzungen fanden viele Aborigines den Tod. Die europäischen Einwanderer brachten aus ihrer Heimat das Know-how für eine erfolgreiche Landwirtschaft mit und so wurden in den weniger feuchten Gebieten Bewässerungskulturen (0,5 Prozent der Landesfläche) angelegt; die Trockenräume wurden für die Viehhaltung genutzt.
Bei der Suche nach Gold wurden auch andere Bodenschätze entdeckt; der wahre Reichtum des Landes an Rohstoffen wurde aber erst in den Jahren nach dem Zweiten Weltkrieg deutlich.
Da Australien relativ wenige Einwohner hat, können sowohl Rohstoffe und Produkte aus der Landwirtschaft als auch Bodenschätze in großem Maße exportiert werden. Das geringe Volumen des Binnenmarktes hat aber auch zur Folge, dass Australien in hohem Maße von den Bedürfnissen des Weltmarktes und den sich daraus ergebenden Rohstoffpreisen abhängig ist.
Politisch und wirtschaftlich hat Australien traditionell enge Beziehungen zu Großbritannien. Seit dem Zweiten Weltkrieg hat sich Australien stärker zu den Anrainerstaaten des Pazifiks hin orientiert. Australien wurde Mitglied des ANZUS-Paktes und der SEATO. 1989 entstand auf Betreiben Australiens ein Wirtschaftsabkommen im pazifischen Raum, die **Asia Pacific Economic Cooperation (APEC)**, der sich mittlerweile über 20 Staaten angeschlossen haben.

Auch die Einwanderung hat sich verändert. Waren es zunächst Briten und Iren, später dann weitere Europäer, so hat nach dem Zweiten Weltkrieg die Einwanderung aus Asien zugenommen. Heute sind bereits zwei Prozent der Einwohner asiatischer Herkunft.

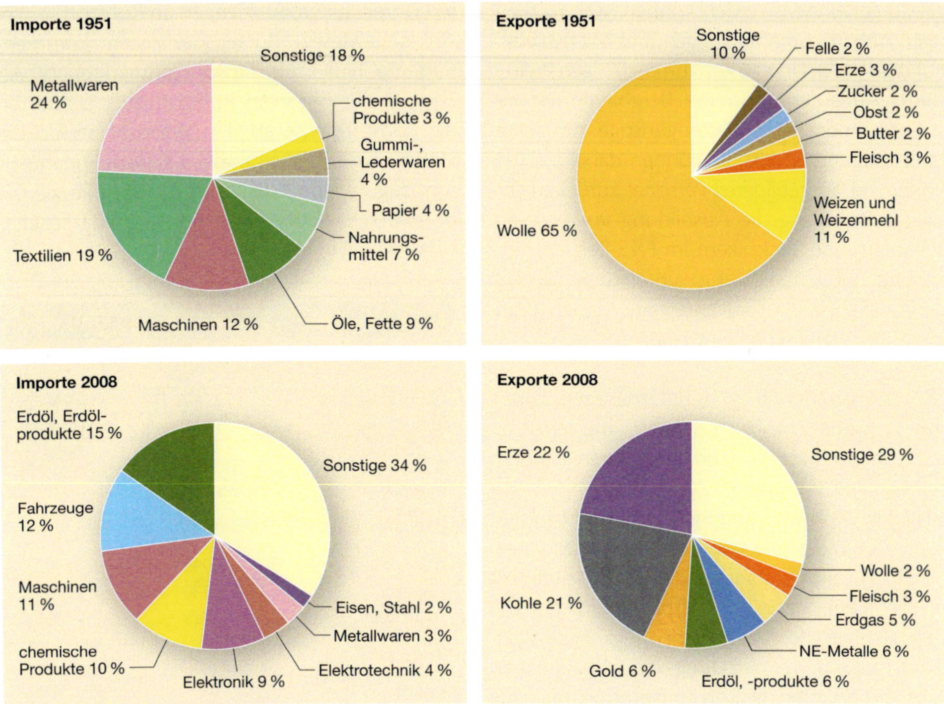

M 3 Struktur des Außenhandels

Bodenschatz	Vorräte 2006	Weltrang	Förderung 2009	Weltrang
Bauxit	5,7 Mrd. t	2	64 Mio. t	1
Steinkohle	39,6 Mrd. t	6	438 Mio. t	4
Braunkohle	37,3 Mrd. t	1	65 Mio. t	5
Kupfer	42,4 Mrd. t	2	0,9 Mio. t	5
Gold	5 480 t	2	218 t	2
Eisenerz	18,6 Mrd. t	5	353 Mio. t	3
Blei	23,5 Mrd. t	1	0,6 Mio. t	2
Nickel	23,7 Mio. t	1	0,2 Mio. t	2
Silber	45 600 t	2	1800 t	4
Tantal	52 000 t	1	840 t	1
Uran	714000 t	1	9512 t	2
Zink	40,6 Mio. t	1	1430 t	2

(Quelle: Australian Bureau of Agricultural and Resource Economics 2010)

M 4 Mineralische Bodenschätze Australiens

Der wegen der geringen Bevölkerungszahl kleine Binnenmarkt hat auch Einfluss auf die Importe. So dominieren bei der Einfuhr seit jeher hochwertige Industriegüter, die viel technologisches Know-how erfordern oder deren Produktion wegen geringer Stückzahlen in Australien zu teuer wäre. Hierzu zählen vor allem Maschinen und Anlagen, Flugzeuge, Kraftfahrzeuge, elektronische Geräte, Computer und Arzneimittel. Einige der schon seit Jahrzehnten hergestellten Konsumgüter müssen daher heute vor ausländischer Konkurrenz geschützt werden. Die Bereiche, die heute noch signifikante Schutzzölle aufweisen, sind die Produktgruppen Textilien, Bekleidung und Schuhe sowie die Automobilproduktion, die in Australien von Töchtern amerikanischer und japanischer multinationaler Konzerne betrieben wird (GM Holden, Ford, Toyota, Mitsubishi).

(nach Braun, B.: Australiens Bedeutung in der globalen Wirtschaft. In: GR H. 5/2005, S. 4-11)

M 5
Kein Hightech aus Australien?

1. Stellen Sie tabellarisch die wichtigsten Agrarprodukte und ihre Anbauregionen sowie die Bodenschätze und ihre Fundorte zusammen (Atlas).
2. Erläutern Sie die Rohstoffvorkommen Australiens hinsichtlich ihrer Bedeutung für den Weltmarkt und bewerten Sie die in Australien nachgewiesenen Rohstoffvorräte (M 3, M 4).
3. Vergleichen Sie die Außenhandelsstruktur von 1951 und 2008 (M 3).
4. Begründen Sie, warum Australien hauptsächlich Rohstoffe exportiert und im Gegenzug hochwertige Industriewaren importiert (M 3, M 5).
5. Recherchieren Sie im Internet und anderen geeigneten Quellen und bereiten Sie ein Kurzreferat zur Bedeutung der Einwanderer für die Wirtschaftsentwicklung Australiens vor.

Das Geheimnis des Erfolgs

Australien hat viele Bodenschätze, die durch eine **günstige geologische Lagerung** teilweise im Tagebau gewonnen werden können, was zu niedrigen Abbaukosten und gegenüber Mitanbietern auf dem Weltmarkt zu konkurrenzfähigen Preisen führt. Außerdem sind die Bergbaufirmen bestrebt, ständig neue kostengünstige Abbauverfahren zu entwickeln. Sie können dabei auf hervorragend ausgebildetes Personal zurückgreifen, da die Regierung die Ausbildung von Wissenschaftlern und Technikern im F&E-Bereich (Forschung und Entwicklung) unterstützt. Jährlich verlassen 25 000 Absolventen aus diesen Branchen die australischen Universitäten.

Die australischen Bergbauunternehmen haben ihre Gewinne sowohl im eigenen Land selbst, als auch in Bergbauprojekten in anderen Ländern reinvestiert. Vor ihrem Zusammenschluss war BHP Billiton in acht und Rio Tinto in elf Ländern tätig. Durch die Fusion der beiden Firmen ist ein Bergbaugigant entstanden, der einen Anteil von fast zehn Prozent an der Weltproduktion hat. Die australischen Bergbauunternehmen haben außerdem bei der Entwicklung von Abbaugeräten und bei Verfahren der Rohstoffverarbeitung neue Techniken entwickelt, die sie nicht nur selbst nutzen, sondern auch als Lizenz weltweit verkaufen. Bei den weltweit eingesetzten Softwareprogrammen für Abbauverfahren haben die Australier einen Anteil von 60 Prozent erreicht.
Die nach dem Zweiten Weltkrieg einsetzende Orientierung Australiens auf den **asiatisch-pazifischen Raum** hat der Wirtschaft einen Aufschwung gebracht. Zunächst lieferten die australischen Bergbauunternehmen an das rohstoffarme Japan. Die wirtschaftlich schnell aufstrebenden **Tigerstaaten** Südostasiens brauchten für ihre Wirtschaft ebenfalls Rohstoffe, die ihnen Australien liefern konnte. Vor allem die sich rasch entwickelnde Wirtschaft Chinas war in den letzten Jahren auf große Mengen an Rohstoffen aller Art angewiesen. Börsenspezialisten kommentierten: „China kauft die Rohstoffmärkte leer". Als Folge dieser massiven Rohstoffkäufe schnellten die Rohstoffpreise an den Warenbörsen in die Höhe, was den australischen Exporteinnahmen sehr zugute kam. Nun hofft die australische Exportwirtschaft auf eine ähnlich gute Wirtschaftsentwicklung in Indien.

Chinesen gehen beim Ringen um australisches Erz leer aus
Rio Tinto verbündet sich nun doch mit BHP Billiton
MELBOURNE – Die geplante Milliarden-Investition des chinesischen Staatskonzerns Chinalco beim australischen Bergbauriesen Rio Tinto ist geplatzt. Statt auf eine Aufstockung des Chinalco-Anteils einigte sich Rio Tinto mit dem heimischen Rivalen BHP Billiton auf die Zusammenlegung des Eisenerzgeschäfts. Der Kurswechsel ist ein Sieg für die Anteilseigner von Rio Tinto. Sie hatten sich gegen das 19,5 Mrd. Dollar schwere Geschäft mit Chinalco ausgesprochen, weil sie den zunehmenden Einfluss Chinas auf die Rohstoffpreise fürchteten. Das Geschäft wäre die größte Auslandsinvestition Chinas gewesen. Rio Tinto und BHP belegten im Bereich Eisenerz bislang die Plätze zwei und drei hinter dem brasilianischen Marktführer Vale. Chinalco bedauerte die Entscheidung Rio Tintos. Das rohstoffhungrige China versucht derzeit, seinen Zugriff auf ausländische Vorkommen zu erweitern. (Quelle: Die Welt vom 06.06.2009)

M6 Ein „Bergbauriese" entsteht

Exportgut	Mio. $A	Anteil
Gold		
Großbritannien	2 657	45 %
Indien	1 148	20 %
Südkorea	797	14 %
Insgesamt	**5 844**	
Eisenerz		
Japan	1 996	39 %
China	1 730	34 %
Südkorea	729	14 %
Insgesamt	**5 080**	
Rohöl		
Singapur	1 372	27 %
Südkorea	919	18 %
China	770	15 %
Insgesamt	**5 027**	
Steinkohle		
Japan	2 159	53 %
Südkorea	519	13 %
Taiwan	378	9 %
Insgesamt	**4 054**	
Kokskohle		
Japan	1 124	24 %
Indien	809	17 %
Südkorea	523	11 %
Insgesamt	**4 650**	
Rindfleisch		
Japan	1 388	39 %
USA	1 355	38 %
Südkorea	272	8 %
Insgesamt	**3 605**	
Aluminium		
Japan	1 268	37 %
Südkorea	492	14 %
Taiwan	410	12 %
Insgesamt	**3 423**	

(Quelle: DFAT 2007)

M7 Hauptabnehmer australischer Exportgüter

1951	Export	Import
Großbritannien	48 %	34 %
Restliche EU-Länder	10 %	24 %
Japan	2 %	4 %
Übriges Asien	16 %	7 %
USA	6 %	15 %
Sonstige	18 %	16 %

2008	Export	Import
Großbritannien	4 %	4 %
Restliche EU-Länder	9 %	15 %
Japan	23 %	9 %
Übriges Asien	42 %	37 %
USA	5 %	12 %
Sonstige	17 %	23 %

M 8 Australiens Außenhandelspartner (Quelle: DFAT)

Heute entfallen auf den internationalen Tourismus schon rund ein Zehntel aller Exporteinnahmen. Die Zuwachsraten des Fremdenverkehrs sind beachtlich. Im Jahre 1984 kamen erstmals mehr als 1 Mio. ausländische Besucher ins Land. In den letzten Jahren hat sich die Zahl der ausländischen Besucher auf rund 4,5 Mio. pro Jahr eingependelt. Urlauber und Geschäftsreisende aus Asien hatten an diesem eindrucksvollen Wachstum einen erheblichen Anteil.

Eine weitere Erfolgsgeschichte der letzten Jahre ist der Export von Bildung und Ausbildung. So summierten sich die Studiengebühren und die Aufwendungen für die Lebenshaltung von ausländischen Studierenden mittlerweile auf 5,6 Mrd. $A pro Jahr; das sind rund 4 Prozent der gesamten australischen Exporteinnahmen. Daneben bieten die australischen Universitäten aber auch verstärkt Kursangebote im Ausland (offshore campus) sowie Fernstudiengänge (off campus) an. Auch hierfür liegen die wichtigsten Märkte in Asien.

(Quelle: Braun, B.: Australiens Bedeutung in der globalen Wirtschaft. In: GR H. 5/2005, S. 4 – 11)

M 9 Tourismus und Bildungsexport

Stable economic structure

As a result of the continiuos structural and policy reforms implemented since the 1970s, Australia today has a sound, stable and modern institutional and regulatory structure that provides certainty to business and offers a welcoming destination for investment. As part of ist ambitious reform agenda, Australia has progressively dismantled or cut many of its former protectionist tariffs, introduced domestic competition laws, deregulated its financial market, floated ist exchange rate, decentralised its labour market and credibly ‚anchored' its macroeconomic policies. Since 1970, effective rates of assistance to the manufacturing sector in Australia have fallen from 35 per cent to less than 5 per cent today. Today, Australia's infrastructure is extensive and world class, providing individuals and businesses with efficient and reliable domestic and international transport services; communications and information technology; utilities and power distribution fyftems; and financial services. Changes to, and simplification of, the tax system have also led to significant reductions in business coasts, especially for exporters.

Foreign investment

Australia welcomes foreign investment. It recognises the important role of foreign investement in boosting economic growth, developing competitive industries, creating jobs and increasing exports. In the decade to 2007, Australia was the fifth largest net recipient of foreign direct investment in the OECD.
Australia is also an attractive location for international companies wanting to establish a regional base to take advantage of the growing business opportunities in the Asia-Pacific region and to enter Australia's highly developed domestic market. Companies are attracted by Australia's competitive operating costs compared to rival regional hubs and high local skill levels. Other factors in Australia's favour include:
- sophisticated financial, legal and management services
- cost-competitive location
- high-quality information and communications technology
- strategic location in the fast growing Asia-Pacific region
- affinity with Asia, coupled with an American-European business environment
- favourable time zone
- economic and political stability
- attractive, safe and friendly environment
- an Asian-oriented, culturally diverse and multilingual society.

Australia also has a business-friendly regulatory environment. According to the World Bank, Australia is the fastest place in the world in which to start a business, with regulatory procedures taking just two days.

(Quelle: Australian Government. Department of Foreign Affairs and Trade 2008)

M 10 Australia – a Global Economy

6. Erläutern Sie den Wandel in den australischen Außenhandelsbeziehungen (**M 5** bis **M 7**).
7. Begründen Sie die verstärkten Wirtschaftsbeziehungen zwischen Australien und den Ländern des zirkumpazifischen Raums (**M 7**, **M 8**, Wirtschaftskarten im Atlas).
8. Analysieren Sie die von der australischen Regierung dargestellten Vorteile des Wirtschaftsstandortes Australien und bewerten Sie diese „Werbeaktion" Australiens (**M 10**).
9. Erläutern Sie, inwieweit der Tourismus und der „Bildungsexport" weitere Standbeine der australischen Wirtschaft sein könnten (**M 9**, Atlas).
10. Diskutieren Sie im Plenum, warum die Wirtschaftsentwicklung des ebenfalls rohstoffreichen Boliviens anders verlaufen ist als die Australiens. Präsentieren Sie die Diskussionsergebnisse in einer geeigneten Form (**M 1** bis **M 9**, S. 198).

Webcode: GO649174-209

Wanderungen als Folge der Unterschiede in der Einen Welt

1. Migration im 21. Jahrhundert

oben: Deutsche Auswanderungswillige im Hamburger Hafen vor einem Dampfer mit dem Ziel Amerika (19. Jahrhundert).

unten: Flüchtlingsboot über 25 000 illegale Einwanderer – der größte Teil aus Afrika – landeten 2006 auf den Kanarischen Inseln.

M 1 Migration früher und heute

„Etwa 200 Millionen Menschen weltweit leben als Migranten in einem Staat, der nicht ihre ursprüngliche Heimat ist."

Insgesamt nimmt der Zuwanderungsdruck auf die meisten Mitgliedstaaten der Europäischen Union zu. Die Nationalstaaten sehen sich nicht in der Lage, diesen allein zu kontrollieren.

„Europa ist eine Villa mit fünf Sternen".

M 2 Schlagzeilen/Zitate

Ursachen von Wanderungsbewegungen

Die Forschung unterscheidet bei gesellschaftlich bedingten Wanderungsfaktoren zwischen Druckfaktoren, die im Abwanderungsland wirksam sind, und Sogfaktoren, die vom Aufnahmeland ausgehen, und spricht von „ Wanderungssystemen", weil sich Druck- und Sogfaktoren in der Praxis ergänzen und auch analytisch nicht immer auseinander gehalten werden können.

Politische Wanderungsfaktoren

Unter den wanderungsbestimmenden Faktoren haben die politischen Wanderungsfaktoren einen ganz besonderen Stellenwert. Politische Druckfaktoren können sehr unterschiedliche Formen annehmen – von der systematischen Verfolgung missliebiger Eliten bis zur allgemeinen Unterdrückung der Bevölkerung und flächendeckenden Menschenrechtsverletzungen, von lokalen militärischen Auseinandersetzungen zwischen Machthabern und Opposition bis zur totalen gesellschaftlichen Anomie. Wann solche politischen Faktoren zu Fluchtbewegungen führen, lässt sich nicht in allgemeiner Form prognostizieren. Zu den Druckfaktoren müssen in jedem Fall Sogfaktoren kommen, damit Fluchtabsichten realisiert werden, vor allem die begründete Hoffnung und die praktische Möglichkeit, entweder in friedlicheren Landesteilen oder in einem anderen Land Schutz und Sicherheit vor Verfolgung finden zu können.

Gesellschaftliche Wanderungsfaktoren

Eng mit diesen politischen Faktoren verbunden sind gesellschaftliche Einflussfaktoren. Diese sind zum einen ethnische Gegensätze, oft zwischen Mehrheiten und Minderheiten, zum anderen Konflikte zwischen laizistischen und fundamentalistischen Gruppen. Auf der anderen Seite wirkt als Sogkraft die Attraktivität von modernen liberalen Gesellschaften, in denen Religionsfreiheit herrscht und die bürgerlichen Freiheiten eingehalten werden, was noch verstärkt wird, wenn zwischen den Zuwanderern und der Aufnahmegesellschaft nur eine geringe kulturelle Distanz besteht. Die empirische Migrationsforschung zeigt, dass Wanderungen in der Regel nicht chaotisch verlaufen, sondern Mustern folgen. Dies lässt sich nicht nur für Arbeitskräftewanderungen feststellen, sondern auch für Fluchtbewegungen. Wanderungen fallen grundsätzlich leichter, wenn Informationen über den Wanderungsweg und über die Situation im Aufnahmeland vorliegen, und wenn personelle oder infrastrukturelle Anknüpfungspunkte, also beispielsweise ethnische Netzwerke, vorhanden sind.

Ökonomische Wanderungsfaktoren

Ökonomische Gründe sind ebenfalls eine wichtige Wanderungsursache; andere Wanderungsmotive werden häufig erst im Zusammenspiel mit wirtschaftlichen Gründen wirksam. In makroökonomischer Hinsicht werden Wanderungsbewegungen – zumindest im Kontext der westeuropäischen Aufnahmegesellschaften – durch kurzfristige konjunkturelle Bedingungen, mittelfristige Änderungen der Produktionsorganisation und grundlegende strukturelle Gegebenheiten der Volkswirtschaften beeinflusst, wozu in erster Linie die sozialen Ungleichheiten zwischen den verschiedenen Weltregionen gehören. Diese makroökonomischen Wanderungsfaktoren werden aber nur unter zwei Bedingungen wirksam: Zum einen müssen sie auf eine entsprechende individuelle Disposition des Migranten treffen: Zum anderen müssen die Herkunftsstaaten die Auswanderung zulassen und die Zielländer die Möglichkeit der Einreise und des Aufenthalts bieten. Entscheidend ist daher, welchen Bedarf die Aufnahmegesellschaft signalisiert: Der wichtigste Sogfaktor ist, dass der Migrant begründete Hoffnung hat, eine Beschäftigung zu finden.

Demographische Wanderungsfaktoren

Die Bevölkerungsentwicklung ist kein eigenständiger wanderungsauslösender Faktor, sie beeinflusst als langfristige Rahmenbedingung aber interne und grenzüberschreitende Wanderungsbewegungen. Entscheidende Größen sind die Geschwindigkeit und die regionale Verteilung des Bevölkerungswachstums. Die vom UN-Bevölkerungsfonds prognostizierte Zunahme der Weltbevölkerung von derzeit sechs auf über acht Milliarden bis 2025 und auf 9,4 Milliarden Menschen bis 2050 (mittlere Variante der Prognose) wird zu 95 Prozent in den Entwicklungsländern stattfinden, und zwar vor allem in Asien. Dieser schnelle Bevölkerungszuwachs wird in den armen Ländern interne Wanderungsbewegungen forcieren, in erster Linie die Landflucht. Demographische Entwicklungen in den Aufnahmeländern können dann als Sogfaktoren wirksam werden, wenn ein langfristiger Bevölkerungsrückgang vorliegt, der zu einem Mangel an Arbeitskräften führt. Diese Entwicklung ist in den meisten Industriestaaten zu beobachten, auch in fast allen EU-Staaten. Diesen Staaten stellt sich, falls dieser Trend nicht durch Rationalisierungs- und Modernisierungsmaßnahmen aufgefangen werden kann und der Erhalt der sozialen Sicherungssysteme gefährdet wird, die Frage, ob zur Füllung dieser Lücken in größerem Ausmaß Zuwanderung gestattet werden soll, und ob eine solche Politik temporär ausgerichtet sein soll, wie etwa bei der „Gastarbeiterpolitik" der Bundesrepublik in den 1950er- und 1960er-Jahren, oder ob sie auf eine dauerhafte Einwanderung angelegt sein soll, wie in den klassischen Einwanderungsländern.

M 3
Umweltflüchtlinge: Demokratische Republik Kongo

Ökologische Wanderungsfaktoren

Ökologische Katastrophen können durchaus ein eigenständiger auslösender Faktor für Wanderungsbewegungen sein. Beispiele dafür sind zahlreich. Der Umfang der durch Umwelteinflüsse ausgelösten Wanderungen lässt sich jedoch nicht genau angeben; die vorliegenden Schätzungen reichen von 50 Millionen im engen Sinn bis zu einer Milliarde Menschen, die im weitesten Sinn durch Umwelteinflüsse vertrieben worden sind. Sicher ist aber, dass einige Weltgebiete künftig in noch weitaus stärkerer Weise von natürlichen und anthropogenen, also menschlich mit verursachten Umweltkatastrophen betroffen sein werden. Beispiele hierfür sind Bangladesch, wo immer stärkere Überschwemmungen drohen, das südliche Afrika, wo derzeit nach Angaben des UN-Weltentwicklungsprogrammes über 100 Millionen Menschen akut durch Desertifikation und Dürrekatastrophen bedroht sind, und die ehemalige Sowjetunion, in der nicht nur die unzureichend gesicherte zivile und militärische Nutzung von Nuklearanlagen schwerste ökologische Schäden angerichtet hat.

(Quelle: www.weltpolitik.net/print/85.html, Zugriff 26.04.2009)

1. Nennen Sie Assoziationen bei dem Vergleich der „Migration früher und heute" (**M 1** und **M 2**).
2. Erstellen Sie mithilfe geeigneter Kriterien eine tabellarische Übersicht zu den Ursachen der globalen Wanderungsbewegungen.
3. Analysieren Sie die globale Migration auf der Grundlage Ihrer Arbeitsergebnisse aus Aufgabe 2 (**M 1** bis **M 3**, Internetrecherche).

Webcode: GO649174-211

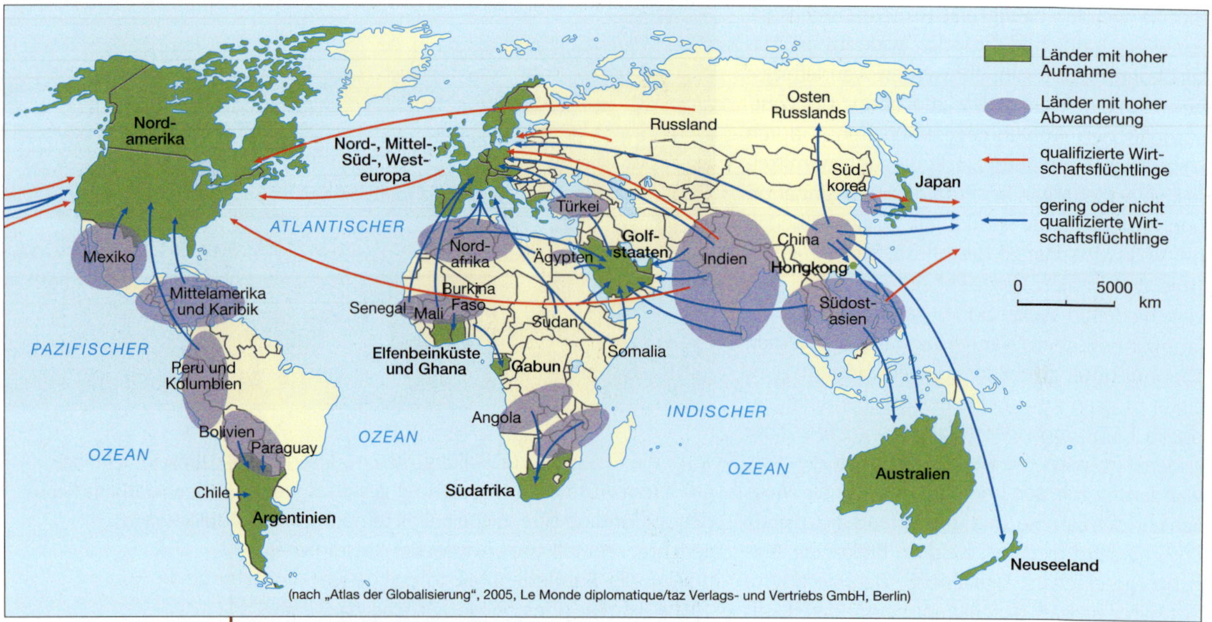

M4 Quell- und Zielgebiete der globalen Migration

M5
Ankunft der ersten irakischen Flüchtlinge am 19. März 2009 in Hannover-Langenhagen.

Quell- und Zielgebiete der Migration

Die Migration qualifizierter Beschäftigter erfolgt überwiegend zwischen den hoch entwickelten Ländern in Nordamerika, Europa und Ostasien. Räumlich weiter gestreut sind die Migrationsströme gering qualifizierter Beschäftigter. Die Zahl der Abwanderungsländer hat in den letzten Jahrzehnten stark zugenommen; die höchsten Quoten weisen Länder in Lateinamerika, Nordafrika und Süd-/Südostasien auf. Migrationsziele sind die USA (25 Mio.), Deutschland (5 Mio.), Frankreich (4 Mio.) und Großbritannien (4 Mio.). Aber mit der Entstehung neuer Wirtschaftszentren erfolgt in immer mehr Länder eine Zuwanderung. Länder am Persischen Golf (z. B. Saudi-Arabien) und in Südostasien (z. B. Singapur, Malaysia) lassen eine zeitlich befristete Zuwanderung von einfachen Beschäftigten zu.

Nach Schätzungen der Weltbank lebten im Jahr 2009 weltweit etwa 200 Millionen Menschen in Staaten, in denen sie nicht geboren waren. 1990 lag diese Zahl noch bei 150 Millionen. 54 Prozent aller Migranten leben in nur zehn Staaten, allein 32 Prozent in den USA, Russland und Deutschland. Staaten, in denen der Anteil der Migranten an der Gesamtbevölkerung bei über 25 Prozent liegen, sind Vereinigten Arabischen Emirate (71,4 Prozent), Hongkong als Teil von China (42,6 Prozent), Israel (39,6 Prozent) und Saudi Arabien (25,9 Prozent). In den ökonomisch entwickelten Staaten hat sich der Anteil der Migranten an der Gesamtbevölkerung von 6,2 Prozent im Jahr 1990 auf 9,3 Prozent im Jahr 2005 erhöht. In den Staaten mit mittlerem Einkommen ist der Anteil der Migranten an der Gesamtbevölkerung seit zwanzig Jahren stabil unter zwei Prozent [...].
Nach Prognosen des UN/DESA wird die Nettozuwanderung in die ökonomisch entwickelten Staaten bis 2050 bei insgesamt etwa 97 Millionen liegen – das sind durchschnittlich 2,2 Millionen Migranten pro Jahr. [...]
Parallel zu dem Anstieg der Zahl an Migranten sind die Auslandsüberweisungen der Migranten zu einem unverzichtbaren Wirtschaftsfaktor für die Heimatstaaten geworden. Die Zahlungen, die die Heimatstaaten erhalten, haben sich von 69 Milliarden US-Dollar im Jahr 1990 über 173 Milliarden 2003 auf 228 Milliarden US-Dollar im Jahr 2004 erhöht. [...]

(Quelle: Bundeszentrale für politische Bildung. www.bpb.de/wissen/Migration.html, letzte Änderung 05.06.2008)

M6 Weltweite Migration

Das Beispiel „Europäische Union“

Als wichtiges Quellgebiet der Migration nach Europa gilt der Maghreb. In Staaten wie Tunesien, Algerien oder Marokko herrschen ungünstige Bedingungen wie schlecht bezahlte Jobs, ein starkes Bevölkerungswachstum mit einem hohen Anteil an Jugendlichen sowie klimatische Ungunst vor. Auf viele Menschen üben die Lebensbedingungen in Europa daher eine große Anziehungskraft aus, zumal oftmals soziale Kontakte in den Zielländern oder entsprechende Sprachkenntnisse vorhanden sind.

Die Europäische (Wirtschafts-) Gemeinschaft hatte bei ihrer Gründung und frühen Entwicklung nicht im Sinn, die Einwanderung und das Asyl- und Flüchtlingswesen gemeinsam zu regeln. Migration und Asyl galten vielmehr als ureigene Aufgabe der Mitgliedstaaten. Trotzdem erachteten es diese Staaten im Laufe der Integrationsprozesse für notwendig, in Fragen von Migration zu kooperieren. Aus der Zusammenarbeit zwischen den Staaten ist inzwischen in einigen Bereichen eine gemeinsame Politik mit gemeinsamen Richtlinien und Verordnungen geworden [...]

1. Die Schwierigkeit, Zuwanderung auf rein nationaler Ebene zu steuern:
Insgesamt nimmt der Zuwanderungsdruck auf die meisten Mitgliedstaaten der Europäischen Union zu. Die Nationalstaaten sehen sich nicht in der Lage, diesen allein zu kontrollieren. Zwar ist in den meisten EU-Staaten die Zahl der Asylsuchenden deutlich zurückgegangen, zugleich nahmen aber der Nachzug von Familienangehörigen der bereits Zugewanderten und der Zuzug von Arbeitsmigranten zu. Auch die irreguläre Migration ist mit nationalstaatlichen Regelungen allein nicht in den Griff zu bekommen.

2. Die europäische Integration selbst ermöglicht es, ohne Binnengrenzen zwischen den Mitgliedstaaten zu wandern (Freizügigkeit):
Als die Grenzen im Inneren der Europäischen Gemeinschaft fielen, standen die Mitgliedstaaten vor dem Problem, dass auch Angehörige von Drittstaaten (d.h. von Nicht-EU-Staaten) von einem Land in das nächste wandern konnten, ohne dass der einzelne Staat darüber eine Kontrolle hatte. Wanderungen in einen Staat können so Wanderungen in einem anderen Staat nach sich ziehen.

3. Die demographische Entwicklung:
Laut Eurostat wird im Jahr 2050 voraussichtlich ein Drittel der heute 490 Millionen Bürgerinnen und Bürger der Europäischen Union über 65 Jahre alt sein. Damit ist für die meisten europäischen Staaten ein Mangel an erwerbsfähiger Bevölkerung vorhersehbar. Einige Mitgliedstaaten wie Deutschland, Italien und Ungarn sehen sich schon heute einem Rückgang der Anzahl von Menschen in erwerbsfähigem Alter gegenüber. [...]

(Quelle: www.bpb.de vom 29.01.2008, Zugriff 13.09.2009)

M7 Warum überhaupt Europa?

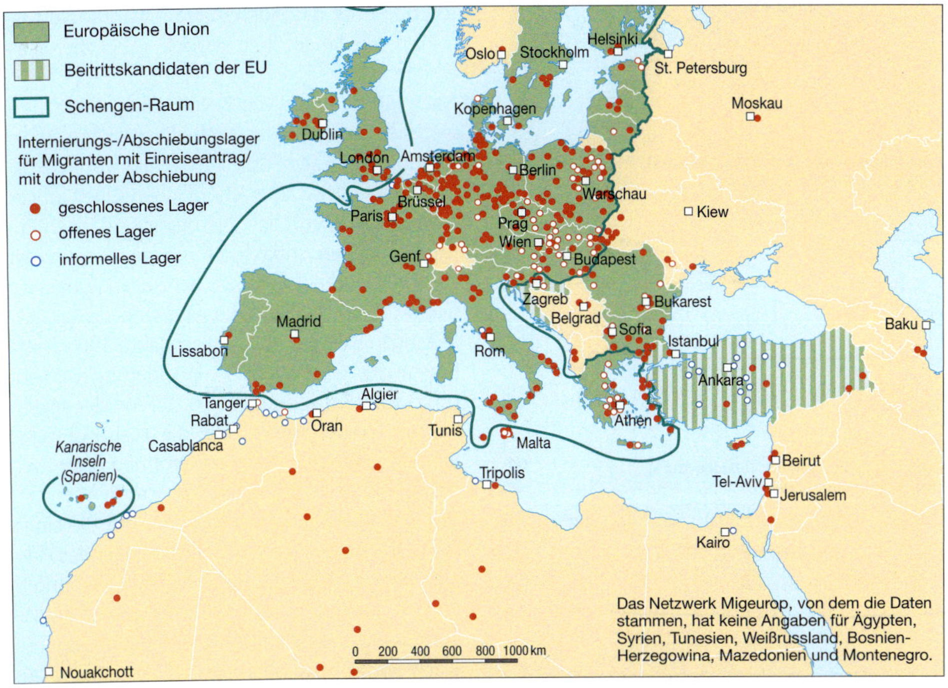

Schengener Abkommen
Das Abkommen, dem neben den meisten EU-Ländern auch Norwegen, Island und die Schweiz beigetreten sind, regelt Kriterien für den Aufenthalt im jeweiligen Land, durch die die Personenkontrollen an den gemeinsamen Grenzen entfallten können. Im Schengener Informationssystem haben sich fünf EU-Staaten zusammengeschlossen und eine gemeinsame Datenbank für gesuchte Personen, Gegenstände und Fahrzeuge geschaffen.

M8
Der Schengen-Raum

4. Lokalisieren Sie die Quell- und Zielgebiete der weltweiten Migration (M4, M6).
5. Erklären Sie die Bedeutung der globalen Migration für die Europäische Union (M7, M8).

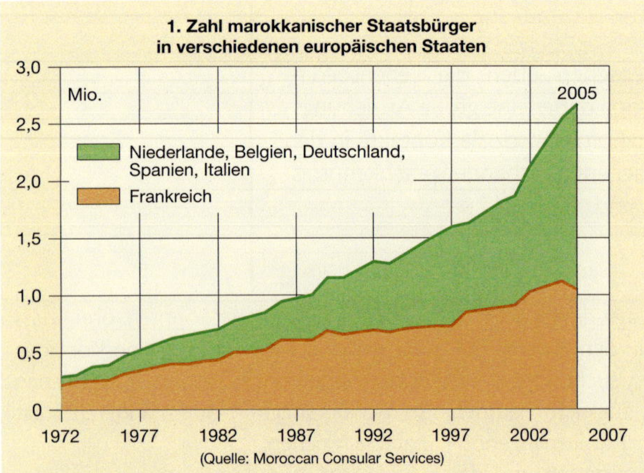

1. Zahl marokkanischer Staatsbürger in verschiedenen europäischen Staaten

(Quelle: Moroccan Consular Services)

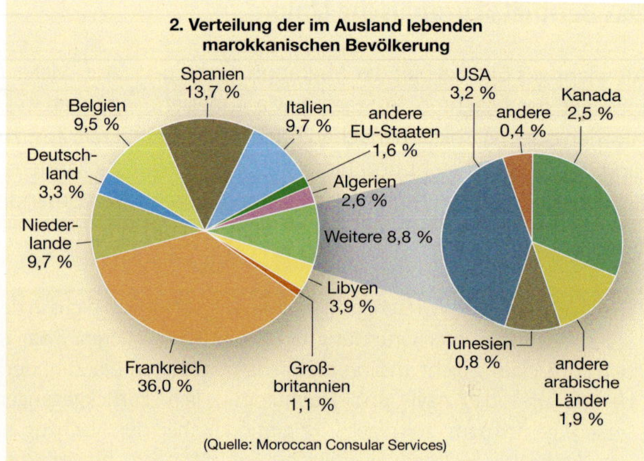

2. Verteilung der im Ausland lebenden marokkanischen Bevölkerung

(Quelle: Moroccan Consular Services)

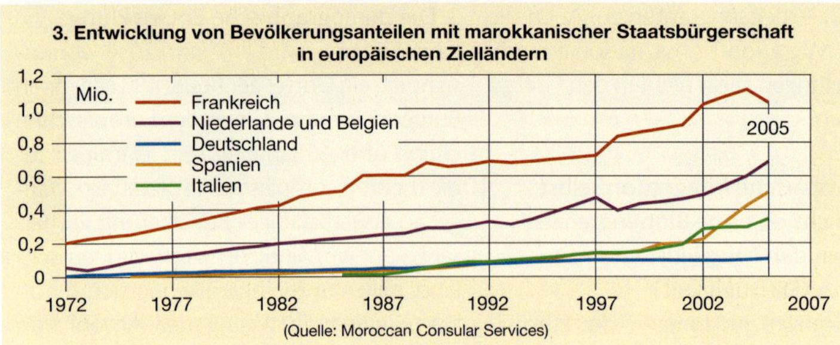

3. Entwicklung von Bevölkerungsanteilen mit marokkanischer Staatsbürgerschaft in europäischen Zielländern

(Quelle: Moroccan Consular Services)

4. Rücküberweisungen, Direktinvestitionen und Fördermittel aus dem Ausland an Marokko

(Quelle: World Development Indicators)

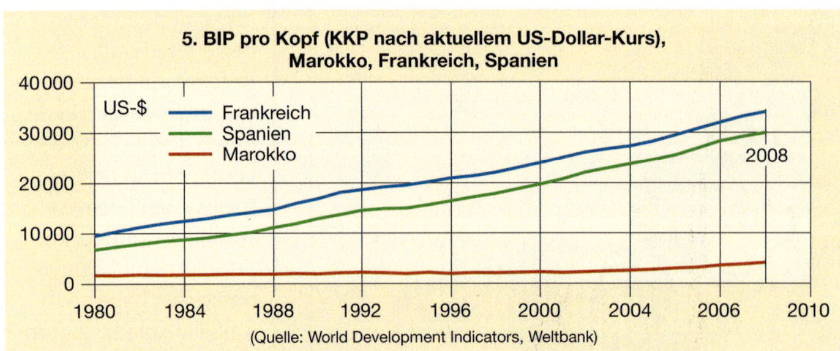

5. BIP pro Kopf (KKP nach aktuellem US-Dollar-Kurs), Marokko, Frankreich, Spanien

(Quelle: World Development Indicators, Weltbank)

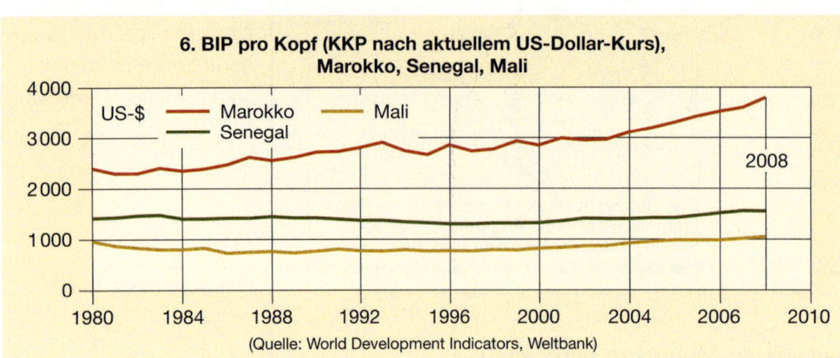

6. BIP pro Kopf (KKP nach aktuellem US-Dollar-Kurs), Marokko, Senegal, Mali

(Quelle: World Development Indicators, Weltbank)

Künftige Herausforderungen an die marokkanische Migrationspolitik

Die mittelfristigen Perspektiven Marokkos im Bereich Migration hängen fundamental vom zukünftigen wirtschaftlichen Wachstum ab und davon, inwieweit bürgerliche Freiheiten gestärkt werden und sich wirkliche Demokratisierung vollziehen kann. Einkommensgefälle zwischen Marokko und europäischen Zielländern haben in den letzten Jahrzehnten eher noch zugenommen, und nachhaltige Opportunitätsunterschiede werden die Migration in der Zukunft wohl noch weiter antreiben. Eine Kombination aus demographischen und wirtschaftlichen Faktoren könnte das Auswanderungspotenzial Marokkos auf lange Sicht jedoch möglicherweise eindämmen.

Nach Jahren intensiven Bevölkerungswachstums wird sich die demographische Entwicklung in der Zukunft verändern. Das gängige Bild von Marokko als einem fast unerschöpflichen Quell junger, arbeitsloser Menschen, die bereit sind, nach Europa zu ziehen, sobald sich nur die Möglichkeit dazu bietet, verschließt sich der Tatsache, dass die Geburtenrate in Marokko eindrucksvoll zurückgegangen ist: von etwa 7,1 im Jahre 1965 (dem Beginn der „Gastarbeiter" – Wanderung nach Europa) auf 2,5 um das Jahr 2000. Wenn der gegenwärtige Trend anhält und die marokkanische Wirtschaft weiter wächst, eröffnen sich den nächsten auf den Arbeitsmarkt strömenden Generationen einzigartige Möglichkeiten, die ein in den nächsten Jahrzehnten rapide sinkendes Auswanderungspotenzial zur Folge haben könnten. Diese Entwicklung könnte Marokko auch als Migrationsziel noch attraktiver machen, was mit wachsender Zuwanderung und Ansiedlung aus Subsahara-Afrika einhergehen würde. […]

Quelle: www.focus-migration.de/Marokko.5987.0.html (Zugriff 26.04.2009)

M9 Migrationsbericht Marokko 2009

Dass Arbeitsmigranten besonders stark von der globalen Wirtschaftskrise betroffen sind, zeichnet sich immer deutlicher ab, vor allem in Asien. Während die Regierungen der Zielländer versuchen, die Zuwanderung zu beschränken, um ihre eigenen Bevölkerungen vor Arbeitslosigkeit zu schützen, bemühen sich die Herkunftsstaaten um Unterstützung für ihre Arbeitskräfte im Ausland. Die globale Rezession wird weltweit Millionen von Arbeitslosen hervorbringen. Dies ist das Ergebnis neuer Prognosen der Internationalen Arbeitsorganisation (ILO), die Mitte Februar veröffentlicht wurden. Im pessimistischen Szenario könnten allein in Asien bis Jahresende weitere 22 Mio. Menschen arbeitslos werden. Insgesamt gäbe es dann 113 Mio. Arbeitslose auf dem Kontinent. Arbeitsmigranten sind vielerorts am schnellsten und am härtesten betroffen. [...]

Singapur: In dem Insel- und Stadtstaat demonstrierten im Februar mehrfach entlassene Arbeiter aus Bangladesch vor dem Arbeitsministerium. Sie forderten die Bezahlung ausstehender Löhne und eine Wiederbeschäftigung. [...]

Russland: Um ihre eigenen Bevölkerungen vor Arbeitslosigkeit zu schützen, beschränken immer mehr Regierungen von Empfängerländern die Arbeitsmöglichkeiten für Ausländer. [...]

Australien: Auch das traditionelle Einwanderungsland senkte Mitte März seine Einwanderungsquote für dauerhafte Zuwanderer um 14 Prozent für das Finanzjahr 2008/09. [...]

Malaysia: Besonders drastisch geht die Regierung Malaysias vor. Anfang März bestätigte der Minister für Humanressourcen Datuk S. Subramaniam (Barisan Nasional), die Regierung wolle jeden Monat 15 000 Arbeitsmigranten durch malaysische Arbeitskräfte ersetzen. [...]

Indien: Die indische Regierung gab Ende Februar bekannt, offiziell seien infolge der Krise bereits 20 000 Inder in ihr Heimatland zurückgekehrt. Zugleich startete die Regierung eine Gesetzesinitiative, um indische Arbeitsmigranten im Ausland bei künftigen Wirtschaftskrisen besser schützen und effektiver unterstützen zu können. [...]

Philippinen: Die Philippinen, wo jeder zehnte Erwachsene – insgesamt 8 Mio. – im Ausland arbeitet, entsandte bereits eine Delegation von Beamten nach Südkorea. Sie sollen Arbeitnehmern, die von Entlassung bedroht sind, bei der Jobsuche vor Ort helfen oder sie über Weiterbildungsmaßnahmen bzw. die Möglichkeit der Selbstständigkeit bei einer Rückkehr informieren. [...]

(Quelle: Focus-Migration: Newsletter Ausgabe 3/2009)

M 10 Asiens Umgang mit Arbeitsmigranten in der Wirtschaftskrise

Die Bundesregierung will ausländischen Fachkräften den Zugang zum Arbeitsmarkt erleichtern. Das Kabinett beschloss das „Aktionsprogramm Arbeitsmigration zur Sicherung der Fachkräftebasis in Deutschland". [...]

Die bislang Ende April 2009 auslaufende Abschottung des Arbeitsmarktes gegen Billig-Arbeiter aus den neuen EU-Ländern wird letztmalig um zwei weitere Jahre bis 2011 verlängert. Dies gilt für die zum 1. Mai 2004 beigetretenen Staaten wie Polen, außer Zypern und Malta. Mit diesem Kurs ist Deutschland weitgehend allein. Bis auf Österreich haben die übrigen EU-Staaten ihren Arbeitsmarkt weitgehend geöffnet [...]

(Quelle: www.spiegel.de/unispiegel/jobundberuf/.html vom 16.07.08)

M 11 Deutsche Bundesregierung will mehr Hochqualifizierte ins Land holen

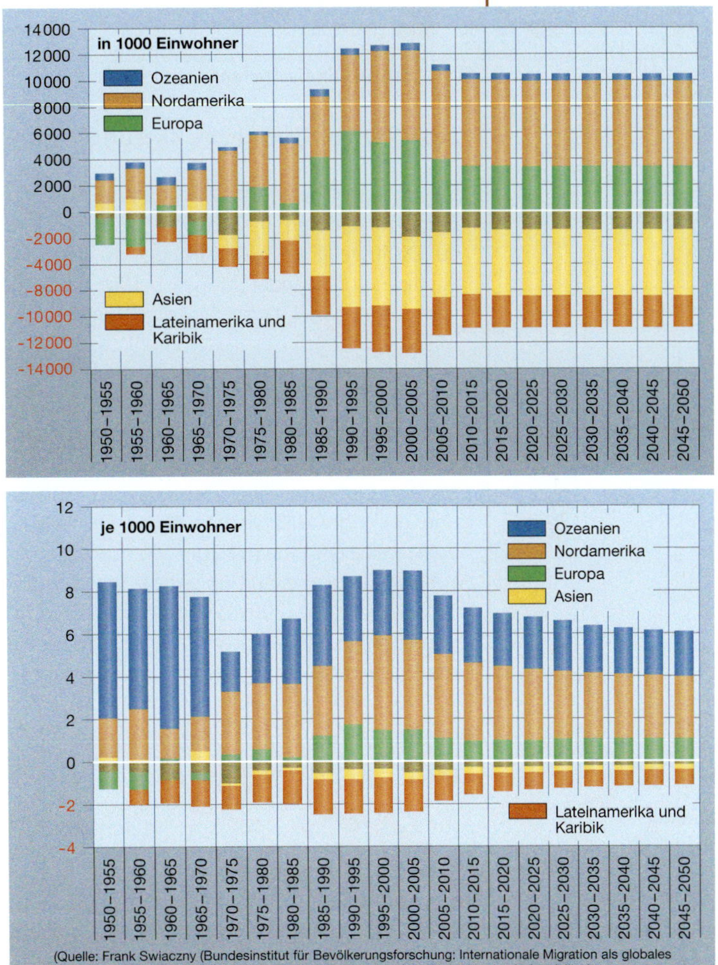

(Quelle: Frank Swiaczny (Bundesinstitut für Bevölkerungsforschung: Internationale Migration als globales Phänomen Auswirkungen auf den demographischen Wandel in den Industrieländern. Erlangen 11/2005, Folie 11 und 13)

M 12 Wanderungssalden

6. Kennzeichnen Sie Entwicklungen im Bereich der marokkanischen Migration (**M 9**).
7. Bewerten Sie die Perspektiven einer nachhaltigen Migrationspolitik, die die Interessen der Quell- und Zielländer angemessen berücksichtigt (**M 1** bis **M 12**).

Webcode: GO649174-215

2. Indonesien – staatlich gelenkte Wanderung

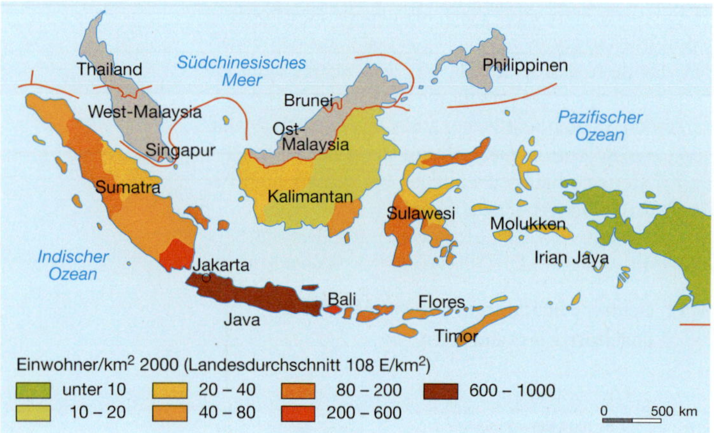

M 1 Bevölkerungsverteilung in Indonesien

Naturpotenzial und Bevölkerung

Das Staatsgebiet Indonesien weist mit 7 Mio. Quadratkilometern fast die Größe Australiens auf. Da ausgedehnte Meeresflächen die Inseln des Archipels voneinander trennen, beträgt die Landfläche nur etwa 1,9 Mio. Quadratkilometer. Damit ist Indonesien der viertgrößte Staat Asiens.

Die starke Zerstückelung in einzelne Inseln ist eine Folge gegenläufiger Bewegungen von Kontinentalplatten, denn der Bogen der Sundainseln markiert die Nahtstelle zwischen der Eurasischen und der Indo-Australischen Platte. Die längste Vulkanreihe der Erde mit über 300 Vulkanen, davon 128 tätigen, verläuft über diese Schwächezone der Erdkruste. Zudem verknoten sich in Indonesien die jungtertiären Faltengebirge Eurasiens mit dem zirkumpazifischen Gebirgssystem.

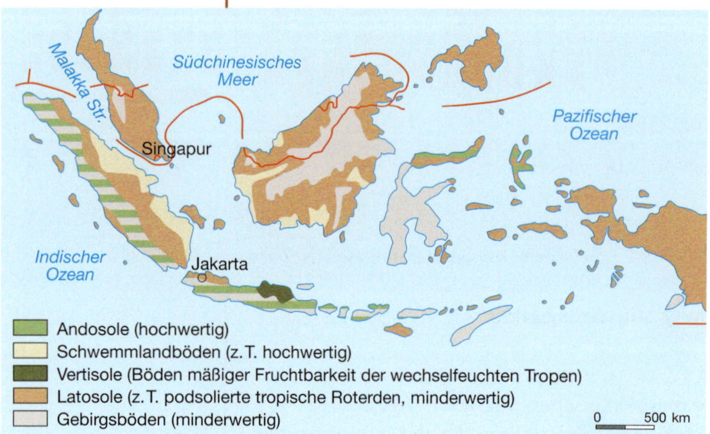

M 2 Böden

Vulkane können Böden von höchster Fruchtbarkeit schaffen, z. B. die mineral- und humusreichen Andosole, die aus Feinaschen hervorgegangen sind und ein A-C-Profil haben. Von vergleichbarer Qualität sind die alluvialen Schwemmlandböden in den Tälern, Senken und Küstenebenen. Andosole wie Alluvialböden haben die Entwicklung von Hochkulturen begünstigt. Ungünstige Voraussetzungen für den Ackerbau bieten die Latosole. Sie entwickeln sich in der Vorgebirgszone.

Das Klima des innertropischen Inselstaates ist nicht überall vollhumid; die Niederschläge sind regional unterschiedlich. So tritt von Mitteljava an ostwärts eine zunehmende Trockenzeit im Südwinter (Mai – September) auf, die auf Timor sechs – acht Monate dauert. Außerdem rufen Luv- und Leelagen Unterschiede in der Niederschlagsverteilung hervor. Begünstigt durch die Fülle der Inseln und Rückzugsgebiete leben heute über 300 Ethnien in Indonesien. Hinzu kommen über 100 unterschiedliche ethnische Gruppierungen in West-Papua, das 1963 annektiert wurde.

In Indonesien leben 230 Mio. Einwohner. Damit ist Indonesien nach der VR China, Indien und den USA der viertgrößte Staat der Erde. Die Bevölkerung wächst weiter, zurzeit um 1,2 Prozent pro Jahr. Die **Bevölkerungsverteilung** ist sehr unterschiedlich. Auf den zentralen Inseln Java, Madura und Bali leben auf 7,2 Prozent der Landfläche etwa zwei Drittel der Gesamtbevölkerung, allein auf Java sind es 138 Mio. Einwohner. Die durchschnittliche Bevölkerungsdichte in den ländlichen Gebieten Mittel- und Westjavas liegt bei ca. 1000 Einwohnern pro km² und ist damit etwas höher als im Ruhrgebiet. Am anderen Ende der Dichteskala stehen ausgedehnte Gebiete auf den Außeninseln mit z. T. deutlich unter 20 Einwohnern pro km.

Weniger als 20 Prozent des Territoriums werden für die Landwirtschaft genutzt. Die Versorgung der wachsenden Bevölkerung mit Grundnahrungsmitteln aus heimischer Produktion, vor allem mit Reis, ist damit gefährdet. Nur auf Java beträgt die Nutzfläche wegen der günstigen Produktionsbedingungen 50 Prozent. Bewirtschaftet wird diese Fläche vor allem von bäuerlichen Kleinbetrieben. Es herrscht Realerbteilung. Durch das rasche Bevölkerungswachstum wird daher die Besitzfläche immer kleiner, sie liegt in Zentraljava z. T. bei 0,1 Hektar pro Familienbetrieb. Auf diesen Parzellen, die die Größe eines Gartens haben, müssen die Kleinbauern den Lebensunterhalt für ihre oft vielköpfige Familie erwirtschaften. Rund 70 Prozent der Landbevölkerung besitzen kein Land, sondern müssen als Tagelöhner arbeiten. Die Nachfrage in Bezug auf Arbeitskräfte ist durch die zunehmende Mechanisierung der Arbeitsprozesse in der Landwirtschaft rückläufig. Diese Push-Faktoren veranlassen viele verarmte Kleinbauern und arbeitslose Landarbeiter, in die Städte zu ziehen, in denen sie sich bessere Lebensbedingungen versprechen. Durch diese **Land-Stadt-Wanderung** wachsen die Städte schnell.

Dies gilt vor allem für die Hauptstadt Jakarta, die mit etwa neun Millionen Einwohnern zu den größten Metropolen der Welt gehört. Die Region Jabotabek – ein Akronym, das aus Jakarta, Bogor, Tangeray und Bekasi, den drei die Hauptstadt umgebenden Städte, gebildet wurde – ist mit geschätzten 20 Millionen Einwohnern einer der größten globalen Verdichtungsräume.

Die Hoffnungen der Zuwanderer werden allerdings oft enttäuscht. Statt sozialer Aufstieg und Reichtum ist die Realität meist ein Leben in den Slums mit Arbeitslosigkeit, mangelnder sozialer Absicherung, schlechten hygienischen Verhältnissen, lückenhafter Ver- und Entsorgung (Wasser, Strom, Abfall) sowie hohen Umweltbelastungen.

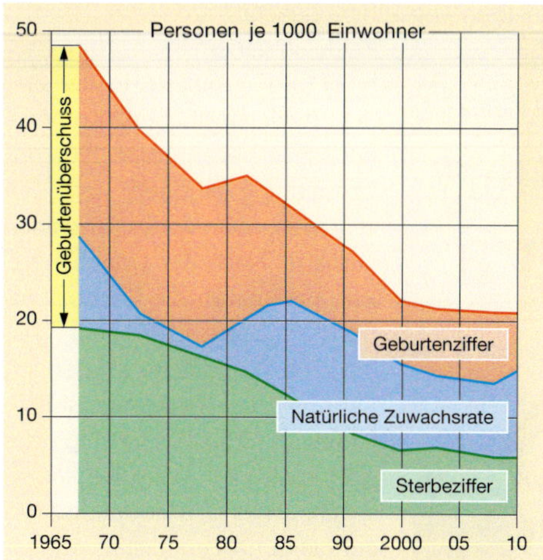

(nach: Statistisches Bundesamt, Hrsg., Länderbericht Indonesien 1993, S. 27, aktualisiert 90/98; Deutsche Stiftung Weltbevölkerung, Hrsg., Datenreport 2010)

M 4 Bevölkerungsentwicklung

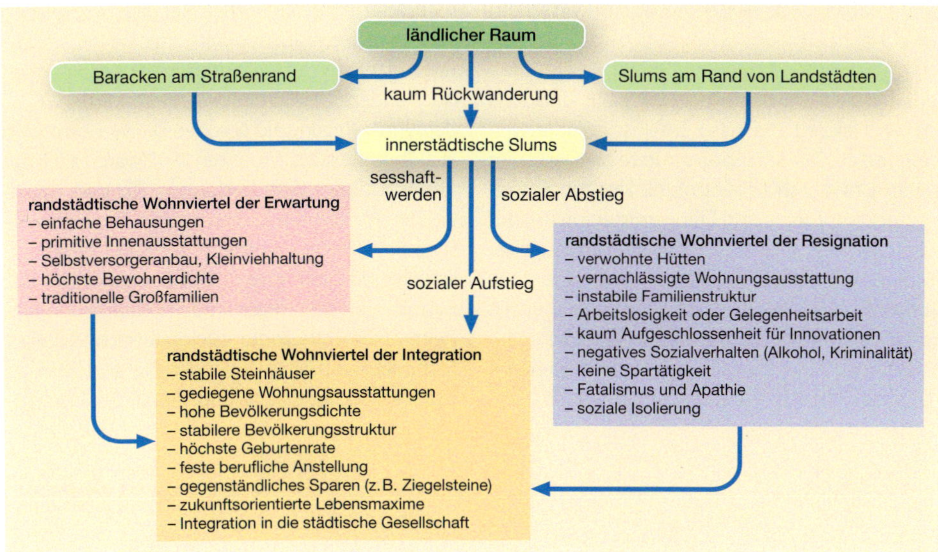

M 3 Modell der Land-Stadt-Wanderung

1. Untersuchen Sie die naturräumlichen Bedingungen Indonesiens (M 1, M 2, Atlas).
   - Beschreiben und erklären Sie die geotektonische Lage im Rahmen der Plattentektonik.
   - Beschreiben Sie das Klima und begründen Sie regionale Unterschiede.
   - Beschreiben Sie die Verteilung der Böden und beurteilen Sie diese im Hinblick auf agrarische Nutzungsmöglichkeiten.
2. Setzen Sie die Bevölkerungsverteilung in Beziehung zur naturräumlichen Ausstattung (M 1, M 2, Atlas).
3. Kennzeichnen Sie die Bevölkerungsentwicklung (M 4) und ordnen Sie Indonesien in das Modell des demographischen Wandels ein (vgl. S. 464).
4. Nennen Sie Gründe, die zur Land-Stadt-Wanderung auf Java führen, und erörtern Sie die Auswirkungen der Binnenmigration auf die ländlichen Gebiete sowie Städte (M 3).

Gelenkte Binnenwanderung

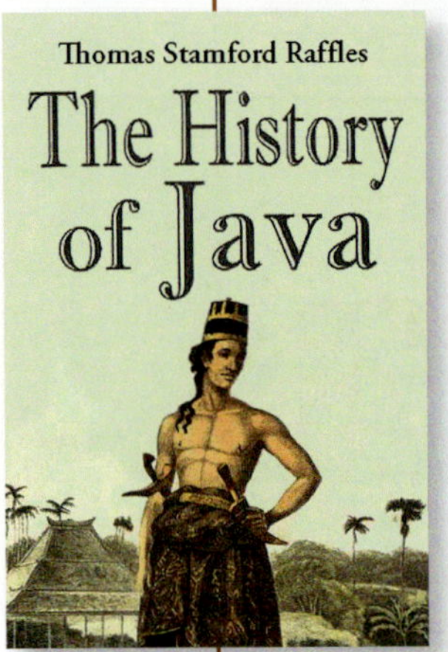

Die ungleiche Bevölkerungsverteilung auf den Inseln legte einen Ausgleich durch Umsiedlungen nahe. Die Idee wurde das erste Mal 1814 vom damaligen englischen Generalgouverneur Thomas Raffles in seinem Buch „The History of Java" geäußert. In der Zeit der niederländischen Kolonialherrschaft begann man 1905 mit Umsiedlungsaktionen von den zentralen Inseln vorwiegend nach Sumatra. Nach der Unabhängigkeit 1949 nahm die Republik Indonesien diese Idee wieder auf. Von 1969 bis 1998 wurden im Rahmen des **Transmigrasi-Projektes** 1,6 Millionen Familien, das sind etwa zehn Millionen Menschen, von Java, Madura und Bali auf die dünn besiedelten Außeninseln umgesiedelt. Ziele waren die Entlastung der überbevölkerten zentralen Inseln und die Verbesserung der Versorgung der Bevölkerung mit Nahrungsmitteln durch das Erschließen neuer landwirtschaftlicher Flächen.

Jede Umsiedlerfamilie erhielt ein Haus und zwei bis vier Hektar Land, das z.T. selbst gerodet werden musste. Der Staat unterstützte die Siedler im ersten Jahr durch Lebensmittel, Saatgut, Schädlingsbekämpfungs- und Düngemittel sowie landwirtschaftliche Geräte. Zu diesen vom Staat geförderten Siedlern kamen sogenannte „spontane Transmigrationsfamilien", die vom Staat nur ein Stück Land erhielten, aber keinerlei weitere Unterstützung. Eine dritte Gruppe bilden sogenannte „autonome Pioniersiedler", die außerhalb staatlicher Kontrolle vor allem nach Sumatra zogen. Die tatsächliche Zahl der Umsiedler liegt daher deutlich über den offiziellen Angaben. Zu einem Siedlungsgebiet gehören in der Regel 2000 Familien, unterteilt in Verwaltungseinheiten von je 500 Familien. Ganze Dörfer wurden in abgelegenen Gebieten errichtet, meist ohne Infrastrukturanbindung zur Vermarktung der Produkte. Die Böden erwiesen sich häufig als minderwertig und ungeeignet für die auf den fruchtbaren Vulkanböden Javas erprobten Arbeitstechniken der Siedler. Die Brandrodungen bewirkten schwere Erosionsschäden. So kam es zu Missernten. Inzwischen ist es allerdings einigen Regionen gelungen, standortgerechte Anbauformen zu entwickeln. So werden als Erosionsschutz zusätzlich Obstbäume, Bananen, Kokospalmen sowie andere Baum- und Strauchkulturen angebaut. Straßen verbinden mittlerweile die Dörfer mit den Regionalzentren und der Küste. Die Siedler in diesen Regionen haben heute meist ihr Auskommen.

In den 1990er-Jahren ging die Regierung zunehmend dazu über, die Transmigranten in Holzeinschlagsgebieten anzusiedeln oder sie neu errichteten Plantagen anzugliedern, in denen Ölpalmen oder andere cash crops angebaut werden. Wieder wurde Regenwald gerodet. Die verheerenden Waldbrände auf Kalimantan 1992 waren auch ein Resultat dieser Brandrodungen. Zu den ökologischen Problemen kamen soziale. Die einheimische Bevölkerung wurde in der Regel ohne Entschädigung von ihrem Land vertrieben. Der Raubbau an den Regenwäldern entzog den einheimischen Brandrodungsfeldbauern und den als Sammlern und Jägern lebenden Naturvölkern die Lebensgrundlage. Aufgrund dieser Schwierigkei-

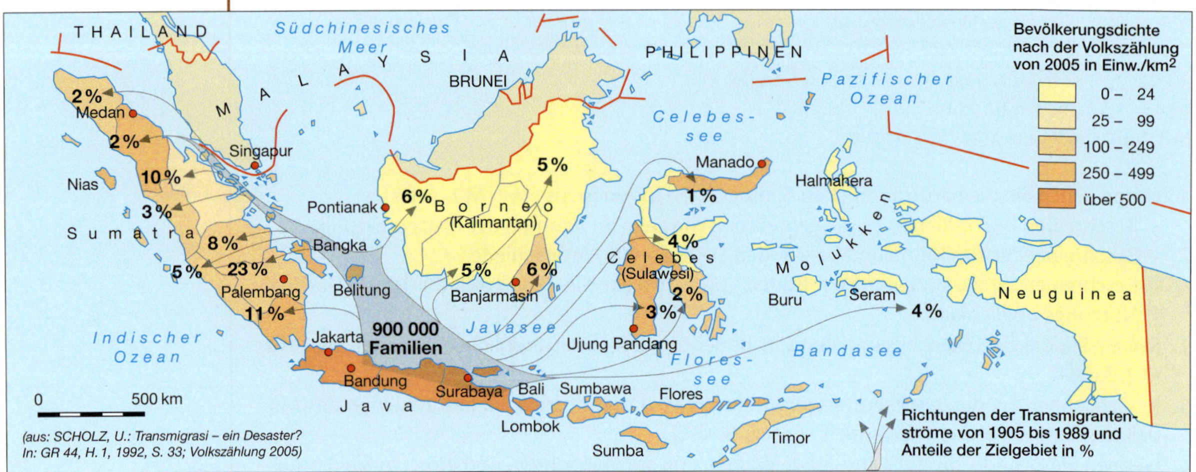

M5 Staatlich gelenkte Umsiedlung: Transmigrasi

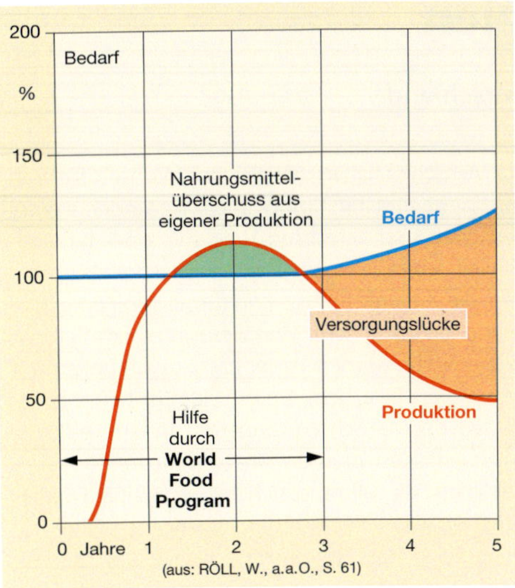

M6 Bedarf und Produktion von Nahrungsmitteln

M7 Siedlung auf Kalimantan

ten verließen viele Transmigranten die ländlichen Siedlungen und wanderten in die regionalen Zentren ab oder kehrten in ihre Heimat zurück. Genaue Zahlen hierzu werden von der indonesischen Regierung nicht veröffentlicht. Bereits in den 1990er-Jahren wurde erkennbar, dass das Transmigrasi-Projekt keinen entscheidenden Beitrag zum Abbau der Übervölkerung auf den zentralen Inseln und zur Sicherung der Nahrungsmittelproduktion leistete. Dennoch wurde das Projekt zunächst fortgeführt, wenn auch mit geringerem finanziellen Aufwand. Während der Wirtschaftskrise in Asien wurde das Transmigrasi-Programm zeitweise ausgesetzt. Nach Angaben des indonesischen „Department of Manpower and Transmigration“ werden zurzeit jährlich wieder 10 000 bis 15 000 Familien umgesiedelt, das entspricht etwa 50 000 Menschen pro Jahr.

Die Zielsetzungen haben sich geändert. Betont werden jetzt die Notwendigkeit einer regionalen Entwicklung der peripheren Räume, ihre Einbindung in den nationalen Wirtschaftskreislauf sowie die Sicherung der Staatsgrenzen. Unter dem Schlagwort **„nation building“** soll durch die Umsiedlungen eine indonesische Nation entstehen, in der die ethnischen Minderheiten integriert werden. Seit der Unabhängigkeit der ehemaligen Provinz Ost-Timor im Jahr 2002 (heute: Timor-Leste) hat dieses Ziel Priorität. Kritiker sprechen diesbezüglich von einer Javanisierung im Vielvölkerstaat. Der teilweise bewaffnete Widerstand der Urbevölkerung in den Zielgebieten flammt vor allem bei den Dajak auf Kalimantan und den Papua in den Provinzen West-Papua sowie Papua Barat auf Neuguinea immer wieder auf.

Der westliche Teil von Neuguinea wurde 1963 von Indonesien annektiert. Die Urbevölkerung besteht aus Papuastämmen. Das Gebiet ist reich an Gold, Kupfer, Öl und Holz. Dort leben zirka 3,6 Millionen Einwohner. Mehr als ein Drittel der Bevölkerung bestand 2009 aus Migranten und deren Nachkommen. Bleibt der Zuzug konstant, wird dieser Bevölkerungsteil bereits 2011 die Mehrheit in Papua bilden.
Regierugs-, Verwaltungs- und Militärposten werden nahezu vollständig mit Javanern besetzt. Restaurants, Banken, Hotels, Handel sind zu fast 100 Prozent in der Hand von Migranten.
Aus Sicht vieler Papua regiert Indonesien wie eine Kolonialmacht. Indonesien wiederum fürchtet die Unabhängigkeit Papuas, da es dann den Zugriff auf die reichen Ressourcen verlieren würde und die nationale Einheit des Vielvölkerstaates gefährdet wäre.

(zusammengestellt nach: Ministry of Manpower and Transmigration. Indonesia 2000; Free West Papua Kampagne Deutschland (http:/www.freewestpapua.de/index.php/kolonialisation/transmigration-nach-west-papua; http.//wapedia.mobi/de/West-Papua)

M8 Zur Situation in Papua

5. Beschreiben Sie das Transmigrasi-Projekt und erläutern Sie detailliert die Ziele. Vergleichen Sie Ziele und vorliegende Ergebnisse (M5 bis M8).
6. Beurteilen Sie abschließend das Umsiedelprojekt unter ökonomischen, ökologischen, sozialen und politischen Gesichtspunkten.
Ergänzungsthemen: Indonesien ein Vielvölkerstaat. Ethnische Minderheiten in Indonesien: die Dajak, die Papua.

Entwicklungstheorien und -strategien

Entwicklungspolitik der Bundesrepublik Deutschland

M 1 Karikatur (aus: F.A.Z. vom 7.12.1999, S 4)

M 2
Karikatur
„Interessensgegensätze“

M 3 Karikatur (aus: Grupp, C. D. Dritte Welt im Wandel. Stuttgart 1990, S. 18)

Alle Menschen haben den gleichen Wunsch: Sie wollen, dass sie und ihre Kinder und Enkelkinder in einer friedlichen und gerechten Welt mit einer intakten Umwelt leben können. Entwicklungspolitik ist ein Weg, die Zukunft für uns und für nachfolgende Generationen zu sichern. Was dazu in einem Teil der Welt erreicht werden kann, hat Auswirkungen auf alle anderen Teile, denn unser Leben ist heute enger mit dem der Menschen in anderen Ländern verflochten als jemals zuvor in der Weltgeschichte.
Wer Sicherheit will, muss sich um weltweiten Frieden bemühen. Die Ereignisse der vergangenen Jahre haben gezeigt, dass Terrorismus, Kriege und Bürgerkriege zunehmend auch grenzüberschreitende Wirkungen haben können. Konflikte in anderen Ländern gefährden auch die Sicherheit der Menschen in Deutschland. Entwicklungszusammenarbeit hilft, Krisen zu verhindern und Konflikte zu bewältigen. Auf diese Weise leistet sie einen Beitrag zur Sicherung unserer Zukunft.
Auch Umweltprobleme machen nicht an nationalen Grenzen halt. Der hohe Verbrauch fossiler Brennstoffe und die damit verbundene Belastung der Atmosphäre durch Kohlenstoffdioxid haben Auswirkungen auf das weltweite Klima. Entwicklungszusammenarbeit, die in den Partnerländern den Umweltschutz, umweltfreundliche Produktionsweisen und den Einsatz erneuerbarer Energien fördert, trägt zum globalen Umweltschutz bei. Durch die enge Verflechtung des heutigen Weltwirtschaftssystems bleibt keine Volkswirtschaft unberührt von den Krisen anderer Länder und Regionen. Deutschlands Wirtschaft basiert auf dem Export von Waren, sie ist darum auf eine stabile Weltwirtschaft angewiesen. Finanz- und Wirtschaftskrisen in Afrika, Asien oder Südamerika führen auch in Deutschland zu einem Verlust von Arbeitsplätzen. Entwicklungszusammenarbeit, die darauf ausgerichtet ist, die Volkswirtschaften in den Partnerländern zu stabilisieren und zu stärken, stärkt dadurch auch die Wirtschaft in Deutschland und in den anderen Geberländern.

(Quelle: BMZ.de vom 29.05.2009)

M 4 Entwicklungszusammenarbeit

„Wem kommt zugute, was wir ‚Entwicklungshilfe' nennen: ‚uns' oder ‚denen'? Dient sie moralisch unserer Entlastung, faktisch der Erpressung, der Sicherung unserer Machtpositionen, der Verschleierung unserer Ausbeutung, der Subventionierung unserer eigenen Exportindustrien?“ (aus: Enzensberger, H. M. (1965), zit. nach Nuscheler: Lern- und Arbeitsbuch Entwicklungspolitik. Bonn 1991, S. 229)

M 5 Entwicklungspolitik – weil sie allen hilft

1990 lebte noch ein Drittel der Menschheit in extremer Armut. Heute ist es ein knappes Fünftel. Die Kindersterblichkeit ist seit 1990 um 20 Prozent zurückgegangen. 1980 starben noch doppelt so viele Kinder wie heute, bevor sie ihr fünftes Lebensjahr erreicht hatten.

(nach: Warum Entwicklungspolitik? BMZ (Hg.) Bonn 2008, S.9)

M6 Erfolge und Anstrengungen bei der Entwicklungszusammenarbeit

Im Jahr 2000 verabschiedeten 189 Staaten die Milleniums-Erklärung mit der Absicht, bis 2015 folgende Ziele zu erreichen:

1. Bekämpfung von Armut, Hunger und Arbeitslosigkeit: Halbierung der extremen Armut und des Hungers in der Welt
2. Grundschulbildung für alle Kinder
3. Stärkung der Rolle der Frauen
4. Senkung der Kindersterblichkeit um zwei Drittel
5. Senkung der Müttersterblichkeit um drei Viertel
6. Bekämpfung von HIV/AIDS, Malaria und anderen Krankheiten
7. Ökologische Nachhaltigkeit sichern: Sicherung der natürlichen Lebensgrundlagen
8. Globale Partnerschaft für Entwicklung; Partnerschaft zwischen Industrie- und Entwicklungsländern.

Geber- und Partnerländer verpflichten sich gemeinsam, fünf Prinzipien als handlungsleitend für ihre Entwicklungszusammenarbeit zu beachten: Eigenverantwortung der Partnerländer, Partnerorientierung und Nutzung lokaler Strukturen, Harmonisierung der einzelnen Geberbeiträge, Ergebnisorientierung sowie gestärkte Rechenschaftspflichten.

Die Entwicklungszusammenarbeit Deutschlands orientiert sich an den Milleniumszielen und ist darüber hinaus abgestimmt mit anderen Gebern wie der EU, der Weltbank, dem Internationalen Währungsfond und der UNO. Durch eine Beschränkung auf ca. 60 bis 70 Partnerländer und bestimmte Themenfelder wie Krisenprävention und Konfliktbearbeitung in Westafrika soll eine größere Effektivität erreicht werden.

1. Demokratie, Zivilgesellschaft und öffentliche Verwaltung, Menschenrechte [good government], hier besonders Frauen- und Kinderrechte, Justizreform, Dezentralisierung und Kommunalentwicklung, Friedensentwicklung und Krisenprävention
2. Bildung
3. Gesundheit, Familienplanung, HIV/AIDS
4. Trinkwasser, Wassermanagement, Abwasser/Abfallentsorgung
5. Sicherung der Ernährung, Landwirtschaft (darunter Fischerei)
6. Umweltpolitik, Schutz und nachhaltige Nutzung natürlicher Ressourcen (darunter Bekämpfung der Wüstenbildung, Erhaltung der Bodenfruchtbarkeit, nachhaltige Waldbewirtschaftung, Biodiversität)
7. Wirtschaftsreform und Aufbau der Marktwirtschaft (darunter Finanzwesen, Handelspolitik und Privatwirtschaftsförderung, Beschäftigung, Berufsbildung, informeller Sektor, kleine und mittlere Unternehmen, industrieller Umweltschutz)
8. Energie (darunter Energieeffizienz, regenerative Energien)
9. Transport und Kommunikation

(aus: Warum Entwicklungspolitik? BMZ (Hg.) Bonn 2008, S. 28)

M8 Die Schwerpunkte des BMZ

M9
Logo „Eine Welt"

M7 Bildung als Schlüssel für Entwicklung: Unterricht am Fuße des Chimborazo (Ecuador) in 4500 m Höhe

1. Stellen Sie die Gründe und Ziele zur Entwicklungshilfe dar (M 1 bis M 5).
2. Vergleichen Sie die unterschiedlichen Schwerpunktziele (M 3, M 6 bis M 8).

Webcode:
GO649174-221

Unermüdlich tourt Bono um die Welt. Seine Bühne ist Afrika: Der U2-Frontmann fordert, dass die Reichen und Mächtigen ihr Versprechen halten und die Entwicklungshilfe verdoppeln. Über den irischen Rockstar mit der rosa Brille kann James Shikwati nur den Kopf schütteln. „Wir müssen die Entwicklungshilfe sofort und komplett stoppen", fordert der kenianische Ökonom. „Wir können uns selbst helfen." 2001 hat der 37-Jährige deshalb in Kenias Hauptstadt Nairobi die Denkfabrik „Inter Region Economic Network" (IREN) gegründet. Entwicklungshilfe, so lautet seine Argumentation, hat Afrika ärmer und korrupter gemacht und Bürokratie und Abhängigkeit gefördert.

Auch wenn nicht jeder so radikale Forderungen stellt: Die Stimmen mehren sich, die Entwicklungshilfe einen Bärendienst für Afrika nennen. Mehr als 100 Milliarden Dollar flossen nach Angaben der Organisation für wirtschaftliche Zusammenarbeit und Entwicklung (OECD) allein im Jahr 2006 aus den reichen in die armen Länder – davon ein gutes Zehntel aus der deutschen Staatskasse. In den vergangenen vier Jahrzehnten hat Afrika insgesamt mehr als 500 Milliarden Dollar erhalten – etwa das Doppelte eines Bundeshaushalts. Doch der Erfolg lässt angesichts von Krieg, Krankheit und Hunger auf sich warten. Jeder dritte Afrikaner lebt Schätzungen zufolge unterhalb der Armutsgrenze.

Hilfe nicht ohne Hintergedanken

„Daran sind wir in erster Linie selbst schuld", meint Shikwati. Aber die gewaltigen Finanzströme hätten Fehler wie Verstaatlichungen oder Machtmissbrauch noch verstärkt. Den Geldgebern gehe es auch nicht um Mildtätigkeit. „Sie zahlen aus strategischen Gründen, das war schon im Kalten Krieg so", sagt er. „Heute geht es nicht mehr um Ideologie, sondern um den Zugang zu Märkten und Rohstoffen und um Vorherrschaft." Den Nichtregierungsorganisationen (NGO) wirft Shikwati Eigennutz vor. „Das ist ein richtiges Geschäft", sagt er. „Sie sammeln für sich selbst Gelder ein, wir aber treten auf der Stelle." Statt zu helfen, schrecken die Hilfsorganisationen Touristen und Investoren mit ab, indem sie ein negatives Bild Afrikas vermitteln, so Shikwati.

Besonders im Visier der Kritiker ist die Nahrungsmittelhilfe. „Damit zerstörst du die Menschen, denen du helfen willst", sagt George Odo von der Hilfsorganisation CARE International, die jüngst Aufsehen erregte, als sie eine Nahrungsmittellieferung aus den USA zurückwies. „Oft wird genau das Korn oder Pflanzenöl, das man ins Land bringt, dort selbst angebaut. Und wir entmutigen die Farmer, weil sie mit den subventionierten Produkten nicht mithalten können." Nur bei Hungersnöten sei Nahrungsmittelhilfe richtig. „Sie sollte nicht der US-Regierung helfen, ihre subventionierten Produkte in Dritte-Welt-Länder zu bringen." Nicht nur der amerikanische, auch der europäische Steuerzahler greift für Subventionen seiner Landwirte tief in die Tasche. [...] Was zu viel produziert wird, wird exportiert – zum Beispiel nach Afrika, wo die Kleinbauern mit der hochgerüsteten Konkurrenz samt entsprechend niedrigeren Preisen kaum mithalten können. Ein Teufelskreis, und der europäische Steuerzahler muss neben der Agrar- auch für Entwicklungshilfe zahlen – wieder etwa 100 Euro pro Bürger. In Brüssel will man derlei Argumentationen nicht gelten lassen. „Wir teilen die Kritik von Shikwati nicht", betont ein Sprecher der EU-Kommission. Gut gehandhabte Entwicklungshilfe nutze den Empfängern sehr, aber auch der sogenannten guten Regierungsführung – sprich, der Vermeidung von Korruption. Bei der Nahrungsmittelhilfe halte sich die EU-Kommission an strenge Auflagen, etwa, dass die Nahrung – wenn möglich – am Ort oder so nah wie möglich gekauft werden müsse. Auch George Odo glaubt: „Entwicklungshilfe kann noch nicht ganz gestoppt werden, aber das muss das Ziel sein." (nach: Dorothe Junkers, dpa vom 3.09.2007, n-tv Dossier)

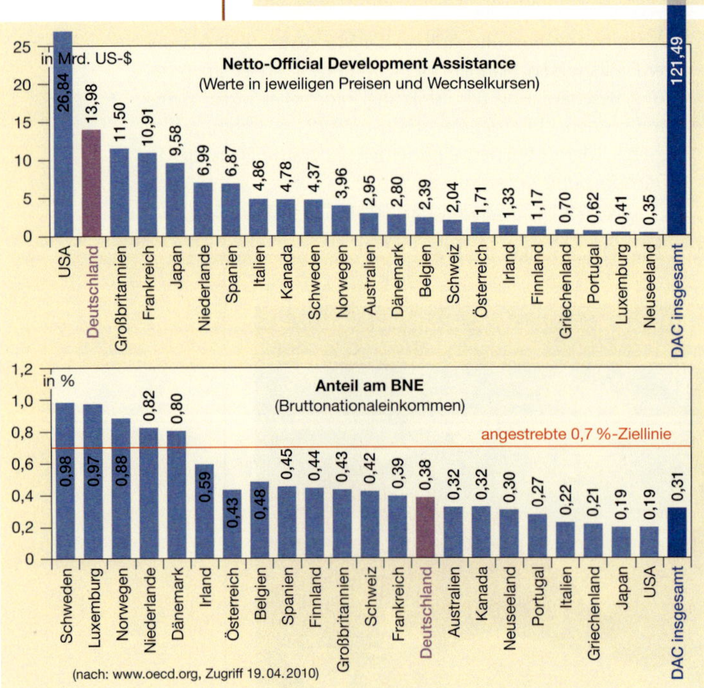

M 10 Geber im Vergleich 2008

M 11 Umstrittene Entwicklungspartnerschaft

3. Setzen Sie sich mit der Kritik auseinander, Deutschland investiere zu wenig oder zu viel in die Entwicklungszusammenarbeit (M 3, M 7, M 10).
4. Erarbeiten Sie die Pro- und Kontra-Argumente beim umstrittenen Entwicklungshilfethema sowie die unterschiedlichen Interessen der beteiligten Akteure (M 2 bis M 4, M 9, M 11).

M 12
Energiegewinnung – aber wie?

Entwicklung ja, aber wie? Umstritten sind die Erklärungsmodelle für Unterentwicklung und die darauf aufbauenden Entwicklungskonzepte.

Die Modernisierungstheorie

Mit der Unabhängigkeit der ehemaligen Kolonialländer seit der Mitte der 1950er-Jahre versuchen westliche Wissenschaftler, mittels der Modernisierungstheorie Unterentwicklung zu erklären und durch eine geeignete Strategie zu überwinden. Ihre Theorie orientiert sich am Lebensstandard der Industrieländer (IL) als entwicklungspolitisches Ziel. Danach wird die Rückständigkeit der Entwicklungsländer (EL) als eine Vorstufe zur erstrebten Industrialisierung definiert, die vergleichsweise in Westeuropa bis zum Ende des 18. Jahrhunderts dauerte. Die Ursachen der Unterentwicklung werden vorrangig in den EL selbst gemacht: Interne Mängel führen zu Ursachenketten wie Armut als Folge von Bevölkerungswachstum, das wiederum Arbeitslosigkeit, geringes Ausbildungsniveau usw. hervorruft **(s. Teufelskreislauf der Armut)**. Die daraus resultierende Entwicklungsstrategie setzt auf moderne Technologie, Großprojekte und Kapital der Industrienationen **(Big Push)**, um z. B. auf der Basis der Verarbeitung einheimischer Rohstoffe ein selbst tragendes Wachstum im EL zu initiieren **(Aufholstrategie)**.
Die Gründung moderner Industrien und Handelszentren in EL (an der Küste) kann zunächst nur punktuelle Zentren des westlichen Fortschritts bilden. Bei zunehmender Weltmarktintegration werden diese auf das rückständige Umland ausstrahlen und es auch am Massenkonsum teilhaben lassen. Dieser Durchdringungsprozess wird mit dem Begriff „Sickereffekt" (Trickle-down-Effekt) bezeichnet.
Die Modernisierungstheorien basieren auf dem europäisch-nordamerikanischen Gedankengut des Wirtschaftsliberalismus.

Die Dependenztheorie (Theorie der Abhängigkeit)

Die Dependenztheorie resultiert aus den Erfahrungen, die Wissenschaftler in Lateinamerika in den 1970er- und 1980er-Jahren gewonnen haben. Danach wird Unterentwicklung geschichtlich als eine Folge kolonialer Ausbeutung und gegenwärtig als Ergebnis der Abhängigkeiten von transnationalen Konzernen erklärt. Unterentwicklung und Entwicklung sind also nicht wie bei den Modernisierungstheorien Phasen, die nacheinander ablaufen, sondern gleichzeitig verlaufen und einander bedingen: Ohne die Ausbeutung der Entwicklungsländer als Rohstofflieferanten sind die Industrieländer nicht existenzfähig. Folglich werden die Ursachen der Armut nicht im Entwicklungsland selbst gesucht, sondern in den externen wirtschaftlichen und politischen Abhängigkeiten:
- Politische Bevormundung,
- Weltmarktabhängigkeit **(Terms of Trade)**
- Gewinntransfer der transnationalen Konzerne ins Ausland, die zur Zerstörung der heimischen Produktionsweise und nationalen Kultur sowie zu ökologischen Krisen z. B. im tropischen Regenwald führen.

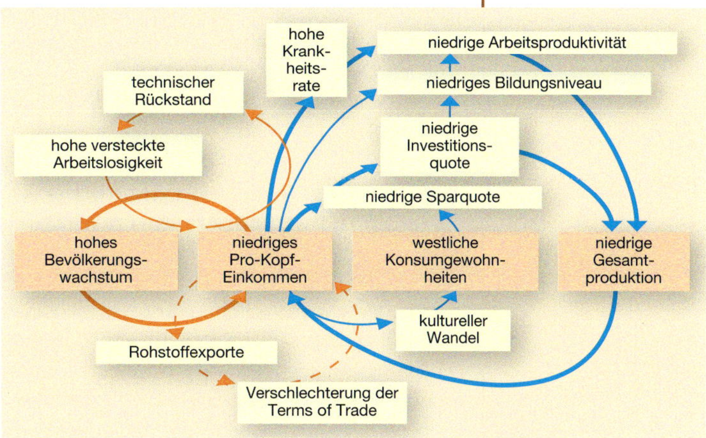

M 13
Teufelskreislauf der Armut

5. Erläutern Sie, wie die Modernisierungstheoretiker die Armut erklären (M 13).
6. Begründen Sie, wie die Modernisierungstheoretiker die Armut überwinden wollen (M 12, M 16).

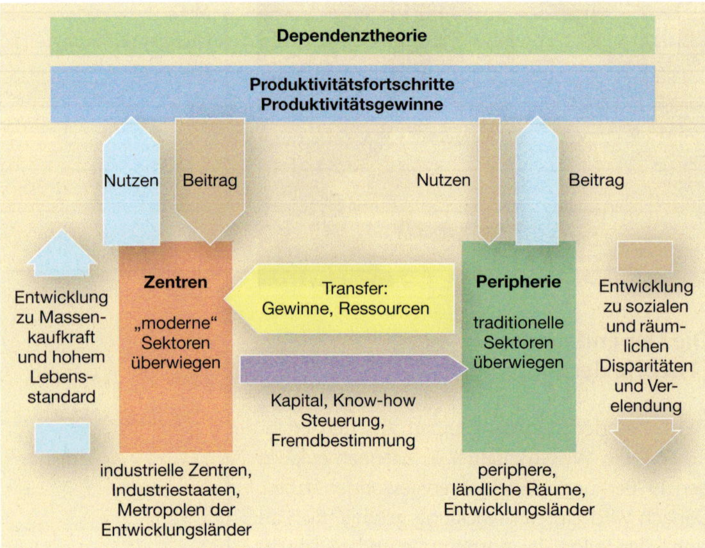

M 14 Dependenztheorie

Als Entwicklungsstrategie fordern die Verfechter der Dependenztheorie verschiedene Maßnahmen: Die radikalen Vertreter sehen in einer neuen Weltwirtschaftsordnung die Lösung der Entwicklungsprobleme. Andere bevorzugen die Strategie der **Self-Reliance,** eine (zeitweise) **Abkopplung** (Dissoziation) des Entwicklungslandes vom Weltmarkt mit dem Ziel, die kulturelle Identität sowie politische und wirtschaftliche Unabhängigkeit zu bewahren. Statt aufwändiger Prestigeobjekte sollten zunächst die Grundbedürfnisse der ländlichen Bevölkerung wie Nahrung, Bildung und Wohnungen gedeckt werden. Auf diese Weise könne der Stadt-Land-Gegensatz am besten überwunden werden. Ausländisches Kapital sollte nur dort eingesetzt werden, wo das Prinzip der Selbsthilfe nicht mehr greift. Die Dependenztheorie leitet sich von sozialistischen Ideen ab, kommt aber auch dem nationalistischen Denken der jungen Entwicklungsländer in der postkolonialen Phase entgegen (VR China 1949 – 1978 unter Mao Zedong).

Verflechtungsansatz, wirtschaftlicher Dualismus, fragmentierende Entwicklung

Kritiker der oben genannten Theorien stellen einen bedeutenden Realitätsverlust fest: Nicht starre ideologische Denkmuster mit monolinearen Erklärungsansätzen erklären Unterentwicklung, sondern **interne** und **externe** Rahmenbedingungen, d. h. kapitalistische und traditionelle Produktionsformen entscheiden auf lokaler und regionaler Ebene über den Erfolg der Entwicklung. Der verschärfte Wettbewerb im Zeitalter der Globalisierung führt zu einer völligen Neuverteilung von Wohlstand und Armut sowohl auf der Süd- als auch auf der Nordhalbkugel. Abhängig vom Grad der Weltmarktintegration entstehen räumlich und zeitlich nebeneinander Orte des Reichtums und solche der Massenarbeitslosigkeit. Die **Dualismustheorie** begründet Unterentwicklung mit dem räumlichen Nebeneinander von nicht miteinander verbundenen Wirtschaftssektoren wie z. B. der rückständigen traditionellen **Subsistenzwirtschaft** (Food Crops-Produktion) und der fortschrittlichen weltmarktorientierten **Plantagenwirtschaft** (Cash Crops-Produktion). Der Dualismus ist auch im städtischen Raum belegbar, wo neben dem formalen weltmarktorientierten **Sektor** (Industrie, Finanzdienstleister) ein Großteil der Bevölkerung im **informellen Sektor** ihren Lebensunterhalt mit Gelegenheitsarbeiten verdient (s. S. 331). Im städtischen Raum wird diese zu Ungleichheit führende fragmentierende Entwicklung erfahrbar in einem engen Nebeneinander von prosperierenden Stadtteilen (moderne Geschäftsviertel, Gated Communities) sowie von Slums und aufgegebenen historischen Altstadtkernen.

Zur Erfassung der örtlichen Vielfalt gehört aber neben den wirtschaftlichen Faktoren auch das kulturelle, politische, historische und ökologische Umfeld – insgesamt also ein komplexes Handlungsgefüge, das wiederum eingebunden ist in übergeordnete, d. h. nationale und internationale Handlungsebenen (Regierung, Staatsbürokratie, Weltmarkt, transnationale Konzerne mit ihren eigenen Strategien und Gesetzmäßigkeiten). Die Realität der Dritten Welt besteht also aus einem komplexen Gefüge horizontaler und vertikaler Verflechtungen. Vermittelnd zwischen den oben genannten Entwicklungstheorien bevorzugen die Vertreter des Verflechtungsansatzes eine Entwicklungsstrategie, die

- die Spielräume der handelnden und betroffenen Menschen auf örtlicher/regionaler Ebene untersucht unter der Fragestellung, inwieweit ihre Lebens- und Leidensbedingungen mit internen und externen Rahmenbedingungen (Weltmarkt oder rückständige Produktionsweisen) verflochten sind.
- möglichst umfassend die Wirklichkeit erforschen soll, d.h., die Untersuchungen dürfen sich nicht nur auf wirtschaftliche Fakten konzentrieren, sondern müssen auch soziale, kulturelle und ökologische Bedingungen einbeziehen.

Da eine Lösungsstrategie vom Ergebnis der örtlichen Untersuchungen abhängig ist, kann es kein vorgefertigtes Patentrezept wie bei den anderen Theorien geben. Mehrere Wege sind durchaus denkbar.

Die nachhaltige Entwicklung (sustainable development)

Das Ende der Ost-West-Konfrontation zu Beginn der 1990er-Jahre ermöglichte es, die Entwickungspolitik nicht mehr unter machtpolitischen und ideologischen Gesichtspunkten zu sehen, sondern unter dem Aspekt der nachhaltigen Entwicklung: *Dauerhafte Entwicklung ist Entwicklung, die die Bedürfnisse der Gegenwart befriedigt, ohne zu riskieren, dass zukünftige Generationen ihre eigenen Bedürfnisse nicht befriedigen können.* Diese Definition wurde erstmals 1987 formuliert und dann 1992 von den Regierungen auf der UN-Konferenz „Umwelt und Entwicklung" in der Agenda 21, einem Aktionsprogramm für das 21. Jahrhundert, in Rio de Janeiro verabschiedet. Entwicklung für die jetzige und die zukünftige Generation wird nicht mit isoliertem wirtschaftlichem Wachstum gleichgesetzt, sondern bedeutet die Sicherung menschenwürdiger Lebensgrundlagen unter Respektierung des **ökologischen Gleichgewichts,** der **sozialen Gerechtigkeit** und des **wirtschaftlichen Wohlstands.** Daraus resultiert, dass der auf Ressourcenverschwendung und Umweltbelastung basierende Reichtum des Nordens kein wünschenswertes Entwicklungsziel für den Süden sein kann. Angesichts der weltweiten Auswirkungen auf schwerwiegende Eingriffe in den Naturhaushalt der Erde (z. B. durch die Abholzung des tropischen Regenwaldes oder die CO_2-Emissionen des Nordens) kann nachhaltige Entwicklung nur **global ausgerichtet** sein. Von der Regierungsebene bis zur lokalen Ebene sind alle Menschen dieser Erde als Akteure und Betroffene zugleich aufgefordert, ökologisch und sozial verantwortlich zu handeln. Dabei können die Entwicklungsstrategien gemäß der unterschiedlichen kulturellen, wirtschaftlichen und technischen Voraussetzungen auf der Nord- und Südhalbkugel verschieden sein. Allerdings verlangt der Meinungsbildungsprozess, der von einer breiten Bürgerbeteiligung getragen sein sollte, demokratisch legitimierte Regeln, damit die Verhaltensänderungen in den Bereichen Umwelt, Soziales und Wirtschaft größtmögliche Akzeptanz erreichen.

7. Erklären Sie die Dependenztheorie als Gegenmodell zur Modernisierungstheorie.
8. Erläutern Sie das Prinzip der nachhaltigen Entwicklung.
9. Erkundigen Sie sich bei Ihrer Gemeinde, welche Anstrengungen im Zusammenhang mit der Lokalen Agenda 21 unternommen wurden und welche Hindernisse überwunden werden müssen (S. 233, 241, 318 ff.).
10. China produziert für die Welt, die Welt produziert in China. Wie bewerten Modernisierungs- und wie Dependenztheoretiker diese Entwicklung (M 14 bis M 17, Text S. 223).

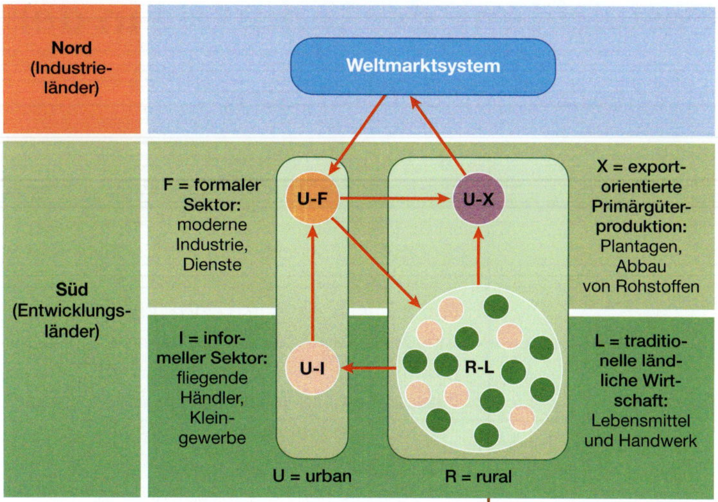

M 15 Modell des wirtschaftlichen Dualismus

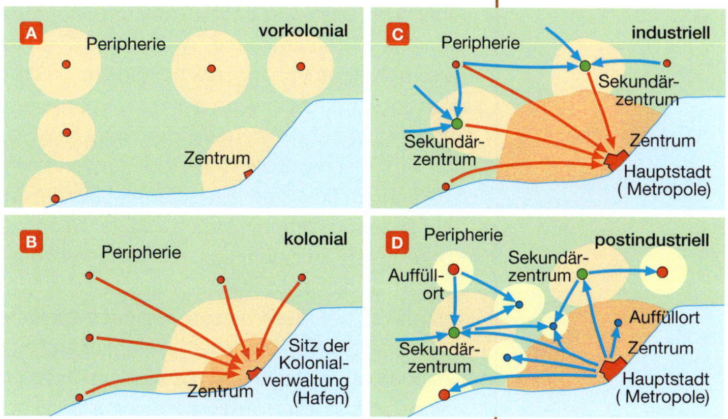

M 16 Entwicklung räumlicher Verflechtungen in Entwicklungsländern

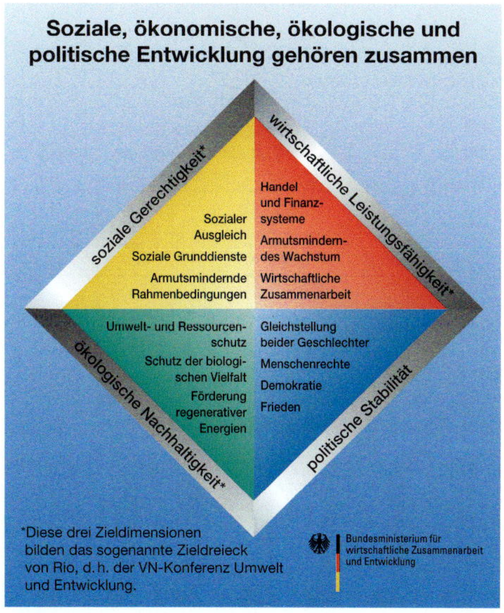

M 17 Die vier Zieldimensionen der deutschen Entwicklungspolitik

Webcode: GO649174-225

Entwicklung der Industrie in der Einen Welt

1. Entwicklung der Industrie

Als „Industrie" (verarbeitendes Gewerbe) wird allgemein der Teil der Volkswirtschaft eines Landes bezeichnet, in dem wirtschaftliche Güter produziert und weiterverarbeitet werden. Industrielle Vorgänge finden in Industriebetrieben statt und zeichnen sich durch einen hohen Technisierungsgrad, einen hohen Kapitaleinsatz und die Produktion hoher Stückzahlen aus.

Industriebetriebe werden im Sektorenmodell Fourastiés im **sekundären Wirtschaftsfaktor** erfasst. Dieser macht in vielen Staaten einen maßgeblichen Anteil am Bruttonationaleinkommen aus. Industrielle Krisen, die Branchen oder die gesamte gewerbliche Wirtschaft erfassen können, führten beispielsweise in der Textil- und Montanindustrie zu Struktur- und Wirtschaftskrisen. In diesem Zusammenhang spricht man von „sektoralen Strukturkrisen", wenn der Schwerpunkt der Betrachtung auf der betreffenden Branche liegt, und von einer regionalen Strukturkrise, wenn sich ein Raum im Fokus der Betrachtung befindet. In den letzten Jahrzehnten haben sich vor allem im Kontext der Globalisierung die Rahmenbedingungen für die Standorte der Industrie erheblich verändert. Daher stehen heute Regionen auf allen räumlichen Maßstabsebenen in Konkurrenz zueinander. In den Regionen, in denen ein massiver Abbau industrieller Strukturen vor sich geht, spricht man von einer **„De-Industrialisierung"**.

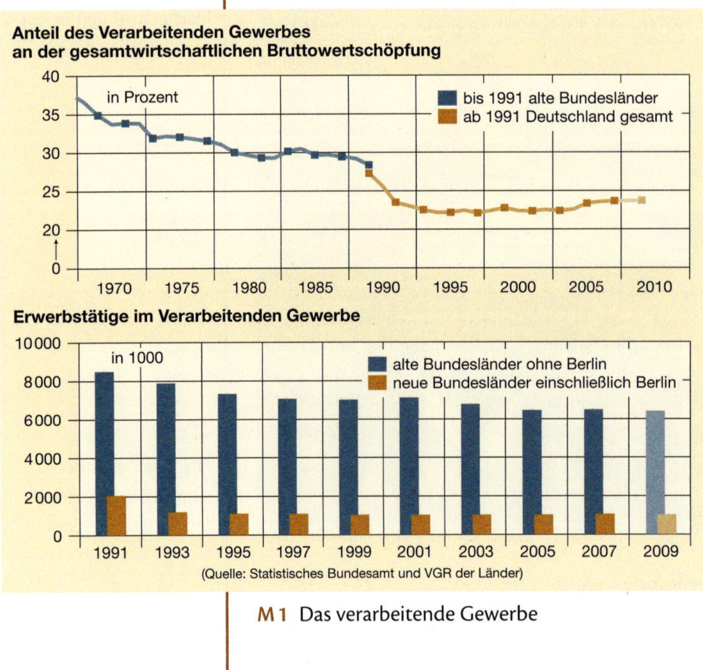

M1 Das verarbeitende Gewerbe

Das Bruttonationaleinkommen, bis 1999 als „Bruttosozialprodukt" bezeichnet, ist der Wertmaßstab für die gesamte wirtschaftliche Leistung einer Volkswirtschaft in einem bestimmten Zeitraum. Das Bruttonationaleinkommen stellt im Gegensatz zum Bruttoinlandsprodukt aber nicht auf die im Inland produzierten Güter und Dienstleistungen ab, sondern auf die von Inländern (natürliche und juristische Personen mit ständigem Wohnsitz im Inland) im In- und Ausland erstellten Leistungen (Inländerkonzept). Rein rechnerisch ergibt sich das Bruttonationaleinkommen, indem zum Bruttoinlandsprodukt der Saldo der Erwerbs- und Vermögenseinkommen zwischen Inländern und dem Ausland addiert wird. (Quelle: www.bundesbank.de, Zugriff 17.04.2009)

M2 Bruttonationaleinkommen (BNE)

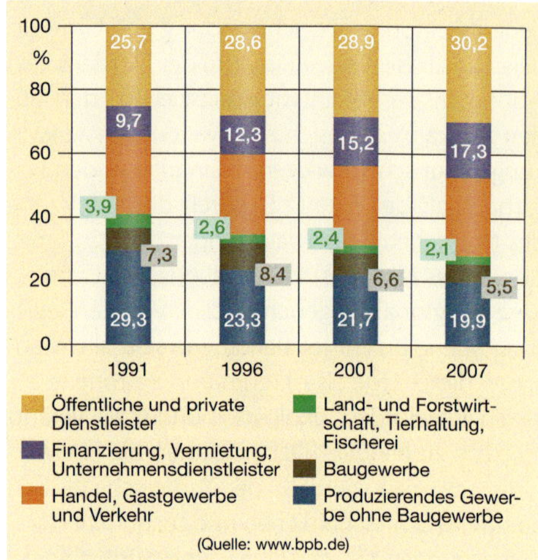

M3 Erwerbstätigkeit in Deutschland

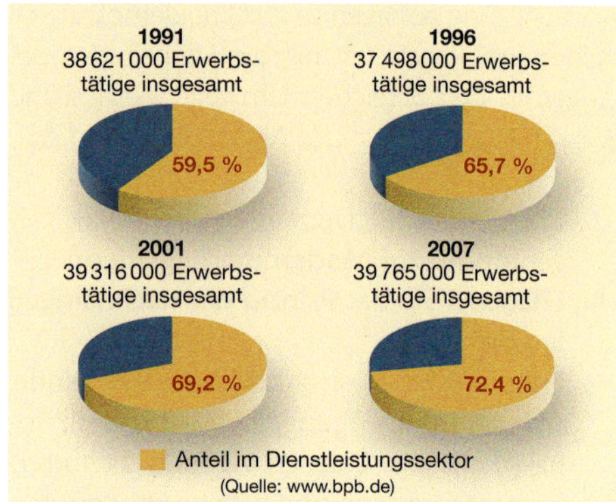

M4 Anteil der Erwerbstätigen im deutschen Dienstleistungssektor

Die Standort-Theorie Alfred Webers

Als „Standortfaktoren" bezeichnete Alfred Weber die Kräfte, die die Niederlassung von industriellen Wirtschaftsunternehmen beeinflussen. Zu den „generellen Standortfaktoren" gehören Transportkosten, Arbeitskosten, Grundrente; zu den „speziellen Standortfaktoren" gehören die Verderblichkeit der Produkte, der Feuchtigkeitsgehalt der Luft, aber auch individuell wirksame Standortfaktoren wie die Nähe zu kulturellen Einrichtungen. Als „regional wirksame Standortfaktoren" werden nur die Arbeits- und Transportkosten einschließlich der Materialkosten angesehen. Die übrigen Standortfaktoren können nur lokale Abweichungen von den durch die generellen Standortfaktoren bestimmten Standorte herbeiführen. Je nach technischem und ökonomischem Entwicklungsstand schwankt die Bedeutung der einzelnen Standortfaktoren.

Die Theorie des Industrie-Standortes baut vor allem auf den Arbeits- und Transportkosten auf. Alle anderen Kostenfaktoren sind entweder regional unwirksam oder lassen sich auf Transportkosten zurückführen. Selbst Abweichungen bei der Berechnung der Transportkosten werden in Entfernungen umgerechnet, sodass die Standort-analyse vereinfacht durchführbar ist. Die Lokalisation der industriellen und gewerblichen Unternehmen ist auch von der geographischen und der Verkehrslage eines Ortes abhängig. Bergbaubetriebe sind an Mineralvorkommen gebunden. Daneben treten zahlreiche andere Faktoren, die teils ökonomischer, teils außerwirtschaftlicher Art sind. Spezielle Standortfaktoren bilden die Steuer- und Verkehrspolitik. Häufungen von Industriebetrieben an Staatsgrenzen sind auf Lohngefälle, steuerliche Unterschiede und Fühlungsvorteile bei ähnlicher wirtschaftsgeographischer Strukturen der benachbarten Ländern zurückzuführen.

Neue Standort-Theorie nach Eike W. Schamp

„Netzwerk" bezeichnet in der Industriegeographie eine besondere Art und Weise, wie Unternehmen, die einzelne Produktionsschritte in einer Produktionskette ausführen, ihre Produktion nach Art und Menge untereinander abstimmen. Statt über den anonymen Markt mit Börse oder Auktionen sind Unternehmen informell durch Absprache oder offiziell durch Vertrag miteinander verbunden. Beides muss durch soziale Regeln miteinander abgesichert werden (z. B. „Treu und Glauben"), vor allem aber durch ein funktionierendes Rechtssystem, auf das sich die Partner verlassen können.

(aus: Eike W. Schamp, Industrie im Zeitalter der Globalisierung, in: geographie heute, Heft 155, November 1997, S. 2 ff.)

[…] Die Bedeutung harter Standortfaktoren wie Infrastruktur oder Subventionen verlieren umso mehr an Bedeutung, je mehr Staaten bzw. Regionen sie anbieten, andererseits wird die Bedeutung weicher Standortfaktoren wie Image oder Lebensqualität zur Anziehung neuer Industrien oft überschätzt. Der Wettbewerb zwischen den Regionen und damit der Entwicklungspfad einzelner Regionen wird vielmehr durch das bestimmt, was man institutionelle Standortfaktoren nennen könnte:
Regionen werden einerseits als sozialpolitische Netzwerke regionaler Interessengruppen verstanden, die den Wandel beschleunigen oder aber hemmen können, wie es oft dem Ruhrgebiet vorgeworfen wird, oder die nicht stark genug ausgeprägt sind, um den Wandel einer Region in die Wege zu leiten. Starke Netzwerke führen zu Verfestigungen zugunsten bestehender Industriestrukturen, erschweren also Wandel […]; schwache Netzwerke sind offen genug und daher flexibel – auch für Wandel. Eine gewisse Dichte von Institutionen scheint hilfreich zu sein, wie oft am Beispiel Baden-Württembergs dargelegt wird. Dazu gehören Einrichtungen wie Kammern, Technologietransferstellen, Qualifizierungseinrichtungen, Forschungseinrichtungen etc., vor allem aber Normen und Grundhaltungen bei den wichtigen Akteuren, die den industriestrukturellen Wandel herbeiführen sollen.
In Europa gibt es genügend Beispiele, in denen Kooperation und Kompromissfähigkeit zwischen Gewerkschaft (bzw. Betriebsrat) und Unternehmen zum erfolgreichen Umbau von Industriestandorten, Konfliktbereitschaft dagegen zum Abbau geführt haben. […]
Für den Industriegeographen heißt dies, dass die Frage, ob eine Region zu den Gewinnern oder den Verlierern der Globalisierung gehören wird, weder durch Kostenfaktoren (z. B. Löhne, Umweltkosten) noch durch staatliche Hilfen (Subventionen) allein entschieden wird, sondern in hohem Maße durch die Verfügbarkeit und angemessene Offenheit („schwache" Netzwerke) ihrer Institutionen und deren Handeln bestimmt wird.

(aus: Eike W. Schamp, Industrie im Zeitalter der Globalisierung, in: geographie heute, Heft 155, November 1997, S. 2 ff.)

M5 Veränderte Standortfaktoren

1. Erläutern Sie die Bedeutung der Industrie für die Volkswirtschaft eines Landes und beschreiben Sie Entwicklungen in diesem Bereich (M 1 bis M 4).
2. Fassen Sie die Kernaussagen der Standorttheorie Alfred Webers zusammen.
3. Vergleichen Sie die Standort-Theorie Webers mit der „Neuen Standort-Theorie" von Schamp (M 5).

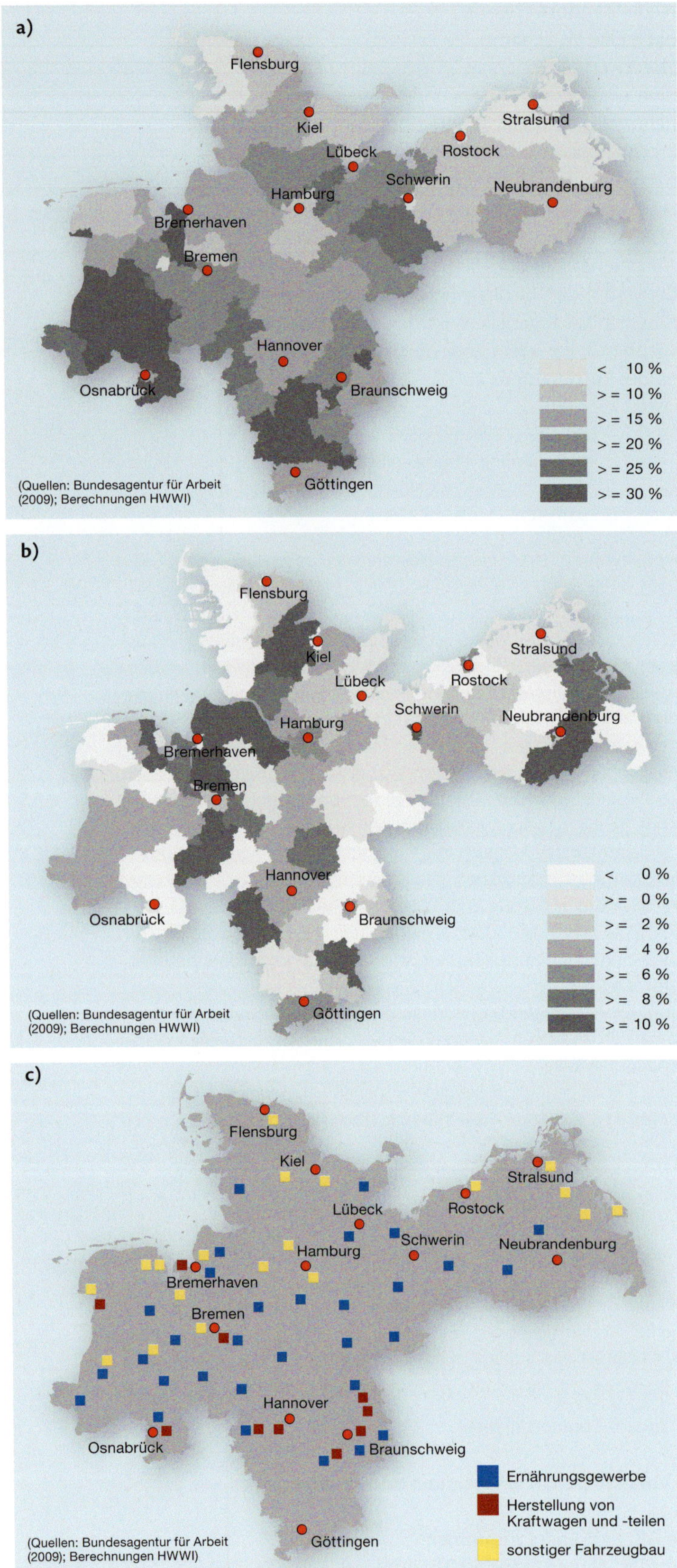

M6 Raumbeispiel Norddeutschland

Eine wettbewerbsfähige Industrie – Basis für Wohlstand und Beschäftigung

Der Industrie kommt für die deutsche Volkswirtschaft nach wie vor eine zentrale Bedeutung zu, sie ist die „Drehscheibe" der Wirtschaft. Gerade in Deutschland ist ihr Anteil an der gesamtwirtschaftlichen Produktion im Vergleich zu anderen EU-Ländern und insbesondere den USA relativ groß. Diese vergleichsweise hohe Bedeutung der Industrie ist Ausdruck der gewachsenen Spezialisierungsstruktur der deutschen Wirtschaft aufgrund ihrer komparativen Vorteile. Die deutsche Industrie weist ein weites Branchenspektrum auf und stellt nahezu alle Produkte her, die in einer entwickelten Volkswirtschaft nachgefragt werden. In vielen Branchen wie dem Straßenfahrzeugbau, dem Maschinen- und Anlagenbau oder der Chemie nimmt sie weltweit eine Spitzenstellung ein.

Auch die dynamische Entwicklung des Dienstleistungssektors wäre ohne die hervorragende internationale Wettbewerbsfähigkeit der deutschen Industrie nicht denkbar. Der Wertschöpfungsanteil der Industrie hat sich seit den Siebzigerjahren trotz der in jüngerer Zeit wieder leicht aufwärts gerichteten Entwicklung insgesamt zugunsten der Dienstleistungen zwar verringert. Jedoch ist dieser **Strukturwandel** weniger Ausdruck einer schwindenden Bedeutung der Industrie als vielmehr das Ergebnis grundlegender Veränderungen im **Wertschöpfungsprozess:** In die Produkte der Industrie fließen immer mehr tertiäre Vorleistungen ein, produktbegleitende Dienstleistungen gewinnen ständig an Bedeutung und Industrie und Dienstleistungssektor verflechten sich zunehmend. Eine herausragende Bedeutung kommt der Industrie für den Bereich des Exports zu: Der Anteil der Industrie am gesamten deutschen Auslandsgeschäft lag im Jahr 2007 bei 87 Prozent, die damit einen entscheidenden Beitrag zum deutschen Exportüberschuss leistet.
Die mit Abstand wichtigsten Außenhandelspartner Deutschlands sind die EU-Länder. Die Aufgabe der Industriepolitik besteht deshalb in erster Linie im Setzen von Rahmenbedingungen, die die Wettbewerbsfähigkeit der Industrie erhalten.

(Quelle: www.bmwi.de, Zugriff 02.08.2009)

M6a: Anteil des verarbeitenden Gewerbes an der Gesamtbeschäftigung 2007

M6b: Anteil wissensintensiver Industrien (Veränderung in Prozentpunkten 1999 – 2007)

M6c: Spezialisierung in ausgewählten Bereichen der Industrie

Standortmarketing Hamburg

Durch seine zentrale Lage im Herzen Europas hat der Hafen der Stadt Hamburg zu internationalem Ansehen verholfen.
Hamburg ist größter Importhafen für Kaffee und Hauptumschlagplatz für Tee in die ganze Welt.

Neue Messe Hamburg

Die Region bietet mehr als zwanzig erstklassige Hochschulen und exzellente Forschungseinrichtungen mit internationaler Ausrichtung, die eigene kreative Köpfe fördern und Studierende und Fachkräfte aus der ganzen Welt anziehen. Eine Reihe hochspezialisierter Forschungseinrichtungen und Institute ergänzen die vielfältigen Bildungsangebote der Metropolregion Hamburg. Mehr als 9000 Forscher tragen dazu bei, dass Innovationen entstehen und nutzbar werden.
Die Metropolregion zieht ihre Standortvorteile aus der verkehrsgünstigen Lage an der Elbe mit guten Zugängen zur Nord- und Ostsee und damit in „aller Herren Länder". Auch über Straßen und Schiene ist sie gut in Europa angebunden.
Kaum eine andere Region Deutschlands bietet so viel Lebensqualität. Zwischen den weitläufigen Marschen oder der hügeligen Geest gibt es Abwechslung für Jeden. Ideal ist das große Angebot an Wohnraum und Schulen sowie das gute Verkehrsnetz. Die Metropolregion Hamburg boomt. Dank bester Infrastruktur, qualifizierter Fachkräfte, innovationsfreudiger Unternehmen, exzellenter Forschungsinstitute und hoher Lebensqualität ist die Wirtschaft weiterhin auf Wachstumskurs. Mehr als tausend Jahre nach der Hafengründung ist Hamburg mit den Nachbargemeinden heute das wichtigste Handels- und Wirtschaftszentrum in Nordeuropa. Etwa 13 000 Unternehmen kommen jedes Jahr in der Metropolregion hinzu.
(Quelle: http://metropolregion.hamburg.de/standortprofil-wirtschaftsstandort/, Zugriff 02.08.2009)

M7 Standortprofil der Metropolregion Hamburg

2002 wurde der modernste Container-Terminal der Welt in Altenwerder eröffnet. Der Containerhafen nimmt mit seinen vier Container-Terminals nach Rotterdam den zweiten Platz in Europa ein.

Neben dem Handel und der maritimen Industrie prägen Finanz- und Versicherungsdienstleistungen, Medien, IT, Wissenschaft und Medizintechnik das Wirtschaftsleben. Hamburg ist auch der weltweit drittgrößte Standort der zivilen Luftfahrtindustrie und hat den größten Eisenbahnknotenpunkt in Nordeuropa.
36 der 500 umsatzstärksten Unternehmen aus Deutschland haben in Hamburg ihren Konzernsitz. Mit einem Bruttoinlandsprodukt von über 48 000 EUR pro Kopf (2009) ist Hamburg bundesweit die stärkste Wirtschaftsregion, und die viertstärkste innerhalb der EU (vgl. S. 393 M 18).

Stadt Hamburg	70 000
Airbus	12 000
Deutsche Lufthansa	10 300
Asklepios Klinik	10 200
Deutsche Bahn	8 200
Deutsche Post	5 800
Uni-Klinik	5 600
Hamburger Sparkasse	5 500
Beiersdorf	4 700
Hamburger Hochbahn	4 200
Otto Group	4 200
Uni Hamburg	4 200
Daimler AG	3 900
Rewe Group	3 800
Allianz SE Gruppe	3 700
Axel Springer AG	3 400

M8 Arbeitgeber Hamburgs (Beschäftigte 2008)

M9 Die Metropolregion Hamburg

4. Stellen Sie die Bedeutung der Industrie in Norddeutschland dar (M6, Atlas).
5. Analysieren Sie am Beispiel Norddeutschlands die Bedeutung industrieller Standorte für eine Region (M6, Internetrecherche).
6. Erläutern Sie die Bedeutung des sekundären Sektors im Bereich der Standortmarketings Hamburgs als Stadt und Metropolregion (M7, M9).
7. Erörtern Sie die Fragestellung: „Industrie in Deutschland – ein Abschied auf Raten?"

Webcode: GO649174-229

2. Automobilindustrie weltweit

M 1 Autoverladung in Bremerhaven

Die Automobilindustrie ist in vielen Ländern der Erde ein wichtiger Faktor zur Schaffung von Wohlstand und Arbeitsplätzen. Alleine in der Europäischen Union werden jährlich 18 Millionen Autos – und damit jedes dritte Auto weltweit – hergestellt und international vermarktet. Die Automobilbranche ist hierbei ein bedeutender Arbeitgeber auch für andere Wirtschaftszweige, die u. a. als Zulieferer dienen. Für jedes Automodell liefern ca. 50 europäische Unternehmen Komponenten, vom Wert eines neuen Autos entfallen ca. 75 Prozent auf die Zulieferer. Die Bedeutung dieser **Schlüsselindustrie** zeigt sich auch in der Tatsache, dass jährlich über 20 Mrd. Euro in Forschung und Entwicklung investiert werden.

Die Automobilindustrie generiert einen Jahresumsatz von 780 Mrd. Euro und leistet somit einen erheblichen Beitrag zum BIP der EU. Derzeit sieht sich die Automobilindustrie verschiedenen Herausforderungen gegenüber. So verändern sich die Märkte weltweit immer schneller. Das Nachfrageverhalten unterliegt Schwankungen, alte Märkte verlieren an Bedeutung, neue entstehen. Während die Globalisierung der Autoindustrie einerseits Chancen auf neue Allianzen und verbesserte Absatzzahlen eröffnet, entstehen zugleich neue Risiken. Zudem haben Forderungen nach Nachhaltigkeit und der Berücksichtigung ökologischer Belange einen immer höheren Stellenwert erhalten.

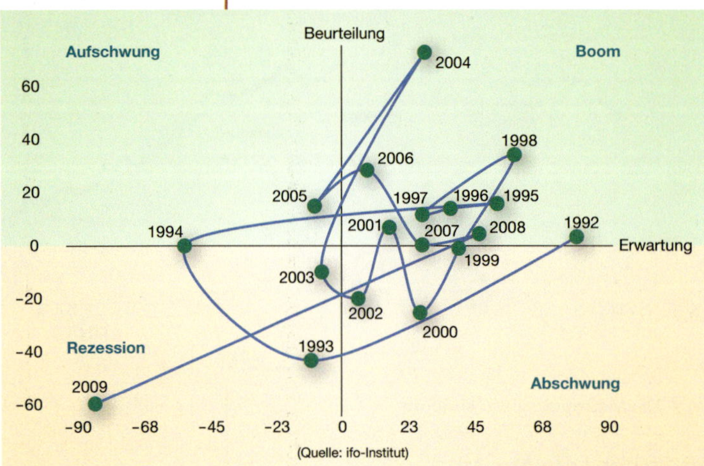

M 2 Konjunktur-Uhr für die Automobilindustrie; Darstellung der Januarwerte zwischen 1992 und 2009 hinsichtlich der Geschäftsbeurteilung (aktuelle Lage) und der Geschäftserwartung (für die nächsten sechs Monate).

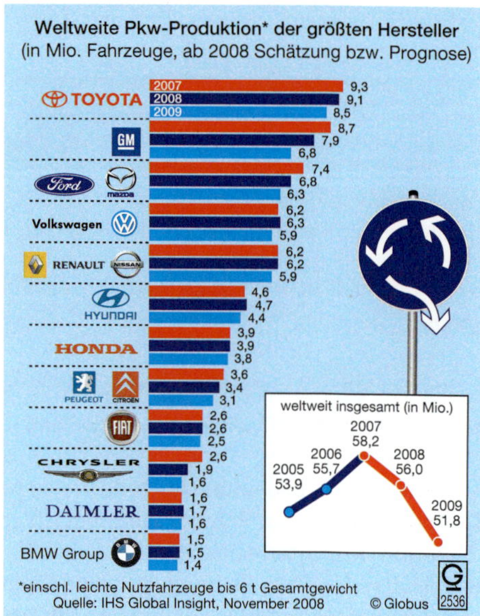

M 3 Autoindustrie auf Talfahrt

Gewinnorientierte Unternehmen haben die Aufgabe so zu wirtschaften, dass sie ihre unternehmerischen Ziele mit einem geringst möglichen Mitteleinsatz erreichen. Nur so bleibt den Unternehmen ein Gewinn, von dem ein Teil z. B. in Modernisierung, Forschung und Entwicklung reinvestiert werden kann.
Die Globalisierung hat in diesem Zusammenhang den Wettbewerbsdruck erheblich erhöht. Unternehmen müssen Strategien entwickeln, die ihnen helfen, die Kosten ihrer Produktion zu reduzieren. In den letzten Jahren wurden in diesem Zusammenhang drei Strategien weiter entwickelt, die dieses Ziel verfolgen: Die **Just-in-time-Produktion,** eine Verringerung der **Fertigungstiefe** sowie das **lean-management.** Bei der Just-in-time-Produktion wird eine Produktionsstrategie verfolgt, bei der die benötigten Materialien genau zu der Zeit angeliefert werden, zu der sie benötigt werden. Dies erfordert eine enge Anbindung an die Zulieferer und ermöglicht eine Kostenreduzierung durch verringerte Lagerhaltungskosten. Die Fertigungstiefe gibt an, wie viele Produktionsschritte bei der Herstellung eines Produktes benötigt werden und wie viele dieser Schritte im eigenen Unternehmen durchgeführt werden. Um Kosten zu sparen, haben viele Unternehmen ihre Fertigungstiefe deutlich verringert und immer mehr Produktionsschritte auf ihre Zulieferer verlagert.

	1960	2007
Japan	481 551	11 596 327
USA	7 905 119	10 780 729
China	22 574	8 882 456
Deutschland	2 132 084	6 213 460
Südkorea	–	4 086 308
Frankreich	1 369 210	3 019 144
Brasilien	133 041	2 970 818
Spanien	58 209	2 889 703
Kanada	397 739	2 578 238
Indien	54 000	2 306 768
(Quelle: OICA 2008)		

M 4 Die größten Produktionsländer für Kraftfahrzeuge weltweit

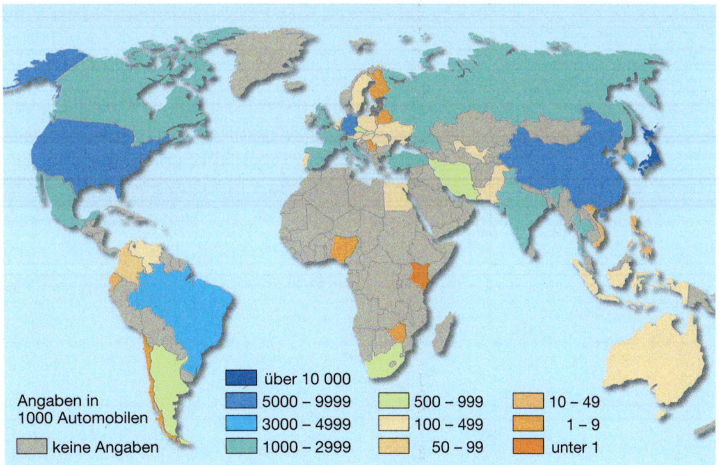

M 5 Automobilproduktion weltweit

Wie viel die Pkw-Konzerne selbst fertigen (Anteil an der Autoproduktion in Prozent)	
Hersteller	**Fertigungstiefe**
Toyota	30
Volkswagen	28
Mercedes	25
Honda	24
General Motors	22
Ford	22
Fiat	22
PSA Peugeot Citroën	21
BMW	20
Porsche	17
(Quelle: Manager Magazin Nr. 3/2009, Seite 32)	

M 6 Fertigungstiefe der Pkw-Konzerne

Das lean-management hat seinen Ursprung in der Automobilindustrie. In den 1990er-Jahren wurde nach Strategien geforscht, die das Ziel haben, alle Aktivitäten, die für die Herstellung eines Produktes von Bedeutung sind, so aufeinander abzustimmen, dass nicht notwendige Arbeitsschritte vermieden werden. Hiervon profitieren sowohl die Kunden als auch das Unternehmen, das die Herstellung transparenter gestalten und Kosten senken kann.

1. Beschreiben Sie das Bild M 1.
2. Kennzeichnen Sie Zusammenhänge zwischen der Automobilindustrie und konjunkturellen Entwicklungen (M 1 bis M 3).
3. Beschreiben Sie die Bedeutung der Staaten der Erde im Bereich der Automobilproduktion (M 3 bis M 5).
4. Erläutern Sie Strategien, mit denen Unternehmen auf die Herausforderungen der Globalisierung reagieren, und überprüfen Sie, inwiefern Automobilkonzerne diese Strategien anwenden (M 5, Internetrecherche).

Wettbewerb der Produktionsstätten verschärft sich weiter

Die Automobilindustrie sieht weiterhin großes Kosteneinsparpotenzial durch **Offshoring.** Die Automobilindustrie geht von mindestens einem Viertel niedrigerer Produktionspreise bei der Verlagerung der Fabriken in Niedriglohnländer aus. Demnach ließen sich bei der Fertigung eines Massenvolumen-Fahrzeuges bis zu 2200 Euro einsparen. China und Osteuropa gelten als attraktivste Produktionsstandorte. Innerhalb der osteuropäischen EU-Länder schätzen jeweils 35 Prozent der Automobil-Entscheider Tschechien und Polen als attraktivste Offshoring-Länder ein. Dagegen sehen nur jeweils vier Prozent der Befragten bei Ungarn und Bulgarien das größte Potenzial.

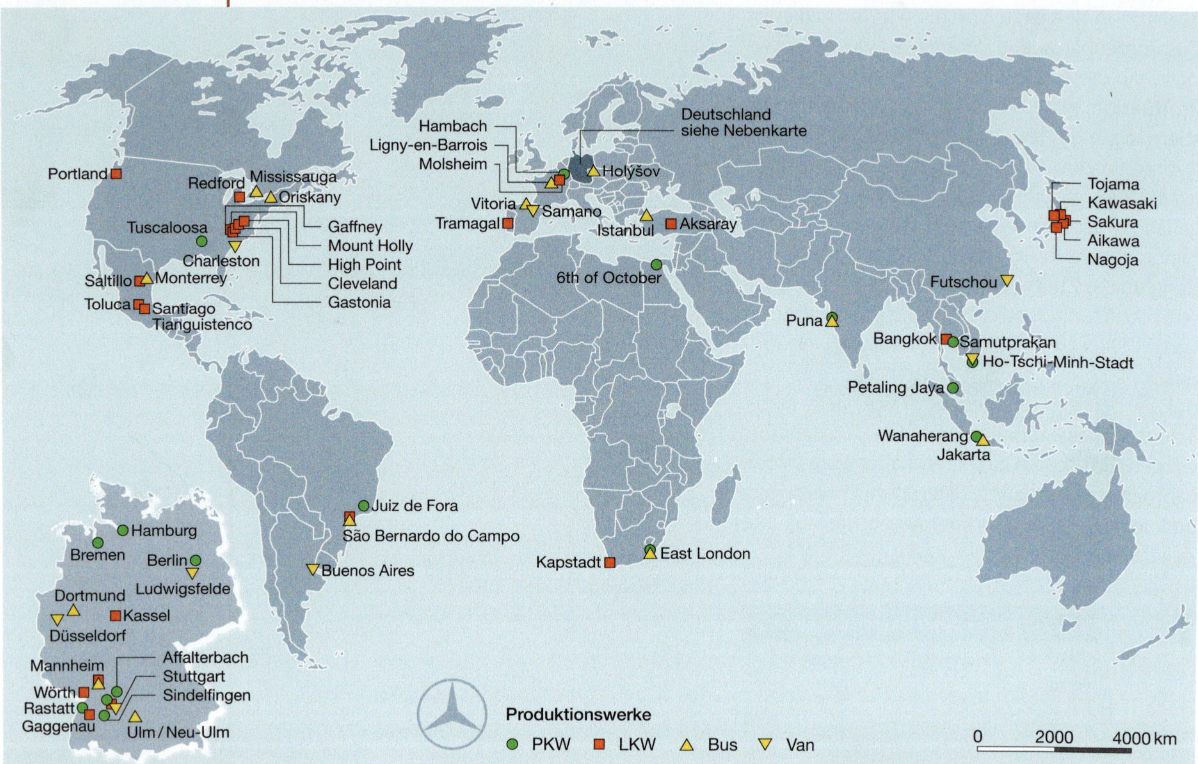

Mercedes-Benz Cars	
Beschäftigte	**2008**
Deutschland	85 046
USA	3 782
Rest der Welt	8 475
Gesamt	**97 303**
Absatz	**in Einheiten**
Westeuropa	733 200
USA	251 200
Japan	37 000
Übrige Märkte	251 600
Gesamt	**1 273 000**

Daimler-Trucks	
Beschäftigte	**2008**
Europa	32 756
NAFTA	19 461
Lateinamerika	10 821
Asien/Australien	15 097
Afrika	1 280
Gesamt	**79 415**
Absatz	**in Einheiten**
Westeuropa	87 000
Deutschland	42 000
Großbritannien	8 000
Frankreich	11 000
NAFTA	97 000
Lateinamerika	59 000
Asien/Australien	156 000
Gesamt	**472 000**

Busse und Vans	
Beschäftigte	2008
Gesamt	**40 255**
Marktposition schwere Busse	Marktanteile in Prozent der Region
Europa	22,5 %
Westeuropa	30,1 %
Deutschland	60,1 %
Nordamerika	10,0 %
Mexiko	60,1 %
Süd- und Mittelamerika	46,1 %

(nach Angaben der Daimler AG, Stand 31. 12. 2008)

M7 Die Standorte der Global Player in der Automobilindustrie – das Beispiel der Daimler AG

Der Automobilmarkt China

Die VR China baut ihre weltweite Dominanz im Bereich der Automobilindustrie weiter aus. In keinem anderen Land sind so viele Menschen in der Automobilindustrie beschäftigt wie in China; alleine 2004 waren es 1 605 000 Menschen. Ermöglicht wurde diese Entwicklung vor allem durch das „Lernen“ vom umfangreichen Know-How der Kooperationspartner (Jointventure). Bereits seit vielen Jahren sind Global-Player wie Volkswagen, Audi, Toyota, BMW, Daimler, General Motors, Nissan, Ford oder Mazda in China engagiert. Die chinesische Regierung will die Bedeutung der inländischen Autoindustrie mit einem 600-Milliarden-Dollar-Programm („Automotive Industry Revitalization Program") langfristig stärken. Hierbei soll der enorme Nachholbedarf – die Fahrzeugdichte der VR China befindet sich auf dem US-Niveau von 1925 oder dem Niveau Japans im Jahr 1965 – befriedigt werden.

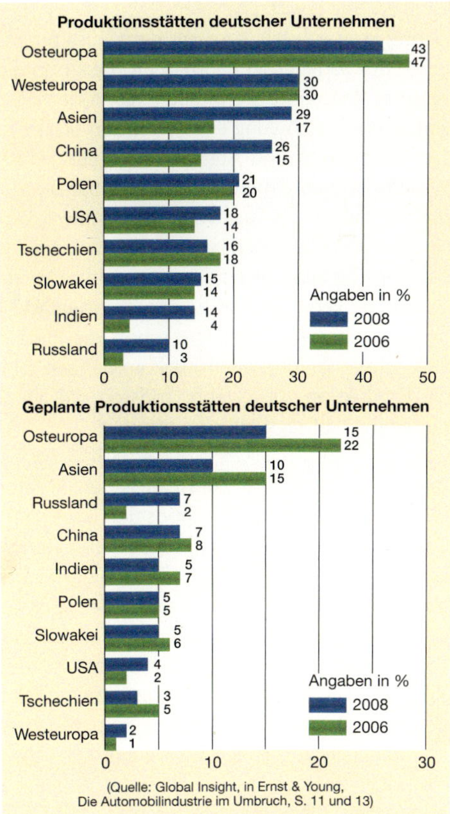

M 8 Produktionsstätten im Ausland

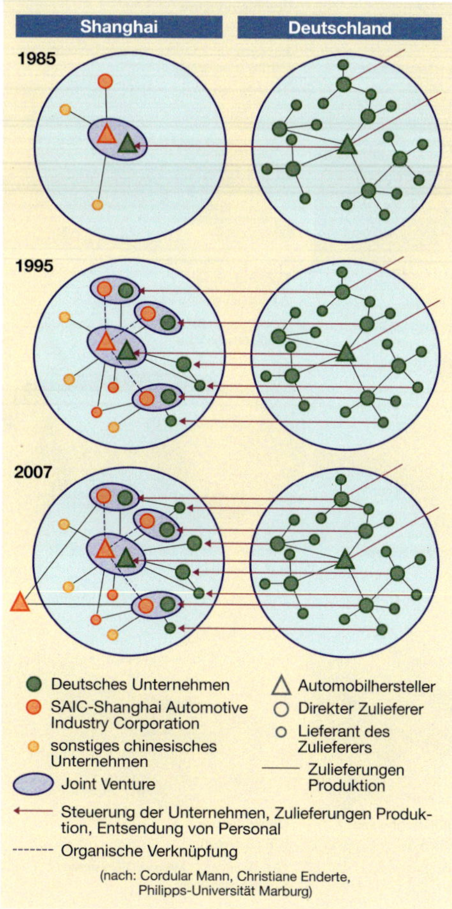

M 9 Entwicklung des Automobil-Clusters in Shanghai

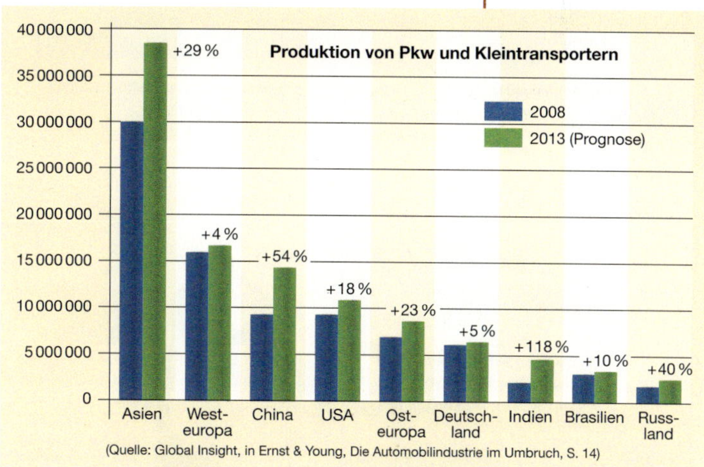

M 10 Fahrzeugproduktion

5. Lokalisieren Sie die Produktionsstandorte der Daimler AG und überprüfen Sie, ob sich diese mit dem globalen Standortwettbewerb erklären lassen (M 7 und M 8, Recherche).
6. Analysieren Sie Strategien der VR China beim Aufbau einer nationalen Automobilindustrie (M 8 bis M 10).
7. Bewerten Sie hierbei die Rolle der in der VR China engagierten Global-Player (M 9).

Webcode: GO649174-233

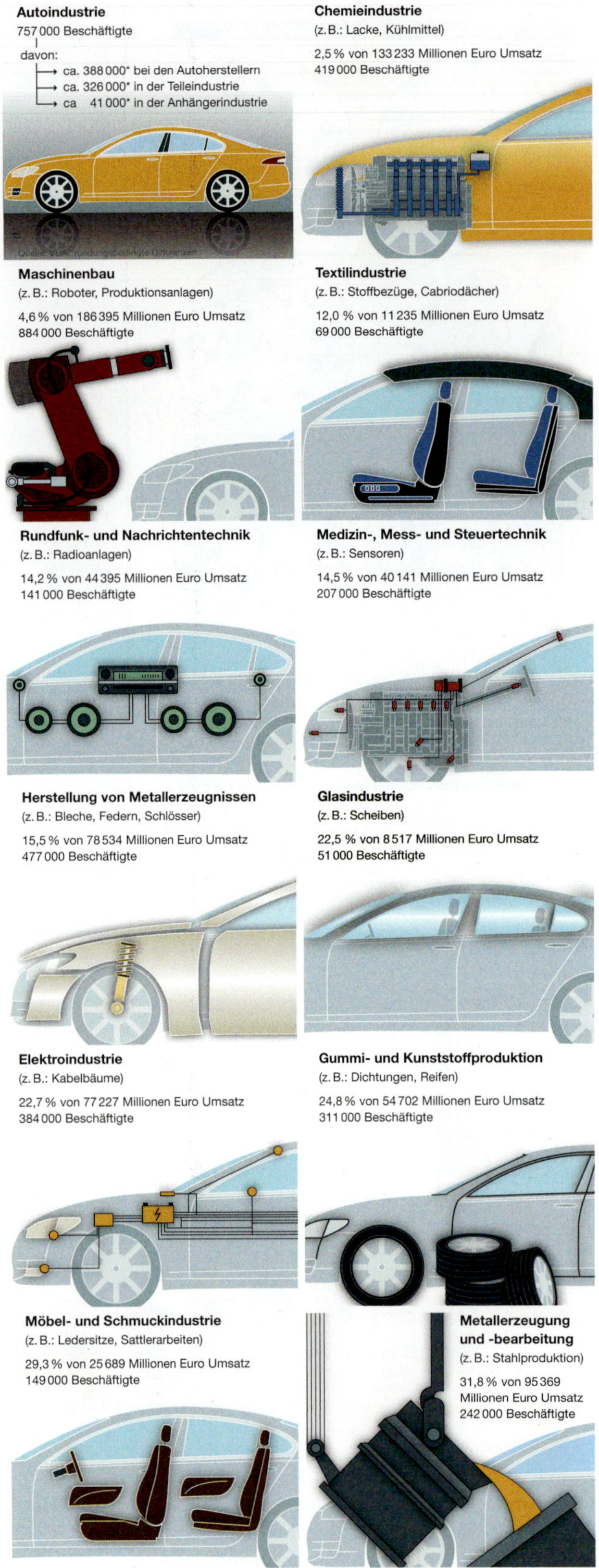

M11 Die Automobilindustrie mit Auswirkungen als „Schlüsselindustrie“

Autokrise ohne Beispiel – wie konnte es dazu kommen?

Die Zahlen sind erschreckend: 34 Milliarden Dollar benötigen die drei amerikanischen Autokonzerne General Motors, Ford und Chrysler, um zu überleben. Nur noch 2,9 Millionen Autos, rund zehn Prozent weniger als sonst, dürften in Deutschland im kommenden Jahr neu zugelassen werden. Damit steuert der größte Markt Europas auf das schlechteste Ergebnis seit der deutsch-deutschen Wiedervereinigung zu. Immer mehr Autozulieferer und -händler werden in der Kreditklemme zerdrückt. Wie konnte es dazu kommen? Und ist der drohende Zusammenbruch der drei amerikanischen Autokonzerne das vorweggenommene Szenario für den einen oder anderen europäischen Hersteller?

Richtig ist, dass General Motors, Ford und Chrysler schon in guten Zeiten hohe Verluste erlitten, als etwa Daimler, BMW oder Toyota noch Rekordgewinne erwirtschafteten.
Richtig ist aber auch, dass mit dem Zusammenbruch des Bankhauses Lehman Brothers nun die gesamte Autoindustrie in allen Teilen der Welt von einem Abschwung erfasst worden ist, der in Geschwindigkeit und Ausmaß ohne Beispiel ist. Weil die Autokrise mit einer Krise der Banken zusammenfällt, ist die Lage von Autohändlern, -zulieferern und -herstellern so bedrohlich wie noch nie. Denn an allen Teilen der automobilen Wertschöpfungskette gibt es Sollbruchstellen. Weil beinahe jeder Autohersteller schon die Bänder angehalten hat und auch im kommenden Jahr die Produktion zurückfährt, müssen die Lieferanten mit Auftragsverlusten rechnen.

Viele mittelständische Zulieferer leiden in ihrer ohnehin typischen Sandwichposition unter dem Druck von zwei Seiten: Die Autohersteller verlangen Investitionen in neue Technologien bei gleichzeitig erhöhten Einsparzielen, der vorgelagerte Lieferant benötigt wiederum ein längeres Zahlungsziel. Obendrein kündigt der private Kreditversicherer im Kurzfristgeschäft die Kreditversicherung. Auch verhält sich die Hausbank in der Kreditvergabe vorsichtiger als je zuvor. [...] Selbst mit hohen Rabatten lassen sich weder Neuwagen noch junge Gebrauchte verkaufen. [...]

(Quelle: FAZ.Net vom 03. 12. 2008)

8. Stellen Sie die Vernetzung anderer Industriezweige mit der Automobilindustrie dar und erläutern Sie die Konsequenzen der „Sandwichposition“ der Zulieferbetriebe in Krisenzeiten (**M 11, M 12**).

Dudenhöffer* rechnet damit, dass bis zum Jahr 2015 bereits 46 Prozent aller weltweit verkauften Personenkraftwagen in den Schwellenländern verkauft werden. „Bis zum Jahr 2020 wächst diese Relation auf knapp 50 Prozent. Das Geschehen im Automobil-Bereich ändert sich daher in einem hohen Tempo", schlussfolgert die Studie. Ein wesentlicher Faktor dabei werden sogenannte Billig-Autos oder Low Cost Cars sein, die weniger als 10 000 Dollar kosten. Er [Prof. Dudenhöfer] rechnet damit, dass vor dem Jahr 2015 weltweit über zehn Millionen Low Cost Cars verkauft werden.

[...] „Wer nicht in den Low-Cost-Markt geht, wird nie die Weltmarktführerschaft haben", ist der Experte sich sicher. [...]
Im Fokus steht vor allem der neue, elektrifizierte Antriebsstrang. Dudenhöfer rechnet damit, dass um das Jahr 2015 alle in Europa verkauften Neuwagen entweder als Hybrid oder als reines Elektroauto auf den Markt kommen. [...]

**Prof. Ferdinand Dudenhöfer ist anerkannter Automobilexperte und lehrt an der Uni Duisburg-Essen*

(Quelle: Luxemburger Wort vom 24.02.2009)

M 12 Wie geht es mit dem Auto weiter?

Die Automobilindustrie befindet sich weltweit in einer tiefgreifenden Umbruchphase. Dies hat verschiedene Ursachen. So steigt die Nachfrage nach Autos in aufstrebenden Staaten wie den BRIC-Staaten stark an, während die Industrieländer in diesem Bereich Sättigungserscheinungen zeigen. Zudem machen der Klimawandel und die zunehmende Knappheit der Ressource Energie die Suche nach alternativen Antriebs- und Mobilitätssystemen immer wichtiger. Schließlich erfordert der globale Wettbewerb eine Kostensenkung.

M 14 Das billigste Auto der Welt

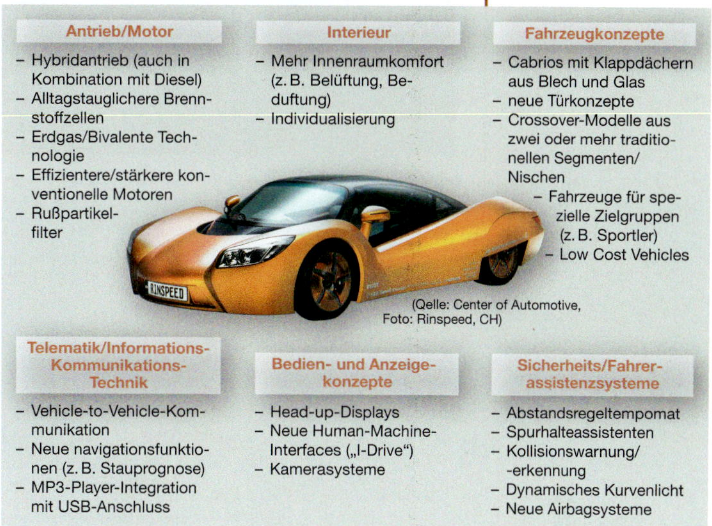

M 15 Innovationstrends im Bereich der Automobilindustrie

Die wichtigsten Pkw-Märkte im Überblick (Verkäufe in 1000 Pkw)

	2007	2008 Prog.	2009 Prog.	2010 Prog.	Diff. 2007/08	Diff. 2008/09	Diff. 2009/10
USA	16 153	13 300	12 500	13 100	– 17,7 %	– 6,0 %	4,8 %
West-Europa	14 793	13 512	12 149	12 686	– 8,7 %	– 10,1 %	4,4 %
Deutschland	3 148	3 100	2 850	3 000	– 1,5 %	– 8,1 %	5,3 %
Japan	4 400	4 250	3 950	4 100	– 3,4 %	– 7,1 %	3,8 %
Russland	2 427	2 850	2 620	2 700	17,4 %	– 8,1 %	3,1 %
Brasilien	1 975	2 400	1 900	1 700	21,5 %	– 20,8 %	– 10,5 %
China	5 310	5 700	5 200	5 400	7,4 %	– 8,8 %	3,8 %
Indien	1 509	1 620	1 490	1 520	7,3 %	– 8,0 %	2,0 %
Welt	**58 811**	**55 842**	**50 775**	**52 630**	**– 5,0 %**	**– 9,1 %**	**3,7 %**

Quelle: Prof. Dr. Ferdinand Dudenhöffer

M 13 Die wichtigsten Pkw-Märkte im Überblick

9. Erläutern Sie Entwicklungen im Bereich der Automobilindustrie, die Auswirkungen auf deren Zukunft haben (**M 13** bis **M 16**).

10. Bewerten Sie die Zukunftsperspektiven der globalen Automobilindustrie.

3. Hightech-Land Irland

Der Sprung des Keltischen Tigers

Um 1985: Grundlage der irischen Ökonomie ist die Landwirtschaft, v.a. die Viehhaltung, die zu über 30 Prozent am Export beteiligt und in der jeder sechste Arbeitnehmer beschäftigt ist. 43 Prozent der 3,5 Millionen Iren leben auf dem Land. Torf aus den Mooren ist der mit Abstand wichtigste Bodenschatz. Die Industrie (35 Prozent des BNE) kämpft weiterhin gegen den Rückstand an, in den das Land vor 1922 durch die Kolonialpolitik der Briten – sie sind mit deutlich über 30 Prozent immer noch wichtigster Handelspartner – geraten ist. Das jährliche BNE je Einwohner ist mit 4840 US-$ gerade einmal halb so hoch wie das deutsche; seine Wachstumsrate liegt bei nur 1,3 Prozent jährlich (BRD: 2,1 Prozent). Die Neuverschuldung erreicht über 14 Prozent des BNE, ebenso die Inflationsrate. Jeder Fünfte ist arbeitslos.

M 1 Zweigwerk des Pharmaunternehmens Merck in Südost-Irland (seit 2004)

Dass Irland seit 1973 Mitglied der EU war, sich 1978 von der Bindung an das Britische Pfund gelöst, die Körperschaftssteuer auf 10 Prozent (heute: 12,5 Prozent) gesenkt, mit Geldern aus Brüssel die Infrastruktur ausgebaut hatte und über eine junge, englischsprachige Bevölkerung verfügte, der dank der EU-Mittel ein kostenloser Hochschulzugang ermöglicht wurde – all das blieb zunächst eher folgenlos. Erst das 1987 von Bauern, Gewerkschaften, Arbeitgebern und dem Staat gleichermaßen getragene **Program for National Recovery** (dem in Dreijahresabständen bis heute weitere Programme gefolgt sind) führte dank moderater Lohnsteigerungen, Senkung der Sozialabgaben und Bürokratieabbau zu inflationsfreiem Wachstum, einer Stabilisierung der Staatsfinanzen – und der Ansiedlung ausländischer Unternehmen: Irland wurde zum „Celtic Tiger", einem in Analogie zu den asiatischen Tigerstaaten geprägten Begriff für die boomende Grüne Insel.

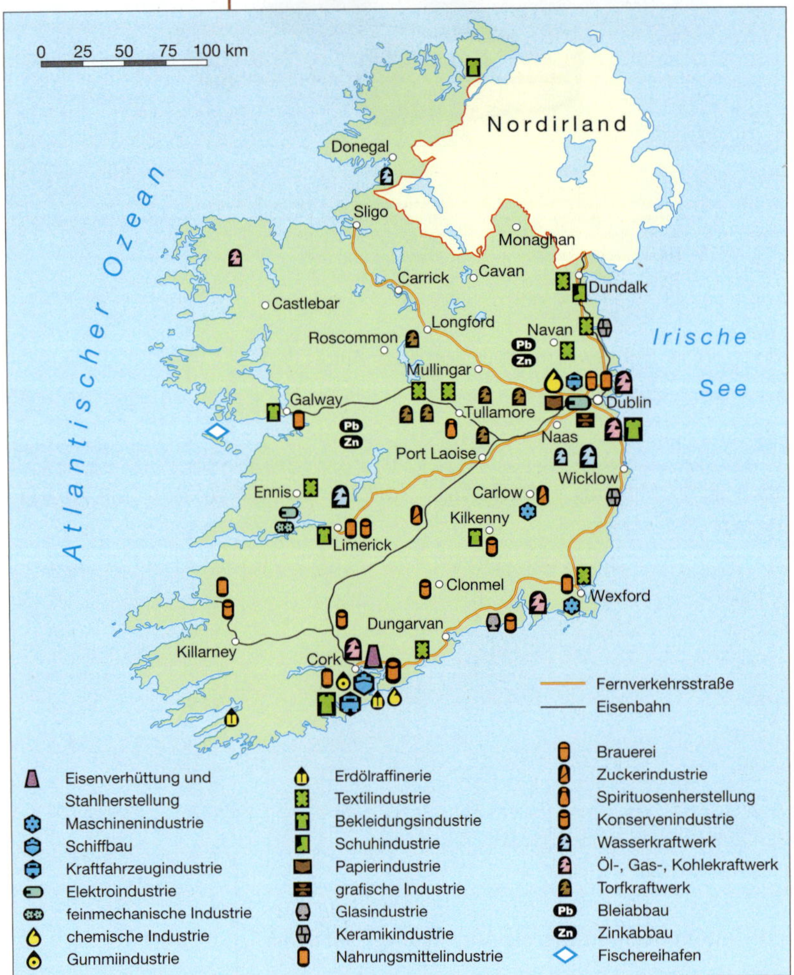

M 2 Irland um 1980

	1986	1996	2006
Einwohner (in Mio.)	3,54	3,63	4,37
Beschäftigte (in Mio.)	1,10	1,33	2,20
davon in %:			
Sektor I	17	10	5
Sektor II	28	29	26
Sektor III	55	61	69

Quelle: Statistical Yearbook of Ireland/Der Fischer-Weltalmanach (versch. Jahrg.)

M 3 Einwohnerzahl und Beschäftigung

	1986 – 1990	1991 – 1995	1997	2000	2001	2002	2003	2004	2005	2006	EU-15	D
BIP-Wachstum	4,6	6,2	10,6	9,2	6,2	6,1	4,4	4,7	6,4	5,7	1,1 – 3,9	-0,2 – 3,4
Erwerbstätigenwachstum	1,1	1,9	3,2	4,6	3,0	1,8	2,0	3,1	5,1	4,6	-0,5 – 2,2	-1,4 – 1,9
Arbeitslosenquote	15,5	14,5	9,8	4,3	3,9	4,3	4,6	4,5	4,2	4,3	7,2 – 10,6	5,9 – 11,4

Quelle: http://epp.eurostat.cec.eu.int/Statistical Yearbook of Ireland 2007

M4 Strukturdaten Irlands im Vergleich (Angaben in %)

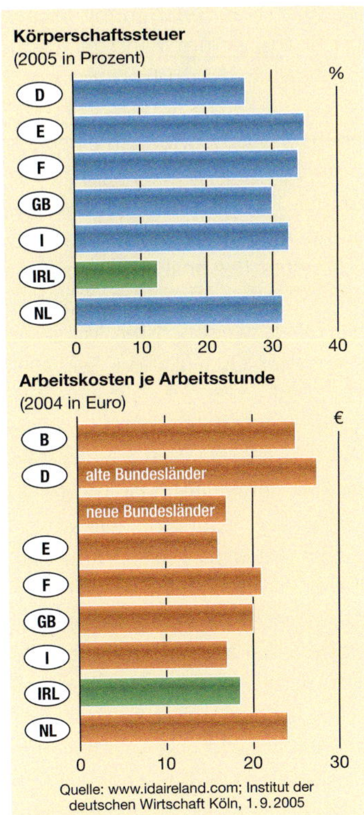

M5 Körperschaftssteuer und Arbeitskosten je Industriearbeiterstunde

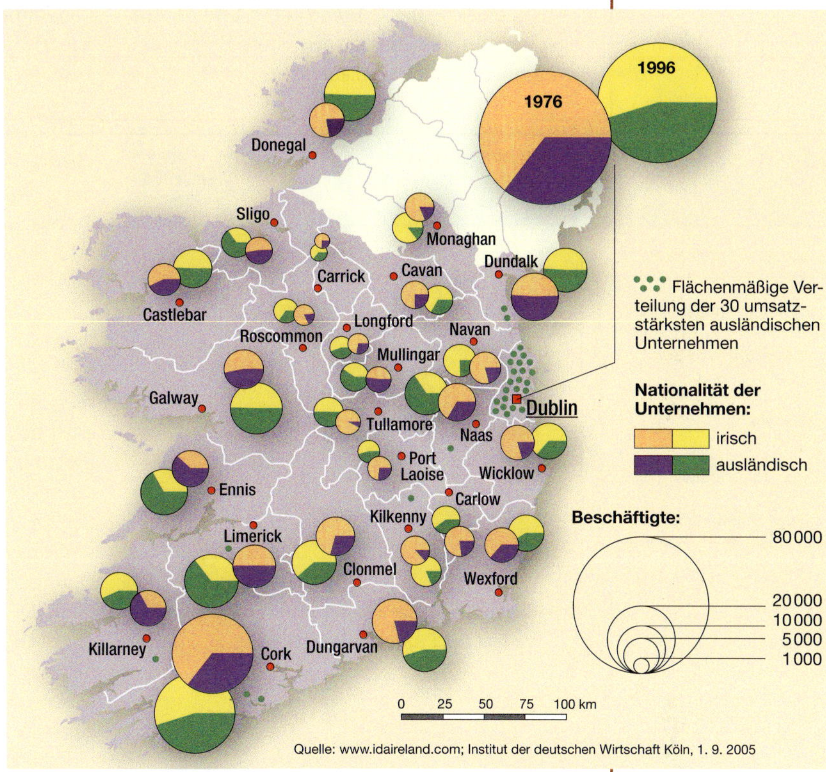

M7 Entwicklung der Industriebeschäftigten nach Counties und Lage der 30 umsatzstärksten ausländischen Industriebetriebe

	1997	2000	2003	2006
	(1995 = 100)			
Nahrungsmittel	104	121	135	154
Textil	101	73	47	34
Leder	96	79	36	13
Papier/Druck	132	171	212	305
chem./pharmazeutische Industrie	163	331	520	498
Metallverarbeitung	105	124	100	96
Elektronik	131	239	259	322
verarbeitende Industrie	129	209	266	282
Konsumgüterindustrie	128	206	261	278
Industrie insgesamt	127	202	254	270

Quelle: Statistical Yearbook of Ireland, verschiedene Jahrgänge

M6 Produktionsziffern ausgewählter irischer Industriezweige

1. Beschreiben Sie die wesentlichen Strukturen und Probleme der irischen Wirtschaft Mitte der 1980er-Jahre (M 2 bis M 4).
2. Erläutern Sie den 1987 einsetzenden wirtschaftlichen Aufschwung (M 1, M 3 bis M 7).

Unsanfte Landung

Dass 2006 rund 29 Prozent der irischen Exporte Hochtechnologieexporte waren (Deutschland 14 Prozent), beruht auf dem Zustrom ausländischer Direktinvestitionen. Dieser überstieg schon im Jahr 2000 den EU-Durchschnitt um fast das Fünffache und erreichte 2003 ein Rekordhoch. Seit den 1990er-Jahren flossen 25 Prozent der US-Investitionen in Europa nach Irland.
Es handelt sich überwiegend nicht um kurzfristige, stark auf Gewinn ausgerichtete Portfolioinvestitionen, sondern um auf Dauer angelegte wie die Gründung von Tochterunternehmen. 2007 agierten in Irland neun von zehn der weltweit führenden Pharmaunternehmen, zwei Drittel der wichtigsten Unternehmen aus dem Bereich der Medizintechnik sowie fünf der zehn größten Softwarehäuser. Beinahe die Hälfte der Arbeitnehmer war in ausländischen Firmen beschäftigt; sie erzeugten drei Viertel der Industrieproduktion Irlands. Markterschließung, Wachstumspotenziale, das wirtschaftspolitische Umfeld sowie Risikominimierung durch Standortstreuung reichen zur Erklärung nicht aus, warum Irland gerade für Hochtechnologiebranchen so interessant wurde.

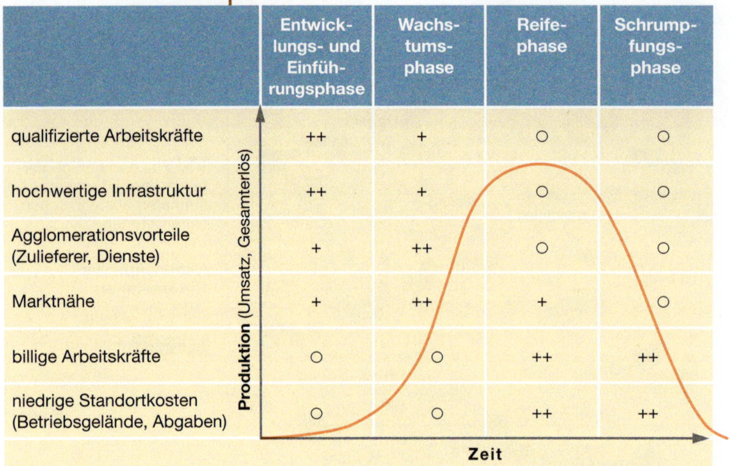

M8 Bedeutung ausgewählter Standortfaktoren im Verlauf des Produktlebenszyklus

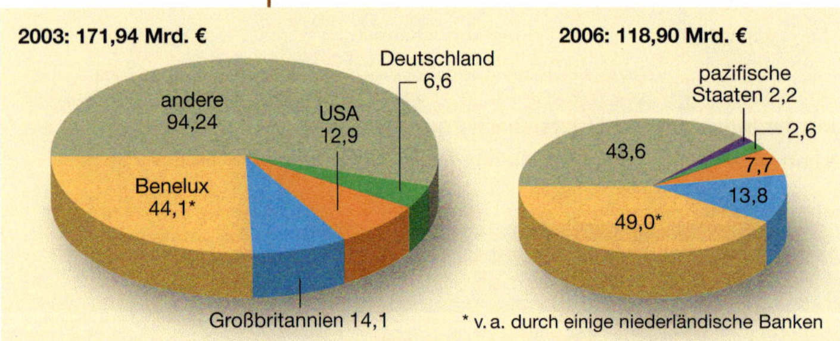

M9 Direktinvestitionen in Irland

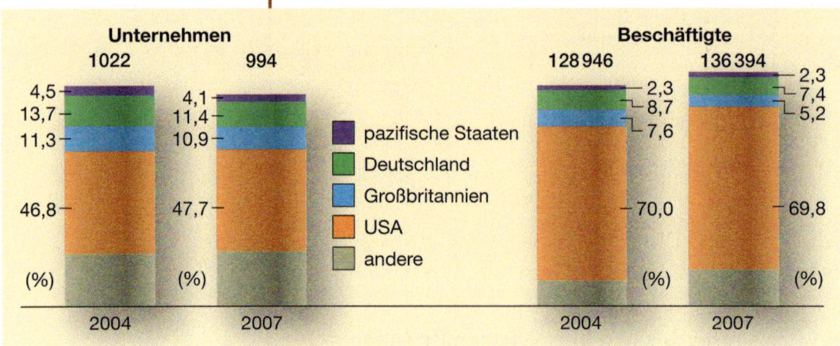

M10 Hightech-Firmen und -Arbeitsplätze durch ausländische Direktinvestitionen

Die **Produktlebenszyklustheorie** stellt einen Zusammenhang her zwischen den Standortanforderungen und der Produktreife. Hochwertige, innovative und noch zu verbessernde Produkte erfordern qualifiziertes Personal und moderne Infrastruktur: Irland verfügte bei den 25 – 34-Jährigen über den EU-weit zweithöchsten Anteil von Personen mit mittlerer Qualifikation. Seit 1990 hat die Studentenzahl um 80 Prozent zugenommen, die der jährlich ausgebildeten Informatiker entspricht dem deutschen Wert – bei einem Zwanzigstel der Einwohnerzahl. In ein modernes optisches Mehrfachverbindungsnetzwerk wurden 3,5 Mrd. US-$ investiert; die Telekommunikationskosten liegen bei zwei Dritteln des EU-Durchschnitts. Als wichtige Voraussetzung für den ADI-Zustrom gelten ferner Cluster, d. h. die räumlich konzentrierte Ansiedlung von Unternehmen ähnlicher, regional vernetzter Branchen. Diese erlauben den zunehmend spezialisierten einzelnen Betrieben einen Austausch von Technologien und Arbeitskräften bis hin zu Managern sowie eine effektive Ressourcennutzung. Manager bewerteten 2004 rund 1 200 EU-Regionen auf ihre Eignung als Hightech-Standort; unter den zehn besten waren acht irische.
25 Jahre konstanten Wachstums bescherten steigende Gehälter und einen Wohlstand, der den Immobilienmarkt anheizte: Irland wurde zum Land der urbanen Speckgürtel; bis zu 15 Prozent des BIP wurden im Wohnungsbau erwirtschaftet (Deutschland: 5,5 Prozent).
Doch im Herbst 2008 rutschte Irland als erstes EU-Land im Zuge der weltweiten Finanzkrise in eine Rezession: Die Wirtschaft leidet unter sinkender Wettbewerbsfähigkeit; der starke Euro erschwert den Export in die wichtigsten Märkte USA und GB, Firmen wandern ab: So z. B. 2009 die Versicherungsgruppe Hibernian nach Indien, der Computerhersteller Dell – der letzte, der noch in Irland fertigte – nach Polen; die Produktion von Apple, Microsoft und IBM war schon früher nach Osteuropa verlagert worden.

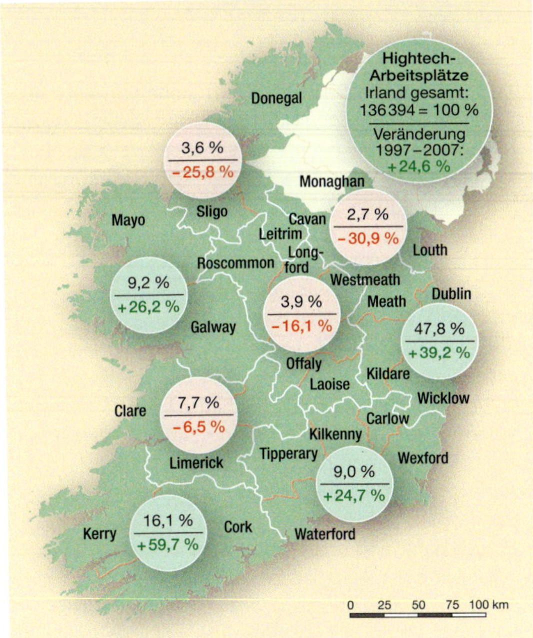

M 11 Regionale Verteilung der Arbeitsplätze

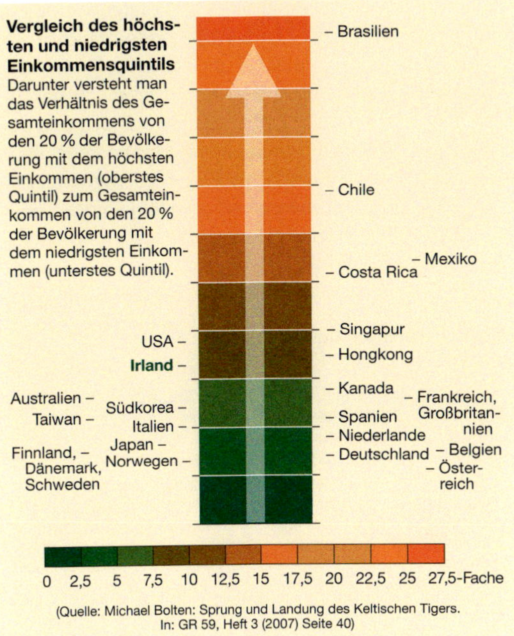

M 12 Einkommensverteilung: Abstand des höchsten und des niedrigsten Einkommensfünftels

+ sehr hohe Produktivität (Irland: 113 000 Euro jährlich pro Kopf), moderate Gehälter (2 700 Euro monatlich), lange Jahresarbeitszeiten (1 880 Stunden)
+ Reservoir an Fachkräften, viele technische Universitäten
+ Reservoir an Fachkräften (technische Universitäten vor Ort)
+ gute Voraussetzungen für langfristiges Wachstum (hohe Geburtenrate, hohe Systemeffizienz)
+ niedrige Unternehmenssteuern
± mäßige Dichte an Verkehrsinfrastruktur
± niedrigste Kriminalität und Korruption im westeuropäischen Durchschnitt

M 13 Hochtechnologie: Profil der irischen EU-Top-Regionen

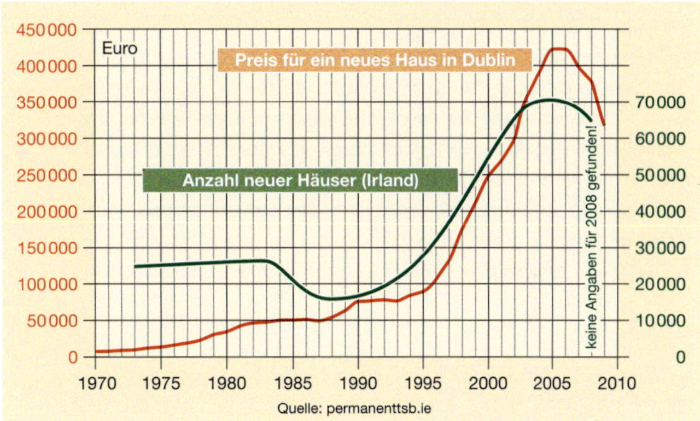

M 14 Preis eines Hauses in Dublin und Bautätigkeit in Irland

Massenentlassungen, u. a. bei Motorola, Intel (Elektronik) und Allergen (Medizintechnik), lassen noch in diesem Jahr einen Anstieg der Arbeitslosigkeit auf 13 Prozent befürchten; 2010 hält der irische Premierminister 30 Prozent für möglich. Der private Konsum sinkt, selbst Getränkekonzerne, Autozulieferer und Porzellanhersteller schließen. In Dublin stehen 16 Prozent der Büros leer. Hotels, Restaurants und Taxiunternehmer beklagen eine Halbierung der Umsätze. Am schlimmsten aber ist der Zusammenbruch des Bausektors: Die Immobilienpreise sind um bis zu 80 Prozent gefallen. Die Bauindustrie hatte Steuern gezahlt, die jetzt im Staatshaushalt fehlen. Die geplatzte Immobilienblase reißt auch Banken mit: Im Januar wurde die erste verstaatlicht. Auf den internationalen Finanzmärkten verliert Irland jetzt wegen explodierender Staatsverschuldung seine Kreditwürdigkeit. Angesichts fallender Steuereinnahmen überlegt der Staat, Studiengebühren zu erheben – katastrophal für ein Land, das vom Bereich Hochtechnologie abhängt. Das BIP – 2008 um 2,3 Prozent geschrumpft – dürfte nach Schätzungen 2009 um bis zu 8 Prozent sinken.

(Quellen: zusammengestellt nach deutschen und irischen Pressemeldungen, u. a. Stern, Welt, Zeit, Irish Times)

M 15 Pressemeldungen im Frühjahr 2009 über die Situation der irische Wirtschaft

3. Vergleichen Sie mithilfe der Produktlebenszyklustheorie die Entwicklung der irischen Textil- und Lederindustrie (M2, M8, Atlas).
4. Erläutern Sie, warum das manager-magazin acht irische Regionen als „Hightech-Topregionen" bewertete (M 13).
5. Zeigen Sie Nebenwirkungen des Wirtschaftswachstums auf (M 11 bis M 14).
6. Erläutern Sie die Aussage des irischen Ökonomen Barrett, der Keltische Tiger sei ein Paradebeispiel dafür, dass die Kräfte der Globalisierung funktionieren (M 8 bis M 10, M 15).
7. Informieren Sie sich über die aktuelle Situation der irischen Wirtschaft (Internet, Tagespresse).

Webcode: GO649174-239

4. Leitbilder nachhaltiger Entwicklung

Das Bevölkerungswachstum auf unserer Erde schreitet weiter voran, aber die Ressourcen unseres Planeten sind und bleiben begrenzt. Insbesondere die so genannten BRIC-Staaten Brasilien, Russland, Indien und China, in denen mehr als 50 Prozent der Weltbevölkerung leben, holen in ihrer Wirtschaftsentwicklung rapide auf, mit Zuwachsraten der Produktion von 10 Prozent und mehr pro Jahr. Wie die Industrieländer saugen sie Rohstoffe an – und das bei einer wesentlich größeren Zahl von Menschen. Derzeit verbrauchen die industrialisierten Staaten mit 20 Prozent Anteil an der Weltbevölkerung noch etwa 80 Prozent der weltweit genutzten Ressourcen. Doch schon deuten Preissteigerungen wichtiger Ressourcen auf zukünftige Zugangs- und Verteilungskonflikte hin. Gleichzeitig bewirken weltweit anhaltendes Wachstum von Produktion und Bevölkerung einen zunehmenden Anpassungsdruck in Richtung höherer Effizienz beim Einsatz natürlicher Ressourcen. Eine gleichmäßigere Verteilung des Ressourcenzugangs pro Kopf weltweit wäre ein wesentlicher Faktor zur Vermeidung von Konflikten. [...]
Daraus folgt: Strategien zur Steigerung der Ressourcenproduktivität werden zu einem Schlüsselfaktor nachhaltiger Entwicklung.

(Quelle: Ch. Liedke/C. Kaiser, in: Jahrbuch Ökologie 2007)

M 1 Ressourcenproduktivität

Das Effizienz-Prinzip
Ressourcen wirkungsvoll zu nutzen, ist in der Wirtschaft als „ökonomisches Prinzip", in der Technik und Organisationslehre als „Rationalisierungsprinzip" bekannt. Es verlangt, Ressourcen so zu nutzen, dass eine bestimmte Wirkung mit geringst möglichem Ressourcenverbrauch bzw. finanziellem Aufwand erzielt wird.

Kohärenz-Prinzip
Das Prinzip ist gewissermaßen der Angelpunkt nachhaltiger Entwicklung, denn dabei geht es doch darum, menschliches Wirtschaften als Teilsystem mit dem Gesamtsystem Erde auf Dauer verträglich zu gestalten. Das Motto lautet: „Lokal handeln, global denken" Dieses Prinzip fordert Verträglichkeit, Stimmigkeit, Vereinbarkeit, Widerspruchsfreiheit zwischen Teilsystemen menschlicher Betätigung auf der Erde.

Partnerschafts-Prinzip
Partnerschaften zwischen Staaten, Schlüsselsektoren der Gesellschaften und Personen werden in den Dokumenten von Rio an vielen Stellen gefordert, so z. B. in Präambel und § 27 der Rio-Erklärung. Im Verständnis von Rio sind Partnerschaften wesentliches Merkmal nachhaltiger Entwicklung. Ohne Partnerschaften können die für nachhaltige Entwicklung nötigen Veränderungen weder bewerkstelligt noch die erreichten Veränderungen aufrecht erhalten werden.

Prinzip sozialer Gerechtigkeit
Das Prinzip verlangt, Vor- und Nachteile der Ressourcennutzung, also Erträge und Kosten sowie Chancen und Risiken zwischen Gesellschaftsgruppen gerecht zu verteilen. Erstes Gebot sozialer Gerechtigkeit ist die Vermeidung struktureller Armut, also der Armut von Gesellschaftsgruppen aufgrund ungerechter Verteilung von Chancen und Risiken.

	Ressourcen-Vorsorge-Prinzip	Effizienz-Prinzip	Prinzip sozialer Gerechtigkeit	Partnerschaftsprinzip	Kohärenz-Prinzip
Umwelt	Erhaltung der Funktions- und Regenerationsfähigkeit natürlicher Ressourcen	Effiziente, ressourcenschonende Nutzung natürlicher Ressourcen	Gerechter Zugang zu natürlichen Ressourcen, gerechte Verteilung von Umweltrisiken	Allianzen für Umwelt- und Naturschutz	Anpassung an natürliche Umweltbedingungen, umweltverträgliches Handeln
Wirtschaft	Erhaltung der Wertes von Sachkapital	Wirtschaftliche, marktgesteuerte Ressourcennutzung	Gerechte Verteilung von Erträgen und Risiken sowie Mitsprache	Allianzen von Wirtschaftsunternehmen	Anpassung an und Verhandeln von wirtschaftlichen Rahmenbedingungen
Gesellschaft	Erhaltung von Human- und Sozial-Kapital einschließlich traditionellem Wissen	Effiziente Nutzung von Wissen und Fähigkeiten	Zugang zu Bildung. Solidargemeinschaft, Good Governance, Foren zur Konfliktbewältigung	Politische Allianzen	Anpassung an politische, soziale, kulturelle, historische Rahmenbedingungen, Verhandlung sozialpolitischer Rahmenbedingungen

M 2 Prinzipien nachhaltiger Entwicklung

Die natürliche Umwelt ist in doppeltem Sinne von entscheidender Bedeutung für die Entwicklung. Einerseits stellt sie die für die menschliche Existenz erforderlichen, aber limitierten Ressourcen in Form von Rohstoffen, Energieträgern, Nahrungsgütern etc. und in Form von öffentlichen Gütern wie Luft, Wasser und Boden zur Verfügung. Andererseits dient die Natur als Deponieraum für verbrauchte Ressourcen (z. B. Abfälle, Emissionen etc.). Das natürliche System der Erde wird durch den wirtschaftenden Menschen belastet, aber dieser Belastbarkeit sind Grenzen gesetzt. Die entscheidende Frage ist: Wann und wie werden diese Grenzen erreicht bzw. überschritten und damit das „Lebensnetz" unserer Erde irreversibel geschädigt? [...]
Jede Überlastung der natürlichen Systeme schränkt sie in ihrer Fähigkeit zur Regeneration stark ein und vermindert die Ressourcenverfügbarkeit. Die Ökosysteme erfahren dadurch sowohl quantitative als auch qualitative Beeinträchtigungen. [...]
Die Anzeichen dafür sind unübersehbar: Klimawandel, Wasserknappheit, Erosion der Agrarflächen, sinkende Fischreserven in den Meeren etc. Ohne Änderung des Umweltverhaltens des Menschen, ohne technologische Entwicklungen zur Reduzierung der Umweltbelastungen auf ein erträgliches Maß, ohne grundlegende Korrekturen im Verhältnis Ökonomie-Ökologie ist die Zukunft der Menschheit gefährdet. Weiteres ökologisch unbekümmertes Wirtschafts- und Wohlstandswachstum im Norden und in den jungen Industrie- und Schwellenländern bei notwendigerweise wachsendem Ressourcenverbrauch im Süden würde in eine ökologische Einbahnstraße münden und damit in eine Entwicklungsfalle führen. Entwicklung bedeutet heute mehr denn je: Schaffung menschenwürdiger Lebensgrundlagen für alle und Sicherung der Lebensgrundlagen für künftige Generationen. Wirtschaftliche Entwicklung muss sozial und ökologisch verantwortbar sein.

(Quelle: Karl-Heinz Otto. Welt im Wandel. www.omnia-verlag.de)

M 3 Ökologische Grenzen des Wachstums

Mit Beginn des Jahres 2005 haben Deutschland und die EU ein neues Instrument für den Klimaschutz eingeführt: den Emissionshandel für das Treibhausgas CO_2 (Kohlenstoffdioxid). Der Ausstoß des klimaschädlichen Gases CO_2, das Kraftwerke und andere Industrieanlagen an die Umwelt abgeben, wird durch den Emissionshandel kosteneffizient vermindert.

Das Prinzip: Die Betreiber dieser Anlagen erhalten Zertifikate. Diese berechtigen den Besitzer zum Ausstoß einer genau festgelegten Menge an CO_2. Verursacht seine Anlage mehr Emissionen, muss der Betreiber zusätzliche Zertifikate ankaufen. Umgekehrt ermöglicht eine Reduzierung der Emissionen, die überzähligen Emissionszertifikate zu verkaufen und so Gewinn zu machen. Der Preis der Zertifikate richtet sich dabei nach Angebot und Nachfrage. So erhält jede Tonne Kohlenstoffdioxid einen Preis. Das Unternehmen muss also entscheiden, ob es sich rechnet, zusätzliche Emissionszertifikate zu kaufen oder ob es, insbesondere langfristig, günstiger ist, die eigene Anlage mit emissionsreduzierender Technik zu modernisieren und die dann eingesparten Emissionszertifikate zu verkaufen.

(nach: Bundesministerium für Umwelt, Naturschutz und Reaktorsicherheit: Emissionshandel. Bonn 2008, verändert)

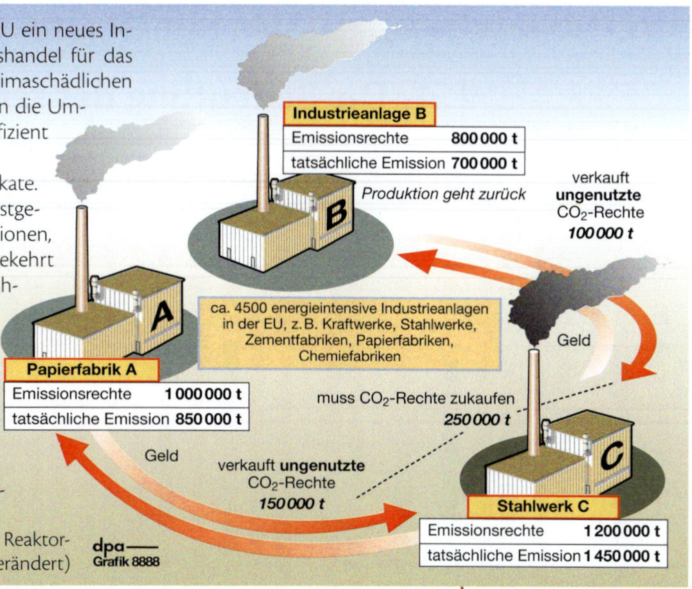

M 4 Emissionshandel – ein neues marktwirtschaftliches Instrument der Klimapolitik

Industrielle Produktion führt seit jeher zur Belastung der Umwelt, sei es durch Nutzung der Ressourcen oder auch durch die bei der Produktion entstehenden Umweltschädigungen.

Im Rahmen von Globalisierung und arbeitsteiligen Fertigungsweisen sind diese Probleme aber nicht mehr regional begrenzt. Entstehende Probleme wie Ressourcenknappheit, Umweltverschmutzung (z. B. bei Unfällen in Chemiewerken), aber auch der Einfluss des Menschen bei Klimaveränderungen, bei der Belastung der Böden und des Wassers, haben zu einer neuen Bewertung der menschlichen Aktivitäten geführt.

Im 21. Jahrhundert gehört die Erhaltung der natürlichen Lebensgrundlagen zu den größten politischen und gesellschaftlichen Herausforderungen. Die Einbettung des Umweltgedankens gelang erstmals 1972 auf der UN-Weltkonferenz über die menschliche Umwelt in Stockholm (kurz Umweltschutzkonferenz) und mündete in die Agenda 21, in deren Mittelpunkt die Verpflichtung der Staaten für eine nachhaltige Entwicklung (**sustainable development**) steht.

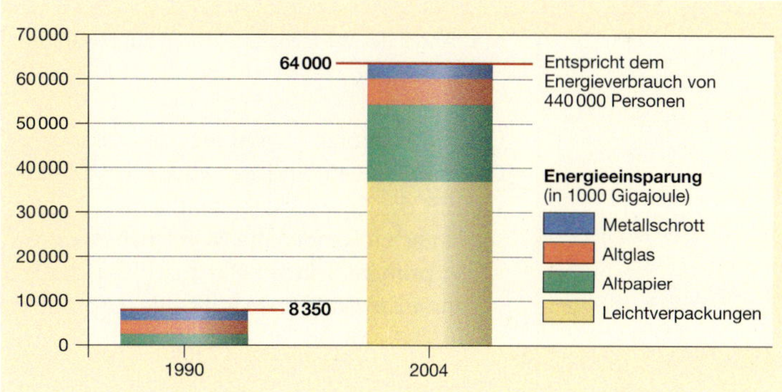

M 5 Energieeinsparung

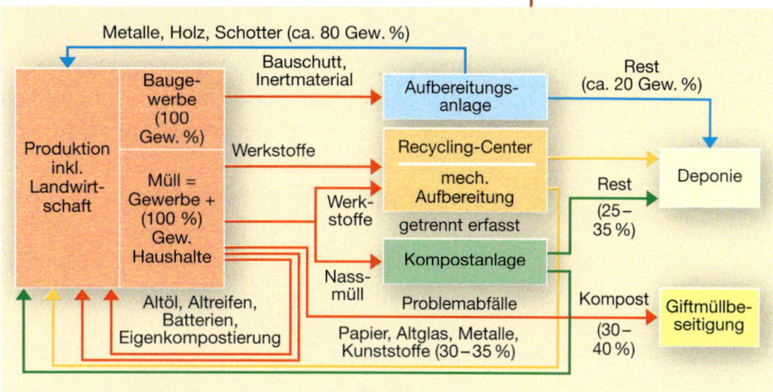

M 6 Recycling und Abfallentsorgung

1. Erläutern Sie die Notwendigkeit und die Prinzipien einer nachhaltigen Entwicklung (M 1 – M 3).
2. Zeigen Sie Möglichkeiten für eine Ressourcen schonende industrielle Produktion auf (M 5, M 6).
3. Begründen Sie, dass der Handel mit Emissionen ein nachhaltiges Wirtschaften bewirken kann (M 4).
4. „Umweltschutz ist nicht unsere einzige Aufgabe; kostspielige staatliche Regulierungen wie strenge Umweltauflagen und Energiesteuern führen zu weniger Einkommen, weniger Kaufkraft und damit langfristig zu weniger Arbeitsplätzen." Diskutieren Sie diese Aussage.

Tertiarisierungsprozesse in der Einen Welt

1. Die Bedeutung des tertiären Sektors

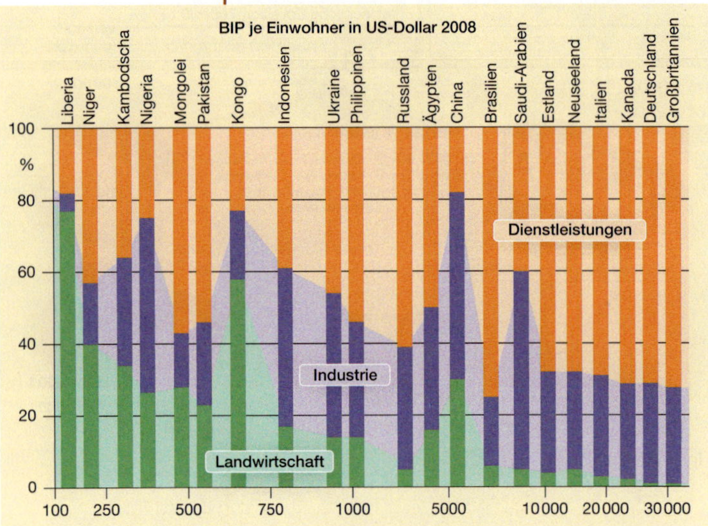

M1 Anteil der Wirtschaftssektoren ausgewählter Länder

Die Drei-Sektoren-Hypothese der Ökonomen Colin Clark (1940) und Jean Fourastié (1954) beschreibt den Entwicklungsstand einer Volkswirtschaft nach folgenden drei Wirtschaftssektoren:

- Der **primäre Sektor** befasst sich mit der Entnahme der natürlichen Rohstoffe (Urproduktion). Dazu zählen Land-, Forst-, Fischwirtschaft und Bergbau (ohne Aufbereitung). Der Bergbau wird häufig auch dem sekundären Sektor zugeordnet. Länder, die vorwiegend ihr Bruttoinlandprodukt aus diesem Sektor erwirtschaften, haben den Status eines Entwicklungslandes.
- Schwellen- und Industrieländer befinden sich in der Phase, in der der **sekundäre Sektor** dominiert: die Verarbeitung der Rohstoffe in Industrie und Gewerbe zu Industriegütern. Dazu gehören auch die Bauwirtschaft, die Energie- und Wasserversorgung sowie gegebenenfalls der Bergbau.
- Der **tertiäre Sektor** kennzeichnet die hoch entwickelten Länder, in denen der Großteil der Beschäftigten einem Dienstleistungsbereich zugeordnet werden können: Handel/Gastgewerbe, Verkehr/Nachrichtenübermittlung, Kreditinstitute/Versicherungsgewerbe, Immobilienwirtschaft, Dienstleistungen von Unternehmen/Gebietskörperschaften und Sozialversicherung/Erziehung und Bildung/Gesundheitswesen/öffentliche und private Dienstleistungen.
- Im tertiären Sektor hat die Informations- und Telekommunikationstechnologie (IKT) als jüngste Entwicklung eine Schlüsselrolle übernommen. Sie globalisiert die Aktionsräume von Finanzdienstleistern, transnationalen Konzernen, internationalen Forschungs- und Entwicklungseinrichtungen (FuE), Logistik- und Tourismusunternehmen. Daher wurde das „Drei-Sektoren-Modell" durch den quartären Sektor „Information" ergänzt. Die Informationsgesellschaft erreicht demnach einen noch höheren Entwicklungsstand als die **Dienstleistungsgesellschaft.**

Fourastié begründete den sektoralen Strukturwandel mit dem wissenschaftlich-technischen Fortschritt, der die Volkswirtschaften von der Agrar- über die Industrie- zur Dienstleistungsgesellschaft entwickelt. Während der technische Fortschritt im primären Sektor nur bedingt umgesetzt werden kann, wird im sekundären Sektor die Arbeitsproduktivität aufgrund des Maschineneinsatzes besonders stark gesteigert. So findet die ländliche Überschussbevölkerung neue Beschäftigung in der Industrie. Steigende Einkommen in der Phase der Industrialisierung führen auch zu einer größeren Nachfrage nach Dienstleistungen. Doch die Einführung technischer Innovationen (Automation und Rationalisierung) setzten immer mehr Industriebeschäftigte frei, die nach Fourastié Aufnahme im wachsenden tertiären Sektor finden sollen. Hier soll nur geringer technischer Fortschritt möglich sein, da der Mensch z. B. im Gesundheitswesen oder bei der Bildungsvermittlung nur schwer ersetzbar ist. Die Dienstleistungsgesellschaft soll daher kaum Arbeitslosigkeit kennen.

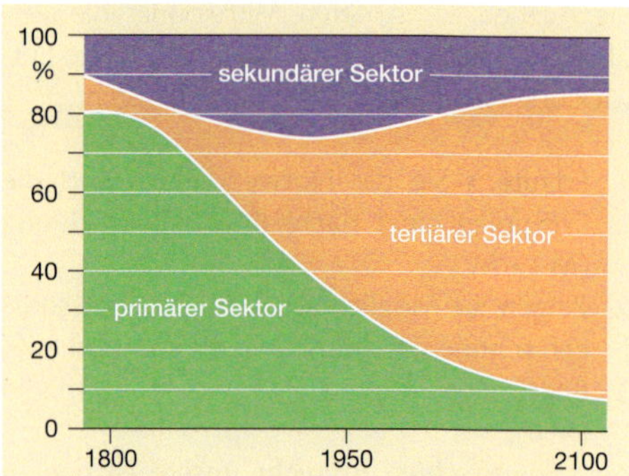

M2 Anteil der Beschäftigten in Frankreich im Modell des sektoralen Wandels nach Fourastié

Unter **gesellschaftsbezogenen Dienstleistungen** sind alle direkten oder indirekten Leistungen für Personen bzw. Familien zu verstehen, die dem individuellen bzw. kollektiven, sozialen und kulturellen Bedarf entsprechen (u.a. Heime, Schulen, Kliniken und Verwaltung).

Wirtschaftsbezogene Dienstleistungen sind Dienste, die von privatwirtschaftlichen Firmen oder staatlichen Institutionen als Vorleistungen, d.h. zur intermediären Verwendung für andere Wirtschaftsbetriebe, produziert und angeboten werden (u.a. Finanzierungsinstitute, Unternehmensberatungen, Versicherungsgewerbe) [FIRE: Finanzen, Insurance, Real Estate, der Verf.].

Dienstleistungen, die zur Deckung der Mobilitäts-, Kommunikations- und Transportbedürfnisse der privaten Haushalte und der Wirtschaftsunternehmungen von privaten oder öffentlichen Anbietern erstellt werden, werden **distributive Dienstleistungen** genannt (u.a. Einzelhandel, Großhandel, Speditionen, Warenhäuser).

Unter **haushaltsbezogenen Dienstleistungen** werden konsumentenbezogene Dienstleistungen verstanden, die von privatwirtschaftlichen Anbietern für private Haushalte zum Endverbrauch erstellt werden.

(Rürup, Bert/Sesselmeier, Werner 2001: Wirtschafts- und Arbeitswelt. In: Korte, Karl-Rudolf/Weidenfeld, Werner: Deutschland Trendbuch. Fakten und Orientierungen, Opladen: Leske + Budrich, S. 249 f.)

M3 Gliederung des Dienstleistungssektors

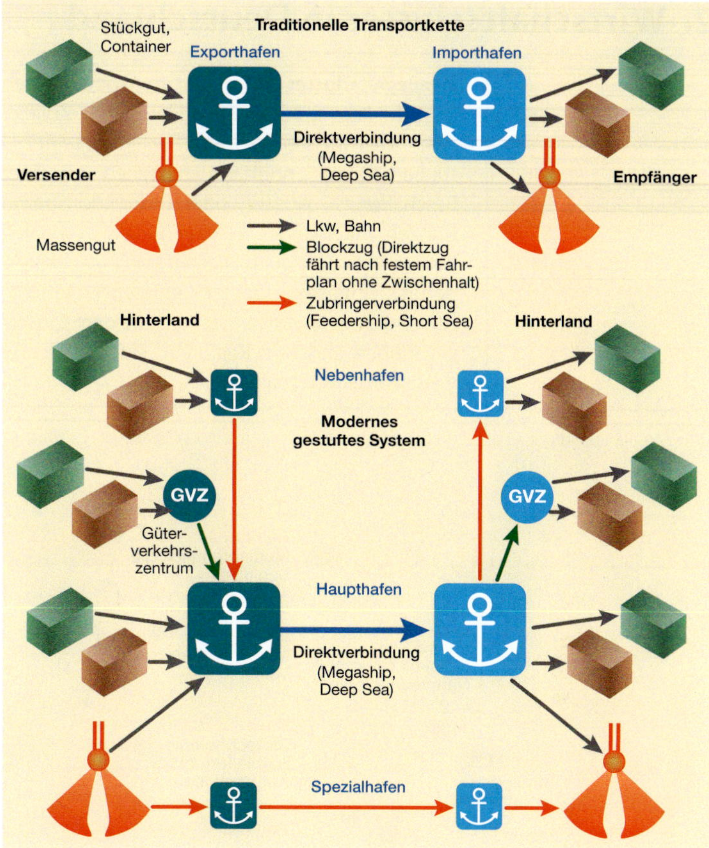

M5 Traditionelle und moderne Transportketten

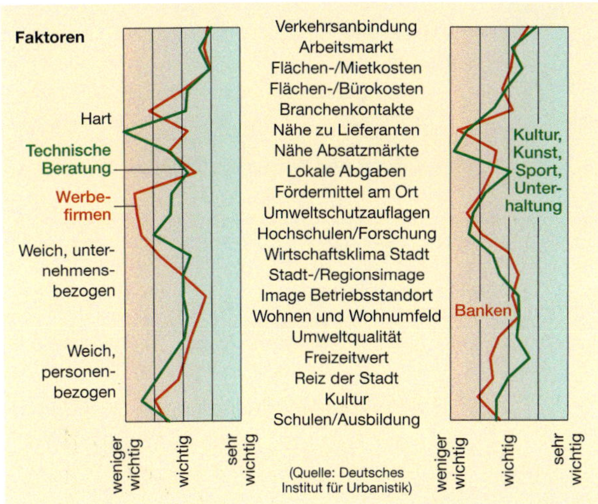

M4 Profile der Standortfaktoren von Dienstleistern

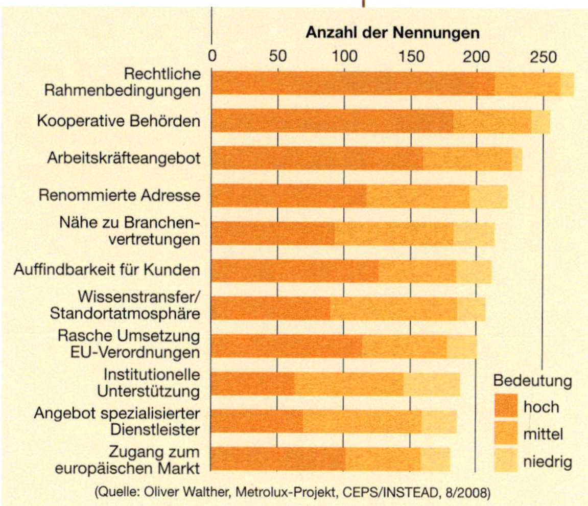

M6 Standortvorteile Luxemburgs aus Sicht der Finanzwirtschaft

1. Überprüfen Sie die Theorie der Sektoren auf ihre heutige Gültigkeit (**M 1** bis **M 3**).
2. Geben Sie eine Standortempfehlung für einen Kiosk oder Dönerstand und einen Möbeldiscounter ab (**M 4**).
3. Zeigen Sie auf, welche Standortvorteile Luxemburg aus Sicht der Finanzwirtschaft aufweist (**M 4**, **M 6**).
4. Erläutern Sie die Veränderungen bei den Transportketten im Güterverkehr, die durch Informations- und Telekommunikationstechnologie (IKT) ermöglicht wurden (**M 5** und S. 250 f.).

Webcode: GO649174-243

2. Wirtschaftscluster in Deutschland

Der Begriff **Cluster** umschreibt im ökonomischen Bereich Netzwerke zwischen Herstellern, Zulieferern, Dienstleistern oder Forschungseinrichtungen. Diese Unternehmen stehen z. B. über Beschaffungs-, Absatz- oder Produktionsbeziehungen miteinander in Beziehung. Bei idealen Bedingungen, die auch Hilfen der Wirtschaftsförderung umfassen können, entstehen Wachstumspole mit speziellen Stärken, die dem Cluster gegenüber anderen Regionen einen Wettbewerbsvorteil verschaffen.

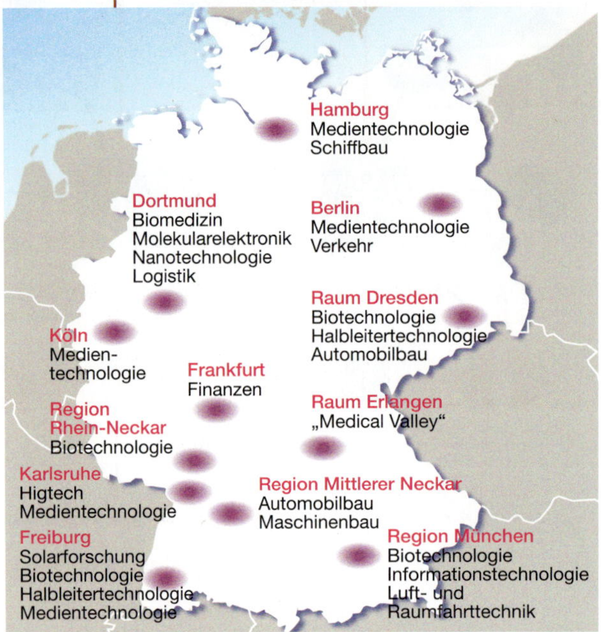

M1 Beispiel-Cluster in Deutschland

Cluster benötigen einen Kern, eine Kompetenz, die anderswo so nicht vorhanden ist. „Stärken stärken" heißt die Maxime. Ist diese Stärke nicht offensichtlich, muss sie gesucht und entwickelt werden – und zwar konsequent, auch wenn das oft genug die Vernachlässigung anderer regionaler Kompetenzen bedeutet. Ohne Kernkompetenz kein Cluster, auch das ist eine Regel. […]

Nur wenn ein Standort in mindestens einer Disziplin oder in einer Industrie in der Weltliga mitspielen kann, bietet sich ein Cluster-Entwicklungsprogramm an. Sonst müssen andere Rezepte herhalten. Strukturhilfen, die das Kostenniveau für lokale Investoren künstlich absenken, öffentliche Investitionen am Standort, Bestandssicherungsmaßnahmen oder Mobilitätshilfen. Nicht alles clustert, schon gar nicht überall. Das Mittelmaß-Valley gibt es nicht.

(Quelle: McK Wissen Nr. 1/2002, Cluster, S. 48)

M3 Standorte mit Potenzial sind leicht identifizierbar

In der Wirtschaftsförderung wird der Aufbau von Clustern als aktive Innovationsförderung verstanden. Ausgehend von einer Analyse der betreffenden Wertschöpfungskette im regionalen Kontext kann das Potenzial des Aufbaus und der Förderung eines bestimmten Clusters abgeschätzt und ein Clustermanagement eingesetzt werden.

(Quelle: http://de.wikipedia.org/wiki/Cluster_(Wirtschaft), Zugriff 20.09.2009)

M4 Cluster und Wirtschaftsförderung

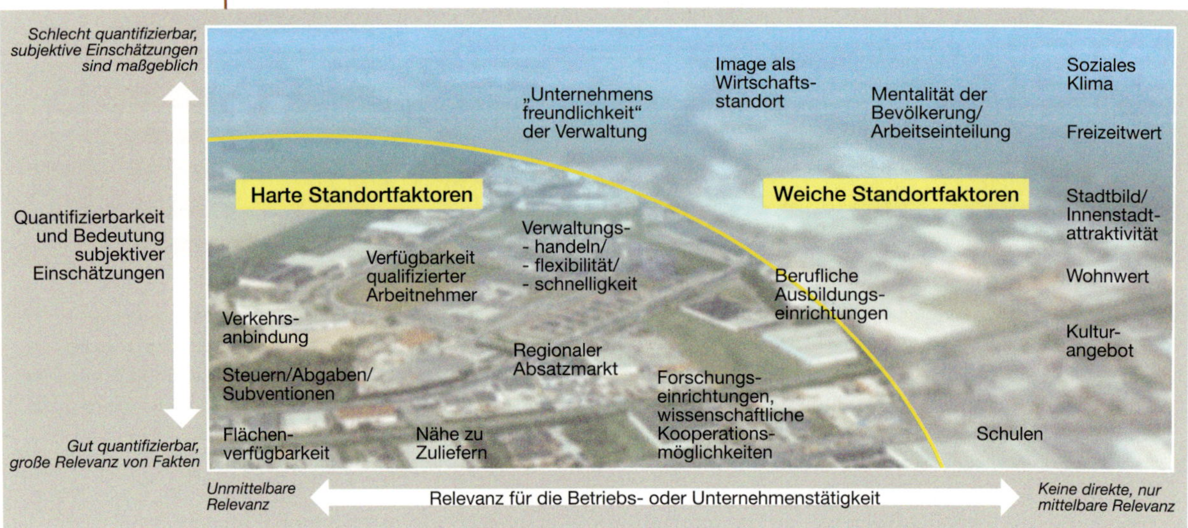

M2 Harte und weiche Standortfaktoren

M 5 Cluster-Offensive Bayern

Das Cluster-Konzept wurde in den 1990er-Jahren als ein neuer Ansatz zur Stärkung der industriellen Wettbewerbsfähigkeit entwickelt.
Mit ihm erhielt die Wirtschafts- und Innovationsförderung eine räumliche Komponente. Prof. Michael Porter, auf den die wegweisenden Arbeiten in diesem Feld zurückgehen, schreibt: „Paradoxerweise liegen die nachhaltigen Wettbewerbsvorteile in einer globalen Wirtschaftsordnung zunehmend in lokalen Faktoren: Wissen, Beziehungen, Motivationen." Ziel der Clusterpolitik ist es, durch die Vernetzung von Unternehmen und anderen Einrichtungen die Entstehung von Wachstumsstrukturen zu fördern, die auch Zulieferer und spezialisierte Dienstleister anziehen und Wettbewerbsvorteile für alle beteiligten Firmen schaffen. […]

Die Cluster-Offensive ist auf 19 Kompetenzfelder fokussiert, die bereits heute starke Clusterstrukturen aufweisen. Alle 19 Cluster zeichnen sich aus durch: eine starke Unternehmensstruktur mit Leitunternehmen, kompetente Zulieferer und Dienstleister, eine Konzentration von Hochschul- und Forschungseinrichtungen, eine intensive regionale und überregionale Zusammenarbeit zwischen Wirtschaft und Wissenschaft, einen Pool an qualifizierten Mitarbeitern, spezialisierte Aus- und Fortbildungsaktivitäten sowie eine ausgeprägte Gründerdynamik.

(Quelle: Bayerisches Staatsministerium für Wirtschaft, Infrastruktur, Verkehr und Technologie. München 2008)

Flyer (Ausschnitt) für den Kongress „Cluster-Offensive Bayern"

Die Finanzwirtschaft beschäftigt in Bayern rund 250 000 Mitarbeiter. Ihre Vielseitigkeit zeigt sich sowohl bei klassischen Bank- und Versicherungsgeschäften, wie auch bei Vermögensverwaltung und spezialisierten Finanzierungslösungen in den Bereichen Risikokapital, Leasing und Factoring. Mit rund 100 Versicherungsunternehmen ist Bayern einer der weltweit führenden Versicherungsstandorte. Das Bayerische Finanz Zentrum e.V. vernetzt als Clusterplattform Versicherungsunternehmen, Kreditinstitute, die Börse, Asset-Management-Spezialisten und Private-Equity-Häuser mit der Wissenschaft. Die Transparenz über das bestehende Lehr- und Forschungsangebot an bayerischen Hochschulen wird erhöht und anwendungsorientierte Forschungsvorhaben im Finanzdienstleistungsbereich werden über Projektkooperationen koordiniert. […]

(Quelle: Bayerisches Staatsministerium für Wirtschaft, Infrastruktur, Verkehr und Technologie. München 2008)

M 6 Clusterpoltik im Freistaat Bayern

1. Definieren Sie den Begriff „Cluster" und beschreiben Sie Lage und Gegenstand bedeutender Cluster in Deutschland (**M 1** und **M 4**).
2. Erläutern Sie den Zusammenhang zwischen Clustern und Standortfaktoren (**M 2** und **M 3**).
3. Kennzeichnen Sie die Clusterpolitik im Freistaat Bayern (**M 5**, **M 6**).

Webcode: GO649174-245

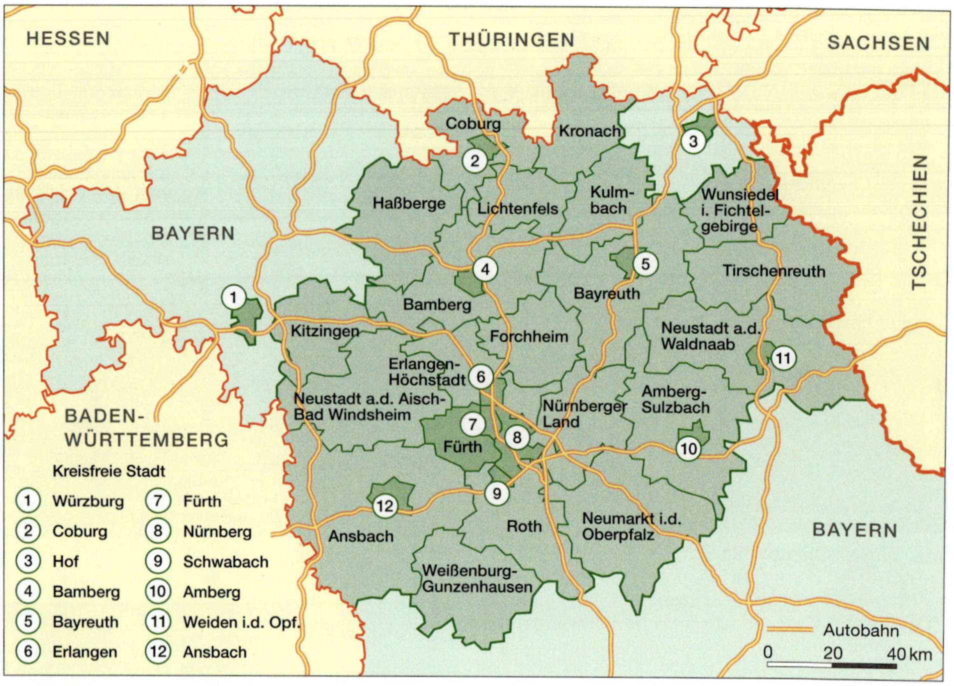

M7 Die Europäische Metropolregion Nürnberg

Die Region Nürnberg wurde 2005 zur Europäische Metropolregion. Sie umfasst eine Fläche von 19 000 km² mit 3,5 Millionen Einwohnern und ca. 150 000 Unternehmen. Die Cluster-Offensive Bayern fördert die Metropolregion Nürnberg. Das bedeutendste Cluster von Wirtschaftsunternehmen und Forschungseinrichtungen ist das „Medical Valley Europäische Metropolregion Nürnberg". In dem auf Medizintechnik spezialisierte Cluster sind ca. 180 Medizintechnikunternehmen mit 16 000 Beschäftigten aktiv.

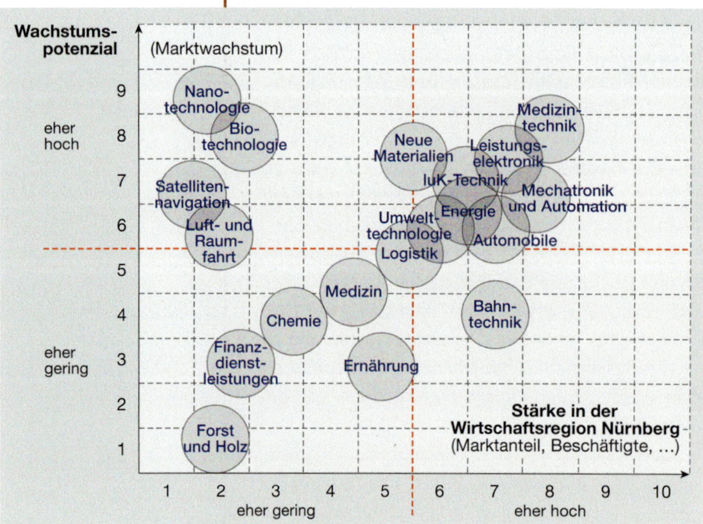

M8 Wirtschaftliche Stärke und Wachstumspotenzial

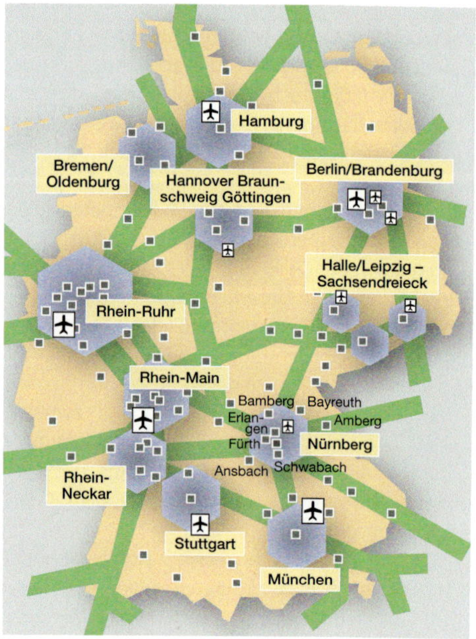

M9 Europäische Metropolregionen in Deutschland 2005

4. Beschreiben Sie die Lage der Metropolregion Nürnberg (M7 und M9).
5. Beraten Sie die Entscheider der Metropolregion Nürnberg bei der Einrichtung eines Clusters (M1 bis M9).

3. Global City Singapur – Vorzeigestaat Asiens?

M 1 Singapur: Central Business District am Singapur River

In wenigen Dekaden seit seiner Unabhängigkeit hat der tropische Stadtstaat Singapur den Sprung vom Entwicklungsland zum Industriestaat 1995 geschafft. Seine Fläche ist kleiner als die des Landes Hamburg (755 km²) und seine Bevölkerung entspricht derjenigen von Sachsen (4,2 Mio.). Dabei waren und sind die Voraussetzungen mit Ausnahme der ausgezeichneten geostrategischen Lage alles andere als vorteilhaft:

- Der Inselstaat verfügt über keine nennenswerten Rohstoffe, nicht einmal über ausreichend Trinkwasser oder Sand.
- Der Hafen hat kein Hinterland und die Industrie keinen Binnenmarkt.
- Die begrenzte Fläche führt bei steigender Bevölkerung und wachsendem Wohlstand zu immer stärkeren Flächenkonkurrenzen.
- Die multi-ethnische Zusammensetzung der Bevölkerung lässt bei der hohen Bevölkerungsdichte eher Dauerkonflikte als ein gemeinsames Zusammenleben vermuten.
- Die krisenanfällige Großregion Südostasien bedeutet für Singapur eine ständige Gefahr von außen.

Während Megastädte als nationale Zentren in Entwicklungsländern um ein Vielfaches größer sein können als Singapur, sind Global Cities mit Funktionen ausgestattet, die die Globalisierung steuern und vorantreiben. Hier befinden sich die Zentralen der wichtigsten Transnationalen Konzerne (Finanz-, Börsen-, Immobilienwirtschaft). Weltstädte fungieren zudem als globale Drehscheiben für den Personen- und Güterverkehr.

(Friedrich Engelbert Wührl)

M 2 Merkmale einer Global City

Einwohner: 3,1 Mio. (1999); 4,7 Mio. (2009)
Bevölkerungswachstum: 1,9 % (1999); 2,5 % (2009)
Fläche: 647,5 km² (1999), 699 km² (2009), bestehend aus einer Hauptinsel und 60 kleineren Inseln
Dichte: 5 965 (1999); 6 777 Einwohner/km² (2009)

Ethnien (2009)	Sprachen	Religionen (2000)
77 % Chinesen	Chinesisch (Mandarin)	Buddhisten: 42,5 %
14 % Malayen	Malayisch	Muslime: 14,9 %
7,9 % Inder	Tamil	Christen: 14,6 %
1,1 % andere	Amtssprache Englisch	Daoisten: 8,5 %
		Hindus: 4,0 %

Staatsform: Republik
Regierungsform: parlamentarische Demokratie, seit 1959 dominiert von der People's Action Party (PAP)
Geschichte: 1819 gründete der Engländer Raffles auf der Dschungelinsel eine Handelsniederlassung für die East Indian Company. Souveränität: 1965 (ehemals britische Kronkolonie, Austritt aus der malayischen Föderation)

BNE pro Kopf in US-$ (2008)		HDI-Rang (2007)
Singapur:	34 760	23
Malaysia:	6 970	66
Indonesien:	2 010	111
Deutschland:	42 440	22

BIP (2008): 194,93 Mrd. US-$; realer Zuwachs: 7,9 %;
Anteil Landwirtschaft: 0,1 %, Industrie: 34 %, Dienstleistungen: 65,9 %;
Arbeitslosigkeit (2007): 2,3 %
Außenhandel (2009): Import 246 Mrd. US-$; Export 270 Mrd. US-$
Identität: Nation vor der Gemeinschaft, Gesellschaft vor dem Individuum, Familie als die Grundlage der Gesellschaft. Konsens statt Konflikt.
Korruptionswahrnehmungsindex (2007): 7. Rang; Deutschland 16. Rang

(nach verschiedenen Quellen)

M 3 Strukturdaten

M 4
Vordergrund: Großbaustelle auf der Freizeitinsel Sentosa: „Resort World“ (Universal Filmstudios, ein Ableger aus Hollywood), Meerespark für Wale, Delfine und Haie, Meeresmuseum, 6 Hotels mit 1800 Betten); dahinter der Containerhafen mit dem CBD im Hintergrund

M 5
Wachstumsdreieck Singapur – Johor – Riau (SiJoRi)

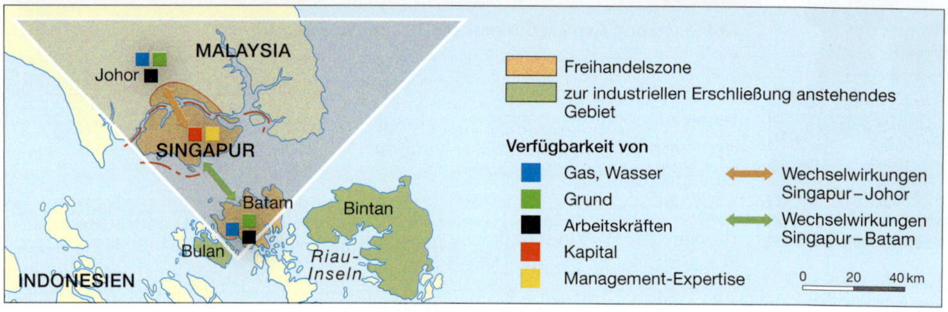

M 6 Flächennutzungsplan Singapur

M 7 Stadtmodell mit Marina Bay (1), Kallang Basin (2) und Sperrwerk (3)

M 8
Marina Sperrwerk. Das der Trinkwassergewinnung und dem Küstenschutz dient sowie Wassersportaktivitäten in der Bucht ermöglicht. Hinten rechts Neulandgewinnung.

„Majullah Singapura" – „Möge Singapur Erfolg haben", so der Leitspruch auf der Flagge des Stadtstaates. Eine entscheidende Voraussetzung für den Erfolg ist seine geostrategische Lage zwischen West (Europa, Arabien, Indien) und Ost (Asien, Australien, Amerika). Die daraus resultierende Drehscheibenfunktion gilt vorrangig für den globalen Container- als auch abgeschwächt für den Luftverkehr. Singapur nahm 2007 beim Containerumschlag den ersten und beim Fluggastverkehr den neunzehnten Weltrang ein.

Auch wenn Singapur seit 2005 die Nummer 1 beim Containerumschlag ist, die benachbarten Staaten versuchen, das Erfolgsmodell zu kopieren und bauten ihrerseits vor die Tore Singapurs einen leistungsfähigen Containerhafen (Malaysia: Johor Bahru) und einen Flughafen für Großraumflugzeuge in Batam (Indonesien), nur 20 km von Singapur entfernt. Diese Standorte sind im Gegensatz zu Singapur durch staatliche Subventionen, niedrige Lohnkosten und großzügige Flächenangebote begünstigt. Auf diese Herausforderung reagiert die private Hafengesellschaft in Singapur mit noch höherer Effizienz bei der Hafenlogistik, um noch kürzere Liegezeiten für die Schiffe zu erzielen. Außer in Beteiligungen am Hafenmanagement investiert der Stadtstaat in den Kauf von Unternehmen und Kapitalbeteiligungen sowie in die Märkte.

Neben der Hafenfunktion eines regionalen Stapel- und Umschlagplatzes haben sich seit 1960 die Werft-, Erdöl- und Elektroindustrie als Exportindustrie etabliert. Raumknappheit, hohe Immobilienpreise und relativ hohe Lohnkosten führten allerdings zur Auslagerung der arbeits- und lohnintensiven Verbrauchsgüterindustrie in die Nachbarstaaten (Wachstumsdreieck SiJoRi), wo mithilfe Singapurs moderne Gewerbeparks entstanden sind. Demgegenüber wird in Singapur seit 1980 die Ansiedlung von Betrieben mit hoher Wertschöpfung gefördert, d. h. mit großen Anteilen an Forschung und Entwicklung in der Informationstechnologie, in Life Sciences (Medizintechnik, Pharmazie, Nahrungsmittelindustrie) und der Petrochemie. Städtebaulicher Ausdruck einer Global City sind die Hochhäuser des CBD. Hier befinden sich die weltweit vernetzten Leitzentralen und Entscheidungsträger der Finanzwirtschaft: Börse, Banken, Finanzdienstleister, Verwaltungen der Transnationalen Konzerne. Sie profitieren von dem stabilen Währungssystem, einem unternehmensfreundlichen Wirtschaftsklima, einem soliden Rechtssystem, von der politischen Stabilität, einer ausgezeichneten Infrastruktur und einem relativ hohen Bildungsniveau. Von Sicherheit und Sauberkeit profitiert auch der Tourismus der politisch straff geführten „Singapur AG": 10,3 Mio. Besucher (2007).

M 9
Verordnete Sauberkeit in öffentlichen Verkehrsmitteln.

1. Beschreiben Sie die geographische Lagebeziehung Singapurs regional wie auch global (S. 358 M 2, Atlas)
2. Singapur wird wie ein Unternehmen geführt. Erläutern Sie die wirtschaftspolitischen Ziele und ihre erfolgreiche Umsetzung (M 1, M 3 bis M 7)
3. Zeigen Sie die Probleme bei der flächenmäßigen Umsetzung der Daseinsgrundfunktionen in diesem Stadtstaat auf (M 4, M 6 bis M 9).
4. Machen Sie deutlich, dass die Rahmenbedingungen für die Weltstadt sehr eingeschränkt sind (M 4, M 6, M 8, M 9).

Webcode:
GO649174-249

4. Duisburg – Logport Logistic Center

Logistikstandort Duisport – mehr als ein Hafen

Seit der einsetzenden Globalisierung Anfang der 1990er-Jahre hat der internationale Warenverkehr schwunghaft zugenommen. Um dem steigenden Wettbewerbsdruck standhalten zu können, gehen immer mehr Firmen dazu über, sich auf ihr Kerngeschäft zu beschränken und ihre Werkslogistik an selbstständige Logistikunternehmen mit einem umfangreichen Dienstleistungsangebot wie Transport, Lagerung, Vormontage oder Kundenservice auszugliedern (Outsourcing). Von dieser Entwicklung profitiert die boomende Logistikbranche, sie ist aber auch von ihr abhängig.

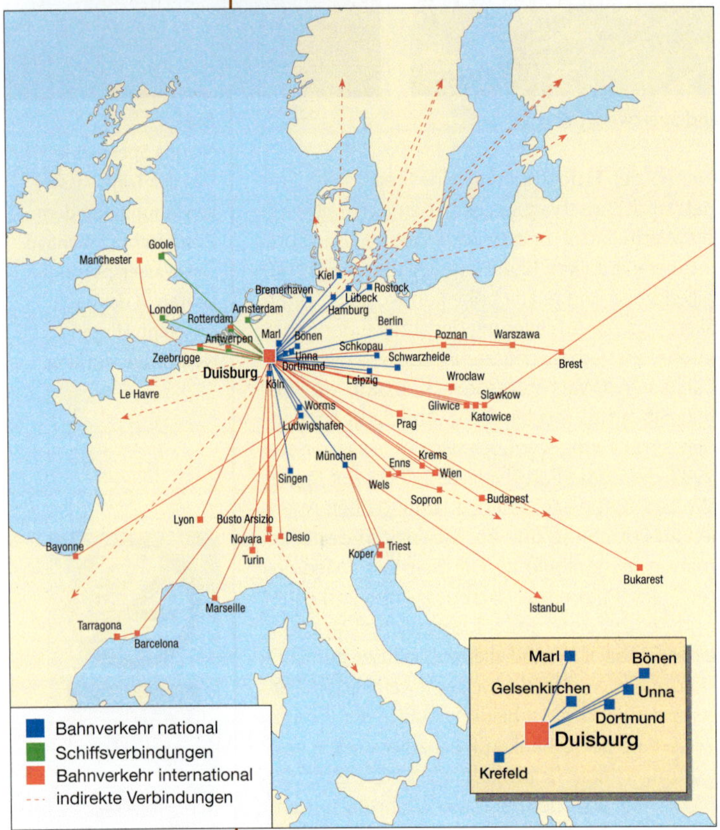

M1 Duisburg: Gateway (Tor) für Zentraleuropa und Hub (Knotenpunkt) für die Nordseehäfen

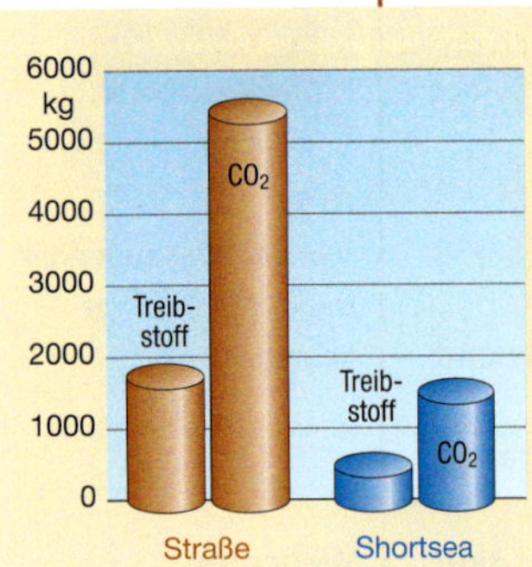

Vergleich eines Haus-Haus-Transports einer Lkw-Komplettladung von Duisburg nach Lissabon:

	Straße	Shortsea*
Treibstoffverbrauch in kg	1729	474
CO_2 Emissionen in kg	5426	1500

* inklusive Straßenvorlauf in Duisburg und Nachlauf vom Hafen Lissabon.
Alle Angaben sind Durchschnittswerte.

M2 Ökobilanz Straße – Schiff

Lage des Hafens: Rhein-Ruhr-Region, dem größten industriellen Ballungsraum in Europa. In einem Radius von 150 Kilometern leben 30 Millionen Verbraucher. Mehr als 300 000 Firmen sind in der Region tätig.
Rund 300 überwiegend auf Transport und Logistik spezialisierte Unternehmen mit 17 000 Beschäftigten sind im Hafen tätig. Der Duisburger Hafen ist der größte Binnenhafen der Welt.
Managementgesellschaft: Duisburger Hafen AG (Markenname „duisport")
Binnengüterumschlag in Deutschland 2008 in Mio. Tonnen (2007):
Duisburg: 54,5 (55,1)
– Schiff: 15,4 (16,0)
– Bahn: 12,9 (12,6)
– Lkw: 26,2 (26,5)
(Wichtigstes Umschlaggut: 1 Mio. Container)
Köln: 14,8 (15,94) und
Hamburg (Elbbinnenhafen): 12,2 (12,02)

Projekt: Logport I und II:
1998 Erwerb der 265 Hektar großen Fläche des 1993 stillgelegten Krupp-Hüttenwerkes in Rheinhausen. Ausbau zu einem trimodalen Logistikstandort (Schiff, Bahn, Lkw). 2008 arbeiteten 3000 Beschäftigte auf dem ehemaligen Hüttengelände. Die schnelle Vermarktung der Fläche ermutigte die Betreiber 2006 zur Übernahme einer 25 Hektar großen rechtsrheinischen Industriefläche: Logport II nahm 2009 den Betrieb auf.
Projekt Logport Ruhr: Um dem Flächenbedarf der wachsenden Logistikbranche gerecht zu werden, hat die Duisburger Hafen AG mit der RAG Montan Immobilien 2008 ein Jointventure geschlossen. Altindustrielle Standorte am Rhein-Herne-Kanal sollen saniert und logistisch vermarktet werden.
Projekt Glückauf-Express: Der Bahnshuttle verbindet werktags die Häfen Dortmund, Gelsenkirchen und Duisburg. Ziel ist die Vernetzung des Ruhrgebietes zur größten Binnenverkehrsdrehscheibe Europas mit Duisburg als führendem Hinterland-Hub.
Geschäftsidee: Bei weiter wachsenden Umschlagraten muss mit Flächenengpässen in den ARA-Häfen (Antwerpen, Rotterdam, Amsterdam) gerechnet werden. Daher ist der Ausbau von Hinterland-Hubs notwendig.

M3 Steckbrief nach Firmenangaben

VTS Verpackung, Logistik, Service
Ein Unternehmen der duisport-Gruppe

Wir bringen Großes in Bewegung

- Lagerhaltung und Kommissionierung
- Verpackung und Logistikberatung
- Versandplanung sowie -abwicklung
- Outsourcing von Versandtätigkeiten
- Schwergutverpackung weltweit
- Verpackung von Gefahrgut
- Verpackung in Container
- Luftfrachtverpackung
- Schwer- und Spezialguttransport
- Konservierung

M4 Werbung eines Logistikunternehmens

M6 Containerumschlag in den Duisburger Häfen

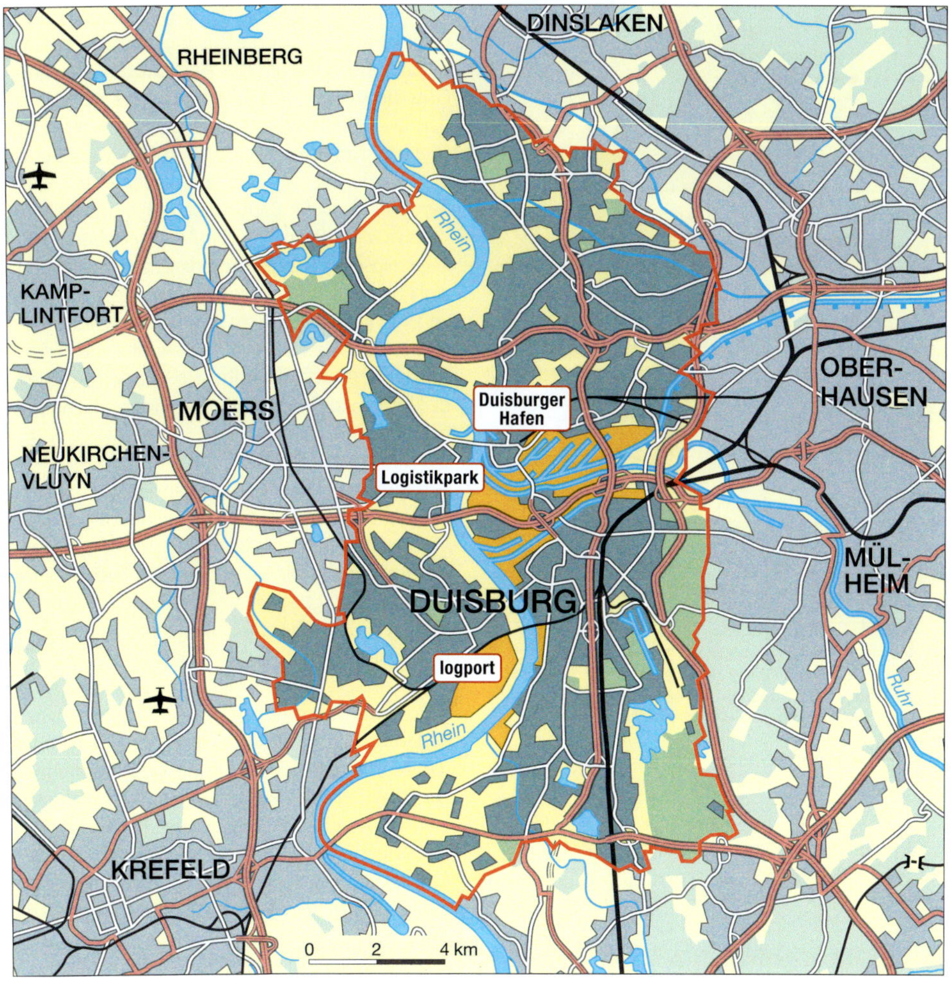

M5 Verkehrsgeographische Lage der Duisburger Häfen

Logistik
Logistik ist mehr als der Transport einer Ware von A nach B. Sie garantiert die Verfügbarkeit eines Gutes in der richtigen Menge, im richtigen Zustand, am richtigen Ort, zur richtigen Zeit, für den richtigen Kunden, zu den richtigen betriebs- und volkswirtschaftlichen Kosten [d. Autor].

Oder:
„Logistik umfasst die ganzheitliche Koordination und Durchführung aller Informations- und Güterflüsse von Unternehmen und Wertschöpfungsketten (Supply Chains) mit maßgeblichem Einfluss auf den Unternehmenserfolg"
(Quelle: Bundesvereinigung Logistik e. V., www.bvl.de vom 04.02.2006)

M7
Was ist Logistik?

1. Beschreiben Sie die verkehrsgeographischen Lagebeziehungen des Logistikstandorts Duisburg in der Region und in Zentraleuropa (M 1, M 5, M 6, Atlas).
2. Erläutern Sie die Unternehmensstrategie der Duisburger Hafen AG und bewerten Sie diese bezüglich Chancen und Risiken (M 3, M 4, M 7).
3. Inwieweit wird die Unternehmensstrategie der Duisburger Hafen AG den Definitionen von Logistik gerecht (M 1 bis M 5, M 7)?

Webcode:
GO649174-251

5. Deutschland – eine reine Dienstleistungsgesellschaft?

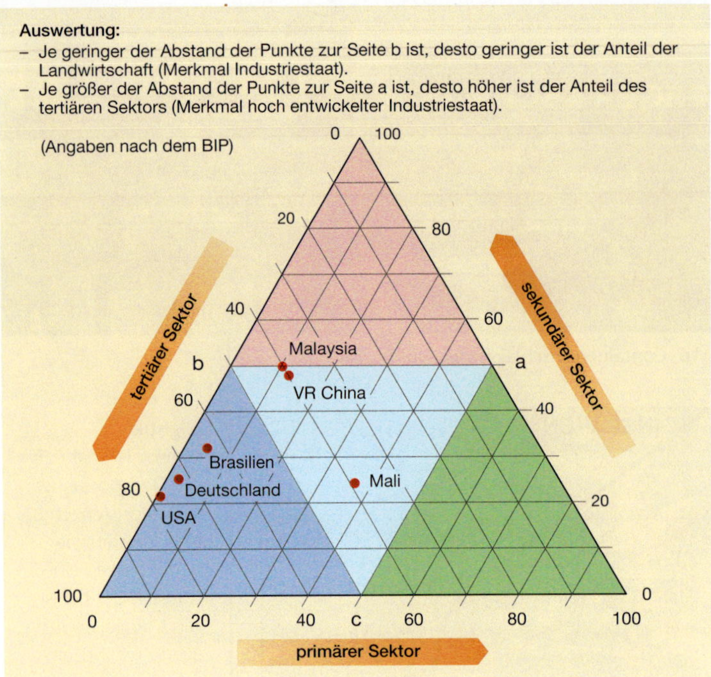

M 1 Wirtschaftsstruktur ausgewählter Staaten

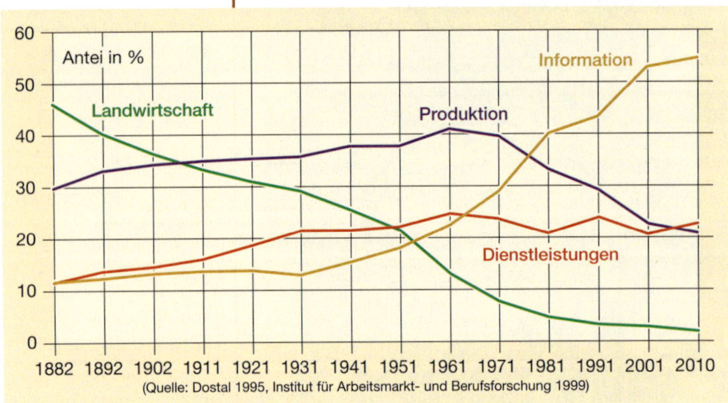

M 2 Berufswelt im Wandel

Bei diesem „Vier-Sektoren-Modell" wird der Bereich „Produktion, Verarbeitung und Vermittlung von Informationen" aus dem sekundären und tertiären Bereich ausgegliedert.

	2002	2007
Mobiltelefon	70 %	81 %
Personalcomputer	57 %	71 %
Internetzugang	43 %	65 %

Statistisches Bundesamt, Stat. Jb. 2008 S. 112

M 3 Nutzung von Informations- und Kommunikationstechnologie (IKT) in privaten Haushalten in Deutschland

Steigende Spezialisierung ließ mehr und mehr Dienstleistungs- und Handelsunternehmen entstehen. Deutschland ist kein Industriestaat mehr, denn wir befinden uns bereits in einer nachindustriellen Dienstleistungsgesellschaft. Wie einst beim Übergang von der Agrar- zur Industriege-

Die Ursachen des Strukturwandels

„Die Ursachen des skizzierten Strukturwandels sind sehr vielschichtig. Man kann einen primär ökonomischen Ursachenkomplex von einem systemisch-soziologischen Ursachenkomplex unterscheiden. Auf die ökonomischen Ursachen haben bereits die Klassiker der Drei-Sektoren-Theorie hingewiesen [S.242f.]: Die ungeheuren Produktivitätsfortschritte in der Agrarproduktion und Güterherstellung setzen Arbeitskräfte frei, die in den Dienstleistungssektor verlagert werden. Der Dienstleistungssektor kann als Auffangbecken für die ‚überflüssig' gewordenen Arbeitskräfte dienen, weil dort die Rationalisierung und die Produktivitätszuwächse zumindest teilweise stärkeren Einschränkungen unterliegen. So lassen sich zum Beispiel Schulunterricht oder Pflegedienste an alten Menschen nicht in dem Maße automatisieren wie die Montage von Autos oder Fernsehgeräten. Zudem erhöht sich mit dem Anstieg der Realeinkommen auch die private Nachfrage nach Dienstleistungen."

Auswirkungen des Strukturwandels

„Der Anteil von Aufwendungen, die der private Verbraucher für Dienste ausgibt, steigt nachweislich stetig an. In die Verschiebungen bei der privaten Nachfrage spielen auch weitere Veränderungen in den Lebensbedingungen, im Wertesystem oder in der Bevölkerungsstruktur hinein: zum Beispiel stärkere Nachfrage nach Freizeitangeboten durch sinkende Arbeitszeiten, höherer Bedarf an Unterhaltung und Versorgung durch die Alterung der Bevölkerung oder vermehrte Nachfrage nach Reparatur- und Wartungsdiensten durch die Technisierung des Alltags.
Systemisch-soziologische Ursachen hängen insbesondere mit der wachsenden Komplexität sozialer und ökonomischer Systeme zusammen. Mit der zunehmenden Kompliziertheit der Gesellschaft steigt ihr Bedarf an Regelung, Vermittlung und Steuerung; sie erfordert ein Mehr an Planung, Abstimmung und Kontrolle sowie ein Mehr an Kompetenzen und Ausbildung."

(aus: Geißler, Rainer 2000: Entwicklung zur Dienstleistungsgesellschaft. In: Informationen zur politischen Bildung 269: Sozialer Wandel in Deutschland, S. 19 f.)

M 4 Deutschlands Wandel zur Dienstleistungsgesellschaft

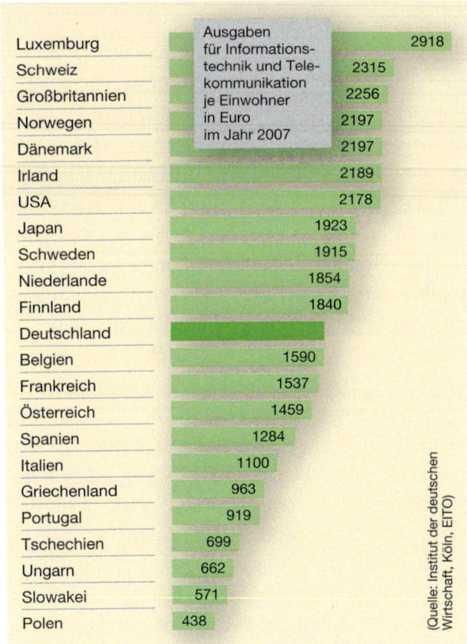

M5 Ausgaben für die Informationstechnologie

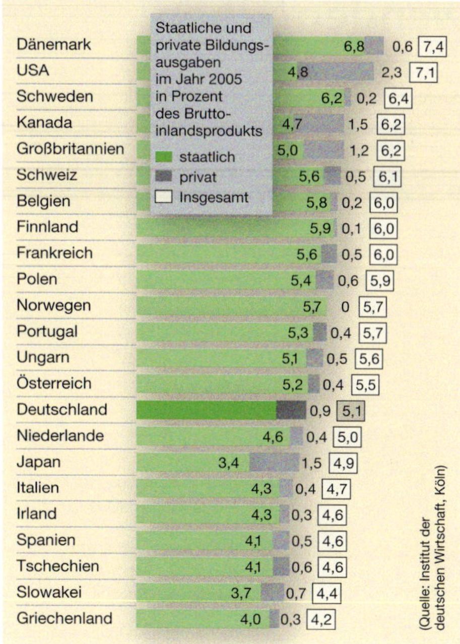

M7 Bildungsausgaben

sellschaft hat dieser Wandel umfassende Veränderungen der wirtschaftlichen, sozialen und politischen Strukturen zur Folge.

Hochwertige Dienstleistungen sind nicht mehr an einen Ort gebunden. Informationen und Wissen werden zum entscheidenden Produktionsfaktor. Viele neue Tätigkeiten beruhen auf einer hochwertigen Ausstattung mit Transport-, Informations- sowie Kommunikationstechniken. Die Dienstleistungsgesellschaft ist auf Informations- und Wissensvermittlung angewiesen.

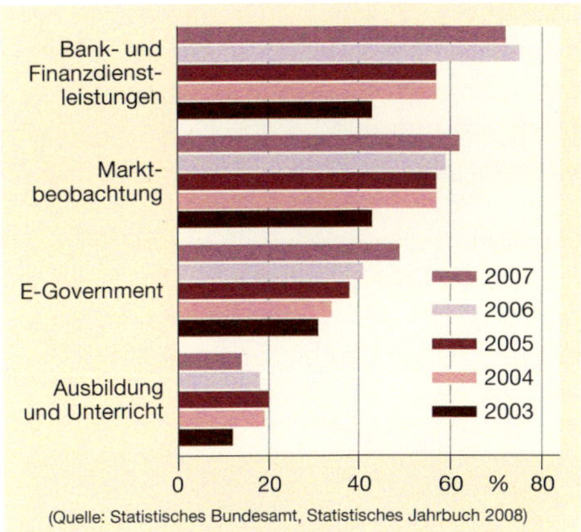

M6 Nutzung des Internets in Unternehmen

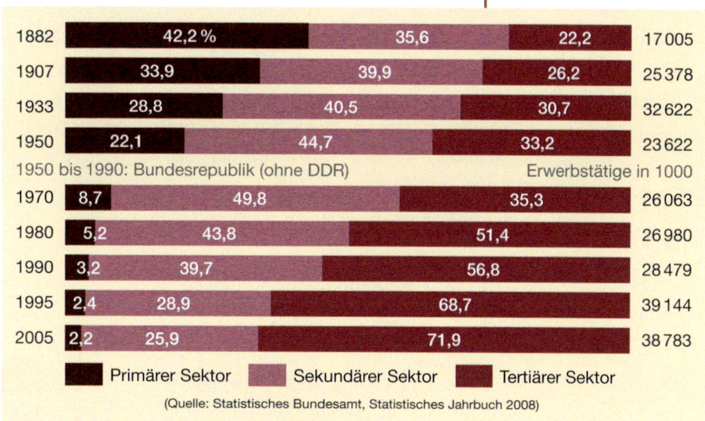

M8 Strukturwandel in der Berufswelt

1. Vergleichen Sie die Wirtschaftsstruktur von Mali, Deutschland und der VR China (M 1).
2. Beschreiben Sie die wichtigsten Merkmale des Strukturwandels in Deutschland seit Ende des 19. Jahrhundert (M 2, M 4, M 7, S. 242 f.).
3. Veranschaulichen Sie den Strukturwandel in Ihrem Heimatort anhand von Umnutzungen alter Gebäude, von Flächenneunutzungen oder anhand von Straßen- und Flurnamen mittels einer (Foto-)Dokumentation. Ist der Strukturwandel immer konfliktfrei abgelaufen, wer waren die Gewinner, wer die Verlierer?
4. Welche Anforderungen stellt eine zukunftsfähige Dienstleistungsgesellschaft an die Öffentlichkeit und den Einzelnen (M 3, M 5 bis M 8).

Ordnen/Anwenden/Üben

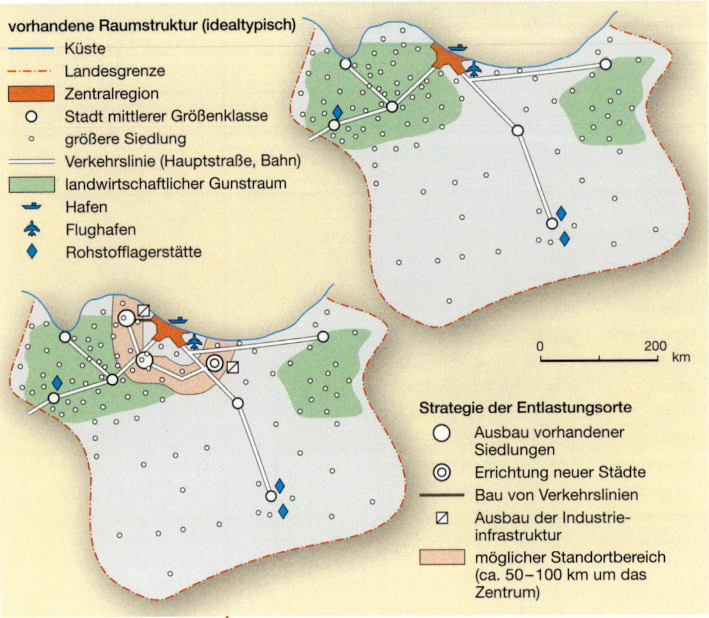

M1 Idealtypische Raumstruktur eines Entwicklungslandes und Strategie der Entlastungsorte

Strategie	Standorte	Instrumente
Entlastungsorte	Städte im Bereich von 50 – 80 km um das Zentrum	Ausbau von Infrastruktur und Siedlungen; Anreize für Privatwirtschaft
Wachstumszentren	begrenzte Zahl großer Zentren in der Peripherie	staatliche Pilotbetriebe oder Förderung privater Großindustrie, Ausbau von Infrastruktur und Siedlungen
Entwicklungsachsen	Zentren in der Peripherie und sie verbindende Wege	Anreize in den Zentren, Ausbau der Verkehrs- und Kommunikationsverbindungen
Mittelzentren	größere Zahl mittelgroßer Siedlungen in der Peripherie	Anreize für Privatwirtschaft, Beratung, Ausbildung

M2 Raumpolitische Strategien

Neben den drei Wirtschaftssektoren gibt es in Entwicklungsländern noch zwei weitere Bereiche, die in der Regel nicht gesondert aufgeführt werden. Dies ist zum einen die **Subsistenzwirtschaft,** d.h. die Produktion von Gütern in einem so geringen Umfang, dass sie nur der Selbstversorgung der Familien dient. Zum anderen ist es der **informelle Sektor,** eine Form der Schattenwirtschaft, die weder Steuer- noch Sozialabgaben kennt. Gelegentlich wird der tertiäre Sektor noch weiter in den quartären Sektor aufgegliedert, zu dem Dienstleistungen in den Bereichen Erziehung, Lehre und Forschung sowie Entscheidungstätigkeiten im öffentlichen und privaten Bereich gezählt werden. 1960 begründete Walt Whitman Rostow die Theorie, dass eine Volkswirtschaft im Idealfall eine fünfstufige Entwicklung durchläuft. Der höchste Stand der Entwicklung ist erreicht, wenn auch der Anteil der Beschäftigten im tertiären Sektor den höchsten Stand erreicht hat.
In vielen Entwicklungsländern stehen den wenigen ökonomisch starken Zentren wirtschaftlich schwache periphere Gebiete gegenüber. Dieses Gefälle ist ein Grund für die wirtschaftliche und auch sonstige Unterentwicklung und ein Hemmnis für eine gleichmäßige gesamtstaatliche Entwicklung. Deshalb wird mit unterschiedlichen Strategien versucht, den Druck vom alles überragenden Zentrum zu nehmen, neue Standorte in der Nähe zu errichten oder auszubauen. Allerdings bleiben oftmals Abhängigkeiten bestehen, sodass sich der Abbau von Unterschieden zwischen Zentrum und Peripherie oftmals als sehr schwierig gestaltet.

Entwicklungstheoretisches Denken setzte erst nach dem Zweiten Weltkrieg ein und bedeutete primär Wachstum im Sinne aufholender Modernisierung. Diese Gleichsetzung von Entwicklung

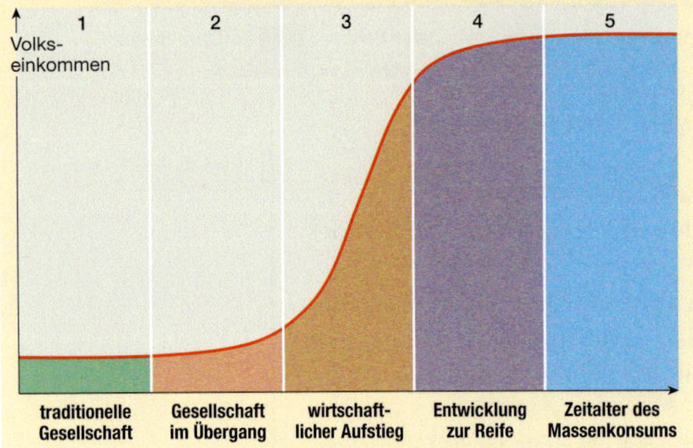

M3 Stadien der wirtschaftlichen Entwicklung nach Rostow

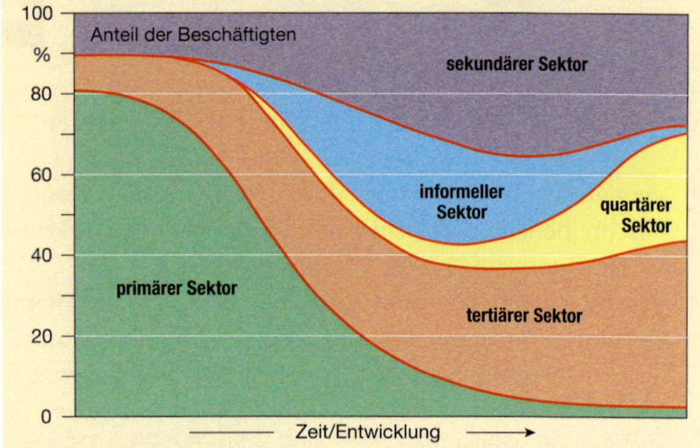

M4 Sektoraler Wandel in Entwicklungsländern

und Wachstum erlaubte es, Entwicklungsfortschritte mithilfe eines einzigen Indikators, dem Bruttosozialprodukt, zu messen. Als Leitbild diente die westliche, industriestaatliche Moderne. Bis heute sind Theorien mit einem wirtschaftlichen Ansatz dominant. Bis heute ist es nicht gelungen, eine integrierende Theorie zu entwickeln, die sowohl die Ursachen von Unterentwicklung als auch eine darauf aufbauende Entwicklungsstrategie ganzheitlich umfasst.

Wachstumsstrategie

Die internationale Entwicklungspolitik setzte bis in die 1970er-Jahre auf Entwicklungsstrategien, bei denen hauptsächlich Industrialisierung, Technologietransfer und Großprojekte nach westlichem Standard als Transmissionsriemen für Entwicklung dienten. Deshalb leitete man in den Wachstumspolen der Entwicklungsländer: Hauptstadt, Hafenstädte und ggf. Freihandelszonen, von außen einen Entwicklungsschub, Big Push, ein, der nach und nach die gesamte Wirtschaft eines Entwicklungslandes ankurbeln und alle Landesteile fördern sollte (Trickle-down- oder Sickereffekt). Des weiteren erhoffte man sich von der Integration der Entwicklungsländer in Weltwirtschaft und Außenhandel – Aid by Trade – weitere entscheidende Entwicklungsimpulse.

Grundbedürfnisstrategie

In Entwicklungsländern führt schnelles Wirtschaftswachstum gewöhnlich dazu, dass große Teile der Bevölkerung von der Entwicklung ausgeschlossen bleiben und deshalb sozio-ökonomische Disparitäten zunehmen. Diese Erkenntnis hat zur Ausformulierung der Grundbedürfnisstrategie geführt. Grundbedürfnisse sind der Mindestbedarf an Nahrungsmitteln, Wohnung und Kleidung, ferner Dienstleistungen wie die Bereitstellung von Trinkwasser, sanitären Einrichtungen, Gesundheits- und Bildungseinrichtungen sowie Verkehrsmitteln. Im Vordergrund der Strategie steht das Prinzip „Hilfe zur Selbsthilfe". Die eingeleiteten Maßnahmen sollen den betroffenen Menschen unmittelbar zugutekommen und sie an Vorbereitung und Durchführung der Projekte beteiligen.

Strategie der autozentrierten Entwicklung

Die Gegner einer von außen gesteuerten Entwicklung haben die Strategie der autozentrierten, d. h. eigenständigen Entwicklung der Länder der Dritten Welt entwickelt. Sie sind der Ansicht, dass eine Überwindung von Unterentwicklung nur durch eine vorübergehende Abkopplung aller oder ausgewählter Wirtschaftssektoren vom Weltmarkt möglich ist. Während dieser Zeit sollen wirtschaftliche Kapazitäten mit dem Ziel aufgebaut werden, zunächst die Grundbedürfnisse der Bevölkerung sicherzustellen. Der industrielle Sektor soll auf traditionellem Gewerbe und Handwerk aufbauen und betont arbeitsintensiv sein. Export und Import dienen allein der Ergänzung eines ausgewogenen Binnenmarktes, der durch Zoll- und Handelsschranken abgeschottet wird.

M5 Entwicklungsstrategien

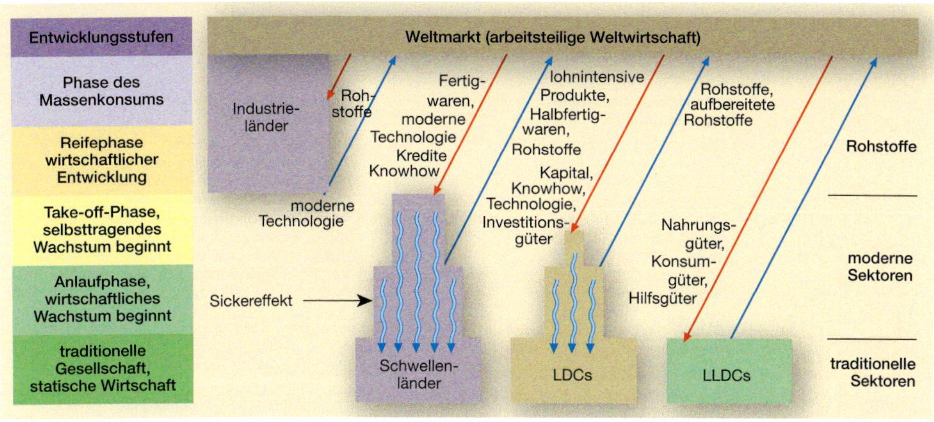

M6
Modernisierungstheorie

1. Erstellen Sie auf der Grundlage von M1 Kartenskizzen zu den in M2 dargestellten raumpolitischen Strategien Wachstumszentren, Entwicklungsachsen bzw. Mittelzentren.
2. Erläutern Sie die Stadien der wirtschaftlichen Entwicklung im Zusammenhang mit der Entwicklung der Beschäftigtenanteile in den Wirtschaftssektoren (M3, M4).
3. Erläutern Sie die entwicklungspolitischen Theorien (M6, S. 223 M13).
4. Erläutern Sie die Zusammenhänge zwischen den Entwicklungstheorien und den Entwicklungsstrategien (M5).

Die Frage einer optimalen Nutzung des Raumes durch Landwirtschaft und Industrie führt auf die natürliche Ausstattung eines Raumes sowie auf ökonomische Bedingungen zurück. Bei der Standortwahl greift man dabei auf Modelle zurück, die vorher an konkreten Beispielen entwickelt worden sind. Als Standortfaktoren gelten alle im Raum auf die Aktivitäten des Betriebes einwirkenden Einflussgrößen. Die Wahl eines Standortes stellt somit eine der wichtigsten, langfristig wirksamen Unternehmensentscheidungen dar. Der optimale Standort wird dabei von verschiedenen Faktoren geprägt, deren Gewichtung von den individuellen Merkmalen des Betriebes abhängig ist. Dazu werden die infrage kommenden Standorte gegenübergestellt und schließlich wird jener ausgewählt, der am besten den gestellten Anforderungen entspricht. Große Unternehmen führen dabei eine professionelle Standortanalyse durch, verfügen über umfassende Informationen und lassen sich von Experten beraten. Ein solches Verhalten entspricht dem eines „optimizers", der die vorhandenen Informationen rational auswertet und den optimalen Standort

Standortfaktor	Begründungszusammenhang	Typische Branchen
Rohstofforientierung/ Materialeinsatz	transportkostenempfindliche Rohstoffe/Gewichtsverlustmaterialien	Eisen- und Stahlindustrie, Braunkohlechemie, Baustoffindustrie (z. B. Zementfabriken), z. T. chemische Industrie
	transportempfindliche verderbliche Rohmaterialien/ Gewichtsverlustmaterialien	Nahrungsmittelindustrie (z. B. Zuckerfabriken, Mostereien, Gemüseverarbeitung)
	Energierohstoffe	Elektrizitätserzeugung (Braunkohle, Steinkohle, Wasserkraft), Aluminiumindustrie
Arbeitsorientierung	niedrige Arbeitskosten (überwiegend gering qualifizierte Arbeitskräfte)	Bekleidungsindustrie, Montage von Elektrogeräten
	hoch qualifizierte Arbeitskräfte	Maschinenbau, Elektrotechnik, Optik/Feinmechanik
Agglomerationsorientierung	Nähe zu Forschungs- und Entwicklungseinrichtungen	Luft- und Raumfahrtindustrie, Mikroelektronik, Computerindustrie
	Nähe zu Zulieferern	Straßenfahrzeugbau
Absatzorientierung	leicht verderbliche sperrige Materialien	Nahrungsmittelindustrie (z. B. Backwaren, Getränke), Möbelindustrie
	kaufkräftige Märkte	gehobene Konsumgüterindustrie
Verkehrslageorientierung	Bindung an spezielle Verkehrsträger (z. B. Wasserstraße, Pipeline)	Werftindustrie, Raffinerien, Petrochemie

M7 Branchenspezifische Standortfaktoren

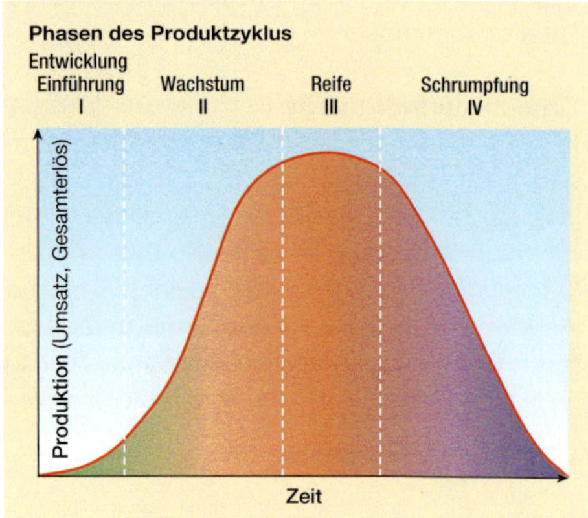

M9 Produktlebenszyklus

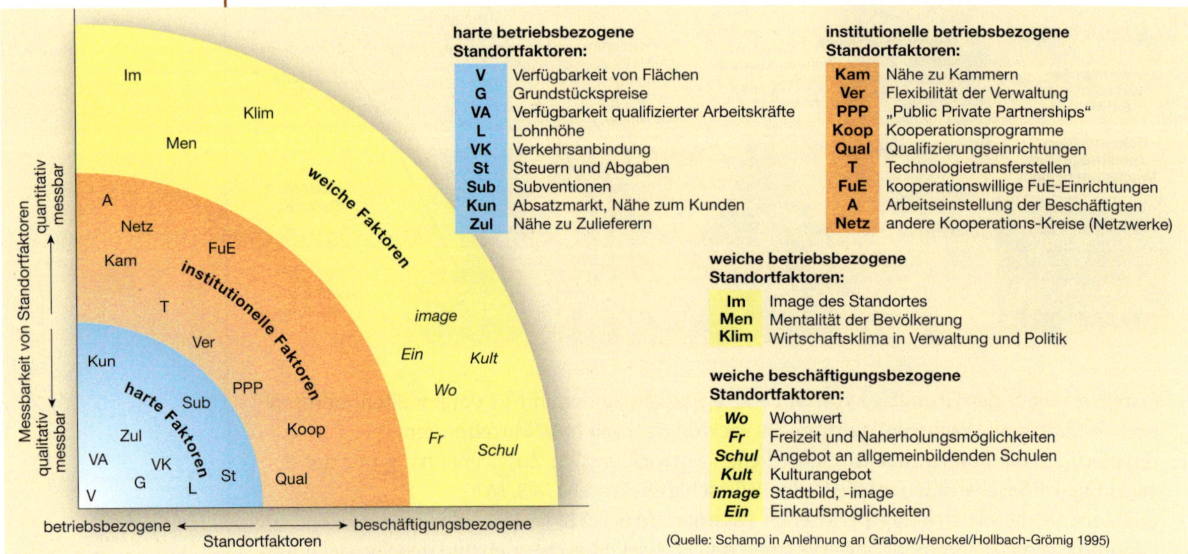

M8 Institutionelle Standortfaktoren

wählt. Kleinere Unternehmen können sich diesen Aufwand kaum leisten. Auch wird das Entscheidungsverhalten durch persönliche Interessen des Inhabers beeinflusst. Dieses Verhalten entspricht dem eines „satisficers", der nur über begrenzte Informationen verfügt sowie persönliche Faktoren einfließen lässt und somit einen befriedigenden, aber nicht optimalen Standort auswählt.

Entwicklung der Standorte in der Eisen- und Stahlindustrie

Phase I
Welches Standortmuster sich bei dieser Art der Eisenherstellung herausbildete, lässt sich anhand des mittelalterlichen Europas veranschaulichen. Die Produktion in dieser ersten Phase ist an vielen Stellen nachzuweisen. Kleinere Eisenerzlagerstätten in der Nähe oder an der Erdoberfläche finden sich häufig. Entscheidend waren ausreichende Holzvorräte, denn man benötigte für 10 t Eisen das Holz von 0,8 ha Wald für die Herstellung der Holzkohle. Als zweiter Faktor war eine ständige Wasserkraft zum Antrieb der Blasebälge und Hammerwerke erforderlich. Diese erste Phase wiederholt sich im 18. Jh. an der Ostküste Nordamerikas. Auch hier entwickelte sich die Eisenindustrie zunächst auf der Basis von Holzkohle.

Phase II
Verbesserungen der Schmelztechnik auf Kohlebasis führten dazu, dass im frühen 19. Jh. Kohle (Koks) die Holzkohle vollständig verdrängte. Eisenhütten wurden nun in der Nähe von Kohlevorkommen errichtet, denn man benötigte achtmal so viel Kohle wie Eisenerz. Die von der Industriellen Revolution beschleunigte Nachfrage in Bezug auf Stahl führte zum Entstehen der Schwerindustriezentren von Pittsburgh in den USA, von Sheffield in England, von Lüttich in Belgien und des Ruhrgebietes im damaligen Deutschen Reich.

Phase III
Diese Phase der Standortentwicklung erstreckt sich vom Ende des 19. Jh. bis heute. Aus entwicklungspolitischen Gründen hat sich die Zahl der Stahlstandorte nach 1950 erhöht. Besaßen zu diesem Zeitpunkt 32 Staaten eigene Stahlhütten, so produzierten 1985 bereits über die Hälfte aller Staaten der Erde Stahl im eigenen Land.
Die Kohlegebiete verloren überall an Bedeutung, da man dank neuer technischer Verfahren heute zur Stahlherstellung nur noch halb so viel Koks wie Eisenerz benötigt. Wo bedeutende Erzvorkommen in entlegeneren Gebieten ohne einheimische Märkte wie in Schefferville (Kanada) oder im mauretanischen Teil der Sahara vorkamen, wurde das Erz exportiert. Dies führte insgesamt zu einem wachsenden internationalen Handel mit Eisenerzen. Inzwischen sind – mit Ausnahme der UdSSR – die großen Stahlerzeugerländer wie die USA, Japan, die Bundesrepublik Deutschland und Großbritannien hochgradig von Importerzen abhängig.
Daher gewannen die Küstenstandorte an Bedeutung. In Nordamerika führte das dazu, dass die Insutriekomplexe von Cleveland, Detroit, Chicago und Gary sowie Hamilton (Kanada), die alle an den Großen Seen liegen, ihr Erz aus Labrador oder Venezuela auf dem Wasserweg beziehen. Sie haben den kohleorientierten Standort Pittsburgh inzwischen überrundet. – In Europa lässt sich der Zug zur Küste, zum „nassen Standort", für Südwales, IJmuiden in den Niederlanden, Dünkirchen in Frankreich und Bremen nachvollziehen.

(nach: Haggett, P.: Geographie. Eine moderne Synthese. New York 1983, S. 545 f.)

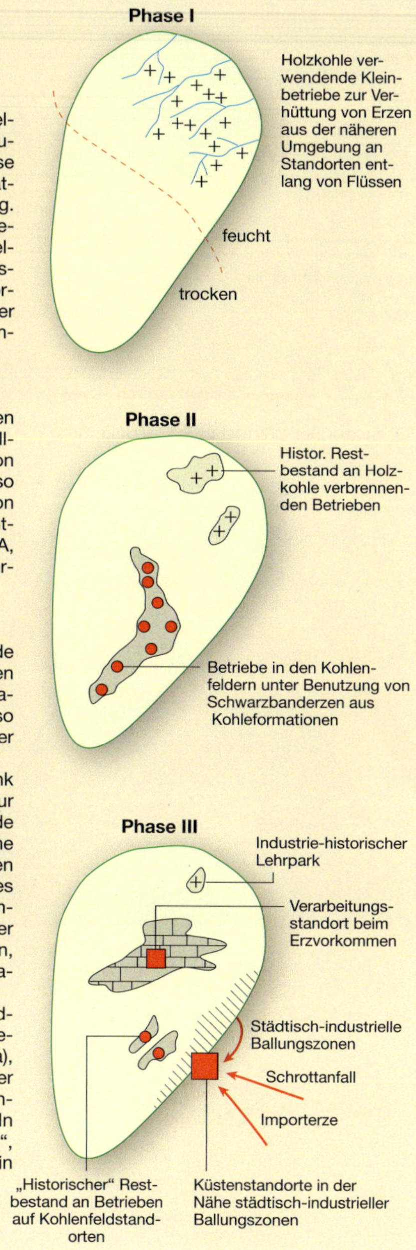

M 10 Phasen der Standortveränderungen der Eisen- und Stahlindustrie

5. Untersuchen Sie, welche Faktoren Einfluss auf die Produktionsstandorte des Welthandels besitzen (M 7, M 8).
6. Stellen Sie einen Zusammenhang zwischen dem Alter eines Produktes und den daraus resultierenden Standortanforderungen her (M 9).
7. Begründen Sie die Phasen der Standortansprüche der Eisen- und Stahlindustrie (M 10).
8. Untersuchen Sie auf der Basis des Modells von Weber die Produktionsstandorte Hamburg und Wolfsburg (vgl. S. 227).

Prüfen Sie Ihren Zuwachs an Kenntnissen, Methodenkompetenzen und Urteilsfähigkeit

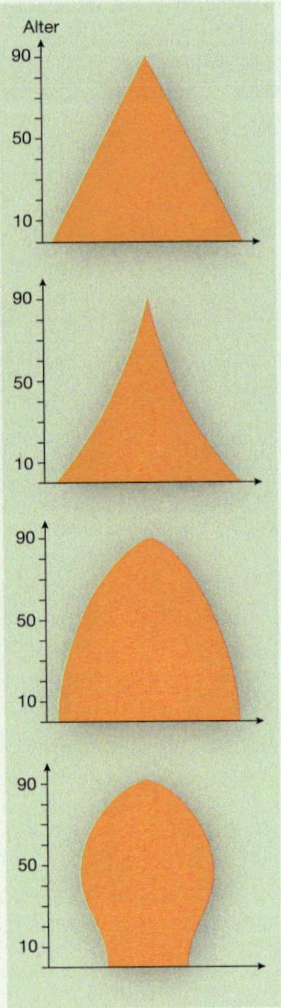

M1 Typische Alterspyramiden der Bevölkerung

S Sachkompetenz; **M** Methodenkompetenz; **U** Urteilskompetenz

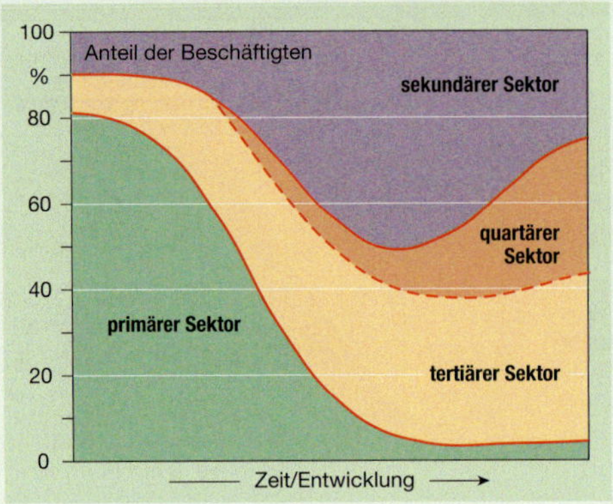

M2 Sektoraler Wandel in Industrieländern

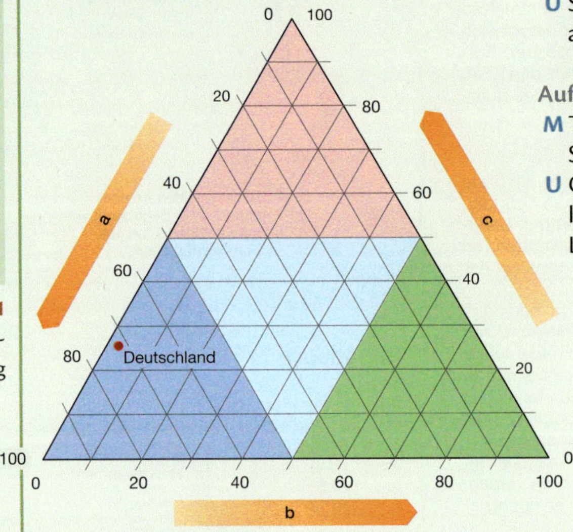

M3 Dreiecksdiagramm

S Definieren Sie folgende Fachbegriffe:

- De-Industrialisierung
- HDI
- Just-in-time-Produktion
- Terms of Trade
- weicher Standortfaktor
- Dependenztheorie
- Fertigungstiefe
- Schwellenland
- Tertiarisierung
- Wirtschaftscluster

Aufgaben zu M 1

M Beschreiben Sie die Alterspyramiden.
U Ordnen Sie diese begründet Ländergruppen unterschiedlicher Entwicklung zu.

Aufgaben zu M 2

S Erläutern Sie das Modell.
U Stellen Sie den Unterschied zu Fourastiés allgemeinem Modell dar.

Aufgaben zu M 3

M Tragen Sie die in der Tabelle aufgeführten Staaten in das Dreiecksdiagramm ein.
U Ordnen Sie diese Staaten unter Entwicklungsgesichtspunkten begründet einzelnen Ländergruppen zu.

Beschäftigte nach Wirtschaftssektoren

	I	II	III
Myanmar	57	9	34
Südafrika	10	25	65
Ungarn	5	32	63

Angaben für 2005 oder 2006 (in %)

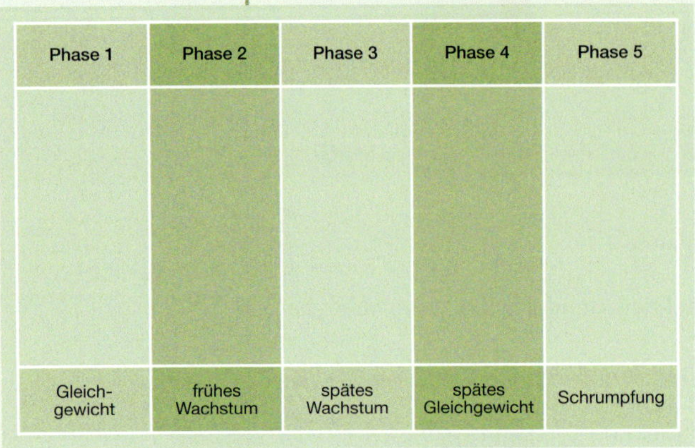

M4 Modell des demographischen Übergangs

	Stadtbevölkerung 2006 (in %)	Bev.-Entw. 1990–2006 (in %)	Alphabetisierung 2006 (in %)	BNE/Einw. 2006 (PPP)	Export/Import 2006 (Mrd. US-$)
A	88	1,2	96/97	33 940	123/133
B	26	2,0	54/41	1 230	13/17
C	76	0,2	96/96	32 680	969/773
D	38	2,5	77/60	2 060	3,2/3,8
E	11	3,5	43/15	630	0,5/0,8
F	63	1,6	92/90	6 810	14/14

M5 Staaten unterschiedlichsten Entwicklungsstandes

Aufgaben zu M 4

M Tragen Sie den Kurvenverlauf und die Phasen der Bevölkerungsentwicklung ein.

U Ordnen Sie die Pyramiden in M 1 zu.

U Erörtern Sie soziale und gesellschaftliche Probleme des jeweiligen Altersaufbaus.

Aufgaben zu M 5

U Nehmen Sie eine begründete Zuordnung der Staaten A – F zu Ländergruppen vor.

S/U Zeigen Sie für zwei unterschiedlich entwickelte Staaten den sachlogischen Zusammenhang der sie charakterisierenden Zustände auf.

Aufgaben zu M 6

S/M Entwerfen Sie eine Mindmap zu Push- und Pull-Faktoren der Land-Stadt-Wanderung in Entwicklungsländern.

S Beschreiben Sie die weltweite Verstädterung seit 1975.

U Rücken Sie dies in den Kontext weltweiter Migrationsbewegungen.

S Nennen Sie Quell- und Zielgebiete der aktuellen globalen Migration und begründen Sie.

Aufgaben ohne Materialbezug

U Nehmen Sie Stellung zur Aussagekraft des BNE/BIP als Schlüsselindikator der Entwicklung.

S/M Skizzieren Sie die idealtypische Abfolge der Verkehrserschließung nach Taaffe.

S Erläutern Sie, was man unter „Hilfe zur Selbsthilfe" versteht, und führen Sie hierfür Beispiele an.

S Stellen Sie die vier Zieldimensionen der deutschen Entwicklungshilfe dar.

U „Der Entwicklungsbegriff ist Ausfluss eurozentrischen Denkens". Nehmen Sie Stellung zu dieser Aussage.

U Stellen Sie Kernaussagen der folgenden Theorien tabellarisch zusammen: Dependenztheorie, Dualismustheorie, Modernisierungstheorie, Naturdeterminismus

Aufgaben zu M 7

U Tragen Sie in Spalte 3 jeweils mindestens zwei typische Branchen ein und begründen Sie Ihre Zuordnungen.

S/M Entwerfen Sie ein Schema, das die harten und weichen Standortfaktoren enthält.

Aufgaben zu M 8

U Tragen Sie die für die einzelnen Phasen zutreffenden Standortfaktoren mit + 0 – ein.

S Erläutern Sie die Aussage des Modells.

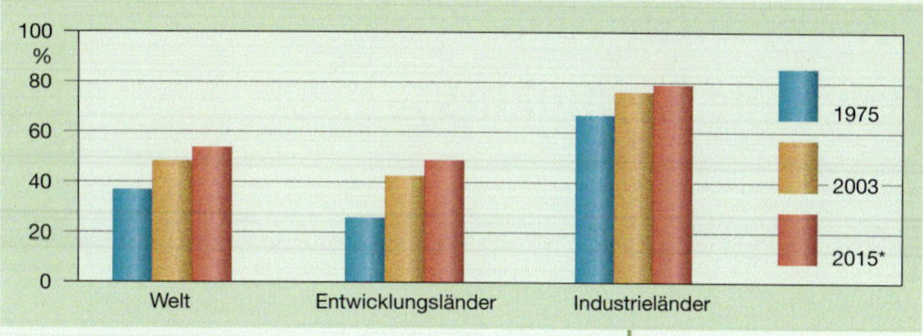

M 6 Städtische Bevölkerung im Laufe der Zeit
* Prognose, (nach: UNDP)

Standortfaktor	Begründungszusammenhang	Typische Branchen
Rohstofforientierung/ Materialeinsatz	transportkostenempfindliche Rohstoffe/Gewichtsverlustmaterialien	
	transportempfindliche verderbliche Rohmaterialien/ Gewichtsverlustmaterialien	
	Energierohstoffe	
Arbeitsorientierung	niedrige Arbeitskosten (überwiegend gering qualifizierte Arbeitskräfte)	
	hoch qualifizierte Arbeitskräfte	
Agglomerationsorientierung	Nähe zu Forschungs- und Entwicklungseinrichtungen	
	Nähe zu Zulieferern	
Absatzorientierung	leicht verderbliche sperrige Materialien	
	kaufkräftige Märkte	
Verkehrslageorientierung	Bindung an spezielle Verkehrsträger (z. B. Wasserstraße, Pipeline)	

M 7 Beispiele branchenspezifischer Standortorientierungen

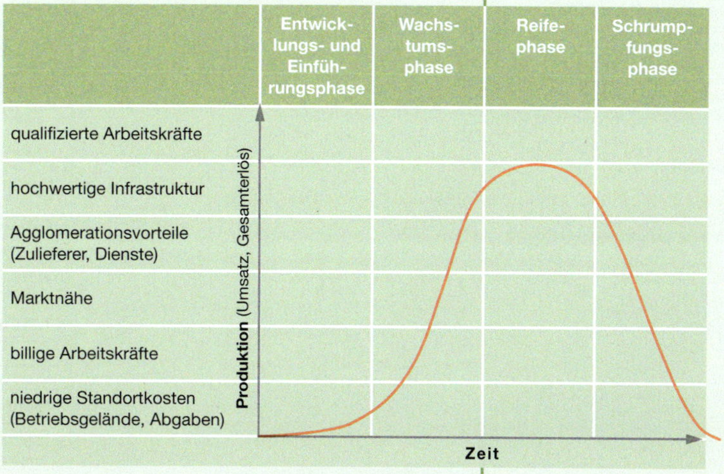

M 8 Bedeutung ausgewählter Standortfaktoren im Verlauf des Produktlebenszyklus

Webcode: GO649174-259

Zentralabitur 2008
Erdkunde, Grundkurs

Name: ____________________

Abiturprüfung 2008

Erdkunde, Grundkurs

Aufgabenstellung:

Thema: **Industrieentwicklung auf der Grundlage von Bodenschätzen – Das Beispiel Neyveli/Bundesstaat Tamil Nadu/Indien**

Teilaufgaben:

1. Kennzeichnen Sie die Lage und die standörtlichen Voraussetzungen Neyvelis für eine industrielle Entwicklung. *(18 Punkte)*
2. Erläutern Sie die Strukturen des Standortes Neyveli in den 1980er-Jahren und seine weitere Entwicklung. *(36 Punkte)*
3. Beurteilen Sie die regionalen Auswirkungen dieser Standortentwicklung. *(26 Punkte)*

Materialgrundlage:

M 1: Atlaskarten nach Wahl
M 2: Standort Neyveli in den 1980er-Jahren
M 3: Verkehrslage Neyvelis 2007
M 4: Wirtschaftsdaten des Bundesstaates Tamil Nadu und Indiens
M 5: Standort Neyveli 2005
M 6: Wirtschaftskraft, Industrieentwicklung und Hightech-Zentren Südindiens
M 7: Stromlieferungen vom Kraftwerk Neyveli II
M 8: Daten zum Standort Neyveli
M 9: Anteile verschiedener Stromverbraucher in Tamil Nadu 2005/2006

Zugelassene Hilfsmittel:

- der an der Schule in der Qualifikationsphase überwiegend verwendete Atlas, für alle Prüflinge die gleiche Auflage
- Wörterbuch zur deutschen Rechtschreibung
- Taschenrechner

M 1: Atlaskarten nach Wahl

M 2: Standort Neyveli in den 1980er-Jahren

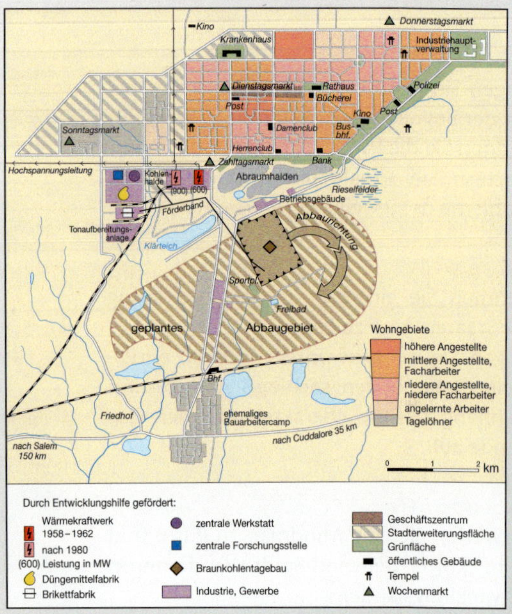

Annotations:
höherer Angestellter = senior employee
mittlerer Angestellter, Facharbeiter = skilled labour
Angestellter = clerk, employee
angelernter Arbeiter = semi-skilled labour
Tagelöhner = day labourer
Stadterweiterungsfläche = space for urban expansion
Hochspannungsleitung = high voltage conductor
Abraumhalden = overburden dump
Förderband = conveyor belt
Rieselfeld = sewage field
Tonaufbereitungsanlage = clay processing plant

Source adapted: Neyveli – Industrialisierung. In: Diercke Weltatlas, Braunschweig 1988, p. 164 (1).

M 3: Verkehrslage Neyveli 2007

Anmerkung: Große Teile des Eisenbahnnetzes entstanden in der Kolonialzeit.

Quelle: http://www.icaonline.org/Projects/Current/tamilnadu/districts/dist20.gif (Zugriff: 09. 11. 07)

M 4: Wirtschaftsdaten des Bundesstaates Tamil Nadu und Indiens

	Tamil Nadu	Indien
Fläche (in 1000 km² 2001)	130	3 287
Bevölkerung (in Millionen 2001)	**62,4**	**1 029**
Ländliche Bevölkerung (in %)	55,9	72,2
Städtische Bevölkerung (in %)	44,1	27,8
Geburtenrate (in Promille 2004)	18,3	24,8
Sterberate (in Promille 2004)	7,5	7,5
Alphabetisierungsrate (in % 2001)	73,5	64,8
Männer	82,4	75,3
Frauen	64,4	53,7
Stromverbrauch pro Kopf (in kWh 2003/04)	677,4	390
Anteil der ländlichen Siedlungen mit Stromversorgung (in %)	100,0	84,3

Quelle: eigene Zusammenstellung nach: http://www.census.tn.nic.in/ (Zugriff: 09. 10. 07)

M 5: Standort Neyveli 2005

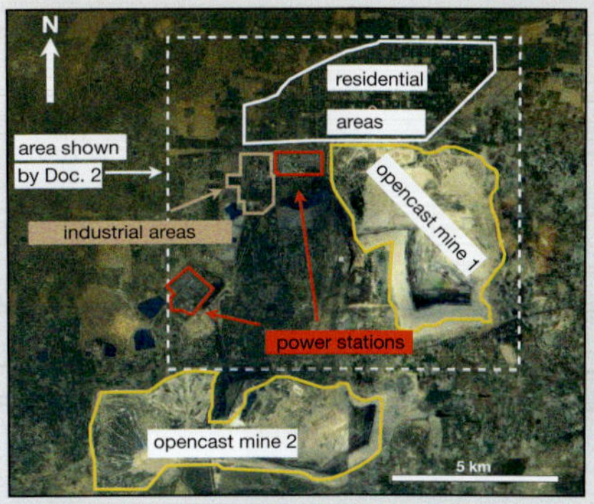

Source: own design based on mapping provided by Google Earth (Download: 09.10.2007)

M 6: Wirtschaftskraft, Industrieentwicklung und Hightech-Zentren Südindiens

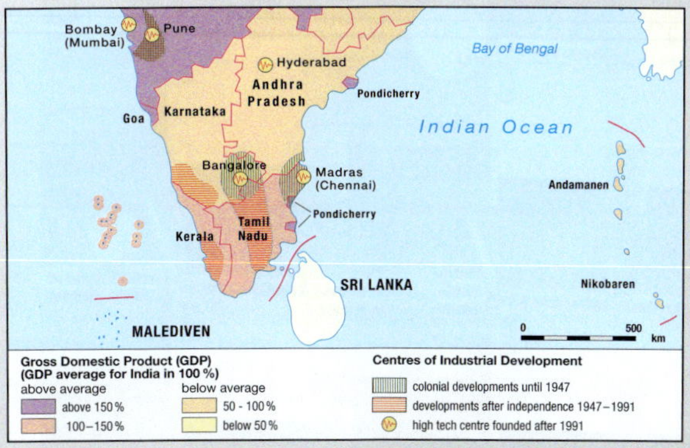

Source adapted: Haack Weltatlas, Klett Verlag, Stuttgart 2007, p. 151, map 5

M 7: Stromlieferungen vom Kraftwerk Neyveli II

Bundesstaat	Strommenge	
	in Megawatt	in %
Tamil Nadu	441	32,19
Andhra Pradesh	277	20,22
Karnataka	199	14,52
Kerala	153	11,17
Pondicherry	80	5,84
Sonstige	220	16,06
Gesamte Stromproduktion von Neyveli II	**1 370**	**100,00**

Quelle: http://cuddalore.nic.in/neyveli.htm (Zugriff 09.10.2007)

M 8: Daten zum Standort Neyveli

Braunkohlevorkommen insgesamt Fläche des Braunkohlevorkommens Tiefe der Braunkohleschichten	2 100 Mio. Tonnen 260 km² 55–76 Meter
Gründung der staatlichen Neyveli Braunkohle Gesellschaft und Beginn des Tagebaubetriebes mit deutscher Entwicklungshilfe	1956
Förderung der ersten Braunkohle	1962
Inbetriebnahme des mit sowjetischer Hilfe gebauten Kraftwerks Neyveli I (600 MW) Baubeginn der Stadt Neyveli Inbetriebnahme des Kraftwerks Neyveli II (zunächst 900, später 1470 MW) Inbetriebnahme des Kraftwerks Neyveli III (420 MW)	1962 1962 1986 2003
Braunkohleförderung 2005 Hauptverwendung der Braunkohle	ca. 17 Mio. Tonnen Verstromung
Anteil Neyvelis an der Stromproduktion des Bundesstaates Tamil Nadu	ca. 70 %
Jahresproduktion der Düngemittelfabrik Neyveli	ca. 140 000 Tonnen
Jahresproduktion der Brikettfabrik Neyveli	ca. 240 000 Tonnen
Alphabetisierungsrate in Neyveli	> 95 %
Zahl der Schulen (Schüler)	34 (35 000 Schüler), davon 18 (20 000 Schüler) betrieben/unterstützt von der Neyveli Braunkohle Gesellschaft
Hochschulen (Zahl der Studierenden)	1 (1 500 Studenten)

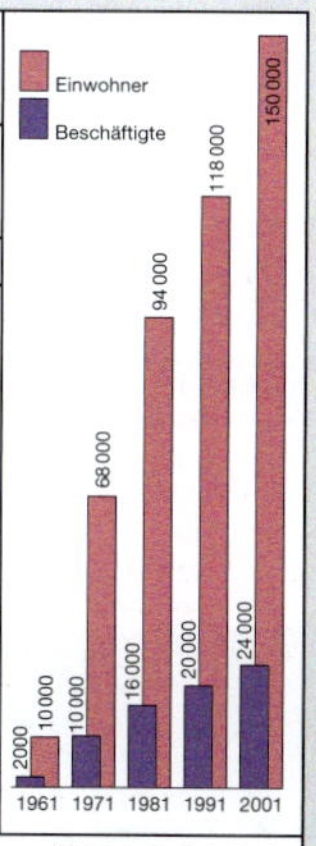

Quelle: eigene Zusammenstellung nach: http://neyveliweb.tripod.com/educational_institutions.htm; http://www.neyveli.net/about.html; http://cuddalore.nic.in/neyveli.htm (Zugriffe: 09.10.07); Neyveli – Industrialisierung. In: Diercke Weltatlas, Braunschweig 1988 (5. akt. Ausgabe 2002), S. 164, Karte 1

M 9: Anteile verschiedener Stromverbraucher in Tamil Nadu 2005/2006

Stromverbraucher	Strommenge (in Mio. kWh)
Landwirtschaft	9926
Industrie	16253
Sonstige	3997
Haushalte	10257
Öffentliche Strom- und Wassenversorgung	1179
Stromverkäufe an andere Staaten	970
Verschiedene Abnehmer (unter anderem Eisenbahn)	1213
Gesamtverbrauch	**43795**

Kennzahlen zur ländlichen Elektrifizierung	Zahl
Zahl der größeren Dörfer mit Stromversorgung	16317
Zahl der kleineren Dörfer mit Stromversorgung	48117
Zahl der elektrifizierten Wasserpumpen	1768002

Quelle: http://www.t.gov.in/misc/tataglance.htm#ELECTRICIITY (Zugriff: 09.10.07)

Diese Seiten der Abiturprüfung in Originalgröße und die Lösungen der Aufgaben finden Sie im
Webcode: GO649174-261

Wohnen in Hochhaussiedlungen, z. B. Köln-Chorweiler

Stadtgeographie

Wohnen in ökologischen Siedlungen, Hannover Laher Wiesen

Nicht nur in Deutschland und Europa, sondern weltweit leben immer mehr Menschen in Städten. Die Stadt steht synonym für wirtschaftliche Entwicklung, Freizügigkeit sowie moderne Lebensformen und ist deshalb ein Magnet für das direkte Umland, für die Region und in einigen Staaten sogar für das gesamte Land.

Allerdings haben Verdichtungsräume auch negative Auswirkungen. Dazu gehören u. a. Umweltprobleme, Kriminalität und Armut. In vielen Städten gibt es ein enges Nebeneinander von Glitzerfassaden und Baracken, von Leben im Luxus und von solchem in menschenunwürdigen Verhältnissen. Mit diesen Disparitäten geht die Möglichkeit einher, kulturelle Angebote wahrzunehmen und politischen Einfluss ausüben zu können – oder aber nicht. Die Analyse der Stadt erlaubt somit auch einen Einblick in die jeweilige Gesellschaft.

Städte weisen immer auch Spuren ihrer historischen Entwicklung auf. Daraus entstehen in der heutigen Zeit häufig Probleme, die aus den unterschiedlichen Lebensvorstellungen der verschiedenen Bevölkerungsgruppen herrühren, was insbesondere in Europa der Fall ist.

Während einerseits unter dem Aspekt des kulturellen Erbes historische Reste alter Städte restauriert und für die Zukunft erhalten werden sollen, stehen andererseits mittelalterliche Stadtstrukturen und solche des Industriezeitalters oft den Anforderungen an eine moderne Stadt entgegen. Seit dem Schleifen von Stadtmauern und im Zusammenhang mit Innovationen im Bereich der Verkehrsmittel expandierten viele Städte, sie dehnten sich z. T. weit in das Umland aus, zersiedelten es oft. Städtisches Leben griff auf ehemals ländlich geprägte Gemeinden über, was neue, regional orientierte Lösungsansätze erforderte. Insgesamt wurde die Stadt im Laufe der Zeit einem formalen, strukturellen und funktionalen Wandel unterzogen.

Diesen Wandel für die Zukunft zu steuern ist Aufgabe der Politik und der Allgemeinheit. Insbesondere im städtischen Raum können die Bürger aktiv an der Planung und Gestaltung des Umfeldes teilhaben und somit selbst stadt- und raumplanerisch aktiv werden.

Stadtentwicklung

1. Düsseldorf in Mental Maps

Die Ergebnisse der modernen Wahrnehmungsforschung zeigen, dass jeder Mensch seine räumliche Umwelt individuell wahrnimmt und so subjektive Bilder von dieser Umwelt speichert. Diese Vorstellungsbilder sind nicht aufgrund mangelnder topographischer Kenntnisse fehlerhaft, sondern spiegeln nur die subjektiv wahrgenommene Vorstellung von räumlicher Lage, Größe und Distanz wider.

Zugleich beeinflussen diese verzerrten Vorstellungsbilder wiederum das räumliche Verhalten des Wahrnehmenden.

M1 Werbeplakat von Düsseldorf

Solche subjektiven Vorstellungsbilder sind zum einen das Resultat der wiederholten Wahrnehmungen im täglichen Kontaktraum jedes einzelnen Menschen. Der tägliche Kontaktraum beschreibt dabei den individuellen Bereich, der regelmäßig wiederkehrend von einem Menschen zur Ausübung seiner Daseinsgrundfunktionen aufgesucht wird. Zum anderen werden solche subjektiven Vorstellungsbilder sehr stark durch die bewusste und unbewusste persönliche Bewertung des Wahrgenommenen beeinflusst. Diese individuellen Bewertungen sind von zahlreichen Faktoren wie dem Alter, der sozialen Stellung, dem Bildungsniveau sowie den persönlichen Erfahrungen abhängig.

Überträgt man dies auf eine Stadt wie Düsseldorf, so nimmt jeder Mensch diese Stadt subjektiv wahr und es gibt entsprechend unterschiedliche Vorstellungsbilder von ihr.

Zur Untersuchung der individuellen Wahrnehmung bzw. der subjektiven räumlichen Vorstellungsbilder werden u.a. **Mental Maps** genutzt. Bei Mental Maps geht es darum, seine subjektiven Vorstellungsbilder in einer kartographischen Darstellung sichtbar zu machen. Diese subjektive Karte kann sowohl auf den zugrundeliegenden

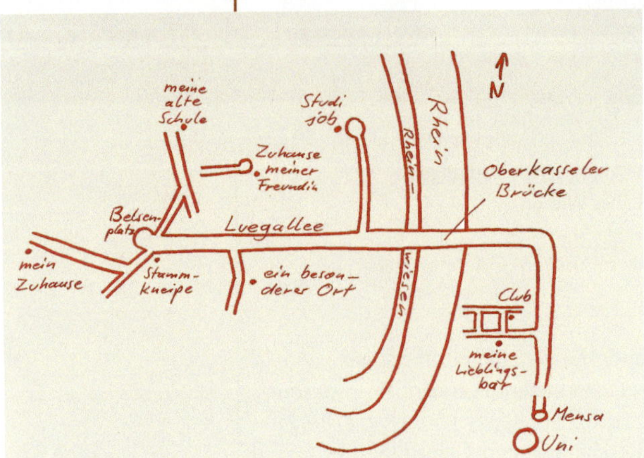

Sebastian P., Student, 22 Jahre

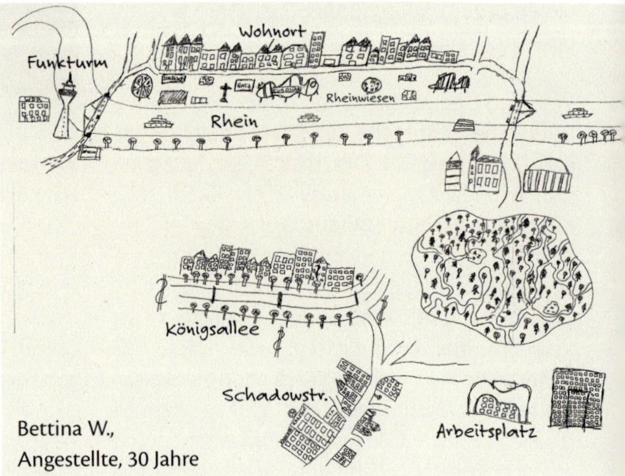

Bettina W.,
Angestellte, 30 Jahre

M2 Vier verschiedene Mental Maps zu Düsseldorf

M 3
Panoramabild von Düsseldorf

täglichen Kontaktraum als auch auf individuelle Bewertungskriterien hin untersucht und ausgewertet werden. Mithilfe solcher Mental Maps kann auch verdeutlicht werden, wie unterschiedlich der gleiche städtische Lebensraum wahrgenommen wird.

Kunst, Kommerz und rheinische Fröhlichkeit – eine weltoffene, mondäne und trotzdem gemütliche Stadt lädt ein, sich wohl zu fühlen.
„C'est petit Paris!" – soll Napoleon, ein Bewunderer Düsseldorfs, beim Anblick der Stadt ausgerufen haben. Auch wenn der Vergleich hochgegriffen ist, eine gewisse Leichtigkeit und der ausgeprägte Sinn für Genuss der Düsseldorfer kommen dem Pariser Savoir-vivre doch nahe. In den zahllosen Konsumtempeln sieht man mehr stark geschminkte und stark duftende Schönheiten als sonst wo in Deutschland. Bescheidenheit galt in Düsseldorf noch nie als Tugend. Die Königsallee mit ihrem exklusiven Angebot gelangte zu Weltruf und die Schadowstraße wurde zu einer der umsatzstärksten Einkaufsstraßen Deutschlands.
Doch für Düsseldorfer besteht Lebensqualität nicht nur im Schick-Sein, sondern auch im Vergnügen. Eine Gaudi, die zu Düsseldorfs Ruhm beiträgt, ist der Karneval: Für ein langes Wochenende steht die Stadt kopf. Und sprichwörtlich zur Millionenstadt wird die Landeshauptstadt im Juli, wenn die größte Kirmes am Rhein stattfindet. Eigentlich bräuchten die Düsseldorfer dies gar nicht, wird doch tagtäglich an der „längsten Theke der Welt" – der Düsseldorfer Altstadt –, wo sich rund 260 Kneipen und Bars drängen, gefeiert. Doch die Altstadt lockt auch mit zahlreichen kulturellen Angeboten von überregionaler Bedeutung. Die Düsseldorfer zieht es generell auf die Rheinpromenade. Auch heute noch spielt der Rhein für das Selbstbewusstsein und das Heimatgefühl der Düsseldorfer eine überragende Rolle. Die wirtschaftliche Bedeutung Düsseldorfs wird schon durch die zahlreichen ausländischen Firmensitze deutlich. Seine Hauptrolle spielt Düsseldorf heute als bedeutendes internationales Handelszentrum und als einer der wichtigsten Außenhandelsplätze Deutschlands.

(nach: Mendlewitsch, D.: Düsseldorf, 5. aktualisierte Auflage, Ostfildern 2001, S. 5 ff.)

M 4 Entdecken Sie Düsseldorf

1. Erläutern Sie die unterschiedlichen subjektiven Vorstellungsbilder der Stadt Düsseldorf (M 2).
2. Erarbeiten Sie einen Kurzvortrag, bei dem Sie die jeweils individuelle Wahrnehmung anhand von M 2 verdeutlichen.
3. Nehmen Sie Stellung zur These: „Ein Vorstellungsbild einer Stadt ist immer subjektiv" (M 1 bis M 4).
4. a) Zeichnen Sie eine Mental Map Ihrer Wohnortes.
   b) Erläutern und begründen Sie die Unterschiede sowie Übereinstimmungen Ihrer Mental Map mit der von Ihren Mitschülern.

Webcode: GO649174-265

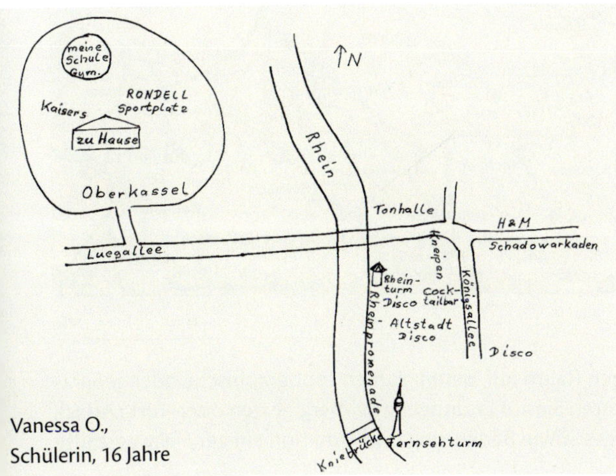

Vanessa O.,
Schülerin, 16 Jahre

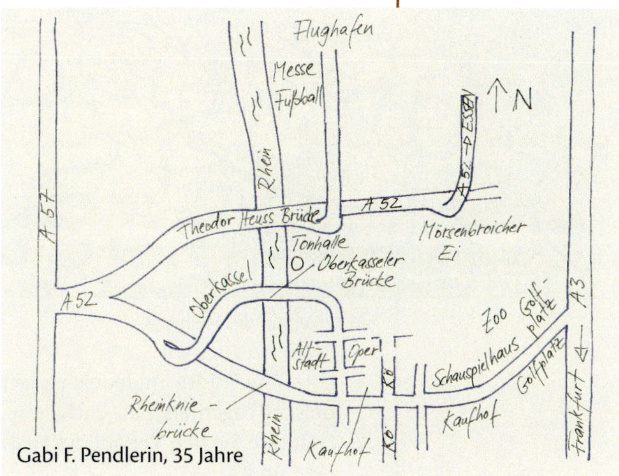

Gabi F. Pendlerin, 35 Jahre

2. Die topographische und geographische Lage von Städten

Tallandschaften und sumpffreie Ebenen gehörten seit jeher zu den Vorzugsräumen der Besiedlung, denn einerseits boten sie flaches und fruchtbares Land für den Ackerbau und Raum für Siedlungen, andererseits gab es hier Wasser für die häusliche Versorgung, die Bewässerung der Felder, den Transport von Handelsgütern und für wassergefüllte Schutzgräben. Allerdings war die Bevölkerung ständig durch Überschwemmungen gefährdet, sodass vorzugsweise hochwasserfreies Gelände auf Flussterrassen, Schwemmkegeln und Prallhängen von Flussmäandern bebaut wurde. Inseln oder Umlaufberge boten gleichzeitig einen gewissen Schutz vor Eindringlingen.

Im Laufe der Geschichte führten die Macht- und Besitzansprüche geistlicher und weltlicher Herrscher immer wieder zu gewaltsamen Auseinandersetzungen. Tempel, Burgen und Zitadellen auf Bergspornen, an Talhängen oder auf Hügeln sind Zeugen der strategischen Absicherung. Sie bildeten vielfach die Keimzellen späterer Städte, denn Bauern und Kaufleute siedelten sich in ihrem Schutz an oder wurden zur Versorgung ihrer Bewohner angesiedelt. Städte in ebenen Landschaften mussten durch aufwändige Wehrbauten aus Mauern und Wassergräben geschützt werden.

Die Lage am Meer, in Flusslandschaften und auch an Gebirgsrändern war vor allem für die wirtschaftliche Entwicklung der Städte bedeutend. Die Schifffahrt hatte den Vorteil, dass man schwere Lasten und Massengüter wie Getreide leicht über weite Strecken transportieren konnte. So erscheint es fast als selbstverständlich, dass sich Hafenstädte an der Küste und im Binnenland zu blühenden Handelszentren entwickelten.

Abseits der Wasserwege bildeten sich bedeutendere Umschlagplätze an Kreuzungen von Heerstraßen und Fernhandelswegen, besonders dann, wenn Flüsse überquert werden mussten. Diese Fernstraßen mieden die versumpften Niederungen sowie unwegsames Gelände und verliefen häufig im Übergangsbereich zwischen Ebene und Bergland. Kaufleute und Lasttiere wurden in Städten versorgt, die sich im Abstand der Tagesetappen von 30 bis 60 km an den Handelswegen bildeten.

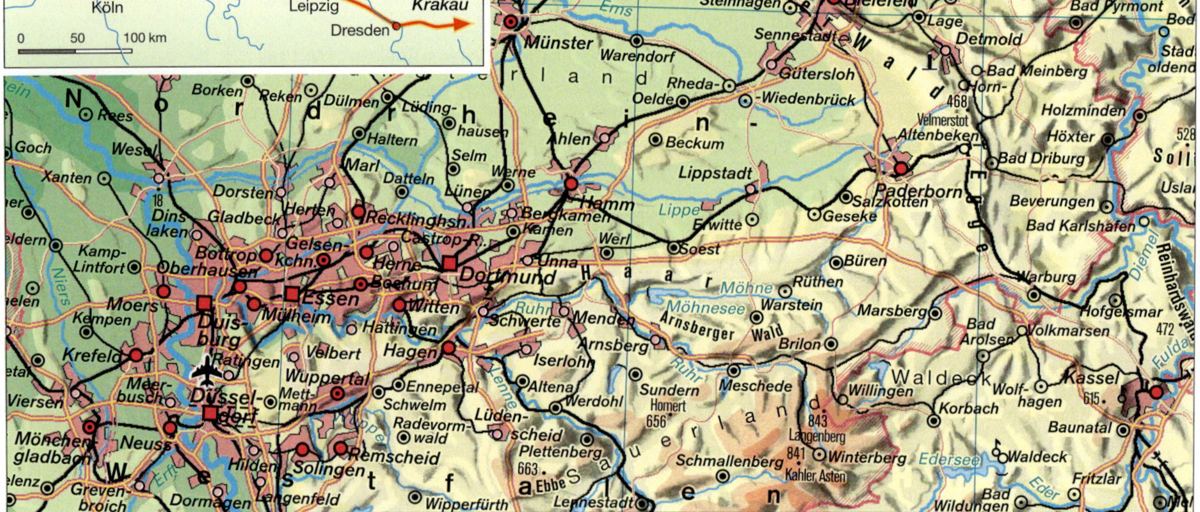

M 1 Verlauf des Hellweges

1. Listen Sie Städte im deutschsprachigen Raum auf, deren Namen topographische oder geographische Lagemerkmale enthalten; achten Sie auf Endungen wie -berg, -hafen oder -furt (Atlas).
2. Erläutern Sie den Verlauf des Hellweges sowie Bedeutung und Funktion einiger Hellwegstädte (M 1 und Atlas).
3. Ermitteln und erläutern Sie die in M 2 aufgeführten Lagetypen.

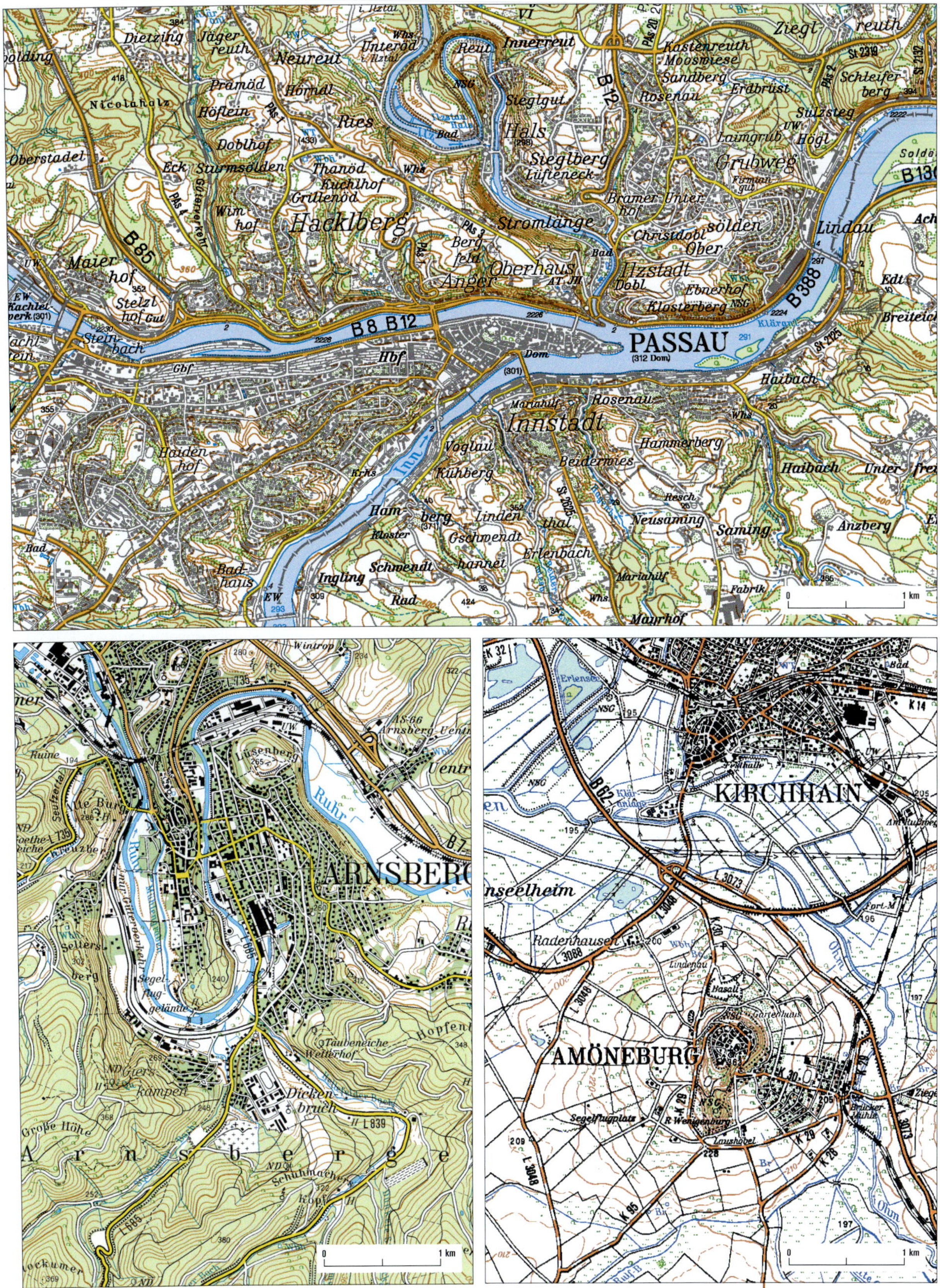

M 2 Lagetypen

3. Entwicklungsphasen der Stadt in Mitteleuropa

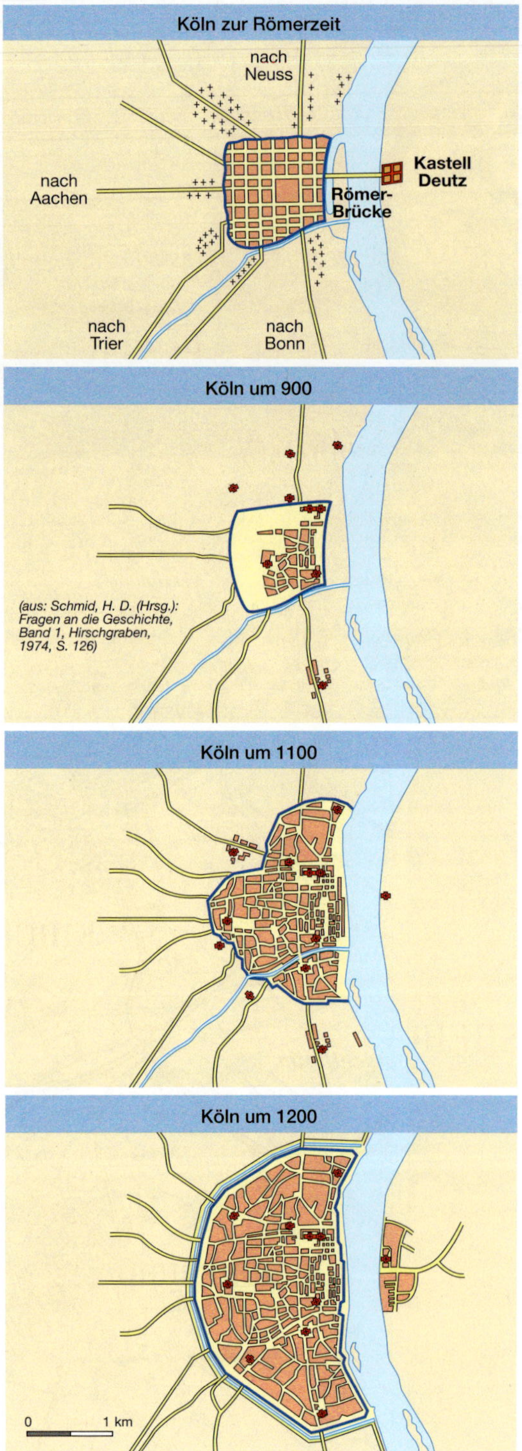

M 1 Die Entwicklung Kölns bis zum Mittelalter

Stadtentwicklung bis zum Mittelalter

Der Ursprung europäischer Städte geht in vielen Fällen auf die Herrschaft der Römer zurück, deren Reich um 100 n. Chr. den gesamtem Mittelmeerraum, Westeuropa und als nördlichste Provinz Britannien umfasste. Zur Sicherung der Grenzen wurden entlang der Verteidigungslinien Kastelle und Heerlager errichtet, von denen sich einige im Laufe der Zeit zu Städten entwickelten.

Daneben wurden auch neue Städte planmäßig und nach dem Vorbild der Hauptstadt Rom angelegt. Ihre Größe schwankte allgemein zwischen 15 und 200 ha, und so gehörten Trier mit 285 ha, Nîmes mit 220 ha und Wien mit 200 ha zu den größten überhaupt. London und Lyon hatten eine Fläche von 140 ha, Köln 100 ha und Paris 55 ha. Gemeinsame Strukturelemente der vielen Städte bildeten Wohnblöcke (domus: Häuser der reichen, insulae: Wohnungen der ärmeren Bevölkerung), Marktplatz (Forum), Markthalle (Basilika), Arena für Kampfspiele (Amphitheater), Bäder (Thermen) und Tempel. Die römische Stadt war von einer Mauer umgeben, außerhalb lag das Gräberfeld.

Bedingt durch das Ende des Römischen Reiches im 4. Jahrhundert und die anschließende Völkerwanderung waren die meisten Städte dem Verfall preisgegeben. Die Bewohner sahen sich mehr und mehr Überfällen ausgesetzt und zogen sich auf das Land zurück. Erst um die Jahrtausendwende hatten sich die politischen und wirtschaftlichen Verhältnisse so weit stabilisiert, dass die Städte einen neuen Aufschwung erfahren konnten. In vielen Fällen entstanden sie aus den antiken Ruinen oder Kirchen; Klöster, Burgen und Pfalzen bildeten die Keimzellen neuer Städte. In ihren Mauern wurden Märkte abgehalten, auf denen sich Bauern, Handwerker und Fischer versammelten.

Die von den Herrschaftssitzen ausgehende Sicherheit veranlasste Kaufleute dazu, sich vor ihren Mauern anzusiedeln. Vorstädte entstanden und mussten mehrfach durch den Bau neuer Mauern in die Stadt einbezogen werden. Neben dem Burgbereich oder dem Kloster bzw. Bischofssitz entstanden Kaufmanns- und Handwerkerviertel. Im 11. Jahrhundert rückten allmählich die Marktplätze in den Mittelpunkt der Städte.

1. Erläutern Sie die Entwicklung der Grundrissstrukturen von Köln (M 1).
2. Stellen Sie in einer Tabelle die Strukturelemente mittelalterlicher Städte zusammen und erläutern Sie ihre politische und wirtschaftliche Rolle (M 1 bis M 4).

Die mittelalterliche Stadt

Die Frage: „Was ist eine Stadt?“ lässt sich für das Mittelalter scheinbar sehr leicht beantworten. Als kompakte Silhouette heben sich die mauerumgürteten, dicht bebauten, von Türmen der Kirchen und Burgen überragten Städte aus dem sie umgebenden Land heraus. Die Mauer macht die Stadt nicht nur zur Festung, sie markiert auch den Bereich eines besonderen Stadtrechts – nämlich einer weitgehenden bürgerlichen Rechtsgleichheit im Gegensatz zur herrenständigen Ordnung, die außerhalb der Stadtmauer gilt –, einer Verfassung, in der freie Bürgerschaften ihren Stadtherren gegenüber Mitbestimmung oder sogar Autonomie behaupten – einer Ordnung also, die keimhaft die staatsbürgerliche Gleichheit unserer Zeit vorwegnimmt, sodass wir dieser Städtefreiheit allerdings nicht mehr bedürfen. Die mittelalterliche Stadtmauer umschließt eine Bewohnerschaft, deren besondere soziale Stellung nicht nur durch Freiheit, sondern auch durch Freizügigkeit und Mobilität, durch berufliche Spezialisierung und eine vielstufige Differenziertheit ausgezeichnet ist. In den Stadtmauern konzentriert sich die gewerbliche Wirtschaft der Zeit, die städtischen Behörden kontrollieren und dirigieren; in den Städten sind die Kaufleute ansässig geworden, die ein Netz von Handelsbeziehungen über Europa geworfen und auch Vorderasien und Nordafrika damit verknüpft haben; sie bestimmen die Geschicke im Rat und treiben Wirtschaftspolitik.
Mittelpunkt des gewerblichen Lebens der Städte ist der Markt, hier vollzieht sich der Austausch verschiedenartiger Produktionsgebiete; durch den Markt beherrscht die Stadt ein abgrenzbares Umland, wird sie „zentraler Ort“ des Wirtschaftslebens. Kultisch-kulturelle und politisch-administrative Raumfunktionen verdichten diese Zentralität, sodass alle übrigen zentralen Orte hinter den Städten mit einer Vielzahl ihrer auch schon hierarchisch gegliederten zentralen Funktionen zurückbleiben.

(aus: Ennen, Edith; 1979; Die europäische Stadt des Mittelalters; Göttingen; S.13, gekürzt)

M2 Was ist die Stadt des Mittelalters?

M3 Strukturelemente mittelalterlicher Städte – Beispiel Lübeck

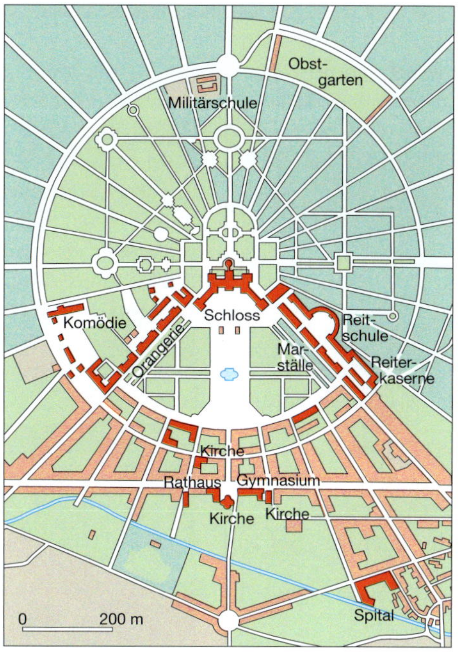

M4 Die absolutistische Stadt Karlsruhe 1742

Der Übergang zur Neuzeit

Um 1450 war der hochmittelalterliche „Boom“ der Stadtentwicklung endgültig vorüber. Bis zum Beginn des 19. Jahrhunderts ging die Zahl der neu gegründeten Städte kontinuierlich zurück. Seit Ausbruch der Pest um 1350 grassierten Seuchen, Agrarkrisen und Kriege dezimierten die Bevölkerung drastisch. Nicht minder betroffen waren die bereits bestehenden Städte: Die Handelsbünde – darunter auch die Hanse – zerfielen und den Städten entglitt schrittweise ihre autonome Bewegungskraft.
Zum wirtschaftlich-politischen Niedergang verloren sie zusätzlich ihre ehemalige Schutzfunktion durch das Aufkommen mauerbrechender Schusswaffen. Ihren Höhepunkt erlangte die Stadtzerstörung im Dreißigjährigen Krieg. Einerseits war ein Sättigungsgrad erreicht und andererseits genügte die mittelalterliche Stadt den neuen Bedürfnissen nicht mehr. Trotz eines „Städtetals“ entstanden zwischen 1450 und 1800 bedeutende Neugründungen, deren Gemeinsamkeit den zunehmenden Einfluss sowie Gestaltungswillen der Fürsten zu erkennen gibt.
Die Bevölkerungsgruppen in den Städten veränderten sich in der Neuzeit drastisch. Beamte und Soldaten treten als neue Gruppen in den Vordergrund. Im Verlauf des 18. Jahrhunderts entstand eine bildungsbürgerliche Schicht und auch die Zahl der Arbeiter in den ersten Manufakturen nahm zu. Diese Epoche ist als Übergang zu begreifen, in der das mittelalterliche Städtewesen ausläuft und in der sich langsam die Grundlagen für den Umschwung in die Epoche der Industrialisierung herausbilden.

3. Nennen Sie Merkmale der Stadt der frühen Neuzeit (**M 3**) und vergleichen Sie diese mit der absolutistischen Stadt (**M 4**).

Mietskasernen sollten besonders in den Großstädten die akute Wohnungsnot beheben. In unmittelbarem Anschluss an den älteren Stadtkörper entstanden zumeist fünfstöckige Mehrfamilienhäuser. Charakteristisch sind ihre geschlossene Front zur Straße und eine in die Tiefe des Grundstücks folgende Bebauung mit mehreren Hinterhäusern, gruppiert um Hinterhöfe, die mit Tordurchfahrten untereinander verbunden sind. Auf einem Grundstück wohnten auf diese Weise bis zu 2000 Personen. Im Erdgeschoss der Mietskasernen siedelte sich vielfach ein buntes Gemisch gewerblicher Nutzungen an. Die enge Verzahnung von Wohn- und Gewerberaum verschärfte infolge von Lärm und Immissionen die ohnehin durch geringe Beleuchtung sowie Durchlüftung schlechte hygienische Wohnsituation.

Villensiedlungen im Stil der Gründerzeit entstanden zumeist am Stadtrand in landschaftlich reizvoller Lage. Umgeben von Gärten nach englischem Vorbild ließen die Angehörigen der zahlungskräftigen und auf gehobenen Lebensstil bedachten Oberschicht ihre von renommierten Architekten entworfenen Landhäuser bauen. Um die Haltestellen des Bahnverkehrs gruppierten sich neben Großvillen einzelner Familien zunehmend Mehrfamilien-Mietvillen für die Bürger- und höhere Beamtenschicht.

Werkskolonien repräsentieren speziell im Ruhrgebiet die neue Wohnform der Berg- und Industriearbeiter. Als neue Siedlungskörper und in unmittelbarer Nähe zum Arbeitsplatz errichteten Zechen- und Fabrikbesitzer meist ein- bis zweigeschossige Einzel- oder Reihenhäuser. Eine Kopplung von Arbeits- und Mietvertrag sollte einer Fluktuation vorbeugen und eine Anwerbung zusätzlicher Arbeiter begünstigen. Die Ausstattung mit Hausgärten und Ställen kam vor allem den Bedürfnissen der Zuwanderer aus ländlichen Gebieten entgegen.

M5 Zeugen der Wohnbebauung in der Gründerzeit

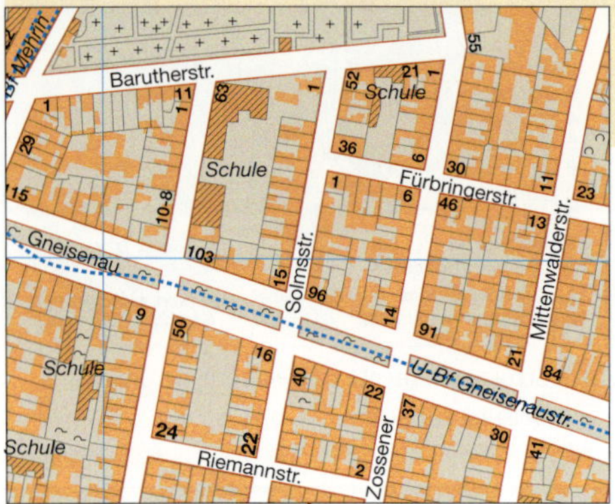

M6 Wilhelminischer Wohngürtel in Berlin

Stadtentwicklung im Industriezeitalter

In England nahm die Industrielle Revolution mit technischen Errungenschaften wie der Dampfmaschine, dem mechanischen Webstuhl und der Eisengewinnung durch Koks ihren Anfang. In Deutschland schossen ab 1871 Gewerbe- und Industriebetriebe in bisher unbekannter Anzahl aus dem Boden, die den Begriff der **Gründerzeit** im weiten Sinne prägten. Die besseren Verdienstmöglichkeiten in der Industrie lösten eine enorme Land-Stadt- bzw. Land-Industrie-Wanderung aus. Der Anteil der Großstadtbevölkerung wuchs zwischen 1870 und 1910 von 4,8 Prozent auf 21,3 Prozent. Damit wandelte sich Deutschland in weniger als zwei Generationen von einem Agrarland zu einem **Industriestaat.** Zum auffälligsten Merkmal des Wandels von der „alten" Stadt zur Stadt des Industriezeitalters wurden die enorme Flächenexpansion wie auch der Funktionsverlust von Stadt- und Zollmauern. Dem Zuwanderungsstrom waren die Kommunen nicht gewachsen. Vielerorts entstand eine bedrückende Wohnungsnot. Besonders betroffen waren die Familien der Arbeiter und Angestellten. Allein in Berlin lebten 600 000 Menschen zu fünft oder gar zu mehreren in einem Raum. Gleichsam wurden in dieser stürmischen Zeit der Stadtentwicklung die Grundlagen des modernen Wohnungsbaus und der Infrastruktur geschaffen: Straßenbau, öffentliche Verkehrsnetze, Wasserversorgung und Kanalisation strukturierten die Städte nachhaltig und gaben ihnen ein neues Gesicht.

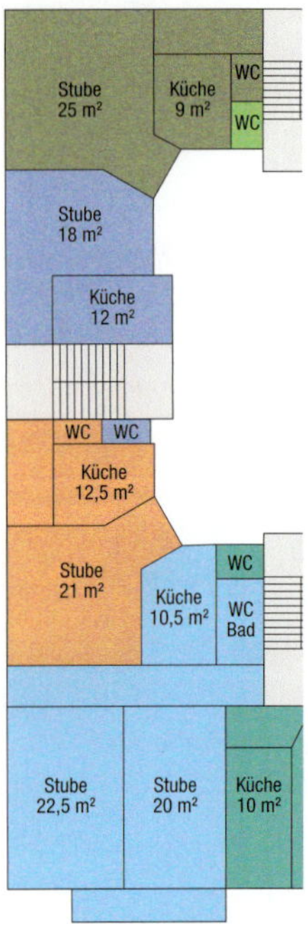

M7 Grundriss einer Berliner Mietskaserne

M8 Mietskasernen in Berlin um 1900

4. Listen Sie die Strukturelemente von Städten des Industriezeitalters auf (M5 bis M8).
5. Nennen Sie einige der sozialen und ökonomischen Rahmenbedingungen des Städtebaus im 19. Jahrhundert (M5).

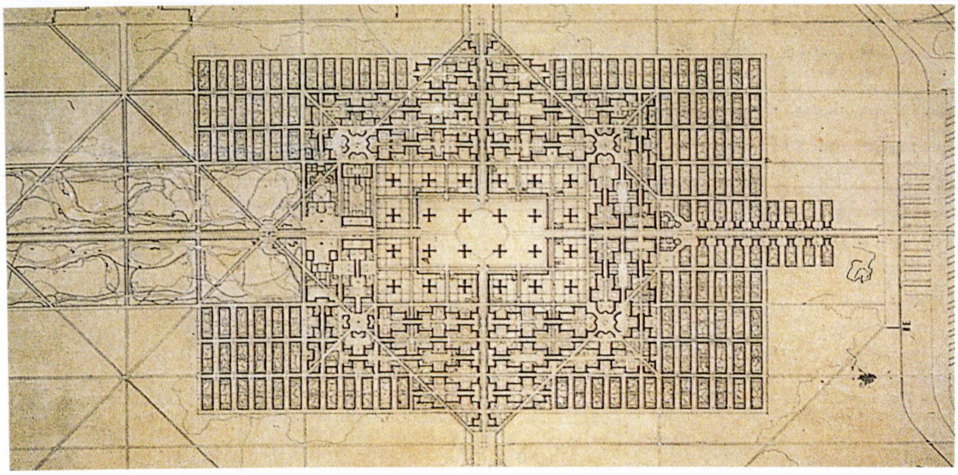

M 10
Le Corbusier: Plan für eine Stadt von 3 Millionen, 1922

Städtebau im 20. Jahrhundert

Das 19. Jahrhundert war die Epoche des technischen Städtebaus gewesen. Entwürfe und Theorien einer „neuen Gesellschaft" und entsprechender Siedlungsformen gingen bereits darauf zurück, jedoch fehlten grundsätzliche Äußerungen zur sozialen und wirtschaftlichen Struktur der Stadt. In der ersten Hälfte des 20. Jahrhunderts vollzog sich dann ein grundsätzlicher Wandel. Aufgrund des ungehemmten Flächenwachstums der Städte und der schlechten Wohnbedingungen einer Vielzahl ihrer Bewohner entstanden unterschiedliche Konzepte zur Reform des Städtebaus.
Die ersten umfassenden Untersuchungen und Diskussionen zu den Verhältnissen in den Städten zu Beginn des 20. Jahrhunderts von Seiten der Architekten und Stadtplaner fanden auf den internationalen Kongressen für Moderne und Architektur seit 1928 statt. Auf dem vierten Kongress, der 1933 in Athen stattfand, entstand die **Charta von Athen,** ein Richtung weisendes städtebauliches Manifest, in dem die Verfasser den von ihnen aufgezeigten Missständen einen Katalog von Forderungen zur Erneuerung der Städte entgegenstellten (vgl. S. 323).

Der traditionelle Städtebau wurde nun grundlegend reformiert. Wesentliche Neuerung war neben dem Gartenstadt-Konzept vor allem die Hochhausbebauung. Le Corbusier, ein schweizerischer Architekt, der maßgeblichen Anteil an der Entwicklung neuer städtebaulicher Ideen hatte, ließ der dreidimensionalen Stadtplanung große Bedeutung zukommen. Bürobauten mit 60 Stockwerken im Zentrum und achtstöckige Wohnbauten sollten die Stadt kompakt und mit geringem Flächenverbrauch in die Höhe wachsen lassen.

Mit den neuen Konzepten waren einschneidende Veränderungen in der Stadtarchitektur verbunden:
- das älteste Städtebauprinzip, die Bebauung mit Reihenhäusern, wurde aufgegeben,
- einheitliche Bauhöhen, die lange das Stadtbild beherrschten, wurden durch eine variable Geschosszahl ersetzt,
- es fand eine Trennung der Funktionen Wohnen, Arbeiten, Freizeit und Verkehr statt, die eine räumliche Gliederung von Städten zur Folge hatte.

Viele Konzepte dieser so genannten funktionellen Stadt finden auch in der heutigen Stadtplanung Anwendung und prägen das Gesicht moderner Städte.

6. Erläutern Sie die Inhalte der Charta von Athen vor dem Hintergrund der städtebaulichen Situation des Industriezeitalters (**M 9**).

M 11
Crawley

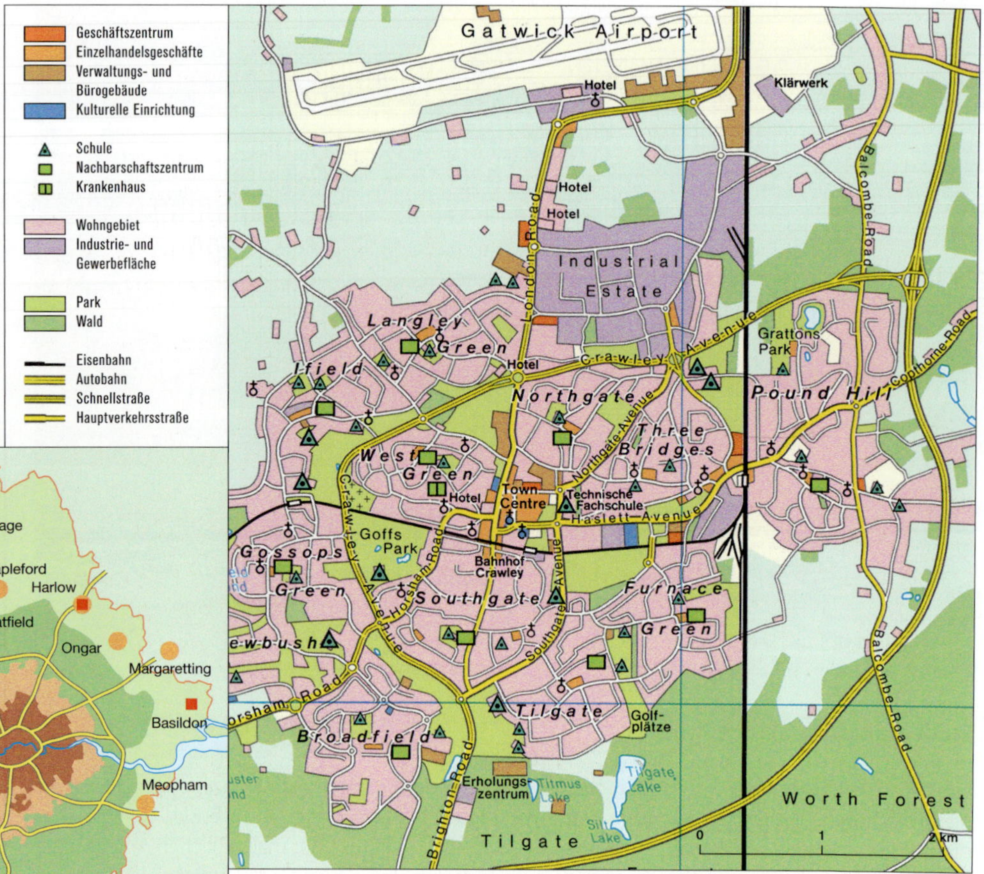

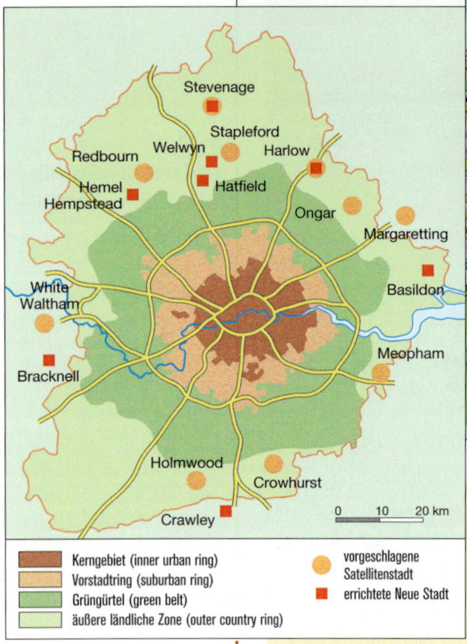

M 12
Greater London-Plan

Crawley was one of the original eight new towns around London aimed at getting people to move from the over-crowded capital into the countryside. London had suffered dreadfully during the blitz and many of its citizens were living in sub-standard or slum conditions. The Government created eight self-supporting towns in a circle between 20 and 30 miles from the heart of London.

At the end of the 1940s these new towns represented the logical alternative to the continuing massive congestion and outward sprawl of the capital. They promised employment, decent housing in a green environment, and an end to daily commuting.The new towns would attract industry to their reserves of labour, giving companies the chance to re-establish themselves in cost-effective purpose-built units. To those Londoners in need of accommodation and prepared to take the opportunity, the prospect of good jobs and pleasant homes in a clean and open setting was very attractive, as was the chance to use their skills or train in new ones. It all promised security, not only for themselves but for their children.

The original idea for Crawley was to merge the villages of Three Bridges and Ifield with the small market town of Crawley by filling in the gaps.

The designated area at that time was nearly 6,000 acres, stretching about three and a half miles from border to border. In the beginning the planners envisaged nine residential neighbourhoods, each based on a village concept, grouped around a town centre with an industrial estate to the north. In the main, three bedroomed houses would predominate, though the mix would vary to allow for private development and for people without families. In addition, there would be some four-bedroomed and a few five bedroomed properties for larger families.

Every neighbourhood was to have the same basic structure, though each would develop a character of its own. Each would have a neighbourhood centre with enough shops to meet day to day needs, plus a primary school, church, community centre and pub. Homes for the elderly and disabled would be built close to the neighbourhood centres for the convenience of the residents. Today with a population of around 100,000 and with proposals for a 14th neighbourhood to the north east of the town, Crawley is the largest inland town in West Sussex.

M 13 New Town History

Im Europa des 20. Jahrhundert wurden nur wenige Städte gegründet. In einer ersten Generation entstanden die mit allen wichtigen Funktionen ausgestatteten **New Towns** als Entlastungsstädte für London. Zwischen 1946 und 1973 wurden 31 New Towns gegründet. Sie hatten zum Ziel, die Ballungszentren zu entlasten und eine Verbesserung der regionalen Wirtschafts- und Siedlungsstruktur zu erreichen. Vergleichbare Städtegründungen fanden auch in anderen Staaten statt, so z. B. in Deutschland (Wolfsburg), Frankreich (Lille-Est) und in den Niederlanden (Lelystad).

In den 1960er- und 1970er-Jahren uferten die Großstädte, bedingt durch die **Suburbanisierung** von Bevölkerung und tertiären Funktionen, in ihr Umland aus. Die Furcht vor der Zersiedlung der Landschaft hatte nun den Bau neuer Stadtteile und Großwohnsiedlungen zur Folge, die entweder mit allen Funktionen ausgestattet sind und gegenüber der Kernstadt eine gewisse Selbstständigkeit aufweisen (Trabantenstädte: Köln-Chorweiler, München-Neuperlach) oder mit reiner Wohnfunktion als Schlafstädte konzipiert und von der Kernstadt in jeder Beziehung abhängig sind (Satellitenstädte: Frankfurt-Nordweststadt). Auf der Basis der Charta von Athen hat sich eine Konzeption mit folgenden Merkmalen herauskristallisiert:

- **Funktionalismus-Prinzip:** Trennung der Funktionen Wohnen, Arbeiten, Erholung, Verkehr
- **Radburn-System** (benannt nach der Stadt Radburn, USA): Trennung der Verkehrswege verschiedener Verkehrsarten, Hierarchisierung der Fahrstraßen, Wohnstichstraßen als Sackgassen mit Wendeschleifen, Ersetzen von Kreuzungen durch Einmündungen, Über- und Unterführungen
- **Nachbarschaftsprinzip:** Wohnquartiere in einer überschaubaren Größe für ca. 5000 Einwohner, ausgestattet mit allen für diese Gemeinschaft notwendigen sozialen, kulturellen und sonstigen Versorgungseinrichtungen
- **Verdichtung und Grünflächen:** Verdichtung der Wohnbevölkerung je Hektar durch Hoch- oder Reihenhausbebauung, Grünflächen mit klar definierten Zielen

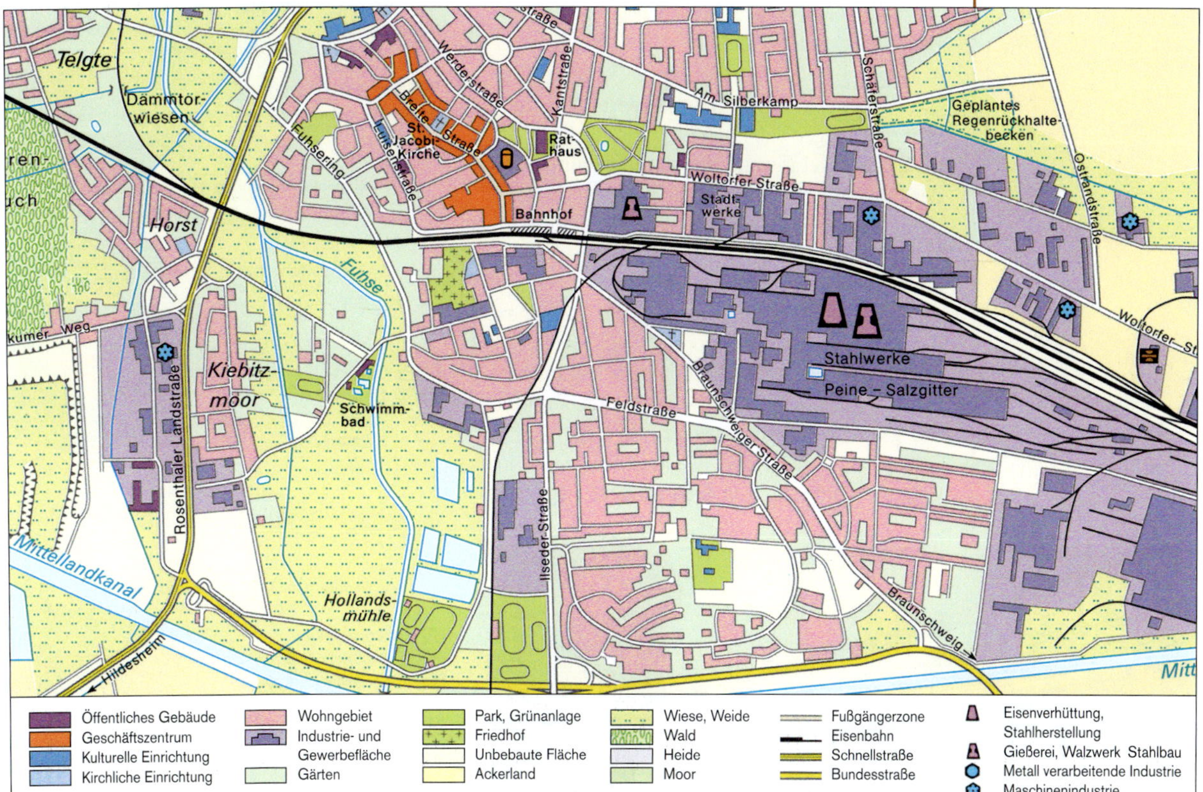

M 14 Peine

7. Untersuchen Sie die Zielsetzung und Verwirklichung von Entlastungsstädten am Beispiel Crawley (**M 11** bis **M 13**).
8. Untersuchen Sie beispielhaft die Strukturen neuer Städte (**M 14**, Atlas).
9. Stellen Sie zusammenfassend Phasen der Entwicklung mitteleuropäischer Städte dar.

4. Die Gartenstadt Dresden-Hellerau

M1 Bunte Gartenstadt Dresden-Hellerau

Anfang des 20. Jahrhunderts entwickelte der Engländer Ebenezer Howard ein Gartenstadtkonzept. Hervorgegangen aus der Lebensreform-Bewegung des Vegetarismus, der Naturheilkunde und der Nacktkultur forderten die „Anti-Urbanisten“ einen mit der Natur harmonisierenden Lebensstil. Neue Städte sollten, mit einer festgelegten Maximalbevölkerung und räumlich getrennt von der Großstadt, eine weitere ungezügelte Flächenexpansion verhindern. Gefordert wurden autark wirtschaftende, genossenschaftlich organisierte Städte, in denen die Vorteile des Landlebens und des großstädtischen Lebens ohne deren Nachteile verbunden werden. Die Idee einer Stadt im Grünen wurde auch in Deutschland begeistert

Die drei Magneten. Die Gartenstadt als Ideallösung zwischen einer Stadt- und einer Landsiedlung

Das Volk

Stadt	Land	Land-Stadt
Ausschluss von der Natur; Geselligkeit; Isolierung der Massen; Vergnügungsplätze; Weiter Weg zur Arbeit; Hohe Löhne; Hohe Mieten und Lebenmittelpreise; Arbeitsgelegenheit; Über- und Nachtarbeit; Armee der Arbeitslosen; Nebel- und Zugluft; Teure Entwässerungssysteme; Schlechte Luft, trüber Himmel; Häufig verstopfte Straßen; Schmutzwohnungen, Vandalismus; Sanierungsbedürftige Gebäude	Mangel an Geselligkeit; Schönheit der Natur; Arbeitsmangel; Brachliegendes Land; Verbotene Wege; Hain, Wald, Wiese; Lange Arbeitszeit, niedrige Löhne; Frische Luft, niedrige Mieten; Keine Entwässerung; Überfluss an Wasser; Keine Vergnügungen; Heller Sonnenschein; Kein sozialer Geist; Bedürfnis für Reformen; Überfüllte Wohnungen; Verlassene Dörfer	Schönheit der Natur; Geselligkeit; Park, Flur und Hain; Leicht zugänglich; Niedrige Mieten; Hohe Löhne; Niedrige Lebensmittelpreise; Niedrige Steuern; Stets Arbeit; Spielraum für Unternehmungen; Zufluss von Kapital; Reine Luft und reines Wasser; Gute Entwässerung; Schöne Häuser, schöne Gärten; Kein Rauch, keine Schmutzwohnungen; Freiheit; Soziale Harmonie

(aus: Frank, F.: Dresden-Hellerau – Die Gartenstadt in Deutschland. In: geographie heute. H. 68/1989, S. 29)

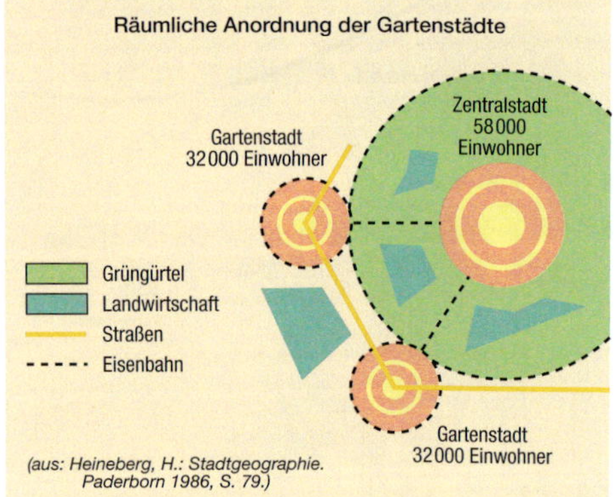

(aus: Heineberg, H.: Stadtgeographie. Paderborn 1986, S. 79.)

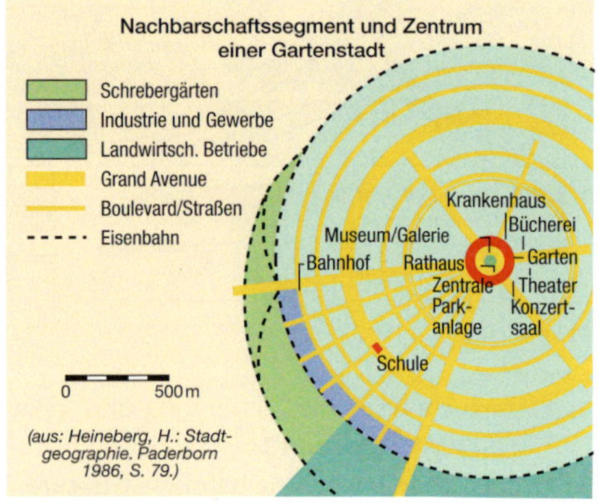

(aus: Heineberg, H.: Stadtgeographie. Paderborn 1986, S. 79.)

M2 Gartenstadt Dresden-Hellerau

M3 Die Gartenstadtidee von E. Howard 1898

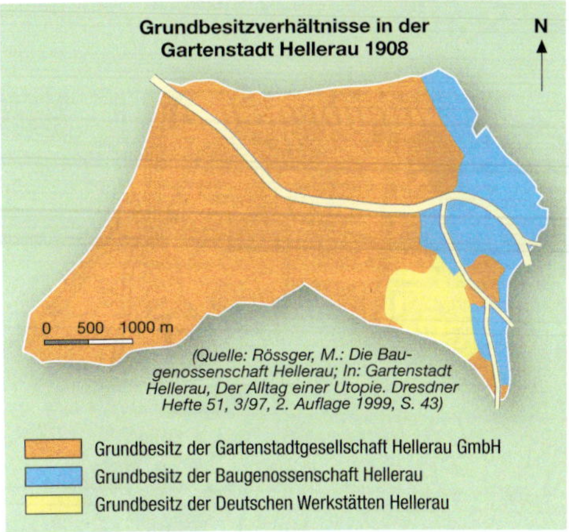

M4 Grundstücksverhältnisse 1908

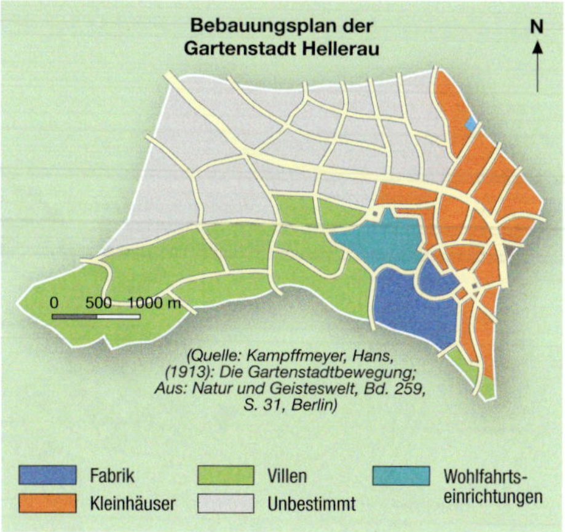

M5 Bebauungsplan Gartenstadt Hellerau

aufgenommen und in eigenen Projekten wie in Staaken bei Berlin, Hellerau bei Dresden oder in Karlsruhe-Rüppurr umgesetzt.

Initiator zur Gründung der ersten deutschen Gartenstadt war der Eigentümer der Dresdner Werkstätten für Handwerkskunst (vorwiegend Möbelproduktion), Karl Schmidt. Ab 1909 wurde auf einem 140 ha großen Areal 3,5 km nördlich von Dresden mit dem Bau der neuen Stadt begonnen. Ursprünglich nur ein weitgehend unberührtes Stück Heidelandschaft, war Hellerau eine administrativ eigenständige Gemeinde, die von Dresden aus in ca. 30 Minuten mit der Straßenbahn erreichbar war. Grund und Boden waren preiswert, Platz für das Projekt ausreichend vorhanden.

Der Ort wurde streng funktional gegliedert in Gewerbe-, Versorgungs- und Wohnbereiche geplant. Ansiedeln durften sich nur solche Betriebe, die keine Belästigung für die Anwohner bedeuteten. Es fand auch eine soziale Differenzierung statt, indem kleine Reihenhäuser für ärmere und größere freistehende Wohnhäuser für sozial höher stehende Schichten errichtet wurden. 1913 waren 30 ha bebaut und infrastrukturell für 19 000 Einwohner erschlossen.

1950 wurde Hellerau zu Dresden eingemeindet und 1956 unter Denkmalschutz gestellt. Wenn in den ersten Jahrzehnten v.a. Arbeiterfamilien der Hellerauer Werkstätten den Ort besiedelten, zog es später immer mehr Künstler und Vertreter der Intelligenz nach Hellerau. 1999 wurde nördlich der alten Gartenstadt Neu-Hellerau, ein eigenständiges Areal mit modernen Reihenhäusern und Eigentumswohnungen, als Erweiterung fertiggestellt.

Die Deutsche Gartenstadt-Gesellschaft ist eine Propagandagesellschaft. Sie erblickt ihr Hauptziel in der Gewinnung des Volkes, fuer die Begruendung von Gartenstaedten.

Eine Gartenstadt ist eine planmaeszig gestaltete Siedlung auf wohlfeilem Gelaende, das dauernd in Obereigentum der Gesellschaft erhalten wird, derart, dass jede Spekulation mit dem Grund und Boden dauernd unmoeglich ist. Sie ist ein neuer Stadttypus, der eine durchgreifende Wohnungsreform ermoeglicht, fuer Industrie und Handwerk wohlfeilere Produktionsbedingungen gewaehrleistet und einen groszen Teil seines Gebietes dauernd dem Garten- und Ackerbau sichert.

Das Endziel einer fortschreitenden Gartenstadtbewegung ist eine Innenkolonisation, die durch planmaesziges Begruenden von Gartenstaedten eine Dezentralisation der Industrie und damit eine gleichmaeszigere Verteilung des Gewerbelebens ueber das Land anstrebt. Solche Siedlungen werden das staeditsche Leben gesuender und vielseitiger gestalten und der sich angliedernden Landwirtschaft die Kulturwerte und das technische Ruestzeug der Stadt, somit die Vorteile des direckten Absatzes vermitteln.

(nach: Die Deutsche Gartenstadtbewegung. Zusammenfassende Darstellung über den heutigen Stand der Bewegung. Berlin-Schlachtensee, 1911, S. 7)

M6 Das städtische Leben gesünder gestalten

M7 Gartenstadt Dresden-Neu-Hellerau

1. Erläutern Sie die Zielsetzung und den Aufbau der Gartenstadt von E. Howard (M3).
2. Überprüfen Sie die Umsetzung der Gartenstadtidee in Dresden-Hellerau (M1 bis M7).
3. Diskutieren Sie Vor- und Nachteile einer Gartenstadt.

Webcode:
GO649174-275

5. Düsseldorf – innere Differenzierung einer Stadt

A

B

C

D

E

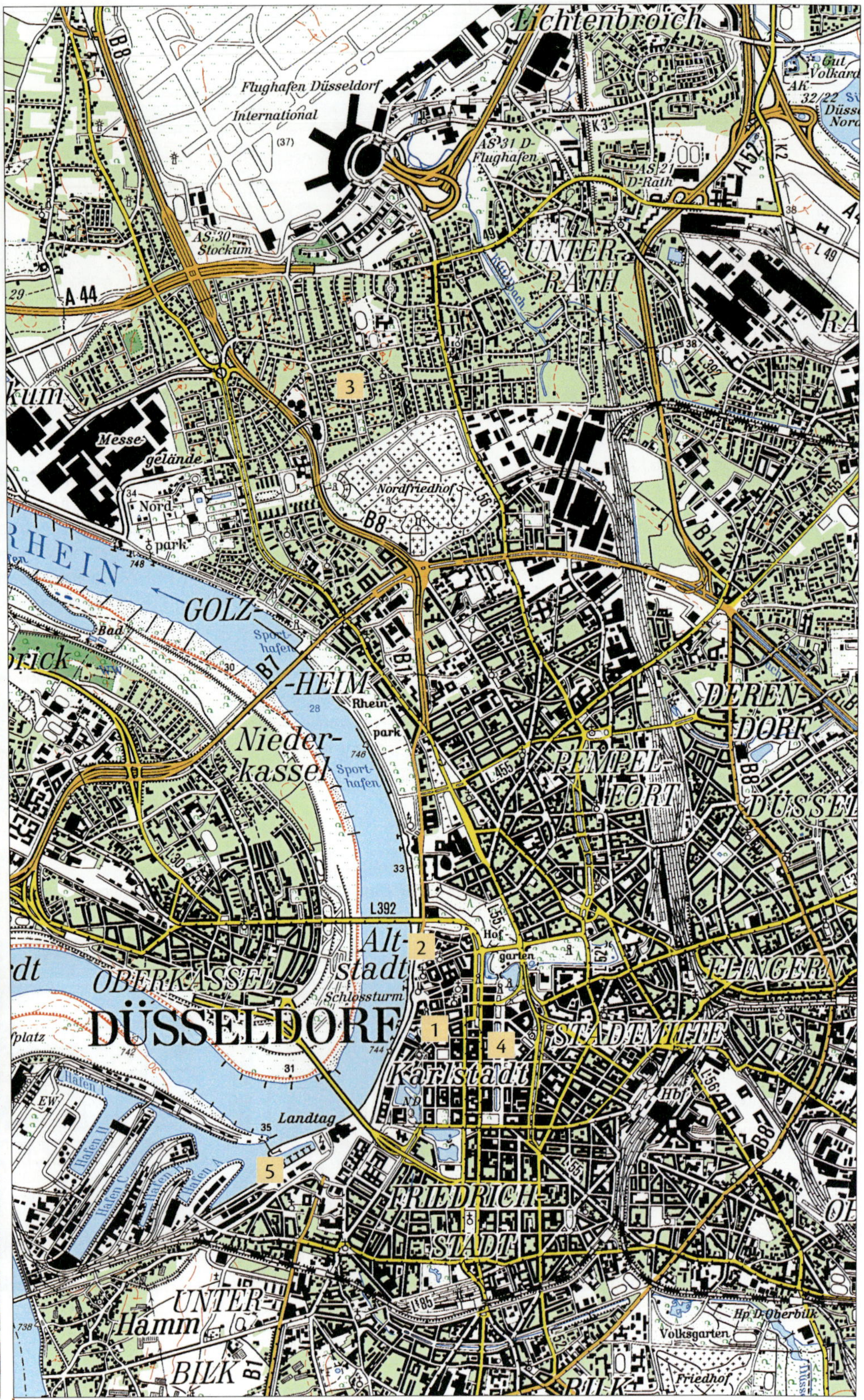

M1 Topographische Karte von Düsseldorf (Ausschnitt)

Bis auf regionale und kulturräumliche Besonderheiten weisen europäische Städte ähnlicher Größe wie Düsseldorf vergleichbare räumliche Strukturen auf. Dabei kann eine Stadt nach historisch-genetischen, physiognomischen, sozialen oder funktionalen Merkmalen räumlich gegliedert werden.

Bei der **historisch-genetischen Differenzierung** werden städtische Bereiche nach historischen Raumstrukturen und Sichtbeziehungen sowie dem Alter der Baukörper gruppiert. Dabei geht es um eine Abgrenzung historisch einheitlich gestalteter Stadtbereiche. Diese Einteilung hängt eng mit der Grundrissgestaltung (z. B. Straßennetz, Gebäudegrundriss) zusammen. Ein weiteres physiognomisches Merkmal ist die Gliederung nach der **Aufrissgestaltung.** Hierbei werden äußere Merkmale der Gebäude (z. B. Geschosszahl, Dachform) zur Abgrenzung herangezogen. Die soziale Differenzierung soll hingegen die räumliche Verteilung von sozial, demographisch sowie sozioökonomisch homogenen Bevölkerungsgruppen (z. B. Bildung, Alter) veranschaulichen. Bei der **funktionalen Differenzierung** einer Stadt wird eine räumliche Gruppierung nach den vorherrschenden Aufgaben einzelner Bereiche vorgenommen. Zu den wichtigsten Funktionsbereichen gehören das Wohn-, das Industrie-, das Geschäfts-, das Verwaltungs- und das Erholungsgebiet. Da alle Differenzierungsmerkmale in einem engen, vernetzten Zusammenhang stehen, wird die innere Differenzierung einer Stadt meist in kombinierter Form einzelner Merkmale durchgeführt. Die Ergebnisse solcher Untersuchungen stellen beispielsweise für die Stadtplanung eine wichtige Grundlage dar. Zugleich führen Prozesse wie die Tertiärisierung, Suburbanisierung, Reurbanisierung, Gentrifizierung sowie Segregation zu Veränderungen der räumlichen Strukturen. Um solche Veränderungen bei der Planung berücksichtigen zu können, müssen Untersuchungen zur inneren Differenzierung einer Stadt kontinuierlich aktualisiert werden.

Einwohner	585 054
Fläche des Stadtgebietes (davon linksrheinisch)	217 km² (12,77 km²)
Arbeitsplätze (davon sozialversicherungspflichtig Beschäftigte)	464 200 (343 237)
Banken / Versicherungen	ca. 170 / ca. 130
Unternehmen aus der Informations- und Kommunikationsbranche	ca. 1 500
Ausländische Firmen (inklusive Niederlassungen)	rd. 5 000
Einpendler (werktags)	296 989
Hauptbahnhof (Züge pro Tag)	rd. 1 100
Fluggäste Rhein-Ruhr-Flughafen (ohne Transit)	15,3 Mio.
Plätze im Rheinstadion / Eisstadion	56 000 / 10 285
Heinrich-Heine-Universität Düsseldorf	17 844 Studenten

Weitere zentrale Einrichtungen:
U. a. Rheinisch-Westfälische-Börse, bedeutender Messestandort (ca. 40 internationale Fachmessen), Fachhochschule (6 271 Studenten), Kunstakademie (366 Studenten), Robert-Schumann-Hochschule für Musik (605 Studenten), über 10 Theater, 16 Museen und Sammlungen, exklusive Einkaufsmeile (Königsallee) sowie eine der umsatzstärksten Einkaufsstraßen Deutschlands (Schadowstraße)

M 2 Ausgewählte Daten zu Düsseldorf 2009 (Quelle: Stadt Düsseldorf)

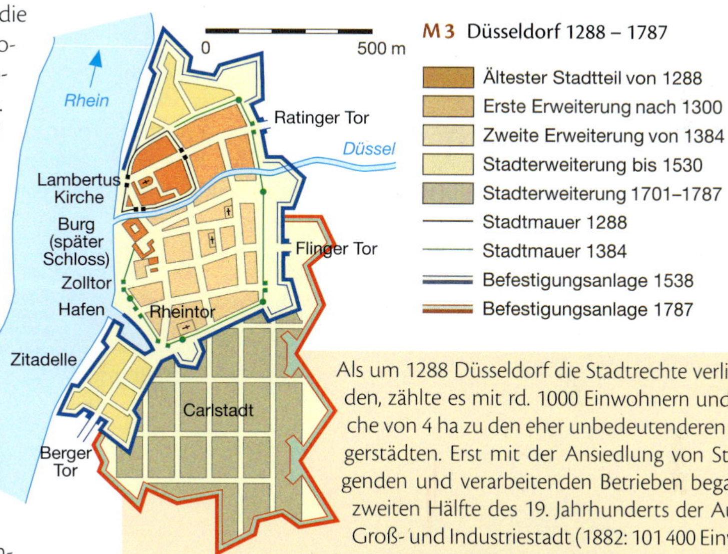

M 3 Düsseldorf 1288 – 1787

Als um 1288 Düsseldorf die Stadtrechte verliehen wurden, zählte es mit rd. 1000 Einwohnern und einer Fläche von 4 ha zu den eher unbedeutenderen Ackerbürgerstädten. Erst mit der Ansiedlung von Stahl erzeugenden und verarbeitenden Betrieben begann in der zweiten Hälfte des 19. Jahrhunderts der Aufstieg zur Groß- und Industriestadt (1882: 101 400 Einwohnern). Nach dem Zweiten Weltkrieg entstand das Bundesland Nordrhein-Westfalen (1946) mit der Hauptstadt Düsseldorf.
Während der Industrieansiedlung durch Mangel an geeignete Flächen und Arbeitskräften enge Grenzen gesetzt waren, entwickelte sich Düsseldorf zu einem Zentrum der Verwaltung von Wirtschafts- und Fachverbänden, der Versicherungen und Banken. Ein wichtiger Impuls war dabei die Hauptstadtfunktion, da hier Landtag und Ministerien angesiedelt wurden. Seit 1950 bauten die Japaner die Stadt zu ihrem zweitwichtigsten Entscheidungszentrum nach New York in der westlichen Welt auf. In den letzten Jahren gewinnt die Messestadt Düsseldorf im Bereich der Informations- und Kommunikationstechnik zunehmend Bedeutung. (nach: Dielmann, M. (u. a.): Mensch und Raum, Berlin 1998, S. 284)

M 4
Düsseldorf im Überblick

1. Benennen Sie die unterschiedlichen Möglichkeiten der inneren Differenzierung einer europäischen Stadt.
2. Kennzeichnen Sie die Stadt Düsseldorf unter Berücksichtigung ihrer topographischen sowie geographischen Lage (Atlas, M 1, M 3).
3. Ordnen Sie begründet das Erscheinungsbild (Fotos) dem Grundriss (Ziffern) der entsprechenden Stadtbereiche zu (M 1).
4. Zeigen Sie in M 4 historisch bedingte städtebauliche Strukturen auf und erläutern Sie diese (M 1, M 3, Fotos).

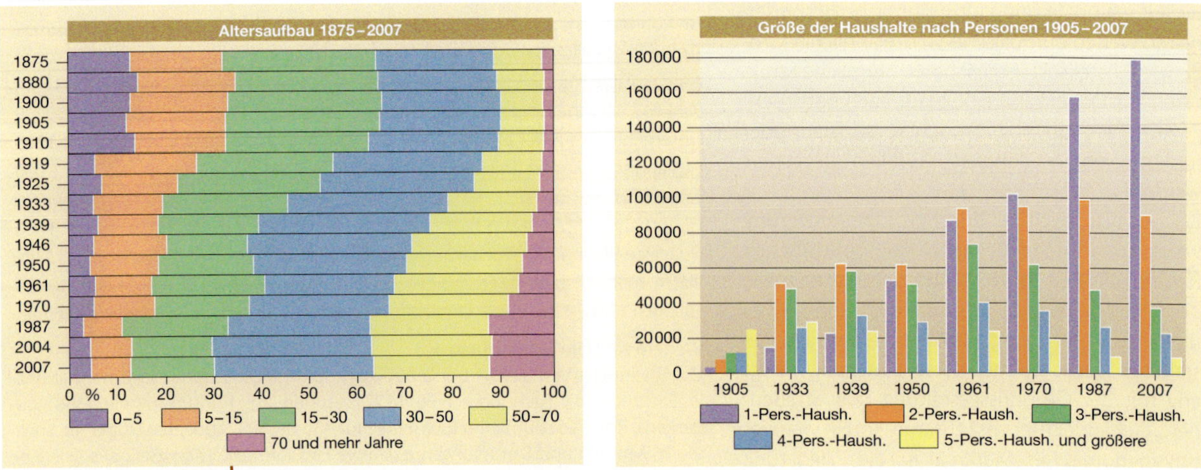

M5 Entwicklung ausgewählter Sozialindikatoren Düsseldorfs

Die sozialräumliche Differenzierung

Bei der sozialräumlichen Differenzierung einer Stadt soll die Verteilung der Bevölkerung nach sozialen und sozioökonomischen Merkmalen, Statuspositionen sowie sozialen Gruppen veranschaulicht werden. In der sozialgeographischen Stadtforschung geht man davon aus, dass sich soziale Gruppen bestimmter Ausprägung in Teilräumen konzentrieren, und dass diese Verteilungsmuster einem sozialen Wandel unterliegen. Ein Problem besteht darin, dass durch die amtliche Statistik nicht alle wichtigen sozial relevanten Merkmale erfasst werden. Zugleich nähern sich die erhobenen Durchschnittswerte aufgrund der relativ großen Bezugsräume an – hier die 49 Stadtteile von Düsseldorf, in denen bis zu 30 000 Einwohner leben.

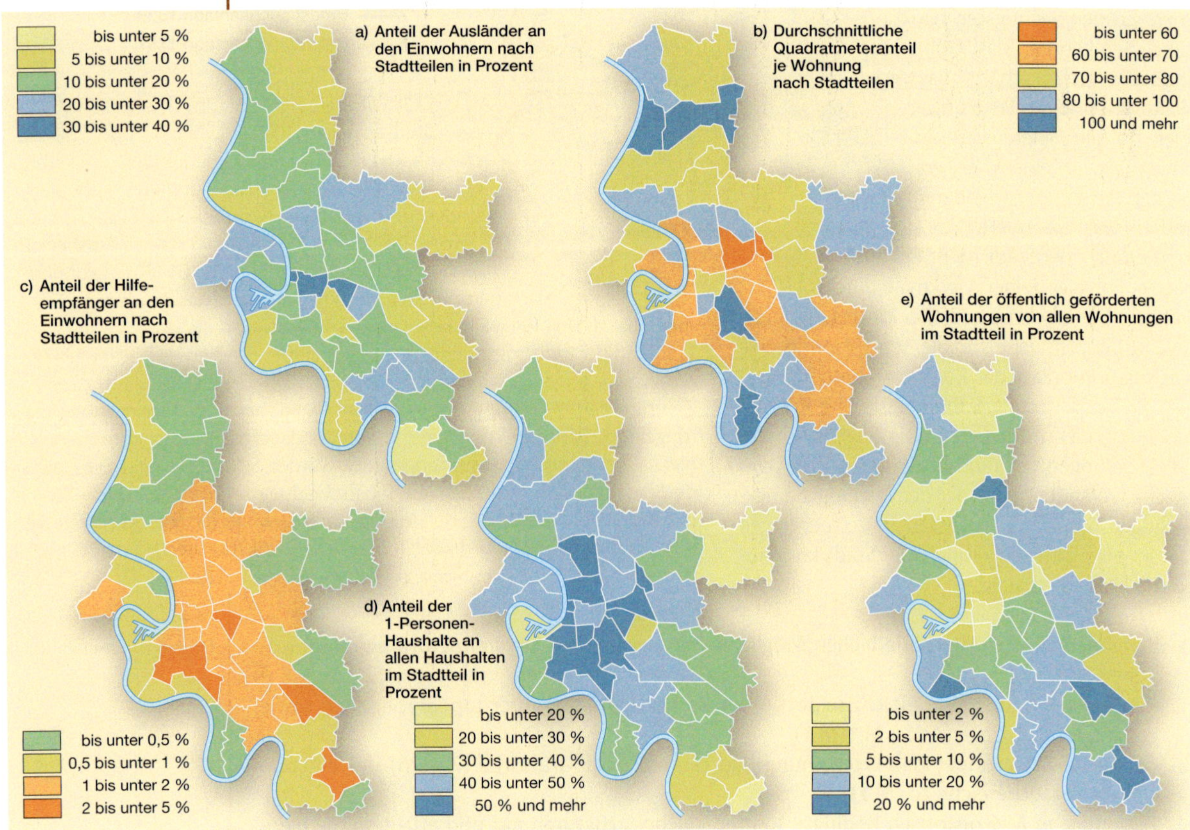

M6 Ausgewählte Sozialdaten *(Stand: 2009)*

Stadtbereich (Gesamtfläche in ha)		Gemischte Bauflächen (in %)	Wohnbauflächen (in %)	Gewerbliche Bauflächen (in %)	Grünflächen, land-, forstwirtschaftliche und Wasserflächen (in %)	Verkehrsflächen (in %)	Bevölkerungsdichte nach Stadtbereichen (E/km²)
City	242,8	29,4	10,2	0,0	18,0	42,4	7154
übrige Innenstadt	486,0	13,1	33,3	1,0	11,7	40,9	12977
Innenstadtring	3063,5	4,5	24,4	13,7	35,3	22,1	5988
Innere Peripherie	3802,3	3,7	28,3	6,6	43,8	17,6	3334
Außenring	13046,6	1,7	14,3	5,4	65,5	13,1	1490
Insgesamt		**629,6 ha**	**3882,2 ha**	**1377,1 ha**	**11391,3 ha**	**3360,9 ha**	**2696 E/km²**

M7 Bodennutzung sowie Bevölkerungsdichte nach Stadtbereichen (Stadtbereiche vgl. M9)

Mehr als 5000 ausländische Unternehmen haben sich in Düsseldorf angesiedelt. Dabei ist Düsseldorf für Japan mit über 440 Unternehmen die Nummer eins auf dem Kontinent. Zugleich konnten sich hier rund 1500 Unternehmen der Informations- und Kommunikationsbranche etablieren. Hinzu kommt eine sehr große kreative Szene aus Architekten, aktiven Künstler, Mode-Designern, Fotografen, Schauspielern und Musikprofis. Mit 170 Kreditinstituten gilt Düsseldorf nach Frankfurt als zweitgrößtes Bankenzentrum. Daneben befinden sich hier die zweitgrößte deutsche Börse sowie etwa 130 Versicherungsunternehmen. Aber auch Düsseldorfs internationale Fachmessen genießen Weltruf.
Die Stadt gilt mit über 4500 Einzelhandelsbetrieben als das Einkaufszentrum in einem hochverdichteten Wirtschaftsraum mit etwa 2,3 Mio. Einwohnern. Die Zentren des Einzelhandels stellen dabei die Königsallee, eine exklusive Flaniermeile, und die Schadowstraße, eine der umsatzstärksten Einkaufsstraßen Deutschlands, dar.
Daneben macht die Altstadt mit ihren 200 Kneipen und Restaurants, dem Medienhafen, einem Dutzend Museen, der Kunsthalle, über 20 Bühnen sowie Konzertveranstaltungen und Kunstausstellungen von internationalem Rang Düsseldorf zu einem Anziehungspunkt für Besucher.

(nach: Landeshauptstadt Düsseldorf. Kommunikation und Öffentlichkeitsarbeit: Düsseldorf, Düsseldorf, o. J.)

M8 Tertiarisierung als Motor der Entwicklung

Die funktionale Differenzierung

Derzeit nimmt die Landeshauptstadt Düsseldorf die führende Stellung als Verwaltungszentrum, als Finanzmetropole, als Drehscheibe internationalen Handels und als Fachmesseplatz des einwohnerstärksten Bundeslandes Nordrhein-Westfalen ein. Während der Industrieansiedlung Ende des 19. Jahrhunderts enge Grenzen gesetzt waren, entwickelte sich Düsseldorf zu einem Zentrum der Verwaltung von Wirtschafts- und Fachverbänden, der Versicherungen und Banken. Der **Prozess der Tertiarisierung** erhielt 1946 durch die Hauptstadtfunktion Düsseldorfs neue Impulse und führte Mitte der 1950er-Jahre dazu, dass über 50 % der Beschäftigten im tertiären Sektor tätig waren. Derzeit sind es über 83 % der Beschäftigten.
In Düsseldorf, wie in vielen anderen deutschen Städten, trägt der tertiäre Sektor seit Jahrzehnten den Aufschwung, während die im produzierenden Gewerbe abgebauten Stellen nur teilweise aufgefangen werden können. Betrachtet man die Entwicklung im tertiären Sektor genauer, so fällt auf, dass die größten Zuwächse im Bereich „Dienstleistungen" (z. B. Rechts- und Wirtschaftsberatung, Gaststättengewerbe, Bildung, Kunst und Publizistik) zu beobachten sind. Zugleich kann man ein überdurchschnittliches Wachstum in den Branchen der Informations- und Kommunikationstechnik beobachten.

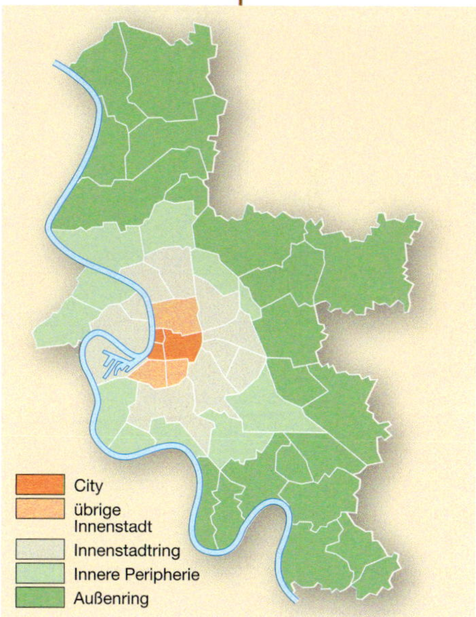

M9
Ringstruktur der Stadtbereiche

5. Kennzeichnen Sie die tendenzielle Entwicklung der ausgewählten Sozialindikatoren am Beispiel von Düsseldorf (**M5**).
6. Untersuchen Sie die sozialräumliche Gliederung der Stadtteile von Düsseldorf (**M6**).
7. Beschreiben Sie die funktionale Gliederung der Stadt Düsseldorf und nehmen Sie dabei Bezug auf die einzelnen Stadtbereiche (**M7** und **M8**).
8. Vergleichen Sie die funktionale Gliederung der Stadt Düsseldorf (**M9**) mit den drei klassischen Stadtmodellen (s. S. 468) und begründen Sie mögliche Unterschiede.
9. Erläutern Sie, welche Faktoren die Tertiarisierung in Düsseldorf begünstigt haben (**M8**).

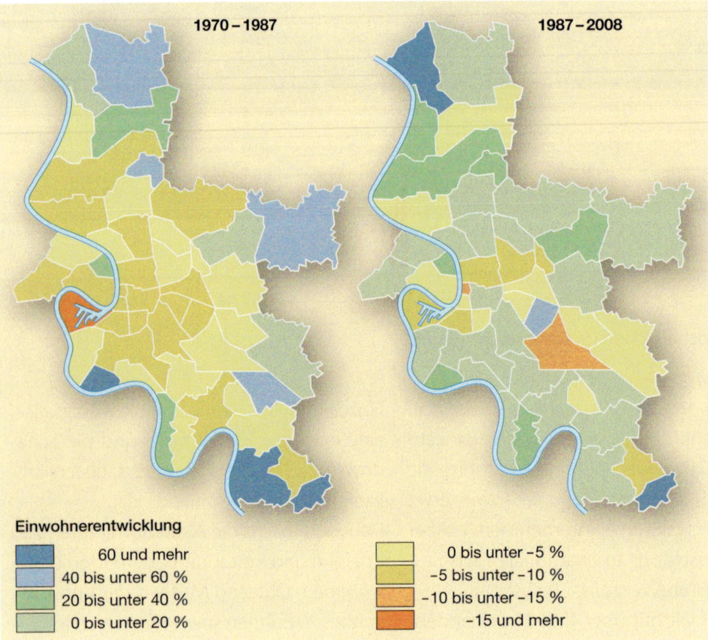

M 10 Entwicklung der Einwohnerzahlen nach Stadtteilen

Düsseldorf verändert sich

Düsseldorf entwickelte sich erst nach dem Zweiten Weltkrieg vom Produktions- zum Dienstleistungszentrum, wobei die Anzahl der Arbeitsplätze bis in die 1960-Jahre stetig zunahmen. Seit den 1960er-Jahren traten zwei Trendwenden ein, die bis heute nicht abgeschlossen sind.

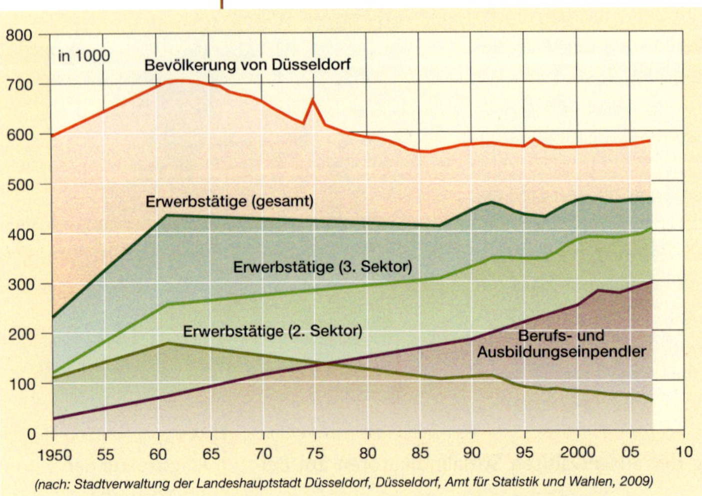

M 11 Entwicklung der Bevölkerung

Zum einen konnten viele Düsseldorfer im Stadtgebiet kein Bauland zu erschwinglichen Preisen finden, sodass sie ins Umland zogen. Der **Prozess der Suburbanisierung** begann, der die räumliche Trennung von Arbeiten und Wohnen zur Folge hat. Immer mehr ehemalige Düsseldorfer wohnen im Umland, arbeiten aber weiterhin im Stadtgebiet. Der Umfang dieser Abwanderung wird deutlich, wenn man bedenkt, dass ab den 1960er-Jahren gleichzeitig über 90 000 Ausländer in das Stadtgebiet gezogen sind. Mit der Suburbanisierung nahmen die Zahl der tagtäglichen Pendlerströme und damit auch die Verkehrsbelastung und deren Folgen zu. Derzeit ist Düsseldorf die Stadt mit den meisten Einpendlern in ganz NRW. Um diesem Trend entgegenzuwirken, ist die Stadt bemüht, den **Prozess der Reurbanisierung** zu fördern. Durch die Schaffung von attraktivem Wohnraum im Stadtgebiet sollen wieder mehr Menschen ins Stadtgebiet ziehen.
Zum anderen setzte in den 1960er-Jahren ein spürbarer Abbau von Arbeitsplätzen im sekundären Bereich ein. Bei dem noch anhaltenden Strukturwandel gingen allein zwischen 1960 bis 2007 über 130 000 Arbeitsplätze im sekundären Bereich verloren. Durch die Schaffung attraktiver Bürostandorte und anderer Anreize bemüht sich die Stadt, Arbeitsplätze im tertiären Bereich zu gewinnen, um die Arbeitsplatzverluste insgesamt zu reduzieren.

Firmen – hauptsächlich der eisenverarbeitenden Industrie – gaben ihre Produktionsstandorte auf. Diese freigesetzten Flächen werden in der Regel vom Planungsamt möglichst einer gemischten Nutzung zugeführt. Bisher wurden seit 1961 auf solchen **Umstrukturierungsgebieten** etwa 17 600 neue Arbeitsplätze und 4 870 neue Wohnungen geschaffen. Gegenwärtig befinden sich 30 Gebiete mit einer Fläche von über 430 ha Fläche in der Umwandlung.

Außer auf die Umstrukturierungsgebiete setzte die Stadt seit den 1970er-Jahren auf eine Konzentration von Bürostandorten, möglichst im Fußgängereinzugsbereich ausgewählter S- und U-Bahnstationen. So wurden etwa 70 Prozent der gesamten Büroflächen sowie mehr als 100 000 Büroarbeitsplätze im Randbereich der Innenstadt geschaffen. In den letzten Jahren kamen dezentrale Bürosubzentren (z. B. im Bereich Flughafen, Seestern, Kennedyallee) hinzu.

10. Erläutern Sie die Entwicklung der Einwohnerzahlen in den Stadtteilen (M 10 und M 11).
11. Benennen Sie Folgen der Suburbanisierung für Düsseldorf und das Umland.
12. Nehmen Sie Stellung zu den Zielsetzungen der Planungsmaßnahmen in Düsseldorf (Text).

Die neue „Solarsiedlung am Medienhafen" – Beispiel einer Gentrifizierung?

Gentrifizierung bezeichnet den Prozess der gezielten Aufwertung des Wohnungsbestandes sowie des Wohnumfeldes und führt zu einer Veränderung hin zu einer wohlhabenden Wohnbevölkerung. Gentrifizierungsprozesse im engeren Sinne laufen nach einem typischen Mustern ab: Wegen niedriger Mietpreise werden häufig Arbeiterviertel für „Pioniere" (z. B. Studenten, Künstler) attraktiv. Mit der Zeit etablieren sich die Pioniere, verdienen deutlich mehr Geld als die angestammten Bewohner und werten erste Wohnbereiche auf. Investoren sehen Chancen zur Wertsteigerung. Erste Häuser und Wohnungen werden restauriert, Szene-Clubs und Kneipen entstehen. Die Mieten steigen. Alteingesessene wandern wegen Mieterhöhungen ab. Aufgrund der gestiegenen Mieten siedelt sich eine wohlhabende Wohnbevölkerung an.
Immobilienunternehmen erkennen die Nachfrage und errichten luxuriöse Wohnanlagen. Die ursprüngliche Bevölkerungsstruktur und der Charakter der Viertel wandeln sich.

M 12 Gentrifizierung

M 13 „Solarsiedlung am Medienhafen"

M 14 Ansicht des heutigen Innenhofes vom Bürogebäude aus

M 15 Ansicht der früheren Arbeiterwohnungen und der heutigen Wohnungen

In der wenig attraktiven Umgebung der Industriebrache des ehemaligen Hafenbereichs befanden sich in Randblockbebauung drei Arbeitermietshäuser der Wohnungsbaugesellschaft mit 131 Wohnungen von 1938. Die Wohnungen waren von ihrer Größe sowie ihrem Grundriss nicht mehr zeitgerecht. Mit der enormen Aufwertung durch den Medienhafen sowie dem Rheinufertunnel gewann die Wohnanlage erheblich an Attraktivität.
Im Jahr 2001 entschied man sich für den Abriss der drei Mietshäuser. In Absprache mit jedem einzelnen Mieter wurde im gegenseitigen Einverständnis ein Aufhebungsvertrag geschlossen, wobei alle Mieter innerhalb von drei Jahren in andere Wohnungen der Wohnungsbaugesellschaft umzogen. 2005 begann der Neubau der „Solarsiedlung am Medienhafen" mit einem Investitionsvolumen von rund 25 Mio. €. Ein ganzheitliches Energiekonzept – u. a. Solarenergie, Lüftungssysteme, Fernwärmekopplung – sorgt für eine enorme Reduzierung der Heizkosten. So entstand 2008 eine der europaweit größten Solarsiedlung mit energiesparenden, innenstadtnahen Neubauwohnungen mit gehobener Ausstattung. Neben den Wohnungen konnte auf dem Gelände zudem noch ein Bürogebäude mit 1400 m^2 Nutzfläche entstehen.
Rund 15 der alten Mieter nutzten das Angebot einer Mietermäßigung und zogen wieder zurück. Die übrigen Wohnungen werden von einem finanzstarken Mittelstand bewohnt.

	2001	2008
Mieten pro Quadratmeter	7,3 €	9,2 €
Anzahl der Bewohner	235	232
Anzahl der Wohnungen	131	101
Quadratmeter pro Mieter	28,3	40,2
Gesamte Wohnfläche	6 640 m^2	9 330 m^2
Durchschnittliche Wohnungsgröße	50,6 m^2	92,4 m^2
Durchschnittliche Zimmeranzahl	2 – 3	4 – 5 (einige 2)

M 16 Vor und nach der Gentrifizierung

13. Kennzeichnen Sie den Prozess der Gentrifizierung im engeren Sinne (M 12).
14. Verorten Sie die „Solarsiedlung am Medienhafen" in Düsseldorf (M 13, M 19, S. 276 M 1).
15. Stellen Sie das Projekt: „Solarsiedlung am Medienhafen" vor (M 13 bis M 16).
16. Erläutern Sie die städtebaulichen Zielsetzungen.
17. Erläutern Sie, ob es sich bei dem Projekt: „Solarsiedlung am Medienhafen" um eine Gentrifizierung handelt (M 11 bis M 16).

M 17
Ansicht des Handelshafens 1957, rechts: Ansicht des MedienHafens heute

Vom Hafen zum MedienHafen

Der kurz vor der Jahrhundertwende in Düsseldorf eröffnete Binnenhafen wurde bis in die 1960er-Jahre auf eine Fläche von 170 ha ausgebaut. Wirtschaftliche Rückschläge des Hafens ab den 1970er-Jahren, die durch die Verlagerung des Verkehrs auf die Straße bzw. Schiene verursacht wurden, waren der Anlass zu einem Umstrukturierungskonzept des Hafens.

1974 fasst der Rat der Stadt den Beschluss, das erste Gebiet vom Industriehafen freizustellen und plant ein zweites Freistellungsgebiet ab 2010. 1976 beschließt das Land NRW, hier den Landtag zu errichten. Der neue Landtag soll ein urbanes Umfeld erhalten und durch die Tieferlegung der Rheinuferstraße (Tunnel) stärker an die Innenstadt angeschlossen werden. Bei der Flächensanierung werden alle vorhandenen Hafengebäude abgebrochen und Teile eines Hafenbeckens verfüllt.

Schon 1989 beschließt der Rat, das zweite Freistellungsgebiet als „Medienmeile" zu entwickeln. Dabei soll durch die Kombination von bestehenden Hafengebäuden und moderner Architektur ein innovatives Hafenflair entstehen.

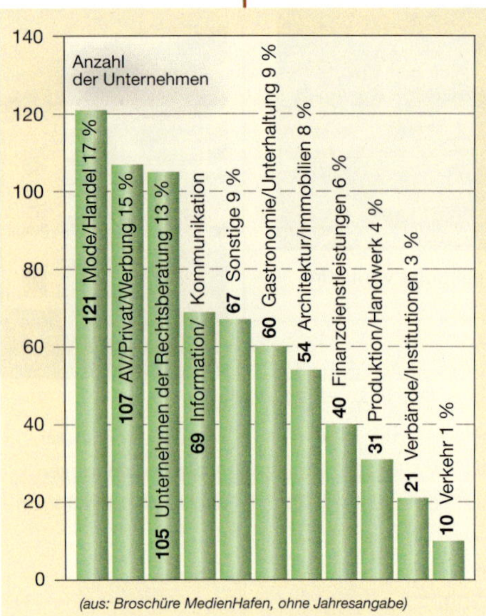

M 18 Branchenstruktur und Ausrichtung der Firmen im MedienHafen

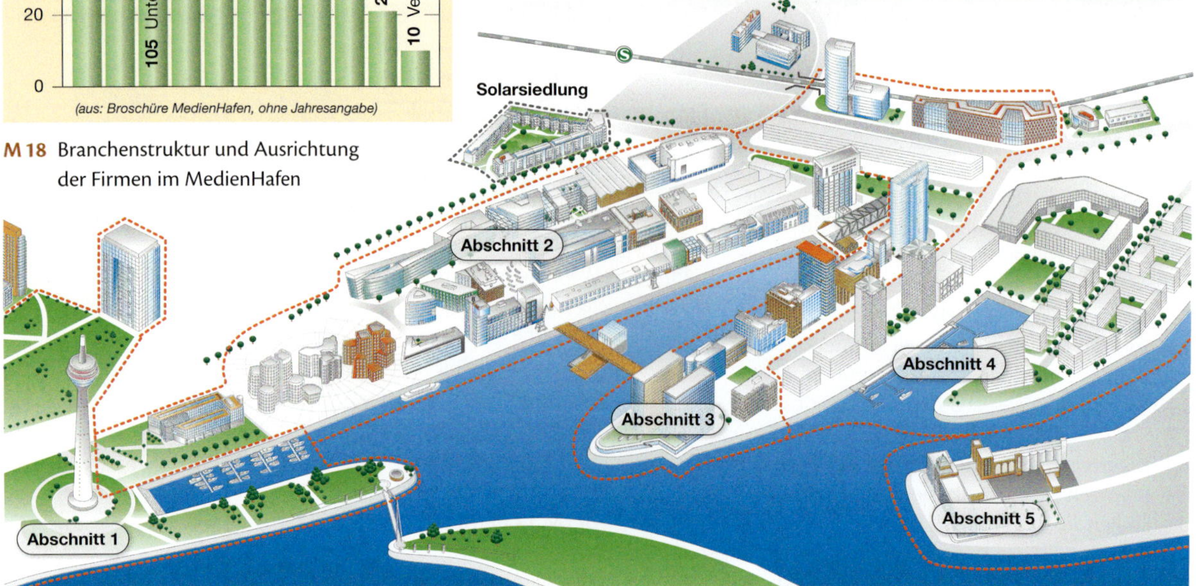

M 19 Umstrukturierungsgebiet am Hafen (Stand 2009)

Aufgrund der erfolgreichen Entwicklung werden 1999 für die Abschnitte 3 und 4 die Nutzung festgelegt. 2003 wird ein Konzept für den gesamten Hafen verabschiedet, das für den Abschnitt 5 eine Mischung aus Wohnen und Gewerbe vorsieht – zusammen mit einer wohnverträglichen Gewerbenutzung als Pufferzone und der Sicherung des eigentlichen Industriehafens.

2008 arbeiten im Bereich des MedienHafens rund 8250 Menschen. Sein Image als „Medienmeile" gilt für Unternehmen als hervorragendes Aushängeschild. Für die Stadt Düsseldorf gilt das Gesamtprojekt MedienHafen als wichtiges städtebauliches Projekt, um sich europaweit im Bereich von Werbung, Medien und kreativen Branchen zu positionieren.

Abschnitte der Umstrukturierung	Größe in ha	vorgesehene Nutzung	Schwerpunktmäßige Nutzung	Status
1 Landtag, Fernsehturm	10	Büro, Freifläche, Wasserflächen	Landtag, Parkanlagen, Fernsehturm, Yachthafen, Freizeit	Fertiggestellt ca. 1988
2 Zollhof, Kaistraße, Am Handelshafen	9	Büro, Freifläche, Gastronomie und andere Dienstleister	Medien, Kunst und kreative Berufe	Weitgehend fertiggestellt 2002
3 Speditionstraße-Ost, Franzius- und Holzstraße	9	Büro, Freifläche, Gastronomie und andere Dienstleister	Medien, Kunst und kreative Berufe, Hotel	In Fertigstellung im Jahr 2010
4 Kesselstraße, Speditionstraße-West, Franziusstraße, Holzstraße	12	Büro, Freifläche,Gastronomie, Hotel, Einzelhandel sowie 700 Wohnungen	Wohnen und Büro-, und wohnverträgliche Gewerbenutzung	In Planung
5 Weizenmühlenstraße	20	wohnverträgliche Gewerbenutzung als Pufferzone zwischen Wohnen und Industriehafen		In Planung
6 Restlicher Industriehafen	120	umweltbewusste Überplanung zur Sicherung und Entwicklung des Industriehafens (Lärmreduzierung in seinen Randbereichen)		In Planung

M 20 Eckdaten zu den fünf Umstrukturierungsabschnitten im Bereich MedienHafen

a) Der MedienHafen – ein Muss nicht nur für Touristen
Die Stadt Düsseldorf scheint ihr Projekt von einer Medienmeile erfolgreich realisiert zu haben. Es ist ein altstadtnahes innovatives Viertel mit viel Leben – auch in den Abendstunden – entstanden. Mit seinen architektonischen Meisterwerken, zahlreichen Restaurants, Kinos und Kneipen ist es nicht nur ein Muss für Touristen.

b) Aufwändige Konfliktlösung
Erst im 5. Teilabschnitt sind 700 Wohnungen für den gehobenen Bedarf geplant. Gerade dieser Teilbereich befindet sich aber schon relativ nah am Industriehafen, sodass die Schaffung von ausreichend geschütztem Wohnraum sehr aufwändig erscheint. Zugleich werden sich nur wenige Bürger die Luxuswohnungen am Wasser leisten können, die übrigen müssen somit weiter pendeln.

c) Medienhafen = Monostruktur
Die Chance, für den Landtag ein urbanes Umfeld und neuen Wohnraum in attraktiver Lage zu schaffen, wurde vertan. Stattdessen sind bisher nur gigantische Büroflächen entstanden, obwohl im Stadtgebiet noch zahlreiche Büroflächen leer stehen. Diese Monostruktur führt nicht nur zu einer Verschärfung der Verkehrsprobleme, sondern auch zu sozialer Verödung und ignoriert zugleich das Problem von fehlendem Wohnraum im Stadtgebiet. Auch soll erst 2013 ein direkter Straßenbahnanschluss für die über 8000 Beschäftigten erfolgen.

d) Medienhafen statt Hafen?
Die Stadt Düsseldorf entschied sich für einen modernen Binnenhafen bei gleichzeitiger Flächenreduzierung, was einen Verlust von rund 700 Arbeitsplätzen im Hafen zur Folge hatte. Viele Unternehmen sahen ihre Standorte im Hafenbereich gefährdet, Neuansiedlungen wurden erschwert. In den letzten Jahren verhalfen Investitionen dem Hafen zu einer erheblich verbesserten Infrastruktur mit modernen, leistungsfähigen Verlademöglichkeiten. Hinzu kam der Bedeutungszuwachs der Binnenschifffahrt, der zu einem kontinuierlichen Ausbau des Containerterminals führte. Doch ist die weitere Entwicklung des Hafens davon abhängig, dass die vereinbarte Hafenfläche langfristig eingehalten und Beeinträchtigungen der Hafenbetriebe durch die näherrückende Stadtbebauung vermieden werden.

e) Ein sicherer Hafen für Innovationen
Der Medienhafen gilt als das gelungenste Beispiel für die Schaffung eines neuen, urbanen und citynahen Standortes für zukunftsorientierte Wachstumsbranchen des Dienstleistungsbereiches. Das Zusammenspiel von modernen Gebäuden mit umgenutzten Lagerhallen strahlt ein besonderes Hafenflair aus. So ist es auch nicht verwunderlich, dass hier in sehr kurzer Zeit moderne, hochattraktive Büroflächen bei einem hohen Mietpreisniveau entstanden sind.

M 21 Meinungen zum MedienHafen (Zusammenstellung aus verschiedenen Quellen)

18. Verorten Sie das Gesamtprojekt MedienHafen im Stadtplan von Düsseldorf (Seite 276).
19. Stellen Sie das Gesamtprojekt MedienHafen vor (**M 17** bis **M 21**).
20. Bewerten Sie das Gesamtprojekt MedienHafen (**M 17** bis **M 21**).

Webcode:
GO649174-283

M1 Innenstadt und HafenCity Hamburg (Foto: Fotofrizz, Mode

6. Hamburg: HafenCity – ein innerstädtisches Entwicklungsprojekt

M2 In der HafenCity: Dalmannkai/Kaiserkai

In vielen Hafenstädten der Welt vollzieht sich ein **Strukturwandel.** Ausgelöst durch Veränderungen in der Hafenwirtschaft – vom Schütt- und Stückgutumschlag zur Containerlogistik – werden innenstadtnahe Hafeneinrichtungen durch moderne, großflächige Terminals am Stadtrand ersetzt. Somit werden bestehende Kaianlagen, Lagerschuppen und andere Gebäude überflüssig; als Folge davon veröden ganze Hafenbereiche. Weltweit versuchen Stadtplaner, diese Brachflächen in die **Entwicklung des urbanen Raums** einzubeziehen. In Hamburg wie auch in London (Docklands) und Baltimore (Inner Harbour) soll dieser Bereich durch Ansiedlung von Wohnungen und Arbeitsplätzen zu einer Aufwertung des in der Regel innenstadtnahen Raumes führen. Gleichzeitig soll mit Geschäften des Einzelhandels, mit Einrichtungen für Gastronomie, Freizeit und Kultur sowie mit Bildungseinrichtungen ein lebendiges Stadtviertel geschaffen werden. Außerdem erhofft man sich, mit dieser **Waterfront Development** dem Schrumpfen der Städte entgegenwirken zu können.

Den Kern des Hamburger Hafens bildeten mehrere Hafenbecken, die Mitte des 19. Jhs. tideoffen umgebaut worden waren und damit die Möglichkeit boten, direkt an den Kaimauern ihre Ladung zu löschen. Zu Beginn des 20. Jhs. wurde nördlich anschließend die Speicherstadt als kompakter Lagerhauskomplex errichtet.

ichael Kotol, HafenCity Hamburg GmbH)

Seit 1968, als das erste Containerschiff in Hamburg festmachte, verlagerte sich der Güterumschlag im Hamburger Hafen auf die Südseite der Elbe, wo moderne Anlagen entstanden. Zwar wurden die traditionellen Kaianlagen weiterhin genutzt, doch verloren sie allmählich ihre Bedeutung. Als Folge dieser Entwicklung wurde im Jahr 2000 der so genannte **Masterplan** für die HafenCity Hamburg verabschiedet. Mit seiner Umsetzung wird der citynahe Hafenbereich zu einem völlig neuen, zukunftsweisenden Stadtteil umgebaut. Damit wird sich die Innenstadtfläche Hamburgs innerhalb von rund 25 Jahren um 40 Prozent vergrößern. Obwohl nur wenige denkmalgeschützte Bauten erhalten bleiben können, sollen die historischen Hafenstrukturen mit der Speicherstadt bestehen bleiben und werden in die Planungen einbezogen. Außerdem werden aktuelle Stadtplanungskonzepte, z. B. zur Infrastruktur und Nachhaltigkeit, berücksichtigt. Es wird erwartet, dass durch das Projekt eine Impulswirkung für die gesamte Hansestadt mit ihren ca. 1,8 Mio. Einwohnern wie auch für die gesamte Metropolregion, in der 4,3 Mio. Menschen leben, ausgeht.

M 3
Daten zur Hafencity
(Quelle: www.hafencity.com; Zugriff vom 06.07.09)

Allgemeine Daten
Gesamtgröße: 157 ha, Landflächen: 123 ha
10 km neue Kaipromenaden, Entfernung zum Rathaus: 800 m

Nutzungen in der HafenCity

- **Büro- und Dienstleistungsflächen für über 40 000 Arbeitsplätze**
  neben größeren Unternehmen wie SAP, China Shipping, Kühne+Nagel gibt es bereits ca. 190 kleinere und mittlere Unternehmen
- **5500 Wohnungen für 12 000 Menschen**
  Mietwohnungen:
  - freie Mietwohnungen: 12 – 18 €/m²
  - genossenschaftliche Mietwohnungen: 9 – 13,50 €/m²

  Eigentumswohnungen:
  - Baugemeinschaften: ca. 2900 €/m²
  - Bauträgerkonzepte: 3500 – 4550 €/m²
  - Luxusmarktkonzepte: 6000 – 8000 €/m²
- **Kultureinrichtungen:**
  - Elbphilharmonie mit 2 Konzertsälen und angeschlossenem Hotel
  - Internationales Maritimes Museum Hamburg
  - Science Center mit Wissenschaftstheater
- **Bildungseinrichtungen:**
  - Grundschule mit Kindertagesstätte und Turnhalle
  - HafenCity-Universität
- **Traditionsschiffhafen**
- **Verkehrsanbindung:**
  - leistungsfähiges Straßennetz mit Anbindungen an die City und die Autobahn vorhanden, zwei U-Bahnhaltestellen am Nordrand der HafenCity, Bau einer neuen U-Bahn-Linie
- **Investitionsvolumen:**
  - privat: ca. 5,5 Mrd. €
  - öffentlich: ca, 1,3 Mrd. € (davon ca. 800 Mio. € aus Grundstückserlösen)
- **Nachhaltigkeitsaspekte:**
  - effektive Wärmeenergieversorgung mit CO_2-Reduktion
  - kompakte Stadt der kurzen Wege
  - Beitrag zur Erfüllung der Hamburger Klimaschutzziele durch nachhaltige Infrastruktur und Bausubstanz, „Brownfield Development“: Nutzung ehemaliger Hafen- und Industrieflächen

1. Beschreiben Sie die Lage der HafenCity Hamburg innerhalb des Stadtgebietes (**M 1**, Atlas).
2. Erläutern Sie das Projekt HafenCity Hamburg (**M 1** bis **M 3**).

Webcode: GO649174-285

Die wichtigsten Leitvorstellungen, die der Masterplan verfolgt, sind:

- die Bewahrung der Geschichte des Ortes (Hafen, Speicherstadt usw.) als wesentliches Element für die zukünftige Identität des neuen Stadtteils, seine Besonderheit und seinen spezifischen Reiz;
- eine vielfältige und gemischte Nutzungsstruktur, um der Einseitigkeit, Monotonie und Unflexibilität der Bürostädte, Gewerbegebiete und Großwohnsiedlungen zu entgehen;
- die Innenstadt von morgen soll neben traditionellen Funktionen (z. B. als Einkaufs- und Bürostandort) eine deutlich größere Wohn-, Aufenthalts- und Freizeitqualität haben. Die Sicherung eines hohen Wohnanteils, die Nutzung der reizvollen Wasseranlagen, die ansprechende Gestaltung der Uferanlagen, Boulevards und öffentlichen Räume ist neben der Bereicherung um weitere Kultur- und Freizeiteinrichtungen wesentliches Ziel der Planung; [...]
- die HafenCity soll als Teil und eng verknüpft mit der bestehenden Innenstadt und den benachbarten Stadtteilen entwickelt werden.

(Quelle: HafenCity Hamburg GmbH: HafenCity Hamburg. Städtebau, Freiraum und Architektur. Hamburg 2008)

M4 Das städtebauliche Konzept des Masterplans (Auszug)

Masterplan HafenCity

Mit dem Masterplan HafenCity wird das städtebauliche Entwicklungskonzept vom Hafenbereich hin zu einem neuen Teil der Hamburger Innenstadt beschrieben. Neben dem so genannten Strukturkonzept, das die wesentlichen Vorgaben für Bebauung und Nutzung festschreibt, gehören auch weitere detaillierte Pläne wie zum Verkehr und zum Hochwasserschutz zum gesamten Planwerk. Wesentliche Funktion des Masterplans ist es also, grundlegende Entwicklungen im ökonomischen, sozialen, kulturellen und stadtökologischen Kontext aufzuzeigen.

Würfelhusten am Wasser

Frage: Mit der Hafencity erschafft Hamburg einen ganzen Stadtteil aus der Retorte. Die große Frage ist: Wird das Kind leben? Was ist Ihre Diagnose, nachdem rund ein Drittel der Bauten steht?

Teherani (Stararchitekt): Sorgen mache ich mir keine, einige Orte werden wie Magnete wirken. Der Kreuzfahrtterminal von Massimiliano Fuksas spuckt Touristen aus und zieht sie zugleich an, besonders wenn die „Queen Mary 2“ anlegt. Herzog & de Meurons Elbphilharmonie verspricht Weltklasse, ähnliches Niveau bieten Richard Meier, Erick van Egeraat, Henning Larsen mit den SPIEGEL-Hochhäusern – und nicht zuletzt Rem Koolhaas mit dem Science Center, meinem Lieblingsprojekt. Dann ist da die prächtige Speicherstadt. Diese Lagerhäuser aus dem 19. Jahrhundert faszinieren einfach. Ohne die Speicherstadt wäre die Hafencity peinlich, in ihren urbanen Grundmustern viel zu schrill.

Frage: Peinlich? Ein hartes Wort.

Teherani: Hart, aber nicht unfair. Die Chance, ein so riesiges und citynahes Areal zu gestalten, ist ein Jahrhundertereignis. Aber die Häuser am Dalmannkai sind nicht typisch für den Standort: eng gestellte, architektonische Einzelmeinungen, das Material sehr bunt: Gelbklinker, Rotklinker, weißer Putz. Ein unhamburgisches Sammelsurium.

Frage: Was wäre denn hamburgisch?

Teherani: Hamburg zeichnet anglophile Eleganz und Zurückhaltung aus. Es gibt Einzelstrukturen, etwa die weiße Stadt der Villen an der Alster, aber insgesamt entsteht durch die ziegelroten Baublöcke der Randbezirke eine dynamische Melodie.

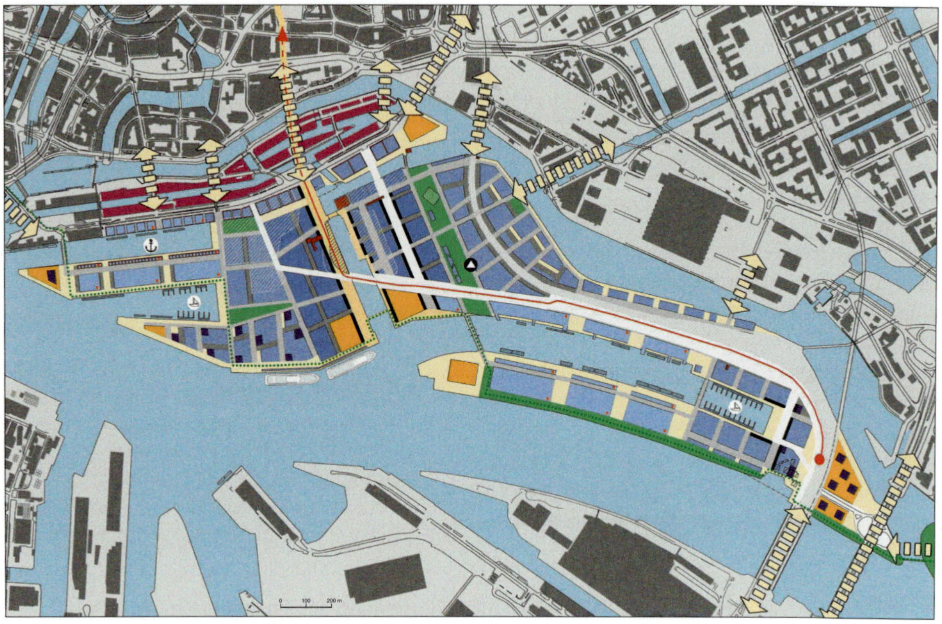

M5 Masterplan HafenCity

Doch in der Hafencity haben wir statt großem Wurf einen großen Würfelhusten am Wasser.
Frage: Also ist alles doch nur halb so schlimm.
Teherani: Meinen Sie? Vielen mag es genügen, wenn ein paar nette Shops entstehen. Aber ich spreche von Architektur und städtebaulichen Konzepten. Warum hat man – nur eine von vielen denkbaren Ideen – keine Wasserstadt gebaut? Keine Häuser, die direkt im Wasser stehen? Warum keine Brücken und Arkaden? Es gibt in Hamburg doch das Vorbild der Alsterarkaden! Die Nahtstelle zwischen Land und Wasser fordert intelligente architektonische Übergänge geradezu heraus, gebaute Ufersituationen etwa.
Frage: Damit kritisieren Sie die Planung, nicht die Einzelarchitektur. Was haben die Planer falsch gemacht?
Teherani: Die Projekte hätten großteiliger vergeben werden müssen. Der planerische Grundgedanke der Hafencity ist: Jeder Architekt baut sein kleines, individuelles Häuschen, und am Ende ergeben all die Häuschen ein Gesamtbild. Nach dem Vorbild New Yorks: Ein einziges Hochhaus ist banal, zehn auch – aber hundert bilden ein typisches Ensemble, im besten Fall ein Gesamtkunstwerk. Ich bezweifle nur, dass dieses Modell in Hamburg funktioniert. Schon allein die ausdrucksstarke Speicherstadt mit ihrer einzigartigen Handschrift steht dem als permanente Mahnung entgegen. Urbanität ist nicht die Summe aus ein paar aufgesetzten formalen Ideen, sie basiert auf einem schlüssigen Städtebau.

(Quelle: Dörting, Thorsten. In: www.spiegel.de vom 18. Juni 2008. Zugriff: 03.03.2010)

M6 Kritik am Masterplan

Das Quartier „Am Sandtorkai“

Seit 2005 ist das erste Projekt der HafenCity, das Quartier „Am Sandtorkai“, fertig gestellt; acht einzeln stehende Häuser, die am Übergang von der Speicherstadt zum neuen Innenstadtviertel errichtet wurden. Es liegt am Sandtorhafen, dem ältesten Hafenbecken Hamburgs. Hier wurde 2008 der Traditionsschiffhafen eröffnet.
Bei der Errichtung des Quartiers haben sich Unternehmen aus unterschiedlichen Branchen beteiligt. Alle Gebäude wurden hochwassersicher auf einem gemeinsamen Sockel errichtet mit einer Höhe von 7,50 m über NN. Hier befinden sich Garagen, Cafés und Restaurants, zudem ist das Sockelgeschoss ein Rettungsweg bei einer Sturmflut. Mit einer Begrenzung der Höhe auf 25 m bei Wohn- und 30 m bei Bürobauten wurde erreicht, dass die Firsthöhe der angrenzenden Speicherstadt nicht überschritten wurde.
Fünf Gebäude (Nr. 2 – 4, 6 – 7 in M7) sind überwiegend von Mietern und Eigentümern bewohnt, die übrigen drei Gebäude sind reine Bürobauten. Insgesamt stehen 19 200 m² Wohnfläche 13 100 m² Bürofläche gegenüber; weitere 6200 m² sind für Dienstleistungen wie z. B. Gastronomie vergeben. Der Raum zwischen den Gebäuden wird unterschiedlich genutzt. Hier sind teilweise begrünte Freiflächen vorhanden, es gibt aber auch unterschiedliche Spiel- und Sportanlagen. Den östlichen Abschluss bilden die Magellan-Terrassen, die Ausgangspunkt für den Traditionsschiffhafen sind, aber auch die Verbindung zu den benachbarten Quartieren herstellt.

Sandtorkai um 1900

Sandtorkai mit Traditionsschiffhafen 2009

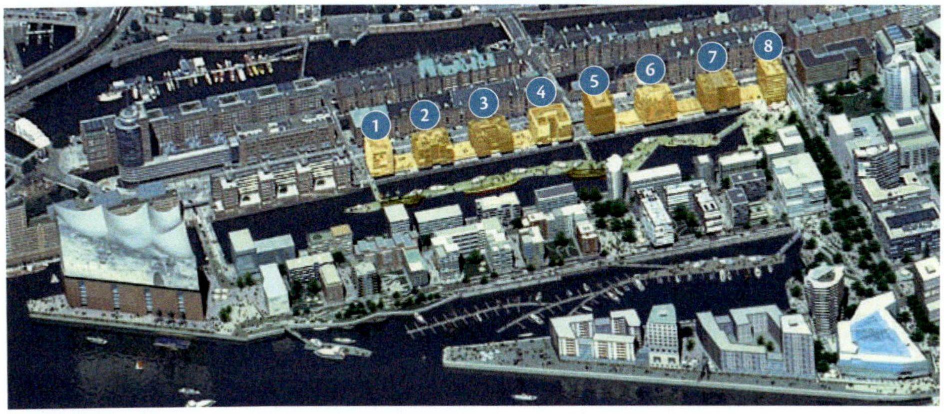

M7
Das Quartier „Am Sandtorkai“

3. Erläutern Sie den Masterplan HafenCity (**M4**, **M5**).
4. Diskutieren Sie die Kritik am Masterplan (**M6**).
5. Beschreiben Sie die Struktur des Quartiers „Am Sandtorkai“ und erläutern Sie, wie Ihrer Meinung nach das Bebauungskonzept anders hätte gestaltet werden können (**M7**, Text).
6. Erörtern Sie, ob eine innenstadtnahe Planung wie in der HafenCity Hamburg zu einer Revitalisierung der Städte beitragen kann. Berücksichtigen Sie dabei, inwiefern die Wünsche der einzelnen Bürger Beachtung finden können.

Webcode:
GO649174-287

7. Stadtumbau Ost

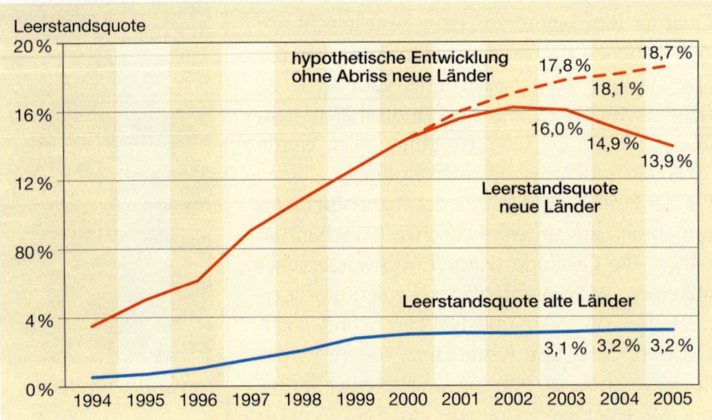

M 1 Leerstandsquoten in Ost- und Westdeutschland

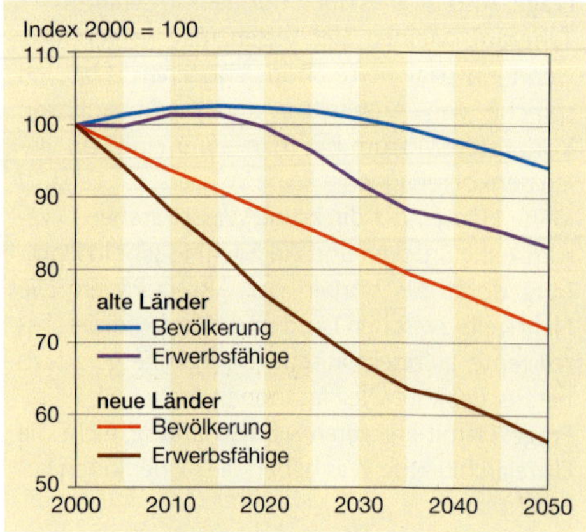

M 4 Demographische Entwicklung in den ost- und westdeutschen Flächenländern

M 2
Leerstandsquoten in Ostdeutschland 1998

Bevölkerungsentwicklung in den Neuen Bundesländern

Nach der deutschen Einigung 1990 haben die neuen Bundesländer mit 1,5 Millionen einen großen Teil ihrer Bevölkerung durch **Abwanderung** in den Großraum Berlin oder in die alten Bundesländer verloren. Die Hauptgründe hierfür waren neben der Unzufriedenheit mit den Arbeitsplatzbedingungen und der hohen Arbeitslosenrate von durchschnittlich über 20 Prozent das Fehlen geeigneten Wohnraums sowie geeigneter Grundstücke für den Eigenerwerb.

In den Städten Ostdeutschlands gab es unmittelbar nach der Wende eine deutliche Korrelation zwischen hohem Anteil unsanierter Vorkriegswohnungen, hohem Bestand an DDR-Plattenbauten und hohen Abwanderungsraten einerseits sowie hohem Neubauanteil, sanierten Ortskernen und leichten Zuzügen andererseits.

M 3
Bund-Länder-Programm „Stadtumbau Ost“

Mit dem Programm „Stadtumbau Ost“ reagieren Bund und Länder auf den strukturellen Wohnungsleerstand in Ostdeutschland. Damit werden von 2002 bis 2009 insgesamt rund 2,5 Milliarden Euro für den Stadtumbau Ost zur Verfügung gestellt. Förderfähig sind, zu gleichen Teilen, Aufwertungs- und Rückbaumaßnahmen. Letztere werden jeweils zur Hälfte von Bund und Ländern finanziert. Demgegenüber werden Aufwertungsmaßnahmen je zu einem Drittel von Bund, Ländern und Kommunen selbst finanziert.
Im Rahmen dieser übergeordneten Maßnahmen können insbesondere folgende Maßnahmen unterstützt werden:

- Aufwertung des Gebäudebestandes
- Anpassung der städtischen Infrastruktur
- Wiederverwendung freigelegter Flächen
- Verbesserung des Wohnumfeldes
- Freimachung von Wohnungen
- Rückbau von Wohnungen

Für einen geregelten Ablauf der Förderung werden jährlich Verwaltungsvereinbarungen zwischen Bund und Ländern getroffen, die so genannten Verwaltungsvereinbarungen Städtebauförderung. Daneben wurde mit der BauGB Novelle 2004 auch der rechtliche Rahmen für die Umsetzung von Maßnahmen des Stadtumbaus gesetzt.

(nach: www.stadtumbau-sachsen-anhalt.de/programm.htm (Zugriff 25.04.2009)

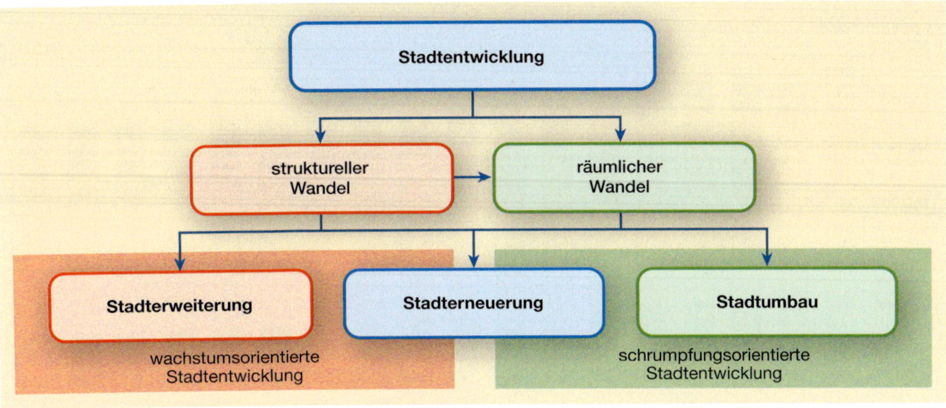

M5 Handlungsbereiche der gegenwärtigen Stadtentwicklung

Zu den Migrationsverlusten kam ein deutlicher Rückgang des natürlichen Bevölkerungswachstums aufgrund des geänderten **generativen Verhaltens.** Und nach 1993 führten intraregionale Wanderungen im Zuge des in Ostdeutschland erst zu diesem Zeitpunkt einsetzenden Suburbanisierungsprozesses zu weiteren Bevölkerungsabnahmen in den Städten.

Das Bundesland mit der stärksten Abwanderung war Sachsen-Anhalt. Von diesem Negativtrend stark betroffen war auch die Landeshauptstadt Magdeburg, die zum damaligen Zeitpunkt u.a. enorme Arbeitsplatzverluste in der einstmals dominierenden, nach der Vereinigung beider deutscher Staaten nicht mehr konkurrenzfähigen Schwerindustrie aufwies.
Die starke Abwanderung führte innerhalb kürzester Zeit zu einem deutlichen und immer größer werdenden Überangebot an Wohnraum, zu hohen Leerstandsquoten (1 Mio. Wohnungen 2001) vor allem in Stadtteilen, die von Altbau- und Plattenbauten gekennzeichneten waren, außerdem zu einem starken Rückgang des Mietpreisniveaus. Daneben drohte der Funktionsverlust ganzer Städte, weil in den Bereichen Nahverkehr, Bildungs-, Gesundheits- und Kultureinrichtungen Angebote gestrichen oder gekürzt werden mussten.
Stadt-, Landes- und Bundesplanung waren gefordert, durch umfangreiche, ganzheitliche und nachhaltige **Stadtumbaukonzepte** diesen Entwicklungen Einhalt zu gebieten. Am 15.08.2001 wurde das Programm „Stadtumbau Ost – für lebenswerte Städte und attraktives Wohnen“ vom Bundeskabinett zunächst bis 2009 beschlossen.

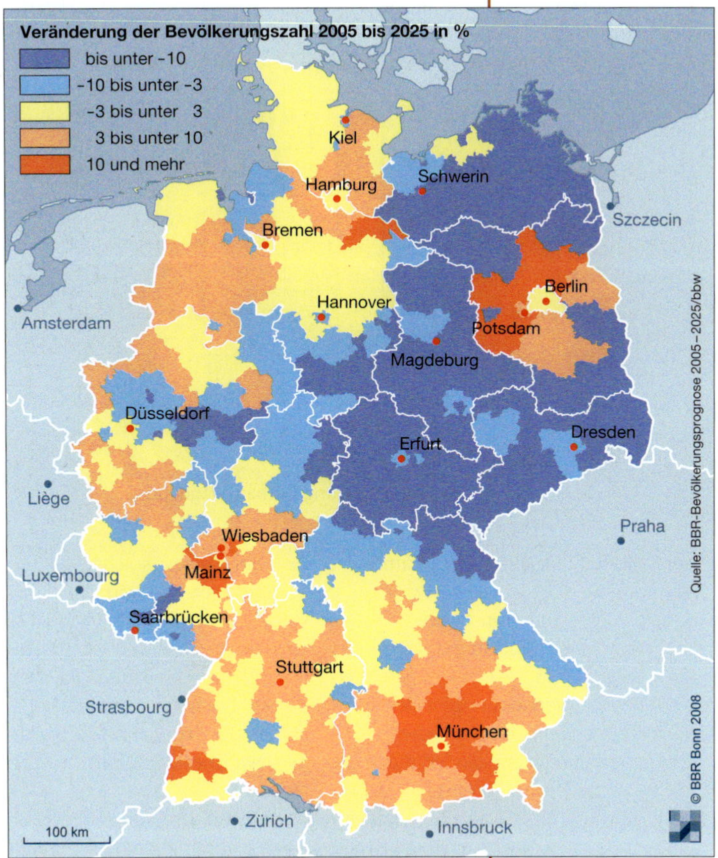

M6
Prognose der Bevölkerungsentwicklung 2005 bis 2025

1. Beschreiben Sie die Entwicklung der Bevölkerung in Ost- und Westdeutschland seit 2000 (**M4**).
2. Erläutern Sie die Bevölkerungsprognose für die deutschen Bundesländer bis zum Jahr 2025 (**M6**).
3. Ordnen Sie die Aussage des Bund-Länder-Programmes „Stadtumbau Ost“ in die „Handlungsbereiche der gegenwärtigen Stadtentwicklung“ ein (**M3** und **M5**).
4. Erörtern Sie Folgen der Bevölkerungsentwicklung für die neuen Bundesländer (**M1**, **M2** und **M4**).

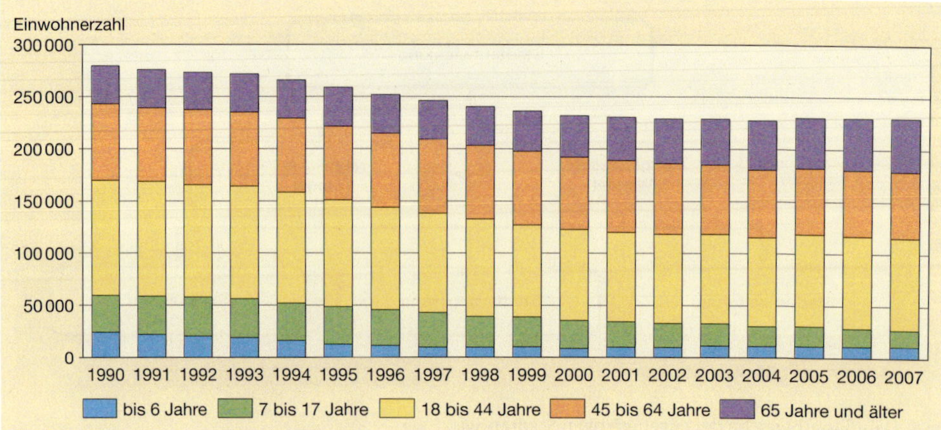

M 7 Bevölkerungsentwicklung Magdeburg

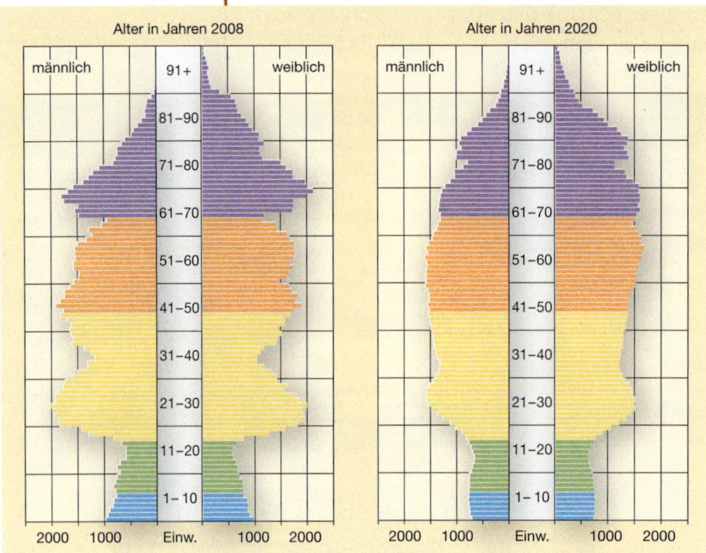

M 8 Bevölkerungsaufbau Magdeburg

Stadtumbau Ost – das Beispiel Magdeburg

Mit einem Leerstand von 21 Prozent gehörte Magdeburg zu den bevölkerungs- und wanderungsbedingt am stärksten betroffenen Großstädten in Ostdeutschland. Zwei Drittel unsanierte Altbauten und ein Drittel DDR-Großwohnsiedlungen standen 1999 leer, laut damaliger Prognose drohten weitere 40 000 nicht benötigte Wohnungen bis 2010.

Diesem Umstand trägt das 2001 entwickelte **städtische Leitbild** Rechnung, das Magdeburgs oberzentrale Funktion als Handels- und Dienstleistungszentrum ebenso berücksichtigte wie seine Bedeutung für den Tourismus: Die umfangreiche historische Bausubstand der Altstadt sollte durch Sanierungs-, Restaurierungs- und Ergänzungsbauvorhaben aufgewertet werden. Vom Stadtkern zum Stadtrand zunehmend sollte um-

Leerstand hat Folgen für das gesamte Wohnumfeld (Quelle: IRS)

Im Jahr 2000 standen in Ostdeutschland etwa eine Million Wohnungen leer – das waren ungefähr 13 Prozent des gesamten Bestandes an Mietwohnungen. Den kommunalen und genossenschaftlichen Wohnungsunternehmen entstanden durch die hohen Leerstandsquoten verstärkt finanzielle Probleme. Der hohe Wohnungsleerstand hatte nicht nur Auswirkungen auf den Wohnungsmarkt. Ganze Stadtteile verloren ihre Funktion als Wohn- und Wirtschaftsstandort.

In den neuen Bundesländern liegt die Mehrzahl der Mietwohnungen in der Hand von kommunalen und genossenschaftlichen Wohnungsunternehmen. Die Insolvenz eines solchen Unternehmens hätte gravierende wirtschaftliche Auswirkungen auf die ganze Region. Das gilt besonders im Falle der kommunalen Wohnungsbaugesellschaften, da hier die oft bereits hoch verschuldeten Gemeinden haften. Bei den Genossenschaften sind es die Bewohner selbst, die ihre Anteile verlieren.

Auch wenn Wohnungssuchende zunächst vom Wohnungsleerstand profitieren, hat dieser weitreichende negative Folgen für das gesamte Wohnumfeld und die Lebensqualität in den Städten. Das Gleichgewicht zwischen Bevölkerung, Wohnbauten und technischer Infrastruktur gerät ins Wanken, auch die öffentlichen und privaten Versorgungsangebote (Nahverkehr, Kindergärten, Schulen, Kultureinrichtungen ebenso wie Dienstleistungen, Handel und Gesundheitseinrichtungen) sind betroffen. Die Angebote sind nicht mehr ausgelastet, die Kosten für Kommunen und Anbieter aber auch für die Nutzer steigen. Für einen Umbau der Infrastruktur fehlt den Kommunen wiederum das Geld. In Fachkreisen redet man dann vom „Funktionsverlust der Städte". Es liegt also im Interesse der Allgemeinheit und im Interesse der Mieter und Bewohner selbst, diesen Herausforderungen in den Städten und den Problemen der Wohnungsunternehmen wirksam zu begegnen.

(nach: www.bmvbs.de/Stadtentwicklung_-Wohnen/Stadtentwicklung/Stadtumbau-Ost-, 1553.985995/Wohnungsleerstand-und-die-Folg.htm)

M 9 „Wohnungsleerstand und die Folgen"

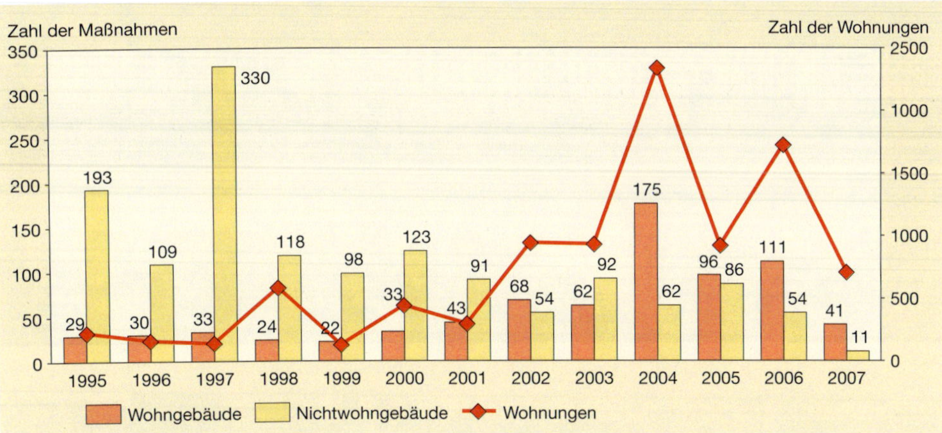

M 10 Abrissmaßnahmen in Magdeburg

fangreich rückgebaut und danach modernisiert werden, um die am Markt verbleibenden Miet- und Eigentumseinheiten aufzuwerten. Der Bund stellte insgesamt 2,5 Mrd. Euro bis 2009 für folgende Maßnahmen zur Verfügung:

Rückbau-Finanzierung
- Abriss von insgesamt 350 000 Wohnungen, und zwar von leer stehendem, dauerhaft nicht mehr benötigtem Wohnraum
- Rückbau in Form von Entkernung und Geschossreduzierung
- Freimachen von Wohnungen: Motivieren von Mietern zum Auszug durch Kostenbeteiligung beim Umzug
- einfaches Herrichten von Grundstücken, d. h. Beseitigung von Schutt, Vermeiden von Ruinen und Schmuddelflächen

Aufwertungs-Finanzierung:
- Erarbeitung städtebaulicher Entwicklungskonzepte
- Anpassung der städtischen Infrastruktur an die geringere Bevölkerung
- Verbesserungsmaßnahmen im Wohnumfeld
- Aufwertung vorhandenen Gebäudebestandes durch Sanierung, Restaurierung, Vergrößerung der Wohneinheiten
- bedarfsgerechter Neubau zum Schließen von Baulücken in der Kernstadt

5. **Zeigen Sie Bevölkerungsentwicklung und Altersaufbau in Magdeburg auf (M 7, M 8).**
6. **Vergleichen Sie diese mit derjenigen anderer Bundesländer (S. 288 f. M 3 und M 6).**
7. **Erläutern Sie die Folgen dieser Entwicklung (M 9 bis M 11).**
8. **Vergleichen Sie die durchgeführten Stadtumbaumaßnahmen mit den Planungen (M 10 bis M 12, Text).**

M 11 Abrissbereit und Abbruch

Programmjahr		Beantragung (in €)	Bewilligung (in €)	Bewilligung (in %)	bewilligte Wohnfläche (in m²)
2002	Aufwertung	13 543 878	9 049 607	67	–
	Rückbau	9 906 506	3 777 720	38	1 128
2003	Aufwertung	7 127 501	3 285 600	46	–
	Rückbau	12 329 040	2 175 480	18	652
2004	Aufwertung	7 001 100	1 072 500	15	–
	Rückbau	18 721 140	7 467 900	40	2 115
2005	Aufwertung	7 019 167	3 627 965	51	–
	Rückbau	12 973 346	4 669 320	36	1 404
2006	Aufwertung	7 865 544	1 293 800	16	–
	Rückbau	13 735 620	3 547 740	26	1 133
2007	Aufwertung	7 548 389	4 677 600	62	–
	Rückbau	12 896 222	2 083 558	16	824
2008	Aufwertung	5 013 488	3 916 000	78	–
	Rückbau	16 108 680	2 394 000	15	697

M 12 Bilanz Programm Stadtumbau Ost – Magdeburg

M 13 Panorama vom Rennebogen: vor – während – nach Abbruch

Der Stadtumbau Ost ist nicht gescheitert, aber er hat seine Ziele noch nicht erreicht [...]. 390 Kommunen beteiligen sich an dem Stadtentwicklungsprogramm, das sind drei Viertel aller ostdeutschen Kommunen mit über 10 000 Einwohnern. [...]

Bis 2013 verläuft der Rückbau „programmgemäß", 350 000 Wohnungen, „aber das erforderliche Rückbauvolumen hat sich gegenüber den ursprünglichen Planungen verdoppelt [...]". So ist die Leerstandsquote in Ostdeutschland nur leicht gesunken, aber ein Leerstandszuwachs konnte verhindert werden. Daher empfehlen die Gutachter auch, das Programm über 2013 hinaus bis 2016 weiterlaufen zu lassen. Außerdem sollten die Fördermittel weiterhin mit dem Schwerpunkt auf dem Rückbau liegen und die Aufwertung nicht gestärkt werden. Derzeit fließen 55,5 Prozent der Mittel in den Abriss von Wohnungen, 31,4 Prozent in die Aufwertung und 10,9 Prozent in die Rückführung von Infrastrukturen. Außerdem müssten die Leitbilder angepasst werden. So sollte zukünftig die Alterung der Bevölkerung stärker beachtet werden. [...]

In den Innenstädten konnten ca. 70 Prozent der Wohnungen, auch unter Mithilfe anderer Programme, saniert werden. Aber: „Wanderkaskaden in die sanierten Altstädte haben nicht in dem Maße stattgefunden wie erwartet" [...]. Daher schlagen die Wissenschaftler auch den Abriss von „nicht mehr marktfähigen Altbau-Beständen in wenigen Fällen" vor. [...] Ebenso widerspruchslos ist ein weiterer streitbarer Vorschlag der Gutachter [...] aufgenommen worden. Die Wissenschaftler plädieren dafür, die Fördermittel in Zukunft stärker auf „Gemeinden mit Bestandsgarantie und zentralörtlicher Funktion" zu konzentrieren.

Kritisiert wurde hingegen die starke soziale Segregation in den Städten: „Die Armen bleiben in den Stadtumbau Ost-Gebieten, während die Besserverdienenden in die Altstädte ziehen" [...] Dies berge „sozialen Zündstoff„ und das Programm solle daher in Zukunft stärker „in Menschen als in Gebäude" investieren.

(nach: Evaluationsbericht: www.stadtumbau-ost.info/aktuelles/Evaluierungsbericht-klein.pdf, Zugriff am 11.06.2009)

M 14 Rückbau der Stadtgeschichte?

Stadtumbau im Stadtteil Neu Olvenstedt

Im Rahmen der sozialistischen Planwirtschaft war Magdeburg zum Zentrum des Schwermaschinenbaus ausgebaut worden, in der mehr als 50 Prozent aller Beschäftigten arbeiteten. Für die große Anzahl zuziehender Arbeitskräfte waren in den 1970er- und 1980er-Jahren peripher gelegene **Satellitenstädte** wie „Neue Olvenstedt" gebaut worden. Nach der Wiedervereinigung kam es zu einem „nachholenden Strukturwandel" – die meisten Arbeitskräfte verloren ihren Arbeitsplatz

M 15 Aufwertungsmaßnahmen

und ein Großteil wanderte ab. Mit einem Leerstand von 30 Prozent übertraf Neu Olvenstedt den städtischen Durchschnitt deutlich.

IBA 2010

An die Rückbau- und Aufwertungsmaßnahmen der Jahre 2002 – 2009 sollen sich laut frühen Planungen u.a. im Rahmen der landesweiten IBA 2010-Projekte Sachsen-Anhalts auch in Magdeburg weitere Aufwertungsmaßnahmen anschließen, die eine nachhaltige Stadtentwicklung unterstützen sollen.

9. Vergleichen Sie die Lebensbedingungen im Bereich Rennebogen vor und nach den Stadtumbaumaßnahmen (**M 13**, **M 14**).
10. Erläutern Sie die Aufwertungsmaßnahmen (**M 11**, **M 15**, **M 14**).
11. Erläutern Sie Zwischenstand und Perspektiven des Stadtumbaus Ost 2009 (**M 14**).
12. Ordnen Sie die Stadtumbaumaßnahmen in Neu Olvenstedt und die Zielsetzungen des IBA 2010-Programmes in das städtische Leitbild ein (**M 16**, **M 17**, Text S. 290).
13. Recherchieren Sie im Internet weitere IBA 2010-Vorhaben in Sachsen-Anhalt.

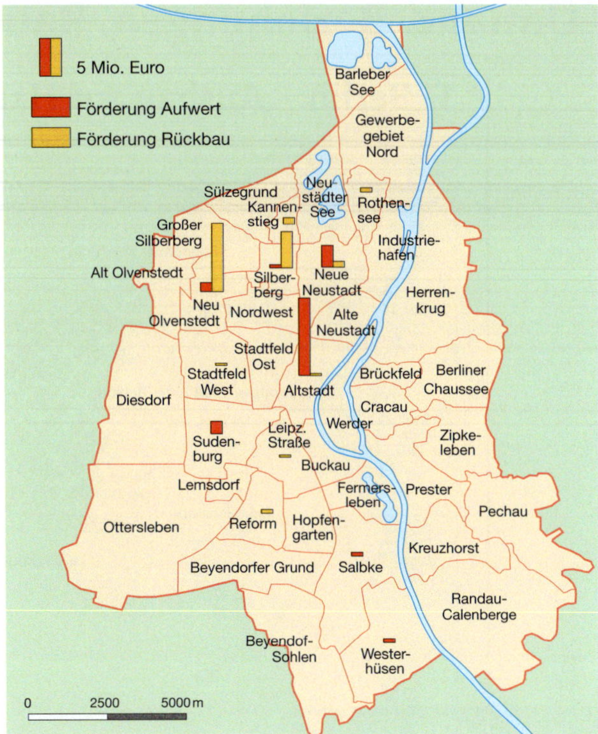

M 17 Einsatz der Fördermittel nach Stadtteilen

„Leben an und mit der Elbe" – IBA-Thema der Stadt Magdeburg

Die Landesregierung Sachsen-Anhalt hat 2002 die Internationale Bauausstellung Stadtumbau Sachsen-Anhalt 2010 (IBA 2010) ins Leben gerufen. Im Rahmen der IBA 2010 sollen Städte aus Sachsen-Anhalt bis zum Jahr 2010 beispielhaft aufzeigen, auf welche Weise den gegenwärtigen Problemen [...] begegnet werden kann. Hier geht es weniger um beeindruckende neue Bauten, sondern vielmehr um die Entwicklung neuer Wege und Profile für die Städte unter den sich ändernden Rahmenbedingungen. [...]

Die Elbe spielt in Magdeburg eine große Rolle – als historische Lebensader und Brückenkopf, als Produktions- und Umschlagplatz für Ideen und Güter sowie als Bindeglied zwischen Stadt und Landschaft. In der Vergangenheit war das westliche Elbufer

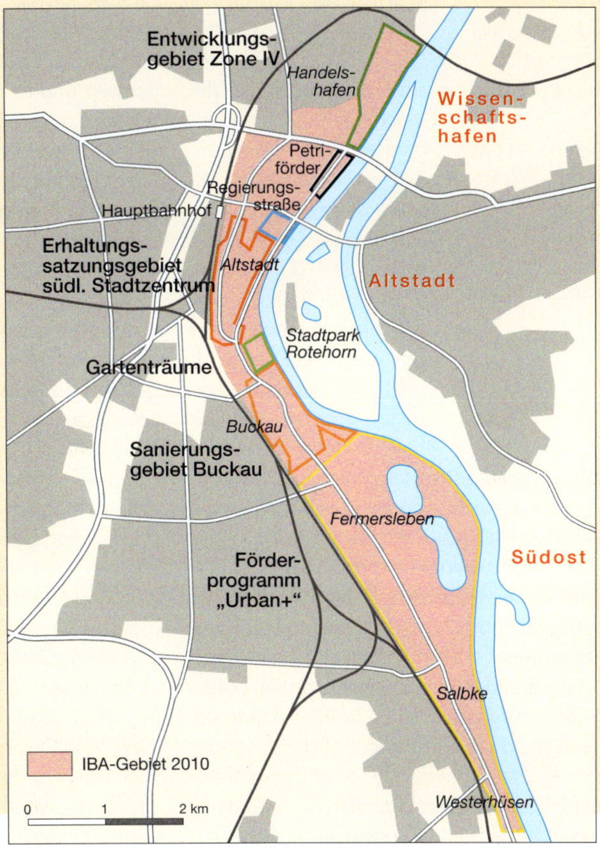

in Magdeburg durch die Silhouette der Festungen und Kirchen geprägt. Zuletzt dominierten große Industrieareale, Eisenbahn- und Hafenanlagen, deren Nutzungen weitgehend aufgehoben worden sind. Am Ufer der Elbe und in den angrenzenden Stadtteilen stehen große Areale zur Umnutzung an, sei es für Unternehmen mit neuen Technologien oder aber für den Wandel hin zu mehr Natur und Landschaft. Nicht zuletzt sollen der Wohn- und Freizeitwert entlang der Elbe entscheidend gesteigert werden. Es gilt, das Ufer der Elbe aus dem 19. in das 21. Jahrhundert zu holen.

(nach: Dokumentation Workshop „Stadtprägende Elemente". Landeshauptstadt Magdeburg Stadtplanungsamt. 2005, S. 4 (www.magdeburg.de/media/ Zugriff vom 11.06.2009)

M 16 IBA 2010 – Magdeburg

Stadt-Umland-Beziehungen, Raumordnung

1. Berlin – Ausbau zur Hauptstadt

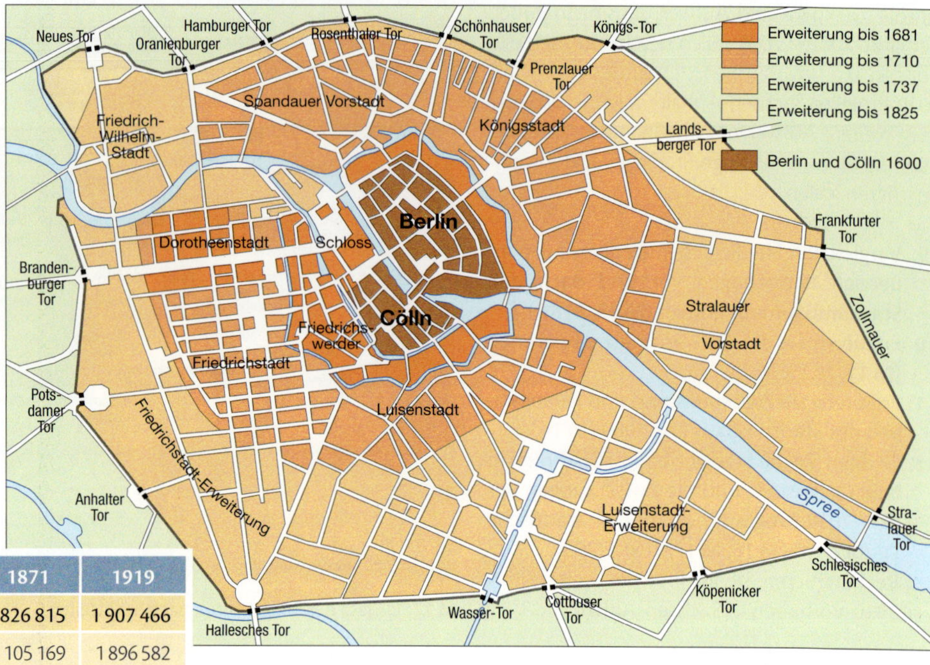

M1
Doppelstadt Berlin/Cölln um 1825

	1871	1919
Alt-Berlin	**826 815**	**1 907 466**
eingemeindete Vororte	105 169	1 896 582
darunter alte Städte:		
Spandau	20 451	95 513
Köpenick	5 267	32 586
Charlottenburg	19 587	322 792
zu Städten erhobene Dörfer:		
Schöneberg (1898)	4 555	175 093
Neukölln (1899)	8 125	262 128
Wilmersdorf (1906)	1 662	139 406
Lichtenberg (1908)	4 754	144 662
größte Landgemeinden:		
Steglitz	1 899	83 366
Pankow	5 019	57 935
Lichterfelde	989	47 213
Weißensee	467	45 880
Groß-Berlin	**931 984**	**3 804 048**

M2
Einwohnerzahlen Berlins und der Vororte

Stadtentwicklung

Das heutige Berlin geht auf Stadtgründungen des Markgrafen von Brandenburg aus dem 13. Jahrhundert zurück. Dort, wo ein alter Handelsweg an einer Furt über die Spree führte, entwickelten sich die Orte Cölln und Berlin. Cölln, am linken Spreeufer gelegen, wurde 1237 erstmals urkundlich erwähnt, Berlin am rechten Flussufer 1244. In der rasch aufblühenden Doppelstadt siedelten sich neben Handwerkern vor allem Kaufleute an, die u. a. das in der Umgebung angebaute Getreide auf dem Wasserweg bis nach Hamburg vertrieben. Bald war Berlin/Cölln die bedeutendste **Handelsstadt** in der Mark Brandenburg. Nachdem die Hohenzollern zu Beginn des 15. Jahrhunderts vom Kaiser mit der Mark Brandenburg belehnt worden waren, stieg Berlin zur kurfürstlichen **Residenzstadt** auf. Ab 1450 stand ein kurfürstliches Schloss auf der Spreeinsel. Ein Reitweg, der Kurfürstendamm, verband das Stadtschloss mit dem Jagdschloss im Grunewald. Der Bedeutungszuwachs hatte ein rasches Bevölkerungswachstum zur Folge, das durch die Aufnahme und Ansiedlung Tausender Hugenotten sowie Zuwanderer aus der Pfalz, der Schweiz und Böhmen verstärkt wurde. Umfangreiche Stadterweiterungen wurden notwendig (Friedrichswerder 1662, Dorotheenstadt 1674, Friedrichstadt 1688). 1709 erfolgte die Vereinigung der fünf Städte zur **Preußischen Hauptstadt Berlin.** Mit der Gründung des Deutschen Reichs 1871 wurde Berlin **Reichshauptstadt.**

Neben den Wachstumsimpulsen, die Berlin durch die Hauptstadtfunktion erfuhr, gab die im 19. Jahrhundert einsetzende Industrialisierung den Anstoß zu einer fast explosionsartigen Bevölkerungszunahme. Die Industriebetriebe, die sich ansiedelten, konnten an die mittelalterliche Handwerkstradition anknüpfen. Nachdem die Textilverarbeitung zunächst im Vordergrund gestanden hatte, kamen um die Mitte des 19. Jahrhunderts u. a. Elektroindustrie, Metallverarbeitung und Maschinenbau, später auch chemische Industrie und Fahrzeugbau hinzu. Berlin entwickelte sich zu Deutschlands größter **Industriestadt.** Arbeitsuchende aus Brandenburg, später in großer Zahl auch aus Pommern, Schlesien, West- und Ostpreußen, strömten nach Berlin.

Leitlinien für die Stadtentwicklung waren die strahlenförmig vom Zentrum in die Umgebung wegführenden Straßen. Diese Radialstraßen wurden teilweise durch Ringstraßen miteinander verbunden; an den Kreuzungen entstanden repräsentative Plätze. Innerhalb von wenigen Jahrzehnten wuchsen Berlin und die an den Ausfallstraßen liegenden Gemeinden und Dörfer zu einer nahezu geschlossenen Stadtlandschaft zusammen.

Zur Unterbringung der Arbeiterbevölkerung wurde der so genannte Wilhelminische Wohnring errichtet, der durch eine extrem dichte Bebauung der Grundstücke mit Mietskasernen und oft mehreren Hinterhäusern gekennzeichnet war. Die Wohnbedingungen in diesen von Kleingewerbe durchsetzten Vierteln waren äußerst beengt, unhygienisch und teilweise menschenunwürdig. In Kreuzberg, am Prenzlauer Berg und in anderen Bezirken sind mittlerweile sanierte Viertel aus dieser Bauperiode noch erhalten. Zu bevorzugten Wohngebieten des wohlhabenden Bürgertums entwickelten sich vor allem Vororte im Westen, z. B. Charlottenburg und Wilmersdorf; die Villenviertel der Oberschicht lagen noch weiter vom Zentrum entfernt an der Peripherie. Zwischen Tiergarten und Alexanderplatz entwickelte sich die City Berlins. Der Potsdamer Platz galt vor dem Zweiten Weltkrieg als verkehrsreichster Platz Europas.

Bereits Ende des 19. Jahrhunderts war Berlin zur mit Abstand größten Stadt im Deutschen Reich herangewachsen. Berlin war nicht nur das politische, ökonomische und geistigkulturelle Zentrum Deutschlands geworden, sondern eine **Weltstadt**, die gleichrangig neben London und Paris stand.

Als Hauptstadt des Deutschen Reichs entwickelte sich Berlin auch zu einem bedeutenden Verkehrsknotenpunkt, vor allem im Eisenbahnverkehr. Zur Bewältigung des Nahverkehrs wurden noch im 19. Jahrhundert eine Ringbahn und eine Stadtbahn, später auch eine Untergrundbahn angelegt.

Die Koordination und Planung für den Großraum wurde lange durch kommunale Grenzen erschwert. Erst 1920 erfolge die Zusammenfassung von acht Stadt- und 59 Landgemeinden sowie 29 Gutsbezirken zur Einheitsgemeinde **Groß-Berlin.**

Durch zahlreiche Bombenangriffe während des Zweiten Weltkriegs sowie Straßenkämpfe beim Kriegsende ab April 1945 wurden große Teile Berlins vollständig zerstört. Die Siegermächte teilten die Stadt in vier Sektoren auf. Die drei Westsektoren erhielten nach Gründung der Bundesrepublik Deutschland 1949 den Status eines Bundeslandes, allerdings mit gewissen Einschränkungen. Der sowjetische Sektor wurde zur Hauptstadt der DDR. 1961 ließen die Machthaber in Ost-Berlin die Berliner Mauer errichten und „zementierten" dadurch die Teilung der Stadt für fast 30 Jahre.

In der Nachkriegszeit wurden zunächst große Teile der zerstörten Innenstadt wieder aufgebaut; lediglich im Bereich der Mauer verblieben auf Ost-Berliner Seite große Freiflächen, von denen die ausgedehnteste der Potsdamer Platz war. In der Hauptstadt der DDR entstanden nach dem Vorbild des sozialistischen Städtebaus eine Reihe neuer Gebäude. Die Ruinen des Schlosses auf der Spreeinsel wurden abgerissen und durch den Palast der Republik ersetzt. In West-Berlin, das durch die Teilung vom alten Stadtzentrum abgeschnitten war, entstand im Umfeld des Kurfürstendamms eine neue City. In beiden Teilen der Stadt errichtete man neue Großwohnsiedlungen, in West-Berlin z. B. das Märkische Viertel und die Gropiusstadt, in Ost-Berlin z. B. die Viertel südlich der Leipziger Straße sowie im Stadtteil Marzahn. Seit der Vereinigung der beiden deutschen Staaten 1990 ist Berlin **Bundeshauptstadt.** Nach vierzigjähriger Teilung konnten die beiden Stadtteile wieder zusammenwachsen. Zunächst schloss man die bedeutendsten Lücken in den Verkehrsverbindungen, anschließend konnte mit den Planungen für die Gestaltung des neuen Stadtzentrums rund um den Potsdamer Platz begonnen werden.

Jahr	Fläche in ha	Einwohner
14. Jh.	73	rd. 4000
1640	83	rd. 6000
1709	626	61 000
1815	1 400	193 000
1861	5 920	428 500
1920	87 818	3 803 300
1943	88 370	4 489 700
1945	88 994	2 807 400
1987	88 316	3 117 100
1990	88 908	3 433 659
2000	89 141	3 383 334
2010	89 185	3 444 371

M 4 Berlin: Stadtfläche und Einwohnerzahlen

M 3 Die Viersektorenstadt Berlin

1. Beschreiben Sie die Stadtentwicklung von Berlin bis zum Beginn des 20. Jahrhunderts (M 1, M 2, M 4, Atlas).
2. Erstellen Sie mithilfe eines Geschichtsbuchs ein Kurzreferat zur deutschen Geschichte zwischen 1945 und 1989 unter besonderer Berücksichtigung Berlins. Listen Sie die Folgen der Teilung nach 1945 für die Stadtentwicklung auf (M 3, Atlas).

Sozialräumliche Probleme

Die zunehmende Polarisierung in arme und reiche Bevölkerungsschichten führt dazu, dass sich die städtische Gesellschaft sozialräumlich in immer stärkerem Maße differenziert: Auf der einen Seite entstehen Stadtquartiere, in denen sich soziale Probleme häufen, z. B. Arbeitslosigkeit, Armut, Bildungsferne, hoher Anteil an Ausländern und Zuwanderern, schlechte Wohnbedingungen und eine hohe Kriminalitätsrate. Dem stehen Stadtviertel gegenüber, in denen sich die wohlhabende Bevölkerung mit hoher Kaufkraft konzentriert.

Derartige **Segregations-Tendenzen** haben sich in Städten schon immer nachweisen lassen. Durch die drastische Zunahme sozial benachteiligter Bevölkerungsgruppen kommt es jedoch in zunehmendem Maße zu einer regelrechten Spaltung von Städten. Im Extremfall kann eine solche

1 Mitte
2 Friedrichshain-Kreuzberg
3 Pankow
4 Charlottenburg-Wilmersdorf
5 Spandau
6 Steglitz-Zehlendorf
7 Tempelhof-Schöneberg
8 Neukölln
9 Treptow-Köpenick
10 Marzahn-Hellersdorf
11 Lichtenberg
12 Reinickendorf

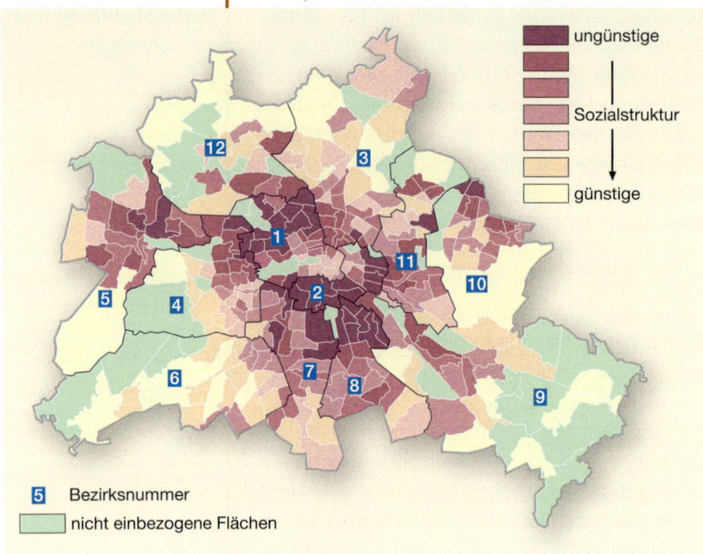

M5 Sozialstruktur der Bevölkerung 2003

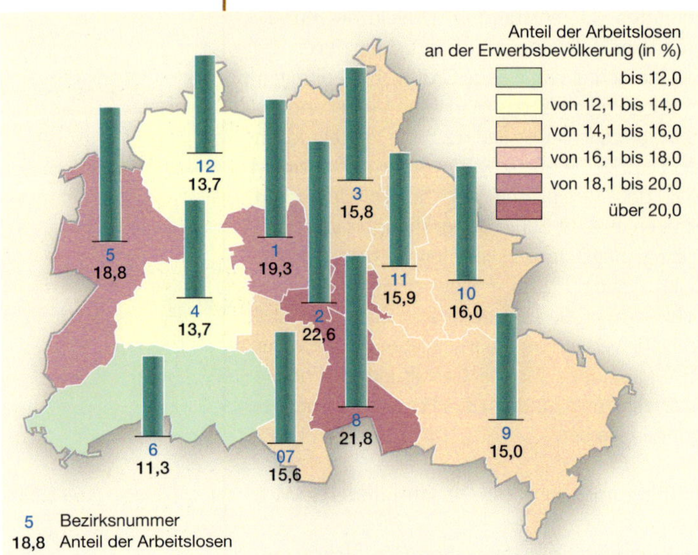

M6 Anteil der Arbeitslosen an den Erwerbspersonen 2002

Berlin-Kreuzberg, Mehringplatz. Hier fängt die Friedrichstraße an. Vor fast 300 Jahren erreichte der barocke Stadtausbau diesen Zipfel der nach Friedrich I. benannten Straße, da wurden höhere Beamte ermuntert, hier mit königlicher Hilfe zu bauen. Heute ist in der Friedrichstraße Nr. 4 nicht das preußische Bürgertum zu Hause, sondern die ganze Welt. Das Haus hat 17 Stockwerke und 125 Parteien, die Gogol heißen oder Khoutoretskaja, Djerbak, Pocrnja, Coomber, Lisiecki, Sürücü, El-Saadi, Bourquin, Czenkusch oder Schmock.
Ein alter Mann vor der Tür bittet um 70 Cent. „Für einen Kaffee. Ich kriege erst morgen Geld." Im Bezirk Kreuzberg-Friedrichshain beträgt das mittlere Pro-Kopf-Einkommen 775 Euro, 2004 bezogen hier 13 Prozent der Bevölkerung laufende Hilfe zum Lebensunterhalt […], im Berliner Durchschnitt waren es acht Prozent. Weil der Bezirk so alternativ wie arm ist, leben Bio-Bistro, Maßschuhmacher und das Second-Hand-Kaufhaus Motz in nächster Nachbarschaft. Motz ist Verein, Obdachlosen-Magazin und seit einem Jahr auch Kaufhaus. 250 Quadratmeter gefüllt mit Geschirr und Klamotten, der Kaffeebecher à 20 Cent, sechs Euro für die Gap-Jeans. […] Das Kaufhaus ist ein Erfolg: Es bringt die Ladenmiete von 7,50 Euro pro Quadratmeter ein, das Personal arbeitet für kleine Löhne oder für die gute Sache […]
Hinter den schicken Fassaden in Höhe des U-Bahnhofs Französische Straße ist das anders. In der edlen Mall „Quartier 206" kostet der Quadratmeter Miete zwischen 30 und 75 Euro, hier sind Yves Saint Laurent, Giorgio Armani und Louis Vuitton zu Hause. Über 2000 Quadratmeter erstreckt sich allein der Departmentstore, der […] gleich Dutzende von Nobelmarken führt. Man kann hier 4000 Euro für eine Abendrobe von Dolce & Gabbana ausgeben oder 1200 für Stiefel von Manolo Blahnik oder nur in eine Duftkerze investieren, um wenigstens die schwarz-weißen Tüten tragen zu dürfen. Die haben nämlich „einen ähnlichen Begehrlichkeitsgrad wie die Tüten großer Luxus-Labels", sagt die Marketing-Chefin. Der Departmentstore richte sich an ein Publikum, das eine „Grundaffinität zu Mode und Lifestyle" habe, dazu gehörten auch „internationale Celebrities". Das heißt, hier kann man Gwyneth Paltrow oder Arnold Schwarzenegger begegnen.

(nach: Christina Wandt in: Westdeutsche Allgemeine Zeitung vom 29. 10. 2005)

M7 Die Friedrichstraße – Spiegelbild der sozialen Unterschiede in Berlin

Fragmentierung zur Auflösung der Stadt als einer sozialen Einheit führen, in der das Bewusstsein der Zugehörigkeit zu einem Gemeinwesen verloren geht.
Berlin hat unter den Großstädten Deutschlands eine besonders ungünstige Sozialstruktur. Städtische Förder- und Ausgleichsprogramme sollen helfen, der Fragmentierung entgegen zu wirken. Zudem versucht man, durch ein so genanntes Quartiersmanagement das Sozialgefüge in den benachteiligten Stadtgebieten zu stabilisieren.

Raumentwicklung und Raumplanung

Zu den Aufgaben der Raumplanung gehört es, die Infrastruktur ständig den sich ändernden Erfordernissen anzupassen und für die fortschreitende Bebauung in Stadt und Umland die notwendigen Rahmenbedingungen festzulegen.

Für Berlin und das zu Brandenburg gehörende Umland ist dies besonders wichtig. Nach dem Fall der Mauer war zunächst vermutet worden, dass sich Berlin binnen weniger Jahre zu einer „Boomtown", mit vielen neuen Arbeitsplätzen und einer Bevölkerung von über vier Millionen entwickeln würde. Diese euphorischen Hoffnungen haben sich nicht erfüllt. Die Ursachen dafür sind vielfältig. Der Zusammenbruch des Wirtschaftssystems der ehemaligen DDR führte auch in Ost-Berlin zum Verlust zahlreicher Arbeitsplätze. Eine Verlagerung von Produktionsstandorten aus den alten Bundesländern nach Berlin erfolgte nicht oder nur in geringem Umfang. Manche Berliner Betriebe verlegten sogar zumindest einen Teil ihrer Produktion oder Lagerhaltung aus der beengten Stadt nach Brandenburg oder an noch weiter entfernte Standorte. Diese Verlagerung wurde noch dadurch verstärkt, dass in Brandenburg Flächen in neu ausgewiesenen Gewerbegebieten in verkehrsgünstiger Lage preiswert angeboten wurden. Da die bisher geltenden Standortvorteile (Subventionen) für West-Berlin nach der Wiedervereinigung ausliefen, kam es auch im Westen der Stadt zu einem Abbau von Arbeitsplätzen im sekundären Sektor, der vor allem technologisch veraltete Produktionsstätten betraf. Zwar entstanden durch den „Hauptstadteffekt" auch zahlreiche neue Arbeitsplätze, vor allem im tertiären Sektor, doch konnten diese die Verluste im Industriesektor nicht ausgleichen. Die Arbeitslosenquote liegt deutlich über dem Bundesdurchschnitt. Der Traum, dass sich Berlin zur europäischen Dienstleistungs-Metropole entwickeln würde, erfüllte sich nicht. Allerdings konnte sich die Stadt inzwischen bei vielen überregionalen Dienstleistungen zu einem der dynamischsten Standorte in Deutschland entwickeln, z.B. in den Sparten Werbung, Wirtschaftsorganisation, Film- und Fernsehwirtschaft, Datenverarbeitung, Beherbergungsgewerbe und Verlagswesen.

Das Übergreifen der räumlichen Entwicklungsprozesse von der Bundeshauptstadt auf das Umland, insbesondere die

M9
Die 100 umsatzstärksten Unternehmen in den neuen Ländern und ihre Firmensitze 2004

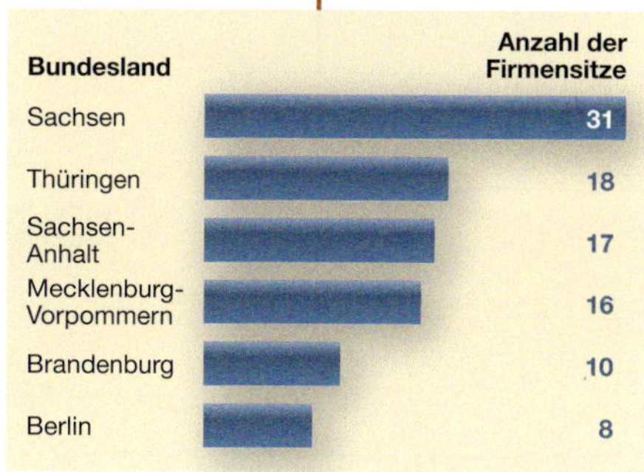

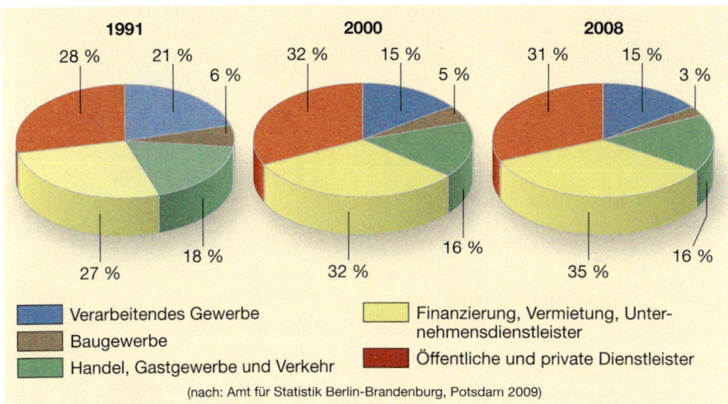

M8 Strukturwandel in Berlin – Anteil der Wirtschaftsbereiche an der Bruttowertschöpfung

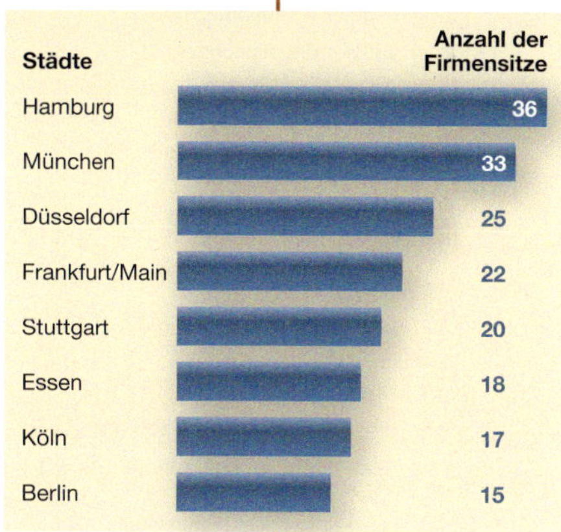

M10
Firmensitze der 500 umsatzstärksten Unternehmen Deutschlands 2005

3. Nennen Sie Merkmale der Fragmentierung von Städten.
4. Wenden Sie den Begriff der „fragmentierten Stadt" auf Berlin an. Recherchieren und erörtern Sie, welche besonderen Voraussetzungen für sozialräumliche Segregation in Berlin gegeben sind (M5, M6, M7).

Suburbanisierung, macht eine koordinierte Planung zwischen Berlin und Brandenburg erforderlich. Zu diesem Zweck arbeitet ein Länder übergreifendes Amt, die „Gemeinsame Landesplanungsabteilung", an den raumplanerischen Leitlinien. Dabei wird zwischen dem metropolitanen Zentrum Berlin, dem engeren Verflechtungsraum („Speckgürtel") und dem äußeren Entwicklungsraum unterschieden. Zwischen dem Zentrum und dem engeren Verflechtungsraum wurde der Bestand eines breiten Grüngürtels festgeschrieben. Dort wurden auch „Orte mit besonderem Handlungsbedarf" ausgewiesen, in denen z. B. Altlasten auf ehemaligen militärischen Anlagen oder altindustriellen Flächen entsorgt werden müssen. In den regionalen Entwicklungszentren des Städtekranzes im äußeren Entwicklungsbereich soll die wirtschaftliche Standortqualität verbessert werden in der Hoffnung, dass die Agglomerationsvorteile des Zentrums Berlin auch ins weiter entfernte Umland ausstrahlen. Für die Teilräume Brandenburgs, die im weiteren Einzugsbereich der Hauptstadt liegen, rechnen die Planer mittelfristig mit nur geringen Bevölkerungseinbußen. Dies steht im Gegensatz zu den meisten anderen Regionen in den neuen Bundesländern, deren Bevölkerung deutlich zurückgeht.

Von besonderer Bedeutung ist der weitere Ausbau der Verkehrsinfrastruktur im Großraum Ber-

M 11
Berlin wächst im Zentrum

Der Trend zur Flucht aus den Innenstädten ist nach den Daten, die dem Berliner Senat vorliegen, gebrochen. In den letzten Jahren ist bei der Stadt-Umland-Wanderung ein Rückgang um fast zwei Drittel eingetreten, die Einwohnerzahl in der Innenstadt ist in den vergangenen vier Jahren um 10 000 gestiegen. In begehrten Lagen – etwa in den Stadtteilen Friedrichshain und Prenzlauer Berg – gab es Zuwächse von bis zu zehn Prozent, vor allem von jungen Leuten zwischen 18 und 30 Jahren. Mehr als die Hälfte der Berliner Haushalte sind Einpersonenhaushalte; knapp ein Fünftel sind Familien mit Kindern unter 18 Jahren. Es wird damit gerechnet, dass in den nächsten 15 Jahren Ältere bis zu 100 000 Wohnungen mehr nachfragen werden als jetzt, und zwar möglichst in der Innenstadt und nicht am Stadtrand. Nachdem 65 „Townhouses" auf dem Friedrichswerder unmittelbar neben dem Außenministerium sämtlich verkauft werden konnten, wurden insgesamt 450 Baulücken in der Innenstadt gefunden, auf denen Bauwillige insgesamt rund 10 000 Wohnungen errichten könnten. Die so aufgefundenen Entwicklungsflächen umfassen 50 Hektar, zehn Prozent davon befinden sich in Landesbesitz. Eine neue Bauordnung soll das Bauen beschleunigen und vereinfachen. (nach: Frankfurter Allgemeine Zeitung vom 2.2.2006)

M 12 Raumplanerisches Leitbild Berlin-Brandenburg 2007

lin. Dazu gehört unter anderem ein leistungsfähiges Drehkreuz für den Luftverkehr. Auf Brandenburger Gebiet entsteht dazu als Ausbau des bestehenden Flughafens Schönefeld ein neuer Großflughafen, Berlin Brandenburg International (BBI), der 2011 mit einer Kapazität von 30 Millionen Passagieren pro Jahr in Betrieb gehen soll. Verbesserte Straßen- und Schienenverbindungen sollen eine gute und schnelle Erreichbarkeit des mehr als 20 Kilometer vom Stadtzentrum entfernten Flughafens gewährleisten. Im Umkreis des Flughafens entwickelt sich ein neuer Wirtschaftsstandort mit mehreren Tausend Arbeitsplätzen. Mit Eröffnung von BBI soll der Flughafen Tegel geschlossen werden. Der alte Stadtflughafen Tempelhof hat den Betrieb bereits eingestellt.

Bevölkerung	2003	2015	2020
Prignitz, Ostprignitz, Oberhavel	398 000	381 000	369 500
Uckermark, Barnim	317 000	299 000	290 000
Märkisch-Oderland, Oder-Spree, Frankfurt/Oder	452 000	428 000	416 000
Teltow-Fläming, Dahme-Spreewald	321 000	311 000	302 500
Elbe-Elster, Oberspreewald-Lausitz, Spree-Neiße	403 000	367 500	350 500
Havelland, Potsdam-Mittelmark, Brandenburg/Havel	430 000	428 500	425 000
Potsdam	145 000	158 500	162 500
Cottbus	107 500	98 000	95 500

M 14 Bevölkerungsentwicklung in Teilräumen Brandenburgs (2015 und 2020 geschätzt)

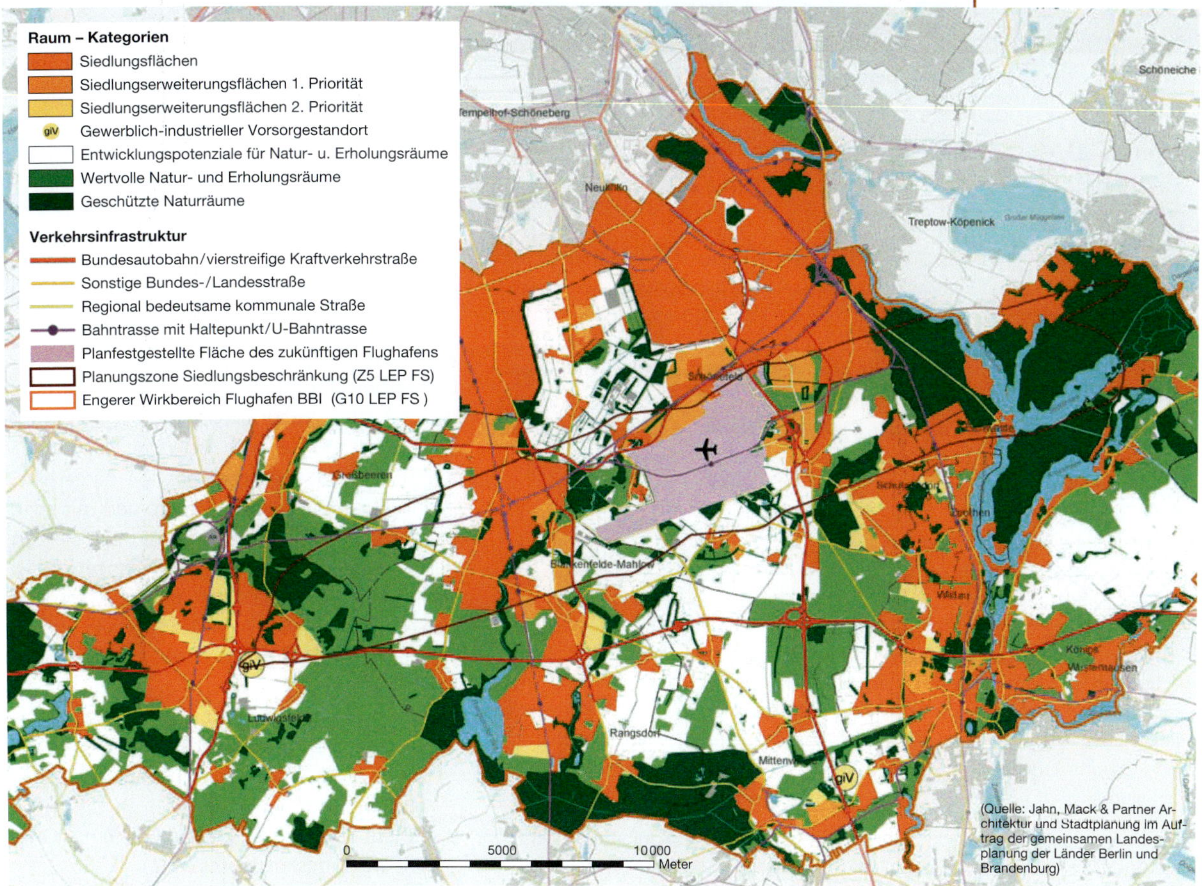

M 13 Strukturkonzept Flughafenumfeld BBI (2007)

5. Erläutern Sie die wirtschaftliche Entwicklung in Berlin (M 8 bis M 10).
6. Kennzeichnen Sie die Bevölkerungsentwicklung im Großraum Berlin (M 11, M 14).
7. Nennen Sie Beispiele für die Verflechtungen zwischen Berlin und dem Land Brandenburg und begründen Sie die Notwendigkeit für eine koordinierte Raumplanung (M 12, M 13, Atlas).
8. Beschreiben Sie das raumplanerische Leitbild Berlin-Brandenburg und ordnen Sie es einem Entwicklungsmodell zu (M 12, vergleiche Seite 306/307).
9. Erläutern Sie das Strukturkonzept für den Flughafen BBI und erörtern Sie mögliche Interessenkonflikte bei seiner Umsetzung (M 13).

2. Funktionswandel ländlicher Siedlungen

M1 Gemeinde Ascha

Agenda 21 – Gemeinde Ascha – Unser Programm für eine nachhaltige Entwicklung, Fortschreibung 2007

Überblick – Grundsätze

Im Zeitraum von 2000 bis 2007 hat sich in der Gemeinde Ascha viel getan. Mit der vorliegenden Zwischenbilanz soll dargestellt werden, welche Themen und Projekte aus dem im Jahre 2000, im Rahmen der Kommunalen Agenda und der Dorferneuerung, erstellten Aktionsprogramm umgesetzt bzw. bearbeitet wurden und immer noch werden. Bereits im Oktober 2006 wurde in einem Zwei-Tages-Workshop in Bernried die Grundlage für diese Bilanz und für die Fortschreibung des Aktions-Programms gelegt. Das vor ca. 7 Jahren erstellte Programm ist bis heute die Basis einer nachhaltigen kommunalen Entwicklung der Gemeinde Ascha.
Wichtige Ziele daraus, wie
- Erhalt des dörflichen Charakters
- Förderung des Dienstleistungsbereiches
- Ausbau der Infrastruktur
- Reaktivierung des Dorfkerns
- Förderung ökologisch erzeugter Lebensmittel aus der Region
- Streben nach einer autarken Energieversorgung

sind umgesetzt worden oder sind in ihrer Realisierung schon weit fortgeschritten. Die nachfolgende Darstellung zeigt, dass sich ein erheblicher Prozentsatz der Programmpunkte in aktiver Bearbeitung befindet oder bereits abgeschlossen wurde.

Die Welt um uns herum ändert sich sehr schnell und die Zukunft gehört denen, die sich diesen Veränderungen stellen. „Zukunft durch gesellschaftliche Innovation", so lautete das Motto des Europäischen Dorferneuerungswettbewerbs 2008. Nachhaltigkeit, Erneuerung und Innovation, das sind Aufgabenstellungen, denen wir uns in der Gemeinde Ascha alle miteinander auch weiterhin stellen wollen. Deshalb werden wir unser Aktionsprogramm weiter schreiben, indem wir unseren Leitbildern folgen, neue Visionen erarbeiten, neue Prozesse entwickeln, neue Ziele setzen und die Menschen begeistern. Davon profitieren nicht nur wir, sondern vor allem unsere Kinder.

Wolfgang Zirngibl – Erster Bürgermeister der Gemeinde Ascha

M2 Agenda 21 – Gemeinde Ascha (www.ascha.de, Zugriff 19.04.2009)

Im Rahmen der allgemeinen Verstädterung in der Industrie- und Dienstleistungsgesellschaft haben Dörfer und ländlicher Raum einen grundsätzlichen Wandel erfahren: Der Rückgang der Bedeutung der Landwirtschaft als Arbeitsgeber spielte hierbei die entscheidende Rolle, da immer weniger Landwirte ihren Beruf im Vollerwerb ausüben. Das hatte zur Folge, dass viele Gebäude eine andere Funktion erhielten, ihre Form und ihr Aussehen änderten; dass ehemals landwirtschaftlich genutzte Flächen und Freiflächen z.T. überbaut wurden und nunmehr für Wohnen, Gewerbe, Freizeit oder Verkehrseinrichtungen genutzt werden; dass aus ehemals agrarisch geprägten Dörfern vielerorts Wohn- und Schlafsiedlungen geworden sind, umso stärker, je näher sie zu größeren Städten gelegen sind. Stadt und Land bilden heute häufig kein Gegensatzpaar mehr, vielmehr eine funktionale Gemeinschaft, die Kulturlandschaft. In dieser sind agrarische, gewerbliche, ökologische oder Siedlungsfunktionen durchaus sehr unterschiedlich ausgeprägt. Viele ländliche Siedlungen versuchen, durch ihre Entwicklungsstrategien ihre traditionellen Strukturen und ihre dörfliche Identität zu bewahren und sich trotzdem den Anforderungen des 21. Jahrhunderts gewachsen zu zeigen.

Dorfentwicklungskonzepte bilden die Voraussetzung für eine sinnvolle Weiterentwicklung. Eine wichtige Rolle spielt dabei die „Planung von unten", d.h. eine möglichst intensive Bürgerbeteiligung. Denn die lokalen Akteure sind mit regionalen und lokalen Problemen vertraut; sie können folglich angemessene Zielsetzungen entwickeln helfen, die auch zum jeweiligen Standort passen. Hierbei muss Wert darauf gelegt werden, dass keine kurzatmigen, sondern **nachhaltige Konzepte** verfolgt werden.

1. Ordnen Sie mithilfe der Informationen unter www.ascha.de die Gemeinde Ascha räumlich ein.
2. Beschreiben Sie die Zielsetzungen des Dorfentwicklungskonzeptes (M2).
3. Erläutern Sie Gründe, die zur Entwicklung von Dorferneuerungskonzepten in Deutschland und Europa geführt haben (Text, M2)
4. Recherchieren Sie im Internet arbeitsteilig mithilfe der nachfolgenden Stichworte aktuelle Dorferneuerungskonzepte in Deutschland und stellen Sie Ihr eigenes Ergebnis mediengestützt vor: Dorferneuerung, Dorfentwicklung, ländlicher Raum, Raumentwicklung.

Wirtschaft Zukunftsvisionen

Zukunft	Bewertung	Maßnahmen / Entwicklung	Umsetzung	Zeitschiene 2006 2010 2020
Fremdenverkehrsgemeinde Ascha	• Ort mit dörflichem Charakter mit allen aktuellen Freizeitangeboten in einer geordneten Kulturlandschaft	• stressfreies Angebot für Manager • kinder- und familiengerechtes Dorf • Urlaub auf dem Bauernhof 10 %	• die Anbieter • Gemeinde/Anbieter/Bürger • die Anbieter	

Landwirtschaft Zukunftsvisionen

Bestand	Bewertung	Maßnahmen / Entwicklung	Umsetzung	Zeitschiene 2006 2010 2020
Erhaltung der bäuerlichen Struktur	• Immer mehr Betriebe werden aufgelöst, Trendumkehr sehr schwierig	• gesichertes Einkommen schaffen, höhere Wertschätzung des Berufes, Honorieren der Leistungen für die „Landschaftspflege" 80 %	• Verbände, Gemeinde: Förderprogramme, „Landschaftspfennig" Bewusstseinsbildung	
flächendeckende ökologische Landwirtschaft	• Erhaltung der Kulturlandschaft, notwendig für nachfolgende Generationen	• breiten Absatzmarkt schaffen, Werbung für ökologische Produkte 10 %	• Verbände, Gemeinde: Förderprogramme	
Ein Dorf versorgt sich selbst	• Grundvoraussetzung für: Erhaltung der bäuerlichen Struktur, flächendeckender ökologischer Landbau, Energieeinsparung durch kurze Wege	• breiten Absatzmarkt schaffen, Bewusstseinsbildung 10 %	• Gemeinde, Vereine: bäuerlicher Supermarkt DUE (Dorf und Einkaufen)	
gesunde Lebensmittel gentechnikfreie Zone	• nachvollziehbare Erzeuger-/Vermarkterkette • gentechnikfreie Saat	• Qualitätssicherungssystem aufbauen • Gentechnikfreiheit erhalten 50%	• Landwirte und Vermarkter/Handel • Landwirte und Vermarkter/Handel	

Wasser Zukunftsvisionen

Zukunft	Bewertung	Maßnahmen / Entwicklung	Umsetzung	Zeitschiene 2006 2010 2020
Gewässer • Lebensräume von seltenen Tieren und Pflanzen wiederherstellen • Jeder soll sich vor Hochwasser geschützt fühlen	• Erhöhung der Lebensqualität durch intakte Umwelt	• Güteklasse I für alle Fließgewässer • vollständiger Schutz der Gewässer, flächendeckend 50 %	• Teilnehmergemeinschaft Flurbereinigung Ascha, Gemeinde, Bezirk, Landratsamt: Gewässerpflegeplan über die Gemeindegrenzen hinaus	
Trinkwasser • Vollständige eigene Trinkwasserversorgung	• Unabhängigkeit von außen, Qualität prüfbar	• ausreichende eigene Quellen und Brunnen der Gemeinde und deren optimaler Schutz • alle Einsparungsmöglichkeiten nutzen 60 %	• Teilnehmergemeinschaft Flurbereinigung Ascha, Gemeinde, Landratsamt, Wasserwirtschaftsamt • Gemeinde: Förderung, Bewusstseinsbildung	
Abwasser • Jeder Haushalt hat eine optimale Abwasserentsorgung	• Schutz der Umwelt, Erhaltung der Trinkwasserqualität	• alle vorhandenen Schwachstellen beseitigen, Konzept erstellen für die am besten geeignete Abwasserentsorgung für alle Haushalte 60 %	• Gemeinde, Wasserwirtschaftsamt, Teilnehmergemeinschaft Flurbereinigung Ascha: Planung und stufenweise Umsetzung	

3. Raumordnung und Raumplanung in Deutschland

Siedlungs- und Raumstruktur

Mit dem Begriff „Infrastruktur" wird die Gesamtheit aller staatlichen und privaten Einrichtungen bezeichnet, die für eine ausreichende Daseinsvorsorge sowie für die wirtschaftliche Entwicklung eines Gebietes erforderlich sind. Es wird differenziert in:

Materielle Infrastruktur. Man unterscheidet sie nach zwei Gesichtspunkten: Unter dem Begriff technische Infrastruktur werden Einrichtungen des Verkehrs, der Ver- und Entsorgung sowie der Kommunikation zusammengefasst; die soziale Infrastruktur umfasst die quantitative und qualitative Ausstattung mit Einrichtungen des Bildungs- und Gesundheitswesens.

Personelle Infrastruktur. Die Zahl und die Qualifikation aller Personen, die gesellschaftlich und wirtschaftlich Impulse setzen können, sind Indikatoren für das Funktionieren und die Entwicklungsmöglichkeiten eines Raumes.

Institutionelle Infrastruktur. Vom Entwicklungsstand der Normen und Verfahrensweisen in einer Gesellschaft ist es abhängig, ob eine Volkswirtschaft voll, bedingt oder kaum entwicklungsfähig ist.

M 1 Der Begriff der Infrastruktur

Mit Beginn der Industrialisierung im 19. Jh. begannen eine räumliche Konzentration der Bevölkerung und eine weitreichende Veränderung der Kulturlandschaft. In den wirtschaftlichen Kerngebieten entstanden **Verdichtungsräume,** denen Räume gegenüberstanden, die durch eine negative Wanderungsbilanz und agrarische Nutzung geprägt waren. Dieser Gegensatz ist bis heute erhalten geblieben und beschränkt sich nicht nur auf Industrieländer, sondern ist auch in Entwicklungsländern nachzuweisen.

Die Struktur eines Raumes wird durch ihre Lage sowie die Wirkung auf die umliegende Region bestimmt. Um Vergleiche ziehen zu können, werden die Siedlungen auf ihre **Zentralität** (Bedeutung für das Umland) und **Verdichtung** (Arbeitsplätze und Bevölkerung) untersucht. Daraus ergeben sich drei wesentliche **siedlungsstrukturelle Gebietstypen.**
Mit diesen Begriffen wird zudem ein direkter Bezug zur infrastrukturellen Ausstattung einer Region hergestellt. Während in den Verdichtungsräumen z. B. in hohem Maße Arbeitsplätze vorhanden sind, fehlt es in den ländlichen Regionen an qualitativ hochwertigen Arbeitsmöglichkeiten. Andererseits haben die Verdichtungsräume mit negativen Begleiterscheinungen wie Umwelt- und Verkehrsbelastungen zu kämpfen.

Der Gegensatz zwischen Verdichtungsraum und ländlicher Region wird in heutiger Zeit verwischt. Dies ist einerseits in der Veränderung der Arbeitsplatzstruktur hin zu einer Dienstleistungsgesellschaft begründet, zum anderen ist aber auch die Verkehrsinfrastruktur so weit entwickelt, dass die Einzugsbereiche der Verdichtungsräume sich erheblich ausweiten konnten.

M 2 Räumliche Disparitäten: Verdichtungsraum Berlin und ländlicher Raum Enkesen, Soester Börde

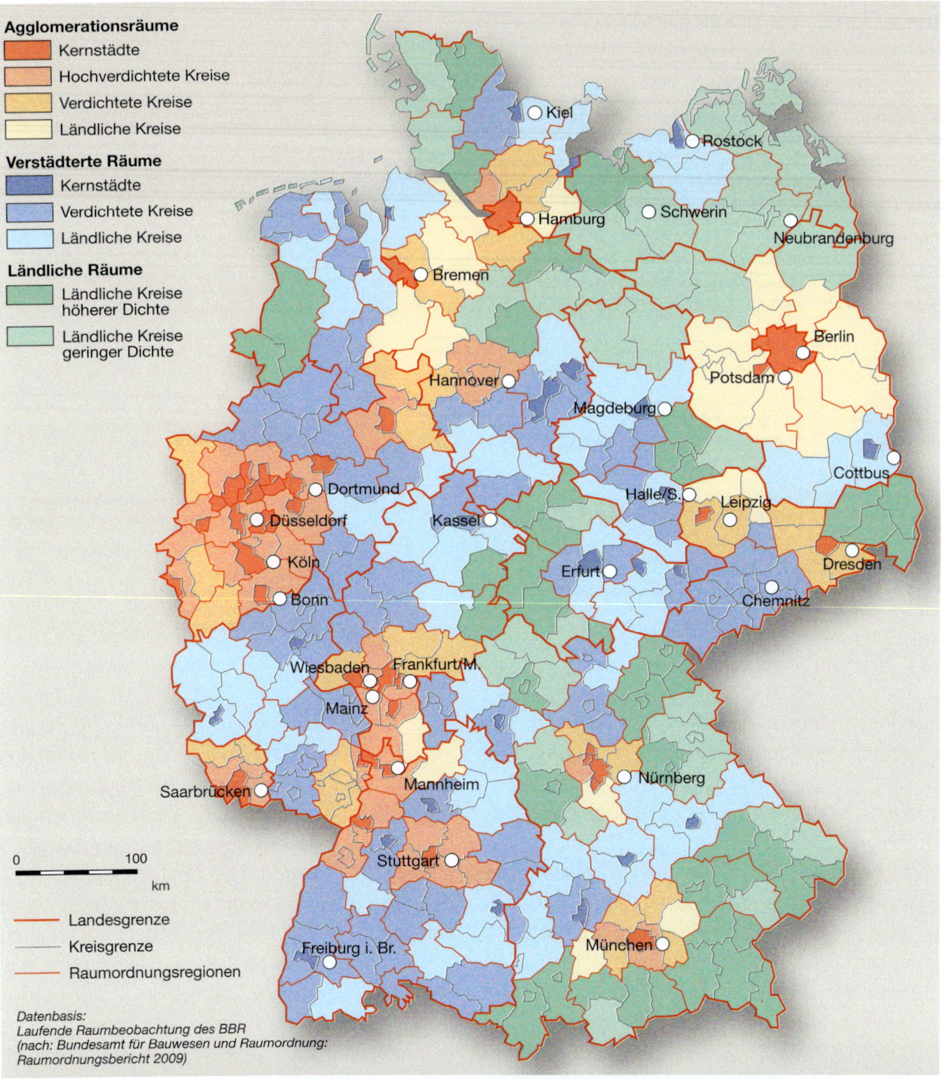

(nach: Bundesamt für Bauwesen und Raumordnung: Aktuelle Daten zur Entwicklung der Städte und Gemeinden. Ausgabe 2009)

Siedlungsstrukturelle Gebietstypen	Fläche 2008 (in %)			Bevölkerung 2008 (in %)			Bevölkerungsdichte 2008 E/km²			Zahl der Kreise 2008
	gesamt	Alte Länder	Neue Länder	gesamt	Alte Länder	Neue Länder	gesamt	Alte Länder	Neue Länder	
Agglomerationsräume										
Kernstädte	2,45	1,97	0,48	23,25	17,66	5,59	2184	2062	2691	42
Hochverdichtete Kreise	7,40	7,40	0	17,14	17,14	–	534	534	–	42
Verdichtete Kreise	8,09	6,76	1,33	7,60	6,64	0,96	216	226	167	34
Ländliche Kreise	7,92	2,68	5,24	3,58	1,40	2,18	104	121	96	19
Verstädterte Räume										
Kernstädte	1,22	0,81	0,40	5,94	4,22	1,72	1126	1195	987	29
Verdichtete Kreise	20,97	18,14	2,83	19,42	17,05	2,37	213	216	192	85
Ländliche Kreise	21,90	15,18	6,72	10,25	7,46	2,79	108	113	96	66
Ländliche Räume										
Ländliche Kreise höherer Dichte	14,55	10,57	3,98	8,40	6,11	2,29	133	133	132	58
Ländliche Kreise geringer Dichte	15,50	6,08	9,42	4,42	2,18	2,24	66	82	55	38
Deutschland	100,00	69,59	30,41	100,00	79,86	20,14	231	264	154	413

M 3 Siedlungsstrukturelle Gebietstypen in Deutschland

1. Lokalisieren und charakterisieren Sie Regionen unterschiedlicher siedlungsstruktureller Gebietstypen in Deutschland (**M 1** bis **M 3**, Atlas).

Webcode: GO649174-303

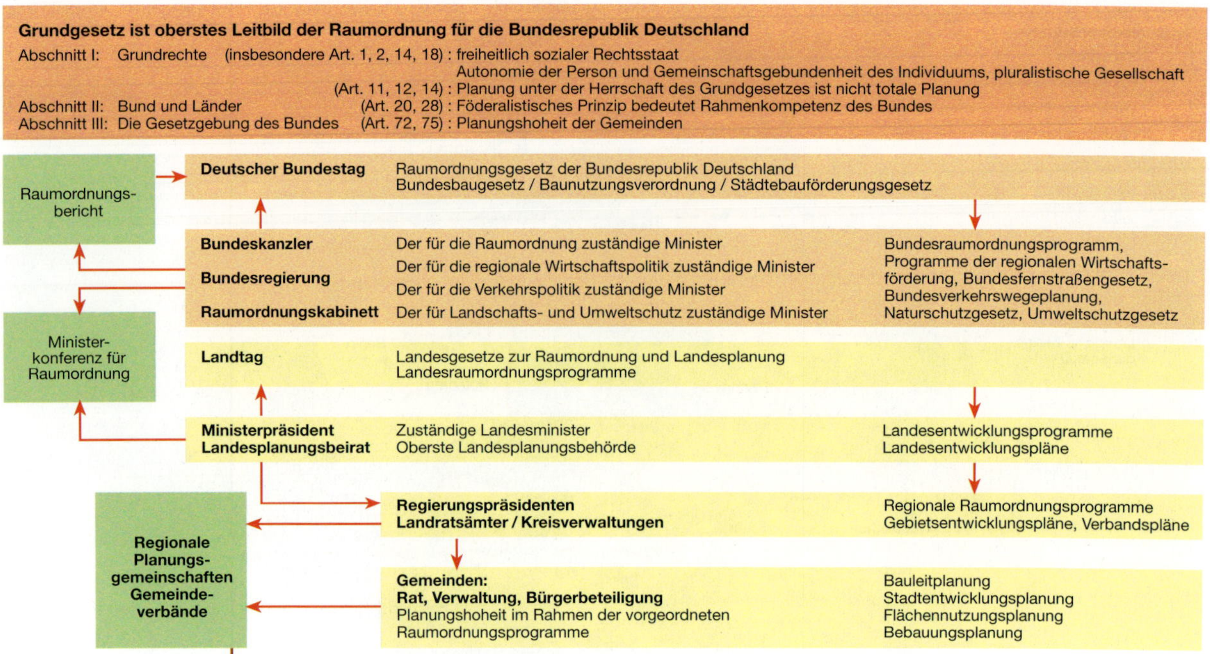

M4 Ziele und Träger der Raumordnung

Der Prozess der Raumentwicklung reagiert nur träge auf Veränderungen der gesellschaftlichen, politischen und wirtschaftlichen Rahmenbedingungen. Deshalb kommt es zu **regionalen Disparitäten,** d. h., **Aktivräumen** (Gebieten mit starken wirtschaftlichen Aktivitäten) stehen **Passivräume** (Räume mit unterdurchschnittlicher Entwicklung) gegenüber. Mit dem Raumordnungsgesetz greift der Gesetzgeber ein, um eine gleichmäßige Entwicklung zu fördern. Eine laufende Beobachtung von 97 Raumordnungsregionen (ROR) gibt Aufschluss über die Entwicklung der regionalen Wirtschafts-, Bevölkerungs- und Siedlungsstruktur. Außerdem werden darin die räumlichen Planungen und Maßnahmen auf Bundes- und EU-Ebene dokumentiert. Die Abgrenzung der ROR orientiert sich vorrangig an natur-, sozial- und wirtschaftsräumlichen Gegebenheiten, aber auch an siedlungsräumlichen Verflechtungen und historischen Regionalgliederungen.

Indikator	Bundesgebiet	ROR 26 Uckermark-Barnim	ROR 57 Westsachsen (Leipzig)	ROR 72 Stuttgart	ROR 85 Oberpfalz-Nord
Bevölkerungsdichte (Einw./km²)	231	69	245	730	97
Siedlungsdichte (Einw./km² Siedlungsfläche)	1808	968	1985	3355	1085
Wanderungssaldo (‰)	1,0	- 0,7	2,0	0,9	- 1,0
Ausbildungsplatzdichte (%)	95,3	87,4	91,5	98,3	95,5
VHS-Kurse (je 10 000 Einw.)	66,4	18,8	38,1	106,5	62,2
Studenten an Universitäten (‰)	24,1	5,4	35,8	19,2	3,7
Beschäftigte im sekundären Sektor (%)	32,7	25,6	24,5	41,2	46,2
Beschäftigte im tertiären Sektor (%)	66,1	69,2	73,5	58,2	54,3
Beschäftigte mit hochqualif. Berufsausbildung (%)	9,5	8,2	13,4	13,4	4,1
Arbeitslosenquote (%)	12,0	21,6	20,1	6,9	9,5
Arbeitslosigkeit >1 Jahr (%)	40,3	35,6	42,9	36,1	37,6
Sozialhilfeempfänger (%)	3,5	3,2	4,6	2,3	1,8
Lohn und Gehalt eines Industriebeschäft. (€/Monat)	3125	2409	2321	3806	2639
Steuereinnahmen je Einwohner (€)	519	219	288	726	453
Ärzte (je 100 000 Einw.)	162	120	156	147	138
Baulandpreise (€/m²)	110	45	57	384	59

(Quelle: Bundesamt für Bauwesen und Raumordnung: Aktuelle Daten zur Entwicklung der Städte und Gemeinden. Ausgabe 2009)

M5 Unterschiedlich strukturierte Räume (2005 – 2008)

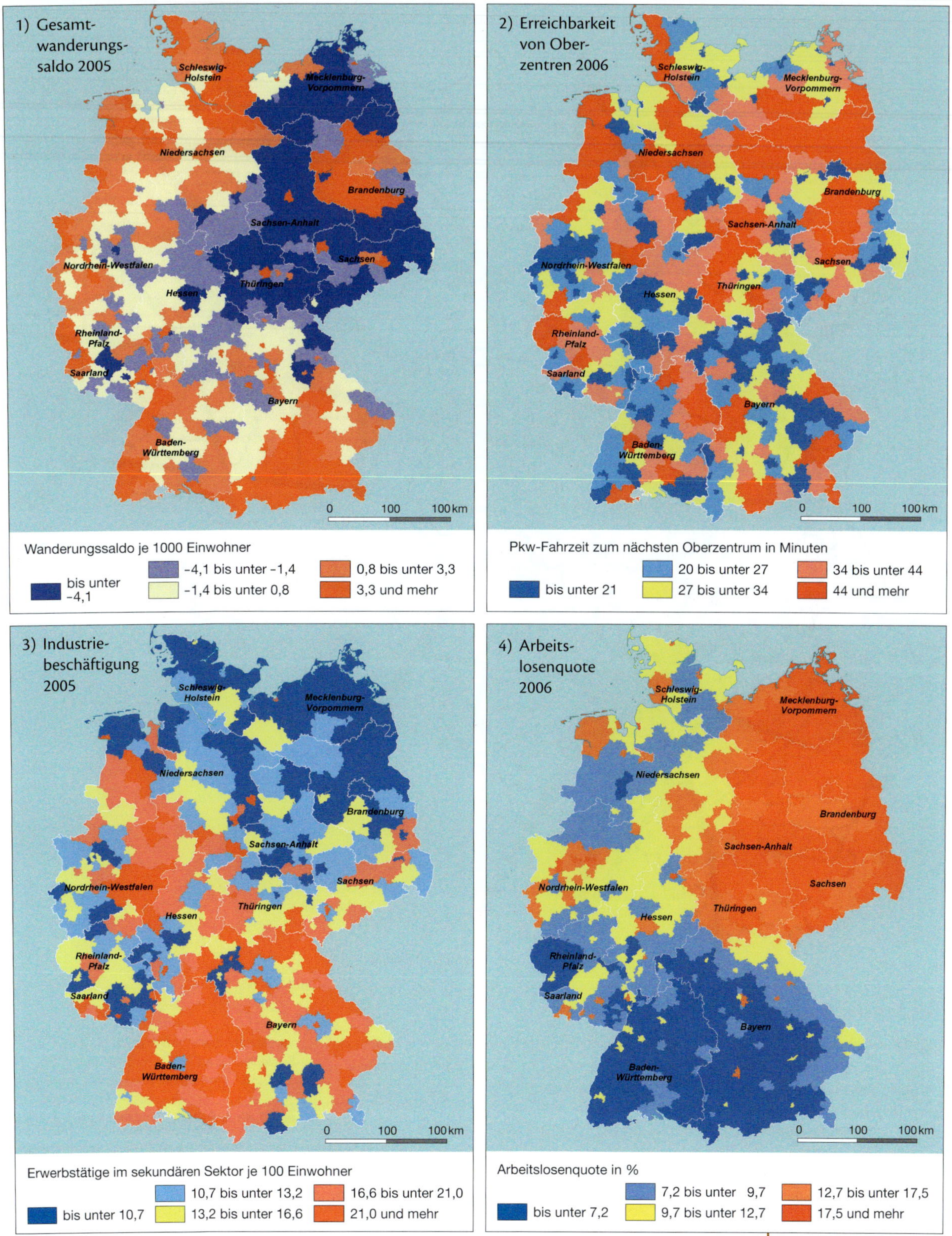

M6 Räumliche Strukturen in Deutschland

(nach: INKAR Datenbank des Bundesamtes für Bauwesen und Raumordnung)

2. Charakterisieren Sie die wirtschaftlichen Kernräume Deutschlands (M3, M6, Atlas).
3. Erläutern Sie Merkmale eines strukturschwachen Raums (M5, M6).

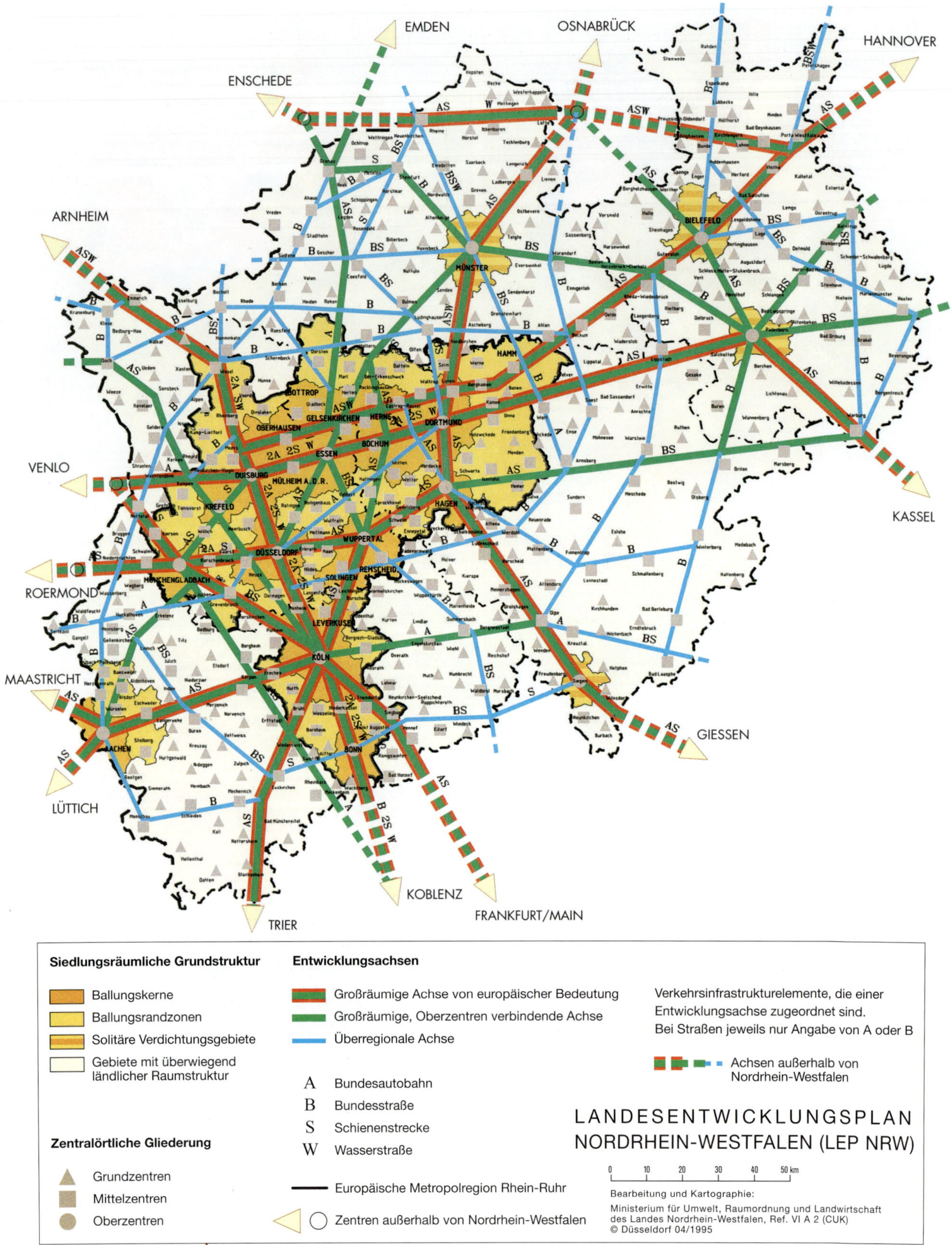

M7 Siedlungsräumliche Grundstruktur

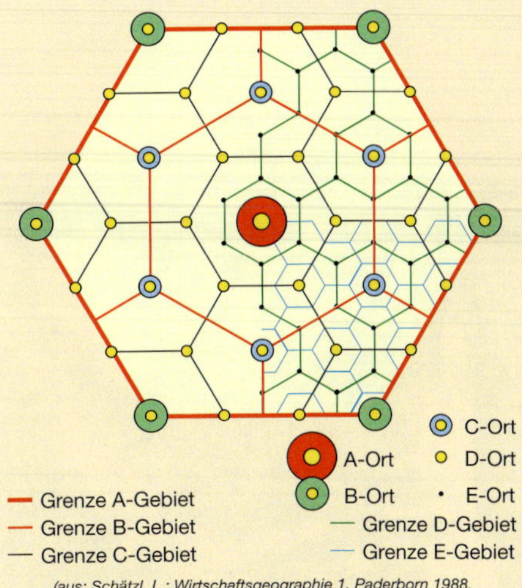

(aus: Schätzl, L.: Wirtschaftsgeographie 1. Paderborn 1988, S. 34, verändert, und Hofmeister 1997, S. 99)

Rang	Bezeichnung	Elemente der normalen Ausstattung	Beispielorte
1	Zentraler Ort unterer Stufe	Geschäfte mit Waren des täglichen Bedarfs (Haushalts-, Elektrowaren, Kleintextilien, Wäsche); Handwerke; Kinos, Sparkasse, Apotheke, Ärzte; oft Amtsverwaltung, ländl. Genossenschaften, kleines Krankenhaus	Balve, Sundern (Reg.-Bez. Arnsberg)
2	1 mit Teilfunktionen von 3	Zusätzlich zu 1: Höhere Schule, Fachkrankenhaus	Landstuhl (Pfalz)
3	Zentraler Ort mittlerer Stufe	Spezialgeschäfte; Spar- und Bankinstitute; Fachärzte, Krankenhaus mit Fachabteilungen; Kreisverwaltung, höhere Schulen, Berufsfachschulen	Uelzen, Mayen, Nördlingen
4	3 mit Teilfunktionen von 5	Zusätzlich zu 3: Großwarenhaus, Hochschule	Flensburg, Göttingen
5	Zentraler Ort höherer Stufe	Luxus- und Spezialgeschäfte, Warenhäuser; Sitz höherer Behörden und Wirtschaftsverbände; kulturelle Einrichtungen mit laufenden Veranstaltungen (Ausstellungen, Museen, Theater); Spezialkliniken	Kassel, Münster, Würzburg
6	5 mit Teilfunktionen von 7	Höchste Funktionen einzelner Aufgabenbereiche z. B. als Landeshauptstadt	Bremen Hannover
7	Zentraler Ort höchster Stufe	Institutionen und Organisationen eines überregionalen Verwaltungs-, Kultur- und Wirtschaftszentrums	Frankfurt/M. Köln, München

Das System der **Zentralen Orte** hat die Raumordnung in Deutschland stark beeinflusst. W. Christaller, ein deutscher Geograph, hat 1933 für Südwestdeutschland nachgewiesen, dass Städte durch ihre funktionale Ausstattung mit dem Umland verbunden sind. Zentrale Orte sind demnach Siedlungen, die Mittelpunkt für den sie umgebenden Bereich sind, in dem sie **zentrale Güter** und **zentrale Dienste** bereitstellen. Dazu gehören z. B. Spezialgeschäfte, Großmärkte, Facharztpraxen, schulische Einrichtungen und Theater sowie Bahnhöfe. Nach dem Umfang dieser Güter und Dienstleistungen werden Zentren höherer und niedrigerer Ordnung unterschieden.

Jedem zentralen Gut liegt eine Reichweite zugrunde, die von der Nachfrage abhängt. Zum einen wird die Untergrenze des Marktes durch die **Umsatzschwelle** bestimmt, das ist derjenige Schwellenwert, unter dem es einem Ort nicht mehr möglich ist, eine Ware bereitzustellen, da ein annehmbarer Gewinn nicht mehr erzielt werden kann. Zum anderen hat auch jeder Markt eine Obergrenze, wo die Leistung von anderen günstiger angeboten werden kann; dies nennt man die **Reichweite eines zentralen Gutes.** Unter der Annahme, dass in alle Richtungen eine gleiche Verkehrsinfrastruktur vorliegt, ergibt die Reichweite eines Produktes im Idealfall eine kreisförmige Struktur, einen Nachfragekegel.

M 8
Das System der zentralen Orte

Raumordnungskonzepte

In der Vielfalt der Theorien für eine optimale Raumentwicklung findet man in Deutschland eine Verknüpfung von drei verschiedenen Ansätzen.

Das Zentrale-Orte-Konzept: Mit der Klassifizierung von Gemeinden in Klein-, Unter-, Mittel- und Oberzentren wurde bundesweit ein räumliches Ordnungsraster erstellt. Mit diesem Konzept sollen eine räumliche Dezentralisierung und eine Begrenzung von Verdichtungsräumen erreicht werden.

Das Konzept der Entwicklungsschwerpunkte und -achsen: Mit dieser Strategie wird die wirtschaftsräumliche Entwicklung begünstigt. Die Konzentration wirtschaftlicher, politischer und administrativer Aktivitäten fördert die Differenzierung und Spezialisierung des Arbeitsmarktes, optimiert das Kommunikationssystem und minimiert die Verkehrskosten. Diese Wirtschaftsschwerpunkte werden durch Entwicklungsachsen, in denen die infrastrukturellen Einrichtungen ausgebaut werden, miteinander verbunden. Die Systeme der Zentralen Orte und der Entwicklungsachsen ergeben zusammen ein **punkt-axiales Raumordnungskonzept.**

Das Konzept der Vorranggebiete: Auf der Basis der naturräumlichen Ausstattung werden großräumig Gebiete ausschließlich für Landwirtschaft, Industrie oder Erholung genutzt. Damit werden diejenigen Funktionen gefördert, für die eine Region besonders geeignet ist. Mit diesem Konzept wird die funktionale Trennung zwischen Verdichtungsräumen und **peripheren Gebieten** verstärkt.

4. Erläutern Sie die Zusammenarbeit der verschiedenen Träger der Raumordnung (M 4).
5. Setzen Sie die drei Konzepte zur Raumentwicklung jeweils in eine Skizze um (Text).
6. Erklären Sie Ziele und Inhalte des Landesentwicklungsplanes von Nordrhein-Westfalen (M 7). Gehen Sie dabei auf die Umsetzung der verschiedenen Raumordnungskonzepte ein.
7. Erläutern Sie das System der zentralen Orte. Differenzieren Sie dabei unterschiedliche zentrale Güter (M 8).
8. Erklären Sie dargestellt an Ihren Einkaufsgewohnheiten für Bekleidung den Begriff „Reichweite eines zentralen Gutes".

4. Raumplanung im Großraum Paris

M1 Paris

Die Entwicklung von Paris und seinem Umland

Paris ist seit rund 1500 Jahren Hauptstadt von Frankreich. Die mit der Ernennung zur Hauptstadt verbundenen Rechte und Privilegien, die Gründung der Universität Sorbonne sowie das Aufblühen von Handel und Gewerbe machten Paris im 14. Jh. mit rund 200000 Einwohnern zur größten Stadt Europas und zogen auch in den folgenden Jahrhunderten immer mehr Menschen an. Im 19. Jh. siedelten sich verstärkt Industriebetriebe in Paris an und um 1850 zählte die Stadt bereits 1,3 Mio. Einwohner. Gleichzeitig dehnte sie sich immer weiter ins Umland aus. Der Bevölkerungszuwachs resultierte zum überwiegenden Teil aus Wanderungsgewinnen. Paris mit seinen Ministerien, Behörden und Firmensitzen sowie dem großen Angebot an Arbeitsplätzen zog die Menschen aus allen Regionen an. Waren es bis etwa 1962 vor allem Einwohner der ländlichen und der strukturschwachen Departements Frankreichs, so kamen nach dem Zerfall des französischen Kolonialreichs Rückwanderer aus den Kolonien, vor allem aus Algerien, hinzu. Die wirtschaftlich engen Kontakte zu den meisten der alten Kolonien und das wachsende Wohlstandsgefälle haben in den letzten Jahren die Zahlen an Zuwanderern aus diesen Gebieten – besonders aus Afrika – stark ansteigen lassen. Diese suchen entweder in den südfranzösischen Großstädten oder in Paris eine Bleibe.

	1954	1968	1982	1990	1999	2007
Ville de Paris	2850	2591	2176	2152	2116	2193
Petite Couronne	2731	3833	3905	3989	4028	4350
Hauts-de-Seine	1118	1462	1387	1392	1423	1544
Seine-St.-Denis	845	1250	1324	1381	1382	1502
Val-de-Marne	768	1121	1194	1216	1223	1303
Grande Couronne	1736	2824	3992	4520	4782	5056
Seine-et-Marne	453	604	887	1078	1193	1290
Yvelines	519	854	1196	1307	1353	1404
Essonne	351	673	988	1085	1133	1202
Val-d'Oise	413	693	921	1050	1103	1161
Ile-de-France	7317	9248	10073	10661	10926	11599

M2 Bevölkerungsentwicklung der Ile-de-France (in 1000)

Die Revolution von 1789 schaffte die alte regionale Gliederung (Grafschaften, Herzogtümer, Provinzen) Frankreichs ab und schuf die Departements. Paris bildete seitdem das Departement Seine. 1956 wurden in einer Regionalreform die Departements Seine, Seine-et-Oise und Seine-et-Marne zur Région Parisienne zusammengefasst. 1964 wurde die Region in acht Departements aufgeteilt und in Ile-de-France umbenannt.

Die 12012 km² umfassende Ile-de-France ist in sich sehr inhomogen, weshalb man – auch statistisch gesehen – drei Teile unterscheidet: die Kernstadt Paris (Ville de Paris), den inneren Ring (Petite Couronne) und den äußeren Ring (Grande Couronne). Das französische Statistische Institut (INSEE) differenziert zusätzlich noch die Agglomeration sowie die Industrialisierungs- und Verstädterungszone von Paris. Die Unterscheidung dieser administrativen und statistischen Raumeinheiten ist wichtig, weil in Veröffentlichungen und Statistiken unter „Paris" sehr unterschiedliche Gebiete gemeint sein können.

Der Boom schafft Probleme

Das starke Bevölkerungswachstum der letzten Jahrzehnte in der Ile-de-France brachte der Region massive Probleme. Für die Zuwanderer musste Wohnraum geschaffen werden, was im stark überbauten Paris kaum noch möglich war. Deshalb wurden in den Vororten (frz.: banlieue) besonders in den 1950er- und 1960er-Jahren große Wohnkomplexe errichtet, wobei ein großer Teil dem sozialen Wohnungsbau zuzurechnen ist. Die Eilbedürftigkeit dieser Vorhaben führte oftmals dazu, dass das Umfeld vernachlässigt wurde. So entstanden riesige, „seelenlose" Schlafstädte, denen viele **Infrastruktureinrichtungen** fehlten. Trotz aller schnell durchgeführter Baumaßnahmen konnte die Bereitstellung von Wohnraum lange Zeit nicht mit dem Zuwandererstrom Schritt halten.

In Paris selbst wurde die Wohnungsnot dadurch verstärkt, dass viele Wohnungen sanierungsbedürftig waren. Eine Bestandsaufnahme zu Beginn der 1960er-Jahre stellte fest, dass 80 Prozent der Wohnungen älter als 30 Jahre waren. Zudem war die sanitäre Ausstattung schlecht. So besaßen 36 Prozent der Wohnungen kein Bad, 30 Prozent nicht einmal eine eigene Toilette.

Wenngleich der Wohnraummangel und die schlechte Ausstattung vieler Wohnungen eher abstoßend wirkten, blieb Paris als Standort für industrielle und gewerbliche Unternehmen attraktiv. Die **Fühlungsvorteile** der mit umfangreichen zentralen Funktionen ausgestatteten Hauptstadt bewogen viele Unternehmen, vor allem des tertiären Sektors, sich in Paris niederzulassen. Das führte dazu, dass frei werdender Wohnraum oder durch Sanierung frei werdende Flächen in Bürostandorte umgewandelt wurden. Auf diese Weise nahm die Einwohnerzahl von Paris ständig ab, die Zahl der Büros und Agenturen jedoch zu.

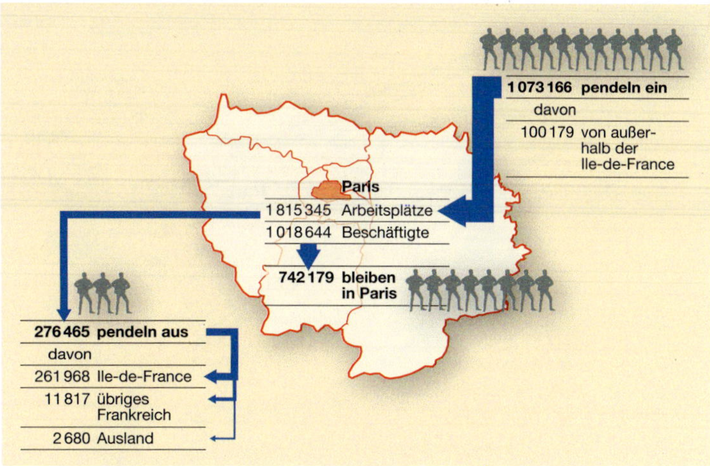

M 3 Pendler in der Ile-de-France und in Paris (nach: INSEE 2000)

Wachstum ohne Plan?

„Seit Jahrzehnten bereitet das Wachstum von Paris den französischen Stadt- und Landesplanern Kopfzerbrechen. Bereits im 19. Jahrhundert hatte die Ausdehnung der französischen Hauptstadt derartige Ausmaße angenommen, dass der Ruf nach einer Begrenzung ihres Wachstums immer lauter wurde. Wie aber sollte man das Wachstum einer Hauptstadt in einem zentralistischen Staat begrenzen, wenn sie immer mehr Einwohner und Unternehmen anzog?

In der wirtschaftlichen Erholungsphase nach dem Zweiten Weltkrieg stand die französische Hauptstadt kurz vor dem Kollaps: Es gab zu wenige und meist nur schlecht ausgestattete Wohnungen. Die wirtschaftliche Attraktivität der Hauptstadt führte zu einem Zustrom von Zuwanderern, die meist nur in der Umgebung eine Unterkunft fanden. Als Folge wuchs der Pendlerverkehr drastisch an und das vorhandene Verkehrsnetz konnte die Pendlerströme nicht mehr bewältigen. Fahrzeiten von täglich vier Stunden und mehr waren keine Seltenheit. In der Banlieue machte sich das Fehlen eines Raumordnungsplans drastisch bemerkbar: Alte und neue Wohnsiedlungen lagen in unmittelbarer Nachbarschaft zu emittierenden Betrieben oder lauten Verkehrsanlagen.

Die Ausstattung der Banlieue mit Infrastruktureinrichtungen war indiskutabel (z. B. gab es nicht ein einziges Theater und nur ein Universitätsinstitut). Das Verkehrsnetz war allein auf Paris ausgerichtet, Pendlerbewegungen innerhalb der Banlieue wurden damit erschwert."

M 4
Die Banlieue
(nach: Theißen, U.: Eurodisneyland – Ein Projekt im Rahmen der Entwicklung von Marne-la-Vallée und der Ile-de-France. In: Geographie und Schule, H. 86, 1993, S. 2)

1. Analysieren Sie die Bevölkerungsentwicklung der Ile-de-France. Unterscheiden Sie dabei zwischen den drei Einheiten Ville de Paris, Petite und Grande Couronne (**M 2**).
2. Recherchieren Sie im Internet: Ermitteln Sie die Einwohnerzahlen für London, Berlin und Moskau und vergleichen Sie die Bevölkerungsentwicklung dieser Städte mit der von Paris (**M 2**). Stellen Sie dazu die Einwohnerzahlen in einer geeigneten Grafik dar.
3. Erläutern Sie die aus dem Wachstum der Region Paris entstehenden Probleme. Unterscheiden Sie dabei zwischen der Ville de Paris und der übrigen Ile-de-France (**M 4**).
4. Begründen Sie die Verkehrsprobleme der Region Ile-de-France (**M 3**, **M 4**).

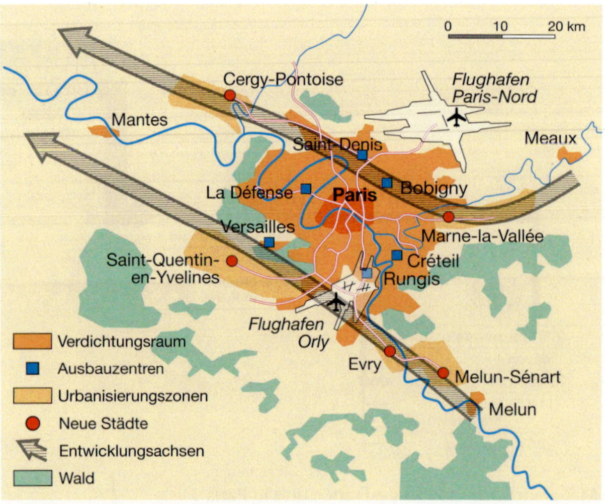

Der Leitplan geht davon aus, dass das Wachstum von Paris räumlich nicht einzuengen ist. Statt dessen soll eine geplante Ausdehnung entlang von Entwicklungsachsen erfolgen. Innerhalb der Banlieue sind neue urbane Zentren zu errichten, die sowohl Arbeitsplätze als auch Dienstleistungen für die Bevölkerung anbieten. Außerhalb der Banlieue sollen im Verlauf der Expansionsachsen neue Städte (Villes Nouvelles) errichtet werden, in denen Arbeitsplätze im sekundären und tertiären Sektor anzusiedeln sind, damit die Einwohner der Villes Nouvelles nicht zur Arbeit auspendeln müssen. Den Industrieunternehmen sollen Anreize geboten werden, damit sie ihre Produktionsstätten auslagern. Durch diese Maßnahmen soll das Pendleraufkommen in der Agglomeration verringert werden. Trotzdem ist das Verkehrsnetz in der gesamten Ile-de-France sowohl für den Individual- als auch für den öffentlichen Personenverkehr auszubauen.

(zusammengefasst nach: Premier Ministre: Schéma directeur d'aménagement et d'urbanisme de la région de Paris. Paris 1965)

M 5 Der Raumordnungsplan von 1965

Lässt sich ein Chaos planen?

Schon vor dem Ersten Weltkrieg wurde den Planern in der französischen Regierung deutlich, dass das Wachstum von Paris zu einer starken räumlichen Ausdehnung ins Umland hinein mit einer starken Überformung der Umland-Gemeinden und -Freiflächen führen würde, wenn man nicht durch gezielte Planung dieser Entwicklung gegensteuern würde. Die Angst vor dem sich ausbreitenden „Ölfleck" (tache d'huile) ging damals um. Erste gemeinsame Planungen für Paris und sein Umland begannen 1910 mit der Gründung des „Ausschuss für die Erweiterung von Paris". 1928 wurde die „Hohe Kommission für die Pariser Raumplanung und allgemeine Organisation" eingesetzt. Sie war der Ansicht, das Wachstum von Paris verhindern zu können, indem man außerhalb eines Kreises von 35 km um Notre Dame jegliche Bebauung verbot. 1934 erschien der „Plan Prost", der aufgrund dieser Prämisse die Region Paris neu organisieren wollte. Er konnte wegen der Wirtschaftskrise und des Zweiten Weltkriegs nicht realisiert werden. Ähnlich erging es einem weiteren Plan, dem PADOG, der bei seiner Vorstellung 1960 bereits überholt war und ebenfalls nicht verwirklicht wurde.

Unter dem Druck der sich auftürmenden Probleme entschloss sich der damalige Staatspräsident Charles de Gaulle zu schnellem Handeln: 1961 wurde eine neue Planungsbehörde für die gesamte Region (District de la région de Paris) geschaffen. Ihr Generalbevollmächtigter legte bereits 1965 einen neuen Raumordnungsplan vor, den SDAURP (Schéma directeur d'aménagement et d'urbanisme de la région de Paris). Dieser Plan wurde mehrfach der Entwicklung angepasst (zuletzt 1994), er ist aber auch heute noch die entscheidende Planungsgrundlage.

Einer der Grundgedanken des Raumordnungsplans war die Dezentralisierung von Paris. Sie hatte bereits in den 1950er-Jahren eingesetzt, als große Industriebetriebe, die sich in Paris nicht mehr ausdehnen konnten, die Region verließen. Mitte der 1960er-Jahre erreichte die Dezentralisierung ihren Höhepunkt als, begünstigt durch staatliche Subventionen, innerhalb von vier Jahren rund 1100 Betriebe mit jeweils mehr als 150 Beschäftigten die Ile-de-France verließen. Gegen Ende der 1970er-Jahre kam diese Entwicklung schon fast zum Erliegen. Trotz einiger spektakulärer Entscheidungen wie beispielsweise der Verlagerung eines Citroën-Werkes in die Bretagne wird deshalb von Experten der Erfolg der Dezentralisierung auch angezweifelt. Da sich außerdem die meisten Unternehmen knapp außerhalb der Ile-de-France ansiedelten und ihre Firmensitze in Paris beließen, muss wohl besser von einer Dekonzentration gesprochen werden. Zudem sollte Paris keineswegs zentrale bzw. Hauptstadtfunktionen abgeben.

5. Stellen Sie die Ansätze zur regionalen Planung im Raum Paris zu Beginn des 20. Jahrhunderts dar (Text).
6. Erläutern Sie die Zielsetzungen des Schéma directeur 1965 (M 5, Atlas).
7. Erläutern Sie die Zweifel am Gelingen der Dezentralisierung.
8. Erläutern Sie die Konzeption von La Défense und bewerten Sie die Standortsituation (M 6, M 7, Atlas).
9. Überprüfen Sie, ob La Défense den Zielen des Schéma directeur entspricht (M 5 bis M 7).

Ein citynahes Projekt: La Défense

Vor den Toren von Paris befand sich schon immer am Pont de Neuilly ein auf dem Gebiet der Stadt Nanterre gelegener wichtiger Verkehrsknotenpunkt. Von hier aus strömten die Fahrzeuge aus dem westlichen Umland nach Paris hinein. Fahrzeuge, die Paris in Richtung Westen verlassen wollten, wurden am Verkehrsknoten auf die nach vielen Städten führenden Nationalstraßen verteilt. In Spitzenzeiten des Berufsverkehrs kam es regelmäßig zu Staus. 1956 wurde deshalb ein Plan zur Entflechtung des Verkehrs auf mehreren Ebenen beschlossen. Gleichzeitig sollte dieser citynahe, verkehrsgünstige Standort zu einem bedeutenden Bürozentrum ausgebaut werden.
Der Verkehr wurde entflochten, indem man den Verkehrsträgern verschiedene Ebenen zuordnete. Im Untergrund verlaufen die Regional-Schnellbahn RER (seit 1970) sowie seit 1987 die verlängerte Metro-Linie M1, darüber folgen Straßensysteme für den Bus- und den Individualverkehr und die oberste Ebene bleibt den Fußgängern vorbehalten.

1958 begann die Entwicklung von La Défense mit der Fertigstellung des Ausstellungspalastes CNIT (Centre National des Industries et des Techniques), das erste Bürohochhaus (Tour Esso) konnte 1964 seiner Bestimmung übergeben werden. Von Beginn an waren Wohngebäude vorgesehen. Nach den ersten Planungen sollte das Verhältnis Einwohner zu Arbeitsplätze 1:5 betragen. Es hat sich aber heute bei 1:3,5 eingependelt. Ursprünglich war man im Endausbau von 20 000 Einwohnern ausgegangen, heute sind es bereits doppelt so viele. Der Grund liegt darin, dass La Défense wider Erwarten auch als Wohnstandort von der Bevölkerung angenommen wird.
Außerdem hat sich ein Teil der Bewohner des ehemaligen Viertels La Défense – es mussten 10 000 Wohnungen für den Komplex abgerissen werden – in den Wohnblöcken niedergelassen.
Der vorläufige Höhepunkt der Entwicklung von La Défense war die 1989 zum zweihundertsten Jahrestag der französischen Revolution erfolgte Einweihung des neuen Triumphbogens „La Grande Arche", welcher rund 500 Mio. € Baukosten verschlungen hat und in seinen Büroräumen 5000 Arbeitsplätze anbietet. Büroflächen sind inzwischen in La Défense so begehrt, dass das Viertel nach Westen erweitert werden muss.

M6 Blick auf La Défense

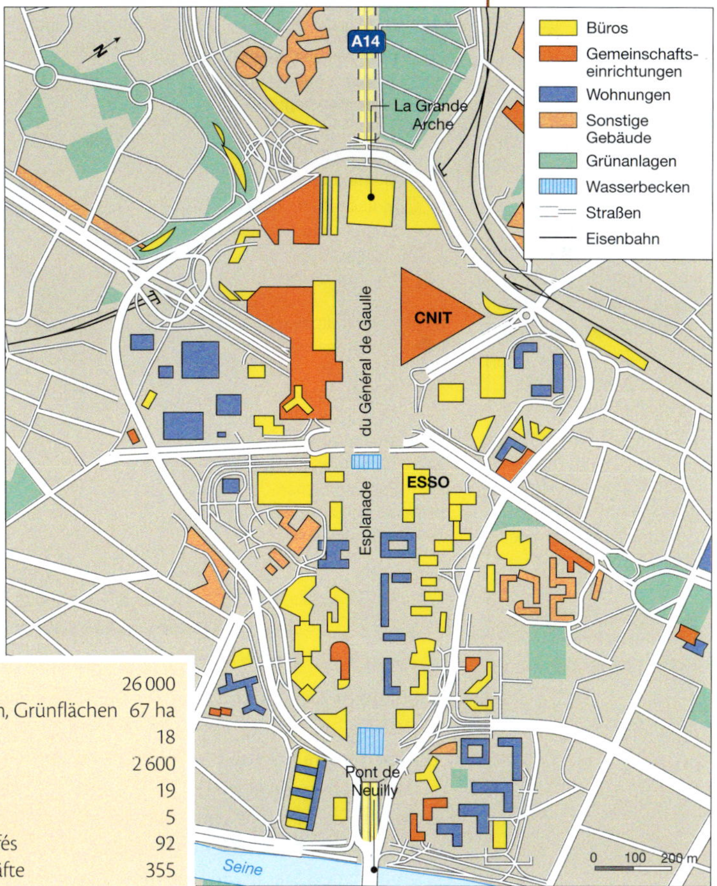

La Défense in Zahlen

Fläche des Geschäftsviertels	1,6 km²	Parkplätze	26 000
Bürofläche	2,5 Mio. m²	Fußgängerzonen, Grünflächen	67 ha
Unternehmen	1600	Hotels	18
Umsatz	ca. 160 Mrd. US-$	Hotelbetten	2 600
Beschäftigte	140 000	Banken	19
Wohnungen	15 000	Warenhäuser	5
Einwohner	40 000	Restaurants, Cafés	92
		Sonstige Geschäfte	355

M7 Plan und Daten zu La Défense

Die Villes Nouvelles – ein Konzept mit Fragezeichen

Zunächst sah der Raumordnungsplan von 1965 die Errichtung von acht Villes Nouvelles in der Ile-de-France vor. Nachdem sich die ursprünglich für die Jahrtausendwende prognostizierten 20 Mio. Einwohner in der Ile-de-France schon bald als Illusion erwiesen, wurden auch Zahl und Größe der Villes Nouvelles in den Revisionen von 1969 und 1976 auf fünf und jeweils maximal 200 000 bis 300 000 Einwohner im Endausbau reduziert. Die Villes Nouvelles sollten nicht nur Schlafstädte sein, sondern auch Arbeitsplätze, Schulen und andere zentrale Einrichtungen wie entsprechend große Städte in der Provinz anbieten. Bei der Planung wurde Wert darauf gelegt, dass den Einwohnern im Vergleich zu Paris und seinen Vororten mehr Platz zur Verfügung steht, und zwar sowohl im Wohn- als auch im Freizeitbereich.

Die Villes Nouvelles bilden keine verdichteten Städte, sondern sie bestehen aus z. T. weit auseinander liegenden Ortsteilen, die jeweils über verschiedene Wohnviertel, Industrie- und Gewerbegebiete sowie Dienstleistungsviertel verfügen. Mit staatlicher Hilfe sind die Villes Nouvelles in den letzten Jahren durch die Anlage von Universitäten und Fachhochschulen aufgewertet worden. Auch große Privatkonzerne verlegten ihre Forschungs- und Entwicklungszentren in Villes Nouvelles, was zu einer Verbesserung des Arbeitsplatzangebotes führte. Im Endausbau soll die Zahl der Arbeitsplätze 80 Prozent der Zahl der Berufstätigen ausmachen.

Im Unterschied zu den Wohnkomplexen der 1950er- und 1960er-Jahre sollen die Viertel der Villes Nouvelles durch ihre innovative architektonische Gestaltung – auch bei den Projekten des sozialen Wohnungsbaus – einen eigenen Charakter enthalten und zur Identifikation der Bewohner mit „ihrer" Stadt beitragen.

Da auf dem Gebiet des Kulturangebots das Niveau der Hauptstadt kaum erreichbar schien, stattete man die Villes Nouvelles mit besonders attraktiven Sport- und Freizeitzentren aus.

M8
Neuere Entwicklungen in der Ile-de-France

Die Zukunft der Pariser Agglomeration liegt weniger in den Villes Nouvelles als vielmehr in einer Reihe von aufstrebenden Entwicklungszentren. Wie sehr sich die Dynamik von der Kernstadt in die Banlieue verlagert hat, manifestiert sich in der Lage der wichtigsten Entwicklungsachsen innerhalb der Region. Die Ile-de-France entwickelt sich immer mehr zu einer multipolaren Agglomeration, in der drei Entwicklungsachsen erkennbar sind.

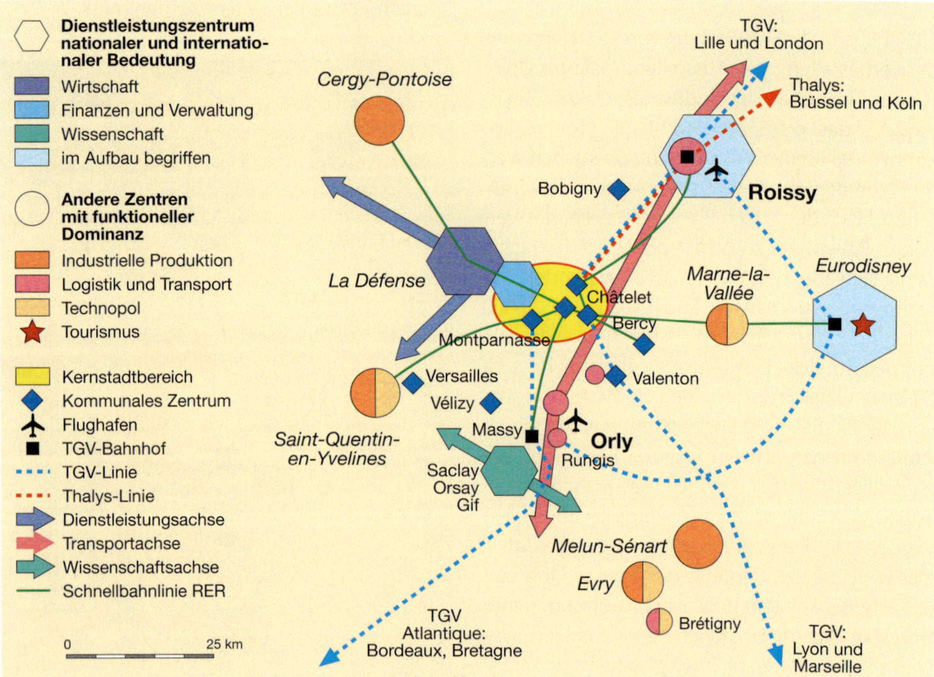

(nach: Paal, M.: Paris – Urbanismus mit Zukunft? In: Geographische Rundschau 1996, S. 440/441)

10. Erläutern Sie das Konzept der Villes Nouvelles im Rahmen des Raumordnungsplans von 1965 (M 5).
11. Arbeiten Sie heraus, inwieweit die Villes Nouvelles den Kernraum der Ile-de-France/Paris entlastet haben (M 4, M 9).
12. Stellen Sie in Form einer Tabelle Vor- und Nachteile der Villes Nouvelles gegenüber und bewerten Sie abschließend das Konzept der Villes Nouvelles (M 5, M 8, M 9).
13. Überprüfen Sie, inwieweit die tatsächlichen Entwicklungstendenzen in der Ile-de-France mit den Vorgaben des Schéma directeur übereinstimmen (M 5, M 8).

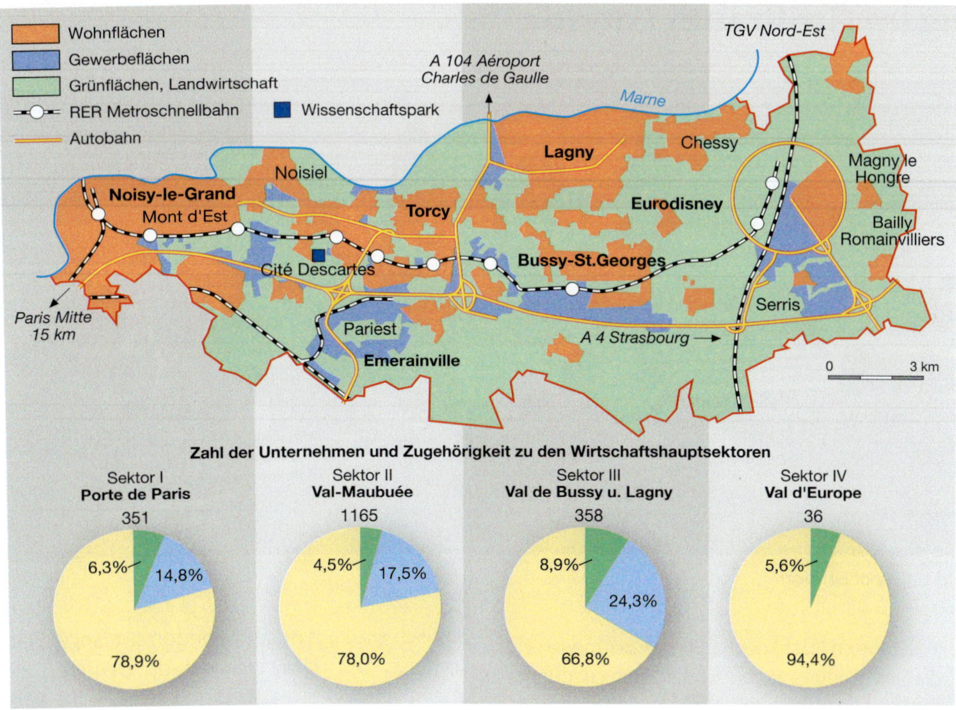

Plan Marne-la-Vallée

Die Villes Nouvelles verlieren an Attraktivität. Zwischen 1990 und 1999 hat sich das Bevölkerungswachstum der Villes Nouvelles deutlich verlangsamt. Zum ersten Mal seit ihrer Gründung ist der Geburtenüberschuss der überwiegend jungen Bevölkerung der Motor der Entwicklung. Von den fünf Villes Nouvelles haben Cergy-Pontoise, Evry und St.-Quentin-en-Yvelines einen negativen Bevölkerungssaldo. Die am stärksten wachsende Ville Nouvelle ist nach wie vor Marne-la-Vallée, und zwar vor allem wegen der Attraktivität von Eurodisneyland und den damit verbundenen Arbeitsplätzen.

(INSEE: Ile-de-France à la page, 4/2000)

Die Unruhen im November 2005 (in den Banlieues) sind nicht nur gewaltsame Antwort auf die Beleidigungen eines Ministers und auf den Tod zweier Jugendlicher, sondern auch allgemeiner Ausdruck ihrer tiefen Überzeugung von Abstieg und Disqualifizierung; davon sind viele Jugendliche aus den Arbeitervierteln überzeugt. Um diese Ereignisse zu verstehen, muss man die ethnische Segregation/Ausgrenzung und ihre Ausmaße berücksichtigen. [...]
Gleichzeitig brachten die Unruhen die sozialen (Herkunft aus dem Arbeitermilieu), räumlichen (heruntergekommene und stigmatisierte, in hohem Maße abgesonderte Siedlungen) und ethnischen Dimensionen mit ins Spiel (Jugendliche mit afrikanischer Herkunft, die direkt von Diskriminierung und Rassismus betroffen sind). Auf die Ausmaße dieser Ausgrenzung zu beharren, heißt nicht die Unsicherheit der Jugend, die wachsenden Unterschiede zwischen den Generationen und die wachsende gesellschaftliche Mobilität zu verleugnen. Dies zeigt, dass die Unruhen nicht nur auf Grundlage der gesellschaftlichen Klassen und Altersgruppen entstanden sind, sondern auch durch die urbanen Formen von Unsicherheit einer Randgruppe der Arbeiterklasse und ganz besonders derjenigen mit Migrationshintergrund. [...]

(Quelle: Oberti, M.: Die Unruhen in den französischen Städten. In: www.eurotopics.net/de, Zugriff am 28.01.2010)

„Wir wohnen hier in unserem Reihenhaus wie in einer Kleinstadt im Grünen. Der Vorteil ist, dass ich nur über die große Avenue gehen muss und schon bin ich auf der anderen Seite im Gewerbeviertel, wo ich in einer Elektronikfirma arbeite. Meistens nehme ich mein Fahrrad, dann bin ich in fünf Minuten da. Unsere beiden Töchter gehen noch in die Grundschule, die liegt im Zentrum unseres Quartiers, bequem zu Fuß zu erreichen. Wenn sie später ins Lycée kommen, können sie mit dem Bus fahren. Die kleinen Einkäufe erledigt meine Frau im Supermarché in unserem Quartier. Für größere Einkäufe – z. B. am Wochenende – fahren wir in den Hyper am Bahnhof, der ist ungefähr 3 bis 4 Kilometer weit weg.

(Ein Hausbesitzer im Quartier „Les Saules" in St.-Quentin-en-Yvelines)

„Die neuen Zentren entstanden viel zu nah am alten Stadtkörper, um tatsächlich eine Entlastung bringen zu können. Heute füllt sich der Raum zwischen ihnen und der Stadt Paris auf, sodass sich anstelle einzelner Städte vielmehr eine Mega-Agglomeration entwickelt."

(Paal, M.: Paris – Urbanismus mit Zukunft? In: GR 1996, S. 440)

	Fläche (ha)	Einwohner		Arbeitsplätze (2000)
		1990	2000	
Cergy-Pontoise	8 000	161 200	177 726	84 315
Evry	4 100	73 400	80 489	47 042
Marne-la-Vallée	15 000	210 900	246 607	102 300
St.-Quentin-en-Yvelines	6 300	128 700	143 144	80 961
Melun-Sénart	11 800	81 800	95 272	26 020

M9 Meinungen und Daten zu den Villes Nouvelles;

5. Raumplanung im Großraum London

M1 City of London

In den ersten Nachkriegsjahren konzentrierte sich die Stadtplanung auf die Eindämmung der ungebremsten Ausdehnung nach außen. Planungsgrundlage wurde der 1944 von Patrick Abercrombie entwickelte Greater London Plan. Er wies den einzelnen ringförmigen Zonen innerhalb des Ballungsraumes bestimmte Funktionen zu, begrenzte jedoch sein Wachstum nach außen durch einen green belt von durchschnittlich 8 km Breite, in dem jede Neubebauung eingeschränkt war. Um dem anhaltenden Bevölkerungsdruck aber Rechnung zu tragen, wurden jenseits dieses Grüngürtels die New Towns als selbstständige Städte geplant und entwickelt. Bildete der green belt die Außenbegrenzung der Metropole, so sollten leistungsfähige Hauptstraßen, die speichenförmig in diesem Ring lagen, der Metropole Struktur geben. (nach: Wehling, H.-W.: Großbritannien. Darmstadt 2007, S. 122)

M2 Greater London Plan

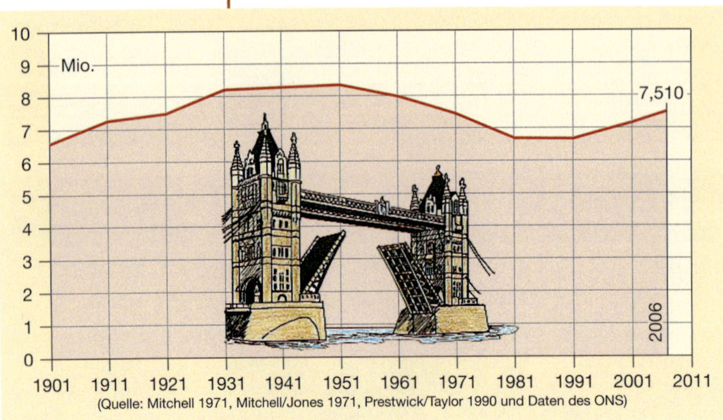

M3 Wohnbevölkerung der City of London

Ähnlich wie Paris ist auch London seit langer Zeit (um das Jahr 1100) Hauptstadt. Dementsprechend entwickelte sich die Stadt zum bedeutendsten Wirtschaftszentrum und zur bevölkerungsreichsten Stadt Großbritanniens.

Mehrere Entwicklungsschübe beschleunigten das Wachstum und die Bedeutung der Hauptstadt. So brachte beispielsweise der Seehandel gegen Ende des 15. Jahrhunderts London großen Wohlstand ein. Durch die Gründung der Börse (1567) und verschiedener Handelskompanien (z. B. Hudson Bay Company, East India Company) wurde London zur bedeutendsten Stadt der damaligen Welt. Sie zählte Ende des 16. Jahrhunderts bereits 200 000 Einwohner.

Im 18. Jahrhundert weitete Großbritannien sein **Kolonialreich** weiter aus. Immer mehr Handelsstützpunkte wurden in fast allen Teilen der Welt gegründet und durch den Ausbau der Flotte stieg das Land zur führenden Seemacht auf. Von dieser Entwicklung profitierte London, das sich zum **Zentrum des britischen Imperiums** entwickelte. Zu Beginn des 20. Jahrhunderts überschritt das britische Imperium seinen Höhepunkt. Neue Kolonien waren nicht mehr zu gewinnen, zumal auch die anderen europäischen Mächte ihre Kolonialreiche gesichert hatten. Zudem hatte Großbritannien durch die Industrialisierung in anderen Ländern Konkurrenten für seine Produkte auf dem internationalen Markt bekommen. Trotz aller Krisen wuchs London aber auch zwischen den Weltkriegen weiter. Das ungebremste und überraschende Wachstum alarmierte Regierung und Stadtplaner. Es war zu befürchten, dass die britische Hauptstadt unkontrolliert das Umland überwuchern würde.

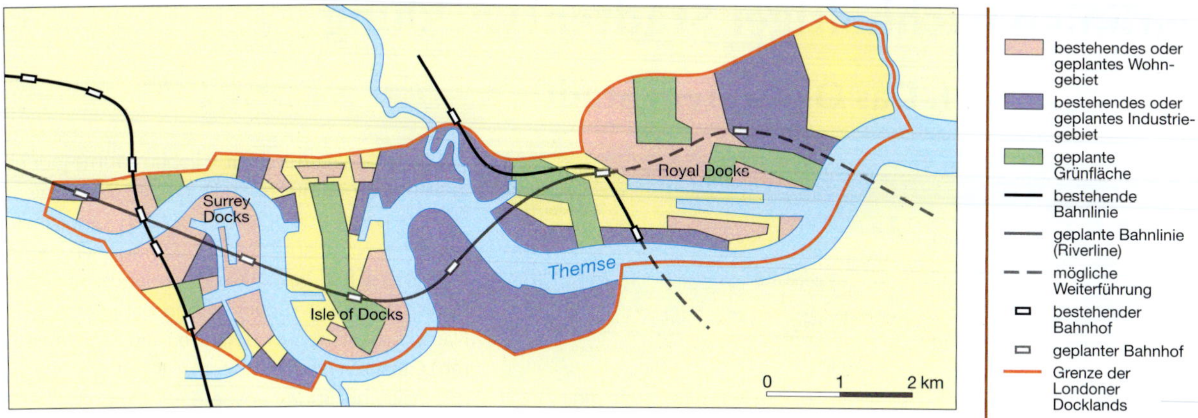

M4 Planungsschema bis 1997

Der Planung im Großraum London kam zugute, dass die Regierung bereits 1888 eine Planungsbehörde für die City of London und 78 umliegende Gemeinden geschaffen hatte (London County Council). Seit dem Jahr 2000 fungiert die Greater London Authority (GLA) als übergeordnete Planungsbehörde für den Großraum London.

Vor dem Hintergrund der starken Bevölkerungszunahme Londons, der Gemengelage von Industriebetrieben und engen, sanierungsbedürftigen Arbeiterwohnvierteln vor allem im Londoner Osten verfolgten die Planer besonders zwei Ziele: die Entlastung von London durch die Errichtung von **neuen Städten,** die so weit außerhalb lagen, dass sie weder untereinander noch mit den Londoner Vororten zusammenwachsen konnten, und die Sanierung der städtebaulich prekären Arbeiter- und Industrieviertel innerhalb der Hauptstadt.

Seit den 1960er-Jahren setzte auch in London ein Deindustrialisierungsprozess ein. Die Stadt verlor durch die Aufgabe von Industriebetrieben viele Arbeitsplätze im gewerblichen und industriellen Bereich. Dadurch wurden aber auch Betriebsflächen – vor allem in den so genannten Docklands im Osten der Stadt – frei, die dann für die Ansiedlung von neuen Wohnvierteln und Unternehmen des tertiären Sektors zur Verfügung standen.

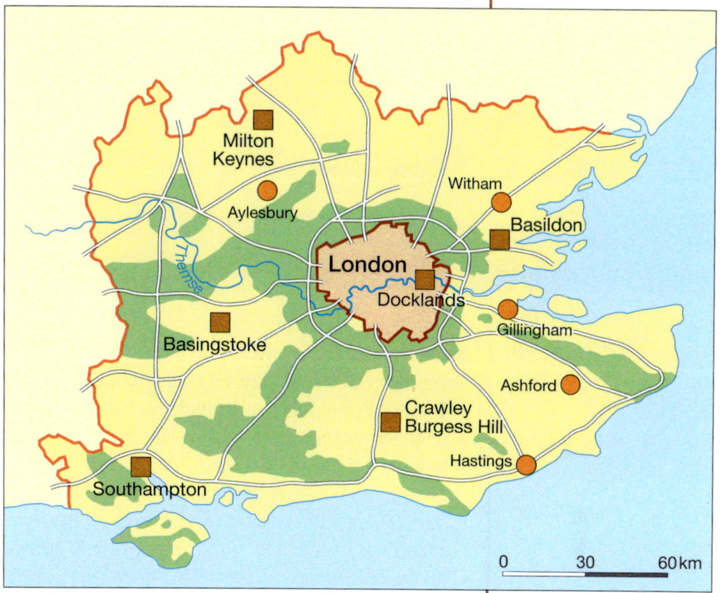

M6 Strategic Plan for the South East von 1978

Die 1967 konzipierte Study fort he South East schlug vor, die Bevölkerungsumverlagerung gezielt in Entwicklungsachsen/Wachstumssektoren zu leiten – ein Gedanke, der auch für den Großraum Paris 1965 entwickelt wurde.

Der Strategic Plan for the South East wurde 1978 veröffentlicht und präzisierte die vorausgegangenen Konzepte. Für London ist wichtig, dass er und die später entwickelten Planungsansätze stärker die Rolle und die Bedürfnisse von London als Hauptstadt und Metropole einbeziehen und z. B. Sanierungsbedürfnisse wie die London Docklands berücksichtigen. Zudem wird die Themse östlich von London als Entwicklungs- und Revitalisierungsgebiet in die Planungsmaßnahmen einbezogen.

(nach: Cornelsen Aktuelle Landkarte 6/2002, S. 11/12)

M5 South East

1. Erläutern Sie das Bevölkerungswachstum von London vor dem Hintergrund seiner politischen und wirtschaftlichen Entwicklung (M3).
2. Erläutern und begründen Sie den Plan zur Errichtung der New Towns (M2, S. 272 M12).
3. Erläutern Sie die Planungsmaßnahmen für den Großraum London nach 1960 (M2, M4 bis M6).
4. Vergleichen Sie die Planungsmaßnahmen für Paris und London. Entwickeln Sie dazu eine geeignete Präsentation.

Leitlinien nachhaltiger Stadtentwicklung

1. Das Ökosystem Stadt

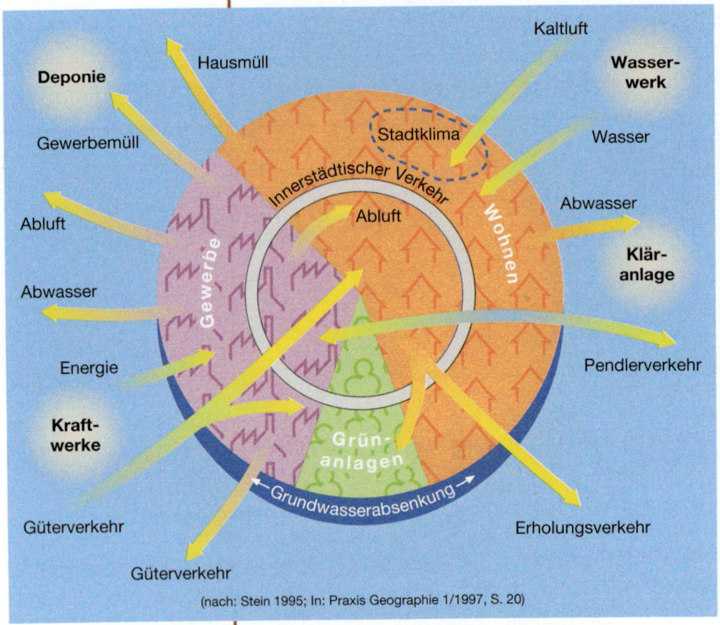

M 1 Modell des Ökosystems Stadt

Vom Menschen unberührte Lebensräume gibt es in Mitteleuropa nur noch in kleinen Restarealen. Der überwiegende Teil der heutigen Landschaft ist keine Naturlandschaft mehr, sondern eine vom Menschen gestaltete Kulturlandschaft. Die stärksten Veränderungen haben die ehemaligen Naturlandschaften in den **urbanen** (verstädterten) Gebieten erfahren. Flora und Fauna, Wasserhaushalt und Böden sowie das Klima weisen in Städten Besonderheiten auf, die sonst nirgendwo zu finden sind. Man kann die Stadt daher als ein eigenständiges, in hohem Maße vom Menschen beeinflusstes Ökosystem auffassen. Die **Stadtökologie,** eine interdisziplinäre Fachrichtung, an der u. a. Geographen, Biologen und andere Naturwissenschaftler beteiligt sind, untersucht dieses Ökosystem. Die angewandte Stadtökologie versucht unter Einbeziehung von Raumplanern, Sozialwissenschaftlern sowie der Politik Maßnahmen zur Verbesserung der Lebensbedingungen in urbanen Räumen zu erarbeiten.

Basierend auf historischen Konzepten und Überlegungen sowie den immer stärker anwachsenden Erkenntnissen der stadtökologischen Untersuchungen während der letzten Jahrzehnte müssen neue Leitbilder für die Stadt von morgen entwickelt werden. Dabei besteht weitgehend Konsens darüber, dass bei urbanen Ökosystemen die Prinzipien natürlicher Ökosysteme – wie z. B. ökologische Stabilität und Elastizität, ungestörte Stoffkreisläufe und energetische Autarkie – nicht gegeben sein können […]. Eine „ökologisch ideale Stadt" kann es folglich nicht geben, jedoch sollte eine möglichst umweltverträgliche Stadtplanung und -entwicklung angestrebt werden […].
In diesem Zusammenhang wird im Rahmen einer vor allem seit dem UN-Umweltgipfel in Rio (1992) anhaltenden Diskussion zu sustainable development auch eine „nachhaltige Stadtentwicklung" gefordert […]. Dazu gehört unbestritten an erster Stelle die zentrale Forderung nach einer verstärkten Schonung der natürlichen Ressourcen und einer möglichst umfassenden Verminderung der unterschiedlichen urbanen Belastungsgrößen […].

Schlagwortartig sollen diese Forderungen verdeutlicht werden:
- verlangsamte Versiegelung und eine anzustrebende partielle Entsiegelung,
- verstärktes Flächenrecycling anstelle von Neuverbrauch,
- Milderung der spezifischen Stadtklimate, das beinhaltet vor allem einen Abbau der erhöhten innerstädtischen Lufttemperaturen (Wärmeinseleffekt), eine erhöhte Luftfeuchte, eine Milderung der Windböigkeit u. Ä.,
- Reduzierung des Ausstoßens klimaverschärfender Treibhausgase,
- Entschärfung lufthygienischer Belastungen – wie gehäufte Sommer- und Wintersmog-Situationen – durch eine Reduktion […] verbrennungsbedingter Stäube (Aerosole) mit den gesundheitlich besonders kritisch zu bewertenden […] Feinstäuben,
- Verringerung Kfz-bedingter Schadgase wie NOx und Kohlenwasserstoffe sowie von Ruß bei Dieselfahrzeugen,
- Erhaltung und Neuschaffung von Frischluftschneisen,
- Reduzierung von Bodenbelastungen durch Verdichtung, Störung des Bodenwasserhaushalts, Schadstoffakkumulation, […]
- Abbau der innerstädtischen Grünflächendefizite durch Ausweisung neuer – z. T. auch nur temporärer – Grünflächen, z. B. auf Brachеflächen, Begrünung von Fassaden und Flachdächern […],
- Abbau des stressfördernden und damit gesundheitsgefährdenden Lärms in der Stadt […].

(Meurer, M.: Stadtökologie. In: Geographische Rundschau 10/1997, S. 552 f.)

M 2 Konzepte für eine „ökologische Stadt"

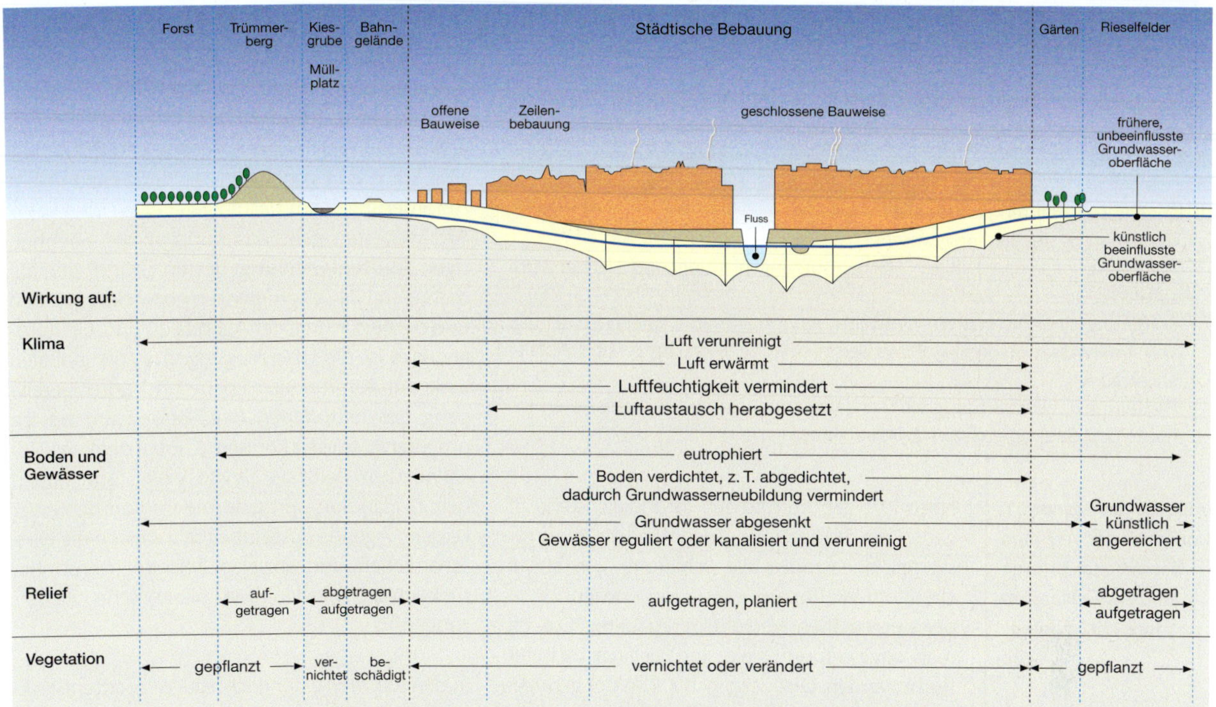

(nach Sukopp. In: Taubmann, W.: Ökologische Stadtentwicklung. In: geographie heute Heft 172, 1999, S. 4)

M3 Ökologische Veränderungen in urbanen Räumen

Ein wesentliches Kennzeichen urbaner Räume ist die dichte bis geschlossene Bebauung mit einem engen Netz an Verkehrswegen, vorwiegend Straßen. Der Boden ist dadurch weitgehend verdichtet und versiegelt. Wasser kann nur an wenigen Stellen versickern; es verdunstet entweder oder wird über die Kanalisation abgeleitet. Die Gebäude und der Straßenbelag absorbieren die Strahlungsenergie der Sonne in besonders hohem Maße. Dies hat nicht nur Auswirkungen auf die Lufttemperatur, sondern, im Zusammenhang mit anderen atmosphärischen Faktoren, z. B. auch auf die Niederschlagsergiebigkeit. Man spricht von einem eigenen **Stadtklima.**

M4
Dachbegrünung – die Schlösslegalerie in Pforzheim

Die Vegetation in Städten ist größtenteils angepflanzt. Dabei ist der Anteil fremder Arten (so genannter Exoten) besonders hoch. Als klimatischen Ausgleichsflächen und Naherholungsgebieten kommt Grünanlagen, Parks und Friedhöfen eine wichtige Funktion zu. Die Spontanvegetation in Städten besteht aus verhältnismäßig wenigen Arten, die den z. T. extremen Lebensbedingungen gewachsen sind. Die Stadt ist auch ein Lebensraum für Tiere. Verschiedene Arten von Kulturfolgern, z. B. Amsel, Haustaube, Eichhörnchen, Wildkaninchen und Wanderratte finden verbreitet günstige Lebensbedingungen. Seit einigen Jahren nehmen auch andere Arten zu, darunter Füchse und Steinmarder. Die Artenvielfalt an Pflanzen und Tieren steigt vom stark verdichteten Stadtzentrum zur weniger stark verdichteten Peripherie hin an.

1. Erläutern Sie die Besonderheiten des Ökosystems Stadt (M1 bis M4).
2. Erklären Sie an ausgewählten Beispielen die Auswirkungen von Eingriffen auf Klima, Boden, Gewässer, Relief und Vegetation in einem urbanen Ökosystem (M3).
3. Begründen Sie die Berechtigung einiger der in M2 zusammengestellten Forderungen an eine „ökologische" Stadtplanung.

2. Städtebauliche Leitbilder

Oberstes Ziel der Siedlungspolitik ist die Verbesserung der sozialen und wirtschaftlichen Bedingungen und der Umweltqualität in städtischen Siedlungen sowie der Lebens- und Arbeitswelt aller Menschen, insbesondere der städtischen Armutsgruppen. Die Programmbereiche lauten wie folgt:
- angemessene Unterkunft für alle
- Verbesserung des Siedlungswesens
- Förderung einer nachhaltigen Flächennutzungsplanung und Flächenwirtschaft
- Förderung einer integrierten Umweltschutzinfrastruktur zur Bereitstellung von Trinkwasserversorgung, Abwasserbeseitigung, Kanalisation und Abfallentsorgung
- Förderung umweltverträglicher Energieversorgungs- und Verkehrssysteme
- Förderung eines umweltverträglichen Bauens

M1
Auszüge der Agenda 21, Konferenz der Vereinten Nationen für Umwelt und Entwicklung im Juni 1992 in Rio de Janeiro

Nach 1945 gehörten zu den vordringlichsten Aufgaben der Stadtplanung der Wiederaufbau zerstörter Innenstädte, die Schaffung von ausreichendem Wohnraum sowie die Konzeption einer zeitgemäßen Verkehrsinfrastruktur. Die damals angestrebten Ziele sind vielfach nicht erreicht worden. Dies zeigt sich z. B. in der geringen Attraktivität vieler Innenstädte und Wohnviertel, der Konzentration sozialer Probleme in manchen Großwohnsiedlungen, in Defiziten beim öffentlichen Nahverkehr sowie in vielfältigen ökologischen Problemen. Seit 1990 haben sich die **städtebaulichen Leitbilder** deutlich gewandelt. Dabei wurden verschiedene Ansätze entwickelt, wie eine Stadt den gegenwärtigen und zukünftigen Anforderungen am besten gerecht werden kann. Am weitesten geht das Konzept der **nachhaltigen Stadtentwicklung,** dessen Grundlagen auf mehreren UNO-Konferenzen entwickelt wurden und die Bestandteil der **Agenda 21** sind. Ein Kerngedanke ist die Überzeugung, dass die globalen Ziele auf kommunaler Ebene und unter Beteiligung der betroffenen Bevölkerung am besten umgesetzt werden können. „Global denken – lokal handeln" heißt die Devise. Viele Städte haben bereits Handlungsprogramme im Rahmen einer Lokalen Agenda ausgearbeitet, in denen die wirtschaftlichen und sozialen Belange ebenso berücksichtigt werden wie ökologische Zielsetzungen.

In den Rahmen einer nachhaltigen Stadtentwicklung gehört auch das Konzept der **kompakten Stadt.** Der Stadtentwicklungsplan von München bringt den Ansatz auf die knappe Formel „Kompakt, urban, grün." Zu den Zielsetzungen einer

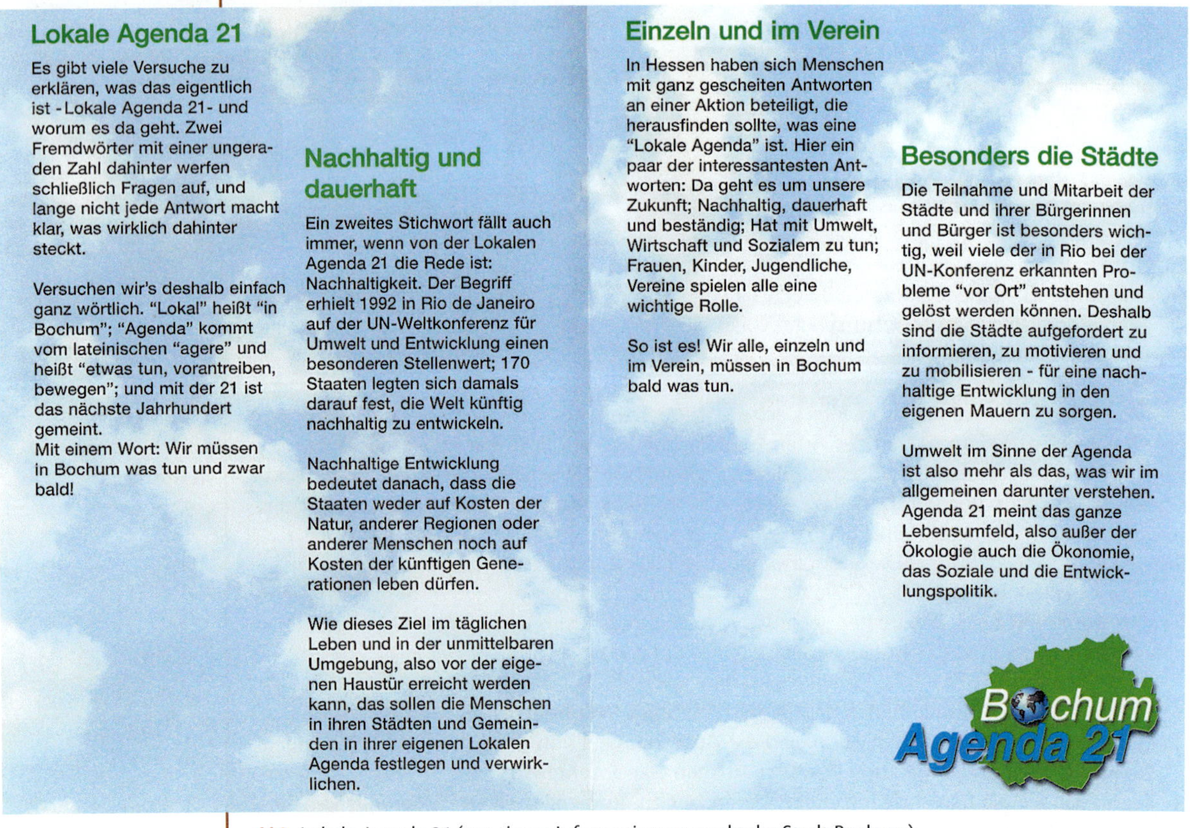

Lokale Agenda 21

Es gibt viele Versuche zu erklären, was das eigentlich ist - Lokale Agenda 21 - und worum es da geht. Zwei Fremdwörter mit einer ungeraden Zahl dahinter werfen schließlich Fragen auf, und lange nicht jede Antwort macht klar, was wirklich dahinter steckt.

Versuchen wir's deshalb einfach ganz wörtlich. "Lokal" heißt "in Bochum"; "Agenda" kommt vom lateinischen "agere" und heißt "etwas tun, vorantreiben, bewegen"; und mit der 21 ist das nächste Jahrhundert gemeint.
Mit einem Wort: Wir müssen in Bochum was tun und zwar bald!

Nachhaltig und dauerhaft

Ein zweites Stichwort fällt auch immer, wenn von der Lokalen Agenda 21 die Rede ist: Nachhaltigkeit. Der Begriff erhielt 1992 in Rio de Janeiro auf der UN-Weltkonferenz für Umwelt und Entwicklung einen besonderen Stellenwert; 170 Staaten legten sich damals darauf fest, die Welt künftig nachhaltig zu entwickeln.

Nachhaltige Entwicklung bedeutet danach, dass die Staaten weder auf Kosten der Natur, anderer Regionen oder anderer Menschen noch auf Kosten der künftigen Generationen leben dürfen.

Wie dieses Ziel im täglichen Leben und in der unmittelbaren Umgebung, also vor der eigenen Haustür erreicht werden kann, das sollen die Menschen in ihren Städten und Gemeinden in ihrer eigenen Lokalen Agenda festlegen und verwirklichen.

Einzeln und im Verein

In Hessen haben sich Menschen mit ganz gescheiten Antworten an einer Aktion beteiligt, die herausfinden sollte, was eine "Lokale Agenda" ist. Hier ein paar der interessantesten Antworten: Da geht es um unsere Zukunft; Nachhaltig, dauerhaft und beständig; Hat mit Umwelt, Wirtschaft und Sozialem zu tun; Frauen, Kinder, Jugendliche, Vereine spielen alle eine wichtige Rolle.

So ist es! Wir alle, einzeln und im Verein, müssen in Bochum bald was tun.

Besonders die Städte

Die Teilnahme und Mitarbeit der Städte und ihrer Bürgerinnen und Bürger ist besonders wichtig, weil viele der in Rio bei der UN-Konferenz erkannten Probleme "vor Ort" entstehen und gelöst werden können. Deshalb sind die Städte aufgefordert zu informieren, zu motivieren und zu mobilisieren - für eine nachhaltige Entwicklung in den eigenen Mauern zu sorgen.

Umwelt im Sinne der Agenda ist also mehr als das, was wir im allgemeinen darunter verstehen. Agenda 21 meint das ganze Lebensumfeld, also außer der Ökologie auch die Ökonomie, das Soziale und die Entwicklungspolitik.

M2 Lokale Agenda 21 (aus einem Informationsprospekt der Stadt Bochum)

kompakten Stadt gehören: Eine hohe Bebauungsdichte als Gegenmaßnahme zur weiteren Suburbanisierung mit hohem Flächenverbrauch, eine stärkere Nutzungsmischung als Antwort auf die zunehmende Fragmentierung (vgl. S. 296/297), die Stärkung des öffentlichen Lebens durch Investitionen in die öffentlichen Räume sowie die ökologische Aufwertung von Städten. Trotz bedeutender Widerstände und finanzieller Engpässe haben viele Städte bereits konkrete Schritte zur Umsetzung der neuen städtebaulichen Leitbilder unternommen.

Flächenverbrauch: sparsamer Umgang mit Grund und Boden, verlangsamte Versiegelung, partielle Flächenentsiegelung und Flächenrecycling
Stadtklima und Luftverschmutzung: Verminderung des Wärmeinseleffekts, Erhalt von Frischluftschneisen und Grünflächen, Reduktion von Luftschadstoffen
Lärm: Verkehrsberuhigung, Leitsysteme, Förderung des öffentlichen Verkehrs
Energie: Einsparung durch ökonomische Bauweise und -technik sowie Anreize, Einsatz regenerativer Energie (Wasser, Wind, Sonne)
Wasser: Verringerung des Verbrauchs, Brauch- und Grauwasseranlagen
Abfall: Abfallvermeidung, -verwertung und ressourcenschonende Produktion
Bauweise: umweltschonende Baustoffe, sozialen Bedürfnissen angepasste Siedlungsformen
Historische Stadtelemente: Erhalt und Pflege als Kulturerbe

Stoffaustauschprozesse
Stoffinput und -output verringern und ökologisch verträglicher organisieren
räumliche Arbeitsteilung zwischen Stadt und Umland überdenken und prinzipiell das Netz der Arbeitsteilung verringern

Stadtstrukturen
Dichte: Förderung kompakter und dennoch hochwertiger baulicher Strukturen, dadurch ist Flächenexpansion zu reduzieren, Energieversorgung effizienter und Verkehrsaufkommen zu verringern
Mischung: funktional – Verflechtung von Wohnen, Arbeiten, Versorgen, Freizeit; sozial – Haushaltstypen, Einkommens-, Lebensstilgruppen und Nationalitäten; baulich – Gebäudehöhe, Gebäudeart und Gestaltung
Polyzentralität: Wachstum nicht in der Fläche, sondern in Siedlungsschwerpunkten (dezentrale Konzentration) bei Erhalt oder Schaffung von Funktionsvielfalt

M3 Verantwortungsvoller Umgang mit Ressourcen

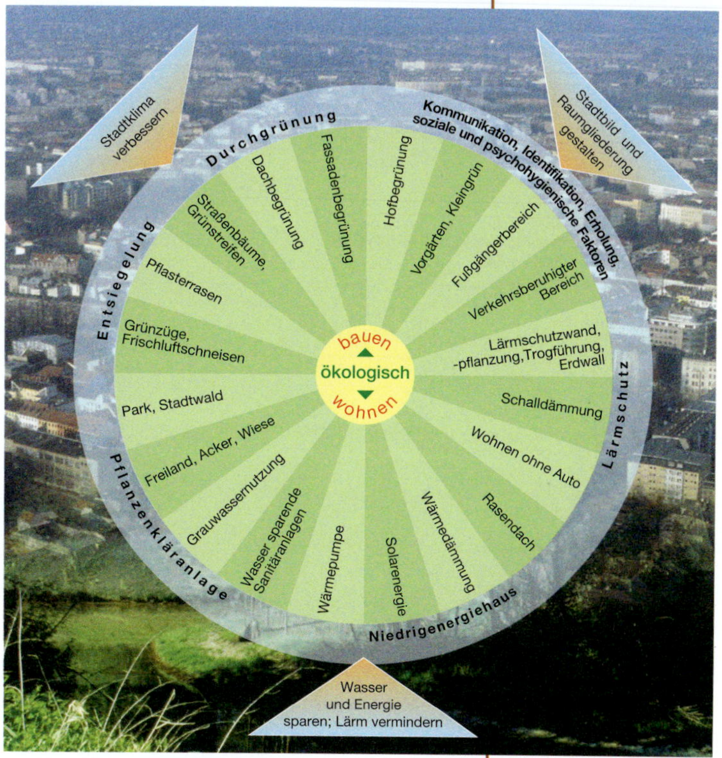

M4 Aspekte einer nachhaltigen Stadt

M5 Ausweisung von Umweltzonen

1. Erläutern Sie die Begriffe „nachhaltige“ und „kompakte Stadt“ (M 1 bis M 5, Text).
2. Beurteilen Sie beide Ansätze vor dem Hintergrund der gegenwärtigen Probleme in vielen Städten. Belegen Sie Ihre Argumentation mit Beispielen aus Ihrem Schulort oder einer nahe gelegenen Großstadt.
3. Informieren Sie sich über die Lokale Agenda Ihrer Stadt und bewerten Sie die Umsetzungschancen in einem mittelfristigen Zeitraum.

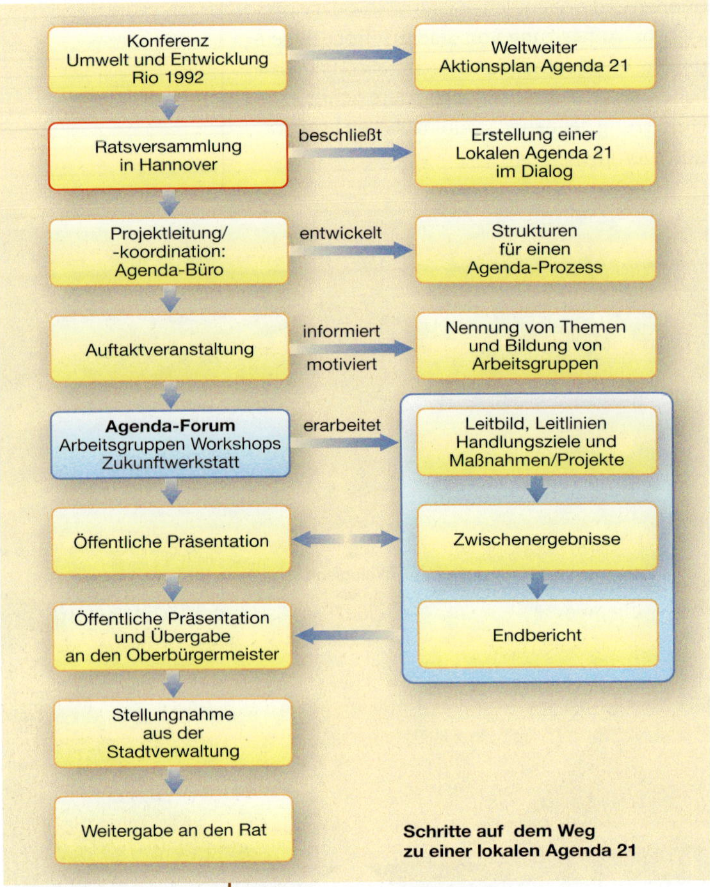

M1 Von Rio nach Hannover

3. Lokale Agenda 21 – Das Beispiel Hannover

Erdgipfel in Rio

Auf der Grundlage der Erkenntnis, dass Bevölkerungsentwicklung und Ressourcenverbrauch an die Grenzen der natürlichen **Tragfähigkeit der Erde** gelangt sind, verabschiedete die Konferenz der Vereinten Nationen 1992 in Rio de Janeiro ein Konzept zur „Nachhaltigen Entwicklung". 179 Staaten unterschrieben das Abschlussdokument und verpflichteten sich damit, das Konzept zur Leitlinie ihrer Umweltpolitik zu machen.
Das Kerndokument der Rio-Konferenz „Agenda 21" fordert alle Politikbereiche auf, Strategien für eine **nachhaltige Entwicklung** zu formulieren und dabei ökologische, ökonomische und soziale Ziele gleichermaßen zu berücksichtigen. Es benennt dazu in 40 Kapiteln Handlungsfelder und Leitgedanken für die Lösung der wichtigsten Probleme und delegiert die Umsetzung der Ziele an die nationalen Regierungen, ihre internationalen Organisationen und die Kommunen.

Agenda 21 und die Kommunen

Im Agenda 21-Dokument wurden auch die Kommunen aufgefordert, eine Lokale Agenda 21 aufzustellen. Nach dem Motto „Global denken – lokal handeln" sollen unter aktiver Beteiligung der Bürgerinnen und Bürger nachhaltige Entwicklungskonzepte für die eigene Stadt bzw. Kommune erarbeitet und umgesetzt werden. Idealtypisch bedeutet das, dass Stadtverwaltung, Parteien und Bürger auf öffentlichen Foren die spezifischen Problemlage ihrer Stadt analysieren und **Leitbilder für die Stadtentwicklung** entsprechend den Kriterien der Nachhaltigkeit entwerfen. Die Leitbilder werden von Fachgremien – in der Regel die Planungsbehörde der Stadt – überarbeitet und in Maßnahmen konkretisiert, die dann dem Rat der Stadt zur abschließenden Behandlung vorgelegt werden. Den kommunalen Behörden kommt dabei auch die Aufgabe zu, durch Öffentlichkeitsarbeit den Kommunikationsprozess mit den Bürgerinnen und Bürgern in Gang zu setzen und dafür Sorge zu tragen, dass der organisatorische Rahmen einen effektiven Meinungsbildungs- und Entscheidungsprozess ermöglicht.

Lokale Agenda 21 – Hannover

Im Juni 1995 beschloss der Rat der Stadt, einen Aktionsplan zur Lokalen Agenda 21 unter Beteiligung der Bevölkerung und der relevanten gesellschaftlichen Kräfte der Stadt zu erstellen. Bekräftigt wurde der Beschluss durch die Unterzeichnung der **Charta von Aalborg** 1994. Viele Hundert Menschen engagierten sich seitdem und brachten ihre Vorstellungen für eine zukunftsfähige Stadt ein. Sie kamen sowohl aus sozialen Verbänden, Gewerkschaften, Kultur- und Bildungseinrichtungen, aus Umwelt-, Friedens- und Entwicklungsinitiativen sowie aus Politik, Verwaltung und Wirtschaft.
Es bildeten sich vier Arbeitsgruppen, die jeweils zu den Themenbereichen Wohnen, Arbeit, Freizeit und Konsum Leitbilder entwarfen. Im weiteren Verlauf wurden die Leitbilder zu Handlungszielen und Maßnahmen konkretisiert. Die Ergebnisse der Arbeitsgruppen wurden Anfang des Jahres 1998 dem Stadtrat zur Beratung übergeben. Zahlreiche Initiativen entwickelten sich seither im Rahmen des Agenda-Prozesses: Projekte in Schulen, Stadtteilen und verschiedenen Institutionen weisen auf einen sehr lebendigen Prozess mit aktiver Bürgerbeteiligung hin.

Beispiel Hannover – Kronsberg

Der am südöstlichen Stadtrand gelegene Stadtteil Kronsberg wurde bewusst unter dem Postulat der Agenda 21 entwickelt. Die Planung orientierte sich dabei an den Zielen der Charta von Athen (1922) und der Charta von Aalborg (1994). In direktem Zusammenhang mit der Stadtplanung erfolgte auch die Planung des umgebenden Landschaftsraums als Naherholungsgebiet. Die neu errichteten 6000 Wohnungen stehen stadträumlich in enger Beziehung zu vorhandenen Gewerbeflächen. Dort gibt es zahlreiche neue Arbeitsplätze im Dienstleistungsbereich.

Dem Planungsziel *„Flächensparendes Bauen"* wird durch Festsetzungen von Geschosszahlen, Bauhöhen und Baulinien gefolgt. Die vorherrschende Bauform ist die Blockbauweise. Die Baublöcke liegen parallel zur Stadtbahn und nehmen in Geschosshöhe und Geschossflächenzahl mit größerem Abstand zur Stadtbahn kontinuierlich ab. 90 Prozent des Wohnungsbestands sind Geschosswohnungen, 10 Prozent Einfamilienhäuser.

Das Planungsziel *„Wohnqualität"* wird erreicht durch die attraktive Lage im Landschaftsraum, gute Infrastruktur und komfortable Verkehrsanbindung. Eine neue Stadtbahnlinie verbindet den Kronsberg mit der Innenstadt. Während der Pkw-Hauptverkehr störungsarm am Rand des Gebietes verläuft, sind die inneren Verkehrswege nach dem **Radburn-System**[1] gestaltet. Für autofreies Wohnen existiert eine Car-Sharing-Station. Das Freiraumkonzept des Stadtteils präsentiert sich durch viele gemeinschaftlich nutzbare Flächen und Parks zwischen den Häusern und die große „Allmende"-Fläche (Gemeinschaftswiese) am östlichen Rand der Siedlung.

Das Planungsziel *„Soziale Durchmischung der Bewohnerstruktur"* wird durch kleinräumige Verteilung unterschiedlicher Wohnungstypen und -größen in jedem Baufeld nahegelegt. 90 Prozent sind Mietwohnungen, ein Teil davon öffentlich geförderter sozialer Wohnungsbau. Ca. 300 Reihenhäuser sind für die Eigentumsbildung vorgesehen. Für Migranten aus islamischen Ländern wurden geeignete Wohnbereiche gestaltet.

Während die o.g. städtebaulichen Besonderheiten in Neubausiedlungen auch anderer Städte zu beobachten sind, verdienen die ökologischen Innovationen des Stadtteils Kronsberg besondere Aufmerksamkeit. Sie haben zweifellos Vorbildfunktion für nachhaltige Stadtplanungen.

1. Stellen Sie die Zielsetzungen der „Agenda 21" dar (M 1, Text).
2. Erläutern Sie die Umsetzung am Beispiel Hannover-Kronsberg (M 2, M 3).

M2 Entwicklungsplanung Kronsberg

M3 Blick von Süden auf Kronsberg

[1] Radburn-System. Benannt nach der Stadt Radburn, USA: Trennung der Verkehrswege verschiedener Verkehrsarten, Hierarchisierung der Fahrstraßen, Wohnstichstraßen als Sackgassen und Wendeschleifen, Ersetzen von Kreuzungen durch Einmündungen, Über- oder Unterführungen.

M4 Klimaneutrale Passivhaussiedlung Hannover-Kronsberg

Das Energiekonzept Kronsberg

Für den Stadtteil Kronsberg hat sich die Stadt Hannover zum Ziel gesetzt, mindestens 60 Prozent der CO_2-Emissionen bei Raumheizung, Warmwasser und Strom gegenüber dem zurzeit üblichen Normalstandard in Neubaugebieten einzusparen, ohne dass auf Wohnkomfort verzichtet werden muss. Dies wurde flächendeckend durch besondere Wärmeschutzmaßnahmen („Niedrig-Energie-Haus-Standard", = NEH) und durch innovative Technologien erreicht:

M5
Wärmebedarf

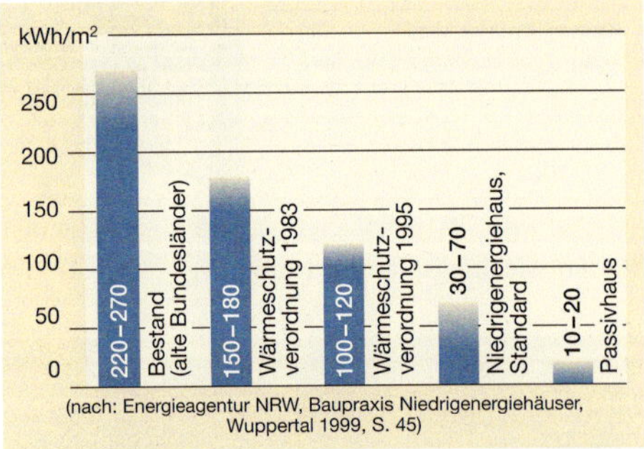

M6
Reduzierung der CO_2-Emissionen am Kronsberg

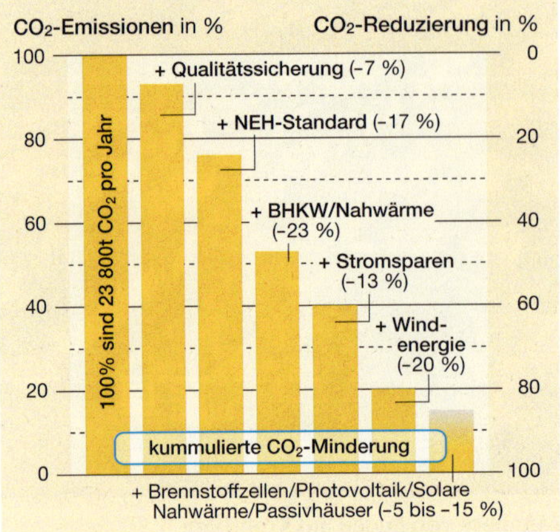

- *Nahwärmeversorgung:* Alle Gebäude werden mit Wärme aus gasbetriebenen Blockheizkraftwerken oder aus Solarenergie versorgt. Die Solarenergie wird durch Kollektoren erzeugt und in einem Erdbehälter gespeichert.
- *Passivhäuser:* Passive Solarnutzung (spezielle Isolierung) und interne Belüftungssysteme sollen erreichen, dass der Raumwärmebedarf auf 15 bis 0 kWh/m^2 und Jahr sinkt.
- *Photovoltaik:* Anlagen an verschiedenen Stellen erzeugen Solarstrom, der ins städtische Netz eingespeist wird.
- *Windenergie:* Zwei Windkraftanlagen mit 1,5- bzw. 1,8-Megawatt-Leistung erzeugen Strom für den Bedarf der 3000 Wohneinheiten.
- *Mikroklimazone:* Sie stellt ein architektonisches Pilotprojekt dar. Zwischen zwei viergeschossigen Gebäuderiegeln sorgt ein verbindendes, transparentes Kunststoffdach für einen geschlossenen Innenraum zwischen den Gebäuden. Ein Belüftungssystem verhindert Überhitzung im Sommer. Im Winter ist die Temperatur in der Mikroklimazone ca. 10 °C höher als die Außentemperatur.
- *Qualitätssicherung:* Um den NEH-Standard bei den errichteten Gebäuden zu sichern, wurde eine – von den Bauträgern unabhängige – Kontrollkommission eingerichtet. Sie überprüft den Standard bei den fertiggestellten Bauten und veranlasst ggf. Korrekturen.

Das Wasserkonzept Kronsberg

Das Wasserkonzept Kronsberg besteht aus drei Teilbereichen:

- *Naturnahes Regenwassersystem:* Das Regenwasser auf den versiegelten Flächen wird nicht in die Kanalisation abgeleitet, sondern in Gräben im Niederschlagsgebiet zurückgehalten. Von dort fließt es verzögert in die natürlichen Gewässer am Kronsberg. Durch dieses System wird die in Neubaugebieten übliche Absenkung des Grundwasserspiegels vermieden.
- *Trinkwassersparmaßnahmen:* In allen Häusern ist der durchschnittliche Wasserverbrauch eines Haushalts durch technische Einrichtungen etwa auf die Hälfte reduziert. Außerdem wird Regenwasser als Brauch- und Betriebswasser für die Toilettenspülung und Bewässerung von Grünflächen genutzt.
- *Wasser als Landschaftselement:* Um die Bedeutung des Wassers als ästhetisches Gestaltungs- und Erlebniselement den Bewohnern vor Augen zu führen, sind an den Hangalleen und Grünflächen offene Wasseranlagen (Teiche, Sitzstufenanlagen) mit kleinen Wasserflächen und -spielen gebaut worden.

Le Corbusier
(1887–1965)

Wohnen:
- Die Wohnviertel müssen künftig im Raum der Stadt die besten Standorte einnehmen, ihre Vorteile aus der Topographie ziehen, die klimatischen Verhältnisse nutzen, über die günstigste Besonnung und bequem gelegene Grünflächen verfügen.
- Eine vernünftige Wohndichte, entsprechend der durch die Natur des Geländes vorgegebenen Formen der Wohnbebauung, sollte vorgeschrieben werden.
- Die Aufreihung der Wohngebäude längs der Verkehrsstraßen muss verboten werden.
- Man muss die Hilfsmittel der modernen Technik berücksichtigen, um Hochbauten zu errichten.
- Hochbauten, in großer Entfernung voneinander errichtet, sollen den Boden zugunsten weiter Grünflächen freimachen.

Freizeit:
- Jedes Wohnviertel muss künftig über Grünflächen verfügen, die für die rationelle Ausstattung mit Anlagen für Spiel und Sport der Kinder, Jugendlichen und Erwachsenen notwendig sind.
- Die ungesunden Häuserblocks müssen abgerissen und durch Grünflächen ersetzt werden: Die angrenzenden Viertel werden dadurch gesunden.
- Die neuen Grünflächen müssen klar definierten Zwecken dienen: Sie sollen die Kindergärten enthalten, die Schulen, die Zentren der Jugend oder alle Gebäude zu allgemeinem Gebrauch, die eng mit dem Wohnen verbunden sind.

Arbeit:
- Die Entfernungen zwischen Arbeitsplatz und Wohngebiet müssen auf eine Minimum reduziert werden.
- Die für die Industrie bestimmten Teile der Stadt müssen unabhängig von den für das Wohnen bestimmten Teilen sein und voneinander durch Grünzüge getrennt werden.
- Die Industriegebiete müssen an Eisenbahn, Kanal und Landstraße liegen.
- Das Handwerk, aufs Engste mit der Stadt verbunden, aus dem es direkt hervorgegangen ist, muss genau bezeichnete Orte im Innern der Stadt einnehmen können.
- Für die Geschäftsstadt, die der privaten oder öffentlichen Verwaltung vorbehalten ist, müssen gute Verkehrsverbindungen mit den Wohnvierteln gewährleistet sein, ebenso wie mit den Industrie- oder Handwerksbetrieben, ob sie nun in der Stadt oder in ihrer Nähe bleiben.

Verkehr:
- Die Verkehrsstraßen müssen ihrem Charakter gemäß klassifiziert und entsprechend den Fahrzeugen und ihrer Geschwindigkeit gebaut werden.
- Die stark belasteten Kreuzungen sollten durch Differenz im Höhenniveau der Straßen für den zügigen Verkehr eingerichtet werden.
- Der Fußgänger muss andere Wege als das Kraftfahrzeug benutzen.
- Die Straßen müssen nach ihrer Funktion differenziert werden: Wohnstraßen, Straßen für Spaziergänge, Durchgangsstraßen, Hauptverkehrsstraßen.
- Die großen Verkehrsströme sollen grundsätzlich durch Grünstreifen isoliert werden.

Schlussfolgerungen:
- Die Stärke der Privatinteressen ruft einen verheerenden Bruch des Gleichgewichts hervor zwischen dem Vordringen der wirtschaftlichen Kräfte einerseits und andererseits der Schwäche administrativer Kontrolle und der Kraftlosigkeit sozialen Zusammenhalts.
- Die Stadt muss auf geistiger und materieller Ebene die individuelle Freiheit und den Nutzen gesellschaftlichen Zusammenwirkens sicherstellen.
- Die Schlüssel zum Städtebau liegen in folgenden vier Funktionen: wohnen, arbeiten, sich erholen (in den freien Stunden), sich fortbewegen.
- Die Pläne werden die Struktur eines jeden den vier Schlüsselfunktionen zugewiesenen Stadtteils bestimmt, und sie werden deren entsprechende Lokalisierung innerhalb des Ganzen fixieren.
- Die Stadt muss im größeren Rahmen ihrer Einflussregion untersucht werden. Ein Regionalplan hat den einfachen gemeindlichen Plan zu ersetzen.
- Das Privatinteresse wird in Zukunft dem Interesse der Gesellschaft unterstellt sein.

(Ausschnitte aus: Hilpert, Tilo (Hrsg.); 1984; Le Corbusiers Charta von Athen. Texte, Dokumente; Kritische Neuausgabe; Braunschweig; S. 199 f.)

M 7 Charta von Athen: (Zweiter Teil. Ausschnitte aus den 95 Leitsätzen)

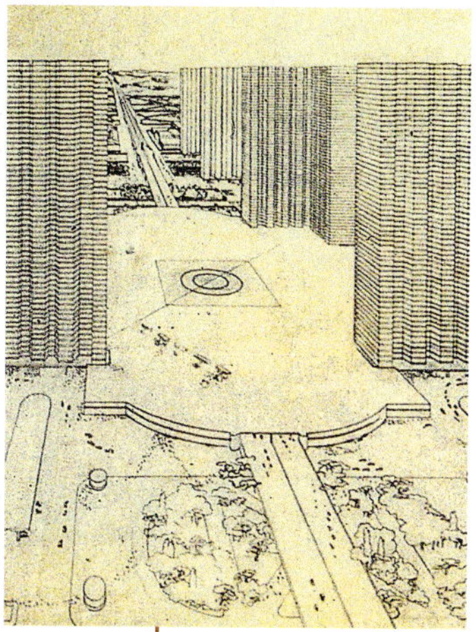

Le Corbusier: Plan Voisin, 1925

3. Kennzeichnen Sie die städteplanerischen Maßnahmen Ihrer Stadt/Kommune, die sich aus der Charta von Athen und der Charta von Aalborg ableiten lassen. Vergleichen Sie die Planungen/Maßnahmen mit der Situation von Hannover-Kronsberg (**M 1**, **M 2**, **M 7**, Text, Webcode).
4. Analysieren Sie anhand der Heizkostenabrechnung den durchschnittlichen Wärmeverbrauch Ihrer Wohnung und ordnen Sie das Ergebnis in **M 5** ein.
5. Beurteilen Sie den Stadtteil Kronsberg nach Kriterien der nachhaltigen Entwicklung. Betrachten Sie dabei gesondert die ökologischen, sozialen und ökonomischen Aspekte (**M 2** bis **M 7**).

Webcode:
GO649174-323

Städte anderer Kulturkreise

1. Eine Stadt in Nordamerika – New York

Die Städte Nordamerikas sind im Vergleich zu denen in Europa jung und haben wenig historische Bausubstanz. Daher ähneln sie sich in ihrer funktionalen, sozialen und formalen, durch Grundriss und Aufriss bestimmten Struktur.

1626	Peter Mennewit aus Wesel, der in holländischen Diensten stand, kaufte den Indianern die Insel Manhattan für Tand im Wert von 60 Gulden ab
1664	Die Engländer brachten die „Middle colonies" in ihre Gewalt, aus Neu Amsterdam wurde New York
1770	Die drei größten nordamerikanischen Städte waren Philadelphia (35 000 E.), New York (23 000 E.) und Boston (18 000 E.)
1825	Eröffnung des Erie-Kanals; New York erschließt sich Zugang zum Binnenland bis zum Mittleren Westen
1850	Masseneinwanderung aus Deutschland, Italien, Irland und Osteuropa
1870	New York wird Millionenstadt; erste Hochhäuser entstehen
1913	New York hat 6 Mio. E. und ist die größte Stadt der Welt
1992	Rezession in New York durch die Abwanderung zahlreicher Konzerne
2001	Ein Terroranschlag zerstört den gesamten World Trade Center-Komplex

M 1 Stadtgeschichte von New York

	1970	1980	1990	2000	2008
Standard Consolidated Statistical Area	17 035	16 121	16 719	18 227	19 490
Metropolitan Area	9 974	9 120	8 733	9 644	10 803
City of New York	7 806	7 072	7 776	8 008	8 274
Innerstädtische Boroughs:					
Bronx	1 472	1 169	1 204	1 333	1 385
Brooklyn	2 602	2 231	2 301	2 465	2 539
Manhattan	1 539	1 428	1 488	1 537	1 625
Queens	1 987	1 891	1 952	2 229	2 278
Staten Island	295	352	379	443	484

(in 1000) (Quelle: US Census Bureau 2008)

M 2 Bevölkerungsentwicklung von New York

New York gehört zu den ältesten Städten der USA. Oftmals wird New York mit der 59 km² großen Insel Manhattan gleichgesetzt, auf der sich zwar nur 20 % der Einwohner, aber fast 70 % aller Arbeitsplätze New Yorks konzentrieren. Zur Kernstadt zählen aber auch die **Boroughs** (Stadtviertel) Bronx, Brooklyn, Queens und Staten Island. Manhattan ist der **CBD** (Central Business District, das Geschäftszentrum) der Stadt und hat durch seine Finanz- und Wirtschaftskraft New York zu einer **Global City** werden lassen. Hochhäuser aus Stahl, Glas und Marmor bestimmen die Skyline. Sie wurden allerdings weniger aus Platz-, vielmehr aus Prestigegründen gebaut. Dem Grundriss liegt ein **Schachbrettmuster** zugrunde, das auf die Zeit der Landvermessung zurückgeht. Es wird gebildet durch die in vorherrschend west-östlicher Richtung verlaufenden **Streets** und die dazu senkrecht angelegten **Avenues.** Die städtische Agglomeration breitet sich heutzutage bis zu 80 km weit in das Umland aus und liegt damit auch in den benachbarten Staaten New Jersey und Connecticut. Vor allem besser verdienende Haushalte sind in das Umland gezogen und haben ihren Traum vom Einfamilienhaus im Grünen verwirklicht. Diese ausschweifenden Siedlungen haben zur Überbauung weiter Flächen und zum Entstehen eines **ausufernden Stadtlandes** geführt. Damit verbunden sind Verkehrsprobleme, die durch die Pendler verursacht werden und die weder durch einen großzügigen Straßenbau zur **autogerechten Stadt** noch durch ein leistungsfähiges System von U-Bahnen und Vorortbahnen in den Griff zu bekommen sind.

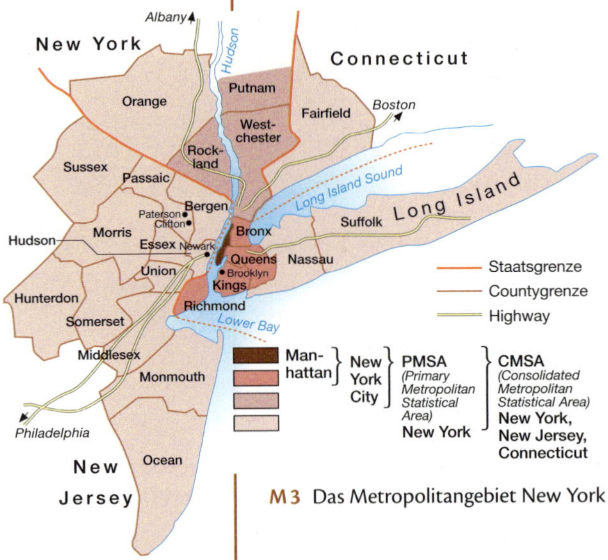

M 3 Das Metropolitangebiet New York

M 4 Skyline von Manhattan

Der Yorker Vorstadtbezirk mit seinen zweieinhalb Millionen Einwohnern wäre als eigenständige Stadt zwar die viertgrößte amerikanische Metropole, doch mehr als ein halbes Jahrhundert war Brooklyn Synonym für ärmliche Vorstadtviertel, Mafia und Gewaltverbrechen, für Sozialbaublöcke voll marodierender Gangs und für einen Akzent, der einen im ganzen Land als Proleten auswies.
Erst seit ein, zwei Jahren erntet man für die Auskunft, man lebe in Brooklyn, immer öfter ein bewunderndes „Wirklich?", denn der Westen von Brooklyn ist das beliebteste Wohnviertel der Stadt geworden. Die meisten Fabriketagen des ehemaligen Industrieviertels sind in den letzten Jahren zu Luxuslofts umgebaut worden, es gibt Geschäfte für Designmöbel, Nachtclubs und Espressobars. Die Erneuerung der Stadt Brooklyn ist keineswegs eine wundersame Geschichte vom Immobilien-Phönix, der aus der Asche der Slums emporsteigt, sondern nur die jüngste Phase einer urbanen Entwicklung namens „Gentrification" [...] Noch ist nicht viel zu sehen. An der Kreuzung selbst liegen die islamischen Buchhandlungen des benachbarten Araberviertels von Boerum Hill. Auf dem Bürgersteig riecht es nach Blütenwasser und Gewürzen. Hier kann man Tischuhren kaufen, die fünfmal am Tag den Gebetsruf des Muezzins von Mekka abspielen. Doch hier ist die Grenze. Gleich hinter der Kreuzung beginnt die meilenweite Terra incognita der Armen- und Einwandererviertel, die sich bis zum Flughafen und der Jamaica Bay hinzieht. Man darf nicht vergessen – in Brooklyn sind weiße Amerikaner eine Minderheit. Fast zwei Drittel sind Schwarze und Latinos. In der Hälfte der Haushalte wird nicht Englisch gesprochen. Das ist das Brooklyn, das man nur flüchtig sieht, wenn man entlang der Ausfallstraßen zum Flughafen fährt [...]. Da stehen die schmutzig braunen Sozialbautürme von East New York und Brownsville, deren Gänge und Parkanlagen von Gangs wie den „Bloods" und den „Latin Kings" kontrolliert werden. Die Hälfte aller schwarzen New Yorker zwischen 18 und 35 ist arbeitslos. Und ein gutes Viertel der Bewohner Brooklyns lebt unter der Armutsgrenze. (nach: Andrian Kreye. In: Süddeutsche Zeitung vom 25. 08. 2005)

M 5 Auf der richtigen Seite der Brücke

Mit rund 180 ethnischen Gruppen ist die Bevölkerung New Yorks extrem heterogen. Sie gliedert sich in etwa 4 Mio. Weiße, 1,7 Mio. Schwarze und 1,6 Mio. Hispanics, unter denen die Puertorikaner mit ca. 1 Mio. den größten Anteil ausmachen. Als Folge davon haben sich **Neighborhoods** (Stadtviertel) gebildet, die sich nach Nationalität, Wohlstand und Religion unterscheiden. Solche Viertel werden als **Ghettos** bezeichnet. Diese bilden für die Bewohner aufgrund der sprachlichen und kulturellen Nähe eine gewisse Sicherheit. Andererseits wird dadurch aber auch eine Integration verhindert, und gewalttätige Auseinandersetzungen zwischen den einzelnen Gruppen sind recht häufig.
Die sozialen Verhältnisse in den Neighborhoods sind sehr unterschiedlich. In Harlem, Brooklyn oder der Bronx gibt es Viertel, die von einer wohlhabenden schwarzen Bevölkerung geprägt sind. Auf der anderen Seite bestimmen verfallene Bausubstanz und hohe Kriminalität ganze Straßenzüge. Heutzutage versucht man, diese Viertel aufzuwerten, indem verwahrloste Grundstücke zur Gartennutzung für die Nachbarschaft bereitgestellt werden (community garden). Insgesamt sind bis heute rund 1000 Grundstücke von der Stadt zur Nutzung übertragen worden.
Über einen langen Zeitraum war es üblich, dass bei steigendem Einkommen die Weißen die Stadt verließen und in die wohlhabenderen Vororte zogen. In den letzten Jahren hat sich das Wanderungsverhalten umgekehrt. **Gentrifikation,** die Luxus-Sanierung alter Bausubstanz, zieht vor allem einkommensstärkere, karriereorientierte, oftmals kinderlose Bevölkerungsschichten in die Stadt zurück, führt zu einer sozialen Umschichtung und einer **Revitalisierung** der Innenstadt.

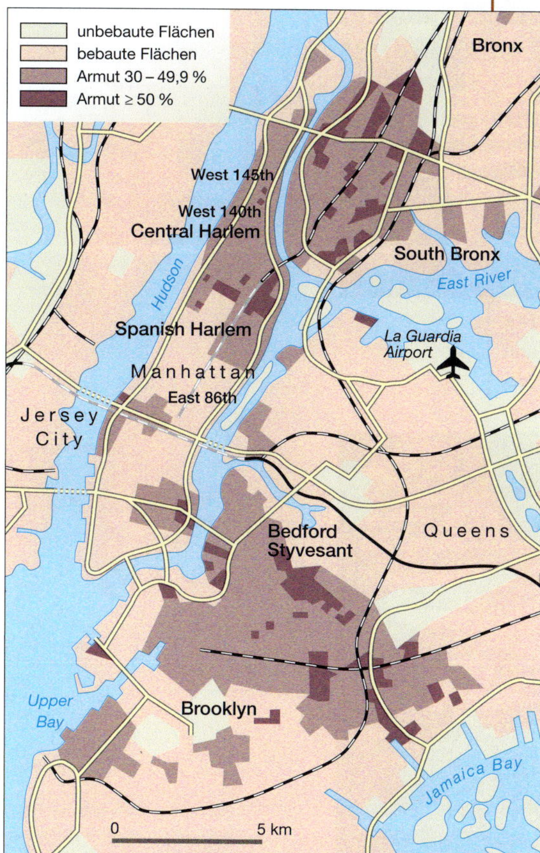

M 6 Schwerpunkte räumlicher Armut

1. Erläutern Sie die Bedeutung Manhattans innerhalb der Agglomeration New York (M 1 bis M 4).
2. New York, eine duale Stadt. Erläutern Sie diese Aussage (M 5, M 6).

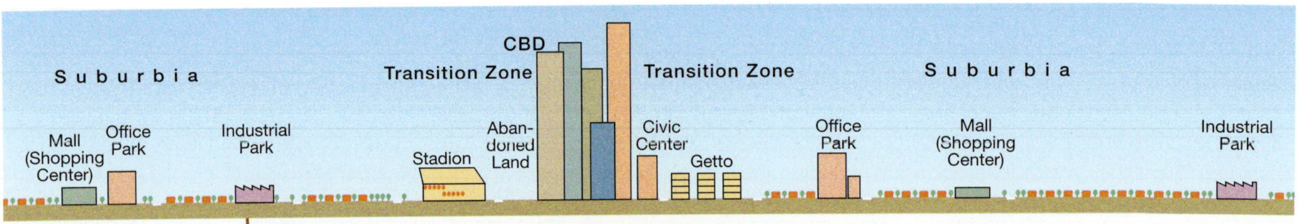

M7 Schematische Skyline einer nordamerikanischen Stadt

M8 CBD und Übergangszone

M9 Suburbia

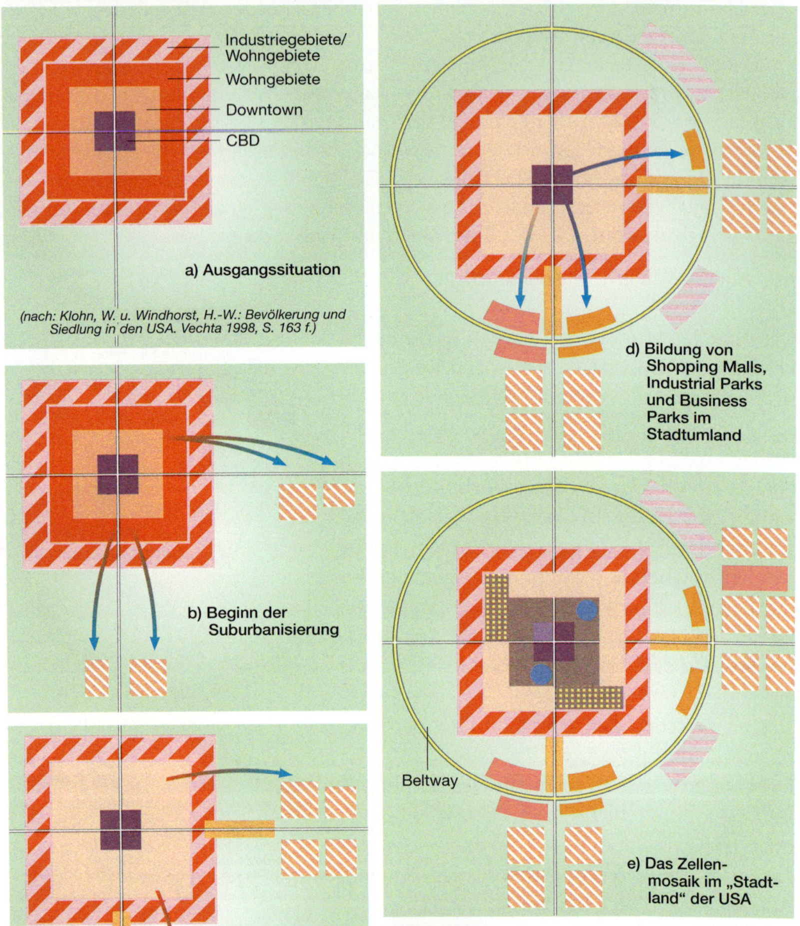

M10 Modell der Entwicklung der nordamerikanischen Stadt
Foto: Shopping Mall

Wie New York weisen fast alle nordamerikanischen Städte eine ähnliche räumlich-funktionale Struktur auf. An den **CBD** und die **Transition Zone** (Übergangszone) schließen sich die Außenbezirke, Suburbia, an. Kennzeichen ist eine fast uferlose Aneinanderreihung von Einfamilienhäusern, die strukturlos in die nächste Stadt übergehen und zum Teil zur Herausbildung einer geschlossenen **Stadtlandschaft** geführt haben. Angebunden an das Stadtzentrum sind die Außenbezirke durch **Commercial Strips,** die sich durch die Trennung von Wohn- und Arbeitsplatz und das damit verbundene Pendeln herausgebildet haben. Sie begleiten die Haupteinfallstraßen und bestehen aus einer Vielzahl von Einzelhandelsgeschäften und Dienstleistungsunternehmen, die günstige Parkmöglichkeiten anbieten und damit von einer schnellen Erreichbarkeit profitieren. Hier finden sich auch die **Shopping Centers,** in denen mehrere Einzelgeschäfte zusammengefasst sind. In heutiger Zeit werden Büros und Fabriken mit in das Umland einbezogen. Für den tertiären Sektor sind **Office Parks** (Bürozentren) errichtet worden, der sekundäre Sektor konzentriert sich in **Industrial Parks** (Gewerbegebieten). Damit haben sich außerhalb des eigentlichen Stadtkerns neue Zentren gebildet, so genannte **Edge Cities.** Für die Bewohner der Vororte stellen sie den neuen städtischen Mittelpunkt dar, da sie neben den Arbeitsmöglichkeiten auch Freizeit- und Versorgungseinrichtungen beherbergen. Typisch ist die großzügig angelegte, durch künstliche Grünanlagen und Springbrunnen aufgelockerte und zum Verweilen einladende **Mall** (Verbrauchermarkt), die auf die täglichen Bedürfnisse der Menschen zugeschnitten ist.

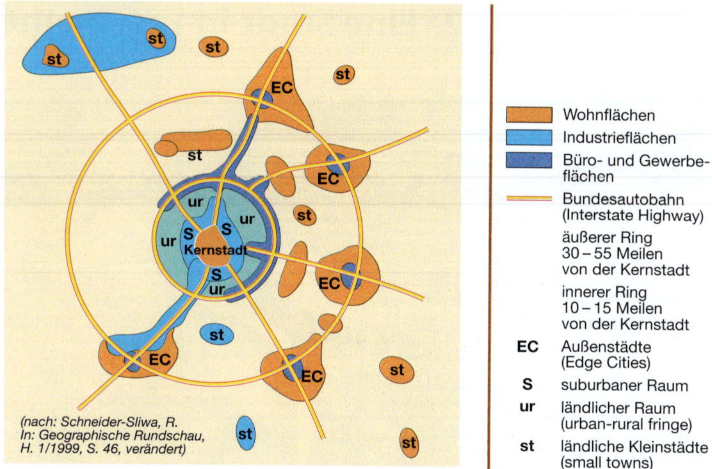

M 12 Strukturmodell des großstädtischen Verdichtungsraumes Stadt

In den letzten Jahrzehnten sind in den Vororten Wohnsiedlungen entstanden, die durch Mauern und Zäune von der Umgebung abgetrennt sind und erst nach Anmeldung betreten werden können. In diesen **Gated Communities,** die mit Clubs und Restaurants, Golf- und Tennisplätzen sowie Parkanlagen viele Freizeitmöglichkeiten bieten, haben sich insbesondere wohlhabendere Bewohner, vor allem aber Rentner, niedergelassen.

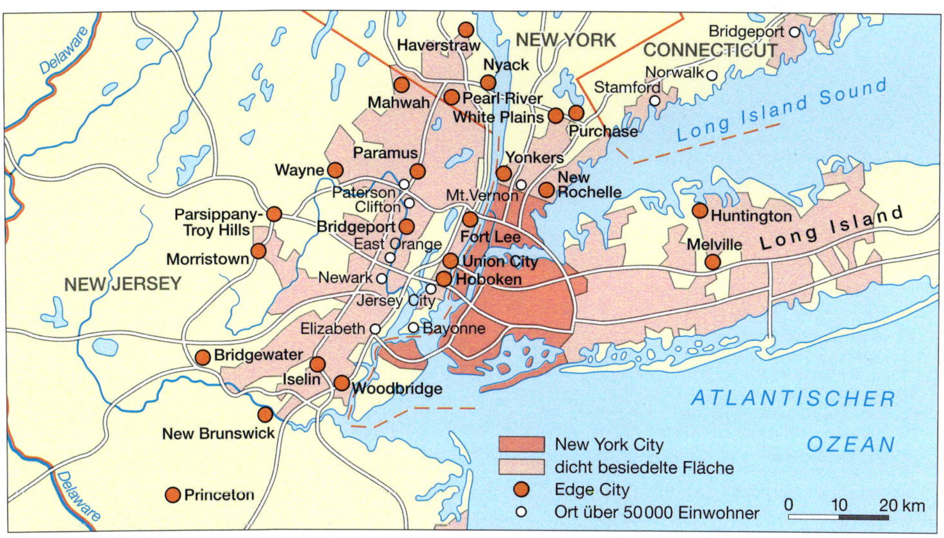

M 11 Edge Cities um New York

3. Erläutern Sie die Entwicklung der US-amerikanischen Stadt (**M 8** bis **M 10**).
4. Vergleichen Sie den Aufriss nordamerikanischer mit dem europäischer Städte (**M 7**).
5. Begründen Sie die Suburbanisierungs-Tendenzen in nordamerikanischen Städten.
6. Analysieren Sie, ob das Strukturmodell auf New York angewendet werden kann (**M 11**, **M 12**).

2. Eine Stadt in Lateinamerika – Mexico-City

M1
Silhouette von Tenochtitlán zur Zeit der feindlichen Übernahme und Mexico-City heute

Nach der Entdeckung Amerikas durch Columbus 1492 begannen die spanischen und portugiesischen Eroberer mit der planmäßigen Kolonisation, bei der die Gründung von Städten eine wichtige Rolle spielte. Mexico-City wurde dabei 1521 auf den Ruinen der eroberten Stadt Tenochtitlán erbaut. Die Hauptstadt des Azteken-Reiches war im 14. Jh. auf den flachen Inseln eines Sees gegründet worden und innerhalb von anderthalb Jahrhunderten zu einer Metropole mit über 60 000 Einwohnern herangewachsen. Straßen und Kanäle, die der Entwässerung dienten, waren in einem **schachbrettartigen Grundriss** angeordnet. Da das geometrische Netz den europäischen Vorstellungen einer idealen Stadt in der Renaissance entgegenkam, wurde es von den Eroberern übernommen.

Mit dem Jahr 1521 wurde das Schachbrettmuster durch Anordnung des spanischen Königs für alle Stadtneugründungen festgeschrieben. Aus diesem Grund weisen alle lateinamerikanischen Kolonialstädte eine gleiche Grundstruktur auf. Das Stadtzentrum, politisches, wirtschaftliches und geistliches Zentrum der Region, wird vom zentralen Platz, der **Plaza,** beherrscht, um den sich die Repräsentationsbauten gruppieren.

Mexico-City war seit seiner Gründung Sitz der spanischen Vize-Könige und damit ein in das Land ausstrahlendes beherrschendes Zentrum. Dies hatte eine hohe Zuwanderung zur Folge und führte zu einem bevölkerungsmäßigen Übergewicht, zur **Primacy.** Der Index of Primacy, der Bevölkerungsquotient zwischen der größten und zweitgrößten Stadt, liegt in Mexico-City bei 8,2 und erreicht in anderen Staaten bis zu 50.

M2
Gebäude der spanischen Kolonialzeit in Mexico-City (nach: Atlas de la Ciudad de México 1987)

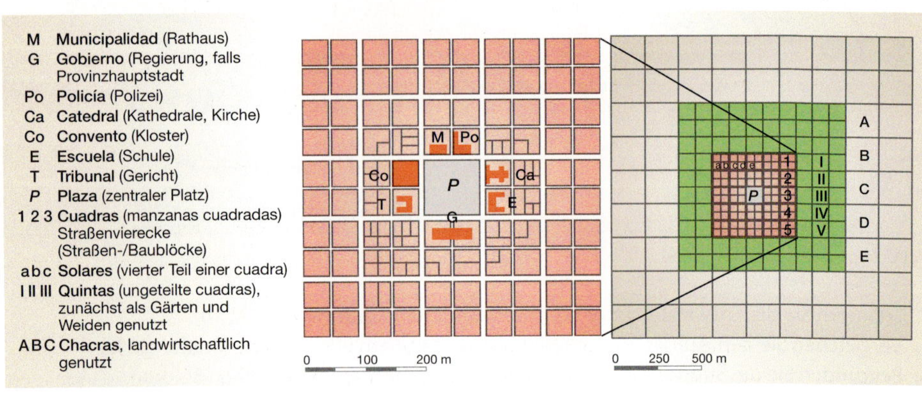

M3 Idealplan einer spanischen Kolonialstadt (Quelle: Kühn 1933, z. T. verändert)

Mit dem rapiden Bevölkerungswachstum ging auch eine Ausuferung der Stadt einher. An der Ende des 19. Jh. am damals westlichen Stadtrand gebauten Prachtstraße Reforma ließen sich zunächst reiche Leute der Oberschicht nieder; heutzutage wird die Straße von Hotels, Banken und Versicherungen geprägt. Dagegen hat die Altstadt einen Großteil ihrer wirtschaftlichen Bedeutung eingebüßt. Im Norden wie im Südosten entstanden entlang der Eisenbahnlinien und Ausfallstraßen Industriezonen, an die ärmliche Siedlungen der Arbeiter angebunden wurden. Die ungebremste Bevölkerungszunahme ließ die Stadt jedoch schnell wachsen; allein seit 1980 hat sich die überbaute Fläche verfünffacht, und da bis 2025 die Schätzungen von mehr als 40 Mio. Einwohnern ausgehen, wird der Landschaftsverbrauch weiter voranschreiten.

Die ökologischen Belastungen sind enorm. Täglich fallen 20 000 Tonnen Müll an, der nur zu drei Viertel auf – ungesicherten – Müllhalden landet; der Rest verteilt sich in den Straßen. Im maroden Leitungsnetz versickert ein Viertel der Wassermenge. Zudem kommt es zu einer extrem hohen Luftbelastung. Im Jahr 2000 waren es bereits mehr als 30 000 Industriebetriebe, die sich in der Stadt angesiedelt hatten, und über 3,5 Mio. Autos waren registriert. Durch die Lage in einem Talkessel legt sich oftmals eine **Inversionsschicht** über die Stadt, die ein Entweichen der mit Schadstoffen und Staub belasteten Luft verhindert. So herrscht an bis zu 345 Tagen im Jahr Smog-Alarm. Erst in jüngster Zeit versucht man mit Kontrollen und Verboten der Luftverschmutzung zu begegnen. Dazu gehören beim Verkehr u. a. Nutzungsbeschränkungen für das Auto sowie der Aufbau eines leistungsfähigen öffentlichen Nahverkehrs.

Jahr	Einwohner metropolitane Zone	Einw. México D. F. (Bundesdistrikt)	Fläche México D. F. (Bundesdistrikt, km²)
1524	–	30 000	–
1600	–	58 000	–
1700	–	105 000	–
1800	–	137 000	–
1900	–	541 000	–
1950	3 168 000	3 050 442	225
1960	5 211 248	4 870 876	400
1970	8 589 630	6 874 000	660
1980	13 354 000	8 831 000	1025
1990	15 551 000	8 235 744	1499
2000	16 400 000	8 591 309	1499
2005	19 231 829	8 720 916	1499
2010	23 610 800	8 851 080	1485

(aus: Sander, H. J.: Mexiko-Stadt, Metropole der Metropolen. In: Geographie und Schule 11 (1989), Heft 61, S. 15, aktualisiert nach Instituto Nacional de Estadistica Geografia e Informatica, Mexico)

M 4
Entwicklung der Bevölkerung von Mexico-City

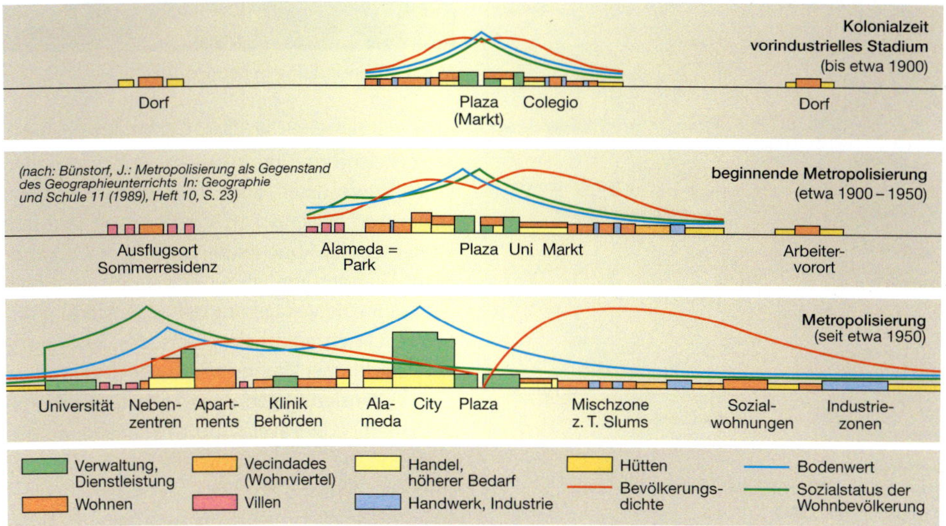

M 5
Strukturelemente der spanisch-amerikanischen Stadt

1. Überprüfen Sie, welche Elemente einer spanischen Kolonialstadt in Mexico-City wiederzufinden sind (M 1 bis M 3).
2. Erstellen Sie anhand eines Länderlexikons für alle südamerikanischen Staaten einen Index of Primacy. Fertigen Sie eine darauf bezogene thematische Karte an und interpretieren Sie dieses Ergebnis.
3. Erläutern Sie das Strukturmodell einer lateinamerikanischen Stadt (M 5).
4. Stellen Sie die ökologischen Folgen des Bevölkerungswachstums in Mexico-City dar (M 4).
5. Vergleichen Sie die Probleme von Mexico-City mit den Problemen Ihrer Stadt und diskutieren Sie darauf aufbauend Lösungsmöglichkeiten.

Wohnart	Wohnbesitz-verhältnisse	Trinkwasser	Abwasser	Toiletten	Licht	Straßenver-hältnisse	Lage	Witterungs-schutz
primitive Wohnungen in mehrgeschossigen Wohnblocks	bei regelmäßiger Mietzahlung praktisch unkündbar	ein Wasserhahn, 2x tägl. 1 Std. für 12 bis 24 Familien	unterirdische Kanalisation	eine Toilette für 6 bis 24 Familien	Kerosinlampen im Haus, teilweise Straßen, keine Toilettenbeleuchtung	Teerstraßen und unbefestigte Wege	oft peripher, arbeitsplatzorientiert	ausreichender Witterungsschutz
Altstadt-Hinterhöfe	mündlicher Mietvertrag, jederzeit kündbar	ein Wasserhahn, 2x tägl. 1 Std. für 12 bis 24 Familien	unterirdische Kanalisation oder Straßenrand	eine Toilette für 6 bis 24 Familien, Straßenrand	Kerosinlampen im Haus	befestete Straßen und unbefestigte Wege	in der Altstadt	Einsturzgefahr der Lehmhütten, z. B. bei Monsunregen
Hüttenwohngebiete	Pacht, Untermiete, ungeregelte Verhältnisse	selten Brunnen, Wasserhahn, 2x täglich 1 Std. für 20 bis 100 Familien	oft ohne Dränage, Stauwasser	Straßenrand und abgelegene Plätze	Kerosinlampen in der Hütte	unbefestigte Wege	oft peripher, auf marginalem Land, in Baulücken	Hochwassergefährdung, Brandgefahr in der Trockenzeit
Straßenbewohner	geduldet, oft verjagt	öffentliche Brunnen, Hydranten	Straßenrand	Straßenrand	Straßenbeleuchtung	befestigte Straßen	im Zentrum, Hafengebiet, arbeitsplatzorientiert	ungenügender Schutz, Häuserschatten, Toreinfahrten

M6 Wohnsituationen in den Marginalsiedlungen

Vor allem die Zuwanderung aus den ländlichen Gebieten hat die lateinamerikanischen Städte schnell anwachsen lassen. Den vielfältigen Gründen der Landbevölkerung, ihre Heimat zu verlassen **(Push-Faktoren)**, stehen Erwartungen gegenüber, die die Stadt erfüllen soll **(Pull-Faktoren)**. Statt Reichtum und sozialem Aufstieg treffen viele Zuwanderer aber nun Arbeitslosigkeit, schlechten hygienischen Verhältnissen und fehlender sozialer Absicherung gegenüber. Die **Land-Stadt-Wanderung** hat zur Folge, dass innerhalb der Stadt eine Verlagerung der Wohnviertel stattfindet. Gleichzeitig haben sich die Verslumung innerstädtischer Wohnviertel sowie das Ausufern der **Hüttensiedlungen,** den so genannten **Barriadas** (span.) oder **Favelas** (port.), verstärkt. Zu den größten zählt Nezahualcoyotl in Mexico-City mit 2 – 3 Mio. Einwohnern. Die in der Regel illegal gebauten Baracken haben im Allgemeinen weder Strom- noch Wasseranschluss und sind kaum an die Verkehrsinfrastruktur angebunden. Heutzutage wird versucht, durch nachträgliche Legalisierung die Voraussetzungen zu schaffen, dass wenigstens die elementaren Grundbedürfnisse befriedigt werden können.

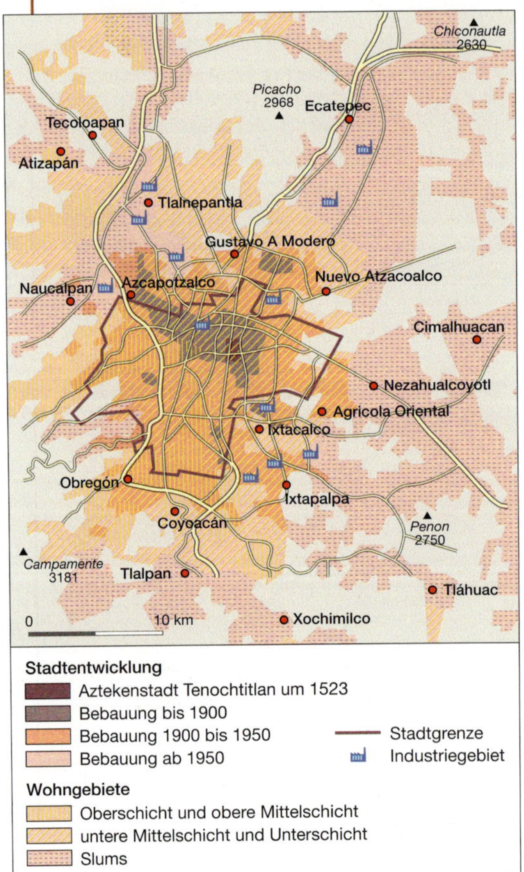

M7 Der Großraum Mexico-City

M8 Hüttensiedlung in Mexico-City

6. Erläutern Sie die Lebenssituation der Zuwanderer in den Marginalsiedlungen (M6).
7. Begründen Sie: Der Zuzug in die Stadt stellt für viele keinen Ausweg aus der Situation dar, die sie im ländlichen Raum aufgegeben haben (M6 bis M8).

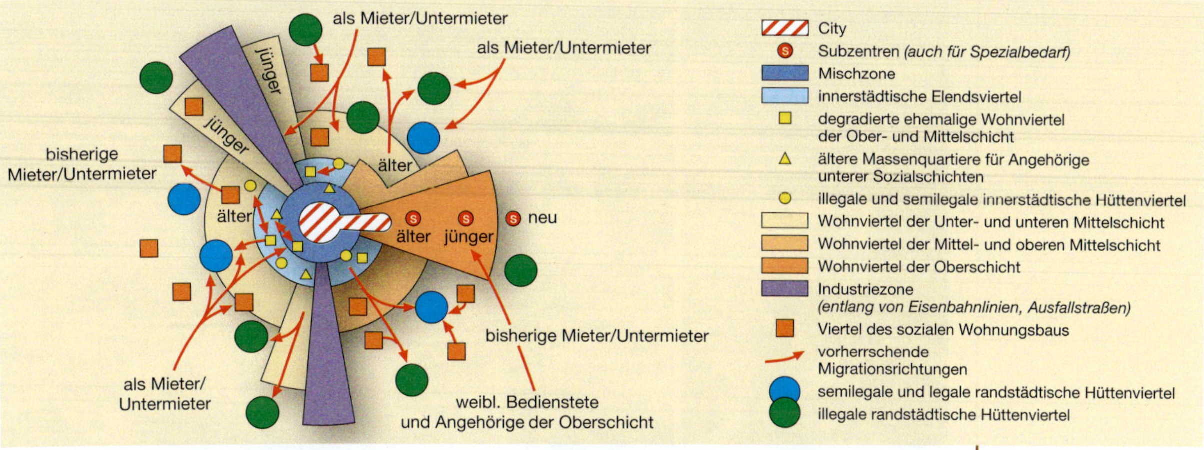

M 9 Schema der heutigen lateinamerikanischen Stadt

M 10 Junger Straßenverkäufer

M 11 Schuhputzer in Mexico-City

Für die Bewohner der Slums sind Arbeitslosigkeit und Armut sowie schlechte medizinische Versorgung alltäglich. Die schlechte berufliche Ausbildung lässt nur die Möglichkeit zu, im informellen Sektor den Lebensunterhalt zu verdienen. Dazu zählen die Arbeiten, die weder durchorganisiert noch reglementiert sind und in denen auch keine Steuern gezahlt werden. Dies sind z. B. der Straßenverkauf, der Transport, die Durchführung von Kleinreparaturen oder die Herstellung und der Verkauf eigener Produkte auf lokalen Märkten. 30 Prozent aller Erwerbstätigen in Mexico-City arbeiten im **informellen Sektor** und tragen so erheblich zum Funktionieren der Stadt bei. Für diese Bevölkerungsgruppe gibt es aber viele soziale Probleme: fehlende soziale Absicherung, unregelmäßiges Einkommen, Kinderarbeit und damit verbunden mangelnde Bildungschancen.

[...] Bei jedem Besuch wundert man sich, dass die Riesenstadt noch nicht im Chaos versunken ist, sondern dass manches verbessert wurde und überall Neues entstand, darunter fast jedes Jahr ein neues Museum.
Und entgegen allen Vorurteilen und gelegentlichen Pannen gibt es ein Heer zuverlässiger Arbeitskräfte, die trotz technischer Schwierigkeiten die Versorgungsnetze in Gang halten. Noch erstaunlicher ist freilich die Überlebensfähigkeit der Bewohner in den Marginalsiedlungen. Offenbar regelt sich hier vieles im Rahmen von mehr oder weniger informellen Aktivitäten. Und diese betreffen nicht nur den Eigenbau von Häusern oder den Kleinhandel, sondern auch das Zusammenleben der Menschen. Die Stadt funktioniert also in schwer durchschaubaren Wechselwirkungen zwischen verschiedenen Gruppen der Gesellschaft, die einerseits über Arbeitsprozesse miteinander verknüpft sind, andererseits unter einer zunehmenden sozialräumlichen Segregation jeweils ihr Eigenleben führen, sowohl beim Wohnen als auch beim Einkaufen, bei den sozialen Diensten und bei der Freizeitgestaltung. [...]

(aus: Gormsen, Erdmann: Mexiko-Stadt, faszinierende „Monstruopolis“; in: Geographie und Schule 110; Dezember 1997; S. 28, gekürzt)

M 12 Das regulierte Chaos?

8. Erläutern Sie die funktionalen und sozialen Strukturen der lateinamerikanischen Stadt (M 9).
9. Überprüfen Sie die Anwendbarkeit des Modells der lateinamerikanischen Stadt auf Mexico-City (M 7, M 9).
10. Diskutieren Sie, inwieweit der informelle Sektor zum Funktionieren von Mexico-City beiträgt (M 10 bis M 12).

M 1 Damaskus

3. Eine Stadt im Orient – Damaskus

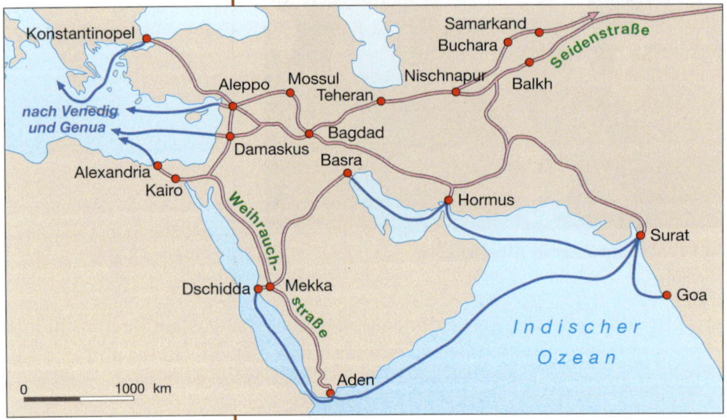

M 2 Damaskus und Aleppo im Netz der mittelalterlichen Handelsstraßen

M 3 In einem Basar

Der traditionelle Stadtkern

Mit ihrer über fünf Jahrtausende andauernden Geschichte gilt Damaskus als eine der ältesten Städte der Welt mit ununterbrochener Siedlungskontinuität. Für die Stadtgründung war die Verbindung von der syrischen Wüste über den Gebirgszug des Antilibanon zum Mittelmeer entscheidend, das von hier aus direkt über einen Pass erreicht werden konnte. Die nächsten Übergänge befanden sich über 100 km weiter südlich und nördlich. Im Mittelalter konnte sich Damaskus am Schnittpunkt damaliger großer Fernhandelsstraßen, u. a. der Seidenstraße nach China, als bedeutendes Handelszentrum weiter entwickeln.

Die alten Stadtstrukturen sind bis in die heutige Zeit erhalten geblieben. Innerhalb der Stadtmauer lassen sich die Grundzüge einer orientalischen Altstadt erkennen. Dazu zählen die Haupt- oder Freitagsmoschee als geistliches sowie die **Kasbah** (Zitadelle) als weltlich-politisches Zentrum der Stadt, der **Suq** (Basar) sowie die islamischen, jüdischen und christlichen Wohnviertel.

Der Basar ist das wirtschaftliche Zentrum der Stadt. Unzählige kleine Läden für den täglichen Bedarf reihen sich hier in engen Gassen unter Gewölben, Holzdächern und Sonnensegeln aneinander, wobei die einzelnen Branchen räumlich konzentriert zusammengefasst sind. Auch viele kleine Werkstätten sind hier zu finden, wobei das Prestige der Handwerksbetriebe von der Hauptgasse aus nach außen hin abnimmt. Die Wohnviertel, die so genannten **Quartiere,** sind durch Mauern und Tore, die abends verschlossen wer-

den können, untereinander abgetrennt. Der Grundriss der Viertel ist durch unregelmäßig angelegte **Sackgassen** gekennzeichnet. Dies ermöglichte in der Vergangenheit Schutz bei religiös motivierten Auseinandersetzungen innerhalb der Stadt wie auch bei Überfällen von außerhalb. In jedem Viertel gibt es Quartierbasare für den täglichen Bedarf, Quartiersmoscheen mit Brunnen und andere öffentliche Einrichtungen wie Bäder und Koranschulen.
Außerhalb der Stadtmauer befinden sich bis in neuere Zeit neben regionalen Märkten auch die Karawansereien, die den Fernhändlern Unterkunft bieten.

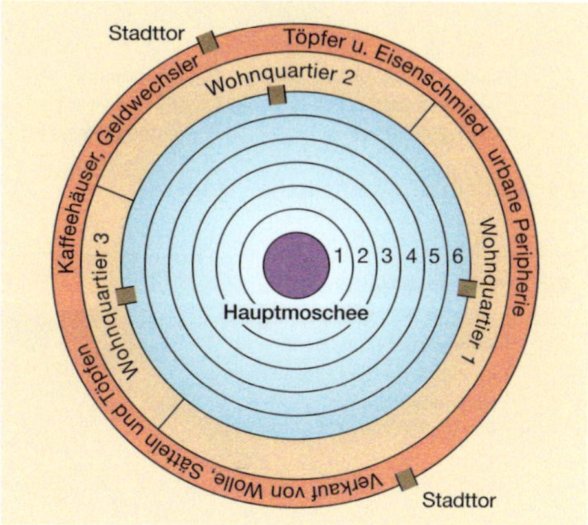

M 5
Modell der islamisch-orientalischen Altstadt und ihrer Basare

1 Kerzen, Weihrauch und Parfüm
2 Buchhändler und Buchbinder
3 Textilien und Stoffe
4 Leder, Schuster und Schneider
5 Nahrungsmittel, Gemüse und Obst
6 Schreiner, Schmiede und Kupferverarbeitung

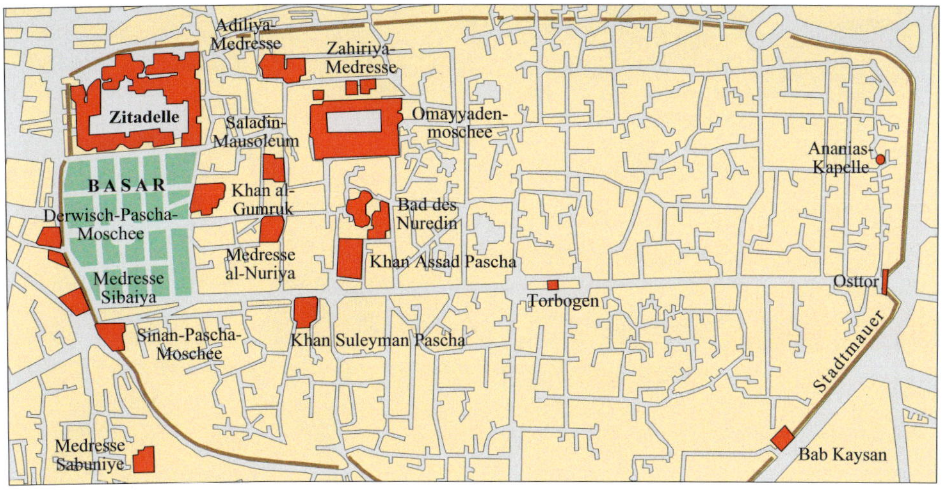

M 4 Die Altstadt von Damaskus

1. Erläutern Sie die geographische Lage von Damaskus (**M 1**, **M 2**, Atlas).
2. Stellen Sie die wesentlichen Merkmale einer orientalischen Stadt anhand von Damaskus zusammen (**M 1**, **M 3** bis **M 5**, Atlas).

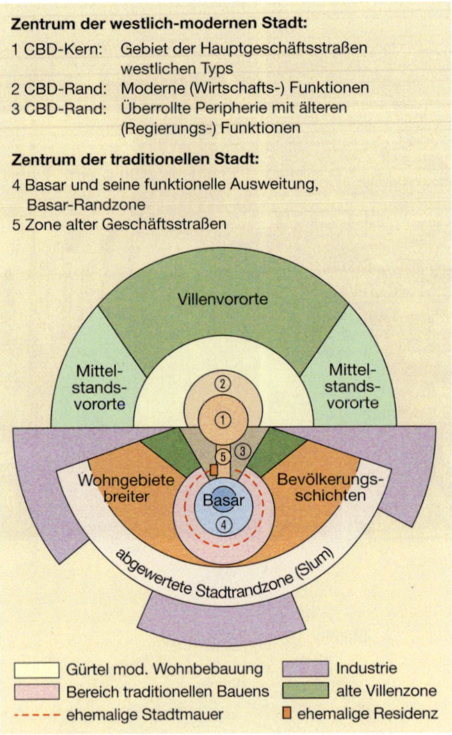

M6 Modell der orientalischen Stadt

Die moderne orientalische Stadt

Bereits im 19. Jh. ist mit dem Bevölkerungswachstum eine Erweiterung der Stadt über die Stadtmauer verbunden gewesen. An die Altstadt haben sich moderne Wohn- und Geschäftsviertel angelagert. Wie in vielen anderen orientalischen Städten hat heutzutage auch in Damaskus eine mit einer **Verwestlichung** einhergehende Urbanisierung stattgefunden und in den traditionellen Stadtkern eingegriffen.

Die Öffnung gegenüber westlichen Einflüssen erfolgte in Damaskus in mehreren Phasen. Bereits zu Beginn des 20. Jh. gab es moderne Wohnviertel, und ältere Bebauung war zugunsten einer moderneren, geradlinigen Straßenführung geopfert worden. Die französische Besatzungszeit zwischen den beiden Weltkriegen spiegelt sich in der Anlage von breiten Boulevards und Avenuen wider, die die neuen Wohnviertel erschlossen. Die nach dem Zweiten Weltkrieg einsetzende dritte Phase der Stadtentwicklung ist gekennzeichnet durch eine weitflächige Erschließung des Umlandes, wobei eine immer stärker werdende Verdrängung der sich ehemals am Stadtrand befindlichen Oasengärten stattfindet.

M7 Stadtplan von Damaskus

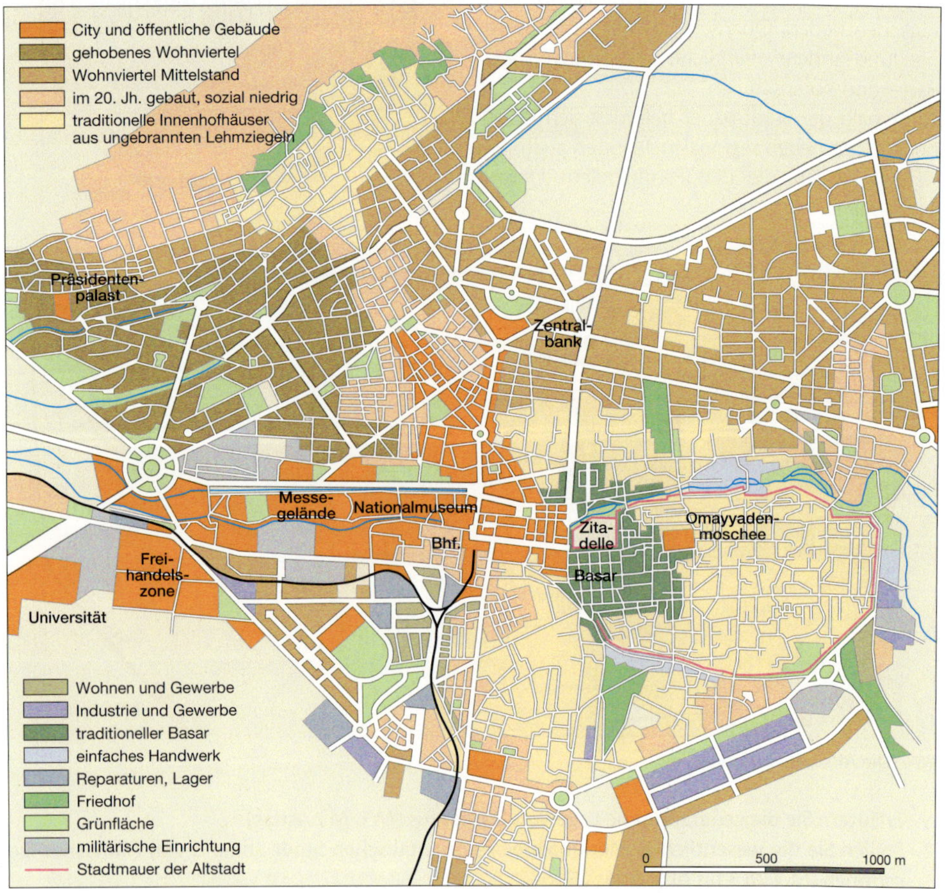

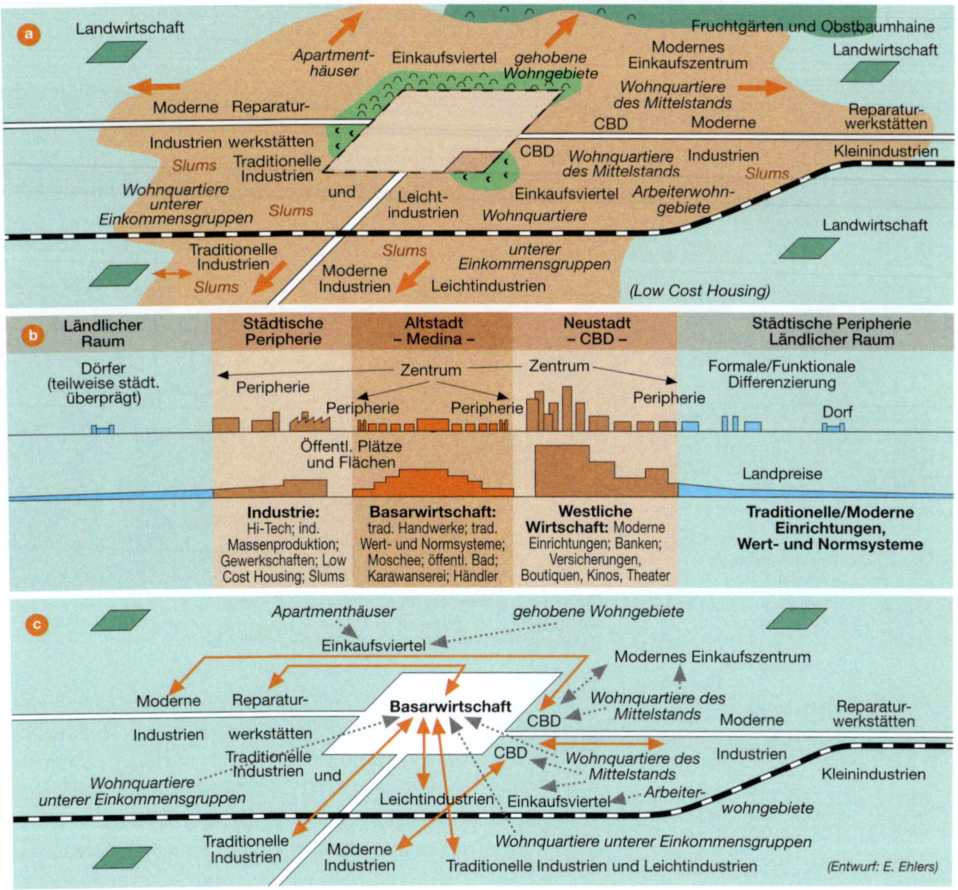

M 8
Modell der Stadt des islamischen Orients nach Form, Funktion, Wachstumstendenzen und Verflechtungsbereichen

Neben den physiognomischen Veränderungen sind auch funktionale Umstrukturierungen zu beobachten. Aus dem traditionellen Basar wandert der Großhandel in neue Stadtteile ab, da das enge Gassennetz dem Lkw-Verkehr nicht gewachsen ist. An seine Stelle sind Sammel- und Lagerplätze getreten wie auch das Basarhandwerk. Der Einzelhandel selbst hat sich zudem unterschiedlich entwickelt. Während die hochwertigen Güter nun in den modernen Geschäftsvierteln außerhalb der Altstadt angeboten werden, verbleiben in den zentralen Bereichen des Basars diejenigen Waren, die auf eine einkommensschwächere Bevölkerungsschicht ausgerichtet sind. Auch die Gestaltung der Läden ist unterschiedlich. Die Geschäfte der Einkaufsviertel sind nach westlichem Vorbild gestaltet und an den Bedürfnissen der Oberschicht und der Touristen ausgerichtet, während im Altstadtbereich noch die kleinen, offenen Läden dominieren.

Mit dem Bau moderner Stadtviertel ist die Abkehr von alten Lebensformen verbunden. Boten die Häuser in den Sackgassen eine weitgehende Abschirmung vor der Außenwelt, so ist in den Mietwohnungen des sozialen Wohnungsbaus ein Rückzug in die private Sphäre kaum noch möglich. Damit verbunden ist eine Auflösung der Großfamilie. Die ehemals ethnisch und religiös bestimmte Viertelsbildung im Stadtkern weicht zudem einer eher an gleichem Bildungsstand und Einkommen orientierten räumlichen Ordnung ähnlich der in vielen westlichen Städten.

3. Erläutern Sie die Veränderungen, die sich in der Altstadt ergeben haben (**M 6**, **M 7**).
4. Überprüfen Sie, inwieweit das Modell der orientalischen Stadt auf Damaskus zu übertragen ist (**M 6** bis **M 8**).
5. Vergleichen Sie die Modelle der nordamerikanischen, lateinamerikanischen und orientalischen Stadt (S. 326 **M 10**, S. 331 **M 12**) mit dem Aufbau von chinesischen (Atlas) und europäischen Städten (S. 268 bis 277 und 347). Gehen Sie dabei auf physiognomische sowie funktionale Kriterien ein und stellen Sie Vorzüge und Nachteile der Stadtgebilde heraus.
6. Man spricht von einer „Verwestlichung" der Städte. Überprüfen Sie diese Aussage anhand von Damaskus und bewerten Sie die sich abzeichnenden Entwicklungen.

4. Tokio – Raumenge erzeugt Probleme

M1
Die „Zehn-Millionen-Stadt" Tokio

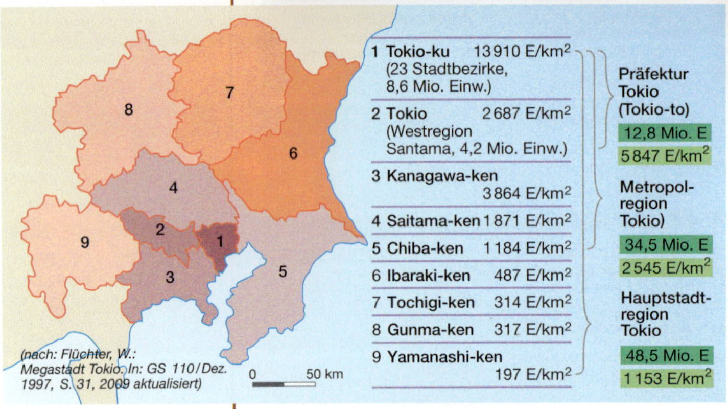

M2 Die Hauptstadtregion Tokio

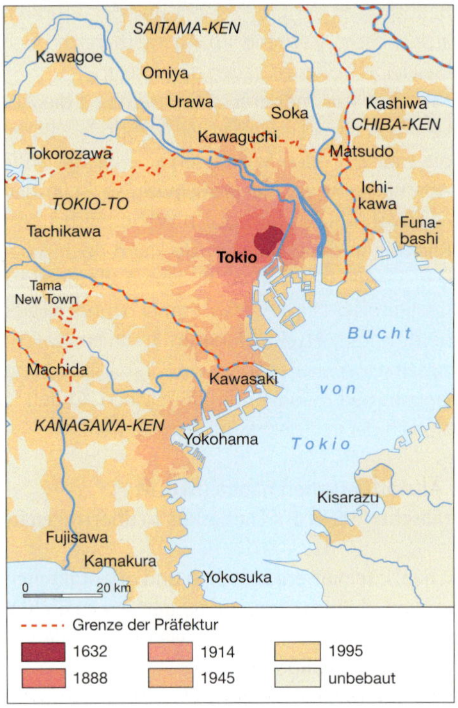

M3 Das historische Wachstum der Stadt

Tokio – eine Metropole

Die Metropolregion Tokio, die die gesamte Bucht von Tokio umfasst, ist mit fast 33 Mio. Einwohnern die größte Stadtregion weltweit. Mehr als 25 % der japanischen Bevölkerung konzentrieren sich hier auf 3,6 % der Landfläche und verdeutlichen, was man sich unter Raumenge vorzustellen hat. Gegründet wurde Tokio 1457 mit dem Namen Edo in einer geographisch günstigen Lage. Umgeben von fruchtbarem Ackerland, an der Hauptstraße zu der damaligen Hauptstadt Kyoto sowie in einer vor Sturm sicheren Bucht konnte sich die Stadt ungehindert bereits im 18. Jh. zu einer Millionenstadt entwickeln. Mit der Übertragung der Hauptstadtfunktion 1868 wurde Edo in Tokio umbenannt.

Aufgrund des ausgeprägten **Zentralismus** des japanischen Staatswesens vereint Tokio zahlreiche zentrale Funktionen auf sich. Neben den höchsten Staatsorganen befinden sich hier auch Niederlassungen der regionalen Präfekturen. Zudem konzentriert sich in Tokio die wirtschaftliche Macht. Es ist nach New York das zweitgrößte Finanzzentrum der Welt, beherbergt die Hauptsitze von mehr als der Hälfte aller in Japan ansässigen bedeutendsten Handelsgesellschaften, Japans größte Börse und seinen größten Devisenmarkt. Als Zentrum der Kultur und Bildung erscheinen hier mehr als vier Fünftel aller Veröffentlichungen, und fast die Hälfte der Studenten Japans ist an den Universitäten Tokios eingeschrieben. Diese Bindung von Menschen, Finanzen, Wirtschaft und Kultur wird als eine **unipolare Konzentration** bezeichnet.

Probleme innerhalb der Region

Wie in allen Großstädten hat die Konzentration der Dienstleistungen in der City Tokios zu einer Verdrängung der Wohnbevölkerung geführt. Durch die zunehmende Polarisierung zwischen der **Tag-** und der **Nachtbevölkerung** ist es vor allem zu einem starken Anstieg des Pendlerverkehrs gekommen. Verstopfte Straßen, aber auch überfüllte U-Bahnen sind in den Hauptverkehrszeiten üblich. Zur Bewältigung des Verkehrs soll vor allem der ÖPNV weiter verbessert werden. Dazu gehören

- Aus- und Neubaustrecken,
- ein vermehrter Einsatz von U-Bahnen,
- die Erhöhung der Transportkapazität,
- Koordination zwischen den verschiedenen Verkehrssystemen,
- eine zeitliche Streuung der Nachfrage,
- Reduzierung der Gesamtnachfrage insgesamt.

Neben den Nachteilen eines Agglomerationsraumes gibt es aber auch eine Menge von positiven Regionalfaktoren, die z. T. aus der traditionellen japanischen Lebensgewohnheit erwachsen. Hierzu zählen

- eine positive Grundeinstellung zum Verdichtungsraum; über 70 Prozent der Einwohner identifizieren sich positiv mit Tokio;
- eine traditionelle Lebensweise in verdichteten Regionen;
- eine homogene metropolitane Gesellschaft, die aufgrund sozialer Absicherungen nur wenig gesellschaftliche, ethnische und räumliche Disparitäten aufweist;
- das Zusammenspiel zwischen Wirtschaft, Verwaltung und Politik, das wegen der Hauptstadtfunktion positiv verstärkt ist und entsprechende **Fühlungsvorteile** bewirkt.

▶ Pendlerleid in Tokio

Eine Wohnung in der City statt am Stadtrand Tokios, das bleibt für die meisten Japaner nur ein Traum. Die Mieten sind astronomisch hoch und viele müssen zur Arbeit pendeln: enorme Strapazen schon vor dem Job. […] „Das Problem ist, ich bräuchte dann in der Nähe meiner Firma einen Parkplatz – und der kostet fast 400 Euro im Monat, dazu Benzin und Straßenmaut, das kann ich mir nicht leisten." 7,50 Euro kostet allein die Maut für die Stadtautobahn – pro Fahrt, versteht sich. Teuer, aber kein Vergnügen. Denn die Einfallstraßen nach Tokio gleichen oft gigantischen Standspuren. Mehr als viereinhalb Millionen Autos gibt es in der Metropole – das heißt, statistisch gesehen kommen auf jedes Auto fünf Meter Asphalt. Da wird das Fahrzeug schnell zur Immobilie – immerhin mit Blick auf die Bucht von Tokio.

Naoko kann wenigstens halbwegs sicher sein, dass sie pünktlich ankommt. Aber wem es schon auf der Straße zu eng ist, der sollte hier lieber nicht einsteigen. Zwar sind die Züge nicht mehr zu 250 Prozent überfüllt wie in den 1960er-Jahren, aber 190 Prozent reichen ja auch. […] „Nach der ganzen Fahrerei habe ich eigentlich gar keine Lust mehr zu arbeiten. Mir tun die Füße weh, ich bin müde, und statt gleich loszulegen, wie ich eigentlich sollte, muss ich erst mal Pause machen und einen Kaffee trinken, bevor ich wieder fit bin." So geht es den meisten, die in Tokio von A nach B wollen. Denn in der Zehn-Millionen-Stadt sind die Wege weit und die Straßen eng. Da nutzen auch allgegenwärtige Stauwarnungen und Navigationssysteme wenig. Auf zwei Rädern hat man noch die besten Chancen. Denn sonst heißt es zwischen den Hochhäusern den ganzen Tag nur Stop and Go. […] Eine Wohnung in der City statt dem Zimmer im Vorort bei den Eltern – zu teuer sind die Mieten, zu niedrig das Gehalt. Also kommt sie erst nach elfeinhalb Stunden nach Hause zurück.

Quelle: http://www.mdr.de/windrose/archiv/108783.html, Beitrag vom 04.07.2004, von Kirsten Girschik, gekürzt, leicht verändert

▶ Tokio ist Vorreiter beim Verkehr

[…] So geht es vielfach darum, neue Verkehrssystem aufzubauen und den vorhandenen Verkehr effizienter zu steuern. Tokio hat zu diesem Zweck für gut sieben Milliarden Euro das zurzeit beste Verkehrsleitsystem der Welt installiert. Mehr als 17 000 Sensoren erfassen Fahrzeuge und senden Daten an die Zentrale. Von dort aus werden Ampeln und Info-Tafeln gesteuert. Außerdem kann jeder die Daten kostenlos aus dem Internet abrufen oder sich auf sein Navigationsgerät laden. Millionen Japaner haben sich mittlerweile ein „Car-Navi" zugelegt. Aufgrund der besseren Verteilung der Ströme hat die Verkehrsdichte nicht zugenommen, obwohl das Verkehrsaufkommen seit 1990 um 50 Prozent gewachsen ist. […]

Quelle: http://www.welt.de/wisenschaft/article930699/Boomende_Mega_Staedte

▶ Verspäteter, kostspieliger Auf- und Ausbau der materiellen Infrastruktur

Die hohen Bodenpreise, die extrem dichte Überbauung sowie die gewöhnlich nur winzigen Grundstücksgrößen, deren Zusammenlegung äußerst zeitraubend ist, machen den Ausbau der materiellen Infrastruktur nicht nur kostspielig, sie verzögern ihn auch. Daraus ergeben sich Agglomerationsnachteile in ökonomischer und ökologischer Hinsicht: Erstens ist der Auf- und Ausbau der materiellen Infrastruktur in einem bereits sehr verdichteten Ballungsraum generell sehr teuer. Zweitens stoßen die Kapazitäten der Ver- und Entsorgungsinfrastruktur an ihre Grenzen. Drittens ist die Verkehrsinfrastruktur – bei allem Respekt vor deren Transportleistungen – völlig unzureichend, wird ihr Ausbau immer teurer.

M 4
Agglomerationsnachteile und Folgewirkungen

1. Erläutern Sie das Wachstum Tokios vor dem Hintergrund seiner geographischen Lage (M 1 bis M 3).
2. Beschreiben und begründen Sie die Agglomerationsnachteile Tokios (M 4).
3. Erläutern Sie die Pendler-Problematik (M 4). Überlegen Sie weitere Möglichkeiten zur Bewältigung des Verkehrs-Problems.

M5 Geplantes Hyper-Building

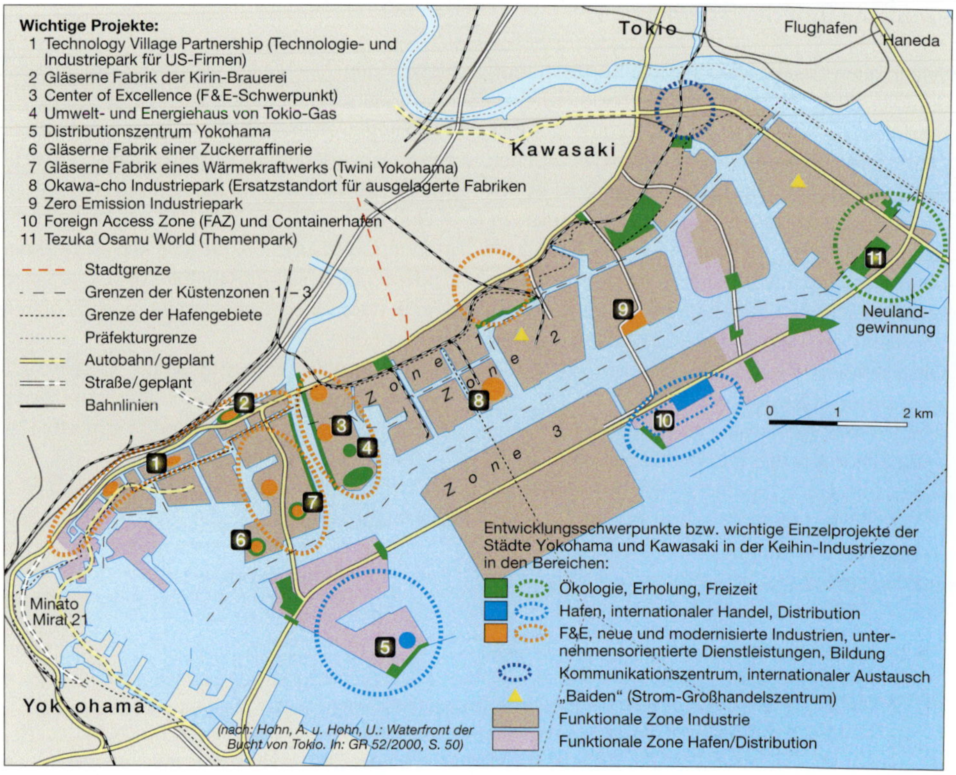

M6 Projekte des Strukturwandels in der Bucht von Tokio

Stadt der Zukunft

Wohnen, Arbeiten und Freizeit sind die wesentlichen Herausforderungen, denen Tokio sich in der Zukunft stellen muss. Dabei kann auf **Neulandflächen** zurückgegriffen werden, die in den 1960er- und 1970er-Jahren in der Bucht von Tokio aufgespült wurden. Waren es in der Vergangenheit vor allem Industriekomplexe der Eisen-, Stahl- und Petrochemie, die hier neue Standorte fanden, so zeichnet sich gegenwärtig und für die Zukunft eine geänderte Funktion ab. Solche städtischen Umbauten nennt man **Waterfront Redevelopment.**

Die Nutzung ist vor allem auf die Stadterneuerung, die Ansiedlung städtischer Funktionen sowie die Naherholung ausgerichtet. Dazu zählen Bürokomplexe, Wohngebiete, Hotelbauten sowie auch infrastrukturelle Ansiedlungen wie Krankenhäuser und Müllverbrennungsanlagen. Besonders aber wird dem veränderten Konsumverhalten Rechnung getragen: Shopping Centers, Grünflächen und so genannte Urban Entertainment Centers wie Disneyland, Legoland oder Fantasy World nehmen mehr als ein Viertel der Fläche ein. Die vorhandenen Standorte der Industrie werden teilweise ausgelagert bzw. sind bereits in periphere Gebiete umgesiedelt worden, wo sie die Umweltschutzauflagen besser erfüllen können, oder sie haben im Rahmen der Globalisierung Betriebsverlagerungen in das Ausland vorgenommen. Auf den Freiflächen steht somit zukunftsorientierten Technologien neuer Raum zur Verfügung.

M7 Neulandflächen in der Bucht von Tokio

Neuordnung des Großraums

Seit Ende des vergangenen Jahrhunderts wird versucht, durch Raumordnungsmaßnahmen den Großraum Tokio neu zu strukturieren. Neben der Entwicklung innerstädtischer Bereiche sollen auch die Gebiete an der Peripherie so mit in die Planung eingebettet werden, dass die Probleme des Stadtkerns gemindert werden. Das betrifft vor allem die extreme Bevölkerungskonzentration, die durch **Dezentralisierungsmaßnahmen** abgebaut werden soll. Dies versucht man, durch die Gründung bzw. den Ausbau von **Entlastungsstädten** im Umkreis von bis zu 50 km zu erreichen. Man erhofft sich davon zusätzlich eine Eindämmung des Verkehrs, die Verbesserung der Wohn- und Lebensqualität sowie eine Konzentration von Büro- und Gewerbebetrieben. Gleichzeitig sollen die ökologischen Probleme besser gelöst werden.

Dabei werden neben neuem Wohn- und Büroraum jedem Entlastungsstandort eigene Aufgaben zugewiesen. Tsukaba, bereits in der benachbarten Präfektur Ibaraki gelegen, ist z. B. als Wissenschaftsstadt mit Universitäten und nationalen Forschungseinrichtungen konzipiert. Innerhalb der Stadtgebietes hat Omiya-Urawa Teile der Hauptstadtfunktionen übernommen, da 16 Staatsbehörden mit mehr als 16 000 Beschäftigten hierher ihren Standort verlagert haben. Minato Mirai 21 entsteht auf neu gewonnenem Land ehemaliger Werftanlagen und ist aufgrund starker Konzentration von Messe- und Ausstellungshallen als Kongress-Stadt geplant.

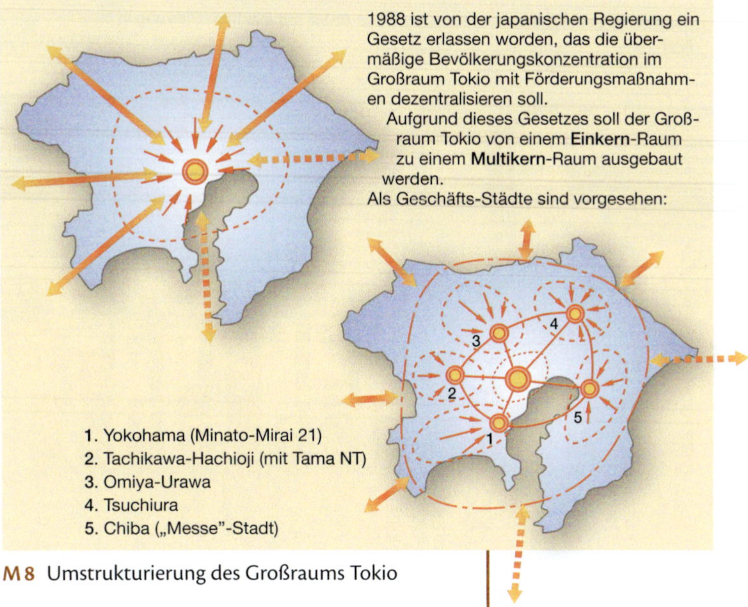

M 8 Umstrukturierung des Großraums Tokio

Da der Bevölkerungsdruck auf die Hauptstadt sehr zunahm, hat Tokio im Jahre 1965 das Projekt Tama New Town (TNT) für ca. 350 000 Einwohner geplant. TNT liegt 26 – 35 km westlich des Hauptbahnhofs von Tokio und erstreckt sich auf einer Fläche von 3014 Hektar. Insgesamt nimmt TNT einen Teil von vier Stadtkreisen ein: Hachioji, Machida, Tama und Inagi; es ist also ein „überregionales" Wohngebiet.

Die Stadt TNT ist in 21 Nachbarschaftsgebiete (jap. „juku" oder „neighbourhood unit") aufgeteilt. Die Wohnungen errichteten verschiedene staatliche und private Baugesellschaften des Landes. Ein „Nachbarschaftsgebiet" hat etwa 100 Hektar Fläche und besitzt 3000 bis 5000 Wohnungen mit 15 – 16 000 Einwohnern. Folgende Infrastruktureinrichtungen sind vorhanden: eine Mittelschule (Junior high-school), zwei Grundschulen, drei Kindergärten, ein Postamt und ein Einkaufszentrum für den täglichen Bedarf. Zwei Privateisenbahnlinien (Odakyu- und Keio-Linie) bringen Pendler und Studenten nach Shinjuku, dem größten Subzentrum Tokios, 16 km vom Hauptbahnhof Tokio entfernt. Seit 1989 besitzt die Keio-Linie eine Verlängerung nach Hashimoto (Präfektur Kanagawa), etwa 10 km westlich von TNT. Da die Bevölkerungszahl in TNT heutzutage bereits auf 200 000 angewachsen ist, sind weitere Verkehrsanbindungen ins Umland nötig. Deshalb gibt es die neue Monorail-Schwebebahn zwischen Tachikawa und TNT. Verschiedene Universitäten haben, hauptsächlich aus Platzgründen, die Innenstadt von Tokio verlassen und suchten sich in TNT ein größeres Gelände (die Chuo-Universität ist 1978, die Tokio-Metropolitan-Universität 1991 umgesiedelt). Durch diese Aktivitäten und den in Bälde erfolgenden Ausbau der Städte Hachioji-Tachikawa zu „Businesszentren" wird TNT zum größten Wohnbezirk der Präfektur Tokio werden.

(nach: Sasaki, H.: Raumordnungsprobleme im Großraum Tokio. In: Praxis Geographie 12/1992, S. 23, geändert und ergänzt)

M 9 Tama New Town (TNT)

4. Erläutern Sie die Stadtplanung Tokios vor dem Hintergrund der Raumenge in der Bucht von Tokio (**M 5** bis **M 7**).
5. Erläutern Sie die Gründe für die raumordnerischen Maßnahmen in Tokio (**M 8**).
6. Beschreiben Sie die funktionale Struktur von Tama New Town (**M9**).
7. Bewerten Sie das Konzept der Entlastungsstädte.
8. „Raumenge erzeugt Probleme." Stellen Sie dar, inwiefern den Problemen Tokios seitens der Stadtplanung Rechnung getragen wird. Beurteilen Sie, ob die geplanten Raumordnungsmaßnahmen zur Problemlösung in ausreichendem Maße beitragen.

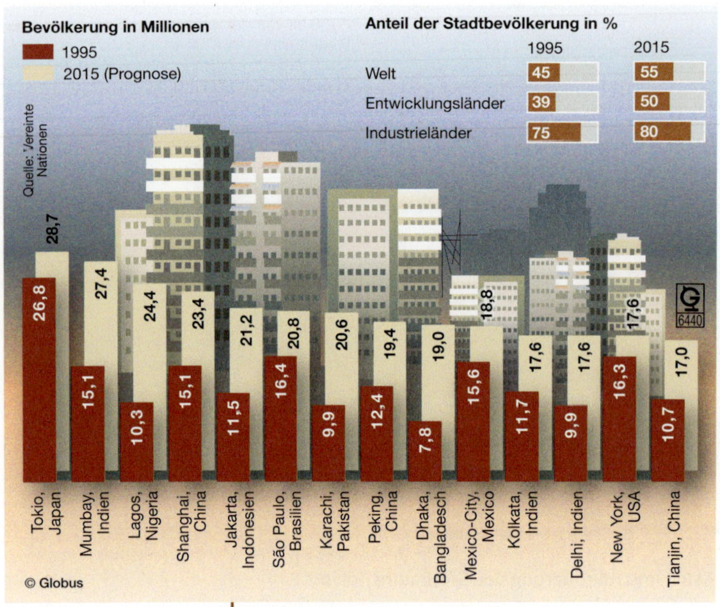

M1 Mega-Städte von morgen

5. Verstädterung der Erde

Bis in das 18. Jahrhundert hinein lebten Menschen vor allem in Agrargesellschaften, nur ein geringer Teil wohnte in städtischen Siedlungen. Der **Verstädterungsgrad,** das Verhältnis zwischen ländlicher und städtischer Bevölkerung, war insgesamt gering. So lebten um 1800 nur zwei bis drei Prozent der Weltbevölkerung in Städten mit mindestens 20 000 Einwohnern. Der weltweite Verstädterungsprozess begann mit der Industrialisierung Mitte des 19. Jahrhunderts; um 1900 lag er bei etwa 15 Prozent. Nach dem Zweiten Weltkrieg beschleunigte er sich rasant, vor allem in Entwicklungsländern. Das Ende der Entwicklung ist gegenwärtig noch nicht absehbar.

Der Verstädterungsprozess wird durch unterschiedliche Indikatoren verdeutlicht. So steigt der Anteil der Stadtbevölkerung in einer Region deutlich an, d. h., die Verstädterungsrate wächst. Die Städte selbst zeigen ein schnelles Bevölkerungswachstum, sodass die Zahl der Millionenstädte zunimmt. Überschreitet die Einwohnerzahl die Grenze von zehn Millionen, so wird von einer **Megastadt** gesprochen. Durch die Ausweitung der Siedlungsfläche wachsen Millionenstädte zusammen, es entstehen so genannte **Städtebänder.** Das Erscheinungsbild von Städten kann bei gleichem Verstädterungsgrad unterschiedlich ausfallen, da es von der Gesellschaftsordnung und den kulturellen Traditionen abhängt. Die Folgen der Verstädterung sind aber im Wesentlichen gleich. Es besteht eine verstärkte Nachfrage nach infrastrukturellen Einrichtungen wie z. B. Schulen und medizinischer Versorgung. Außerdem steigt die Nachfrage nach Wasser und Energie. Gleich-

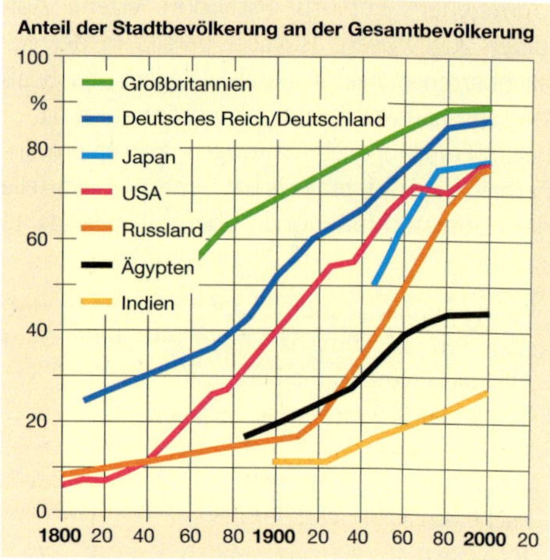

M3 Anteile der Stadtbevölkerung (Städte über 20 000 Einwohner)

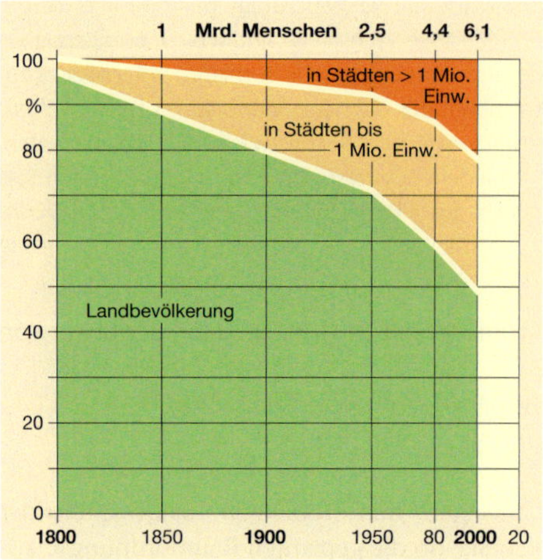

M2 Städtische und ländliche Bevölkerung

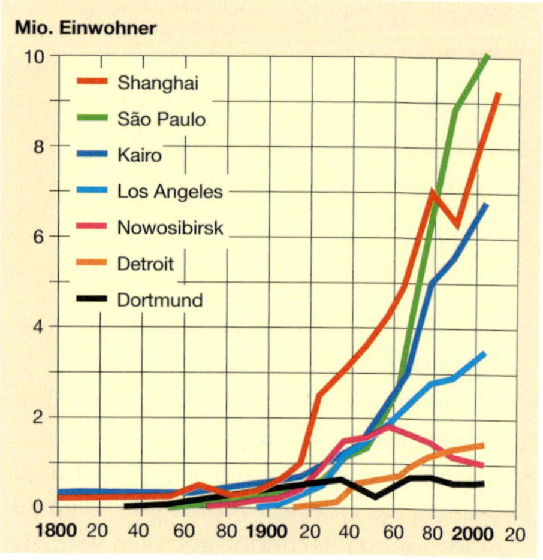

M4 Bevölkerungsentwicklung ausgewählter Städte

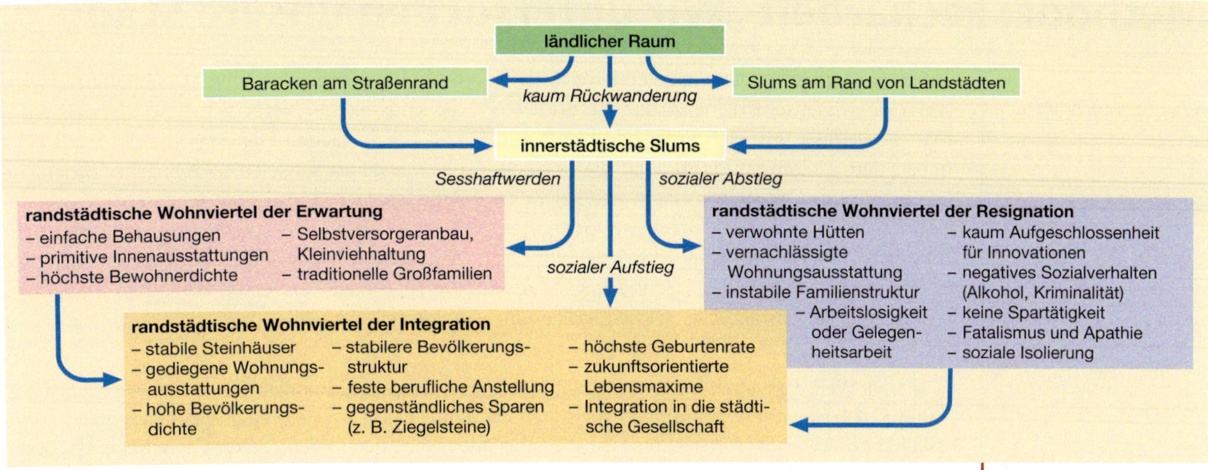

M5 Modell der Land-Stadt-Wanderung

zeitig erhöht sich das Aufkommen an Abwasser und Abfall, und insgesamt sind wachsende Umlandbelastungen zu verzeichnen, was auch in der Zersiedlung der Landschaft und der Zerstörung der stadtnahen Kulturlandschaft zum Ausdruck kommt. Nicht zuletzt ist mit der Verstädterung ein starkes Anwachsen der Verkehrsproblematik verbunden.

Eine besondere Erscheinung der Verstädterung vor allem in Entwicklungsländern ist eine Verdichtung der Bevölkerung im Bereich der Hauptstadt oder auch einer Hafenstadt. In ihr konzentrieren sich alle wichtigen politischen, sozialen, wirtschaftlichen und kulturellen Einrichtungen des Landes. Im englischsprachigen Raum ist daher der Begriff der **Primate City** entstanden (vgl. S. 328 Mexico-City). Dieser Prozess der „konzentrierten Vergroßstädterung", der **Metropolisierung,** ist verbunden mit einem rasanten Flächenwachstum.

Das entstehende Ungleichgewicht zwischen Metropole und Land hat mehrere Ursachen, die zum Teil voneinander abhängig sind:

- eine naturräumliche Lagegunst (z. B. Hafenstadt);
- die historische Bedeutung als Wirtschafts- und Handelszentrum (das „Hinterland" verblieb vielfach schon in der Kolonialzeit ohne gleichrangige Städte);
- eine Kombination von Push- und Pull-Faktoren, die eine anhaltende Migration der ländlichen Bewohner in die Metropolen erklären.

Gravierende Folgen der dynamischen Metropolisierung zeigen sich vor allem in den Städten der Entwicklungsländer. Während die Zentren in ihrer Funktion und Gestalt (Hochhausbebauung, funktionale Verdichtung u. Ä.) den Cities der Industrieländer immer ähnlicher werden, wachsen an den Stadträndern die Slums und Hüttenviertel. Die Wohnraumversorgung wie die gesellschaftliche und politische Integration verschlechtern sich zusehends und die Armut wächst. So beherbergen manche **Marginalsiedlungen** bereits heute rund 50 Prozent der Großstadtbevölkerung.

M6 Skyline von Kuala Lumpur (Malaysia)

1. Stellen Sie eine Liste der größten Metropolen zusammen und ordnen Sie sie regional ein (**M 1**, Atlas, Internet).
2. Erläutern Sie das Bevölkerungswachstum in ausgewählten Städten (**M 3**, **M 4**).
3. Erklären Sie den Begriff Metropolisierung und stellen Sie Merkmale der demographischen und funktionalen Vorherrschaft von Metropolen zusammen (**M 2** bis **M 6**).
4. Metropolen haben zwei Gesichter. Diskutieren Sie diese Aussage anhand von **M 5** und **M 6**.

Webcode: GO649174-341

Methode: Facharbeit „Wir untersuchen unsere Stadt“

Bei der Facharbeit soll beispielhaft erlernt werden, was eine wissenschaftliche Arbeit ist und wie man sie verfasst. Im Fach Erdkunde bietet sich neben dem Literaturstudium auch die originale Erkundung vor Ort an. Dies kann beispielsweise eine Kartierung, Zählung, Befragung oder Messung sein. Dabei gewährleistet die Arbeit vor Ort in besonderer Weise die Eigenständigkeit der Leistung, da jeweils aktuelle, selbstständige Untersuchungen sowie deren Darstellung notwendig sind. Hierbei bietet sich besonders ein Kontakt zum örtlichen Planungsamt der Stadt oder des Kreises an. Zugleich sollten der erforderliche Arbeitsaufwand realistisch eingeschätzt und die Themenstellung entsprechend eingegrenzt werden. Im Folgenden sollen am Beispiel der Stadt Werl Auszüge aus einer konkreten Facharbeit vorgestellt werden.

Die Stadt Werl, das Mittelzentrum zwischen Sauerland, Münsterland, Ruhrgebiet und Hellweg, zählt 2007 rund 32 000 Einwohner. Jahrhundertlang waren die zentrale Lage am Hellweg und das Salzvorkommen das Kapital der Stadt. Wirtschaftlich hat Werl aber auch heute noch viel zu bieten: Gewerbe- und Industriegebiete in bester Lage und mit Raum für Erweiterungen stehen bereit. So ist das KonWerl – Gelände mit ca. 70 ha Gewerbefläche – durch die Umnutzung entstanden und wurde mit moderner Infrastruktur aufbereitet. Mit seiner historischen Altstadt, dem Kurpark, der attraktiven Fußgängerzone, seiner aktiven Freizeit- und Kulturlandschaft mit über 100 km Wanderwegen und der gemütlichen Gastronomie lädt Werl ein. Interessante Gebäude aus der Zeit der Erbsälzer, idyllische Gassen und Straßen mit restaurierten Fachwerkhäusern, die Schlossruine, der Kurpark und natürlich die Wallfahrtsbasilika mit der Marienfigur, die Jahr für Jahr 250 000 Wallfahrer nach Werl führt, sind zu besichtigen. Eine weitere Attraktion der Stadt Werl ist das Missionsmuseum des Franziskanerordens, das „Forum der Völker“.
Eine Anzahl von Sporteinrichtungen und der Stadtwald mit seinen Erholungswert bieten den Werler Bürgern und Besuchern interessante Freizeit- und Erholungsmöglichkeiten. Das Theaterprogramm des Kulturamtes, das Angebot der Stadthalle, viele Aktivitäten von Vereinen und Verbänden, die Stadtfeste und natürlich die bunten Schützenfeste in den Stadtteilen runden das aktive Kultur- und Veranstaltungsprogramm in Werl ab.

(Quelle nach: http://www.werl.de/Werl/Stadt/stadt.html)

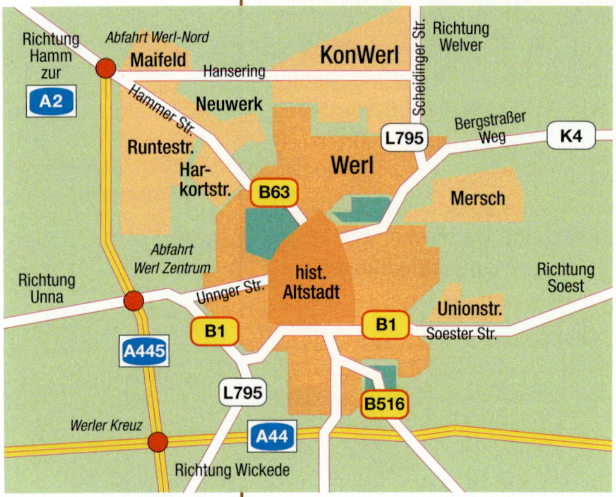

M 1 Werl im Überblick

Phasen	Geplanter Zeitraum
– Themensuche im Vorfeld – Themen-Findung, grober Gliederungsentwurf – Absprache des Themas, des groben Inhalts sowie der Beurteilungskriterien mit dem Lehrer	Termin mit beratendem Lehrer bis Mitte Dez., ggf. noch ein weiterer Termin vor den Ferien
– Informationsbeschaffung (Literatur, 1. Termine mit Experten, Suche nach weiteren Experten, Erkundung und Auflistung möglicher Standorte)	Weihnachtsferien bis Mitte Januar
– Auswertungsphase (detaillierte Auswertung der Materialien, Auswahl der Standorte, Feingliederung, Beratungsgespräch, 2. Termine mit Experten, genaue Erkundung der ausgewählten Standorte)	Mitte Januar bis Ende Januar (an Sicherheitskopien denken)
– Rohfassung (Zielsetzung formulieren, Exkursionsroute festlegen, Karten und Fotos erstellen, Standorte beschreiben, Fazit formulieren) – Reinschrift (vollständige sprachliche und inhaltliche Überarbeitung, Überprüfung aller formalen Vorgaben und Beurteilungskriterien, Titelblatt, Inhaltsverzeichnis usw. anlegen, Korrektur lesen lassen)	Ende Januar bis drei Tage vor Abgabetermin (Mitte Februar), ggf. den Eltern fertige Kapitel zum Korrekturlesen geben
Thema: „Ein Exkursionsführer zur Stadtentwicklung von Werl“ (Zeitrahmen: 6 Wochen plus Weihnachtsferien)	

M 2 Zeitplan zur Facharbeit

1. Erläutern Sie den Zeitplan (M 2) und begründen Sie die Relevanz eines solchen Zeitplans.
2. Beurteilen Sie die Auszüge aus der Facharbeit in M 3.
3. Erarbeiten Sie in arbeitsteiligen Gruppen einen Exkursionsführer zur Stadtentwicklung Ihrer Stadt.

Inhaltsverzeichnis

1	**Einleitung**	
1.1	Zur Intention und zum Inhalt der Facharbeit	1
1.2	Motivation und Idee	1
1.3	Quellen	1
1.4	Kriterien für die Auswahl der Standorte	1
1.5	Aufbau der Facharbeit	2
2	**Stadtentwicklung im Überblick**	2
3	**Exkursionsroute im Überblick** (Standortkarte)	4
3.1	Schlossruine mit Orientierungskarte	5
3.2	Neuergraben (ehemalige Stadtmauer)	7
3.3	Stadtmodell (Städtisches Museum Haus Rykenberg)	8
3.4	Krämergasse (Altstadt) – Alter Markt (Sanierungsgebiet)	8
3.5	Wallfahrtsbasilika	9
3.6	Saline im Kurpark	9
4	**Fazit**	10
5	**Literaturverzeichnis**	10
6	**Persönliche Erklärung**	11
7	**Anhang**	12

Einleitung 1

1 Einleitung

1.1 Zur Intention und zum Inhalt der Facharbeit
Die vorliegende Facharbeit mit dem Thema „Ein Exkursionsführer zur Stadtentwicklung von Werl" soll besonders ortsfremden Besuchern zentrale historische Aspekte der Stadtentwicklung von Werl anhand von ausgewählten Standorten veranschaulichen. Dabei wurden erläuternde Texte und Abbildungen zu den sechs Standorten so gewählt, dass man in einem Zeitrahmen von etwa zwei Stunden die Exkursionsroute eigenständig erkunden kann. Aufgrund dieses Zeitrahmens (Doppelstunde plus Pause) sowie der verständlichen Texte zu den einzelnen Standorten ist der Exkursionsführer auch für eine eigenständige Erkundung durch Schulklassen möglich.
Dieser Exkursionsführer soll aber nur als eine Basis dienen, die durch eigne Erfahrungen jederzeit ergänzt und aktualisiert werden kann. Deshalb wird an entsprechenden Stellen im Text auf weiterführende Informationsquellen hingewiesen.

1.2 Motivation und Idee
Die Entscheidung eine praxisorientierte Facharbeit zu schreiben sowie die festzustellende Beziehungslosigkeit bzw. Unkenntnis vieler Mitschüler zur Stadtentwicklung von Werl führte zu der Idee eines Exkursionsführers. Hinzu kam das Interesse der Stadt Werl sowie meines Betreuungslehrers an einem Exkursionsführer zur Stadtentwicklung.

1.3 Quellen
Das detaillierte Wissen zu den Standorten beruht primär auf dem zweibändigen Sammelband „Werl. Geschichte einer westfälischen Stadt", welcher von Amilie Rohrer und Hans-Jürgen Zacher 1994 herausgegeben wurde. Die Kenntnisse wurden sowohl durch das Studium von weiteren Veröffentlichungen (vgl. Literaturverzeichnis) als auch durch die Befragung und Zusammenarbeit mit einigen Experten vertieft. Für individuelle Führungen, ausführliche persönliche Auskünfte und die Bereitstellung von Materialien möchte ich mich an dieser Stelle nochmals herzlich bedanken.

1.4 Kriterien für die Auswahl der Standorte
Die Standorte wurde so ausgewählt, dass sie zu Fuß zu erreichen sind und jeweils einen Aspekt der Stadtentwicklung von Werl in besonderem Maße veranschaulichen. Wobei die Reihenfolge der Standorte nicht dem zeitlichen Verlauf der Stadtentwicklung entspricht. Daneben wurde die Exkursionsroute (vgl. Karte) so gelegt, dass man zusätzlich noch an weiteren relevanten Bauwerken vorbeigeht. Diese sollen weitere Aspekte neben den sechs Standorten ergänzen.

Standort: Schlossruine mit Orientierungskarte 5

3.1 Standort: Schlossruine mit Orientierungskarte

Schlossmodell um 1519 der Klasse 10a im Maßstab 1:100, (Ort: Eingangshalle des Ursulinengymnasiums)

Um zur Schlossruine zu gelangen, gehen Sie durch die Eingangshalle (links halten) des Ursulinengymnasiums auf den Schulhof. Im rechten Bereich der Eingangshalle befinden sich das Schlossmodell sowie eine kleine Ausstellung zu den „Katakomben".
Aufgrund einer Verschwörung gegen die kurfürstliche Verwaltung verfügte der Landesherr, der Erzbischof von Köln um 1519 die Errichtung des Werler Schlosses am südlichen Rand der Stadtmauer. In erster Linie sollte das Schloss mit seinen Kanonen und ca. 100 Soldaten die Macht des Erzbischofs gegenüber den Bürgern von Werl sichern. So waren vermutlich beide Nordtürme mit Kanonen bestückt, die auf die Stadt gerichtet waren (vgl. Leidinger, 1994, 483). Bei diesem Schloss handelte es sich um eine große Festungsanlage. Allein der Innenhof umfasste eine Fläche von 50 mal 50 Metern. Die Befestigungsmauern hatten eine Höhe von ca. 11 m und eine Stärke von ca. 4,70 m (vgl. Halekotte, 1999, 71f). Zur Veranschaulichung bauten Schülerinnen und Schüler ein Modell des Schlosses nach Angaben des Heimatexperten Herrn Halekotte.

Während des Siebenjährigen Krieges wurde das Schloss stark beschädigt und mit der Zeit baufällig. 1825 begann man mit dem Abbruch des Schlosses. Einen Teil der Kalksandsteine benutzte man, um die nach Hamm führende Landstraße (heutige B 63) zu bauen. Es blieb nur noch der nordöstliche Turm stehen. Mit dem restlichen Bauschutt wurde das Gelände erhöht, so dass sich heute nur noch etwa die Hälfte des Turmes oberhalb der Bodenlinie befindet. Der neue Besitzer ließ um 1828 durch die Überbauung des Wassergrabens die vorhandenen „Keller" um große Gewölbekeller für seine Brauerei erweitern (vgl. Leidinger, 1994, 492f). Dieser unterirdische Bereich der Schlossruine wird heute auch als die „Katakomben" bezeichnet (vgl. S. 6. oben rechts). Ein detaillierter Grundrissplan sowie zahlreiche Fotos der Foto-AG zu den „Katakomben" befinden sich neben dem Schlossmodell in der Schulhalle.
Im Jahre 1888 ging das Schlossgelände in den Besitz der Ursulinen von Werl über, die Mitte der 1970er-Jahre den Neubau des Ursulinengymnasiums hier errichten ließen (vgl. Grundrissplan, S. 6). Heute wird der obere Bereich, der sogenannte „Rittersaal" für schulinterne Feiern sowie Konzerte benutzt.

Standort: Schlossruine 6

Grundriss vom Werler Schloss um 1519 und dem heutigen Ursulinengymnasium (eigene Zeichnung überarbeitet nach Grundrissplan des Werler Schlosses von W. Halekotte, vgl. Anhang)

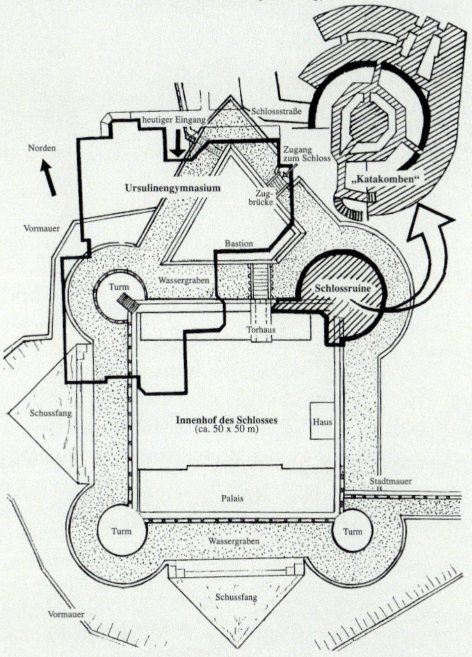

M3 Auszüge aus einer Facharbeit zum Thema: „Ein Exkursionsführer zur Stadtentwicklung von Werl"

Die ausgewählten Facharbeiten zur Stadt Werl sollen einige der vielfältigen Möglichkeiten bei der Untersuchung der eignen Stadt verdeutlichen. Fachübergreifende Arbeiten sind erwünscht. Zugleich soll der abstrakte Begriff der Facharbeit an diesen Beispielen veranschaulicht werden und bei einer konkreten Themensuche helfen. Dabei sind die skizzierten Gliederungen als eine mögliche Orientierung zu verstehen. Auch die Angabe der unterschiedlichen Informationsquellen ist Bestandteil der Arbeit (vgl. Methodenseiten S. 494 und S. 495). Hängt die Ausarbeitung der Facharbeit von einer zentralen Informationsquelle ab (z. B. Sprecher eines Unternehmens oder alte Innenstadtkartierung), sollte deren Verfügbarkeit bzw. deren Wille zur Zusammenarbeit im Vorfeld geklärt werden.

Anhand des Beispiels „H“ zum Thema der aktuellen Verkehrsplanung wird veranschaulicht, dass auch mehrere Schülerinnen und Schüler bei unterschiedlicher Schwerpunktsetzung ein Oberthema bearbeiten können.

A

Informationsquellen: Literatur, lokale Zeitungsredaktionen, Internet, ausgesuchte Experten

Bedeutung des Museums „Forum der Völker“ für die Stadt Werl

- Museen der Stadt Werl (Einleitung, Standortkarte)
- Museum „Forum der Völker“
  Entwicklung und Zielsetzung
  Analyse des Besucheraufkommens
  Perspektive
- Expertenbefragung zur Bedeutung des Museums „Forum der Völker“
  Museumsdirektor
  Vorsitzender der Kaufmannschaft
  Schuldirektor
  Sprecher der Stadt
- Fazit (sowohl methodische als auch inhaltliche Reflexion)
- Quellenverzeichnis

B

Informationsquellen: Literatur, Internet, Sprecher von Standard Metall, Gemeindestatistik

Standard Metall – ein mittelständisches Unternehmen im Zeitalter der Globalisierung

- Einleitung
- Standard Metall Werl im Überblick
  Lage und Größe des Unternehmens (Karte, Diagramm)
  Produktpalette und Abnehmer
- Entwicklung der Standard Metallwerke in Werl (räumliche Expansion über selbst angefertigte Karten)
  Anfänge bis 2010
  Umstrukturierung und Spezialisierung auf hochwertige Rohrprofile
  Perspektiven des Unternehmens
  Umsatz
- Bedeutung für den Arbeitsmarkt in Werl
- Fazit
- Quellenverzeichnis

C

Informationsquellen: Literatur, Leiter der Wallfahrt, Internet

Die Marien-Wallfahrt – Bedeutung für die Stadt Werl

- Einleitung (Vorwort und Ziel)
- Werl wird zum Wallfahrtsort
  Entwicklung der Wallfahrtskirche
  Entwicklung, Art und jahreszeitliche Verteilung der Pilger
- Bedeutung für die Stadt Werl
- Ökonomische Auswirkungen
- Probleme und Belastungen
- Fazit
- Quellenverzeichnis

D

Informationsquellen: Stadtplanungsamt, Kartierung vor Ort, Expertengespräch

Flächennutzung kritisch betrachtet

- Einleitung
- Der derzeitige Flächennutzungsplan
- Die aktuelle Realnutzung der Flächen (selbst angefertigte Karte)
- Mögliche Ursachen und Folgen der Umnutzung von Flächen
- Kritische Auseinandersetzung mit den Flächenumnutzungen beim Stadtplanungsamt
- Fazit (sowohl methodisch als auch inhaltlich)
- Quellenverzeichnis

E

Informationsquellen: Jugendamt, Stadtplanungsamt, Literatur, Befragung, Expertengespräch

Wünsche von Jugendlichen (12 – 15 Jahre) zur Erweiterung des Freizeitangebotes in Werl sowie deren Realisierbarkeit

- Einleitung
- Bestandsaufnahme des Freizeitangebotes der Stadt Werl für Jugendliche
- Interessenslage der Stadt Werl
- Auswertung einer Befragung von 200 Jugendlichen
- Diskussion und Klärung der Realisierbarkeit favorisierter Wünsche mit der Jugendbeauftragten und der Stadtplanerin
- Kritische Reflexion der Befragung und Diskussion
- Fazit (sowohl methodisch als auch inhaltlich)
- Quellenverzeichnis

F

Informationsquellen: Lehrer, Kartierung vor Ort, Literatur, lokale Zeitungsredaktion, Vertreter der Kaufmannnschaft

Veränderung des Einzelhandels in der Innenstadt von Werl
- Einleitung
- Bestandsaufnahme Werler Geschäftszone (Innenstadtkartierung)
- Entwicklung des Einzelhandels anhand einer Innenstadtkartierung von 2008
- Erklärungsversuche für die aufgezeigten Veränderungen
- Folgen und Gegenmaßnahmen
- Mögliche zukünftige Entwicklungsbereiche
- Fazit (sowohl methodisch als auch inhaltlich)
- Quellenverzeichnis

G

Informationsquellen: Literatur, Heimatverein Werl, Messungen vor Ort

Differenzierung des Klimas in der Stadt Werl und seine Bedeutung für die Wohnqualität
- Einleitung
- Auswertung einer Temperatur- sowie Windmessung im Stadtgebiet (Karte sowie mögliche Ursachen)
- Auswertung einer detaillierteren Untersuchung in zwei Wohngebieten
  Wohngebiet Ost
  Abgrenzung
  Darstellung der Messergebnisse
  Mögliche Ursachen
  Wohngebiet West
  Abgrenzung
  Darstellung der Messergebnisse
  Mögliche Ursachen
- Vergleichende Bewertung der Ergebnisse in bezug auf die Wohnqualität im Wohngebiet Ost und West
- Fazit
- Quellenverzeichnis

H

Informationsquellen: Gesellschaft für Wirtschaftsförderung und Stadtentwicklung, Stadtplanungsamt, Internet, Literatur, lokale Zeitungsredaktion, Erkundung vor Ort

Aktuelle Verkehrsplanung der Stadt Werl – das Innenstadtkonzept
- Einleitung
- Das Tempo-30-Zone Konzept (selbst angefertigte Karte)
  Zielsetzung
  Maßnahmen
  Pressestimmen
- Unterführung Grafenstraße (Planungsskizze)
  Zielsetzungen
  Maßnahmen
  Pressestimmen
- Kritische Reflexion des Verkehrskonzeptes Innenstadt
- Quellenverzeichnis

I

Informationsquellen: Gesellschaft für Wirtschaftsförderung und Stadtentwicklung, Internet, Literatur, lokale Zeitungsredaktion, Erkundung vor Ort

Umnutzung von Flächen am Beispiel des KonWerl-Geländes
- Einleitung
- Abgrenzung und Lage (Kartierung)
- Nutzung durch das belgische Militär bis 1994
- Kritische Betrachtung der zivilen Umnutzungsvarianten des KonWerl-Geländes
- KonWerl-Gelände – ein kombinierter Gewerbe- und Wohnpark
- Aktueller Stand der Bebauung des KonWerl-Geländes und mögliche Folgen
- Fazit
- Quellenverzeichnis

J

Informationsquellen: Gesellschaft für Wirtschaftsförderung und Stadtentwicklung, Stadtplanungsamt, Internet, Literatur, lokale Zeitungsredaktion, Erkundung vor Ort, Bürgerinitiative

Verkehrsplanung der Stadt Werl – Die Entwicklung der B 1 kritisch betrachtet
- Einleitung
- Lage und Zielsetzung der B 1
- Genese und Varianten der B 1 seit 1953
- Die Bürgerinitiative gegen die B 1
- Planfeststellungsverfahren
- Baubeginn der B 1
- Meinungen Betroffener zur B 1
- Kritische Reflexion des gesamten Planungsverfahrens
- Quellenverzeichnis

K

Weitere mögliche Facharbeitsthemen:
- 120 Jahre Ursulinen in Werl und ihre Bedeutung für die Stadt
- Image und „Realität" in zwei ausgewählten Wohngebieten in Werl
- Aussiedler in Werl – Integration oder Segregation?
- Die Eisenbahnlinie – ein trennendes Element der Stadt Werl?
- Das Phänomen der Suburbanisierung auch in Werl?
- Auswirkungen der Geschäfte am Stadtrand auf den Einzelhandel in der Innenstadt

4. Übertragen Sie eine Facharbeit auf ihre Stadt. Erarbeiten Sie hierzu eine detaillierte Gliederung und benennen Sie mögliche Ansprechpartner bzw. Informationsquellen.

5. Erarbeiten Sie die Besonderheiten ihrer Stadt und formulieren Sie dazu konkrete Themenvorschläge für eine mögliche Facharbeit.

Ordnen/Anwenden/Üben

Veränderung von Leitbildern der Stadtentwicklung

Während des aufkommenden Industriezeitalters im 19. Jh. waren städtebauliche Planungen wenig entwickelt. Sie beschränkten sich auf das Festlegen von Grundrisselementen wie Straßenführung und Straßenfluchten sowie Platzgestaltung (z. B. der Bebauungsplan von Hobrecht für Berlin aus dem Jahre 1862).

Erst das stürmische Bevölkerungswachstum der Städte, die ungeordnete Wohn- sowie Industriebebauung, herrschende Wohnungsnot und technische Neuerungen führten zur Entwicklung von Bauvorschriften und städtebaulichen Konzepten. Um 1870 begann in Deutschland die moderne Stadtplanung. Mit der Entwicklung und dem Wandel der ökonomischen und sozialen Verhältnisse entstanden im 20. Jh. neue Ideen, Leitbilder und Konzepte im Städtebau, deren Umsetzungsergebnisse bis heute Spuren in den aktuellen Stadtstrukturen hinterlassen haben.

<table>
<tr><th colspan="6">1900 bis zum Ersten Weltkrieg</th></tr>
<tr><td colspan="6">Gartenstadtidee/Gartenstadtmodell in Anlehnung an die Vorstellungen des Engländers Ebenezer Howard, der als Antwort auf das stürmische Wachstum der Großstädte kleinere, locker bebaute und durchgrünte Städte in etwa 50 km Abstand von den Großstädten forderte, die dennoch ausreichend Arbeits- und Versorgungsmöglichkeiten bieten</td></tr>
<tr><th colspan="6">Zeit zwischen dem Ersten und Zweiten Weltkrieg</th></tr>
<tr><td colspan="6">Städtebauliches Leitbild der „Moderne“</td></tr>
<tr><td colspan="3">aufgelockerter, gartenstadtähnlicher Siedlungsbau, Wohnungs- und Städtebau als kommunale Aufgabe, Orientierung auf öffentlichen Nahverkehr</td><td colspan="3">Funktionalismus im Städtebau, Bauhausschule, klare Gliederung der Stadt nach den Funktionen Wohnen, Arbeiten, Freizeit und Verkehr</td></tr>
<tr><th colspan="6">Wiederaufbau zwischen 1945 und 1960</th></tr>
<tr><td colspan="6">„Die organische, aufgelockerte, gegliederte Stadt“ Dieses Leitbild wurde in beiden Teilen Deutschlands favorisiert, es knüpfte an die Gartenstadtidee und ähnliche Vorstellungen aus nationalsozialistischer Zeit an.</td></tr>
<tr><td colspan="3">In der Bundesrepublik wurde die Diskussion um modernen Neubau oder traditionsorientierten Wiederaufbau geführt. Es lassen sich zwischen den Städten große Unterschiede im Umsetzen beider Aspekte feststellen. Etwa 1960 war die Aufbauphase abgeschlossen.</td><td colspan="3">In der DDR wurde die Aufbauphase von Beginn an als Neuaufbau aufgefasst, nur vereinzelt erfolgte Wiederaufbau. Einen richtigen Abschluss dieser Aufbauphase gab es nicht. Einzelne Beispiele der „sozialistischen Stadt“ entstanden (Eisenhüttenstadt).</td></tr>
<tr><th colspan="6">1960 bis 1975</th></tr>
<tr><td colspan="2">„Urbanität durch Dichte“</td><td colspan="2">„Autogerechte Stadt“</td><td colspan="2">„Funktionierende Zentren“ als Leitbild in der DDR</td></tr>
<tr><td colspan="2">Verdichtung und Verflechtung der Nutzungsarten, neue Großwohnsiedlungen entstanden an den Stadträndern (z. B. Gropiusstadt, Märkisches Viertel in Berlin oder Perlach in München)</td><td colspan="2">Modernisierung der Verkehrsinfrastruktur nach den Erfordernissen des motorisierten Individualverkehrs, Stadtautobahnen und citynahe Parkhäuser entstanden</td><td colspan="2">Großstädte wurden mit ihren Innenstädten als Zentren des geistig-kulturellen und politischen Lebens auch für das Umland gesehen, deshalb erfolgten vor allem hier Neubau und Rekonstruktion</td></tr>
<tr><th colspan="6">1975 bis 1990</th></tr>
<tr><td colspan="3">Stadterneuerung und Denkmalpflege</td><td colspan="3">Wohnungsbauprogramm vor städtebaulichen Leitlinien</td></tr>
<tr><td colspan="3">Besinnung auf das historische Erbe, auf Identität stiftende Rolle gewachsener Stadtstrukturen, behutsamer Stadtumbau, Stadterneuerung, in der BRD durch Städtebauförderung gestützt, in der DDR durch Ressourcenmangel nur vereinzelt in größeren Städten praktiziert, historische Substanz häufig durch Neubau ersetzt</td><td colspan="3">seit Beginn der 1970er-Jahre wurde in der DDR die Städtebaupolitik dem Ziel der Beseitigung des Wohnraummangels untergeordnet, mit vorgefertigten Typenbauten entstanden an den Stadträndern große Wohnkomplexe, in der Regel mit einer Basisversorgung von Bildung, Gesundheit und Handel</td></tr>
<tr><th colspan="6">nach 1990</th></tr>
<tr><td colspan="3">Über „ökologische Stadterneuerung“ zum Leitbild „nachhaltige Stadtentwicklung“</td><td colspan="3">Leitbildvielfalt</td></tr>
<tr><td colspan="3">in den 1980er-Jahren erste Ansätze ökologisch verträglicher Stadterneuerung in der BRD, nach 1990 unter dem Stichwort Nachhaltigkeit im vereinigten Deutschland als komplexe Strategie der Stadtentwicklung etabliert</td><td colspan="3">seit Ende der 1990er-Jahre Zunahme der Individualisierung der Stadtentwicklung, durch Stadtmarketing Entstehen einer Vielzahl von Leitbildern, die Stadt als „Bühne“</td></tr>
</table>

M1 Leitbilder in der deutschen Stadtplanung seit dem 20. Jh.

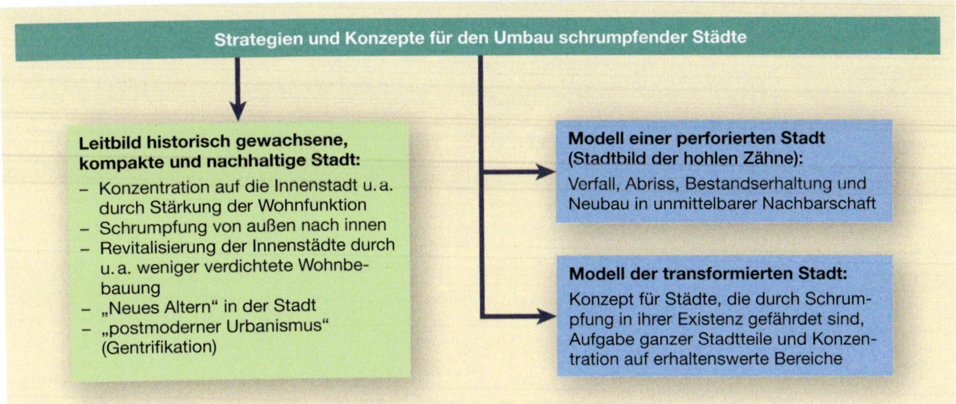

(nach: Winfried Killisch; Matthias Siedhoff (2005), Probleme schrumpfender Städte, in: Geographischer Rundschau, 2005, H. 10, S. 63)

M 2 Konzepte für den Umbau schrumpfender Städte

Vor allem in den Städten der östlichen Bundesländer lässt sich ein Schrumpfen der Städte beobachten. Dies ist allerdings kein junges Phänomen, sondern zu allen Zeiten immer wieder weltweit zu beobachten gewesen. Schrumpfungsprozesse sind besonders im Rahmen der Bevölkerungszahl zu beobachten, vollziehen sich aber auch in der Wirtschaft und haben damit Auswirkungen auf die Zahl der Betriebe und den Arbeitsmarkt.

Die Ursache dieses Prozesses ist in den östlichen Bundesländern auf die politischen Veränderungen seit den 1990er-Jahren zurückzuführen. Verluste von Arbeitsplätzen im sekundären Sektor, eine Abwanderung von überwiegend jüngeren Arbeitskräften in den Westen und damit verbunden auch eine Überalterung der Stadtbevölkerung haben neben einer ökonomischen Schwächung vor allem zu einem Wohnungsleerstand geführt. Zurzeit steht jede fünfte Wohnung leer, sodass eine Anpassung des Wohnraums wie auch der Infrastruktur erfolgen muss. Mit den Konzepten der **perforierten** Stadt sowie der **transformierten Stadt** sind zwei städtebauliche Leitbilder entwickelt worden, mit denen auf die veränderten Rahmenbedingungen reagiert werden soll.

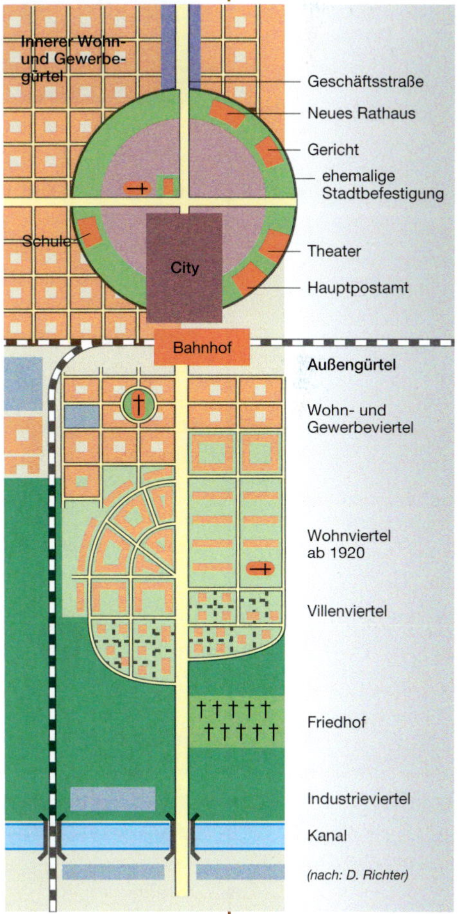

M 4 Strukturelemente der europäischen Stadt

Am Donnerstag ist in Duisburg eine gut zehnjährige Leidenszeit zu Ende gegangen. Im Herzen der Innenstadt, an der Königstraße, eröffnete das Shopping-Center „Forum Duisburg": 56 000 Quadratmeter Verkaufsfläche, darunter Karstadt, Saturn, C&A und die Mayersche Buchhandlung in ambitionierter Architektur.
[...] Die innerstädtische Einzelhandelslandschaft wird derzeit umgepflügt wie selten zuvor. Das Forum Duisburg, aber auch das vor wenigen Monaten eröffnete Center am Limbecker Platz in Essen geben einen Eindruck, wie sie künftig aussehen könnte. [...] Baute man früher Einkaufszentren auf der sogenannten grünen Wiese, mit der Folge, dass viele Innenstadt-Händler ihre Läden dicht machen mussten, sei heute das Stadtzentrum die Lage der Wahl.
[...] Allein in NRW entstehen 2008 vier große Einkaufszentren (Duisburg, Düsseldorf, Aachen, Mülheim). 2009 kommen weitere fünf hinzu.

(Quelle: Lorentz, F., Seidel, H.: Städte entdecken ihre Mitte wieder. In: Welt am Sonntag, Seite NRW1, 21. September 2008, gekürzt)

M 3 Wiederbelebung der Innenstädte

1. Erläutern Sie die Grundsätze der Stadtentwicklung in Deutschland (M 1).
2. Überprüfen Sie anhand geeigneter Atlaskarten das Strukturmodell europäischer Städte (M 4).
3. Diskutieren Sie die unterschiedlichen Prozesse im innerstädtischen Raum (M 2, M 3).

M5 Satellitenbild Europa bei Nacht

Entwicklung der europäischen Stadtregionen

Europa gehört weltweit zu den am dichtesten besiedelten Gebieten, und Städte sind die Hauptquelle des Wohlstands. Sie tragen – gemessen an ihrem Bevölkerungsanteil – viel zum regionalen oder nationalen Bruttonationaleinkommen bei. Demographische Untersuchungen belegen, dass sich die Verstädterung fortsetzt, wenn auch langsamer als in den vergangenen Jahrzehnten.

Die europäischen Metropolen stehen vor großen Herausforderungen. Im Rahmen der Globalisierung der Dienstleistungen wird über das nationale System der zentralen Orte eine weitere, europaweite Rangordnung gestellt. In der Konkurrenz der Städte sind nun ökonomische, politische und kulturelle Faktoren ausschlaggebend. Rasche Veränderungen in den Wirtschaftszweigen werden in den Metropolen am besten bewältigt, da hier viele höher qualifizierte Arbeitskräfte zur Verfügung stehen. Insbesondere Metropolregionen an strategischen und gut ausgebauten Knotenpunkten gewinnen somit zu Lasten weniger gut

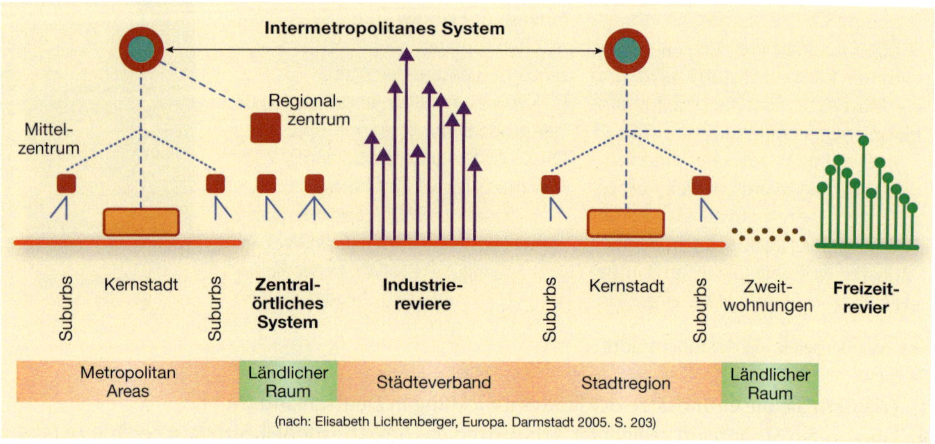

M6 Verflechtung von zentralörtlichen und intermetropolitanen Gebieten

ausgestatteter kleinerer Städte in Randlage weiter an Einfluss. Auch mittelgroße Städte, die gut an leistungsfähige Wirtschaftszentren angeschlossen sind, haben im Vergleich ebenfalls große Vorteile.

Der Begriff **Verstädterung** bezeichnet sowohl den Prozess der Zunahme städtischer Bevölkerung als auch den momentanen Zustand der Bevölkerungsverteilung zwischen Stadt und Land. Dieser wird auch prozentual als Verstädterungsgrad oder -quote bezeichnet. Häufig wird statt Verstädterung auch synonym der Begriff **Urbanisierung** verwendet. Neben diesen demographischen Definitionen werden die Begriffe Verstädterung und Urbanisierung auch benutzt, um die Ausbreitung städtischer Siedlungs- und Lebensformen auszudrücken.
Während in den Industrieländern die Verstädterung bereits im 19. Jh. einsetzte, erfolgte dieser Prozess in den Entwicklungsländern in nennenswertem Umfang erst nach dem Zweiten Weltkrieg. Noch 1950 betrug der Verstädterungsgrad lediglich 17 Prozent. 1990 lag er bei 37 Prozent und ist heutzutage auf rund 50 Prozent gestiegen, wobei allerdings große regionale Unterschiede bestehen.

	2005		2015	
	in Mio.	in %	in Mio.	in %
städtische Bevölkerung gesamt	3 150		3 819	
Megastädte > 10 Mio.	293	9,3	359	9,4
Städte mit 5 – 10 Mio. Einw.	204	6,5	273	7,1
Städte mit 1 – 5 Mio. Einw.	713	22,6	910	23,8
Städte mit 500 000 – 1 Mio. Einw.	318	10,1	347	9,1
Städte mit weniger als 500 000 Einw.	1 622	51,5	1 930	50,5
entwickelte Länder				
städtische Bevölkerung gesamt	898	–	945	–
Megastädte > 10 Mio.	88	9,8	91	9,6
Städte mit 5 – 10 Mio. Einw.	54	6,0	67	7,1
Städte mit 1 – 5 Mio. Einw.	194	21,6	200	21,2
Städte mit 500 000 - 1 Mio. Einw.	82	9,1	87	9,2
Städte mit weniger als 500 000 Einw.	480	53,4	500	52,9
Entwicklungsländer				
Städtische Bevölkerung gesamt	2 252	–	2 874	–
Megastädte > 10 Mio.	204	9,1	268	9,3
Städte mit 5 – 10 Mio. Einw.	150	6,7	206	7,2
Städte mit 1 – 5 Mio. Einw.	519	23,0	710	24,7
Städte mit 500 000 – 1 Mio. Einw.	237	10,5	260	9,0
Städte mit weniger als 500 000 Einw.	1 142	50,7	1 430	49,8
Anzahl der Städte				
Megastädte > 10 Mio.	20		22	
Städte mit 5 – 10 Mio. Einw.	30		39	
Städte mit 1 – 5 Mio. Einw.	364		460	
Städte mit 500 000 – 1 Mio. Einw.	455		494	

M 8
Verteilung städtischer Bevölkerung nach Stadtgrößen
(Quelle: United Nations, Department of Economic and Social Affairs, Population Division, 2006, World Urbanization Prospects, 2005 Revision Working Paper No. ESA/P/WP/200)

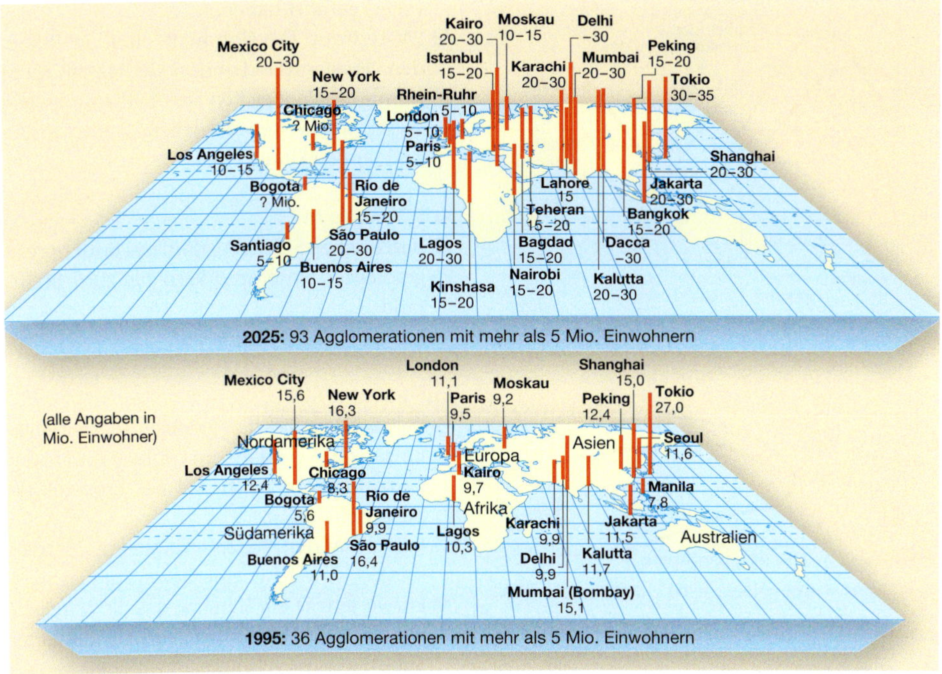

M 7 Entwicklung ausgewählter Verdichtungsräume

4. Beschreiben Sie das europäische Städtesystem (**M 5**, Atlas).
5. Erläutern Sie Entwicklungen und Probleme der europäischen Städte (**M 5**, **M 6**).
6. Stellen Sie den globalen Verstädterungsprozess dar; unterscheiden Sie dabei zwischen Industrie- und Entwicklungsländern (**M 7**, **M 8**).

Prüfen Sie Ihren Zuwachs an Kenntnissen, Methodenkompetenzen und Urteilsfähigkeit

M 1

S Sachkompetenz; **M** Methodenkompetenz; **U** Urteilskompetenz

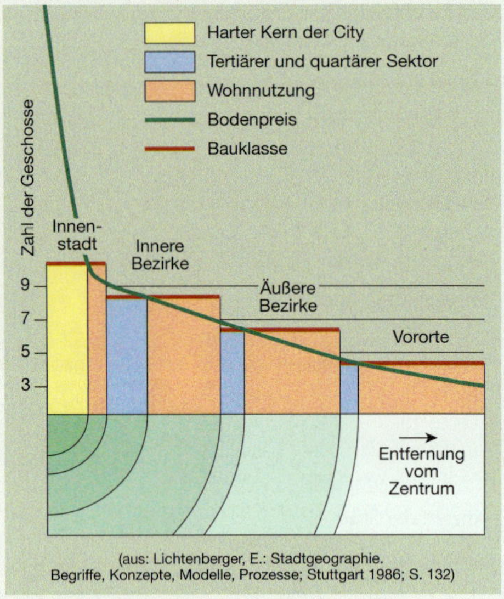

M 2 Bodenpreisgradient und Bauklassen

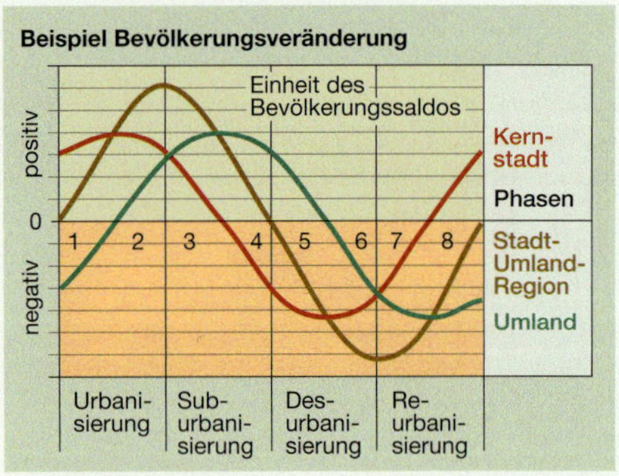

M 3 Phasenmodell der Stadt-Umland-Entwicklung

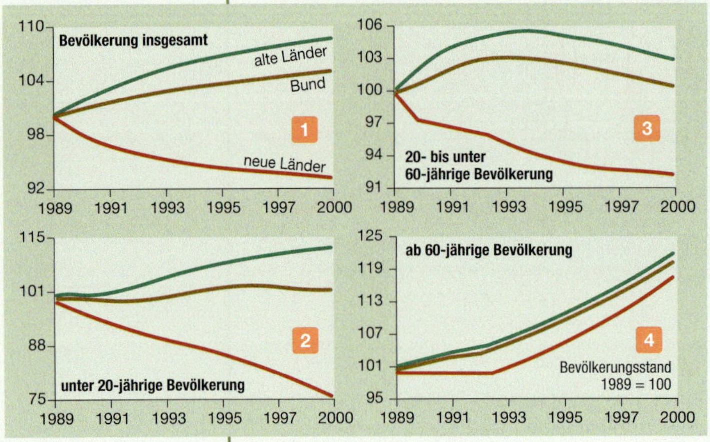

M 4 Bevölkerungsentwicklung

S Definieren Sie folgende Fachbegriffe:

- Städtisches Leitbild
- Zentrale Orte
- Gentrifizierung
- Fragmentierte Stadt
- Global City
- Gartenstadt
- Metropolisierung
- Marginalisierung
- Segregationsprozess
- Demographischer Wandel

Aufgaben allgemein und zu M 1

S/M Ordnen Sie die Fotos begründet städtischen Teilräumen zu und beschreiben Sie die jeweiligen physiognomischen Merkmale.

S Kennzeichnen Sie den Stadtkern einer deutschen Großstadt zu Beginn des 21. Jh unter physiognomischen, strukturellen und funktionalen Gesichtspunkten.

S Entwerfen Sie eine Tabelle, in der in geordneter Form die Phasen des Suburbanisierungsprozesses enthalten sind.

S Erläutern Sie die Gründe, die zur Anlage von „Neuen Städten“ (New Towns, Villes Nouvelles) geführt haben.

U „Waterfront Development“ u.a. in Tokio, den Docklands in London, der HafenCity in Hamburg: Vergleichen Sie die Planungsziele dieser weltweiten aktuellen Stadtplanung und -entwicklung.

Aufgaben zu M 2

S Beschreiben Sie den Verlauf des Bodenpreisgradienten vom Stadtkern bis zum Stadtrand.

U Erklären Sie diesen Verlauf.

Aufgaben zu M 3

S Vergleichen Sie die Bevölkerungsentwicklung in der Kernstadt, im Umland und in der Gesamtregion, stellen Sie das Ergebnis tabellarisch dar.

U In welcher der Phasen erfolgt eine Zentralisierung, in welcher eine Dezentralisierung?

M Entwerfen Sie ein Schema, das die Möglichkeiten und Maßnahmen enthält, die einer Suburbanisierung entgegenwirken.

Aufgaben zu M 4

S Beschreiben Sie die im Jahr 1989 prognostizierte Bevölkerungsentwicklung für die drei Altersgruppen.

M5 Einkaufszentrum Waltersdorf

M Überprüfen Sie mithilfe des Internets diese Prognosen und zeichnen Sie die Kurven bis zur Gegenwart fort.

U Begründen Sie vor dem Hintergrund dieser Bevölkerungsentwicklung stadtplanerische Zielsetzungen.

Aufgaben zu M5

S/M Erläutern Sie die relevanten Standortfaktoren für solche Einkaufszentren.

U Erörtern Sie mögliche Folgen für andere städtische Teilräume.

Aufgaben zu M6

S Erläutern Sie das Leitbild zur Stadtentwicklung der Stadt München.

U Erörtern Sie, ob dieses dem Prinzip der Nachhaltigkeit entspricht.

U Erörtern Sie die Konsequenzen anhaltender Motorisierung für das Ökosystem Stadt.

Aufgaben zu M7

S Nennen Sie die Hauptelemente des nordamerikanischen Stadtlandschaftsmodells.

S Kennzeichnen Sie das Pendleraufkommen in nordamerikanischen Großstädten und die damit verbundenen Probleme.

M Erläutern Sie die täglichen Pendlerströme in der nordamerikanischen Stadtlandschaft.

U „Das Auto – ein „Muss" für eine lebendige City?" Nehmen Sie hierzu kritisch Stellung.

Aufgaben allgemein zur Raumordnung

M Skizzieren Sie das Christaller'sche Wabenmodell zentraler Ordnung.

S Erläutern Sie den raumplanerischen Grundgedanken, der diesem Modell zugrunde liegt.

U Erörtern Sie mögliche Folgen des demographischen Wandels in Deutschland für die zentralörtliche Gliederung.

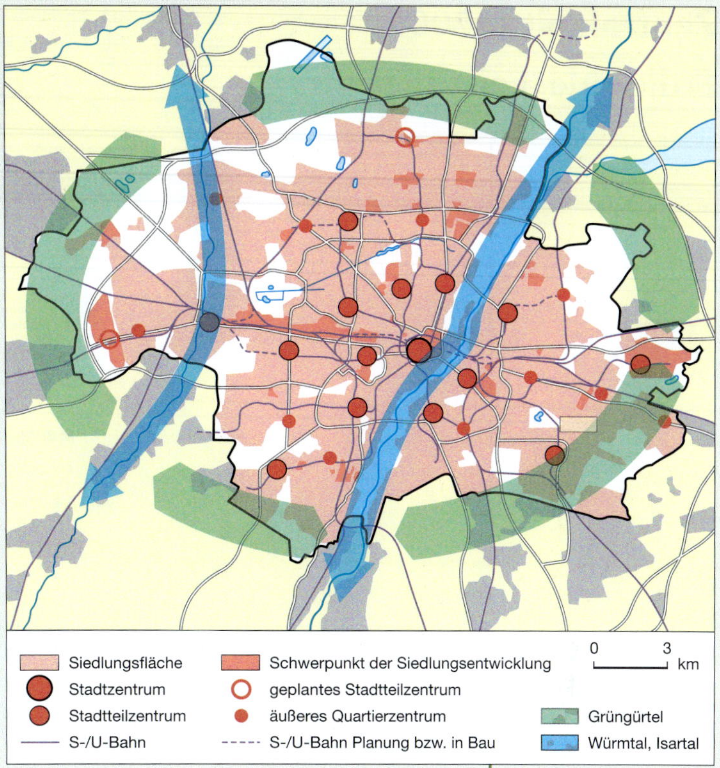

M6 München – Leitbild der Stadtentwicklung

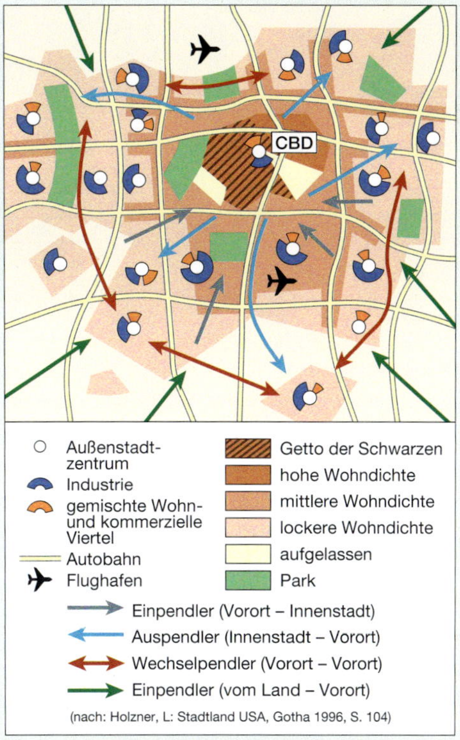

M7 Pendlerverkehrsrichtungen und Pendleraufkommen im Stadtlandmodell

Webcode: GO649174-351

Zentralabitur 2009
Erdkunde, Leistungskurs

Name: ____________________

Abiturprüfung 2009

Erdkunde, Leistungskurs

Aufgabenstellung:

Thema: Entwicklung nordamerikanischer Städte seit Beginn des 20. Jahrhunderts – Das Beispiel Detroit

Teilaufgaben:

1. Kennzeichnen Sie die Lage Detroits und beschreiben Sie physiognomische Merkmale der Stadt. *(20 Punkte)*
2. Erläutern Sie die Entwicklung Detroits unter besonderer Berücksichtigung der Downtown. *(36 Punkte)*
3. Überprüfen Sie die Übertragbarkeit des Modells der US-amerikanischen Stadtentwicklung auf das Beispiel Detroit *(24 Punkte)*

Materialgrundlage:

M 1: Atlaskarten nach Wahl
M 2: Luftbildaufnahme Detroit Ende des 20. Jahrhunderts
M 3: Agglomeration Detroit
M 4: Bevölkerungsentwicklung
M 5: Beschäftigungsentwicklung in der Region Detroit
M 6: Sozioökonomische Daten
M 7: Detroit Downtown 2005
M 8: Bebauung in der Downtown
M 9: Ausgewählte räumliche Veränderungen der Agglomeration Detroit
M 10: Strukturmodell der US-amerikanischen Stadtentwicklung

Zugelassene Hilfsmittel:

- der an der Schule in der Qualifikationsphase überwiegend verwendete Atlas, für alle Prüflinge die gleiche Auflage
- Wörterbuch zur deutschen Rechtschreibung
- Taschenrechner

M 1: Atlaskarten nach Wahl

M 2: Luftaufnahme Detroit Ende des 20. Jahrhunderts

Quelle: Bauer, Jürgen: Stadtgeographie. Materialien für den Sekundarbereich II. Braunschweig: Schroedel 2005, S.10

M 3: Agglomeration Detroit

Anmerkung:
City of Detroit ist Teil des Wayne County und gehört zum Kernstadtgebiet

------ Grenze der geschlossenen Bebauung der Agglomeration Detroit

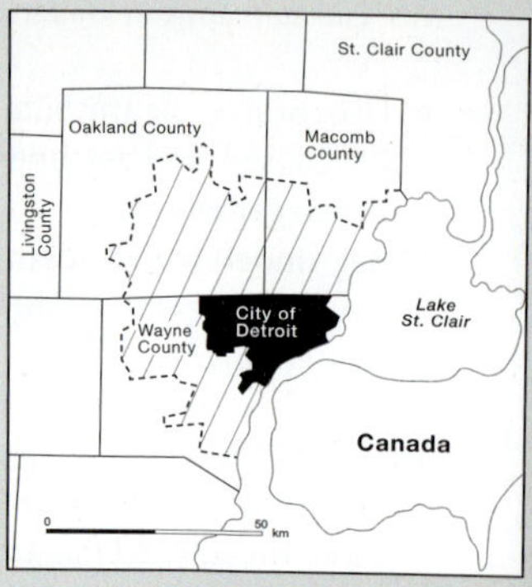

Quelle: verändert nach: Meyer, C: Shrinking City – Motor City – Region of Racial Disunity. Strukturen, Prozesse und Probleme in Detroit. In Praxis Geographie Heft 3, S. 19

M 4: Bevölkerungsentwicklung

Jahr	City of Detroit	Suburbaner Raum
1970	1511336	2754261
1980	1203339	2993088
1990	1027974	3044534
2000	951270	3293831
2003	912472	3355233

	Einwohnerzahl (in 1000)	Entwicklung 1990 – 2000	Entwicklung 2000 – 2005	Afroamerikaner 2003	Asiaten 2003	Hispanics 2003
Kernstadtgebiet Wayne	1998	−2,4 %	−3,1 %	42,4	2,1	4,2
Oakland County	1214	10,2 %	1,7 %	11,1	5,1	2,6
Macomb County	829	9,9 %	5,2 %	4,1	2,8	1,8
Livingston County	181	35,7 %	15,7 %	0,6	0,7	1,4
St. Clair County	171	12,8 %	4,4 %	2,1	0,4	2,3
Michigan State	10121	5,5 %	0,8 %	14,3	2,1	3,7

Quelle: zusammengestellt nach:
Meyer, C.: Shrinking City – Motor City – Region of Racial Disunity. Strukturen, Prozesse und Probleme in Detroit. In: Praxis Geographie 38 (2008) Heft 3, S. 20 ff.

M 5: Beschäftigungsentwicklung in der Region Detroit

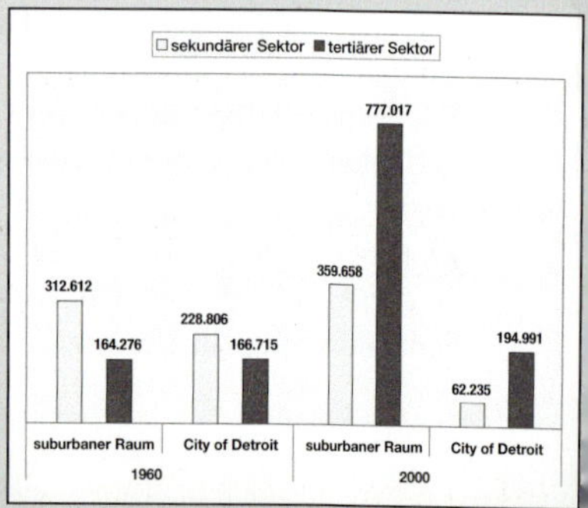

Quelle: Bauer, Jürgen: Stadtgeographie. Materialien für den Sekundarbereich II. Braunschweig: Schroedel 2005, S. 108

M 6: Sozioökonomische Daten
(Bezugsjahr 2000, sofern nicht anders angegeben)

	City of Detroit	Wayne County	Michigan State	
Einwohner pro Quadratmeile	6855	3357	175	
Personen unter der Armutsgrenze (%)	26,1 (2005)	18,8 (2004)	10,5	
Gewaltverbrechen pro 100000 Einwohner	9848	k. A.	4110	
Arbeitslosenquote (%)	14,2 (2005)	8,4 (2006)	6,9 (2006)	
Durchschnittliches Monatseinkommen in US-$	1582	2482	Macomb County	Oakland County
			2742	3817

Quellen: zusammengestellt nach:
Meyer, C.: Shrinking City – Motor City – Region of Racial Disunity. Strukturen, Prozesse und Probleme in Detroit. In: Praxis Geographie 38 (2008) Heft 3, S. 20;
http://www.shrinkingcities.com/fileadmin/shrink/downloads/pdfs III. I_Studies1.pdf (Zugriff 04.04.2008)

M 7: Detroit Downtown 2005

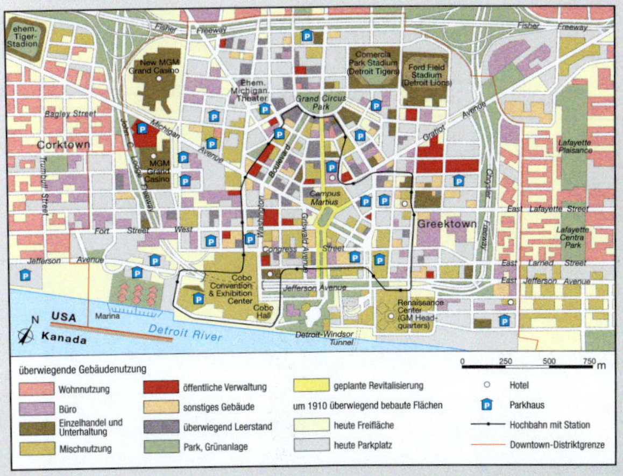

nach:
Dierke Weltatlas, 1. Aufl., Braunschweig: Westermann, 2008, S. 201

M 8: Bebauung in der Downtown

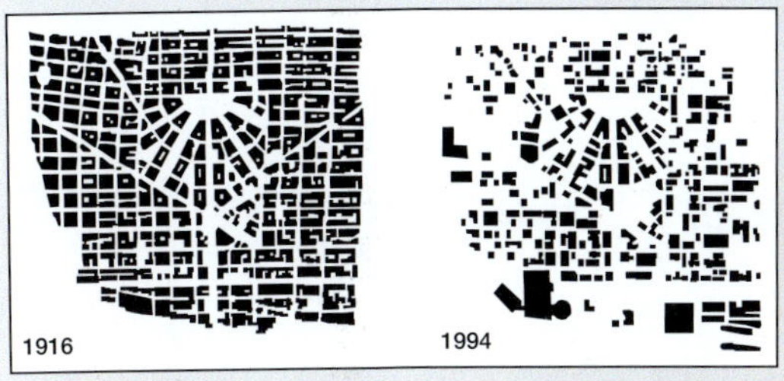

Quelle: verändert nach:
Plunz, R.: Detroit is Everywhere. In: Architecture Magazine 85 (1996) Heft 4, S. 55 – 61

M 9: Ausgewählte räumliche Veränderungen der Agglomeration Detroit

Seit Mitte 1960er-Jahre	• Ansiedlung von Shopping-Malls, Bürocentern und Gewerbeparks entlang von Ausfallstraßen
1977	• Eröffnung des Renaissance Centers am Detroit River (Hochhauskomplex mit General Motors Hauptverwaltung, Hotels, Geschäften, Restaurants und Büros)
1999	• Bau von drei Spielcasinos in der Downtown mit 8200 Arbeitsplätzen
2000	• Eröffnung des Comerica Park Baseball Stadions für 42000 Zuschauer
2002	• Einweihung des Ford Field Football Stadiums mit 65000 Sitzplätzen
2004	• Belebung zentraler Platze durch Anlage breiterer Gehwege und Pavillons • Renovierung von Hausfassaden an der Woodward Avenue • Bau des People Mover, einer Hochbahn, in der Downtown

Quelle: verändert nach:
http://www.woz.ch/artikel/inhalt/2004/nr36/Kultur/10425.html (Zugriff 28.06.2008)
http://www.experiencedetroit.com (Zugriff 28.06.2008)

M 10: Strukturmodell der US-amerikanischen Stadtentwicklung

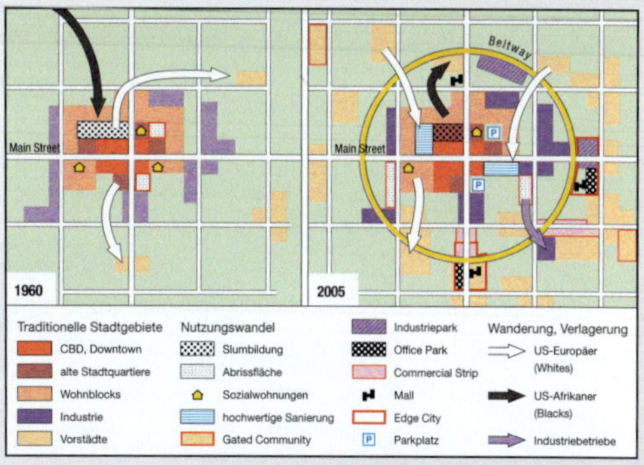

nach:
Haack Weltatlas, 1. Aufl., Gotha: Klett-Perthes 2007 S. 190

Diese Seiten der Abiturprüfung in Originalgröße und die Lösungen der Aufgaben finden Sie im
Webcode: GO649174-353

Containerterminal

Internationale Beziehungen und globale Prozesse

Touristen auf Boracay, Philippinen

Seit den 1990er-Jahren finden die wichtigsten wirtschaftlichen, gesellschaftlichen und kulturellen Prozesse zunehmend im Spannungsfeld von Globalisierung und Regionalisierung statt. Diese Entwicklungen definieren nicht nur die globalen Strategien der transnationalen Konzerne, sondern verändern in zunehmendem Maße auch die Berufswelt, den Warenkonsum, die kulturellen Bedürfnisse sowie die Werterhaltungssysteme der Menschen. Betroffen sind auch die Ökosysteme, die u.a. durch Raubbau gefährdet sind.

Als Folge der Liberalisierung der Märkte, moderner Telekommunikation und preiswerter Transportmittel hat der Welthandel seitdem sprunghaft zugenommen. Immer mehr Menschen profitieren von preiswerter Rohstoffbeschaffung, von der Produktion in Niedriglohnländern oder von neuen Absatzmärkten weltweit.

Andererseits klafft die Schere zwischen Arm und Reich immer weiter auseinander; dies kann sowohl in den Entwicklungs- als auch in den Industrieländern beobachtet werden. Neben den gesellschaftlichen Ungleichgewichten wird ein Wohlstandsgefälle zwischen Gunst- und Ungunsträumen immer deutlicher.

Migrationen und Direktinvestitionen gelten als Ausdruck der Überwindung von räumlichen und wirtschaftlichen Disparitäten. Millionen von Menschen verlassen zeitweise oder für immer ihre Heimat, um einen besseren Lebensstandard zu erlangen. Transnationale Konzerne lenken ihre Kapitalströme zu den vermeintlich rentabelsten Standorten, wobei die Infrastruktur als Entwicklungsfaktor an Bedeutung gewinnt.

Als Antwort auf die Globalisierung sind die Zusammenschlüsse von mehr oder weniger homogenen Wirtschaftsräumen wie der Europäischen Union oder der NAFTA zu verstehen. Ob sie Bausteine oder Stolpersteine für die Wohlstandsmehrung sind, ist umstritten.

Globalisierung

1. Welthandel, Weltwirtschaft und Welthandelszonen

Wohlstand für alle durch wachsende Weltwirtschaft?

Trotz immer wieder auftretender regionaler Krisen wuchs seit 1950 der Welthandel als Schlüsselgröße der Weltwirtschaft im Vergleich zur Weltwirtschaftsleistung **(Bruttoinlandsprodukt)** bis zur Weltwirtschaftskrise 2008 um ein Vielfaches. Besonders nach dem Zusammenbruch des Ostblocks mit seiner Zentralen Verwaltungswirtschaft **(Planwirtschaft)** in den 1990er-Jahren hat die Globalisierung und Internationalisierung der Wirtschaft deutlich zugenommen.

Das immer dichter werdende Welthandelsnetz und die damit verbundenen Verkehrs- und Güterströme haben uns als Konsumenten die Teilnahme an einem bisher nicht gekannten internationalen Warenangebot ermöglicht. Von den immer effektiver werdenden Kommunikations- und Nachrichtensystemen profitieren Finanz- und Rohstoffbörsen sowie der Tourismus. Transnationale Konzerne (TNK oder „Multis") z. B. aus der Elektronik-, Auto- oder Textilbranche bestim-

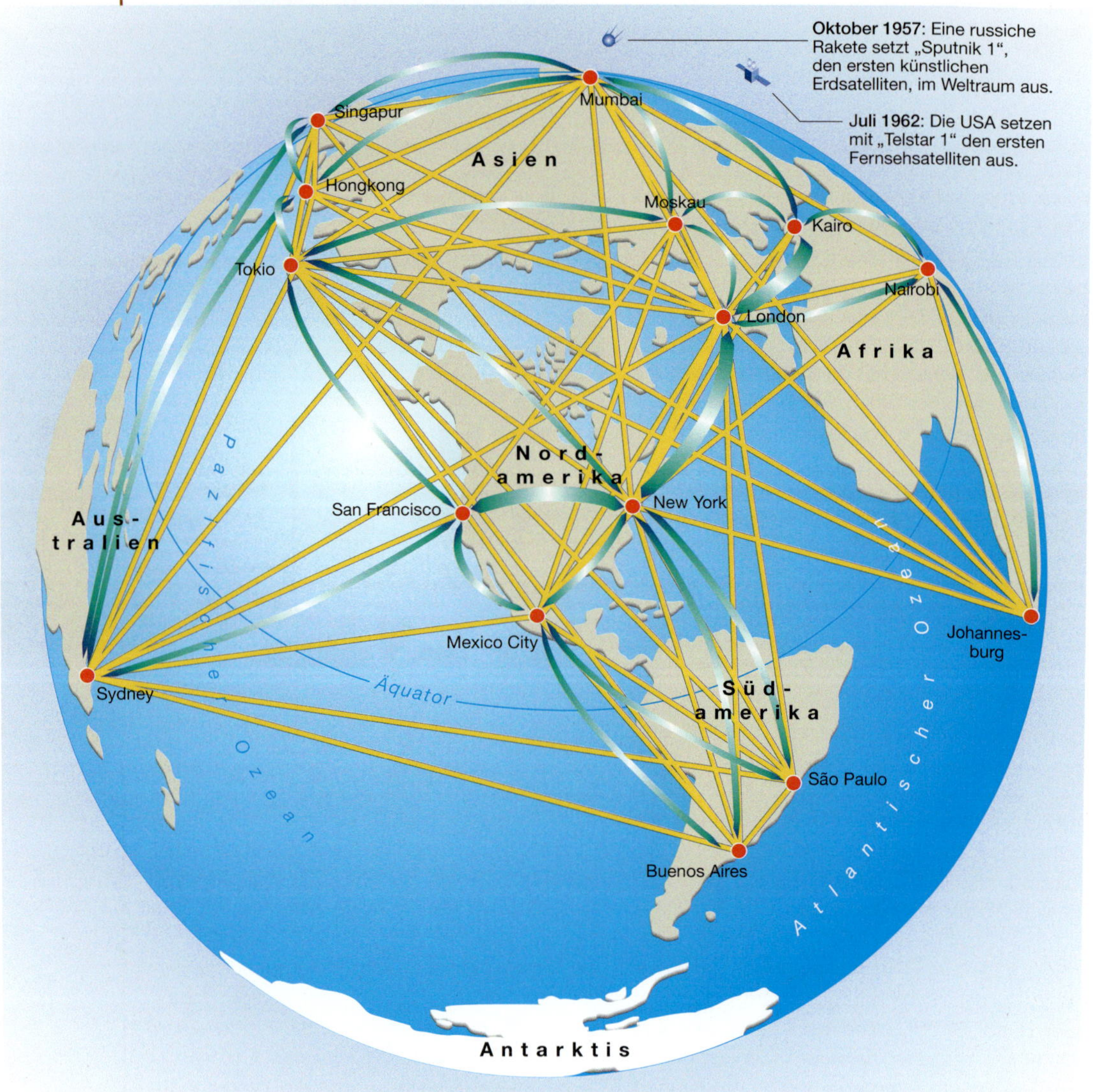

M1 Globalisierung um 1960 und 2000

men mit ihren Strategien der globalen Arbeitsteilung und ihren weltweiten Investitionen über Arbeitsplätze. Parallel dazu hat die Mobilität von Arbeitskräften, die sich durch grenzüberschreitende Wanderungen bessere Lebenschancen erhoffen, sprunghaft zugenommen. Das gleiche gilt für den ungehinderten grenzüberschreitenden Kapitalverkehr. Er hat zu gewaltigen Finanzströmen der Investitionsgesellschaften (Pension-, Investitionsfonds und Versicherungen) auf der Suche nach der bestmöglichen Rendite geführt. Auch die nationalen Staatshaushalte sind über Kredite mit der internationalen Bank- und Finanzwirtschaft verflochten, ohne welche die Industrialisierung der Entwicklungsländer, aber auch ihre immense Verschuldung nicht erklärbar sind. Der institutionelle Rahmen für die Globalisierung wird von der **Welthandelsorganisation** (WTO: World Trade Organization) mit ihren 153 Mitgliedern bestimmt.

Gefahren für die Weltwirtschaft:
- unkontrollierter spekulativer Finanzkapitalismus, der Auslöser der Weltwirtschaftskrise von 2008 war,
- wachsende wirtschaftliche Ungleichgewichte zwischen den einzelnen Regionen und Staaten, die zu hoher Arbeitslosigkeit, Armut, regionalen Kriegen, Terror und Piraterie führen,
- Investitionen in eine nicht umweltverträgliche Beschaffung und Verarbeitung von Ressourcen (Nahrungsmittel und Energie) sowie in den zunehmenden Transport von Gütern und Personen zu nicht umweltgerechten Preisen,
- Naturkatastrophen mit immer größeren wirtschaftlichen Schäden (S. 162 ff.).

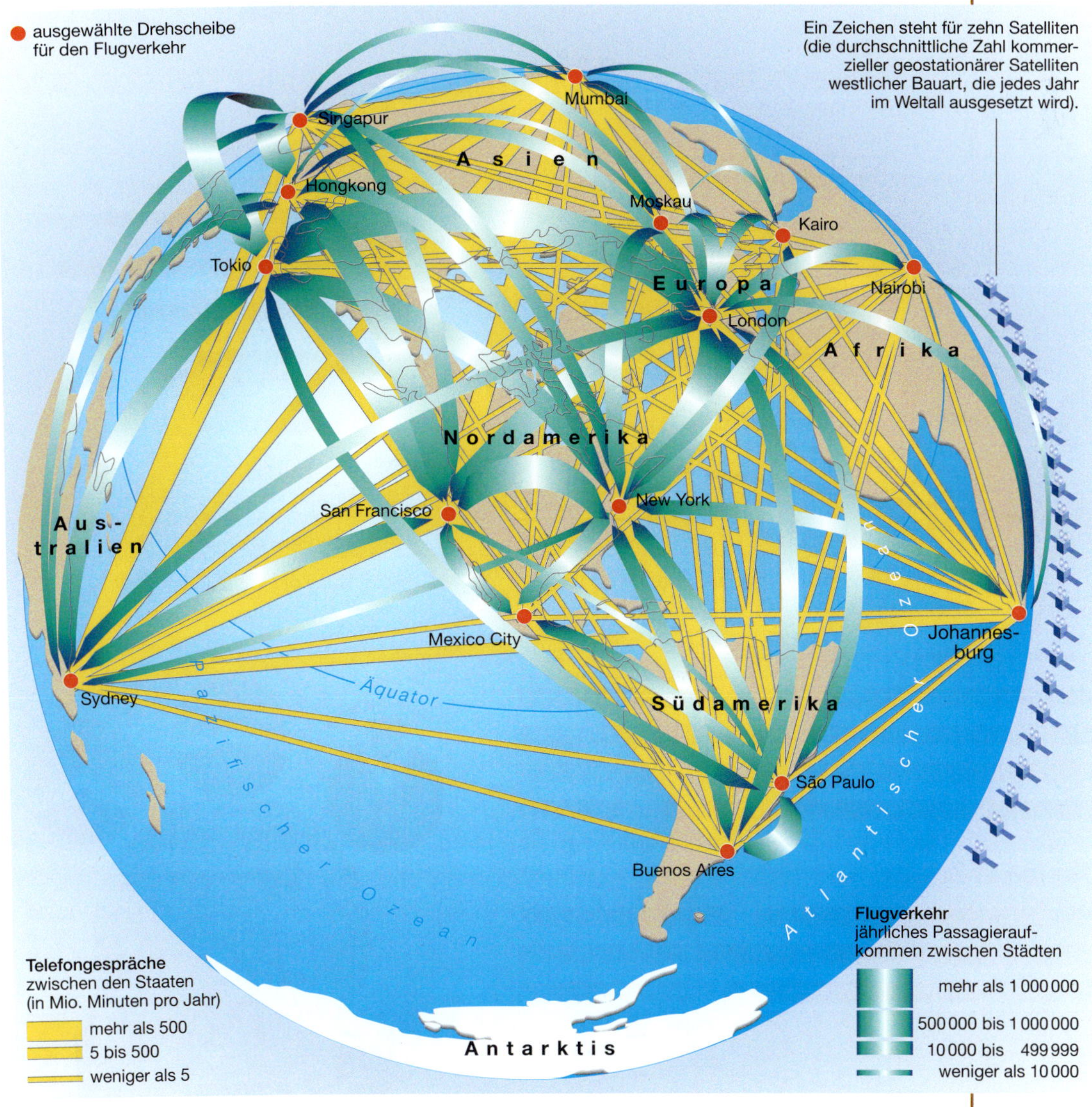

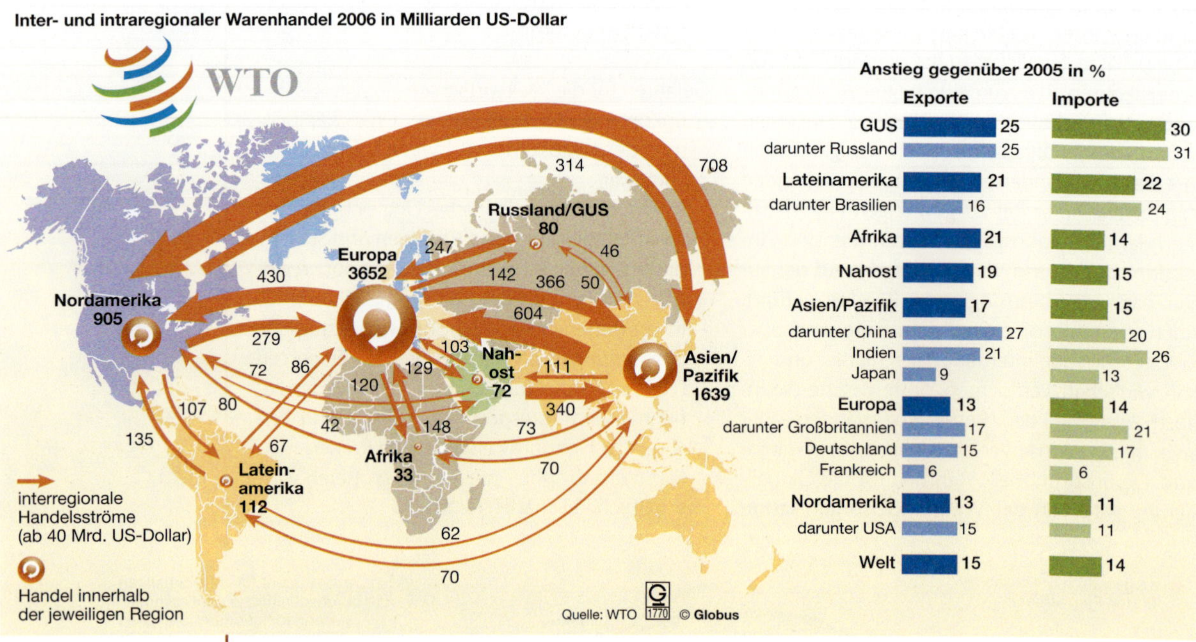

M2 Waren wandern um die Welt

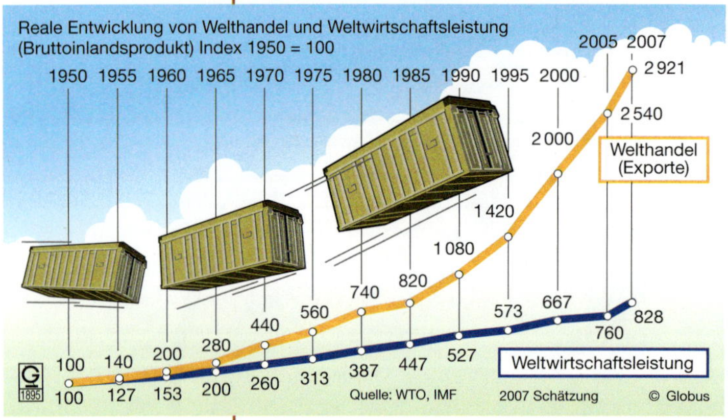

M3 Handeln in der globalisierten Welt

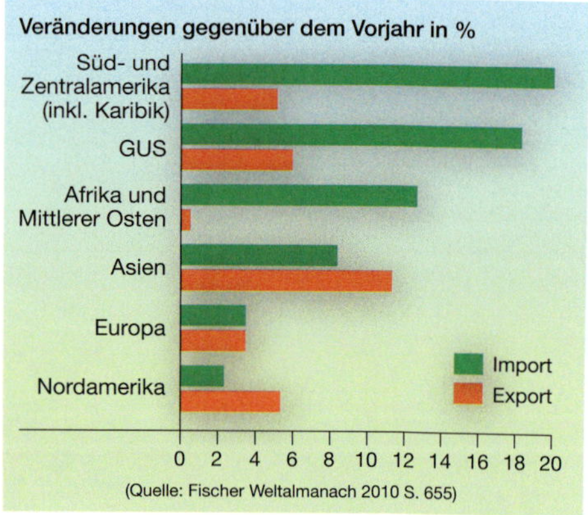

M5 Entwicklung des Welthandels 2007

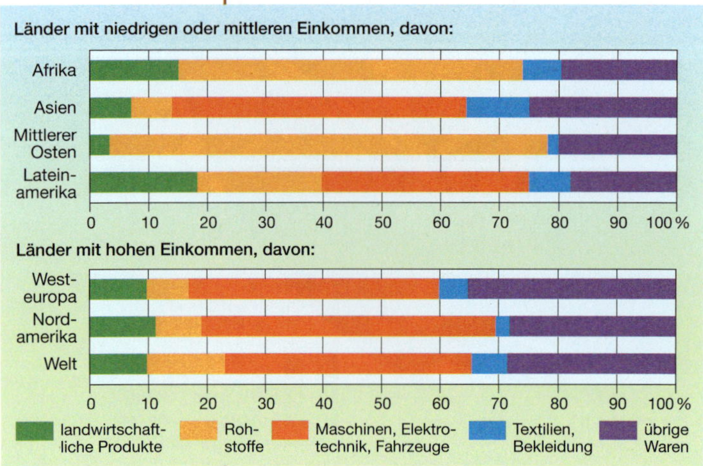

M4 Exportstrukturen nach Ländergruppen

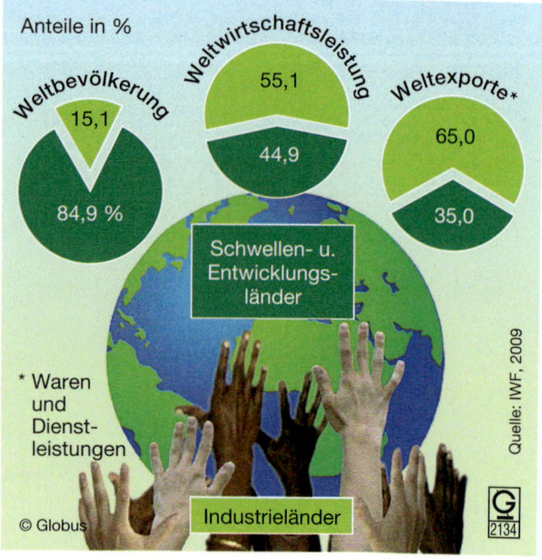

M6 Geteilte Welt

	Ausfuhr	in Mrd. US-$	Weltanteil in %
1	China	1202	9,6
2	Deutschland	1121	9,0
3	USA	1057	8,5
4	Japan	581	4,7
5	Niederlande	499	4,0
6	Frankreich	475	3,8
7	Italien	405	3,2
8	Belgien	370	3,0
9	Rep. Korea	364	2,9
10	Großbritannien	351	2,8
11	Hongkong (VR China)	330	2,6
12	Kanada	316	2,5
13	Russland	304	2,4
14	Singapur	270	2,2
15	Mexiko	230	1,8
16	Spanien	218	1,7
17	Rep. China (Taiwan)	204	1,6
18	Saudi Arabien	189	1,5
19	V. A. Emirate	175	1,4
20	Schweiz	173	1,4
	Einfuhr		
1	USA	1604	12,7
2	China	1006	8,0
3	Deutschland	931	7,4
4	Frankreich	551	4,4
5	Japan	551	4,4
6	Großbritannien	480	3,8
7	Niederlande	446	3,5
8	Italien	410	3,2
9	Hongkong (VR China)	353	2,8
10	Belgien	351	2,8
11	Kanada	330	2,6
12	Rep. Korea	323	2,6
13	Spanien	290	2,3
14	Singapur	246	1,9
15	Indien	244	1,9
16	Mexiko	242	1,9
17	Russland	192	1,5
18	Rep. China (Taiwan)	175	1,4
19	Australien	165	1,3
20	Schweiz	156	1,2

(nach: WTO. International Trade Statistics 2010)

M 7 Die führenden Welthandelsländer 2009

Staatengruppe	Bevölkerung in Mio.	BNE in Mrd. US-$	BNE pro Kopf in US-$
Niedriges Einkommen	973	509,6	524
Mittleres Einkommen	4 651	15 159,6	3 260
(untere Kategorie)	3 702	7 691,9	2 078
(obere Kategorie)	948	7 471,9	7 878
Hohes Einkommen	1 069	42 041,4	39 345
Welt insgesamt	6 692	57 710,6	8 613

M 8 Globale Verteilung des Weltwirtschaftsergebnisses 2008 (nach: Weltbank, Weltentwicklungsbericht 2010)

Die zehn reichsten Staaten	2000	2005	2008
Norwegen	33 650	59 590	87 070
Luxemburg	44 340	65 630	84 890
Schweiz	38 120	54 930	65 330
Dänemark	32 020	47 390	59 130
Schweden	26 780	41 060	50 940
Niederlande	25 140	36 620	50 150
Irland	22 960	40 150	49 590
Finnland	24 900	37 460	48 120
USA	34 260	43 740	47 580
Großbritannien	24 500	37 600	45 390
Die zehn ärmsten Staaten			
Burundi	110	100	140
Kongo, Dem. Rep.	100	120	150
Liberia	130	130	170
Guinea-Bissau	180	180	250
Äthiopien	100	160	280
Malawi	170	160	290
Eritrea	170	220	300
Sierra Leone	130	220	320
Niger	180	240	330
Mosambik	210	310	370

(Weltbank: Weltentwicklungsbericht 2002, 2007, 2010)

M 9 Die zehn reichsten und die zehn ärmsten Staaten (BNE pro Kopf in US-$)

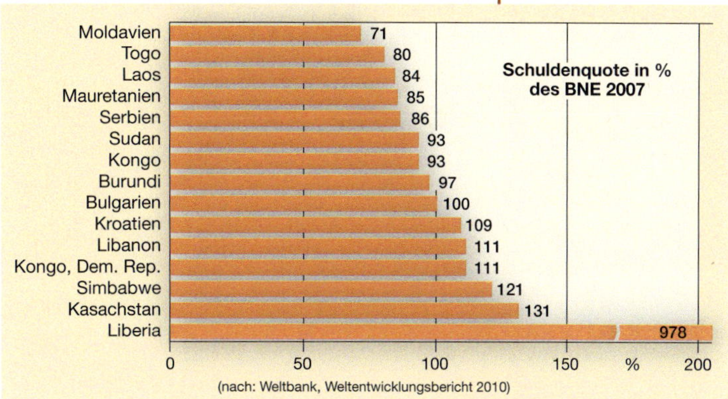

M 10 Die 15 Staaten mit der höchsten Schuldenquote

1. Beschreiben Sie die Entwicklung der Weltwirtschaft und zeigen Sie die Hintergründe für diese Entwicklung auf (M 1, M 2, M 4).
2. Diskutieren Sie die Behauptung „Wachsende Weltwirtschaft bringt mehr Wohlstand für alle" (M 3 bis M 10).

Die digitale und technische Revolution im Transport- und Verkehrssektor

Zwar hat es schon vor der Industrialisierung im 19. Jahrhundert einen globalen Handel gegeben, aber erst mit dem Einsatz der Dampfmaschine beginnt jene technische Revolution, deren Ziel es ist, die Kosten bei der Überwindung von Zeit und Raum zu reduzieren. Besonders markant ist dies beim Gütertransport mit Containern zu beobachten. In diesen genormten Behältern werden mittlerweile zwei Drittel des grenzüberschreitenden Warenverkehrs auf immer größeren und schnelleren Schiffen abgewickelt. Eine ähnliche Entwicklung ist beim Reiseverkehr in Hochgeschwindigkeitszügen und Großraumflugzeugen zu beobachten.

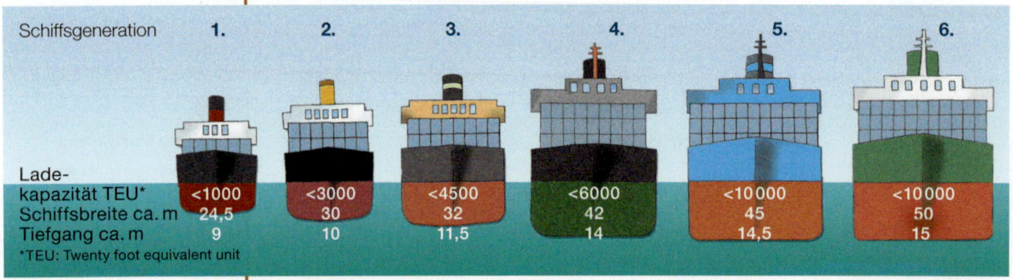

M 11 Größenwachstum

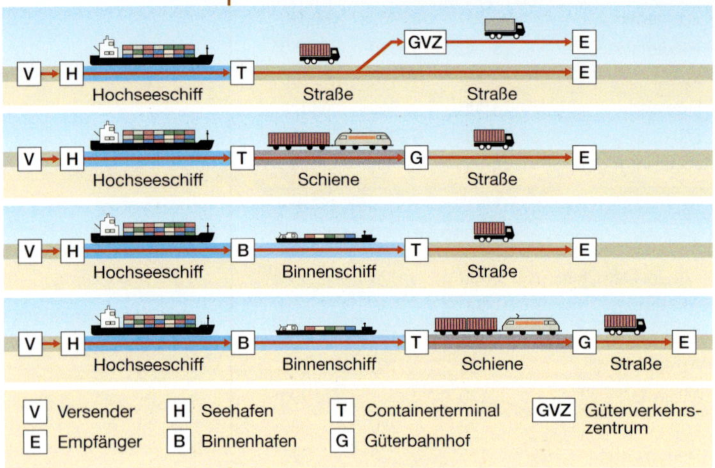

M 12 Intermodale Transportketten

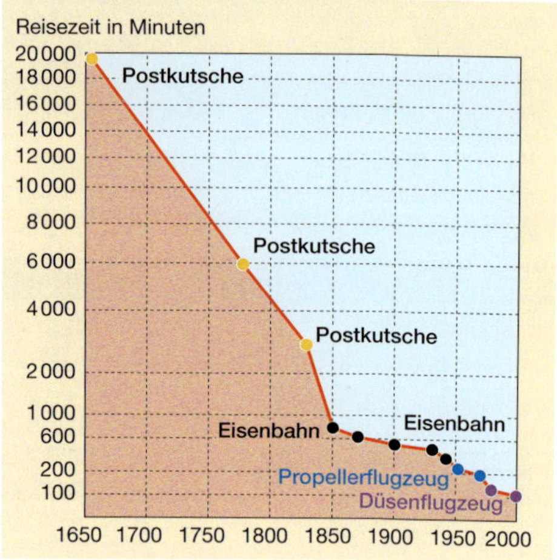

M 14 Reisezeit

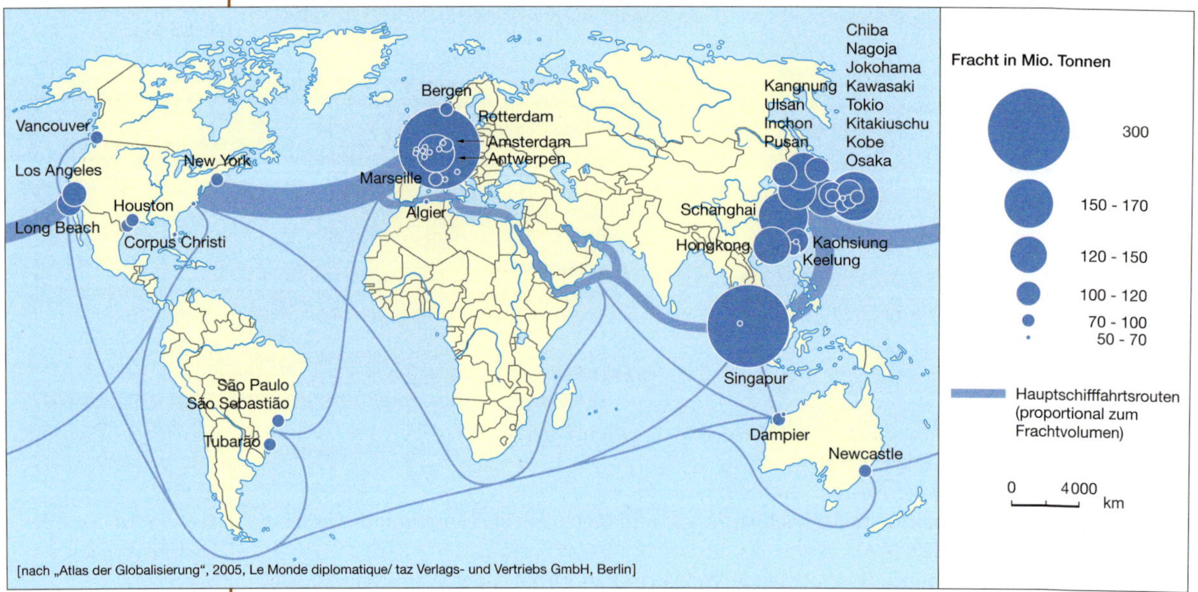

M 13 Intermodale Transportketten

Transport- bzw. **Logistikketten** können aber nur dann reibungslos funktionieren, wenn sie sich der Informations- und Kommunikationstechnologie (IKT) mittels Computer, Internet und Mobiltelefon bedienen. Mithilfe der IKT wird der Warenfluss in der Transportkette besonders an den Umschlagpunkten beschleunigt. Sollten Störungen während des Transports z. B. bei Lebensmitteln auftreten, kann durch schnelle Abhilfe ein Qualitäts- und Wertverlust vermieden werden. Die IKT veränderte die Industrieproduktion tiefgreifend. Sie ermöglichte die Verschlankung der Produktion **(lean production),** bei der Automobilproduktion z. B. auf einen Eigenanteil von ca. 30 Prozent. Die Auslagerung **(outsourcing)** und der Fremdbezug von Bauteilen und deren Anlieferung **(just-in-time)** setzen ein hohes Maß an elektronischer Ausstattung zwischen Lieferanten und Kunden voraus. Weitere Kostensenkungen konnten durch die flächendeckende Errichtung von (Hubs = Verkehrsknotenpunkte wie Güterverkehrszentren, GVZ) erzielt werden, in denen die Waren nicht nur gesammelt und neu verteilt, sondern durch spezielle Serviceleistungen für den Kunden einer höheren Wertschöpfung zugeführt wurden.

Auf globaler Ebene stehen an erster Stelle Großflughäfen und bedeutende Seehäfen, die den transkontinentalen Verkehr termingerecht bedienen und die ihr Verkehrsaufkommen aus ihrer entsprechenden Großregion beziehen z. B. Singapur als größter Containerhafen (S. 247 f.). Auf regionaler Ebene sei auf den Hinterland-Hub Duisburg (S. 250 f.) verwiesen.

		2000	2007
1	Shanghai (VR China)	204,0	561,0
2	Singapur	325,6	483,6
3	Ningbo (VR China)	115,5	471,6
4	Rotterdam	120,0	401,1
5	Guangzhou (VR China)	111,3	341,3
6	Tianjin (VR China)	95,7	309,4
7	Qingdao (VR China)	86,4	265,0
8	Qinhuangdao (VR China)	97,4	245,9
9	Hongkong (VR China)	174,5	245,4
10	Busan (Rep. Korea)	111,1	243,5

M 15 Güterverkehr in führenden Seehäfen (Umschlag in Mio. t)

		Passagiere	Veränderung gegenüber 2007 in %
1	Atlanta/Hartsfeld	90 039 280	+ 0,7
2	Chicago/O'Hare	69 353 876	- 9,0
3	London/Heathrow	67 056 379	- 1,5
4	Tokio/Haneda	66 754 829	- 0,2
5	Paris/Charles de Gaulle	60 874 681	+ 1,6
6	Los Angeles	59 497 539	- 4,7
7	Dallas/Fort Worth	57 093 187	- 4,5
8	Peking	55 937 289	+ 4,4
9	Frankfurt am Main	53 467 450	+ 1,3
10	Denver	51 245 334	+ 2,8
		Fracht in t	
1	Memphis	3 695 438	- 3,8
2	Hongkong	3 660 901	- 3,0
3	Shanghai	2 602 916	+ 1,7
4	Incheon	2 423 717	- 5,2
5	Anchorange	2 339 831	- 17,2
6	Paris/Charles de Gaulle	2 280 050	- 0,8
7	Frankfurt am Main	2 111 031	- 2,7
8	Tokio/Haneda	2 100 448	- 6,8
9	Louisville	1 974 276	- 5,0
10	Singapur/Changi	1 883 894	- 1,8

M 16 Verkehrsleistung der wichtigsten internationalen Flughäfen 2008

Der Golf von Aden (25 000 Schiffe pro Jahr) und die Straße von Malakka gehören zu den wichtigsten Routen des Seegüterverkehrs, sind aber wegen ihrer Piraterie gefürchtet: Mindestens 100 Überfälle, davon 40 Entführungen am Kap Horn im Jahr 2008. Für die Schiffsversicherer sind diese Seegebiete „Kriegsrisikogebiete". Die Route um das Kap der Guten Hoffnung verlängert die Fahrtzeit um 10 Tage und bedeutet erhöhte Kosten für die weltweite Verarbeitungskette.

(aus: Handelsblatt 01. 02. 2009 S. 14)

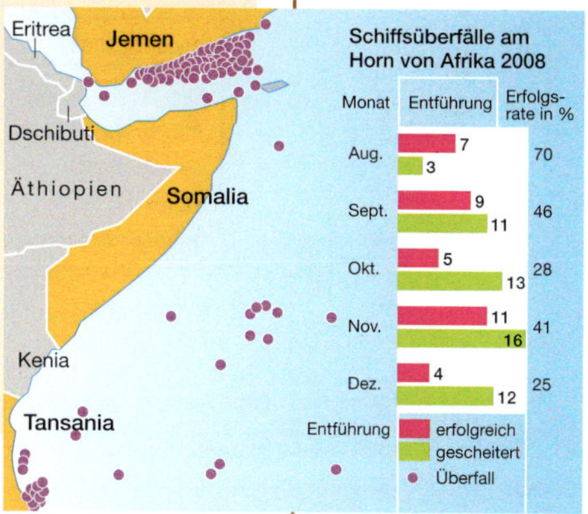

M 17 Gefährliches Nadelöhr

3. Lokalisieren Sie die größten Häfen/Flughäfen und begründen Sie deren herausragende Stellung (**M 1**, **M 13**, **M 15**, **M 16**, Atlas).
4. Erklären Sie, warum die Informations- und Kommunikationstechnologie (IKT) für die Globalisierung der Weltwirtschaft so bedeutsam ist (**M 1**, **M 11** bis **M 13**).
5. Die Logistikbranche gilt als Seismograph der Wirtschaft. Warum (**M 15**, **M 16**, S. 250 **M 1**)?
6. Recherchieren Sie die Gründe, warum Seepiraterie in der heutigen Zeit so erfolgreich ist und welchen Einfluss sie auf die Weltwirtschaft haben kann (**M 13**, **M 17**, Internet).

Die Handelsgüter Kapital und Know-how

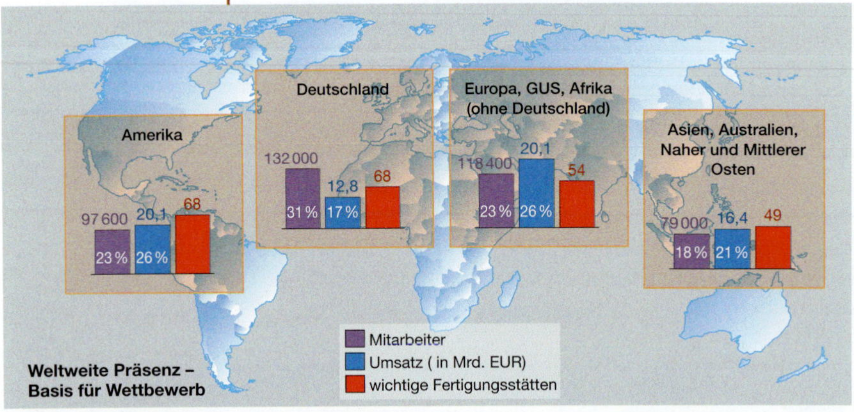

Peking 2008:
Mit einem Geschäftsvolumen von 1,2 Milliarden Euro war Siemens der größte Infrastrukturanbieter für die Olympischen Spiele 2008.

Südafrika 2010:
Siemens spielt eine entscheidende Rolle beim Aufbau der südafrikanischen Infrastruktur für die Fußball-Weltmeisterschaft. Das Land und die Menschen profitieren langfristig davon.

Umsatz nach Regionen

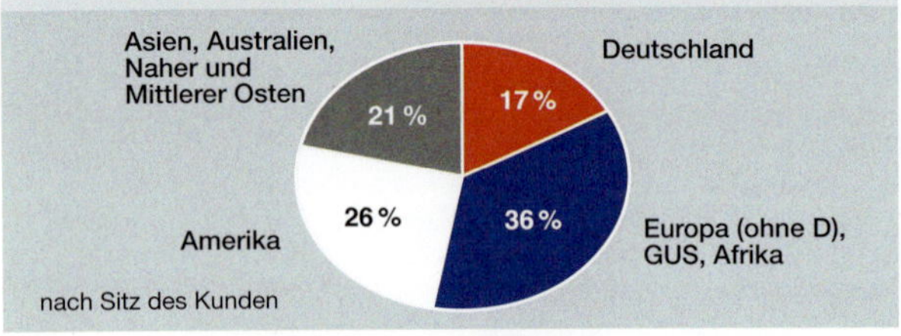

Umsatz nach Mitarbeitern

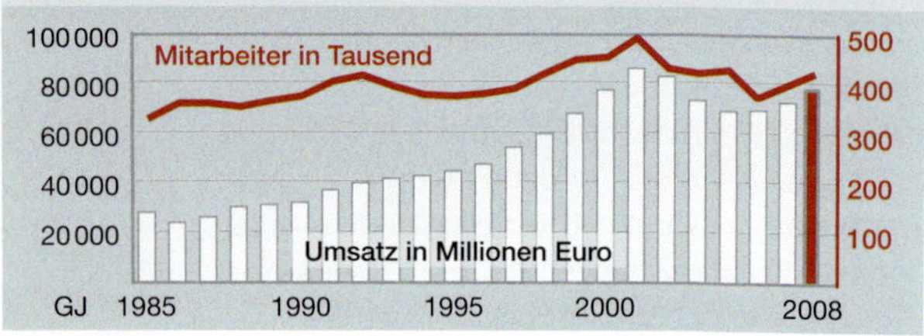

USA – breite Präsenz im härtesten Markt

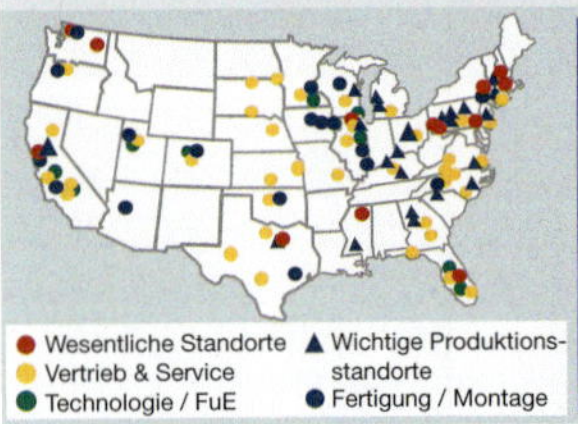

Übersicht 2008	
Umsatz (in Millionen EUR)	14 800
Mitarbeiter	69 000
FuE (in Millionen US-$)	1 300
Geschäftszentralen	9
Standorte	795

Brasilien

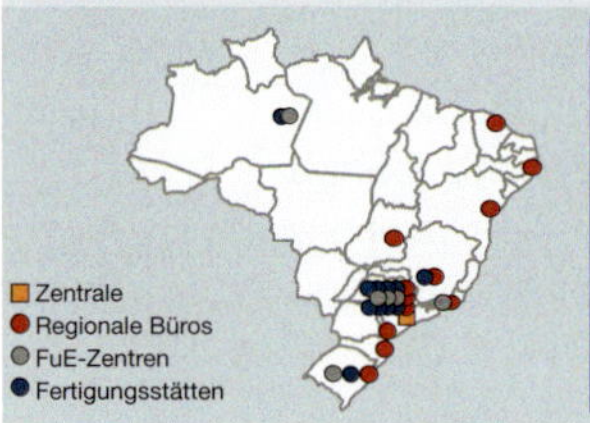

Übersicht 2008	
Umsatz (in Millionen EUR)	1700
Mitarbeiter	9000
Zweigniederlassungen	12
FuE-Zentren	6
Fabriken	11

Indien – Schlüsselmarkt für Wachstum

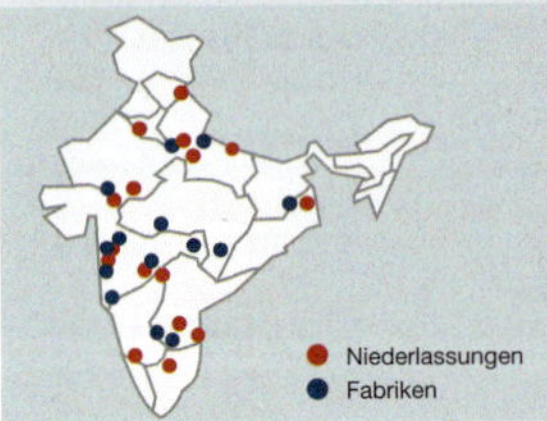

Übersicht 2008	
Umsatz (in Millionen EUR)	1 885
Mitarbeiter	17 000
Gesellschaften	19
Fabriken	18
Vertriebsniederlassungen	35

China – starke Basis in einem dynamischen Umfeld

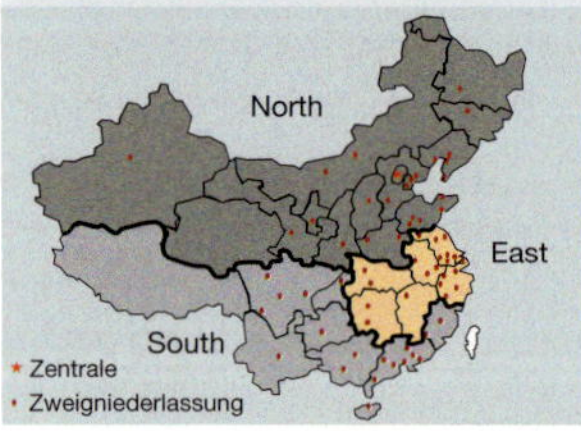

Übersicht 2008	
Umsatz (in Millionen EUR)	5 300
Mitarbeiter	> 43 000
Niederlassungen	61
Fabriken	> 90

M 18 Global Player SIEMENS AG

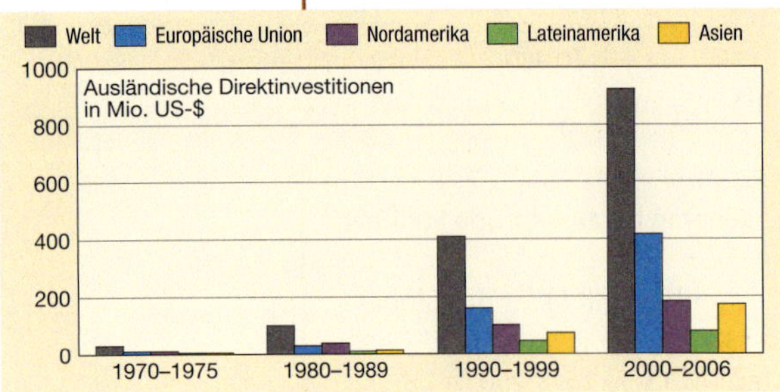

M 19 ADI als Treiber der Globalisierung

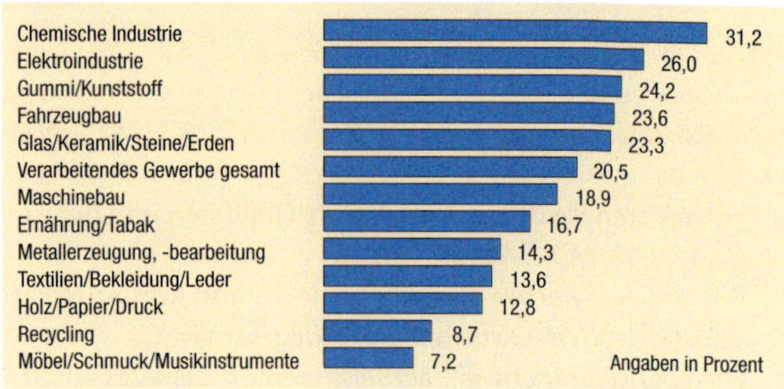

M 20 Anteil der Beschäftigten in ausländischen Firmen in Deutschland nach Branchen

Was sind Ausländische Direktinvestitionen (ADI)?

Laut Definition der Deutschen Bundesbank sind ADI Kapitalanlagen von Inländern im Ausland oder von Ausländern im Inland, die mit einem unmittelbaren Einfluss auf die Geschäftstätigkeit des Kapital nehmenden Unternehmens dauerhaft verbunden sind.
Formen dieser weltweiten Kapital- und Know-how-Ströme können Gründungen oder der Erwerb von Fabriken und Zweigniederlassungen sein; außerdem der Erwerb von Beteiligungen an Unternehmen ab zehn Prozent. Bleibt die Verfügungsgewalt über den Betrieb beim inländischen Partner, wird die Beteiligung auch **Jointventure** genannt. Diese Beteiligungsform empfiehlt sich als Investitionsform zwischen Industriestaaten und Entwicklungsländern, da schwächere Wirtschaftspartner nicht zu Unrecht neue Abhängigkeiten befürchten. Zum Schutz ihrer eigenen Wirtschaft realisieren die Entwicklungsländer diese Jointventures in **Freihandelszonen/Sonderwirtschaftszonen.**

Wer sind die Akteure?

Unternehmen, die ihre Produktion und Dienstleistung nach den o. g. Gesichtspunkten organisieren und vermarkten, werden transnationale oder multinationale Konzerne (TNK oder Multis) genannt: Neben Großkonzernen („Global Player"), die über genügend Risikokapital und ein dichtes Informationsnetz verfügen, versuchen auch mittelständische Unternehmen, ihre Weltmarktnische zu finden.
Die Kapital gebenden Unternehmen treffen mit ihrer Marktstrategie im In- und Ausland bei Gewerkschaften, Regierung und heimischer Wirtschaft nicht selten auf zwiespältige Resonanz: „Verlängerte Werkbänke" gelten als zweite Standortwahl. Angesehener bei den Empfängerländern sind Auslandsinvestitionen, die zu eigenen Produkten/Marken führen; besonders erwünscht sind neben Produktions- vor allem Forschungs- und Entwicklungsinvestitionen.

Welchen Vorteil versprechen sich die investierenden Unternehmen?

Die beschaffungsorientierten Investitionen zielen auf die sichere Versorgung der heimischen Industrie mit wichtigen Technologien oder Rohstoffen aus Entwicklungsländern. Ein Beispiel für ein „Jointventure" mit Entwicklungsländern: Rohstoffe im Gegenzug für Technologie- und Informationstransfer bei der Rohstoffexploration. Die absatzorientierten Investitionen dienen der Erschließung, Ausweitung oder Sicherung von Auslandsmärkten. Hier sind besonders die Industrienationen mit ausreichender Kaufkraft Gewinn versprechend. Außerdem verfügen die EU, die USA und Japan über gute Rahmenbedingungen (Infrastruktur, Rechtssicherheit, politische, und soziale Stabilität). Mit Einschränkung gilt dies auch für die Schwellenländer.

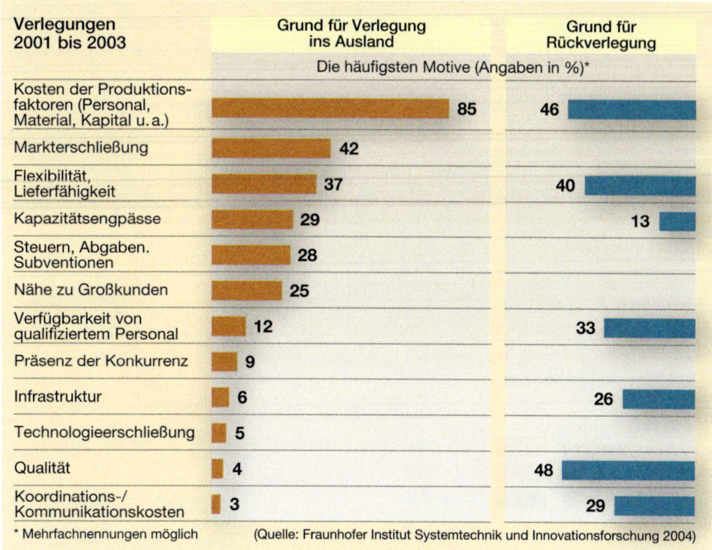

M 21 Verlegung der Produktion ins Ausland und Rückverlegung

Die produktionsorientierten ADI fließen in Niedriglohnländer (Schwellen- und Entwicklungsländer). Um die o. g. Rahmenbedingungen zumindest lokal zu erfüllen, haben diese Länder Freihandelszonen mit besonders günstigen Produktions- und Exportbedingungen gegründet (NAFTA, S. 366 ff.). Die Einbettung der Produktion in einen internationalen Verbund ermöglicht den Unternehmen, auf Marktschwankungen flexibler reagieren zu können, Steuervorteile zu nutzen, von geringen Lohn- bzw. Lohnnebenkosten und Transportkosten zu profitieren sowie Wechselkursschwankungen zu vermeiden. Mit einer Tochtergesellschaft auf den wichtigsten Märkten der Welt können außerdem Exporthemmnisse durch Protektionismus umgangen, Subventionen und besonders „günstige" Umweltgesetze genutzt werden.

Deutsche Unternehmen investieren im Ausland: Export von Arbeitsplätzen? Ausländische Investoren kaufen deutsche Unternehmen: Nationaler Ausverkauf? Oder vielleicht doch Wohlstandsmehrung für alle? Der Abbau der Handelsbarrieren, niedrige Transportkosten und moderne Kommunikationstechnologien versetzen Unternehmen in die Lage, Produktion und Vertrieb ihrer Waren global zu organisieren.

7. **„ADI sind der Schmierstoff der Globalisierung". Erläutern Sie die Motive der Unternehmen und begründen Sie die regionale Verteilung der Kapitalströme (M 18 bis M 21).**

8. **Nicht alle Direktinvestitionen verlaufen erfolgreich. Erläutern Sie die Gründe für das Scheitern (M 21).**

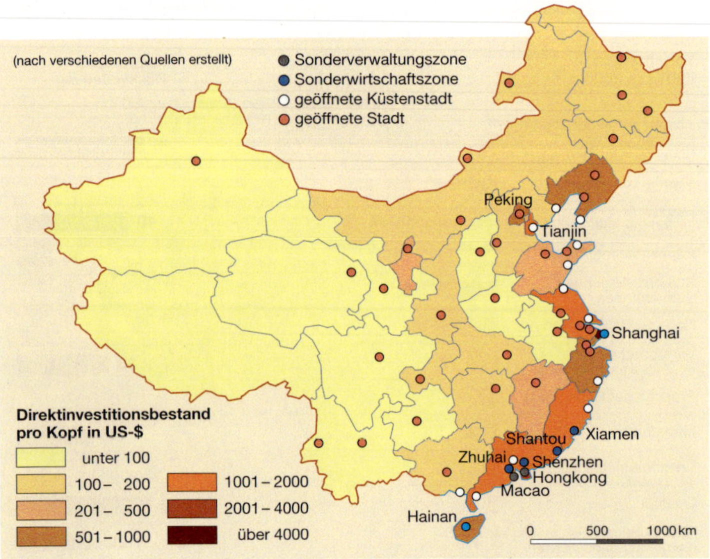

M 22 Sonderwirtschaftszonen in der VR China

M 23 Verdrängung der dörflichen Strukturen durch internationale Dienstleistungen im Perlflussdelta (Südchina)

M 24 Statt Reisanbau im südchinesischen Bergland ein Golfplatz für den internationalen Golf-Tourismus in der Kegelkarstlandschaft

Chinas Weg auf den Weltmarkt

Ab 1979 öffnete der Reformer Deng Xiaoping (1904 – 1997) behutsam die Volksrepublik China für den Weltmarkt, um das Land der Mitte von der Agrar- in die Industrie- und Dienstleistungsgesellschaft zu katapultieren (s. Modernisierungstheorie S. 223 f.). Für dieses gigantische und politisch zugleich risikoreiche Experiment auf der Basis der **sozialistischen Marktwirtschaft** wurden Sonderwirtschaftszonen zunächst an der Küste und in den 1990er-Jahren auch in den Großstädten des Landesinneren errichtet. Dort wollte die Kommunistische Partei den Modernisierungsprozess räumlich kontrollieren.

Auslandsfinanzierte Unternehmen nutzten vorrangig die Vorteile der Agglomerationsräume (u. a. Fühlungsvorteile) im Perlfluss- und Jangtsedelta sowie in Bohai (Peking, Tianjin) für ihre Investitionen in der Leichtindustrie (Bekleidung, Schuhe, Spielzeug, Elektronik) und verstärkt auch für höherwertige Produktion (Autos, Computer, Maschinen) sowie Dienstleistungen. Dennoch bewegt sich die Produktionsweise in der Exportindustrie immer noch auf dem „Lowtech-Niveau", da Hightech-Module, Qualitätsstandards und Marketingwissen noch aus dem Ausland importiert werden müssen. Im Rahmen von Jointventures hoffen die Chinesen, einen immer größeren Anteil der Wertschöpfung eines Produktes in China zu erwirtschaften und notfalls das High-tech-Wissen durch Firmenübernahmen in den Industrienationen einzukaufen. Die Auslandsfirmen fürchten Daten- und Designdiebstahl, Plagiate, Korruption und mangelnde Rechtssicherheit.

ADI sind immer dann problematisch, wenn sie die traditionelle Wirtschaftweise (Subsistenzwirtschaft, Kleingewerbe) verdrängen, statt sie zu modernisieren und im Weltmarkt zu vernetzen. Besonders die im stadtnahen ländlichen Raum liegenden Dörfer entwickeln sich rasant zu „urban villages" u. a. mit Fabriken, Bürohochhäusern und Freizeiteinrichtungen für Städter auf Kosten landwirtschaftlicher Nutzflächen. Dependenztheoretiker sehen in diesem wirtschaftlichen Dualismus eine gefährliche Weltmarktabhängigkeit, die Modernisierungstheoretiker hingegen eine Chance für den ländlichen Raum (S. 223 f.).

9. Entwerfen Sie einen Jointventure-Vertrag, in dem die Interessen des ausländischen Investors und der Chinesen formuliert sind (M 22, M 24).
10. Bilden Sie zwei Gruppen, die die wirtschaftlichen, sozialen und ökologischen Auswirkungen der ADI auf die Industrieländer und die Entwicklungsländer kontrovers diskutieren (M 18, M 20, M 22 bis M 24, Seite 223 – 225).

Globalisierung oder Regionalisierung?

Wohlstandsmehrung durch Globalisierung

Neben den Innovationen bei der Informations- und Kommunikationstechnologie (IKT) sind auf der politischen Ebene die kontinuierlichen Bemühungen der OECD und der WTO zu nennen, die für den Abbau der Handelsbeschränkungen und den freien Welthandel eintreten. Obwohl die seit 2001 laufenden Verhandlungen für ein neues Welthandelsabkommen (Doha-Runde) Ende 2008 gescheitert sind, wollen die 20 größten Industrie- und Schwellenländer (G20) die Verhandlungen fortsetzen mit dem Ziel, die Einfuhrzölle zu halbieren. Diese erheben die Industrieländer auf landwirtschaftliche Produkte und die Schwellenländer auf Industriegüter.

Der Zusammenbruch der Zentralen Verwaltungswirtschaften in Osteuropa in den 1990er-Jahren löste einen bisher unbekannten Globalisierungsschub in der Weltwirtschaft aus, der den Industrie- und den Entwicklungsländern mehr Wohlstand brachte, auch wenn berücksichtigt werden muss, dass die deutlich höheren Zuwachsraten bei der zuletzt genannten Ländergruppe von einem sehr niedrigen absoluten Niveau ausgehen. Internationale Arbeitsteilung bildet hierbei die Grundlage für die florierende Weltwirtschaft.

Die „Motoren" der Globalisierung, die transnationalen Konzerne mit ihren weltweit vernetzten Produktions- und Absatzstrukturen, sowie die Konsumenten profitieren von der Globalisierung. Aber auch ärmere Entwicklungsländer gewinnen, wenn sie durch Spezialisierung einen Anschluss an die internationale Arbeitsteilung/Weltwirtschaft finden.

„Jedes Land hat seine eigenen Stärken und Schwächen. In einer globalisierten Wirtschaft muss jeder die Stärken des anderen nutzen." So kommentierte der indische Finanzminister Y. Sinha den Wunsch der deutschen Wirtschaft, ihre Kapazitätslücken durch hoch qualifizierte indische Fachkräfte aus der Informationstechnologie so rasch wie möglich zu schließen. Länder wie Brasilien, Mexiko, El Salvador, die Dominikanische Republik, Bangladesh und China begründen ihre hohen Zuwachsraten beim Export, die teilweise über dem Dreifachen des globalen Durchschnitts liegen, mit dem Prinzip der absoluten und komparativen Kostenvorteile (Kostenvorteile S. 477 f.).

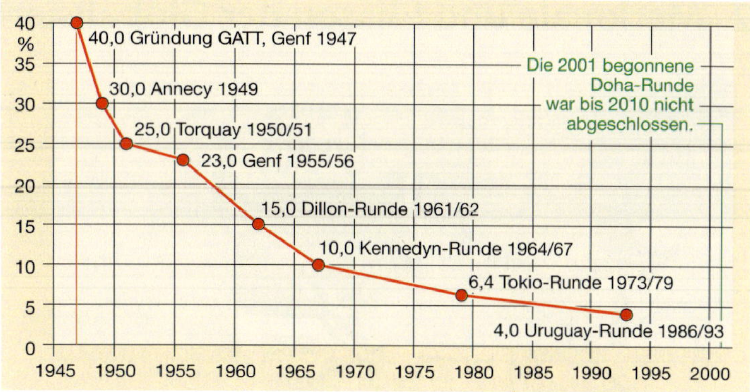

M25 Zollabbau

	BIP			Export		
	2006	2007	2008	2006	2007	2008
Welt	3,7	3,5	1,7	8,5	6,0	2,0
Nordamerika	2,9	2,1	1,1	8,5	5,0	1,5
USA	2,8	2,0	1,1	10,5	7,0	5,5
Süd- und Zentralamerika*	6,1	6,6	5,3	4,0	3,0	1,5
Europa	3,1	2,8	1,0	7,5	4,0	0,5
EU (27)	3,0	2,8	1,0	7,5	3,5	0,0
GUS	7,5	8,4	5,5	6,0	7,5	6,0
Afrika	5,7	5,8	5,0	1,5	4,5	3,0
Naher Osten	5,2	5,5	5,7	3,0	4,0	3,0
Asien	4,6	4,9	2,0	13,5	11,5	4,5
China	11,6	11,9	9,0	22,0	19,5	8,5
Japan	2,0	2,4	-0,7	10,0	9,5	2,5
Indien	9,8	9,3	7,9	11,0	13,0	7,0
Neu industrialisierten Volkswirtschaften**	5,6	5,6	1,7	13,0	9,0	3,5

*) inkl. Karibik **) Hong Kong, VR China, Rep. Korea, Singapur, Taiwan (Quelle: WTO Secretariat)

M26 BIP und Warenhandel nach Regionen (Jährliche Veränderung in Prozent zu konstanten Preisen)

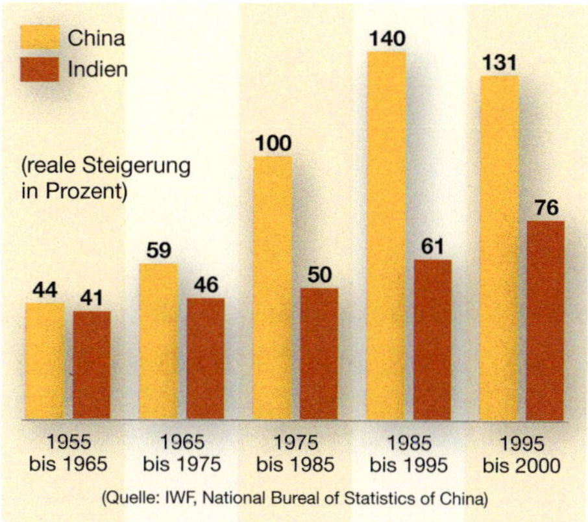

M27 BIP-Wachstum in China und Indien

11. Begründen Sie das Argument der Globalisierungsbefürworter, dass die Globalisierung allen Menschen zugute kommt (**M25** bis **M27**).

2. Merkmale und Phasen der Globalisierung

M1 Japanischer Im- und Export

Wohlstandsmehrung durch Regionalisierung und Protektionismus

Parallel zur Globalisierung der Weltwirtschaft verlief eine Regionalisierung, die ab 1990 zu einer Fülle regionaler Handelsbündnisse geführt hat. Diesem neu auflebenden Regionalismus, der sich des Protektionismus bedient, liegen unterschiedliche Motive zugrunde:

- Wirtschaftlich gleich starke Staaten eines Zusammenschlusses können Handels- und Investitionshemmnisse in einer überschaubaren Region weit schneller abbauen, als sie dies durch multilaterale Verträge gekonnt hätten. Der Zusammenschluss kommt hier einem Zwischenschritt zum Welthandel gleich.
- Mithilfe protektionistischer Maßnahmen sollen nicht wettbewerbsfähige Wirtschaftsbereiche (z. B. Land-, Textil- oder Kohlewirtschaft) für den Weltmarkt fit gemacht, aber auch soziale, kulturelle und ökologische Standards verteidigt werden. So rechtfertigt die Europäische

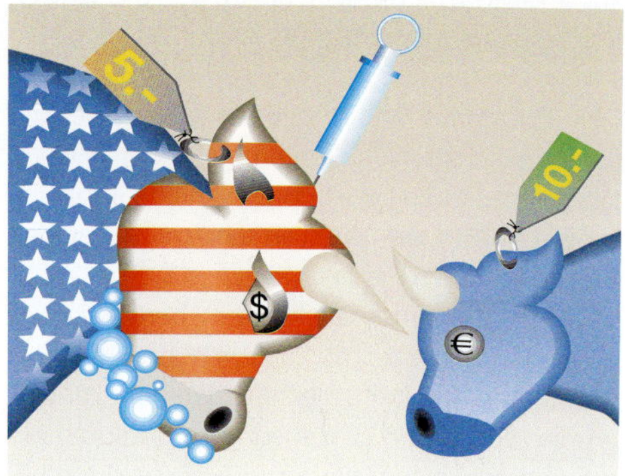

M3 Kräftemessen (nach Greenpeace magazin)

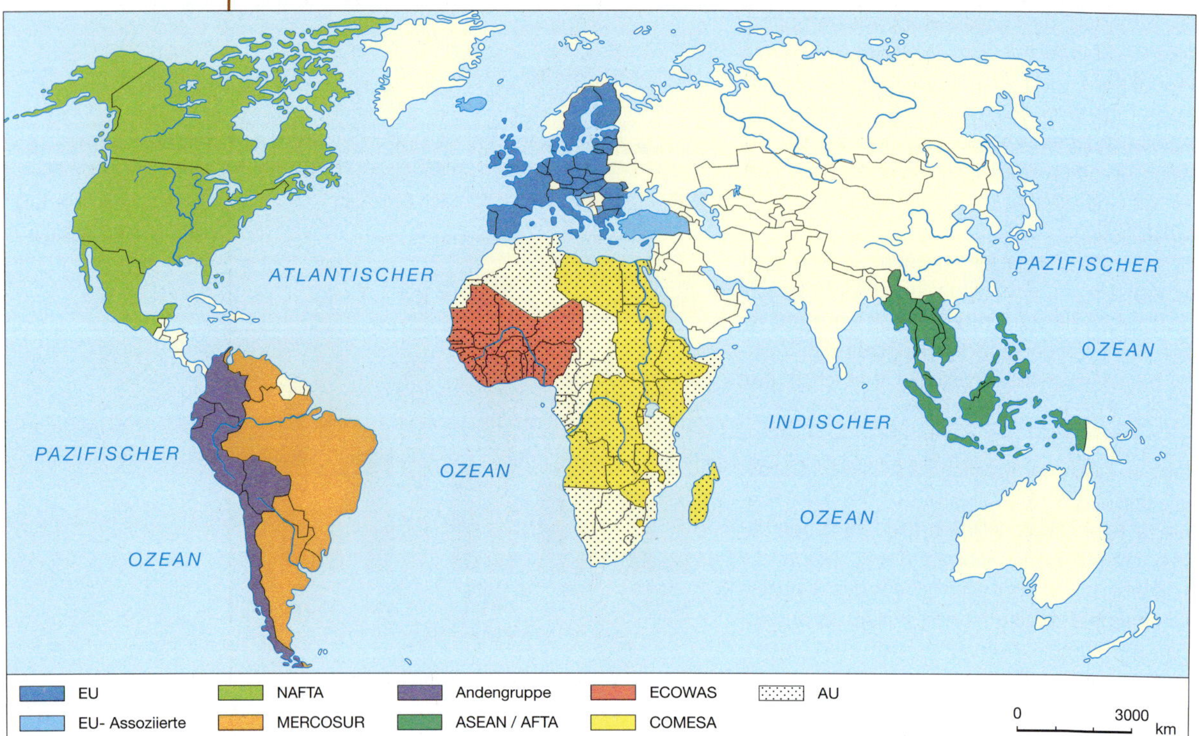

M2 Wirtschaftsbündnisse

Union ihre abgeschotteten Agrarmärkte mit den Argumenten, den Lebensstandard der in der Landwirtschaft Beschäftigten zu sichern und die Entwicklung des ländlichen Raums zu stärken. Außerdem sollen die eigenen Märkte unabhängig von Schwankungen der Weltmarktpreise und der Ernternengen gemacht und für angemessene Verbraucherpreise gesorgt werden. Die US-Importe von Fleisch mit Wachstum fördernden Hormonen und von Gen manipuliertem Getreide lehnt die EU aus gesundheitlichen Gründen ab. Die regionalen Handelsabkommen erleichtern außerdem weitergehende regionale Absprachen z.B. über gemeinsame Standards bis hin zu einer Währungsunion oder gar politischen Union. Offensichtlich dient hier die EU als Vorbild.

Besonders in Krisenzeiten wie der Weltwirtschaftskrise von 2008/2009 versuchten die Industrienationen, durch milliardenschwere Konjunkturprogramme ihre Wirtschaft zu schützen. Als Überlebenshilfe für unverschuldet in die Krise geratene Firmen propagiert, entpuppt sich diese Hilfe nicht selten als Subvention für nicht mehr konkurrenzfähige Produkte. Bei der Abwehr ausländischer Warenströme entwickeln die betroffenen Wirtschaftsvertreter eine Fülle protektionistischer Mittel. Neben den unpopulären Schutzzöllen, die im Ausland gleichrangige Gegenmaßnahmen provozieren können, konzentrieren sich die unauffälligeren Schutzmaßnahmen heute auf nichttarifäre Handelsschranken wie nationale Verbraucherschutzklauseln, Umweltauflagen, Subventionen für die notleidende Industrie oder bürokratische Hemmnisse beim Import ausländischer Waren.

Ein Beispiel für den Protektionismus war auch das englische Gesetz von 1887, nach dem ausländische Ware (besonders die „billige und schlechte deutsche") mit einem Herkunftsstempel zum Schutze des englischen Verbrauchers markiert werden musste. Das Gegenteil traf ein: „Made in Germany" wurde zum Gütesiegel und die Bundesrepublik nahm 1990 die Position Großbritanniens von 1887 ein – der Welt größter Exporteur.

Mit großer Skepsis sehen auch die Globalisierungsbefürworter den fortschreitenden intraregionalen Handel der Wirtschaftsblöcke, insbesondere der Triade **NAFTA,** EU und Japan/China. Sie befürchten, dass die „Triadisierung" des Handels den Entwicklungsländern den Zugang zum Weltmarkt versperren könnte.

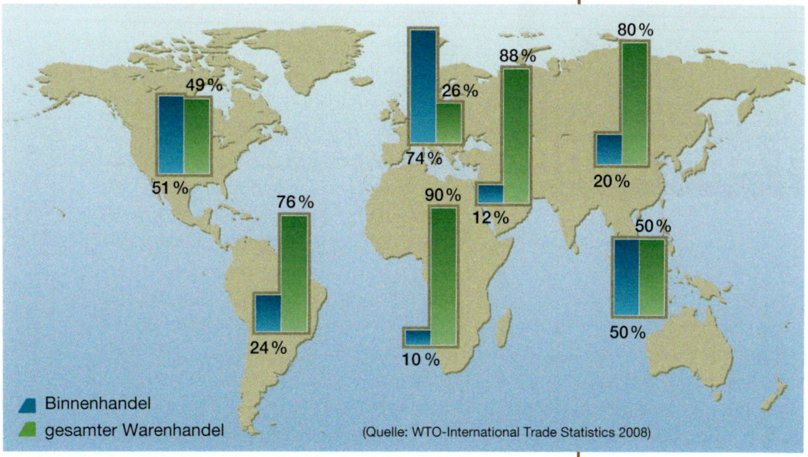

M4 Anteil des Binnenhandels am gesamten Warenhandel nach Kontinenten

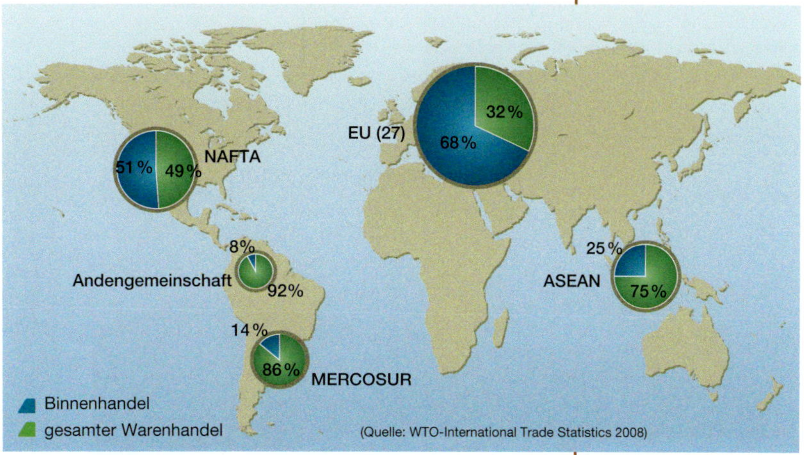

M5 Anteil des Binnenhandels (Export) am gesamten Warenhandel der größten regionalen Wirtschaftsbündnisse

1. Beschreiben Sie die wichtigsten Wirtschaftsbündnisse: topographische Lage, Mitglieder, wirtschaftliche Stärke (**M2** und **M5**, Atlas).
2. Diskutieren Sie die Ziele einer protektionistischen Wirtschaftspolitik besonders in Krisenzeiten u.a. am Beispiel der Autoindustrie und der deutschen Steinkohle (**M2** bis **M4**, S. 96 ff.).
3. Bewerten Sie die regionalen Zusammenschlüsse. Sind sie Stolper- oder Bausteine für den Welthandel (**M1** bis **M5**, S. 358 **M2**)?

Gerechter und umweltverträglicher Handel

„Gib mir, was ich brauche, und du bekommst, was du brauchst." Trotz dieser überzeugenden Formel von Adam Smith, dem Vater des Wirtschaftsliberalismus, können Millionen von Kleinbauern und Gewerbetreibenden nicht am Welthandel teilnehmen und sind folglich von Armut bedroht. Für den Ertrag ihrer Arbeit bekommen sie keinen angemessenen Lohn für ein menschenwürdiges Leben.

Der **Faire Handel** sorgt durch einen fairen Mindestpreis, eine Fairtrade-Prämie, sozialverträgliche und gesündere Arbeitsbedingungen dafür, dass die Lebens- und Arbeitsbedingungen von Rosenpflückerinnen in Afrika und Lateinamerika nachhaltig verbessert werden. Blumenarbeiterin Janet Ndliaka (30) von der kenianischen Blumenfarm Pandaroses erzählte: „Bevor es Fairtrade gab, habe ich viel gelitten, besonders während der Schwangerschaften. Ich musste bis zum Tag der Geburt arbeiten und schon nach einer Woche wiederkommen. Und trotzdem war ich unsicher, ob ich überhaupt noch meinen Job hatte. Heute wird zum Glück darauf geachtet, dass die schwangeren Arbeiterinnen nur leichte Aufgaben zu erledigen haben. Es gibt Mutterschutz und die Firma zahlt die Krankenhausrechnung. Das ist für uns alle ein wichtiger Fortschritt!"
Die Umwelt zu schonen ist, neben sozialen Kriterien, ein weiteres Ziel von Fairtrade. Weniger Chemikalien und moderne umweltverträgliche Produktions- und Düngemethoden einzusetzen, eine sorgfältige Wasser- und Abfallwirtschaft sind nur einige der Regeln, die von den Rosenfarmen befolgt werden müssen. Trotz der Luftfracht ist die Klimabilanz der Fairtrade-Rosen gegenüber europäischen, beheizten und beleuchteten Gewächshäusern positiv.
Erhältlich sind die Fairtrade-Rosen bundesweit bei REWE, Penny, toom-Märkten, regional bei der Kaiser's Tengelmann AG in Bayern, der Edeka Südwest in Baden-Württemberg, Tegut und in den Blumenfachgeschäften von Blumen Risse und Blume 2000.

M6 Pressemitteilung von Transfair am 05.03.2009 (Auszug)

M7 Plastiklandschaft in den Tropen

Gerechtigkeit im Welthandel

Die Verluste, die Entwicklungsländer durch unfaire Handelspraktiken jährlich erleiden, übersteigen die weltweite Entwicklungshilfe um ein Vielfaches. Internationale Handelsabkommen begünstigen meist nur die Industrieländer. Arme Länder werden zur Marktöffnung gezwungen, Industrieländer können durch Subventionen und andere Maßnahmen Agrarimporte aus Entwicklungsländern behindern. Internationale Standards wie die Kernarbeitsnormen der ILO, die wirtschaftliches Handeln an sozialen und ökologischen Kriterien ausrichten wollen, werden oft verletzt beziehungsweise nicht in der Praxis umgesetzt.

Wir fordern von Bundestag und Bundesregierung

- sich für die sofortige und dauerhafte Abschaffung aller EU-Agrarexportsubventionen einzusetzen.
- im Rahmen der festgefahren Verhandlungen der WTO auf einen weiteren Liberalisierungsdruck auf die Entwicklungsländer zu verzichten.
- sich auf allen Ebenen für gerechte Welthandelsregeln einzusetzen, die eine armutsorientierte Handels- und Wirtschaftspolitik unterstützen und nicht konterkarieren; die Wahrung der Menschenrechte und die Einhaltung der Ziele der multilateralen Umweltabkommen müssen auch in der Handelspolitik Priorität haben.
- die Anwendung internationaler sozialer und ökologischer Grundsätze wie der Kernarbeitsnormen der Internationalen Arbeitsorganisation (ILO) und der OECD-Leitsätze für multinationale Unternehmen durch Regierungen und Privatwirtschaft zu fördern.
- sich für eine Beendigung aller unfairen Handelspraktiken von Industrieländern gegenüber Entwicklungsländern wie Zolleskalationen oder strikte Patentregelungen für lebenswichtige Medikamente einzusetzen.
- politisch darauf hinzuwirken, dass die Bevölkerung der Länder, die weitgehend vom Rohstoffexport abhängig sind, auch von den Exporteinnahmen profitiert. Dafür sind verbindliche Regelungen zu treffen und umzusetzen. Diese wären zum Beispiel durch die Überführung der freiwilligen Selbstverpflichtungen der Initiative zur Verbesserung der Transparenz in der Rohstoffindustrie (EITI) in völkerrechtlich verbindliche Vereinbarungen möglich.

M8 VENRO e.V. (Verband Entwicklungspolitik deutscher Nichtregierungsorganisationen (NRO)): 10 Forderungen zur Bundestagswahl 2009. Bonn 2009 (Auszug: 6. Forderung)

Ökobilanzierung

Um die von der UNO 1992 verabschiedete Leitidee der nachhaltigen Entwicklung zu vermitteln, bedarf es anschaulicher Instrumente und Methoden wie der Ökobilanz, des ökologischen Rucksacks bzw. Fußabdrucks.

Die **Ökobilanz** gibt Auskunft über alle Umweltwirkungen eines Produktes während seines gesamten Lebenszyklus, d.h. seiner Herstellung, seiner Nutzung und seiner Entsorgung. Zur Ökobilanz gehören auch die vor- und nachgeschalteten Umwelteingriffe eines Produktes wie die Rohstoffentnahme, Abfallentsorgung oder CO_2-Emission. Ökobilanzen können auch betriebswirtschaftliche Entscheidungen erleichtern, wenn z.B. mehrere Produkte gegenübergestellt (bilanziert) werden. Auch Verbrauchern geben sie Entscheidungshilfen z.B. beim Kauf eines Kühlschranks (Energieverbrauch) oder eines Autos (CO_2-Emission).

Im Rahmen der Ökobilanz wird mithilfe des **ökologischen Rucksacks** der gesamte Ressourcen- und Energieaufwand veranschaulicht, der bei der Herstellung, dem Gebrauch und der Entsorgung eines Produkts oder Dienstleistung entstehen.
So hat das Wuppertaler Institut für Klima, Umwelt, Energie den Naturverbrauch bei einer 600 Gramm leichten Jeans auf insgesamt 32 Kilogramm berechnet, darunter 8000 Liter Wasser, die für die Bewässerung der Baumwollkulturen benötigt werden.

Ein Pappbrötchen, ein flach geklopfter Fleischklops, Ketchup – plus 2400 Liter Wasser, um reinbeißen zu können. Wie das? Das meiste Wasser wird gebraucht, um die – im Standardfall – rund 150 Gramm Rindfleisch zwischen den beiden Weizenfladen zu produzieren. Ein Kilo davon verursacht nämlich 15 000 Liter. Bis zum Schlachten konsumiert ein Rind, das 200 Kilo Fleisch liefert, rund 1300 Kilo Getreide oder Soja plus 7200 Kilo Raufutter plus 31 Kubikmeter Wasser.
Auch im Getreide „steckt" natürlich Wasser, das hinzugerechnet wird. Die Futtermittel verursachen pro Kilo einen Verbrauch von 15 300 Litern. Prost Hamburger! Oder: Vegetarier sparen viel Wasser.

(nach: Joachim Wille: Alles schluckt Wasser, © FR-online.de 2009 Erscheinungsdatum 19.08.2008)

M 9 Ein Hamburger: 2400 Liter Wasser

Für alle in einem Land verbrauchten Materialien, Güter und Energieträger werden aus Statistiken die Flächen ermittelt, die zu deren Gewinnung, Nutzung und Entsorgung benötigt werden. Folgende „Flächenkategorien" werden dabei zu Grunde gelegt
- Siedlungsfläche z.B. für Häuser, Verkehrs- und Produktionsflächen Abbauflächen für Rohstoffe sowie einen Teil der Wasserkraftnutzung,
- Ackerland für die Erzeugung von pflanzlichen Nahrungs- und Futtermitteln sowie von Textilfasern oder Schmierstoffen,
- Weideland für die Viehwirtschaft zur Erzeugung von Fleisch und tierischen Produkten
- Waldfläche für Bauholz und Papierrohstoff etc.
- Gewässerfläche, aus der wir uns z.B. mit Meeresprodukten oder Fisch aus den Binnengewässern versorgen [...].

Die Flächen werden addiert und bilden den ökologischen Fußabdruck des entsprechenden Landes.
Dieser Wert kann mit der real im Land vorhandenen biologischen Kapazität ins Verhältnis gesetzt und gezeigt werden, ob und wie viel die ökologische Tragfähigkeit überschritten ist.
Dividiert man den ökologischen Fußabdruck eines Landes durch die Einwohnerzahl, so erhält man den ökologischen Fußabdruck einer Person dieses Landes [...].
Der ökologische Fußabdruck für die Vereinigten Arabischen Emirate: 16 ha/Pers., für die USA: 12,2 ha/Pers., für Deutschland: 6,3 ha/Pers. In armen Ländern ist den Menschen dagegen nur minimaler Zugriff auf Ressourcen möglich (ÖF von Eritrea 0,35 ha/Pers., Bangladesh 0,6 und Yemen 0,63 ha/Pers.). Die Zahl der ärmsten Menschen mit einem Pro-Kopf-Einkommen von unter 2 $/Tag wuchs zwischen 1987 und 1998 um 250 Mio. Heute ist es bereits die Hälfte der Menschheit!

(Verbraucherzentrale Bundesverband e.V.: Der ökologische Fußabdruck – Ein Beitrag zum Thema Nachhaltigkeit 2003 S. 5 f.)

M 10 Der ökologische Fußabdruck

Die Erdbeeren für den Yoghurt im Stuttgarter Supermarkt stammen aus Polen, die Bakterienkulturen aus Schleswig-Holstein, die Milch kommt aus dem Schwarzwald, die Aluminiumdeckel werden im Rheinland hergestellt, die Kunststoffbecher in Tschechien. Lastwagen fahren dafür mehr als 9000 km.

(nach: Engelhard, Karl (Hg.): Welt im Wandel Stuttgart 2007, S. 54)

M 11
Nur ein Yoghurt

4. Erläutern Sie die Ziele eines gerechten Handelns (**M 6** bis **M 8**).
5. Diskutieren Sie, ob Sie bereit sind, einen fairen Preis zu zahlen.
6. Im Internet können Sie Ihren ökologischen Fußabdruck berechnen (siehe Webcode).
7. Entwerfen Sie das Gegenmodell: Ernährung aus Ihrer Region (**M 11**).
8. Erläutern Sie die Methoden und Ziele der Ökobilanz, des ökologischen Fußabdrucks und des Rucksacks (**M 9**, **M 10**).

Webcode:
GO649174-369

3. Internationale Arbeitsteilung – Bekleidungsindustrie

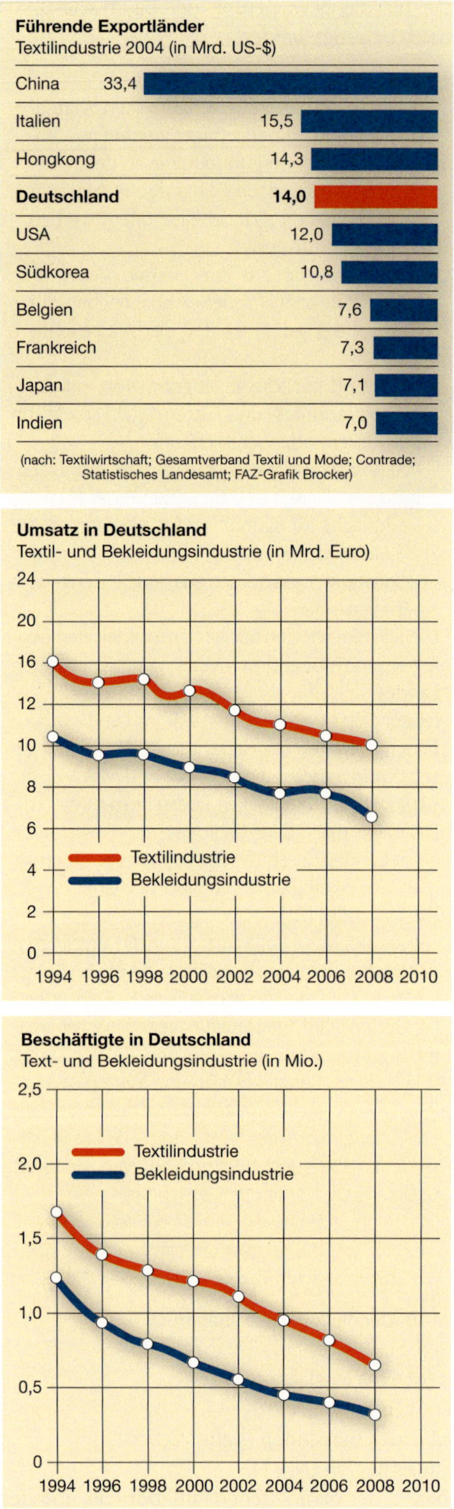

M 1 Eckdaten der deutschen Textil- und Bekleidungsindustrie

Die weltweite Textilindustrie hat durch die Globalisierung erhebliche Veränderungen erfahren. Ehemals bedeutende Produktionsländer wie Deutschland büßten Standortvorteile ein und mussten sich auf Marktnischen und Produktinnovationen wie technische Textilien konzentrieren. Andere Länder wie die VR China und Indien nahmen an Bedeutung zu. Sie profitieren von Textilprodukten, die sich in der Wachstumsphase befinden und mit den vorliegenden Standortbedingungen im Rahmen der internationalen Arbeitsteilung hier besser herstellen lassen. Die WTO-Entscheidung weltweite Importbeschränkungen, die jahrelang zum Schutz der eigenen Produktion verhängt wurden, nun aufzuheben, führt zu einer weiteren Veränderung der globalen Handelsströme mit Textilien.

Textilindustrie

Bekleidungsgegenstände sind arbeitsintensive Güter. […] Die Hochlohnländer mit ihren anspruchsvollen Käufern überlassen folglich die Produktion der austauschbaren „Stapelware“ den Entwicklungsländern, da sie mit deren niedrigen Löhnen nicht konkurrieren können und auch die Transportkosten gering sind. Sie besetzen aber den Teil des Marktes, in dem durch Einsatz von hochwertigen Dienstleistungen (Design, Materialveredelung, Markenpflege) hoch differenzierte und prestigebesetzte Ansprüche bedient werden und die Zahlungsbereitschaft der Käuferschaft groß ist. Da die Produkte aber relativ leicht imitiert werden können und der Urheberschutz bzw. dessen Kontrolle international trotz WTO immer noch zu wünschen übrig lässt, sind die Erzeuger immer wieder darauf angewiesen, neue Produkte mit frischem Prestigewert herauszubringen.
Der Wettbewerbsdruck wird durch Handelsliberalisierung verschärft: Es ist vorgesehen, den Textilsektor in die WTO-Disziplin „einzubinden“. […] In der laufenden WTO-Verhandlungsrunde (Doha-Runde) sollen außerdem die relativ hohen Zölle im Textilsektor deutlich reduziert werden. Beides zusammen (Quotenabbau und Zollsenkung) wird auf der einen Seite zu beträchtlichen Wohlfahrtsgewinnen in der Welt führen – die Rede ist von über 300 Milliarden US-Dollar pro Jahr –, aber auch in einzelnen Ländern und Regionen erhöhte Arbeitslosigkeit hervorrufen und eine Beschleunigung des Strukturwandels erzwingen. […]

(Quelle: www.bpb.de – Zugriff 14.04.2009)

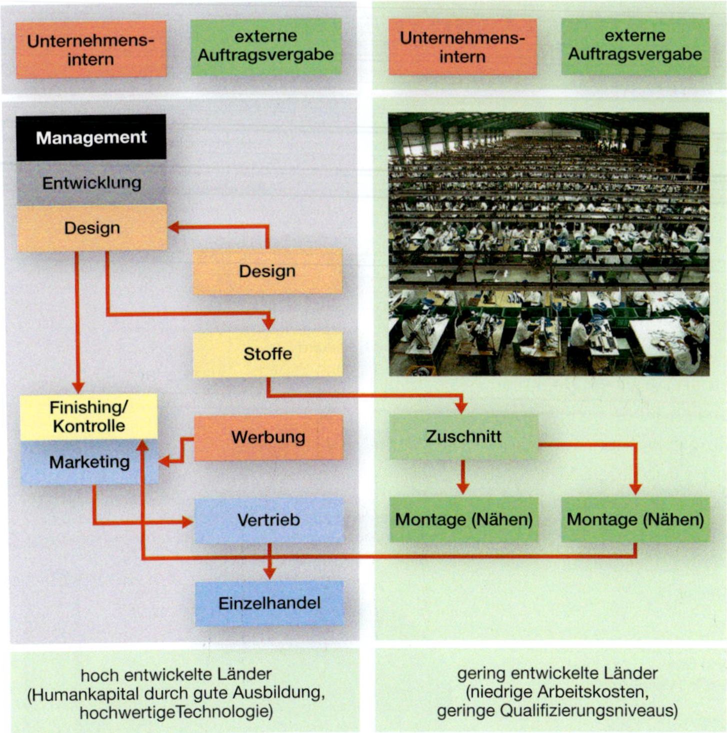

M2 Räumliche Organisation der Warenkette bei der Bekleidungsherstellung

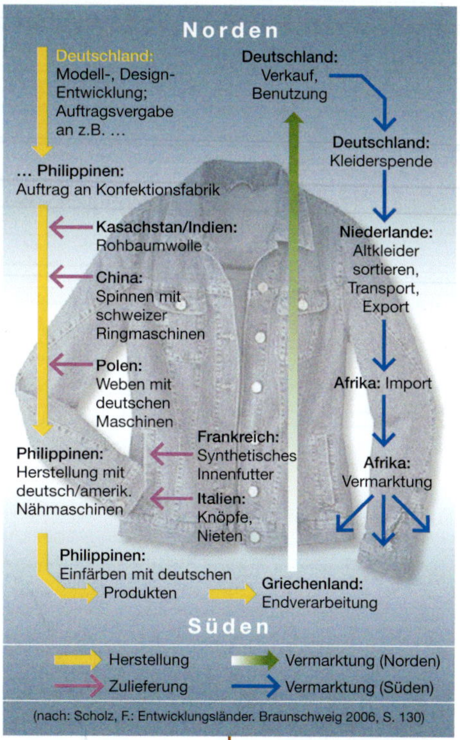

M4 Globalisierter Handel – globalisierte Produktion

Die Textilindustrie ist ökonomisch betrachtet einer der global wichtigsten Wirtschaftszweige im Bereich des produzierenden Gewerbes. Produktionstechnisch werden die Stufen der Spinnerei, der Weberei, der Wirkerei, der Strickerei und der Textilveredelung unterschieden. Fertigerzeugnisse der Textilindustrie werden der arbeitsorientierten Bekleidungsindustrie zugerechnet. Aufgrund des hohen internationalen Wettbewerbsdrucks weist die Bekleidungsindustrie eine differenzierte räumliche Organisation auf. Bekleidungsgüter gehören zu den typischen Beispielen für globalisierte Produkte.

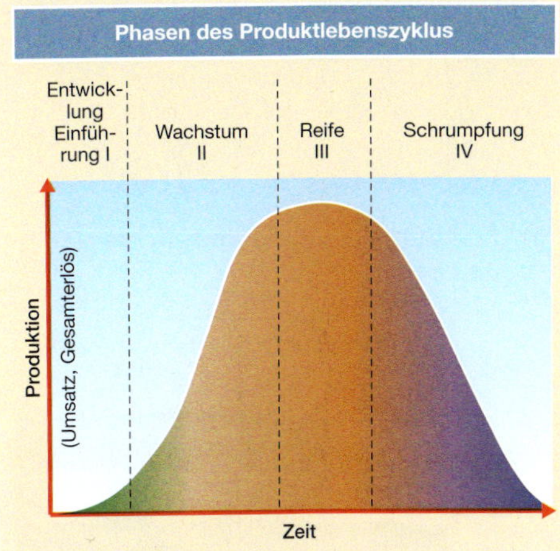

Bedeutung ausgewählter Standortfaktoren im Verlauf des Produktlebenszyklus

	Entwicklungs- und Einführungsphase	Wachstumsphase	Reifephase	Schrumpfungsphase
qualifizierte Arbeitskräfte	++	+	○	○
hochwertige Infrastruktur	++	+	○	○
Agglomerationsvorteile (Zulieferer, Dienste)	+	++	○	○
Marktnähe	+	++	+	○
billige Arbeitskräfte	○	○	++	++
niedrige Standortkosten (Betriebsgelände, Abgaben)	○	○	++	++

M3 Produktlebenszyklushypothese

1. Beschreiben Sie Entwicklungen in der Textilindustrie (M 1).
2. Erklären Sie die globale Organisation der Bekleidungsindustrie (M 2, M 4).
3. Nehmen Sie kritisch Stellung zur These: Die deutsche Textilindustrie hat im Kontext der Globalisierung keine Zukunft (M 1 bis M 4 sowie Internetrecherche).

Webcode: GO649174-371

4. Internationale Produktionssysteme

Multinationale Unternehmen

Auch wenn für **Multinationale Unternehmen** (Multis, Global Player) bislang keine einheitliche Definition existiert, ist unstrittig, dass es sich hierbei um Unternehmen handelt, die international meistens mit Tochterunternehmen, Büros oder Produktionseinrichtungen tätig sind. Zur Gründung von Tochterunternehmen im Ausland sind Direktinvestitionen erforderlich.

Aus diesem Grund kann man zwischen Direktinvestition und Multinationalen Unternehmen einen engen Zusammenhang erkennen. Die Zahl der Multis hat sich mit der Globalisierung deutlich erhöht. Nach Schätzung der Vereinten Nationen gibt es derzeit weltweit mehr als 70 000 derartige Unternehmen. Die Entwicklung verlief hierbei regional unterschiedlich.

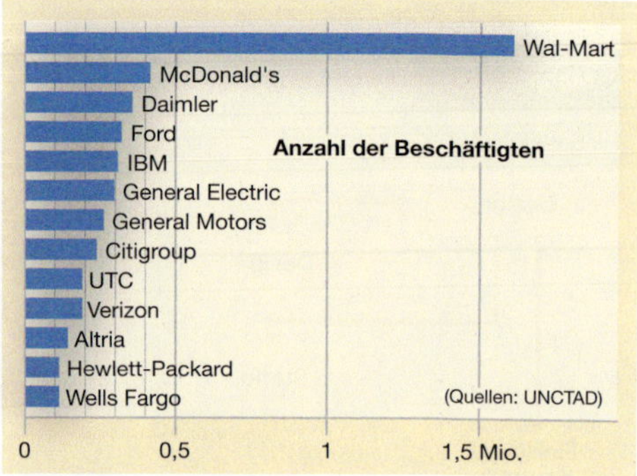

M 3 Multis als Arbeitgeber

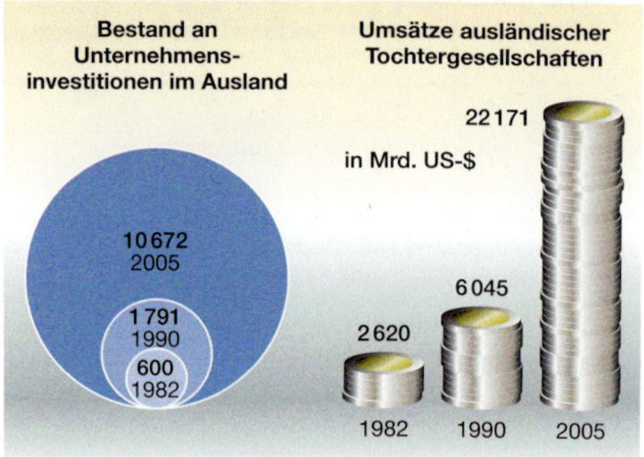

M 4 Auslandsaktivitäten der Multis

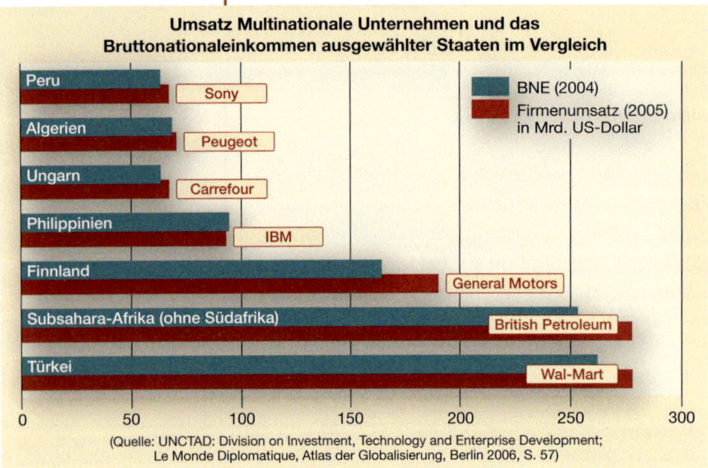

M 1 Konzerne und Staaten im Vergleich

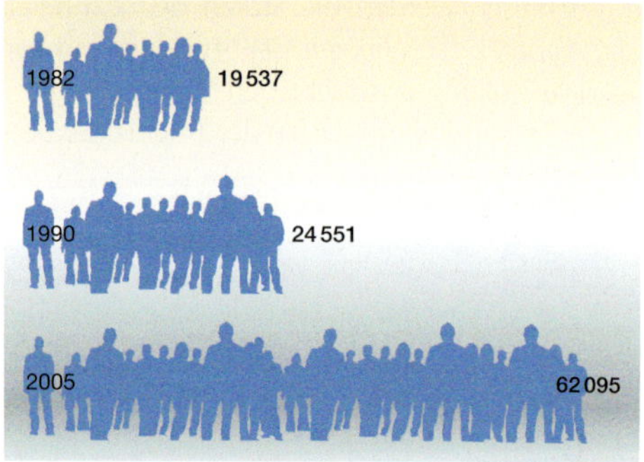

M 5 Beschäftigte in ausländischen Tochtergesellschaften

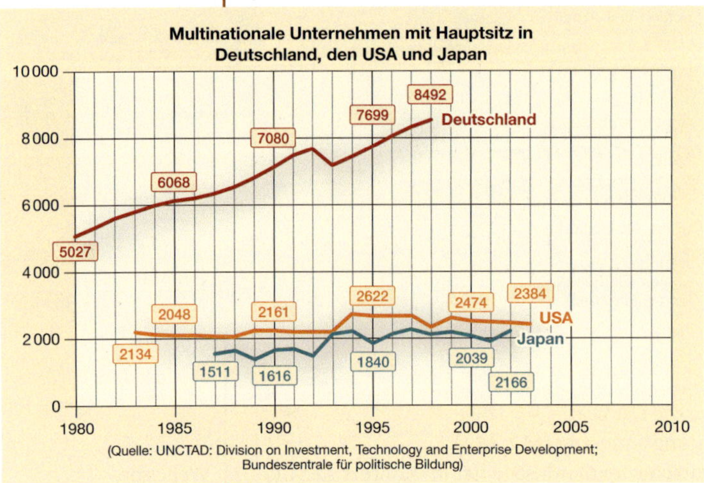

M 2 Anzahl multinationaler Unternehmen

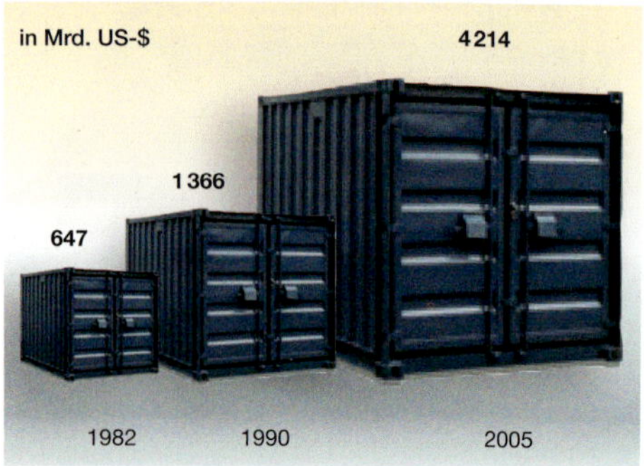

M 6 Exporte ausländischer Tochterunternehmen

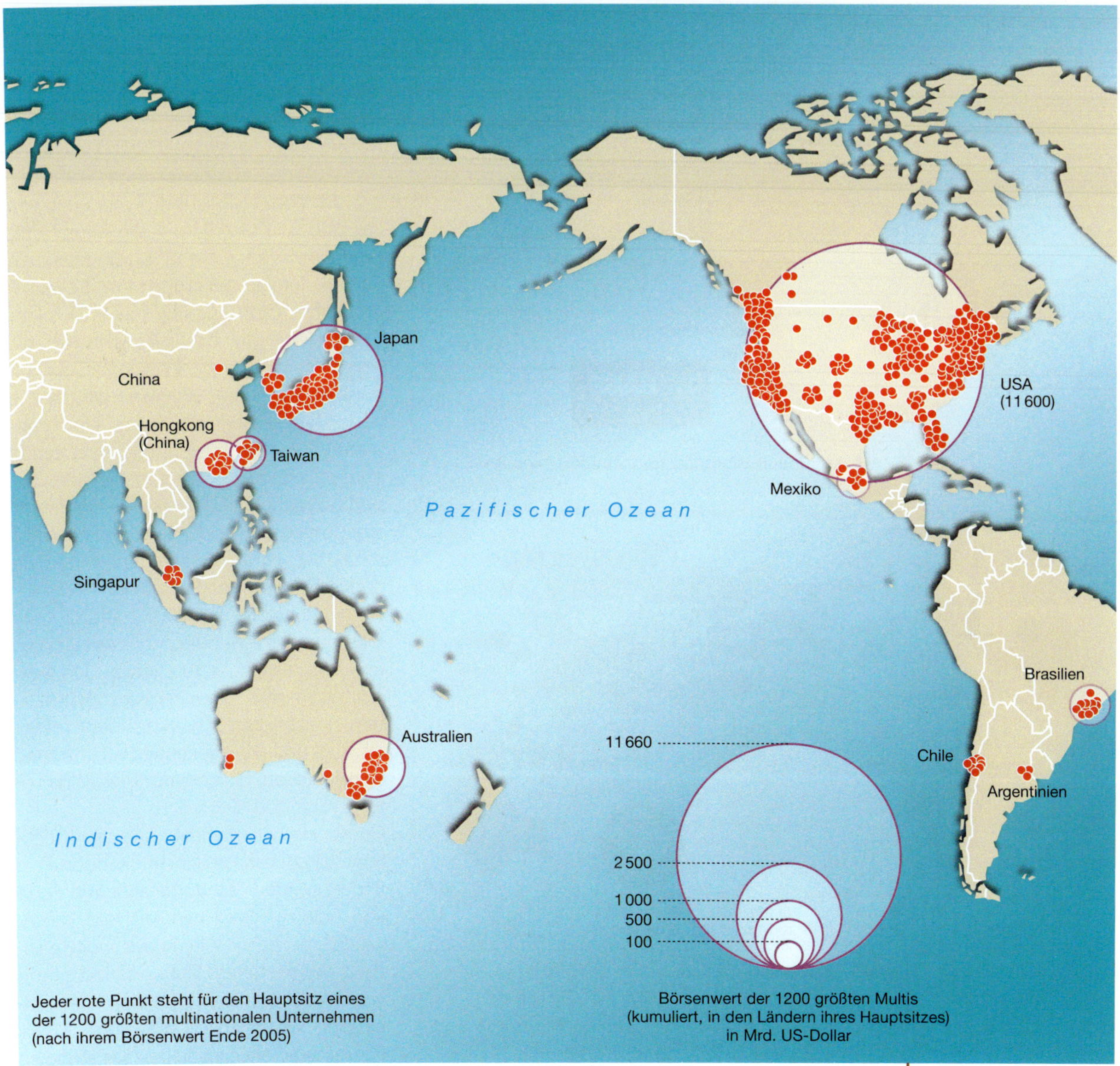

M 7 Weltkarte der Unternehmenssitze von Multis 2005

Kommen die neuen Multis aus Fernost?

Seit Jahren stehen an der Spitze dieser Liste immer die gleichen Namen: Exxon-Mobil, Wal-Mart, General Motors, Chevron, Ford, Conoco-Phillips, General Electric. Unter den Top Ten sind nur US-Konzerne. Insgesamt sind die Fortune 500 fest in westlicher Hand. Amerikaner und Europäer dominieren, dazu kommen einige Japaner und ein paar wenige Koreaner.

Doch wie lange noch werden die westlichen Konzerne so dominieren? Ihre Macht bröckelt. Die Konzerne aus den BRIC-Staaten sind im Anmarsch. Sie werden attackieren. „Eine Revolution in der globalen Geschäftswelt ist im Gange", konstatiert das Beratungsunternehmen The Boston Consulting Group (BCG) in seiner Studie „The New Global Challengers".

1. Kennzeichnen Sie Entwicklung und Bedeutung multinationaler Unternehmen (M 1 bis M 6).
2. Lokalisieren und erklären Sie die räumliche Verteilung der multinationalen Unternehmen (M 7 sowie Internetrecherche).
3. Überprüfen Sie, in wiefern sich die Unternehmenssitze multinationaler Konzerne „räumlich" verschoben haben, und berichten Sie darüber (M 1 bis M 7 sowie Internetrecherche).

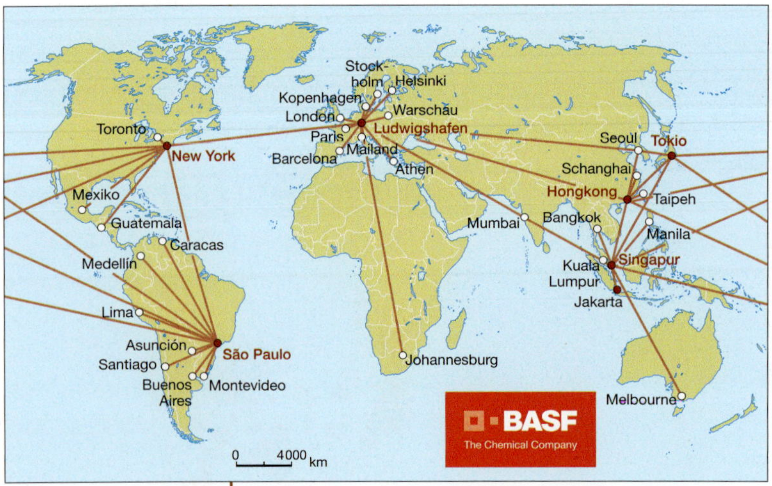

M8 Kommunikationsnetz und Standorte von BASF

M9 Starbucks – weltweit

Einheit	Funktion	Standort
Headquarter	strategische Entscheidungen	Zentren hoch entwickelter Länder (Global Cities)
Operational Headquarter	Koordination und Kontrolle von Teileinheiten in Groß-Regionen	Zentren von großräumiger Bedeutung
Forschung und Entwicklung	Weiterentwicklung von Produkten, Prozessen, Organisationen	Agglomerationen mit speziellen Standortvorteilen (z. B. Universitäten)
Endmontage	Endfertigung des Produkts	Agglomerationen mit guten Verkehrsverbindungen
Teilfertigung – humankapitalintensiv – sachkapitalintensiv – arbeitsintensiv	Produktion	 Zentren hoch entwickelter Länder höher entwickelter Länder Länder mit niedrigen Lohnkosten
Marketing	Werbung	Agglomerationen
Vertrieb	Verkauf	weltweit gestreut

M 10 Teileinheiten eines multinationalen Unternehmens

Bedingungen und Indikatoren

Der Erfolg eines gewinnorientierten Unternehmens wird anhand ökonomischer Indikatoren gemessen. Wichtige Messgrößen hierbei sind die Produktivität (Verhältnis von Ausbringungsmenge zu Einsatzmenge), die Wirtschaftlichkeit (Verhältnis von Leistung zu Kosten) und die Rentabilität (Verhältnis von Gewinn zu eingesetztem Kapital). Infolge des großen Wettbewerbsdrucks der Globalisierung fühlen sich Unternehmen immer häufiger gezwungen, die Standortwahl unter globalen Gesichtspunkten zu treffen. Allgemein gilt, dass je nach Tätigkeitsbereich eines Unternehmens unterschiedliche Standortfaktoren in unterschiedlicher Ausprägung relevant sind. Je mehr Standortfaktoren auf einen Standort vereinigt sind, desto geeigneter ist dieser für ein Unternehmen. Allgemein unterscheidet man beschaffungs- (Grundstücke, Rohstoffe, Energie …), absatz- (Absatzpotenzial, Agglomerationsvorteile, Liefermöglichkeiten …), fertigungs- (Umweltschutzauflagen, Erweiterungsmöglichkeiten …), abgaben- (Gewerbesteuerhebesätze …) und arbeitsorientierte (Lohn- und Gehaltsniveau, Qualifikation der Mitarbeiter …) Standortfaktoren.
Um für ein Unternehmen und seine Tochtergesellschaften geeignete Standorte zu finden, werden Standortanalysen in Form von Stärken-Schwächen-Analysen durchgeführt, bei denen Alternativstandorte anhand der relevanten Standortfaktoren mit verschiedenen Gewichtungsfaktoren miteinander verglichen werden.
Räumlich gesehen entstehen aus all diesen Überlegungen unterschiedliche Standortmuster, die – im Idealfall – in der Summe für alle Teileinheiten des Unternehmens zu einem optimalen Unternehmenserfolg führen. Ändern sich die Standortbedingungen z. B. durch veränderte Gesetzgebungen oder Lohnentwicklungen, werden die Standorte neu analysiert und möglicherweise verlagert. Im Rahmen der Globalisierung haben sich die Standortfaktoren international agierender Unternehmen in den letzten Jahren mehrfach verändert. Während früher vor allem Nordamerika, Europa und Japan Standortschwerpunkte multinationaler Unternehmen waren, folgten mit der Globalisierung Asien (Schwerpunkt: VR China und Indien) und Osteuropa (Schwerpunkt: Transformationsländer).

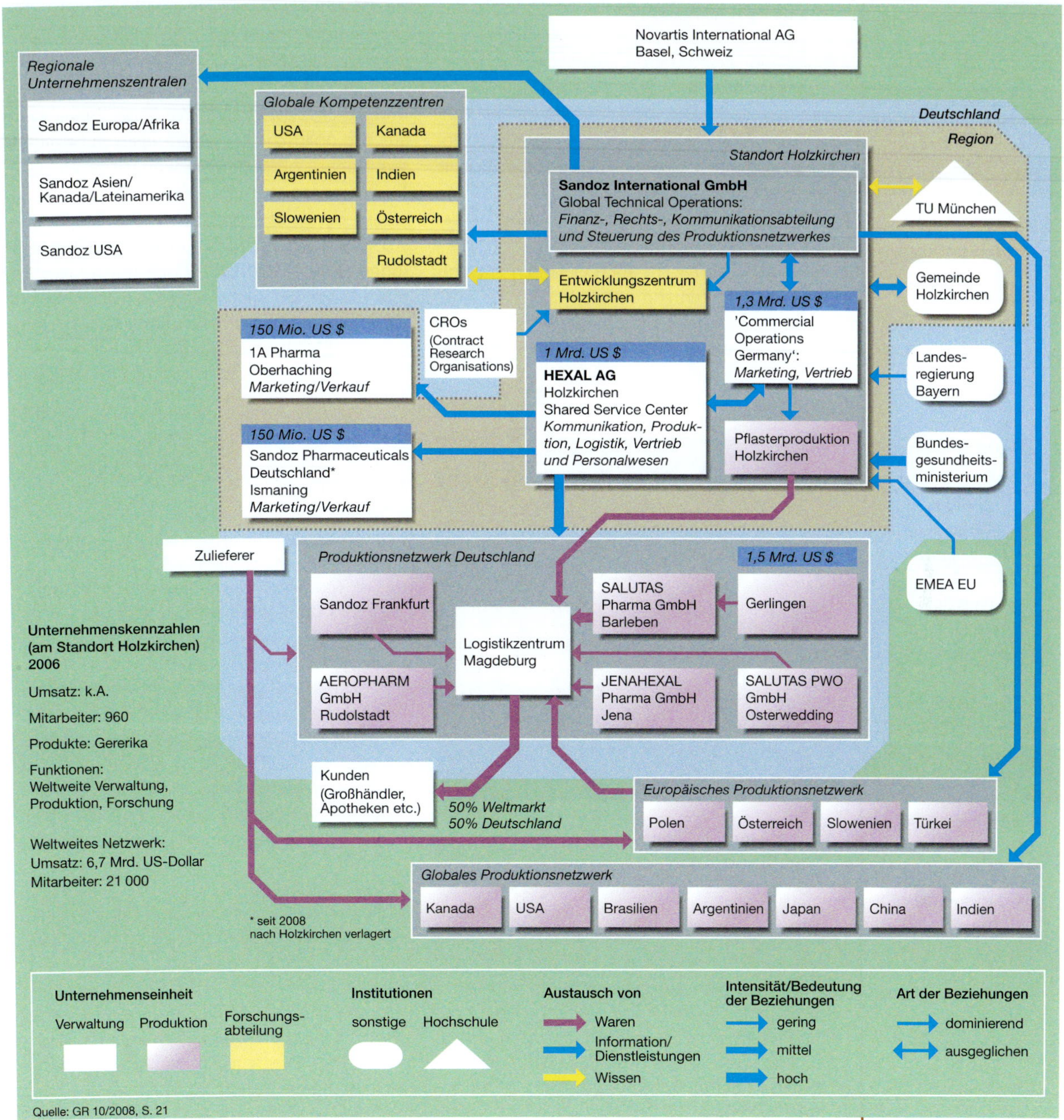

M 11 Unternehmensnetzwerk der Sandoz International GmbH

> Sandoz ist in mehr als 130 Ländern vertreten […] Europa, Afrika, Asien, Australien, Nord- und Süd-Amerika – in den letzten Jahren wurde die ganze Welt zu unserem Zuhause. Wir haben acht Entwicklungszentren und eine Reihe bedeutender Produktionsstätten an rund 40 Standorten. Die größten Produktionsländer sind Deutschland, Österreich und die USA. […] (Quelle: www.sandoz.de)

M 12 Sandoz über Sandoz

4. Erläutern Sie Bedingungen und Indikatoren für unternehmerischen Erfolg.

5. Beschreiben Sie die räumliche Verteilung der Teileinheiten der Multis BASF und Starbucks (**M 8** bis **M 10**).

6. Analysieren Sie das Unternehmensnetzwerk der Sandoz International GmbH. Stellen Sie hierbei Zusammenhänge zu Ihren Arbeitsergebnissen von Aufgabe 4 her (**M 11**, **M 12**).

Das Beispiel Monsanto

Multinationale Konzerne haben die Globalisierung entscheidend vorangetrieben. Nur durch die internationalen Unternehmensverflechtungen konnten neue Absatzmärkte erschlossen, Infrastruktureinrichtungen errichtet, die globale Güterversorgung verbessert und der weltweite Wohlstand erhöht werden. Dennoch sind aus der Größe und der hieraus resultierenden finanziellen und politischen Macht auch Gefahren entstanden. So sind Unternehmen wie Microsoft, General Motors oder Monsanto mittlerweile so mächtig geworden, dass sie nationale Regierungen unter Druck setzen können, im Konfliktfall unternehmerische Interessen über ökologische oder gesamtgesellschaftliche Erfordernisse zu stellen. So reicht schon die Drohung, Unternehmensteile und Arbeitsplätze in andere Länder zu verlagern aus, um politische Entscheidungen zu beeinflussen. Nahezu ohne Beschränkungen produzieren Multis in den mehrere Hundert Freihandelszonen, in denen es kaum soziale, ökologische und arbeitsrechtliche Bestimmungen gibt. Globalisierungskritiker fordern die Konzernleitungen immer wieder auf, mehr soziale und ökologische Verantwortung zu übernehmen, die OECD hat Leitsätze für Multis formuliert.

Monsanto

Feld mit genmanipulierter Roundup-Ready-Soja. Aufgenommen in Jacksonville/USA

a) Innovative Produkte im Dienste der Landwirtschaft

Monsanto ist ein international tätiges Unternehmen für Agrarprodukte mit Firmensitz in St. Louis im US-Bundesstaat Missouri. Das Unternehmen ist einer der Weltmarktführer in der Entwicklung und Herstellung von umweltverträglichen Pflanzenschutzmitteln und mithilfe moderner Biotechnologie verbesserten Saatguts. Ziel von Monsanto ist es, unter gleichzeitiger Schonung natürlicher Ressourcen, die Erträge und die Qualität der Agrarproduktion deutlich zu verbessern. Von Monsanto entwickelte Produkte werden somit eine wichtige Rolle bei der Bewältigung von globalen Herausforderungen in Bereichen wie Ernährung, nachwachsende Rohstoffe, Energie, Gesundheit und Umwelt spielen. Monsantos Kernkompetenzen liegen dabei im Bereich der Kulturpflanzen Mais, Sojabohne, Raps und Baumwolle.

Im Jahr 1901 gegründet blickt Monsanto auf eine inzwischen über einhundertjährige Firmengeschichte zurück. In dieser Zeit hat sich das Unternehmen vom Chemiehersteller zum Spezialisten für Agrarprodukte entwickelt. Als selbständiger, börsennotierter Agrarkonzern beschäftigt Monsanto weltweit 17 000 Mitarbeiter in über 100 Ländern. Der Umsatz lag im Jahr 2005 bei 6,3 Milliarden US-Dollar. Um Landwirten heute und in Zukunft stetig verbesserte Produktionsmittel, wie hochertragreiche Sorten und effektive, ökologisch verträgliche Pflanzenschutzmittel, zur Verfügung stellen zu können, ist Monsanto einer intensiven Forschungs- und Entwicklungsarbeit verpflichtet. Allein im Jahr 2005 wurden 588 Millionen US-Dollar für Forschung und Entwicklung ausgegeben. Ein besonderer Stellenwert kommt dabei den Monsanto-Forschungszentren zu. Durch diese Einrichtungen wird die Möglichkeit geschaffen, spezifischen regionalen Anforderungen aus Landwirtschaft und Forschung gerecht zu werden und so alle Möglichkeiten auszuschöpfen, die zu einer qualitativ hochwertigen, produktiven, innovativen und nachhaltigen Landwirtschaft beitragen.

In der Pflanzenzüchtung nutzt Monsanto konsequent und mit großem Erfolg bio-technologische Methoden, um zu nachhaltigen Lösungen für den weltweit wachsenden Bedarf in den Bereichen Landwirtschaft und Ernährung beizutragen. Entsprechendes Sortenmaterial, dem in einem ersten Schritt neue Eigenschaften wie Herbizidtoleranz und/oder Insektenschutz verliehen wurden, trägt zu erheblicher Produktivitätssteigerung bei gleichzeitig nachhaltiger Entlastung der Umwelt bei. [...]

Um die Entwicklung einer nachhaltigen und umweltschonenden Landwirtschaft weiter zu fördern, engagiert sich Monsanto für den Aufbau und die Pflege einer aktiven und innovativen Partnerschaft mit Landwirten, Forschungseinrichtungen, den beteiligten Nahrungsmittelherstellern und den Verbrauchern. Besonderes Anliegen ist es dabei vor allem, mit allen beteiligten und interessierten Kreisen in einen vertieften Dialog über die Chancen und Risiken der Biotechnologie zu treten.

(Quelle:www.monsanto.de – Zugriff 16.04.2009)

M13 Multinationale Konzerne: Beispiel Monsanto

b) Monsantos Machtstrategien – Ein Gentechnik-Gigant kontrolliert die Landwirtschaft

Der Monsanto-Konzern blickt auf eine lange Skandalchronik zurück, von Agent Orange über PCB bis zum Dioxin. Derzeit stammen 90 Prozent aller weltweit angebauten Gen-Pflanzen von Monsanto. Das global agierende Unternehmen verfolgt ein atemberaubendes Ziel: Es will die globale Landwirtschaft vollständig unter seine Kontrolle bringen. Dabei greifen Monsantos Strategien wie Zahnräder ineinander: Einflussnahme auf Politik und Wissenschaft, Aufkauf konkurrierender Unternehmen, aggressiver Erwerb von Patenten, Kontrolle von Landwirten und Inkaufnahme der Kontamination großer Gebiete mit Gen-Pflanzen. Mit diesen Taktiken drängt Monsanto auch auf den deutschen Markt.

Um das weltweite Saatgut-Monopol zu erlangen, versucht Monsanto, auf vielen Ebenen Einfluss zu nehmen: Der Konzern ist Mitglied zahlreicher Lobbygruppen und Strategie-Allianzen weltweit, um auf politische Entscheidungen Einfluss zu nehmen. [...] Darüber hinaus setzt Monsanto eine geschickte Kombination von Strategien ein, die wie Zahnräder ineinander greifen.

Strategie 1: Kaufen
Seit 1999 kaufte Monsanto für mehr als 13 Milliarden Dollar überall auf der Welt Saatgutfirmen. Im Januar 2005 erwarb Monsanto den Konkurrenten Seminis für 1,4 Milliarden Dollar. Monsanto ist jetzt mit mehr als vier Milliarden Euro Umsatz nach DuPont weltweit der zweitgrößte Saatgutanbieter und der größte Anbieter von Gentech-Saatgut.

- Patentieren:
  In den 1980er- und den frühen 1990er-Jahren erwarb Monsanto in den USA bedeutende Patente auf gentechnische Methoden und auf Gene. Monsanto verdient vor allem an zwei Schlüsseltechnologien:
- Bt-Technologie:
  Das Bt-Toxin ist ein Insekten-Gift, das normalerweise von dem Bakterium Bacillus thuringiensis (Bt) produziert wird. Monsanto besitzt Patentrechte auf Nutzpflanzen, in die Bt-Toxin-Gen eingeführt wurde. Sie sollen damit gegen Schädlinge geschützt sein.
- Roundup-Ready-Technologie:
  Roundup ist ein Breitbandherbizid aus der Produktion Monsantos (aktiver Bestandteil: Glyphosat). Monsanto besitzt Patentrechte auf Nutzpflanzen, die per Gentechnik gegen Roundup resistent gemacht wurden („Roundup Ready"-Nutzpflanzen). [...]

Strategie 3: Kontrollieren
Monsanto festigt seine marktbeherrschende Position durch die Verträge, die es mit den Käufern seines Saatguts abschließt. Diese Verträge

- verbieten Landwirten, die eigene Ernte als Saatgut zu verwenden, wie es Bauern seit tausenden von Jahren tun
- schreiben Landwirten vor, ihre Chemikalien bei Monsanto zu erwerben
- [...]

In neueren Verträgen Monsantos ist außerdem eine Klausel enthalten, die es dem Landwirt untersagt, Monsanto zu verklagen, sollte das Gentech-Saatgut im Anbau versagen. [...]

Strategie 4: Kontaminieren
Eine [...] Kontamination fand und findet in dramatischen Ausmaßen statt. In Nordamerika ist heute mehr als die Hälfte allen konventionellen Mais- und Soja-Saatguts und fast das gesamte Raps-Saatgut mit Monsantos patentierten Genen kontaminiert. [...]

Greenpeacer – als Landwirte verkleidet – protestieren vor dem Europäischen Patentamt gegen die Knebelung der Bauern durch Monsanto-Patente.

(Quelle: www.greenpeace.de/fileadmin/gpd/user_upload/themen/gentechnik/greenpeace_monsantos_machtstrategien.pdf – Zugriff 16.04. 2009)

7. Stellen Sie eine Liste positiver und kritischer Stimmen über die Arbeit von Multis zusammen (Recherche).
8. Stellen Sie das Unternehmen Monsanto anhand eines „Unternehmenssteckbriefs" vor (Internetrecherche).
9. Fassen Sie die Kernaussagen der Selbstdarstellung des Unternehmens Monsanto zusammen und stellen Sie diese Aussagen den Ausführungen der Umweltschutzorganisation Greenpeace gegenüber (**M 13**).
10. Nehmen Sie kritische Stellung zu den internationalen Aktivitäten des Unternehmens Monsanto (**M 13** bis **M16** sowie Internetrecherche).

Die Skandalchronik des Chemie- und Gentechnikgiganten Monsantos ist atemberaubend und lang. Das Unternehmen ließ Studien frisieren und leugnete Gefahren, zum Beispiel von PCB (polychlorierten Biphenylen), Dioxin, Agent Orange und rBST (Rinderwachstumshormon zur Steigerung der Milchleistung).
In Indonesien wurde Monsanto […] wegen Bestechung eines Regierungsbeamten verurteilt. In Indien kam Greenpeace einem Betrugsskandal in einem Zulassungsantrag für Gen-Baumwolle auf die Spur – die Erträge waren frisiert. Zwischen 1990 und 2001 hat Monsanto in den USA Gen-Pflanzen 44-mal illegal freigesetzt. Monsantos Gentechik-Produkte versagen überdies immer wieder: In den USA haben schon hunderte von Farmern Monsanto verklagt, weil Bt-Baumwollernten desaströs ausfielen und die Landwirte massive Finanzeinbußen hinnehmen mussten. In Indonesien führte eine Dürre im ersten Pflanzjahr zu einer explosionsartigen Vermehrung der Schädlingspopulation auf der Gen-Baumwolle, nicht jedoch auf anderen Baumwollsorten. In mehrjährigen Studien an US-Universitäten konnte nachgewiesen werden, dass die Erträge von genetisch manipuliertem Soja im Vergleich zu konventionellen Sorten niedriger sind. Monsanto behauptet, der Einsatz von Roundup-Ready-Pflanzen würde den Verbrauch des Herbizids verringern. Der US-Agrarwissenschaftler C. Benbrook konnte jedoch nachweisen, dass sich im Anbaujahr 2003/04 der Gesamtverbrauch an Roundup Ready auf argentinischen Gen-Sojafeldern ver-56-facht hat. Die Gesamtmenge an Pestiziden, die für gentechnisch veränderten Mais, Soja und Baumwolle verwendet wurden, stieg in den USA zwischen 1996 und 2004 um 122,4 Mio. Pfund. 1999 fanden US-Forscher heraus, dass die Stängel von Roundup Ready-Sojabohnen aufplatzen, wenn der Boden im Sommer 40 bis 50 °C heiß wird. Nur in Böden, die sich nur auf 25 °C erwärmen, wachsen die gentechnisch veränderten Pflanzen so gut wie die konventionellen.

(Quelle: Greenpeace-Online 2005)

M 14 Skandalchronik Monsantos

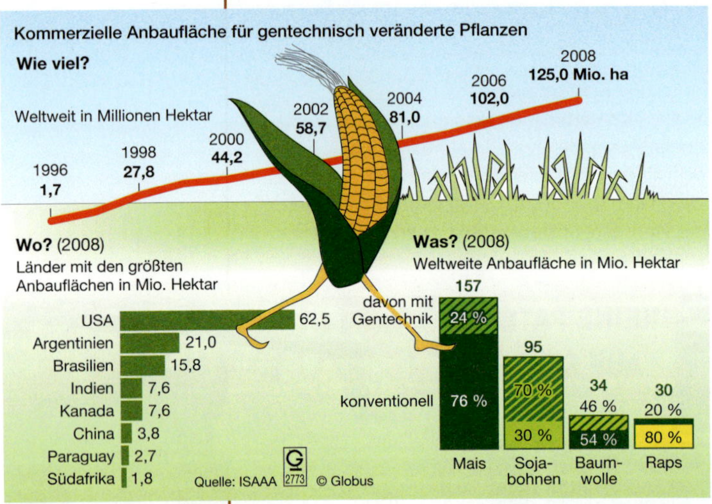

M 15 Grüne Gentechnik auf dem Vormarsch

Für und Wider Gentechnik

Schon immer hat der Mensch versucht, Pflanzen durch eine bewusste Auswahl zu Kulturpflanzen zu züchten.

Während die Züchtungsmethoden früher sehr zeitaufwändig waren, ist es einigen Unternehmen heute möglich, mithilfe gentechnischer Methoden in Pflanzen die gewünschten Eigenschaften wie die Resistenz gegen Herbizide oder Schädlinge zu integrieren. Die sogenannte „Grüne Gentechnik" steht jedoch aufgrund offener Fragen wie der ungeklärten Folge des Langzeitkonsums oder der Frage nach dem geistigen Eigentum an Genen in der Kritik.

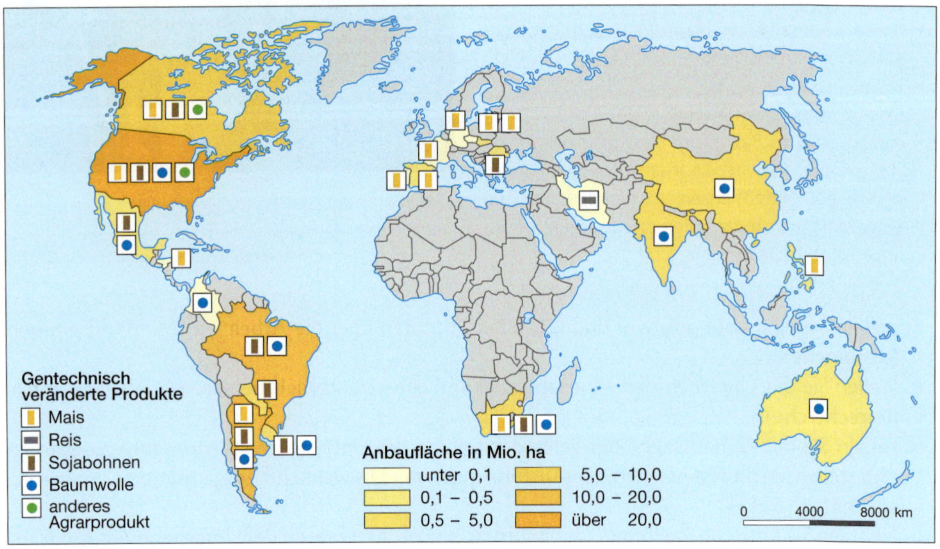

M 16 Weltweiter Anbau gentechnisch veränderten Saatgutes

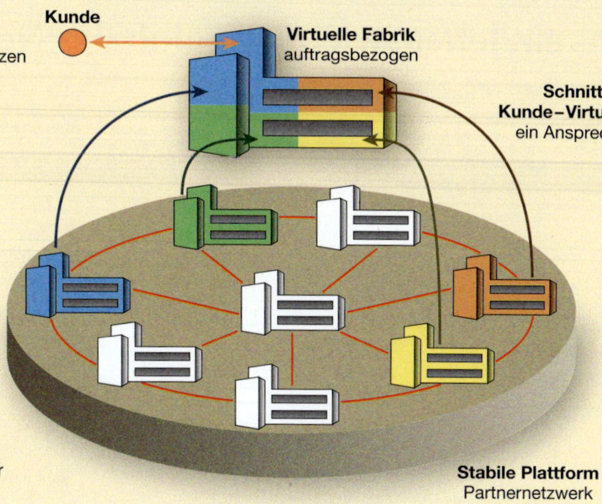

M 17 Netzwerk Virtuelle Fabrik

Im Rahmen der Globalisierung haben sich die Produktzyklen verkürzt. So folgen Modellwechsel bei Handys alle sechs Monate (früher einige Jahre), bei Automobilen alle 3–4 Jahre (früher sieben Jahre). Hintergründe dieser Entwicklung sind die verbesserten technischen Fertigungsmethoden, die neuen Möglichkeiten der Telekommunikation sowie der Wunsch vieler Kunden nach individualisierten Produkten. Kürzere Produktlebenszyklen bedeuten aus Unternehmersicht jedoch zugleich einen Zwang zu schnelleren Neuentwicklungen und aggressiveren Marktstrategien, um am Markt zu bestehen.

Immer häufiger muss hierbei aber erkannt werden, dass ein Unternehmen alleine aus Gründen fehlender Ressourcen oder Finanzmittel diese Aufgabe nicht in gewünschter Form erfüllen kann. Aus diesem Grunde sind in den letzten Jahren neue Instrumente entwickelt worden, die die immer komplexeren und kurzlebigeren Produktionsprozesse beherrschbar machen. Eines dieser Instrumente ist die Virtuelle oder Digitale Fabrik. Hierbei werden Produktionsprozesse mit ihren Materialflüssen und Fertigungsabläufen zunächst simuliert und dann umgesetzt.

Den Kern der virtuellen Fabrik bildet die so genannte Prozess-/Planungsdatenbank, die allen Beteiligten einen schnellen Zugriff auf aktuelle Daten ermöglicht. Die Nutzung einer gemeinsamen Datenbank setzt voraus, dass bestimmte Spielregeln der Kooperation auf der Basis gegenseitigen Vertrauens zwischen den Unternehmen verabredet werden, die als gemeinsame Handlungsplattform dienen. [...]
Eine virtuelle Fabrik bietet vielfältige Vorteile für die Unternehmen und ihre Kunden: Produktionskapazitäten können besser ausgelastet werden, bei Lieferengpässen kann auf Kapazitäten von anderen Unternehmen aus dem Netzwerk zurückgegriffen werden und es besteht ein kontinuierlicher Lernprozess im Wissenstransfer zwischen den Beteiligten. Der Kunde profitiert vor allem durch Zeitgewinn und hochwertige Leistung durch die Kombination von Kernkompetenzen innerhalb der virtuellen Fabrik. Die virtuelle Fabrik kann somit eine wichtige Rolle dabei spielen, den Standort Deutschland zu sichern.

(Quelle: Bauer, Jürgen u.a.: Wirtschaftsgeographie. Schroedel. Braunschweig 2004, S. 111)

M 18 Kern der Virtuellen Fabrik

11. Erläutern Sie Auswirkungen der Globalisierung auf den Produktlebenszyklus bei der Gütererstellung.

12. Definieren Sie den Begriff „Virtuelle Fabrik" und beschreiben Sie den Aufbau und die Zusammenhänge in einer Virtuellen Fabrik (**M 17** und **M 18**).

13. Erörtern Sie mögliche Vor- und Nachteile eine Virtuellen Fabrik und erläutern Sie hierbei mögliche Auswirkungen auf die Tätigkeit von Multis.

Webcode:
GO649174-379

5. Das Internet – ein lebenswichtiges globales Netzwerk

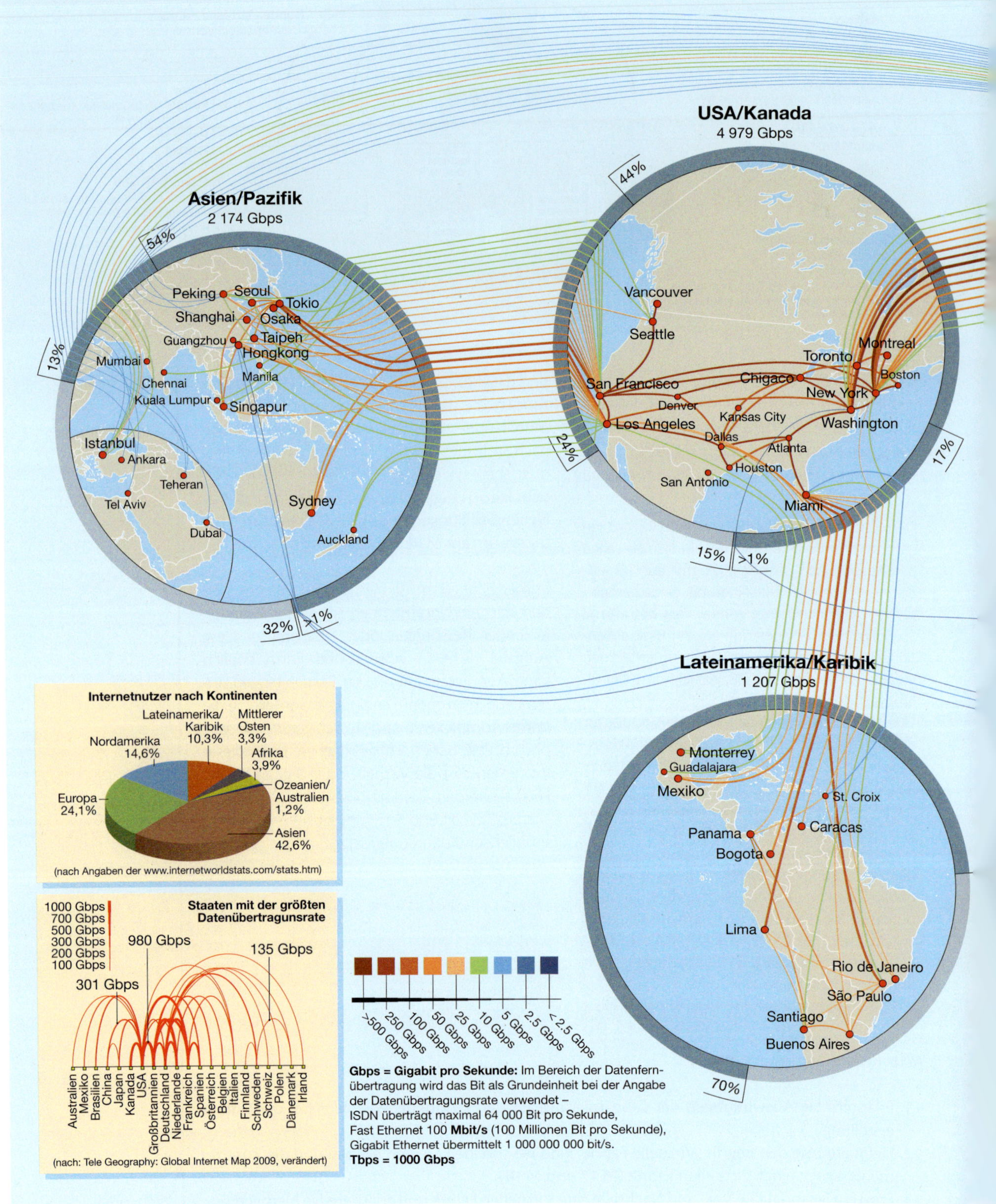

M1 Weltkarte des Internet

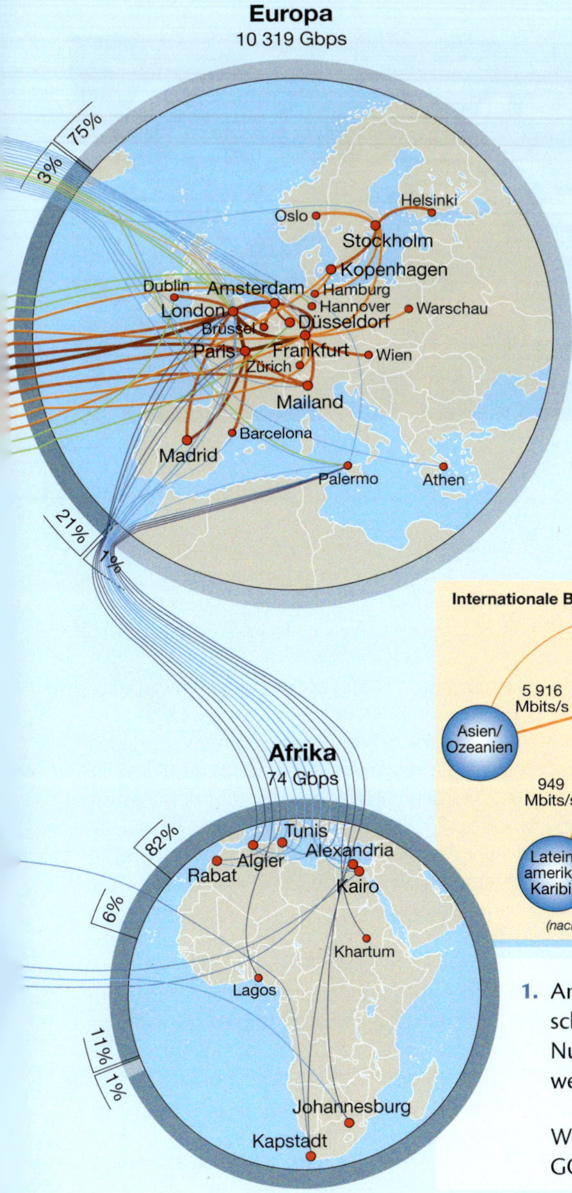

Internetnutzer nach dem Geschlecht 2008

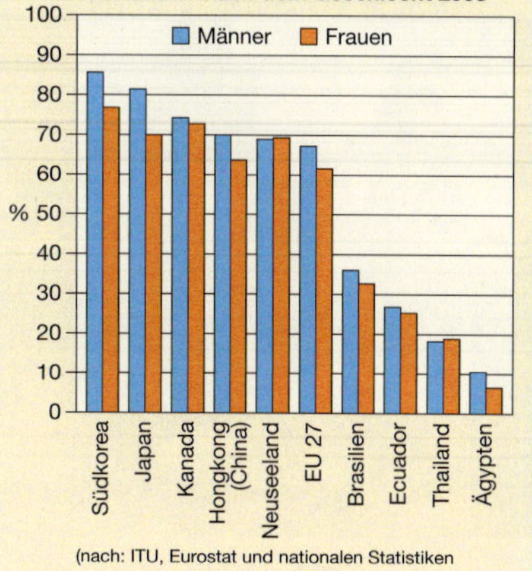

(nach: ITU, Eurostat und nationalen Statistiken zusammengestellt)

Internetnutzer nach Kontinenten
in % der Gesamtbevölkerung

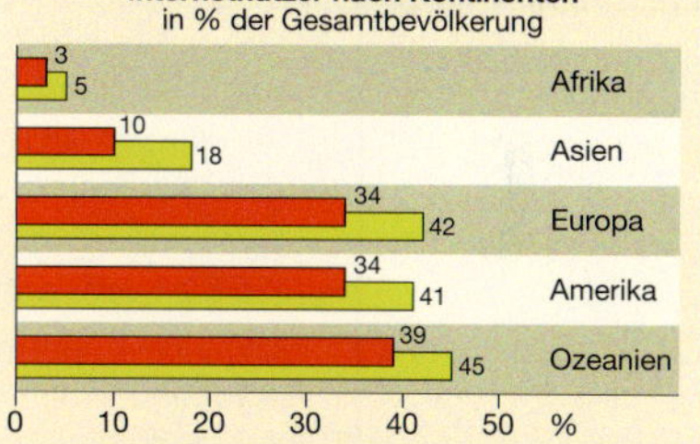

(nach: ITU World Telecommunication/ICT Indicators Database)

Internationale Breitbandinternet-Kapazität 1999

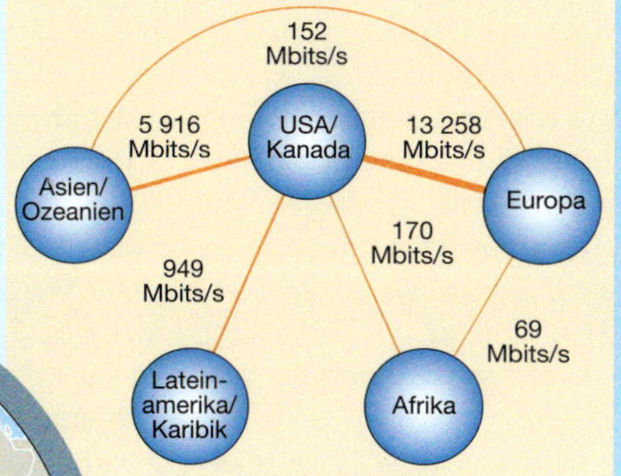

(nach: TeleGeography, 2000)

Breitbandinternetnutzer nach Kontinenten
in Mio. 2007

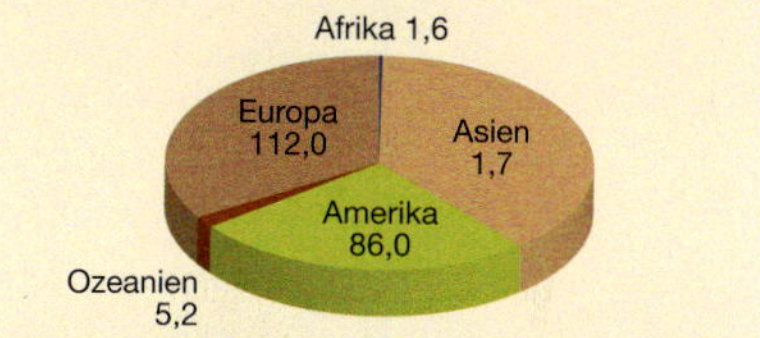

(nach: ITU World Telecommunication/ICT Indicators Database)

1. Analysieren Sie die technische Verfügbarkeit und die Nutzung des globalen Netzwerks „Internet".

Webcode: GO649174-381

Die 20 meistbesuchten Internetseiten der Welt
Besucher November 2009 (in Mio.)

Google	889,5
Microsoft	730,3
Yahoo!	601,5
Facebook	438,1
Wikimedia	346,8
AOL LLC	256,4
eBay	246,7
Amazon	223,9
Ask Network	206,2
CBS Interactive	200,6
Apple Inc.	192,6
Fox/MySpace	156,3
WordPress	154,5
Baidu.com Inc.	152,4
Tencent Inc.	152,3
Mozilla	147,9
Adobe	140,1
Glam Media	136,2
Alibaba.com	110,2
Net Shelter	108,2

(nach: www.comscore.com, 2009)

Internationales Breitbandinternet 2005 – 2009

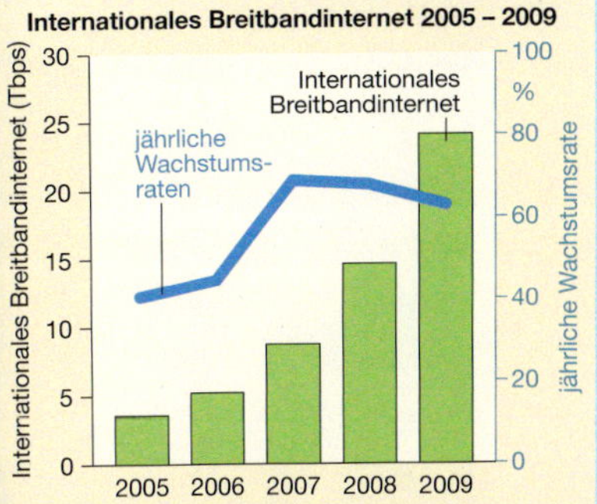

(nach: TeleGeography Research, 2010)

Internationale Breitbandinternet-Kapazität 2007

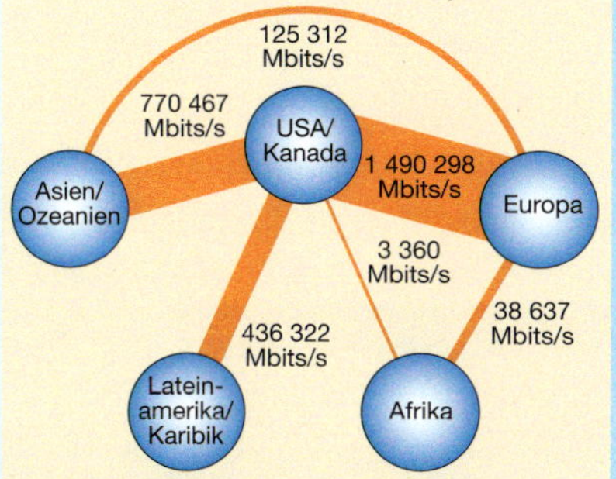

(nach: TeleGeography Research, 2008)

6. Global Cities

M1 Londoner Bankenviertel und Londoner Börse (Innenaufnahme)

London

„Fast das gesamte 20. Jahrhundert hindurch wurden die globalen Handels- und Finanzströme von den drei Zentren London, New York und Paris aus gesteuert. Erst gegen Ende der 1990er-Jahre hat Tokio Paris vom dritten Platz verdrängt. […]
Erstaunlich ist die Persistenz der Vormachtstellung von London: Nirgendwo auf der Erde gibt es mehr Auslandsbanken, London ist der größte Aktienmarkt der Welt, nirgendwo auf der Welt werden so viele Kreditgeschäfte auf Dollarbasis abgewickelt. Nach Heineberg (1997) sind es vor allem fünf Gründe, die für die Vorrangstellung von London entscheidend sind:

1. Kein anderer Finanzplatz hat eine so lange Tradition und Erfahrung wie London. In London gibt es eine Vielzahl hoch qualifizierter Banken- und Börsenspezialisten.
2. Auch nach dem Ende des Kolonialzeitalters bestehen zwischen London und den ehemaligen Kolonien in Afrika und Asien noch gute Beziehungen hinsichtlich des Geld- und Kapitalmarkts.
3. London gilt im Gegensatz zu anderen Zentren als liberaler Bank- und Finanzplatz.
4. Durch die Konzentration von vielen transnationalen Unternehmen, Behörden und Organisationen besitzt London Agglomerationsvorteile – viele Geschäfte und Kontakte sind direkt vor Ort abzuwickeln.
5. London liegt verkehrsmäßig sehr günstig zwischen den großen Wirtschaftszentren Asien und Nordamerikas."

(nach: Cornelsen Aktuelle Landkarte 6/2002)

Nach Kynaston (2001) ist London gegenwärtig sogar eher ein internationales Finanzzentrum als New York und Tokio, weil es im Gegensatz zu diesen weniger die heimische Wirtschaft bedient. Im Jahr 2000 wurden 58 Prozent des globalen Aktienmarktes, 70 Prozent des Eurobond-Marktes, 32 Prozent des internationalen Börsenhandels und 19 Prozent der internationalen Bankanleihen über London abgewickelt.
In den letzten 15 Jahren hat sich London zum führenden Finanz- und Handelszentrum, gerade auch für Firmen aus Übersee, entwickelt. Die Zentralisierung der Leitungs-, Planungs- und Koordinierungsfunktionen von nationaler und internationaler Bedeutung begünstigte Beschäftigte in den Finanz- und Wirtschaftsdiensten, hoch qualifizierte, junge Akademiker und Spezialisten.

(nach: Wehling 2007, S. 123)

M2 Finanzzentrum London

1900	1930	1960	1980	2000
1. London	1. London	1. London	1. London	1. London
2. New York	2. New York	2. New York	2. New York	2. New York
3. Paris	3.Paris	3. Paris	3. Paris	3. Tokio

M3 Die wichtigsten Finanzzentren der Welt

Stadt	Einwohner	Unternehmen
New York	17,1 Mio.	59
London	11,1 Mio.	37
Tokio	26,2 Mio.	34
Paris	9,7 Mio.	26
Chicago	7,9 Mio.	18
Osaka	15,9 Mio.	15
Sao Paulo	12,7 Mio.	0
Kolkata	11,1 Mio.	0
Delhi	6,9 Mio.	0

M4 Standorte transnationaler Unternehmen (Auswahl)

London wurde im frühen 18. Jahrhundert zum Zentrum des britischen Weltreichs und aufgrund dessen Ausdehnung und Bedeutung zu einer der führenden Städte in der Welt. Waren und Finanzen dieses Weltreichs wurden in London umgeschlagen bzw. von London kontrolliert (vgl. auch S. 314). Bis in die heutige Zeit hat London seine Bedeutung als wichtige Metropole in der Welt bewahren bzw. ausbauen können. Zwar hat Großbritannien heute keine Kolonien mehr, aber die Beziehungen Londons zu den ehemaligen Kolonien, vereint im Commonwealth, sind nach wie vor relativ eng. So ist es kein Wunder, dass London auch heute noch ein führender Banken- und Finanzplatz in der Welt ist. Diese Funktion nutzen auch transnationale Konzerne, die von den Fühlungsvorteilen Londons profitieren. 130 der größten Konzerne und Unternehmen der Welt haben ihren europäischen Hauptsitz in London. Sie benötigen ein leistungsfähiges Telekommunikationsnetz um ihre globalen Aktivitäten schnell abwickeln zu können. Genau das hat die britische Hauptstadt zu bieten, die in den letzten Jahren zum bevorzugten Standort junger und innovativer Unternehmen aus der IT- und Medienbranche geworden ist. Eine wichtige Grundlage für die globale Bedeutung Londons ist die hervorragende Einbindung Londons in den internationalen Flugverkehr. Die fünf Londoner Flughäfen bieten Verbindungen zu praktisch allen wichtigen Wirtschaftszentren der Welt an und wickeln ein Fluggastaufkommen von deutlich mehr als 100 Millionen Passagieren ab.
Die Konzentration von derart vielen globalen Einrichtungen und Unternehmen hat für eine Vielzahl hochrangiger Arbeitsplätze gesorgt, im Vergleich verdienen die Londoner rund 40 Prozent mehr als der Durchschnitt aller Briten.

Die globale Bedeutung und Attraktivität Londons hat aber auch Nachteile. Die Mieten für Büros und Wohnungen in guter Lage haben ein derart hohes Niveau erreicht, dass der „Normalverdiener" sich das nicht mehr erlauben kann und gezwungen ist, in die Außenbezirke Londons zu ziehen. Das und die Tatsache, dass sich viele Arbeitsplätze in London ballen, hat dazu geführt, dass der Straßenverkehr in London mehrmals täglich vor dem Kollaps steht. Die Einführung einer Maut für Fahrten in die Innenstadt hat daran nur wenig geändert.

Seit den 1960er-Jahren wurden die im Osten Londons gelegenen Hafenbecken nach und nach stillgelegt. Die frei gewordenen Flächen dieser Docklands wurden saniert und für die Ansiedlung von Bürogebäuden und hochwertigen Wohnungen ausgewiesen. In der engen Innenstadt Londons warteten viele Banken, Verlage und andere Dienstleistungsunternehmen darauf, sich auszudehnen, zudem zog die zunehmende globale Bedeutung Londons weitere Dienstleistungsunternehmen an. Bereits im Jahre 2000 waren 86 000 neue Arbeitsplätze geschaffen und 25 000 hochpreisige Wohnungen sowie Apartments errichtet worden – die London Docklands avancierten damit zum „flagship development".

M5 Dienstleistungszentrum Docklands

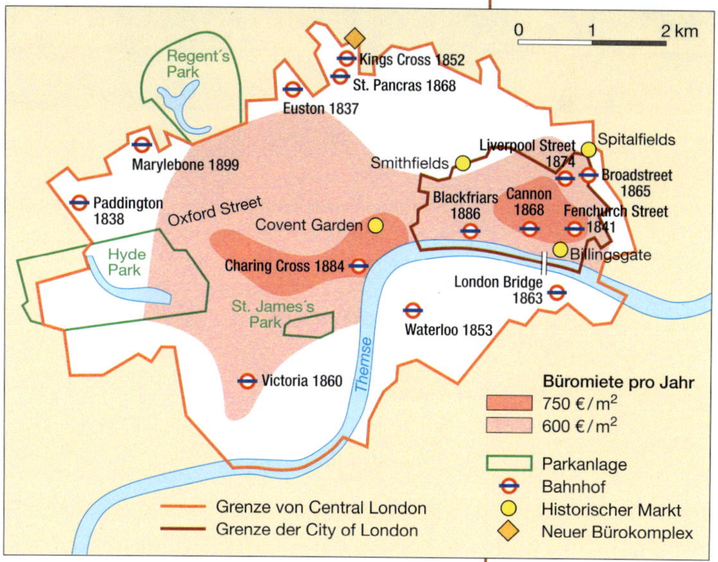

M6 Büromieten in London

1. Erläutern Sie die Entwicklung Londons zum Finanz- und Dienstleistungszentrum (**M1** bis **M5**).
2. Begründen Sie anhand der Materialien und Recherchen im Internet, warum London als „Global City" bezeichnet werden kann.
3. Zeigen Sie anhand einiger Beispiele negative Auswirkungen der globalen Bedeutung von London auf (**M6**).

M7 New York: Central Business District

M8 Hongkong: Central Business District

Netzwerk der Global Cities

In den vergangenen Kapiteln wurden Merkmale und Prozesse der Globalisierung beleuchtet, die Vorgehensweise von Global Playern untersucht und es wurde die Vernetzung der Welt dargestellt. Die ausgeprägte Arbeitsteilung von Global Playern an verschiedenen Standorten, die wirtschaftliche Verflechtung von Unternehmen und Standorten sowie die politische Steuerung von Wirtschaftsprozessen (z. B. EU-Kommission, IWF, Weltbank) prägen das heutige Bild der Weltwirtschaft. Kennzeichen der Globalisierung ist demnach die Verflechtung von Kapital, Handel, Arbeits- und Absatzmärkten, Produktion, Verkehr und Kommunikation. Diese Verflechtung – und damit auch die Globalisierung – ist aber nicht ein Zustand, sondern ein Prozess, der sich ständig entwickelt und dabei verstärkt. Ein Stoppen dies Prozesses oder gar ein „Zurückdrehen" scheint derzeit nicht möglich.

Die globale Arbeitsteilung, das Operieren transnationaler Konzerne, das Lenken von Finanzströmen und weltweit wirksame Entscheidungsprozesse machen Standorte nötig, von wo aus diese ökonomischen Prozesse gesteuert werden können. Genau diese Knotenpunkte der Weltwirtschaft werden als „Global Cities" bezeichnet.
Der Geograph Dirk Bronger hat 2004 acht Indikatoren analysiert, mit deren Hilfe eine Global City definiert und bestimmt werden kann (vgl. M9). Da für diese Indikatoren international vergleichbare Daten vorliegen, lässt sich auch eine Hierarchisierung der Global Cities vornehmen. Wünschenswert wäre die Aufnahme weiterer Indika-

Merkmale einer Global City:
- Firmensitze der Zentralen der 500 größten transnationalen Unternehmen (TNC) nach Anzahl und nach Umsatz
- Hauptverwaltungen der 500 größten Banken nach Umsatz
- Sitz der größten Börsen nach Umsatz
- bedeutendste internationale Flughäfen nach Anzahl der Passagiere und nach Frachtaufkommen
- führende Seehäfen nach Umschlag
- Sitz bedeutender internationaler/weltwirtschaftlicher Institutionen.

Die Ergebnisse der Untersuchung [...] lassen sich wie folgt zusammenfassen:
Als Global Cities im (strengen) Wortsinn [...] sind bis heute nur die „Großen Vier" – New York, Tokio, Paris und London – zu bezeichnen.
Der nach dieser Berechnung zum Ausdruck kommende deutliche Abstand zu den Nächstrangierenden belegt (und unterstreicht) diese Feststellung. Die „großen Vier" sind allesamt in den drei, die Weltwirtschaft bis in die Gegenwart dominierenden Volkswirtschaften lokalisiert. Europa, genauer die EU, verfügt dabei mit London und Paris über eine Doppelspitze. Ihr (Einzel-)Rückstand zu New York und Tokio resultiert ganz wesentlich daraus, dass sich in Europa bis heute keine eindeutige (wirtschaftliche) Führungsmacht etabliert hat – im Gegensatz zur Asiatischen Pazifikregion [...] oder auch Nordamerika. Zudem erreichen Großbritannien und Frankreich zusammen gerade einmal 93 Prozent der Bevölkerung Japans bzw. 42 Prozent der USA.

(Quelle: Bronger 2004, S. 146)

M9 Indikatoren zur Bestimmung von Global Cities

toren, die z. B. Aussagen über die Lebensqualität, die kulturelle Anziehungskraft etc. zulassen. Doch hierzu gibt es lediglich qualitative, aber keine vergleichbaren quantitative Angaben. So bleibt die Untersuchung der Global Cities auf ökonomische Faktoren beschränkt.

Global Cities in der „Dritten Welt" – Fehlanzeige?

Betrachtet man die Indikatorentabelle (M 9), so fällt auf, dass keine Metropole der Dritten Welt auf den vorderen Plätzen zu finden ist. Auch zu den Metropolen, die zumindest teilweise globale Kommandofunktionen ausüben, gehören mit Peking, Hongkong, Seoul und Singapur nur solche, die sich in stark wachsenden bzw. schon gewachsenen Volkswirtschaften („Tigerstaaten") befinden. Wenn man davon ausgehen kann, dass zur Globalisierung auch die Global Cities gehören, dann muss man sich fragen, ob die Globalisierung nicht an den Entwicklungsländern weitgehend vorbeigegangen ist.

Diese Aussagen dürfen nicht darüber hinwegtäuschen, dass die Gesamtbilanz für die Metropolen/Megastädte des „Südens" ernüchternd bleibt – jedenfalls, wenn man die Global Cities als Kommandozentralen weltweit agierender ökonomischer und politischer Macht auffasst. [...]
Keine der Entwicklungsländer-Megastädte ist auch nur annähernd in den Rang einer Global City aufgestiegen. Im Vergleich zu den „Großen Vier" sind sie sogar noch sehr weit davon entfernt. Global Cities sind internationale Brennpunkte als Hauptstandorte von transnationalen Konzernen, internationale Finanzzentren, Sitz internationaler Behörden, Kommandozentralen einer politischen und/oder wirtschaftlichen Weltmacht. Entwicklungsländer-Megastädte dagegen sind die Wirtschaft und Gesellschaft ihrer Länder dominierende nationale Zentren. Damit kommt zugleich zum Ausdruck, dass die Entwicklungsländer im Globalisierungsprozess bis heute weitgehend ausgeschlossen bleiben.

(Quelle: Bronger 2004, S. 154/155)

M 10 Ein Fazit

Global Cities									
Rang	1	2	3	4	5	6	7	8	9
1 New York	61	78	79	100	86	100	37	100	**641**
2 Tokio	100	100	100	11	74	90	100	50	**625**
3 Paris	56	53	69	9	64	52	18	50	**353**
4 London	49	45	59	10	100	66	16	–	**345**
Städte mit teilweise globalen Kommandofunktionen									
5 Chicago	21	20	17	–	75	49	5	50	**237**
6 Los Angeles	13	7	2	0	75	91	32	–	**220**
7 Frankfurt	7	7	35	10	43	59	–	50	**211**
9 Singapur	2	1	11	0	25	57	88	–	**184**
12 Brüssel	5	4	19	1	19	22	–	100	**170**
17 Peking	18	15	52	0	20	20	–	–	**125**
Städte mit spezialisierten Kommandofunktionen									
22 Shanghai	–	–	3	0	17	27	50	–	**97**
28 München	11	18	18	–	21	5	–	–	**73**

1: Unternehmen nach Anzahl; **2:** Unternehmen nach Umsatz; **3:** Banken; **4:** Börsen; **5:** Flugverkehr/Passagiere; **6:** Flugverkehr/Fracht; **7:** Häfen; **8:** Internationale Institutionen; **9:** Gesamtpunktzahl
Bei der Berechnung der Punktzahl für die einzelnen Indikatoren erhält die Stadt mit der besten Ausstattung bezüglich eines Indikators jeweils 100 Punkte, Städte mit weniger Ausstattung/schlechteren Werten erhalten prozentual entsprechend weniger Punkte.

(Quelle: Bronger 2004, S. 191)

M 11 Hierarchie der Global Cities

Rang	Gesamtpunktzahl	BNE pro Kopf
	(New York = 100)	
58. São Paulo	38	10
59. Manila	33	3
60. Mexico City	30	15
61. Mumbai	30	1
62. Istanbul	28	9
63. Jakarta	24	2
64. Moskau	21	5
65. Delhi	21	1
66. Johannesburg	19	9
67. Rio de Janeiro	14	10
68. Kairo	12	4
69. Buenos Aires	10	22

(Quelle: Bronger 2004, S. 192)

M 12 Einordnung weiterer Metropolen

1. Erläutern Sie den Begriff „Global City" (M 7 bis M 9).
2. Bereiten Sie in Partnerarbeit eine Präsentation ausgewählter Global Cities vor. Recherchieren Sie im Internet und begründen Sie die Position einer von Ihnen ausgewählten Global City in der Aufstellung in M 11.
3. Vergleichen Sie Paris mit Berlin und begründen Sie, warum Berlin nicht zu den Global Cities nach gehört (M 9, M 11).
4. Erläutern Sie die Position von Entwicklungsländer-Megastädten (M 12).
5. Erläutern Sie die Rolle der Entwicklungsländer im Prozess der Globalisierung (M 9 bis M 12, S. 373 M 7; Wirtschaftskarten im Atlas).

7. Die umstrittene Globalisierung

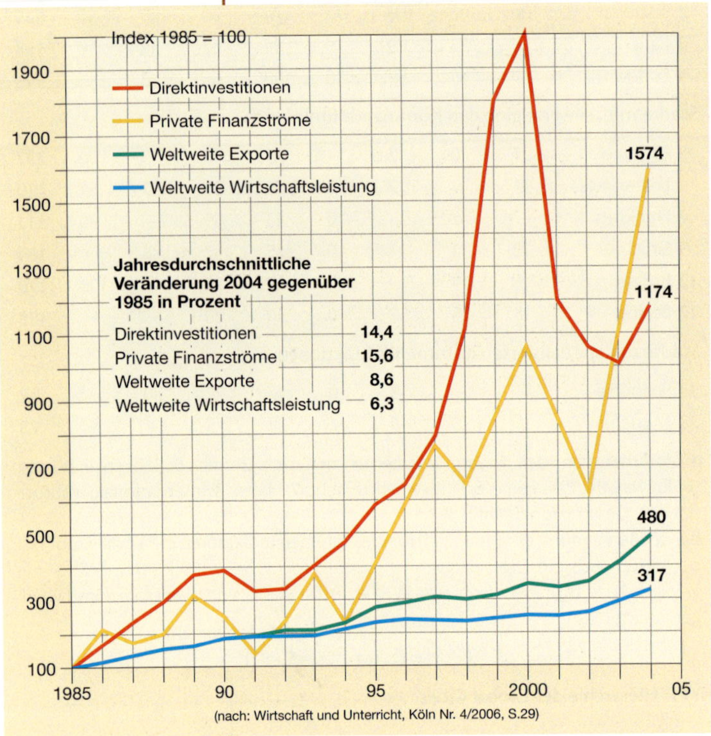

M1 Freier Handel als globaler Wirtschaftsmotor

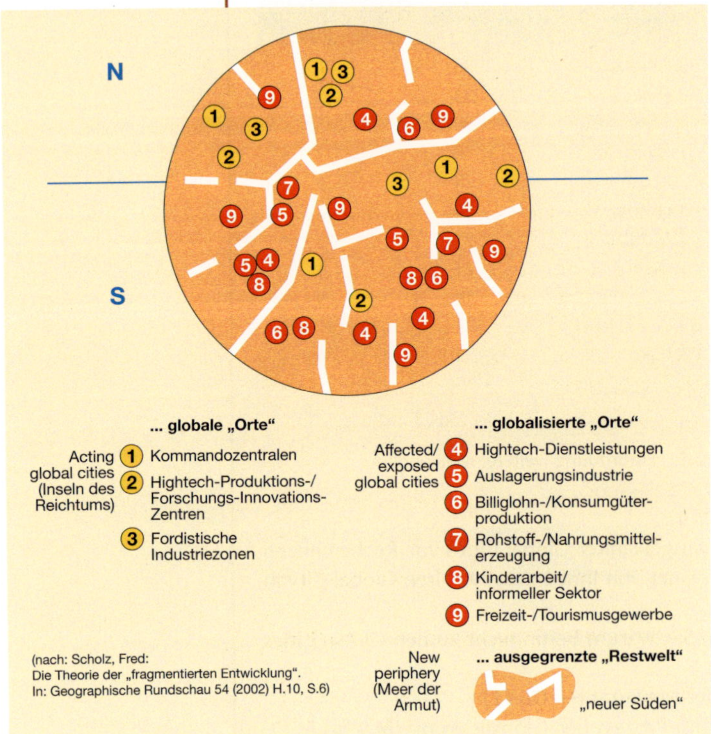

M2 Globale Fragmentierung

Mit dem Begriff der „Globalisierung" verbinden Menschen die widersprüchlichen Vorstellungen von Wohlstand und Reichtum ebenso wie von Armut und Ausgrenzung. Ermöglicht wurde die Globalisierung durch die Liberalisierung der Märkte, d. h. den schrittweisen Abbau von Zöllen und Handelsbeschränkungen seit dem Zweiten Weltkrieg.

Neue Informations- und Kommunikationstechniken waren eine weitere wichtige Voraussetzung für weltweite Produktions- und Transportnetzwerke (Internet und „Container-Revolution"). Die aktuelle Globalisierung unterscheidet sich von früheren Phasen weltwirtschaftlicher Integration deutlich:

1. Misst man den Wirkungsgrad der Globalisierung an den wichtigsten Indikatoren, dem Außenhandel und den Direktinvestitionen, so hat die Globalisierung seit der Mitte der 1980er-Jahre zu einem bisher nicht gekannten Weltwirtschaftswachstum geführt.
2. Neu ist auch das globale Ausmaß des Weltwirtschaftswachstums, das sich nicht nur auf die Industrieländer beschränkt. Die VR China hat Deutschland als Exportweltmeister im Jahr 2009 abgelöst. Aber auch andere Schwellenländer wie Brasilien, Russland und Indien haben zu dem Wachstum beigetragen. Auch periphere Regionen (Wüsten, tropischer Regenwald, Hochgebirge, Meere) werden immer stärker integriert, wenn sie über marktfähige Rohstoffe als Anfangsglieder einer global vernetzten Wertschöpfungskette verfügen.
3. Der Wettbewerb beschränkt sich nicht mehr nur auf Staaten untereinander, sondern konzentriert sich auf Wirtschaftsregionen; das bedeutet, dass Regionen mit Standortschwächen (z. B. Altindustriestandorte) auf unrentable Wirtschaftsbranchen verzichten und wenn möglich ihre Produktion in Niedriglohnländer auslagern müssen. Der grenzenlose Wettbewerb entscheidet über die Zugehörigkeit von Gewinnern und Verlierern. Dazu können Personengruppen, Stadtteile, Großstädte oder Regionen zählen – auf der Nord- wie auf der Südhalbkugel.
4. Eine exzessive Globalisierung ist nicht auf gesellschaftlichen Konsens, sondern auf wirtschaftlichen Erfolg aus. Hier drohen soziale Verwerfungen (Armut, Verelendung) und Raubbau an der Natur. Es ist die Aufgabe der Staaten (einer Weltregierung), die Globalisierung sozial und ökologisch zu gestalten. Andernfalls zerbricht die Weltbevölkerung in „Inseln des Reichtums" in einem „Meer der Armut" (globale Fragmentierung).

PRO und KONTRA DIREKTINVESTITIONEN (DI) – IL: Industrieländer, EL: Entwicklungsländer, TNK: Transnationale Konzerne	
Vorteile	**Nachteile**
ökonomische Aspekte	
DI sichern Arbeitsplätze in den **IL** durch Schaffung neuer Märkte oder Gewinnung notwendiger Rohstoffe im Ausland. Sie senken die Produktionskosten mittels der in Niedriglohnländern fabrizierten Halbfertigprodukte und sichern damit die Konkurrenzfähigkeit einheimischer Betriebe. **DI** sorgen für Arbeitsplätze in **EL** und Schwellenländern und drosseln damit die extreme Arbeitslosigkeit. **DI** fördern die Entwicklung der Zulieferfirmen sowie der Dienstleistungsbetriebe in den **EL** und bauen damit ein wirtschaftliches Geflecht für den Weltmarkt auf. **TNK** schaffen eine moderne Infrastruktur (Telekommunikation, Verkehrswege, soziale Einrichtungen) und investieren auch in Sektoren, die den **EL** zu risikoreich und kostspielig sind (Forschung, Rohstoffexploration). **DI** und Know-how-Transfer ermöglichen den **EL**, mit ihren Produkten am Welthandel teilzunehmen und ihre Schulden zu verringern. **TNK** verfügen über ausreichend Geld und Erfahrung für die Entwicklung von **EL**.	Auslandsinvestitionen führen zum Abbau von Arbeitsplätzen im Inland und erhöhen somit die Arbeitslosigkeit in den **IL**. **TNK** benötigen vorwiegend ungelernte Arbeitskräfte mit niedrigen Lohnkosten. **DI** treiben viele einheimische Handwerks- und Staatsbetriebe in den Konkurs, da diese den hohen Qualitätsstandards des Weltmarktes nicht gerecht werden können (veraltete Maschinen, geringes Wissen, Überpersonalisierung): Zusammenbruch des traditionellen Wirtschaftsgeflechts. Die teure Verkehrs- und Nachrichteninfrastruktur kommt vorrangig dem isolierten Produktionsstandort (Freihandelszone), nicht aber der Bevölkerung (besonders der ländlichen) in den **EL** zugute; die Wertschöpfung der Rohstoffausbeutung findet in Form der Veredlung in den **IL** statt. **DI** machen die **EL** abhängig vom Weltmarkt, der für viele mittlere Zulieferbetriebe aber Risiken beinhaltet. Aufgrund der internationalen Kapitalverflechtung ist ein Gewinntransfer für die Steuerbehörden in den **EL** nicht kontrollierbar.
ökologische Aspekte	
TNK ermöglichen mit ihren Steuern und ihrem Wissen Umweltprojekte, die die **EL** nicht finanzieren könnten.	**TNK** sind an Gewinnmaximierung interessiert und bevorzugen Länder mit geringen Umweltauflagen.
soziale und politische Aspekte	
TNK sind bezüglich der Löhne, Weiterbildungsmaßnahmen und Sozialleistungen vorbildlich. **DI** mildern die Bereitschaft junger Arbeitskräfte in die IL auszuwandern, indem sie in den **EL** neue Arbeitsplätze schaffen und die Menschen an westlichem Lebensstandard teilhaben lassen. **DI** stellen damit die beste Entwicklungshilfe dar.	**TNK** schaffen kleine privilegierte Schichten (Arbeitereliten) und damit soziale Spannungen. **TNK** stärken durch ihre wirtschaftlichen Aktivitäten indirekt korrupte und antidemokratische Eliten in den **EL** und unterstützen damit indirekt deren autokratischen Herrschaftssysteme. **DI** verdrängen die einheimische Kultur, indem sie internationale westliche Konsumkultur importieren: Verlust der nationalen Identität – Kampf der Kulturen?

M 3 Pro und Kontra Direktinvestitionen

M 4
Gipfel der Ungerechtigkeit

„Stellen [Wissenschaftler] die ärmere Hälfte der Menschheit der reicheren gegenüber, zeigt sich, dass die unteren 50 Prozent durchaus aufgeholt haben. Vergleichen sie aber weiter voneinander entfernte Einkommensgruppen miteinander, also z. B. das oberste mit dem untersten Prozent, so ist die Kluft erheblich gewachsen: Die 65 Mio. Reichsten dieser Welt verdienen 564-mal mehr als die 65 Mio. Ärmsten; 1980 waren es erst 216-mal mehr.
Daraus lässt sich zweierlei ablesen: Die Kluft zwischen den Industriestaaten und den Schwellenländern ist, Afrika einmal ausgenommen, kleiner geworden. Vor allem China und Indien, die immerhin über ein Drittel der Weltbevölkerung repräsentieren, holen mächtig auf.
Der andere Befund: Innerhalb der Länder nimmt die Ungleichheit teilweise dramatisch zu, insbesondere bei den Neulingen im Club der Weltwirtschaft driftet die Gesellschaft auseinander. Nirgends ist dieser Prozess so rasant verlaufen wie in den Staaten der früheren Sowjetunion."

(nach: DER SPIEGEL 23/2007 S. 45)

1. Erläutern Sie die Ursachen der Globalisierung und gleichen Sie diese mit Ihren eigenen Beobachtungen und (Konsum-)Erfahrungen ab (**M 1** bis **M 4**).
2. Belegen bzw. widerlegen Sie die Argumente bezüglich der Direktinvestitionen in arbeitsteiliger Gruppenarbeit (**M 3**, S. 363 f.).
3. Belegen Sie das Modell globaler Fragmentierung mit Raumbeispielen (**M 2**, verschiedene Kapitel im Buch).
4. Bewerten Sie das Argument „Globalisierung schafft Wohlstand für alle" (**M 1** bis **M 4**).

Raumentwicklung und Raumordnung in Europa

1. Europa und die europäische Integration

M 1 Ergebnisse des europäischen Integrationsprozesses

Zwischen den Staaten Europas hat sich nach dem Zweiten Weltkrieg zunehmend eine immer enger werdende wirtschaftliche und gesellschaftliche Zusammenarbeit entwickelt. Wirtschaftliche Verdichtungsräume wurden zu Zentren der räumlichen Entwicklung. Andere Gebiete blieben in ihrer wirtschaftlichten Entwicklung jedoch zurück. Sie bilden die Peripherie.

Die Verwirklichung des europäischen Binnenmarktes im Rahmen der Europäischen Union und die Einführung einer gemeinsamen Währung, dem Euro, sind Meilensteine dieser Entwicklung. Sie stellen auch eine Reaktion auf die fortschreitende Globalisierung dar.

Die Zahl der Mitgliedsländer der Europäischen Union ist von anfangs sechs auf inzwischen 27 angewachsen. Damit umfasst sie fast eine halbe Milliarde Menschen. Wie erfolgreich sich die Europäische Union weiterentwickeln wird, hängt aber auch von vielen anderen Faktoren ab.

M 2 Die Europäische Union hat 27 Dirigenten

Die Idee für die europäische Einigung ist nicht neu. Bereits Philosophen, Schriftsteller und Politiker wie Immanuel Kant, Victor Hugo, Aristide Briand und Gustav Stresemann haben in der Vergangenheit sehr unterschiedlich ausgestaltete Pläne zum friedlichen Zusammenleben der europäischen Staaten zur Diskussion gestellt. Diese Vorstellungen fanden in der Öffentlichkeit durchaus Beachtung. Auswirkungen auf die politische Praxis hatten sie jedoch nicht. Erst die Katastrophe des Zweiten Weltkrieges führte zu einem Umdenken.

Im Überblick sind sechs wesentliche Motivbündel für die europäische Einigung zu nennen:
- Friedenssicherung,
- Zugehörigkeit zu einer Wertegemeinschaft,
- Steigerung des wirtschaftlichen Wohlstands,
- mehr Einfluss in der Außen- und Sicherheitspolitik,
- Aussicht auf größeren Erfolg bei der Lösung grenzüberschreitender Probleme, zum Beispiel beim Umweltschutz,
- Stärkung der Völkerfreundschaft.

(Quelle: Informationen zur politischen Bildung Nr. 279/2003, S. 5)

M 3 Gründe für die europäische Einigung

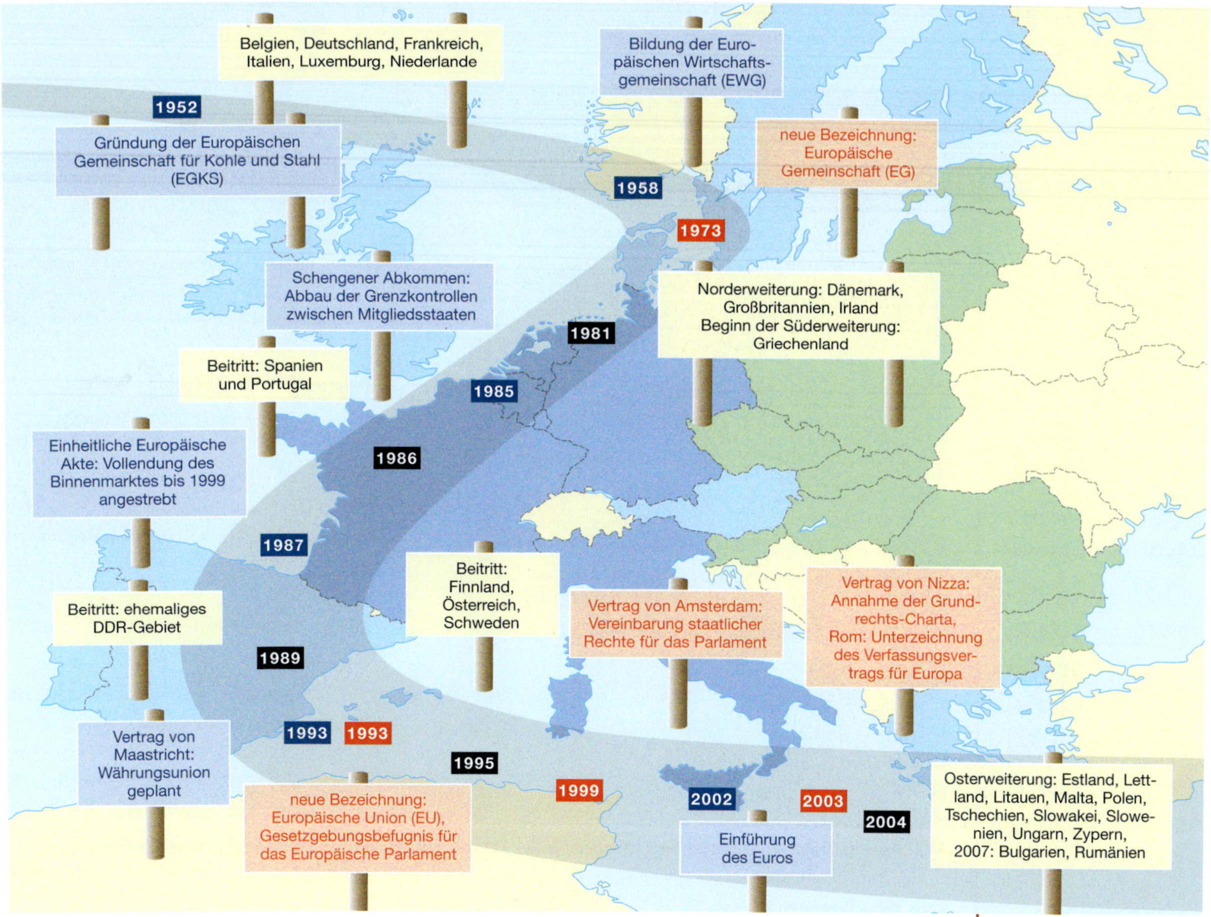

M4 Etappen der räumlichen, wirtschaftlichen und gesellschaftlichen Entwicklung der Europäischen Union (1950 – 2010)

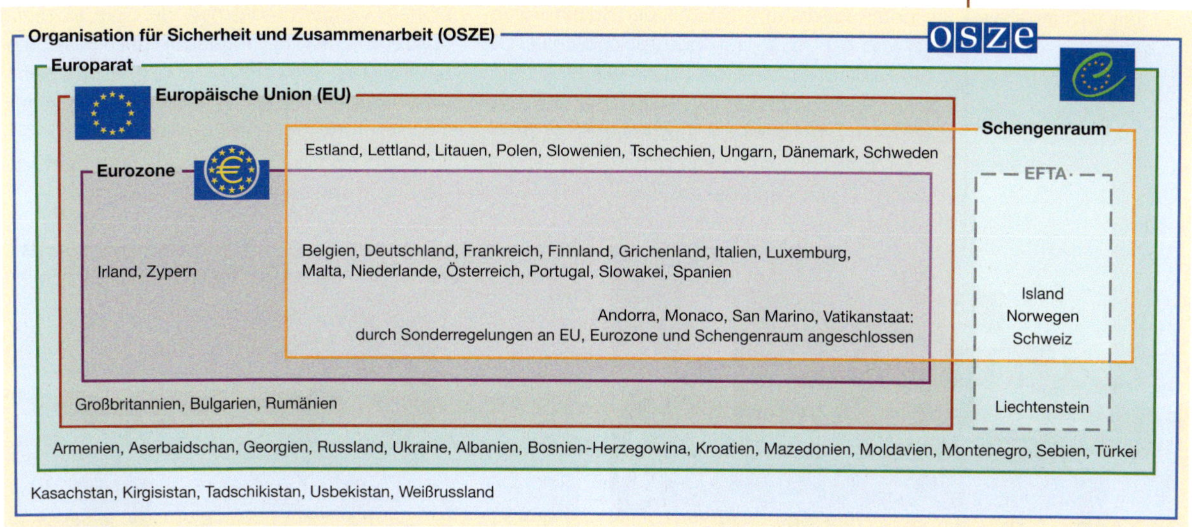

M5 Zusammenschlüsse in Europa

1. a) Stellen Sie die Entwicklung der europäischen Integration dar (M 1 bis M 5).
b) Erläutern Sie an einem selbst gewählten Beispiel den Einfluss der Europäischen Union auf die Raumentwicklung in Europa.

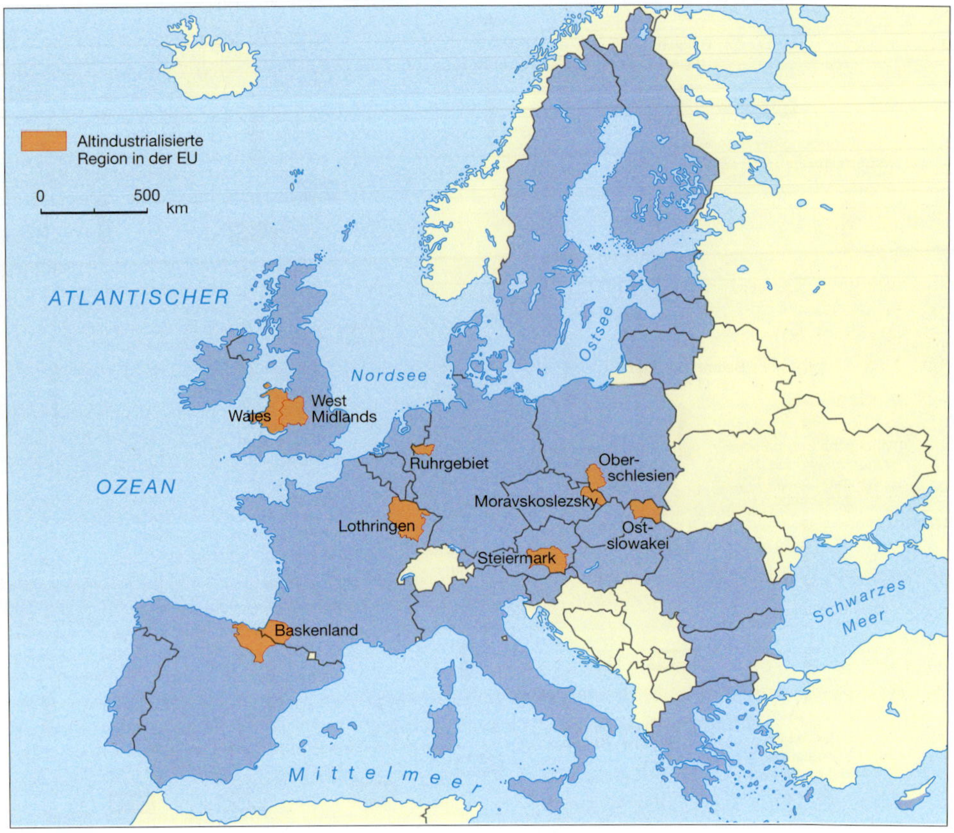

M7 Ausgewählte altindustralisierte Regionen der EU mit erheblichen Problemen beim Strukturwandel

1871	891 000
1905	2 915 000
1925	4 231 000
1946	3 869 496
1961	5 674 223
1970	5 658 381
1980	5 396 144
1990	5 396 208
2000	5 359 228
2008	5 203 100
2020	ca. 5 000 000
Quelle: RVR-Datenbank, 2009	

M6 Bevölkerungsentwicklung im Ruhrgebiet

Die Wachstumsphase

Im 19. Jahrhundert vollzogen die heutigen altindustriellen Regionen mit einer bisher unbekannten Wachstumsdynamik den **Strukturwandel** von der Agrar- zur Industrielandschaft. Die von England ausgehende Industrielle Revolution verwandelte unbedeutende ländliche Regionen in boomende (Schwer-)Industrieregionen, deren Wohlstand auf der starken Nachfrage nach innovativen Industrieprodukten und deren Rohstoffen bestand (Textilien, Eisenbahn-, Baustahl-, Rüstungsprodukte, Steinkohle und Erze). Aus Dörfern wurden „Industriedörfer", die zu einem polyzentrischen Ballungsraum mit überdurchschnittlicher Einwohner- und Industriedichte verschmolzen. Treibende Kraft dieser Entwicklung waren wenige Großunternehmen, die sich aufgrund des hohen Kapitalbedarfs am Ende der Wachstumsphase herauskristallisiert hatten.

M8 Verfall der Arbeiterreihenhäuser in New Castle

M9 Altindustrialisierte Regionen in der Werbung

Sie gestalteten die Regionen nach industriellen Bedürfnissen (betriebsbedingte Verkehrswege, Ver- und Entsorgungstrassen), steuerten den Wohnungs- und Immobilienmarkt sowie den Arbeitsmarkt. Neben dem großflächigen Landschaftsverbrauch entstand eine typische Gemengelage von Industrieanlagen, Verkehrswegen und Siedlungen, die heutigen städtebaulichen Ansprüchen nicht mehr standhält. Da in dieser Phase das Umweltbewusstsein sehr gering ausgeprägt war, entstanden die heutigen Abfall- und Entsorgungsprobleme bei kontaminierten Böden. Rauchende Schlote auf kolorierten Postkarten standen für satte Gewinne und Vollbeschäftigung!

Phase der Stagnation und der Schrumpfung

In der Mitte des 20. Jahrhunderts verlieren diese Regionen an Attraktivität und laufen Gefahr, dass sich ein Negativimage (z. B. „Rußland“ für Ruhrgebiet) mit allen Nachteilen im Bewusstsein der Öffentlichkeit dauerhaft festsetzt. Die Gründe für den Niedergang der Regionen sind vielfältiger Art: Westeuropäische Kohle ist aufgrund der schwierigen geologischen Bedingungen teurer als Importkohle. Gemäß der **Produktlebenszyklushypothese** (S. 238) können Massenartikel (Textilien, Massenstahl) in Schwellenländern preiswerter hergestellt werden.
Aber auch nach der Theorie der „Langen Wellen“ ist der Schrumpfungsprozess erklärbar: Die in **Altindustrieregionen** vorherrschenden rohstofforientierten Industrieprodukte wurden durch moderne höherwertige wie Erdöl, Erdgas, Kunststoffe aus aufsteigenden Regionen ersetzt.
Schwierig ist es auch, die altindustrielle Monostruktur gegen den Willen der noch einflussreichen Großkonzerne und Gewerkschaften aufzubrechen. Statt die regionale Wirtschaft zu diversifizieren, rufen sie nach staatlichen Subventionen. Die Frage, ob Subventionen Massenentlassungen und regionale Armut verhindern können oder den Niedergang der Region nur verzögern sowie den Strukturwandel behindern, ist politisch umstritten.

Guggenheim-Museum in Bilbao

Der Strukturwandel hat die Hafenstadt Bilbao mit Stahl- und Werftindustrie stark in Mitleidenschaft gezogen. Mit einer Arbeitslosigkeit von nahezu 30 Prozent, starker Umweltverschmutzung, unansehnlichen Industriebrachen war Bilbao in den 1970er-Jahren ein Sanierungsfall.
Das Guggenheim-Museum, geöffnet seit 1997, ist heute Anziehungspunkt und Markenzeichen der Stadt. Fast eine Million Besucher jährlich lassen sich von den Ausstellungen und der spektakulären Architektur begeistern. Wege entlang des Wassers, Parks und öffentliche Plätze wurden angelegt. Der Um- und Ausbau des Verkehrsnetzes mit einem neuen Flughafen, Brückenneubauten sowie Metro und Straßenbahn erhöhen die Attraktivität der Stadt und sorgen für den wirtschaftlichen Aufschwung. Die Arbeitslosenquote verringerte sich drastisch auf 7 Prozent.

M 10 Strukturwandel am Beispiel Bilbao

M 11 Industriestadt Bradford in Mittelengland (Sgraffito)

England und Wales	
insgesamt	89 400
davon	
Nottinghamshire	22 900
Südwales	22 000
Yorkshire	11 700
Northumberland	10 100
Nordstaffordshire	8 600
Lancashire	7 100
Derbyshire	5 900
Kent	1 100

M 12
Netto-Jobverluste im Bergbau Großbritanniens 1981 – 2004

1957	607 349
1970	252 742
1980	186 822
1990	130 255
2000	58 082
2008	30 384

(Statistik der Kohlenwirtschaft e. V., 2009)

M 13
Belegschaft im deutschen Steinkohlenbergbau (Ruhrgebiet, Saarland, Ibbenbüren und Aachen bis 1977)

2. Suchen Sie drei Altindustrieregionen auf der Karte und im Atlas und beschreiben Sie ihre Wirtschaftsstruktur (**M 7**, Atlas, Internet).
3. Listen Sie arbeitsteilig die wichtigsten Merkmale einer Altindustrieregion nach Wachstums- und Schrumpfungsphase auf (**M 7** bis **M 9**, **M 12**, **M 13**).
4. Erklären Sie den Niedergang der Industrieregionen mithilfe der „Langen Wellen“ (S. 407 **M 25**) und der Produktlebenszyklushypothese u. a. am Beispiel von Bilbao (**M 10**).
5. Mit welchen Marketingproblemen hat eine Altindustrieregion in der Schrumpfungsphase zu kämpfen (**M 7** bis **M 9**, **M 11** bis **M 13**)?

Tipp für Referat oder Facharbeit: Strukturwandel altindustrialisierter Räume in Europa

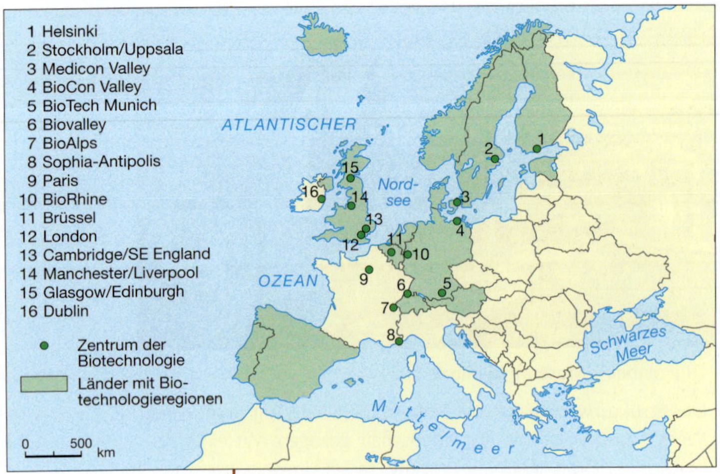

M 14 Europäische Biotechnologieregion

Wachstumsregionen und regionale Disparitäten

Merkmale von Wachstumsregionen

Mithilfe der Produktlebenszyklushypothese und der Theorie der „Langen Wellen" kann auch der räumliche Differenzierungsprozess in Europa erklärt werden. Fortschreitende Technisierung und moderne Dienstleistungen haben zu neuen Standorten geführt. Diese **Wachstumsregionen** zeichnen sich durch ein überdurchschnittlich hohes Wirtschaftswachstum (Bruttoinlandsprodukt) und Beschäftigungswachstum aus. Im Gegensatz zu altindustrialisierten Regionen orientieren sie sich mit ihren Industrie- und Dienstleistungsprodukten stark am Weltmarkt. Sie sind attraktiv für Direktinvestitionen (S. 360) sowie hoch qualifizierte Arbeitskräfte und verfügen über eine entsprechend global vernetzte Infrastruktur in Bereichen der Aus- und Fortbildung, Kommunikation, Forschung und Entwicklung (FuE). Ihr bevorzugter Standort sind Agglomerationsräume wie München („Bavarian-Silicon-Valley") mit attraktiven **weichen Standortfaktoren.**

Merkmale der Wachstumsregion München
- Einbindung in internationale Kommunikations- und Infrastrukturnetze
- ein breites Angebot unternehmensbezogener Dienstleistungen
- Fühlungsvorteile innerhalb der Hightech-Branche und zu Forschungseinrichtungen
- hoher Wohn- und Freizeitwert

Regionale Disparitäten

Zwischen absteigenden und prosperierenden Regionen entstehen **Disparitäten,** die trotz aller Bemühungen seitens der EU, den Lebensstandard der Bürger anzugleichen, noch nicht überwunden sind. So betrug 2005 das Verhältnis zwischen der reichsten Region „Inner London" und der ärmsten Regionen „Nord-Est" in Rumänien 67 798 zu 5430 KKS. Immerhin kann für den Zeitraum zwischen 2000 und 2010 eine leichte Annäherung zwischen beiden Rangpositionen registriert werden.

Allerdings haben die wirtschaftlich rückständigen Regionen Chancen, mittels ausländischer Direktinvestitionen den Anschluss zu finden: Niedriges Lohnniveau, ausreichend qualifizierte Arbeitskräfte und Steuervorteile locken produktionsorientierte und mittelfristig auch absatzorientierte Direktinvestitionen an. Lohnintensive Direktinvestitionen bevorzugen die wirtschaftlich rückständigen Regionen, in denen sie Produkte mit geringer Wertschöpfung in großer Stückzahl erzeugen. Hingegen sind Investitionen in teuren Wachstumsregionen nur dann rentabel, wenn in der Einführungs- und Wachstumsphase auf dem Weltmarkt überdurchschnittlich hohe Preise (Monopolpreis) erzielt werden können.

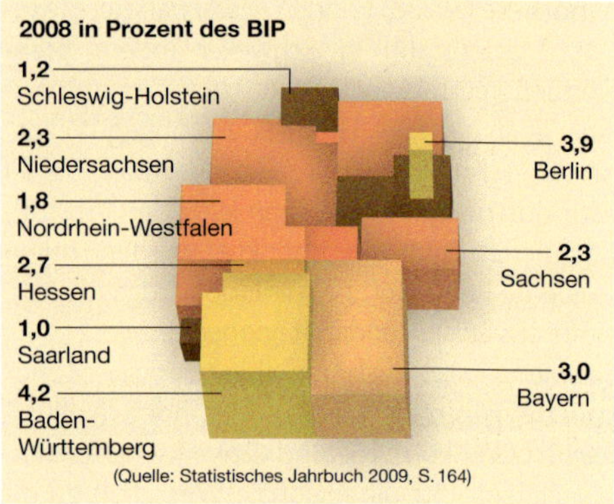

M 16 Ausgaben für Forschung und Entwicklung

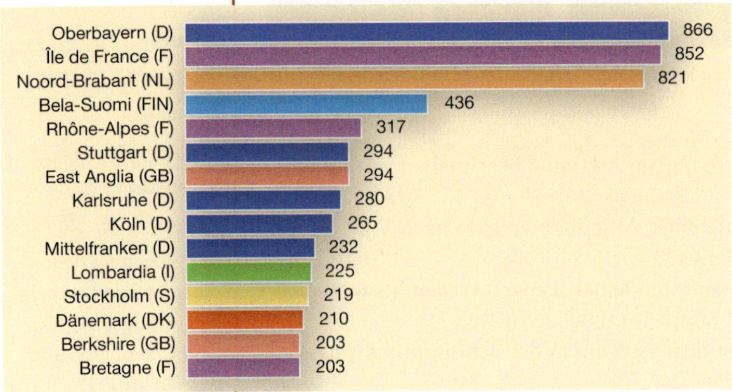

M 15 Hightech-Patentanmeldungen 2002

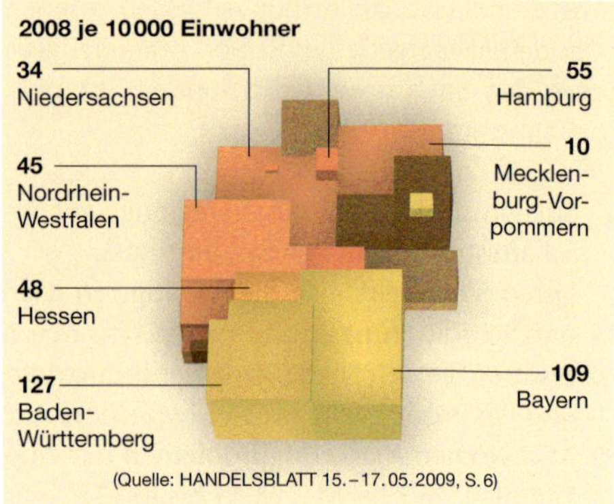

M 17 Patentanmeldungen in Deutschland

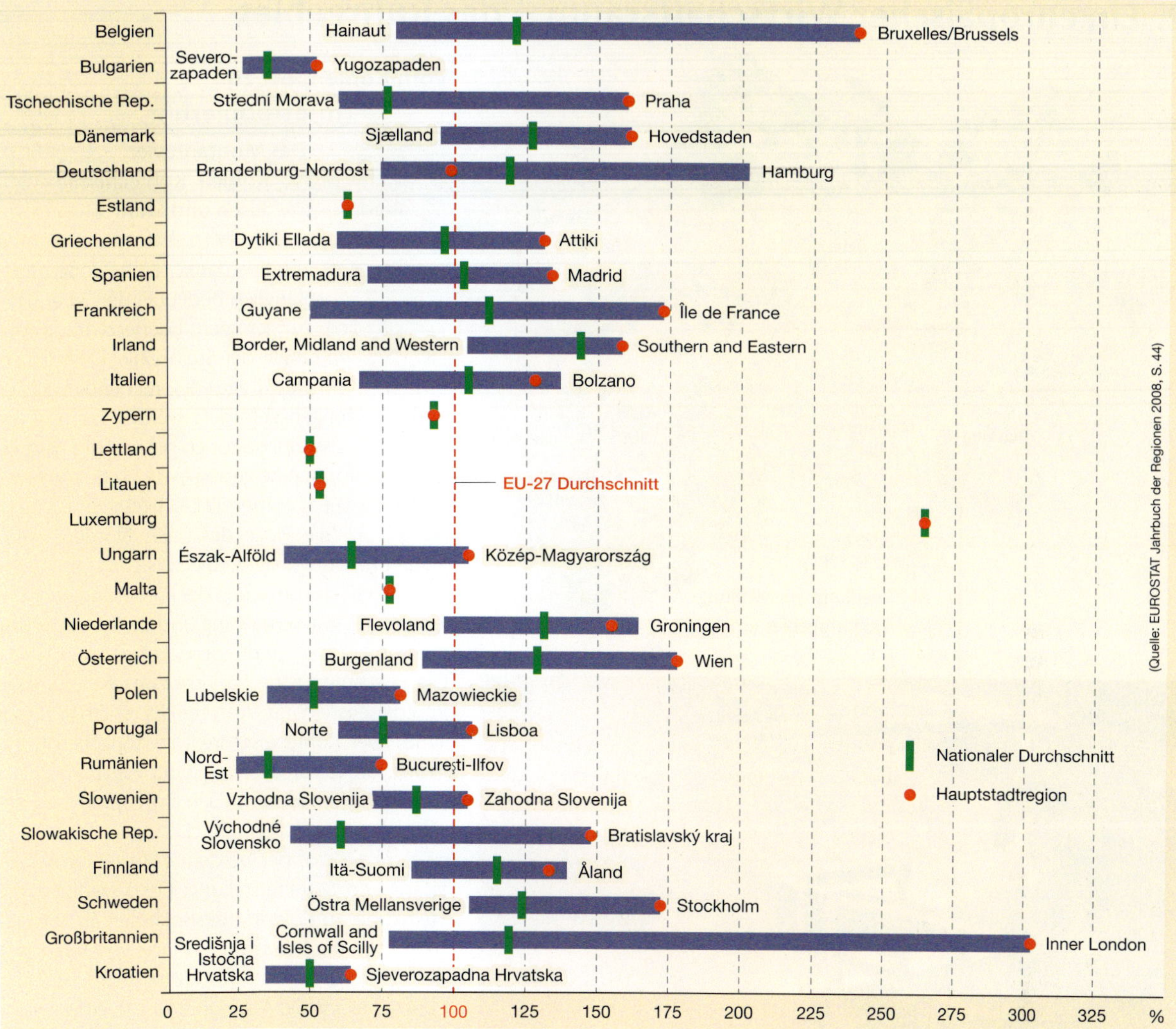

M 18 BIP je Einwohner in Kaufkraftstandard nach NUTS-2-Regionen

Anteile der Bevölkerung von EU-27+ Kroatien mit Wohnsitz in Regionen mit einem BIP je Einwohner von	2000	2005
> 125 % von EU-27 = 100	24,4	21,4
> 110 % bis 125 % von EU-27 = 100	17,0	15,9
> 90 % bis 110 % von EU-27 = 100	20,5	25,2
> 75 % bis 90 % von EU-27 = 100	9,8	11,9
weniger als 75 % von EU-27 = 100	28,3	25,6
weniger als 50 % von EU-27 = 100	14,5	12,1
(Quelle: EUROSTAT Jahrbuch der Regionen 2008, S. 48)		

M 19 Anteile der Bevölkerung mit Wohnsitz in wirtschaftlich stärkeren und schwächeren Regionen

6. Beschreiben Sie, wo sich die armen und wohlhabenden Regionen der EU-27 konzentrieren, und berichten Sie darüber (**M 14**, **M 15**, **M 18**, Atlas).
7. Beschreiben Sie Merkmale einer Wachstumsregion (**M 14** bis **M 17**, Atlas).
8. Berechnen Sie sowohl das Verhältnis zwischen der ärmsten und der reichsten EU-Region als auch die Disparität innerhalb einiger Mitgliedstaaten (**M 18**).
9. Die EU ist bemüht, Disparitäten zu entschärfen. Inwieweit ist ihr dies gelungen (**M 19**)?

Tipp für Referat oder Facharbeit:
Merkmale und Voraussetzungen einer Wachstumsregion in Europa

Webcode:
GO649174-393

2. Ein europäischer Wirtschaftsraum – das Ruhrgebiet

M 1 Siedlungsentwicklung im Ruhrgebiet um 2010

M 2 Hochofenabstich bei der Hoesch AG in Dortmund (1984)

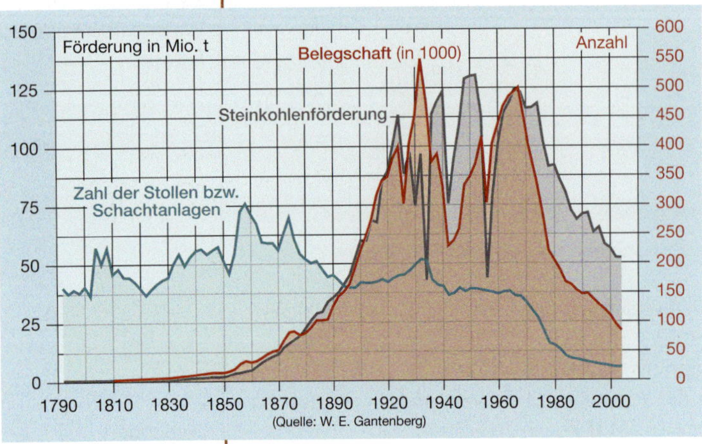

M 3 Steinkohlenbergbau im Ruhrgebiet

Vom Kohlenpott zur metropoleruhr

Das Montanrevier: Kohle – Kohlechemie – Eisen und Stahl

Der Wirtschaftsraum Ruhrgebiet verdankt seine Größe neben anfänglich bedeutsamen, aber letztlich zu geringen Eisenerzvorkommen vorrangig der Steinkohle. Damit diese der Nachfrage entsprechend in großen Mengen gefördert werden konnte, waren technische Innovationen notwendig: Mithilfe der Dampfmaschine gelang es 1832/1834, das aus der Kreidezeit stammende Deckgebirge zu durchteufen, um die Flöze des nach Norden einfallenden Karbongebirges zu erschließen (S. 98). Die Dampfkraft diente neben der Förderung der Kohle auch der **Wasserhaltung** und der **Bewetterung** der immer tiefer werdenden Grubenbaue.

Die Hüttenindustrie basierte zunächst auf dem Raseneisenstein (St.-Antony-Hütte Oberhausen 1758). Der Kohleneisenstein im südlichen Ruhrgebiet führte zur Gründung der Hermannshütte (1841), später Hoesch AG in Dortmund, und der Henrichshütte (1854) in Hattingen. Steinkohle ersetzte die knapper werdende Holzkohle bei der Eisen- und Stahlherstellung. Die Veredlung der Steinkohle zu Koks in Kokshochöfen ab 1849 ermöglichte die Massenherstellung von Eisen. Mit der Eröffnung der Köln-Mindener-Eisenbahn (1847) bekam die Montanindustrie einen wichtigen Verkehrsträger und gleichzeitig einen Kunden. Der Bau des Dortmund-Ems-Kanals (1899) und des Rhein-Herne-Kanals (1914) war für die Belieferung des Reviers mit ausländischen Erzen und für den Kohlentransport wichtig. Zugleich versorgten die Kanäle die Kohlekraftwerke mit Kühlwasser. Auch die Wasserversorgung musste in dem schnell wachsenden Ballungsraum geregelt werden. Während Ruhrwasser die Großstädte mit Trinkwasser versorgte, wurde die Emscher 1904 als Abwasserkanal ausgebaut.

Auf der Basis der Kohleveredlung entstand ab 1880 die chemische Industrie. Die bei der Koksherstellung anfallenden bisherigen Abfallprodukte Gas und Teer erfuhren eine enorme wirtschaftliche Inwertsetzung. Diese Grundstoffe dienten der Herstellung von Farben, Düngemittel, Sprengstoff, Benzolen, Heizöl, Kunststoffen und der Versorgung der Städte mit Ruhrgas (1926).

Das Ruhrgebiet erlebte in seiner Hochphase eine **Diversifizierung** seiner Wirtschaft auf der Basis von Kohle und Stahl (Verbundwirtschaft).

M 4 Ruhrgebiet in den 1920er-Jahren: typische Industrielandschaft

1957	495 847
1960	389 382
1970	201 808
1980	143 440
1990	98 675
2000	45 441
2008	23 286
Stat. d. Kohlenwirtschaft	

M 7 Beschäftigte im Ruhrbergbau

1957	180 241
1960	188 783
1970	169 370
1980	139 543
1990	86 809
2000	33 787
2007	29 457
RVR-Datenbank	

M 8 Beschäftigte in der Eisen schaffenden Industrie

M 5 Karikatur zur Bergbaukrise und Stahlkrise

M 6 Emscher

1. Erläutern Sie die wichtigsten Voraussetzungen für die Wachstumsphase des Altindustrieraums Ruhrgebiet (M 1 bis M 3, Text).
2. Listen Sie die Merkmale der Altindustrielandschaft an der Emscher unter ökologischen und städtebaulichen Gesichtspunkten auf (M 4, M 6).
3. Interpretieren Sie die Karikatur und beschreiben Sie die Folgen der Schwerindustriekrise (M 2, M 3, M 5, M 7, M 8).

Deindustrialisierung, Reindustrialisierung und Tertiarisierung

Seit der Kohlenkrise 1957 und der Stahlkrise in den 1980er-Jahren hat sich die Montanindustrie auf wenige Standorte zurückgezogen und diese unter dem Wettbewerbsdruck zu hoch technologischen Standorten neu ausgerichtet (Hochofenwerk Duisburg-Schwelgern, Chemiepark in Marl). Allerdings bestand wenig Interesse seitens der Montankonzerne, die freigezogenen Industriebrachen für eine **Reindustrialisierung** zu veräußern, da hohe Kosten für die Beseitigung der Schadstoffbelastung im Boden und für eventuelle Bergsenkungen aufgebracht werden mussten. Erst mit Beteiligung der öffentlichen Hand gelang es, die Firma OPEL AG als Großinvestor im Jahr 1962 auf Bochumer Zechengelände anzusiedeln, was aber ein Einzelfall blieb. Im Normalfall suchten klein- und mittelständische Unternehmen aus der Textil- und Nahrungsmittelbranche sowie Handwerk auf **Zechenbrachen** einen neuen Standort, weil ihr innerstädtischer Betrieb keine Erweiterung mehr zuließ.

M9 Altes und neues Ruhrgebiet

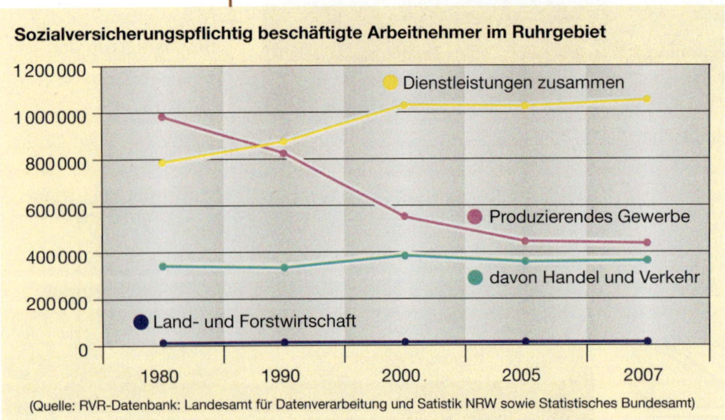

M10 Beschäftigte nach Wirtschaftssektoren

M11 Ruhr-Universität Bochum

Mit der Gründung der ersten Ruhrgebietsuniversität in Bochum 1965 kam ein immer bedeutenderer „Rohstoff" in die Region, das Wissen. Fünf Hochschulen, zehn Fachhochschulen mit 175 000 Studierenden (2009) wandelten die Altindustrieregion in die dichteste Wissenschaftsregion in Deutschland um. Als Bindeglied zwischen Hochschulen und regionaler Wirtschaft fungieren die neuen **Technologie- und Gründerzentren,** die Professoren und Nichtakademikern den Start in anspruchsvolle Wirtschaftszweige wie Logistik, Umwelt- und Produktionstechnologie, Informatik/Elektronik und Biomedizin in benachbarten **Technologieparks** erleichtern. Ihre Standorte befinden sich in räumlicher Nähe zu den Hochschulen. Als **Spin-off-Betriebe** nutzen sie die **Agglomerationsvorteile** zu Forschungs- und Entwicklungsinstituten sowie zu der regionalen Wirtschaft. In dem Dortmunder Technologiezentrum (1985 gegründet) und seinem 40 ha großen Technologiepark neben der Universität sind 267 **Start-ups** mit 8216 Erwerbstätigen angesiedelt (Stand: 2009).

Sichtbarer Ausdruck des dominierenden tertiären Sektors sind auch die Einkaufszentren wie Ruhrpark (1965) und CentrO (1996), die modernen Konzernverwaltungen von Evonik, RAG, RWE, Ruhrgas, Aral-BP und ThyssenKrupp sowie die vielfältigen Freizeit- und Kultureinrichtungen.

Revitalisierung des Ruhrgebiets

Die Internationale Bauausstellung Emscher Park (1989 – 1999) hatte sich zum Ziel gesetzt, die am stärksten durch die Industrialisierung geschundene Emscherzone ökologisch, ökonomisch und sozial zu erneuern. Dieses Mammutprojekt sieht

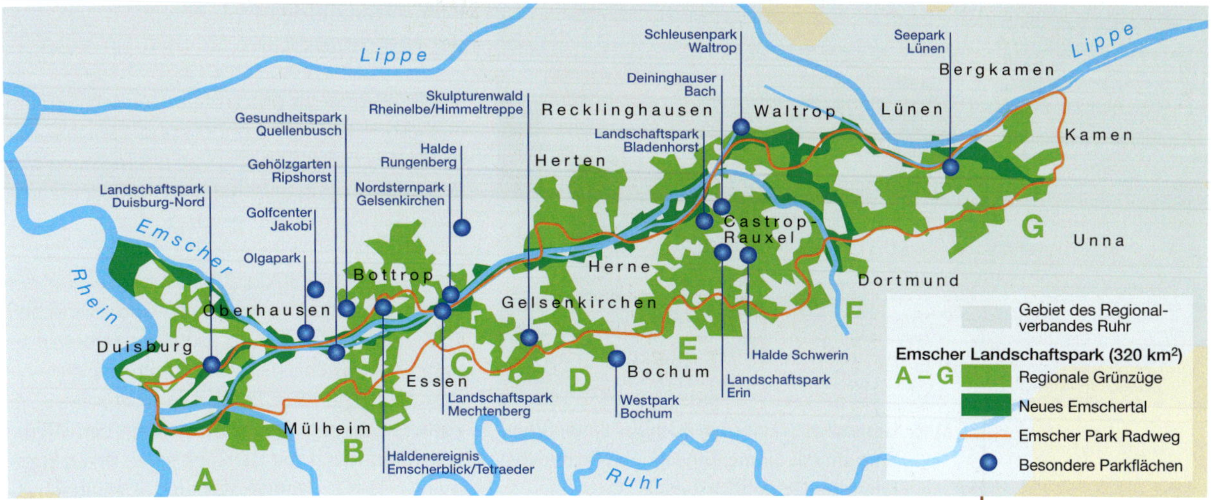

M 12 Emscher Landschaftspark

den naturnahen Umbau der Emscher durch Trennung von Oberflächen- und Abwasser vor. Beidseitig des Flusses und des Rhein-Herne-Kanals entsteht durch Erweiterung der Grünflächen ein 65 km langer Park, der sich durch die regionalen Grünzüge A – G zur Lippe- und Hellwegzone hin öffnet. Die zu Landschaftsbauwerken begrünten Halden dienen der Naherholung oder der Kunst (Landmarken). Industriedenkmäler bleiben als wichtige Identifikations- und Alleinstellungsmerkmale erhalten. Statt in tristen Gewerbegebieten findet Arbeiten im Landschaftspark statt, in dem die Grenzen zu Freizeit und Erholung fließend sind.

M 14 Vom Hochofenwerk zum Landschaftspark Duisburg-Nord

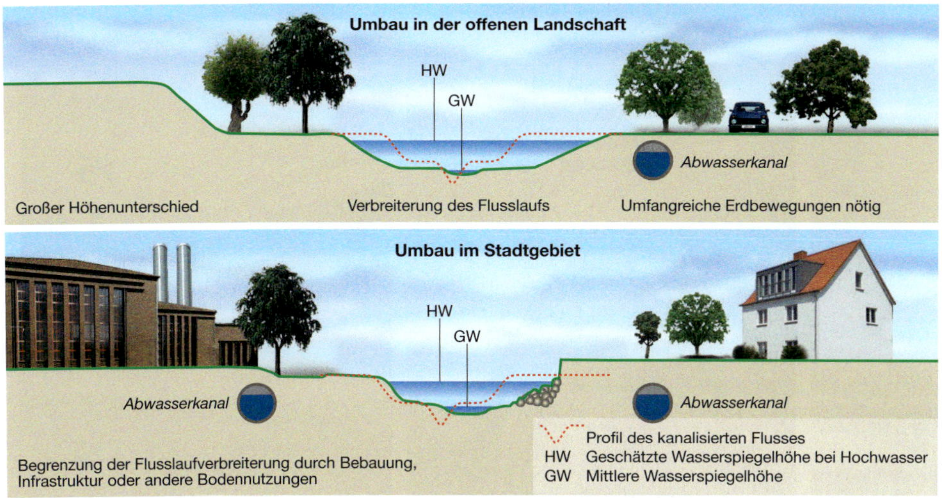

M 13 Querschnitte der Emscher und ihrer Abwasserkanäle nach dem Umbau

4. Erläutern Sie den Strukturwandel mit seinen Schwierigkeiten anhand der Begriffe De-, Reindustrialisierung und Tertiarisierung (M 9 bis M 11).
5. Formulieren Sie die Leitlinien der IBA Emscher Park und erläutern Sie diese u. a. am Beispiel des naturnahen Umbaus der Emscher (M 12 bis M 14).

M 15 Gesundheitscampus in Bochum: Biomedizinzentrum mit Biomedizinpark und Fachhochschule für Gesundheitsberufe

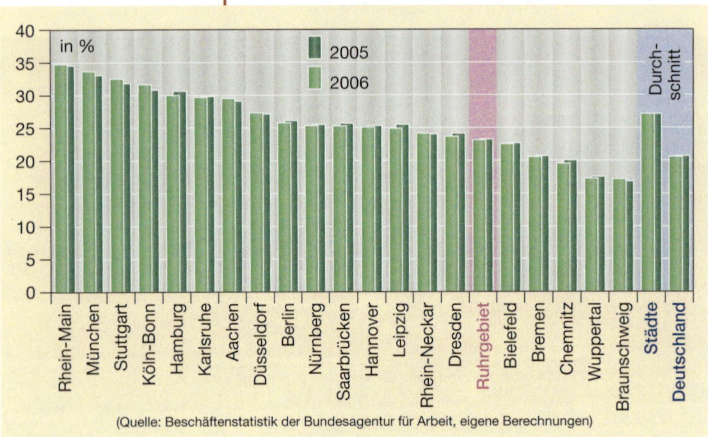

M 16 Beschäftigungsanteil wissensintensiver Dienstleistungen in den städtischen Zentren

Kompetenzfelder der Metropole Ruhr

Das Ruhrgebiet als drittgrößter Wirtschaftsraum in Westeuropa nach London und Paris hat mit dem strukturellen Wandel von der Industrie- zur **Dienstleistungsgesellschaft** in den 1980er-Jahren einen wichtigen Schritt geschafft.

Um als Metropole in der „Champions League" der weltbesten nordamerikanischen und asiatischen Wissenszentren mitspielen zu können, bedarf es aber noch erheblicher Anstrengungen, die vorhandenen regionalen Potenziale auszubauen. Die Voraussetzungen sind günstig; denn die Metropole Ruhr besitzt mit den breit gefächerten Branchen Chemie, Energie, Gesundheitswirtschaft, Informations- und Kommunikationstechnologien, industrielle Technologien und Materialien, Logistik, Maschinenbau, Tourismus, Kultur und Design Kompetenzfelder, die in Teilbereichen internationale Beachtung finden. Leider hat diese positive Entwicklung noch nicht den Arbeitsmarkt erreicht: Die Arbeitslosenzahlen der Metropole, insbesondere der Städte Gelsenkirchen, Herne und Dortmund, liegen deutlich über denjenigen von NRW und dem gesamten Bundesgebiet. Dagegen verlief der Imagewandel von der einstigen Malocherregion zur **Kulturhauptstadt Ruhr 2010** mit dem Motto „Wandel durch Kultur, Kultur durch Wandel" überaus positiv. Neben der touristischen Entwicklung ist der Imagegewinn von unschätzbarem Wert.

M 17 links: Dienstleistungs- und Gewerbepark Erin in Castrop-Rauxel,
Mitte: Das Welterbe Zollverein in Essen als touristischer Ankerpunkt,
rechts: Die H-Bahn verbindet die Universität Dortmund mit dem Technologiezentrum.

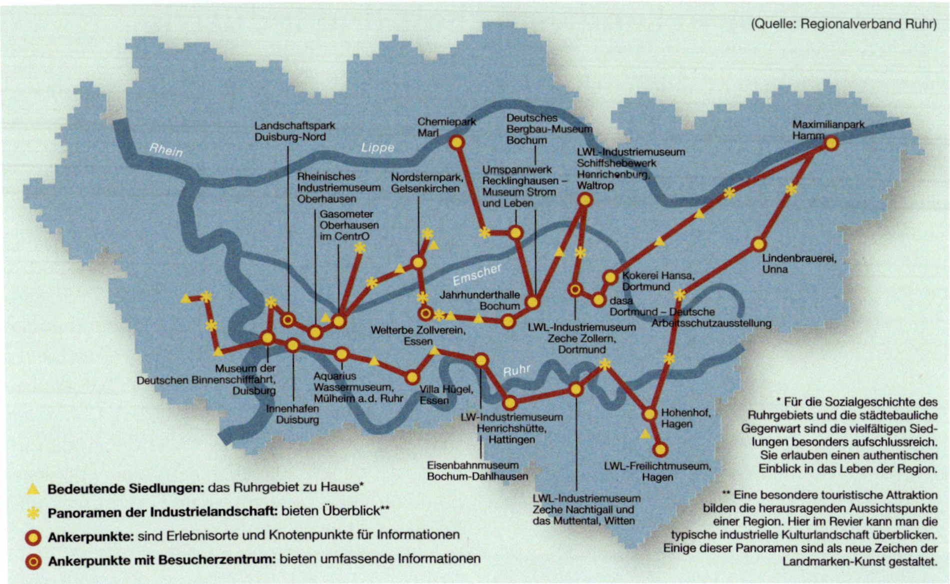

M 18 Route der Industriekultur

M 19 Ehemalige Kokerei UNESCO-Welterbe Zollverein, Essen

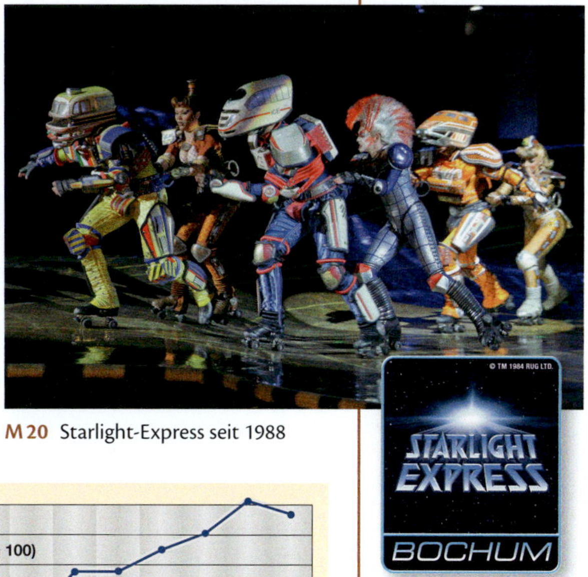

M 20 Starlight-Express seit 1988

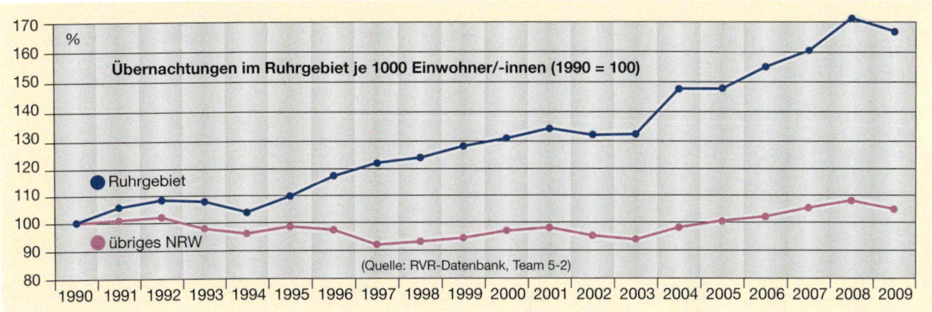

M 21 Übernachtungen im Ruhrgebiet

6. Analysieren Sie die Stärken und Schwächen der Metropole Ruhr als Wirtschaftsregion (**M 15** bis **M 17**).
7. Eine Familie aus Stuttgart nimmt den Besuch eines Musicals zum Anlass, ein Wochenende im Ruhrgebiet zu verbringen. Entwerfen Sie ein Programm für zwei Tage (**M 17** bis **M 21**). Recherchieren Sie unter *www.ruhrgebiet.de.*
8. Begründen Sie, warum die Kulturwirtschaft einen wichtigen Beitrag zum Strukturwandel leisten kann.

3. Transformationsprozesse in Landwirtschaft und Industrie

Die Entwicklung der Landwirtschaft in der Deutschen Demokratischen Republik

Bei der **Bodenreform** 1945 wurden im Gebiet der DDR Großgrundbesitzer (> 100 ha) und Adlige entschädigungslos enteignet. Das Land wurde unter Kleinbauern und Landarbeitern aufgeteilt, die aber aufgrund fehlender Maschinen und kleiner Parzellen die unzureichende Versorgungslage der Bevölkerung nicht wesentlich verbessern konnten.

Als ab 1949 die SED (Sozialistische Einheitspartei Deutschlands) die Landwirtschaft der DDR steuerte, wurden in mehreren Schritten fast alle landwirtschaftlichen Produktionsmittel und Betriebe in volkseigene oder genossenschaftliche Großbetriebe überführt.

In der **Kollektivierungsphase** (bis 1960) sollten sich die Bauern zunächst freiwillig zum Eintritt in eine Landwirtschaftliche Produktionsgenossenschaft (LPG) entscheiden. Durch zunehmenden Druck bis hin zur Beschlagnahmung erreichte die SED, dass 1960 der letzte DDR-Bauer Mitglied einer LPG wurde (1960: 19 313 LPGs). Dabei verblieben Produktionsmittel sowie der Boden im Besitz der Bauern. Daneben existierten volkseigene Güter (VEG), die vorrangig Forschungs- und Zuchtaufgaben übernahmen.

Da die erhoffte Sicherung der Nahrungsmittelversorgung der Bevölkerung nicht eintrat, wurde in der „Kooperationsphase" (1960 – 1968) zunächst die horizontale Konzentration (Zusammenschluss von LPGs) forciert. Anfang der 1970er-Jahre bildete man große Kooperativen, die sich auf Tier- oder Pflanzenproduktion (bis 5000 ha) spezialisierten (1970: 9009 LPGs). In Agrar-Industrie-Komplexen (AIK) kam es zudem zur vertikalen Konzentration (von der Erzeugung über Lagerung und Verarbeitung bis zur Vermarktung). Damit bestand eine leistungsfähige Landwirtschaft, die in der Lage war, ihre Bürger mit

	BRD 1989/1990	DDR 1989/1990
Anteil der Landwirte an Erwerbstätigen in %	3,6	10,9
durchschnittl. Betriebsgröße in ha	18,7	2010,0
(nach: Stat. Jahrbuch 1992, Stat. Taschenbuch der DDR 1990, Argrimente 1991; Agrarbericht 1993)		

M 1 Strukturdaten im Vergleich

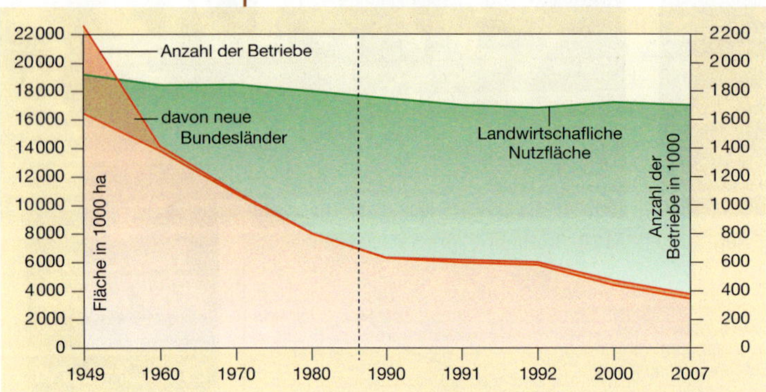

M 2 Strukturdaten zur deutschen Landwirtschaft

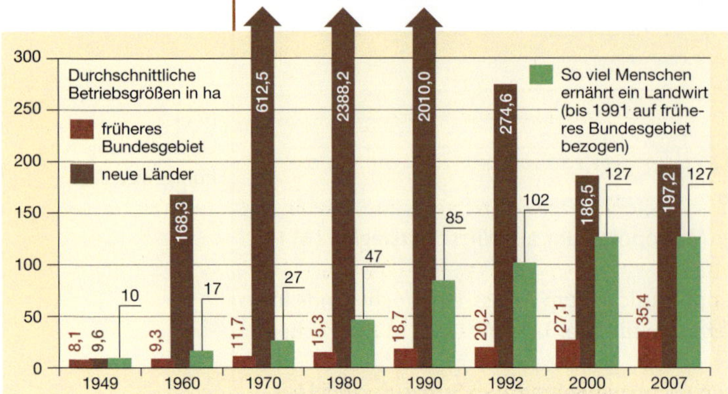

M 3 Durchschnittliche Betriebsgrößen

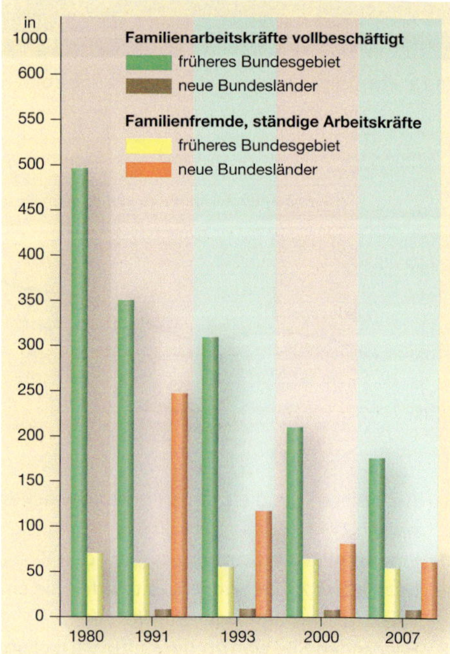

M 4 Arbeitskräfte in der Landwirtschaft

Für die Landwirtschaft der DDR bedeutete die politische Wende seit 1989 eine Umwandlung von der Plan- zur Marktwirtschaft. Dieser komplexe Umwandlungsprozess wird als „Transformation" bezeichnet.

Zunächst brach die Nahrungsmittelindustrie in den neuen Bundesländern zusammen, da ostdeutsche Produkte auf dem Markt nicht mehr gefragt waren. Man orientierte sich vorrangig an westdeutschen Nahrungsmitteln. Zugleich brachen aufgrund der Einführung der D-Mark die traditionellen Absatzmärkte in Osteuropa weg.
Im Juli 1990 verabschiedete die Volkskammer der DDR das Landwirtschaftsanpassungsgesetz, wonach bis zum 31.12.1991 die alten sozialistischen Betriebsstrukturen aufgelöst werden mussten. So gab es Ende 1991 keine LPG mehr. Dieses Gesetz war ein wichtiges Instrument für die Umwandlung der ostdeutschen Landwirtschaft. Die Entflechtung des genossenschaftlichen Eigentums der Landwirtschaftlichen Produktionsgenossenschaften (LPG) und des Staatseigentums der Volkseigenen Güter (VEG) war Voraussetzung für das weitere Wirtschaften in der Landwirtschaft und des nach gelagerten Gewerbes.
Erschwerend für die ostdeutschen Landwirte kam hinzu, dass sich mit dem Beitritt der ostdeutschen Länder in die Bundesrepublik Deutschland am 3. Oktober 1990 ihre Aktivitäten im Rahmen der EU-Agrarpolitik bewegten. Ein komplizierter Handlungsrahmen mit Quoten, Kontingenten und Prämiensystemen erinnerte stark an Formen der Planwirtschaft.

Nach und nach entstanden private Einzelunternehmen sowie Agrargenossenschaften auf dem Landwirtschaftssektor. Bei der Umstrukturierung gab es große Probleme: Wollte ein Bauer Einzelunternehmer werden, musste er von dem Nachfolgeunternehmen seiner ehemaligen LPG seine Vermögensanteile aus dem genossenschaftlichen Eigentum (z.B. Boden, Maschinen etc.) zurückfordern. Aufgrund des viel zu geringen Kapitals der LPG-Nachfolger konnte jedoch diesem Wunsch nur selten entsprochen werden. Zugleich hatten die LPG-Nachfolger Altschulden von ca. 4 Mrd. € aus DDR-Krediten mit staatlicher Unterstützung abzuzahlen. In den neu geschaffenen Unternehmen war ein Umdenken notwendig. Es galt nun, ein neues Management in den Betrieben einzusetzen, eine Wettbewerbsfähigkeit auf dem europäischen Markt anzustreben, nicht mehr so viel wie möglich, sondern kostengünstig hochwertige Erzeugnisse zu produzieren und die Produktion umweltverträglich zu betreiben.

Die Umstrukturierung der Landwirtschaft erforderte viele Entlassungen und brachte eine hohe Arbeitslosigkeit in den ländlichen Raum, da viele zentrale Arbeitgeber wegfielen. Zugleich brach häufig auch die soziale sowie kulturelle Infrastruktur weg.
Heute haben sich die meisten Landwirtschaftsunternehmen in den neuen Bundesländern wirtschaftlich konsolidiert und gelten mit ihren Großbetrieben als besonders wettbewerbsfähig.

(nach: Gerber, W.: Die Entwicklung der ostdeutschen Landwirtschaft nach 1990, MuR 11, S. 84)

M5 Die Transformation der ostdeutschen Landwirtschaft

Grundnahrungsmitteln zu versorgen. Die Industrialisierung der Agrarproduktion machte aus den „Bauern" spezialisierte „Arbeitern". Dies sicherte zugleich ein geregeltes Einkommen, geregelte Arbeits- sowie Urlaubszeiten und Sozialleistungen. Die Großbetriebe wurden zu den zentralen Arbeitgeber ihres Nahraums und unterhielten soziale sowie kulturelle Einrichtungen.

	Früheres Bundesgebiet		Neue Länder	
Betriebsgröße	Anzahl der Betriebe	Flächenanteil in %	Anzahl der Betriebe	Flächenanteil in %
1 – 10 ha	126600	5,0	11300	0,8
> 10 – 20 ha	64000	8,4	3700	1,0
> 20 – 30 ha	32500	7,1	1700	0,8
> 30 – 50 ha	46500	16,0	1900	1,4
> 50 – 100 ha	50900	31,4	2300	3,0
über 100 ha	22700	32,1	9200	93,0
Betriebe insgesamt	343200		30100	
Gesamtfläche	11,4 Mio. ha		5,6 Mio. ha	
Pachtflächenanteil	53,3 %		78,9 %	

M6 Landwirtschaftliche Betriebe 2007

1. Erläutern Sie die Entwicklung der Landwirtschaft in der Deutschen Demokratischen Republik (M1 bis M3).
2. Kennzeichnen Sie die Entwicklung der landwirtschaftlichen Betriebe in den neuen Bundesländern seit 1990 (M1 bis M6).
3. Erklären Sie die Notwendigkeit des Transformationsprozesses in der ostdeutschen Landwirtschaft (M5).
4. Nehmen Sie Stellung zum aktuellen Ergebnis des Transformationsprozess in den neuen Ländern (M1 bis M6).

Der Weg der LPG Lützen in die Freie Marktwirtschaft

M 7 Information durch den Betriebsleiter der LPG Lützen

„Der Wettbewerb wird es entscheiden." Mit diesen Worten beschreibt Herr Langrock, ehemaliger Prokurist der AG Lützen-Dölzig, den Sprung der ehemaligen Planwirtschaft in das für ostdeutsche Unternehmen „kalte Wasser" der freien Marktwirtschaft. Dieser Umwandlungsprozess wird als „Transformationsprozess" bezeichnet.

Mit dem LPG-Umwandlungsgesetz von 1991 mussten wir unsere LPG in eine Gesellschaft bürgerlichen Rechts umwandeln. Die Problematik bestand nun darin, mit einer Vielzahl von Anteilsberechtigten eine Rechtsform zu finden, obwohl sich hierin niemand von uns auskannte. Die Mehrzahl der ehemaligen Mitglieder beschloss eine Agrargenossenschaft zu gründen, da hierbei jedes Mitglied ein gleichberechtigtes Mitspracherecht erhält.
Für das neue Management war die industrielle Landwirtschaft kein Neuland, Marktwirtschaft, die Führung einer AG, EU-Politik, das neue Währungssystem und Subventionen waren es schon. Auch stellten sich für das neue Management die zum Teil sehr zeitaufwändigen Entscheidungsabläufe innerhalb der AG als eine Herausforderung dar. Während die gewohnten staatlichen Einrichtungen plötzlich wegfielen, musste man sich um alles selber kümmern. Neben dem Bezug von Produktionsmitteln stellte der Absatz unserer Produkte eines der größten Probleme dar. Beispielsweise wollte in Ostdeutschland unmittelbar nach der Wende keiner mehr die bis dahin üblichen weißen Hühnereier kaufen. Man bevorzugte nur noch die braunen Eier. Somit mussten bei uns die Legehennen abgeschafft werden. Insgesamt wurde der Viehbestand drastisch reduziert.

Die Flächenstilllegung als Marktsteuerungsinstrument war uns vollkommen fremd. Die Philosophie in der DDR war, jeden Quadratmeter Boden zu nutzen. Doch plötzlich sollten wir knapp 20% unserer Fläche stilllegen. Das war den übrigen Mitgliedern nur schwer verständlich zu machen. Während wir die überzähligen Maschinen recht günstig nach Osteuropa verkaufen konnten, standen einige alte Betriebsgebäude leer und verfielen. Eine ganze Reihe von unrentablen Nebeneinrichtungen, die bisher zur LPG gehörten, wurden abgestoßen. Das betraf z.B. ein Gemüsegeschäft, einen Blumenladen, eine Gärtnerei und eine Gaststätte. Stallgebäude und Beregnungsanlagen wurden stillgelegt. Dies führte natürlich auch zu Entlassungen in der Genossenschaft, die allerdings sozialverträglich durchgeführt wurden. Die ehemaligen LPG-Mitglieder bekamen dafür andere Arbeitsstellen.

1994 kam es zu einer Fusion der AG Lützen mit der AG Dölzig. Damit vergrößerte sich die Anbaufläche, sodass die Technik effektiver eingesetzt werden konnte. Durch Großeinkäufe konnten wir Dieselkraftstoff, Saatgut und Düngemittel billiger erstehen. Zu diesem Zeitpunkt investierten wir in eine moderne Getreidelagerhalle für 2,5 Mio. €. Zu ihrer Finanzierung haben wir mit einem Getreidehändler der Umgebung extra die Agrarhandel Lützen GmbH gegründet. Unsere Verkaufsstrategie für Getreide ist mittlerweile folgende: Wir verkaufen nicht gleich die gesamte Getreidemenge nach der Ernte, sondern lagern einen Großteil bis ins späte Frühjahr ein. Zu dieser Zeit steigt nämlich der Getreidepreis und wir können teurer verkaufen.

In unserem Unternehmen gab es in den letzten Jahren weitere Veränderungen. So produzieren wir ausschließlich Feldfrüchte. Die Milchkontingente wurden verkauft und damit unsere Kühe abgeschafft. Unter anderem um Entscheidungsprozesse

M 8 Verfallene LPG-Einrichtung sowie moderne AG-Einrichtung

zu optimieren, wurden wir 1999 zur GmbH. In einer GmbH wird nach Anteilen der Kapitaleinbringung abgestimmt. Je mehr Anteile man besitzt, desto mehr Stimmen hat man.

Als Anpassung an fallende Erzeugerpreise wurden seit dem Jahr 2000 in der Produktion von Marktfrüchten schrittweise biologische Anbauverfahren eingeführt. Biogetreide hat zwar einen geringeren Ertrag und einen hohen Aufwand an Pflegemaßnahmen, da aber die Nachfrage nach biologischen Lebens- und Futtermitteln steigt, lässt es sich besser vermarkten. Erst nach einer zweijährigen Umstellungsphase können die ökologisch erzeugten Feldfrüchte als Bioprodukte verkauft werden. Aufgrund des ökologischen Anbaus sowie der Wirtschaftlichkeit wurde die GmbH in vier Betriebsbereiche aufgegliedert: in einen konventionell wirtschaftenden Betriebsbereich (2550 ha), einen ökologisch wirtschaftenden Betriebsbereich (2650 ha), einen Betriebsbereich in Umstellung (600 ha) sowie einen „Dienstleister". Der Dienstleistungsbetrieb fungiert für alle intern anfallenden Feld- und Verwaltungsarbeiten. In diesem Betrieb sind 10 Traktoristen, 2 Lehrlinge und 8 Verwaltungskräfte beschäftigt. Hierin sind auch sämtliche Maschinen und Geräte vereint, die für die anfallenden Arbeiten benötigt werden. Nur für Transportarbeiten sowie das Einsetzen und das Roden von Zuckerrüben werden externe Lohnunternehmen beschäftigt.
Insgesamt kann man sagen, dass sich unser Betrieb aufgrund zahlreicher Modernisierungen und seiner Größe zu einem wettbewerbsfähigen Unternehmen mit einer hohen Arbeitsproduktivität entwickelt hat. Dies gilt für viele ostdeutsche Betriebe im Vergleich zu den westdeutschen Familienbetrieben. So bewirtschaften wir heute mehr als 5800 ha, das entspricht einer Fläche von rund 785 Fußballfeldern. Die durchschnittliche Hofgröße in Deutschland beträgt 38,2 Hektar.

(Quelle: Nach einem Interview mit Herrn Langrock, ergänzt durch den derzeitigen Betriebsleiter, Herr Dr. Stefan Reinhard, Oktober 2009)

M 9 Erntemaschinen bei der Arbeit

Feldfrüchte	1989 (LPG)	1994 (AG)	1999 (GmbH)	2009 (GmbH)
	(Angaben in ha)			
Getreide	3600	3250	3700	2800 (davon 1450 biologisch)
Zuckerrüben	1000	600	488	400
Raps	–	500	515	1000
Feldfutter	500	500	–	–
Flächen-stilllegungen	–	1000 (seit 1990)	1495 (seit 1994)	seit 2006 EU-weit abgeschafft
Körnermais	–	–	–	830 (davon 430 biologisch)
Ackerbohnen, Lupinen	–	–	–	770 (biologisch)

M 10 Entwicklung der Pflanzenproduktion in der GmbH Lützen-Dölzig

Tierart (Stückzahl)	1989 LPG Lützen	1991 AG Lützen	1994 AG Lützen Dölzig	2009 GmbH Lützen-Dölzig
Rinder	4 900	2 000	600	seit 1999 keine
Kühe	1 500	500	640	seit 1999 keine
Schweine	12 900	3 500	–	–
Zuchtsauen	850	480	–	–
Schafe	1 800	170	–	–
Legehennen	14 000	–	–	–

M 11 Entwicklung der Viehbestände in der GmbH Lützen-Dölzig

Zeitpunkt	Juni 1989	Juni 1991	Juni 1994	Dez. 1994 (nach Vereinigung mit AG Dölzig)	Sept. 1999	Okt. 2009
Anzahl der Arbeitskräfte	770	280 (davon 180 Kurzarbeiter)	134	67	37	20

M 12 Arbeitskräfteentwicklung in der GmbH Lützen-Dölzig

5. Kennzeichnen Sie die Problembereiche der Landwirtschaft im Transformationsprozess (M 7).
6. Erläutern Sie den Strukturwandel am Beispiel der GmbH Lützen-Dölzig (M 7 bis M 12).
7. Bewerten Sie die Wettbewerbsfähigkeit der GmbH Lützen-Dölzig (M 7 bis M 12).

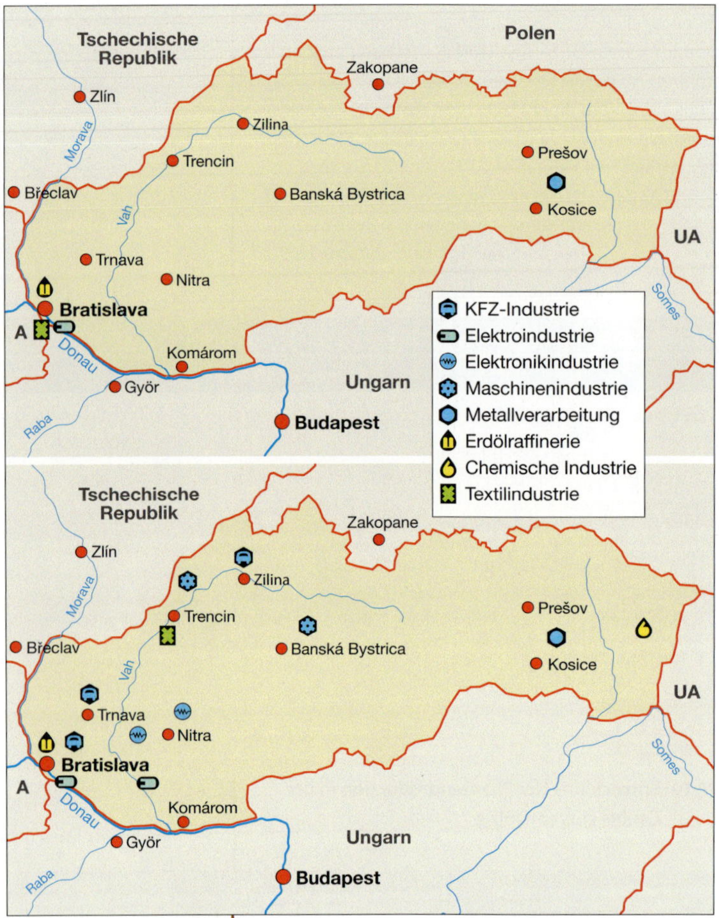

M 13
Die Slowakei 1993 und 2008

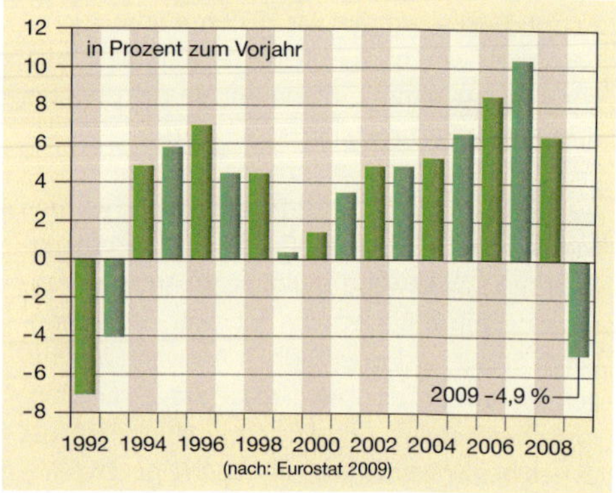

M 15 BIP-Wachstum real

Transformationsland Slowakei

Wirtschaft und Gesellschaft zu Beginn des Transformationsprozesses

1992 löste sich die Tschechoslowakei auf. Es entstanden die beiden neuen Staaten Tschechische Republik und Slowakei. Alles bewegliche und unbewegliche Eigentum sollte im Besitz der jeweiligen Republik bleiben. Die Slowakei befand sich in einer ungünstigen Ausgangslage, da der wirtschaftliche Schwerpunkt im Westen der ehemaligen Tschechoslowakei gelegen hatte. Im Osten dominierten seit den 1950er-Jahren die Rüstungs- und Schwerindustrie, die größtenteils für die Länger des damaligen **Rates für Gegenseitige Wirtschaftshilfe (RGW)** produzierten. Nach dem Zusammenbruch der Zentralverwaltungswirtschaft in den ehemaligen Ostblockstaaten fehlte der Slowakei der Absatzmarkt für Rüstungsgüter. Der Übergang von der Plan- zur Marktwirtschaft war schwierig, die gesamtwirtschaftliche Produktion ging 1993 zurück und nach der Liberalisierung der Wirtschaft stiegen die zuvor staatlich festgelegten Preise drastisch an. Eine hohe Arbeitslosigkeit von über 14 Prozent führte zusätzlich zu einem Absinken des Lebensstandards.

Der Transformationsprozess

1992 war ein Privatisierungsministerium geschaffen worden, das den Verkauf der Betriebe nach marktwirtschaftlichen Kriterien durchführen sollte. Dazu kam es jedoch nicht, da die damalige Regierung die Privatisierung staatlicher Großbetriebe verhinderte, indem sie den Verkauf fast nur an Inländer, d. h. an Manager oder Outsider ohne größere Eigenmittel ermöglichte. 1996 wurde die Privatisierung der Banken gestoppt. Erst nach dem Regierungswechsel 1998 wurden staatliche Großbetriebe nach und nach privatisiert.

Seit Mitte der 1990er-Jahre findet das stärkste Wirtschaftswachstum in den größeren städtischen Agglomerationen statt, vorrangig in der Hauptstadtregion. Hier wird mehr als ein Viertel des slowakischen BIP erwirtschaftet, gefördert durch ausländische Direktinvestitionen. Mit der 2004 erfolgten Einführung einer Einheitssteuer von 19 Prozent, der so genannten „flat tax", auf die Einkommens-, Körperschafts- und Umsatzsteuer, hat die Attraktivität des Landes für ausländische Investoren stark zugenommen. Zum Abbau der regionalen Disparitäten und des West-Ost-Gefälles sollen auch EU-Strukturhilfen beitragen.

M 14
Qualitätskontrolle bei Kia Motors in Zilina

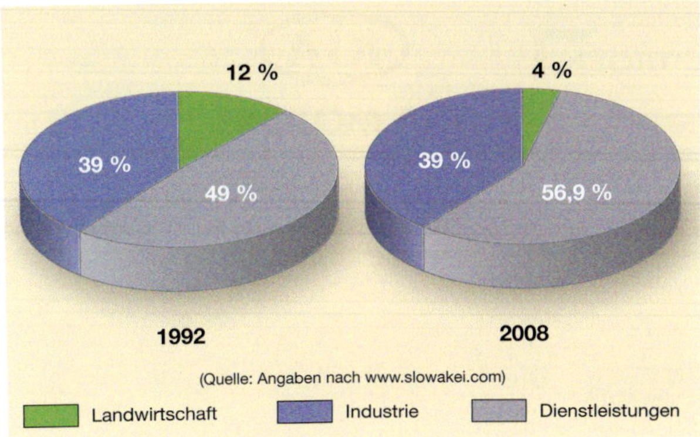

M 16 Beschäftigte nach Sektoren

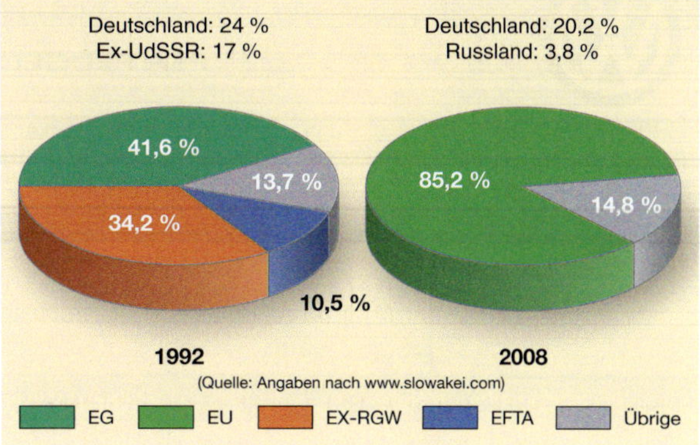

M 17 Hauptabnehmerländer

Die wichtigsten Industriebranchen

Die größten Anteile an der Industrieproduktion nehmen heute die Automobilindustrie einschließlich der Kfz-Zulieferindustrie, der Maschinenbau, die Elektrotechnik/Elektronik – hier insbesondere die Produktion von Unterhaltungselektronik – sowie die chemische und pharmazeutische Industrie ein.

Die Automobilindustrie hat sich zum Motor der slowakischen Industrie entwickelt. Die Kfz-Hersteller stehen für ein Viertel des BIP und ein Drittel der Exporte. Auch beim Maschinenbau ist seit Jahren ein deutlicher Aufschwung zu beobachten. Neben dem Kfz-Sektor zählt die elektrotechnische Industrie zu den besonders stark wachsenden Industriezweigen. Die chemische Industrie profitiert sowohl von der hohen Nachfrage aus der Kfz- und elektrotechnischen Industrie als auch von der regen Aktivität im Baugewerbe.

Um die Wettbewerbsfähigkeit in den strukturschwachen Regionen zu verbessern, entstanden zahlreiche **Industrieparks.** Der Staat treibt den Ausbau der Infrastruktur in der Ostslowakei voran, um den Raum mit den deutlich geringeren Löhnen als im Westen auch für ausländische Investoren attraktiv zu machen. Eine Garantie für eine erfolgreiche Rekrutierung von qualifizierten Arbeitskräften besteht jedoch nicht, da viele die Region in den Krisenjahren verlassen haben. Auch in der Westslowakei zeichnete sich bereits Anfang des 21. Jahrhunderts ein Facharbeitermangel ab.

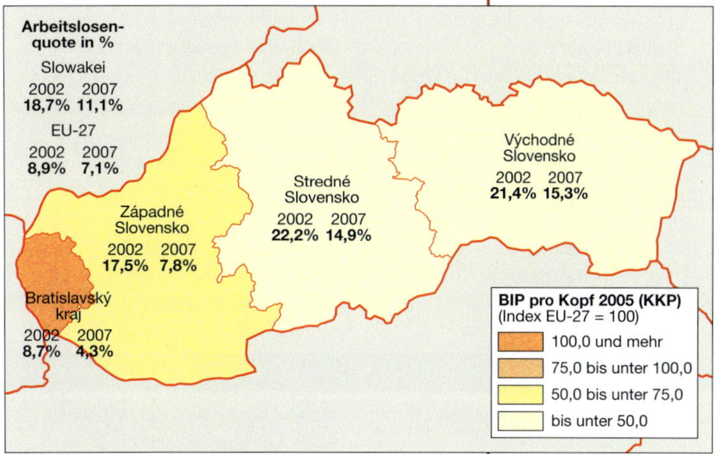

M 18 BIP pro Kopf (Kaufkraftparitäten) und Arbeitslosenquote

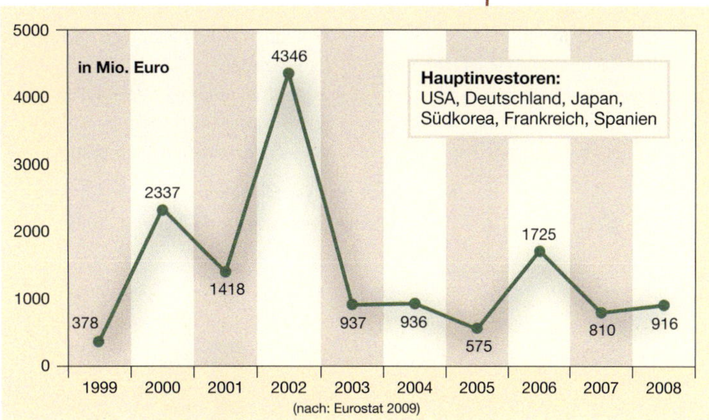

M 19 Ausländische Direktinvestitionen

8. Charakterisieren Sie die wirtschaftliche Ausgangssituation der Slowakei 1992 (**M 13** bis **M 17**).
9. Erarbeiten Sie einen Überblick über staatliche Maßnahmen und wirtschaftspolitische Entscheidungen sowie deren Auswirkungen auf die wirtschaftliche und gesellschaftliche Entwicklung der Slowakei nach 1992 (**M 13**, **M 18**).
10. Überprüfen Sie die Aussage, die Slowakei habe Anfang des 21. Jahrhunderts eine rasante wirtschaftliche Entwicklung durchlaufen (**M 13**, **M 15**).
11. Beurteilen Sie die Auswirkungen ausländischer Investitionen (**M 13**, **M 19**).

	PSA PEUGEOT CITROËN	KIA MOTORS
Standort: Bratislava **Produktionsbeginn:** 1992 **Beschäftigte 2008:** 7800 **Modelle:** Audi Q7, VW Touareg, Porsche Cayenne, Skoda Octavia	**Standort:** Trnava **Produktionsbeginn:** 2006 **Beschäftigte 2008:** 3200 **Modelle:** Peugeot 207, Peugeot 207 Van, C3 Picasso	**Standort:** Zilina **Produktionsbeginn:** 2006 **Beschäftigte 2008:** 3000 **Modelle:** Kia Cee'd, Kia Sportage

M 20 Strukturdaten der Automobilindustrie

Stärken (Strengths)	Schwächen (Weaknesses)
– In den vergangenen Jahren stark gestiegene Wirtschaftsleistung – geringe Kapitalrückflussdauer von Investitionen dank günstiger Produktionskosten – lange industrielle Tradition in vielen Industriebranchen – niedrige Gewinnsteuerbelastung, einfaches Steuersystem – gut ausgebildete und motivierte Arbeitskräfte – liberales Arbeitsrecht – gute Verfügbarkeit lokaler Zulieferer – politische Stabilität	– hohe Exportabhängigkeit – hohe Abgabenbelastung (v. a. Lohnnebenkosten); häufig gesetzliche Änderungen – knappes Angebot an Fachkräften und hohe Fluktuation – Transportinfrastrukturdefizite in der Mittel- und Ostslowakei – langwierige Durchsetzung von Rechtsansprüchen – mangelhafte Transparenz bei Angeboten, auch bei den EU-Fonds – wenig Erfolg beim Abbau von Korruption und Klientelismus – schwach entwickelte F&E
Chancen (Opportunities)	**Risiken (Threats)**
– Hub für das Osteuropageschäft (inklusive GUS) – hoher Nachholbedarf im Dienstleistungssektor und in der Technologie orientierten Produktion – kostengünstige Strukturen für Gewerbeansiedlungen – breites Flächen- und Objektangebot in Gewerbeparks – Nutzung öffentlicher und EU-Fördermittel, Investitionshilfen	– hohe Abhängigkeit der Wirtschaft vom Ausfuhrgeschäft – zu starke Ausrichtung auf Kfz- und Elektroindustrie – Zunahme des Facharbeitermangels und zu schnell steigende Löhne – schleppende Fortsetzung struktureller Reformen – Zunahme der großen regionalen Entwicklungsunterschiede – weiter steigende Energiepreise

M 21 Swot-Analyse Slowakei
(Quelle: Germany Trade & Invest, 2009)

Die slowakische Autoindustrie

Volkswagen hatte 1991 den Anfang gemacht und einen staatlichen Autoproduzenten, die Bratislaver Automobilwerke, gekauft. Der kleine Produktionsbetrieb war eine Nebenstelle der damaligen tschechischen Skoda-Werke. Mittlerweile sind mit VW Slovakia, dem umsatzstärksten Unternehmen des Landes, rd. 300 Zulieferfirmen verbunden. Neu angesiedelt haben sich der französische Konzern PSA Peugeot Citroën und der südkoreanische Autobauer Kia Motors. Da die beherrschende Rüstungs- und chemische Industrie nahezu zum Erliegen gekommen war, holte der Staat durch Förderungsbeihilfen ausländische Unternehmen in das Land. Für ausländische Investoren sind außerdem die Personalkosten ein wichtiger Faktor bei der Standortwahl. Im verarbeitenden Gewerbe kostete 2008 eine Arbeitsstunde 7,20 €, in Deutschland 33,90 €.
Fast die gesamte Autoproduktion geht in den Export. Die Slowakei rühmt sich deshalb, bezogen auf ihre 5,4 Millionen Einwohner, der größte Autoproduzent der Welt zu sein. Allerdings verursachte die Wirtschaftskrise 2008 und 2009 auch in der Schlüsselindustrie Produktionseinbrüche. Die Regierung ist deshalb bestrebt, die Industrieproduktion weiter zu diversifizieren. Ein Schwerpunkt ist die Elektroindustrie. Schon heute zählt die Slowakei zu den führenden Herstellern von LCD-Fernsehgeräten und -Monitoren.

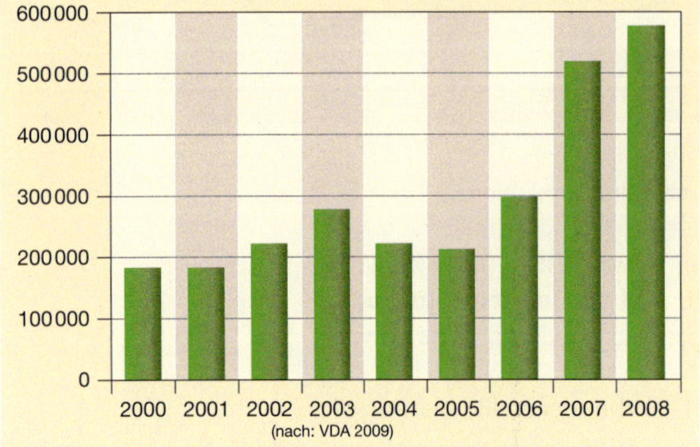

M 22 Pkw-Produktion

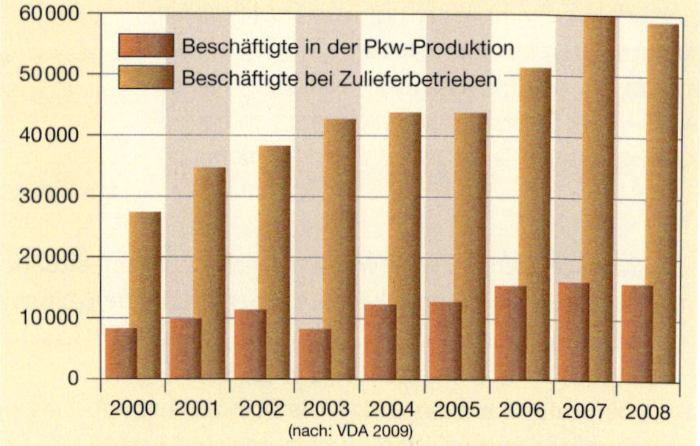

M 23 Beschäftigte in der Automobil- und Zulieferindustrie

Gründe für sektoralen Strukturwandel und räumliche Schwerpunktverlagerungen

Der technische Fortschritt ist die entscheidende Triebfeder für den Strukturwandel. Als „technischer Fortschritt“ werden zum Beispiel die Entwicklung neuer Produkte, die Einführung neuer Produktionsprozesse und neue Organisationsformen bezeichnet. Mithilfe der Theorie der langen Wellen lassen sich langfristige und großräumige Verschiebungen erklären. Die Theorie geht auf den russischen Wissenschaftler Nikolai D. Kondratieff (1892 – 1938) zurück, der herausfand, dass es lang dauernde Zyklen von 40 bis 60 Jahren gibt. Sobald eine Produktionsweise an ihre Grenzen stößt, setzt ein Suchprozess ein, der zu Basisinnovationen führt. Solche Basisinnovationen wie z. B. die Mikroelektronik oder die Biotechnologie lösen einen neuen langen Zyklus aus. Auf eine Aufschwungphase folgt durch eine neue Basisinnovation ein wirtschaftlicher Abschwung der vorangegangenen Technologie.

Im slowakischen Teil der ehemaligen Tschechoslowakei dominierten die planwirtschaftlich ausgerichteten Industrieobjekte wie das Erdölkombinat in Bratislava und die Ostslowakischen Eisenwerke Košice. Der sektorale Strukturwandel nach 1990 löste auch räumliche Differenzierungsprozesse aus. Die Ostslowakei zählt wie das östliche Ruhrgebiet zu den altindustrialisierten Räumen mit erheblichen Problemen im Strukturwandel.

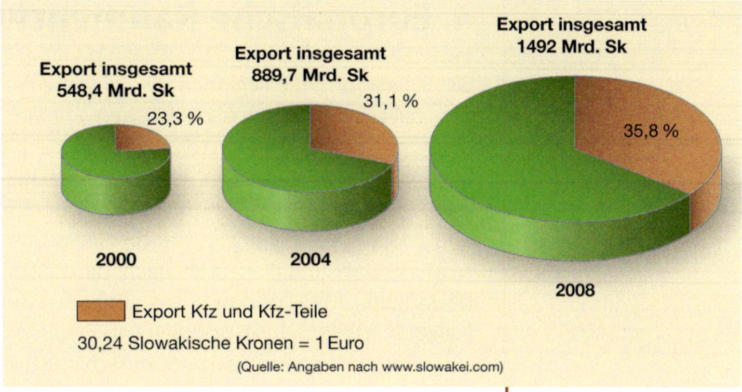

M 25 Anteil der Kfz-Exporte an slowakischen Gesamtexporten

Kennzahlen ausgesuchter EU-Länder	Beschäftigte	in Prozent der Industriebeschäftigten	produzierte Autos
EU	2,3 Mio.	6,0	rd. 17 Mio.
Deutschland	844 000	11,7	5,8 Mio.
Frankreich	290 000	7,5	3,2 Mio.
Großbritannien	187 000	5,5	1,6 Mio.
Italien	167 000	3,6	1,2 Mio.
Spanien	159 000	6,2	2,8 Mio.
Polen	125 000	5,7	785 000
Rumänien	120 000	5,2	242 000
Slowakei	76 000	14,1	571 000
Schweden	73 000	9,2	311 000
Österreich	32 000	5,2	275 000
Tschechien	25 000	2,7	235 000

M 26 Die Automobilindustrie in der EU 2007

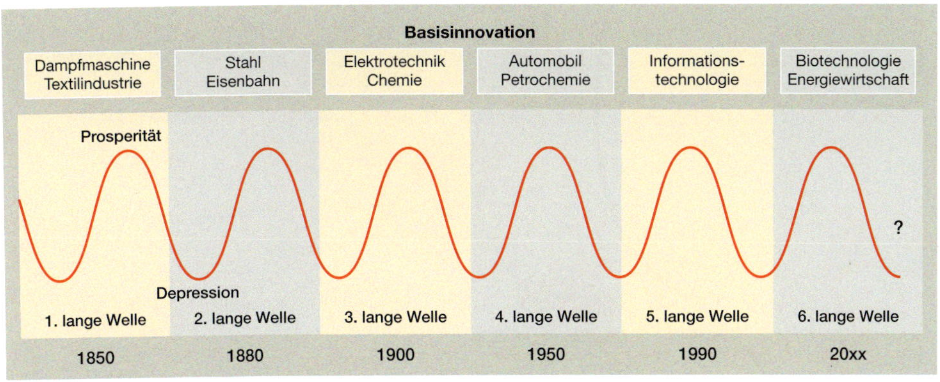

M 24 Stadien der wirtschaftlichen Entwicklung in langen Wellen („Kondratieffwellen“)

12. Übernehmen Sie die Rolle eines Investors und begründen Sie Ihre Entscheidung für oder gegen eine Standortwahl in der Slowakei (M 21).
13. Erstellen Sie eine Übersicht zur Entwicklung der Automobilindustrie in der Slowakei und begründen Sie die Standortwahl (M 20, M 22, M 23, M 25, M 26).
14. Erläutern Sie die Gründe für den sektoralen Strukturwandel und die Konsequenzen für die Raumentwicklung in der Slowakei (M 15, M 18).
15. Wenden Sie die Theorie der „langen Wellen“ auf die Slowakei an. Vergleichen Sie die Zeit vor und nach der Transformation (M 24).

Webcode: GO649174-407

4. Europäische Raumentwicklungsmodelle

Die Staaten und die Regionen der EU weisen einen teilweise sehr unterschiedlichen Entwicklungsstand auf. So gibt es Verdichtungsräume mit prosperierenden Industrien, einem wirtschaftsstarken tertiären Sektor und vielen Forschungs- und Bildungseinrichtungen, wie die Region um Mailand in Norditalien oder auch die Region Rhein-Ruhr. Mit London, Paris, Brüssel oder Frankfurt haben sich Metropolen entwickelt, die aufgrund ihrer politischen und wirtschaftlichen Bedeutung weltweit führende Plätze einnehmen. Demgegenüber stehen ländlich geprägte Räume mit schlechter Infrastruktur und schwacher Wirtschaftsleistung, wie beispielsweise der Nordwesten Spaniens oder Teile Irlands.

Die Unterschiede im Entwicklungsstand der Regionen kann man anhand einiger Merkmale bestimmen. Dazu gehören u.a. die Bevölkerungsdichte, die Alters- und Sozialstruktur der Bevölkerung, die Ausstattung mit Infrastruktureinrichtungen, die Wirtschaftsstruktur oder ökonomische Daten wie etwa das Pro-Kopf-Einkommen.

Die Verteilung von **Zentren und Peripherien**, von **Aktiv- und Passivräumen** in Europa lässt sich wegen der Vielfalt der Strukturmerkmale nur schwer in Karten darstellen. Deshalb haben Wissenschaftler und Forschungsinstitute versucht, vereinfachte Modelle zu entwickeln, die den Sachverhalt übersichtlich darstellen. Eine derartige Bestandsaufnahme ist die Voraussetzung für eine EU-weite Raumplanung, deren Ziel es sein muss, die **Disparitäten** innerhalb der EU auszugleichen.

M 1 Raumentwicklungsmodell der 1990er-Jahre

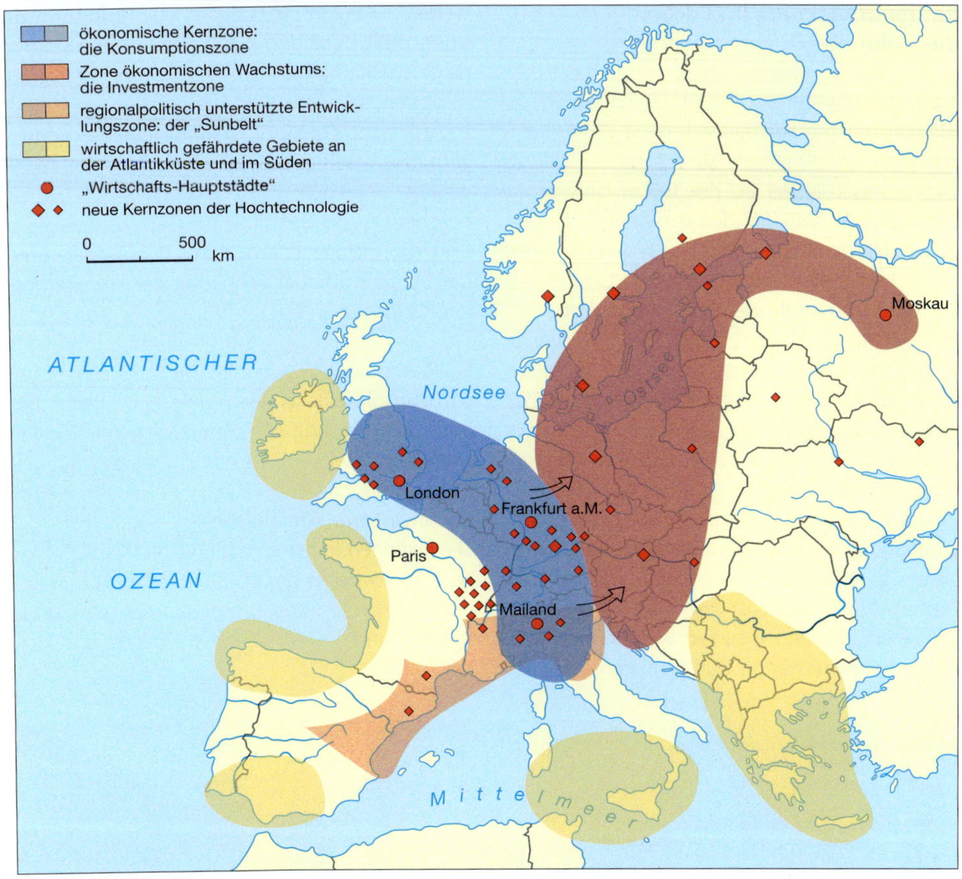

M2 Erweiterung des Raummodells nach Osten: die „mitteleuropäische Zone des europäischen Wachstums"

Der Franzose Roger Brunet hat 1989 ein Raumordnungsmodell für Europa entwickelt, das 16 Strukturmerkmale berücksichtigt (M1). In seinem Modell fällt ein wachstumsstarkes und verstädtertes Gebiet auf, das sich bogenförmig von Birmingham über Brüssel und Frankfurt bis nach Oberitalien erstreckt. Da es in der Karte blau eingefärbt war, wurde es als „Blaue Banane" bezeichnet. In dieser Kernzone leben etwa 40 Prozent der EU-Einwohner. Sie gilt als die wachstumsstärkste Region der EU und zieht wie ein Magnet Unternehmen und Bevölkerung an. Die Städte in der „Blauen Banane" sind stark miteinander vernetzt, was einen leichten Austausch an Gütern, Informationen und Finanzen sichert. Ihre Wirtschaftskraft erstreckt sich nicht nur auf die Kernzone, sondern strahlt weit nach außen bis hin zu globalen Beziehungen. Für die EU-Raumplaner wurde die Gefahr deutlich, dass dieser „übermächtige" Kernraum zu einem Monozentrum wird, der aufgrund seiner Anziehungskraft Ressourcen und qualifizierte Arbeitskräfte aus den übrigen Regionen der EU abzieht und dass diese – je weiter sie vom Kernraum entfernt liegen – zur Peripherie werden und in jeder Beziehung ins Hintertreffen geraten. So konnte das Modell als Grundlage künftiger Raumordnungsmaßnahmen dienen. Zum damaligen Zeitpunkt waren allerdings weder die Öffnung Osteuropas noch die Erweiterung der EU auf heute 27 Staaten absehbar. Deshalb musste das Modell der „Blauen Banane" stufenweise erweitert werden.

1. Erläutern Sie das Raumentwicklungsmodell der 1990er-Jahre (M1). Stellen Sie dazu tabellarisch die Merkmale der Raumtypen „Blaue Banane", „Wirtschaftszentren", „EU-Aufsteiger" und „wenig entwickelte Regionen" hinsichtlich der Einwohnerzahl/-dichte, der Verkehrslage und Verkehrsinfrastruktur sowie der wirtschaftlichen Aktivitäten dar (Wirtschaftskarten im Atlas). Ergänzen Sie Ihre Arbeitsergebnisse durch gezielte Internetrecherche zu den einzelnen Regionen.
2. Erläutern Sie das Raummodell M2, das nach der deutschen Vereinigung entstanden ist, und vergleichen Sie seine Aussage mit der des Modells in M1.

Raumentwicklung im Europa der Zukunft

Nach der Erweiterung der EU auf nunmehr 27 Mitgliedsstaaten ergaben sich neue Konsequenzen für die Maßnahmen zur Raumentwicklung. Gab es schon in der EU der 1990er-Jahre große Unterschiede zwischen den einzelnen Regionen, so wurden die Disparitäten durch den niedrigen Entwicklungsstand einiger neuer EU-Länder (z. B. Rumänien oder Bulgarien) noch verschärft.
Um der neuen Situation nach der EU-Erweiterung Rechnung zu tragen, haben die EU-Raumplaner ab 2002 neue Modelle entwickelt; Ziel war eine neue aussagekräftige Basis für weitere Raumordnungsmaßnahmen zu erhalten. Diese Planungsmodelle weisen teilweise schon weit in die Zukunft. Das oberste Ziel aller EU-Planungsmaßnahmen ist es, für alle EU-Bürger annähernd gleich gute Lebensbedingungen zu schaffen. Dazu müssen zunächst regionale Ungleichgewichte erkannt und analysiert werden. Erst dann können entsprechende Maßnahmen eingeleitet werden. Die von der EU betriebene **Raumordnungspolitik** soll demzufolge eine Verbesserung der Entwicklungsbedingungen in benachteiligten Regionen bewirken und die sozialen und wirtschaftlichen Entwicklungsunterschiede verringern bzw. beseitigen. Dazu wurde 1999 das Europäische RaumEntwicklungsKonzept (EUREK) beschlossen, das Leitbilder für eine ausgewogene und nachhaltige Entwicklung des Territoriums der EU unter Berücksichtigung der Erweiterung der EU formuliert hat.

Für den Zeitraum von 2007 bis 2013 stehen für strukturpolitische Maßnahmen 347 Milliarden Euro zur Verfügung. Mit diesen Mitteln sollen vor allem folgende drei Ziele erreicht werden:

1. Konvergenz (Annäherung)

Die Regionen, in denen das BNE pro Kopf 75 Prozent oder weniger des EU-Durchschnitts beträgt, erhalten Fördermittel, um neue Arbeitsplätze zu schaffen und das Wirtschaftswachstum anzukurbeln.

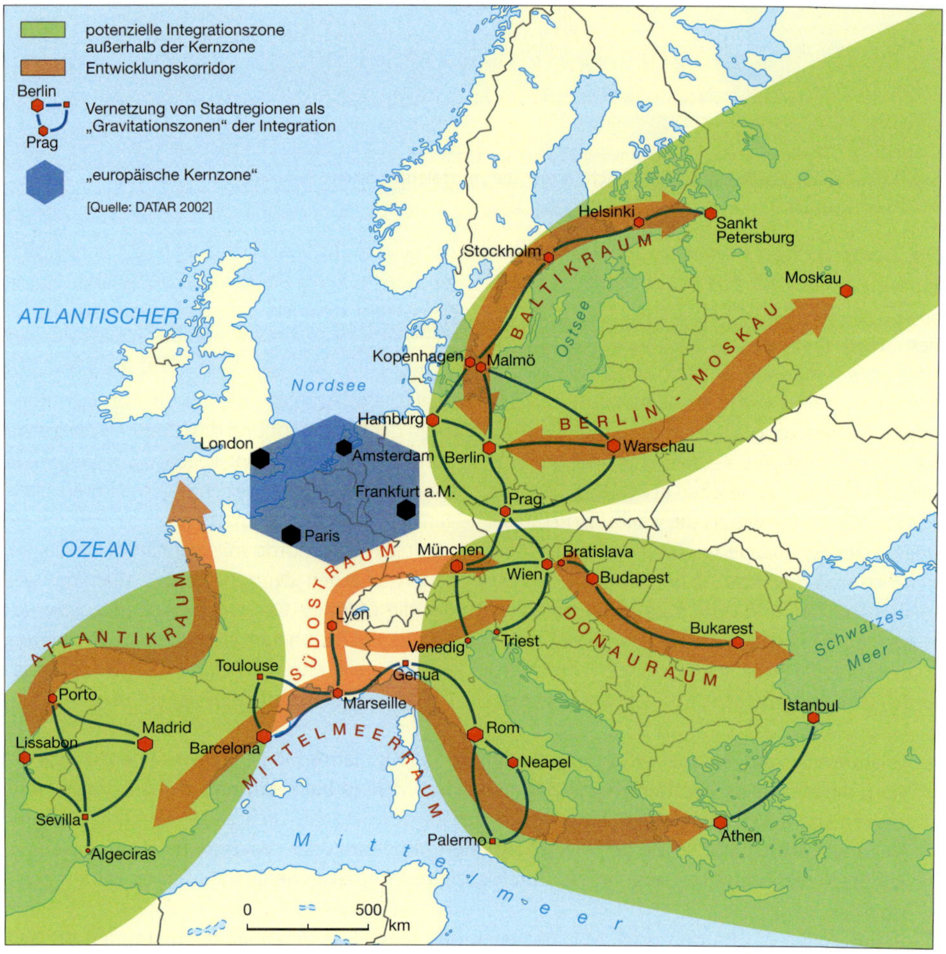

M3 Szenarium: Potenzielle europäische Integrationszonen außerhalb der „Kernzone"

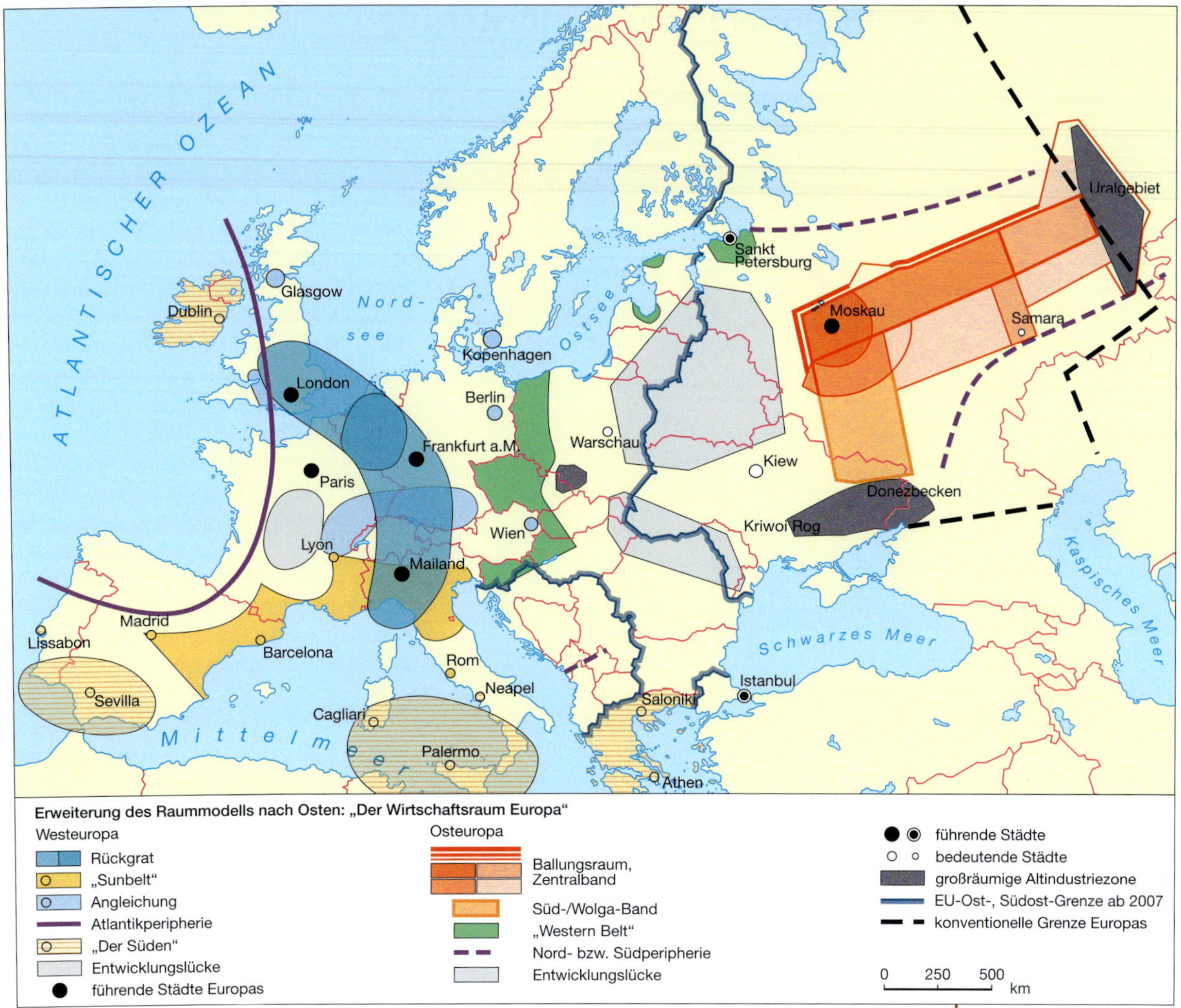

M4 Erweiterung des Raummodells nach Osten – „Der Wirtschaftsraum Europa"

2. Regionale Wettbewerbsfähigkeit

Die wohlhabenden EU-Mitgliedsstaaten erhalten Mittel, um die Folgen der Veränderungen in der Wirtschaft und auf dem Arbeitsmarkt, die z.B. durch Globalisierung und Strukturwandel ausgelöst wurden, für sozial schwächere Bevölkerungsschichten verträglicher zu gestalten. Dazu gehören beispielsweise Fortbildungs- und Qualifizierungsprogramme für Arbeitslose.

3. Territoriale Zusammenarbeit

Hier will die EU grenzüberschreitende Projekte und Entwicklungen mit Fördemitteln unterstützen, damit Grenzregionen nicht als Peripherie zurückbleiben. Die für dieses Ziel eingeplanten Mittel machen allerdings nur einen geringen Teil der Gesamtsumme aus.

3. Bereiten Sie eine PowerPoint-Präsentation über den Entwicklungsstand von fünf EU-Staaten Ihrer Wahl vor. Recherchieren Sie im Internet und stellen Sie zu den EU-Staaten folgende Daten zusammen: Einwohnerzahl, Altersstruktur, Anteil der drei Wirtschaftshauptsektoren am BNE und an den Beschäftigtenzahlen, Import- und Exportstruktur, BNE/BIP pro Kopf. Diskutieren Sie die Daten in der Klasse und bewerten Sie abschließend die Stellung und den Förderbedarf der EU-Staaten.
4. Erläutern Sie die EUREK-Fördermaßnahmen (Text).
5. Bilden Sie vier Gruppen und analysieren Sie arbeitsteilig die Aussagen der vier Raumentwicklungsmodelle (M1 bis M4). Präsentieren und beurteilen Sie anschließend die verschiedenen Zielsetzungen.
6. Beurteilen Sie abschließend die Aussagekraft derartiger Raummodelle.

5. Regionale Strukturförderung

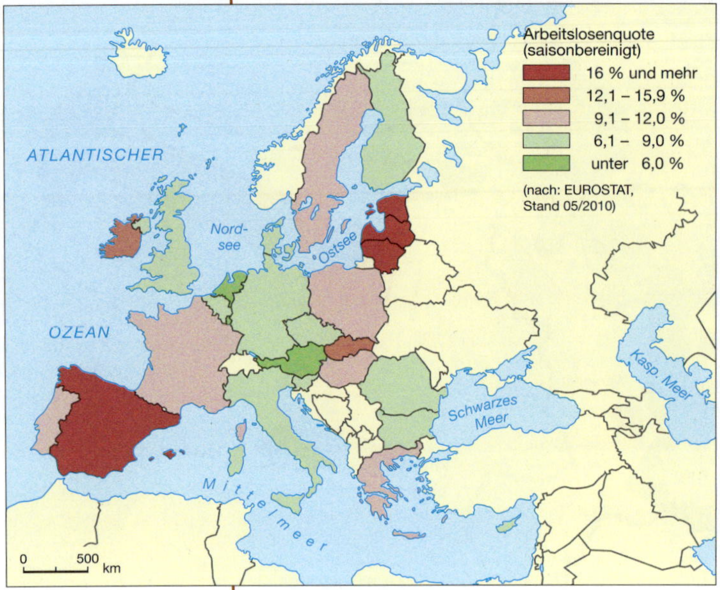

M1 Arbeitslosenquote in der EU 2010

Regionale Disparitäten

Bereits der EWG-Vertrag aus dem Jahr 1958 fordert in der Präambel den Abbau regionaler Unterschiede. Auch wenn die EU zu den wirtschaftlich bedeutendsten Wirtschaftsbündnissen der Welt gehört und einen stets wachsenden Wohlstand ausgelöst hat, bestehen immer noch erhebliche Unterschiede nicht nur zwischen den Mitgliedsstaaten des Integrationsraums, sondern auch innerhalb der einzelnen Länder.
Zur Darstellung regionaler Unterschiede werden vorrangig das BNE je Einwohner und die Arbeitslosenquote verwendet. Dabei reicht das BNE je Einwohner von 5800 € im Nordosten Rumäniens bis zu 79 400 € in der britischen Hauptstadtregion Inner-London. Auffällig ist aber auch, dass die Disparitäten auf regionaler Ebene viel größer ausfallen als auf der Ebene der Mitgliedsstaaten.
Um die Unterschiede auszugleichen, ist es zunächst notwendig, deren Ursachen zu erforschen. Die größeren Städte gehören zu den wirtschaftlich starken Regionen. Sie profitieren dabei von der Konzentration der Unternehmen, dem Vorhandensein qualifizierter Arbeitnehmer sowie der guten infrastrukturellen Ausstattung, sei es im Verkehrsbereich, bei der Telekommunikation oder der Ausstattung mit Schulen und Hochschulen. Die ländlichen Räume hingegen haben Probleme, Entwicklungsprozesse in Gang zu setzen. Hier fehlt es nicht nur an den Voraussetzungen, die die Großstadtregionen attraktiv machen, sondern fehlende Ausbildungskapazitäten sowie eine schlechte Erreichbarkeit erschweren wirtschaftliche Aufholprozesse.

Das wichtigste Instrument zum Abbau regionaler Disparitäten in der EU ist der 1975 errichtete Europäische Fonds für regionale Entwicklung (EFRE). Während in der Vergangenheit eine klar ausgleichsorientierte Zielsetzung nach dem Motto „Wir stärken die schwachen Regionen“ verfolgt wurde, können heutzutage auch die besser gestellten Regionen Fördermittel nach dem Motto „Wir stärken die starken Regionen“ erhalten. Dies geschieht durch Bereitstellung von finanziellen Mitteln, mit denen der Ausbau der Infrastruktur, die Schaffung von Arbeitsplätzen u. a. unterstützt werden.

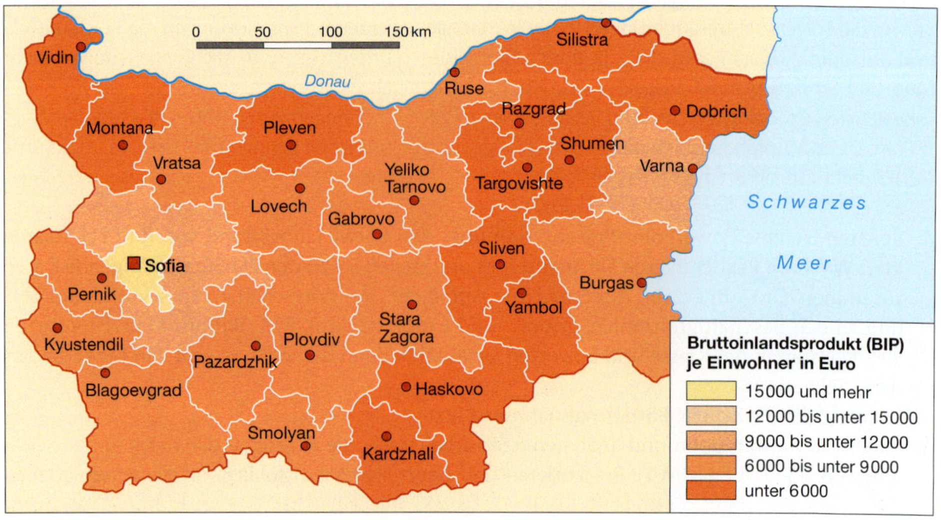

M2 Bulgarien – Bruttoinlandsprodukt (KKS je Einwohner) nach NUTS-3-Regionen

M3 Regionales Bruttoinlandsprodukt nach NUTS-2-Regionen

NUTS (Nomenclature des unités territoriales statistiques) ist eine statistische Systematik für räumliche Bezugseinheiten in der EU.

Es werden vier Ebenen unterschieden, wobei es auf den Ebenen NUTS 1 bis NUTS 3 länderspezifische Unterschiede gibt.
NUTS 0: Nationalstaaten
In Deutschland wird weiter untergliedert:
NUTS 1: 16 Bundesländer
NUTS 2: 39 Regionen (z. B. Regierungsbezirke)
NUTS 3: 429 Bezirke (z. B. Landkreise)

Kaufkraftparitäten (KKP), Kaufkraftstandards (KKS), engl. Purchasing Power Price (PPP)

Angenommen, die Jahreslöhne von Industriearbeiterinnen und -arbeitern in Deutschland (39000 €) und in Ungarn (1500000 Forint) sollen miteinander verglichen werden. Würde man nach dem aktuellen Wechselkurs (1 € = 250 Forint) das Gehalt des ungarischen Arbeiters bzw. der Arbeiterin in ca. 6000 € umrechnen, so würde man feststellen, dass eine deutsche Arbeitskraft ca. das Sechseinhalbfache verdient. Allerdings ergibt sich dadurch ein schiefes Bild, weil die Lebenshaltungskosten in Deutschland ca. doppelt so hoch sind wie in Ungarn, sodass ein deutscher Arbeiter tatsächlich („real") nur etwas mehr als das Dreifache seines ungarischen Kollegen zur Verfügung hat.

Um aufschlussreiche Vergleiche internationaler Wirtschaftsdaten zu erhalten, bildet man deshalb Kaufkraftparitäten: Dazu setzt man die Ausgaben für einen Warenkorb – eine bestimmte Auswahl von Gütern – im Ausland (z. B. Ungarn: Forint) mit den Ausgaben für den gleichen Warenkorb in Inland (z. B. Deutschland: Euro) gleich. Könnte man nach dem so errechneten Austauschverhältnis (= KKP) die Währungen tauschen – und nicht nach dem tatsächlichen Wechselkurs –, so wären die Waren im Ausland genauso teuer wie im Inland. Die Kaufkraft wäre also identisch („paritätisch": gleichgestellt).

(Quelle: Zandonella, Bruno: Pocket Europa. EU-Begriffe und Länderdaten. Bonn: Bundeszentrale für politische Bildung 2005)

M4 Definition von KKS

1. Erläutern Sie die regionalen Unterschiede in der EU (M1 bis M4).
2. Diskutieren Sie, warum die regionalen Disparitäten in den neuen Mitgliedsländern Rumänien und Bulgarien geringer sind als in anderen Staaten. Überlegen Sie, wie die Regionalplanung in der planwirtschaftlichen Zeit gesteuert wurde.

Webcode: GO649174-413

6. Beispiele für Kooperationen und Verbundsysteme

Strukturförderung im Alpenraum: Das Programm „Alpine Space“

Auf den Alpenraum wirken zunehmend Nutzungsansprüche ein, die zu einer Überlastung des Ökosystems Alpen und einer Zerstörung der alpinen Natur und Kultur führen. Massentourismus, Zunahme des Verkehrs über die Alpen, Verfall der Berglandwirtschaft sind nur einige Probleme des Alpenraumes. Die Eigenarten des Alpenraumes drohen, verloren zu gehen. Das stellt auch eine Gefährdung für das Leben der Menschen in den Alpen dar. Im Jahre 2002 wurde deshalb die Alpenkonvention beschlossen, die zum Schutz dieses sensiblen Naturraumes Regeln vorgibt. Auch das INTERREG III B Alpenraumprogramm „Alpine Space“ soll zu einer nachhaltigen Entwicklung in den Alpen beitragen.

Alpine SPACE
KO-FINANZIERT DURCH DEN EUROPÄISCHEN FONDS FÜR REGIONALE ENTWICKLUNG
EUROPÄISCHE TERRITORIALE ZUSAMMENARBEIT
Investition in Ihre Zukunft

Visitenkarte des Programms
Transnationales Programm zur Raumentwicklung in den Alpen sowie in angrenzenden Gebieten

Programmzeitraum: 2000 bis 2006
Gesamtvolumen: 118 Mio. €, davon ca. 50 % aus den Strukturfondsmitteln der EU, bei Slowenien 75 %

Programmzeitraum: 2007 bis 2013
Gesamtvolumen 130 Mio. €, davon ca. 75% aus dem Strukturfonds der EU. An dem Projekt sind 7 Länder beteiligt.

Hauptziele des Programms „European Territorial Cooperation Alpine Space Programme 2007–2013“ sind die Steigerung der Wettbewerbsfähigkeit und Attraktivität des Kooperationsgebiets durch gemeinsame Aktivitäten in jenen Bereichen, in denen transnationale Kooperationen für nachhaltige Lösungen erforderlich sind.
Diese Hauptziele werden in spezifische Programmziele differenziert, die in 13 Projekten realisiert werden sollen: Dazu zählen
- Förderung einer ausgeglichenen Raumentwicklung;
- Verbesserung der Verkehrssysteme und der Erreichbarkeit;
- Verbesserung des Dienstleistungsangebots;
- Schutz, Management und Nutzung des Natur- und Kulturerbes;
- Management von Naturgefahren vor dem Hintergrund des Klimawandels.

Diese Ziele sind drei Themenfeldern zugeordnet:
I Wettbewerbsfähigkeit und Attraktivität des Alpenraums
II Erreichbarkeit und Vernetzungsqualität
III Umwelt und Risikoprävention

M 1 Ziele des Programms „European Territorial Cooperation Alpine Space“

INTERREG III B fasst alle transnationalen Kooperationsmaßnahmen zusammen, an denen die nationalen, regionalen und kommunalen Behörden und die übrigen sozioökonomischen Akteure teilnehmen. Ziel ist es, die Integration großer europäischer Regionen voranzutreiben und so eine nachhaltige, ausgewogene und harmonische Entwicklung zu fördern. Besondere Aufmerksamkeit wird dabei den Regionen in äußerster Randlage und in Insellage gewidmet. Die Unterstützung im Rahmen von INTERREG III B gilt für das gesamte Hoheitsgebiet der Union; die Regionen der Nachbarländer können ebenfalls teilnehmen. Es gibt 13 Programmregionen, z. B. Westlicher Mittelmeerraum, Südwesteuropa, Alpenraum, Nordwesteuropa, Atlantikraum, Nordseeraum, Ostseeraum, Nördliche Randgebiete, Cadses (Zentraleuropa, Adria, Donau und Südosteuropa), Archimed (Griechenland, Sizilien, Kalabrien, Apulien und Basilicata).

M 3 Grenzüberschreitende Zusammenarbeit im Rahmen von INTERREG III B

M 2 Staaten und Regionen, die am Programm Alpine Space teilnehmen

Das Projekt ALPSHEALTHCOMP

Im Rahmen des Programms „Alpine Space 2002–2006" wurden 58 Projekte mit insgesamt 665 Partnern gefördert. Durchschnittlich waren an einem Projekt elf Partner aus fünf Ländern beteiligt. Eines der Projekte war ALPSHEALTHCOMP, mit dem die Wettbewerbsfähigkeit der Alpen als Tourismusregion gefördert werden sollte.

Die Alpen – ein nachhaltiges Reiseziel für Gesundheit und Wellness

Projektziel

Alpshealthcomp will einen nachhaltigen, qualitativ hochwertigen Gesundheitstourismus in den Alpen fördern, als Alternative zu so genannten „harten" Formen des Tourismus wie Skifahren.

Projektaktivitäten

Die Planung und Durchführung des Projekts beruht auf einem 3-Jahres-Plan, der durch folgende Praxis- und Forschungsarbeiten realisiert wird:
- Erforschung der medizinischen Wirksamkeit alpenspezifischer Produkte und Dienstleistungen (Wellnessserien mit Kräutern, Heubad, Molkebad u. a.)
- Initiativen in den Bereichen Bildung und Ausbildung von Personal
- Marktforschung über Erwartungen der Kunden, Wünsche, Potenziale und Erfolgsfaktoren alpiner Gesundheits- und Wellnessziele
- kontinuierliche Medienarbeit und PR, um den Alpenraum als qualitativ hochwertiges Reiseziel zu platzieren
- Entwicklung neuer alpenspezifischer medizinischer Produkte und Dienstleistungen, die nachweislich gesundheitsfördernde Wirkungen haben
- Entwicklung von Verknüpfungen (so genannten „Netzwerken") zwischen den touristischen Dienstleistern, der Landwirtschaft, Handwerksbetrieben, Nichtregierungsorganisationen, privaten Pflegediensten usw.
- Informationsaustausch und Wissensübertragung zwischen den alpinen Regionen der Teilnehmerländer

Projektrealisierung und Projektergebnisse
- Gewährleistung einer langfristigen Wettbewerbsfähigkeit alpiner touristischer Reiseziele
- Entwicklung innovativer und qualitativ hochwertiger Gesundheits- und Wellnessprodukte sowie -dienstleistungen
- Schaffung zusätzlicher Tätigkeitsbereiche im Dienstleistungssektor, um Beschäftigungsmöglichkeiten für die Bewohner der Regionen zu schaffen
- Schaffung eines Informationspools mit wissenschaftlich erprobten Daten bezüglich Gesundheits- und Wellnessanwendungen und Ausbildung
- Entwicklung einer transnationalen Jobbörse für den Gesundheits- und Wellnesssektor

(Quelle: www.alpinespace.org/downloads, pdf. Die Projekte, S. 26, die Aussagen wurden leicht verändert/vereinfacht)

Partner des Projekts „ALPSHEALTHCOMP"

Provinz Bozen, Ressort für Gesundheit und Sozialwesen

Partner aus Deutschland, Italien und Österreich

Dauer des Projekts: September 2004 bis Februar 2008

Gesamtvolumen des Projekts: 971 650 €, davon 485 825 € aus EU-Mitteln

M 4 Das Programm „Alpine Space"

1. Erarbeiten Sie eine Projektskizze für das Programm Alpine Space, die Sie vor der Europäischen Kommission in Brüssel vorstellen könnten. Beantworten Sie dabei folgende Fragen:
   - Welche Idee steht hinter dem Programm?
   - Welche Ziele verfolgt das Programm?
   - Welche Regionen und Länder arbeiten im Programm zusammen?

   (M 1 bis M 4, Recherche im Internet)
2. Diskutieren Sie unter der Zielsetzung von Alpine Space das Teilprojekt ALPSHEALTHCOMP und entwickeln Sie eigene Projektideen, die für den Alpenraum sinnvoll sein könnten (M 4).
3. Vergleichen Sie Ihre Ideen mit weiteren Teilprojekten, die im Rahmen von Alpine Space laufen (www.alpinespace.org).

Webcode: GO649174-415

Euroregionen
sind europäische Grenzregionen, die in ganz Europa an den Binnengrenzen, aber auch an den Außengrenzen der EU zu finden sind. In ihnen arbeiten die Gemeinden, Landkreise, Regionen und andere kommunale sowie regionale Akteure zusammen. Einige Euroregionen stellen nicht nur die Verbindung von zwei Ländern dar, sondern ihnen gehören drei oder mehrere Länder an.
Die älteste Euroregion ist die „Euregio" an der deutsch-niederländischen Grenze, die bereits 1958 gegründet wurde. Viele Euroregionen sind Mitglied der Arbeitsgemeinschaft Europäischer Grenzregionen (AGEG).

M5 Euroregionen an den Grenzen Deutschlands

Grenzregionen verbinden: Die Euregio Egrensis

Die politische Landkarte hat sich seit 1990 in Europa wie auf keinem anderen Kontinent der Erde verändert. Grenzen sind verschwunden oder neu entstanden, viele Grenzen und Grenzregionen haben einen Bedeutungswandel erlebt. Durch die Fortschritte im Prozess der europäischen Integration verlieren zum Beispiel die Binnengrenzen der EU zunehmend an Bedeutung. So lebt heute etwa jeder zehnte Europäer in einer Grenzregion.
Grenzregionen waren und sind zum Teil auch noch heute periphere, strukturschwache Räume. Ihre Chance besteht darin, dass die europäische Einigung diese Randregionen interessant macht und sich der Lagenachteil in einen Standortvorteil verwandeln kann. Grenzregionen sind Bestandteil eines Modells geworden, das zeigen soll, wie die Regionen und Gemeinden Europas zusammenwachsen.
In den Grenzregionen, die als Abkürzung für „Europäische Regionen" den Namen „Euroregionen" tragen, kann man besonders gut die Raumwirksamkeit politischer Entscheidungen sehen. Die zentrale Aufgabe einer Euroregion besteht in der Planung, Umsetzung und Begleitung von Projekten und Maßnahmen zur Förderung grenzüberschreitender Entwicklungen in den Städten, Gemeinden, Bezirken und Gebieten der Euroregion. Dazu zählen vor allem Investitionen im Bereich der Wirtschaft und der Infrastruktur. Es soll aber auch die Zusammenarbeit in kultureller und gesellschaftlicher Hinsicht gefördert werden.

Die Euregio Egrensis

Der Name „Egrensis“ nimmt Bezug auf die mittelalterliche „Provincia Egrensis“, das Land um die Stadt Eger in Westböhmen. Diese Region war bis zur Schließung der Grenzen nach dem Zweiten Weltkrieg ein Lebens- und Wirtschaftsraum mit engen Verflechtungen, in dem Grenzen kaum wahrgenommen wurden. Die unterschiedliche Entwicklung in den Teilregionen der letzten 40 Jahre brachte die wirtschaftliche Zusammenarbeit, soziale und kulturelle Kontakte fast zum Erliegen. Nach der Veränderung der politischen Situation Europas nach 1990 wurde 1993 die Euregio Egrensis eingerichtet, in der Projekte im Rahmen der Gemeinschaftsinitative INTERREG III der EU gefördert werden. Mit dem Beitritt Tschechiens zur EU im Jahre 2004 verbesserten sich die Rahmenbedingungen grundlegend.

Visitenkarte

In der Euregio Egrensis leben etwa zwei Millionen Menschen. Die 14 Landkreise und die vier kreisfreien Städte stellen die organisatorischen Säulen der Euroregion dar. Außerdem arbeiten Vertreter aus Verwaltung, Politik, Wirtschaft, Wissenschaft, Bildung, Kirchen und zahlreiche Verbände, Vereine und Einzelpersönlichkeiten in der Euregio zusammen.

Ziele und Aufgaben

Die Euregio Egrensis hat ähnliche Ziele wie andere Euroregionen. Sie möchte zur Verständigung, zur Entwicklung von Toleranz und zur friedlichen, partnerschaftlichen Zusammenarbeit zwischen den beteiligten Regionen in Tschechien und Deutschland beitragen. Der Abbau von Entwicklungshemmnissen auf beiden Seiten ist deshalb ein vorrangiges Ziel.

Durch grenzüberschreitende Zusammenarbeit und zukunftsweisende Entwicklungen sollen die Lebensqualität, Arbeitsmöglichkeiten und der Wohlstand für die Grenzbewohner gefördert werden. Die Euregio Egrensis stellt sich die Aufgabe, nachhaltige grenzübergreifende Strukturen in den Lebensbereichen Arbeiten, Wohnen, Umwelt, Freizeit und Kultur zu entwickeln und zu nutzen. Dazu gehört der Ausbau grenzüberschreitender Verkehrswege, um Mobilität und die Belebung von Kooperationen zu ermöglichen.

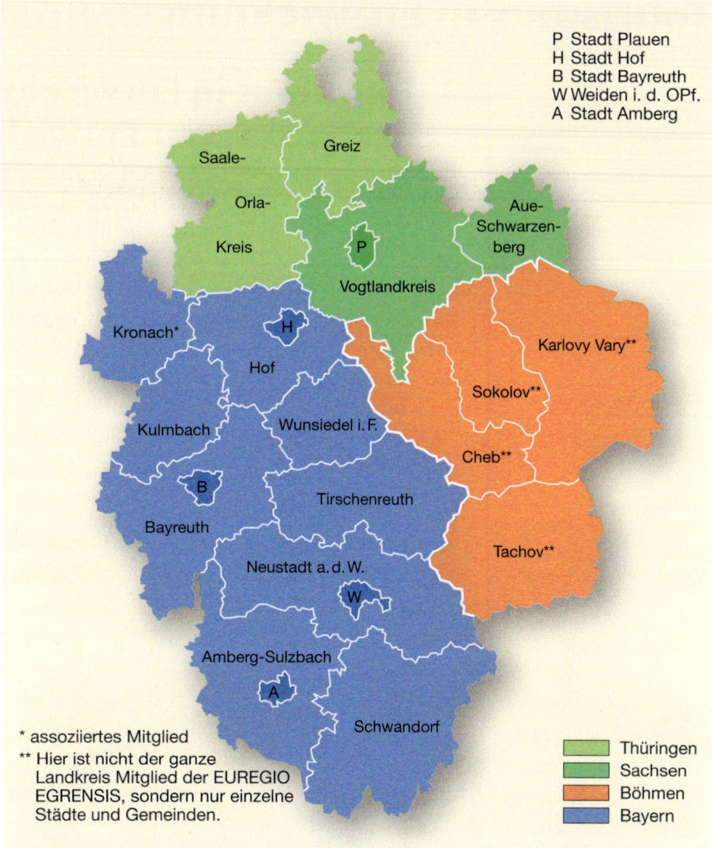

M6 Kommunale, regionale und nationale Mitglieder der Euregio Egrensis

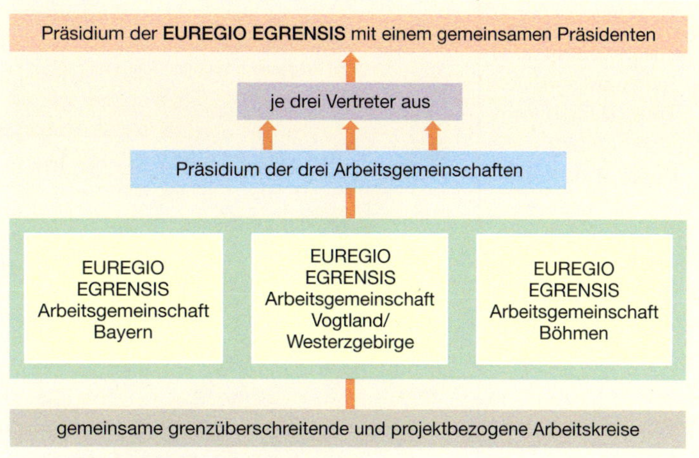

M7 Organisationsstruktur der Euregio Egrensis

4. Gestalten Sie ein Poster der Euroregionen an deutschen Grenzen. Benutzen Sie dazu die Karte M5 und erarbeiten Sie mithilfe des Internets für ausgewählte Euroregionen „Steckbriefe“ mit den Schwerpunkten: Lage, Größe und Geschichte; Ziele und Aufgaben; Organisationsstruktur; aktuelle Projekte.
5. Vergleichen Sie Ihre „Steckbriefe“ mit den Angaben zur Euregio Egrensis (M6, M7).
6. „Diese Region wird ein europäischer Schnellkochtopf sein.“ Diskutieren Sie die Aussage des damaligen EU-Kommissars Günter Verheugen vom 22. Mai 2003.

Tourismus in Entwicklungsländern

1. Tourismus in Entwicklungsländern – Sackgasse oder Entwicklungschance?

Nach Aussage der Welt-Tourismus-Organisation (UNWTO) gehört der Tourismus seit über 30 Jahren zu den weltweit dynamischsten Wirtschaftszweigen. Allein 2008 unternahmen rund 924 Millionen Menschen eine Auslandsreise. Mit etwa 10 Prozent des weltweiten BNE und 238 Millionen aller Arbeitsplätze zählt der Tourismus somit zu den wirtschaftlich bedeutendsten Bereichen. Zwar führt die derzeitige weltweite Finanzkrise zu einem leichten Rückgang (Januar und Februar 2009: –1,3 Prozent), doch gehen mittelfristige Prognosen davon aus, dass das Wachstum auch zukünftig anhält.

Die höchsten Einnahmen durch den Tourismus verzeichneten westliche Industrieländer. Doch ist die wirtschaftliche Bedeutung des Tourismus für viele kleine Inselstaaten unter den Entwicklungsländern am größten, da für diese nur geringe Alternativen für Arbeitsplätze und Deviseneinnahmen bestehen. Aber nur wenige Entwicklungsländer können aufgrund ihres touristischen Potenzials (z. B. tropische Sandstrände, Nationalparks mit Großsäugern etc.) an diesem arbeitsintensiven Wirtschaftszweig teilhaben.

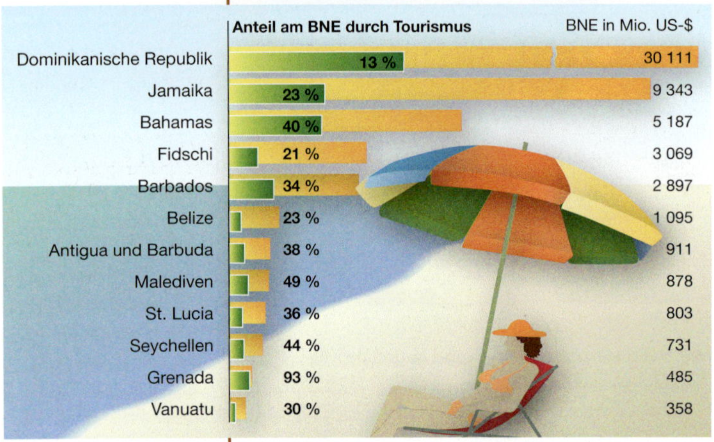

M 1 Bedeutung des Tourismus in ausgewählten Entwicklungsländern

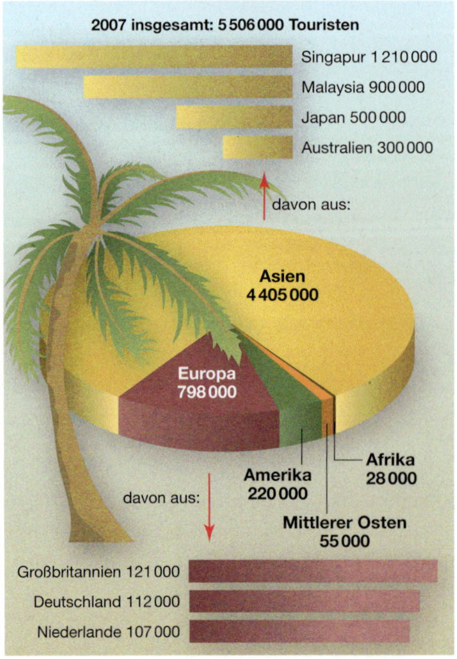

M 2 Herkunftsregionen der Touristen in Indonesien

Der Tourismus hat schon seit über 70 Jahren auf Bali Fuß gefasst. Während zu Beginn des letzten Jahrhunderts vornehmlich Kultur interessierte Einzelreisende Bali besuchten, übervölkern heute jährlich rund 4 Millionen Badetouristen die Strände und fühlen sich bei Tagestouren ins Hinterland wie in einem „living museum“. Die 3,3 Millionen Balinesen nehmen die Touristen immer noch gastfreundlich auf. Sie sehen den Dienst am Fremden eher als Glücksfall ihres Daseins, das stark vom Hinduismus geprägt ist. Hiervon zeugen allein die über 20 000 Tempel.

Tempelanlage Tanah Lot

Insgesamt gibt es auf Bali rund 1400 Hotels mit mehr als 33 000 Zimmern. 60 Hotels verfügen über 4 oder 5 Sterne. Über 24 % der Beschäftigten arbeiten im Tourismusbereich. Im Süden findet man weiße Sandstrände, im Westen dominieren steile Klippen, im Osten Mangrovensümpfe und im Nordwesten schwarze Strände.

Der Tourismus wurde vom Staat schon früh als Einnahmequelle gesehen und dementsprechend u. a. durch die Liberalisierung des Reiseverkehrs, den Ausbau der touristischen Infrastruktur, einen internationalen Flughafen und weltweite Werbekampagnen zum Aufbau des „paradiesischen Images“ gefördert. (verschiedene Quellen, 2009)

M 3 Bali – ein Paradies in der Südsee

M4 Strand bei Kuta – Hauptbadeort und Exklusiver Badestrand in einem 5-Sterne-Hotel bei Nusa Dua

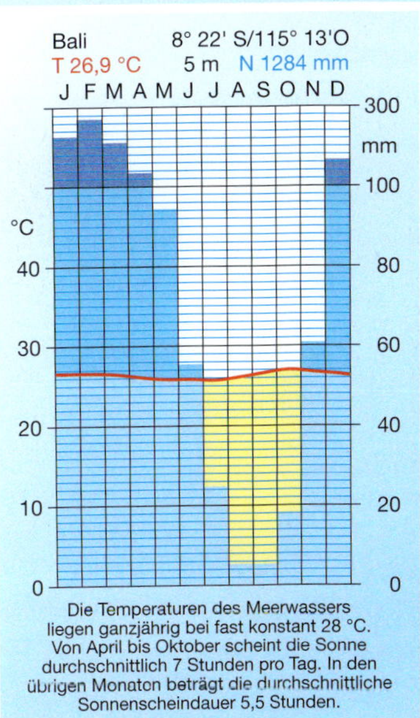

M5 Klimadiagramm von Bali

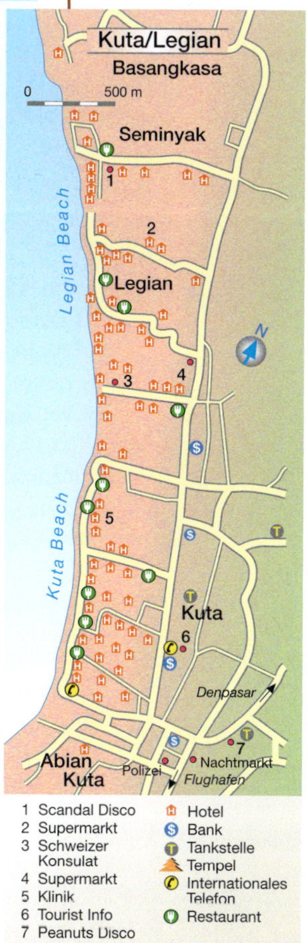

M6 Tourismusangebote und -infrastruktur auf Bali

1. Beschreiben Sie die Bedeutung des Tourismus für einige Entwicklungsländer (M 1).
2. Verorten Sie Bali unter besonderer Berücksichtigung der Funktion als touristische Destination (Atlas).
3. Kennzeichnen Sie das touristische Potenzial von Bali (M 2 bis M 6).

Mögliche Auswirkungen auf Entwicklungsländer

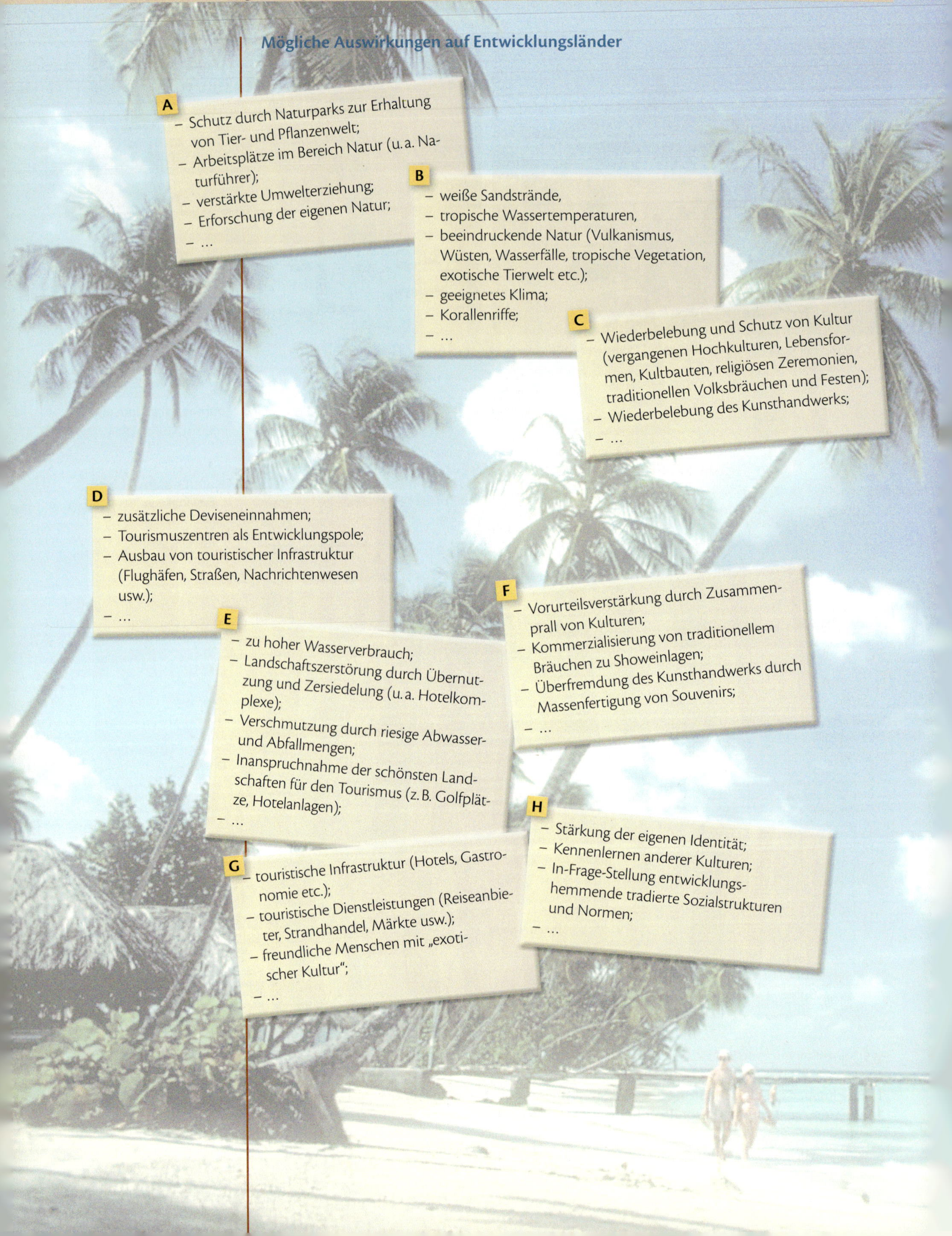

A
- Schutz durch Naturparks zur Erhaltung von Tier- und Pflanzenwelt;
- Arbeitsplätze im Bereich Natur (u. a. Naturführer);
- verstärkte Umwelterziehung;
- Erforschung der eigenen Natur;
- …

B
- weiße Sandstrände,
- tropische Wassertemperaturen,
- beeindruckende Natur (Vulkanismus, Wüsten, Wasserfälle, tropische Vegetation, exotische Tierwelt etc.);
- geeignetes Klima;
- Korallenriffe;
- …

C
- Wiederbelebung und Schutz von Kultur (vergangenen Hochkulturen, Lebensformen, Kultbauten, religiösen Zeremonien, traditionellen Volksbräuchen und Festen);
- Wiederbelebung des Kunsthandwerks;
- …

D
- zusätzliche Deviseneinnahmen;
- Tourismuszentren als Entwicklungspole;
- Ausbau von touristischer Infrastruktur (Flughäfen, Straßen, Nachrichtenwesen usw.);
- …

E
- zu hoher Wasserverbrauch;
- Landschaftszerstörung durch Übernutzung und Zersiedelung (u. a. Hotelkomplexe);
- Verschmutzung durch riesige Abwasser- und Abfallmengen;
- Inanspruchnahme der schönsten Landschaften für den Tourismus (z. B. Golfplätze, Hotelanlagen);
- …

F
- Vorurteilsverstärkung durch Zusammenprall von Kulturen;
- Kommerzialisierung von traditionellem Bräuchen zu Showeinlagen;
- Überfremdung des Kunsthandwerks durch Massenfertigung von Souvenirs;
- …

G
- touristische Infrastruktur (Hotels, Gastronomie etc.);
- touristische Dienstleistungen (Reiseanbieter, Strandhandel, Märkte usw.);
- freundliche Menschen mit „exotischer Kultur“;
- …

H
- Stärkung der eigenen Identität;
- Kennenlernen anderer Kulturen;
- In-Frage-Stellung entwicklungshemmende tradierte Sozialstrukturen und Normen;
- …

I

- privater Einkommenszuwachs;
- erhöhte Kaufkraft;
- viele Arbeitsplätze im formellen Sektor (allein pro Hotelbett 1,5 bis 2,5 Arbeitsplätze) und noch mehr im informellen Sektor;
- größte Anzahl von Beschäftigungsmöglichkeiten für Frauen;
- Schaffung von Arbeitsplätzen in peripheren Bereichen;
- …

J

- ungleiche Entlohnung von Ausländern und Einheimischen;
- schlecht bezahlte, saisonale und entwürdigende Arbeitsplätze (u. a. im Vergnügungssektor);
- …

K

- Verbleib des größten Anteils der Einnahmen bei ausländischen Reiseunternehmen und Fluggesellschaften;
- Devisenabfluss u. a. durch Import touristischer Konsumgüter und Investitionsgüter;
- Abfluss der Gewinne an nicht ortsansässige Eigentümer (Hotelketten etc.);
- …

L

M

- ungleicher privater Einkommenszuwachs und damit Verschärfung sozialer Disparitäten;
- allgemeiner Preisanstieg;
- Entstehung von Elendsvierteln in Tourismuszentren durch übermäßige Zuwanderung;
- zunehmende Abhängigkeit vom Tourismus;
- …

N

- zahlreiche Arbeitsplätze im formellen und im informellen Sektor;
- Verbesserung oder Ausbau der Zulieferindustrie;
- Entlastung der Verdichtungsräume durch Umleitung von Migrationsströmen;
- …

O

- Einwohner und Touristen (2006)

	Einwohner	Touristen
Antigua und Barbuda	84 000	273 000
Bahamas	327 000	1 600 000
Barbados	293 000	563 000
Belize	298 000	247 000
Dominikanische Republik	9 615 000	3 965 000
Fidschi	833 000	545 000
Grenada	108 000	99 000
Jamaika	2 667 000	1 679 000
Malediven	300 000	602 000
Seychellen	85 000	141 000
St. Lucia	166 000	303 000
Vanuatu	221 000	68 000

P

- Zunahme vom Kriminalität,
- Zwangsumsiedlungen als Folge touristischer Großprojekte;
- Kopieren touristischer Verhaltensweisen;
- Identitätsverlust;
- …

4. Gruppieren Sie – wenn möglich – die Pinnzettel A bis P und ordnen Sie diesen Überschriften zu .
5. Entwickeln Sie unter der Verwendung aller Pinnzettel ein Strukturdiagramm zu den möglichen Auswirkungen des Massentourismus in Entwicklungsländern.
6. Führen Sie mithilfe ihres Strukturdiagramms ein Rollenspiel zum Thema: „Tourismus in Entwicklungsländern – Sackgasse oder Entwicklungschance?" durch.

2. Internationaler Tourismus

Tourismus weltweit

Kaum ein anderer Wirtschaftszweig hat in den vergangenen Jahrzehnten ein derartiges Wachstum gehabt wie die Tourismusbranche. Nach der Mineralölbranche und der Automobilindustrie steht sie zu Beginn des 21. Jh. an dritter Stelle in der globalen Wirtschaft. Auf den Fremdenverkehr entfallen 9,4 % des internationalen Bruttoinlandsprodukts, das sind 5,474 Billionen US-$, und da in den nächsten Jahren mit einer gegenüber der Weltwirtschaft weiteren überproportionalen Steigerung gerechnet wird, geht man davon aus, dass in absehbarer Zukunft der Tourismus die weltweit führende Wirtschaftsbranche sein wird. Die Zahl der grenzüberschreitenden Touristen wird auf ca. 900 Mio. Menschen geschätzt; in zwei Jahrzehnten wird eine Verdreifachung erwartet. Rund 220 Mio. Menschen arbeiten in der Tourismusbranche z. B. in Reisebüros, Hotels und auf Flughäfen, das sind ca. 7,5 % aller globalen Arbeitsplätze. Ihre Zahl wird sich nach Schätzungen in den nächsten zehn Jahren verdoppeln.

Diese Entwicklung im weltweiten Fremdenverkehr hat erst zu Beginn der 1970er-Jahre begonnen. Ihre Ursachen liegen vor allem im wachsenden Einkommen weiter Bevölkerungsschichten sowie in der gestiegenen Anzahl von Urlaubstagen. Zudem hat der technische Fortschritt im Verkehrswesen weit entfernte Reiseziele erreichbar gemacht. Die Entwicklung von Langstrecken-Flugzeugen wie auch der Bau von immer größeren Flotten für die Kreuzschifffahrt haben zur Erschließung auch abseits gelegener Gebiete beigetragen. Auch das Entstehen transnationaler Reisekonzerne und Hotelketten mit globalen Computer-Reservierungssystemen hat insbesondere die Fernreisen gefördert.

M 1 Weltweites Reiseziel: Karibische Insel Nevis

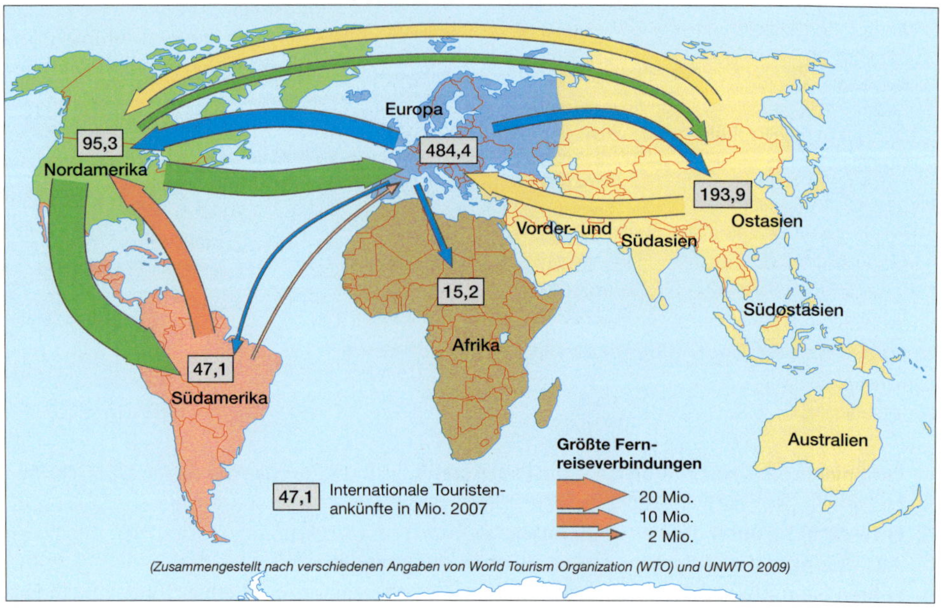

M 2 Tourismus weltweit

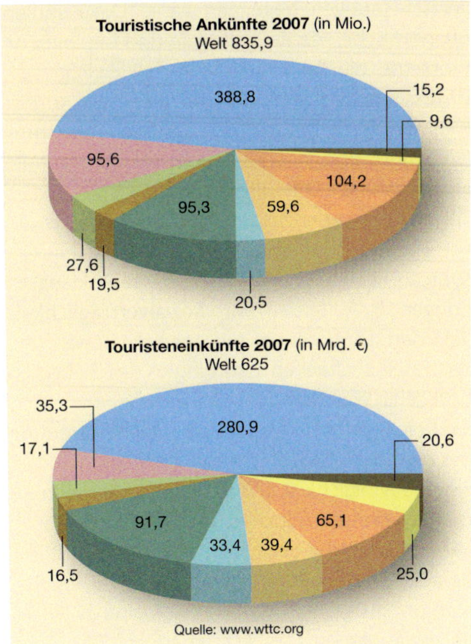

M 3 Touristische Ankünfte und Touristeneinkünfte 2007 (Legende s. Randspalte)

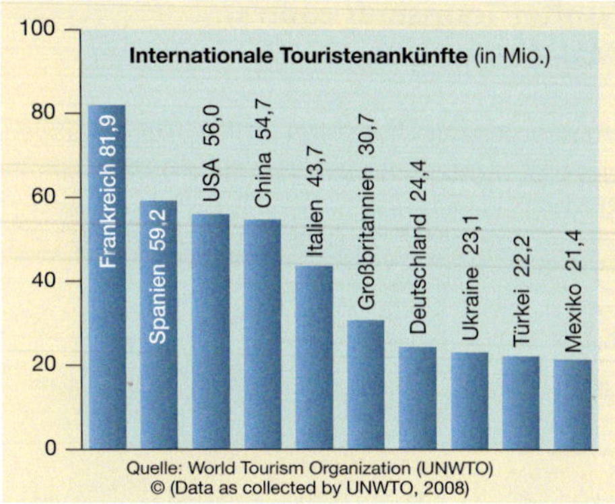

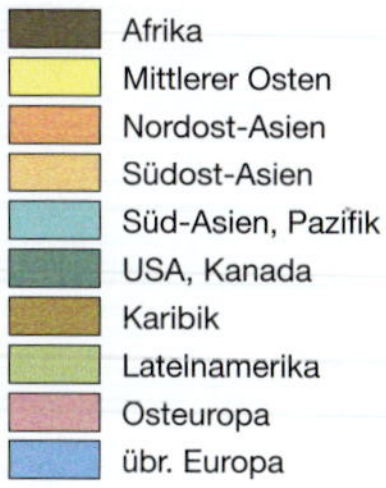

M 4 Die meistbesuchten Touristenziele 2008

Reisen werden entweder als **Individual**- oder als **Pauschalurlaub** angeboten. Dabei haben sich in der heutigen Zeit neben dem klassischen Erholungsurlaub neue Formen des Tourismus etabliert. Fast alle größeren Reiseveranstalter führen den Club-Urlaub in ihrem Reiseprogramm. Club-Anlagen sind überall nach ähnlichem Muster angelegt. Alles, was Touristen benötigen, von Boutiquen über Restaurants und Sportanlagen bis hin zu Nachtbars, wird innerhalb der Anlage angeboten. Deshalb besteht keine Notwendigkeit, den Club zu verlassen. Äußere Zeichen der Abschirmung sind meterhohe Umzäunungen und kontrollierte Eingänge.

Besonders für ältere, finanziell besser gestellte, zeitlich unabhängige Menschen werden Langzeit-Angebote gemacht, die damit werben, in der klimatisch ungünstigen Winterzeit auf attraktivere Umgebungen auszuweichen.

Alternativangebote zum Massentourismus umfassen Bildungs- und Abenteuerreisen wie auch Sporturlaub und Kreuzfahrten. Ihnen gemeinsam ist das Bedürfnis der Touristen, sich vom **Massentourismus** abzugrenzen und ihn auch räumlich zu meiden.

1. Länder mit einem sehr hohen Anteil der Tourismuswirtschaft am BNE		4. Länder, die den größten Anteil ihrer Einnahmen durch den Tourismus erzielen	
1 Antigua & Barbuda	73,5 %	1 Guadeloupe	80,2 %
2 Seychellen	72,6 %	2 Anguilla	76,1 %
3 Macau	69,9 %	3 Macau	71,2 %
4 Aruba	67,1 %	4 Kapverdische Inseln	68,7 %
5 Anguilla	65,8 %	5 Antigua & Barbuda	67,1 %
6 Malediven	59,7 %	6 Vanuatu	64,2 %
7 Bahamas	50,0 %	7 St. Lucia	62,0 %
8 Barbados	39,0 %	8 Bahamas	60,7 %
9 Vanuatu	37,5 %	9 Malediven	60,3 %
10 US Virgin Islands	37,4 %	10 Grenada	57,9 %

2. Länder, die den größten Anteil ihrer Investitionen für den Tourismus bereitstellen		5. Länder, mit der höchsten Beschäftigungszahl in der Tourismuswirtschaft	
1 Macau	75,7 %	1 China	60 841
2 Ozeanien	75,1 %	2 Indien	31 105
3 Aruba	69,5 %	3 USA	13 850
4 Barbados	58,1 %	4 Indonesien	6 743
5 Antigua und Barbuda	52,2 %	5 Japan	6 507
6 Anguilla	47,7 %	6 Mexiko	5 631
7 US Virgin Islands	47,5 %	7 Brasilien	5 562
8 VA Emirate	46,5 %	8 Vietnam	4 862
9 Bahamas	43,4 %	9 Thailand	4 040
10 British Virgin Islands	43,2 %	10 Russland	3 794

3. Länder, die den größten Anteil ihrer Staatsausgaben für den Tourismus bereitstellen		6. Länder, mit dem höchsten Anteil Beschäftigter in der Tourismuswirtschaft	
1 Antigua & Barbuda	28,2 %	1 Seychellen	86,9 %
2 Cayman Islands	28,1 %	2 Antigua & Barbuda	80,6 %
3 British Virgin Islands	27,1 %	3 Aruba	78,6 %
4 Seychellen	22,2 %	4 Anguilla	67,6 %
5 Dominikanische Republik	21,3 %	5 Macau	65,3 %
6 Guadeloupe	20,8 %	6 Bahamas	60,4 %
7 US Virgin Islands	20,0 %	7 Malediven	51,5 %
8 Ozeanien	19,7 %	8 British Virgin Islands	50,6 %
9 Bermuda	17,8 %	9 US Virgin Islands	44,8 %
10 St. Lucia	17,2 %	10 Barbados	43,7 %

M 5 Top-Ten-Länder (Quelle: www.wttc.org)

1. Beschreiben Sie die Bedeutung der Tourismusbranche in der Weltwirtschaft (M 2, M 3).
2. Erklären Sie die unterschiedlichen Raumansprüche der verschiedenen Formen des Tourismus. Nennen Sie weitere Arten des Tourismus.
3. Suchen Sie die Hauptreiseziele heraus und begründen Sie deren Attraktivität (M 2, M 5, Atlas).
4. Erläutern Sie die ökonomische Bedeutung des Tourismus und beurteilen Sie die sozialen Auswirkungen in den Zielregionen (M 3 bis M 5).

Sanfter Tourismus contra Massentourismus

Im Rahmen der Diskussion um die Auswirkungen des Tourismus wurden seit den 1980er-Jahren Strategien entwickelt, wie man den negativen Folgeerscheinungen begegnen kann. Dazu zählen ökonomische, soziale, kulturelle und ökologische Probleme, die die Touristen in den Zielregionen verursachen. Von den Kritikern des Massentourismus wurde der Begriff des **Sanften Tourismus** eingeführt und mit konkreten Inhalten gefüllt. Hierzu zählt die **Umweltverträglichkeit,** d. h., dass Tourismus mit der gesamten natürlichen Umwelt wie Flora und Fauna sowie den natürlichen Ressourcen Boden, Wasser und Luft in Einklang zu bringen sei. Außerdem wird **Sozialverträglichkeit** gefordert. Darunter versteht man die Bewahrung der gesellschaftlichen Ordnung in der Zielregion und deren eigenständige Entwicklung.

Sanfter Tourismus fördert eine breite Streuung des ökonomischen Nutzens in der Region und ist als eine Möglichkeit anzusehen, den anderen als den gewohnten Alltag zu erleben. Er zielt damit auf die Erhaltung der Lebensqualität und achtet darauf, dass quantitatives touristisches Wachstum unter Berücksichtigung ökologischer Belange sowie sozialer Folgekosten erfolgt. Allerdings muss der Verbraucher dafür auch höhere Preise in Kauf nehmen.

Harter Tourismus		Sanfter Tourismus
Massentourismus	⟷	Einzel-, Freundes- u. Familienreisen
wenig Zeit, schnelle Verkehrsmittel	⟷	viel Zeit, angemessene, auch langsame Verkehrsmittel
festes Programm, außengelenkt	⟷	spontane Entscheidungen, innengelenkt
importierter Lebensstil	⟷	landesüblicher Lebensstil
Sehenswürdigkeiten, bequem und passiv	⟷	Erlebnisse, anstrengend und aktiv
wenig oder keine geistige Vorbereitung	⟷	vorhergehende Beschäftigung mit dem Besuchsland
keine Fremdsprache, Überlegenheitsgefühl	⟷	Sprachen lernen, Lernfreude
Einkaufen	⟷	Geschenke bringen
Souvenirs	⟷	Erinnerungen, Aufzeichnungen, Erkenntnisse
Knipsen und Ansichtskarten	⟷	Fotografieren, Zeichnen, Malen
Neugier, laut	⟷	Takt, leise

M6 Erscheinungsformen von hartem und sanftem Tourismus

- Beschränkung des Massen-, Stärkung des Individualtourismus
- Konzentration auf Erschließungsschwerpunkte
- Vermeidung von Hotelverbauung zugunsten von Pensionen und Privatzimmern
- Verzicht auf Fremdenverkehrseinrichtungen
- Reisen mit öffentlichen Verkehrsmitteln
- Angepasste Infrastrukturmaßnahmen
- Erhaltung und Förderung von landesüblichen Bauweisen
- Rücksichtnahme auf Sitten und Gebräuche
- Anpassung an soziale und kulturelle Bedingungen
- Unterstützung der einheimischen Wirtschaft
- Ressourcen schonendes Verhalten
- Erhaltung und Schaffung von wertvollen Landschaften
- Schonung von Natur und Umwelt

M7 Ziele des sanften Tourismus

M8 Massentourismus oder Erlebnisreisen?

Drei Viertel des ausgedehnten Dünensystems, das noch vor 100 Jahren die Strandlandschaft zwischen Gibraltar und Sizilien bestimmte, sind vom Tourismus zerstört worden.
Rechnet man pro Hotelbett 40 Quadratmeter Landverbrauch und zusätzlich 70 Quadratmeter für Parkplätze und Gärten, so besetzten Touristen schon 1984 einen 4400 km langen und 500 m breiten Streifen entlang der Mittelmeerküste. [...]
Benidorm an der Costa Blanca hat 34 000 Einwohner, im Sommer sind es 200 000. Das Klärwerk Sierra Helada in der Nähe kann täglich 36 000 Kubikmeter bewältigen, im Sommer aber fallen täglich über 48 000 Kubikmeter an. Pumpen befördern das Schmutzwasser nach Racó de Loix, wo der Dreck von den Felsklippen aus 132 m Höhe (80 m vom Ufer entfernt) ins Meer verteilt wird. [...]
Das bisher ehrgeizigste Touristik-Projekt in Tunesien trägt den verheißungsvollen Namen „Yasmine". Für 6 Milliarden Mark entstehen am südlichen Ende der Bucht von Hammamet auf 280 Hektar Hotels und Appartements mit insgesamt 22 500 Betten. Jeder Tourist verbraucht im Schnitt täglich 250 Liter Wasser, in Luxushotels bis zu 600 Liter. In dem niederschlagsarmen Land muss gepumpt werden, was der Boden hergibt. Die Konsequenz: Der Wasserspiegel sinkt, Salzwasser drückt nach. An der Bucht von Hammamet sind schon jetzt ganze Regionen verwüstet, für immer unfruchtbar. [...]
Der Flugverkehr weist die höchsten Zuwachsraten aller Verkehrsträger auf. Die Folgen für die Umwelt sind katastrophal. Flugzeuge sondern Stickoxide und Wasserdampf mit Schmutzpartikeln ab. Ausgerechnet im Bereich der empfindlichen Tropopause, in 9 bis 13 Kilometern Höhe, produziert der Flugverkehr das Treibhausgas CO_2. Auf der Basis mittleren Wirtschaftswachstums errechneten die Flugexperten von 1992 bis 2015 eine Zunahme um 270 Prozent. Eine weitere Verdreifachung sei bis 2050 zu erwarten. [...]

(aus: Kosser, U.: Weltmacht Tourismus. In: Spiegel Almanach 2000, S. 560 – 561)

M 9 Ökologische Folgen des Tourismus

M 10 Müll und Abwasser – eine ökologische Folge des Tourismus

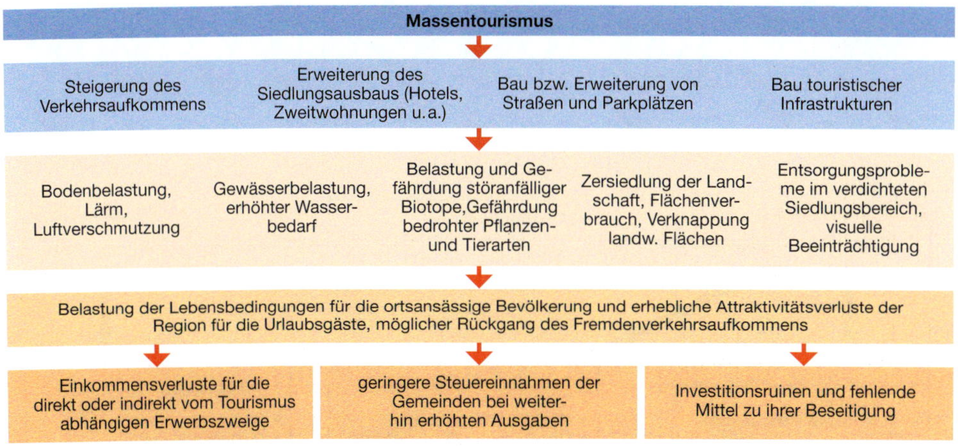

M 11 Mögliche Folgen des Massentourismus

5. Erläutern Sie die Inhalte des Begriffes „Sanfter Tourismus" (M 6 bis M 8).
6. Ordnen Sie den einzelnen Zielen des Sanften Tourismus die Begriffe Umwelt- und Sozialverträglichkeit zu (M 7).
7. Erläutern Sie die Folgen des Massentourismus (M 9 bis M 11).
8. Nehmen Sie Stellung zu der Aussage: „Jeder will zurück zur Natur, aber keiner zu Fuß."
9. Überprüfen Sie, was Sie in Ihrem letzten Urlaub im Sinne eines sanften Tourismus hätten ändern müssen.

3. Nachhaltiger Tourismus

Alternative Tourismusformen

Die negativen Auswirkungen des Massentourismus in den Zielgebieten haben seit etwa 1980 alternative Strategien der Tourismusentwicklung herausgefordert. Sanfter Tourismus, Reisen mit Einsicht, Ökotourismus, Naturtourismus, umweltfreundlicher Tourismus, nachhaltiger Tourismus sind Begriffe für eine neue ganzheitliche Reisekultur. Neben der ökologischen Dimension des Tourismus sind auch die ökonomischen und soziokulturellen Auswirkungen in den Zielgebieten des Tourismus sowie die gesamte Entwicklung eines Freizeit- und Reiseverhaltens betroffen. Die Bewertung der Nachhaltigkeit im Tourismus lässt sich mit einem Operationalisierungsansatz annähernd gewährleisten. Grundlage eines solchen theoretischen Modells ist ein nachfrageorientiertes Indikatorsystem, das durch seine Verknüpfungen zu den Dimensionen Ökologie, Ökonomie und Soziales aussagekräftige Schlussfolgerungen zulässt. Das Modell ist als modulares System zu begreifen, das offenbleiben soll im Hinblick auf umweltsituationsabhängige Aktualisierungen.

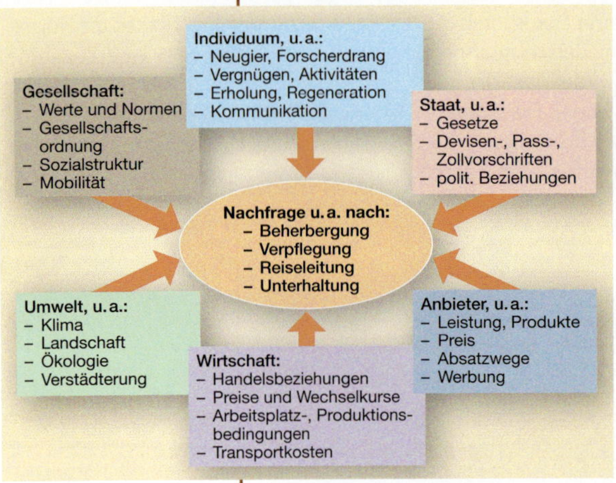

M1 Einflüsse auf die Tourismusnachfrage

M2 „Südliche Landschaft" (Karikatur von Marie Marcks)

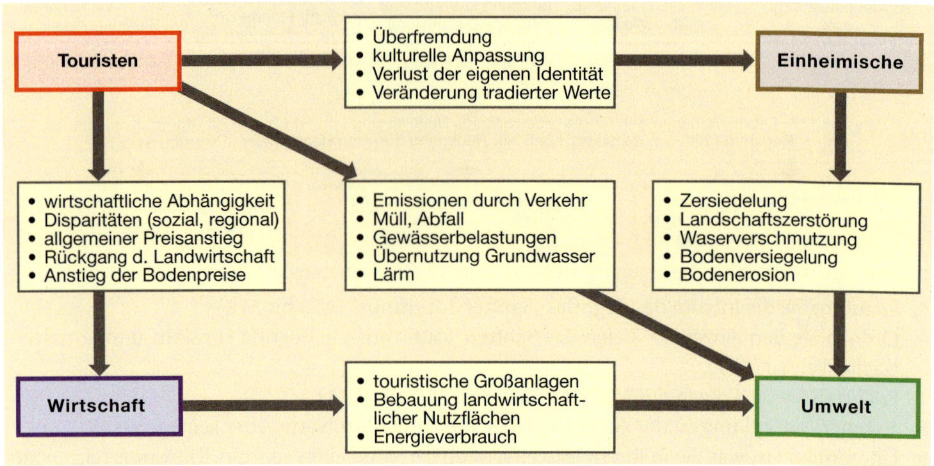

M3 Wechselbeziehungen zwischen Touristen, Einheimischen, Wirtschaft und Umwelt

Sanfter Tourismus
Die Konzeptidee vom sanften Tourismus fasst Umweltverträglichkeit, Sozialverträglichkeit, eine optimale Wertschöpfung und eine „neue Reisekultur“ zusammen.
Umweltverträglicher, umweltfreundlicher Tourismus
Er ist verträglich mit der Umwelt als gesamter räumlicher Umgebung. Er zeichnet sich durch möglichst geringe Eingriffe in den Naturhaushalt aus, durch möglichst geringen Landschaftsverbrauch, möglichst geringe Veränderung des Landschaftsbildes und möglichst weitgehende Erhaltung einer naturnahen Kulturlandschaft.
Nachhaltiger Tourismus
Er ist von den Grundsätzen der Erklärung von Rio über Umwelt und Entwicklung und den Empfehlungen der Agenda 21 geleitet. Er muss soziale, kulturelle, ökologische und wirtschaftliche Verträglichkeitskriterien erfüllen. Nachhaltiger Tourismus ist langfristig, d.h. in Bezug auf heutige wie auf zukünftige Generationen, ethisch und sozial gerecht und kulturell angepasst, ökologisch tragfähig sowie wirtschaftlich sinnvoll und ergiebig.
Ökotourismus
Er ist eine Form verantwortungsbewussten Reisens in naturnahe Gebiete, die negative Umweltauswirkungen und soziokulturelle Veränderungen zu minimieren sucht, zur Finanzierung von Schutzgebieten beiträgt und Einkommensmöglichkeiten für die lokale Bevölkerung schafft.

M 4 Definitionen zum Thema „Tourismus“

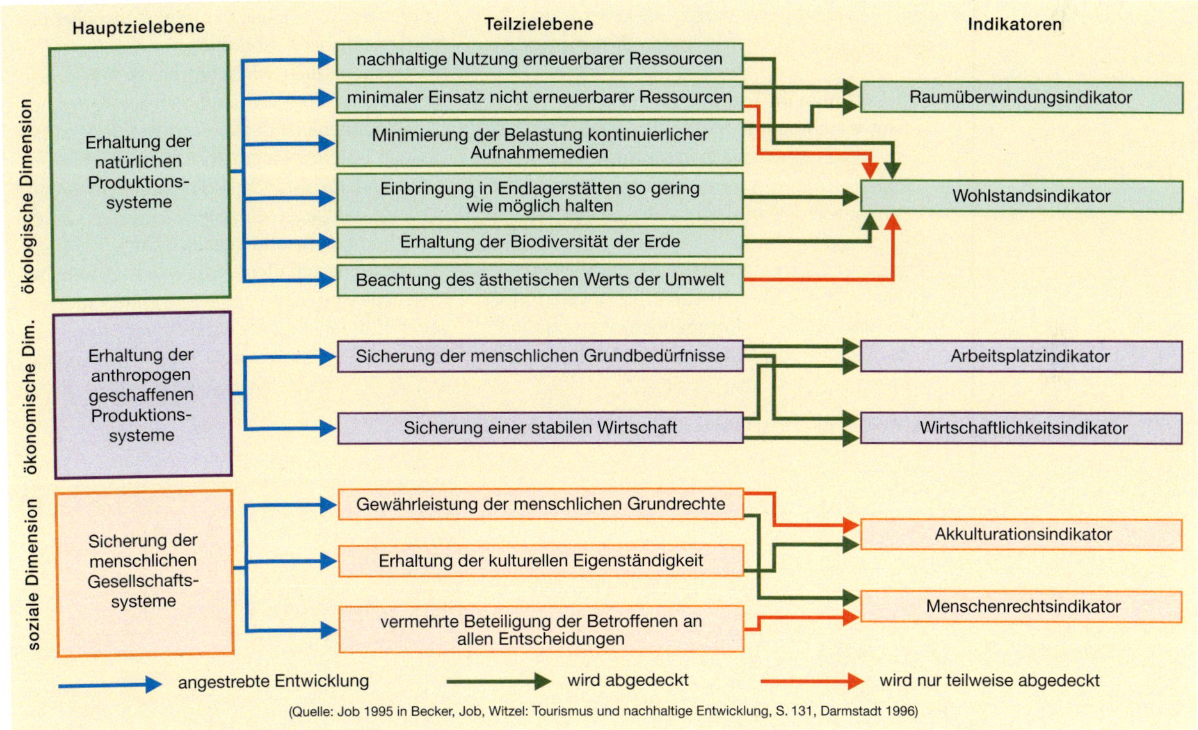

M 5 Bewertung der Nachhaltigkeit im Tourismus

1. Begründen Sie das Auftreten alternativer Tourismusformen und grenzen Sie die verschiedenen Begrifflichkeiten gegeneinander ab (M 1, M 4).
2. Erörtern Sie an einem selbst gewählten Beispiel die Wechselwirkungen zwischen Tourismus, Wirtschaft und Umwelt (M 3).
3. Erläutern Sie, wie die Nachhaltigkeit im Tourismus mit einem Modell bewertet werden kann und recherchieren Sie an einem Beispiel die reale Umsetzung (M 5).
4. Planen Sie eine Stufenfahrt, die den Kriterien des nachhaltigen Tourismus entspricht (M 1 bis M 4, Recherche).

Webcode: GO649174-427

Tourismus ist eine Dienstleistung und lebt von der Begegnung von Mensch zu Mensch. So gesehen stecken in einer richtig verstandenen CSR-Unternehmensführung im Tourismus große Potentiale: Denn nur eine intakte Umwelt sowie engagierte, von ihrer Tätigkeit überzeugte Mitarbeitende und lokale Gastgeber werden als Dienstleister zufriedene Kunden hinterlassen. Tourismus ist kein einfacher Arbeitsbereich: Saisonarbeit, niedrige Löhne und lange Arbeitszeiten kennzeichnen viele Arbeitsplätze. Im Sinne einer gesellschaftlich verantwortlichen Unternehmensführung stellen sich ganz unterschiedliche Fragen:
Wie viele Arbeitsplätze werden zu welchen Bedingungen geschaffen? Was leistet der Tourismus für die Verbesserung des Ausbildungs- und Beschäftigungsniveaus? Welcher Beitrag geht von ihm für die Förderung wirtschaftlich schwacher Regionen aus? Wie werden durch den Tourismus natürliche Ökosysteme erhalten statt geschädigt? Wie können wirtschaftliche Entwicklung und interkulturelles Verständnis in Tourismusländern gefördert werden? Trägt Tourismus zur Verminderung von Armut bei und respektiert er die Lebens- und Arbeitsrechte der Menschen in den Zielgebieten?

CSR-Leitlinien im Tourismus

1. **Umweltschonend reisen:** Umweltschonende An- und Abreisen, sowie umweltschonende Transportmittel in der gesamten Reiseroute werden bevorzugt angeboten. Reisedauer wird in Abhängigkeit der Reiseentfernung nach ökologischen Gesichtspunkten gewählt. Flugreisen möglichst nur für Fernreisen mit längerem Aufenthalt und CO_2-Kompensation. Information des Kunden über CO_2-Emissionen der jeweiligen Reise.
2. **Unterkünfte sorgfältig auswählen:** Lokale und eigentümergeführte Unterkünfte, die Umwelt- und Sozialstandards erfüllen, werden gezielt ausgewählt
3. **Reiseziele abwägen:** Reiseziele mit nachhaltiger Entwicklungsperspektive sowie nachweisbaren Umweltschutz- und Menschenrechtsstandards werden bevorzugt
4. **Lokale Gemeinschaften beteiligen:** Achtung der Gesellschaft, Kultur sowie der Bedürfnisse der einheimischen Bevölkerung im Reiseland und Beteiligung der lokalen Bevölkerung an der Ausgestaltung und den wirtschaftlichen Erträgen im Tourismus
5. **Angemessene Preise zahlen:** Angemessene Preise sind vollumfänglich kostendeckend, existenzsichernd und tragen zur Entwicklung des Gemeinwohls bei.
6. **Arbeitsstandards einhalten:** Faire Arbeitsbedingungen beinhalten als Mindeststandard die Einhaltung der gesetzlichen Arbeitsrechte sowie der ILO-Kernkonventionen, die Förderung von benachteiligten Bevölkerungsgruppen und Frauen sowie den Schutz der Kinder vor sexueller und wirtschaftlicher Ausbeutung.
7. **Partnerschaftlich wirtschaften:** In ihrem eigenen Wirtschaften verhalten sich alle Tourismusakteure untereinander fair, fördern ihre Mitarbeitenden und verbessern kontinuierlich ihre Umwelt- und Sozialstandards. Die Beziehungen sind geprägt von gegenseitigem Respekt, Verlässlichkeit, Transparenz und Rechenschaft.
8. **Transparenz schaffen:** Reiseveranstalter betreiben aktiv eine transparente Kommunikation mit ihren Kunden zur gesellschaftlichen Verantwortung.

(Quelle: Forum anders reisen. Leitfaden CSR-Reporting im Tourismus, 2009)

M6 Corporate Social Responsibility (CSR) im Tourismus

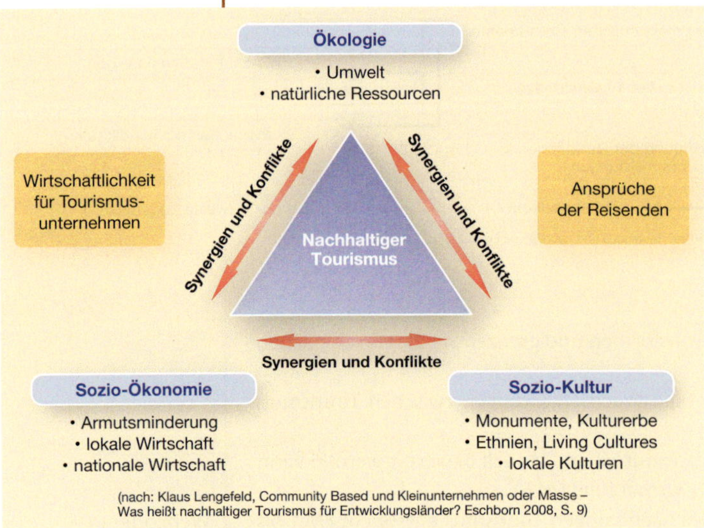

M 7 Dreieck der Nachhaltigkeit

M8 Aussichtsplattform am Gaislachkogl im Ötztal

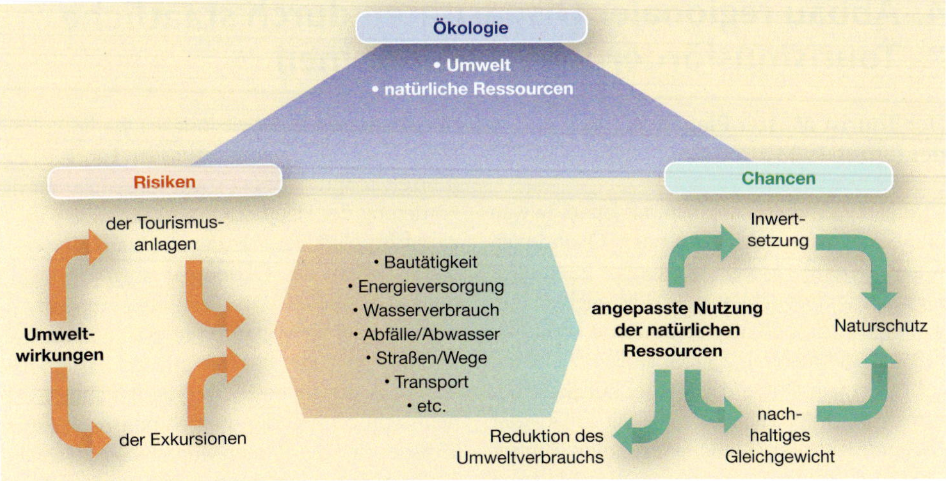

a
Dreieck der Nachhaltigkeit – Ökologie

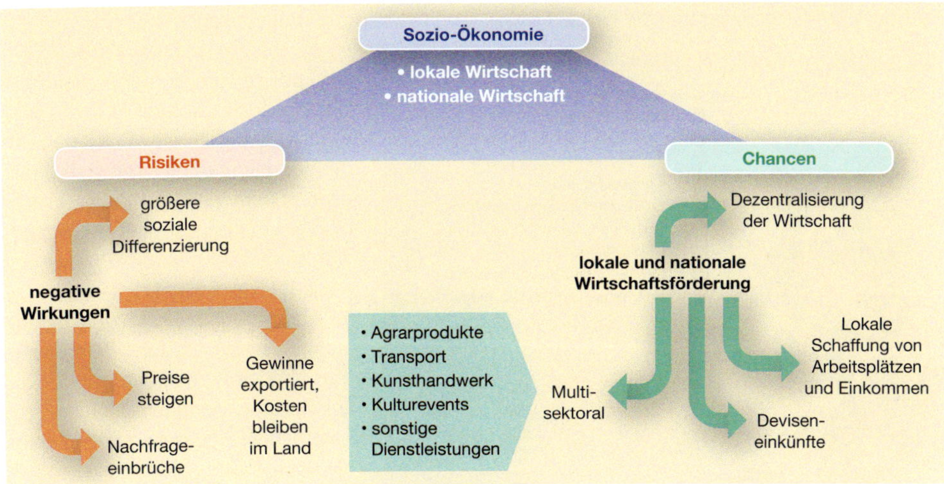

b
Dreieck der Nachhaltigkeit – Sozio-Ökonomie

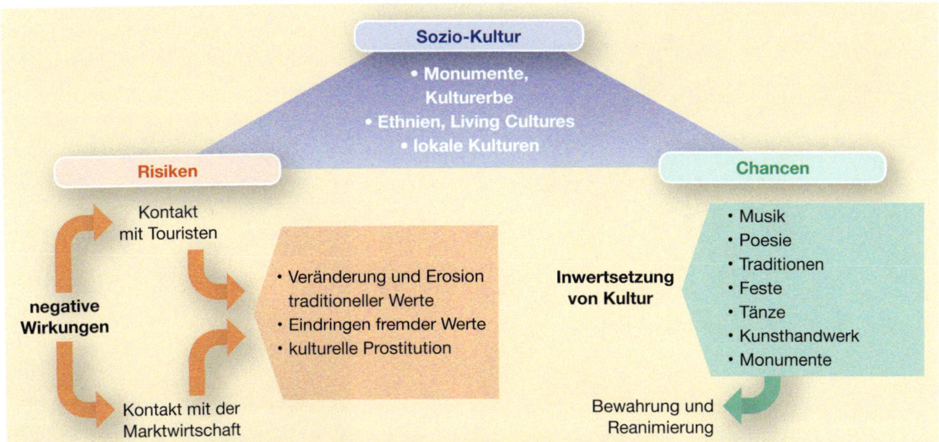

(nach: Klaus Lengefeld, Community Based und Kleinunternehmen oder Masse – Was heißt nachhaltiger Tourismus für Entwicklungsländer? Eschborn 2008, S. 11–13)

c
Dreieck der Nachhaltigkeit – Sozio-Kultur

M 9 Differenzierte Dreiecke der Nachhaltigkeit

5. Stellen Sie Aufbau und Zusammenhänge des „Dreiecks der Nachhaltigkeit“ dar (M 7).
6. Erläutern Sie Risiken und Chancen im Kontext der ökologischen, ökonomischen und soziokulturellen Komponente des Dreiecks der Nachhaltigkeit (M 9 a, b, c).
7. Bewerten Sie die Erfolgsaussichten nachhaltiger Tourismuskonzepte zur Eindämmung der negativen Folgen des Massentourismus (M 1 bis M 9).

4. Abbau regionaler Disparitäten durch staatliche Tourismusförderung? – Philippinen

Der Tourist Master Plan des Jahres 1993

1970 gehörten die Philippinen mit Japan, Taiwan und Südkorea zu den führenden Ökonomien Asiens. Der 1850 km lange gebirgige Inselbogen liegt ganz im tropisch-feuchten Klimagebiet. Von den 7100 Inseln sind nur 860 bewohnt, nicht einmal 600 sind mehr als 2,5 km² groß. 1975 lebten auf Luzon (ein Drittel der Fläche) fast 50 % der damals 45 Mio. Filipinos, auf Mindanao, der zweitgrößten Insel (31 %), ein weiteres Fünftel. Eine Bevölkerungszunahme von über 3 % (eine der höchsten Wachstumsraten der Erde), die hieraus resultierende Arbeitslosigkeit, der in Kolonialzeiten von den Spaniern auf dem Lande eingeführte Großgrundbesitz sowie einseitige, auf die Förderung der Hauptstadt ausgerichtete Familienmachtpolitik des Präsidenten Marcos (1965 – 1986) ließen die Ökonomie stagnieren und führten dazu, dass Manila eine zunehmende Anziehungskraft für Migranten gewann: 1980 ballten sich hier 12 % der Bevölkerung der Philippinen auf 0,2 % der Landesfläche. Hier befanden sich neun von zehn Großunternehmen des Landes, 85 % der direkten Steuern wurden hier entrichtet, 33 % des BNE erwirtschaftet, im Hafen vier Fünftel der Importe umgeschlagen.

M 1 Philippinien: Wirtschaft um 1970

Die philippinische Verfassung verlangt jedoch, „soziale und ökonomische Ungleichheiten zu vermindern und Ungleichgewichte zu beseitigen, indem der Wohlstand gleichmäßig im Interesse des Allgemeinwohls verteilt" werde (Verfassung a. d. J. 1987; Art. XIII, 1).

In einem Archipelstaat und gerade auf den Philippinen kann dem Tourismus eine größere Bedeutung für die Entwicklung peripherer Räume zukommen als dem sekundären Sektor. Neue Tourismuszentren gelten als Wachstumspole, von denen **Spread-Effekte** für vor- und nachgelagerte Branchen (Bau- und Landwirtschaft,

M 2 Mt. Mayon in Luzon

Handwerk) ausgehen und in denen Erwerbsmöglichkeiten im formellen und informellen Bereich geschaffen werden. Diese Einsicht führte 1993 nach weitgehend fehlgeschlagenen früheren Dezentralisierungsversuchen zur Aufstellung des bis 2010 terminierten **Tourist Master Plans.**

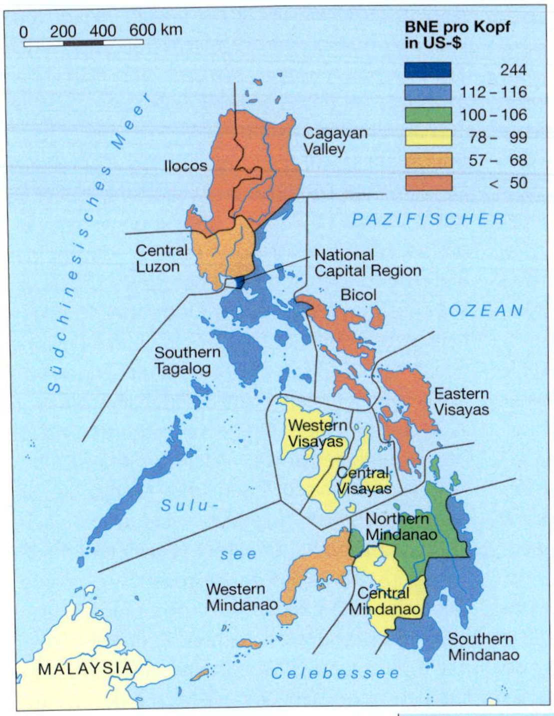

M3 Einkommensverteilung 1980

M4 Die Reisterrassen von Banaue

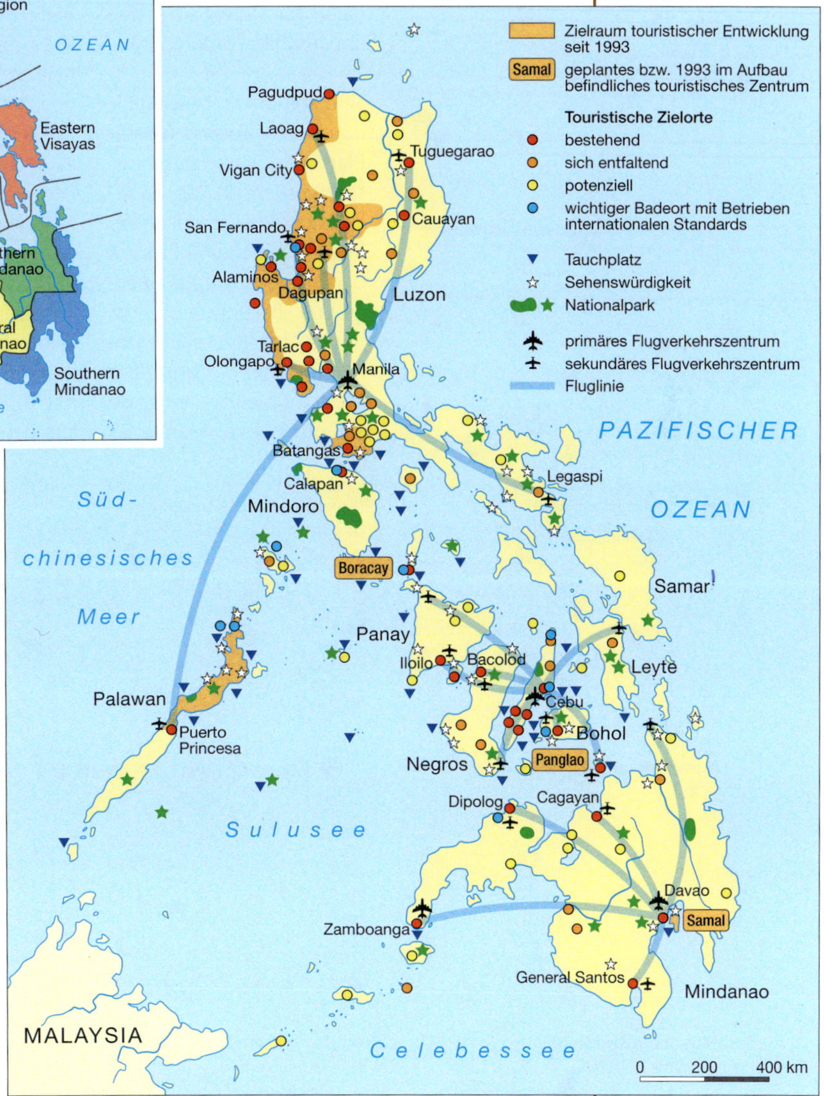

M5 Entwicklungsplanung der Philippinen: Tourist Master Plan 1993 – 2010 (ergänzt)

1. Kennzeichnen Sie die Verteilung des regionalen BNE 1980 im Zusammenhang mit der damaligen wirtschaftlichen Situation auf den Philippinen (M 1, M 3).
2. Erläutern Sie die Aussage, dass in einem Archipelstaat generell dem Tourismus eine bedeutende Rolle bei der Förderung peripherer Regionen zukommen kann (S. 430). Vergleichen Sie dazu die Ansprüche industrieller Standorte mit denen touristischer Destinationen. Konkretisieren Sie Ihre Ergebnisse im Hinblick auf das touristische Potenzial der Philippinen (M 2, M 4, M 5, Prospektmaterial, Reiseführer, Atlas).
3. Stellen Sie die grundlegenden Strategien des Tourist Master Plans dar (M 5).

Eine Erfolgsgeschichte?

Der Düsseldorfer Geograph Karl Vorlaufer versucht, die Entfaltung des Tourismus in Entwicklungsländern modellhaft zu erfassen. Dabei betrachtet er die sich abschwächende Rolle der Hauptstadt und die Ausbildung eines Netzes neuer Zentren – in auffälliger Parallele zur Strategie der philippinischen Förderpolitik.

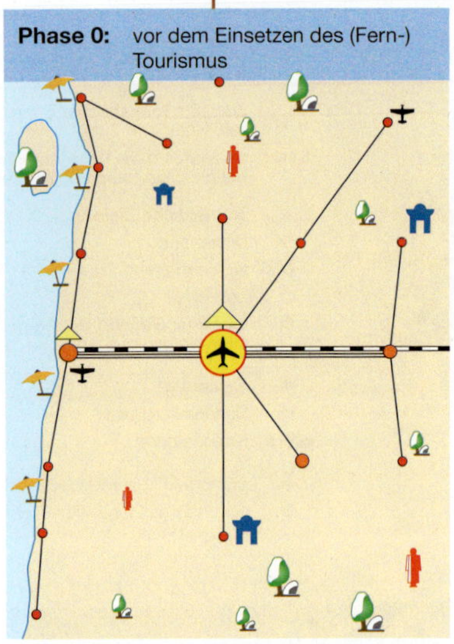

Sind periphere Landesteile durch den **Tourist Master Plan** wirtschaftlich erschlossen worden? In Manila leben heute 14 Prozent, in der Region beinahe 40 Prozent der Filipinos. Cebu, zweitgrößter Ballungsraum, hat nur 11 Prozent der Einwohner von Metro Manila. Die Metropolisierung hält also an, obwohl in Manila 65 Prozent der Haushalte ärmer sind als im Jahr 2000 und 40 Prozent der Familien über nur einen Wohnraum verfügen. Offiziell sind hier eben „nur" 10 – 30 Prozent der Bevölkerung „arm", in den ländlichen Regionen 40 Prozent (Visaya) oder mehr (Bicol 55, Mindanao bis 67 Prozent). Das Pro-Kopf-Einkommen ist sechsmal höher als in Mindanao. 40 Prozent des Exportwertes werden in Manila erwirtschaftet, 32,5 Prozent des BNE. Metro Manila: das bedeutet zwei Drittel der Kfz und der Telefone, ein Drittel der Krankenhausbetten und der Studienplätze der Philippinen, knapp die Hälfte der Freihandelszonen und der größeren Hotels. Manilas Flughafen wird von 27 internationalen Airlines angeflogen und ist Heimatflughafen der zehn Inland-Airlines. 82 Prozent der Reisenden reisen über Manila an. Die nächst größeren Flughäfen werden von acht (Cebu: 12 Prozent) bzw. fünf (Clark) ausschließlich asiatischen Airlines angesteuert.

Dank der Nähe zu Cebu Airport sind Boracay, Bohol und Cebu selbst wichtige Touristenzentren mit 70 Prozent aller Hotelbetten der Zentralphilippinen geworden. Vor allem auf der 12 km²

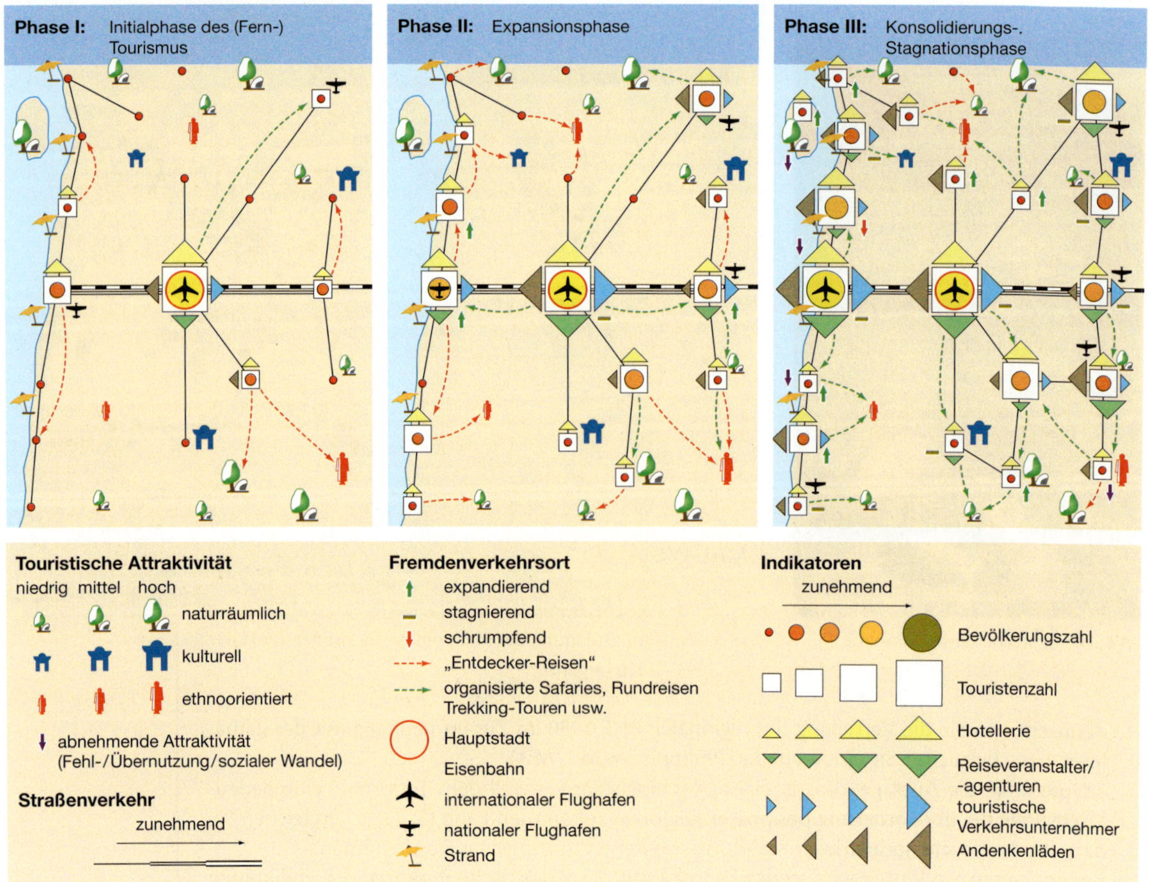

M6 Modell der Entfaltung des internationalen Tourismus in einem Entwicklungsland nach Vorlaufer (1996)

großen „Trauminsel" Boracay sind über die 200 vorhandenen Hotels hinaus weitere im Bau. 2005 bot das Hotel- und Gaststättengewerbe 550 000 Arbeitsplätze; 1991 waren es laut Schätzung erst 180 000, jeweils plus einer etwa gleich großen Zahl in abhängigen Branchen.
Schwierig ist das Verhältnis von Landwirtschaft und Tourismus: Nahe Manila wurden 10 000 Landarbeiter vertrieben, weil eine Hotelanlage errichtet wurde. Nur noch 4 Prozent der Korallenriffe sind intakt, als Folge von Bodenerosion, der Einleitung giftiger Bergbauabfälle, Dynamitfischerei – und neuerdings Tauchbasen. Und der Fremdenverkehr wirft weitere Schatten: Über drei Fünftel aller Reisenden sind männlich. Die Zahl der Prostituierten soll auf den Philippinen bei 500 000 liegen; hiervon ist jede Fünfte unter 16 Jahre alt (Kinderprostitution 4. Stelle weltweit). Gerade philippinische Kinder gelten im Zeitalter von AIDS als „sicher" (HIV-Rate > 0,01 Prozent, Thailand: 0,9 Prozent der Bevölkerung).

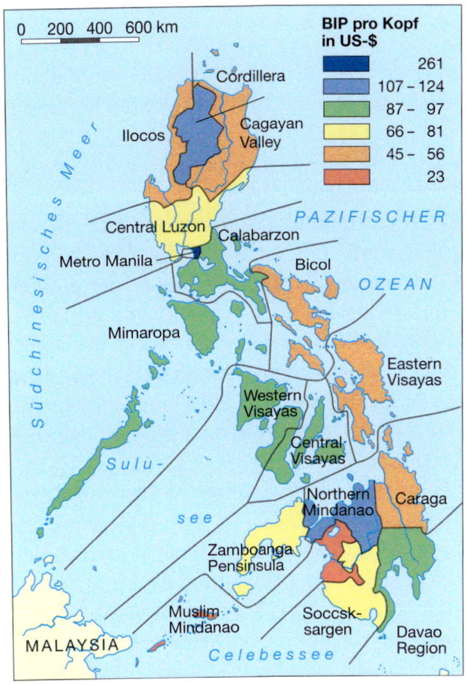

M7 Einkommensverteilung 2007

	1993		2006	
	absolut	in % aller Touristen*	absolut	in % aller Touristen*
Metro Manila	1 544 305		ca. 3 000 000**	
Cordillera	37 790	8,4	76 812	4,4
Ilocos Norte	32 025	7,1	52 786	3,0
Cagayan Valley	13 155	2,9	24453	1,4
Central Luzon	20 227	4,5	155 394	9,0
Southern Tagalog	28 123	6,3	434 530	25,1
Bicol	8 088	1,8	31 153	1,8
Western Visayas	39 850	8,9	266 891	15,4
Central Visayas	224 390	50,1	542 159	31,3
Eastern Visayas	9 746	2,2	13 329	0,8
Western Mindanao	9 588	2,1	13 647	0,8
Northern Mindanao	14 234	3,2	46 284	2,7
Southern Mindanao	9 783	2,2	68 956	4,0
Central Mindanao	950	0,2	4 606	0,3
insgesamt (ohne Metro Manila)	447 949	100	1 731 000	100

*) ohne Metro Manila **) ermittelt nach Daten zur Einreise und zur Zimmerauslastung (Petermanns Geographische Mitteilungen 140.3, 1996: S. 144; visitmyphilippines.com)

M8 Ankünfte von Gästen nach Regionen

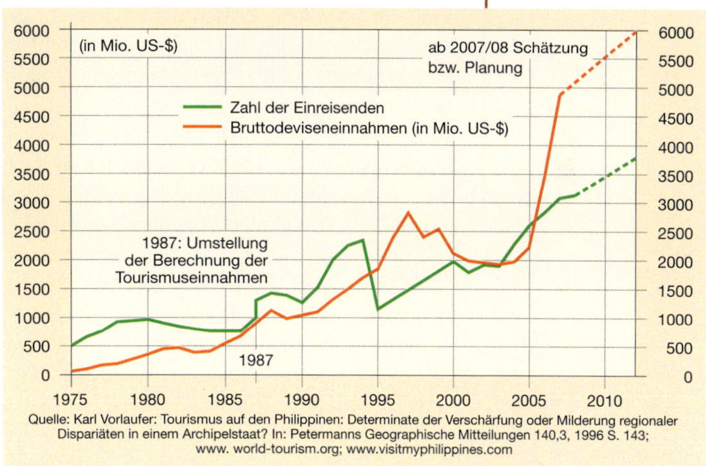

M9 Entwicklung des Tourismus

4. Erläutern Sie Vorlaufers Modell (M 6).
5. Ordnen Sie die touristische Entwicklung auf den Philippinen im Jahr 1993 einer Phase des Modells zu (M 3, M 5, M 6).
6. Überprüfen Sie, ob die durch den Tourist Master Plan geförderte touristische Erschließung des Landes modellhaft verläuft (M 6, M 7 bis M 9).
7. Erörtern Sie, inwiefern die raumzeitliche Entfaltung des Fremdenverkehrs zum Abbau regionaler Disparitäten beitragen konnte (M 3, M 7).
8. Ermitteln Sie das touristische Potenzial ausgewählter Fremdenverkehrsregionen (Internetrecherche, Auswertung von Reiseführern) und ordnen Sie sie in Vorlaufers Modell ein (Vorschläge: Boracay, Caminguin, Banaue und Ifuago, Samal, Vigan).

5. Grenzenloses Wachstum durch Tourismus? – Dubai

M1 Dubai, Sheikh Zayed Road – 1990 und 2007

Das Übermorgenland

Perlen, Datteln, Ziegenfelle und Fisch exportiert das britische Protektorat Dubai um 1920. Nur 1500 Menschen, meist Beduinen, leben in dem 3900 km² großen Scheichtum außerhalb der Hauptstadt mit den Fischerhütten, Moscheen, Karawansereien und einigen Handelsstützpunkten, allesamt keine Meisterwerke arabischer Baukunst. Vor den küstennahen Salzpfannen liegen Korallenbänke und Lagunen – bis heute Paradiese für Zugvögel –, im Hinterland von Dünen überragte Schotterebenen. Jenseits der Grenze zum Nachbarn Sharjah erheben sich die Spitzen des Hajar-Gebirges, in dessen feuchterem Vorland bescheidene Oasenlandwirtschaft möglich ist. Durch die wüstenhaften Landschaften streifen – heute ausgestorben – Leopard, Hyäne, Wolf, Steinbock, Gazelle und Antilope.

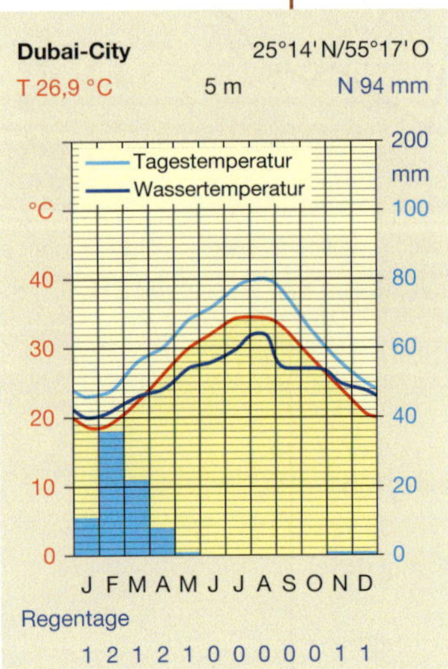

M2
Klimadiagramm Dubai-City

Als Dubai 1971 seine Unabhängigkeit und eine Föderation mit sechs Nachbaremiraten proklamierte, zählte die Hauptstadt 58 000 Einwohner. Zuvor war küstennah Öl gefunden worden. 4,3 Mio. t wurden 1972 gefördert (geschätzte Vorräte: 265 Mio t). Der Hafen am Dubai Creek, einziger Naturhafen am östlichen Persischen Golf, ließ das Emirat dank der Petrodollars zu einem Zentrum für den Handel mit Südasien heranwachsen und zum drittgrößten Importeur für Gold. Die „Ölkrisen" spülten Milliarden in die Kassen, nach 1970 auch der Export weiterverarbeiteten Erdgases.

Rasch setzte eine industrielle Entwicklung ein: 1979 wurde die staatliche Dubai Aluminium Company gegründet, heute einer der größten Produzenten der Welt. Typischer sind jedoch Betriebe der Klein- und Leichtindustrie mit vielfältigen Produkten und Technologien. 1995 entfiel auf je 1000 Einwohner ein Unternehmen, und ihre Zahl steigt: 2008 verkündete Airbus, in Dubai produzieren zu wollen.

Schon 1985 wurde die Jebel Ali Freihandelszone eingerichtet. Hier fallen 50 Jahre lang nahezu keine Zölle und keine Einkommens- und Körperschaftssteuer an (Ausnahme: Banken, Ölindustrie). Was mit 19 Firmen und ein paar Kränen angefangen hatte, ist zur Drehscheibe für die arabische Welt, Indien sowie Nord- und Ostafrika geworden, auch dank ausgezeichneter Infrastruktur. Die Swiss IMD Business School ernannte Dubai 2008 zur effizientesten Stadt der Welt. Jebel Alis Containerhafen, größter künstlich angelegter Hafen der Welt und einer von drei Häfen Dubais, soll weiter ausgebaut werden. Dubais World Central International Airport (sechs Startbahnen, zehn Frachtterminals) wird über Kapazitäten verfügen wie London Heathrow und Chicago O'Hare zusammen – Voraussetzung für ein weiteres Wachstum der 1985 gegründeten staatlichen Airline Emirates.

2000 eröffnete das Burj Al-Arab als erstes „Sieben-Sterne-Hotel“, 2008 Palm Jumeirah, die erste der Inselaufschüttungen aus Meersand; mit dem Burj Chalifa (828 m) entstand 2010 das höchste Gebäude der Welt. Dubailand (mit Vergnügungspark, Water World, Regenwald und Saurierpark, 200 km²) wird der größte Freizeitpark, Dubai Mall und Mall of Arabia (50/93 ha) sollen die größten Einkaufszentren der Welt werden. Daneben wirkt die 2006 eröffnete Mall of the Emirates (22,3 ha; derzeit die größte außerhalb Nordamerikas) mit 400 m-Indoor-Skipiste bescheiden. Palm Jebel Ali, Palm Deira, „The World“ – 300 Inseln in Form der Kontinente, nur per Jacht oder Hubschrauber zu erreichen („Deutschland“, rd. 7 ha, 24 Mio. €) – und „The Universe“ (Sonne, Mond und Sterne) verdeutlichen die Gigantomanie ebenso wie „The Waterfront“, die halbmondförmige Umfassung der Palm Jebel Ali, die durch den 75 km langen Arabian Canal ergänzt werden wird. „Kleinere“ Attraktionen wie eine aus 40 000 t kanadischem Eis gefertigte Bar, ein Surfspot auf entsalztem Meerwasser, ein Sportzentrum mit drei Stadien, der größte Fahrstuhl, das größte Riesenrad und das weltweit erste Unterwasser-Hotel sind da kaum der Rede wert.

Eine Metro soll ab 2015 durch den Stadtstaat fahren, dessen Küstenlinie dann von 70 auf weit über 850 km gewachsen und der weltweit die Region mit den meisten Gebäuden mit mehr als 100 Stockwerken sein wird. (nach verschiedenen aktuellen Reiseführern und den Internetauftritten des Emirats zusammengestellt)

M 3 Nichts als Superlative!

Seit den 1990er-Jahren wurden etwa 20 neue spezialisierte Freihandelszonen eingerichtet, weitere sind im Bau oder geplant (u. a. Dubai Logistics und Aid City). Jüngstes Standbein ist der Tourismus. Waren es 1988 erst 590 000 Besucher, so ist Dubai heute die Tourismusdestination im Mittleren Osten und lockt mehr Reisende als Indien oder Brasilien.

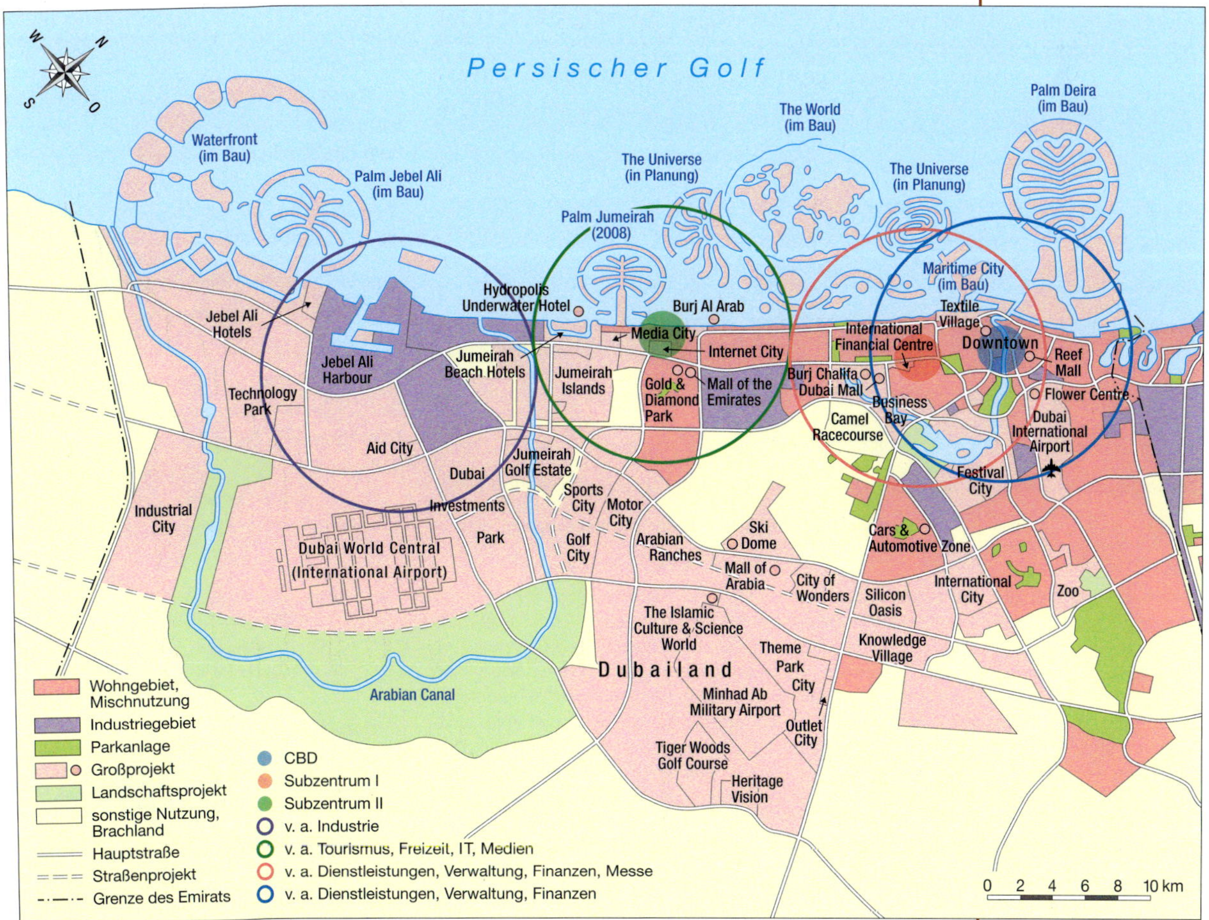

M 4 Stadtentwicklung im Emirat Dubai

1. Kennzeichnen und bewerten Sie die naturräumlichen Grundlagen und kulturellen Angebote des Reiseziels Dubai (Atlas, **M 1** bis **M 3**).
2. Erläutern Sie die räumliche Differenzierung von Dubai-City im Zusammenhang mit der wirtschaftlichen, v. a. touristischen Entwicklung des Emirats (**M 1**, **M 3**, **M 4**).

Webcode: GO649174-435

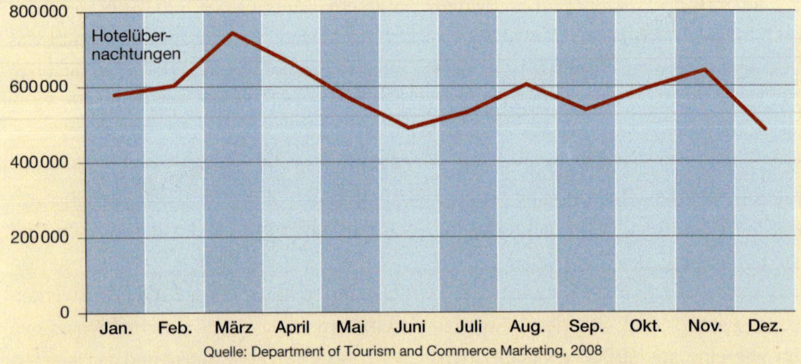

Im Frühjahr neben Sport-Events (Tennis, Pferderennen, Golf) das Dubai Shopping Festival (Unterhaltungsprogramm; preisreduziertes Warenangebot), Juni/Aug. die Dubai Summer Surprises (familienorientiertes Unterhaltungsprogramm) sowie v.a. April und Sept./Okt. Messen (rd. 55; drittgrößte Messestadt der Welt) – jeweils mit 150 000 (Tennis) bis zu über 3 Mio. (Dubai Shopping Festival) Besuchern

Quelle: Peter van de Bunt: Tourismusmetropole Dubai [...]. Diss. Bochum 2003. S. 96

M5 Saisonverlauf der Hotelübernachtungen

	1993 / 1997		2000		2007	
	gesamt	davon männl. (in %)	gesamt	davon männl. (in %)	gesamt	davon männl. (in %)
unter 15	158 120	52,8	152 290	52,7	182 293	53,5
15 – 39	325 958	68,5	515 348	73,3	1 029 939	79,0
40 – 59	117 588	79,5	183 952	79,9	300 069	80,5
über 60	9 260	63,0	10 797	65,5	17 492	66,0
gesamt*	**610 926**	**66,5**	**862 387**	**70,9**	**1 529 793**	**76,1**
Geburtenrate	18,4 ‰		19,0 ‰		14,1 ‰	
Zuwachsrate	16,7 ‰		17,3 ‰		12,7 ‰	
Ausländeranteil	82 – 95 % (divergierende Angaben)					

* davon deutlich über 90 % in Dubai-City, Quelle: Statistisches Amt Dubai, Ausländeranteil: NRO

M6 Entwicklung und Struktur der Bevölkerung in Dubai

Luxus für Millionen?

2007 stieg die Auslastung der Hotels in Dubai auf hochprofitable 85 % – bei einer Verdreifachung des durchschnittlichen Übernachtungspreises seit 1998 auf 150 €. Scheich Ahmed al-Maktum, Mitglied der Herrscherfamilie, Chef von Emirates und mit seinem Neffen Mohammed (dem Regenten des Emirats) Motor des wirtschaftlichen Umbaus, betont, Dubai sei eben kein Ziel für Billigurlauber, ihn interessiere vor allem

Qualität. Wir wollen unsere Stadt in den nächsten Jahren [...] zu einem der bedeutendsten Einkaufsparadiese der Erde ausbauen [...]

Spiegel: *[...] für die Reichen der Welt [...]? Ihr Vorzeige-Hotel Burdj Al-Arab hat angeblich finanzielle Probleme.*

Scheich Ahmed: *Ich glaube nicht, dass es für Hotel-Investoren zurzeit eine lukrativere Gegend gibt als Dubai. Gut, das Burdj Al-Arab kann seine Kosten vielleicht nicht in viereinhalb Jahren einspielen. Aber [...] es verdient Geld [...]. Selbst wenn es noch Verluste machen würde, wäre die weltweite Strahlkraft dieses Gebäudes doch kaum zu bezahlen.*

Spiegel: *Und die Vielzahl westlicher Touristen und nicht-muslimischer Gastarbeiter in Dubai?*

Scheich Ahmed: *Wir sind sehr kosmopolitisch, offen und tolerant. Bei uns finden Sie Moscheen wie christliche Kirchen. Das zahlt sich aus.*

Quelle: Thomas Tuma, Dinah Deckstein: „Geld ist nicht alles". In: Der Spiegel 12/2006 vom 20.3.2006, S. 114ff.

Einreise, Anschaffungen und zunächst auch Arbeitsplatzwechsel sind Migranten nur mit Bürgen möglich. Binnen 30 Tagen nach einer (nahezu jederzeit möglichen) Entlassung muss der Arbeitslose ausreisen. Gewerkschaften und Streiks sind verboten. 75 – 200 € verdienen Ungelernte bei einer Schicht von 12 Stunden und einem freien Tag pro Woche. Viele zahlen jahrelang nur durch Visum, Überfahrt und Gesundheitszeugnis entstandene Schulden zurück. Fachkräfte erhalten bis zu 400 €, was bei hohen Lebenshaltungskosten und einer Inflation von über 10 Prozent erst ausreicht, Geld nach Hause zu überweisen. 2007 wurden nach offiziellen Angaben 10 Mio. € Löhne nicht ausbezahlt und gegen mehrere Tausend Firmen 50 Mio. € Bußgeld für Arbeitsrechtsverstöße ausgesprochen. Allein 2004 starben 880 ausländische Arbeiter durch Unfälle. Erst seit kurzem ist eine Krankenversicherung durch den Arbeitgeber verpflichtend.

Asiatische Migranten leben in Camps am Stadtrand, in unklimatisierten, z. T. fensterlosen Räumen; mit Etagenbetten, deren Zahl nicht immer ausreicht; mit Bad und Küche für je 25 Personen. Heimflüge sind nur im Mehrjahresabstand möglich.

Westlichen Gastarbeitern – sie verdienen deutlich mehr – ist eine Familienzusammenführung erlaubt. Damit sie wirtschaftlich nicht dominieren, legen Behörden und Banken einen Mindestanteil Einheimischer fest („Emiratisierungspolitik"). Diesen einzuhalten, ist wegen des Ausbildungsstandes vieler Emiratis und fehlender Notwendigkeit, angesichts ihres Wohlstands einer Arbeit nachzugehen, oft schwierig.

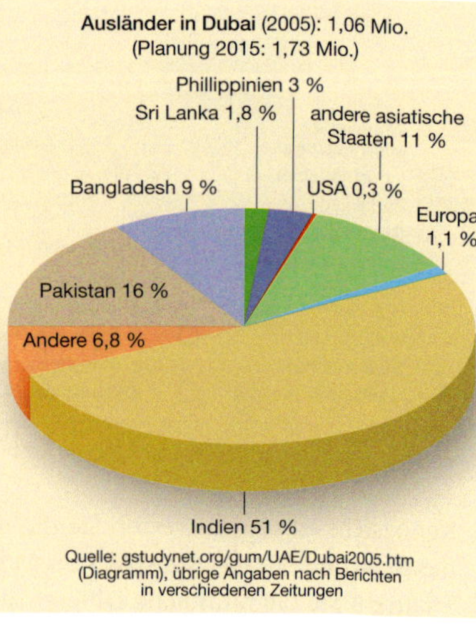

M7 Ausländische Arbeitnehmer in Dubai

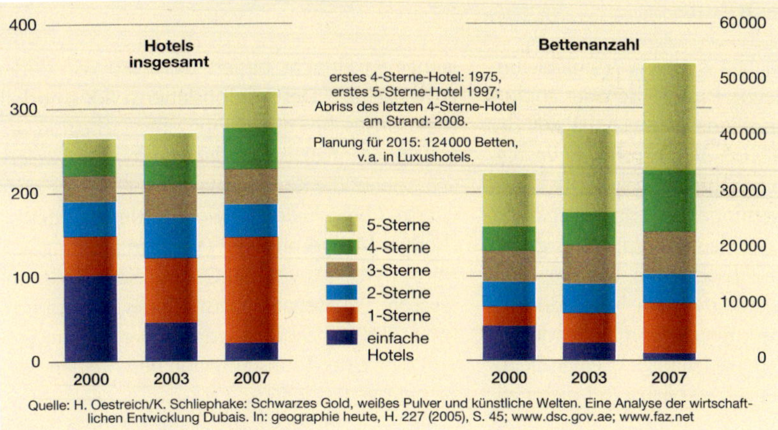

M8 Entwicklung des Hotelangebots

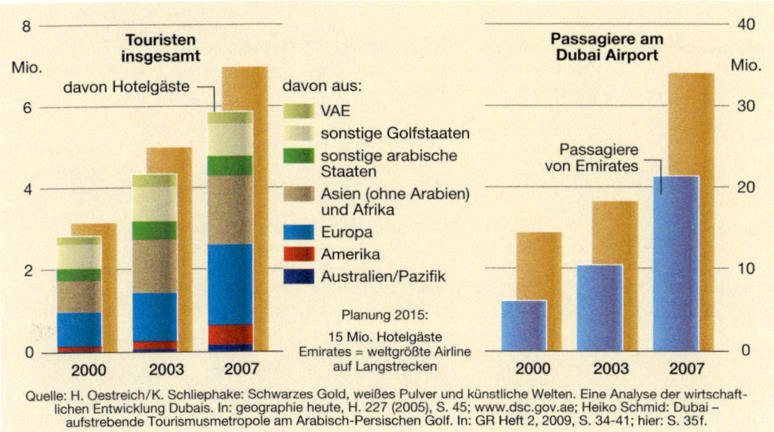

M9 Entwicklung des Tourismus

Bruttonationaleinkommen nach Sektoren
(in Mrd. US-$)

	2000	2005
öffentlicher Sektor	1,5	2,3
Dienstleistungen	10,5	27,6
davon: Handel	3,0	9,2
Baugewerbe	1,4	4,6
Immobilien/ Finanzdienstleistungen	3,3	8,1
Restaurants/Hotels	0,6	1,0
Sonstige	2,2	4,7
produzierendes Gewerbe	2,7	4,9
Öl und Gas	1,8	1,9
Elektrizität und Wasser	0,3	0,5
Landwirtschaft	0,2	0,3

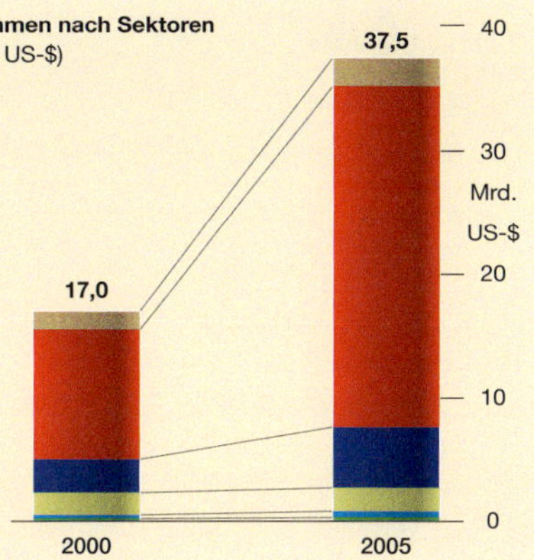

Quelle: Dubai Strategic Plan 2015, S. 19 f.

M10 Entwicklung der Wirtschaftsstruktur

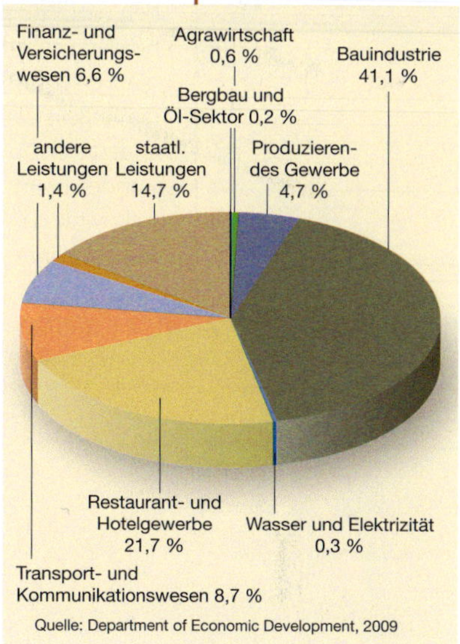

M11 Beschäftigtenzahlen nach Wirtschaftssektoren

M12 Burdj Al-Arab

3. Kennzeichnen Sie den Tourismus in Dubai (M5, M7 bis M9, M11, M12).
4. Zeigen Sie die wirtschaftlichen, demographischen und sozialen Folgen der touristischen Erschließung des Emirats auf (M6, M7, M10).
5. Informieren Sie sich über die Kosten eines Dubai-Urlaubs (Flug mit Emirates, Aufenthalt im Burdj Al-Arab bzw. anderen Hotels, Nebenkosten). Bewerten Sie aus Ihrer Sicht das Preis-Leistungs-Verhältnis.

Grenzen des Wachstums

„Aus die Sause". „Flucht aus dem Wirtschaftswunderland". „Dubais letzte Party" – so oder ähnlich titeln Zeitungen seit Ende 2008. Lange galt der Tourismusmarkt als der Wachstumsmarkt. Neben naturräumlich bestimmte Zielgebiete traten nicht-räumlich gebundene Erlebnisregionen, man erschloss neue Urlaubergruppen, es galten die Regeln der Warenproduktion. Und wie dort ändert sich durch Konkurrenten, einen Bedürfniswandel beim Konsumenten und sinkende Attraktivität die Wettbewerbsfähigkeit einer Zielregion im Sinne eines Lebenszyklus. Auf dieser allgemeinen Einsicht basiert das 1980 von Butler entwickelte **Destinationslebenszyklusmodell.** Die touristische Entwicklung einer Zielregion verlaufe phasenhaft, ihr Niedergang sei unausweichlich, sobald die Kommerzialisierung eine gewisse Grenze überschreite. Obwohl **Butlers Modell** sicherlich Mängel aufweist (Vernachlässigung von Mitbewerberaktivitäten, Quantifizierung der Indikatoren, Phasenabgrenzung) ist es zum Stammvater aller Konzepte geworden, welche die Entwicklung einer Touristenregion beschreiben oder vorhersagen möchten.

Zahl der Touristen

	Erkundung	Erschließung	Entwicklung	Konsolidierung	Stagnation	Erneuerung	Verfall
Besucher	ausschließlich Individualtouristen		einsetzender Massentourismus	leicht ansteigende Touristenzahl bei sinkende Zuwachsraten	sinkendes Gästeniveau, viele Stamm- und Tagesgäste, kaum Erstreisende	neue / spezielle Gästegruppen	fallend
Erreichbarkeit	schwierig	in der Entwicklung	gut	sehr gut	einfach	Modernisierung des Verkehrssystems	einfach/ eingeschränkt
Attraktionen	unentwickelt, keine Kommerzialisierung	einsetzende Kommerzialisierung	Ausbau, starke Kommerzialisierung des Angebots, erste künstliche Attraktionen		Dominanz künstlicher Attraktionen, starke Ähnlichkeit von Wohn- und Ferienort	Nutzung bisher unberücksichtigten Potenzials/ Spezialisierung/ neue Erholungsformen	künstlich
ökonomischer Nutzen	minimal	ansteigend		maximal, viele Arbeitsplätze	fallend: Arbeitsplatzabbau	fallend oder leicht ansteigend	fallend
ökologische Belastung	minimal	ansteigend	zunehmend	hoch: Bodenverknappung, Wasser- und Luftverschmutzung, Lärm		sinkend	hoch
Werbung	Mund-zu-Mund-Propaganda	begrenzt, Marketingaktivitäten im Aufbau	hoch, Etablierung der Region auf dem Tourismusmarkt	massiv bei zunehmend unstimmigem Preis-Leistungs-Verhältnis		auf spezielle Zielgruppen ausgerichtet	nachlassend
Sonstiges		Herausbildung einer Saison, sich abzeichnende Quellgebiete der Touristen	Überlastung in Saisonspitzen, Kontrollverlagerung auf die internationale Ebene	völlige Verdrängung der einheimischen Bevölkerung aus dem Tourismusgewerbe	Umwandlung von Hotels in Apartments und Zweitwohnsitze		

Zeit

M 13 Destinationslebenszyklusmodell nach R. W. Butler (1980)

Dubai ist [...] ein Ort, der nach allen Gesetzen des Islam streng verboten sein müsste [...]. In den Malls kramen [...] verhüllte Mädchen [...] in italienischer Unterwäsche, in den Supermärkten finden sich Schweinemetzgereien, abgetrennt wie in Europas Videotheken die Porno-Ecken. [...] Mekka ist nahe, aber überall sind Schnaps und Huren zu haben, und längst wird Weihnachten lauter gefeiert als das Fastenbrechen im Ramadan. Auch die Linien der Politik sind wirr. Als der Krieg [...] in Afghanistan begann, waren Dubais Herrscher mit den Taliban verbündet. Aber im Irak-Krieg stellten sich die [...] Emirate an die Seite der USA. Man kann, im Hafen, amerikanische Kriegsschiffe sehen, und am Hof der Herrscher tummeln sich ganze Hundertschaften westlicher Militärberater [...]. Vielleicht ist die Stadt nur vor Terror geschützt, weil [...] jeder zweite Bagger [...] der Bin-Laden-Gruppe gehört, der großen Bauunternehmung der arabischen Welt. Vielleicht braucht selbst al-Qaida dieses Dubai, um Geld zu waschen für künftige Operationen, wer weiß. *Mitte Juni 2008 warnten Großbritannien und die USA ihre Bürger vor Reisen in die VAE („high alert for terrorist attacks").*

(Ulrich Fichtner: Osamas Alptraum. In: Der Spiegel 37 vom 11.9.2006)

M 14 Osamas Alptraum

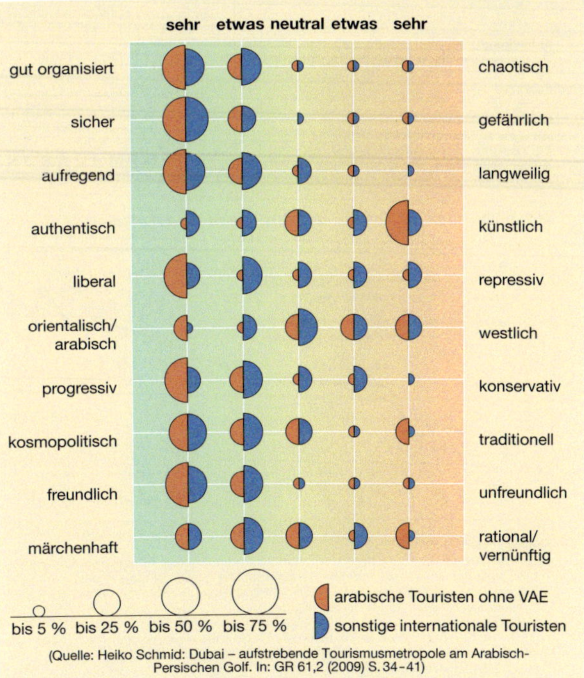

M 15 Bewertung Dubais durch ausländische Touristen 2005

2009 war Dubais Haushalt erstmals defizitär (1,1 Mrd US-$; 1,3 Prozent des BIP), das Land verschuldet (10 Mrd. und 70 Mrd. bei den staatlichen Firmen, bei einem Immobilienbesitz von 350 Mrd. US-$). Der Ölpreis: auf ein Drittel gesunken, weit problematischer der Kollaps des Immobilienmarktes: Die Preise fielen um die Hälfte. Zuvor waren wohl 80 Prozent der Käufe spekulativ getätigt worden; jetzt wurden rund 50 Mrd. US-$ internationales Kapital aus Dubai abgezogen.
2008 sank die Bautätigkeit um 85 Prozent. Die Arbeiten an neuen Inseln wurden gestoppt, die an jedem zweiten Großprojekt auf Eis gelegt – Projekte im Wert von 582 Mrd. US-$. Bauunternehmen entlassen Hunderte in der Verwaltung und täglich 1500 Bauarbeiter. Banken sind nicht mehr flüssig, die Zinsen explodieren, sodass das Wirtschaftswachstum um gut 3 Prozent auf „deutlich über 5 Prozent" sinkt.
Durch die Weltfinanzkrise entstehen zudem gerade in Dubais Luxushotels Überkapazitäten. Während 2008 die Hotelpreise weltweit geklettert sind, bröckeln sie hier erstmals als Folge des gewachsenen Angebots, ebenso die Mieten (-30 Prozent).
Öl-Milliarden aus Abu Dhabi sollen nun helfen. Auch über eine Fusion von Emirates mit dessen eher unbekannter Etihad wird gemunkelt. Eine gemeinsame Währung der arabischen Staaten ist bereits beschlossen.

(nach Meldungen der ARD-Tagesschau)

M 17 Wirtschaftskrise erreicht Dubai

Wasserverbrauch (Liter/ Tag/Einw.)*	503 (BRD: 125), davon etwa 25 % in Privathaushalten, das Übrige größtenteils durch den Tourismus
Leistung der Meerwasserentsalzungsanlagen (2000 = 100)	195
Stromverbrauch (kWh/ Einw./Jahr)	20 000 (BRD: 6 000)
Leistung der (erdgasbetriebenen) E-Werke (2000 = 100)	162
jährliche Zunahme des Wasser- und Strombedarfs	12 – 15 %
zur Absorption der durch einen Einwohner veranlassten CO_2-Emissionen theoretisch notwendige Landschaftsfläche	9,1 ha (weltweit 1. Platz) (Durchschnitt Welt: 1,7 ha)
Landschaftsverbrauch/Einw.	11, 9 ha (weltweit 1. Platz) (Durchschnitt Welt: 2,2 ha)
Kanalisation: Sammlung der Fäkalien in Sickergruben, Lkw-Transport zur Kläranlage	

Konsequenzen dieser vom WWF veröffentlichten Daten:
- Einführung von Umweltschutzrichtlinien für Neubauten gemäß US-amerikanischem Standard
- Planung von Niedrig-Energie-Hochhäusern mit eigener Stromerzeugung aus erneuerbarer Energie
- Investitionen in die Bereiche Elektrizität / Wasser (2008 – 2010): 14 Mrd US-$
- politische Diskussion über eine Umstellung auf Atomstrom und erneuerbare Energien (Wind, Sonne) – bei Aufnahme von Gesprächen mit dem Iran über Gaslieferungen

* 75 % aus entsaltztem Meerwasser; daneben Nutzung geklärter Abwässer und gehobenen Grundwassers (Absenkung um 1 m / Jahr); allein Dubais Golfplätze (z. Zt. 6, weitere in Planung) benötigen täglich bis zu 7500 m³ Wasser.

M 16 Dubais ökologischer Fingerabdruck 2005/2007 (nach verschiedenen Quellen, v. a. des WWF)

Luxushotels und Shopping-Malls – inzwischen überall in der Golfregion. Abu Dhabi, Oman, Katar und Kuwait (hier Touristenzentren auf „echten" Inseln) übertrumpfen sich dank Öl- und Gas-Milliarden mit Superlativen.
Künstliche Inseln: auch in Katar, hier mit kilometerlangem klimatisiertem Radweg, und Abu Dhabi – hier ferner Giga-Kunstausstellungen und die zweitgrößte Moschee der Welt. Oman kann mit dem Erhalt des historischen Erbes und den schönsten Landschaften auftrumpfen.

(nach aktuellen Zeitungsmeldungen und Reisemagazinen)

M 18 Dubai – unverwechselbar?

6. Wenden Sie Butlers Destinationslebenszyklusmodell auf die Entwicklung des Tourismus in Dubai an. Erörtern Sie, inwiefern die aktuellen Probleme Dubais durch das Modell erklärbar sind (**M 13**, **M 17**, **M 18**).
7. Entwickeln Sie begründet Szenarien für die weitere Entwicklung Dubais. Berücksichtigen Sie dabei die Einschätzung Dubais durch Touristen (**M 14** bis **M 16**).
8. Informieren Sie sich über den Fortgang der Arbeiten an Dubais künstlichen Inseln und weiteren Großbauprojekten (Google-Earth, Tageszeitung, Internet).

Zentralabitur 2008
Erdkunde, Leistungskurs

Name: ____________________

Abiturprüfung 2008

Erdkunde, Leistungskurs

Aufgabenstellung:

Thema: **Thema: Zukunftsfähige regionale Entwicklung durch Tourismus? – Das Beispiel Phuket/Thailand**

Teilaufgaben:

1. Kennzeichnen Sie die Lage und das touristische Potenzial von Phuket. *(12 Punkte)*
2. Erläutern Sie die Entwicklung des Tourismus auf Phuket sowie dessen wirtschaftliche Bedeutung. *(33 Punkte)*
3. Erörtern Sie unter Berücksichtigung des Wachstumszyklusmodells von Butler die im Thema formulierte Frage. *(26 Punkte)*

Materialgrundlage:

M 1: Atlaskarten nach Wahl
M 2: Klimadiagramm Phuket
M 3: Indikatoren der Entwicklung des Tourismus auf Phuket
M 4: Herkunft auslandischer Touristen auf Phuket (2004)
M 5: Weitere Indikatoren der Tourismusentwicklung auf Phuket
M 6: Bevölkerungswachstum und -verteilung auf Phuket
M 7: Standorte, Größe und Betriebsgrößenstruktur des Beherbergungsgewerbes Phukets sowie Tsunamischäden
M 8: Wachstum und Strukturwandel der Beschäftigung auf Phuket
M 9: Entwicklung des Bruttoinlandsprodukts pro Kopf in Phuket im Vergleich mit den Regionen Thailands
M 10: Wahrnehmung einzelner touristisch bedingter Umweltbelastungen
M 11: Wachstumszyklusmodell touristischer Räume

Zugelassene Hilfsmittel:

- der an der Schule in der Qualifikationsphase überwiegend verwendete Atlas, für alle Prüflinge die gleiche Auflage
- Wörterbuch zur deutschen Rechtschreibung
- Taschenrechner

M 1: Atlaskarten nach Wahl

M 2: Klimadiagramm Phuket

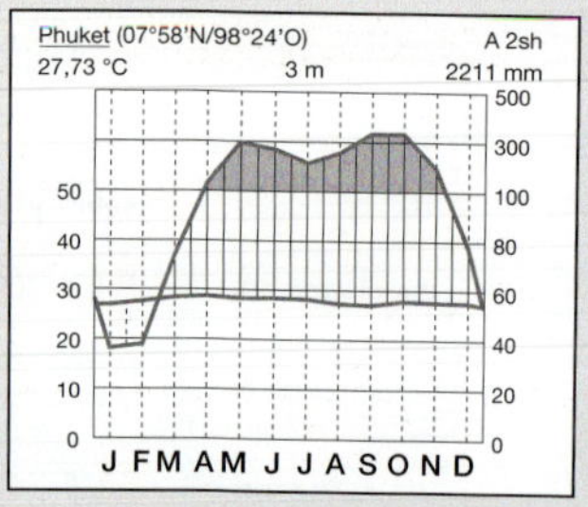

Anmerkung:
Die Sonnenscheindauer beträgt im Schnitt 7 Stunden am Tag. Die Wassertemperatur liegt ganzjährig bei 28 °C.

Quelle:
Klimagramm. Unterrichtsmedien interaktiv. Version 2.0. Westermann; www.allesueberreisen.com (Zugriff am 31.03.2007)

M 3: Indikatoren der Entwicklung des Tourismus auf Phuket

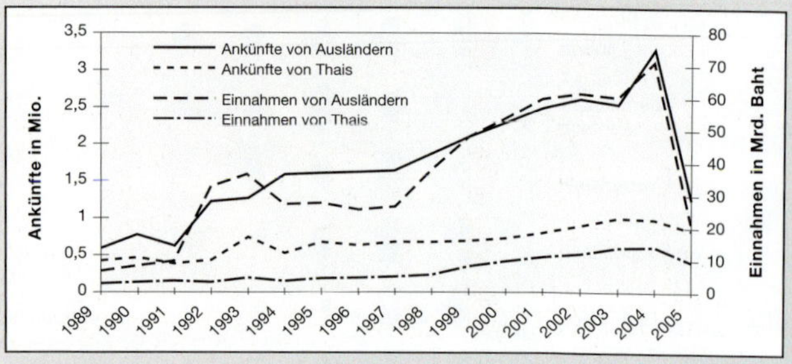

Anmerkungen:
1. 1975 wurde Phuket als ein Schwerpunkt touristischer Entwicklung ausgewiesen. Fördermaßnahmen seitens des Staates waren u. a. der Bau des interkontinentalen Flughafens Phuket, aber auch hohe Steuererleichterungen für Investoren hauptsächlich im Hotelgewerbe. Von 1978–1995 wurden 31 große Hotelprojekte mit 8684 Arbeitsplätzen gefördert.
2. 1991: Golfkrieg
3. 2003: Irakkrieg, SARS-Krise (SARS: Schweres Akutes Atemwegssyndrom; epidemisches Auftreten der Infektionskrankheit mit teilweise tödlichem Ausgang v. a. in Südostasien)
4. 26.12.2004: Tsunami-Katastrophe
5. 1 Euro = 49,35 Baht (Fischer Weltalmanach, 2007)

Quellen: Vorlaufer, K.: Phuket und Samui. Massentourismus, wirtschaftliche Entwicklung und Umweltprobleme auf südthailändischen Inseln. In: Waibel, M. u. a. (Hrsg.): Fragile Inselwelten. Bad Honnef, Horlemann-Verlag 2005, S. 36f.

M 4: Herkunft ausländischer Touristen auf Phuket (2004)

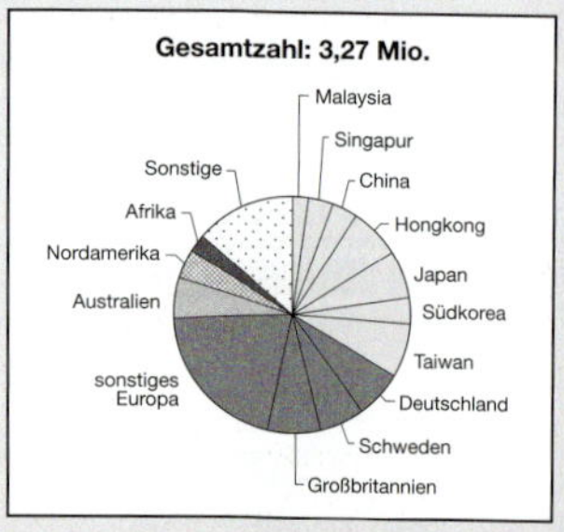

Anmerkungen:
2004 betrug die Gesamtzahl der ausländischen Touristen in Thailand 11,65 Mio.
2004 wurden auf Phuket 1/3 der Tourismuseinnahmen des Königreichs Thailand erwirtschaftet.

Quellen:
Domestic Tourism in Phuket. www.phukettourism.org/contasct_us/statistic_frame.htm (2003–2005);
Tourism Authorithy of Thailand.
www2.tat.or.th/stat/web/static_index.php
(Zugriff am 12.03.2007)

M 5: Weitere Indikatoren der Tourismusentwicklung auf Phuket

	1998	2000	2002	2003	2004	2005
Durchschnittliche Aufenthaltsdauer (Tage) Ausländer	4,9	5,4	5,4	5,4	5,2	3,9
Thais	2,9	3,6	3,7	3,8	3,9	3,2
Anzahl der Hotels	293	344	510	549	579	528*
Anzahl der Zimmer	17952	19573	26637	31302	32076	31488
Auslastungsquote (in %)	58,9	67,1	57,0	57,4	65,5	34,6

* Januar 2005: 423 Hotels mit 25762 Zimmern (www.fas.usda.gov/gainfiles/200502/146118902.pdf) (Zugriff am 12.03.2007)

Quelle: Domestic Tourism in Phuket. www.phukettourism.org/contact_us/statistic_frame.htm (1998–2005) (Zugriff am 12.03.2007)

M 6: Bevölkerungswachstum und -verteilung auf Phuket

	Insel Phuket	davon Stadt Phuket	
Jahr	Einwohner	Einwohner	Anteil (in %)
1960	75782	28163	37,2
1970	100021	34362	34,4
1980	130996	45064	34,4
1990	166308	49516	29,8
2000	249302	70411	28,2
2002	270438	73935	27,3

Quelle: Vorlaufer, K.: Phuket und Samui. Massentourismus, wirtschaftliche Entwicklung und Umweltprobleme auf südthailändischen Inseln. In: Waibel, M. u. a. (Hrsg.): Fragile Inselwelten. Bad Honnef, Horlemann-Verlag 2005, S. 41

M 7: Standorte, Größe und Betriebsgrößenstruktur des Beherbergungsgewerbes Phukets sowie Tsunamischäden

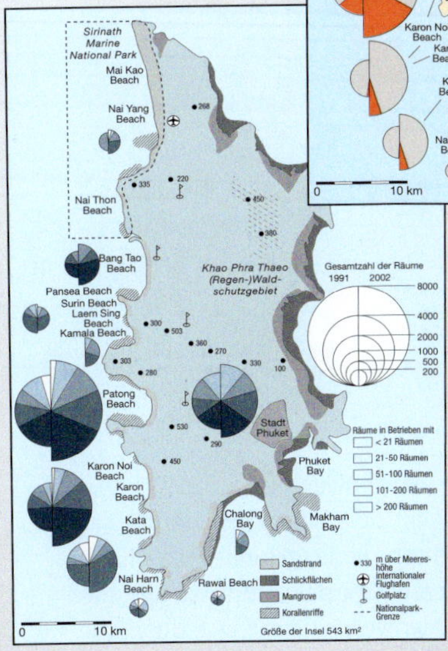

Stand 5.01.2005

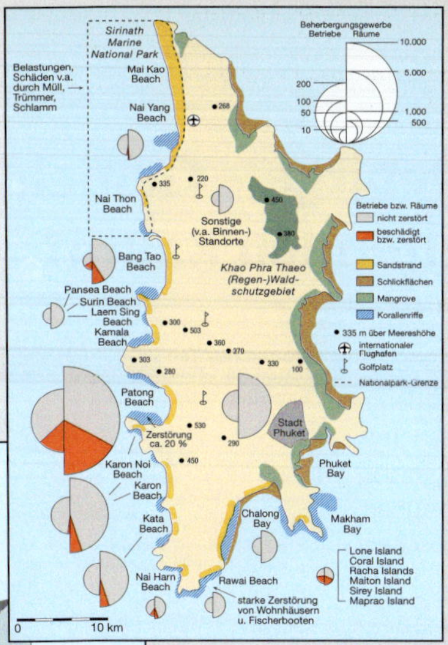

Quelle:
Vorlaufer, K.: Phuket und Samui. Massentourismus, wirtschaftliche Entwicklung und Umweltprobleme auf südthailändischen Inseln. In: Waibel, M. u.a. (Hrsg.): Fragile Inselwelten. Bad Honnef, Horlemann-Verlag 2005, S. 38 f;
Vorlaufer, K.: Der Tsunami und seine Auswirkungen in Thailand, Teil 1. In: Geographische Rundschau, H. 4, 2005, S. 16

M 8: Wachstum und Strukturwandel der Beschäftigung auf Phuket

	1970		1980		1990		2002	
		%		%		%		%
Land-, Forst- und Fischereiwirtschaft	15523	42,1	16553	29,5	15330	18,7	7719	8,1
Bergbau	5902	16,0	6490	11,6	1014	1,2	599	0,6
Produzierendes Gewerbe	2774	7,5	5888	10,5	7363	9,0	6278	6,6
Baugewerbe	1360	3,7	3484	6,2	10368	12,7	4785	5,0
Groß-, Einzelhandel	3970	10,8	7907	14,1	13577	16,6	17624	18,4
Verkehr, Kommunikation	1352	3,7	2556	4,5	4816	5,9	10355	10,8
Sonstige Dienstleistungen **davon** Hotels, Gaststätten	5041 k. A.	13,7	11031 k. A.	19,7	28720 15968	35,0 19,5	47643 30204	49,8 31,6
unbekannt	944	2,5	2147	3,9	748	0,9	646	0,7
gesamt	**36366**	**100**	**56056**	**100**	**81936**	**100**	**95649**	**100**

Anmerkung:
Phuket war seit dem 19. Jh. zunächst aufgrund seiner Zinnvorkommen, später aufgrund des Kautschukanbaus in die Weltwirtschaft eingebunden.

Quelle: Vorlaufer, K.: Phuket und Samui. Massentourismus, wirtschaftliche Entwicklung und Umweltprobleme auf südthailändischen Inseln. In: Waibel, M. u. a. (Hrsg.): Fragile Inselwelten. Bad Honnef, Horlemann-Verlag 2005. S. 43

M 9: Entwicklung des Bruttoinlandsprodukts pro Kopf in Phuket im Vergleich mit den Regionen Thailands

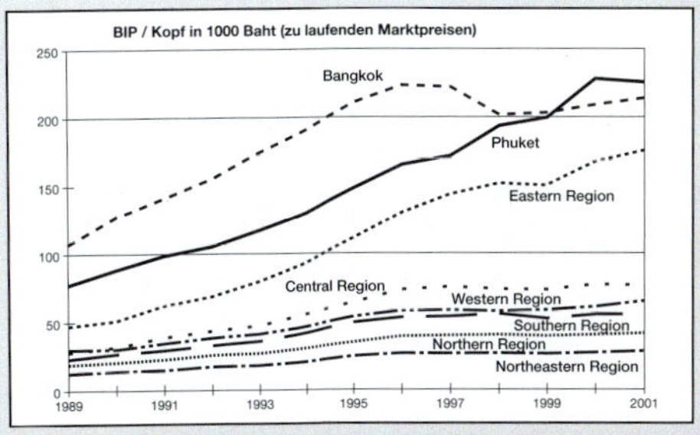

Quelle: Vorlaufer, K.: Phuket und Samui. Massentourismus, wirtschaftliche Entwicklung und Umweltprobleme auf südthailändischen Inseln. In: Waibel, M. u. a. (Hrsg.): Fragile Inselwelten. Bad Honnef, Horlemann-Verlag 2005. S. 45

M 10: Wahrnehmung einzelner touristisch bedingter Umweltbelastungen

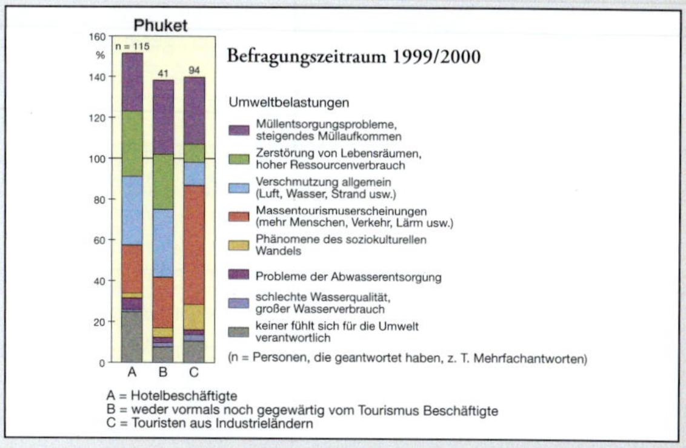

Quelle: Vorlaufer, K.: Phuket und Samui. Massentourismus, wirtschaftliche Entwicklung und Umweltprobleme auf südthailändischen Inseln. In: Waibel, M. u. a. (Hrsg.): Fragile Inselwelten. Bad Honnef, Horlemann-Verlag 2005. S. 49

M 11: Wachstumszyklusmodell touristischer Räume

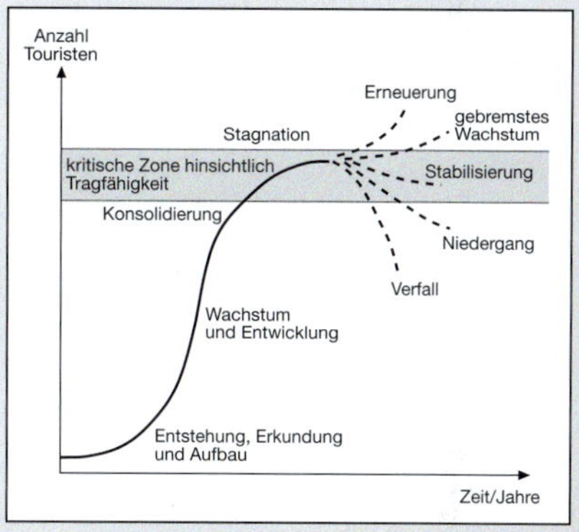

(verändert nach Butler, 1980)

Quelle:
Gebhard, H. u. a. (Hrsg.): Geographie. Physische Geographie und Humangeographie. München 2007, S. 721

Diese Seiten der Abiturprüfung in Originalgröße und die Lösungen der Aufgaben finden Sie im
Webcode: GO649174-441

Raumanalyse: Euroregion Erzgebirge – Gemeinsames Wachstum im grenzüberschreitenden Raum?

Naturraum und Geschichte

Das Erzgebirge, höchstes Gebirge in den ostdeutschen Bundesländern, erstreckt sich auf den Territorien von Sachsen und Böhmen. Die im Tertiär herausgehobene Pultscholle zog trotz des rauhen Klimas („Sächsisches Sibirien") viele Menschen aus ganz Europa an, als im 12. und im 15. Jahrhundert Silber entdeckt wurde. Es entstand eines der ältesten Industriegebiete Europas. Damals war es noch von einem dichten Urwald, dem Miriquidi („dunkler Wald"), bedeckt. Dieser wurde dort gerodet, wo die Bergleute nach Erz schürften und sich niederließen. So existieren Rodungsinseln bis zu den Kammlagen hinauf. Als die Ergiebigkeit des Silbers erschöpft war, verdienten die Erzgebirgler u.a. durch Schnitzen, Klöppeln, Korbmachen, das Herstellen von Arznei sowie durch die Textilproduktion ihren Lebensunterhalt. Später wurden Zinn, Zink, Kobalt, Nickel und andere Erze gefördert und verarbeitet. Nach dem Zweiten Weltkrieg fanden sowjetische Geologen hochwertiges Uranerz im westlichen und mittleren Erzgebirge. Seit den 1950er-Jahren waren zeitweise mehr als 210 000 Arbeitskräfte in der Uranproduktion beschäftigt.

M1
Die Entwicklung der Euroregion Erzgebirge

Um eine grenzüberschreitende Zusammenarbeit und Kommunikation der Menschen zu fördern, wurden in Sachsen vier Euroregionen gebildet. Eine davon ist die Euroregion Erzgebirge. Diese freiwillige Interessengemeinschaften sächsischer und böhmischer Gebietskörperschaften wurde in den Jahren 1992/1993 gegründet.
Ziel des Zusammenschlusses ist die Förderung der grenzüberschreitenden Zusammenarbeit auf allen Gebieten, um eine umfassende und friedliche nachbarschaftliche Zusammenarbeit zu pflegen. Die dabei durchgeführten Projekte stehen auf drei Säulen der finanziellen Unterstützung.

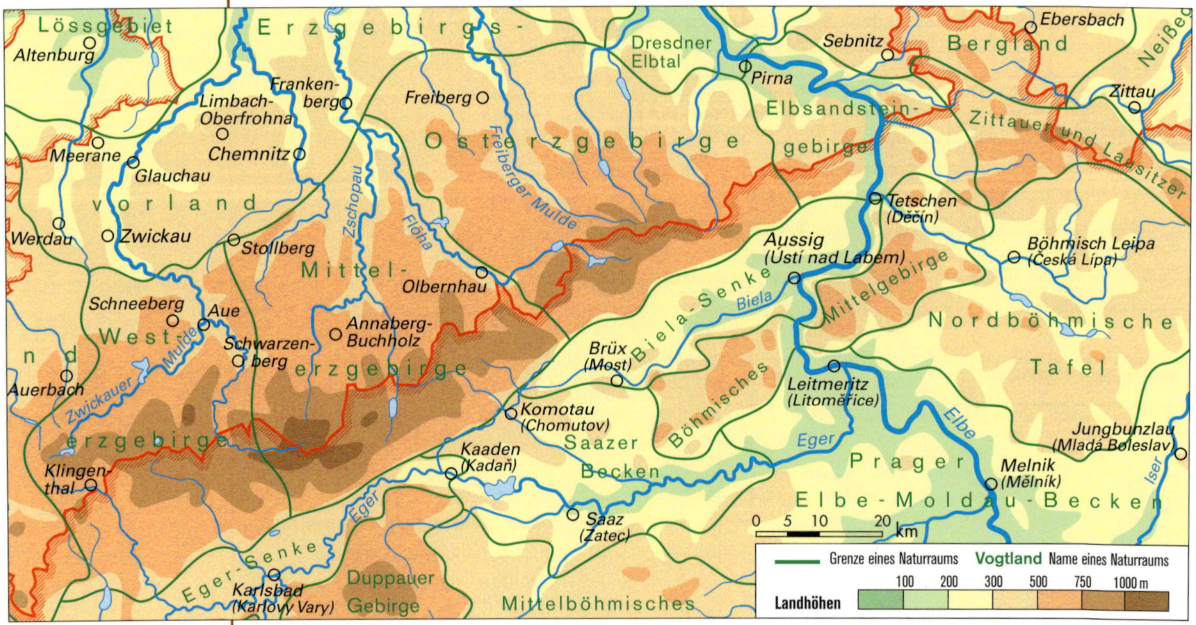

M2 Landschaftsgliederung Erzgebirge

Veränderungen nach der politischen Wende

Nach der politischen Wende 1991 wurde die Uranerzproduktion u.a. aufgrund unrentabler Förderung eingestellt und es begann eine umfassende Sanierung der ökologisch hochbelasteten Bergbaufolgelandschaften.
Ein großes Problem vergangener Jahrzehnte und der Gegenwart ist das Waldsterben im Erzgebirge. Vor 1990 zerstörten in erster Linie Industrieabgasemissionen aus dem nordböhmischen Braunkohlenrevier und den Ballungsräumen Chemnitz und Dresden den Erzgebirgswald. Heute sind es v.a. die Abgase des enorm gestiegenen Autoverkehrs über das Erzgebirge, die waldzerstörend wirken. Im nordböhmischen Industrierevier werden seit Mitte der 1990er-Jahre auch mit sächsischer Finanzhilfe Filter und Entschwefelungsanlagen installiert. In Sachsen stellten die stark umweltbelastenden Industrien ihre Produktion ein.

Für Projekte zur Verbesserung der Infrastruktur und der Schaffung von Arbeitsplätzen gibt es seit 1995 den Fonds der EU-Gemeinschaftsinitiative INTERREG (s. S. 414) sowie seit 2008 das Ziel 3 Programm Sachsen-Tschechien, aus dem bis 2013 rund 200 Millionen Euro für grenzübergreifende Projekte zur Verfügung stehen, welche die Verwirklichung von Vorhaben in den unterschiedlichsten Lebensbereichen ermöglichen, vom Ausbau der Infrastruktur über wirtschaftliche Kooperation bis hin zu Kultur, Umwelt und Sicherheit. Zur Förderung von Anschlussprojekten über den Grenzkreis hinaus wurde das EU-Programm PHARE-CBC (Cross-Border-Programm) geschaffen. Kleinere Projekte in der Grenzregion werden aus Mitteln des Freistaates Sachsen finanziert.

Das Zusammenwachsen in der neuen Euroregion verläuft nicht ohne Probleme. Zum einen behindern unterschiedliche Verwaltungsstrukturen in Sachsen und Böhmen eine rasche Entwicklung, zum anderen stellt die Staatsgrenze gleichzeitig eine Wohlstandsgrenze in Europa dar. Mit dem Beitritt der Tschechischen Republik zur EU im Jahr 2004 verbesserten sich die Rahmenbedingungen allerdings grundlegend. Es sind in der Euroregion Erzgebirge bereits Ergebnisse erzielt worden, die optimistisch in die Zukunft blicken lassen.

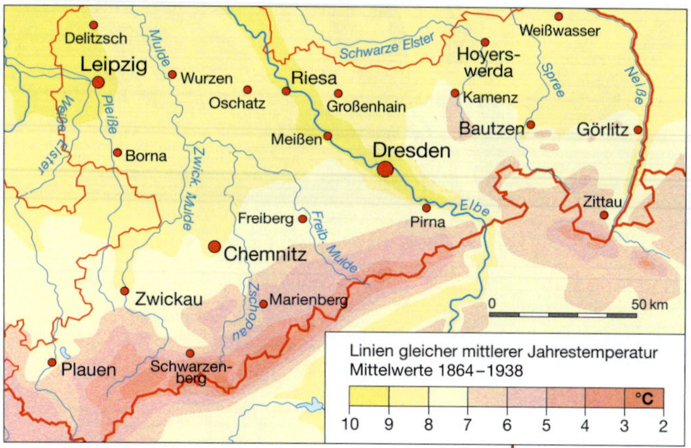

M 3 Mittlere Jahrestemperatur

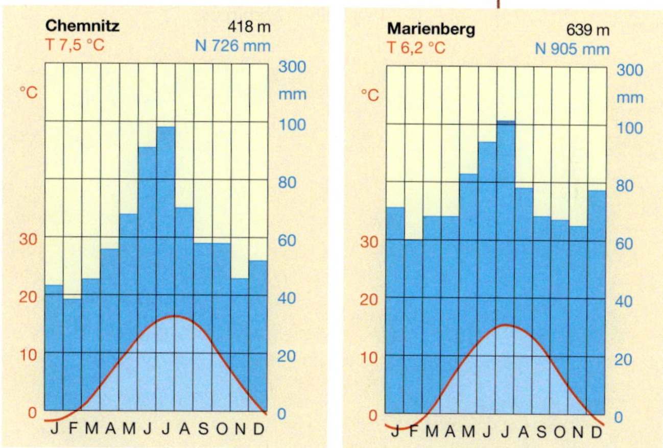

M 4 Klimadiagramme von Chemnitz und Marienberg

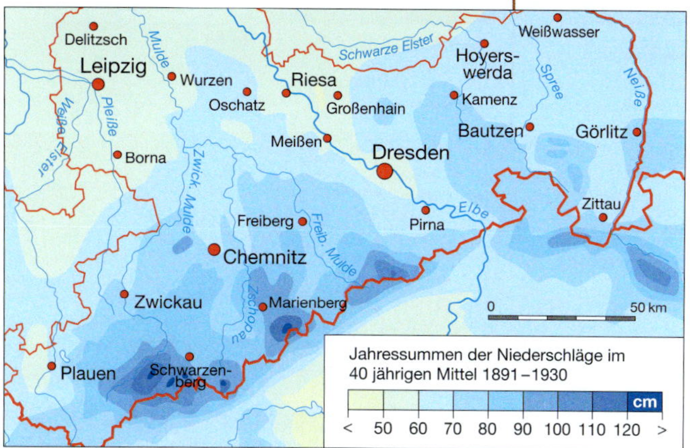

M 5 Mittlere jährliche Niederschlagssummen

1. Beschreiben Sie die Lage des Erzgebirges und der Euroregionen, die Anteil am Erzgebirge haben (M 1, M 2, Atlas).
2. Analysieren Sie Merkmale der naturräumlichen Faktoren Relief, Klima, Wasserhaushalt und geologischer Bau (M 1, M 3 bis M 7, Atlas).
3. Erläutern Sie die Wechselbeziehungen zwischen diesen Naturraumfaktoren (M 2 bis M 7, Atlas).

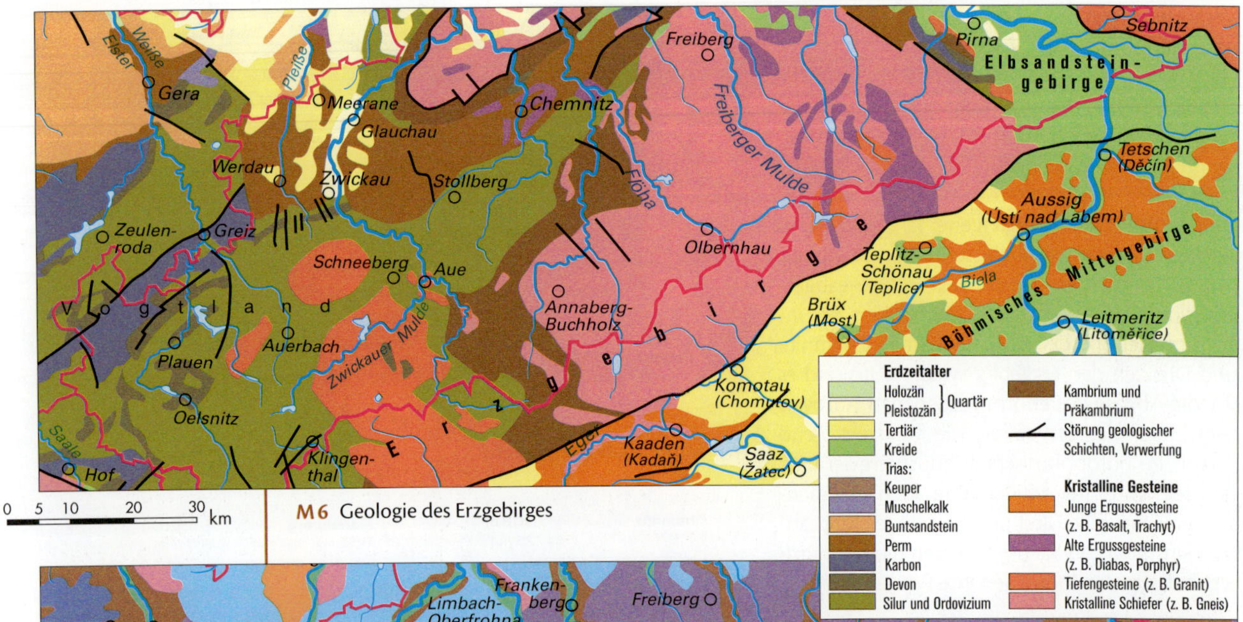

M6 Geologie des Erzgebirges

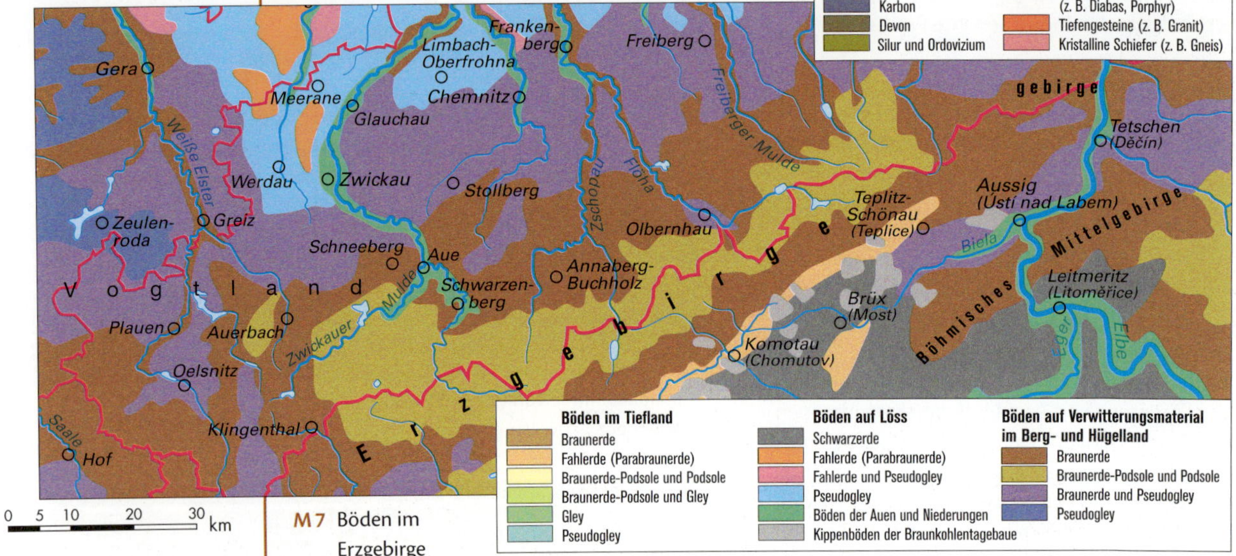

M7 Böden im Erzgebirge

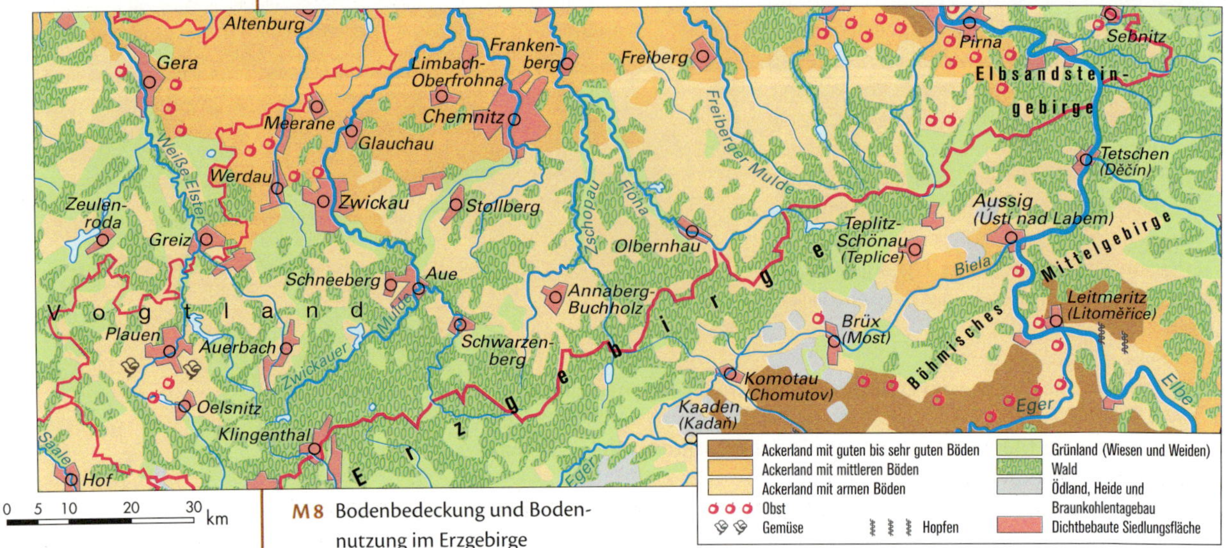

M8 Bodenbedeckung und Bodennutzung im Erzgebirge

Der Wirtschaftsraum

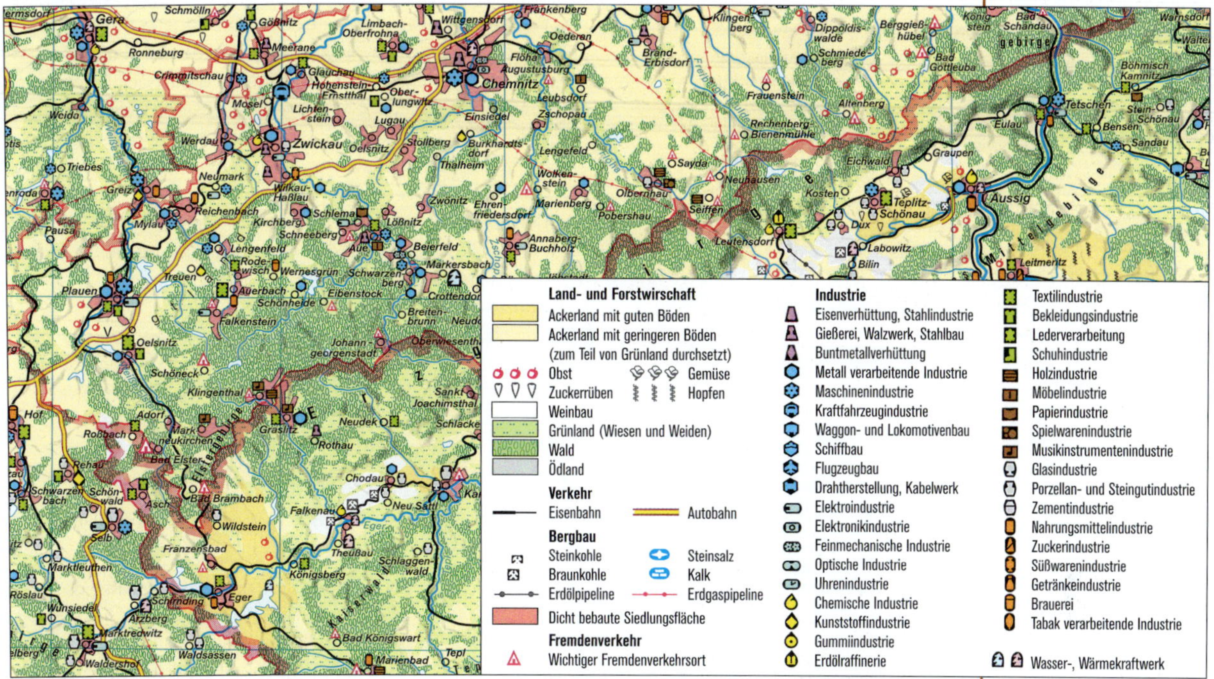

M 9 Wirtschaftskarte vom Erzgebirge

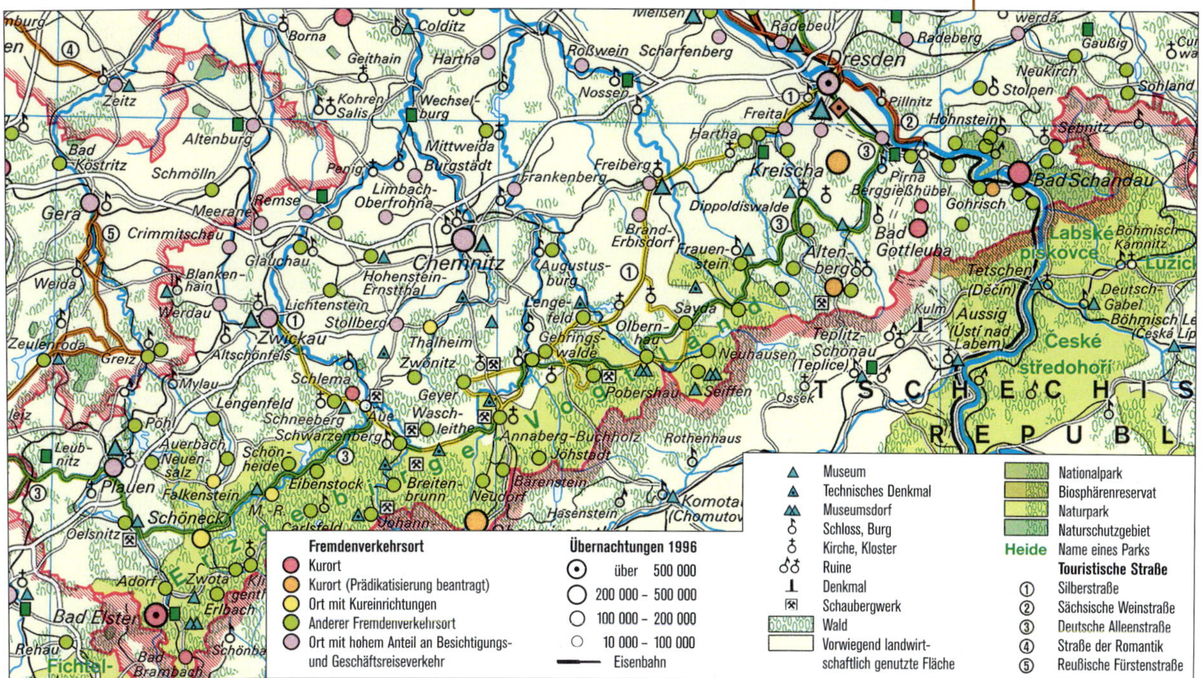

M 10 Fremdenverkehr im Erzgebirge

4. Beschreiben Sie das Verkehrswegenetz im Erzgebirge und seine Anbindung an Hauptverkehrswege in Deutschland. Wo besteht Ihrer Meinung nach Ausbaubedarf und wo sind Verbesserungen der Verkehrsinfrastruktur notwendig (M 9, Atlas)?
5. Finden Sie Industrie- und Fremdenverkehrsgebiete im Erzgebirge. Differenzieren Sie die Fremdenverkehrsangebote (M 2, M 9, M 10, Atlas).

Die Struktur der Euroregion Erzgebirge

M 11 Wirtschaftliche Situation an der Ostgrenze der EU

1. Prinzip der Partnerschaft, der Gleichberechtigung und Gleichwertigkeit der die Euroregion bildenden Partner
2. Prinzip der Freiwilligkeit der Beteiligung an der Euroregion und der verschiedenen Formen der Zusammenarbeit
3. Prinzip der Solidarität der grenzüberschreitenden Gebiete
4. Prinzip der guten Nachbarschaft der Einwohner der Grenzgebiete
5. Prinzip der Parität bei den Abstimmungen
6. Prinzip des Vertrauens bei der Abstimmung der gemeinsamen grenzüberschreitenden Vorhaben
7. Prinzip des Konsenses
8. Prinzip der Bewahrung der nationalen, staatlichen, regionalen und lokalen Identität durch die zusammenarbeitenden territorialen Einheiten und lokalen Gemeinschaften
9. Prinzip der Subsidiarität
10. Prinzip des Pragmatismus
11. Prinzip des Turnus

M 13 Zusammenarbeit in einer Euroregion

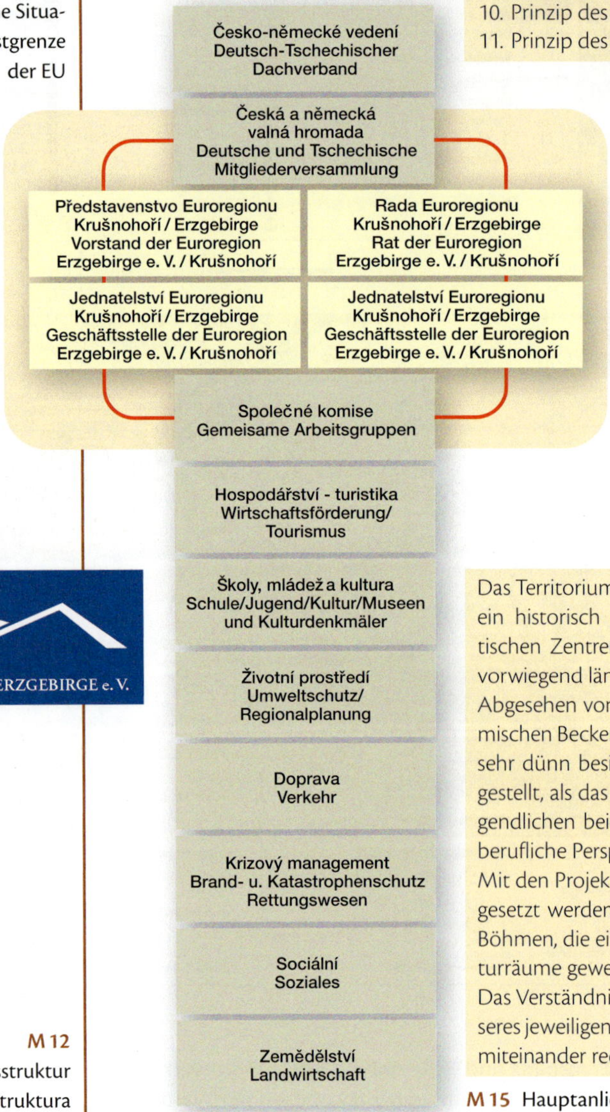

M 12 Organisationsstruktur – Organizační Struktura

1. Ökologische Erneuerung der Region Erzgebirge
2. Erarbeitung raum- und regionalplanerischer Konzepte
3. Verbesserung des grenzüberschreitenden Verkehrs
4. Entfaltung des wirtschaftlichen Potenzials
5. Förderung von Kultur, Sport, Bildung und Tourismus
6. Gemeinsame Arbeit auf dem Gebiet des Brand- und Katastrophenschutzes sowie des Rettungswesens

M 14 Ziele der Euroregion Erzgebirge

Das Territorium der Euroregion verfügt auf deutscher Seite über ein historisch gewachsenes Netz von mittel- und kleinstädtischen Zentren und ist vor allem im grenznahen Gebiet, das vorwiegend ländlichen Charakter hat, dünn besiedelt.
Abgesehen von den industriellen Ballungszentren im nordböhmischen Becken, ist der grenznahe Raum in Tschechien ebenfalls sehr dünn besiedelt und infrastrukturell wesentlich schlechter gestellt, als das adäquate deutsche Gebiet. Vor allem für die Jugendlichen beiderseits der Grenze gibt es weniger soziale und berufliche Perspektiven als im Inland.
Mit den Projekten, die innerhalb der Euroregion Erzgebirge umgesetzt werden, wollen wir die Grenzgebiete von Sachsen und Böhmen, die einst historisch gewachsene Wirtschafts- und Kulturräume gewesen sind, fördern.
Das Verständnis für die Geschichte, Kultur und Lebensweise unseres jeweiligen Nachbarn kann nur geweckt werden, wenn man miteinander redet, lernt und arbeitet.

M 15 Hauptanliegen der Euroregion Erzgebirge

6. Erläutern Sie die Ziele, die Organisationsstruktur und die Probleme der Euroregion Erzgebirge (**M 11** bis **M 15**).

Das Waldsterben

Bezirk	geschädigte Nadelbäume (in km²)						geschädigte Laubbäume (in km²)					total in %
	erste Anzeichen	wenig	mittel	sehr stark	absterbend	tot	erste Anzeichen	wenig	mittel	stark	sehr stark	
Nordböhmen	859	474	176	67	16	11	420	274	–	–	–	100
Südböhmen	228	187	22	–	–	–	–	–	–	–	–	14

M 16 Schädigung des Waldbestandes im ehemaligen Bezirk Nordböhmen im Vergleich zum Bezirk Südböhmen

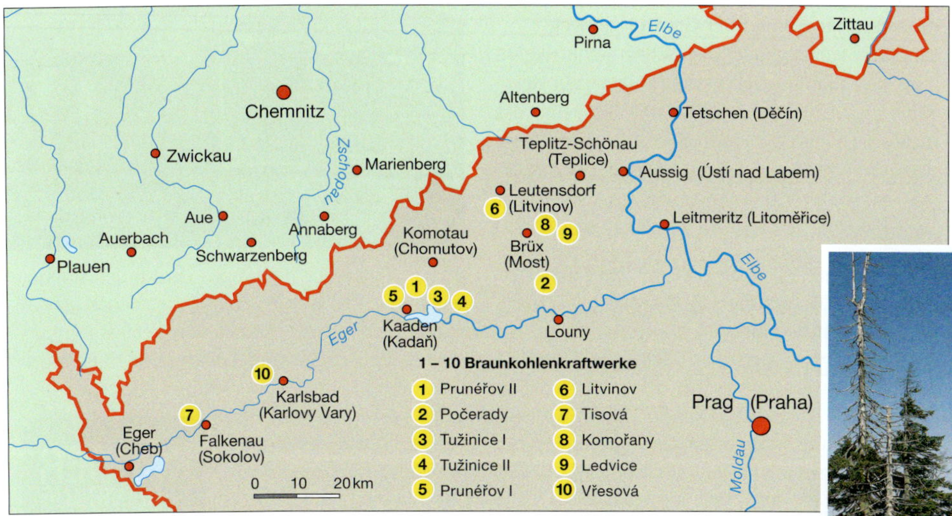

M 18 Das böhmische Industrierevier

M 19 Fichten in Kammlage im Erzgebirge

Nordböhmen erstickt im anhaltenden Smog

Prag. Die Kinder in Nordböhmen hatten gestern schulfrei, denn der seit Wochen anhaltende Dauersmog hat Spitzenwerte erreicht: Wer sich einen Tag lang im Freien aufhält, nimmt so viel Schadstoffe zu sich wie beim Rauchen von 10 Zigaretten. Messstationen in Nordböhmen registrierten Werte von mehr als 500 Milligramm Schwefeldioxid je Kubikmeter Luft. In den Krankenhäusern werden täglich Kinder behandelt, die über Übelkeit und Kopfschmerzen klagen.

(nach: Süddeutsche Zeitung vom 16.02.1993)

Entschwefelungsanlage für Tušimice II

(nach: Freie Presse, Annaberg 27. 06. 1994)

Luft im „Schwarzen Dreieck" ist besser

Dresden. Die Luft in der Grenzregion Sachsen-Polen-Tschechien ist besser geworden. Das geht aus dem Bericht zur „Luftqualität im Schwarzen Dreieck" hervor, wie das Landesamt für Umwelt und Geologie mitteilte. Das „Schwarze Dreieck" war lange Zeit Synonym für die schlechte Luftqualität. An einigen Stationen sei der Schwefeldioxidwert um bis zu 90 Prozent zurückgegangen. (nach: dpa vom 05.04.2001)

Neues Waldsterben

Fachleute sprechen von neuem Waldsterben im tschechischen Teil des Erzgebirges. Betroffen sind Bäume, die ab den 1970er-Jahren als Ersatz für die abgestorbenen Fichten gepflanzt wurden. Manche Fachleute sagen, da dürfe man sich nicht wundern. Die aus den amerikanischen Rocky Mountains stammenden Stech-Fichten gehörten nicht ins Erzgebirge. […] Unter normalen Bedingungen würden sie bis zu 100 Jahre alt, doch in den Kammlagen des Erzgebirges erreichen sie nur 30 bis 50 Jahre.

[…] Denn die Luftbelastung durch Schadstoffe ist im Erzgebirge immer noch erschreckend hoch. Zwar gingen die Schwefeldioxid-Emissionen im Laufe der 1990er-Jahre um 80 Prozent zurück. Doch auch danach wurde auf dem Staatsgebiet der Tschechischen Republik so viel Schwefeldioxid ausgestoßen wie in den skandinavischen Ländern Norwegen, Finnland und Schweden zusammen. Zudem ist der Boden im Erzgebirge durch den sauren Regen bis heute belastet.

Radio Praha – die Auslandssendungen des Tschechischen Rundfunks, .1. 10. 2007; Till Janzer. http://www.radio.cz/de/artikel/95969

M 17 Entwicklung der Luftqualität im „Schwarzen Dreieck"

7. Erklären Sie die Hauptursachen für das Waldsterben im Erzgebirge. Zeigen Sie Veränderungen der ökologischen Situation auf (**M 16** bis **M 19**).

Berichte aus den deutsch-tschechischen Euroregionen

Auf der Jahrestagung der Arbeitsgemeinschaft Europäischer Grenzregionen (AGEG) in Plauen ging es um die „kleine Europapolitik". [...]
Der Holländer Lambert van Nistelrooij, Präsident der AGEG fordert: „Wir müssen die Menschen mitnehmen. Sie müssen merken, dass Europa gut für sie ist. [...] Wir geben den Grenzregionen eine Stimme", beschreibt er die Ziele der AGEG, die eine Art „kleine Europapolitik" macht. Da geht es nicht um Milliardensummen, nur um Millionen, aber die sollen in Projekte gesteckt werden, die den Menschen vor Ort nutzen. Eine Straße über die einst geschlossene Grenze ins Nachbarland. Die Möglichkeit, sich im Krankenhaus hinter der Grenze behandeln zu lassen. [...] (nach: M. Ulbricht, Europa für den kleinen Mann, in: Freie Presse 18./19. 10. 2008)

M 20 Europa für den kleinen Mann (Foto: Lambert van Nistelrooij)

Katastrophenschutz über Grenzen hinweg
Landkreis Freiberg und die tschechische Region Usti nad Labem nutzen neues Fahrzeug zur Koordinierung von Hilfseinsätzen. Das Fahrzeug, das maßgeblich mit EU-Mitteln gefördert wurde, steht dabei dem Landkreis Freiberg und dem benachbarten Feuerwehrrettungskorps Ústi nad Labem zur Verfügung. (nach: Freie Presse 29./30. 03. 2008)

Projekt: „Vyrůstat – srůstat"byl zahájen – „AUFwachsen – ZUSAMMENwachsen" hat begonnen.
Eines der ersten großen Projekte im neuen Programm Ziel 3 hat am 1. Januar 2009 begonnen. DIE BRÜCKE e.V. als Leadpartner wird gemeinsam mit den Projektpartnern KINDERVEREINIGUNG SACHSEN e.V. aus Chemnitz und DŮM (DĚTÍ A MLÁDEŽE) aus Ústi nad Labem die weitere Entwicklung der grenzüberschreitenden Zusammenarbeit zwischen Einrichtungen der Kinder- und Jugendarbeit fördern. In den nächsten drei Jahren werden sich in einer Vielzahl von Veranstaltungen Kinder, Jugendliche und Erwachsene treffen, um den jeweiligen Nachbarn kennen zu lernen und gemeinsam zu diskutieren, sich gegenseitig zu informieren und die Freizeit gemeinsam zu gestalten.
Euroregion Erzgebirge (Hrsg.), Infopress 1/2009

KINDER VEREINIGUNG® SACHSEN e.V.

Das Sachsen-Böhmen-Ticket: Fünf Personen fahren in Nahverkehrszügen von Sachsen in grenznahe Gebiete in Tschechien – für nur 32,- Euro.

Tourismus grenzenlos
Zwischen Zwickau und Dresden wurde eine das gesamte Erzgebirge durchquerende **Tourismusstraße** geschaffen, die auf böhmischer und sächsischer Seite die bedeutenden Sehenswürdigkeiten erschließt. Dazu gehören neben Besucherbergwerken, Bergbaulehrpfaden, Museen, historischen Stadtkernen und bedeutenden Kirchenbauten viele Schlösser und Burgen verschiedener Stilepochen.

Der **„Radfernwanderweg Euregio Egrensis"** ist eine touristische Route für Radwanderer durch Sachsen, Thüringen, Bayern und die Tschechische Republik. Er erstreckt sich über eine Distanz von rund 1000 Kilometern. Ergänzt wird der Radfernweg durch zwei Reiseführer mit detaillierter Routenbeschreibung. (Nach verschiedenen Reiseführern)
(http://www.bahn.de/regional/view/sachsen/bahnregional/freizeit/boehmen_ticket.shtml, 21. 05. 2009)

M 21 Gemeinsame Projekte

8. Beschreiben Sie die Projekte (**M 20** und **M 21**).
9. Verschaffen Sie sich einen Überblick über Projekte in den weiteren drei Euroregionen an der deutsch-tschechischen Grenze (vgl. S. 416 **M 5** und **M 6**). Recherchieren Sie dazu im Internet. Erstellen Sie eine Tabelle, in der Sie den Raum, das Projektthema und die jeweiligen Schwerpunkte erfassen.
10. Leiten Sie aus den Ergebnissen der Aufgaben 1 und 2 erkennbare Schwerpunkte der grenzübergreifenden Zusammenarbeit ab und vergleichen Sie sie mit den Zielsetzungen der Euroregion Erzgebirge (**M 12**, **M 13**).
11. Kennzeichnen Sie die Stärken und benennen Sie, falls erkennbar, Defizite in der Arbeit der Euroregionen im deutsch-tschechischen Grenzgebiet.

Webcode: GO649174-448

Meinungen zur Entwicklung und zur Zusammenarbeit im deutsch-tschechischen Grenzraum

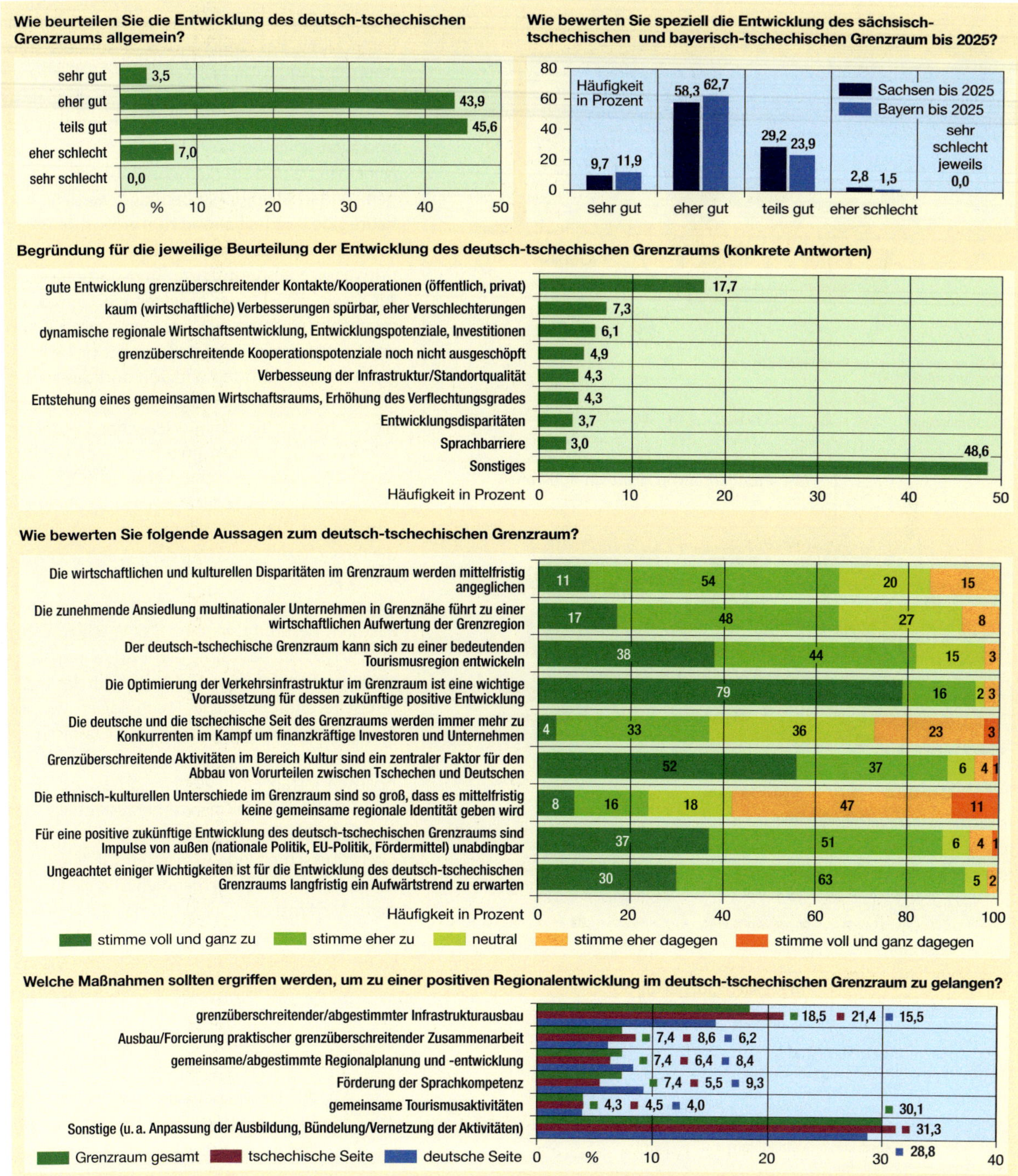

M 22 Umfrageergebnisse

(Quelle: Beiträge zur Kommunal- und Raumentwicklung (BKR), Heft 45: Peter Jurczek u. a.: Sachsen und Tschechien – zwischen Konkurrenz und Zusammenarbeit aus geographischer Sicht, S. 46, Chemnitz 07; Heft 46: Peter Jurczek und Gaby Müller: Zukünftige Entwicklungschancen und – probleme im deutsch-tschechischen Grenzraum S. 23, 25, 26, 28 Chemnitz 2007)

12. Stellen Sie, ausgehend von den Aussagen der Bevölkerung, Stärken und erkennbare Defizite in der bisherigen Entwicklung im deutsch-tschechischen Grenzraum zusammen. Bewerten Sie die bisherige Entwicklung (**M 22**).

Ergänzungsthemen

- Stellen Sie eine Europaregion Ihrer Wahl vor (Internetrecherche).
- Die Arbeitsgemeinschaft Europäischer Grenzregionen.

Ordnen/Anwenden/Üben

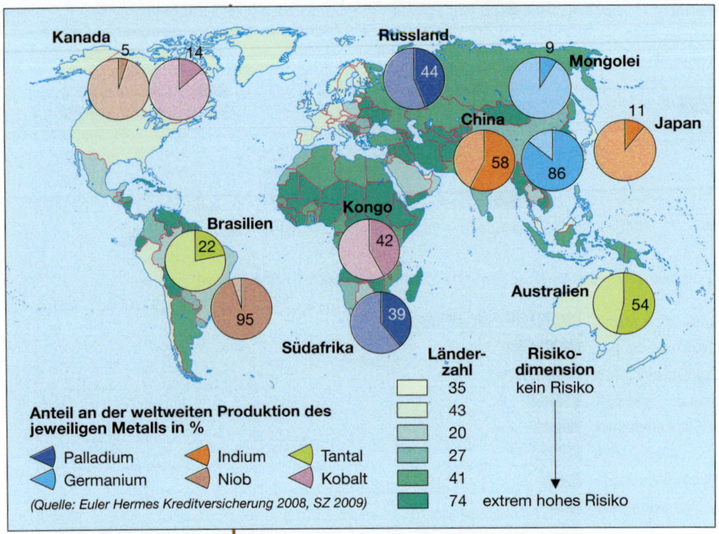

M 1 Produktion von Hightech-Rohstoffen

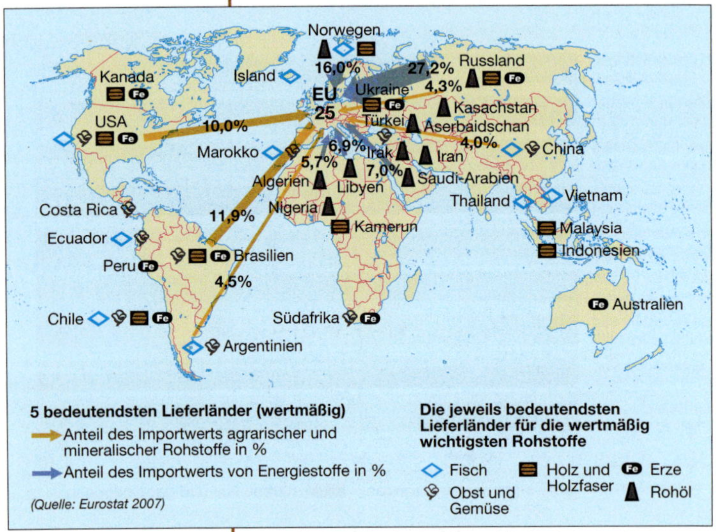

M 2 Lieferländer in die EU

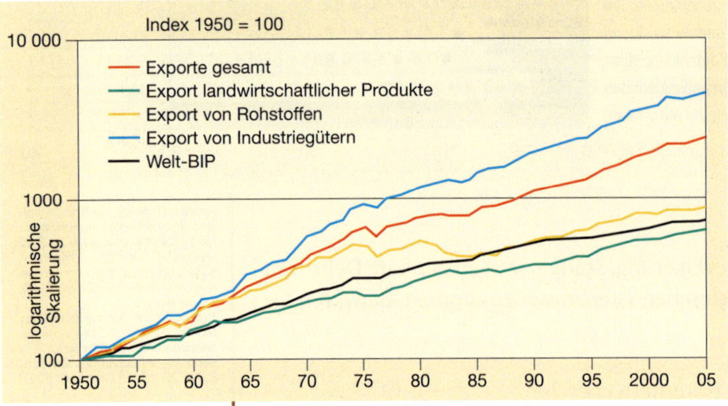

M 3 Entwicklung der Güterstruktur

Die Globalisierung der Wirtschaft zeigt sich in der Entwicklung des Welthandels. Besonders stark stieg der Handel mit Halbfertig- und Fertigwaren aus der Industrieproduktion, mehr als doppelt so stark wie das Handelsvolumen mit bergbaulichen und agrarischen Rohstoffen.

Mineralische und energetische Rohstoffe, die für den Wirtschaftsprozess benötigt werden, sind heute global verfügbar und zum großen Teil nicht mehr standortgebunden. Eine dafür vorhandene notwendige leistungsfähige Transportinfrastruktur sowie eine immer ausgereiftere Logistik ermöglichen es, dass eine Warenverteilung z. B. von den Seehäfen aus über Straße und Schiene in regionale Logistikzentren und von dort aus zu den Abnehmern zeitnah erfolgen kann. Zudem sind die Frachtraten für den überseeischen Container- und Massenguttransport niedrig. Davon profitieren insbesondere die Schwellenländer Ostasiens. Für die Handelsbilanz der Entwicklungsländer, die vorwiegend Rohstoffe exportieren, sind jedoch die Preisschwankungen auf dem Weltmarkt Ausschlag gebend.

Auch in Zukunft wird der Welthandel von zwei Faktoren bestimmt werden: Das Wachstum der Weltwirtschaft bestimmt den Handel mit Massenrohstoffen wie Eisen und Kupfer, auf der anderen Seite erfordern neue Technologien wie die Herstellung von Solaranlagen und Glasfasernetzen Spezialrohstoffe. Diese lagern aber oftmals in politisch instabilen Regionen, sodass sich neue umkämpfte Rohstoffmärkte herauskristallisieren werden.

Grenzüberschreitende Aktivitäten auf dem Kapitalmarkt von Großunternehmen sind ein besonderes Merkmal der Globalisierung. Direktinvestitionen der Wirtschaft im Ausland sind die Gründung neuer Werke, der Kauf sowie der Zusammenschluss von bestehenden Unternehmen. In

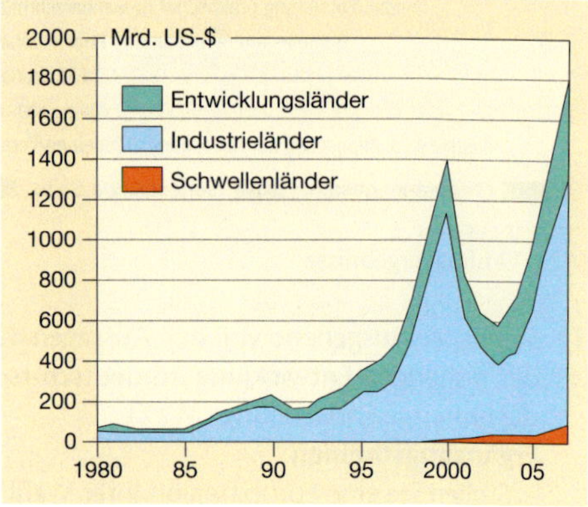

M 4 Direktinvestitionen

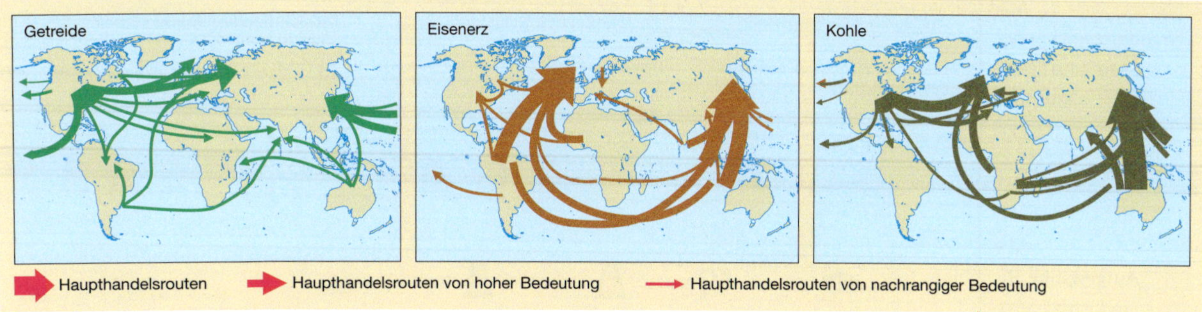

M5
Haupthandelsrouten

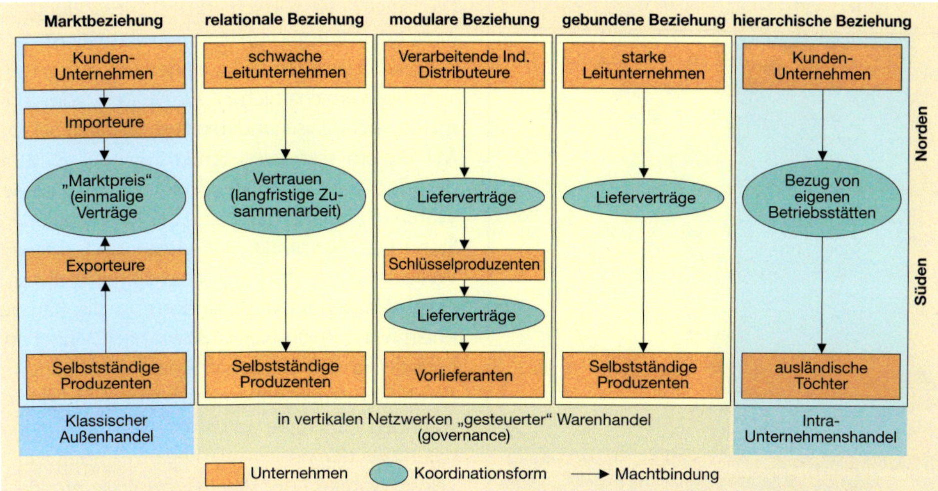

M6
Typen von globalen Wertschöpfungsketten

den letzten 30 Jahren sind die Investitionen in ausländische Produktionsstätten ca. sechsmal so schnell angestiegen wie das Welthandelsvolumen. Zusammenschlüsse lassen sich durch Markt- und Kostenüberlegungen erklären. Sie erlauben gemeinsame Produktions- und Vertriebsnetze, was eine Erweiterung der Angebotspalette zur Folge haben kann. Außerdem lassen sich Kosten durch Umstrukturierungsprozesse einsparen. Während das Management sowie der Betriebsteil Forschung und Entwicklung der multinationalen Unternehmen am Hauptsitz verbleiben, werden humankapitalintensive Bereiche in Agglomerationen hoch entwickelter Länder, sachkapitaintensive in Peripheriegebiete verlagert, arbeitsintensive Teilschritte in Schwellen- sowie Entwicklungsländer und umweltbelastende Produktionen in Staaten mit geringen Umweltauflagen ausgelagert.

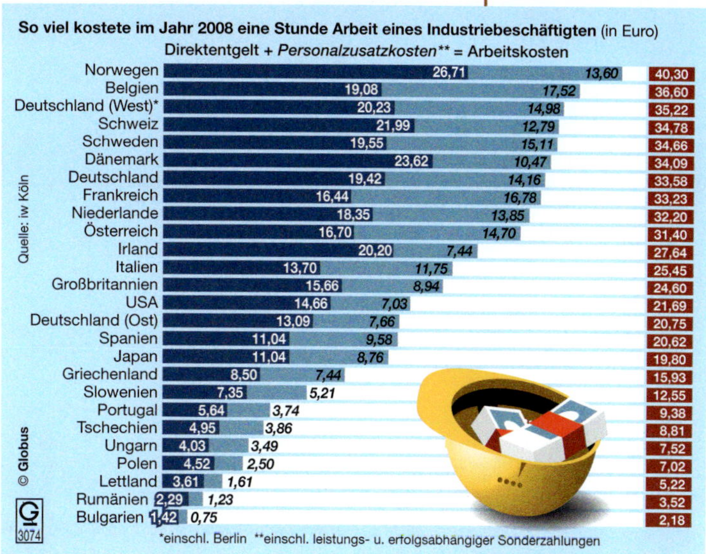

M7
Arbeitskosten im globalen Vergleich

1. Beschreiben Sie die Entwicklung des Welthandels (M3).
2. Begründen Sie die Handelsrouten von Getreide, Eisenerz und Kohle (M5).
3. Diskutieren Sie die Abhängigkeiten der EU in Bezug auf die Versorgungssicherheit mit Rohstoffen (M1, M2).
4. Erläutern Sie die räumliche Verteilung von Direktinvestitionen (M4).
5. Erörtern Sie die Standortwahl und die Wertschöpfungskette von multinationalen Unternehmen am Beispiel der Automobilindustrie (M6, M7, Internet, vgl. S. 230 ff.).

M8 Standorttypen in der Eisen- und Stahlindustrie

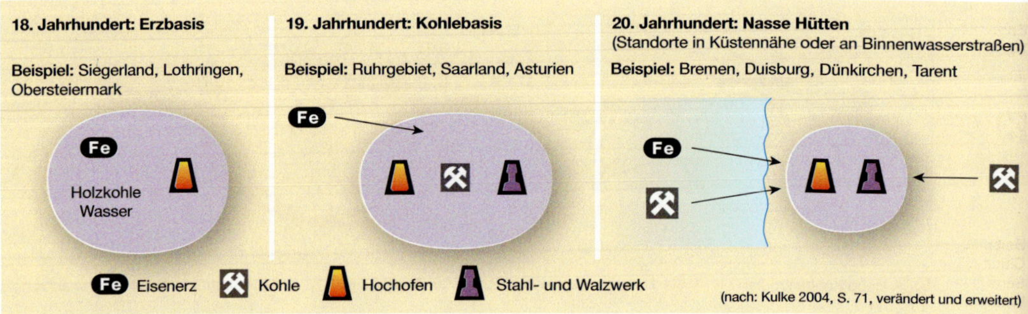

(nach: Kulke 2004, S. 71, verändert und erweitert)

M9 Ausgewählte altindustrialisierte Regionen der EU

Die langfristige wirtschaftliche Entwicklung ist nicht nur in Europa von einem strukturellen Wandel gekennzeichnet. Im Laufe der Zeit verlagerten sich die wirtschaftlichen Aktivitäten vom primären über den sekundären zum tertiären Sektor. Mit diesem sektoralen Strukturwandel verbunden sind auch regionale Veränderungsprozesse. Während z.B. in Deutschland das Ruhrgebiet den Standortschwerpunkt der ersten und zweiten Welle darstellte, kam es in den weiteren Wellen zu einer Verlagerung der Standorte in die Räume Rhein-Main, Rhein-Neckar sowie nach München. Gründe für den wirtschaftlichen Niedergang in den Altindustrieregionen sind regional und global zu finden. Durch die weltwirtschaftliche Arbeitsteilung werden positive wie negative Impulse ausgelöst. Während der Wachstumsphase profitiert eine Region durch eine hohe internationale Nachfrage; Veränderungen bezüglich der Nachfrage führen zu Stagnation und Schrumpfungsprozessen. Zudem spielen Veränderungen der Nachfrage hin zu technologisch immer höherwertigeren Produkten eine entscheidende Rolle, denn diese können von den alten Branchen nicht hergestellt werden. Weitere Gründe liegen in den Verschiebungen des optimalen Standortes in Niedriglohnländer wie auch in der staatlichen Subventionspolitik, die in der EU unrentable Produktionen unterstützte und somit einen strukturellen Umbau der Wirtschaft verzögerte.

Touristische Aktivitäten werden nach Motiv, Dauer und Entfernung unterschieden. Neben Freizeit-, Erholungs- und Urlaubsreisen zählen hierzu auch Besuche bei Freunden und Verwandten, Pilgerreisen, Geschäftsreisen. Die Dauer hängt wesentlich davon ab, was für ein Grund vorliegt und welche Entfernungen dabei zurückgelegt werden müssen. Besuche von Freizeitparks werden in der Regel eintägig sein, Aktivitäten im Rahmen des Städtetourismus können bis zu mehrere Tage umfassen. Bei den Entfernungen wird in nationalen und internationalen Tourismus unterschieden. Während europäische Tourismusziele von Deutschland aus vorrangig mit dem Auto oder der Bahn erreicht werden, hat das

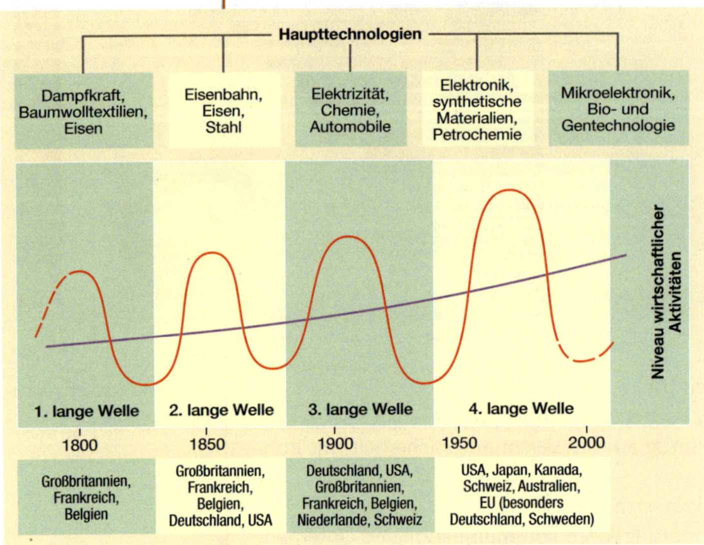

M10 Stadien der wirtschaftlichen Entwicklung

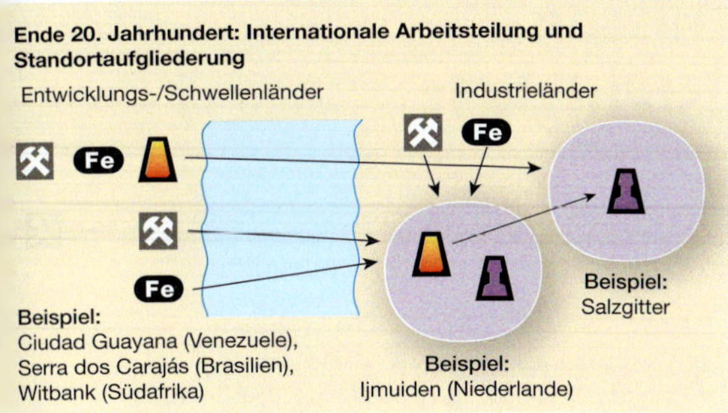

Flugzeug die Aktionsreichweite der Urlauber ausgedehnt und zu einem deutlichen Bedeutungszuwachses außereuropäischer Zielgebiete geführt. Allerdings geht damit auch eine Steigerung der ökologischen Belastung einher: Obwohl nur ca. jede achte Urlaubsreise in außereuropäische Zielgebiete führt, beanspruchen Fernreisen die Hälfte der für Urlaubsreisen insgesamt aufgewendeten Energie.

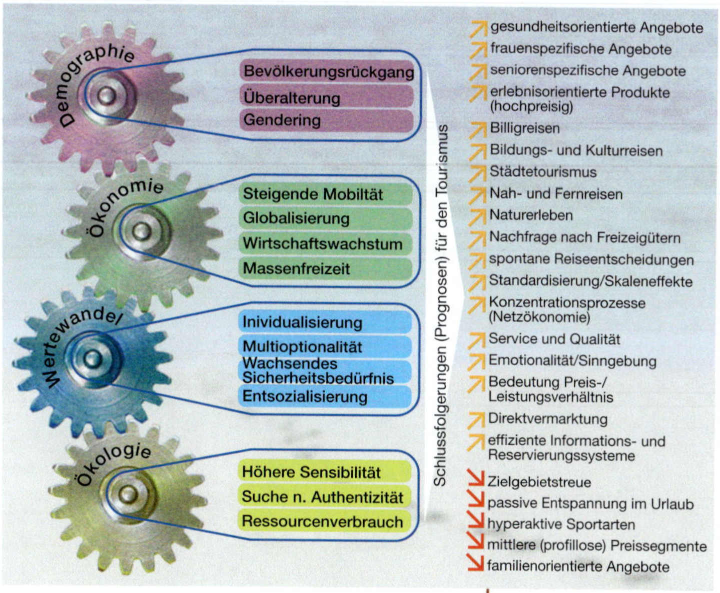

M 11 Steuerungsfaktoren des Tourismus

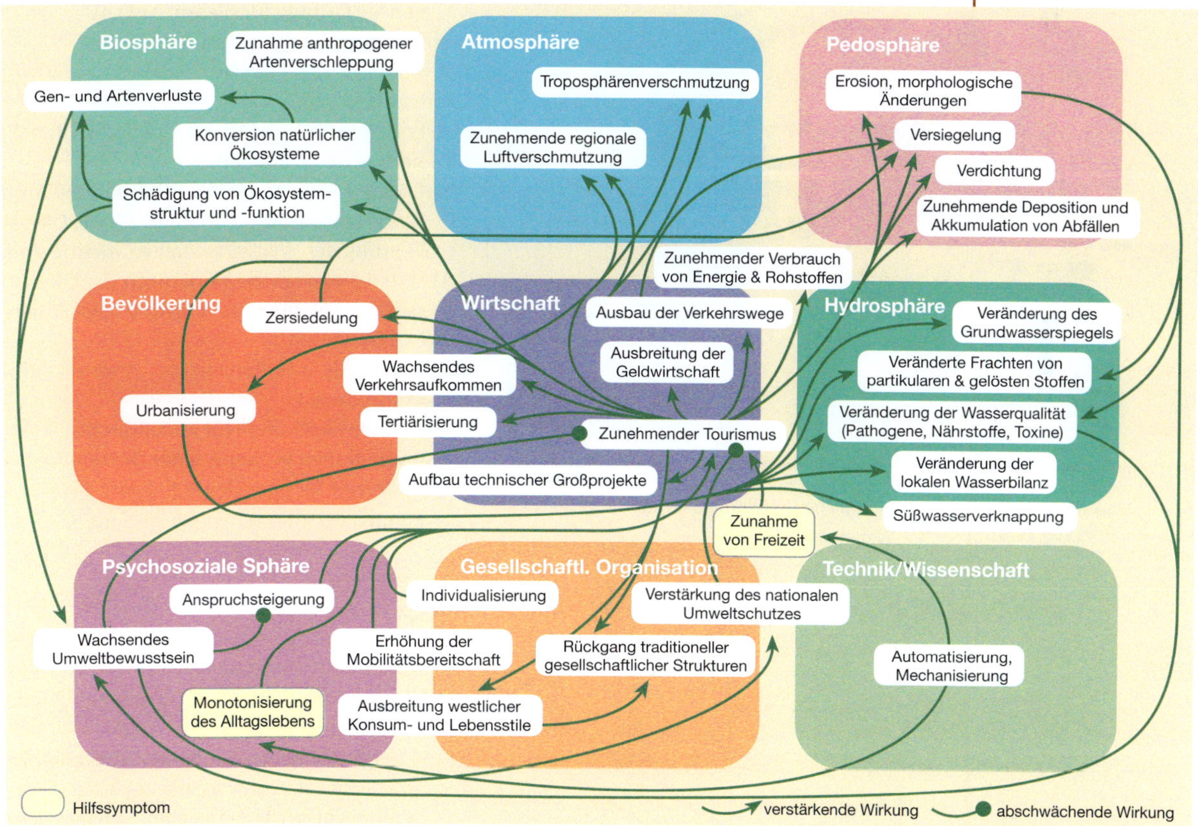

M 12 Massentourismus-Syndrom

6. Erläutern Sie den Zusammenhang zwischen dem sektoralen Strukturwandel und räumlichen Entwicklungsprozessen am Beispiel der Montanindustrie (**M 8** bis **M 10**).
7. Erläutern Sie die Verflechtungen des Tourismus (**M 12**) an einem selbst gewählten Reiseziel, das Sie bereits besucht haben.
8. Diskutieren Sie künftige Veränderungen der Reisemotive, des Reiseverhaltens und der touristischen Raumstruktur (**M 11**).

Prüfen Sie Ihren Zuwachs an Kenntnissen, Methodenkompetenzen und Urteilsfähigkeit

S Sachkompetenz; **M** Methodenkompetenz; **U** Urteilskompetenz

M 1
Lizenz zum Schlachten, Karikatur vom 2. August 2004

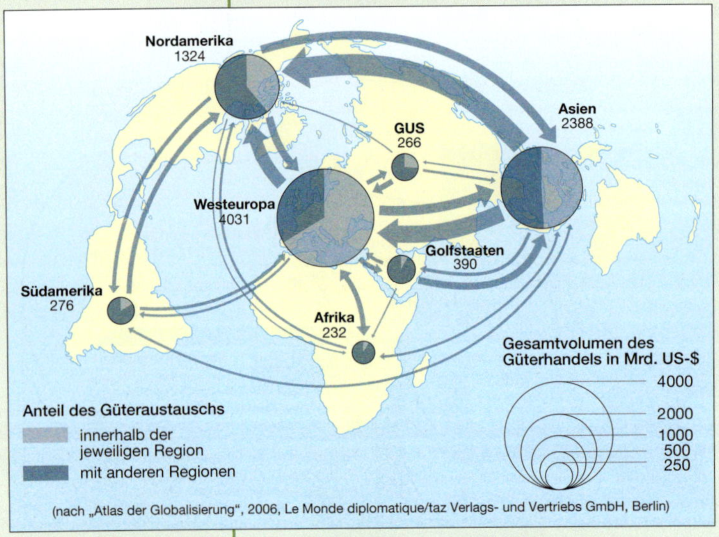

M 2 Räumliche Verteilung des internationalen Warenhandels

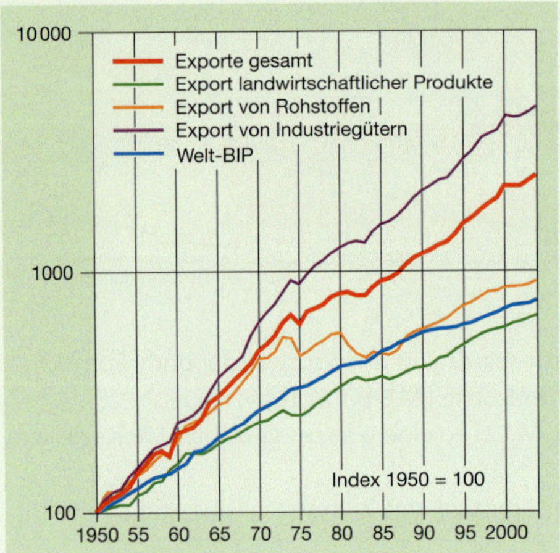

M 3
Entwicklung der Güterstruktur des Welthandels

S Definieren Sie folgende Fachbegriffe:

- Logistikkette
- Wachstumsregion
- Handelsliberalisierung
- Sonderwirtschaftszone
- Global City
- Jointventure
- Transformation
- Wirtschaftsbündnis
- Tourismuswirtschaft
- Euroregion

Aufgaben zu M 1

S Beschreiben Sie die Karikatur.
S Erläutern Sie die Aussage im Zusammenhang mit der Situation in der EU.

Aufgaben zu M 2

S Beschreiben Sie die räumliche Verteilung des internationalen Warenhandels und nennen Sie Gründe für diesen Zustand.
U Erläutern Sie den Begriff der „Triade".

Aufgaben zu M 3

S Erläutern Sie anhand der Grafik die Globalisierung des Welthandels.
U Erklären Sie, warum die Informations- und Kommunikationstechnologie für die Globalisierung der Weltwirtschaft so wichtig sind.
U Leiten Sie mögliche Wirkungen der Globalisierung auf hoch und gering entwickelte Länder ab.
U Zeigen Sie dies anhand des After-the-sun-Prinzips auf.
S Nennen Sie Gründe für ausländische Direktinvestitionen in Ländern der Dritten Welt.
U Bewerten Sie positive und negative Auswirkungen der ADI in den Zielländern.

Aufgaben zu M 4

S Erläutern Sie das Modell.
U Vergleichen Sie es mit dem Modell Vorlaufers von der raumzeitlichen Entwicklung des Tourismus in einem Entwicklungsland (S. 432).
S/M Vergleichen Sie in einer tabellarischen Übersicht folgende Tourismusformen: Sanfter, umweltfreundlicher, nachhaltiger, harter, Öko-Tourismus

Aufgaben zu M 5

S Erläutern Sie das Modell.
U Vergleichen Sie es mit den Aussagen des Butler-Modells (S. 438).

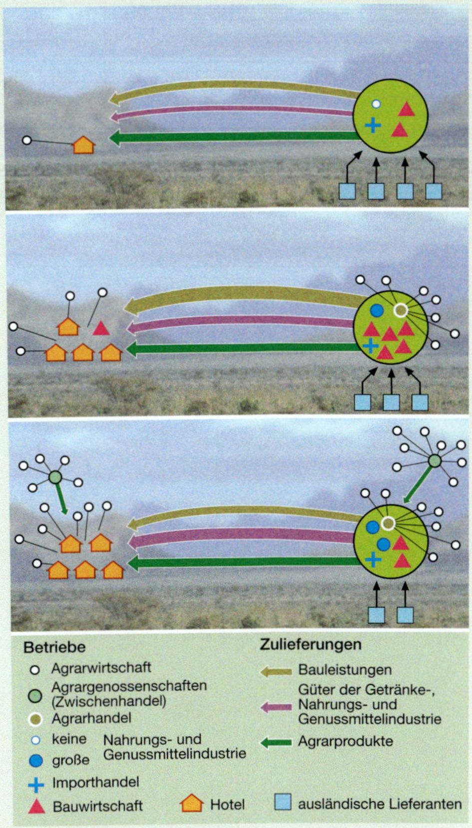

M4 Modell der raumzeitlichen Entfaltung des Beherbergungsgewerbes eines ressourcenarmen Inselstaates am Beispiel der Verflechtungen mit der Bau- und Agrarwirtschaft sowie der Getränke-, Nahrungs- und Genussmittelindustrie (Entwurf: K. Vorlaufer)

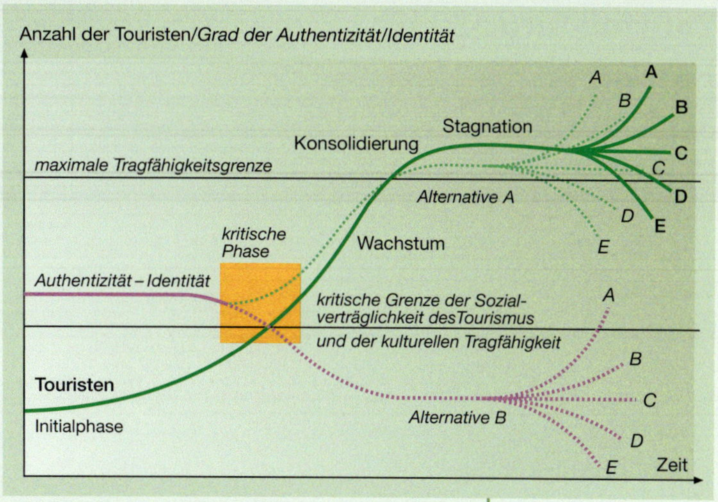

M5 Modell der Entwicklungsphasen des Fremdenverkehrs in ihren möglichen Zusammenhängen mit der Veränderung kultureller Authentizität und Identität (Entwurf: K. Vorlaufer)

U Erörtern Sie, ob die Entwicklung von Europaregionen den Transformationsprozess beschleunigen hilft.

Webcode: GO649174-455

M6 EU-Strukturförderung 2007 – 2013

Aufgaben zu M6

S Erläutern Sie die Verteilung der EU-Strukturförderung unter Berücksichtigung regionaler Gegebenheiten.

U/M Stellen Sie in einer schematischen Übersicht zusammen, welche Chancen und Gefahren mit der Eingliederung Mittelosteuropas in die EU verbunden sind.

S/M Stellen Sie einem Agglomerationsraum einem deutschen ländlich geprägten Raum mit geeigneten Indikatoren gegenüber und stellen Sie das Ergebnis grafisch dar. Benutzen Sie hierbei die Regionale Datenbank http://epp.eurostat.ec.europa.eu.

Aufgaben ohne Materialbezug

U Erörtern Sie die Unterschiede zwischen EU und NAFTA hinsichtlich des erreichten Integrationsstandes.

S Erläutern Sie den Zusammenhang zwischen Globalisierung und der Entwicklung von Global Cities.

Zentralabitur 2009
Erdkunde, Grundkurs

Name: ____________________

Abiturprüfung 2009

Erdkunde, Grundkurs

Aufgabenstellung:

Thema: Sonderwirtschaftszonen – ein geeignetes Instrument ausgewogener Raumentwicklung? – Das Beispiel Shenzhen/China

Teilaufgaben:

1. Lokalisieren Sie Shenzhen und stellen Sie die räumlichen Disparitäten der Wirtschaftsentwicklung Chinas dar. *(23 Punkte)*
2. Erläutern Sie die in Shenzhen gewählte Entwicklungsstrategie und ihre Auswirkungen. *(33 Punkte)*
3. Erörtern Sie die im Thema formulierte Frage. *(24 Punkte)*

Materialgrundlage:

M 1: Atlaskarten nach Wahl
M 2: Strukturdaten der Volksrepublik China
M 3: Geschätztes Pro-Kopf-Einkommen nach Provinzen 2003
M 4: Internet-Informationen für ausländische Investoren: Sonderwirtschaftszonen in China
M 5: Sonderwirtschaftszonen in der Volksrepublik China
M 6: Wirtschaftsdaten Shenzhen/Provinz Guangdong
M 7: Ausländische Direktinvestitionen in China und Shenzhen
M 8: HDI-Werte chinesischer Provinzen 2003
M 9: Wanderarbeiter in China

Zugelassene Hilfsmittel:

- der an der Schule in der Qualifikationsphase überwiegend verwendete Atlas, für alle Prüflinge die gleiche Auflage
- Wörterbuch der deutschen Rechtschreibung
- Muttersprachliches Wörterbuch für Studierende, deren Muttersprache nicht Deutsch ist.
- Taschenrechner

M 1: Atlaskarten nach Wahl

M 2: Strukturdaten der Volksrepublik China

Jahr	1997	2001	2005
Bevölkerung (in Mrd.)	1,23	1,27	1,31
Bruttoinlandsprodukt (in Mrd. US-$)	987	1324	2265
Reales Wachstum des BIP (in %)	9,3	8,3	9,9
Anstieg der Verbraucherpreise (in %)	2,8	0,7	1,8
Städtisches zur Verfügung stehendes Pro-Kopf-Einkommen (in US-$)	645	828	1300
Ländliches Pro-Kopf-Einkommen (in US-$)	261	285	403
Arbeitslosenrate* (in %)	3,1	3,6	4,2
Haushaltsdefizit (in Mrd. US-$)	7,3	30,4	36,4**

Anmerkungen:
* Bezüglich der offiziellen Zahlen, die nicht die Arbeitslosenraten der Migranten beinhalten
** Zahl für 2003

Quellen: PRC National Bureau of Statistics (NBS), China Statistical Yearbook, 2004; The People's Bank of China;
Bearbeitete Quellen: www.uschina.org/statistics/economy.html; www.library.uu.nl/wesp/populstat/Asia/chinag.htm (Zugriff 10.08.2006)

M 3: Geschätztes Pro-Kopf-Einkommen nach Provinzen 2003

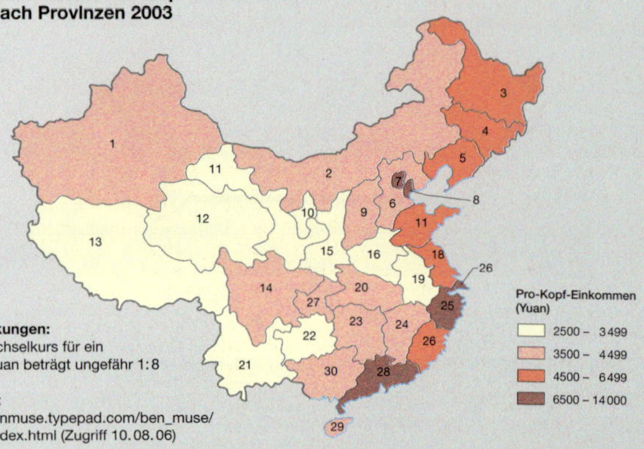

Anmerkungen:
Der Wechselkurs für ein US-$/Yuan beträgt ungefähr 1:8

Quellen:
http:/benmuse.typepad.com/ben_muse/china/index.html (Zugriff 10.08.06)

1 Xinjiang	9 Shanxi	17 Shandong	25 Zhejiang
2 Inner Mongolia	10 Ningxia	18 Jiangsu	26 Shanghai
3 Heilongjiang	11 Gansu	19 Anhui	27 Fujian
4 Jilin	12 Qinghai	20 Hubei	28 Guangdong
5 Lianing	13 Tibet	21 Yunnan	29 Hainan
6 Hebei	14 Sichuan	22 Guizhou	30 Macau
7 Beijing	15 Shaanxi	23 Hunan	31 Hong Kong
8 Tianjin	16 Henan	24 Jiangxi	32 Guangxi

Quellen: http:/benmuse.typepad.com/ben_muse/china/index.html (Zugriff 10.08.06)

M 4: Internet-Informationen für ausländische Investoren: Sonderwirtschaftszonen in China

Sonderwirtschaftszonen sind durch die Volksrepublik China eingerichtete Entwicklungszonen, um ausländische Investoren zu ermutigen in China zu investieren, mit der Absicht, die dringend benötigten Arbeitsplätze, technisches Know-how und zukünftige Steuereinnahmen sicherzustellen. [...]

Der größte Vorteil für ausländische Investoren sind die großzügigen Steuerzugeständnisse in den Frühphasen der Firmenneugründungen. [...]

Die Volksrepublik China investiert bedeutende Aufwendungen in die Entwicklung und/oder Verbesserung der Infrastruktur [...].

Infrastrukturelle Investitionen in die Sonderwirtschaftszonen sind umfangreicher verglichen mit den Investitionen im Umland, z. B. bezüglich vorbereiteter Immobilien, die schnelle Firmengründungen am Ort ermöglichen [...].

Vorsicht: Lassen Sie sich nicht täuschen, die Gründung einer Produktionsstätte in einer Sonderwirtschaftszone führt nicht automatisch oder auf einfache Weise zu einem Zugang Ihrer Produkte auf den chinesischen Binnenmarkt.

Anmerkung:
Ausländische Investitionen werden oftmals in Form von Joint Ventures getätigt, wobei diese Firmen dann maximal 49 % der Anteile erwerben können; über die restlichen 51 % der Anteile verfügt der Staat. Auch chinesische Unternehmen haben in Sonderwirtschaftszonen investiert.

Quelle: nach: http://www.chinaunique.com/business/sez.htm (Zugriff 10.08.2006)

M 5: Sondenwirtschaftszonen in der Volksrepublik China

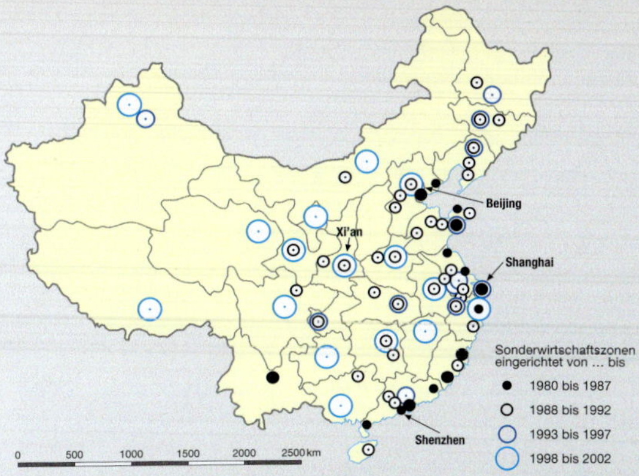

Anmerkung:
Die Sonderwirtschaftszone Shenzhen grenzt an die frühere britische Kronkolonie Hongkong und besteht seit der Reform 1978.

Bearbeitete Quelle: Geographische Rundschau, International Edition 1/2006. p. 38

M 6: Wirtschaftsdaten Shenzhen/Provinz Guangdong

Allgemeine Informationen
In Shenzhen verzeichnete die industrielle Produktion in 13 aufeinander folgenden Jahren ein schnelles Wachstum, und im Jahr 2004 betrug der Wert 191 Milliarden Yuan. Dieser Wert lag um 3,8 % höher als im vorangegangenen Jahr und machte 55,9 % des gesamten Produktionsvolumens der Stadt aus. Die Industrie hat einen Anteil von 74,3 % am städtischen Wirtschaftswachstum […].
[…] Industrieunternehmen […] mit Jahresumsätzen von mehr als 5 Millionen Yuan trugen mit mehr als 181,1 Milliarden zum gesamten industriellen Produktionswert bei. Im Jahr 2004 war ein Anstieg von 23,8 % verglichen mit dem vorangegangenen Jahr zu verzeichnen. Davon wurden 13,39 Milliarden Yuan durch die Schwerindustrie und 47,3 Milliarden Yuan durch die Leichtindustrie erwirtschaftet. Der Umsatz von Telekommunikation, Computern und anderen Elektroherstellern erreichte in der Summe 89,6 Milliarden Yuan; das entsprach einem Anstieg auf 36,7 %.
Der Export von Industrieprodukten ist stark angewachsen. Der Verkauf von Industrieprodukten stieg um 27 % an und erreichte 636 Milliarden Yuan. Der Wert der Exportwaren in andere Länder erreichte 405 Milliarden Yuan, was einen Anstieg von 28,5 % darstellt und 63,7 % der gesamten Industrieproduktion entspricht.

Quelle: nach: http://english.sz.gov.cn/economy/200509/t478.htm (Zugriff 10.08.2006)

Wichtige Wirtschaftsindikatoren

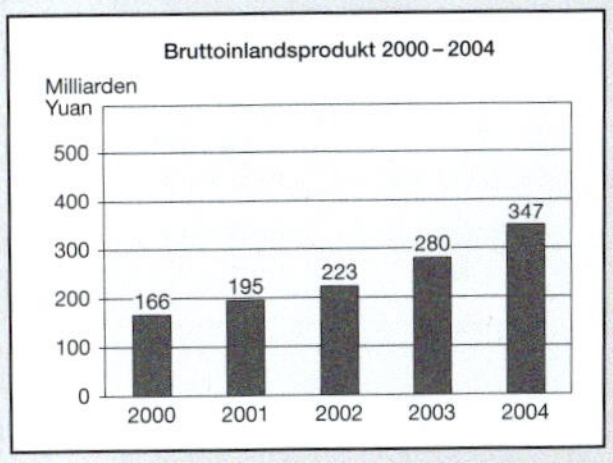

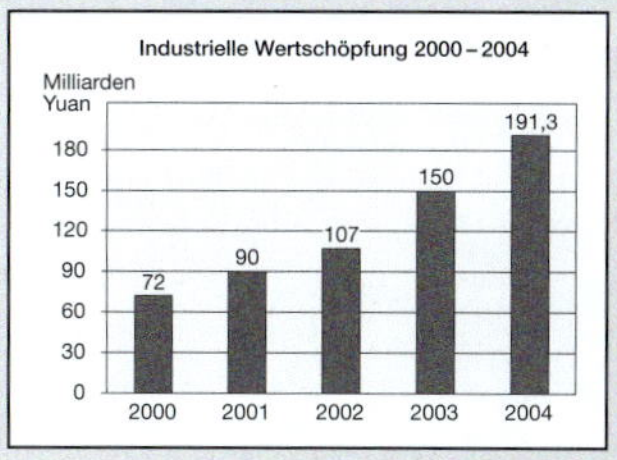

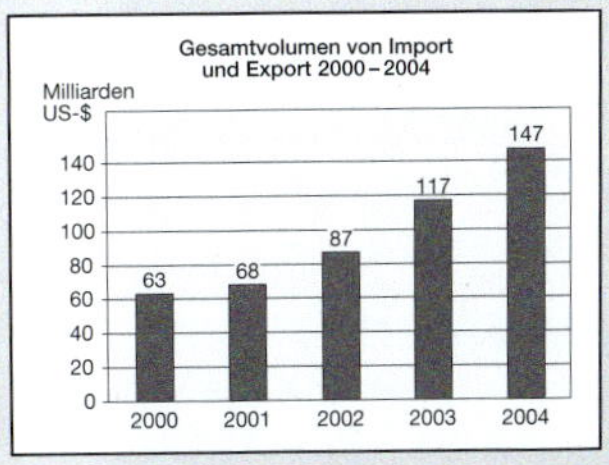

Bevölkerung:

1979	314 100 Einwohner
1982	351 900 Einwohner
1990	1 667 000 Einwohner
2000	7 008 000 Einwohner
2004	7 228 000 Einwohner

82,1 % der Bevölkerung im Jahr 2004 waren Zuwanderer. Das Durchschnittsalter in Shenzhen liegt unter 30 Jahren. Die durchschnittliche Lebenserwartung lag im Jahr 2004 bei 76,71 Jahren.

M 7: Ausländische Direktinvestitionen in China und Shenzhen

China	**2001**	**2002**	**2003**	**2004**
Anzahl der genehmigten Projekte	26 139	34 171	18 877	21 688
Direktinvestitionen (Mrd. US-$)	46,85	52,74	50,96	72,69

Shenzhen zog 2005 Direktinvestitionen in Höhe von 2,97 Milliarden US-$ an.
Die gesamten ausländischen Investitionen für die Stadt beliefen sich seit 2001 auf 14,76 Milliarden US-$.
Zurzeit haben 114 der 500 global wichtigsten Firmen Büros in der Stadt.

Bearbeitete Quellen:
Ministry of Foreign Trade and Economic Cooperation, www.uschina.org/scatistics/2003foreigninvestment.html; http://www.uschina.org/stacistics/fdi_2004.html (Zugriff 10.08.2006)

M 8: HDI-Werte chinesischer Provinzen 2003

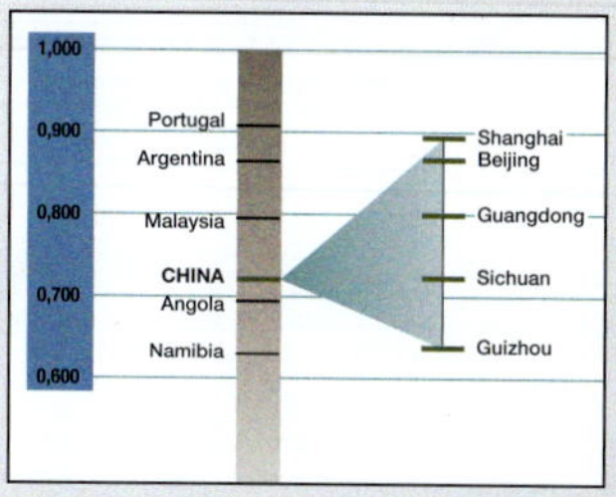

Anmerkungen:
1. HDI ist eine zusammengesetzte Maßeinheit für den gegenwärtigen Stand der gesellschaftlichen Wohlfahrt und setzt sich zusammen aus drei Indikatoren: Lebenserwartung, Bildungsniveau und BIP/Kopf.
2. Die Indexwerte für China lagen 1980 bei 0,558 und 2003 bei 0,755. Die Werte für Deutschland betrugen 0,861 (1980) und 0,930 (2003).

Quelle:
Human Development Report 2005, S. 59 und S. 219 f.;
http://hdr.undp.org/reports/global/2005/pdf/HDR05_complete.pdf (Zugriff: 10.08.06)

M 9: Wanderarbeiter in China

Anzahl der Wanderarbeiter (2003)	113 Mio.
Ländlicher Arbeitskräfteüberschuss (Schätzung für 2003)	150 Mio.
Anteil der Wanderarbeiter am gesamten Arbeitskräftepotenzial	23,2 %
Wanderarbeiter, die Arbeitsstellen außerhalb ihrer Heimatprovinzen suchen	49,9 %
Anteil der Wanderarbeiter in den östlichen Landesteilen an allen Wanderarbeitern	69,9 %
Wanderarbeiter unter 25 Jahren	47,3 %

Resultate eines Gutachtens des „China's State Statistical Bureau"

Bearbeitete Quelle: http://www.chinadaily.com.cn/english/doc/2004-05/15/content_330991.htm (Zugriff 10.08.2006)

Diese Seiten der Abiturprüfung in Originalgröße und die Lösungen der Aufgaben finden Sie im
Webcode: GO649174-457

Zunehmender Straßenverkehr in Peking, China

Zukunft unserer Erde

Dürre im indischen Bundesstaat Rajasthan

Nicht zu Unrecht wird unsere Erde mit einem Raumschiff verglichen, das durch die Zeiten reist und alles Notwendige für seine Insassen an Bord haben muss – für immer! Weder eine Vergrößerung noch ein Nachtanken sind möglich, und das bei ständig wachsender Mannschaft!

Um so erstaunlicher ist es, dass mit seinen Reserven so wenig verantwortungsvoll umgegangen wird: Die vorhandenen Bodenschätze einschließlich der Energierohstoffe reichen nicht bis in alle Ewigkeiten, wenn wir sie im selben Umfang und Tempo so nutzen wie bisher, sondern nur noch einige Jahrzehnte. Das Vorkommen an Trinkwasser ist begrenzt, schon jetzt kommen große Teile der Weltbevölkerung nicht mehr in den Genuss sauberen Wassers.

Nutzbare Flächen lassen sich nicht beliebig ausweiten, und der zunehmende Einsatz von Mineraldünger, künstlicher Bewässerung und genmanipulierten Pflanzen und Nutztieren löst das Problem auch nicht dauerhaft, zumal die Risiken noch gar nicht vollständig erfasst sind. Und dennoch werden Rohstoffe verschwendet, wird mit Wasserverbrauch z. T. gedankenlos umgegangen, werden landwirtschaftliche Nutzflächen nicht optimal genutzt.

Umdenken ist gefordert – Belastbarkeitsgrenzen und die allgemeine Tragfähigkeit müssen ständig im Auge behalten werden, angepasstes und nachhaltiges Wirtschaften ist notwendig, umweltverträgliches und klimaschonendes, damit auch die langfristige Weiterreise des Raumschiffes Erde sichergestellt werden kann. Denn auch die nachfolgenden Generationen haben ein Anrecht darauf, ihre Lebens- und Daseinsgrundbedürfnisse in einem ausreichenden Maße befriedigen zu können – weltweit gerecht und gleich.

Zukunft unserer Erde

1. Wie viele Menschen erträgt die Erde?

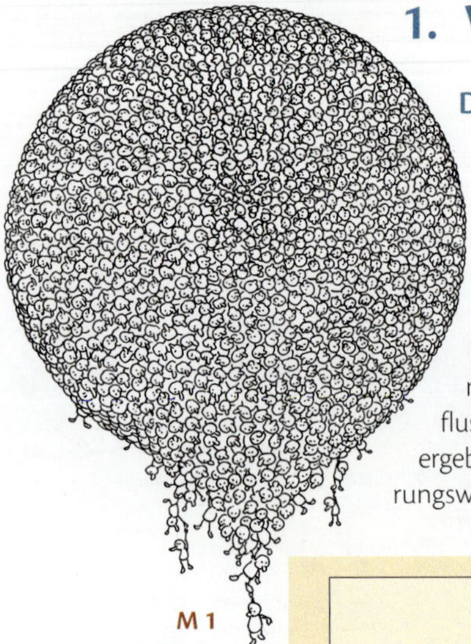

M 1 Karikatur Tony Millionaire

Die Bevölkerungsexplosion

Demographische Ursachen für Bevölkerungsveränderungen werden durch die Geburtenbilanz (Geburten minus Sterbefälle) und durch die Wanderungsbilanz (Zuwanderungen minus Abwanderungen) beeinflusst. Beide Bilanzen zusammen ergeben in ihrer Summe die Bevölkerungswachstumsrate.

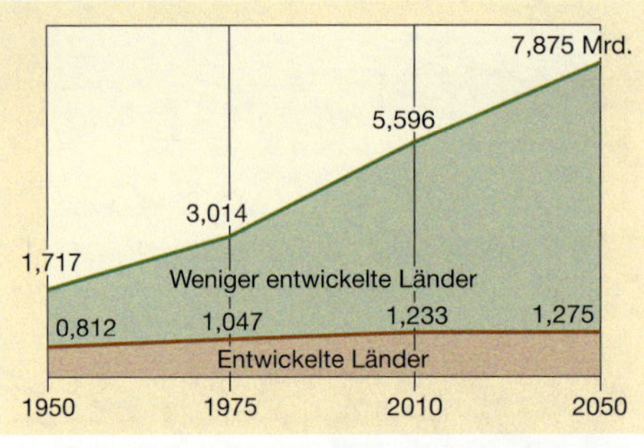

	1950	1975	2009	2050
Afrika	227	419	1 010	1 998
Asien	1 403	2 379	4 121	5 231
Europa*	547	676	732	691
Lateinamerika	167	323	582	729
Nordamerika	173	242	348	448
Ozeanien	13	21	35	51

(* einschl. Sowjetunion bzw. Russland in Mio.);
(Quelle: UN: World Population Prospects 2009, New York 2009)

M 2 Entwicklung der Weltbevölkerung,
a) entwickelte u. weniger entwickelte Länder
b) nach Kontinenten; 2050 = mittlere Variante

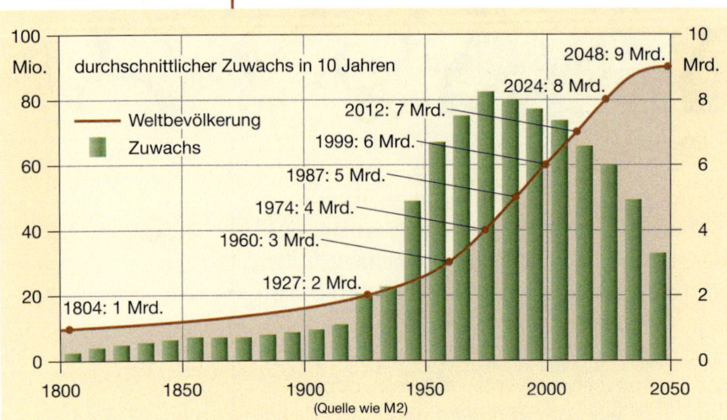

M 3 Historische und zukünftige Entwicklung, mittlere Variante

Zu Christi Geburt bewohnten ca. 160 Millionen Menschen die Erde. Am 1. Juli 2009 waren es bereits 6,8 Milliarden, davon lebten 82 Prozent in Entwicklungs- und Schwellenländern. 97 Prozent des Bevölkerungswachstums findet in den weniger entwickelten Ländern statt. Die Wachstumsrate erreichte von 1950 bis 1980 mit 2,23 Prozent jährlich ihren Höhenpunkt und ging von 1980 bis 2009 leicht auf 1,76 Prozent zurück.

Das stärkste Wachstum wies in den vergangenen dreißig Jahren trotz der AIDS-Epidemie Afrika mit 2,55 Prozent jährlich aus, gefolgt von Asien mit 1,56 Prozent, während Europa nur einen Zuwachs von 0,19 verzeichnet. Die Einwohnerzahl der 49 am wenigsten entwickelten Länder steigt mit 2,3 Prozent pro Jahr am schnellsten. Deren Zuwachsrate wird sich in den nächsten Jahrzehnten abflachen, aber die Bevölkerung wird sich von heute 840 Millionen auf 1,7 Milliarden im Jahr 2050 verdoppeln. In den Industrieländern ist nur mit einer geringen Zunahme zu rechnen.

Der Wachstumszeitraum von einer Milliarde zur nächsten hat sich im 20. Jahrhundert ebenso drastisch verringert wie der Verdopplungszeitraum.

Die Bevölkerungsexplosion hat ihre Ursachen im Wesentlichen in einer verbesserten Gesundheitsvorsorge, einer zurückgehenden Säuglings- und Kindersterblichkeit sowie einer höheren Lebenserwartung. Steigt die Weltbevölkerung bis 2050 um 2,3 Milliarden Menschen auf 9,1 Milliarden, entspricht diese Zunahme der heutigen Bevölkerungszahl von China und Indien zusammen.

Langzeitprojektionen der UN bis 2050

Wenn die Fruchtbarkeitsrate auf dem heutigen Niveau bliebe, würde die Weltbevölkerung bis 2050 auf 11 Milliarden Menschen anwachsen.

Zeitraum	Steigerung (in Mrd.)	Verdopplung (Jahre)	Wachstumsrate (ø in %)
1800 bis 1930	1 bis 2	130	0,54
1930 bis 1974	2 bis 3	44	1,75
1960 bis 1999	3 bis 6	39	1,79

M 4 Entwicklung der Weltbevölkerung

Sinkt die durchschnittliche Kinderzahl pro Frau von heute 2,56 Kindern auf 2,02 Kinder, dem sogenannten Ersatzniveau, wird die Weltbevölkerung auf 9,1 Mrd. anwachsen. Läge die Kinderzahl pro Frau auch nur ein halbes Kind unter dem Ersatzniveau, würde die niedrige Variante mit 8 Mrd. erreicht werden. Das Bestanderhaltungsniveau bezieht sich auf die durchschnittliche Zahl von zwei Kindern, die erforderlich sind, um ein Paar zu ersetzen.

Das Bevölkerungswachstum geht bei einer niedrigen Fruchtbarkeitsrate wegen des „Trägheitseffekts" nicht sofort zurück, da noch eine große Zahl junger Menschen in das reproduktionsfähige Alter aufrückt. In den Industrieländern ist mit einem Anstieg der Fertilitätsrate von gegenwärtig 1,64 auf 1,8 Kinder zu rechnen.

Altersstruktureffekte

Die durchschnittliche Lebenserwartung bei der Geburt für den Zeitraum 2005 – 2010 beträgt 67,6 Jahre. In den Industrieländern liegt sie 9,5 Jahre über dem Durchschnitt, in den weniger entwickelten Ländern zwei Jahre darunter. In den am wenigsten entwickelten Ländern beträgt die Differenz 11,7 Jahre. 2045 – 2050 wird die durchschnittliche Lebenserwartung auf 75,5 Jahre ansteigen.
Das Durchschnittsalter, d. h., das Alter, das eine Bevölkerung in zwei gleiche Hälften teilt, wächst von heute 29 Jahren auf 38 Jahre bis 2050. Europa hat schon heute die älteste Bevölkerung mit einem Durchschnittsalter von annähernd 40 Jahren, das bis 2050 auf 47 Jahre ansteigen wird.

Die Entwicklungs- und Schwellenländer weisen hingegen eine sehr junge Altersstruktur auf. 29 Prozent der Bevölkerung sind Kinder und Jugendliche unter 15 Jahren, insgesamt 1,7 Milliarden. In Afrika liegt der Anteil mit 40 Prozent weit höher und betrifft 416 Millionen Menschen. Verhältnismäßig gering ist die Zahl der unter 15-Jährigen in den Industrieländern. Sie beläuft sich auf 204 Millionen. Das entspricht einem Bevölkerungsanteil von 17 Prozent, der bis 2050 auf 15 Prozent absinken wird.

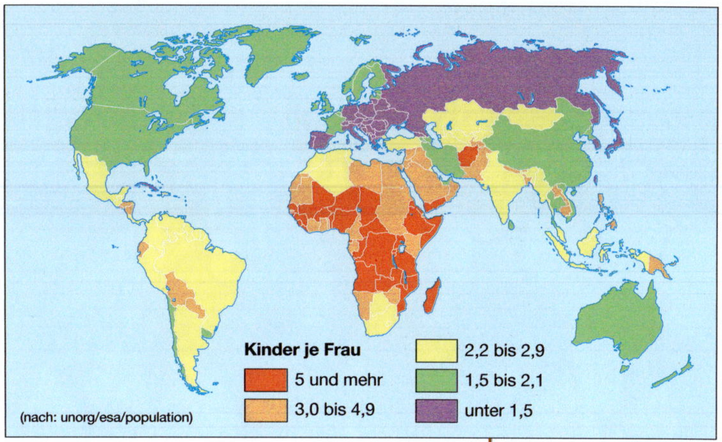

M 5 Fruchtbarkeitsrate 2008

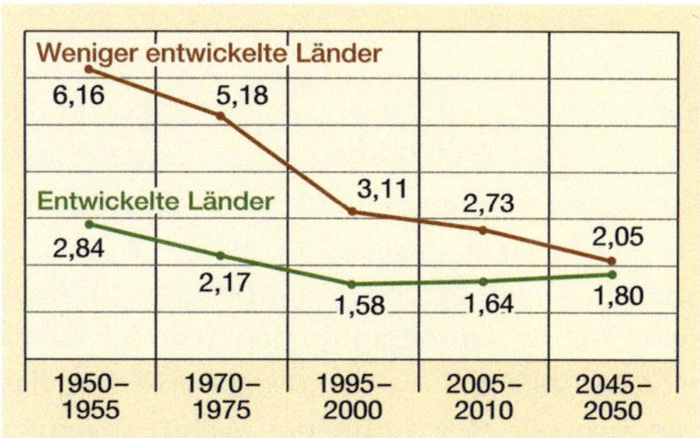

	1950–1955	1970–1975	1995–2000	2005–2010	2045–2050
Afrika	6,74	6,69	5,22	4,61	2,40
Asien	5,89	4,76	2,72	2,35	1,90
Europa	2,66	2,19	2,72	1,50	1,80
Lateinamerika	5,89	5,01	1,42	2,26	1,82
Nordamerika	3,47	2,07	2,01	2,04	1,85
Ozeanien	6,89	3,29	2,45	2,44	1,98

(Quelle: UN: World Population Prospects 2008, New York 2009; Population Reference Bureau: Population Bulletin, Sept. 2008, S. 1)

M 6 Fruchtbarkeitsraten im längjährigen Mittel; 2045 – 2050 = mittlere Variante

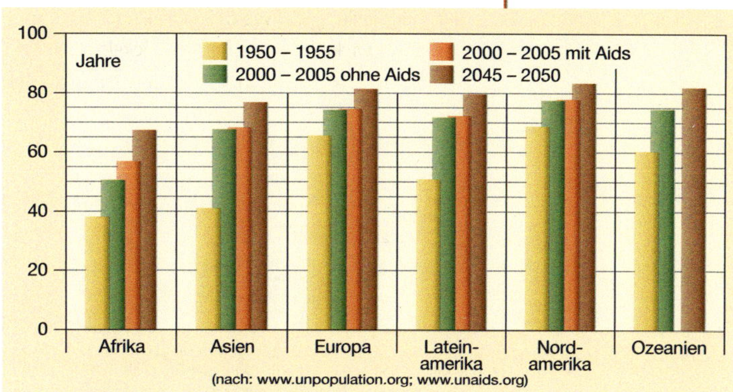

M 7 Lebenserwartung nach Kontinenten

1. **Erläutern Sie die Ursachen für das Wachstum der Weltbevölkerung. Zeigen Sie regionale Unterschiede auf (M 2, M 3). Setzen Sie die Tabelle M 2 in Kurven um und begründen Sie die Entwicklung.**
2. **Setzen Sie sich mit der Weltbevölkerungsprojektion auseinander. Erörtern Sie die Grenzen der Prognose (M 4 bis M 7).**
3. **Erstellen Sie mit WebGIS Sachsen (http://www.sn.schule.de/~gis) Weltkarten zum Thema Bevölkerungswachstum, Lebenserwartung und HIV-Infizierte.**

M 8 Deutsche Großfamilie bei der Kronjuwelenhochzeit 2002

Die Entwicklung der Bevölkerung hängt von der Geburtenrate und Sterberate, der Lebenserwartung sowie von den Zu- und Abwanderungen ab. Da sich diese Faktoren laufend ändern, ist die Bevölkerung nie gleich zusammengesetzt. Man spricht vom **demographischen Wandel.** Während seit 1965 die Wachstumsrate sinkt, hält das exponentielle Wachstum der Weltbevölkerung weiter an.

Jahr	Bevölkerung (Mrd.)	x	Wachstumsrate (% pro Jahr)	=	Jährlicher Zuwachs (Mio. pro Jahr)
1965	3,33	x	2,03	=	68
1970	3,69	x	1,93	=	71
1975	4,07	x	1,71	=	70
1980	4,43	x	1,70	=	75
1985	4,82	x	1,71	=	82
1990	5,25	x	1,49	=	78
1995	5,66	x	1,35	=	76
2000	6,06	x	1,23	=	75
2005	6,43	x	1,15	=	74

(Quelle: UN)

M 9 Entwicklung der Weltbevölkerung

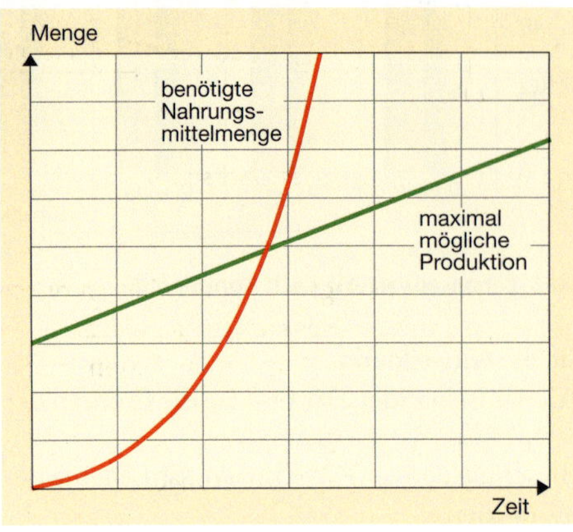

M 10 Die Schere zwischen Nahrungsangebot und Produktion nach Malthus

Bevölkerungstheorien

Als **Tragfähigkeit** definiert man das Verhältnis zwischen Bevölkerungszahl, Eigenschaften des Naturraumes sowie den sozialen, kulturellen und räumlichen Organisationsformen.

Schon im 18. Jahrhundert beschäftigten sich insbesondere Geistliche mit der Frage der Tragfähigkeit. Der preußische Geistliche Johann Peter Süßmilch („Die göttliche Verordnung in den Veränderungen des menschlichen Geschlechts aus der Geburt, dem Tode und der Fortpflanzung desselben") legte 1741 die Obergrenze bei sieben Milliarden Menschen fest. Seiner Auffassung nach ergab sich der Wohlstand einer Gesellschaft aus dem Wert der Gesamtproduktion minus der Löhne für die Arbeitskräfte.

1798 kam der anglikanische Pastor und Nationalökonom Thomas Robert Malthus in seiner Schrift „Essay on the Principle of Population" (Das Bevölkerungsgesetz) zu dem Schluss, dass die Erde mit damals einer Milliarde Menschen bereits übervölkert sei. Malthus ging davon aus, dass die Bevölkerung exponentiell wachsen würde, d.h. nach geometrischem Muster entsprechend der Zinseszinsformel (1-2-4-8-16 usw.). Hat ein Paar in einer Generation vier Kinder und die nachfolgende Generation wieder vier Kinder pro Paar, so verdoppelt sich die die Bevölkerung nach jeder Generation. Das Nahrungsmittelangebot stiege hingegen wie eine Gerade nur in arithmetischer Progression (1-2-3-4-5 usw.). Damit drohe eine Bevölkerungsfalle mit Massenelend, Hungersnöten und einer Reduzierung der Bevölkerung.

Neo-Malthusianer berufen sich heute wieder auf das Bevölkerungsgesetz und sehen einen ökologischen Kollaps auf die Erde zukommen. Sie begründen ihre Behauptungen mit den z.T. katastrophalen Lebens- und Arbeitsbedingungen in den Entwicklungsländern. In der Vergangenheit haben jedoch weder Knappheit noch Mangel zum Ende der Menschheit geführt oder eine Grenze für das Wachstum gesetzt. Im Gegenteil: In manchen Regionen der Erde stiegen die Nahrungsmittel- und Industrieproduktion sowie die Energieerzeugung stärker als die Bevölkerungszahl.

Dennis Meadows („Die Grenzen des Wachstums") geht von der These aus, dass die Bevölkerung und das Produktionskapital die Motoren des exponentiellen Wachstums in der Gesellschaft sind. Auch Armut führe zu Bevölkerungswachstum. Irgendwann wird die Weltbevölkerung jedoch aufhören zu wachsen; entweder weil die Geburtenrate weiter abnimmt oder die Sterberate zunimmt. Denkbar ist ebenfalls, dass beide Faktoren gleichzeitig zusammentreffen.

Dynamik des Bevölkerungssystems
Links ist die positive *Rückkopplung* dargestellt, die zu exponentiellem Wachstum führen kann. Je größer die Bevölkerung, desto mehr Geburten erfolgen pro Jahr. Auf der rechten Seite erkennt man eine *negative Rückkopplung*: Je mehr Todesfälle, umso mehr schrumpft der Bevölkerungsbestand. Während positive Rückkopplungen zu explosivem Wachstum führen, wirken negativ rückgekoppelte tendenziell wachstumsregulierend; sie halten ein System in einem akzeptablen Bereich oder bringen es wieder in einen stabilen Zustand, in dem die Bestandsgrößen […] konstant bleiben.

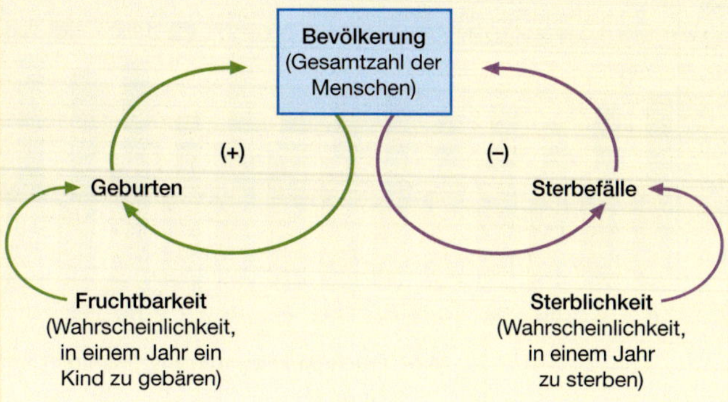

M 11 Rückkopplungen der Geburten und Sterbefälle

Weiterentwicklung auf gewohnte Weise
In diesem Szenario entwickelt sich die globale Gesellschaft auf gewohnte Weise weiter, ohne größere Abweichungen von der Politik, die sie im 20. Jh. lange Zeit verfolgt hat. Die weitere Zunahme von Bevölkerung und Produktion wird schließlich gestoppt, weil nicht erneuerbare Ressourcen immer knapper werden. Um den Ressourcenfluss aufrechtzuerhalten, sind immer größere Investitionen erforderlich. Diese fehlen dann in anderen Sektoren der Wirtschaft, was schließlich dazu führt, dass die Produktion von Industriegütern und Dienstleistungen immer weiter zurückgeht. Als Folge werden auch weniger Nahrungsmittel produziert und die Gesundheitsdienste reduziert, wodurch die Lebenserwartung sinkt und die durchschnittliche Sterberate steigt.

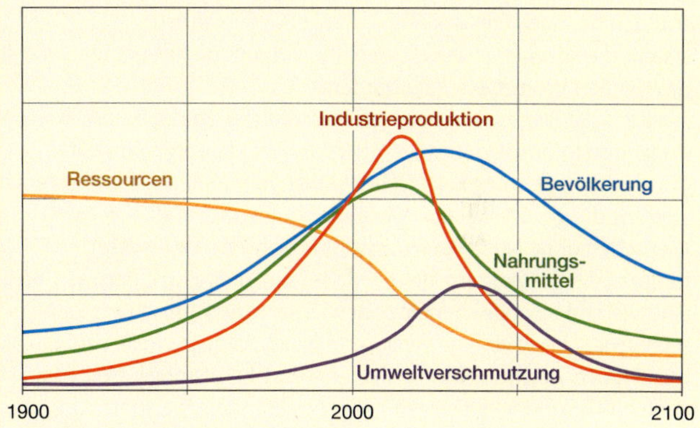

M 12 Szenario 1: Bezugspunkt ausgehendes 20. Jahrhundert

Die Stabilisierung der Weltbevölkerung und der Industrieproduktion pro Kopf wird ab 2002 angestrebt, und Techniken zur Emissionskontrolle, zur effizienteren Ressourcennutzung und zur Verbesserung der Landwirtschaft werden ab 2002 eingeführt. In diesem Szenario werden das Bevölkerungswachstum [Familiengröße zwei Kinder] und die Industrieproduktion [pro Kopf feste Obergrenze] eingeschränkt, aber zusätzlich kommen verschiedene Techniken zum Einsatz: zur Verringerung des Schadstoffausstoßes, zur Schonung von Ressourcen, zur Ertragssteigerung und zum Schutz von Anbauflächen vor Erosion.
Das Ergebnis ist eine dauerhaft nachhaltige Gesellschaft: Nahezu acht Milliarden Menschen erreichen einen recht hohen Wohlstand […].

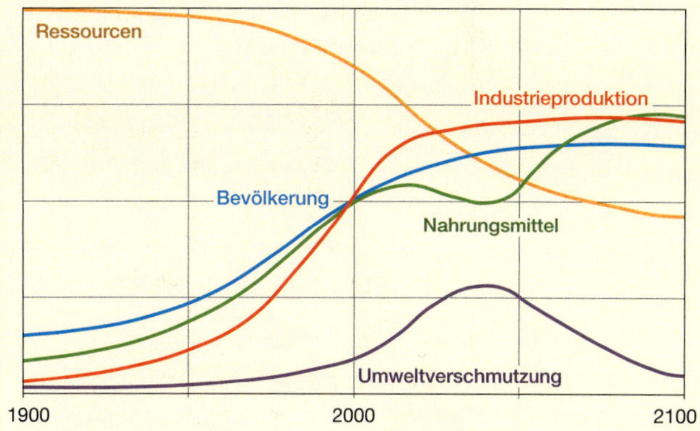

M 13 Szenario 9: nachhaltige Gesellschaft (Quelle: Meadows, D. u. a.: Grenzen des Wachstums – Das 30-Jahre-Update. Stuttgart [3]2009, S. 29, 173, 256)

4. Erläutern Sie das Bevölkerungsgesetz von Malthus (**M 8**). Widerlegen Sie seine Thesen durch den Nachweis, dass das Bevölkerungswachstum sogar technische Neuerungen auslöste.
5. Erläutern Sie das Modell des demographischen Übergangs. Begründen Sie das exponentielle Wachstum der Weltbevölkerung (**M 9**, **M 10**).
6. Erörtern Sie die Wirkung der Rückkopplungsmechanismen für das Bevölkerungssystem (**M 11**).
7. Vergleichen Sie die beiden Szenarien (**M 12**, **M 13**). Ziehen Sie Schlussfolgerungen für die zukünftige Bevölkerungsentwicklung.

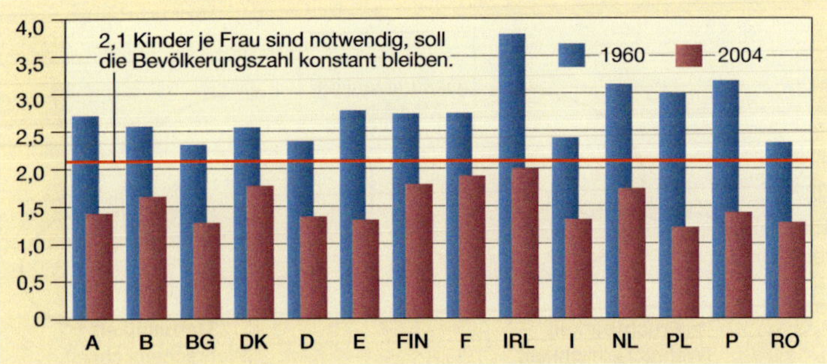

M 14 Fruchtbarkeitsraten ausgewählter Länder in Europa

Für den Rückgang der Geburtenziffern spielen mehrere, sich gegenseitig beeinflussende Faktoren eine Rolle – in der Geschichte der Industrieländer ebenso wie in den heutigen Entwicklungs- und Schwellenländern:

- erstens die *Säkularisierung*, die dem Individuum mehr Verantwortlichkeit für das eigenen Wohlergehen aufbürdet,
- zweitens die *Bildung*, die neue gesellschaftliche Optionen eröffnet und den Zugang zu Informationen (u.a. über Familienplanung) ermöglicht,
- drittens ein *Bedeutungswandel der Kinder* vom Nutzen- zum Kostenfaktor,
- viertens die *gesetzliche Altersvorsorge* (in Deutschland seit 1889), die auch Menschen ohne Nachwuchs Versorgungsansprüche gewährt,
- fünftens die „Konkurrenz der Genüsse", die in einer modernen Gesellschaft eine Vielzahl biografischer Optionen jenseits der Familiengründung eröffnet,
- sechstens schließlich eine veränderte *gesellschaftliche Rolle der Frau*. Wo immer Frauen Rechte, Bildungschancen und Berufsmöglichkeiten sowie Zugang zu Gesundheitsdiensten haben, bekommen sie später und vor allem weniger Kinder. Moderne Mittel zur Familienplanung [...] sind aber heute in den Entwicklungsländern ein wichtiger Bestandteil [...] zur Eindämmung der Geburtenzahlen.

(Quelle: Sindling, S.: Wachstum der Weltbevölkerung. www.berlin-institut.org)

M 15 Gründe für den Rückgang der Geburtenziffern

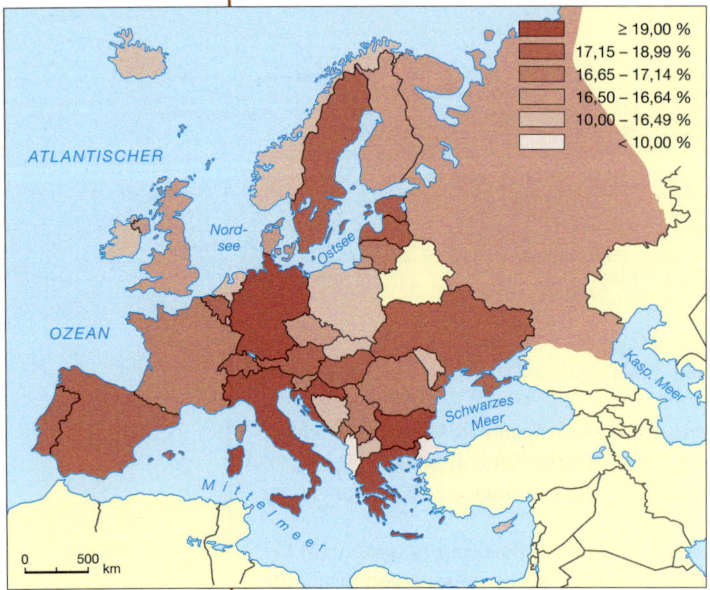

M 16 Anteil der 60- bis 70-Jährigen 2000

Demographischer Wandel

Die Länder der EU stehen vor einem beispiellosen demographischen Wandel, der sich massiv auf die Gesellschaft auswirken wird. Die Zahlen zeigen, dass der EU bis 2030 20,8 Mio. Menschen im erwerbsfähigen Alter (6,8 Prozent) fehlen werden. Anders gesagt, werden im Jahr 2030 zwei Erwerbstätige (zwischen 15 und 65 Jahren) für einen Nichterwerbstätigen (von über 65 Jahren) aufkommen müssen. In der EU leben dann 18 Mio. Kinder und Jugendliche weniger als heute.

Steigende Lebenserwartung

Die Menschen leben länger und die Älteren sind gesünder. Bis 2030 wird die Zahl der „älteren Arbeitnehmer" (zwischen 55 und 64 Jahren) um 24 Millionen steigen, da die Babyboomer-Generation das Vorruhestandsalter erreicht hat. In der EU werden 34,7 Millionen Menschen leben, die über 80 Jahre alt sind, gegenüber 18,8 Millionen heute. Seit 1960 ist die durchschnittliche Lebenserwartung 60-jähriger Frauen um fünf Jahre und die gleichaltriger Männer um fast vier Jahre gestiegen. Die Zahl der Menschen über 80 wird bis zum Jahr 2050 um 180 Prozent anwachsen.

Geburtenrate

Im Jahr 2003 war die Geburtenrate in der EU auf 1,48 gesunken und lag somit unter der für die Reproduktion der Bevölkerung erforderlichen Marke von 2,1 Kindern pro Frau. Die EU-Bevölkerung wird von 469,5 Millionen im Jahr 2025 auf 468,7 Millionen im Jahr 2030 sinken. Im Vergleich hierzu wird die US-Bevölkerung zwischen 2000 und 2025 um 25,6 Prozent wachsen. Bei uns hat der demographische Niedergang jedoch bereits begonnen: In einem Drittel der EU-Regionen und in fast allen Regionen nimmt die Bevölkerung seit Ende der 1990er-Jahre ab.

Alternde Arbeitnehmer

Zwischen 2005 und 2030 wird die Zahl der Menschen über 65 Jahren um 52,3 Prozent (40 Millionen) steigen, während die Altersgruppe der 15- bis 64-Jährigen um 6,8 Prozent (20,8 Millionen) abnehmen wird. Das Verhältnis von abhängigen jungen und alten Menschen gegenüber Erwerbstätigen wird von 49 Prozent im Jahr 2005 auf 66 Prozent im Jahr 2030 zunehmen. Um den Verlust der Erwerbstätigen auszugleichen, werden wir eine Beschäftigungsrate von über 79 Prozent brauchen. Diese demografischen Veränderungen werden sich massiv auf unseren Wohlstand, den Lebensstandard und die Beziehungen zwischen den Generationen auswirken.

(nach: EU-Pressemitteilung vom 17. 3. 2005)

Auswirkungen

Der Übergang von hohen zu niedrigen Geburten- und Sterberaten fand in den meisten europäischen Ländern im 20. Jahrhundert seinen Abschluss. Noch bis in die 1970er-Jahre erlebte Europa ein natürliches Bevölkerungswachstum. Das Geburtendefizit der jüngsten Zeit wird in vielen Ländern jedoch nur durch Einwanderung abgemildert.

Sinkende Geburtenziffern bei gleichzeitig wachsender Lebenserwartung führen nicht nur zu einer Überalterung der Gesellschaft, sie verändern auch die Lebensbedingungen aller Altersgruppen und können zu Konflikten zwischen den Generationen führen. Wirtschaftswachstum war in der Vergangenheit ohne Bevölkerungswachstum nicht denkbar. Zukünftig werden Bevölkerungsrückgang und demographische Alterung an die sozialen Sicherungssysteme große Herausforderungen stellen. So wird sich der Alterslastenquotient, d. h. das Verhältnis von über 65-Jährigen zu den Erwerbstätigen, dramatisch verändern. Der demographische Wandel beeinflusst jedoch nicht nur die Höhe der Renten, sondern betrifft alle Bereiche wie die Größe der Wohnungen, die öffentlichen Verkehrsmittel, die Einkaufsmöglichkeiten, das Konsumverhalten, die Gesundheitsversorgung oder die Anzahl von Schulen.

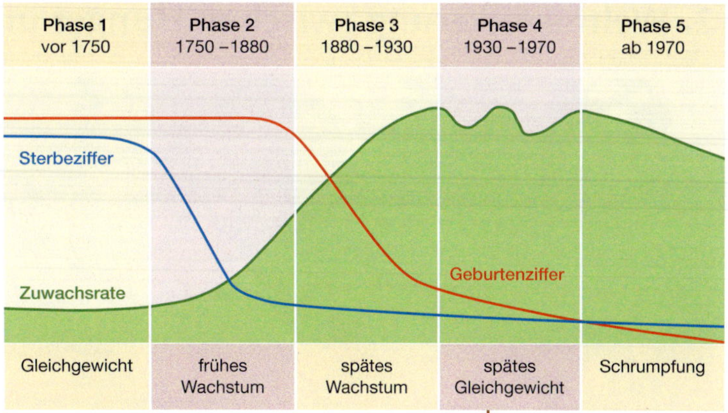

M 18 Modell des demographischen Wandels für Europa

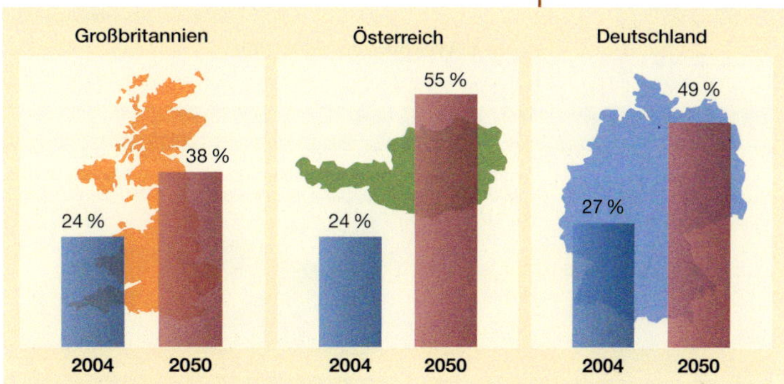

M 19 Alterslastenquotienten

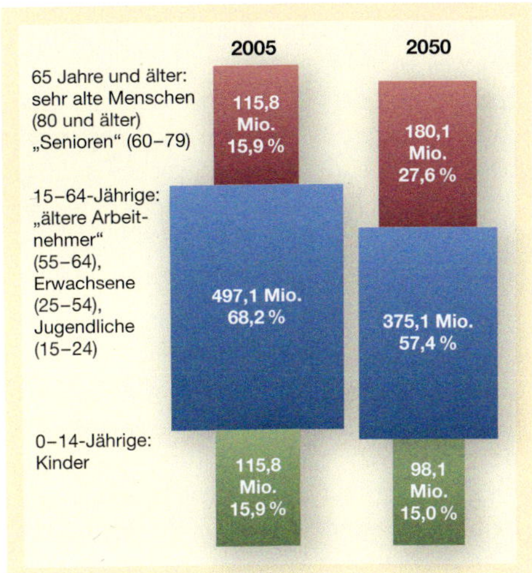

M 17 Altersstruktur in Europa

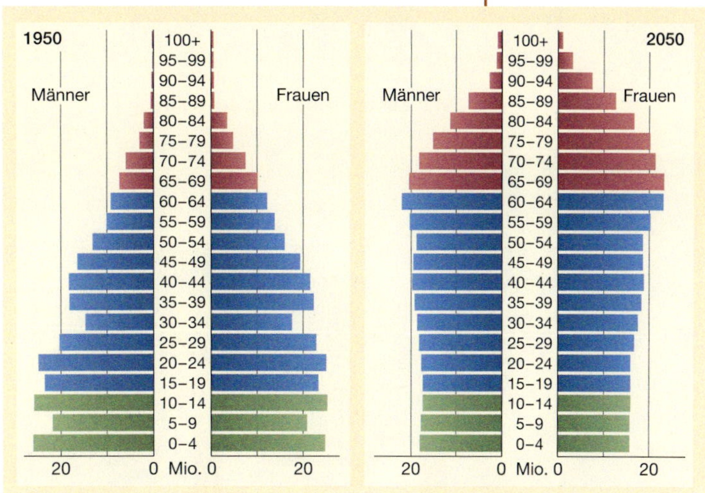

M 20 Bevölkerungsaufbau in Europa

8. Vergleichen Sie den demographischen Übergang in Europa mit dem der Weltbevölkerung (S. 462) und begründen Sie die Entwicklung in den einzelnen Phasen (M 18).
9. Analysieren Sie die Geburtenziffern in Europa (M 14, M 15) und stellen Sie eine Beziehung zum demographischen Wandel her (M 18).
10. Erläutern Sie die These der EU-Kommission, die EU habe keinen „demographischen Motor" mehr (M 16, M 17, M 20). Untersuchen Sie hierzu die Auswirkungen der im demographischen Wandel in Phase 5 dargestellten Entwicklungen (M 19).

Webcode:
GO649174-465

2. Weltbevölkerung zwischen Hunger und Überfluss

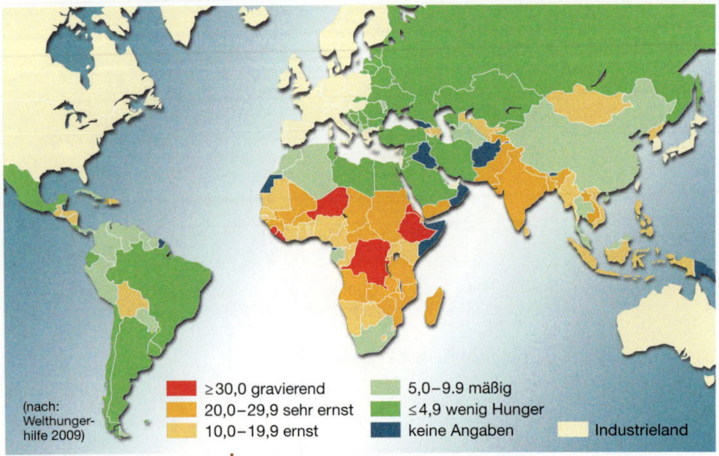

M1 Welthunger-Index 2008

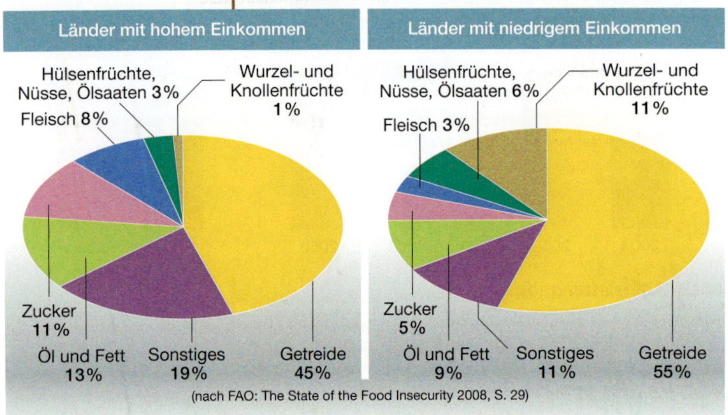

M2 Zusammensetzung der Nahrung

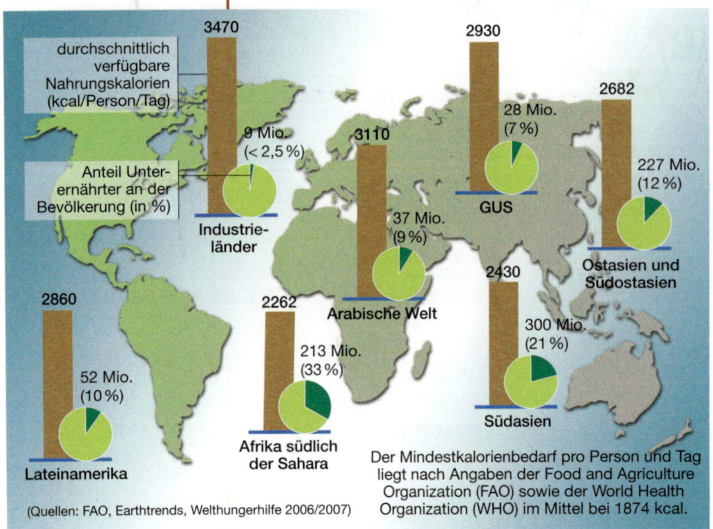

M3 Durchschnittlich zur Verfügung stehende Kalorienmenge sowie Anteil unterernährter Menschen 2006/2007

Jeden Abend gehen 500 Mio. Menschen in den Industrieländern mit Sorgen ins Bett. 50 Prozent von ihnen riskieren eine ernste Krankheit oder frühen Tod als Folge von Überernährung und Übergewicht. In den Entwicklungsländern hingegen leiden nahezu eine Milliarde Menschen, davon 200 Mio. Kinder, an chronischem Hunger und an Unterernährung. Jedes Jahr sterben 18 Millionen Menschen an Hunger, davon täglich mehr als 20 000 Kinder. Selbst in den Industriestaaten sind Millionen Menschen nicht ausreichend ernährt. Bisher ist die weltweite Nahrungsmittelproduktion stärker gestiegen als die Bevölkerungszahl, wenn auch regional unterschiedlich, sodass rein rechnerisch die Nahrungsmittel für alle Menschen ausreichen. Pro Kopf steht täglich mehr Nahrung zur Verfügung als von der FAO empfohlen. Hungersnöte gehören demnach theoretisch der Vergangenheit an. In den Industriestaaten ist das Nahrungsangebot auf einen historischen Höchststand gestiegen und auch in den Entwicklungs- und Schwellenländern ging bis 2003 die Zahl der Hungernden zurück, steigt seitdem aber wieder. Das 1996 auf dem Welternährungsgipfel in Rom vorgegebene Ziel, die Zahl der Unterernährten bis 2015 auf 400 Millionen zu halbieren, wird nicht erreicht werden.

Die ungleiche Teilhabe am globalen Brotkorb ist nicht nur eine Frage von Logistik und Infrastruktur. Zu viele Menschen hungern oder verhungern, weil sie nicht die Mittel haben, Nahrung zu produzieren oder zu erwerben. Dürren, Überschwemmungen, Bürgerkriege und Kriege tragen ebenso dazu bei, die Ernährungssicherheit zu gefährden, wie Misswirtschaft, Börsenspekulationen bei Getreide- und Fleischpreisen und der Anbau von Energiepflanzen für die Ethanol-Produktion.

„Wir […] bekräftigen das Recht des Menschen auf Zugang zu gesundheitlich unbedenklichen und nährstoffreichen Nahrungsmitteln in Einklang mit dem Recht auf angemessene Ernährung und dem grundlegenden Recht eines jeden Menschen, frei von Hunger zu sein.
Wir bekunden […] unsere gemeinsame und nationale Verpflichtung […] zu fortlaufenden Anstrengungen zur Beseitigung des Hungers in allen Ländern mit dem unmittelbaren Ziel, die Zahl der unterernährten Menschen spätestens bis zum Jahr 2015 auf die Hälfte des gegenwärtigen Standes zu verringern."

M4 Erklärung von Rom zur Welternährungssicherheit 1996, Auszug

Missernten durch Klimawandel, die stetige Verringerung von Anbauflächen für die Nahrungsmittelproduktion und die drastische Reduzierung von Investitionen im Agrarsektor – die Nahrungsmittelkrise hat viele Ursachen. [...] Die Gefahr etwa, dass Energiepflanzen für Biosprit der Nahrung Konkurrenz machen könnten, beschwören viele Agrarexperten schon seit langem. Die Strategie, welche die Abhängigkeit vom Öl verringern soll, ist zwar noch nicht allzu weit gediehen; in großem Stil werden bisher nur in den USA, Brasilien und teils in Deutschland Mais, Zuckerrohr oder Raps für Autotanks angebaut. Doch bereits 41 Länder planen, den Anbau und die Nutzung von Energiepflanzen zu fördern; auch die europäische Kommission schreibt trotz wachsender Kritik weiterhin vor, dass bis zum Jahr 2020 zehn Prozent des Treibstoffs aus Pflanzen gewonnen werden sollen. Und allein die Aussicht auf diese riesigen neuen Märkte hat von Kolumbien bis Indonesien Investitionen im Agrarsektor in Milliardenhöhe umgelenkt, das Anbauverhalten verändert und die Bodenpreise in die Höhe gejagt. Zigtausende von Kleinbauern wurden von ihren Feldern vertrieben. [...]

Noch schwerer wiegende Ursachen für die kletternden Preise sind Missernten – zum Beispiel in Australien –, die mit hoher Wahrscheinlichkeit bereits dem Klimawandel geschuldet sind. Aus den neuen Wohlstandszonen der großen Schwellenländer werden mehr höherwertige Lebensmittel nachgefragt.

Diese Entwicklung stellt den ganzen westlichen Ernährungsstil mit großen Mengen Fleisch in Frage, der weltweit als Vorbild dient. Hinzu kommt die Flächengier und der Überkonsum der sich weltweit ausbreitenden Städte. [...]

Doch über all diese Faktoren hinaus gründen die Wurzeln des Problems noch tiefer in der jahrzehntelangen Vernachlässigung der Landwirtschaft, auch und gerade in jenen Ländern, in denen bis zu drei Vierteln der Bevölkerung noch von ihr leben. Diesem teils ideologisch begründeten Wegschauen sind die ökologische Krise und die Krise der Erträge ebenso wie ein großer Teil der Armut in Entwicklungsländern geschuldet.

(Quelle: ZEIT online, 4.6.2008, Auszug)

M5 Die Ernte eines Versäumnisses

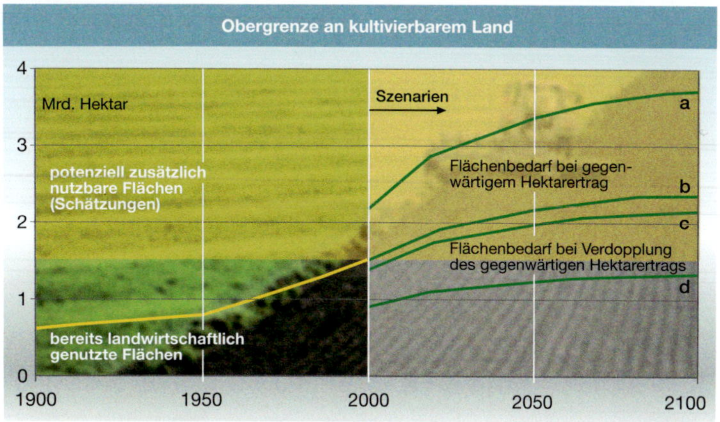

Im 21. Jh. werden wahrscheinlich 1,5–4 Milliarden Hektar potenzielle landwirtschaftlich nutzbare Flächen vorhanden sein, hier farbig hinterlegt, vorausgesetzt, dass sich das Bevölkerungswachstum nach den mittleren Prognosen der Vereinten Nationen entwickelt.

Kurve a: bei gleich bleibenden Erträgen erforderliche LNF, um die Bevölkerung nach dem durchschnittlichen westeuropäischen Standard des Jahres 2000 zu ernähren

Kurve b: LNF, die bei Aufrechterhaltung der derzeitigen unzureichenden Ernährung der Weltbevölkerung über das gesamte Jahrhundert erforderlich wäre

Kurve c: LNF, die für die Ernährung der Weltbevölkerung nach dem durchschnittlichen Standard von 2000 benötigt würde

Kurve d: erforderliche LNF für die gegenwärtige unzureichende Ernährung der Weltbevölkerung über das gesamte Jahrhundert

(nach: D. Meadows u. a.: Grenzen des Wachstums. Das 30-Jahre-Update, S. 63)

M6 Mögliche zukünftige Entwicklung landwirtschaftlicher Nutzflächen (LNF)

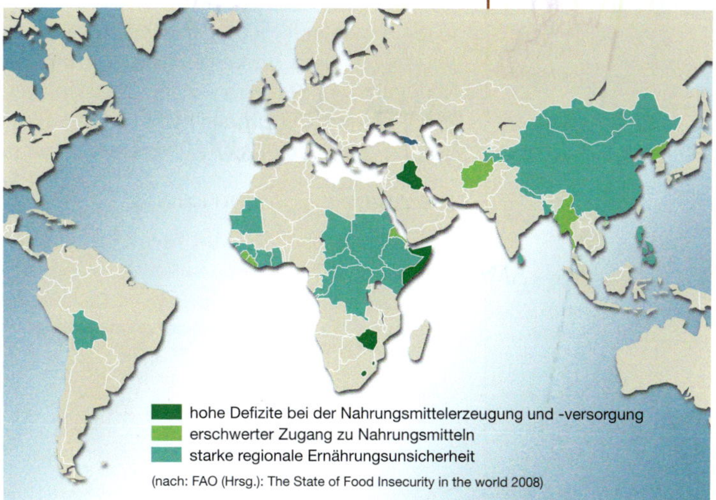

M7 Länder, in denen Hungerkrisen drohen

1. Arbeiten Sie den Gegensatz zwischen Regionen mit agrarischer Überproduktion und Nahrungsmangel heraus (M 1).
2. Überprüfen Sie die Behauptung, die Ernährung der Menschheit sei weder qualitativ noch quantitativ gesichert (M 2, M 3). Berücksichtigen Sie hierbei die Erklärung von Rom (M 4).
3. Analysieren Sie die Ursachen von Hunger und Unterernährung (M 5, M 7). Erläutern Sie mögliche Auswirkungen.
4. Vergleichen Sie die Aussagen von Malthus (S. 462) und das Szenario von Meadows mit den Prognosen gegenwärtiger und zukünftiger Nahrungsmittelproduktion. Zeigen Sie auf, wie rasch bei anfänglich ausreichender Anbaufläche exponentielles Bevölkerungswachstum zu einer Verknappung der Anbaufläche führen kann (M 6).

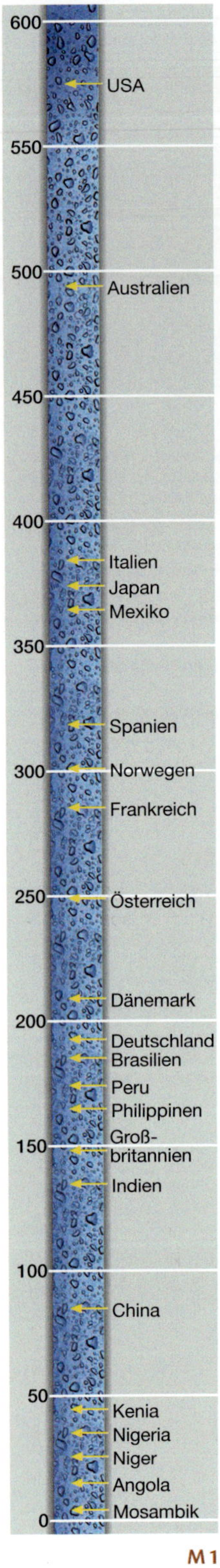

M 1 Täglicher Wasserverbrauch Liter pro Person (Durchschnitt 1998 – 2002)

3. Trinkwasser – knapp und kostbar

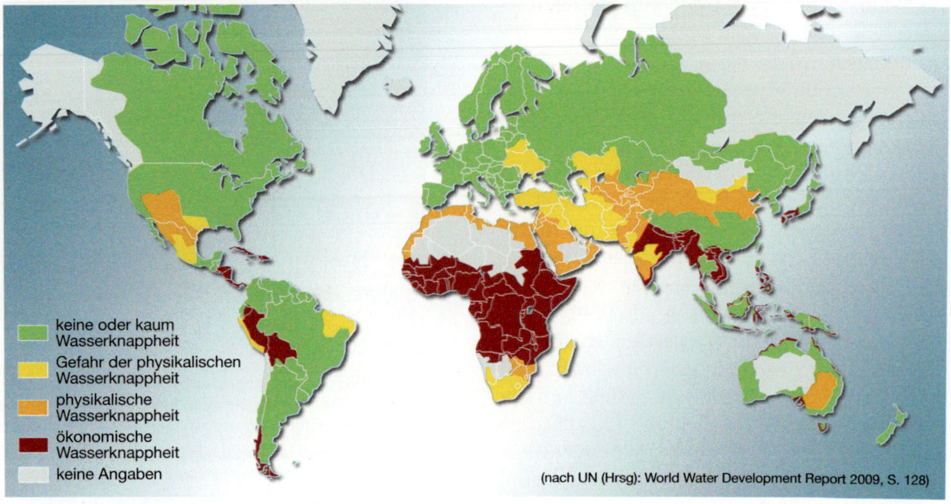

M 2 Weltweite Wasserknappheit

Nur 2,5 Prozent des auf der Erde vorhandenen Wassers sind Süßwasser, von dem 70 Prozent in Gletschern, Eis und Schnee gebunden sind. Rund 60 000 km³ der Vorräte bestehen aus Regenwasser, das im Boden gespeichert ist, verdampft oder von den Pflanzen aufgenommen wird. An erneuerbarem Oberflächenwasser aus Regenfällen, die in die Gewässer fließen oder den Grundwasserhorizont auffüllen, stehen jährlich 40 000 km³ zur Verfügung. Von den verbrauchten 3800 km³ werden gegenwärtig 55 Prozent für Nahrungsmittel genutzt, 45 Prozent fließen z. T. schwer belastet in das Oberflächen- oder Grundwasser zurück. Die Hälfte der großen Flüsse der Welt ist sehr verschmutzt. Mehr als 1,5 Mrd. Menschen sind auf Trinkwasser nur aus dem Grundwasser angewiesen, obwohl weltweit 800 000 kleinere und größere Staudämme gebaut wurden. Die Grundwasserhorizonte sind mehrfach bedroht: Das Abpumpen von fossilem Wasser, das sich in den letzten 10 000 Jahren angesammelt hat, erfolgt so schnell, dass die Vorräte in 50 bis 100 Jahren erschöpft sein werden. Nach dem Eindringen von Seewasser in küstennahe Horizonte ist eine Wiederauffüllung mit Süßwasser praktisch ausgeschlossen. Einige Grundwasserhorizonte liegen unter internationalen Gebieten und geben Anlass zu Konflikten. In Städten wie Mexiko City oder Bangkok, die ihre Grundwasserhorizonte anzapfen, sinkt der Boden durch die Wasserentnahme. Undichte unterirdische Abwasserkanäle kontaminieren das Grundwasser.

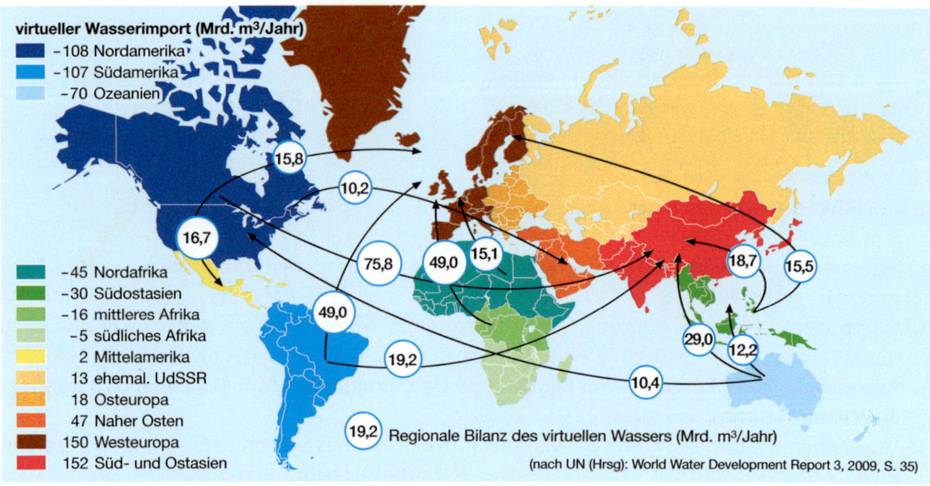

M 3 Virtuelles Wasser 1997 – 2001: Wasserbilanz und Wasserströme (bezogen auf den Handel mit Agrarprodukten)

M 4
Virtuelles Wasser

Der Einfluss verschiedener Konsummuster und Lebensstile auf den weltweiten Wasserverbrauch wird durch das Konzept des „virtuellen Wassers" verdeutlicht. Es bezeichnet die Wassermenge, die zur Herstellung eines Produkts oder Nahrungsmittels benötigt wird. Zur Herstellung von 1 kg Weizen werden z. B. 1000 l Wasser benötigt. Für 1 kg Rindfleisch braucht man bis zu 15 000 Liter, da nicht nur das Trinkwasser (ca. 150 l) für die Rinder, sondern auch die Bewässerung der Futterpflanzen (meist Getreide) berücksichtigt wird. Entsprechend groß sind die Unterschiede verschiedener Ernährungsstile: Eine zum Überleben gerade ausreichende Ernährung enthält ca. 1000 l virtuelles Wasser, eine ausgewogene vegetarische Diät ca. 2600 l, und eine fleischhaltige Ernährung nach US-Durchschnitt mehr als 5000 l (jeweils pro Tag). Mit dem weltweiten Handel von Produkten ist auch ein Fluss an „virtuellem Wasser" über Ländergrenzen hinweg verbunden. Beispielsweise sind Länder mit Wassermangel meist auf den Import von Produkten angewiesen, deren Herstellung sehr wasserintensiv ist. Wird das virtuelle Wasser in Im- und Exporten berücksichtigt, lässt sich daraus der Wasserbedarf für die in einem Land insgesamt konsumierten Produkte berechnen (Wasser-Fußabdruck). Den größten Wasser-Fußabdruck pro Kopf und Jahr haben die USA mit 2480 m³, gefolgt von südeuropäischen Ländern wie Spanien und Italien (2300 – 2400 m³); für Deutschland liegt der Wert bei 1545 m³, besonders niedrig ist er in der VR China (ca. 700 m³).

(Quelle: Der Fischer Weltalmanach 2009, S. 729)

Wasserknappheit und Wassermangel

Liegt das verfügbare erneuerbare Süßwasserangebot pro Kopf und Jahr zwischen 1001 und 1666 m³, spricht man von „Wasserknappheit", bei einem Wert unter 1000 m³ von „Wassermangel". Das International Water Management Institute unterscheidet nach der physikalischen und der ökonomischen Wasserknappheit. Physikalische Wasserknappheit betrifft 1,2 Mrd. Menschen in Ländern, in denen mehr als 75 Prozent des jährlich über Flüsse zugeführten Süßwassers genutzt werden. Eine Gefahr besteht bereits ab einem Nutzungsanteil von 60 Prozent. Von der ökonomischen Wasserknappheit sind 1,6 Mrd. Menschen betroffen, vorwiegend südlich der Sahara. Die Länder verfügen zwar über ausreichende Wasserreserven, nutzen sie aber nur zu einem Viertel, obwohl ein Nahrungsmitteldefizit besteht.
Bleiben bei einem weiteren Wachstum der Weltbevölkerung die Bewässerungstechniken in der Landwirtschaft unverändert, ist mit einer Zunahme der physikalischen Wasserknappheit zu rechnen. Sie könnte ein Drittel der Menschheit in Mitleidenschaft ziehen.
Meerwasserentsalzungsanlagen, wie sie z. B. in den Ölstaaten am Golf betrieben werden, können das Trinkwasserproblem allein nicht lösen. Zwar konnten die Kosten für 1 m³ Trinkwasser mittlerweile auf 1 US-$ gesenkt werden, aber die ökologischen Folgen für das Meerwasser sind noch unbekannt.

M 5
Herkunft und Nutzung des Wassers 2000

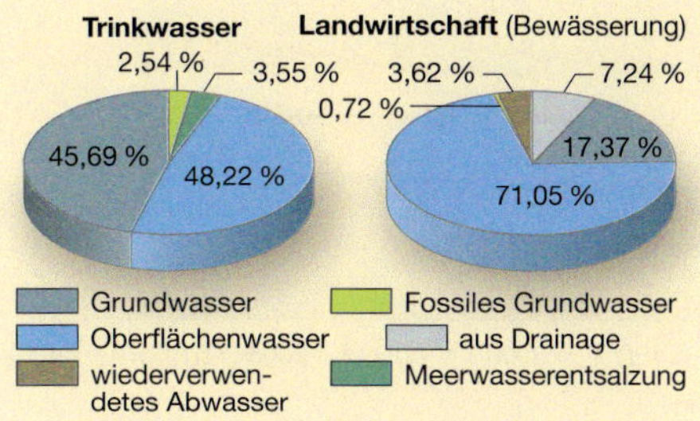

(nach: UNESCO: World Water Development Report 3, 2009)

M 6
Weltbevölkerung und Wasserknappheit

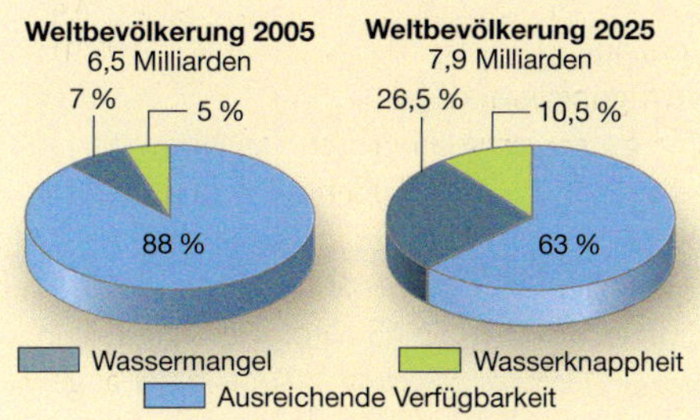

(nach: Population Action International 2006)

M 7
Zugang zu sauberem Trinkwasser (in %)

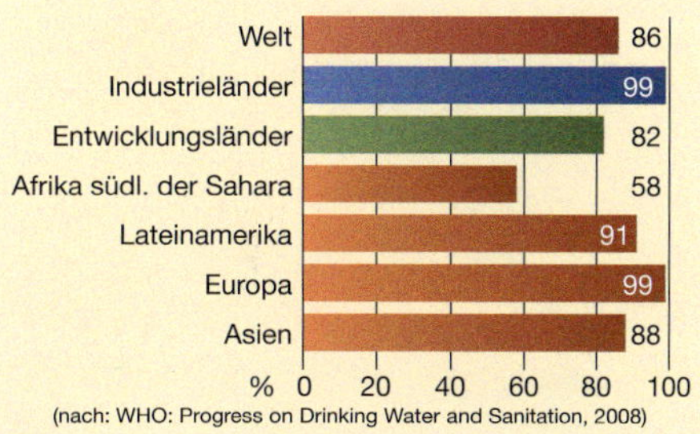

(nach: WHO: Progress on Drinking Water and Sanitation, 2008)

1. Erläutern Sie die Auswirkungen der regionalen Wasserknappheit. Leiten Sie innerstaatliche und zwischenstaatliche Konfliktpotienziale ab (M 2).
2. Überprüfen Sie, inwieweit der internationale virtuelle Wasserexport zur Wasserknappheit beiträgt. Entwickeln Sie Vorschläge zur Lösung dieses Problems (M 3, M 4).
3. „Eine ‚blaue Revolution' ist nötig, damit nicht bis 2050 die Hälfte der Menschheit an Süßwassermangel leidet." Nehmen Sie zu der These Stellung (M 1, M 5 bis M 7).

Webcode:
GO649174-469

4. Die Folgen des steigenden Energie- und Rohstoffverbrauchs

Die Menschen in den USA, Europa, Japan und Australien gehören zur privilegierten Verbraucherklasse. Aber diese 20 Prozent verbrauchen nicht mehr wie in der Vergangenheit allein 80 Prozent der Weltrohstoffe. Mittlerweile sind China und Indien die neuen Giganten in der Weltwirtschaft. China wird seinen Energiebedarf weiter steigern, um die wirtschaftliche Entwicklung voranzutreiben. Ein ähnlich starker Anstieg des Energieverbrauchs zeichnet sich in Indien ab.

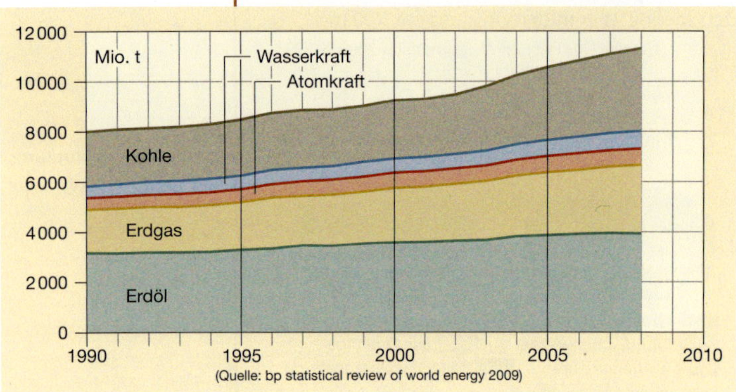

M 1 Primärenergieverbrauch

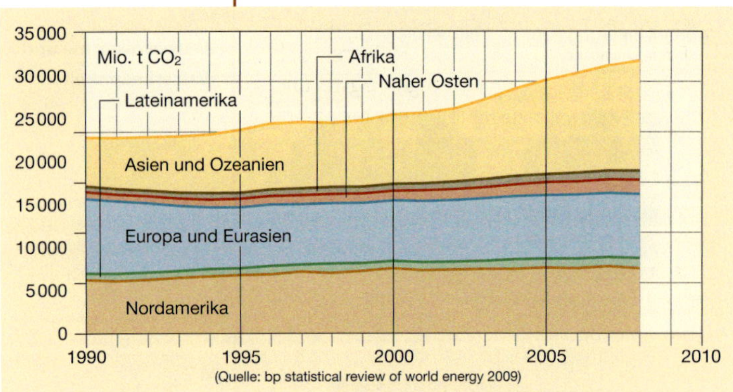

M 2 CO_2-Emissionen nach Kontinenten

Mit steigendem Wohlstand verbrauchen diese beiden Länder mehr Energie, um ihre Büros und Fabriken zu betreiben. Sie kaufen mehr Elektrogeräte und Autos. Diese Entwicklungen – so stellte die Internationale Energie-Agentur im World Energy Outlook 2007 fest – führen zu einer erheblichen Verbesserung der Lebensqualität. Dieses legitime Bestreben müsse vom Rest der Welt berücksichtigt und unterstützt werden.

Selbst bei einem gleichbleibenden Pro-Kopf-Verbrauch, d. h. ohne Wachstums- und Produktionssteigerung, würde der Rohstoffbedarf bis 2050 noch einmal um die Hälfte ansteigen. Die sog. „Reichweite" erweist sich jedoch als ungenauer Indikator, da durch verbesserte Fördertechniken und Substitution sowie Recycling die Vorräte „gestreckt" werden können. Aber schon heute übersteigt der weltweite, in Nord und Süd sehr unterschiedliche Ressourcenverbrauch die Tragfähigkeit der Erde um 30 Prozent. Unsere Erde müsste dreimal so groß sein, um die Nachfrage nach Ressourcen zu decken, wenn alle Menschen so viel verbrauchen würden wie die Amerikaner.
Noch tragen überwiegend die reichsten 20 Prozent der Weltbevölkerung, die 60-mal so viel verdienen wie die ärmsten 20 Prozent, mit ihrem Konsumverhalten zu globalen Umweltproblemen bei. Um vier Kilogramm Produkt herzustellen, muss im Durchschnitt eine Tonne Material bewegt werden. Das Schicksal der Erde hängt von der Bereitschaft der Reichen ab, ihren Lebensstil zu ändern. Global gesehen genügt es nicht, nur ein sparsameres Auto zufahren. Die Bereitschaft zum Verzichten und Teilen ist bei den meisten Wohlhabenden kaum vorhanden. Sie stellen eher die Grenzen ihrer persönlichen Belastbarkeit in den Vordergrund, vermutlich wegen der Befürchtung, eine gerechte Verteilung könne zu wenig für jeden Einzelnen bedeuten.

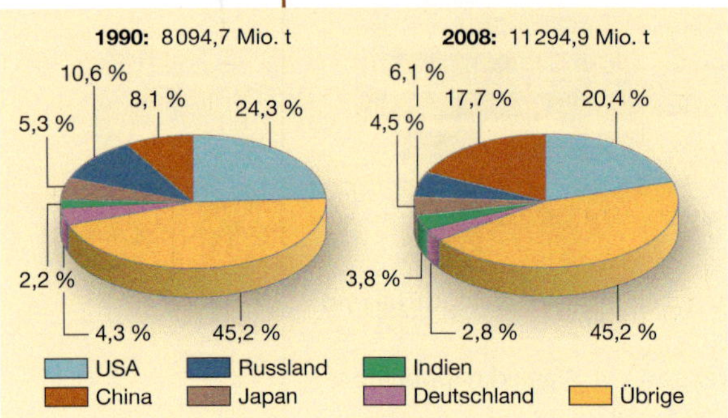

M 3 Größte Primärenergieverbraucher

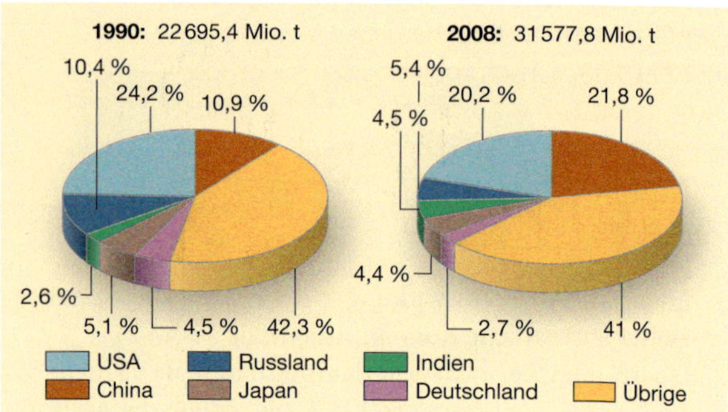

M 4 Größte CO_2-Emittenten

Im Referenzszenario steigt der weltweite Primärenergieverbrauch im Zeitraum 2005–2030 um 55 Prozent, mit einer jahresdurchschnittlichen Rate von 1,8 Prozent. Der Verbrauch erhöht sich damit auf 17,7 Mrd. t Rohöleinheiten (RÖE), gegenüber 11,4 Mrd. t im Jahr 2005. Fossile Brennstoffe bleiben die wichtigste Primärenergiequelle, auf sie entfallen 84 Prozent des gesamten Anstiegs. Mineralöl wird weiterhin die größte Einzelkomponente des Energiemix bilden, auch wenn dessen Anteil am Weltenergieverbrauch von 35 Prozent auf 32 Prozent zurückgeht.
Der Ölverbrauch wird sich 2030 auf 116 Millionen Barrel pro Tag belaufen, 32 Millionen Barrel bzw. 37 Prozent mehr als 2006. In Einklang mit dem spektakulären Wachstum der letzten Jahre wird der größte Anstieg in absoluten Zahlen beim Kohleverbrauch zu verzeichnen sein, der sich um 73 Prozent erhöhen wird, womit der Kohleanteil am Weltenergieverbrauch von 25 auf 28 Prozent anwachsen wird. Der Großteil dieses Anstiegs wird von China und Indien ausgehen. Der Erdgasanteil wird sich in bescheidenerem Umfang von 21 auf 22 Prozent ausweiten. Der Stromverbrauch wird sich verdoppeln, und sein Anteil am Endenergieverbrauch wird von 17 auf 22 Prozent ansteigen. Zur Deckung der projizierten Weltenergienachfrage werden Investitionen in die Energieinfrastruktur von rd. 22 Billionen US-$ nötig sein. Es wird schwierig sein, diese Investitionen zu mobilisieren.
Der Anstieg des Primärenergieverbrauchs entfällt zu 74 Prozent auf die Entwicklungsländer, wo das Wirtschafts- und Bevölkerungswachstum am stärksten ist. Von China und Indien gehen allein 45 Prozent des Anstiegs aus. Auf die Entwicklungsländer insgesamt werden 2015 45 Prozent und 2030 über 50 Prozent des globalen Energiemarktes entfallen, im Vergleich zu nur 41 Prozent heute. Für alle Länder kommt es jetzt darauf an, den Übergang zu einem sichereren, weniger CO_2-intensiven Energiesystem einzuleiten, ohne die wirtschaftliche und soziale Entwicklung zu gefährden. Diese Herausforderung wird nirgends schwieriger zu bewältigen und für die übrige Welt wichtiger sein als in China und Indien. Resolute, sofortige und konzentrierte Maßnahmen sämtlicher Regierungen sind unerlässlich, um die Welt auf einen nachhaltigen Energiepfad zu lenken.
Bislang wurde in den meisten Ländern diesbezüglich mehr geredet als gehandelt. Würden alle Maßnahmen umgesetzt, die rund um den Globus von den Ländern derzeit in Erwägung gezogen werden, was im alternativen Politikszenario unterstellt wird, würden der Weltenergieverbrauch und die damit verbundenen Emissionen erheblich gesenkt. Insbesondere Maßnahmen zur Erhöhung der Energieeffizienz bieten sich auf kurze Sicht als die kostengünstigste und schnellste Methode zur Eindämmung des Verbrauchs- und Emissionswachstums an. Doch selbst in diesem Szenario werden die CO_2-Emissionen 2030 noch um ein Viertel höher sein als heute. Um eine wesentlich stärkere Emissionsminderung zu erzielen, wären sofortige Maßnahmen und ein technologischer Wandel beispiellosen Ausmaßes erforderlich.

(Quelle: Internationale Energie-Agentur: World Energy Outlook 2007. Global Energy Prospects)

M5 Die Welt sieht bis 2030 einer von fossilen Brennstoffen geprägten Energiezukunft entgegen.

		Referenzszenario in t pro Kopf		Alternatives Szenario in t pro Kopf	
	2005	2015	2030	2015	2030
Industrieländer	11,0	11,4	11,6	10,7	9,7
USA	15,5	15,8	15,6	15,2	13,5
EU	8,0	8,0	8,4	7,2	6,5
Pazifik-Länder	10,3	11,4	11,8	10,9	9,8
Transformationsländer	7,5	8,9	10,1	8,5	8,7
Russland	10,7	13,3	16,0	12,6	14,1
Entwicklungsländer	2,2	2,9	3,5	2,7	2,7
China	3,9	6,2	7,9	5,8	6,1
Indien	1,0	1,4	2,3	1,3	1,7
Übriges Asien	1,5	1,8	2,0	1,6	1,6
Naher Osten	6,7	8,0	8,7	7,3	7,2
Afrika	0,9	0,9	0,9	0,9	0,8
Lateinamerika	2,1	2,3	2,8	2,2	2,3
Welt	**4,1**	**4,7**	**5,1**	**4,4**	**4,1**

M6
CO_2-Emissionen durch Energieverbrauch

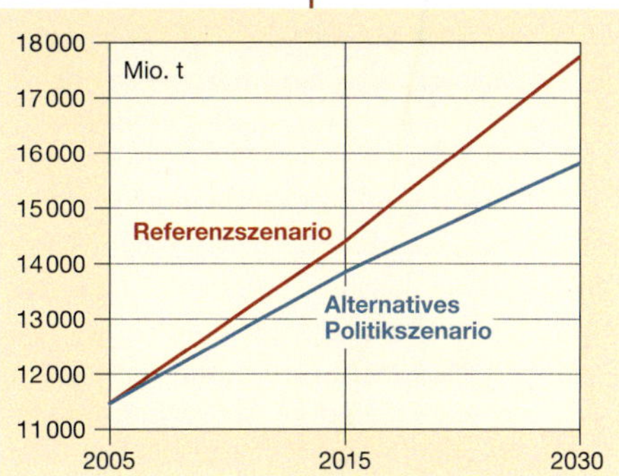

M7
Primärenergieverbrauch weltweit

1. Untersuchen Sie die Entwicklung des Primärenergieverbrauchs (M1, M2).
2. Erläutern Sie die Entwicklung der CO_2-Emissionen. Stellen Sie einen Zusammenhang mit dem Primärenergieverbrauch her (M3, M4).
3. Stellen Sie die Aussagen von M6 grafisch dar und erläutern Sie den Inhalt der Darstellung.
4. Nehmen Sie zu den Prognosen der Internationalen Energie-Agentur Stellung (M5 bis M7).
5. Verfolgen Sie im Internet die Entwicklung des Energiesektors und neue internationale Vereinbarungen zur Stabilisierung der Treibhausgasemissionen.

Webcode:
GO649174-471

M 1 Offshore-Förderung von Erdöl

5. Globale ökologische Probleme

Auf der Suche nach weiteren Ölvorräten wenden wir uns zunehmend Plätzen im tiefen Ozean oder der hohen Arktis zu, aber die sozialen, ökologischen und ökonomischen Kosten unserer Sucht nach Öl können sehr hoch sein.

Mensch und Umwelt

Der Mensch hat im Laufe seiner zivilisatorischen Entwicklung schon immer in die Umwelt eingegriffen, um sie seinen Bedürfnissen anzupassen. Das Ausmaß der von ihm verursachten Umweltveränderungen hat jedoch in der zweiten Hälfte des 20. Jahrhunderts eine Dynamik entfaltet, welche die Selbststeuerungsmechanismen der Ökosphäre in Frage stellt. Der Mensch ist Verursacher und zugleich Betroffener des **Globalen Wandels**. Unter Globalem Wandel versteht man *die Verschränkung von globalen Umweltverändeungen, ökonomische Globalisierung und kulturelle Transformation* (Cassel-Gintz, 2001).

Der Globale Wandel ist durch eine Reihe von Kernproblemen gekennzeichnet. Nach einer Auflistung des Wissenschaftlichen Beirats der Bundesregierung „Globale Umweltveränderung" (WBGU) haben folgende Kernprobleme höchste globale Relevanz:
- der anthropogen verstärkte Treibhauseffekt,
- die anthropogen verursachte Bodendegradation,
- die anthropogen verursachte Süßwasserverknappung,
- der anthropogen verursachte Biodiversitätsverlust,
- die Zunahme von klimatischen Naturkatastrophen,
- die Bevölkerungsentwicklung,
- die Übernutzung und Verschmutzung der Weltmeere,
- die Gefährdung der Welternährung und Weltgesundheit
- die globalen Entwicklungsdisparitäten.

Diese Entwicklungen setzen sich aus einer Reihe von Einzelphänomenen naturräumlicher und sozioökonomischer Art zusammen, sind miteinander vernetzt und vielfach wechselseitig voneinander abhängig. Der Globale Wandel stellt somit ein komplexes System dynamischer Entwicklungen aus Mensch-Umwelt-Interaktionen dar. Um diese komplexen Entwicklungen zu verstehen und geeignete Hinweise für einen nachhaltigen Umgang mit der Umwelt zu bekommen, hat der WBGU ein integratives Verfahren zur Analyse des Globalen Wandels entwickelt, den **Syndromansatz.**

Webcode:
GO649174-472

Der Syndromansatz

Der Syndromansatz geht von der Grundthese aus, dass sich die komplexen globalen Umwelt- und Entwicklungsprobleme auf eine überschaubare Anzahl von Umweltdegradationsmustern zurückführen lassen. Diese Muster werden als „Syndrome des Globalen Wandels" bezeichnet. Sie beschreiben krisenhafte Beziehungen zwischen Mensch und Umwelt in lokal begrenztem Raum. Sie sind charakteristische, global relevante Konstellationen natürlicher und anthropogener Trends des Globalen Wandels. Ein solches Umweltdegradationsmuster stellt z.B. das „Sahel-Syndrom" (siehe S. 39) oder das „Raubbau-Syndrom" in M 2 dar.
Jedes Syndrom wird angetrieben durch einen zentralen Mechanismus, den Syndromkern, der in unterschiedlicher Ausprägung an mehreren Orten der Erde vorfindbar ist. Die Elemente des Syndromkerns sind verbunden durch ein spezifisches, kausales Beziehungsgeflecht von einander verstärkenden, abschwächenden oder neutralen Wechselwirkungen.
Elemente des Syndroms sind die Symptome (Trends, Kernprobleme, siehe M 4). Die Symptome werden nach Möglichkeit über (messbare) Indikatoren näher bestimmt. Die Indikatoren können sowohl physikalische, chemische oder biologische Beobachtungsgrößen als auch Größen darstellen, die sich im Rahmen sozialwissenschaftlicher Umfragen ergeben.
Auf der Basis von Expertenwissen wurde eine Liste von ca. 80 Symptomen des Globalen Wandels erstellt (M 4). Sie enthalten nicht nur problematische Trends wie Klimawandel oder Biodiversitätsverlust, sondern auch positive oder ambivalente Trends wie wachsendes Umweltbewusstsein, Emanzipation der Frau oder Gentechnologie. Ziel des Syndromansatzes ist es, auf folgende Fragen eine Antwort zu bekommen:
- *Wie kommt es zu den Naturveränderungen und wie sind sie mit der globalen Entwicklungsproblematik verknüpft?*
- *Wie kann man sie frühzeitig erkennen oder vorhersagen?*
- *Welche Risiken sind mit ihnen verbunden?*
- *Wie muss der Mensch handeln, um negative Entwicklungen auf globaler Ebene zu verhindern, um drohenden Gefahren zu begegnen bzw. die Folgen globaler Veränderungen zu minimieren?*

(aus: Jahresgutachten des WBGU, 1993 – 2004)

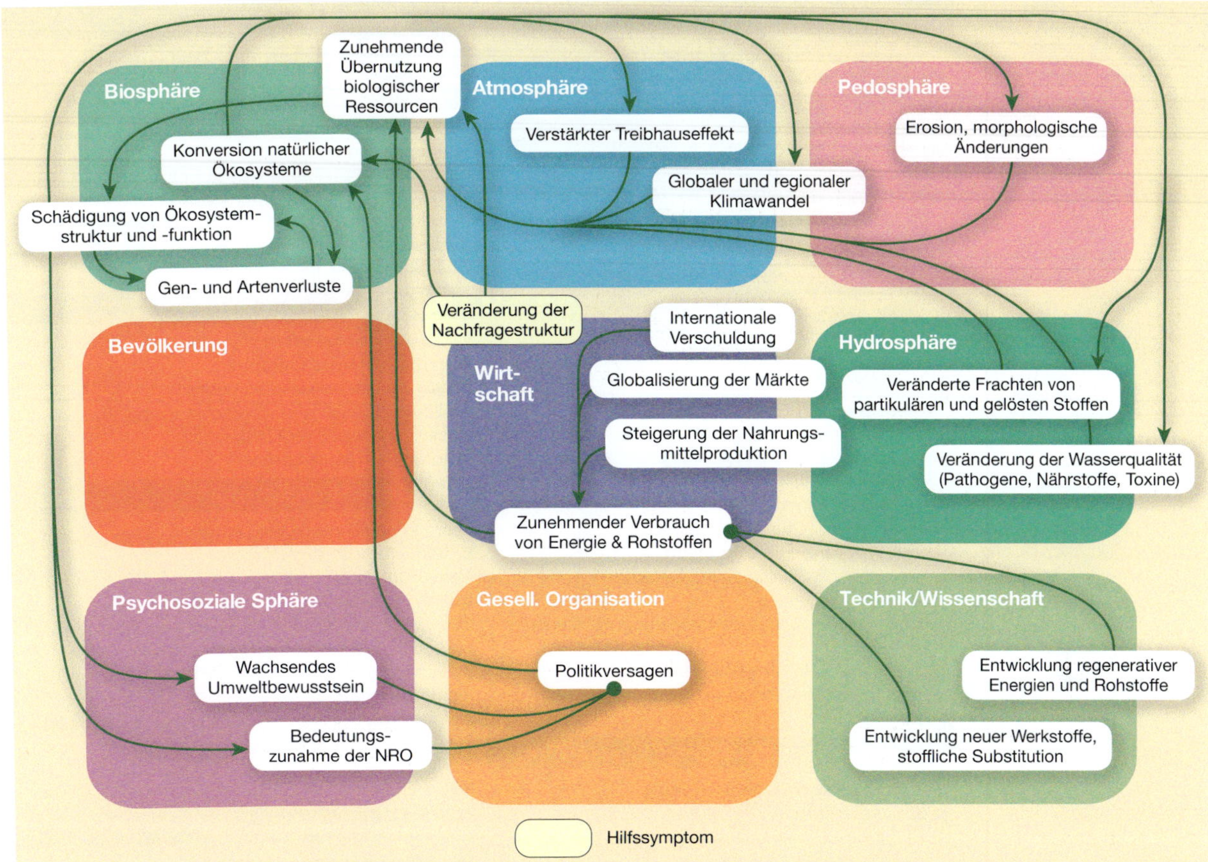

(Quelle: BLK-Programm „21" - Bildung für eine nachhaltige Entwicklung)

M 2 Erweiterter Syndromkern: Raubbau-Syndrom

Syndromgruppe „Nutzung"

1. Landwirtschaftliche Übernutzung marginaler Standorte: **Das Sahel-Syndrom**
2. Raubbau an natürlichen Ökosystemen: **Das Raubbau-Syndrom**
3. Umweltdegradation durch Preisgabe traditioneller Landnutzungsformen: Das **Flucht-Syndrom**
4. Nicht-nachhaltige industrielle Bewirtschaftung von Böden und Gewässern: **Das Dust-Bowl-Syndrom**
5. Umweltdegradation durch Abbau nicht-erneuerbarer Ressourcen: **Das Katanga-Syndrom**
6. Erschließung und Schädigung von Naturräumen für Erholungszwecke: **Das Massentourismus-Syndrom**
7. Umweltzerstörung durch militärische Nutzung: **Das Verbrannte-Erde-Syndrom**

Syndromgruppe „Entwicklung"

8. Umweltschädigung durch zielgerichtete Naturraumgestaltung im Rahmen von Großprojekten: **Das Aralsee-Syndrom**
9. Umweltdegradation durch Verbreitung standortfremder landwirtschaftlicher Produktionsverfahren: **Das Grüne-Revolution-Syndrom**
10. Vernachlässigung ökologischer Standards im Zuge hochdynamischen Wirtschaftswachstums: **Das Kleine-Tiger-Syndrom**
11. Umweltdegradation durch ungeregelte Urbanisierung: **Das Favela-Syndrom**
12. Landschaftsschädigung durch geplante Expansion von Stadt- und Infrastrukturen: **Das Urban-Sprawl-Syndrom**
13. Singuläre anthropogene Umweltkatastrophen mit längerfristigen Auswirkungen: **Das Havarie-Syndrom**

Syndromgruppe „Senken"

14. Umweltdegradation durch weiträumige diffuse Verteilung von meist langlebigen Wirkstoffen: **Das Hoher-Schornstein-Syndrom**
15. Umweltverbrauch durch geregelte und ungeregelte Deponierung zivilisatorischer Abfälle: **Das Müllkippen-Syndrom**
16. Lokale Kontamination von Umweltschutzgütern an vorwiegend industriellen Produktionsstandorten: **Das Altlasten-Syndrom**

Die Namen sind von typischen Regionen, in denen die Syndrome aufgetreten sind, von typischen Ereignissen oder einem typischen Schlagwort für die Mechanismen abgeleitet. Diese Syndromliste stellt keine finale Einordnung der problematischen Entwicklungsmuster dar. Sie soll als eine erste, in Teilen bereits gut überprüfte Hypothese verstanden werden. (Quelle: WBGU, Jahresgutachten, 1996)

M 3 Syndrome des Globalen Wandels

Biosphäre	Pedosphäre
Konversion natürlicher Ökosysteme Fragmentierung natürlicher Ökosysteme Zunahme anthropogener Artenverschleppung Resistenzbildung zunehmende Übernutzung biologischer Ressourcen Gen- und Artenverluste Verlust biosphärischer Senken Verstärkung von biosphärischen Quellen Schädigung von Ökosystemstruktur und -funktion.	Zunehmende Deposition und Akkumulation von Abfällen Verdichtung Versauerung Kontamination Fertilitätsverlust (Humus, Nährstoffe) Erosion morphologische Änderungen und Versiegelung Versalzung, Alkalisierung Überdüngung.
Bevölkerung	**Atmosphäre**
Bevölkerungswachstum Gesundheitsschäden durch Umweltbelastung Urbanisierung Landflucht Zersiedelung Internationale Migration.	verstärkter Treibhauseffekt Troposphären-Verschmutzung Reduktion stratosphärischen Ozons zunehmende regionale Luftverschmutzung globaler und regionaler Klimawandel Zunahme von Spurengasen.
Hydrosphäre	**Gesellschaftliche Organisation**
Meeresspiegelanstieg Veränderung des Grundwasserspiegels Änderung ozeanischer Strömungen Veränderung der Eiskappen und Gletscher Süßwasserverknappung Veränderung der Wasserqualität (Pathogene Nährstoffe, Toxine) Veränderung der lokalen Wasserbilanz veränderte Frachten von partikulären und gelösten Stoffen.	Verstärkung des nationalen Umweltschutzes Bedeutungszunahme der NRO Demokratisierung soziale und ökonomische Ausgrenzung Zunahme ethnischer und nationaler Konflikte Institutionalisierung von Sozialleistungen Zunahme der internat. Abkommen und Institutionen Individualisierung Zunahme von sozialen und ökonomischen Disparitäten Rückgang traditioneller gesellschaftlicher Strukturen Zunahme der strukturellen Arbeitslosigkeit Politikversagen.
Wissenschaft und Technik	**Psychosoziale Sphäre**
Automatisierung und Mechanisierung medizinischer Fortschritt Fortschritt in der Informationstechnologie Verbesserung des technischen Umweltschutzes Entwicklung regenerativer Energien und Rohstoffe Entwicklung neuer Werkstoffe stoffliche Substitution Wissens- und Technologietransfer Fortschritt in der Bio- und Gentechnologie Intensivierung von Ausbildung und Qualifikation wachsendes Technologierisiko.	Sensibilisierung für globale Probleme Ausbreitung westlicher Konsum- und Lebensstile Anspruchssteigerung Emanzipation der Frau wachsendes Umweltbewusstsein Erhöhung der Mobilitätsbereitschaft zunehmendes Partizipationsinteresse Zunahme fundamentalistischer Strömungen.
Wirtschaft	
zunehmender Tourismus Tertiarisierung Globalisierung der Märkte internationale Verschuldung Ausbreitung der Geldwirtschaft zunehmender Protektionismus Ausbau der Verkehrswege wachsendes Verkehrsaufkommen Rückgang der traditionellen Landwirtschaft Intensivierung der Landwirtschaft Zunahme umweltverträglicher Wirtschaftsweisen	Zentralisierung wirtschaftspolitischer Strategien Aufbau technischer Großprojekte Industrialisierung Steigerung der Ressourcenproduktivität Steigerung der Arbeitsproduktivität Steigerung der Kapitalintensität Zunahme der Welthandelsströme Steigerung der Nahrungsmittelproduktion Ausweitung landwirtschaftlich genutzter Flächen zunehmender Verbrauch von Energie und Rohstoffen.

(Quelle: Martin Cassel-Gintz, Dorothee Harenberg: Werkstattmaterialien BLK-Programm „21", Berlin 2002, S.9)

M4 Globale Symptom-Sammlung

- Ein Syndrom ist ein Krankheitsbild der Erde, das in verschiedenen Regionen der Erde nachweisbar ist.
- Ein Syndrom weist verschiedene Symptome bzw. Trends auf.
- Ein Syndrom setzt sich aus verschiedenen Kernproblemen des globalen Wandels und meistens auch aus regionalen Problemen zusammen.
- Ein Syndrom ist ein Querschnittsphänomen, das verschiedene Kernprobleme des globalen Wandels in sich vereinigt.
- Ein Syndrom ist ein typisches Muster der Nicht-Nachhaltigkeit.

(Quelle: Th. Hammer: Der Syndromansatz, Vorlesung „Einführung in die Allgemeine Ökologie", WS 2005/2006)

M5
Was ist ein Syndrom?

1. Erläutern Sie die Grundidee und die Vorgehensweise des Syndromansatzes. (M2, M5).
2. Erläutern Sie Kernprobleme des globalen Wandels an Beispielen, die Sie aus dem Unterricht kennen, z. B. die anthropogen verursachte Bodendegradation. (s. S. 38 – 39 und S. 80 – 83).
3. Erklären Sie das zentrale Beziehungsgeflecht des Raubbau-Syndroms, und erläutern Sie es an einem regionalen Beispiel (z. B. Regenwaldabholzung, M2, M4, Internetrecherche).
4. Erweitern Sie das Beziehungsgeflecht Ihres in Aufgabe 3. gewählten regionalen Beispiels und verwenden Sie weitere Symptome aus der Symptom-Sammlung. Erläutern Sie die Beziehungen zwischen den Symptomen (M2, M4, M 5).

Geo-Bausteine

In den vergangenen Schuljahren haben Sie neben aktuellsten Kenntnissen umfangreiches geographisches Grundlagenwissen erarbeitet und erlernt.
Trotzdem stehen Ihnen auf den folgenden Seiten die Geo-Bausteine als Zusatzangebot zur Verfügung. Mithilfe der Geo-Bausteine können Sie sich über bestimmte Sachverhalte schnell informieren bzw. Ihr Grundlagenwissen selbstständig auffrischen.
Es handelt sich dabei um kein Lexikon, sondern um eine Auswahl von geographischem Grundlagenwissen, welches als Basis einzelner Kapitel in diesem Buch notwendig ist. Dabei werden in den Kapiteln Verweise auf die entsprechenden Geo-Bausteine gegeben.

Schuhfabrik in Bangkok

M 1 Ungewohnt üppige Schaufensterauslagen in der DDR anlässlich des hundertsten Todesjahres von Karl Marx

Das Modell der zentralen Wirtschaftsplanung

Mit dem Zusammenbruch des sozialistischen Gesellschaftssystems in Osteuropa zu Beginn der 1990er-Jahre hat das Modell einer zentralen Wirtschaftsplanung mit Ausnahme weniger Staaten an Bedeutung verloren. Die Marktwirtschaft ging aus diesem seit 70 Jahren dauernden Konkurrenzkampf als Siegerin hervor. Doch die Weltwirtschaftskrise von 2008/09 lässt deutliche Zweifel aufkommen, ob das Gewinn- und Eigennutzstreben der Menschen die erhoffte Wohlstandsmehrung für alle und nicht nur für wenige bringen kann.

- Zentrale Planung, Lenkung und Kontrolle des gesamten Wirtschaftsgeschehens einschließlich aller anderen gesellschaftlichen Bereiche wie Soziales, Kultur, Wissenschaft und Bildung. Die Wirtschaftsteilnehmer sind in ihren Dispositionen beschränkt.
- Das Privateigentum an Produktionsmitteln ist weitgehend aufgehoben (Staatseigentum, Kollektiveigentum). Das Gleiche gilt für das Bank- und Versicherungswesen. Die Geld- und Kreditversorgung erfolgt zentral durch den Staat.
- Die Produkte werden administrativ zentral verteilt. Der Außenhandel ist durch staatliche Organisationen zentral gelenkt.
- Die Preise für Güter und Dienstleistungen, für Arbeit (Löhne) und Kapital (Zinsen) werden zentral festgelegt (staatliche Preispolitik).
- Ziel allen wirtschaftlichen Handelns ist die Planerfüllung.
- Politik und Wirtschaft sind eng verknüpft. Die Entscheidungsträger beider Bereiche sind zum Teil identisch. Ausgangspunkt des Ordnungstyps ist der Marxismus/Leninismus.

Im Gegensatz zum Marktmodell ist hier die zentrale Lenkung des gesamten Wirtschaftsgeschehens ordnungsbestimmend. Das so genannte „Subordinationsprinzip" ist dabei ein wesentliches Charakteristikum. Eine übergeordnete Institution ist alleiniger Planungsträger. Diese Planungsinstitution entscheidet, welche Güter in einem bestimmten Planungszeitraum zur Verfügung stehen sollen. Sie bestimmt, wer diese Güter mit welchen Mitteln produziert und wie die produzierten Güter innerhalb der Gesellschaft verteilt werden sollen.

(nach: Informationen zur politischen Bildung H.180, 1986, S. 4)

M 2 Merkmale der zentralen Wirtschaftsplanung

Wirtschaftsordnungen im Vergleich

Warum brauchen wir überhaupt eine Wirtschaftsordnung?

Aus der Knappheit der Güter auf der Erde resultiert die Notwendigkeit des Wirtschaftens, d. h. ein sparsamer Einsatz von Ressourcen. Um andererseits die Vielzahl menschlicher Bedürfnisse optimal befriedigen zu können, müssen in einer modernen Volkswirtschaft, die durch einen hohen Grad an Arbeitsteilung gekennzeichnet ist, Wirtschaftsordnungen entwickelt werden. Diese organisieren und lenken die Produktionsfaktoren (Arbeit, Wissen, Kapital und Naturschätze) und die Verteilung der Güter an die Konsumenten im Sinne des Wirtschaftens (Lenkungsproblem der Volkswirtschaften).

Wirtschaftsordnungen sind aber stets nur Teile der vorherrschenden Gesellschaftssysteme, die die politischen Leitziele vorgeben. Die kapitalistischen und sozialistischen bzw. kommunistischen Gesellschaftssysteme sind hier als schärfste Konkurrenten zu nennen. Zwar streben beide das gleiche Ziel an – nämlich den größtmöglichen Wohlstand für alle – jede für sich hat aber eine eigene Wirtschaftsordnung entwickelt, nämlich die Marktwirtschaft und die Zentralverwaltungswirtschaft (Planwirtschaft). Beide Wirtschaftsordnungen können in ihrer Idealform nur modellhaft erklärt werden, in der Realität kommen sie stets als Mischform vor (vgl. soziale Marktwirtschaft der Bundesrepublik Deutschland und die sozialistische Marktwirtschaft der Volksrepublik China). Den schnellen Zugang zu den unterschiedlich gesellschaftspolitisch begründeten Wirtschaftsordnungen ermöglichen folgende Fragen:

1. Wer besitzt die Verfügungsgewalt über die Produktionsfaktoren? Welche Eigentumsformen herrschen vor (Privat- oder Kollektiveigentum an den Produktionsfaktoren)?
2. Wer bestimmt die Produktionsziele und den Verbrauch der Produkte (Markt oder Plan)?
3. Welche Ordnungsfunktion kommt dem Staat bzw. dem Markt zu (Kommandowirtschaft oder freie Marktwirtschaft)?

Das Modell der Marktwirtschaft

Mit dem Modell der zentralen Wirtschaftsplanung konkurriert das Modell der Marktwirtschaft: „Gib mir, was ich brauche, und Du sollst haben, was Du brauchst." Mit diesen Worten begründet Adam Smith (1723 – 1790) den **Wirtschaftsliberalismus** oder die **liberale** bzw. **freie Marktwirtschaft,** deren Motor der individuelle Eigennutz ist. Der Mensch als vernünftiges Wesen kennt seine Bedürfnisse am besten und wird sie zu seinem Vorteil selbst optimal befriedigen können. Vordergründig steht das Selbstinteresse des oder der wirtschaftlich Handelnden im Mittelpunkt; daraus folgt, dass das Gleichgewicht auf den Märkten (d. h. die Übereinstimmung von Angebot und Nachfrage) ohne staatliche Regulierung quasi durch eine „unsichtbare Hand" (A. Smith) herstellbar ist.

Aus der Smith'schen Lehre einen menschenverachtenden Kapitalismus abzuleiten, dessen Ziel eine rücksichtslose Gewinnmaximierung auf Kosten der Allgemeinheit ist, würde dem Vater der Nationalökonomie nicht gerecht; denn, so argumentiert Adam Smith, über die Befriedigung der individuellen Bedürfnisse entsteht automatisch auch ein Nutzen für die Volkswirtschaft. Außerdem ist das Gewinnstreben eingeschränkt durch die Forderungen nach Gerechtigkeit, Wohltätigkeit, Besonnenheit und Anstand. Diese Rahmenbedingung wirtschaftlichen Handelns schränkt den Egoismus des Individuums ebenso ein wie die Machtansprüche von Megafirmen, über Kartelle den Weltmarkt zu beherrschen.

Bei fast allen anderen Lebewesen ist jedes Einzelwesen, wenn es herangewachsen ist, vollkommen selbständig und hat im Naturzustand den Beistand keines anderen lebenden Wesens mehr nötig, der Mensch dagegen braucht fortwährend die Hilfe seiner Mitmenschen, und vergeblich erwartet er diese von ihrem Wohlwollen allein. Er wird viel eher seine Ziele erreichen, wenn er ihr Selbstinteresse zu seinen Gunsten lenken und ihnen zeigen kann, dass sie auch ihren eigenen Vorteil verfolgen, wenn sie für ihn tun, was er von ihnen haben will. Wer einem anderen ein Geschäft irgendwelcher Art anträgt, verfährt in diesem Sinne. Gib mir, was ich brauche, und du sollst haben, was du brauchst, das ist der Sinn eines jeden solchen Anerbietens, und auf diese Weise erhalten wir voneinander den bei weitem größten Teil all der Dienste, auf die wir gegenseitig angewiesen sind. Nicht von dem Wohlwollen des Fleischers, Brauers oder Bäckers erwarten wir das, was wir zum Essen brauchen, sondern von der Rücksichtsnahme auf ihr eigenes Interesse. Wir wenden uns nicht an ihre Menschenliebe, sondern an ihr Selbstinteresse und sprechen zu ihnen nie von unserem Bedarf, sondern von ihren Vorteilen.

Stets sind alle Menschen darauf bedacht, die für sie vorteilhafteste Anlage ihrer Kapitalien ausfindig zu machen. In der Tat hat jeder dabei nur seinen eigenen Vorteil, nicht aber das Wohl der gesamten Volkswirtschaft im Auge. Aber dieses Erpichtsein auf seinen eigenen Vorteil führt ihn ganz von selbst – oder besser gesagt – notwendigerweise dazu, derjenigen Kapitalanlage den Vorzug zu geben, die zu gleicher Zeit für die Volkswirtschaft als Ganzes am vorteilhaftesten ist.

Verfolgt er nämlich sein eigenes Interesse, so fördert er damit indirekt das Gesamtwohl viel nachhaltiger, als wenn die Verfolgung des Gesamtinteresses unmittelbar sein Ziel gewesen wäre. Ich habe nie viel Gutes von denen gehalten, die angeblich für das allgemeine Beste tätig waren.

Der Jahresertrag einer Volkswirtschaft ist höher, wenn sie sich auf die Erzeugung derjenigen Waren beschränkt, in denen sie vor anderen Ländern Kostenvorteile voraus hat, und die ihrerseits von anderen Ländern diejenigen Waren kauft, die dort billiger sind. Die Regelung dieser Austauschverhältnisse aber muss dem freien Spiel der wirtschaftlichen Kräfte überlassen bleiben. Kapitalbildung und Industrieentfaltung müssen in einem Lande dem natürlichen Gang der Entwicklung überlassen bleiben. Jede künstliche wirtschaftspolitische Maßnahme lenkt die produktiven Kräfte der Arbeit und auch die Kapitalien in falsche Richtung.

Adam Smith: Untersuchungen über Natur und Ursprung des Volkswohlstandes. Braunschweig 1949, S. 24 ff.; zit. nach Wolfgang W. Mickel (Hg.): Politik und Gesellschaft, Frankfurt a. M. 1980, S. 118

M3 Adam Smith: „Untersuchungen über Natur und Ursprung des Volkswohlstandes" (1776)

Hier ist der Staat gefragt, dessen eigentliche Aufgabe es sein muss, Wettbewerb zu ermöglichen. Für den Nationalökonom und den Moralphilosophen A. Smith bedeuteten Markt und Moral keinen Widerspruch.

Adam Smith (1723 – 1790), schottischer Moralphilosoph und Ökonom

Der absolute und komparative Kostenvorteil

Adam Smith begründete den Handel zwischen Überschuss- und Mangelregionen auf der Basis des absoluten Kostenvorteils. Dieser Handel setzt die für uns so selbstverständliche internationale Arbeitsteilung in Gang. Die unterschiedliche geographische Ausstattung der Staaten ist entscheidend für die Kostenunterschiede dieser Handels- und Dienstleistungsgüter: das Klima, die Verfügbarkeit von Rohstoffen oder natürlichen Verkehrswegen, die verschieden hohen Produktionskosten, abhängig von Lohn- und Transportkosten sowie Steuern oder der Grad der Industrialisierung und Tertiarisierung.

Das Beispiel vom absoluten Kostenvorteil zeigt, dass Frankreich seinen Weizen im Vergleich zu Deutschland absolut billiger erzeugt (100 zu 140 Geld- oder Rechnungseinheiten). Bei Stahl geht der Kostenvergleich zugunsten von Deutschland aus. Smith empfiehlt nun den beiden Volkswirtschaften, sich auf die Produkte zu spezialisieren, bei denen sie einen absoluten Kostenvorteil haben und diejenigen Güter zu importieren, die sie absolut teurer herstellen müssen.

Sein Nachfolger David Ricardo (1772 – 1823) hat das Gesetz des absoluten Kostenvorteils ergänzt um das Gesetz des komparativen Kostenvorteils. Er weist nach, dass ein Land mit absoluten Kostennachteilen bei beiden Produkten auch dann noch vorteilhaft am Handel teilnehmen kann, wenn sich beide Länder auf die Güter spezialisieren, bei denen sie einen komparativen, d. h. relativen Kostenvorteil haben:

Für Korea stellt sich rechnerisch die Relation Computer zu Maschine = 0,83 und Maschine zu Computer = 1,2 dar.

Für Deutschland: Computer zu Maschine = 1,23 und Maschine zu Computer = 0,81.

Der Vergleich der inländischen Kostenvorteile zeigt, dass Korea bei einem Computer (0,83) und Deutschland bei einer Maschine (0,81) einen komparativen Kostenvorteil hat. Obwohl Korea einen absoluten Kostenvorteil für beide Produkte besitzt, profitiert es von einem Handel mit Deutschland, da die inländische Kostenrelation bei der Produktion von Maschine zu Computern beim Maschinenbau ungünstiger ist als diejenige in Deutschland.

Verzichten beide Staaten auf die Herstellung des jeweils teureren Produktes, erzielen beide (allerdings unterschiedliche) Gewinne aus der internationalen Arbeitsteilung.

Systemvergleich Marktwirtschaft – Planwirtschaft

1. Der absolute Kostenvorteil (A. Smith)			
a) vor der internationalen Arbeitsteilung			
	Kosten zur Herstellung von 1 t		
	Weizen	Stahl	Gesamtkosten
Frankreich	100	200	300
Deutschland	140	160	300
b) nach der internationalen Arbeitsteilung:			
	Kosten zur Herstellung von 2 t		
	Weizen	Stahl	Gesamtkosten
Frankreich	200	–	200
Deutschland	–	320	320

2. Der komparative Kostenvorteil (D. Ricardo)			
a) vor der internationalen Arbeitsteilung			
	Kosten zur Herstellung von je 1		
	Computer	Maschine	Gesamtkosten
Korea	10 000,–	12 000,–	22 000,–
Deutschland	16 000,–	13 000,–	29 000,–
b) nach der internationalen Arbeitsteilung			
	Kosten zur Herstellung von je 2		
	Computern	Maschinen	Gesamtkosten
Korea	20 000,–	–	20 000,–
Deutschland	–	26 000,–	26 000,–
Gesamtkostenersparnis für beide Länder: 5 000,– Kostenersparnis für Korea: 2 000,– Kostenersparnis für Deutschland: 3 000,–			

M4 Kostenvorteil durch Handel nach Smith und Ricardo

Smith und Ricardo begründen mit dem absoluten und komparativen Kostenvorteil eines Landes den günstigsten Produktionsstandort für eine Ware. Daraus resultiert sinnvollerweise eine weltweite Arbeitsteilung, deren sichtbarer Ausdruck der Warenstrom von einem Überschuss- zum Mangelgebiet ist. Insgesamt soll dieses System des Freihandels den Wohlstand der am Handel Beteiligten steigern.

Ludwig Erhard (1897 – 1977), erster Wirtschaftsminister und später Bundeskanzler der Bundesrepublik Deutschland (1963 – 1966)

Die Feststellungen von Smith und Ricardo treffen besonders beim Handel zwischen Industrie- und Schwellenländern zu. Seit dem Zweiten Weltkrieg profitieren die westlichen Industrieländer und seit den 1980er-Jahren auch die Schwellenländer von einer starken Expansion des Welthandels. Allerdings ist der freie Handel im Rahmen der gegenwärtigen Globalisierung nicht unumstritten. Die Schere zwischen Arm und Reich klafft in den Industrie- als auch in Entwicklungsländern immer weiter auseinander. Hier hat der Markt als Steuerungsinstrument versagt und Moral und Politik sind gefordert, der Profitgier einiger Weniger Schranken zu setzten. Globalisierungsgegner und **Nichtregierungsorganisationen** pochen mit ihrer Forderung „Fair Trade statt Free Trade" auf die Einhaltung von Sozial- und Umweltstandards und streben eine Globalisierung an, die nicht nur an der Gewinnmaximierung, sondern auch an der Menschenwürde orientiert ist (vgl. S. 356 f.).
Die Bemühungen um die Durchsetzung des freien Handels und damit um eine globale Wohlstandsmehrung sind in der **Welthandelsorganisation** (WTO) institutionalisiert.

Modell der Sozialen Marktwirtschaft in der Bundesrepublik Deutschland

Anlässlich der katastrophalen Auswirkungen der Weltwirtschaftskrise (1929 – 1931) entwickelten liberale Nationalökonomen der Freiburger Schule in den frühen 1930er-Jahren die Soziale Marktwirtschaft aus der Erkenntnis heraus, dass die ungezügelte freie Marktwirtschaft versagt habe. Die Reformliberalen sahen im Staat den einzigen noch vertrauenswürdigen Garanten, den hemmungslosen Wirtschaftsliberalismus durch einen ordnungspolitischen Rahmen (z.B. Sozialgesetzgebung) zu bändigen (Primat der Politik über die Wirtschaft). Dieses ausschließlich deutsche Modell versucht, als „dritten Weg" einerseits freies Wirtschaften (Schutz des Privateigentums, freie Unternehmerinitiative, Preisbildung am Markt, d.h. Verbot von Kartellen) zu ermöglichen und andererseits durch ein Netz von sozialen Sicherungsleistungen eine gerechte Einkommens- und Vermögensbildung zu erzielen: So viel Wettbewerb wie möglich und so viel Planung/Intervention des Staates wie nötig. Dieses Modell ist kein starres Modell, sondern muss ständig an zeitgemäßen Anforderungen wie Globalisierung oder einer Finanz- und Wirtschaftskrise angepasst werden. Dabei sucht die Soziale Marktwirtschaft den Ausgleich zwischen wettbewerbsgesteuerter Marktwirtschaft und entmündigendem Wohlfahrtsstaat. Das Konzept der Sozialen Marktwirtschaft wurde erstmals 1947 von dem Reformliberalen Alfred Müller-Armack so benannt. Als späterer Staatssekretär im Wirtschaftsministerium unterstützte er den gleichgesinnten ersten Wirtschaftsminister Ludwig Erhard („Wohlstand für alle") dabei, die ordnungspolitischen Rahmenbedingungen der Sozialen Marktwirtschaft politisch umzusetzen.
Seit der Gründung der Bundesrepublik Deutschland 1949 ist die Soziale Marktwirtschaft ein wichtiger Grundpfeiler der Demokratie und ein bedeutender Standortfaktor, der sie soziale und wirtschaftliche Stabilität garantiert. Darüber hinaus findet sie als drittes Wirtschaftssystem weltweit Anerkennung und Nachahmung.

	Liberale Marktwirtschaft (Idealform)	Soziale Marktwirtschaft (Mischform)	Zentralverwaltungswirtschaft oder Plan- oder Kommandowirtschaft (Idealform)
Verfügungsgewalt über die Produktionsfaktoren (Kapital, Wissen, Arbeit, Umweltgüter wie Boden, Wasser Luft)	in der Hand von privaten Wirtschaftssubjekten (Haushalte, Gesellschaften, Genossenschaften)	vorrangig in der Hand von privaten Wirtschaftssubjekten, aber auch in staatlicher oder öffentlicher Hand, wenn ein öffentliches Interesse daran besteht z. B. Post, Verkehr, Verteidigung	in der Hand des Staates oder im Eigentum eines vom Staat kontrollierten Kollektivs (Verstaatlichung bzw. Kollektivierung der Produktionsmittel)
Die Rolle des Staates	Der Staat hat bestenfalls eine Überwachungsfunktion: Er hat für Ruhe und Ordnung, für die öffentliche Verwaltung und für die Rechtsordnung zu sorgen. Der Sozialdemokrat Ferdinand Lassalle (1825–1864) sprach ironisch vom „Nachtwächterstaat".	Der Staat spielt eine aktive Rolle bei der Sicherung der Wettbewerbsordnung (Kartellgesetz), bei der Abstimmung von Finanz- und Geldpolitik (Stabilitätsgesetz), bei der sozialen Sicherung menschenwürdiger Arbeits- und Lebensverhältnisse (Arbeitsgesetzgebung, Tarifpolitik, soziales Netz, Verbraucher- und Umweltschutz). **Motto:** So viel Staat wie nötig, so viel Markt wie möglich	Die staatliche Planungsbehörde – ermittelt zentral private und öffentliche Bedürfnisse, – erstellt zentral einen Plan, wonach die Quantität und Qualität sämtlicher Güter und Dienstleistungen zeitgerecht und flächendeckend erstellt und verteilt werden, – kontrolliert die Einhaltung des Plansolls (Allmacht des Plans)
Produktionsziele und Verbrauch der Produkte	Was und wie viel produziert wird, entscheiden die Unternehmen (Produktionsfreiheit); was und wie viel konsumiert wird, obliegt dem Konsumenten (Konsumfreiheit): dezentrale Planung und Lenkung	Produzent und Konsument entscheiden grundsätzlich über Produktionsziele und Verbrauch. Der Gesetzgeber kann zum Wohle der Allgemeinheit die Produktions- und Konsumfreiheit einschränken.	Im Rahmen der Planwirtschaft stark eingeschränkte Produktions- und Konsumwahl, Berufs- und Arbeitsplatzwahl und keine Freizügigkeit; Zuteilungssystem mit dem Ziel der Planerfüllung;
Preisbildung, Wettbewerb	Preisbildung durch Angebot und Nachfrage, Wettbewerbsfreiheit	Preise als Ergebnis des Wettbewerbs; Wettbewerbsfreiheit im Rahmen der sozialen Marktwirtschaft	Der Staat legt Preise, Löhne und Zinsen fest: staatliche Preispolitik, keine Wettbewerbsfreiheit
Handel	freier Binnen- und Außenhandel	Der freie Außenhandel kann bei nicht wettbewerbsfähigen Wirtschaftsbereichen wie Landwirtschaft oder Kohlebergbau eingeschränkt werden (Protektionismus).	staatlich gelenkter Handel, abgeschottete Wirtschafts- und Währungsräume, Protektionismus und Devisenzwangswirtschaft
Verträge	Vertragsfreiheit für Kauf-, Miet-, Pachtverträge usw.	Vertragsfreiheit für Kauf-, Miet-, Pachtverträge usw., sofern sie nicht den sozialen und ökologischen Normen widersprechen	keine Vertragsfreiheit
Staaten (eine Zuordnung der Wirtschaftsordnungen als Idealform ist nicht möglich, da sie nur als Mischformen vorkommen)	Die liberale Marktwirtschaft kann heute keinem Staat mehr zugeordnet werden. Bei den OECD-Staaten lagen die Sozialausgaben in Prozent des Bruttoinlandsproduktes im Durchschnitt bei 20 % im Jahr 2005 (Schweden 29,4 %, Deutschland 26,7 %, Niederlande 20,9 %, Japan 18,6 %, USA 15,9 % und Mexiko 7,0 %).		ehemalige Sowjetunion mit Ostblockstaaten, die seit der 1990er-Jahre als Transformationsländer mit unterschiedlichem Erfolg eine soziale Marktwirtschaft anstreben VR China unter Mao Tsetung (1949–1976), danach Experiment einer „sozialistischen Marktwirtschaft"; Kuba, Vietnam, Nordkorea

M5 Vergleich der wichtigsten Wirtschaftsordnungen

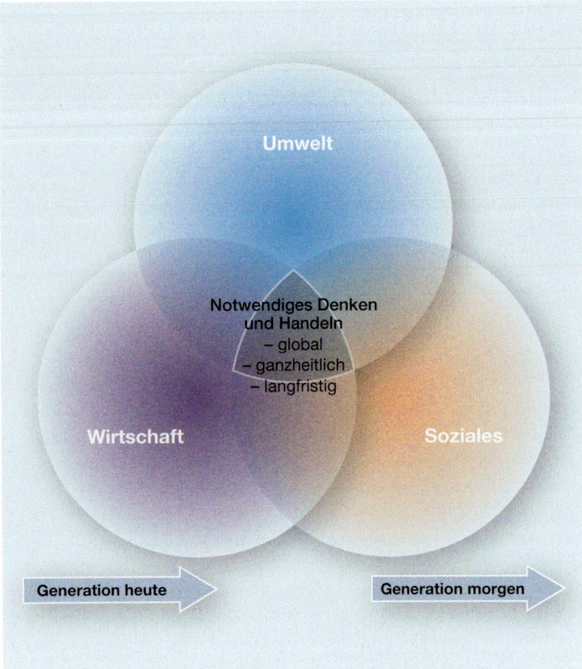

M 1 Die Dimensionen nachhaltiger Entwicklung

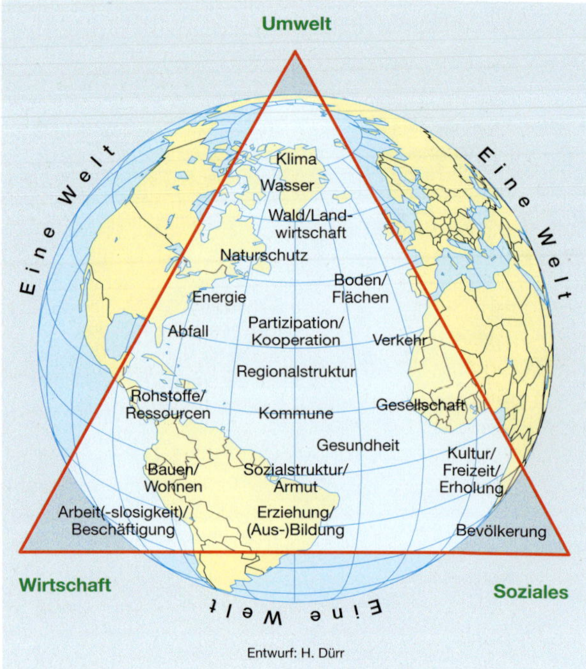

M 2 Nachhaltige Entwicklung als Gesamtaufgabe

Dreieck der Nachhaltigkeit

Die Endlichkeit der natürlichen Ressourcen und das Wachstum der Weltbevölkerung führten schon früh zur Frage nach der Belastbarkeit der Ökosysteme und den natürlichen Grenzen der Tragfähigkeit der Erde (Malthus, Essay on the principle of population, 1798; Club of Rome, Die Grenzen des Wachstums, 1972 vgl. S. 462). Auf der UN-Konferenz für Umwelt und Entwicklung in Rio de Janeiro 1992 wurde zum ersten Mal das **Prinzip der nachhaltigen Entwicklung (sustainable development)** diskutiert. Dabei handelt es sich um eine Entwicklung, die darauf abzielt, die Lebenssituation und Lebenschancen der gegenwärtigen Generation zu verbessern, ohne die Chancen künftiger Generationen einzuschränken.

Das Prinzip Nachhaltigkeit
- hat eine globale Dimension
- umfasst alle Bereiche des menschlichen Handelns und deren Konsequenzen für Menschen, Tiere und Pflanzen
- ist langfristig ausgerichtet.

Die in Rio verabschiedete **Agenda 21** – die Zahl verweist auf das 21. Jahrhundert – setzte einen weltweiten Rahmen für die Umsetzung der Nachhaltigkeitsstrategie von der Ebene der Regierungen (Nationaler Umweltplan) bis zur Kommunalverwaltung (Lokale Agenda 21). Die Enquête-Kommission „Schutz des Menschen und der Umwelt“ des Deutschen Bundestages konkretisierte 1998 in ihrem Bericht „Konzept Nachhaltigkeit – Vom Leitbild zur Umsetzung“: *„Nachhaltigkeit ist die Konzeption einer dauerhaft zukünftigen Entwicklung der ökonomischen, ökologischen und sozialen Dimension menschlicher Existenz. Diese drei Säulen der Nachhaltigkeit stehen miteinander in Wechselwirkung und bedürfen langfristig einer ausgewogenen Koordination.*

Ökologische Nachhaltigkeit bedeutet dabei, keinen Raubbau an der Natur zu betreiben. **Ökonomische Nachhaltigkeit** heißt, die Wirtschaft so auszurichten, dass keine Einbußen für die nachfolgenden Generationen entstehen. Eine Wirtschaftsweise gilt dann als nachhaltig, wenn sie dauerhaft betrieben werden kann. Die **soziale Nachhaltigkeit** bedingt, eine Gesellschaft so zu organisieren, dass soziale Konflikte auf friedlichem und demokratischem Weg ausgetragen werden. In einigen neueren Veröffentlichungen wird in diesem Zusammenhang eine vierte Säule Ziel der **good governance** benannt.

Zur Veranschaulichung von nachhaltigem, oder eben nicht nachhaltigem Handeln wurden verschiedene Modelle entwickelt, die Berechnungen für den Ressourcenbedarf bereitstellen. Am bekanntesten sind der „ökologische Rucksack“ und der „ökologische Fußabdruck“ (vgl. S. 64/65).

Bevölkerungspyramiden

Altersaufbau der Bevölkerung

Der demographische Wandel drückt sich auch in der Altersstruktur der Bevölkerung aus. Bei wachsender Bevölkerung ist jeder Neugeborenenjahrgang größer als der vorhergehende. Die Grafik zeigt eine Pyramide, die sich rasch nach oben verjüngt. Die Pyramidenform ist typisch für Entwicklungsländer. Bei stagnierender Bevölkerung sind viele Altersgruppen im mittleren und unteren Bereich in etwa gleich stark. Erst bei den höheren Altersjahrgängen wird aufgrund der höheren Sterblichkeit eine Spitze ausgebildet. Das Diagramm nimmt eine Glockenform an. Bei Schrumpfen der Bevölkerung sind die jüngeren Jahrgänge zahlenmäßig geringer als die älteren. Die so entstehende Urnen- oder Pilzform ist typisch für Industrieländer.

In der Demographie werden drei Hauptaltersgruppen unterschieden:
- Kinder und Jugendliche unter 15 Jahren. Sie sind noch nicht erwerbstätig. Volkswirtschaftlich verursachen sie Kosten, die für Investitionen im Bereich Gesundheit und Ausbildung notwendig sind.
- Die Altersgruppe zwischen 15 und 65 Jahren fasst man als den produktiven oder aktiven Teil der Bevölkerung zusammen, da er in der Regel erwerbstätig ist.
- Die Altersgruppe über 65 Jahre ist nicht mehr erwerbstätig. Sie verursacht Kosten in den Bereichen Rentenversorgung und Gesundheit.

Über die tatsächliche Zahl der Erwerbstätigen ist allerdings keine direkte Aussage möglich. Die Schwellenwerte zwischen den Hauptaltersgruppen werden häufig verschoben. In den Industrieländern erfolgt dies z. B. durch eine verlängerte Ausbildung und die Herabsetzung des Rentenalters, in den Entwicklungsländern durch die Teilnahme von Kindern am Arbeitsprozess. Das Internationale Arbeitsamt in Genf weist z. B. als Erwerbspersonen in Afrika die Gruppe der 10- bis 64-Jährigen aus.

Auch die offene oder, in Entwicklungsländern besonders häufig, die versteckte Arbeitslosigkeit werden nicht ausgewiesen. Hinzu kommt, dass die Arbeit der Frauen oftmals nicht in den offiziellen Statistiken erscheint. Viele Tätigkeiten, die Frauen erledigen – landwirtschaftliche Arbeiten, Herstellen von einfachen Konsumgütern wie Textilien oder Töpferarbeiten sowie der Verkauf dieser Produkte auf den regionalen Märkten – gelten als Teil der Hausarbeit und zählen zum informellen Sektor. Diese Tätigkeiten tragen oft wesentlich zum Familieneinkommen bei. Darüber hinaus herrscht vor allem in islamischen Gesellschaften noch die traditionelle Auffassung, dass Frauen keinem offiziellen Beschäftigungsverhältnis nachgehen, sondern dass dies ausschließlich Aufgabe des Mannes wäre. Aus diesen Gründen ist ein Vergleich zwischen Industrie- und Entwicklungsländern nur bedingt aussagekräftig.

Volkswirtschaftlich wünschenswert ist eine ausgewogene Verteilung der drei Altersgruppen. Ein zu großer Anteil inaktiver Bevölkerung bedeutet hohe Investitionen, die von der produktiven Bevölkerung zu finanzieren sind. Dabei stellen sich die Probleme in Industrie- und Entwicklungsländern unterschiedlich dar:
- In Industrieländern ergibt sich durch einen hohen Anteil der Bevölkerung über 65 Jahren und einer niedrigen Geburtenrate mit daher schrumpfender Bevölkerung eine zunehmende Überalterung mit wirtschaftlichen und sozialen Problemen (Rentenfrage, Krankenversicherung).
- In Entwicklungsländern erfordert die jährlich steigende Anzahl von Kindern und Jugendlichen hohe Investitionen in den Bereichen Gesundheit und Ausbildung. Eine hohe Anzahl von Jugendlichen suchen Arbeitsplätze. Gesetzliche Renten- und Krankenversicherungen fehlen. Ihre Aufgaben werden noch weitgehend von der Großfamilie übernommen. Viele Kinder erscheinen daher den Eltern wünschenswert.

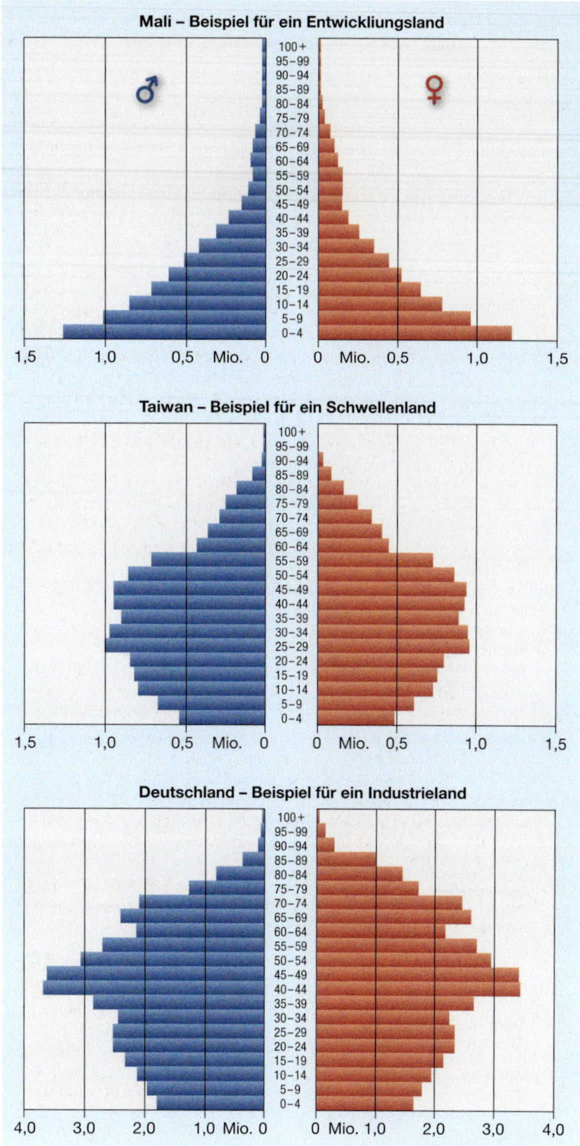

M1 Alterspyramiden im Vergleich 2009

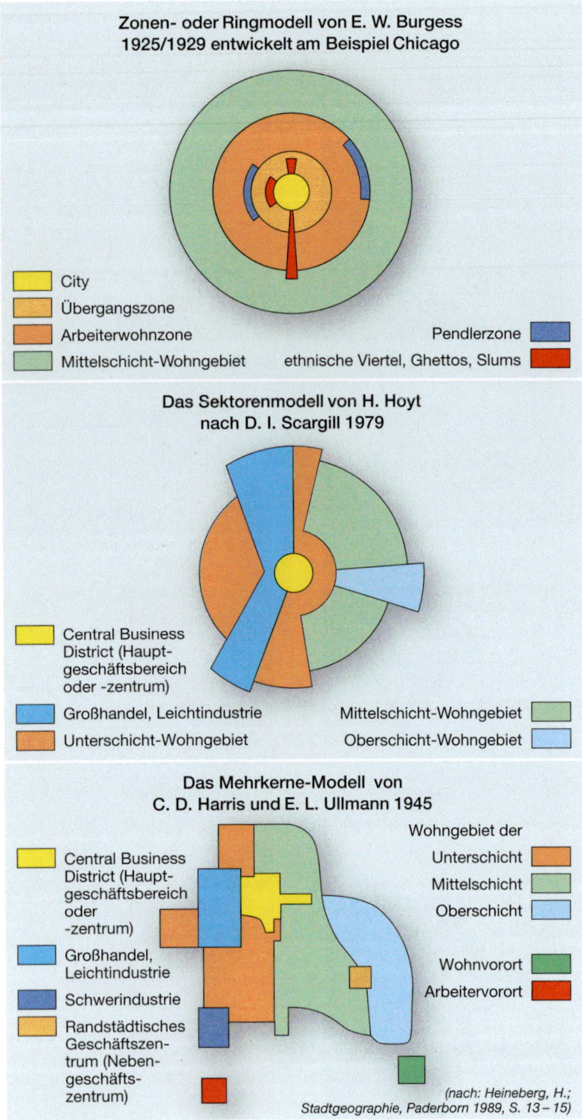

M1 Stadtmodelle

Modelle der Stadtentwicklung

Jede Stadt hat zwar in physiognomischer wie auch funktionaler Anordnung ihr eigenes Profil, doch lassen sich bei näherer Betrachtung gewisse Regelmäßigkeiten und Übereinstimmungen feststellen. **Stadtmodelle** sind theoretische Ansätze, mit denen diese Regelhaftigkeiten verdeutlicht werden sollen. Dabei spielen neben der Darstellung von räumlichen Prozessen auch wirtschaftliche und soziokulturelle Aspekte eine Rolle.

Zu den Modellen, die die räumliche Organisation der Wirtschaft im städtischen Raum regelhaft aufzeigen, gehören Transportkosten-, Flächennutzungs- und Bodenpreisdarstellungen. So kann z. B. ein städtisches Kern-Rand-Gefälle bei den Grundstückskosten in einfacher Form nachgewiesen und veranschaulicht werden. Die Verteilung der Bevölkerung im Verhältnis zur Entfernung zur Stadtmitte lässt sich mit einem **Bevölkerungsdichtemodell** grafisch darstellen und in Form einer Exponentialfunktion auch rechnerisch nachweisen.

E. W. Burgess entwickelte auf der Grundlage kartographisch erfasster sozialräumlicher Strukturen in Chicago die Theorie des **konzentrischen Wachstums** von Städten. Demnach bildet sich in zentraler Lage das Hauptgeschäftszentrum, an das sich nach außen ringförmige Zonen anschließen. Da eine Stadt immer von innen nach außen expandiert, greifen Nutzungen und Bevölkerungsgruppen in einem Verdrängungsprozess immer in die nächstfolgende Zone über. So wandern z. B. in einem zentrumsnahen Viertel wohnende Hausbesitzer mit sinkenden Bodenpreisen in die Vororte ab, wobei Investitionen am Baubestand nun nicht mehr getätigt werden. Dieser preiswerte Wohnraum wird daraufhin von einkommensschwachen Zuwanderern genutzt, sodass es zur **Ghetto-Bildung** kommt.

Das **Sektoren-Modell** von H. Hoyt basiert auf der Untersuchung von Mietpreisstrukturen in amerikanischen Städten. Die Gliederung in homogene Sektoren gibt außerdem die Bedeutung der radial verlaufenden Verkehrslinien wieder. Schließlich entwickelten C. D. Harris und E. L. Ullman ein Modell, das von mehreren Kernen ausgeht und mit dem verdeutlicht werden soll, dass mit der Größe einer Stadt auch die Zahl und die Spezialisierung der Kerne wachsen.

	Wachstumsprozesse	Wachstumsdeterminanten	Wachstumsrichtung	räumliches Gliederungsprinzip	Wachstumsergebnisse
Burgess	Expansion, Invasion und Sukzession von der City ausgehend; Dominanz der City	Standortverlagerung der ökonomisch dominanten gewerblichen Nutzungen	zentralperipher in alle Richtungen	konzentrische Zonen	Differenzierung der Nutzungen, Segregation, Subzentrenbildung in alten Kernen
Hoyt	Filtereffekt bei der Wohnstandortverlagerung	Wohnstandortverlagerung statushoher Wohngebiete	zentralperipher und sektoral entlang bestehender Verkehrswege in Richtung auf die statushohen Wohngebiete	sektorale Gliederung	Umnutzung der Sektoren, speziell in Zentrumsnähe
Harris/Ullmann		zentralörtliche Funktionen		mehrkernige Gliederung	Differenzierung/Spezialisierung der Nutzungen, Funktionalisierung der einzelnen Kerne

M2 Wesentliche Aussagen der Stadtmodelle

City-Merkmale und -Abgrenzung

Der zentrale Bereich einer Großstadt, die **Stadtmitte,** wird mit verschiedenen Begriffen belegt. Die historische Keimzelle ist die **Altstadt.** Unter dem Begriff **Innenstadt** fasst man die Altstadt und die angrenzenden, zusammenhängenden Viertel geschlossener Bebauung zusammen. Betrachtet man die Physiognomie der Stadtmitte, wird häufig von einem **Stadtkern** gesprochen, bei funktionaler Betrachtungsweise von einem **Stadtzentrum** bzw. der **City.** Der Begriff „City" ist dem Stadtteil City of London entlehnt, wo bereits im 18. Jahrhundert eine Konzentration von Bürofunktionen einschließlich dem Bau von Bürohäusern einsetzte.

Die City ist geprägt durch räumliche Geschlossenheit und bauliche Kompaktheit. Sie wird gegliedert in den **Citykern** und den **Citymantel,** auch als **Cityrandgebiet** bezeichnet. Der Citykern ist gekennzeichnet durch eine besonders hohe Dichte von Wirtschafts- und Verwaltungseinrichtungen.

In den USA sind für die Abgrenzung von Hauptgeschäftsbereichen, den **Central Business Districts (CBD),** von R. E. Murphy und J. E. Vance 1954 der so genannte CBD-Höhenindex (CBDHI) sowie der CBD-Intensitätsindex (CBDII) entwickelt worden. Dabei werden die rechtwinkligen Baublöcke auf CBD-typische Nutzungen wie öffentliche Verwaltung, Einrichtungen von Organisationen und Großhandel hin untersucht.

Das City-Modell von Bahrdt ist ein theoretisches Modell, das viele Probleme berücksichtigt, die in Innenstädten einer zumindest mittelfristigen Lösung bedürfen.

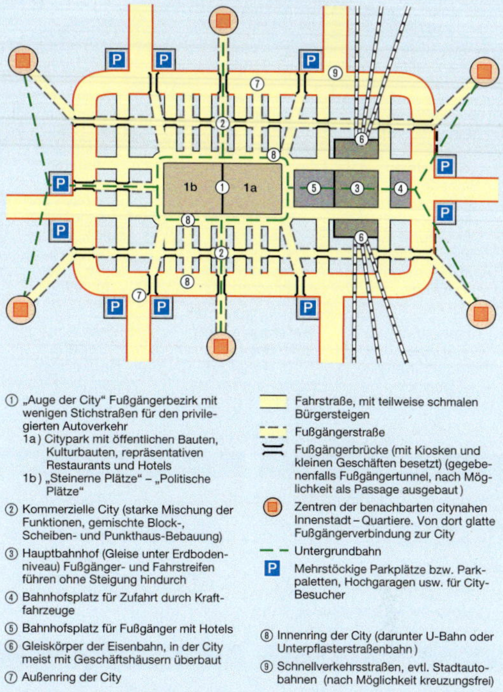

M2 Citymodell von Bahrdt

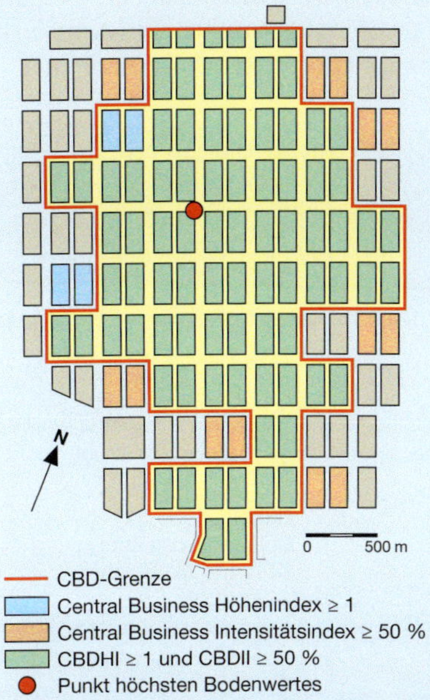

Bauweise und physiognomische Merkmale

geschlossen, kompakt, großzügige Grundstücke, Gebäudeüberhöhung (Hochhäuser), Überbauung der Grundstücke, Neubauten in Sacharchitektur (Purismus), geschlossene Ladenfront, Etagengeschäfte, Geschäftspassagen und Arkaden
Verkehrswege bündeln sich, Fußgängerzonen, Parkuhren, Parkplätze, Parkhäuser
Konzentration von Geschäfts- und Verwaltungshäusern
große Grundstücksparzellen, Ballung von Reklameflächen
Ausstattung mit Kiosken, Informationsständen, Warenautomaten, Litfaßsäulen, Imbissbuden
zurückversetzte Hauseingänge mit Schaufenstern

Funktionale Merkmale

Funktionen mit höchsten Umsätzen
Handelseinrichtungen: spezialisierter Einzelhandel, Warenhäuser
Dienstleistungseinrichtungen: Praxen von Fachärzten, Anwälten, Maklern, Reisebüros, Stadtbüros der Fluggesellschaften, Geld- und Kreditanstalten, Theater, Opernhäuser, Konzertsäle, Uraufführungskinos, Vergnügungsstätten, Hotels, Gaststätten, öffentliche Dienste, für die die Erreichbarkeit von Bedeutung ist
Verkehr: Verkehrsballung (U-Bahn, S-Bahn, Fernbahn, Straßenverkehr), rhythmische Verkehrsströme (Ein-und Auspendler, Kundenströme, Schaulustige), Rush-Hours
Viertelsbildung (Hauptgeschäftsviertel, Bankenviertel, Kulturviertel, Regierungsviertel u. a.)
Konzentration von Arbeitsplätzen im tertiären Sektor

Lage und Entwicklung

Stadtmitte: Teile der Altstadt zwischen Altstadt und Bahnhof
Citybildung mit der Entfaltung der Industriegesellschaft und Einführung der Marktwirtschaft
steigende (höchste) Bodenpreise, höchste Mieten
hohe Tages-, geringe Nachtbevölkerung

CBD-Höhenindex (CBDHI) = $\frac{\text{Gesamte Geschossflächen mit CBD-typischen Nutzungen}}{\text{Gesamte Gebäude-Grundfläche}}$ (pro Baublock)

CBD-Intensitätsindex (CBDII) = $\frac{\text{Gesamte Geschossflächen mit CBD-typischen Nutzungen}}{\text{Gesamte Geschossflächen}}$ (pro Baublock)

Als CBD-Abgrenzungskriterien gelten: CBHI ≥ 1, CBDII ≥ 50 %

Indexberechnung
(nach R. E. Murphy und J. E. Vance)

(aus: Heineberg, H.: Stadtgeographie. Paderborn 1986, S. 37/38; Richter: Geographie 1. Wolfenbüttel 1999, S. 114 und Dichtl, 1983, S. 176)

M1 Merkmale und Abgrenzung der City

M1 Die drei Säulen der Europäische Union – die „Vier Freiheiten“ im EU-Binnenmarkt

Die Europäische Union

Europa wächst zusammen

Das Ende des Zweiten Weltkrieges hatte in Europa zerstörte Länder, verfeindete Völker und eine desolate Wirtschaft hinterlassen. Politisch waren zwei Blöcke entstanden, die durch den „Eisernen Vorhang“, eine von der Ostsee bis zur Adria verlaufende Grenze, voneinander getrennt waren.

Unter der Führung der damaligen Sowjetunion formierte sich der **Ostblock** und gründete 1949 den **RGW** (Rat für gegenseitige Wirtschaftshilfe), der eine enge Zusammenarbeit der ost- und ostmitteleuropäischen Staaten förderte. Auch in den westlichen Staaten gab es Überlegungen zur wirtschaftlichen und politischen Zusammenarbeit. Bereits 1946 rief der englische Premierminister Winston Churchill zur europäischen Zusammenarbeit auf, in der die Partnerschaft Deutschlands mit Frankreich eine fundamentale Rolle spielen sollte. 1950 stellte der französische Außenminister Robert Schuman einen Plan vor, die Kohle- und Stahlproduktion dieser beiden Länder zusammenzulegen. Weiter gehende Anstrengungen mündeten in der **EGKS** (Europäische Gemeinschaft für Kohle und Stahl, **Montanunion**), der außer Deutschland und Frankreich auch Italien und die Benelux-Staaten angehörten. Die 1957 gegründete EWG (Europäische Wirtschaftsgemeinschaft) entwickelte sich somit aus rein wirtschaftlichen Interessen. Einige der Staaten, die nicht zur EWG gehörten, bildeten daraufhin die **EFTA** (European Free Trade Association), um ihre Handelsinteressen zu schützen.

Zu Beginn des 21. Jh. hat sich Europa neu strukturiert. Die **Europäische Union,** der 2009 27 Staaten angehörten, wächst zu einer auf drei Säulen ruhenden politischen Union zusammen.

Vier Verträge bilden nach ihrem eigenen Selbstverständnis das Fundament der EU:

- der Vertrag über die Gründung der Europäischen Gemeinschaft für Kohle und Stahl (EGKS), der am 18.4.1951 in Paris unterzeichnet wurde, am 23.7.1952 in Kraft trat und am 23.7.2002 auslief;
- der Vertrag zur Gründung der Europäischen Wirtschaftsgemeinschaft (EWG), der am 25.3.1958 in Rom unterzeichnet wurde und am 1.1.1958 in Kraft trat; er wird häufig „Vertrag von Rom“ genannt;
- der Vertrag zur Gründung der Europäischen Atomgemeinschaft (Euratom), der gemeinsam mit dem EWG-Vertrag in Rom unterzeichnet wurde; Euratom- und EWG-Vertrag werden zusammen oft als „Römische Verträge“ bezeichnet;
- der Vertrag über die Europäische Union (EU), der am 7.2.1992 im niederländischen Maastricht unterzeichnet wurde und am 1.11.1993 in Kraft trat.

(nach Europäische Kommission, Generaldirektion Presse und Kommunikation, Veröffentlichungen – B 1049 Brüssel, 2006, S. 5; auch auf der Website der EU unter: europa.eu.int/comm/publications)

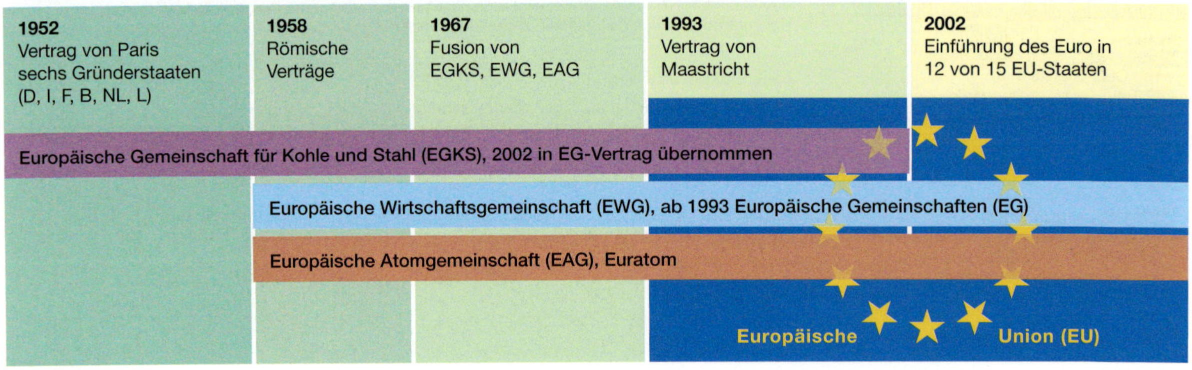

M2 Der Integrationsprozess von der Montanunion zur Europäischen Union

Europaflagge: blauer Hintergrund mit 12 Sternen als Symbol der Vollkommenheit	
Europahymne: „Ode an die Freude" (aus Beethovens Neunter Symphonie)	
Europatag: 9. Mai; Vorschlag von 1950, die Kohle- und Stahlindustrie in Frankreich und Deutschland einer gemeinsamen Behörde zu unterstellen, Grundstein für die heutige EU	
Europäische Währung: Euro, nicht in allen EU-Ländern eingeführt	

M3 Symbole Europas

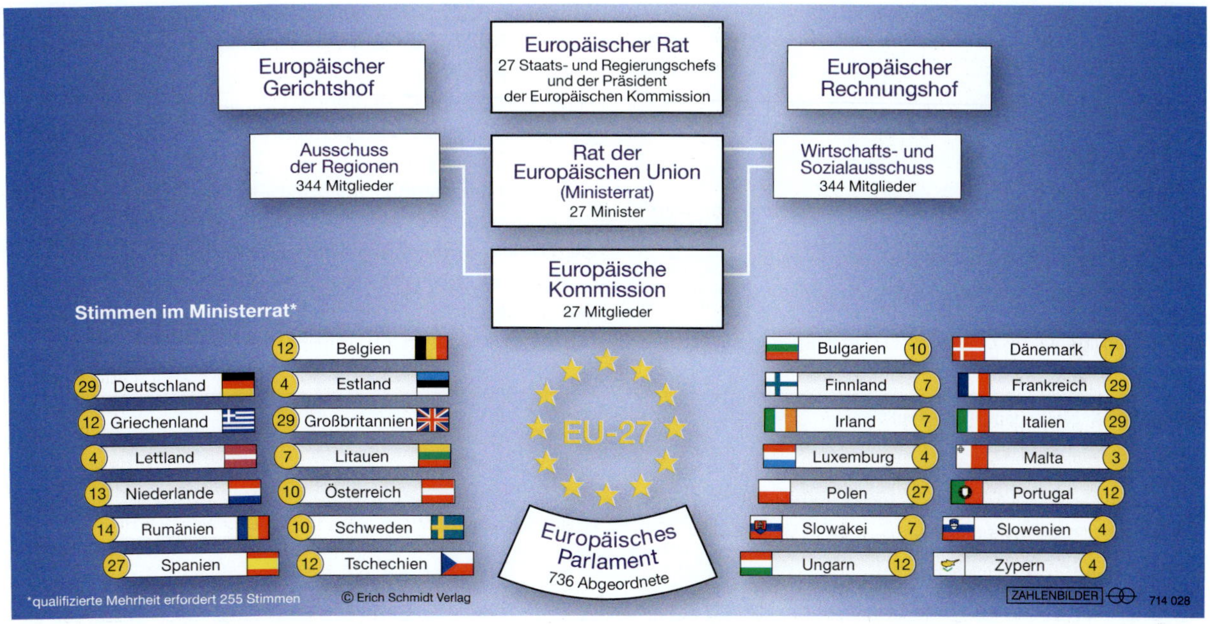

M4 Die Organe der Europäische Union

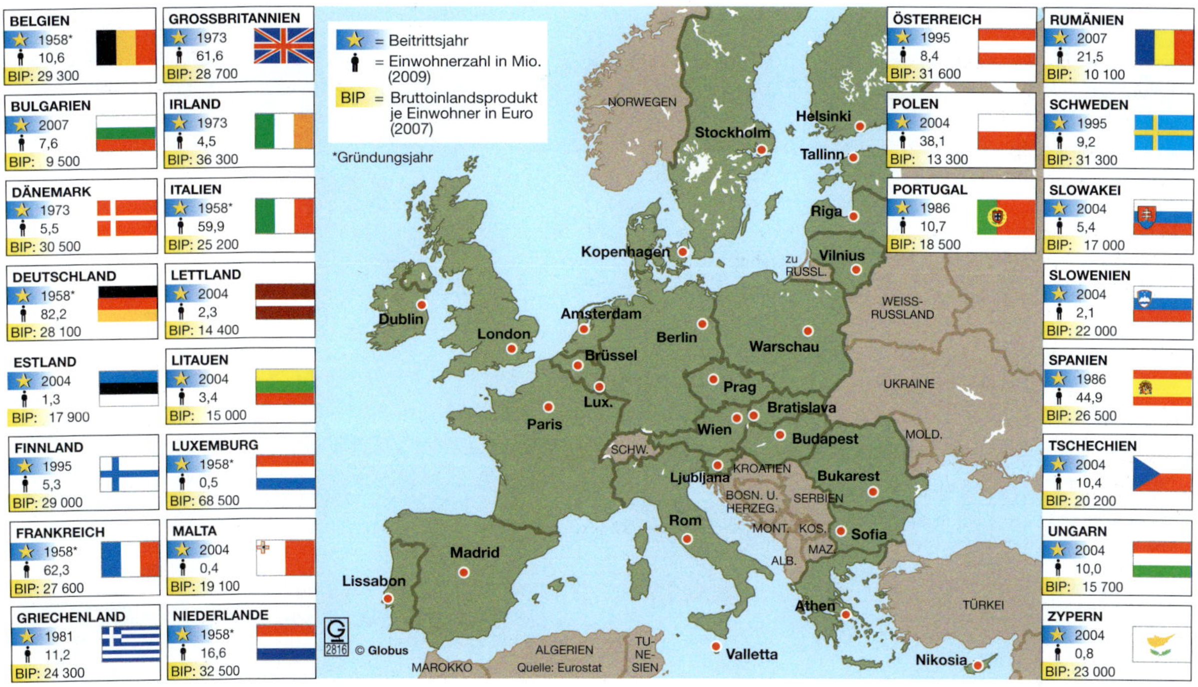

M5 Die Europäische Union

Konkrete Umsetzung der EU-Regionalpolitik 2007–2013 in Niedersachsen

Ziel 1 Konvergenz im Raum Lüneburg

Die Region Lüneburg mit 11 Landkreisen ist als einziges westdeutsches Gebiet unter dem Ziel 1 klassifiziert worden. Ca. eine Milliarde Euro an EU-Fördermitteln stehen zur Verfügung. Damit können die Infrastruktur, die ländliche Entwicklung sowie die Wettbewerbsfähigkeit und die Beschäftigung nachhaltig gestärkt werden. Projekte müssen in der Regel zu 25 Prozent ko-finanziert werden.

Ziel 2 Regionale Wettbewerbsfähigkeit und Beschäftigung

Braunschweig, Hannover und Weser-Ems sind als Ziel-2-Regionen eingestuft worden. Fördermaßnahmen sind insbesondere in den Bereichen Wachstum und Beschäftigung geplant. Projekte im Ziel 2 müssen zu 50 Prozent ko-finanziert werden.

Ziel 3 Europäische territoriale Zusammenarbeit

Fortsetzung der grenzüberschreitenden Zusammenarbeit mit den Niederlanden und darüber hinaus Förderung transnationaler Netzwerke sowie Kooperationen einzelner Regionen aus dem Nord- und Ostseeraum.

(Quelle: Infoflyer der Niedersächsischen Landesregierung)

M 1 Regionalpolitische Ziele in der EU am Beispiel Niedersachsen

Regionalfonds der Europäischen Union

Um Disparitäten innerhalb der Europäischen Union abzubauen und Wachstum sowie Beschäftigung zu fördern, werden aus dem Etat der EU finanzielle Mittel bereitgestellt. Damit werden Investitionen in Infrastrukturen getätigt sowie der produktive Sektor wie auch die Humanressourcen gefördert. Über die Schaffung von Arbeitsplätzen soll die wirtschaftliche Entwicklung kurz- und langfristig gesichert werden.

Im Zeitraum 2007–2013 werden aus drei **Strukturfonds** Zuschüsse zu langfristigen Entwicklungsprogrammen geleistet:

- Der **Europäische Fonds für regionale Entwicklung** (EFRE) gibt regionale Strukturbeihilfen,
- der **Europäische Sozialfonds** (ESF) unterstützt Maßnahmen zur Stärkung des wirtschaftlichen und sozialen Zusammenhalts,
- der **Kohäsionsfonds** finanziert Projekte in den Bereichen Umwelt und transeuropäische Verkehrsnetze.

Die Förderung durch die Strukturfonds erfolgt innerhalb von drei Zielen: Konvergenz (81,5 % der Mittel), Regionale Wettbewerbsfähigkeit und Beschäftigung (16 % der Mittel) sowie Europäische Territoriale Zusammenarbeit (2,5 % der Mittel).

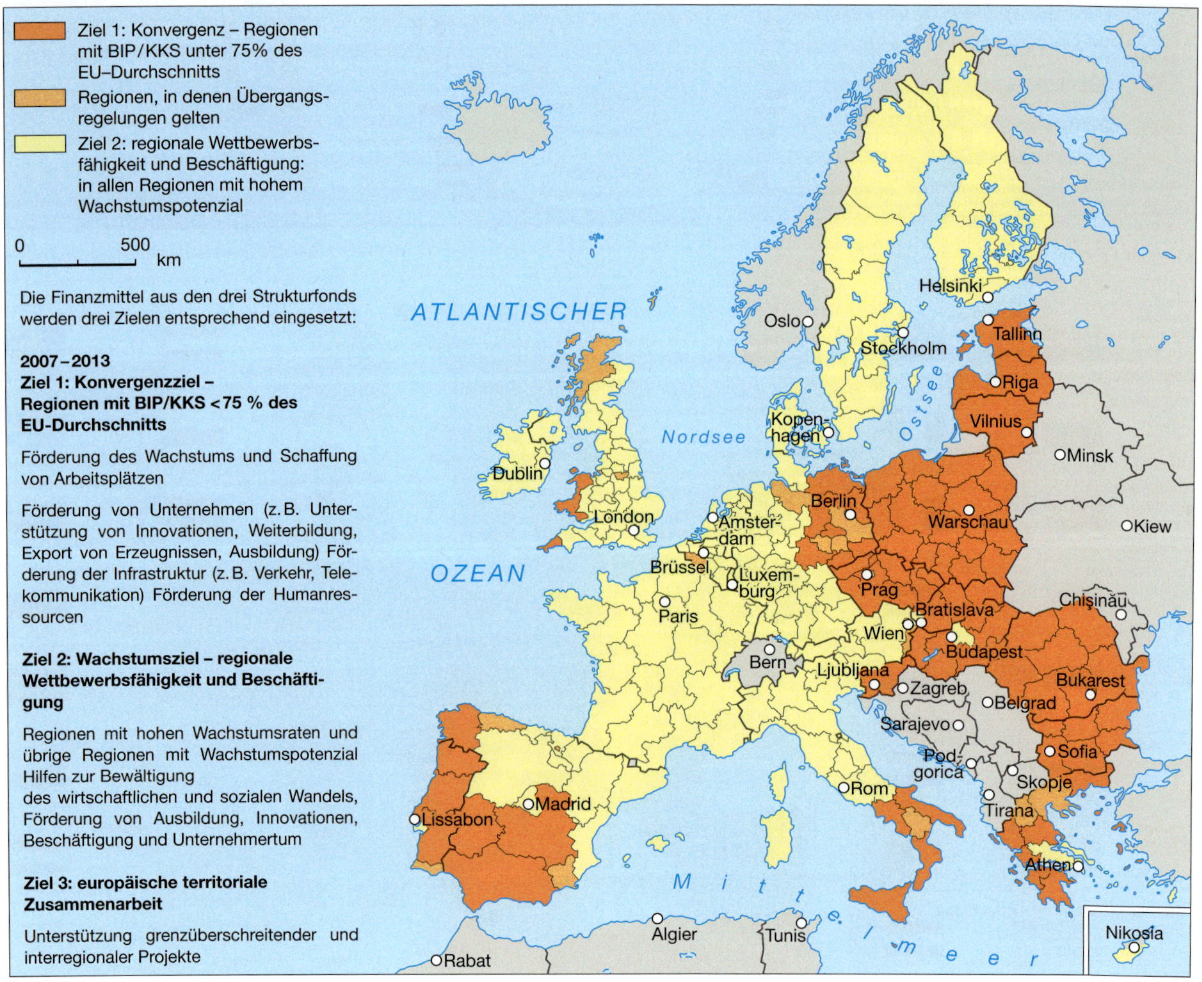

M 2 EU-Strukturförderung 2007–2013

Ziele der Raumordnung

Deutschland gehört im Jahr 2009 mit 231 Einwohnern je Quadratkilometer zu den am dichtesten besiedelten Regionen in Europa. Allerdings schwankt die Bevölkerungsdichte innerhalb Deutschlands erheblich. Verdichteten Räumen stehen Regionen mit einer geringen Bevölkerungsdichte gegenüber. Zudem haben sich größere, zusammenhängende Räume mit einer ähnlichen Struktur durch das Aneinanderwachsen von Zentren herausgebildet.

Aufgabe der Raumordnung ist es, den Gesamtraum Deutschlands und seine Teilräume zu entwickeln, zu ordnen und zu sichern. Nach dem Raumordnungsgesetz umfasst diese Aufgabe folgende Aspekte:
- die Gewährleistung der freien Entfaltung der Persönlichkeit in der Gemeinschaft und in Verantwortung gegenüber künftigen Generationen,
- der Schutz und die Entwicklung natürlicher Lebensgrundlagen,
- die Schaffung von Standortvoraussetzungen für wirtschaftliche Entwicklungen,
- das Offenhalten von Gestaltungsmöglichkeiten der Raumnutzung,
- die Stärkung der prägenden Vielfalt der Teilräume,
- das Herstellen gleichwertiger Lebensverhältnisse in allen Teilräumen,
- der Ausgleich der räumlichen und strukturellen Unterschiede zwischen den bis zur Herstellung der Einheit Deutschlands getrennten Gebieten,
- die Schaffung von räumlichen Voraussetzungen für den Zusammenhalt in der Europäischen Gemeinschaft und im größeren europäischen Raum.

Ein weiterer Grundsatz ist das so genannte Gegenstromprinzip: Die Entwicklung, Ordnung und Sicherung der Teilräume soll sich in die Gegebenheiten und Erfordernisse des Gesamtraums einfügen; die Entwicklung, Ordnung und Sicherung des Gesamtraums soll die Gegebenheiten und Erfordernisse seiner Teilräume berücksichtigen. Dies bedeutet z.B., dass eine Gemeinde bei ihrer Planung darauf angewiesen ist, die Vorgaben des übergeordneten Regionalplans zu beachten. Andererseits sind bei der Aufstellung des Regionalplans die Entwicklungsmöglichkeiten der Gemeinde zu berücksichtigen.

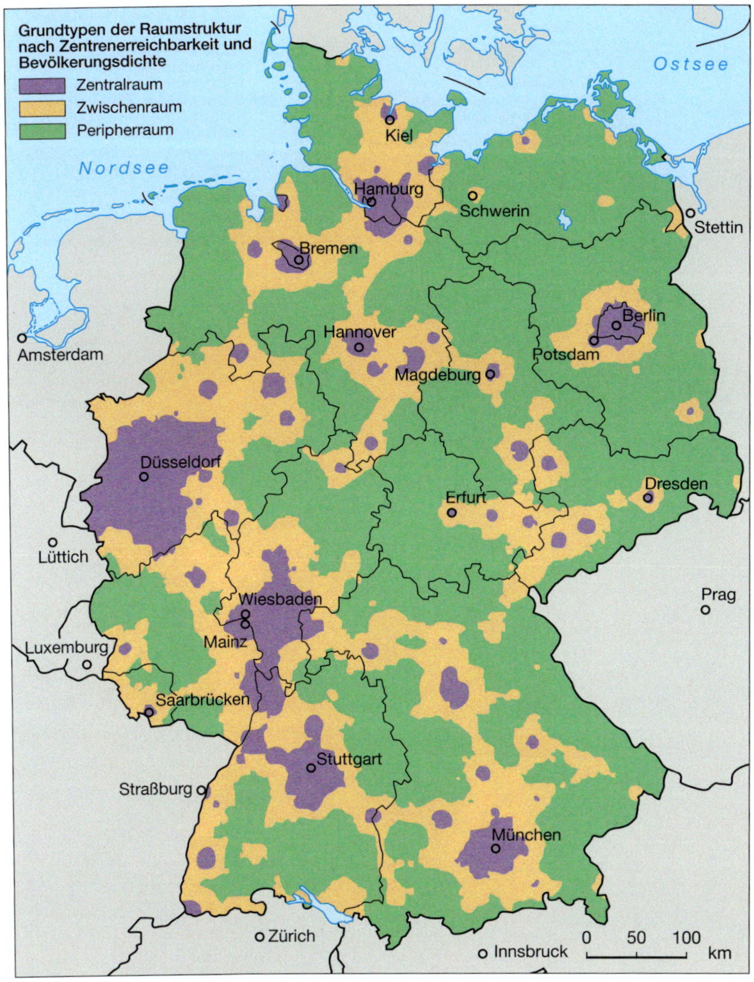

M1 Grundtypen der Raumstruktur

Im Jahr 2005 ballten sich auf elf Prozent der Fläche Deutschlands fast die Hälfte der Bevölkerung und sogar beinahe 60 Prozent der sozialversicherungspflichtig Beschäftigten. Die durchschnittliche Bevölkerungsdichte beträgt hier etwa 1100 Einwohner je Quadratkilometer. Dieser Zentralraum nimmt damit eine besondere Stellung im Raumgefüge Deutschlands ein. Hohe Siedlungsdichten und starke Mobilität führen zu besonderen Problemen bei diesem Raumtyp.

Im Gegensatz hierzu befinden sich dünn besiedelte Gebiete mit unter 100 Einwohnern je Quadratkilometer in größerer Entfernung zu diesen Zentren. Dieser Peripherraum ist über das gesamte Bundesgebiet verteilt und nimmt rund 60 Prozent der Fläche Deutschlands ein. Hier lebt rund ein Viertel der deutschen Bevölkerung. Die Zahl 100 Einwohner pro Quadratkilometer wird in Raumordnung und Landesplanung zur Abgrenzung des sog. „ländlichen Raums" verwendet.

Eine dritte Raumkategorie bilden schließlich diejenigen Räume, die eine gute Zugänglichkeit zu den Zentren in Deutschland besitzen. Sie bilden den zwischen Zentren und Peripherie gelegenen Zwischenraum. Hier lebt etwas mehr als ein Viertel der Bevölkerung auf rund 30 Prozent der Fläche Deutschlands. Die Bevölkerungsdichte liegt bei etwa 200 Einwohnern je Quadratkilometer, die Beschäftigtendichte bei knapp 60 je Quadratkilometer.

Leitbilder der Raumentwicklung

Die fortschreitende europäische Integration sowie gesellschaftliche und räumliche Entwicklungen machen ständige Anpassungen eines **raumordnungspolitischen Orientierungsrahmens** notwendig. Er zeigt anhand von drei Leitbildern Perspektiven und Strategien für die räumliche Entwicklung auf.

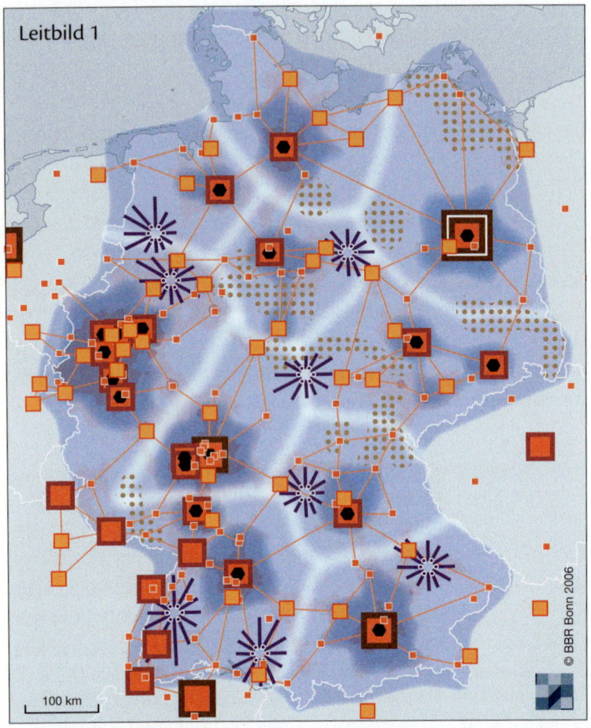

Legende für das Leitbild 1: Wachstum und Innovation

Metropolräume
- Kerne der Hauptstadtregionen und der bestehenden europäischen Metropolregionen
- weitere Standorte von Metropolfunktionen
- engere metropolitaner Verflechtungsraum
- weiterer metropolitaner Verflechtungsraum einschließlich ländlicher Räume
- Übergangszonen zwischen metropolitanen Verflechtungsräumen
- Wachstumsräume außerhalb engerer metropolitaner Verflechtungsräme
- Stabilisierungsräume

Raumstruktur
- hochverdichteter Zentralraum
- verdichteter Zwischenraum

Legende für das Leitbild 2: Daseinsvorsorge sichern

Prognose der Bevölkerungsentwicklung bis 2050
- abnehmend
- stabil
- zunehmend

Zentraler Orte
- Oberzentren
- Mittelzentren

Tragfähigkeit vorhandener Zentraler Orte verbessern und Versorgungsqualitäten sichern
- Gefährdete Oberzentren
- Gefährdete Mittelzentren
- Verbesserung der Erreichbarkeit in Regionen mit geringer oberzentraler Ausstattung
- Oberzentrale Städteverbünde
- Städte mit oberzentralen Funktionen im Ausland

Legende für das Leitbild 3: Ressourcen bewahren

Ressourcen bewahren

Natur
- Landschaft mit besonderem Naturschutzwert
- Beispiele für grenzüberschreitenden Naturschutz

Wasser
- bedeutende Grundwasservorkommen

Flusslandschaften
- vorbeugender Hochwasserschutz in Flusskorridoren

Kulturlandschaften gestalten

Urbane Landschaften
- Zentrenentwicklung in Kernstädten
- Gestaltung suburbaner und verstädterter Räume
- Beispiel für grenzüberschreitende Siedlungsentwicklung
- Regionalparks und Freiraumverbünde zur siedlungsnahen Erholungsvorsorge

Rurale Landschaften
- mit hohem Potenzial für extensive Land- und Forstwirtschaft sowie Tourismus
- mit hohem Potenzial für Ackerbau, nachwachsende Rohstoffe und energetische Biomassennutzung
- Beispiel für grenzüberschreitende Landschafts- und Tourismusentwicklung
- neue Seenlandschaften in rekultivierten Tagebauen

Marine Landschaften
- Raumordnung in der AWZ
- Raumordnung der Küste und im Küstenmeer

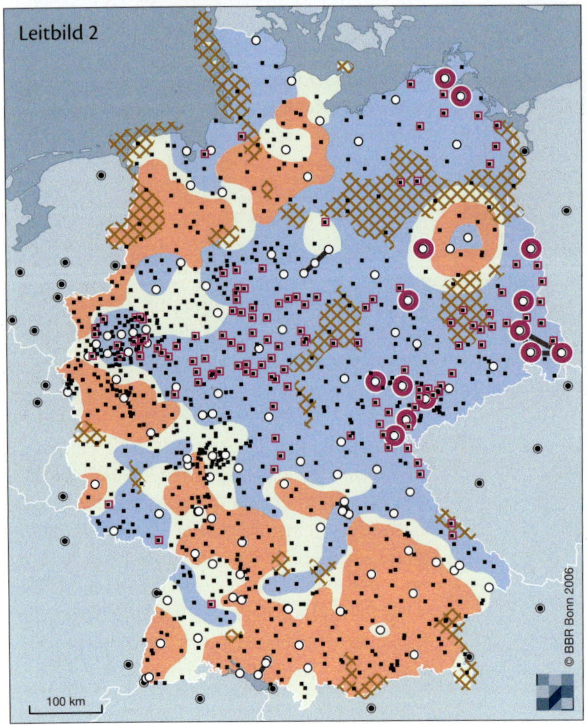

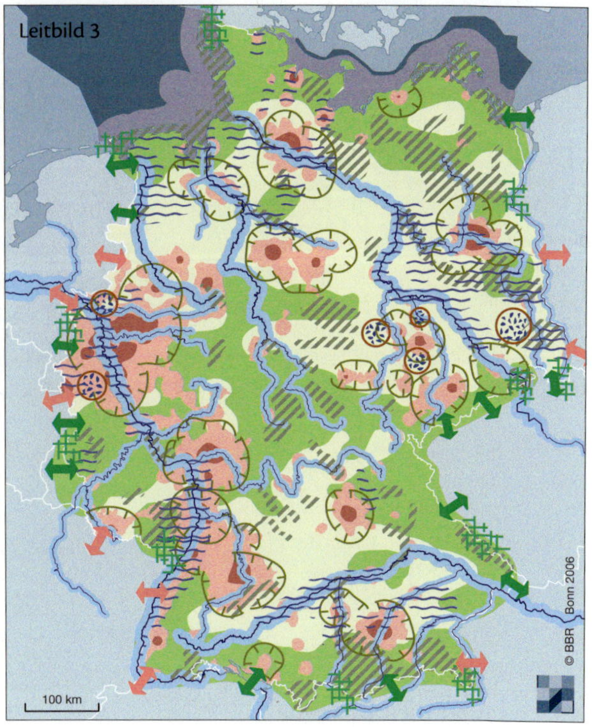

Geographische Arbeitsmethoden

Da Allgemeinbildung neben Wissenserwerb auch Kompetenzerwerb umfasst, haben Sie in den vergangenen Jahren neben geographischem Grundlagenwissen zahlreiche Arbeitsmethoden (z. B. Informationsrecherche, Referate halten) kennen gelernt. Arbeitsmethoden sollen Sie u. a. dazu befähigen, selbstständig Informationen zu er-schließen, zu bewerten und zu präsentieren.

Eine umfangreiche Methodenkompetenz stellt nicht nur eine zentrale Grundlage für Ihr Abitur, sondern für Ihr gesamtes zukünftiges Studium bzw. Ihren Beruf dar. Da einige Arbeitsmethoden neben dem wiederholten Training komplexe Anforderungen beinhalten, wird Ihnen auf den folgenden Seiten ein Zusatzangebot mit praktischen Hilfen zu ausgewählten Methoden angeboten. Die praktischen Hinweise zu wichtigen geographischen Methoden sollen Ihnen helfen, Ihr Methodentraining selbstständig zu optimieren, um eine möglichst hohe Methodenkompetenz zu erlangen. Dabei reichen die konkreten Hinweise von der Karteninterpretation bis zur Vorbereitung der Abiturklausur.

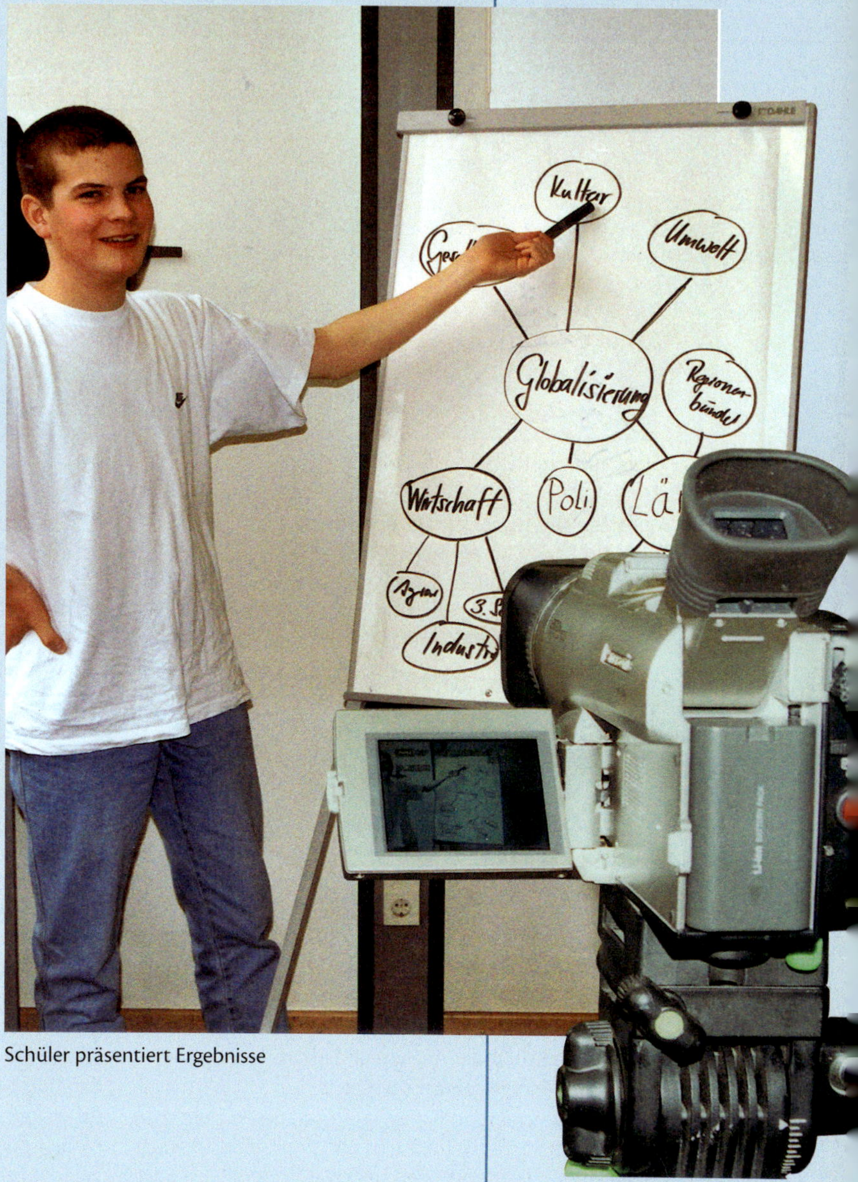

Schüler präsentiert Ergebnisse

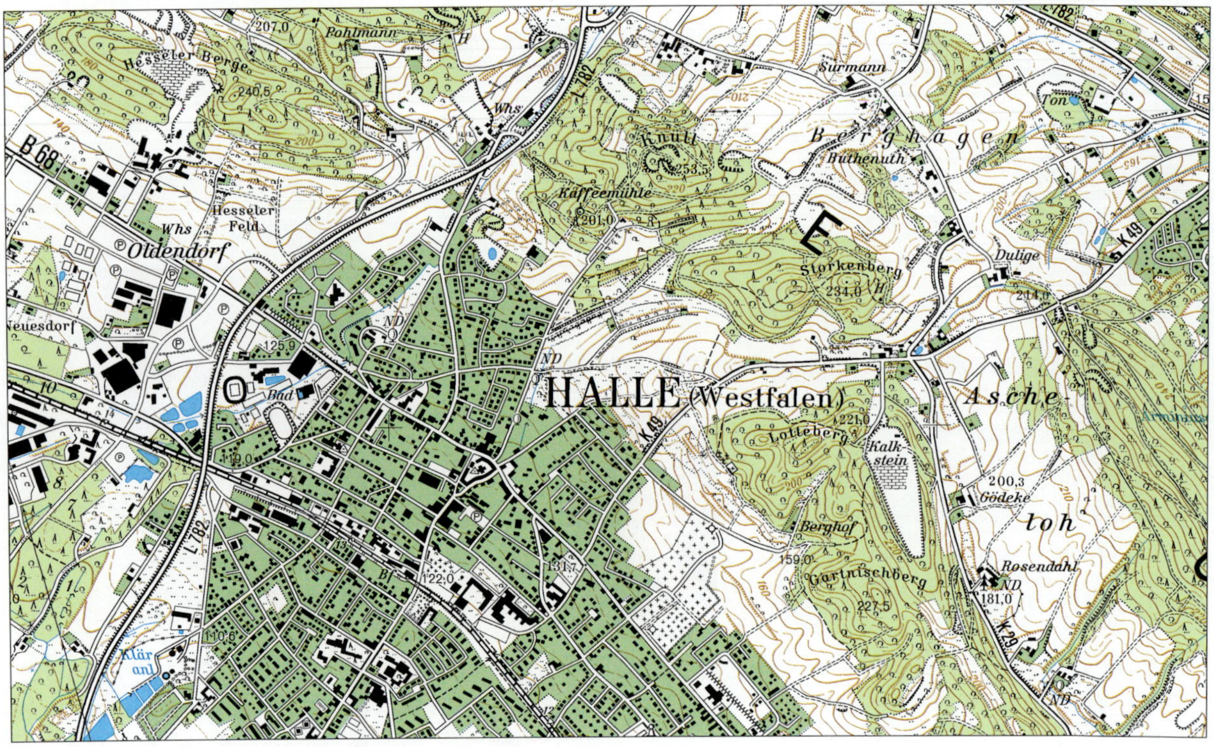

M 1 Topographische Karte von Halle/Westfalen

Hinweise für die Karteninterpretation

Eine Karte ist ein verkleinertes, verebnetes, generalisiertes und erläuterndes Abbild eines Ausschnitts der Erdoberfläche. Der Maßstab gibt an, in welchem Maße eine Karte die Realität verkleinert, z. B. 1 : 50 000 bedeutet, 1 cm auf der Karte entspricht 500 m in der Natur.

In vielen geographischen Arbeitszusammenhängen, aber auch bei zahlreichen Planungsvorhaben sind nicht nur das Lesen oder Beschreiben, sondern vor allem Interpretationen topographischer Karten (TK) unerlässlich. Auch für viele thematische Karten ist die TK die Grundlage. Wie keine andere geographische Arbeitsweise vermittelt die Interpretation einer TK geeigneten Maßstabs (1 : 25 000 oder 1 : 50 000) in kürzester Zeit grundlegende Strukturen eines Raumes und lässt Funktionen und Zusammenhänge erkennen. Auch Abschnitte der Entwicklungsgeschichte einer Landschaft lassen sich rekonstruieren. Das bedeutet: Was in der TK gleichzeitig und nebeneinander zu sehen ist, muss in der Analyse und Interpretation in eine chronologische Abfolge gebracht werden.

Im Rahmen einer landeskundlichen Interpretation ordnet man das Kartenblatt zunächst mithilfe eines Atlas hinsichtlich seiner landschaftlichen, naturräumlichen und kulturräumlichen Lage ein. Die Anfertigung einer kleinen Handskizze soll anschließend Teilräume des betreffenden Kartenausschnitts strukturell gliedern. Kriterien können z. B. die wechselnde Höhenlage, verschiedene Siedlungsformen und Siedlungsdichte oder unterschiedliche Nutzungsformen sein. Bei der schriftlichen Analyse werden Anzahl, Dichte, Häufigkeit, Verteilung, Form und Größe der beobachteten Phänomene ermittelt sowie Lagebeziehungen und Vergesellschaftungen mit anderen Objekten des Natur- und Kulturraums untersucht. Flurnamen geben Hinweise auf den Naturraum oder frühere Nutzungsformen, auch Ortsnamen lassen häufig auf Gründungszeit oder Anlass der Ortsgründung schließen. Mittels rechtwinklig zur vorherrschenden Richtung der Isohypsen konstruierter und längenmaßstabsgerechter topographischer Profile können bei geeigneter Überhöhung Rückschlüsse auf den geologischen Untergrund, die Gesteinsarten und die tektonischen Verhältnisse gezogen werden. Eine Hilfe bei der Interpretation von Geländeformen sind die Abstände der Isophypsen, die auf Steigungen bzw. Gefälle in verschiedenen Profilabschnitten schließen lassen. Manche sekundären Informationen lassen sich oft durch Schlussfolgerungen aus den primären Informationen gewinnen. Primäre Informationen wie Steinbrüche, Kalkabbau oder Kiesgruben können die eigenen Schlussfolgerungen manchmal bestätigen. Auch in der Fachliteratur, bei Verwaltungen oder anderen Institutionen können vorhandene Profile die Grundlage für weitere Schlussfolgerungen bilden.

Neben der landeskundlichen Interpretation können auch engere Fragestellungen oder Problemlagen Ausgangspunkt einer Karteninterpretation sein: Das Wachstum von Siedlungen, Verkehrsplanungen, Folgeprobleme bestimmter Nutzungsarten, Umweltprobleme unter Berücksichtigung des oberflächennahen Untergrunds und der hydrologischen Situation beispielsweise verlangen zunächst die Analyse und Interpretation des betreffenden topographischen Kartenausschnitts.

Maßstab und Informationsgehalt

Vom Maßstab ist die Komplexität des Informationsgehalts abhängig. Je größer der Maßstab ist, umso detaillierter können einzelne **Geofaktoren** dargestellt werden.

Bei größerem Maßstab (z. B. 1 : 25 000):
- ist die Darstellung einzelner Geofaktoren differenzierter; z. B. sind auch Kleinformen sichtbar
- können mehr Geofaktoren dargestellt werden
- sind die Signaturen Lagetreu
- lassen sich landwirtschaftliche Einheiten erkennen

Bei kleinerem Maßstab (z. B. 1 : 100 000):
- ist die Darstellung einzelner Geofaktoren weniger differenziert
- können weniger einzelne Geofaktoren dargestellt werden
- sind die Signaturen generalisierter
- lassen sich mehr landschaftliche Einheiten erkennen

Für Detailuntersuchungen wird man also eher einen großen Maßstab wählen, zur Erläuterung der Geofaktoren in räumlichen Systemen und der Beziehungen verschiedener Räume untereinander wird man einen kleineren Maßstab vorziehen.

Vorgehen im Rahmen einer landeskundlichen Interpretation	
1. Allgemeine Orientierung über die Karte	
– Wo ist die Karte großräumig einzuordnen?	– Suchen Sie dazu auf einer Atlaskarte kleineren Maßstabs Ihren Kartenausschnitt auf.
– Welchen Maßstab hat die Karte?	– Entnehmen Sie den Maßstab der Legende.
– Welche Fläche umfasst der Kartenausschnitt?	– Messen und rechnen Sie mithilfe des Maßstabs oder der geographischen Koordinaten.
– Wie alt ist die Karte?	– Prüfen Sie den Berichtigungsstand auf dem Kartenrand.
– Um welche Ausgabe einer Topographischen Karte (TK) handelt es sich?	– Die Angabe finden Sie in der Regel auf dem Titelblatt (z. B. Normalausgabe, Ausgabe mit Wanderwegen oder andere).
– Wer hat die Karte herausgegeben?	– Der Herausgeber steht in der Regel auf dem Titelblatt.
– An welchen größeren Landschaftseinheiten hat die Karte Anteil?	– Legen Sie in Gedanken oder auf Transparentpapier Ihren Kartenausschnitt auf die Atlaskarte. Fertigen Sie eine Übersichtskarte mit diesen größeren Landschaftseinheiten an.
– Welche natur- und humangeographische Merkmale kennzeichnen diese größeren Landschaftseinheiten?	– Suchen Sie im Atlas möglichst viele thematische Karten zu den Landschaften, an denen Ihre Karte Anteile hat: geologische, bodenkundliche Karten, Klimakarten, Vegetationskarten, Karten der Landnutzung, Bevölkerungs-, Wirtschafts- und Sonderkarten, diese können Hinweise auf die Ausstattung Ihrer Karte geben.
2. Beschreibung der Karte	
– In welche Teilräume lässt sich die Karte unterteilen und wie begründen Sie diese Einteilung?	– Entscheiden Sie sich für eine Reihe von Kriterien, nach denen Sie Teilräume ausgliedern: unterschiedliche Geofaktoren, wie Höhenlagen, Reliefformen, unterschiedliches Gewässernetz, Siedlungsformen, usw.
– Wie lassen sich diese Teilräume darstellen?	– Fertigen Sie eine Übersichtsskizze an, die die Grenzen der von Ihnen gefundenen Teilräume zeigt, und nummerieren Sie die einzelnen Teilräume. Schreiben Sie eine Legende zu den Nummern in Ihrer Strukturskizze.
– Wie lassen sich die Teilräume charakterisieren?	– Gehen Sie nach der von Ihnen vergebenen Reihenfolge der Nummerierung vor und charakterisieren Sie die Teilräume nach den Kriterien: Höhe (N. N.), Relief, Geländeformen, Gewässer, Siedlungsbild, Verkehrsnetz.
– Gibt es bestimmte Verteilungsmuster einzelner Phänomene?	– Achten Sie auf unterschiedliche Häufigkeiten und Verteilungen.
– Lassen sich auffällige Raumstrukturen erkennen?	– Achten Sie auf lineare, punktuelle, radiale, kreisförmige oder rechtwinklige Elemente bzw. Anordnungen.
3. Analyse und Erklärung wichtiger Elemente und Beobachtungen	
– Wie lässt sich die räumliche Verteilung bestimmter Elemente erklären? Gibt es räumliche Zusammenhänge oder gegenseitige Abhängigkeiten?	– Decken Sie sekundäre Informationen auf: z. B. Geländeform und Landnutzung, oder: Verkehrsnetz und Siedlungslagen. Benutzen Sie als Hilfe auch die thematischen Karten aus dem Atlas.
– Welche funktionalen und kausalen Beziehungen lassen sich zwischen den beschriebenen Elementen feststellen?	– Suchen Sie auch hier nach sekundären Informationen, die ein Beziehungsgeflecht oder Abhängigkeiten einzelner Geofaktoren untereinander erkennen lassen.

M 2 Landeskundliche Interpretation

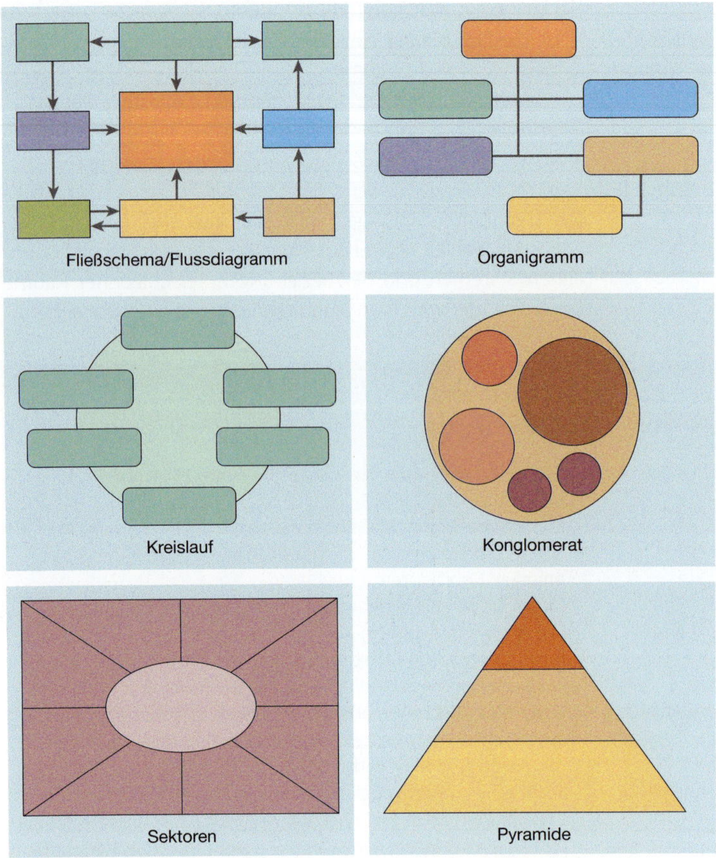

M1 Darstellungsmöglichkeiten für Strukturskizzen und -bilder

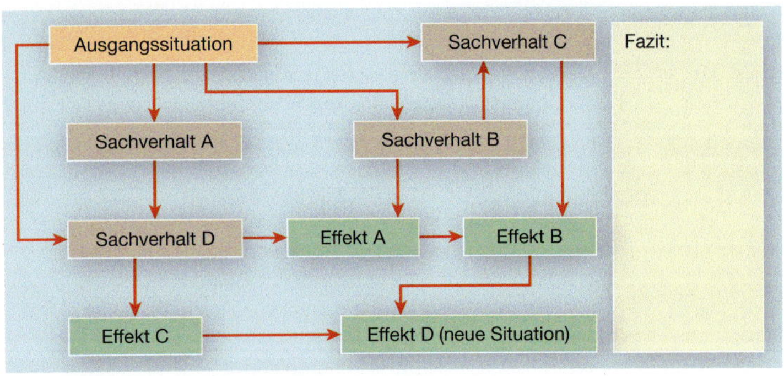

M2 Aufbau eines Wirkungsgefüges

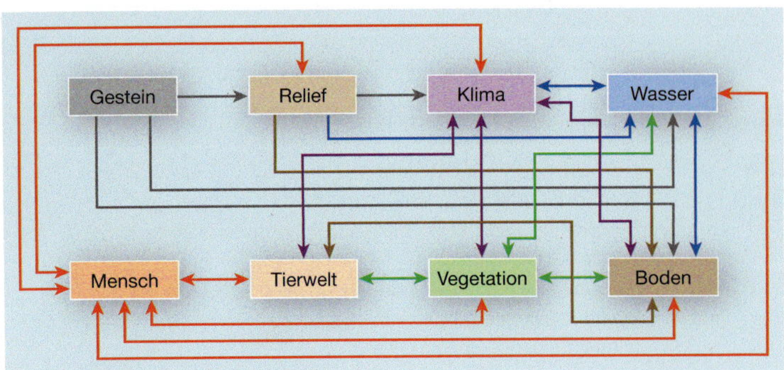

M3 Ökologisches Beziehungsgefüge

Arbeiten mit Modellen

Die meisten natur-, wirtschafts- und sozialgeographischen Sachverhalte, Strukturen und Prozesse sind in der Wirklichkeit sehr kompliziert. Die Erde wird heute oft als ein komplexes System bezeichnet, das wiederum aus einem Gefüge von Teilsystemen der Natur und Anthroposphäre besteht. Bei der Auseinandersetzung mit dem „System Erde" helfen uns Modelle, da sie die Realität vereinfachen und gleichzeitig die wesentlichen Sachverhalte und Zusammenhänge betonen. Dabei gibt es zahlreiche Modellarten, die je nach Zielsetzung gewählt werden: So gibt es dreidimensionale Modelle wie den Globus oder das Modell des Schalenaufbaus der Erde, es gibt statistische oder sozialwissenschaftliche Modelle wie die Grundformen von Alterspyramiden oder das Modell des demographischen Übergangs, ferner volkswirtschaftliche Modelle wie Kondratieffs Modell der langen Wellen der Konjunktur und ihrer technischen Basis oder geographische Modelle, z.B. Stadtmodelle der Kulturerdteile. Wirkungsgefüge in Form von Struktur- oder Fließdiagrammen verdeutlichen besonders die kausale Vernetzung der verschiedenen Elemente eines räumlichen, ökonomischen oder sozialen Systems und betonen beispielsweise die Folgen von Eingriffen des Menschen.

Darstellungsformen

Ein **Fließschema/Flussdiagramm** verdeutlicht mit Pfeildarstellungen Zusammenhänge, Rückkopplungen und Wirkungsgefüge. Die Ausrichtung der Kästchen, Kreise und anderer geometrischer Figuren sowie der Begriffe und Pfeile hängt von der Materialgrundlage ab.

Organigramme stellen hierarchische Ordnungen, Strukturen und Abläufe dar. Sie sind in der Regel vertikal gegliedert, können aber auch auf ein Zentrum ausgerichtet sein.

Ein **Kreislauf** zeigt Wechselbeziehungen, bei denen es nicht auf eine hierarchische Ordnung ankommt. Teilweise sind mehrere Kreisläufe miteinander verbunden oder überlappen sich.

Ein **Konglomerat** illustriert Elemente, die in einer bestimmten Menge zu einem System gehören. Neben der Kreisform finden auch Rechtecke und Quadrate Verwendung.

Sektoren visualisieren Gleichrangigkeit in einem System, ohne eine bestimmte hierarchische Ordnung zu betonen. Die Größe der Einzelelemente ist hierbei nachrangig.

Pyramiden veranschaulichen in einem System Über- und Unterordnung mit verschiedenen Unterteilungen.

Erstellen eines Wirkungsgefüges

(Kausalschema bzw. Strukturskizze)

Zunächst klären Sie Titel und Thematik Ihres geplanten Wirkungsgefüges. Meist geben Ihnen die Schüsselbegriffe einer Aufgabenstellung oder der Titel eines Ausgangstextes oder einer Tabelle Hinweise auf die ‚Ausgangssituation' und das kausal bedingten ‚Ergebnis' des betreffenden Wirkungsgefüges. Die Anfangssituation und das Resultat (den ‚Endeffekt') ordnen Sie auf einem Blatt oben und unten auf der Seite an.

Als nächstes halten Sie weitere Faktoren (Umstände und Effekte) in Ihrem Wirkungsgefüge fest. Zur Veranschaulichung der Richtung (aus A folgt B), der möglichen Wechselwirkung (A wirkt auf B und beeinflusst seinerseits A) und Intensität (zunehmend, stark, abnehmend) benutzen Sie leicht verständliche Symbole wie „↑", „↓"; „←", „→" oder „↔" bzw. „↕" und unterschiedlich kräftige Pfeile (am PC finden Sie diese unter „Symbole" bzw. unter „Autoformen"). Sie können, wenn Sie es als sinnvoll erachten, die Pfeile positiv oder negativ verstärken, indem Sie bei einem Zusammenhang von Ursache und Wirkung über die Pfeile (+) oder (–) setzen.

Vermeiden Sie aber grundsätzlich Überschneidungslinien, weil diese die Anschaulichkeit beeinträchtigen. Unter dem Wirkungsgefüge kann ein Fazit stehen, wenn sich das Ergebnis knapp zusammenfassen lässt, der „Merkkasten" ist aber nicht zwingend.

Auswerten von Modellen

Achten Sie auf den Kontext und die Art der Darstellung. Wie viele Fakten aus einem real vorhandenen System liegen vor? Berücksichtigen Sie, dass lineare Darstellungen mit Richtungspfeilen oft nur einfache Erklärungsmuster liefern. Solche Modelle geben keine Prozesse wieder, d.h., sie sind monokausal. Für die Darstellung der komplexeren Wirklichkeit und als Suchraster für Zusammenhänge sind offene Systeme besser geeignet.

Überprüfen Sie, inwieweit Zusammenhänge zwischen verschiedenen Elementen eines Ganzen erkennbar sind. Stellen Sie fest, wo ein Austausch zwischen Systemelementen stattfindet und ob die Vorgänge multikausal zu erklären sind. Bewerten Sie kritisch sogenannte geschlossene Systeme, bei denen kein Austausch mit Komponenten von außerhalb erfolgt. Bedenken Sie, dass eine geschlossene Verursacherkette in Form eines Kreislaufs nicht unbedingt die Vernetzung im Gesamtsystem wiedergibt.

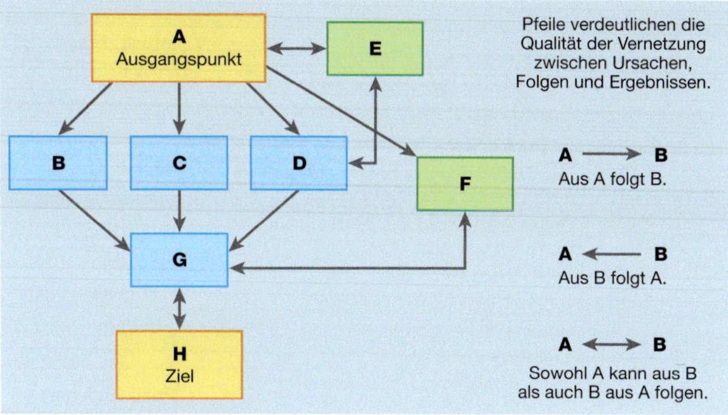

M 4 Beispiel für eine Strukturskizze bzw. ein Fließschema

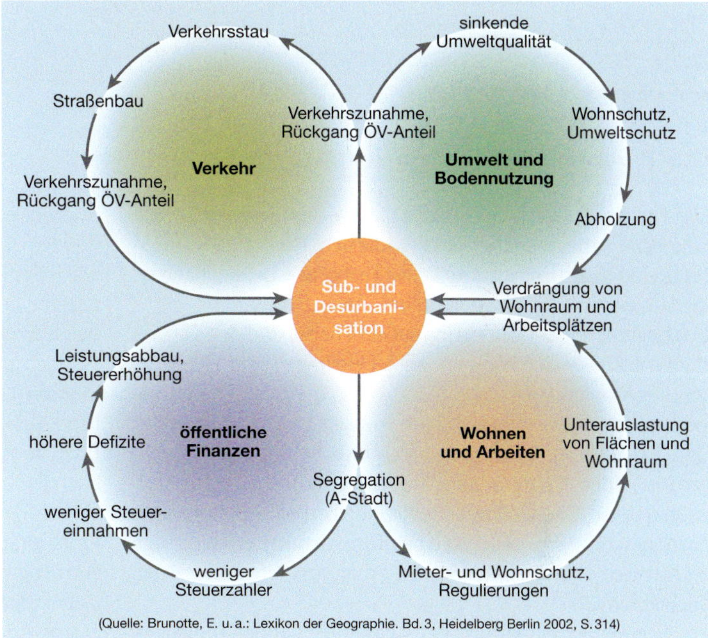

M 5 Teufelskreise der Suburbanisation und Desurbanisation

Hilfe bei Präsentationen

Um Vernetzungen in einem Wirkungsgefüge zu verdeutlichen, bieten sich für Präsentationen folgende Methoden an:

a) Sie lassen das Wirkungsgefüge sukzessiv als Tafelbild entstehen.
b) Sie setzen Moderationskarten ein, die Sie mit Pfeilen sukzessiv miteinander verbinden.
c) Sie erstellen das Wirkungsgefüge mittels Deckfolien, die Sie mit dem OH-Projektor projizieren. Während der Präsentation erläutern Sie Art und Abfolge der Vernetzung.
d) Sie nutzen eine PC-Software wie PowerPoint und einen Beamer zur Präsentation.

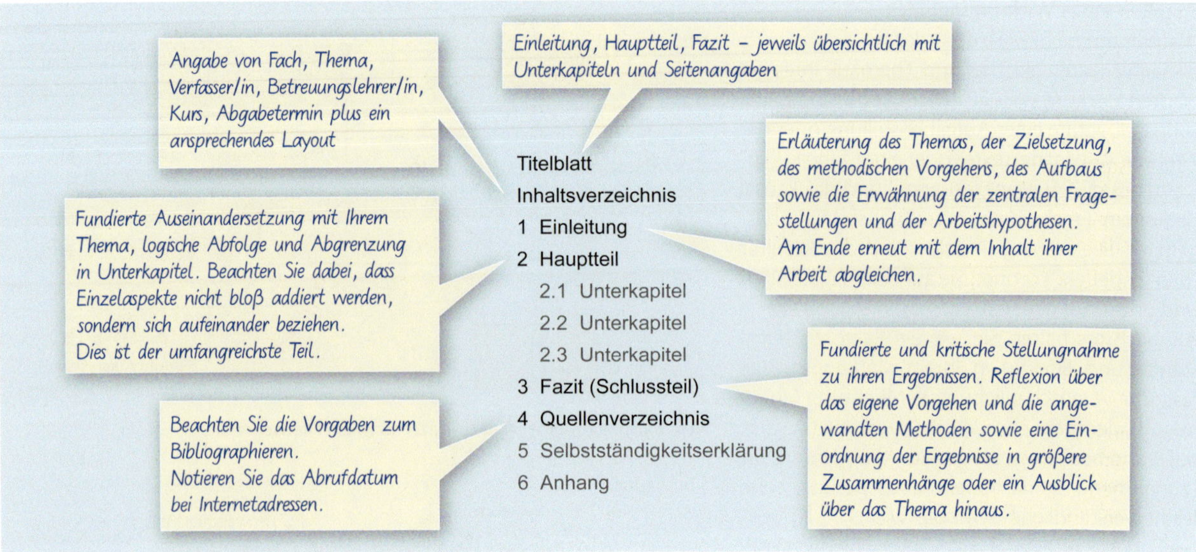

M 1 Möglicher Aufbau einer Facharbeit sowie praktische Tipps

Durchführung einer Facharbeit in Geographie

Die Facharbeit stellt eine selbstständige wissenschaftspropädeutische Arbeit zu einem erdkundlichen Thema dar und ersetzt eine Klausur. Damit rückt die Facharbeit bereits nahe an die Leistungen eines Grundstudiums heran.

Das beginnt mit der Festlegung auf ein **Thema** und den sich aus der Problemstellung ergebenden Arbeitsfragen und Hypothesen; ein **Arbeitsplan** ist zu entwickeln, das **methodische Vorgehen** zu überlegen. Informationen müssen beschafft, geordnet und ausgewertet, **Untersuchungen und Befragungen** durchgeführt oder **Kartierungen** angefertigt werden. Schließlich müssen eine **Gliederung erstellt** und die Facharbeit in einer Form geschrieben werden, die den **formalen Kriterien** genügt. Richtlinien zu diesen Kriterien erhält man von den betreuenden Fachlehrern.

Ein weiterer Aspekt kommt zum Tragen, der in den bisherigen fachbezogenen Leistungsnachweisen meistens eine untergeordnete Rolle gespielt hat: Selten sind praktische Probleme von einer einzigen Fachdisziplin zu lösen, gefragt ist also der Blick „über den Tellerrand" des eigenen Faches hinaus, d. h. **fachübergreifendes Arbeiten.**

Im Fach Geographie bieten sich vor allem Themen an, die sich auf den Schulstandort beziehen (siehe dazu die Themenvorschläge auf den Seiten 342 und 343).

Damit alle genannten Arbeitsschritte erfolgreich verlaufen, sollte man sich an einem „roten Faden" halten, um jederzeit zu wissen, an welcher Station der Arbeit man sich gerade befindet. Vorgesehene Arbeitsschritte sollten also einer festgelegten Reihenfolge nach einem vorher aufgestellten Zeitplan folgen.

Einer der wichtigsten Schritte ist die sorgfältige **Abgrenzung des Themas** sowie die vorausgehende Überprüfung, ob es ausreichendes und zugängliches **Material** zum Thema gibt. Hierbei können häufig auch die Mitarbeiter des örtlichen Planungsamtes helfen, da sie meist über eine Vielzahl von Themen sowie entsprechendes Material verfügen.

Nach einem **ersten Entwurf** zu einer Gliederung ist anschließend im Gespräch mit dem betreuenden Fachlehrer zu prüfen, wie realistisch die Ziele und das gesamte Vorhaben sind. Dabei lassen sich konzeptionelle und logische Schwächen des Arbeitsvorhabens erkennen.

Als fachspezifisch geographische **Arbeitsmethoden** kommen in erster Linie Verfahren in Frage, deren Ergebnisse eine räumliche Auswirkung von Entwicklungsprozessen erkennen lassen. Dazu können eigene Untersuchungen, Datenerhebungen, aber auch Experimente und Kartierungen gehören.

Neben den erwähnten praktischen Arbeiten ist die wichtige Fachliteratur zu berücksichtigen. Wo immer möglich, sollten zum Thema passende Aufsätze aus Fachzeitschriften als direkte oder indirekte Zitate mit entsprechender Quellenangabe in die eigene Arbeit eingehen. Materialien, die den eigenen Text illustrieren oder die das Ergebnis eigener Recherchen sind, werden als Grafiken, Tabellen, Karten, Statistiken oder Bilder in die Arbeit integriert.

Neben der Facharbeit selbst ist in vielen Schulen ein **Verlaufsprotokoll** zu erstellen, das die einzelnen Arbeitsschritte und Entwürfe sowie die während der Erstellung aufgetretenen Probleme und die Umgehensweisen dokumentiert.

Beurteilt wird die Qualität der Facharbeit nach dem „roten Faden", einem fundierten und differenzierten **Fazit,** der inhaltlichen und formalen Gliederung, nach der Trennschärfe der einzelnen Kapitel, der Angemessenheit des methodischen Vorgehens, der Nähe zum Thema, der Logik der eigenen Gedankenführung, der Breite des verwendeten Materials, dem zutreffenden Gebrauch der Fachterminologie sowie einer verständlichen Sprache. Das Fazit hat bei der Bewertung ein besonderes Gewicht, da hier deutlich wird, ob jemand komplexe Sachverhalte differenziert und fundiert beurteilen kann. Außerdem spielt bei der Bewertung die Beachtung formaler Kriterien eine Rolle.

1. Vorbereitungsphase
(bis Anfang der 2. Woche)

- Thema suchen, eingrenzen, mit betreuendem Fachlehrer absprechen bis zur endgültigen Themenformulierung
- Arbeitsfragen formulieren
- ersten Gliederungsentwurf schreiben und mit Fachlehrer besprechen
- methodisches Vorgehen festlegen, die dafür benötigte Zeit realistisch einschätzten und benötigte Materialien prüfen
- Zeitplan bis zum Abgabetermin festlegen und mit Fachlehrer besprechen (ein Zeitpuffer sollte eingeplant werden)
- Verlaufsprotokoll anlegen und stetig ergänzen

2. Informationsphase
(2. bis 4. Woche)

- Informationsbeschaffung (notieren Sie sofort auf jeder Kopie die vollständige Quellenangabe):
  Literatur (z. B. Monographien, Zeitschriften), Material (z. B. Karten, Diagramme, Tabellen, Bilder),
  eigene Untersuchungen (z. B. Kartierung, Messung, Befragung);
  Ansprechpartner ausfindig machen (z. B. Experten, Betroffene)
- erste Informationsauswertung, Zuordnung zu den Gliederungspunkten und ggf. Überarbeitung der Gliederung
- Zeitplan überprüfen und ggf. entsprechend verändern

3. Auswertungsphase und Rohfassung der Arbeit
(3. bis Mitte 5. Woche)

- detaillierte Auswertung der beschafften Informationen; dabei kann u. a. räumlich, chronologisch, deduktiv (vom Allgemeinen zum Konkreten), induktiv (vom Einzelphänomen zum Allgemeinen), kritisch vergleichend oder empirisch (Hypothesen durch Datenerhebung überprüfen) vorgegangen werden
- übersichtliche Darstellung der Teilergebnisse sowie Zuordnung zu den Gliederungspunkten
- ggf. Überarbeitung der Gliederung
- Informationslücken notieren und Lösungsmöglichkeiten erarbeiten
- Rohfassung der Facharbeit schreiben (legen Sie wiederholt Sicherheitskopien an):
  Zentrale Zielsetzung und Problem benennen und immer präsent haben,
  Arbeitsfragen erklären,
  methodisches Vorgehen begründen,
  Ergebnisse visualisieren (z. B. Zeichnungen, Karten, Diagramme, Fotos)
  Ergebnisse erklären und interpretieren
  auf die exakte Angabe der Quellen achten (wörtliche und gedankliche Zitate),
  Fazit formulieren und Ergebnisse reflektieren (sowohl methodische als auch inhaltliche)
  Ausblick geben und ggf. weitere Untersuchungen vorschlagen

4. Reinschrift der Facharbeit
(5. bis 6. Woche)

- Rohfassung inhaltlich, sprachlich, fachbezogen und formal bearbeiten
- Material (z. B. Karten, Fotos) einbinden und überprüfen, ob deren Textbezug vorhanden ist
- Titelblatt anlegen
- Einleitung schreiben
- Literaturverzeichnis vervollständigen
- endgültiges Inhaltsverzeichnis mit Seitenangaben anlegen
- Anhang fertigstellen
- Korrekturlesen (z.B. durch die Eltern)
- rechtzeitige Abgabe der Facharbeit

Bewertungskriterien
Vor Erstellung der Facharbeit genau durchlesen und vor der Abgabe nochmals prüfen

- die Bewertungskriterien sollten vor Erstellung mit dem jeweiligen Fachlehrer geklärt werden
- Hauptbewertungskriterien sind der Aufbau, der Inhalt, das Fazit, der Fachbezug sowie die Form der Facharbeit
- Selbstkontrolle: Anhand der Kriterien stetig die Qualität der Facharbeit überprüfen, ggf. Gespräch mit Fachlehrer suchen

M2 Phasen einer Facharbeit

Tipps für die mündliche Abiturprüfung

Mündliche Abiturprüfungen gibt es in Nordrhein-Westfalen in jedem Fall im gewählten 4. Abiturfach.

Daneben sind weitere mündliche Prüfungen im 1. – 3. Fach denkbar, wenn die in den Abiturklausuren erzielten Noten um 4 oder mehr Punkte von der Vornote abweichen oder ein Prüfling sich für eine freiwillige mündliche Prüfung meldet, z. B. um seinen Abiturdurchschnitt zu verbessern.

Anforderungen und Ablauf all dieser mündlichen Abiturprüfungen sind vollkommen identisch; deshalb können sie hier einheitlich als „mündliche Abiturprüfung" behandelt werden.

Für mündliche Prüfungen im 1. – 3. Fach gilt die Einschränkung, dass sie nicht dem Stoffgebiet der Abiturklausur entsprechen dürfen.

Der erste Prüfungsteil – vorbereitendes Training

Es wird von jedem Prüfling gefordert, dass er einen mindestens 10-minütigen zusammenhängenden, gegliederten Vortrag hält. Erfahrungsgemäß gibt es für solch lange Vorträge kaum echte Übungsmöglichkeiten im Unterricht – Referate unterliegen anderen Anforderungen, sind oft frei gewählt, zum Teil als Gruppenarbeit angelegt, über einen längeren Zeitraum vorbereitet und meist PowerPoint-gestützt vorgetragen.

Im Unterricht gibt es nicht für jeden Kursteilnehmer Gelegenheit, eine solche mündliche Abiturprüfung zu simulieren.

Deshalb ist es notwendig, sich selbst solche Trainingseinheiten zu verschaffen: Die Aufgabenstellungen in diesem Buch bieten hierfür gute Gelegenheiten – wählen Sie hierfür solche Aufgaben, die sich auf mehr als nur ein Material beziehen. Arrangieren Sie zu zweit oder zu dritt im Kreise Ihres Geographiekurses am Nachmittag solche Simulationen schon vom Beginn der Qualifikationsphase an – nehmen Sie die Zeitvorgabe ernst, betrachten Sie die anderen als Prüfungskommission, geben Sie als Zuhörer anschließend ein klares Feedback bezogen auf Verständlichkeit, Fachsprache, Zusammenhänge, Vollständigkeit der Materialauswahl, Beachtung der Aufgabenstellung und Richtigkeit der Aussage.

30 Minuten Vorbereitungszeit

- Halten Sie diese Zeit unbedingt ein – hierbei ist wichtig, dass Sie sofort konzentriert mit der Bearbeitung beginnen.
- Beachten Sie die Themenstellung: Hierin verbirgt sich immer die Zielrichtung der geforderten Bearbeitung.
- Beachten Sie die Operatoren (vgl. nächstes Kapitel!): Halten Sie die durch sie gestellten Anforderungen unbedingt ein, benutzen Sie mehrteilige Aufgabenstellungen als Gliederungshilfe.
- Die Aufgabenstellung im Fach Geographie beginnt in der Regel mit einer räumlichen Einordnung. Hier zeigen Sie Ihr topographisches Verständnis, hier grenzen Sie den Raum auch für Sie selbst ein, hiermit erhalten Sie automatisch eine Hilfestellung für den immer schwierigen „ersten Satz".
- Machen Sie sich in dem Ihnen vorgelegten Materialteil Notizen: Schreiben Sie Fachbegriffe an den Rand, ferner Stichwörter für den Vortrag; markieren Sie im Material wichtige Stellen und Zahlenwerte, die Sie im Vortrag verwenden wollen.
- Nummerieren Sie Ihre Markierungen, damit Sie anhand dieser Reihenfolge Ihren Vortrag gestalten können.
- Wenn der Atlas als Material zur Verfügung gestellt wird, sollten Sie ihn unbedingt für Ihren Vortrag mit hinzuziehen. Mithilfe des Atlas können Sie die räumliche Einordnung zu Beginn vornehmen. Im Schlussteil eines Atlas finden Sie zudem Weltübersichtskarten, die bei einigen Themen einen großräumigen Vergleich, eine globale Einordnung o. a. ermöglichen.
- Wichtige Materialien müssen Sie u. U. bei mehr als nur einer Aufgabenstellung hinzuziehen: Denken Sie nie „einmal behandelt = abgehakt".
- Viele Themenformulierungen beinhalten bereits regelrechte Problem- oder Fragestellungen; bei anderen erfordert die letzte Teilaufgabe eine Lösung/Bewertung/Beantwortung. Gestalten Sie deshalb den Schluss Ihrer Ausführung mit einem klaren Fazit, in dem Sie eine deutlich formulierte Antwort geben.

Im Prüfungsraum

Sie haben sich im Vorbereitungsraum gut eingearbeitet – spiegeln Sie ein solches inneres Gefühl, indem Sie nicht verkrampft, nicht ängstlich wirken, sondern soweit möglich äußerlich gelassen. Begrüßen Sie die Anwesenden – auch solche äußeren Eindrücke beeinflussen letztlich für alle Beteiligten die Atmosphäre.

Der eigene Vortrag: 10 – 15 Minuten

- Sie dürfen Ihren Vortrag nicht ablesen – abgesehen davon reicht die Zeit von 30 Minuten Vorbereitung gar nicht aus, um für 10 Minuten Vortrag ein vollständiges Redekonzept vorzubereiten.
- Ihre nummerierten Gliederungspunkte/Stichwörter, Ihre Markierungen im Materialteil und Ihre Notizen bezüglich weiterer Atlaskarten sind vielmehr Ihr Leitfaden, anhand dessen Sie Ihren Vortrag gestalten.
- Legen Sie eine Armbanduhr neben Ihr Konzept, schreiben Sie, bevor Sie zu sprechen anfangen, den konkreten Zeitraum für Ihren Vortrag auf Ihr Konzept – so haben Sie klare zeitliche Anhaltspunkte.
- Nennung der Aufgabenstellung – Einleitung – Bearbeitung der Teilaufgaben – Schlussteil; so lautet die Grobstruktur für Ihren Vortrag.
- Benutzen Sie die von Ihnen ausgewerteten Materialien bei Ihrem Vortrag, d. h., nennen Sie jeweils das Material, aus dem Sie die jeweiligen Erkenntnisse gewonnen haben (z. B.: „Die Probleme des kernstädtischen Verkehrs werden besonders deutlich, wenn man anhand von M x das Straßennetz innerhalb der ehemaligen Stadtmauer betrachtet: Hier erkennt kennt man ..." usw.). Damit lenken Sie den Blick und die Gedanken aller Anwesenden so auf den Sachverhalt, wie Sie es wünschen.
- Manchmal bietet es sich an, eine kurze Skizze zu dem Gesagten an die Tafel zu zeichnen: Dies sollte nur wenige Sekunden dauern, es hilft jedoch beim Verständnis, unterstützen Sie doch hierdurch das Gesagte durch einen visuellen Eindruck (z. B. zwei Kurvenverläufe als Ergebnis einer vorgegebenen Tabelle). Und Sie stellen Ihre methodischen Darstellungskompetenzen unter Beweis.
- Wie jedes andere Fach hat auch Geographie eine eigene Fachsprache, eigene Fachbegriffe: Beweisen Sie, dass Sie Ihre „Vokabeln" gelernt haben. In jedem Lehrbuch gibt es ein Register, häufig mit Worterklärungen.
- Beachten Sie die Wahl Ihrer Sprachebene. Die Adressaten Ihres Vortrages sind Geographie-Fachlehrerinnen und -Fachlehrer, allesamt Fachleute!
  – Sprechen Sie klar und deutlich. Vermeiden Sie Endlossätze, an deren Beginn Sie sich beim Sprechen selbst nicht mehr erinnern. Verbinden Sie Ihre Gedanken durch Konjunktionen und Subjunktionen: Sie sollen schließlich unter Beweis stellen, dass Sie in der Lage sind, kausale Zusammenhänge, Wechselbeziehungen, Abhängigkeiten, Folgen, Folgerungen, Widersprüche, zeitliches Nacheinander usw. im Rahmen Ihres Vortrages zu verdeutlichen.
  „Und ... und ... und ..." sind hierfür ungeeignete Satzanfänge; dies gilt gleichermaßen für die schriftliche Abiturarbeit.
- Halten Sie Blickkontakt zu Ihrem Prüfer; ein gelegentlicher Blick auch zu den anderen Kommissionsmitgliedern zeugt von souveränem Umgang mit der Situation und den Kommunikationsregeln.
- Üben Sie dieses Procedere mehrfach während der Qualifikationsphase – einen Teil dieser Verfahrensweisen können Sie ebenso bei Einzel- oder Gruppenvorträgen anwenden.

Der zweite Prüfungsteil: 10 – 15 Minuten Gespräch

Für die Vorbereitung des zweiten Prüfungsteils gilt dasselbe wie für den ersten: Übung macht den Meister. Zum einen bekommen Sie durch die Diskussions- und Gesprächsphasen im Unterricht ständig Übungsgelegenheiten; zum anderen sollten Sie auch diesen zweiten Teil in ähnlicher Form unter Beachtung von Zeitrahmen und Kommunikationsregeln üben wie den ersten Teil (s. o.!).

- Spätestens im zweiten Teil der Prüfung muss laut gesetzlichen Vorgaben das Thema aus einem anderen Kurshalbjahr der Qualifikationsphase gewählt werden – entsprechend unabhängig vom ersten Teil wird er vom Prüfer gestaltet.
- Hierbei gilt: Je eigenständiger, je umfassender Sie als Prüfling mit den Fragen und Impulsen umgehen, desto weniger Veranlassung und Notwendigkeit sieht Ihr Prüfer, immer neue Fragen an Sie zu richten.
- Erfassen Sie die Intention über den Operator eines Aufgabenimpulses oder über den Kernbegriff der gestellten Frage.
- Antworten Sie zunächst so konkret wie möglich, benutzen Sie auch hierbei Fachbegriffe. Führen Sie sinnvolle Beispiele oder Vergleiche aus dem Unterricht an, zeigen Sie Ihr Hintergrund- und Allgemeinwissen. Aber schweifen Sie nicht ab, bleiben Sie beim Thema.
- In der Regel gestalten die Prüfer ein solches Gespräch nach dem Prinzip „Vom Einfachen zum Schwierigen, vom Einzelfallbeispiel zum Allgemeinen/Modellhaften". Wenn Sie der Meinung sind, eine solche Verallgemeinerung, einen solchen Hinweis auf eine Ihnen passend erscheinende Theorie oder ein aus dem Unterricht bekanntes Modell selbst anbringen zu können: tun Sie es. Dieses gedankliche selbstständige Ausweiten in zulässige und sinnvolle Gesamtzusammenhänge wird besonders hoch bewertet als eigenständige gedankliche Leistung – schließlich müssen Sie dann nicht wie der berühmte Bär bei der Bärennummer am (Frage-)Ring durch die ganze Prüfung gezogen werden ...!
- Falls Sie durch Fragen während Ihrer Ausführungen unterbrochen werden: Lassen Sie sich nicht irritieren. Entweder möchte man Ihnen wieder zurück auf den Haupt(frage)weg helfen oder den Themenschwerpunkt wechseln, weil sich die Kommission bei ihrer Vorbereitung noch auf einige andere anzusprechende Aspekte geeinigt hatte und die Zeit allmählich knapp wird: Werten Sie dies in jedem Fall als für Sie günstig und hilfreich!
- Sollten Sie mit einer einzelnen Frage wirklich einmal nichts anfangen können: Statt Zeit zu verlieren mit falschen oder unpassenden Ausführungen, bitten Sie an einer solchen Stelle zunächst einmal um eine kurze ergänzende Erläuterung.
- Lassen Sie sich bloß nicht von irgendwelchen mimischen oder gestischen Eindrücken der Kommissionsmitglieder irritieren: Jeder ist eigentlich bemüht, einen möglichst neutralen Eindruck zu machen, aber bei bis zu neun Prüfungen am Tag gelingt dies auch nicht immer – auch Ihre Prüfer sind ja Menschen.
- Das Ende der Prüfung wird Ihnen vom Prüfer signalisiert. Geben Sie sämtliche Unterlagen und Aufzeichnungen dem Protokollanten und verlassen Sie – sich verabschiedend – den Prüfungsraum mit der Gewissheit, diese Prüfungssituation gemeistert zu haben!

Tipps für die schriftliche Abiturprüfung

Grundlage aller zentralen Abituraufgaben Geographie sind die Richtlinien und Lehrpläne für die Sekundarstufe II – Gymnasien/Gesamtschule in Nordrhein-Westfalen 1999. Jährliche Vorgaben für die schriftliche Abiturprüfung konkretisieren die Anforderungen für den jeweiligen Abiturjahrgang (www.standardsicherung.nrw.de/abitur/).

1. Allgemeines

Die Dauer der Abiturarbeit beträgt im Grundkurs 3 Zeitstunden + 30 Minuten für die Auswahl = 210 Min., im Leistungskurs 4 1/4 Zeitstunden + 30 Minuten = 285 Min.

Tipp Nehmen Sie sich zunächst genau diese Zeiten, wenn Sie die Beispielklausuren bearbeiten: Hierdurch entwickeln Sie ein richtiges Gespür für Zeitbedarf, Zeiteinteilung und ökonomisch richtige Bewältigung der Teil- und Gesamtaufgaben.

Auswahl der Aufgabenstellung

Im Fach Geographie haben Sie die Wahl zwischen drei Aufgaben.

Tipp Entscheiden Sie nicht zu schnell. Schauen Sie sich außer dem Thema auch die Arbeitsanweisungen mit den Operatoren an, ferner Art und Umfang des Materialteils. Denken Sie an die Qualifikationsphase: Mit welchem ähnlichen Thema habe ich welche Erfahrungen gesammelt? Welches Thema kam in meinem Training intensiv vor? Entscheiden Sie erst dann, welches Thema Sie wählen.

Themenschwerpunkt

In der Themenformulierung wird ein eindeutiger Hinweis gegeben, welchen Raum Sie unter welchem Gesichtspunkt/welchen Gesichtspunkten behandeln sollen.

Tipp Stellen Sie fest, welche Art Frage-/Themenstellung hier vorliegt: eine wirtschaftliche, verkehrsgeographische, sozio-ökonomische, ökologische, raumplanerische o.a., und berücksichtigen Sie dies bei Ihrer Bearbeitung.

2. Anforderungsbereiche und Operatoren

Inhaltliche und methodische Anforderungen

Jede Grund- und Leistungskursklausur muss inhaltliche (I) und methodische (M) Anforderungen aller Schwierigkeitsstufen enthalten, damit je nach Leistungsvermögen jede Note erzielt werden kann.

Tipp Teilen Sie sich Ihre Arbeitszeit von vornherein ein, verwenden Sie nicht zu viel Zeit auf die erste Teilaufgabe: Es handelt es sich dabei um die leichteste Teilaufgabe, die in der Regel nicht mehr als 20 Prozent der erreichbaren Punkte enthält!

Anforderungsbereich AFB I (Reproduktion):
I: Wiedergabe von Sachverhalten im gelernten Zusammenhang
M: Beschreibung und Darstellung mit erlernten Arbeits- und Verfahrenstechniken in einem begrenzten Gebiet und einem wiederholenden Zusammenhang
AFB II (Reorganisation und Transfer):
I: selbstständiges Auswählen, Anordnen, Verarbeiten und Darstellen bekannter Sachverhalte unter vorgegebenen Gesichtspunkten
M: selbstständiges Übertragen des Gelernten auf vergleichbare neue Situationen und Sachverhalte
AFB III (Reflexion und Problemlösung):
I: planmäßiges Verarbeiten komplexer Sachverhalte mit dem Ziel, zu eigenständigen Lösungen, Gestaltungen oder Deutungen, Folgerungen, Begründungen und Wertungen zu gelangen
M: selbstständige Auswahl oder Anpassung von gelernten Methoden oder Lösungsverfahren
(vgl. Richtlinien und Lehrpläne Erdkunde Sek. II, S. 84 ff.)

Operatoren

Die in jeder Anweisung enthaltenen Verben, die Operatoren, sind – Verkehrsschildern im Straßenverkehr gleich – eindeutige Richtungsmarken für Ihre Bearbeitung. Sie berücksichtigen alle drei Anforderungsbereiche (siehe Seite 500).
Folgen Sie ihnen ohne Ausnahme, ansonsten riskieren Sie Punktverlust wegen Nichtbeachtung der Aufgabenstellung.

Tipp Im Unterricht stecken diese Anforderungsbereiche und Operatoren-Definitionen hinter den Impulsen und Fragestellungen Ihrer Kurslehrerin/Ihres Kurslehrers. Allerdings verbieten die allgemeinen Kommunikations- und Gesprächsregeln, dass jede Arbeitsaufforderung mit einem der Operatoren beginnt.

- Manches wird in Form eines Fragesatzes formuliert, wodurch der Operator ans Satzende gelangt (*„Wer kann das mal beschreiben?“*)
- Oder der Operator „versteckt“ sich hinter substantivischen Formulierungen (*z. B.: „Welche Erklärung haben Sie hierfür?“*)
- Manchmal werden auch Synonyme benutzt, um das Unterrichtsgeschehen nicht zu monoton werden zu lassen (*„Was halten Sie von dieser Behauptung“ = Wie bewerten Sie diese …*).

Hören Sie also im Unterricht genau hin, welche Anforderung mit welcher Frage/welchem Impuls im Sinne der Operatoren gemeint ist – entsprechend zielgenau können Sie antworten, entsprechend „passend“/wertvoll ist Ihr mündlicher Beitrag.

3. Bearbeitung der schriftlichen Aufgabenstellung

Beginnen Sie nicht zu schnell mit der Reinschrift – zunächst einmal benötigen Sie einen Überblick über die Intention/Zielrichtung, die vorgegebenen bzw. notwendigen Arbeitsschritte und Informationen des Materialteils. Dies macht es notwendig, dass Sie sich Schritt für Schritt den Informationsteil erschließen, hierbei Markierungen vornehmen, Stichworte an den Rand schreiben und Gliederungsüberlegungen anstellen. Bevor Sie anfangen zu schreiben, müssen Sie auch eine ggf. geforderte Bewertung für sich festgelegt haben, auf das hin der geplante Argumentationsaufbau zugeschnitten werden muss.

Beachtung der Themenstellung

Beachten Sie die Themenstellung: Hierin verbirgt sich immer die Zielrichtung der geforderten Bearbeitung.

- Um welchen Beispielraum handelt es sich?
- Wird er ggf. zu einem Großraum in Beziehung gesetzt?
- Aus welchem Teilgebiet der Erdkunde stammt das Thema (Wirtschaft, Ökologie, Stadt/Siedlung, Raumplanung o. a.)?
- Ist eine Zustandsuntersuchung gemeint oder die Entwicklung innerhalb eines bestimmten Zeitraumes?

Tipp Sie sollten Ihre Ausführungen mit einer kurzen räumlichen Einordnung beginnen – damit hat sich das oft vorhandene „Problem des Einstiegs in die Klausur“ fast schon erledigt (Atlas benutzen!). Hier zeigen Sie zudem Ihr topographisches Verständnis, hier grenzen Sie den Raumbezug auch für sich selbst ein. Lassen Sie den Einleitungsabschnitt so enden, dass Sie an die Themenstellung anknüpfen.

Beachtung der Arbeitsanweisungen

Zentralabituraufgaben im Fach Geographie bestehen in der Regel aus mehrteiligen Arbeitsanweisungen. Hinter ihrer Reihenfolge verbirgt sich eine sachlogische gedankliche Ordnung.

Tipp

- Markieren Sie jeden einzelnen Operator, wiederholen Sie still für sich, welche Bearbeitungsrichtung er verlangt.
- Halten Sie die Bearbeitungsrichtung jeder Teilaufgabe ein.
- Halten Sie die Reihenfolge der Teilaufgaben ein!

Sichtung des Materials
Betrachten Sie das Material nicht staunend und ehrfurchtsvoll – arbeiten Sie mit und in ihm!
Von Ihnen wird erwartet, dass Sie sich selbstständig im Material bewegen, nach dem von Ihnen gewählten gedanklichen Argumentationsansatz.

Tipp
- Machen Sie sich in dem Materialteil Notizen.
- Schreiben Sie Kern- und Fachbegriffe an den Rand.
- Formulieren Sie Stichwörter für die Gliederung.
- Markieren Sie wichtige Stellen und Zahlenwerte.
- Nummerieren Sie Ihre Markierungen und Notizen, damit Sie anhand dieser Reihenfolge Ihre Ausführung gliedern und gestalten können.
- Gehen Sie zunächst bei der Sichtung das Material von M 1 – M x durch, damit Sie nichts vergessen. (Hinweis: Bei Ihrer schriftlichen Ausführung müssen Sie sich von dieser „sturen" Reihenfolge lösen!).
- Ziehen Sie wichtige Materialien bei mehr als nur einer Aufgabenstellung hinzu.
- Untergliedern Sie Ihre geplante Ausführung = beweisen Sie, dass Sie die Aufgabenstellung im Griff haben.
- Merken Sie solche Gliederungspunkte vor, die für sog. „Zwischentitel" in Frage kommen.

Anfertigen einer Gliederung
Eine solche Gliederung Ihrer Ausführung voranzustellen, ist sinnvoll – schließlich wollen Sie dem Leser vorankündigen, was ihn zu erwarten hat, und schließlich finden Sie in jedem Sachbuch und jeder wissenschaftlichen Abhandlung vorne ja auch ein Inhaltsverzeichnis.

Tipp Formulieren Sie die Gliederungspunkte zwar durchaus stichpunktartig, aber nicht aussagearm.
Also nicht: 1. Einleitung – die Lage. Sondern z. B.: 1. Einleitung: Die Lage Tschechiens innerhalb der EU (dann wird das Thema ja wohl nicht von Tschechiens Beziehungen zu irgendeinem Entwicklungsland handeln, sondern vielmehr …)

Gestaltung der Einleitung
Formulieren Sie eine aufgabenbezogene räumliche Einordnung des Untersuchungsraumes und greifen Sie die Themenstellung mit eigenen Worten auf.

Aufbau des Hauptteils

Tipp 1 Integrieren Sie die Formulierung der Teilaufgaben in Ihren Fließtext, setzen Sie „Spitzmarken", z. B. einzelne Kernbegriffe, nach einem Absatz als Zwischenüberschrift alleine auf die nächste Zeile. Durchlaufende Endlosspalten „verdaut" man nämlich nicht so gut, auch das Auge benötigt mal eine Unterbrechung, danach kann man – zusammen mit Ihnen – gedanklich neu ansetzen.

Tipp 2 Bauen Sie Absätze durchaus öfter ein: Sie verdeutlichen, dass Sie sich selbst Ihres Strukturierungsansatzes bewusst sind.

Tipp 3 Lesen Sie in regelmäßigen Abständen die Themenstellung nach – um sich zu vergewissern, dass Sie auf der richtigen Spur sind.

Ihre Aufgabe besteht darin, mithilfe der Materialien und Ihres Hintergrundwissens die Teilaufgaben zu bearbeiten. Nutzen Sie den Informationsgehalt des Materialteils mithilfe Ihrer Markierungen und Stichworte so intensiv wie möglich.
- Beachten Sie, aus welcher Zeit die jeweilige Quelle stammt.
- Berücksichtigen Sie auch, von wem sie stammt – dies kann wichtig sein für eine geforderte Bewertung, schließlich ist die politisch oder anders begründete „Aussage" gedanklich einzuordnen.
- Stellen Sie Querverbindungen zwischen den einzelnen Materialien her: Ein solches Materialpaket ist wie ein Mosaik zu verstehen, dessen einzelne Bausteine thematisch zueinander passen und ein Gesamtbild ergeben. Arbeiten Sie diese Zusammenhänge heraus, indem Sie diese sprachlich (Satzbau, Vergleiche u. a.) verdeutlichen.
- Machen Sie deutlich, dass Sie sich die jeweilige Aussage nicht selbst ausgedacht haben, sondern dass sie sich aus dem Material ergibt: belegen und zitieren Sie!

Tipp 1 Materialhinweise sind keine Satzglieder, schon gar keine Subjekte. Sie sind einfache Anhänge in Klammern und gehören grundsätzlich an das Ende eines Satzes oder Abschnittes. Also nicht: „M 3 zeigt uns, dass die Bevölkerung …" sondern: „Im Zeitraum von 1990 bis 2004 ist die Bevölkerung um 30 Prozent gestiegen (M 3)".

Tipp 2 Fügen Sie solche Belege immer dann ein, wenn Sie einen neuen Sachverhalt vorstellen oder ein neues Argument vortragen – der Klammerzusatz beweist Ihr methodisch richtiges Vorgehen und stellt für Sie selbst eine Rückversicherung dar, dass Ihre Aussage anhand von M … richtig/möglich ist.

Formulierung eines Schlusses
Lassen Sie, um im Bild des Hausbaus und Maurers zu sprechen, mit dem letzten Satz zu Teilaufgabe 3 nicht die Kelle fallen: Zwar sind das gedankliche Gebäude vom Grundsatz her fertig und die Argumentation „dicht" – aber zu einer Ausführung gehört nun einmal ein Abschluss wie zu einem Haus der äußere Verputz.

Tipp Jede der Teilaufgaben hat einen eigenen Arbeitsschwerpunkt – und alle haben etwas mit dem Thema in der Aufgabenstellung zu tun. Dieses Thema ist quasi das Dach, das alle Gebäudeteile überdeckt. Formulieren Sie Ihren Schluss mit Bezug zur Themenformulierung – hierbei werden Sie automatisch die wesentlichen Teilergebnisse extraktartig zu einem Fazit zusammenfassen, ohne hierbei bereits Gesagtes in der Formulierung zu wiederholen („wie gesagt" gehört grundsätzlich nicht in eine Ausführung!).

4. Sprachliche Richtigkeit

Anforderungen an die Darstellungsleistung
Für Ihre gesamte Ausführung gilt: Neben dem inhaltlichsachlich richtigen Ertrag kommt der sprachlichen Richtigkeit eine große Bedeutung zu. Für die sog. Darstellungsleistung sind im Zentralabitur im Benotungsansatz 20 % vorgesehen – hierbei spielen folgende Dinge eine Rolle:
- Verwendung einer präzisen und differenzierten Sprache: „Missbrauchen" Sie Hilfsverben nicht als Vollverben; benutzen Sie Synonyme statt Wiederholungen; variieren Sie Satzbaukonstruktionen.
- Verwendung von Fachbegriffen: In der Geographie hat jedes Kind einen Namen; in jedem Geographiebuch gibt es ein Begriffs- und/oder Sachregister: „City" heißt „City" und nicht „Stadt", denn „Stadt" meint etwas viel Größeres.
- Syntaktisch richtige Schreibweise: Schreiben Sie in vollständigen Sätzen; achten Sie auf die Wortstellung; reihen Sie nicht Hauptsatz an Hauptsatz, sondern verwenden Sie Nebensatz-Konstruktionen.
- Stilistisch richtiges Schreiben: Unterlassen Sie umgangssprachliche Formulierungen, verwenden Sie Hoch- und Fachsprache.
- Wissenschaftspropädeutische Richtigkeit: Stellen Sie Ihre Zitierkompetenz durch Materialhinweise unter Beweis.
- Strukturieren Sie sachgerecht (s. o.!).

Formale Anforderungen
In Ihrer Ausführung müssen Sie auch die Anforderungen an die äußere Form und die muttersprachliche Richtigkeit berücksichtigen: Deutliche Verstöße hiergegen führen zu Bewertungsverlusten, d. h. zum Abzug von bis zu zwei Notenpunkten. Wenn Sie bedenken, wie viel Mühe Sie sich bezüglich des Inhaltes und der Methode geben – ein nachträgliches Abwerten von Note 2 auf 3+ oder 3 auf 4+ oder … wäre mehr als ärgerlich.

Arbeitsanweisungen verstehen – die Operatoren

Operatoren, die vorrangig Leistungen im Anforderungsbereich I (Reproduktion) verlangen		
nennen	Informationen/Sachverhalte ohne Kommentierung wiedergeben	*Nennen Sie die fünf größten Wirtschaftsbündnisse.*
beschreiben	Materialaussagen/Sachverhalte mit eigenen Worten geordnet und fachsprachlich angemessen wiedergeben	*Beschreiben Sie die klimatischen Gegebenheiten der Great Plains.*
darstellen	aus dem Unterricht bekannte oder aus dem Material entnehmbare Informationen und Sachzusammenhänge geordnet (grafisch, verbal) verdeutlichen	*Stellen Sie am Beispiel der Neuen Mitte Oberhausen den Strukturwandel im Ruhrgebiet dar.*
lokalisieren	Einordnen von Fall-/Raumbeispielen in bekannte topographische Orientierungsraster	*Lokalisieren Sie die Euroregion Erzgebirge.*
Operatoren, die vorrangig Leistungen im Anforderungsbereich II (Reorganisation und Transfer) verlangen		
ein-/zuordnen	einem Raum/Sachverhalt auf der Basis festgestellter Merkmale eine bestimmte Position in einem Ordnungsraster zuweisen	*Ordnen Sie die Verkehrsentwicklung Rumäniens mithilfe des Taaffe-Modells ein.*
kennzeichnen	einen Raum/Sachverhalt auf der Basis bestimmter Kriterien begründet charakterisieren	*Kennzeichnen Sie die Wirtschaftsstruktur Rostocks im Jahre 1989.*
analysieren	komplexe Materialien/Sachverhalte in ihren Einzelaspekten erfassen – mit dem Ziel, Entwicklungen/Zusammenhänge zwischen ihnen aufzuzeigen	*Analysieren Sie die Sozialstruktur des Berliner Stadtteiles Marzahn.*
erläutern	Sachzusammenhänge mithilfe ergänzender Informationen verdeutlichen	*Erläutern Sie den Verlandungsprozess im Bereich des Aralsees.*
erklären	Begründungszusammenhänge, Voraussetzungen und Folgen bestimmter Strukturen und Prozesse darlegen	*Erklären Sie den Vorgang der Revitalisierung am Beispiel des Zentrums von Boston.*
vergleichen	Gemeinsamkeiten und Unterschiede zwischen (vergleichbaren) Strukturen/Prozessen erfassen und kriterienbezogen verdeutlichen	*Vergleichen Sie die Emscher-Renaturierungsmaßnahmen in Dortmund und Duisburg.*
anwenden	Theorien/Modelle/Regeln mit konkretem Fall-/Raumbeispiel/Sachverhalt in Beziehung setzen	*Wenden Sie Butlers Destinationslebenszyklusmodell auf die Entwicklung des Tourismus auf Haiti an.*
Operatoren, die vorrangig Leistungen im Anforderungsbereich III (Reflexion und Problemlösung) verlangen		
erörtern	einen Sachverhalt unter Abwägen verschiedener Pro- und Kontra-Argumente klären und abschließend eine schlüssige Meinung entwickeln	*Erörtern Sie Chancen und Risiken der wirtschaftlichen Entwicklung des Landes auf der Grundlage von Bodenschätzen.*
(kritisch) Stellung nehmen	unter Abwägung unterschiedlicher Argumente zu einer begründeten Einschätzung eines Sachverhalts/einer Behauptung gelangen	*Nehmen Sie kritisch Stellung zu der Behauptung, ohne Agrarreform sei weitere Landflucht in Bolivien nicht zu verhindern.*
überprüfen	(Hypo-) Thesen/Argumentationen/Darstellungsweisen auf ihre Angemessenheit/ Stichhaltigkeit/ Effizienz hin untersuchen	*Überprüfen Sie, ob die Bevölkerungsprognose für die neuen Bundesländer aus dem Jahr 1990 bis heute eingetroffen ist.*
beurteilen/ bewerten	auf der Basis von Fachkenntnissen/Materialinformationen/eigenen Schlussfolgerungen unter Offenlegung/Reflexion der angewandten Wertmaßstäbe zu einer sachlich fundierten, qualifizierenden Einschätzung gelangen/eine begründete, differenzierte eigene Meinung entwickeln	*Beurteilen Sie die künftigen Perspektiven des Ökotourismus auf Mallorca.* *Bewerten Sie die zentralörtliche Bedeutung der Stadt Münster.*

Lokalisieren, beschreiben, darstellen und *vergleichen* sind **Operatoren,** die je nach Komplexität des zu bearbeitenden Materials/der Zielrichtung der Teilaufgabe auch auf Leistungen im nächst höheren Anforderungsbereich zielen können.

Register mit Begriffserklärungen

A

Abwanderung 288
Ackerbau 62
Agenda 21 300, 318, 320, 480
(Agenda = Tagesordnung) Ein weltweites Umwelt-Aktionsprogramm für das 21. Jahrhundert. Es wurde 1992 von 178 Staaten auf der UN-Konferenz für Umwelt und Entwicklung (UNCED) in Rio de Janeiro beschlossen. Zentrales Thema der Agenda 21 ist die Erarbeitung von Strategien für eine umweltgerechte und → nachhaltige Entwicklung der einzelnen Staaten.
Agglomeration 364, 396
Auch Ballungsraum oder → Verdichtungsraum genannt. Regionale Konzentration von Bevölkerung, Besiedlung und Wirtschaft. Abgrenzungskriterien sind z. B. Größe, Bevölkerungsdichte und -anzahl, innere strukturelle Verflechtung sowie Industriedichte.
Agrarkolonisation 30
Agrarlaboratorium 21
Agrobusiness 53, 55
Produktion von Agrarprodukten durch agrarindustrielle Unternehmen. Agrarindustrielle Unternehmen betreiben eine kapitalintensive Produktion in großen Betrieben mit hoher Produktionskapazität. Die Betriebe, die zum Unternehmen gehören, sind vertikal integriert. Das bedeutet, dass eine landwirtschaftliche Betriebskette aufgebaut ist, die z. B. von der Kükenaufzucht über die Futtermittelfabrik und die Hähnchenmästerei bis zum Schlachthof, der das küchenfertig verpackte Hähnchen ausliefert, reicht. Das Management ist oft von der eigentlichen Produktion losgelöst.
Die zweite Art der agrarindustriellen Unternehmen wird als Corporate Farm bezeichnet. Hierbei ist das Unternehmen primär außerhalb der Landwirtschaft tätig, die Agrarproduktion ist somit nur ein Teil der Unternehmenstätigkeit. Solche Unternehmen können Verluste in der Landwirtschaft durch Gewinne in anderen Branchen ausgleichen und sind weniger krisenanfällig.
Agrochemikalie 32
Akkumulation 12
Aktivraum 304
Alpine Space 414
ALPSHEALTHCOMP 415
Altersstruktureffekt 461
Altindustrieregion 391
Industriegebiete aus der Frühzeit der Industrialisierung (z. B. Ruhrgebiet, Lothringen, Midlands/England; heute durch → Strukturwandel geprägt.
Altstadt 487
Anbau von Energiepflanzen 120
Anbaugrenze, agronomische 21
Anbaugrenze, klimatische 21
äolische Kraft 170
Aquakultur 74, 78
Arbeitsteilung, räumliche 319
arides, semiarides Gebiet 78
Asthenosphäre 168
Die Asthenosphäre liegt innerhalb des geologischen Schalenmodells (Kern/Erdmantel/Erdkruste) im oberen Mantelbereich, unmittelbar unterhalb der → Lithosphäre. Sie beginnt in einer Tiefe von 100 km und reicht bis 400 km tief in die Erde. Es ist die Zone mit geringerer Materialfestigkeit (im Gegensatz zur darüberliegenden Lithosphäre). Sie liegt mit der Lithosphäre im ständigen Massenaustausch, vor allem an den mittelozeanischen Rücken, wo Material der Asthenosphäre aufsteigt, abkühlt und zu Lithosphäre erstarrt. Der umgekehrte Vorgang spielt sich in der Subduktionszone ab. Die Lithosphäre stellt den Bereich im oberen Mantelbereich dar, mit festem Gestein.
Aufholstrategie 223
Aufrissgestaltung 277
Aufwertungs-Finanzierung 291
ausländische Direktinvestition (ADI) 238, 363
Automobilindustrie 230
Avenue 324, 327

B

Banlieue 309
Barriadas 330
Basalt 160
Bevölkerungsdichtemodell 482
Bevölkerungsexplosion 460
Starke Zunahme der Bevölkerung in einem Gebiet, insbesondere Bezeichnung für das exponentielle Wachstum in vielen → Entwicklungsländern.
Bevölkerungspyramide 481
Bevölkerungsverteilung 216
Bewässerung 49
Bewässerungsfeldbau 44, 88
Intensive Form der Landwirtschaft, bei der den Pflanzen in niederschlagsarmen Gebieten oder in niederschlagsarmen Zeiten Wasser zugeführt wird. Folgende Methoden sind verbreitet: Beregnung (verbunden mit hohen Verdunstungsverlusten), Furchen- oder Flächenbewässerung (Zuleitung von Wasser durch Furchen, Gräben, Rinnen oder über die gesamte Fläche) sowie → Tröpfchenbewässerung. Bewässerung muss meist mit Entwässerungsmaßnahmen kombiniert werden, die für eine Ableitung von Überschusswasser sorgen. Fehler in der Bewässerung können zur Bodenzerstörung in Form von → Bodenversalzung oder → Bodenerosion führen.
Bewässerungsmethode 50
Bewetterung 394
Big Push 223, 255
Bims 160
Binnenwanderung 30, 218
Bevölkerungsbewegung, Umzug innerhalb eines Staatsgebietes
Biodiversität 32
Bioenergie 121
Bioethanol 122
Biokraftstoff 122
Blaue Banane 409
Blaue Revolution 73
Blizzard 162
Als Blizzard bezeichnet man einen Eis- und Schneesturm in Nordamerika. Blizzards treten bei Kaltlufteinbrüchen (Northers) auf und können in einigen Fällen sogar die Golfküste der USA erreichen.
Bodendegradation 8, 84
Bodenerosion 84
Bodenzerstörung (soil erosion); meist durch fehlerhafte Bewirtschaftung entstandene Abtragung von Boden durch Wasser oder Wind. Zerstörung der Vegetationsdecke durch Abholzung, Überweidung sowie Absenken des Grundwasserspiegels gibt den Boden der Windausblasung (Deflation) und der flächen- und linienhaften Abspülung durch Niederschlagswasser preis. Auch die → Bodenversalzung ist eine Form der Bodenzerstörung.
Bodenversalzung 49, 80
Anreicherung von Salz im Boden und an der Bodenoberfläche. Neben natürlicher Versalzung, die in ariden und semiariden Klimaten vorkommt, sind große Flächen heute infolge unsachgerechter Bewässerung versalzt. Die Anreicherung erfolgt bei hoher potenzieller Verdunstung durch kapillaren Aufstieg von → Grundwasser oder infolge der Verdunstung großer Wassermengen an der Erdoberfläche. Sobald das Wasser verdunstet ist, fallen die gelösten Salze aus und bilden Salzausblühungen und Salzkrusten. In hochgradig versalzten Böden können Pflanzen nicht mehr gedeihen. In Bewässerungsgebieten kann Versalzung vermieden werden, indem überschüssiges Wasser abgeleitet wird.
Borough 324
Brache 62

Brandrodungswirtschaft 44, 218
Bodenbewirtschaftung in Form des → Wanderfeldbaus, die in tropischen und subtropischen Waldgebieten verbreitet ist. Es handelt sich um Landwechselwirtschaft mit extensiver Nutzung. Nach wenigen Jahren des Anbaus wird das Feld aufgegeben und es beginnt ein neuer Brandrodungsvorgang. Auf den aufgelassenen Kulturflächen entwickelt sich Sekundärwald.

Brundtland-Report 64
Bericht der, von der früheren norwegischen Ministerpräsidentin Brundtlandt geleiteten, Weltkommission für Umwelt und Entwicklung (Brundtlandt-Kommission) – „Unsere gemeinsame Zukunft 1987". Er enthält die Forderung nach „sustainability", nach → „nachhaltiger Entwicklung" und bestimmte seitdem die Diskussion um globale ökologische Probleme. Der Begriff → Nachhaltigkeit war aus der Forstwirtschaft entlehnt worden: Nachhaltig hieß dort, in einem bestimmten Zeitraum nur so viel abzuholzen wie gleichzeitig nachwachse. Auch die folgenden Generationen sollten die natürlichen Ressourcen ebenso nutzen können.

Bruttoinlandsprodukt (BIP) 356
Gesamtwert aller in einem Land während eines bestimmten Zeitraums (meist 1 Jahr) für den Endverbrauch erzeugten Güter und Dienstleistungen. Dabei ist es gleichgültig, von wem sie erbracht werden (Inländer oder Ausländer). Das BIP gilt als internationale Messgröße der Leistung einer Volkswirtschaft.

Bruttonationaleinkommen (BNE) 190, 226
Maß für die wirtschaftliche Leistung einer Volkswirtschaft in einem Jahr in Geldwerten. Es umfasst den Wert der Sachgüter und → Dienstleistungen, die über einen Markt abgesetzt werden, also nicht die Leistungen im Privathaushalt. Nicht einbezogen werden Produktionen ausländischer Unternehmen im Inland, wohl aber die Erträge von inländischer Unternehmen im Ausland.

Bruttosozialprodukt (BSP) 188
1999 wurde das BSP in Angleichung an den internationalen Sprachgebrauch durch das → Bruttonationaleinkommen (BNE) ersetzt.

Butlers Modell 426, 438

C

cash crop 37, 42, 44, 47
Bezeichnung für Agrarprodukte, die auf dem (Welt-)Markt abgesetzt werden. Sie stehen im Gegensatz zu Erzeugnissen, die der Selbstversorgung (→ Subsistenzwirtschaft) oder zum Absatz auf lokalen Märkten dienen.

Central Business District (CBD) 324, 327
Bezeichnung für den zentralen Geschäfts- und Verwaltungsbereich einer Stadt, auch als → City oder Downtown bezeichnet.

Centrification 325

Charta von Aalborg 320, 321

Charta von Athen 271

Chemisierung 63

City 483
Zentrum einer Großstadt. Kennzeichnend sind einerseits funktionale Merkmale wie z. B. hochspezialisierte Versorgungs- und Dienstleistungsangebote, Viertelsbildung, hohe → Tag- bzw. geringe → Nachtbevölkerung, gesamtstädtisches Miet- und Bodenpreismaximum, andererseits physiognomische Merkmale wie z. B. Geschäfts- und Verwaltungsbauten, überdurchschnittliche Bauhöhe, z. T. Fußgängerzonen, moderne Sacharchitektur, durchgehende Ladenfronten und Ballung von Reklame.

Citykern 483

Citymantel 483

Cityrandgebiet 483

Cluster 238, 244
Ein Cluster zeichnet sich durch die räumliche Ballung von Produzenten, Zulieferern, Forschungseinrichtungen (z. B. Hochschulen), Dienstleistern (z. B. Design- und Ingenieurbüros) und verbundenen Institutionen (z. B. Handelskammern) aus, die über gemeinsame Austauschbeziehungen entlang einer Wertschöpfungskette (z. B. Automobilproduktion) gebildet werden. Die Mitglieder des Clusters stehen dabei über Liefer- oder Wettbewerbsbeziehungen oder gemeinsame Interessen miteinander in Beziehung.

Commercial strip 327

Coriolis-Ablenkung 162

Corporate Social Responsibility (CSR) 428

D

Daseinsgrundfunktionen 35
Alle menschlichen Grundbedürfnisse zusammengefasst: In Gemeinschaft leben, wohnen, arbeiten, sich versorgen, sich bilden, sich erholen, am Verkehr teilnehmen.

Deckgebirge 131
Gesteinsschicht über dem älteren, meist gefalteten Untergrund des Grundgebirges. Diese jüngeren Schichten sind weniger deformiert. Sie wurden in der geologischen Zeitspanne zwischen Oberkarbon (315 – 280 Mio. Jahre vor heute) und Tertiär (70 – 2 Mio. Jahre vor heute) zumeist als Sedimente abgelagert.

Degradation 82, 83

De-Industrialisierung 226, 396

demographische Dividende 203

demographischer Wandel 462, 464
Modellvorstellung zur Veränderung der generativen Verhaltensweisen einer menschlichen Population von der agrarischen Bevölkerungsentwicklung mit hohen Geburten- und Sterbeziffern zu industriegesellschaftlichem Verhalten mit geringen Geburten- und Sterbeziffern. Die eigentliche Übergangsphase (geringe Sterbeziffern bei hohen Geburtenziffern) wird als → Bevölkerungsexplosion bezeichnet.

Dependenztheorie 224
Bezeichnung für die Abhängigkeit der → Entwicklungsländer von den → Industrieländern. Die Dependenztheorie besagt, dass die Unterentwicklung der Länder der → Dritten Welt die Folge der wirtschaftlichen und politischen Abhängigkeit von diesen Industrieländern sei.

Desertifikation 21, 38, 42
Durch den Menschen bedingter Vorgang der Verwüstung (Wüstenbildung) bei Übernutzung von Ökosystemen in → ariden und semiariden Gebieten. Dabei werden Vegetation und in der Folge auch Böden zerstört und der Wasserhaushalt verändert.

DesktopGIS 177

Destinationslebenszyklusmodell 438

Deutscher Entwicklungsdienst (DED) 42

Devisenzwangswirtschaft 204
Devisen sind in Auslandswährung ausgeschriebene Wechsel, Schecks und Zahlungsanweisungen, im weiteren Sinne auch bares Geld ausländischer Währung; Zahlungsforderungen an das Ausland. Devisenzwangswirtschaft bezeichnet die staatliche Kontrolle des Außenwirtschaftsverkehrs in Bezug auf den An- und Verkauf bzw. Im- und Export von ausländischer Währung.

Dezentralisierungsmaßnahme 310, 339

Dienstleistung, distributive, gesellschaftsbezogene, haushaltsbezogene, wirtschaftsbezogene 243

Dienstleistungsgesellschaft 252, 398

Differenzierung 276, 277, 278, 279

Disparität 72
Regionale Unterschiede in der Wirtschaftskraft, den Lebensbedingungen sowie den natürlichen Voraussetzungen stehen bei der Analyse regionaler Disparitäten im Vordergrund. Die regionalen Unterschiede können innerhalb eines Landes erheblich sein und erfordern das Eingreifen des Staates über die Regionalpolitik.

Disparität, regionale 304, 392
Unausgeglichene Raumstrukturen (in einer bzw. zwischen verschiedenen Regionen). Sie führen zu unterschiedlichen Lebensbedingungen und Entwicklungsmöglichkeiten.

Räumliche Disparitäten können nicht völlig beseitigt werden (Stadt-Land, → Entwicklungsländer- → Industrieländer). In Deutschland strebt die → Raumordnung Gleichwertigkeit der Lebensbedingungen an.

Diversifizierung 54, 394
Maßnahme zur Verbesserung der Produktionspalette, um die bei Monostruktur auftretenden Probleme zu beseitigen. In der Landwirtschaft beseitigt die Diversifizierung die ökonomischen und ökologischen Nachteile extremer Spezialisierung (Monokulturen). In der Industrie bezeichnet Diversifizierung in betrieblicher und räumlicher Hinsicht das Streben nach einer vielfältigen Produktionsstruktur, die Krisenanfälligkeit vermindert.

Dorferneuerungskonzept 300

Dreifelderwirtschaft 62

Drei-Sektoren-Hypothese 242

Dritte Welt 188
Allgemeine Bezeichnung für → Entwicklungsländer. Der Begriff entstammt der Einteilung in Erste (westliche → Industrieländer), Zweite (sozialistische Planwirtschaften) und Dritte (südliche) Welt. Oft werden auch eine Vierte (arme Entwicklungsländer ohne Rohstoff- und Energiereserven) und eine Fünfte Welt (die Ärmsten der Armen) ausgegliedert.

Druckgebilde, thermische 22

Dualismus 224
Bestehen von zwei verschiedenen sozioökonomischen Strukturen innerhalb eines → Entwicklungslandes. Der eine → Wirtschaftssektor ist dabei in einen modernen marktwirtschaftlichen Weltmarkt einbezogen, der andere ist einer traditionellen, oft rückständigen Struktur zuzuordnen.

Dürre, -katastrophe 38

E

Ecofarming 47

Edge City 327
Räumliche Konzentration von Einzelhandel (Shopping Center), Bürofunktionen, Dienstleistungsbetrieben und sonstigen wirtschaftlichen Aktivitäten im suburbanen Raum nordamerikanischer Großstädte. Diese an Kreuzungspunkten von Highways gelegenen neuen Zentren erlangen inzwischen größere Wirtschafts- und Versorgungsfunktionen als die ehemaligen Stadtzentren.

Eine Welt 185
Begriff, der die Zusammengehörigkeit und gegenseitige Abhängigkeit aller Länder und Regionen der Erde beschreibt.

El-Niño 28, 72
Bezeichnung für das Auftreten ungewöhnlicher, nicht zyklischer, veränderter Strömungen im hydrographisch-meteorologischen System des äquatorialen Pazifiks.

Emerging Markets 190
Aktienmärkte in → Schwellenländern, die z. T. höhere Kapitalisierungen und Umsätze als traditionelle Börsenplätze erreichen.

endogene Kräfte 170

Energieträger, heimischer 96, 129

Energiepflanze 120

Energierohstoffe 124

Entlastungsstadt 339
Entwicklungsschwerpunkt am Stadtrand mit Wohnungen, Arbeitsstätten sowie Versorgungseinrichtungen.

Entwicklungsland 188
Land der → Dritten Welt (auch LDC) mit hohem Bevölkerungswachstum, unzureichender Nahrungsmittelversorgung, Analphabetismus, Polarisierung traditioneller und moderner Wirtschaftsstrukturen, niedrigem Pro-Kopfeinkommen, Kapitalmangel usw. Eine international verbindliche Liste der Entwicklungsländer gibt es nicht.

Entwicklungsschwerpunkt und -achsen-Konzept 307
Strategie zur Entwicklung → peripherer Regionen durch den Ausbau von Verkehrsachsen und daran gelegener Zentren.

Epizentrum 155

Erdkruste 159
Äußere feste Hülle der Erde, Teil der → Lithosphäre. Die Dicke der Erdkruste variiert zwischen 5 bis 11 km unter den Ozeanen und 0 bis 70 km unter den Kontinenten.

Erosionsschaden 218

Erste Welt 188

Euregio Egrensis 417

Europäische Gemeinschaft für Kohle und Stahl (EGKS) 484
Älteste der Europäischen Gemeinschaften; trat am 23. Juli 1952 in Kraft; begründete eine Zollunion für Montangüter und umfasst Vorschriften über Preise, Wettbewerbs- und Handelspolitik mit Kohle und Stahl. Die EGKS wird durch eine Umlage finanziert, die erste europäische Steuer.

Europäische Union (EU) 484

Europäischer Ausrichtungs- und Garantiefonds (EU-Agrarfonds) 484
Fonds zur Finanzierung der gemeinsamen europäischen Agrarpolitik; über die Abteilung „Garantie" werden Interventionen auf dem EU-Agrarmarkt, Exporterstattungen und Grenzausgleich finanziert, über die Abteilung „Ausrichtung" Maßnahmen zur Anpassung und Verbesserung der landwirtschaftlichen Produktion und Vermarktung.

Europäischer Fond für regionale Entwicklung (EFRE) 412, 486

Europäischer Sozialfond (EFS) 486
1958 durch den EWG-Vertrag geschaffen: Instrument der Beschäftigungspolitik mit arbeitsmarktpolitischer Zielsetzung.

Europäisches Raumentwicklungskonzept (EUREK) 410

Euroregion 416

European Fair Trade Association (EFTA) 484

Eutrophierung (Überdüngung) 74
Durch Abwässer und Ab- bzw. Ausschwemmungen von landwirtschaftlichen Böden können große Nährstoffmengen in die Oberflächengewässer gelangen, die das Wachstum von Algen und anderen Wasserpflanzen fördern. Damit steigt in der Folge die Menge der abgestorbenen Pflanzen, zu deren Abbau die daran beteiligten Mikroorganismen Sauerstoff benötigen. Dieser Sauerstoffverbrauch führt in bodennahen Wasserschichten zu Sauerstoffmangel und Faulschlammbildung.

Evaporation 78
Verdunstung des auf Land- und Pflanzenoberfläche nach Niederschlägen, Schneeschmelze oder Überschwemmungen vorübergehend gespeicherten Wassers sowie des im Boden aus dem → Grundwasser aufsteigenden Wassers.

exogene Kräfte 170

F

fairer Handel 368

Favela 330
Bezeichnung für → Marginalsiedlungen in Brasilien

Feedlot 57

Fernwärme 129

Fertigungstiefe 231

Fertilitätsrate 461

Feuchtwald, immergrüner 23

Flächenaufwand 44

Flächenverbrauch 319

fossiler Energieträger 96

fragmentierende Entwicklung 224
Modell, welches die Aufgliederung der Wirtschaft von → Entwicklungsländern in unverbunden arbeitende Teilbereiche beschreibt. Die Fragmentierung nimmt im Verlauf der Globalisierung zu und wird als wesentliches Hemmnis der Entwicklung angesehen.

Fragmentierung 297

Freihandelszone 363

Fühlungsvorteil 337
Ein weicher → Standortfaktor. Gesamtheit aller positiver Effekte, die sich z. B. für Unternehmen aus der räumlichen Nähe zu Regierungsstellen, Behörden, Wirtschaftsverbänden, Banken und anderen Unternehmen ergeben. Vor allem in Hauptstädten und Metropolen sind Fühlungsvorteile gegeben.

Funktionalismus-Prinzip 273

Funktionswandel 300

G

Gartenstadt 274
Gated Community 327
generatives Verhalten 289
Gentrifizierung 281
Geobasisdaten 180
Geodaten 176
Geofachdaten 180
Geofaktor 491
Die Bestandteile eines Naturlandschaftsraumes sind Klima, Wasser, Relief, Boden, geologischer Bau, Vegetation und Tierwelt. Deren Wirkungszusammenhang bestimmt die Struktur einer Naturlandschaft.
Geographisches Informationssystem (GIS) 21, 69, 157, 175
Geoinformation 175
Geothermie 118
geothermisches Kraftwerk 145, 153
Geowebdienst 176
Gerechtigkeit, soziale 225
Gesellschaft für Technische Zusammenarbeit (GTZ) 42
Ghetto 325
Wohnviertel ethnischer oder sozialer Minderheiten, die sich freiwillig oder gezwungen von der übrigen Bevölkerung absondern und häufig diskriminiert werden.
Ghetto-Bildung 482
glazial 12
durch die Eiszeit geschaffen
Gleichgewicht, ökologisches 225
Gliederung, kulturräumliche, naturräumliche 14
Global City 324, 382
Global Player 372, 384
globaler Wandel 472
Globalisierung 356
good governance 225, 241, 480
Im Rahmen der entwicklungspolitischen Debatte der 1990er-Jahre entwickelter Sammelbegriff für Best Practices im Bereich des Regierungshandelns. Darunter versteht man u.a. die effiziente Gestaltung der öffentlichen Verwaltung und die Einbeziehung wichtiger gesellschaftlicher Gruppen und Minderheiten in die demokratische Entscheidungsfindung. Zunehmend wird darunter auch die Eindämmung von Korruption und Vetternwirtschaft verstanden, sowie transparente Beziehungen zwischen öffentlichem und privatem Sektor.
Google Earth 177, 182
Großstaudamm 40
Gründerzeit 270
Grundmoräne 12
Grundlastversorgung 108
Grundwasser 135
Grüne Gentechnik 378
Grüne Revolution 73
Ertragssteigerung in der Landwirtschaft in Ländern der Dritten Welt seit Beginn der 1960er-Jahre. Die Ertragssteigerung wurde durch Züchtung und Verwendung von Hochertragssorten („Wunderweizen", Hybridzüchtungen) zur Folge.

H

Hackbau 44
HafenCity 284
Halbwertzeit 109
Halbwüste 23
Handel, gerecht und umweltverträglich 368
Handelsliberalisierung 370
Handelsstadt 294
heimischer Energieträger 129
Hochdruckzone, polare 22
Hochmoor 12
Hochwasser 166
Höhenhoch, äquatoriales 22
Höhentief, polares 22
Holozän 12
Hot-spot-Vulkanismus 159
Human Developed Index (HDI) 192
Mit diesem „Index der menschlichen Entwicklung" misst die UNO die Lebensqualität der Menschen weltweit. Als Bemessungsfaktoren dienen die Lebenserwartung, Bildung und die Wirtschaftskraft eines Landes.
Human Developed Report (HDR) 192
Hurrikan 162
Als Hurricane (deutsch oft auch Hurrikan) bezeichnet man einen tropischen Wirbelsturm, der über dem Golf von Mexiko entsteht. Hurricanes ziehen in einer gebogenen (parabelförmigen) Bahn über die Karibische See und können schwere Schäden an den Küsten Mexikos und den USA anrichten.
Hüttensiedlung 330
Hypozentrum 155

I

IBA 2010 293
Indikator 189
Zur Messung → regionaler Disparitäten werden Kennzahlen verwendet. Mithilfe der Kennzahlen können auf indirektem Weg nicht unmittelbar erfassbare Aspekte der Raumstruktur und raumprägenden Prozesse ermittelt und analysiert werden.
Indikator, ökonomischer 374, 376
Individualurlaub 423
Industrial park 327
Industrialisierung der Agrarproduktion 63
Industriestaat 270
Begriff, der benutzt wurde, um die reichen entwickelten Länder den → Entwicklungsländern gegenüberzustellen. Industrieländer zeichnen sich durch ein hohes Pro-Kopf-Einkommen und ein hohes → Bruttonationaleinkommen aus, das im Wesentlichen nicht vom → primären, sondern von → sekundären Sektor erzeugt wurde. Heute ist in diesen Ländern der → tertiäre Sektor meist bedeutender als der sekundäre (→ Wirtschaftssektoren).
Industriestadt 294
informeller Sektor 224
Wirtschaftliche Tätigkeiten, die in der offiziellen Statistik nicht erfasst sind. In → Entwicklungsländern gehören dazu der Straßenverkauf, die Herstellung und der Verkauf von Produkten auf lokalen Märkten und einfache → Dienstleistungen (Schuhe putzen, Auto waschen, kleine Reparaturen). Entwicklungsländer mit einem hohen informellen Sektor sind daher weniger arm als die Statistik ausweist (→ Schattenwirtschaft).
Infrastruktur 26, 302
institutionelle: *politische und wirtschaftliche Organisation des Raumes;*
materielle: *Ausstattung eines Raumes mit materiellen Einrichtungen als Grundlage für die Ausübung menschlicher → Daseinsgrundfunktionen;*
personelle: *ausgebildetes Personal für das Funktionieren von Wirtschaft und Gesellschaft*
Inkohlung 98
Vorgang der Umwandlung pflanzlicher Substanz in Kohle, wobei der Kohlenstoff auf Kosten von Sauerstoff, Stickstoff und Wasserstoff immer stärker angereichert wird. Die Inkohlungsreihe beginnt mit Torf und schreitet über Braunkohle, Steinkohle, Anthrazit bis zu Graphit fort, wobei bis zu den Braunkohlen überwiegend biochemische, später geochemische Vorgänge der Inkohlung eine Bedeutung haben.
Innenstadt 483
Innertropische Konvergenzzone (ITC) 23
Schmale Zone tiefen Luftdrucks, in der → Nordost-Passat und → Südost-Passat zusammenströmen, d. h. konvergieren. Die ITC folgen dem Zenitstand der Sonne.
Integration, vertikale bzw. horizontale 61
integrierter Land-/Pflanzenbau 63, 69
Intensivlandwirtschaft 49
Produktionsweise, bei der Produktionsfaktoren (z. B. spezielles Saatgut, Maschinen, Pflanzenschutz- oder Düngemittel) in großem Umfang eingesetzt werden, damit ein möglichst großes und gutes Produktionser-

gebnis (= hohe Hektarerträge) erzielt wird. Ein Beispiel hierfür ist die hochmechanisierte Landwirtschaft in Kalifornien mit Bewässerung und teuren Erntemaschinen.

International Federation of Organic Agriculture (IFOAM) 68

Internationaler Währungsfond (IWF) 86

Internationales Bodenreferenz- und Informationszentrum (ISRIC) 82

Inversionsschicht 329
Luftschicht, in der die Lufttemperatur mit zunehmender Höhe zunimmt. Sie wirkt als Sperrschicht für hoch reichende Konvektionsprozesse und verhindert dadurch die Bildung hoch reichender Cumuluswolken, die kräftigen Schauerniederschlag bilden können.

J

Jointventure 233, 363
Gemeinschaftsunternehmen, die meist zwischen einem Unternehmen aus einem → Industrieland und solchen aus → Entwicklungsländern oder den ehemaligen Ostblockländern vereinbart wird. Das westliche Unternehmen bringt sein Know-how, die technische Ausrüstung und einige qualifizierte Mitarbeiter ein. Das Partnerunternehmen stellt Grundstück, Betriebsgebäude und Arbeitskräfte. Das westliche Industrieunternehmen profitiert u. a. durch die Erweiterung seines Absatzmarktes, das Partnerunternehmen erwirbt technische Kenntnisse und kann die Zahl seiner Mitarbeiter sowie seinen Umsatz vergrößern.

Just-in-time-Produktion 231, 361
Der Betrieb verlangt vom Zulieferer die Lieferung „genau rechtzeitig" zur Montage. Dadurch werden die Kosten der Lagerhaltung auf die Lieferanten abgewälzt, die entweder um das Abnehmerwerk große Lagerhallen errichten oder so produzieren, dass die Zulieferung direkt von der Fertigung zur Montage per Lkw vollzogen wird. Dadurch gibt es keine Lagerhaltungskosten, man spricht von der Lagerhaltung auf der Straße. Allerdings wird ein Betrieb mit just-in-time-Anlieferung von Störfällen abhängig. Deswegen ist in Europa das System nach anfänglicher Übernahme wieder rückläufig.

K

Kasbah 332

Kaufkraftparität (KKP) 190, 413
Auch PPP (purchasing power parity). Bezeichnet die Kaufkraft im Austauschverhältnis zwischen verschiedenen Währungen. BNE bei KKP ist das zum KKP-Wechselkurs in internationalem Dollar umgerechnete BNE. Bei Anwendung des KKP-Kurses hat ein Dollar die gleiche Kaufkraft bezogen auf das BNE des jeweiligen Landes wie der US-Dollar bezogen auf das BNE der Vereinigte Staaten. Grundlage ist ein repräsentativer Waren- und Dienstleistungskorb in den USA. Die KKP soll besser als das BNE oder das BIP eine Aussage über den Lebensstandard eines Landes ermöglichen. Schwachpunkt ist, dass der Lebensstandard der USA den Warenkorb bestimmt. Davon abgesehen sind alle Werte bei einer Berechnung pro Kopf lediglich Durchschnittswerte. Beispiel (2006): VR China: Pro-Kopf-BNE: 2000 US-$, Pro-Kopf-KKP: 4640 international $. Z. Vgl. Deutschland: Pro-Kopf-BNE: 36 810 US-$, Pro-Kopf-KKP: 32 320 international $.

Kaufkraftstandards (KKS) (Purchasing Power Price, PPP) 413

Kohäsionsfond 486

Kohleverstromung 101

Kollektor 116

kompakte Stadt 318

Kontinentalverschiebung 168
→ Plattentektonik

Konversionsland 188

Konzentration, sektorale 60

Konzentration, unipolare 336

konzentrisches Wachstum 482

Kulturhauptstadt Ruhr 2010 398

L

Lagerstätte, hydrothermale 119

Lagerstätte, petrothermale 114

Landbau, integrierter 63

Landbau, ökologischer 66

Landlocked Developing Countries (LLDC) 190
Länder ohne Zugang zum Meer

Landnutzung, agroforstliche 42

Land-Stadt-Wanderung 197, 217, 341
Verlegung des Wohnsitzes von einem Dorf oder einer Kleinstadt in eine Mittel- oder Großstadt. Meist ist damit ein Berufswechsel verbunden. In → Entwicklungs- und → Schwellenländern führt der Bevölkerungsstrom in die Städte zu großen Problemen.

Landwirtschaft, nachhaltige (sustainable agriculture) 63

Layer 176

lean production 361
Schlanke Produktion. Der Betrieb stellt nur noch einen geringen Teil des Produkts selbst her; im Extremfall übernimmt er lediglich die Endmontage. Ziel ist es, die eigenen fixen Kosten wie Löhne gering zu halten. Bei gutem Geschäft profitieren nachgeschaltete Firmen, bei schlechtem bleibt das Stammwerk weitgehend vor Verlusten geschützt. Die Auslagerung (→ Outsourcing) der Produktion bzw. von → Dienstleistungen führt zum Abbau von Arbeitsplätzen im Stammwerk, sichert aber durch preisgünstige Produktion wiederum die Arbeitsplätze.

lean-management 231

Least Developed Countries (LDC) 190
am wenigsten entwickelte Länder = → Vierte Welt

Leitbild für die Stadtentwicklung 320

Leitbild, städtebauliches 318

Liquefied Natural Gas (LNG) 107

Lithosphäre 168
Gesteinssphäre der Landschaftshülle der Erde. Im geologischen Sinn handelt es sich im Rahmen des → Schalenbau-Modells (Erdkern/Mantel/Kruste) um den oberen Mantel und der → Erdkruste, die von festen Gesteinen gebildet werden. Sie reicht bis 100 km tief in die Erde.

Logistikkette 361

Logport Logistic Center 250

Löss 12

M

Marginalsiedlung 341
Hüttensiedlungen am Rand großer Städte v. a. in → Entwicklungsländern oder in ungünstigen Lagen (z. B. Steilhänge) innerhalb der Städte. Die Einwohner gehören in der Regel zu den sozial schwächeren Bevölkerungsgruppen.

marines Ökosystem 70

Marktwirtschaft 402, 476

Massentourismus 423
Fremdenverkehr, bei dem Touristen in organisierter Form und in größeren Gruppen bestimmte stark frequentierte Reiseziele aufsuchen. Die Zielorte sind durch hohe Bautätigkeit, spezielle → Infrastruktur und weite Landschaftszerstörungen gekennzeichnet.

Mechanisierung 63
Einsatz immer leistungsstärkerer Geräte und Maschinen in der Landwirtschaft. Eine Arbeitskraft kann dadurch immer größere Bodenflächen bearbeiten oder in der Massentierhaltung mehr Tiere versorgen. Der Mechanisierungsgrad spiegelt den Entwicklungsstand eines Landes wider.

Meeresproduktivität 70

Meeresschutzgebiet 77

Megastadt 340
Sie ist oft die → Primate City des jeweiligen Landes mit hoher Bevölkerungskonzentration; als Megacities werden jene Riesenstädte in → Entwicklungsländern bezeichnet, die durch den Verlust ihrer Steuerungsfähigkeit kennzeichnet sind. Durch Zuwanderung und natürlichem Bevölkerungswachstum vervielfacht sich die Bevölkerungszahl innerhalb weniger Jahre; die Versorgung der Bevölkerung und die Infrastruktur wächst nicht im notwendigen Umfang mit.

Mental Map 264
Mesozoikum 12
Metropolisierung 341
Prozess, bei dem die größte Stadt eines Landes (meist die Hauptstadt) im Vergleich zu anderen Städten überdurchschnittlich an Bevölkerung und Bedeutung zunimmt. Kommt in → zentralistischen Staaten (z. B. Frankreich) und in vielen → Entwicklungsländern vor.
Metropolregion 246
Migration 210
Wanderungen von Bevölkerungsgruppen oder Individuen. Die Migration kann innerhalb eines Landes erfolgen oder grenzüberschreitend sein. Die Migration hat einen längerfristigen oder endgültigen Wohnortwechsel zum Ziel. Die Gründe für Migrationen sind wirtschaftlicher (z. B. Gastarbeiter) oder sozialer (z. B. Minoritätenprobleme) Art. Migrationen können auch erzwungen sein (z. B. Vertriebene).
Mikroklimazone 322
Milleniumsentwicklungsziel 187
Milleniumsziel 221
Modernisierungstheorie 223
Monokultur 53
Montanrevier 394
Montanunion 484
Multinationaler Konzern (Multis) 26, 372, 384
Unternehmen, das seinen Sitz in der Regel in einem → Industrieland hat und über juristisch eigenständige Niederlassungen oder Zweigwerke in anderen Ländern verfügt (siehe auch → Global Players). Von der Zentrale aus werden alle Werke gesteuert. Multinationale Konzerne können aus Unternehmen einer Branche bestehen (z. B. Motorenwerk, Karosseriewerk, usw.) oder aber in verschiedenen Branchen tätig sein. Die Verflechtungen von Multinationalen Konzernen sind z. T. schwer durchschaubar, ihre Transaktionen nicht immer nachvollziehbar. In → Entwicklungsländern werden oft die finanzielle und politische Macht der Multis sowie die Abhängigkeit der dortigen Tochterunternehmen von der Zentrale kritisiert.

N

Nachbarschaftsprinzip 273
nachhaltige Entwicklung (sustainable development) 64, 241, 300, 320, 480
Die Entwicklungsmöglichkeiten der heutigen Generation gewährleisten, ohne die Chancen künftiger Generationen einzuschränken. Dieses Ziel ist nur in einer global nachhaltigen Entwicklung zu erreichen, d. h., dass auch in den → Industrieländern Reformen und Strukturanpassungen notwendig sind.
Nachhaltigkeit, ökologische, ökonomische, soziale 42, 480
Nachhaltig bedeutet, dass die Bedürfnisse der heutigen Generation befriedigt werden sollen, ohne die Chancen künftiger Generationen zu beeinträchtigen.
Nachtbevölkerung 337
Bevölkerungszahl eines Gebietes, die sich aus der Wohnbevölkerung minus auspendelnde Erwerbstätige plus einpendelnde Beschäftigte zusammensetzt. Sie ist werktags in Stadtzentren und Industriebereichen kleiner, in Wohngebieten größer als die → Tagbevölkerung.
nachwachsender Rohstoff 120
Nahwärmeversorgung 322
nation building 219
Naturpotenzial 216
Neighborhood (Stadtviertel) 325
Netzwerk 227
Neulandflächen 338
Landwirtschaftlichen Nutzflächen die durch Neulandgewinnung entstanden sind, z. B. durch Eindeichung, durch Rodung in Waldgebieten oder durch „Unter-den-Pflug-nehmen“ in Steppengebieten.
New Town 273
Zur Entlastung einer zu schnell wachsenden Großstadt geplante und gebaute Stadt. In Ägypten wurden Neue Städte z. T. in der Wüste gebaut, um Kairo zu entlasten.
Newly Industrialising Countries (NIC) 190
→ Schwellenland
Nichtregierungsorganisation (NGO) 487
North American Free Trade Agreement (NAFTA) 367
Nordamerikanische Freihandelsvereinbarung: 1994 von den USA, Kanada und Mexiko gegründet, erstrebt sie eine Förderung des Handels zwischen den Mitgliedsstaaten durch Abbau von Handelshemmnissen. Die USA erstreben eine Ausweitung der NAFTA um weitere lateinamerikanische Länder. Diese befürchten jedoch bei einem zu raschen Abbau der Zollschranken Wettbewerbsnachteile für die eigene Wirtschaft.
Nordost-Passat 23
Nord-Süd-Dialog 188
NUTS 413

O

Office park 327
Offshore-Anlage 114
Offshoring 232
Ökobilanz 369
Erfassung der Umweltauswirkungen von Produkten oder Verfahrensweisen. Bestandteile der Ökobilanz sind die Messung der Stoff- und Energieströme von der Herstellung über die gesamte Nutzung eines Produkts, die Einschätzung der Wirkungen von Stoff- und Energieströmen auf die Umwelt, sowie die Erarbeitung von Vorschlägen, die dazu geeignet sind, nachteilige Auswirkungen auf die Umwelt einzuschränken.
ökologischer Fußabdruck 65
ökologischer Rucksack 65, 369
ökologisch wirtschaftender Betrieb 63
ökologischer Kreislauf 62
Ökosystem 70
Natürliche ökologische Einheit der Lebensgemeinschaften von Pflanzen und Tieren und nichtbiologischen Umweltfaktoren wie Klima, Wind und Boden. Die Stoffkreisläufe sind im Ökosystem ausgeglichen, sodass sich ein ökologisches Gleichgewicht einstellt.
Organisation for Economic Cooperation and Development (OECD) 108
Organisation für wirtschaftliche Zusammenarbeit und Entwicklung. Sie ist eine multilaterale Wirtschaftsorganisation, der 34 Staaten (2010) angehören. Die OECD hat sich u. a. zum Ziel gesetzt, die wirtschaftliche und soziale Entwicklung ihrer Mitglieder sowie anderer Länder, die nicht zu ihr gehören, und den internationalen Handel zu fördern. Die meisten Mitglieder sind → Industriestaaten, darunter die → NAFTA-Staaten, fast alle Staaten Mittel- und Westeuropas, Japan, Australien und Neuseeland. Der Sitz der Organisation ist Paris.
Organization of Petroleum Exporting Countries (OPEC) 190
Die Organisation der Erdöl exportierenden Länder wurde 1960 von 13 Erdöl fördernden → Entwicklungsländern als wirtschaftspolitische Gegenmacht zu den westlichen multinationalen Erdölkonzernen gegründet. Die OPEC-Staaten lehnen die freie Preisbildung für Öl auf dem Weltmarkt ab und versuchen, durch Preisdiktate (1973 und 1979) sowie durch Preis- und Mengenabsprachen (Kartelle) Einfluss zu nehmen auf die Preisbildung des Erdöls.
Orientierungsrahmen, raumordnungspolitischer 488
Ostblock 484
outsourcing 361
Overlay 182, 183

P

Passatzirkulation 22
Passivhaus 322
Passivraum 304
Pauschalurlaub 423
periglazial 12
peripheres Gebiet/Raum 307, 416
Sammelbegriff für Räume, in denen die Lebensbedingungen im Verhältnis zum Lan-

desdurchschnitt deutlich schlechter sind. Periphere Räume sind von ihrem zugehörigen Zentrum funktional abhängig, was u. a. in Wanderungsbewegungen und Industrialisierungsbemühungen deutlich wird. Beispiele für Peripherien sind → Industrie- und → Entwicklungsländer in der → Dependenztheorie, Hauptstadt und ländlicher Raum in wenig entwickelten Staaten.

Photovoltaik 117, 322

photovoltaisches Potenzial 181

Plantage 26

Kapital- und arbeitsintensiver landwirtschaftlicher Großbetrieb mit einer Tendenz zur Monokultur und zur weltmarktorientierten Produktion (Zuckerrohr, Baumwolle, Kaffee, Kautschuk, Tabak). Oft besitzen Plantagen Einrichtungen zur Aufbereitung der Agrarprodukte.

Plantagenwirtschaft (Cash Crops-Produktion) 224

Planwirtschaft 356, 479

Plattentektonik 152, 168

Die → Erdkruste besteht aus großen und kleinen Platten. Diese Platten schwimmen auf dem Erdmantel. Magmaströme im Erdmantel bewegen die Platten gegeneinander. Bewegen sich die Platten aufeinander zu, so kann eine in einem Tiefseegraben untertauchen und im Erdmantel aufschmelzen. Die Platte wird kleiner. Bewegen sich Platten voneinander weg, so steigt an den Plattengrenzen Magma auf, kühlt ab und bildet im Mittelozeanischen Rücken neuen Ozeanboden. Die Platten werden größer. Platten können miteinander verschweißt werden (z. B. Indische und Asiatische Platte durch den Himalaya) oder zerbrechen (z. B. die Afrikanische Platte im Ostafrikanischen Graben).

Plaza 328

Polyzentralität 319

Portfolioinvestition 238

Precision Farming (Präzisionslandwirtschaft) 69

Preußische Hauptstadt Berlin 294

Primacy 328

primärer Sektor 242

Agrarwirtschaft, Forstwirtschaft, Fischerei. Der Bergbau und die Energieerzeugung gehören ebenfalls zu diesem Sektor. In der Statistik werden sie jedoch meist zum sekundären Sektor gerechnet, da industriemäßig produziert wird und oft auch verarbeitende Betriebe angeschlossen sind.

Primate City 341

Stadt, die innerhalb eines Landes eine wesentlich größere Einwohnerzahl als alle anderen Städte aufweist und daneben dominierende Bedeutung in Wirtschaft und Politik besitzt.

Produktivität 376

Maß für die Leistungsfähigkeit bei der wirtschaftlichen Produktion. Je günstiger das Verhältnis von Aufwand (z. B. Arbeitszeit, Boden, Kapital) und Ergebnis (Produktmenge und Produktgüte) ist, desto höher ist die Produktivität.

Produktlebenszyklus 378

Produktlebenszyklustheorie 238

Program für National Recovery 236

Programme d' Appui aux Collectivités Territoriales (PACT) 42

Prospektion 104

Protektionismus 366

Staatliche Maßnahmen, um die eigene Wirtschaft vor ausländischer Konkurrenz zu schützen: Einfuhrsperren, Schutzzölle und andere Einfuhrhemmnisse; Ausfuhrförderung durch → Subventionen.

Prozess der Reurbanisierung 280

Prozess der Suburbanisierung 280

Prozess, morphologisch-dynamischer 35

Pull-Faktoren 330

Pull-Faktoren eines Gebietes, z. B. bessere Ausbildungs- und Arbeitsmöglichkeiten, bessere Lebensbedingungen, wirken anziehend auf Zuwanderer.

Push-Faktoren 330

Push-Faktoren sind negative Merkmale eines Gebietes, z. B. Arbeitslosigkeit, schlechte → Infrastruktur, die seine Einwohner zur Abwanderung veranlassen können.

Q

Qualitätssicherung 322

Quartär 159

quartärer Sektor 242

Der quartäre Sektor umfasst alle Tätigkeiten, die sich mit primär mit Informationen im weiteren Sinne, deren Sammlung und Verarbeitung, befassen. Dazu zählen technische Berufe der Datenverarbeitung genauso wie Rechts- und Wirtschaftsdienste, die letztlich immer Informationen sammeln, verarbeiten und monetär bewerten. Der quartäre Sektor umfasst damit qualifizierte, entpersonalisierte und insgesamt „moderne" Dienstleistungen.

Quartier 332

R

Radburn-System 273, 321

Rasterdaten 176

Rat für gegenseitige Wirtschaftshilfe (RGW) 404, 484

Die Wirtschaftsorganisation von 10 kommunistischen Ostblockstaaten unter der Führung der UdSSR wurde 1949 als Reaktion auf den amerikanischen Marshall-Plan für Westeuropa gegründet. Obwohl die RGW-Staaten ca. 10 % der Bevölkerung und 19 % der Erdoberfläche besaßen, lag ihr Anteil am Welthandel nur bei 9 % (1986). Mit dem Zusammenbruch des kommunistischen Systems in Osteuropa und der UdSSR wurde auch der RGW 1991 aufgelöst.

Raubbausyndrom 473

Raumanalyse 128, 442

Raumentwicklung 196, 388, 410

Raumentwicklungsmodell 408

Raumordnung 388

Die koordinierende räumliche Ordnung in einem Staatsgebiet. Auf der Basis der naturräumlichen Gegebenheiten das Leitbild für die Ausstattung mit Wirtschaftseinrichtungen, Wohnstätten, Verkehrseinrichtungen usw. Alle Maßnahmen zur Verwirklichung einer → Raumordnungskonzeption werden als Raumordnungspolitik bezeichnet. Grundlage ist das Raumordnungsgesetz.

Raumordnungskonzept 307

Recycling 241

Referenzszenario 471

Reflexionsseismik 104

Reformstaat 188

regenerative Energie 114

Regenwald, immergrüner tropischer 23

Regionalisierung 366

Reichshauptstadt 294

Reichweite eines zentralen Gutes 307

Reindustrialisierung 396

Rekultivierung 129, 136

Rentabilität 376

Residenzstadt 294

Revitalisierung 325

Revolution in der Agrarwirtschaft 62, 63

Rückbau-Finanzierung 291

S

Saale-Kaltzeit 12

Sackgasse 333

Sahelsyndrom 39

Sammler und Jäger 62

Savanne 23

Satellitenstadt 292

schachbrettartiger Grundriss 328

Grundriss nordamerikanischer Städte mit einander rechtwinklig kreuzenden Straßen und rechteckigen Baublöcken. Die Straßen werden durchgehend numeriert und als → „Avenues" (auf Manhatten in New York die NS-Straßen) oder als → „Streets" (die OW-Straßen) bezeichnet.

Schachbrettmuster 324

Schalenbau des Erdkörpers 168

Schattenwirtschaft 224

→ informeller Sektor

Schwellenland 190
→ Entwicklungsland im Umbruch von der Agrar- zur Industriegesellschaft. Dabei eilt oft die wirtschaftliche Entwicklung (moderne Produktion, Konkurrenzfähigkeit im Welthandel) der gesellschaftlichen (geringer Demokratisierungsstand) voraus. Schwellenländer, so Singapur und Südkorea, haben hohe wirtschaftliche Dynamik. Eine international verbindliche Liste der Schwellenländer gibt es nicht.

Segregation 296
Prozess und Zustand der räumlichen Trennung und Abgrenzung von sozialen Gruppen gegeneinander, vor allem innerhalb von Siedlungen. Die Segregation betrifft Gruppen, die sich aufgrund von Sprache, Rasse, Religion und sozialem Status von der übrigen Bevölkerung unterscheiden.

Sektoren-Modell 482

sekundärer Sektor 242
Wirtschaftssektor des produzierenden Gewerbes mit Industrie und Handwerk.

Self-Reliance 224

semiarides, arides Gebiet 78

Shopping Center 327

siedlungsstruktureller Gebietstyp 302

Small Islands Developing States (SIDS) 190

Solarthermie 116

Sonderwirtschaftszone 364

Sozialverträglichkeit 418

Südost-Passat 23

Spin-off-Betrieb 396

Spread-Effekt 430

Städteband 340

Stadtelement, historisches 319

Stadtentwicklung, nachhaltige 316, 318

städtische Aufwertung, Rückbau 291

städtisches Leitbild 290

Stadtkern 483

Stadtklima 317, 319

Stadtland, ausuferndes 324

Stadtlandschaft 327

Stadtmitte 483

Stadtmodell 482
Jede Stadt unterscheidet sich z. B. durch spezielle Bauwerke und Funktionen, ihre Lage und Größe von anderen Städten. Dennoch lassen sich Übereinstimmungen und Regelmäßigkeiten feststellen. Man hat deshalb Stadtmodelle entwickelt, mit denen sich die räumliche, soziale, wirtschaftliche und kulturelle Gliederung einer Stadt vereinfacht darstellen lässt.

Stadtökologie 316

Stadtstruktur 319

Stadtumbaukonzept 289

Stadtzentrum 483

Standortfaktor 227, 244, 256, 392
Bedingungen, die einen Industriestandort oder eine Industrieansiedlung begünstigen oder auch benachteiligen. Hierzu zählen natürliche (z. B. Geologie, Topographie), kostenorientierte (z. B. Lohnniveau, Transport, Absatzmarkt), infrastrukturelle (z. B. Fühlungsvorteile, Verkehrsnetz) Faktoren.

Standort-Theorie 227

Start-up 396

statische Reichweite 97, 105
Gibt die Zeitspanne in Jahren an, bis die bekannten weltweiten Rohstoffreserven bei konstanter Entwicklung erschöpft sind.

Steppenwüste 23

Stoffaustauschprozesse 319

Stoffinput und -output 319

Street 324

Strukturfond 486

Strukturförderung, regionale 412

Strukturwandel 228
Struktur bezeichnet den Zustand zu einer bestimmten Zeit. Ändern sich bestimmte Faktoren, z. B. in der Landwirtschaft der Grad der Mechanisierung, Art und Umfang des Maschineneinsatzes oder das Produktionsziel, so findet ein Strukturwandel statt, der Auswirkungen auf andere Bereiche wie Art und Anzahl in der Nähe befindlicher (Zuliefer-) Industrien hat, die Anzahl der nur noch benötigten Arbeitskräfte und somit die Dichte der Besiedlung eines Raumes. Nicht nur in der Landwirtschaft, auch in der Industrie hat ein solcher Wandel stattgefunden (z. B. Schrumpfen der Schwerindustrie, Entstehung von Zukunftsindustrien).

Strukturwandel, nachholender 292

Strukturwandel, sektoraler 242

Subsistenzwirtschaft (Food Crops-Produktion) 44, 224
Wirtschaftsform, die alles oder nahezu alles, was man zum Leben braucht, selbst erzeugt, sammelt oder jagt. Sie dient überwiegend der Versorgung der Familie, der Großfamilie oder der Gruppe, steht damit im Gegensatz zur → Marktwirtschaft, die überwiegend für den Verkauf produziert.

Substitution 122, 470
Ersatz eines Produktes durch ein anderes.

Suburbanisierung 273, 298
Führt durch Stadt-Umlandwanderung von Bevölkerung und Wirtschaftsbetrieben zu einem Wachstum größerer Städte über die Stadtgrenzen hinaus in den suburbanen Raum. Aufgrund gleichzeitiger Entleerungstendenzen der → Innenstadt wächst trotz flächenhafter Ausbreitung die Gesamtzahl der Einwohner und Arbeitsstätten nur geringfügig.

Subvention 129
Staatliche Unterstützungszahlungen, die eine lenkende und korrigierende Wirkung haben sollen. Als direkte Subvention kann man Finanzhilfen des Staates bezeichnen, als indirekte Subvention Vergünstigungen sonstiger Art (z. B. Steuernachlässe).

Sudanzone 46

Suq 332

Syndromansatz 432, 472

T

Tagbevölkerung 337
Bevölkerungszahl eines Gebietes, die sich aus der Wohnbevölkerung minus auspendelnde Erwerbstätige plus einpendelnde Beschäftigte zusammensetzt. Sie ist werktags in → Stadtzentren und Industriebereichen größer, in Wohngebieten kleiner als die → Nachtbevölkerung.

Tagebau 131

Take-off-countries 190

Technologie- und Gründerzentrum 396

Technologiepark 396

Terms of Trade (ToT) 199, 223
Bezeichnen das Verhältnis zwischen den Indexreihen der Einfuhr- und der Ausfuhrdurchschnittswerte. Es gibt Auskunft über die Gütermengen im Außenhandel, die wertgleich getauscht werden können. Die ToT können sowohl durch Mengen- und Preisänderungen exportierter und importierter Güter als auch durch Wechselkursänderungen beeinflusst werden.

tertiärer Sektor 242
→ Dienstleistungen im staatlichen oder privaten Bereich. Dazu gehören u. a. Handel, Banken, Versicherungen, Bildung, Gesundheitsfürsorge, Rechtswesen, Tourismus.

Tertiarisierung 279, 396

Teufelskreis der Armut 223

Thermokline 70

Theorie der langen Wellen 407

Thünen'sche Ringe 55, 91

Tiefdruckrinne, äquatoriale 22

Tourismus, sanft (nachhaltig) 418, 424

Tragfähigkeit 320
Auf einen bestimmten Lebensraum bezogenes Potenzial für Lebewesen. Bei der Tragfähigkeit eines Raumes für Menschen muss der Kultur- und Zivilisationsstand sowie der dort zugrunde liegende Lebensstandard berücksichtigt werden. Wurde früher lediglich die Möglichkeit, ausreichend Nahrungsmittel zu produzieren, berücksichtigt, muss heute die ökologische Tragfähigkeit in den Mittelpunkt gerückt werden.

Trägheitseffekt 461

Transformationsland 188, 404

Transformationsprozess 400, 404
Transition Zone 327
Transmigrasi-Projekt 218
Transmigration 218
Von Transmigration spricht man, wenn Menschen in ein Land auswandern, um dort zu leben und zu arbeiten, sie aber mit ihrem Heimatland weiterhin eng verbunden bleiben (z. B. durch Sprache, Religion, Unterstützung von Verwandten) und dadurch sozusagen in zwei Welten leben.
Transportrisiken 129
Tropen, immerfeuchte 44
Tröpfchenbewässerung 49
Tsunami 157

U

Überfischungstendenz 72
Überflutungsfeldbau 46
Übermorgenland 434
Umsatzschwelle 307
Umsiedlung 138
Umstrukturierungsgebiete 280
Umweltverschmutzung 319
Umweltverträglichkeit 418
United Nations Convention to Combat Desertification (UNCCD) 42
UN-Konvention zur Bekämpfung der Wüstenbildung
Urbanisierung 316, 349
Sozialgeographischer Prozess der Veränderung von Siedlungen bzw. der Bevölkerung unter dem Einfluss der von Städten ausgehenden Entwicklungen (z. B. Haustypen, technische Innovationen). Ergebnise sind z. B. bessere Versorgungs-, Ausbildungs- und Freizeitangebote. Urbanisierung ist nicht identisch mit → Verstädterung.

V

Variabilität der Niederschläge 35
Vektordaten 176
Verbundsystem 61
Verdichtung 302
Verdichtung/Grünflächen 273
Verdichtungsraum 302
Abgrenzung eines Raumes mit einer Mindesteinwohnerzahl von 30 000 Einw., einer Mindestfläche von 300 km² sowie einer hohen Einwohner- und Arbeitsplatzdichte.
Verflechtungsansatz 224
Versorgungssicherheit 129
Verstädterung 340
Merkmale der Verstädterung: Anteil der Stadtbevölkerung an der Gesamtbevölkerung (Verstädterungsgrad), die Bevölkerungszunahme der Städte (Verstädterungsrate) und die Zunahme der Zahl großer Städte (Vergroßstädterung).
Verstädterungsgrad 340
Ausmaß der → Verstädterung, die den Wachstumsprozess städtischer Siedlungen darstellt.
Verwestlichung 334
Viehwirtschaft, extensive 36
Viehzucht 62
Vierte Welt 188
virtuelle Fabrik 379
Vollwüste 23
Vorlaufer Modell 432
Vorranggebiete-Konzept 307
Vulkanismus 152, 153, 159
Vorgänge und Erscheinungen, die mit dem Empordringen von Magma aus dem oberen Erdmantel bis zur Erdoberfläche zusammenhängen.

W

Wachstumsregion 392
Wald-Feld-Wechselwirtschaft 44
Wandel, globaler 472
Wanderfeldbau (shifting cultivation) 44, 46, 47
Form der Landnutzung in den Tropen, bei der Felder nur einen Zeitraum intensiv genutzt und anschließend wieder aufgegeben werden (Landwechselwirtschaft); oft als → Brandrodungswirtschaft.
Wanderhackbau (shifting cultivation) 36
Wanderungsfaktor 210
Wassererosion 84
Wasserhaltung 394
Wasserkonzept 322
Waterfront Development 284
Waterfront Redevelopment 338
Weber, Alfred 227
WebGIS 177
Weichsel-Kaltzeit 12
Weltbank 190
Die Weltbank ist eine Sonderorganisation der UN, die 186 Mitgliedsländer (2010) hat. Sie besteht auf 5 Organisationen, deren Aufgabe es ist, die wirtschaftliche Entwicklung von weniger entwickelten Mitgliedstaaten durch finanzielle Hilfen zu fördern.
Weltentwicklungsbericht 190
Welthandelsorganisation, World Trade Organization (WTO) 86, 478
Die WTO soll den internationalen Handel durch festgelegte Regeln fördern und Streitigkeiten unter den Handelspartnern durch Verfahren lösen.
Weltstadt 295
Bezeichnung für einen besonderen Typ Stadt mit überragender weltweiter politisch-kultureller Bedeutung. Wird oft dem Begriff der → Global City gleichgesetzt, obwohl es sich bei dieser eher um ein globales wirtschaftliches Zentrum handelt. In Global Cities befinden sich die Hauptsitze internationaler Unternehmen. Hier werden Entscheidungen getroffen, die Auswirkungen auf den Weltmarkt haben können.
Wertschöpfungsprozess 228
wettbewerbsfähig 129
Windenergie 322
Windpark 114
Winterregengebiet (mediterranes Gebiet) 23
Wirtschaftsfaktor 226
Wirtschaftsliberalismus 476
A. Smith und D. Ricardo: David Ricardo (1772 – 1823): Engl. Nationalökonom, Mitbegründer des Wirtschaftsliberalismus. Adam Smith (1723 – 1790): Engl. Nationalökonom, Begründer des Wirtschaftsliberalismus. Ziel des Wirtschaftsliberalismus ist die freie Marktwirtschaft, wie sie von der WTO angestrebt wird. Das marktwirtschaftliche Prinzip „Laissez-faire, laissez aller" kennt keine staatlichen Eingriffe (→ Protektionismus) und lehnt eine Planwirtschaft ab.
Wirtschaftsordnung 476
Wirtschaftssektor 242, 253
Vergleiche → primärer Sektor, → sekundärer Sektor, → tertiärer Sektor, → quartärer Sektor
Wohlstand, wirtschaftlicher 225
Wohlstandsmehrung 366
Wüste 23

Z

zentrale Dienste 307
zentrale Güter 307
zentrale Orte 307
Zentrale-Orte-Konzept 307
Zentralismus 336
Eine aus der Zeit des Absolutismus in Europa stammende Form der Staatsorganisation, bei der alle Befugnisse, meist in der Hauptstadt, konzentriert sind und Entscheidungen zentral getroffen werden.
Zentralität 302
Städte im Mittelpunkt eines Raumes haben einen Bedeutungsüberschuss gegenüber ihrem Umland. Hier werden Leistungen und Güter für einen weiteren Einzugsbereich angeboten. Man unterscheidet in Ober-, Mittel-, Unter- und Kleinzentren.
Zyklon, tropischer 162
Riesiger tropischer Wirbelsturm (Mehrzahl: Zyklone) im Indischen Ozean und in Australien. Die Bezeichnung Zyklon ist nicht zu verwechseln mit der Zyklone (Mehrzahl: Zyklonen) einem wandernden Tiefdruckgebiet in gemäßigten Zonen.
Zentrum-Peripherie-Modell 196

Land	Bevölkerung in Mio. 2009 [1]	Oberfläche in 1000 km² 2009 [1]	BNE** pro Kopf in US-$ 2008 [2]	BNE bei KKP* pro Kopf in US-$ 2008 [2]	Lebens-erwartung bei Geburt (in Jahren) 2007 [4]	Städtische Bevölkerung (in % der Bevölke-rung) 2010 [3]	Jährliches Bevölke-rungswachs-tum in % 2005 – 2010 [1]	Alphabet sierungsra älter 15 Jahre in % 2007 [2]
Ägypten	83,0	1 001	1 800	5 460	68	42,8	1,8	66
Australien	21,3	7 741	40 350	34 040	82	89,1	1,1	≈ 100
Belgien	10,6	33	44 330	34 760	80	97,4	0,5	≈ 100
Bolivien	9,9	1 099	1 460	4 140	66	66,5	1,8	91
Brasilien	193,7	8 547	7 350	10 070	73	86,5	1,0	90
China VR	1345,7	9 572	2 940	6 020	74	44,9	0,6	93
Dänemark	5,5	43	59 130	37 280	78	87,2	0,2	≈ 100
Deutschland	82,2	357	42 440	35 940	80	73,8	– 0,1	≈ 100
Ecuador	13,6	284	3 640	7 760	73	66,9	1,1	84
Finnland	5,3	338	48 120	35 660	79	63,9	0,4	≈ 100
Frankreich	62,3	552	42 250	34 400	81	77,8	0,5	≈ 100
Griechenland	11,2	132	28 650	28 470	80	61,4	0,2	97
Großbritannien	61,6	245	45 390	36 130	80	90,1	0,5	≈ 100
Indien	1198,0	3 288	1 070	2 960	64	30,1	1,4	66
Indonesien	230,0	1 905	2 010	3 830	68	53,7	1,2	92
Irland	4,5	70	49 590	37 350	80	61,9	1,8	≈ 100
Island	0,3	103	40 070	25 220	82	92,3	2,1	≈ 100
Italien	59,9	301	35 240	30 250	82	68,4	0,5	99
Japan	127,2	378	38 210	35 220	83	66,8	– 0,1	≈ 100
Kanada	33,6	9 971	41 730	36 220	81	80,9	1,0	99
Kasachstan	15,6	2 717	6 140	9 690	64	58,5	0,7	100
Kenia	39,8	580	770	1 580	54	22,2	2,6	85
Kuba	11,2	111	…	…	78	75,7	0,0	100
Luxemburg	0,5	2,6	84 890	64 320	80	82,2	1,2	100
Mali	13,0	1 240	580	1 090	49	33,3	2,4	26
Mexiko	109,6	1 958	9 980	14 230	76	77,8	1,0	93
Niederlande	16,6	41	50 150	41 670	80	82,9	0,4	≈ 100
Nigeria	154,7	924	1 160	1 940	49	49,8	2,3	72
Norwegen	4,8	324	87 070	58 500	81	77,6	0,9	≈ 100
Österreich	8,4	84	46 260	37 680	80	67,6	0,4	≈ 100
Philippinen	91,9		1 890	3 900	71	66,4	1,8	93
Polen	38,1	323	11 880	17 310	75	61,2	– 0,1	99
Portugal	10,7	92	20 560	22 080	79	60,7	0,3	95
Russ. Föderation	140,9	17 075	9 620	15 630	66	72,8	– 0,4	≈ 100
Schweden	9,2	450	50 940	38 180	81	84,7	0,5	≈ 100
Schweiz	7,6	41	65 330	46 460	82	73,6	0,4	≈ 100
Sierra Leone	5,7	72	320	750	41	38,4	2,7	38
Singapur	4,7	1	34 760	47 940	81	100,0	2,5	94
Spanien	44,9	506	31 960	31 130	81	77,4	1,0	98
Südafrika	50,1	1 221	5 820	9 780	54	61,7	1,0	88
Südkorea	48,3	99	21 530	28 120	79	81,9	0,4	98
Tansania	43,7	945	440	1 230	52	26,4	2,9	72
Thailand	67,8	513	2 840	5 990	70	34,0	0,7	94
Tschechische Rep.	10,4	79	16 600	22 790	77	73,5	0,4	≈ 100
Türkei	74,8	775	9 340	13 770	73	69,6	1,2	89
Usbekistan	27,5	447	910	2 660	68	36,9	1,1	99
Ver. Arab. Emirate	4,6	83	…	…	78	78,0	2,8	90
Vereinigte Staaten	314,7	9 364	47 580	46 970	78	82,3	1,0	99

1) Statistisches Jahrbuch 2009, Für Deutschland, Wiesbaden 2009; 2) The International Bank for Reconstruction and Development/The World Bank (Hrsg.): World Development Report 2010, Washington 2010; 3) United Nations Development Programme (UNDP) (Hrsg.): Human Development Report 2009, New York 2009; 4) World Health Organization (WHO): World Health Statistics 2009

ıgang zu ıuberem ...wasser ...der Be- ...lkerung 2007 [4]	Erwerbstätige in der Landwirtschaft in % 2007 [6]	Industrie in % 2007 [6]	Dienstleistung in % 2007 [6]	Energieverbrauch pro Kopf in kg Öleinheiten 2005 [2]	Kohlenstoffdioxidemissionen pro Kopf in Tonnen 2007 [7]	Internet-nutzer pro 10 000 Einwohner 2008 [5]	Human development Index (HDI) 2007 [3] Wert	Rang	Land
98	32,0	17,0	51,0	843	2,2	1665	0,703	123	Ägypten
100	3,3	21,1	57,3	5917	18,8	7198	0,970	2	Australien
100	2,0	25,0	73,0	5782	10,0	6886	0,953	17	Belgien
86	40,0	17,0	43,0	625	1,3	1083	0,729	113	Bolivien
91	20,0	14,0	66,0	1184	1,8	3752	0,813	75	Brasilien
88	39,5	27,2	33,2	1433	4,6	2228	0,772	92	China VR
100	2,5	20,2	77,3	3850	9,2	8389	0,955	16	Dänemark
100	2,4	29,7	67,9	4231	9,7	7533	0,947	22	Deutschland
95	8,3	21,2	70,4	851	2,0	2880	0,806	80	Ecuador
100	4,5	18,2	77,3	7108	12,2	8262	0,959	12	Finnland
100	3,8	24,3	71,8	4444	5,8	6821	0,961	8	Frankreich
100	12,4	22,4	65,2	2792	8,7	4350	0,942	25	Griechenland
100	1,4	18,2	80,4	3814	8,6	7624	0,947	21	Großbritannien
89	17,5	20,0	62,5	510	1,2	438	0,612	134	Indien
80	42,1	18,6	39,3	803	1,7	792	0,734	111	Indonesien
100	6,2	27,0	66,8	3628	10,2	6254	0,965	5	Irland
100	4,8	22,2	73,0	14237	7,5	9056	0,969	3	Island
100	4,2	30,7	65,1	3125	7,4	4193	0,951	18	Italien
100	4,0	28,0	68,0	4129	9,7	7540	0,960	10	Japan
100	2,0	13,3	84,7	8262	17,4	7543	0,966	4	Kanada
96	31,5	18,4	50,1	4012	12,3	1100	0,804	82	Kasachstan
57	75,0	...	...	491	0,3	867	0,541	147	Kenia
100	20,0	19,4	77,9	944	2,3	1294	0,863	51	Kuba
100	2,2	17,2	80,6	9972	22,4	8053	0,960	11	Luxemburg
48	80,0	...	...	...	0,0	157	0,371	178	Mali
85	15,1	27,5	59,2	1702	4,1	2171	0,854	53	Mexiko
100	1,9	19,2	78,9	4901	11,1	8655	0,964	6	Niederlande
100	70,0	10,0	20,0	726	0,4	1586	0,511	158	Nigeria
100	2,9	21,1	76,0	5598	7,9	8255	0,971	1	Norwegen
100	5,5	27,5	67,0	4132	8,4	7121	0,955	14	Österreich
93	34,0	15,0	51,0	498	0,8	622	0,751	105	Philippinen
96	17,4	29,2	53,4	2562	8,0	4902	0,880	41	Polen
99	9,9	30,1	60,0	2902	5,2	4192	0,909	34	Portugal
97	10,0	31,9	58,1	4745	11,2	3200	0,817	71	Russ. Föderation
100	1,1	18,2	70,7	5650	5,1	8784	0,963	7	Schweden
100	3,9	22,8	73,3	3770	5,6	7700	0,960	9	Schweiz
53	...	...	...	...	0,2	25	0,365	180	Sierra Leone
100	0,0	23,8	76,2	6968	9,8	7302	0,944	23	Singapur
100	4,2	24,1	71,7	3277	7,7	5674	0,955	15	Spanien
93	9,0	26,0	65,0	2739	7,3	843	0,683	129	Südafrika
94	7,2	25,1	67,7	4483	10,1	7650	0,937	26	Südkorea
55	80,0	...	...	527	0,1	122	0,530	151	Tansania
100	42,4	18,7	37,9	1630	3,5	2389	0,783	87	Thailand
100	3,6	40,2	56,2	4485	11,8	5841	0,903	36	Tschechische Rep.
96	29,5	24,7	45,8	1288	3,6	3437	0,806	79	Türkei
97	44,0	20,0	36,0	1829	4,2	908	0,710	119	Usbekistan
100	7,0	15,0	78,0	11036	29,9	6515	0,903	35	Ver. Arab. Emirate
99	0,6	22,6	76,8	7769	19,1	7400	0,956	13	Vereinigte Staaten

) ITU – Internet indicators. Genf 2010, unter: www.itu.int
) CIA, The World Factbook 2010
) IAE – International Energy Agency: Key World Energy Statistics 2009, Paris

... keine Angaben
* KKP= Kaufkraftparität (siehe Register mit Begriffserklärungen)
** BNE= Bruttonationaleinkommen (siehe Register mit Begriffserklärungen)

Bildquellen

Aerofoto-Schiphol: 63 M4;
agrar press, St. Goar: 402 M2, 403 M3;
akg-images, Berlin: 210 M1 (oben);
© AlpsHealthComp: 415 (Logo);
Andrikopulus, Berlin: 319 M4 (Hintergrundfoto);
AP Associated Press, Frankfurt: 371 M2 (Paul Kitagaki jr.);
© Nils Arndt, Hamburg: 85 M8 (links);
A. Behr, Hermannsburg: 89 (oben);
Bergmoser + Höller Verlag/Zahlenbilder: 489 M4;
Bildarchiv der Kunst und Architektur in Deutschland/Möbius: 282 M15;
© bremenports: 230 M1;
Bundesanstalt für Geowissenschaften und Rohstoffe (BGR), Hannover: 80 M1;
Bundesministerium des Innern (BMI): 212 M5 (Hans-Joachim Rickel,) 388 M1 (Reisepass);
Bundesministerium für Verkehr, Bau und Stadtentwicklung (BMVBS): 388 M1 (Ausweis);
Bundesministerium für wirtschaftliche Zusammenarbeit und Entwicklung (BMZ), Berlin: 221 M9;
Horst W. Bühne Luftbild, Essen: 173 M5;
CARO/Sorge: 388 M1 (Straße mit Lkw und Schild BRD);
CCC, www.c5.net: 76 M1 (Haitzinger), 188 M1 (Haitzinger), 188 M2 (Haitzinger), 220 M1 (Behrendt), 388 M2 (Reimann);
Centre for Science and Environment, New Delhi (Indien): 64 M1;
© Frank Cerny, Velbert: 395 M5;
Corbis, Düsseldorf: 35 M3 (Nik Wheeler), 54 (Mark Karrass), 89 (Mitte), 154 M1 (links) (Richard Powers), 154 M1 (rechts) (Ryan Pyle), 172 (3) (STRINGER/MALAYSIA/Reuters), 189 M3 (1) (Sergio Dorantes), 308 M1 (John Harper), 311 M6 (John Harper), 330 M8 (Sergio Dorantes), 418 M3 (Puku/Grand Tour), 430 M2 (Paul A. Souders), 437 M12 (Jose Fuste Raga);
Das Luftbild-Archiv, Wennigsen: 4 (rechts), 9, 302 M2 (links);
www.desertec-uk.org.uk: 126 M10 (unten);
Deutscher Kaffee-Verband e. V., Hamburg: 16 (unten);
Deutscher Raiffeisenverband e. V.: 69 M9 (Foto: Dr. Michael Reininger);
Deutscher Wetterdienst (DWD): 167 (oben rechts);
Die Bildstelle: 78 M1 (MC PHOTO);
© Dieter Duneka, Harmstorf: 234 M11;
© doppel.design, Düsseldorf: 282 M17; 283 (Logo);
© ESA: 4 (oben links), 174 (oben) (J. Huart), 174 (unten) (J. Huart), 174 (Mitte), 175 (oben) (J. Huart), 175 (unten) (P. Sebirot);
Europäische Kommission, Bildarchiv: 388 M1 (Sternenhintergrund);
ExxonMobil: 95;
F1 ONLINE/FAN: 431 M4;
FAN Travelstock/S. Lubenow, Hamburg: 391 M5;
© Fichtner, Stuttgart: 40;
Peter Fischer, Oelixdorf: 462 M8;
© Gerhard Flatscher, www.hall-tirol.at: 425 M11 (rechts);
© FLC/VG Bild-Kunst, Bonn 2010: 271 M2, 323 (oben links), 323 (unten rechts);
Gemeinde Ascha: 300 M1, 301 (oben);
GeoForschungsZentrum Potsdam: 154 M3;
Wolfgang Gerber, Leipzig: 274 M2, 275 M7;
Gesellschaft für Wirtschaftsförderung und Stadtentwicklung mbH, Werl: 344/345;
Getty Images: 57 M13 (Kevin Moloney), 384 M1 (Flickr/Keith Sherwood), 384 M2 (Flickr Photography by W. T. Lai);
© Google Earth: 11 M6 (b), 182 M1, 182 M3, 183 M4;
© Government of Dubai: 434 M1 (links);
Greenpeace: 376 (Alexandra Buxbaum), 377 (Thomas Einberger/argum);
HafenCity Hamburg/Projekte. Einblick in die aktuellen Entwicklungen: 284 M1 (Foto: Fotofizz, Modell Michael Kotol, HafenCity Hamburg GmbH), 286 M5, 286 (unten links);
© Handelsblatt GmH/Grafik Nr. 246 vom 18.12.2008: 102 M2;
Hans-Henje Hild, Vögelsen: 219 M6, 419 M4 (links);
Wolfgang Horsch, Niedernhall: 102 M1;
Husumer Schiffswerft: 146 RS (4);
IFA, Ottobrunn: 28 M6 (P.A.N.);
Volkmar E. Janicke, München 332/333 M1 (links + rechts);
Jungfrau Zeitung/Beat Kohler: 166;
Kia Motors Deutschland GmbH, Frankfurt/M.: 404 M2;
Rainer Koch, Dortmund: 291 M11, 292 M15;
Kronsberg-Umwelt-Kommunikations-Agentur: 321 M2, 321 M3 (Karl Johaentges);
Frank V. Kühnen, Soest: 264 M1, 276 RS (A-E), 281 M3, 281 M4, 343, 475;
E. Kulke, Berlin: 341 M6;
Landesmedienzentrum Rheinland-Pfalz, Koblenz: 161 M7;
Landratsamt Mittelsachsen/© Thomas Matthes, Freiberg: 448 M2 (oben rechts);
H. Lange, Bad Lausick: 91 (2);
© LEG NRW GmbH, Düsseldorf/Foto: Max Hampel, Düsseldorf: 398 M3 (1);
Liebmann, IRS – Leibniz-Institut für Regionalentwicklung und Strukturplanung, Erkner: 292 M13;
Lob + Koelle GbR, Straßlach-Dinghar-ting: 170 M1;
Guenter Lotze, Schwalbach/Ts.: 67 M5 (Gemüsekorb);
Waldemar Mandzel, Bochum: 396 M1;
Marie Marcks, Heidelberg: 426 M2;
Mauritius Images: 16 (oben), 32 M1 (Camara Tres), 89 (unten) (Thonig), 223 (Camara Tres), 331 M11 (Siepmann), 424 M9 (oben links) (Hänel), 424 M9 (unten rechts) (Eisele), 434 M1 (rechts) (AGE/Jose Fuste Raga), 229 (imagesbroker/Axel Schmies);
mediacolors/Flueeler: 419 M4 (rechts);
Gerhard Mester, Wiesbaden: 220 M2;
© Tony Millionaire: 460 M1;
Wolfgang Mittag, Borken: 223 M12;
Ulf Müller-Moewes, Königswinter: 424 M9 (unten links);
Uwe Muuß, Altenholz: 302 M2 (rechts);
NASA: 81 M3, 126 M1 (oben), 162 M1, 348 M1;
© NATIONAL GEOGRAPHIC DEUTSCHLAND: 143 M4;
© NEL Joan Cozacu, Erfurt: 105 M9;
Jürgen Neumann, Grevenbroich: 284 M2, 286 RS (unten);
G. Niemz, Frankfurt: 91 (3);
Lambert von Nistelrooij: 448 M1;
© Ötztal Tourismus: 428 M7;
© Optigrün: 317 M4;
Parkhotel Bellevue & Spa, Adelboden/Schweiz: 415 (Foto);
© Passivhaus Institut: 322 M4;
Pavlovic, Hausdülmen: 3 (oben links), 10 M1;
picture-alliance: 85 M8 (oben rechts) (landov), 458;
picture-alliance/akg-images: 332/333 M1 (Mitte) (J.-L. Nou);
picture-alliance/Bildagentur-online: 355 (Beg);
picture-alliance/dpa: 58 M1 (Rolf Rick), 170 RS (1) (epa APA Neumayr), 172 (2) (AFP), 422 M1 (Susanne Mayr);
picture-alliance/dpa © dpa: 5 (links), 5 (rechts), 150, 164 M6, 172 (1), 185, 189 M3 (3), 210 M1 (unten), 319 M5, 459;
picture-alliance/dpa © dpa-Bildarchiv: 3 (unten rechts), 50 (oben), 170 RS (2), 382 M1 (rechts), 425 M11 (links), 482 (Popp);
picture-alliance/dpa © dpa-Fotoreport: 15 l;
picture-alliance/dpa © dpa-Report: 189 M3 (6), 262, 472 M1;
picture-alliance/dpa/dpaweb: 170 RS (3) (Boris Roessler);
picture-alliance/dpa/dpaweb © dpa-Report: 336 M1;
picture-alliance/dpa-infografik © dpa-infografik: 230 M3, 358 M6, 378 M15, 451 M7, 489 M5;
picture-alliance/dpa-infografik © Globus Infografik: 156 M2, 340 M1;
picture-alliance/dpa © ZB-Fotoreport: 351 (oben) (Jens Kalaene);
picture-alliance/Alain Evrard/Impact Photos: 184;
picture-alliance/Globus-Infografik: 358 M3;
picture-alliance/Globus-Infografik © dpa-infografik: 358 M2;
picture-alliance/OKAPIA KG, Germany: 263 (Büttner/Naturbild);
picture-alliance/Photoshot: 382 M1 (links);
picture-alliance/ picture-alliance/Bildagentur-online: 354;
picture-alliance/ZB: 172 (4) (Matthias Hiekel);
W. Pohl, Iserlohn: 27 M1, 27 M3;
© RAWA Photo Gallery: 189 M3 (5);
Regionalverband Ruhr (RVR), Essen: 395 M4;
Reinhard-Tierfoto, Heiligkreuzsteinach: 36 M1;
Rheinbraun AG, Köln: 128, 134 M1, 135 M2, 139 M2;
© Rio Tinto: 206 M1, 206 M2;
Rivera/Diego, Mexiko: 328 M1;
© RWE IMAGES: 101 M16, 146 RS (2);
© Hans Sachs: 46 M4;
Heiko Sakurai, Recklinghausen: 454 M1;
Siemens-Pressebild: 3 (oben rechts), 94;
Wolfgang Sischke aus DIE ZEIT Nr. 36/2005: 164/165 M7;
© Stadt Düsseldorf – Vermessung – und Liegenschaftsamt – Lizenz-Nr. 62/62-052/2010: 282 (Mitte);
Stadtarchiv Lippstadt, Bildarchiv, Nr.05L4269 (Erwin Speich, 2005): 350 RS (3);
Stadtwerke Herne: 101 M18;
Stadtwerke Mainz AG: 116 M1;
STARLIGHT EXPRESS/Jens Hauer, Bochum: 399 M6;
Steenmans, Mönchengladbach: 326 M9;
Hans-Ragnar Steininger, Berlin: 350 RS (1), 350 RS (2), 350 RS (4);
Stiftung Haus der Geschichte, Bonn/Jupp Wolter (Künstler): 146 M1, 186;
ullstein bild: 152 M1 (Roger Viollet), 227 (oben links), 270 M4;
UNHCR/M. Yonekawa, www.uno-fluechtlingshilfe.de: 4 (unten links), 211 M3;
Tama Toshi Monorail: 339 M8;
terre des homes: 189 M3 (4) (Marian Brehmer);
U. Theißen, Dortmund: 24 M1, 25 M5;
Tourist-Information Mandelscheid: 158 M1;
TransFair Deutschland: 368;
Vectur & Icon Gesellschaft für Mediendesign mbH, Bonn: 167 M3;
Verein Bürgerschaft Hellerau e. V./Zeichnung: Juliane Hackbeil, Dresden: 274 M1;
Verlagsarchiv: Titelfoto, 18 M1, 91 (5), 146 RS (1), 146 RS (3), 324, 326 M10, 311 M10, 332 M3, 338 M5, 388 RS (Fahne), 420/421 (Hintergrundfoto), 424 M9 (oben rechts), 489 M3;
Vestas Wind Systems A/S: 114 M2;
Visium, Hamburg/Hafen-Hamburg: 3 (unten links), 17;
Manfred Vollmer, Essen: 399 M5;
© Richard Wanderman: 82 M1;
Weiß, Bahlingen: 41;
Wiese, Köln: 44 M1, 91 (1);
Oliver Wiese, Singapur: 247 M1, 248 M4, 249 M8;
Wikimedia Commons: 48 M2 (Dr. Avishai Teicher);
Wikipedia – TastyCakes/Jamitzky, gemeinfrei: 103 M4;
Wikipedia; 156 M1 (Davi Rydevik), 314 M1, 383 M5 (Diliff), 481;
H. W. Windhorst, Vechta: 91 (4);
WINGAS, Stand Dezember 2008: 107 M15;
Engelbert Wührl, Bochum: 74 M8, 75 M11, 75 M12, 96 M1, 98 M9 (unten rechts), 221 M7, 247 M1 (Einklinker), 249 M7, 249 M9, 251 M6, 364 M23, 364 M24, 368 M3, 390 M3, 390 M4, 391 M6, 394 M2, 395 M8, 396 M3, 397 M6, 398 M1, 398 M3 (2-3), 480;
YOUR PHOTO TODAY, Taufkirchen: 326 M8 (Superbild/Bach), 447 M4 (Superbild/Bach);
aus: Hauser, W., Klima. Das Experiment mit dem Planeten Erde, München 2002, S. 315: 165 M9;

Topographische Karten:
S. 267 oben: Topographische Karte 1:50000, © Landesamt für Vermessung und Geoinformation Bayern 2010;
S. 267 unten links: © Geobasisdaten: Land NRW, Bonn, 1182/2010;
S. 267 unten rechts: Datengrundlage (TK 50), Hessische Verwaltung für Bodenmanagement und Geoinformation;
S. 276 M1: © Geobasisdaten: Land NRW, Bonn, 1626/2009;
S. 494: © Geobasisdaten: Land NRW, Bonn, 1182/2010;

Erde: Politische Gliederung